中国宇航学会
首届学术年会论文集

 中国宇航学会　主编

中国宇航出版社
·北京·

内 容 简 介

　　本书为中国宇航学会首届学术年会的论文汇编,分为5个部分,共收录论文166篇。论文内容涉及空间技术、空间应用、空间科学、智能飞行器等领域,反映了近年来航天技术的最新研究成果和学科前沿的最新进展。

图书在版编目(CIP)数据

中国宇航学会首届学术年会论文集/中国宇航学会主编.—北京:中国宇航出版社,2006.12
ISBN 978-7-80144-671-8

Ⅰ.中…　Ⅱ.中…　Ⅲ.航天学-文集　Ⅳ.V4-53

中国版本图书馆 CIP 数据核字(2006)第 145576 号

责任编辑	张弛 王佳	**封面设计**	谭颖
	孟庆浩 舒承东	**责任校对**	楚晓琦

出　版
发　行　**中国宇航出版社**

社　址　北京市阜成路8号　　　　邮　编　100830
　　　　（010）68768548
网　址　www.caphbook.com/www.caphbook.com.cn
经　销　新华书店
发行部　（010）68371900　　　　（010）88530478（传真）
　　　　（010）68768541　　　　（010）68767294（传真）
零售店　读者服务部　　　　　　　北京宇航文苑
　　　　（010）68371105　　　　（010）62529336
承　印　北京智力达印刷有限公司

版　次　2006年12月第1版
　　　　2006年12月第1次印刷
规　格　880×1230
开　本　1/16
印　张　62.75
字　数　1600千字
书　号　ISBN 978-7-80144-671-8
定　价　158.00元

本书如有印装质量问题,可与发行部联系调换

序

经过了近50年的发展,中国的航天事业已经形成了一整套的研究、设计、试验和生产体系,取得了一系列举世瞩目的伟大成就。2003年、2005年我国的载人航天飞行获得圆满成功,以"嫦娥工程"命名的我国的月球探测工程也已全面启动,中国航天事业进入了一个新的历史时期。新时期如何能够继续保持并加速中国航天的发展势头,不断推进航天技术创新,拓展出具有中国特色的航天之路,成为许多航天决策者、专家、科技人员以及全社会关注的问题。围绕推动我国航天事业的发展战略,抓住机遇,积极主动地组织开展前瞻性的课题研究,历来是学会工作的一项重要任务。

为此,中国宇航学会于2005年12月在广西北海召开了中国宇航学会首届学术年会。年会旨在鼓励创新思维,为关心中国航天的领导、专家和科技人员提供广泛和深入交流的机会,共同探讨新时期我国航天技术的发展战略,并对航天发展的关键技术、难点、热点问题等提出前瞻性的新思路、新理论、新技术和新方法,努力促进航天学术水平的提高和学术思想的繁荣,为有关部门决策提供科学依据与建议。

本届年会的研讨内容几乎涉及到航天技术及应用的各个相关领域,年会论文集共收录了与会交流的166篇论文。论文内容覆盖的专业面较广,如在空间技术方面有:航天器系统、运载系统;航天推进系统、空气动力学、空间能源、航天器结构、材料与微重力科学、发射工程与地面设备,在空间应用方面有:卫星通信、卫星气象、卫星遥感、卫星减灾、科学实验、卫星教育、卫星导航、卫星应用有效载荷等,在空间科学方面有:空间环境、深空探测及信息获取、空间机器人、空间生命科学、空间管理,还有光电技术、计量与测试、质量与可靠性、标准与信息及智能飞行器等等。论文有许多新的观点和思想,涉及到一些新的概念和理论,有些论文是多年工作的总结,在深入分析的基础上,得出了许多宝贵经验。

本届年会的召开为航天科技工作者搭建了一个开展交流的平台,对促进航天学术水平的提高和学术思想的繁荣,对我国航天事业的发展将会起到积极的推动作用。

张庆伟

二〇〇六年四月

目 录

第1篇 空间技术

第2篇　空间应用

第3篇　空间科学

第4篇 智能飞行器

第5篇 其他

第一篇　空间技术

锂离子电池作为空间储能电源的研究进展

安晓雨　谭玲生

中国电子科技集团公司十八研究所

天津 296 信箱，邮编：300381，kz@tips.ac.cn

摘　要　锂离子电池由于具有高的比能量、低的热效应、无记忆效应等突出优点，将成为继镉镍电池、氢镍电池之后的第三代卫星、空间航天器用储能电源，国外已经开始在空间飞行器上应用锂离子电池作为储能电源。本文介绍了新型锂离子电池储能电源的反应机理、电池的研究进展及国外锂离子电池在空间电源的应用情况。

关键词　锂离子电池；空间电源；比能量；电池容量

引言

在太空中，飞行器不可能总是面对着太阳。当飞行器位于地影期时，太阳电池也就不能正常工作，需要储能的蓄电池供电。20 世纪 90 年代研制开发的锂离子电池具有比能量高、热效应小、无记忆效应等突出优点，其比能量是氢镍电池的 2 倍，是镉镍电池的 4 倍，非常适合空间储能电源的发展需要，正逐步成为继镉镍电池、氢镍电池之后的第三代空间储能电源。目前，锂离子电池作为空间储能电源已经在 STENTOR 通信卫星上使用，在最近欧空局（ESA）发射的火星快车中和美国发射的勇气号和机遇号火星探测器中也采用了锂离子电池作为其储能电源。锂离子电池作为空间飞行器储能电源的发展势头非常强劲。表 1 是三种空间储能电源的性能对比[1]。

由表中数据可以看出，氢镍电池的比能量是镉镍电池的两倍，可以通过监测电池内部的气压来表征电池的荷电状态，不足之处是电池的自放电明显大于镉镍电池；锂离子电池具有更高的比能量，是镉镍电池的四倍，可以显著减轻电池组的重量。同时锂离子电池还具有热效应小、自放电小、无记忆效应、可以通过监测电池的电压来表征电池的荷电状态，便于模块化设计等突出优点，不足之处是电池组的管理较为复杂，需要先恒流后恒压充电，并辅以均衡技术。本文介绍了新型锂离子电池作为空间用储能电源的研究进展。

表 1　空间储能电源的性能比较

项目	Li/ion	H_2/Ni	Cd/Ni
重量比能量（Wh/kg）	125	60	30
体积比能量(Wh/l)	300	90	150
能量效率（%）	96	70	72
热效应（范围 1～10）	3	10	8
自放电（%/天）	0.3	5～7	1
记忆效应	无	轻微	有
能量计量/监测	电压	内部气压	无
充电方式	恒流恒压+均衡	恒流	恒流
模块化	好	否	否

1 锂离子电池的反应机理

锂离子电池的正极活性物质是层状 $LiCoO_2$,负极活性物质则为碳材料,其反应机理实际是 Li^+ 在正负极材料之间的嵌入和脱嵌,如图 1 所示。

锂离子电池的这种利用 Li^+ 在正负极材料中嵌入或脱嵌从而完成充放电过程的反应机理称为摇椅式机制。其特点是:(1)充电时,Li^+ 正极材料脱嵌经过电解液嵌入到负极材料的晶格中;放电时 Li^+ 从负极材料中脱嵌经过电解液回到正极材料中,没有副反应发生,所以,充放电寿命长;(2)电池工作电压高,锂离子电池的标称电压为 3.6V,镉镍电池和氢镍电池的标称电压均为 1.2V,一节锂离子电池的电压相当于三节串联镉镍电池或三节串联氢镍电池的电压;(3)比能量高,锂离子电池的比能量达到 120Wh/kg 以上,是氢镍电池的 2 倍,是镉镍电池的 4 倍;(4)锂离子电池无记忆效应;(5)锂离子电池自放电率小。

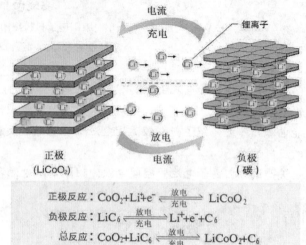

图 1　锂离子电池的反应机理

2 空间飞行器用锂离子电池的全密封设计

作为空间飞行器用锂离子电池,首先要进行全密封设计。从锂离子电池的反应机理可以看到,锂离子电池的充放电过程实际上是 Li^+ 在正负极材料中嵌入或脱嵌。在正常充放电条件下,没有副反应发生,没有气体产生,有利于电池的全密封设计。

空间锂离子电池的全密封设计主要借鉴了空间用镉镍电池和氢镍电池的密封设计技术。国内外电池的壳体与电池盖的密封一般采用激光焊接工艺和氩弧焊焊接工艺进行密封焊接。电池极柱与电池壳体的绝缘密封主要采用压缩密封技术和陶瓷密封技术。中国电子科技集团公司十八研究所研制开发成功空间用锂离子电池的压缩密封技术,电池经过耐辐照考核后,用氢质谱检漏测试电池的密封性能,其漏气率小于 $10^{-10}Pa \cdot m^3/s$,达到了空间用电池的全密封要求。表 2 是电池耐辐照前后的漏气率测试。

表 2　空间用锂离子电池辐照前后的密封性测试数据

辐射项目	^{60}Co 7.06+05Rad	电子照射 $1 \times 10^{15}/cm^2$	^{60}Co 7.06+05Rad 和电子照射 $1 \times 10^{15}/cm^2$
辐射前泄漏率 （$Pa \cdot m^3/s$）	$\leq 1.0 \times 10^{-11}$	$\leq 1.0 \times 10^{-11}$	$\leq 1.0 \times 10^{-11}$
辐射后泄漏率 （$Pa \cdot m^3/s$）	$\leq 1.0 \times 10^{-11}$	$\leq 1.0 \times 10^{-11}$	$\leq 1.0 \times 10^{-11}$

3 空间飞行器用锂离子电池循环寿命性能的研究

锂离子电池能否在空间领域得到应用,关键在于其是否能够满足空间飞行器对电源的长寿命要求。法国 SAFT 公司首先采用 18650 型锂离子电池对锂离子电池的循环寿命性能进行了探索性研究,其模拟低轨卫星运行周期 10%DOD 的循环寿命已超过 10 万次,完全能够满足低轨卫星对电源的长寿命要求。表 3 是其在不同放电深度下的循环寿命数据。

致力于空间电源研究的第十八研究所模拟低轨卫星运行周期开展了一系列循环寿命试验。图 2 是空间用典型产品 30%DOD 的循环寿命曲线。目前已进行了 11 000 次循环，按照电池电压与循环寿命变化趋势推算，电池的循环寿命可达到 50 000 次以上。

表 3　SAFT 公司 18650 电池不同放电深度下的循环寿命数据

放电深度 DOD	循环次数	容量损失率	内阻增加率
1%	1,105,500	0%	0%
10%	107,150	6%	21%
15%	87,500	8%	30%
30%	93,473	18%	41.2%

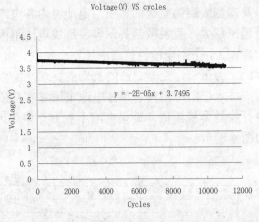

图 2　空间用锂离子电池 30%DOD 的循环寿命曲线

近年来 SAFT 公司采用其典型产品 VES140S 型锂离子电池进行了大量的模拟高轨卫星的循环寿命试验，试验结果表明，锂离子电池可以满足高轨卫星 15 年的寿命要求[2]。表 4 是 SAFT 公司模拟高轨卫星的循环寿命数据。

表 4　SAFT 公司的 VES140S 型锂离子电池的模拟高轨循环寿命数据

型号	放电深度 DOD	已进行的阴影期循环数	容量衰降情况	
			测试值	相当 15 年时
GEO1	40%	34	8.0%	7.1%
GEO2	80%	30	10.9%	10.9%
GEO3	60%	20	6.1%	9.0%
GEO4	60%	5	2.0%	12.0%
GEO6	80%	56	4.0%	2.1%
GEO7	85%	30	3.5%	3.5%
GEO8	70%	62	16.0%	7.9%
GEO9	90%	16	0.8%	1.3%
GEO10	70%	8	0.5%	1.9

由表中数据可以看到，锂离子电池在 70%DOD 的放电深度下经过 62 个阴影期循环，相当于 31 年的循环寿命，电池容量仅衰降 16%。说明锂离子电池具有优异的循环寿命性能。SAFT 公司根据不同 DOD 下的循环寿命试验数据进行外推，发现放电深度降低，锂离子电池的循环寿命性能大大增加，与镉镍电池和氢镍电池一样，电池的循环寿命随着放电深度的降低呈指数关系的增长。其增长趋势符合下列方程式：

$$N=8.9\times10^5e^{(-0.0547DOD)}$$

式中：

　　　　N——循环寿命次数；

　　　　DOD——放电深度。

4　锂离子电池组的充放电管理技术

锂离子电池的电压与电池的荷电量有良好的对应关系（如图 3 所示），可以通过监测电池电压来表征电池的能量，为锂离子电池组的充放电管理提供了一种很好方式。

但是，锂离子电池在长期充放电过程中，由于电池组内各单体电池充电接受能力的差异、自放电率的差异以及遥测线路误差等的累积，电池组内各电池的电压差距越来越大，呈发散趋势，容易造成电池组内部电池离散性加大，个别电池性能衰降加剧而导致整组电池失效。因此，为了满足空间电源的长寿命要求，需要采用电池均衡技术使电池组内各单体电池电压随着充放电循环的进行收敛至稳定值，确保电池不被过充电和过放电[3]，如图4所示。

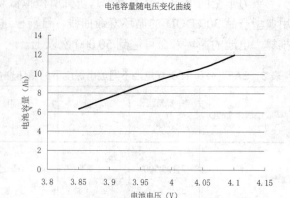

图3 锂离子电池容量随电池电压变化曲线

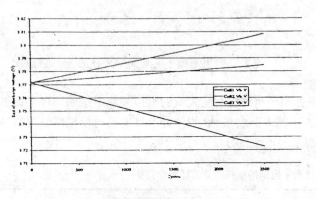

没有均衡系统的电池电压变化

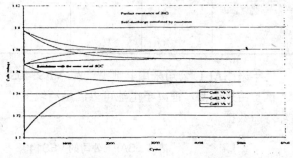

采用均衡系统的电池电压变化

图4 长期循环过程中电池电压变化
A 没有采用均衡技术；B 采用了均衡技术

5 锂离子电池在空间电源领域的应用情况

国际上，锂离子电池在空间电源领域的应用已进入工程化应用阶段[4]。目前已经有十几颗航天器采用了锂离子电池作为储能电源。

2000年11月16日发射的STRV-1d航天器首先采用了锂离子电池，该航天器采用的锂离子电池的比能量为100Wh/kg。

2001年10月22日发射升空的PROBA（Projec on Board Autonomy）航天器上再次采用了锂离子电池作为其储能电源。这颗带有3个科学仪器的航天器质量只有95kg，采用的6节9Ah锂离子电池电池组，质量为1.87kg，比能量为104Wh/kg。每月进行400次充放电循环，放电深度为8%～15%。地面试验按30%DOD低轨制度进行了16000次循环寿命考核，电池组的放电电压从23V，下降到22.2V，表现出优异的循环寿命性能。

2003年欧空局发射的ROSETTA平台项目也采用了锂离子电池组，电池组的能量为1070Wh，分为3个模块，质量为9.9kg，比能量为107Wh/kg。ROSETTA平台的着陆器也采用了锂离子电池作为储能电源，电池组的质量为1.46kg，比能量为103Wh/kg。

2003年欧空局发射的火星快车项目的储能电源也采用了锂离子电池，电池组的能量为1554Wh，电池组的质量为13.5kg，比能量为115Wh/kg。地面模拟试验进行了9280次循环，放电深度从5%～67.55%。电池容量衰降了18.66%，其中循环寿命初期电池容量衰降较快，在前1000次循环电池容量衰降了12%左右，电池容量从100%降到88%左右，此后，电池容量衰降较慢，当进行到9280次循环时，电池容量衰降到81%左右。火星着陆器猎犬2也采用了锂离子电池。

此外，美国NASA 2003年发射的勇气号和机遇号火星探测器也采用了锂离子电池，欧空局计划还有

18 颗航天器采用锂离子电池作为储能电源。表 5 为 SAFT 电池在卫星型号上的应用情况。

表5　SAFT 电池在卫星型号上的应用

发射日期	卫星型号	轨道	最终用户	电池型号	状态
计划 2005 年	Hotbird 8	GEO	EUTELSAT	VES140	已交付
计划 2005 年	Skynet 5A	GEO	Mod	VES140	已交付
计划 2005 年	Skynet 5B	GEO	Mod	VES140	已交付
计划 2005 年	Syracuse Ⅲ A	GEO	Mod	VES140	已交付
计划 2005 年	Syracuse Ⅲ B	GEO	Mod	VES140	已交付
计划 2005 年	Calypso	LEO	CNES/NASA	VES100	已交付
计划 2005 年	Corot	LEO	CNES	VES100	已交付
计划 2005 年	Jason 2	LEO	NASA	VES100	已交付
计划 2005 年	Korea-Sat	GEO	Mod	VES140	生产中
计划 2005 年	GSTB V2 (Galileo)	MEO	Galileo	VES100	已交付

　　我国空间飞行器用锂离子电池也已进入工程化应用研究阶段。其中中国电子科技集团公司十八研究所研制的空间用锂离子电池，按照卫星用蓄电池的技术条件进行了系统考核（如冲击、振动、稳态加速度、温度冲击、热真空、密封性测试等），完全可以满足卫星用蓄电池的使用要求。单体电池模拟低轨卫星的运行周期进行了 11 000 次循环（放电深度 30%DOD），预计循环寿命可达到 50 000 次，电池组的循环寿命已进行了 6 000 多次循环，如图 5 所示。可以预见，锂离子电池在未来的空间电源领域将大有作为。

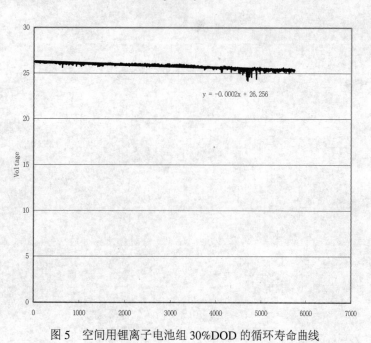

图 5　空间用锂离子电池组 30%DOD 的循环寿命曲线

参 考 文 献

[1]　http//:www.saft.alcate.fr.

[2]　Y.Borthomieu, M.Broussely, JP.Planchat. VES140s Li-ion cell GEO life test results Lithium-ion batteries for space. Proceedings of the six European Space Power Conference.P679-684.

[3]　Didier LOCHE, Henri BARVE. Lithium-ion battery cell balancing in LEO.　Proceedings of the six European Space Power

Conference.P507-512.

[4]   Rob Spurrett, Carl Thwaite, Mike Slimm and so on. Lithium-ion batteries for space. Proceedings of the six European Space
      Power Conference.P477-482.

Development of Lithium-ion Batteries as New Power Sources for Space

An Xiaoyu and Tan Lingsheng

Tianjin Institute of Power Sources

P. O. Box 296, Tianjin, 300381, kz@tips.ac.cn

Abstract   Lithium ion battery has his outstanding characteristics such as high specific energy, low heat effect, no memory effect, etc. It is expected to be a third-generation storage battery for satellite applications after Ni-Cd and Ni-MH battery. And it is already applied to some space products abroad. This article introduces the reaction mechanism of new pattern lithium ion storage battery for satellite application, the researching progress and the practical status of lithium ion battery in space applications.

Key words   Lithium ion battery; Power sources for space application; Specific energy; Battery capacity

柔性自回弹天线反射器及其优化设计

柏宏武　宋燕平　马小飞　郑士昆

中国空间技术研究院 504 所

西安市 165 信箱，邮编：710000，baihw@cast504.com

摘　要　本文首先介绍了柔性自回弹天线反射器的概念及在国内外的研究应用情况，然后总结了一套适应该反射器收拢时的非线性分析方法。最后分别采用正交试验设计法和改进的可行方向法对反射器加强筋宽度和反射器的结构厚度进行了优化，优化提高了反射器展开状态的刚度，使得反射器质量减小 20%，基频从 0.6Hz 提高到 1.0Hz 以上。

关键词　柔性自回弹天线反射器；非线性分析；正交试验设计；改进的可行方向法

1　引言

随着卫星和通信技术的不断发展，对星载天线提出了更高更新的要求。卫星天线反射器有了两个新的发展方向：一是大口径，二是高精度。大口径天线反射器可以侦收宽频段小功率的信号，从而满足移动通信卫星、电子侦察卫星、数据中继卫星和深空探测器等的需要。由于火箭运载风罩有效包络空间的限制，大口径天线一般需采用空间可展开结构。国内外对各种空间可展开天线都作了大量的研究和开发。可展开天线按结构划分已经形成了固面可展开天线(Solid Deployable Surface Antenna)、网状可展开天线(Mesh Antenna)、充气式天线（Inflatable Antenna）和柔性自回弹天线（Spring Back Antenna）等四种基本形式。

柔性自回弹天线反射器（Spring-back Antenna Reflector）采用具有一定柔性和一定自回弹性能的薄膜材料形成天线反射面，为提高反射器型面精度，反射面背面还使用高回弹柔性材料背架，此外在天线背面采用了一套型面精度调整机构，使得反射器的型面精度能进一步得到提高。柔性自回弹天线由于不需要复杂的展开机构，其质量得以大幅减小，可靠性得以大大提高，又由于结构具有一定的刚性，反射器的型面精度也比网状天线更容易得到保证。因此，该天线由于在质量、可靠性和型面精度方面的优势，使其成为 3.5～6m 口径天线反射器领域最好的选择之一。反射器收拢和展开示意如图 1 所示。

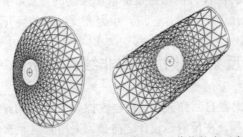

图 1　柔性自回弹天线反射器展开和收拢状态示意

2　柔性自回弹天线反射器在国内外的研究和应用情况

2.1　反射器在国外的应用

柔性自回弹天线反射器由休斯公司发明，目前已经在多颗卫星上得到了成功的应用。

柔性自回弹天线最早用在北美移动通信系统 MSAT 中的 MSAT-1 和 AMSC-1（MSAT-2）卫星上（如图 2），每副天线重 45 磅，展开尺寸大小是 22.3×17 英尺(6.8m×5.25m)，AMSC-1 于 1995 年的 4 月 7 日发射成功，MSAT-1 于 1996 年的 4 月 20 日发射成功，四副天线均展开成功。

柔性自回弹天线在美国第二代 TDRS 卫星系统 TDRS－H、I、J 上的应用将柔性自回弹反射器技术推向了一个新的高度，首次将该反射器用在了 Ka 频段。TDRS-H 在 2000 年 6 月 30 日成功发射，天线成功展开，服役期是 15 年，反射器口径 4.9m，工作频段是 S/Ka。TDRS-I（如图 3）和 TDRS-J 分别在 2002 年 3 月和 12 月发射成功，天线均展开成功。

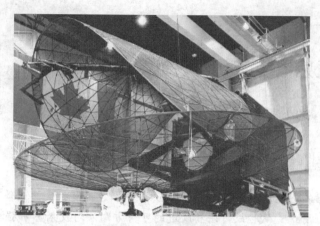

图 2　测试状态的北美移动通信卫星　　　　　　图 3　测试状态的 TDRS-I 卫星

2.2　反射器在国内的研制情况

　　航天 504 所自 2000 年开始启动柔性自回弹天线反射器的研制工作。先期研究已经取得了一定的成绩，在大变形过程的计算与分析、柔性碳纤维 TWF 薄膜的设计与制取、反射器型面精度的地面测试方法、反射器锁紧与释放装置的研制等方面都取得较好的成绩。制成了 620mm 和 4200mm（如图 4）反射器原理样机，并对其进行了必要的测试和试验。对 4200mm 反射器的测试表明我们生产出的反射器较好地吻合了设计要求，在反射器口径向上有重力作用时其型面精度达到了 3.316mmRMS。

图 4　测试状态的 4200mm 反射器原理样机

　　此外，笔者还在已经设计加工完成的 4200mm 反射器原理样机的基础上，采用正交试验设计法和改进的可行方向法对反射器加强筋的宽度和结构厚度进行了优化设计，进一步提高反射器的展开状态的刚度的同时减小了反射器质量。

3　反射器收拢时的非线性分析

　　柔性自回弹天线反射器收拢时采用 Kevlar 绳索在其口面对边施力拉紧即可，是一个大变形的几何非线性过程。在反射器设计之前必须采用有限元软件对其进行收拢时的非线性分析，以获得反射器收拢时的力/位移曲线，并考察反射器的收拢到位后的应力集中情况和最大应力水平。

　　采用工业领先的有限元前后置处理软件 Patran2005 建立反射器的有限元模型。在三维 CAD 软件中以曲面的形式建立反射器的几何模型，导入 Patran2005，用三节点三角形单元（TRIA3）对整个模型进行有限元划分（如图 5），然后将边缘加强带、单层反射面、横向和径向加强筋、中心实面分别归入 4 个组（Group）中，分别进行材料和几何特性的定义。

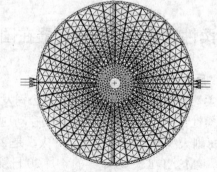

图 5　反射器的有限元模型

　　非线性分析是结构力学领域研究的一个热点，也是一个难点。本文借助于有限元软件 Nastran2005，采用增量法将施加的外力从初始值逐步增加到所需的大小，获得了反射器收拢时的力/位移曲线（如图 6）和变形图（图 7），结果和文献[1]基本吻合，证明了分析方法的可行性。

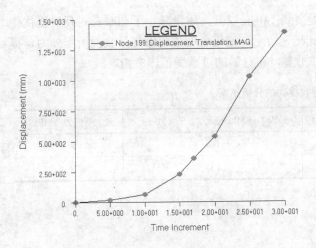

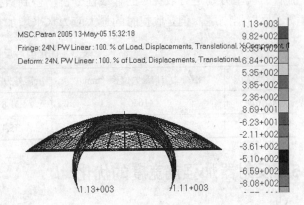

图6 反射器收拢时施力节点的位移图

图7 反射器收拢时的变形图

4   4200mm 反射器结构厚度的优化

以反射器质量最轻为目标,采用改进的可行方向法并借助有限元软件 Nastran2005 对反射器一阶固有频率和外力作用下节点位移进行约束来优化柔性自回弹天线反射器的结构厚度。反射器结构组成如图 8 所示。

设计变量如表 1 所示。

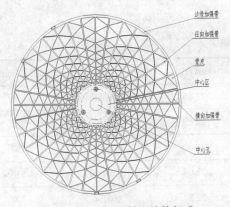

图8   4200mm 反射器结构组成

表1   设计变量（mm）

设计变量	物理含义	初始值	下限	上限
t_1	中心实面厚度	2.2	1.5	5
t_2	横向加强筋厚度	2	1	6
t_3	径向加强筋厚度			
t_4	边缘加强筋厚度	4	1.5	10

经过 6 次迭代优化达到收敛,各量的变化曲线如图 9 所示。优化结果如表 2 所示。

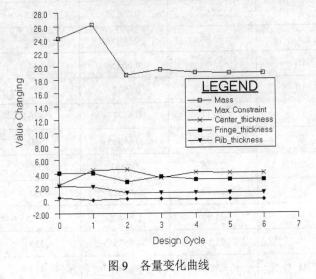

图9   各量变化曲线

表2   优化结果

变量	物理含义	初始设计值	优化值
t_1	中心实面厚度	2.2	4
t_2	横向加强筋厚度	2	1
t_3	径向加强筋厚度		
t_4	边缘加强筋厚度	4	3
质量（kg）		24.13	19.02
一阶固有频率 f（Hz）		0.66681	1.0056
Node 191 位移（mm）		26.2	20.6

从表 2 可以看出，通过优化设计使反射器的基频提高到 1.0Hz 以上，质量减小了 20%。对反射器优化前后的模型分别进行收拢时的非线性分析，得到数据如表 3 所示。结果表明优化增加了收拢所需外力，提高了反射器刚度，但是收拢时的最大应力水平增加得并不多，在材料的可承受范围之内。

表 3 优化前后反射器收拢时的分析结果

反射器状态	沿外力方向最大位移（mm）	所需外力（N）	最大 Von Mises 应力水平（MPa）	最大剪应力（MPa）
优化前	1050	31.8	102	56.4
优化后	1050	35.4	134	76.4

5 反射器加强筋宽度的优化

在对反射器结构厚度进行优化之后，需要对反射器加强筋的宽度进行优化设计，目的是在提高基频（刚度）的情况下尽量减轻反射器的质量。针对该反射器的特点，采用了正交试验设计的方法。采用正交表 $L_{25}(5^6)$，试验的因素水平如表 4 所示。试验的指标为反射器的质量、基频和刚度（采用在一定外力作用下的节点位移来表示）。

注：边缘加强筋宽度指加强筋在反射面口径面内的投影宽度。

表 4 试验的因素水平

因　素	水　平（mm）
边缘加强筋宽度 A	60、70、80、90、100
径向加强筋宽度 B	27.4、26.4、25.4、24.4、23.4
横向加强筋宽度 C	7、8、9、10、11

试验的结果如表 5 所示。

表 5 正交试验试验结果

试验号	A(mm)	B(mm)	C(mm)	质量(kg)	基频(Hz)	位移(mm)
01	60	27.4	7	21.56	0.67038	855
02	60	26.4	8	21.69	0.70223	772
03	60	25.4	9	21.90	0.70193	737
04	60	24.4	10	22.06	0.68029	815
05	60	23.4	11	22.33	0.6796	798
06	70	27.4	11	24.18	0.66656	586.5
07	70	26.4	7	22.42	0.69343	621
08	70	25.4	8	22.62	0.65629	700.5
09	70	24.4	9	22.84	0.66957	654.5
10	70	23.4	10	23.04	0.65338	683
11	80	27.4	10	24.90	0.65224	505
12	80	26.4	11	25.11	0.65717	476
13	80	25.4	7	23.35	0.64365	580
14	80	24.4	8	23.56	0.6561	550.5
15	80	23.4	9	23.77	0.65327	532
16	90	27.4	9	25.59	0.65405	393.5
17	90	26.4	10	25.80	0.65755	357
18	90	25.4	11	26.01	0.62915	437

试验号	A(mm)	B(mm)	C(mm)	质量(Kg)	基频(Hz)	位移(mm)
19	90	24.4	7	24.27	0.66648	387.5
20	90	23.4	8	24.46	0.65956	389.5
21	100	27.4	8	26.30	0.64274	336
22	100	26.4	9	26.50	0.63815	330
23	100	25.4	10	26.69	0.63607	333.5
24	100	24.4	11	26.91	0.64522	310
25	100	23.4	7	25.19	0.65076	333

从表 5 可以看出加强筋宽度的变化对反射器基频的影响很小，故将基频指标暂不考虑，问题就变成 2 指标的正交试验设计问题。分别采用综合评分法和功效系数法对试验的结果进行处理，得到了 3 种较优的参数组合作为本次优化结果，如表 6 所示。通过对数据的处理可以得出，反射器边缘加强筋的宽度相对于其他两个因素来说是主要因素，在设计时应重点考虑，其他两个因素可以根据需要来选取。对优化之后的结果进行收拢时的非线性分析，发现优化将反射器的刚度提高了 2～3 倍，同时反射器收拢时的应力水平提高了 17%左右，在材料的允许范围之内。

表 6   加强筋宽度优化得到三种较好参数组合

代号	A（mm）	B（mm）	C（mm）
F1	100	26.4	7
F2	90	24.4	7
F3	60	23.4	7

6 总结

本文首先介绍了柔性自回弹反射器的概念以及在国外的应用情况，然后介绍了反射器在国内的研究状况，接下来介绍了笔者采用改进的可行方向法和正交试验设计法对反射器的结构厚度和反射器加强筋宽度进行优化的情况。优化提高了反射器的展开状态刚度，这对于使反射器获得和维持较高的型面精度至关重要。

柔性自回弹天线反射器是一种新型的反射器，具有质量轻、可靠性高和型面精度高等的优点，可以满足我国移动通信卫星、新一代数据中继卫星、军用通信卫星等对口径 3.5～6m 口径反射器的需要。同时该反射器亦可用于口径小于 3m 的场合，此时反射器在发射前无需收拢，型面精度可以更高。

参 考 文 献

[1] Lin Tze Tan, Sergio Pellegrino. Stiffening Method for "Spring-back"Refelctors. Computation Methods for Shell and Spatial Structures. IASS-IACM 2000.

[2] Lin Tze Tan, Sergio Pellegrino. Stiffness Design of Spring Back Reflectors. 43rd AIAA/ASME/ASCE/AHS/ASC Structures, Structural Dynamics, and Materials Conference. 22-25 April 2002, Denver, CO.

[3] NASA Facts. Tree Newly Designed Tracking and Data Relay Satellites To Help Replenish Existing On-Orbit Fleet. FS-2001-9-025-GSFC. Goddard Space Flight Center.

[4] Lin Tze Tan, Sergio Pellegrino. Ultra Thin Deployable Reflector Antennas. 45th AIAA/ASME/ASCE/AHS/ASC Structures, Structural Dynamics, and Materials Conference. 19-22 April 2004, Palm Springs, California.

[5] Lin Tze Tan, Omer Soykasap, Sergio Pellegrino. Design & Manufacture of Stiffened Spring-Back Reflector Demonstrator.

Spring-back Reflector and Its Optimization Design

Bai Hongwu, Song Yanping, Ma Xiaofei and Zheng Shikun

Xi'an Institute of Space Radio Technology

P. O. Box 165, Xi'an, 710000, baihw@cast504.com

Abstract   This paper introduces the concept of spring-back reflector and the researches and applications of the reflector firstly. Secondly, an especial nonlinear analyse method suitable for the reflector is summarized. Finally, the structure thicknesses are optimized using modified feasible direction algorithm and the stiffener wideness are optimized using the orthogonal experimentation method. A conclusion derived from the optimization is that the mass of a 4.2m reflector can be decreased by 20% and the natural frequency can be increased from 0.6Hz to 1.0Hz.

Key words   Spring-back reflector; Nonlinear analysis; Orthogonal experimentation design; Modified feasible direction algorithm

航天高超声速气动技术发展研究的几个问题

陈河梧

航天空气动力技术研究院 11-2 部

北京 7201 信箱 14 分箱，邮编：100074

摘　要　本文是高超声速空气动力学专业研究领域内带有文献综述性质的一篇技术札记，主要叙述高超声速空气动力技术发展的基本趋势，与航天的相互关系及其在航天工程技术中的应用。着重讨论高超声速空气动力学在未来航天技术发展中面临的严峻挑战，以及与未来航天飞行器研制相适应的研究方向。

关键词　高超声速空气动力学；航天器；发展研究；综述

1　引言

高超声速飞行器既包括其飞行轨道具有穿越大气层的发射、上升段，在大气层外的轨道飞行段，再入大气层的再入、返回段的航天飞行器，如卫星、飞船、航天飞机、空天飞机和弹道式导弹；也包括在大气层内以高超声速飞行的飞机和导弹。由于高超声速流动 Ma 数很高而产生的高度非线性的流体动力学特性，以及由于其流动能量很大而引起的高温物理化学特性，使高超声速飞行器气动设计所面对的已是航空领域少见的复杂而严峻的气动力气动热环境。高超声速空气动力学作为在航天技术中以应用为主的基础性学科，成为航天飞行器科学设计的基础和重要手段，在飞行器的外形设计及其与外形有关的结构设计上起着决定性的作用，主要体现在精确预测从低速到高超声速范围内飞行器的气动性能；为飞行器提供宽飞行 Ma 数布局优化与机体/发动机一体化构形；并且深入研究激波／边界层干扰更加复杂的流动现象，包括有化学反应流动、湍流、转捩、激波、旋涡及这些现象的相互作用。可以说，没有先进的高超声速空气动力学技术就没有现代第一流的航天飞行器。

2　高超声速空气动力技术发展的基本趋势

高超声速空气动力学诞生于上个世纪 40 年代。我国杰出的科学家钱学森最早引入"高超声速"（hypersonic）术语，并且首先认识到边界层／激波相互干扰对流场的强烈影响，同时从理论上描述高超声速相似的概念[1]，为高超声速空气动力学科的创立作了开拓性贡献。

高超声速空气动力学的兴起是与火箭、导弹、卫星、载人飞船的发展密切相关的。世界上第一颗人造卫星和第一艘载人飞船东方号升空，标志着空间时代的开始。战略导弹和航天器发展的强烈推动，使高超声速空气动力学得到迅速发展，重点放在解决弹头和空间飞行器防热，特别是如何克服由于高超声速飞行和弹头再入大气层，严重的气动加热引起的"热障"问题。紧接着，为了提高弹头的落点精度，又解决了烧蚀外形对气动力的影响问题。在理论上解决了再入大气层最有利的气动外形，并成功地采用烧蚀的办法进行热防护之后，高超声速空气动力学的各个方面(激波层、熵层、粘性干扰、高温效应、低密度效应等)研究工作的全面开展，以及高超声速实验设备，包括高超声速风洞、激波管、激波风洞、炮风洞、电弧加热器、电弧风洞、脉冲放电风洞、低密度风洞和弹道靶等的广泛使用，都使高超声速空气动力学研究达到空前的规模。

以火箭为动力装置的宇宙飞船、航天飞机等高超声速飞行器和跨大气层飞行器的成功上天，标志着以火箭为动力装置的高超声速飞行器技术上的成熟。高超声速吸气推进技术在航天飞行领域的潜力，使得可像普通飞机起降的高超声速飞行器的诞生成为可能。

继 1981 年美国发射的航天飞机之后，世界主要发达国家都争相发展各自的高超声速飞行器计划，如苏联的暴风雪号，法国的赫尔梅斯，英国的霍托尔，德国的森格尔和日本的希望号。虽然方案各不相同，如单级或多级，垂直发射或水平起飞，全回收或局部回收，有人或无人，大些或小些，但都力求经济可靠。美国则在第一代航天飞机技术的基础上，以战略防御体系和大型空间站为目标，开始考虑更加雄心勃勃的第二代航天运输系统。由此形成了高超声速技术发展的新时期。它比之上世纪 50~60 年代规模更加庞大。

1986 年美国宣布执行单级入轨的国家空天飞机计划(NASP)，目标是 20 世纪末研制出 Ma=25 的空天飞机，高超声速吸气推进技术为 NASP 计划提供进入空间的手段。但作为动力的氢燃料超燃发动机研制遇到了技术上空前的困难。紧接着制定了以火箭发动机为动力、可重复使用的空天运载器 X-33，X-34 和 X-37 发展计划，又碰到 X-33 液氢储箱复合材料脆性断裂等一系列不易解决的技术难题。之后，美国空军和 NASA 分别实施了"高超技术"(Hytech)和"高超-X"(Hyper-X)计划，探索从速度 Ma=8 导弹到 Ma=25 空天飞机等各种高超声速飞行器的飞行机理和应用技术。但进展并不顺利，作为"Hyper-X"计划的 X-43A 飞行试验也因火箭助推器技术故障而未能成功。美国人在总结经验教训时认识到，风洞等地面模拟设备能力的严重不足和包括高超声速空气动力学在内的关键技术问题基础研究不够充分，是导致失败的主要原因[2]。

随着推进技术、先进的材料与结构设计技术和控制技术的飞速发展，高超声速的吸气式导弹、拦截弹、机动再入飞行器和跨大气层飞行器等对高超声速气动力学技术的需求将更日益明确。可重复使用的高超声速空天飞行器集飞机、运载器和航天器等多功能于一身，能在大气层内高速飞行，也能进入外层空间在轨道飞行，它的飞行 Ma 数可以超过 20，既可作为高速运输工具，又可担负空间武器发射平台和实时地侦察、预警以及对敌攻击任务，是 21 世纪进入进入空间、控制空间，争夺制天权的关键武器装备。

3　航天器和导弹武器发展与高超声速气动技术的相互关系

航天领域是当今世界高科技发展的重点领域。高超声速作为航空航天技术的结合点，涉及到多学科分支，是诸多前沿技术的综合。高超声速技术的研究将对未来空间技术、军事技术发展战略和整个科学技术的进步产生重大影响。纵观当今世界航天的发展，可以把高超声速飞行器的特点归结为三个方面：一是高超声速武器技术。高超声速武器技术涉及到高超声速导弹、高超声速飞机实施高速拦截和即时侦察的军事能力，以及未来太空战斗机、军用运输机的作战平台。一个国家的军事发展战略，必须适应未来高技术战争或地区冲突的规模和程度。高超声速导弹具有高速、高精度、隐身等特点，可在大约不到 10min 的时间内摧毁近千公里的战略要地和军事目标。这么短的时间，一般还来不及完成机动部署的战略导弹的发射和升空，其巨大的军事应用价值日益凸显。二是高超声速飞机。高超声速技术的另一个应用是高超声速飞机，它具有突防能力强、被拦截概率小、纵深进行侦察的特点，大约用 2h 飞抵全球任何地区，可以实时侦察和远程快速部署，精确打击面目标和拦截远距离外的空中高价值目标。高超声速技术进一步发展还可能在洲际飞机上，这种洲际飞机速度为 Ma=5~6，航程达数万公里，民用方面很有潜在市场。三是空天飞机。高超声速技术与火箭推进技术相结合，可以使飞行器实现跨大气层飞行，在跨大气层飞行器和空天飞机上应用。空天飞机能够像普通飞机水平起飞，以高超声速在大气层中飞行，30~100km 高空上的飞行速度达到 Ma=12~25；能够直接加速进入低地球轨道；能安全返回并再入大气层，像普通飞机一样在大气层中滑翔并降落；能够重复使用。

跨大气层飞行器和空天飞机可以作为反卫星武器平台、监视和侦察平台、天基系统的支持平台，在未来的空间控制和空间作战中发挥重要作用。空天飞机在快速发射和降低航天发射成本方面的明显潜力而成为未来空间利用和开发的重要工具。

高超声速空气动力技术发展的每一步都推动着航天飞行器和导弹武器的发展。正是高超声速空气动力技术的发展促使着航天飞行器设计从经验过渡到科学设计，从保守设计发展为要精度要准度和提高性能，从被动设计变为主动设计，从单变量影响因素问题变成多变量约束条件下的系统优化设计问题[3]。高超声速气动技术所提供航天飞行器设计的许多新概念、新思想和新方法，为航天产业中已有资源的发掘和新资源的利用创造了基本条件。没有航天的发展，就没有高超声速空气动力学这门特定的应用基础学科分支；而没有高超声速空气动力技术的发展，也就没有现代航天飞行器和科学的设计方法。因此，航天发展期待着高超声速空气动力技术在基础理论和工程应用研究方面建立理论与实践相结合的研究创新体系，为重大航天飞行器的设计赢得应有的发言权。高超声速空气动力学这门先行学科也同样期待着为航天发展服务的基本研究环境，保持学科发展的后劲，使研究工作始终走在型号应用的前面。

4　迎接高超声速飞行时代的新挑战

新的高超声速飞行时代的到来，使高超声速空气动力学面临真正的挑战。这种挑战包括：飞行器要求在极高空以极高速度作长时间飞行，使流动包含很复杂的物理化学现象；飞行器要求具有高空空气动力的机动能力，使飞行器外形十分复杂；飞行器要求采用吸气式发动机，飞行器机体和发动机必须实现一体化；飞行器热环境恶劣，又要求完全重复使用，使得飞行器的热防护(热控技术)相当困难和复杂。

为了应对这些挑战，高超声速空气动力技术的研究面对一系列的难题，主要包括：

(1) 高超声速飞行器气动布局和高升阻比气动构型

未来的高超声速飞行器，由于要求作空气动力机动，再入飞行器不再是满足阻力和稳定性为目标的简单钝头体外形。这样的外形要求有升力面、控制面、尖头、尖前缘、细长，酷似飞机。复杂的外形会造成复杂的流动结构。战术导弹和航天飞机还要求 40°～50° 以上大攻角飞行，涉及到对分离、转捩、旋涡、湍流等基本流动现象的观测和认识，控制与应用，建立与发展复杂激波／边界层干扰流场的精确预测方法，推动飞行器设计思想的创新。非对称外形机动弹头为了获得机动能力，构型也朝复杂化方向发展，其中小不对称气动力、升阻比、静稳定度、控制面操纵力都要求高精度，问题要比旋成体惯性弹头复杂得多，困难得多。尤其是阻力，文献［3］指出，目前预测数据散布度在 3% 左右，而阻力预测数据精准度若提高一个百分点，则意味着运载器所需要的燃料可减少 5% 左右，而阻力预测精度的提高则需要提高地面试验模拟条件和进行飞行器与地面气动数据相关性研究，取决于对高超声速飞行器流动机制的认识（包括边界层转捩的精确预测）和地面试验设施的改造。

乘波外形以其高升阻比并能为发动机进气道提供均匀流场的突出特点，可能应用于单级入轨飞行器、双级入轨飞行器、能穿越大气层并可重复使用的高超声速飞行器、高超声速导弹和高超声速飞机等的气动设计，前景十分广阔[4]。气动方面，要研究乘波外形的优化和诸如粘性等各种影响因素。另外，升力体构形，其升阻比和有效容积率都比较大，可以满足高超声速飞行器的特定要求而成为构型研究的方向。

(2) 发动机／机体一体化

由于军事和民用需要，航天运输系统在大气层中要有一个高超声速巡航的飞行阶段。在这种情况下，利用吸气式发动机可以获得较大的比冲，减少总的起飞重量。其中的严峻挑战来自发动机与机体一体化。从图 1（取自文献［5］）看出，这种一体化外形的流场结构的复杂性在于：前体/发动机进气道口/机翼三者的相互干扰，以及后体的喷管内、外流与飞行器机翼/机体流动的干扰，反映出高超声速三维绕流的典型特征，且粘性干扰和激波间干扰在其中起主导作用。喷管流场在整个飞行包络内都存在真实气体效应。在发动机非设计条件下，进气口将溢出大量的空气，喷管外壁还会出现流动分离。上述复杂流场的准确描述，以及表面

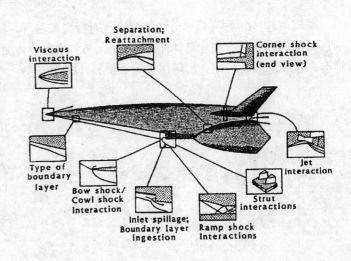

图 1　高超声速吸气式飞行器关键的设计要素

摩擦、热交换和压力的准确预测，对发动机推力和推力向量，乃至整个飞行器的性能预测都至关重要。研究这样的一体化设计问题，不仅要求在大尺寸风洞中进行带有发动机的全机气动特性实验，而且要求发展可以计算包括发动机内部流动在内的全机气动特性程序，数值模拟发动机／机体一体化的复杂流场，包括设计与非设计状态下各种气动布局的升力特性、气动效率、机动性，不同飞行 Ma 数和飞行攻角下进气道流动、燃料混合增强与燃烧组织、喷管排气等，这就要求发展能适应复杂外形的非结构计算网格，高分辨率、高精度、高效率的计算格式。

(3) 新型防热技术

航天飞行器的防热也面临一种转变，即由原先卓有成效的烧蚀防热，转变为非烧蚀防热。其中包括复杂流场和热环境的精确预测、结构热防护、主动冷却、材料筛选、热控制技术等都是需要攻关高超声速气动热力学关键技术。特别对于高超声速飞行器的一些局部区域，如机体头部、凸起物附近、翼前缘、进气道唇口等，通常会出现激波与激波干扰，激波与边界层干扰以及旋涡干扰等现象，引起数倍的加热增量，因此要十分注意研究局部防热新技术。

(4) 高 Ma 数效应和真实气体效应

高超声速飞行器的再入段，飞行 Ma 数很高，出现高 Ma 数效应和真实气体效应。文献［3］指出，由于地面的模拟设备不能正确地模拟 Ma 数效应和真实气体效应，导致轨道器飞行试验结果的所谓"高超声速异常"，即机身襟翼的偏角在实际飞行中要比预测值大一倍。对轨道器再入的研究结果表明[6]，在高超声速 Ma 数条件下，虽然随 Ma 数增加，沿轨道飞行器物面压力分布很接近（图2），但当 Ma 数从8增大到23时，迎风面压力分布偏低，尤其在后体偏低更多。与之相应，必然会出现一个抬头力矩。虽然压力偏低量不大，但却因俯仰力矩增量而引起压力中心向前移动（图3）。

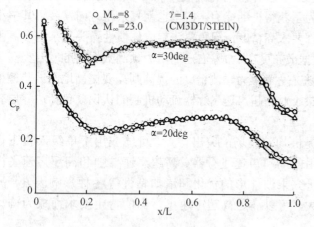 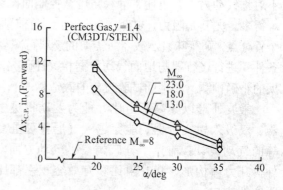

图 2　Ma 数影响轨道器迎风面中心线压力分布　　　　图 3　Ma 数对轨道器压力中心的影响

高超声速 Ma 数飞行时，激波后空气有极高的温升，所产生的真实气体效应，也会影响到轨道器物面的压力分布。相对于完全气体而言，文献［6］给出前体迎风面压力分布偏高，后体物面偏低（图4），同样会产生一个抬头力矩，出现压力中心前移（图5）。

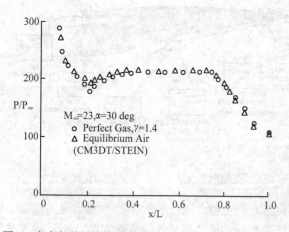 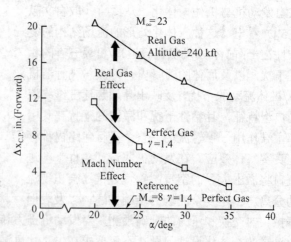

图 4　真实气体效应影响轨道器迎风面中心线压力分布　　　图 5　Ma 数和真实气体效应对轨道器压心位置的影响

理论上讲，粘性影响使非线性升力增大，压力中心后移。而加上 Ma 数和真实气体的综合效应，产生了压心位置前移的气动效果。所以文献［7］转引国外文献的研究结果时指出，风洞的试验数据加上 Ma 数效应、真实气体效应和粘性效应的修正之后，就与飞行试验的结果一致。

显然，气体在高温时所产生的振动激发、离解、电离和化学反应等现象，不仅使气体的物理特性和完全气体有明显差别，而且影响到高超声速飞行器的流场和气动特性。从理论上描述具有激波的高焓值气流的物理化学过程，数值求解高温非平衡流动，要计入多组元化学反应，使数学问题变得非常复杂和更加非线性化，增大了数值模拟有化学反应流动的网格生成技术和有效算法的困难程度。风洞试验结果可以验证计算程序，但也遇到模拟方法和相似准则多方面的研究课题。

5　一点认识

高超声速空气动力学技术研究是一项具有前瞻性、战略性和带动性的创新工程，对航天技术的发展至关重要。可以预料，今后较长一些时间内，我国的航天技术必将有更大的发展，因此，要规划我国高超声速气动技术近期、中远期的发展目标，搞好发展战略研究和发展计划的顶层设计，适当安排重大关键性课题攻关和大型高超声速地面试验设备建设，正确处理好风洞试验、数值模拟、飞行试验三大研究手段之间的关系，使关键技术储备为型号发展起到先行官作用。

参 考 文 献

[1]　LEES L.. hypersonic Flow. Journal of Spacecraft and Rockets, Vol. 40, No.5, 2003.

[2]　崔尔杰.空天技术发展与现代空气动力学.力学进展，2005，Vol. 35, No.2.

[3]　庄逢甘.航天与力学的发展.世界科技研究与发展，1997，Vol.19,No.2.

[4]　赵桂林等.乘波构形和乘波飞行器的研究综述.力学进展，2003，Vol. 33, No.3.

[5]　BERTIN J J.CUMMINGS R M.. Fifty years of Hypersonics. Progress in Aerospace Sciences, Vol. 39, No.6-7. 2003.

[6]　MAUS J R. GRIFFITH B J. and SZEMA K Y.. Hypersonic Mach Number and Real Gas Effects on Space Shuttle Orbiter Aerodynamics. AIAA-83-0343.

[7]　黄志澄.空天飞机的真实气体效应.气动实验与测量控制．1994，Vol. 8, No.2.

Several Problems of Development for Aerospace Hypersonic Aerodynamics

Chen Hewu

China Academy of Aerospace Aerodynamics

P. O. Box 7215, Beijing, 100074

Abstract　This paper is an overview of the documentations in hypersonic aerodynamic range. It mainly describes the development trend of hypersonic aerodynamics, and points out the relation of the hypersonic aerodynamics with aerospace engineering and its application in aerospace engineering. It focuses on the rigorous challenge of the hypersonic aerodynamics in the future development of the aerospace techniques, and the research directions should be suited to the future development of spacecrafts.

Key words　Hypersonic aerodynamics; Spacecraft; Development; Overview

单片开关电源应用技术研究

陈尚达

北京卫星制造厂

北京 2708 信箱 15 分箱，邮编：100080

摘　要　近 20 多年来，集成开关电源沿着两个方向不断发展，第一个方向是对开关电源的核心单元——控制电路实现集成化；第二个方向则是对中、小功率开关电源实现单片集成化。本文探讨单片开关电源在航天器上的应用前景，同时进行应用技术研究。

关键词　单片开关电源；应用前景；技术研究

1　前言

航天器上对电源的需求是体积小、重量轻、效率高、可靠性高，满足机、电、热接口要求和电磁兼容要求。满足空间辐射等空间环境要求。航天器一般采用太阳能电池和蓄电池组联合供电方式，所以高效节能型电源是其首选方向。由于开关电源效率高，所以也是航天器电源的发展方向。

近 20 多年来，集成开关电源技术沿着两个方向不断发展，即控制电路实现集成化和脉宽调制、控制电路及功率管等开关电源核心器件实现单片集成化。

第一个方向是对开关电源的核心单元，控制电路实现集成化。1997 年国外首先研制成功脉宽调制（PWM）控制器集成电路。美国摩托罗拉（Motorola）公司，硅通用（Silicon General）公司，尤尼特德（Untrode）公司等相继推出一批 PWM 芯片。529 厂承担的 DC/DC 变换器首先采用了美国硅通用公司 SG1525A 脉宽控制器。SG1525A 当时属于先进的第二代产品，性能稳定，已成功地应用于东方红三号卫星电源上，并为"东三"平台后继星所采用。国外又研制出开关频率达 1MHz 的高速 PWM 芯片，"东四"卫星 DC/DC 变换器采用 UC1825 作为脉宽调制控制芯片。

第二个方向是对中、小功率开关电源实现单片集成化，其特点是将脉宽调制器、功率输出级、保护电路等集成在一个芯片中。单片集成化大致分为两个阶段，20 世纪 80 年代初，意法半导体有限公司（SGS-Thomson）率先推出 L4960 系列单片开关式稳压电源，该公司于 90 年代又推出 L4970 系列。1994 年美国电源集成公司（Power Intergration Inc，简称 PI 公司或 Power 公司）首先研制成功三端隔离式脉宽调制型反激式单片开关电源。其第一代产品为 TOPSwitch 系列，第二代产品则是 1997 年问世的 TOPSwitch-II 系列。该公司于 1998 年又推出了高效率、小功率、低价格的四端单片开关 Tiny Switch 系列，并于 1999 年又开发出 Tny256 系列新产品。在这之后，美国 Motorola 公司于 1999 年新推出 MC33370 系列五端单片开关电源。这正预示着单片开关电源蓬勃发展的新局面和良好的应用前景。它被广泛应用于仪器、仪表、办公自动化设备、无线通信设备、笔记本电脑、彩色电视机、摄/录像机等领域，所构成的开关电源在成本上大为降低，电源转换效率显著提高，体积和重量大为减少，所以已成为开发中、小功率无工频变压器高效开关电源的首选产品。

航天器电源要实现小型化、高可靠、高效率等要求，单片开关电源应用是一个发展方向。单片开关电源不仅在民用领域有强大优势，在星用和军用领域也会显示出强大优势来。

2　开展单片开关电源应用研究必要性

2.1　民用电源与星用电源主要区别

民用电源一般由市电供电，供电体制单相电压为 110V 交流，所以民用电源属于 AC/DC 类电源。航天器用电源一般由太阳能电池和蓄电池组联合供电，所以航天器用电源属于 DC/DC 类电源。两者之间根本区别，前者是将交流电压直接整流滤波输出后，再经 DC/DC 转换变成所需电压，满足所需功率要求。因为民用电源就其本质来说，它仍属于 DC/DC 电源变换器，所以这就为单片开关电源在航天器上应用提供了可能。

2.2 必要性

航天器用电源由于其特殊用途，一般不采用光耦反馈，要求采用磁隔离反馈。而民用电源一般都采用光耦反馈。航天器用电源还要求软启动，输出过压、过流保护、满足电磁兼容和空间环境要求等。针对这些特殊性，开展单片开关电源应用研究很有必要。

3 单片开关电源产品分类及其主要特点

根据资料介绍，目前生产的单片开关电源主要有 TOPSwitch、TOPSwitch-II、Tiny Switch、Tny256、MC33370、TOPSwitch-FX 六大系列。此外还有 L4960 系列，L4970/ L4970A 系列单片开关式稳压器，共八大系列，80 余种型号。其中，TOPSwitch、TOPSwitch-II、Tiny Switch、Tny256 和 TOPSwitch-FX 系列，均为美国 PI 公司产品；MC33370 系列是摩托罗拉公司产品，L4960、L4970/ L4970A 系列为意法半导体有限公司（SGS-Thomson）产品。根据引出端数量，可划分成三端、四端、五端、多端四类。

4 单片开关电源基本工作原理

单片开关电源内部都设有功率 MOS 音，适于构成单端反激开关电源，用 TOPSwitch 系列单片开关电源构成的电原理图如图 1，一般采用功率变压器原边控制方式。功率变压器在电路中具有能量存储，隔离输出和电压变换三大功能，其初级绕组 Np 的极性（同名端用黑圆点表示），恰好与次级绕组 N_S，反馈绕组 N_F 的极性相反。

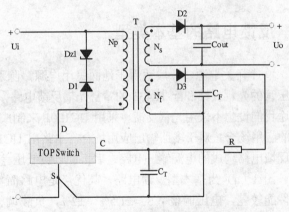

图 1 单片开关电源典型应用电路

当 TOPSwitch 导通时，电能就以磁场能量形式储存在功率变压器铁芯气隙中，D2 和 D3 截止。当 TOPSwitch 截止时，将导通中储存的能量传输给次级，这正是单端反激变换器的特点。当 TOPSwitch 截止（关断）时由功率变压器漏感产生的尖峰电压，会叠加在输入电压和感应电压 V_{OR} 上，可能损坏 TOPSwitch 芯片，为此在初级绕组两端增加漏级嵌位保护电路，也可以加 D，R，C 网络吸收尖峰电压。

5 单片开关电源三种工作模式

单片开关电源组成单端反激变换器。单端反激变换器有三种工作状态。

$$T_{off} = \frac{L_2}{U_O} I_{2P}$$

$$T_{off} > \frac{L_2}{U_O} I_{2P}$$

$$T_{off} < \frac{L_2}{U_O} I_{2P}$$

式中 L_2 为次级绕组 Ns 的电感量，I_{2p} 为次级绕组 Ns 在 TOPSwitch 截止开始电流幅值，U_O 为输出电压。对于第一种工作状态，TOPSwitch 截止时间 T_{off} 和功率变压器副边绕组 Ns 中电流 I_2 衰减到零所需的时间相等。

对于第二种工作状态，TOPSwitch 截止时间 T_{off} 比 I_2 衰减到零所需的时间更长。

对于第三种工作状态，截止时间终了时，I_2 将不等于零，即有 $I_{2min}>0$，下一个周期重新开始导通时，功率变压器原边绕组 Np 中电流 I_1 也不从零开始，而将从对应于 I_{2min} 的值按指数规律上升，同时要求功率变压器中工作磁通在周期结束时必须回到原来的位置，即所谓"磁通复位"原则，这是单端变换器必须满足的一个条件，即一周内导通和截止期间施加在功率变压器 T 原边绕组上的伏-秒数应该相等，即满足下式：

$$U_i T_{on} \leqslant \frac{N_P}{N_S} U_O T_{off}$$

综上所述，单片开关电源就其功率变压器原边电流工作情况来说，有两种模式，一种是连续模式 CUM(continousmode)，另一种是不连续模式 DUM（Discontinuous Mode）.这两种模式的开关电流波形如图 2 所示。

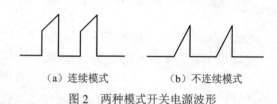
（a）连续模式　　　　　（b）不连续模式
图 2　两种模式开关电源波形

上述第三种工作状态，对应于连续模式，上述第二种工作状态对应于不连续模式，上述第一种工作状态，对应于连续模式的临界状态。

由图可见，在连续模式下，初级开关电流是从一定幅度开始，然后上升到峰值，再迅速回到零。其开关电流波形呈梯形。这表明，在连续模式下，储存在功率变压器中能量在每个开关周期内并未全部释放掉，所以下一个开关周期具有一个初始能量。

6　反馈电路的基本类型

单片开关电源，一般适用于地面民用电源，除了基本型反馈电路，改进型反馈电路外，还可以采用配稳压管的光耦反馈和配 TL431 的精密光耦反馈电路，适于制作小型化，经济型开关电源。针对航天器的特殊用途我们设想不采用光耦反馈，采用 UC1901 来制成隔离式反馈。这种反馈方式适用于输出电压稳定度要求高的应用场合。对于多路输出应用场合，主路用 UC1901 反馈，副路不加控制，稳定度稍差。当然采用基本型反馈电路构成的电源输出电路之后再加一级低压差三端稳压器，满足高稳定度要求也是可行的方案。

图 3（a）为基本型反馈电路，其优点是电路简单，成本低廉，适用制作小型化开关电源；其缺点是稳压性能较差，电压调整率 $S_V=\pm1.5\%\sim\pm2\%$，负载调整率 $S_I=\pm5\%\sim\pm6\%$。

图 3（b）为改进型基本反馈电路，只需增加一只稳压管 D_Z 和一只电阻 R，可使负载调整率提高，达到 $\pm2\%\sim\pm3\%$。在大多数应用场合能满足负载要求。

图 3（c）为采用 UC1901 的反馈电路。UC1901 能简化原边控制的开关调节器，满足隔离反馈的任务要求。它具有电压基准和将反馈电压与基准电压进行比较后，将误差信号放大的放大器，并将放大的误差信号进行调制输出，通过一个隔离变压器将调制信号传递给原边，再经整流滤波后加到控制端。它的任务是替代光耦反馈。光耦反馈具有将直流信号隔离耦合的能力，但光耦反馈存在一个初始容差和稳压性能问题，针对这种情况航天器上一般禁用光耦反馈，因为光耦反馈不能满足航天器长寿命、高可靠应用要求。

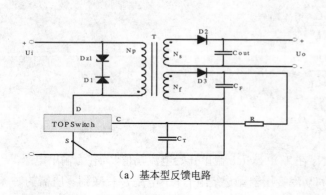
（a）基本型反馈电路

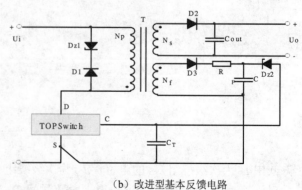
（b）改进型基本反馈电路

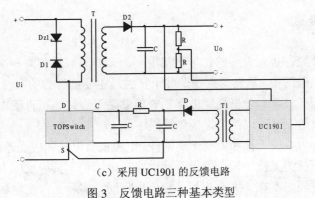

（c）采用 UC1901 的反馈电路

图 3　反馈电路三种基本类型

7　航天器应用要求技术研究

7.1　电磁兼容技术研究

电源在几乎每一个系统中都是必不可少的。电源是传导 EMI 和辐射 EMI 的主要源和接受器。所以星船用 DC/DC 变换器电磁兼容性设计非常重要，应引起足够的重视。

由于 DC/DC 变换器工作于开关状态，所以 DC/DC 变换器也是一个大功率振荡器，从 EMI 的观点看，开关产生的谐波很多，从设计一开始就必须考虑 EMI 问题。

7.1.1　输入端浪涌电流抑制

电源在开关机瞬间会产生浪涌电流，可能危及一次电源或输入滤波电容，造成失效而影响系统正常工作。当采用熔断器（保险丝）作输入过流保护时，若浪涌电流过大，当电源的输入瞬态特性高于熔断器的熔断特性时，在开关机瞬间可能会使熔断器熔断造成失效故障。若采用磁保持继电器作输入过流保护时，可能将磁保持继电器触点烧蚀造成触点粘连失效。所以输入端浪涌电流抑制非常重要。常用的抑制浪涌电流的保护线路的基本原理如图 4 所示。图 4（a）功率管设在负线回路，图 4（b）功率管设在正线回路。

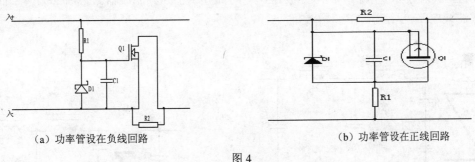

（a）功率管设在负线回路　　　　　　　　　　（b）功率管设在正线回路

图 4

当开机瞬间，由于 C1 通过 R1 充电，Q1 栅极电位不能马上建立，Q1 不导通，输入电流通过 R2 限流。时间常数为 R1C1 乘积。随着 C1 充电，Q1 栅极电位逐步建立，并被稳压二极管 D1 钳位，Q1 处于饱和导通状态。R2 处于短路（接近短路）状态，从而起到开机瞬间限制浪涌电流的作用，满足图 5 所示浪涌电流限制要求。

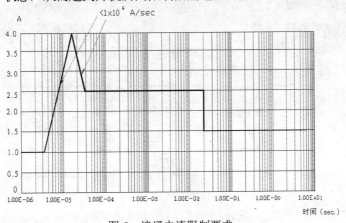

图 5　浪涌电流限制要求

7.1.2　输入端共模差模滤波器

7.1.2.1　设计要点

为抑制电源干扰，既要限制进入设备的传导干扰电平，又要限制设备向一次电源母线发射传导干扰，以此来严格控制电源线的电磁污染。通常抑制电源线干扰的最主要而有效的方法是采用滤波器。从频率选择的角度来说，输入端电源滤波器属于低通滤波器。它能够毫无衰减地把直流电源功率输送到设备上，同时又能使高频干扰信号大大地衰减，以保护设备免受损坏。

在电源中的干扰一般分为共模干扰和差模干扰两种。电源正负母线和机壳地间存在的干扰为共模干扰。电源正负母线之间存在的干扰为差模干扰。差模干扰电流在电源正、负母线中大小相等，相位相反。而共模干扰在电源正、负母线中同时存在，大小相等，相位也相同。实际上，在电源线中往往同时存在共模和差模干扰，因此输入端实用的电源滤波器是由共模滤波电路和差模滤波电路综合组成，如图4所示。差模噪声主要存在于1MHz以下的频率；共模噪声主要存在于1MHz以上的频率。而且差模噪声趋于感性噪声，所以差模滤波电容将对付差模噪声源。共模噪声趋于电容性，所以共模电感也将对付共模噪声源。在这里，我们是在寻求阻抗的最大不匹配。

根据经验法则，我们希望当频率达到设计频率值的100～1000倍时，滤波器才失效。如果设计一个滤波器在20kHz截止，当频率达到2MHz时滤波器开始失效，而到达20MHz时，该滤波器已经没有什么用。解决的办法是采用多级滤波器。这种情形与立体声中喇叭相似，在立体声中需要把喇叭分离为低音喇叭，中音喇叭和高音喇叭。我们通常设计的低频滤波器约为10kHz～1MHz；中频滤波器为1MHz～100MHz，高频滤波器为100MHz～1GHz。

图6中L11、L12与C2、C3组成共模滤波器，L2与C4和L3与C5组成差模滤波器。C1滤去输入端高次谐波分量，属于高频滤波器，中间部分属于中频滤波器，最后部分属于低频滤波器。由于星船一次电源是由太阳能电池和蓄电池组合而成，与地面的交流50Hz/220V供电源不一样，因而对共模差模滤波器要求也不一样，相应的滤波电路也会有所区别。如图6，就适用于地面交流供电的滤波电路。

图7中，L11、L12与C2、C3、C6组成共模滤波器，L21和L22与C4和L3与C5组成差模滤波器，C1滤去输入端高次谐波分量，属于高频滤波器，中间部分属于中频滤波器，最后部分属于低频滤波器。图8是复合式滤波电路。

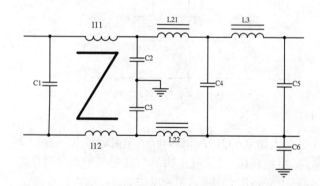

共模滤波器　差模滤波器

图6　共模差模滤波器典型电路

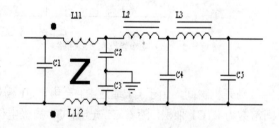

高频滤波器　中频滤波器　低频滤波器

图7　在图6基础上变异的共模差模滤波器

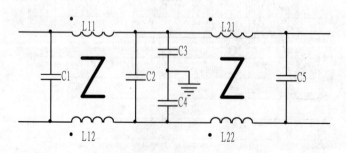

图8　复合式电磁干扰滤波电路

7.1.2.2 安装要点

安装时，滤波器中滤波电容引线要短，尽量靠近滤波电感，滤波电感引线也要短。安装应尽量紧凑，避免不必要的引线长度，造成辐射干扰源。接地线尽量短，且确保低电阻连接。

7.1.3 功率级中采用功率变压器隔离

7.1.3.1 技术要点

星船用 DC/DC 变换器功率级是其核心单元，为了满足电磁兼容要求，必须采用功率变压器隔离。

功率变压器原边与副边，只有通过电磁耦合实现能量传递。这样，原边的噪声不能直接耦合进入副边输出；反之亦然，避免了输入输出之间相互影响。从电磁兼容角度看，采用变压器隔离的功率级明显优于串联型功率级。用变压器隔离的功率级分为单端反激、单端正激、推挽、半桥、全桥几种。这几种功率级工作模式是不一样的。单端反激有其特殊性，它的工作模式如下：在功率管导通的这个半周内，功率变压器储存能量；在功率管截止的这个半周内，功率变压器才向负载释放能量，也就是说，一周内，前半周内功率变压器储存能量，后半周内功率变压器将储存的能量向负载释放，功率变压器原副边处于两个半周内，因而对减轻原副边的电磁干扰效果会更好些。

另外，电源的电磁干扰由两部分组成，一是由开关频率引起的纹波，电压波形是三角波，其转换周期由开关频率决定；二是在开关 ON/OFF 转换瞬间由电路分布参数引起的尖峰瞬变电压，它叠加在三角波的顶峰上。由于开关频率相对较低而尖峰瞬变电压的频率相对较高，因此所产生的电磁干扰频谱很宽。为此，电路中适当添加一些尖峰吸收网络或箝位电路是必不可少的，以便减小尖峰，降低电磁干扰。

图 9 中 D1、R1、C1 组成 Q1 集电极电压缓升网络来吸收尖峰，R2、C2 组成吸收 D2 上电压尖峰。

图 10 中由 Q1 和 Q2 与 T1 串联组成单端正激，由 D1 和 D2 组成箝位电路，锁定由 T1 漏感产生的尖峰电压。

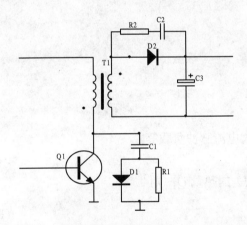

图 9　单端反激功率级

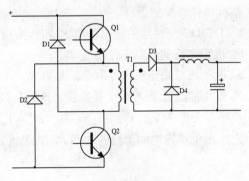

图 10　双管串联单端正激功率级

7.1.3.2 安装要点

(1) 连线要短

功率级中功率管与变压器之间连线；箝位二极管与功率管之间连线；变压器与整流二极管之间，与续流二极管之间连线；整流二极管与滤波电感和滤波电容之间连线均是高频大电流脉冲引线，即 di/dt 变化大的引线应越短越好，因为它们不仅会产生传导干扰，更会产生辐射干扰，是电磁干扰的干扰源。

(2) 屏蔽接地

同时还应注意功率变压器屏蔽接地问题，确保接地良好，实现低阻抗连接以便减小电磁干扰。

7.1.4 输出滤波

输出端要求设置差模共模滤波器，以差模滤波器为主。如图 7 所示。

图 11 中，由 D1、C1 组成整流滤波器，为了更好地抑制纹波干扰，再加一滤波器。由 L2、C3 组成差模滤波电路，由 L31、L32 和 C2、C3 组成共模滤波

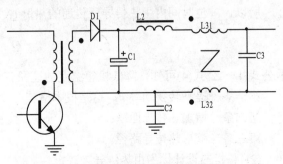

图 11　输出端设置共模差模滤波器

电路，可以更好地抑制输出尖峰和噪声，是理想的滤波器。这样的电路配置，可以适应各类负载，完全可以满足电磁兼容要求。

7.1.5 闭环后系统稳定性

DC/DC 变换器实际上是一个恒值控制系统，它工作于深度负反馈状态，闭环后系统稳定性将影响输出纹波。在闭环系统中，有高增益运放，它将输出电压的变化情况与基准电压进行比较，进而将误差信号放大，加到与门电路进行脉宽调制，再将调制脉宽经逻辑电路和功率放大输出。然后，进行前置放大，驱动功率晶体管，通过功率变压器进行电磁转换和整流滤波输出。在整个闭环系统中，从传递函数分析看，有线性环节部分，也有非线性环节部分，所以电源是一个较复杂的闭环系统。但闭环系统稳定性是要满足一定条件，即增益和相位要满足一定条件。若不满足，就会产生振荡，使电源变成一个电磁干扰（EMI）源。这种情况类似模拟电路可能由于无意之中工作在了设计带宽之外相类似，这一点往往被电源设计师所忽略。解决的办法是改变微分积分电容值，即采用补偿的办法，也就是适当改变 PID 调节中 I 和 D，甚至改变增益 P，进行稳定校正，直至满足稳定性要求。

综上所述，要求在输入电压变化范围内，在输出负载变化范围内，在工作温度要求的范围内，特别是对于输入电压阶跃变化和负载的阶跃变化，电源始终工作于一个稳定状态，这个设计要求应引起重视。为此，增益和相移应留有足够的余量。

7.2 热设计

7.2.1 热设计的参数与途径

星船用 DC/DC 变换器的热设计是非常重要的事，因为其温度是决定电源寿命的一个重要指标。 星船用 DC/DC 变换器又工作于空间高真空环境，散热的途径主要是热传导和热辐射。热设计应以热传导为主，热辐射为辅。那么，从整机来说，热设计应建立几个概念：

(1) 整机的功耗就等于整机的发热量

整机功耗计算如下：

a. DC/DC 变换器的输出功率 P_0 和转换功率 η；

b. 机箱允许的最高工作温度 $T_{\max}$；

c. 机箱通过底座热传导散热的热阻 R_t。

P_0 有几种情况,应考虑连续负载，瞬时负载(开、关瞬时)，大电流脉冲负载等。

设环境温度为 T_a，则温度 ΔT 为：$\Delta T = T_{\max} - T_a$

先求出机箱内电源消耗的功率 P，P 也就是等于通过机箱散去的热量 Q：则

$$P = P_0(1-\eta)/\eta \approx Q \tag{1}$$

假定该热量都通过机箱底座由热传导散热出去，则所需的热阻 R_t 为

$$R_t = \Delta T / Q \tag{2}$$

同时热阻又与传热路径长度 l 成正比，与热传导截面积 s 和物体的导热系数 λ 成反比，即

$$R_t = \frac{l}{\lambda \cdot s} \tag{3}$$

所以，单位时间内由热传导所传递的热量 Q 为：

$$Q = \frac{\lambda \cdot s \cdot \Delta T}{l} \tag{4}$$

由公式(1)～公式(4)可知，降低机箱温度的途径有几条：

第一条　提高转换功率 η，这是根本措施；

第二条　增加热传导面积；

第三条　缩短热传导路径。

(2) 整机热设计优劣由热传导来决定

若整机发热量 80%～90%靠热传导散热，热设计属于Ⅲ级，热设计较好。

若整机发热量90%～95%靠热传导散热，热设计属于Ⅱ级，热设计好。

若整机发热量95%～98%靠热传导散热，热设计属于Ⅰ级，热设计优。

(3) 温升叠加原则

机箱内任何一点的温升等于机箱内每个热源单独作用时产生的温升的总和即

$$T_i = \sum_{k=1}^{n} T_{ik}$$

式中 T_i 为机箱内第 i 点温升，T_{ik} 为第 k 个热源在 i 点产生的温升。用叠加原理计算出的温升把它看作视在温升，它不仅与自身功耗有关，也与其他元器件的功耗有关，也就是每个热源的热设计都与机箱的总温升有关。这样，热设计就可以简化为每个热源的热设计。

参 考 文 献

[1] 沙占有. 新型单片开关电源的设计与应用. 北京：电子工业出版社，2001.

[2] 张玉琴，梅志武，陈尚达. 星、船电子设备机电热一体化设计程序和方法应用研究报告. 北京：航天科技集团第五研究院.

Monolithic Power Switching Regulator Application Technology Research

Chen Shangda

Beijing Spacecrafts

P. O. Box 2708-15, Beijing, 100080

Abstract In late more than 20 years, the integrated power switching regulator has been developing towards two directions: the first one is to integrate the core unit of power switching regulator——control circuit; the second one is to realize the monolithic integration of medium & low powered power switching regulators. This paper discusses the application foreground of monolithic power switching regulator in spacecraft, and makes research on the application technology.

Key words Monolithic power switching regulator；Application foreground；Technology research.

卫星小型化星敏感器技术及应用

陈纾　郑循江

上海航天控制工程研究所

上海市田林路 130 号，邮编：200233

Sacei@online.sh.cn

摘　要　本文以低轨道太阳同步卫星为背景，介绍了自行研制的小型化星敏感器的软、硬件方面的技术。硬件技术重点介绍了图像采集原理及实现、译码与图像采集控制电路设计。软件技术重点介绍了全天识别算法、跟踪识别算法、姿态解算算法以及导航星表的构造。还介绍了小型化星敏感器的在轨飞行试验的应用结果。

关键词　图像采集控制电路；全天识别；跟踪识别；姿态解算；导航星库

0　引言

卫星姿态测量是卫星姿态控制的基础，随着卫星技术的不断提高，对卫星姿态控制的要求也越来越高，这就需要使用更高性能的姿态测量部件。卫星对任何恒星在天球上的位置都是确定的，因此，实现恒星的捕获与跟踪的星敏感器成为空间飞行器上用于精确测定飞行器飞行姿态的测量设备。它以可精确定位的恒星系统作为绝对参照系，通过对恒星的观测、识别、计算得到空间飞行器的姿态。由于恒星的位置被定义在惯性坐标系中，星敏感器每次的姿态估算都是敏感器相对于惯性坐标系的实时直接测量，这些测量值不会象基于陀螺的姿态测定系统那样具有系统偏差和慢速漂移。星敏感器姿态的测量值可以直接使用，或用来修正陀螺漂移，而无须考虑任何偏差和漂移的校正。星敏感器的姿态测量精度远远优于太阳角计和红外地球敏感器等其它测姿设备，它是目前航天应用中测量精度最高的卫星姿态测量敏感器。

本文是以低轨道太阳同步卫星姿态测量为基础，介绍自行研制的小型化星敏感器技术及在轨道上飞行试验的结果。

1　星敏感器简介

星敏感器一般由遮光罩、光学镜头、图像获取及处理电路、计算机处理电路、输出接口等几个部分组成。按结构分类，星敏感器分为分体式和与一体化两种；按图像传感器的种类分类，星敏感器又可分为 CCD 和 COMS 两种。我们研制的星敏感器为基于 CCD 的小型一体化结构。主要指标如下：

外形尺寸：127.4mm×123mm×156mm（不含遮光罩）；

功耗：<6.2W；

质量：1.8kg（不含遮光罩）；

视场：16×12°；

敏感星等：优于 6 等；

测量精度：Y_s 测量精度优于 $180''$；X_s、Z_s 测量精度优于 $36''$；

产品整机外形图见图 1。

图 1　整机外形图

2 整机功能、原理框图

星敏感器主要用于测量恒星矢量在星敏感器坐标系中的分量，它通过星图识别，并利用已知恒星的精确位置来确定卫星相对于惯性坐标系的三轴姿态。

2.1 产品硬件原理

星敏感器硬件由光学系统、CCD 及其处理电路、计算机三大部分组成，整机为一体化结构。光学系统由遮光罩和镜头组成。星空图像通过镜头成像在 CCD 上，CCD 信号处理电路完成对 CCD 信号的放大、滤波等处理。CCD 电路输出的视频信号为模拟量，计算机须从高速 A/D 转换器将其转换成数字量，该过程即为图像的采集过程。视频转换电路采用视频 A/D 转换器 TLC876 在采图控制电路的控制下完成图像采集。

星敏感器的处理器采用高性能浮点 DSP SMQ320C32，系统时钟 20M，存储器分别采用了 2M 容量的 RAM 和 FLASH MEMORY。星敏感器计算机与 AOCC 接口采用异步串行的通讯方式，RS-422 电气标准，采用 82C52 可编程通用异步串行收发器，输入器件采用 DS96F175，输出器件采用 DS96F174。

2.2 产品软件功能和原理框图

星敏感器软件由任务星表和应用软件两大部分组成。星敏感器是根据已知恒星的精确位置来确定自身的姿态，所采用的恒星预先选定并存放在星敏感器的内部星表中，它是信息系统用来实现恒星识别和姿态估算的唯一依据，它提供进行星图识别和姿态计算所必需的信息。而应用软件是星敏感完成姿态测量的核心，由图像处理、星图识别、姿态计算和内部星库四个部分组成。全部固化在 ROM 中。目前，导航星表我们采用的是依巴谷星表（J2000），从中提取星等亮度在 0～6 等的恒星，并基于我们所使用的匹配算法重新构造内部特征星库。自主软件自成一个系统，不需要另外的系统软件平台。

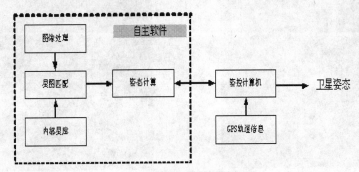

图 2　应用软件的系统框图

应用软件分为系统管理软件模块、中断控制程序模块、图象处理服务模块、星图数据服务模块、姿态服务程序模块。

系统管理软件模块主要功能：

a. 建立软件运行平台，调度星敏感器各指令模块；

b. 进行系统初始化和通讯端口初始化；

星敏感系统上电软件启动运行后立即进入系统初始化模块，对系统存储区、定时器、中断控制、同步时钟、通讯串口等硬件进行初始化，并完成参数设定和程序运行中的全局变量初始化。

中断控制程序模块主要功能：响应用户指令，完成程序调度标识的设置；

星敏感器软件共有四路中断，其中处理器内部中断源两路，即定时器 0 中断和定时器 1 中断，外部中断两路，即 CCD 采图结束中断、AOCC 串口中断和地面测试串口中断。

图像处理模块由星点提取和亚像素细分两部分组成，要从拍摄到的实时星图中提取出观测到的星点。采用了像素滤波的方法，快速将代表星点的弥散斑从带有噪声的整幅星图中分割出来。

星图识别算法通过把观测到的星图（未知样板）与存储在星库中的星图（模板）进行模式匹配，取最大匹配星组作为识别结果。如果两个星图所有对应星对角距误差小于一定的角距门限，所有对应恒星的星等误差小于一定的星等门限，那么我们就称这两个星图是匹配的。

姿态解算算法是当星敏感器在一帧星图中识别或者跟踪两颗或者两颗以上的恒星时，得到一系列的方程式，利用最小二乘法得最优的转换矩阵。

内部星表是信息系统用来实现恒星识别和姿态估算的唯一依据。它必须提供进行星图识别和姿态计算所必须的信息。星表的容量、内容、存储读取方式对于完成整个系统的功能都是极为重要的。它的构造主要从星表的完备性和冗余性两方面考虑。目的是为了最大限度的满足识别需要。

2.3 光学镜头和遮光罩

光学镜头的指标如下：

焦距：f =22mm；

波长范围：470nm～760nm；

相对孔径：F/1.5；

弥散形状：接近于圆；

能量分布：接近于正态分布；

玻璃：无放射性；

遮光罩采用当光环的形式，技术指标如下：

上翘角：25º

地气角：24º

太阳角：40º

消光要求：一次消除来自太阳和地气的杂光。

PST 指标不低于 10^{-8}

镜头（装入整机）实物图见图3。遮光罩实物图见图4。

图3　镜头实物图　　　　　　　　　　　　　　　　图4　遮光罩实物图

2.4 星敏感器标定和测量

2.4.1 星敏感器标定

星敏感器是空间飞行器上高精度测姿系统。由于设计和制造过程的偏差，使用环境的变化造成的光、机、电性能的改变等，都会不同程度地给星敏感器引入误差，影响星敏感器的精度。因此，当星敏感器各部件组装完毕，必须对系统进行标定，通过实验测得其位置传输函数的各个参量，才能减小或消除系统误差，提高星敏感器的精度。星敏感器对所摄星空进行数据处理，计算出星象中心后，就可将星象在星敏感器 CCD 的平面坐标系中的位置 (x_i, y_i) 转换到与星载星表相同的天文曲面赤道坐标 (α_i, δ_i) 系中，然后在同一坐标系中进行识别和跟踪。若星敏感器的镜头、CCD、A/D 转换器都是理想部件，就可从理论上推导出精确的转换公式。

但是系统的各个环节都存在着误差，需要采用数学公式对所拍摄的点进行拟合计算。这里，我们采用曲面方程来拟合 CCD 平面坐标 (x_i, y_i) 影射到天球坐标 (α_i, δ_i) 之间的关系，首先选用了二次曲面拟合公式，即

$$\alpha_i = a_0 + a_1 x_i + a_2 y_i + a_3 x_i^2 + a_4 x_i y_i + a_5 y_i^2 \tag{1}$$
$$\delta_i = b_0 + b_1 x_i + b_2 y_i + b_3 x_i^2 + b_4 x_i y_i + b_5 y_i^2$$

其中的参数 $a_0 \sim a_5$，$b_0 \sim b_5$ 由下述方法求得。

如图 5，设有一组 N 个标准精确目标源，其赤道坐标（α_i, β_i）为已知，星敏感器对这组目标源观

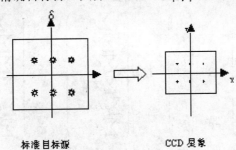

标准目标源　　　　　　　　　CCD 量象

图 5　标准目标源到 CCD 量象的转换

测得到的 CCD 本体坐标为（x_i, y_i），将（x_i, y_i）代入公式（1），由最小二乘法可得求标定系数的公式：

$$M = \begin{pmatrix}
n & \sum x_i & \sum y_i & \sum x_i^2 & \sum x_i y_i & \sum y_i^2 \\
\sum x_i & \sum x_i^2 & \sum x_i y_i & \sum x_i^3 & \sum x_i^2 y_i & \sum x_i y_i^2 \\
\sum y_i & \sum x_i y_i & \sum y_i^2 & \sum x_i^2 y_i & \sum x_i y_i^2 & \sum y_i^3 \\
\sum x_i^2 & \sum x_i^3 & \sum x_i^2 y_i & \sum x_i^4 & \sum x_i^3 y_i & \sum x_i^2 y_i^2 \\
\sum x_i y_i & \sum x_i^2 y_i & \sum x_i y_i^2 & \sum x_i^3 y_i & \sum x_i^2 y_i^2 & \sum x_i y_i^3 \\
\sum y_i^2 & \sum x_i y_i^2 & \sum y_i^3 & \sum x_i^2 y_i^2 & \sum x_i y_i^3 & \sum y_i^4
\end{pmatrix}$$

拍摄 63 个点，由上面的计算公式可以得到一组标定参数，分析这组标定参数，确定了系统的由标准目标源向 CCD 平面转化的最大误差。

2.4.2　星敏感器测量

星敏感器外场观星测试是星敏感器研制过程中不可缺的测试步骤，相当于星敏感器单机的"模飞"实验。基本方案是：把地球作为一个大"卫星"来看，地球自转角速度则可看做是"轨道角速度"；星敏感器"安装"在"卫星"上，通过星图识别、姿态解算，星敏感器输出相对于惯性坐标系下的姿态四元数，在现有条件下，调整星敏感器的"安装"则可以统计处理、检验星敏感器姿态测量的功能、性能。

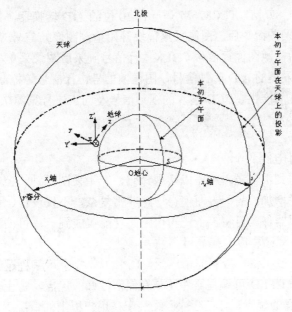

图 6　某一时刻惯性系和地心系

测试平台由两维转台、计算机及相应的测试软件组成，测试时，星敏感器安装在转台上，在外场对天观测，通过测试电缆将星敏感器与测试计算机连接。

测试原理及方法如下：

$$MA = U$$
$$MB = V$$

$$A = \begin{pmatrix} a_0 \\ a_1 \\ a_2 \\ a_3 \\ a_4 \\ a_5 \end{pmatrix} \quad B = \begin{pmatrix} b_0 \\ b_1 \\ b_2 \\ b_3 \\ b_4 \\ b_5 \end{pmatrix} \quad U = \begin{pmatrix} \sum \alpha_i \\ \sum \alpha_i x_i \\ \sum \alpha_i y_i \\ \sum \alpha_i x_i^2 \\ \sum \alpha_i x_i y_i \\ \sum \alpha_i y_i^2 \end{pmatrix} \quad V = \begin{pmatrix} \sum \delta_i \\ \sum \delta_i x_i \\ \sum \delta_i y_i \\ \sum \delta_i x_i^2 \\ \sum \delta_i x_i y_i \\ \sum \delta_i y_i^2 \end{pmatrix}$$

星敏感器测量输出是星敏感器测量坐标系相对于惯性坐标系的姿态四元数，再通过四元数与欧拉角的关系，得到姿控系统需要的姿态参数，外场观星时通过适当的调整星敏感器的"安装"则可得到比较直观的欧拉姿态角。

(1) 先将星敏感器一个轴指向北方，再将星敏感器光轴指向天顶，根据当地的纬度，将星敏感器光轴向南方向下压该纬度数，其原理可用图 3 表示，由于星敏感器测量输出是星敏感器自身测量坐标系相对于惯性坐标系的姿态四元数，这样很容易可以看出，惯性系和测量坐标系按 3-1-2 的旋转方式时只需将绕偏航轴旋转一角度 ψ 则两坐标系重合。这个角度在数值上为观测点的地理经度、北京时间的函数，通过以上两个参数计算该观测点的此时此刻的恒星时，则得到此时此刻该观测点的春分点时角，偏航角在数值上等于该点的春分点时角，同时滚动角、俯仰角为零度；

(2) 将光轴指向天顶，计算光轴指向，以赤经、赤纬表示，这时的赤纬应该与该测量点的纬度一致。若同样将星敏感器的一个轴指北的话，得到的赤经为该点的春分点时角。

3 设计创新与技术特点

3.1 图像采集原理及实现

星敏感器系统由头部和计算机组成，星敏感器头部中 CCD 成图后，经过一定预处理产生模拟视频信号及各种视频控制信号，星敏感器计算机利用高速视频 A/D 转换器将视频信号转换为数字量后存入图像 RAM，实现图像采集。

视频 A/D 转换器采用 TLC876M，TLC876M 是一种 10 位的 A/D 转换器，最高转换速率可达 20M。

当 AOCC 向星敏感器发采图命令后，图像采集模块开始检测图像帧信号 VE，检测到帧信号下降沿后表示一幅图像信号到来，然后检测图像行信号 CBLK，行信号到来后图像采集模块开始从 A/D 转换器数字口取数据，存入 RAM。数据采集的 A/D 时钟信号、图像帧信号、行信号等控制信号由 CCD 电路的图像时钟、控制信号经过 CPLD 处理后产生。CCD 输入的视频信号及同步信号见图 7。

图像采集的概要流程见图 8。

3.2 译码与图像采集控制电路设计

在星敏感器电路中需要用到很多逻辑电路以实现译码，产生采图时钟、控制信号等功能，如果采用分立元器件，一方面体积和功耗增加，另一方面使得电路非常复杂，不仅设计、调试不便，而且还会导致系统可靠性下降，而采用可编程器件，可将多个逻辑电路的功能集成到一片可编程器件中，大大减少系统使用的器件数量、降低系统电路复杂程度、提高可靠性。

近几年可编程逻辑器件发展很快，应用非常广泛，CPLD 是复杂可编程逻辑器件，在使用时只需要编程一次就可以长久使用，另外 CPLD 可编程器件还具有保密性好的优点，防止读出和修改。可编程逻辑器件 ISPLSI1048 是具有在线编程的优点，可在芯片已经装配在用户板上的情况下，不用专用编程器就可实现反复擦除和编程，非常方便调试。

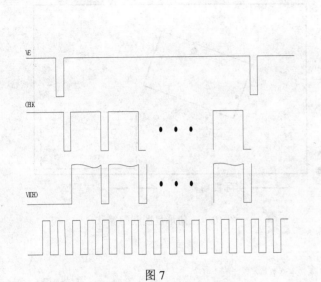

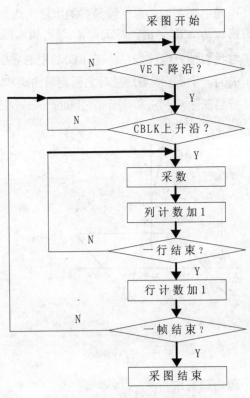

图 7　　　　　　　　　　　　　　图 8　图像采集的概要流程

3.3　电路结构特征

　　近两年，航天产品越来越趋于小型化，要使得电子产品在满足功能和性能的基础上体积尽量小、质量尽量轻，除了要在机械结构上下功夫外，主要还在于要尽量减少电路印制板的数量和面积。星敏感器硬件电路在设计过程通过大量采用表贴元件（硬件电路中使用的电阻、电容全部采用表贴形式，集成元器件也大多数采用了 LCC、QFP 等表面贴装的小尺寸封装形式）、合理安排元器件位置以及采用多层板技术等，最大可能的节省了印制板了空间，使得整体体积小、质量轻。

3.4　软件算法的介绍
3.4.1　全天星图识别算法

　　恒星间的位置是相对不变的，它们之间的角距在任何坐标系下都保持不变，任意两颗恒星在 CCD 光敏面上成像点 S 的坐标为 (x, y)，星敏感器本体坐标系如下图中所指，则星光方向在星敏感器本题坐标系中的单位矢量可表示为[1]：

$$V = \begin{pmatrix} i \\ j \\ k \end{pmatrix} = \begin{pmatrix} \cos(\arctan 2(x - x_0, y - y_0)) \times \cos\left(\dfrac{\pi}{2} - \arctan\left(\sqrt{\dfrac{(x - x_0)^2 + (y - y_0)^2}{F^2}}\right)\right) \\ \sin(\arctan 2(x - x_0, y - y_0)) \times \cos\left(\dfrac{\pi}{2} - \arctan\left(\sqrt{\dfrac{(x - x_0)^2 + (y - y_0)^2}{F^2}}\right)\right) \\ \sin\left(\dfrac{\pi}{2} - \arctan\left(\sqrt{\dfrac{(x - x_0)^2 + (y - y_0)^2}{F^2}}\right)\right) \end{pmatrix} \tag{3}$$

　　其中 (x_0, y_0) 为图像传感器中心点的坐标，F 为光学镜头的焦距，$\arctan 2$ 为全象限反正切函数，$\arctan$ 为反正切函数。

　　这样，任意两颗星单位方向矢量间夹角的弦长为：

$$d = \sqrt{(x_i - x_j)^2 + (y_i - y_j)^2 + (z_i - z_j)^2} \tag{4}$$

以视场中观测到的前三颗最亮的恒星组成三角形星座，分别计算这三颗星任意两颗星单位方向矢量间夹角的弦长 d_1、d_2、d_3，将 d_1、d_2、d_3 相加得到一个三角形星座特征量（角距和），利用计算得到的这个角距和与我们预先编排好存储在 ROM 中的导航三角星库中的数据进行比对，找出三角形星座是由哪三颗恒星组成的，再根据观测星星对之间测量角距 其对应的导航星星对之间角距之差是否小于角距门限这一标准，得到三颗观测星和导航星之间的一一对应的关系。

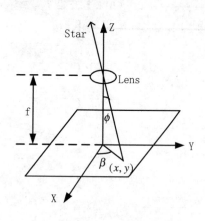

图9　星光矢量测量模型

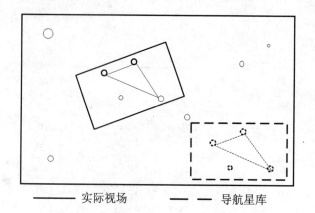

图10　三角形星图匹配算法

3.4.2　星跟踪算法

星跟踪算法（即根据 t 时刻星点坐标信息来计算 $t+\Delta t$ 时刻星点坐标）基本原理：由于卫星的缓慢移动，因此在任意短间隔时间 Δt 内，同一恒星在星敏感器相平面内成像距离可能很小，可以看成在某范围内移动，所以在计算恒星在 $t+\Delta t$ 时刻星点坐标时，可以以该星在 t 时刻星点坐标为中心的某范围内搜索。具体为：以 t 时刻各星点 S_i $(i=1,2,\cdots,n)$ 坐标值为圆心，以 R 为半径，在这些圆范围内搜索来计算在 $t+\Delta t$ 时刻计算星点 S_i' $(i=1,2,\cdots,n)$ 在星敏感器下的相应星像坐标，如图11。

该方法优点：对于任何一幅星敏感器采集的星图，由于背景占用了绝大部分星图信息。如果采用从整幅星图扫描进行提取星点坐标，导致该过程花费大量时间。而用该方法可以在星图的适当区域内进行星点提取，以便节省了在很多无用信息处判断是否存在星像的时间；同时，由于在 t 时刻完

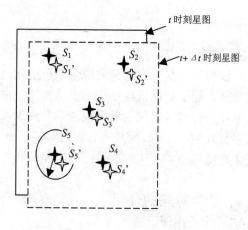

图11　t 和 t+Δt 时刻星图

成了这些星点的匹配，而在 $t+\Delta t$ 时刻恒星只是在星敏感器星像位置发生了变化，在天球内位置没有改变，所以 $t+\Delta t$ 时刻不必重新匹配，这样进一步节省了时间，从而提高了星敏感器更新率。

3.4.3　求取姿态矩阵 A 算法

姿态确定所依据的基本方程是[2]：

$$V = A \cdot W \tag{5}$$

A 表示星敏感器相对于地心惯性系的方向余弦阵，当星敏感器在一帧星图中识别或者跟踪两颗或者两颗以上的恒星时，得到一系列的方程式，利用最小二乘法（即保证

$$J = \sum_{i=1}^{n} |\hat{W}_i - A \cdot \hat{V}_i|^2 \tag{6}$$

最小）得最优的转换矩阵 A。其中星光方向在地心惯性系下的单位矢量 W 由存储在导航星表中的赤经，赤纬 (α, δ) 表示。

$$W = \begin{bmatrix} \cos\alpha\cos\delta \\ \sin\alpha\cos\delta \\ \sin\delta \end{bmatrix} \tag{7}$$

星光方向在星敏感器本体坐标系中的单位矢量可表示为：

$$V = \begin{pmatrix} i \\ j \\ k \end{pmatrix} = \begin{pmatrix} \cos(\arctan 2(x-x_0, y-y_0)) \times \cos\left(\dfrac{\pi}{2} - \arctan\left(\sqrt{\dfrac{(x-x_0)^2 + (y-y_0)^2}{F^2}}\right)\right) \\ \sin(\arctan 2(x-x_0, y-y_0)) \times \cos\left(\dfrac{\pi}{2} - \arctan\left(\sqrt{\dfrac{(x-x_0)^2 + (y-y_0)^2}{F^2}}\right)\right) \\ \sin\left(\dfrac{\pi}{2} - \arctan\left(\sqrt{\dfrac{(x-x_0)^2 + (y-y_0)^2}{F^2}}\right)\right) \end{pmatrix} \tag{8}$$

其中 (x_0, y_0) 为图像传感器中心点的坐标，F 为光学镜头的焦距，$\arctan 2$ 为全象限反正切函数，$\arctan$ 为反正切函数。

假设在星敏感器中有 n 颗观测星参与姿态计算，它们在星敏感安装坐标中的测量值为 $B_i(X_i, Y_i, Z_i)$，$i = 1, 2, \cdots, n$, 它们在星敏感器安装坐标系中表示为[2]：

$$B = \begin{bmatrix} X_1 & X_2 \cdots X_n \\ Y_1 & Y_2 \cdots Y_n \\ Z_1 & Z_2 \cdots Z_n \end{bmatrix} \tag{9}$$

星图识别的结果使我们知道了每颗观测星在惯性坐标系下的坐标，设这些观测星点所对应的赤径、赤纬为 $W_i(\alpha_i, \beta_i)$，$i = 1, 2, \cdots, n$, 它们在惯性坐标系中表示为：

$$W = \begin{bmatrix} \cos\alpha_1\cos\delta_1 & \cos\alpha_2\cos\delta_2 \cdots \cos\alpha_n\cos\delta_n \\ \sin\alpha_1\cos\delta_1 & \sin\alpha_2\cos\delta \cdots \sin\alpha_n\cos\delta_n \\ \sin\delta_1 & \sin\delta_2 \cdots \sin\delta_n \end{bmatrix} \tag{10}$$

星图识别的结果使我们知道了每颗观测星在惯性坐标系下的坐标，也知道了每颗星在星敏感器安装坐标系下的坐标，根据姿态确定所依据的基本方程是：

$$V = A \cdot W \tag{11}$$

观测方程的代数解可列为

$$A = WB^T (BB^T)^{-1} \tag{12}$$

在一般情况下，上式解 A 为非正交矩阵，正交化后，矩阵 A 不满足观测方程，通过推导可得到多矢量确定姿态的最优解为

$$A = \frac{1}{2} A(3I - A^T A) \tag{13}$$

$$A = \begin{bmatrix} a_{11} & a_{12} & a_{13} \\ a_{11} & a_{22} & a_{23} \\ a_{31} & a_{32} & a_{33} \end{bmatrix}$$

$$= \begin{bmatrix} q_1^2 - q_2^2 - q_3^2 + q_4^2 & 2(q_1q_2 + q_3q_4) & 2(q_1q_3 - q_2q_4) \\ 2(q_1q_2 - q_3q_4) & -q_1^2 + q_2^2 - q_3^2 + q_4^2 & 2(q_2q_3 + q_1q_4) \\ 2(q_1q_3 + q_2q_4) & 2(q_2q_3 - q_1q_4) & -q_1^2 - q_2^2 + q_3^2 + q_4^2 \end{bmatrix} \tag{14}$$

由于姿态矩阵 A 是一个正交矩阵，它必须满足条件：

$$a_{11}^2 + a_{12}^2 + a_{13}^2 = 1$$
$$a_{21}^2 + a_{22}^2 + a_{23}^2 = 1 \quad\quad (15)$$
$$a_{31}^2 + a_{32}^2 + a_{33}^2 = 1$$

3.4.5 构造导航星表

三角形构造方法的思路可描述如下：

对每颗观测到的恒星设定一个优先权，而匹配则通常开始于具有最高优先权的恒星。建立识别优先权的一个较好的标准就是按照恒星的星等，即数量非常少的具有较低星等的恒星具有较高的识别优先权。

任何一个观测视场中均可以找到至少三颗最亮的观测星，由这三颗星组成一个导航三角形。此三角形就可被用于进行匹配，确定卫星所处位置。随着星敏感器视轴在天球上的移动，视场内的观测星在不断的发生变化，如果在移动过程中此三角形还在视场内可以考虑仍然使用它进行匹配，前提是比组成这个三角形的恒星星等低的恒星不多于设定数目，否则就要使用更亮恒星组成的三角形。

为了构造导航三角形库，可以把天球按每平方度划分成许多小区域（每平方度定义为赤经和赤纬都是1度所围成的面积），视轴依次指向每个平方度中心，用这种方法可将整个天球搜索一遍。

星敏感器的 CCD 探测器是矩形的，因此当 CCD 以视轴为中心旋转时，拍摄到的星图会有较大差异。所以当视轴指向某平方度区域中心时，首先将以视轴坐标为圆心，视场最长边为直径的圆内的导航星全部找出。再根据不同旋转角，确定视场内的恒星。

视场内导航星确定后，将这些导航星按星等排序，观察三角形基元库中是否存在某一三角形，使得构造成该三角形的三颗恒星包含在本视场的前几颗设定数目的恒星中（通过改变设定数目这一参数，控制三角形的数量，此外，引入三角形被观测到概率这一特征量进一步改善导航星座数据库的冗余性）。若存在这样的三角形，则改变旋转角进行下一步扫描。否则取按星等排序的前三颗亮星组成新三角形，并将其特征存储到三角形基元库中。

4 在卫星上的应用

非常幸运的是，我们自行研制的星敏感器在今年上天进行飞行试验，在轨测试的数据可以很好地论证产品设计中技术运用的正确性。

卫星进入轨道后，星敏感器开机，运行正常，到现为止在没有出现问题。这里我们选取了 7 月 13 日 19 点轨道的数据做了分析，共取样本点 2342 个数据，计算了三轴的姿态精度，计算的方式是采用估算基于给定样本点的标准偏差，得到 X_s 测量精度：$39.26''$，Y_s 测量精度：$90.25''$，Z_s 测量精度：$49.74''$。

图 12～图 14 表明星敏感器的三轴姿态曲线。

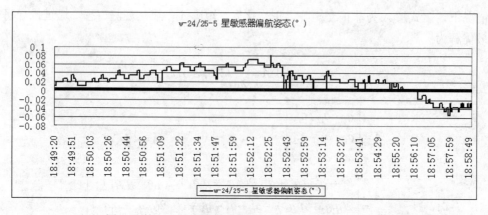

图 12 第 114 圈偏航测试数据曲线（7 月 13 日 19 点）

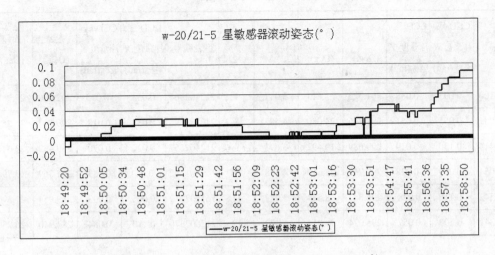

图 13　第 114 圈滚动测试数据曲线（7 月 13 日 19 点）

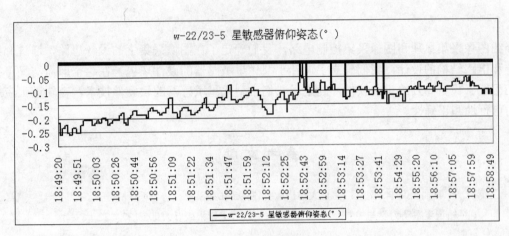

图 14　第 114 圈俯仰测试数据曲线（7 月 13 日 19 点）

2005 年 7 月 12 日 6 点 37 分发送 B4 命令进行拍图曝光，将星图通过 20×20 波门传送了星敏感器成功跟踪的 9 个星点星图，其中星点中星等最亮的为 3.2 等星，最暗的为 5.476 等星。图 15 为实际拍摄星图，CCD 积分时间为 440ms，图 16 为与之对照星图，其中序号相同的为同一颗星。表 1 列出了星点的各类信息。

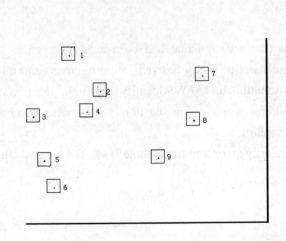

图 15　91 圈（7 月 12 日 6 点）440ms 积分时间实拍星图

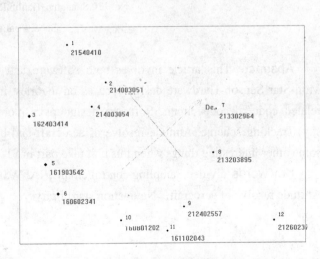

图 16　对应星图

表 1　星点的各类信息

序号	星表编号	CCD 底片量度 X 坐标(rad)	CCD 底片量度 Y 坐标(rad)	赤经(Deg.)	赤纬(Deg)	星等	序号	星表编号	CCD 底片量度 X 坐标(rad)	CCD 底片量度 Y 坐标(rad)	赤经(Deg.)	赤纬(Deg)	星等
1	215404100	-0.093	-0.088	301.723	23.614	5.047	7	213302964	0.053	-0.025	292.680	27.960	3.200
2	214003051	-0.055	-0.051	298.365	24.080	4.585	8	213203895	0.051	0.018	290.712	26.262	5.177
3	162403414	-0.130	-0.019	299.689	19.492	3.693	9	212402557	0.022	0.070	289.432	23.026	5.476
4	214003054	-0.069	-0.028	297.767	22.610	4.878	10	160801202	-0.041	0.083	291.369	19.798	5.261
5	161903542	-0.115	0.028	296.847	18.534	3.982	11	161102043	0.005	0.093	289.054	21.390	4.751
6	160602341	-0.103	0.057	295.024	18.014	4.472	12	212602370	0.110	0.084	284.940	26.230	5.399

5　总结

通过介绍图像采集原理和图像采集控制电路，我们确定了在图像采集上的设计思路，通过介绍处理器线路的设计和电路结构的设计，我们确立了设计小型化星敏感器的硬件环境，在这个即简洁又可靠的小型环境里我们配置了稳定高效的识别软件，确定了我们小型化星敏感器的软硬件技术，在轨道上应用证明了这些技术的可行性和正确性。

参 考 文 献

[1]　夏一飞,黄天一. 球面天文学. 南京：南京大学出版社, 1995:20~28.

[2]　章仁为. 卫星轨道姿态动力学与控制. 北京：北京航空航天大学出版社, 1998:137~222.

Mini-Star Sensor Technology and Application

Chen Shu and Zheng Xunjiang

Shanghai Aerospace Control Engineering Institute

No. 130 Shanghai Tianlin Road, Shanghai, 200233

Sacei@online.sh.cn

Abstract　This article involves both software and hardware design that had been used in practices for Mini-Star Sensor. Hardware design focuses on theories, implement of Video Sampling control circuit and other related code&decode circuit. Software design pays more attention to IAFWS(identify algorithm from whole sky),Tracking scheme, Attitude resolve of aerocraft and building of navigation star library. Of course, there are some other interesting things when this unit take part in SJ-7 satellite.

Key words　Video Sampling control circuit；IAFWS(identify algorithm from whole sky)；Tracking scheme；Attitude resolve of aerocraft；Navigation star library

我国载人航天器结构与机构技术成就与发展

陈同祥　娄汉文　吴国庭　柴洪友

中国空间技术研究院总体部，北京，邮编：100094

摘　要　本文介绍了我国载人航天器神舟飞船结构与机构技术成就，提出了我国载人航天器结构与机构技术未来的发展趋势。

关键词　神舟飞船；结构与机构技术

1　前言

从 1992 年开始，我国启动神舟载人飞船研制计划，经过数十年的努力，在完成了神舟一号到神舟四号无人飞船飞行任务的基础上上，2003 年，神舟五号飞船实现了中国的首次载人飞行，2005 年，神舟六号飞船实现了 2 人 5 天的航天飞行，取得了举世瞩目的成就。随着我国载人航天取得突破性的进展，载人航天器结构与机构技术取得了重大成就。在未来几年里，我国将进一步突破航天员出舱活动和空间交会对接技术，我们还将拥有自己的空间实验室。

本文对我国神舟飞船所取得的结构与机构技术成就进行了回顾，并就我国未来载人航天器结构与机构技术的发展趋势提出了个人的看法。

2　神舟飞船结构与机构组成及任务

结构与机构分系统作为神舟飞船的重要分系统之一，其大型结构技术、适用载人航天的密封技术、再入防热技术、舱段连接分离技术、着陆缓冲技术等与飞行成败和航天员生命安全直接相关。

结构与机构分系统的主要任务与功能包括：

(1) 研制飞船主结构和防热结构，实现飞船总体构型，为航天员提供密封的生存空间，为仪器设备等提供安装基础与精度基准，承受飞船任务期间的各种力学载荷、热载荷及空间环境；

(2) 研制连接分离机构，实现飞船返回舱与轨道舱、返回舱与推进舱之间机械、电、气、液介质的可靠连接与分离，实现防热大底等重要部件的机械连接与分离；

(3) 研制密封舱门及配套产品，提供航天员进出飞船的密封通道，实现舱门的快速检漏；

(4) 研制座椅、座椅缓冲器等产品，为航天员提供适合生理承载特点的座椅；实现反推发动机故障时的缓冲，保证航天员的生命安全；

(5) 研制其他功能产品，实现返回舱着陆后的通风等功能。

3　神舟飞船结构与机构技术成就

虽然在我国开展神舟飞船研制时，前苏联与美国已成功发射了载人飞船，但公开发表的资料很少，而公开的资料中其核心内容进行了保密处理，只能作为参考。国内在返回式卫星和通信卫星结构研制方面积累了一定的经验，但神舟飞船结构与机构分系统的复杂程度、载人航天器的特殊设计要求以及高可靠性与安全性要求所带来的技术难题是以往卫星结构与机构分系统无法比拟的。

3.1　大型航天器结构设计技术

(1) 结构构型、接口及载荷特点

神舟飞船结构是迄今为止我国研制的尺寸最大、受载荷最复杂、可靠性与安全性要求最高的航天器结构系统。飞船结构总高 9m 多，轨道舱、返回舱与推进舱结构为回旋体，直径在 2.25~2.5m 之间，呈细长型。

神舟飞船结构与运载之间的机械接口关系与其他航天器不同，除了推进舱后端框与运载火箭之间用包带连接以外，还要通过整流罩上 9 个逃逸支撑机构卡点与飞船轨道舱连接，为了保证航天员的生命安全，运载系统设置了应急救生系统。一旦运载火箭出现异常现象，返回舱与推进舱解锁，逃逸火箭携带飞船返回舱、轨道舱迅速逃逸。

因此，神舟飞船结构的动静载荷均比卫星结构要复杂。除承受正常发射载荷外，轨道舱和返回舱还要承受逃逸载荷。逃逸过载系数达 10g 以上，比正常飞行过载系数要大得多。飞船结构设计要兼顾正常与逃逸载荷状态、在轨承受的 101.3kPa 的密封压力载荷工况以及运载系统对飞船的动力学特性要求，使结构设计尽量优化。

在神舟飞船结构设计过程中，针对不同的载荷作用特点和结构失效所带来的不同严重程度的影响，制定了设计安全系数规范。对内压载荷而言，为保证航天员在轨的安全性，保证舱体的密封，取较大的安全系数；而对于小概率事件的逃逸载荷则取较低的安全系数，这样既保证了可靠性又使结构效率提高。

(2) 结构方案设计

飞船返回舱作为航天员的座舱、轨道舱作为航天员生活工作舱，采用端框、蒙皮、法兰对接焊并点焊纵横加强筋的结构方案，壳体结构材料采用了焊接性能良好、强度中等、塑性良好的 LF6 防锈铝。推进舱采用铆接结构方案，材料以硬铝 LY12 为主。由于功能要求，神舟飞船密封舱开口多而且尺寸大。返回舱舱壁有二十多处开口法兰，其中 Φ200mm 以上的开口 12 个；轨道舱开口十多处，Φ200mm 以上的开口 5 个。这些开口造成很大的应力集中，尤其是直径 Φ900 多 mm 的两个伞舱口焊缝相距仅 70 多 mm，轨道舱两个大开口焊缝相距仅 100mm 左右，开口应力集中区相互迭加。为减轻结构重量，轨道舱与返回舱焊接结构蒙皮设计厚度很薄，为此对各种开口加强法兰进行优化计算，既保证了结构的整体重量较轻又保证了舱体的强度和刚度，同时保证了开口处的密封性。

在确定轨道舱前后封头的方案时有两种选择：一种是球形封头承受内压有利；另一种是锥型封头有利于提高整船刚度，通过反复的比较和分析计算发现，整船横向刚度偏低的矛盾更突出，最终采用了锥型封头的方案，与"联盟"号的球形生活舱大不一样。轨道舱前后锥段的半锥角大于 55°，超出压力容器设计常规(半锥角 30°~45°)。在设计中用经典法和有限元法进行分析计算，确保了连接框在内压载荷作用下的稳定性。

(3) 动力学特性

飞船为一细长结构，其横向刚度较低。在研制初期，运载系统希望飞船的横向基频大于 10Hz 以上，飞船结构通过多轮参数优化包括轨道舱封头的形状优化后，仍难以满足此要求，由于 9 个逃逸卡点的存在，使得飞船/运载系统的动力学特性非常复杂，对于如此庞大的系统是无法通过试验来验证的。通过飞船与运载系统进行耦合分析，表明飞船横向基频不需要那么高即可与运载系统相匹配，通过 6 次飞行试验很好地证明了这一点。

3.2 载人航天密封舱设计技术

神舟飞船的返回舱、轨道舱为载人的密封舱。舱体结构的密封性是保证航天员在飞行任务期间生命安全的首要因素，是载人航天首先需要突破的关键技术之一。我国在返回式卫星密封舱结构设计方面积累了一定的经验，但神舟飞船返回舱、轨道舱舱体的密封容积在 18m³ 以上，有 200 多处密封接口，其密封接口长度达 70 多 m。神舟飞船返回舱、轨道舱结构不仅密封环节多，而且漏率指标比返回式卫星以及联盟飞船要低。

结构密封技术涉及到密封接口参数设计、密封材料选择、结构强度和刚度设计、密封面的加工精度和焊接质量的控制等诸多因素。

在神舟飞船研制中，对影响舱体密封的各种因素进行了研究，根据密封实现的难易程度对 200 多处密封环节进行了漏率指标的合理分配，制定了飞船密封舱焊接技术规范和密封接口尺寸、加工精度和密封圈压缩率等规范。对径向密封与轴向密封设计了不同的压缩率。针对返回舱、轨道舱不同部位、不同的使用环境，分别采用不同硬度的"O"形圈、矩形圈和"蕾形"密封圈。

(1) 密封件

对舱体密封技术中的核心因素——密封件的材料选择、高低温环境条件下性能的稳定性和在真空环境下产生的挥发物等进行了系列研究。研制成功了适应载人飞船空间环境温度变化要求、其真空挥发物、可凝物和无毒性指标达到国际标准、满足载人航天安全性要求的40多种规格的密封件。返回舱上最大的密封圈直径达 2.3m，是目前国内航天器结构上使用的直径最大的密封圈，研制中采用了分段硫化技术，解决了平板硫化技术对制造设备要求高的问题，降低了制造成本。

(2) 密封舱门

轨道舱舱门和返回舱舱门是航天员直接操作的机构，其设计需考虑人机功效特点，能从舱内外方便地开关，并要求开关力小、开关时间短，还需承受地面反复开启、关闭的操作，舱门又是舱体的重要动密封部位，航天员一旦进入飞船，舱门是最后一道密封环节，其密封的好坏直接关系到航天员的安全。

舱门采用传动机构用来实现内外开关及与舱体间的密封，采用了较高的齿轮传动比使开关操作力减小。为确保舱门密封可靠，舱门主轴与主轴安装座之间设三道密封圈，门体与舱体之间设双道"蕾形"密封圈，确保密封可靠。设有防误操作的提手和锁定机构，确保航天员操作的安全性。

密封圈压缩率与开关操作力之间是一对矛盾。从保证密封出发，密封圈压缩率可以在 7%～40% 之间选择，而压缩率越大，航天员操作力就要大。通过试验验证，得到了两方面都满足要求的设计参数。设计了舱门快速检漏仪，使地面工作人员和航天员在舱门关闭后，能在 10 分钟之内确认舱门关闭后的密封性。通过试验得到了双道密封圈之间的快速检漏与真空整体检漏之间的漏率变化规律，为合理制定快速检漏的判据打下基础。

3.3　再入防热技术

再入防热技术是载人航天关键技术，更是神舟飞船首要突破的关键技术之一。国内返回式系列卫星在再入防热领域取得了许多经验，但是，返回式卫星与联盟号飞船一样，防热结构采用的是高密度烧蚀材料，防热结构所占重量大。神舟飞船重量指标有限，必须寻找新的解决途径。另一个更重要的区别是返回式卫星的回收舱为非密封舱，而神舟飞船返回舱是载人的密封舱，要解决舱窗、发动机舱等20多个大小舱盖的热密封技术难题。

(1) 低密度防热材料

为降低飞船结构重量，提出了采用低密度烧蚀材料作为返回舱的防热结构，这在国内没有先例。经过2 年多的攻关，对十几种材料进行筛选，找到了合适的低密度防热材料。在研制过程中，解决了材料匹配、强度和胶接等一系列难题。将返回舱侧壁防热结构设计成等厚度、变密度的形式，即背风面的密度比迎风面还要低。这样，既保证了返回舱的气动外形又满足了不同部位不同热流密度的需要，同时使防热结构的质心向迎风面偏离，有利于返回舱质心向Ⅲ象限偏移的总体要求。在热流密度最大的防热大底处，则全部采用迎风面材料密度。在侧壁20多个开口处，采用中等密度的玻璃钢边缘防热环。采用中、低密度相结合和蜂窝增强的结构形式，较国外飞船简单、可靠。返回舱单位面积防热层质量比联盟号轻 35%；低密度烧蚀材料密度比国内返回式系列卫星的烧蚀材料平均轻 50%左右。

(2) 热密封

在返回舱上设有两个观察舱窗和一个光学瞄准镜窗口，它们既要承受再入时几千度的高温又要密封和承受舱体在轨飞行时的内压载荷。在型号研制开始时即对舱窗的热密封技术进行攻关，在防热材料的匹配性、结构形式和结构参数的选择等方面进行了大量的试验，在烧蚀计算和内部温度计算等方面进行了深入的研究，最终确定了舱窗的结构方案，即由外层玻璃实现防热，内部两层玻璃承受内压载荷并保证密封。通过全尺寸舱窗的高低温交变试验和再入模拟加热试验，验证了设计思想。

(3) 局部防热

国内外航天器研制经验证明，返回式结构舱体上突起物和缝隙处的局部设计考虑不周是导致防热结构失效的主要原因。神舟飞船返回舱舱壁上 20多个防热口盖是设计上的难点。这些口盖形状各异，要求各不相同，并且在装配时口盖与周边不可避免留下缝隙。俯仰发动机舱盖为舱体上典型的突起物，热流在此处发生突变；伞舱盖既要保证伞舱体的密封又要保证弹伞舱盖爆炸螺栓处的温度在火药的安全工作温度以下，并且还要通过伞舱盖上的稳定翼实现再入时的姿态稳定；防热大底上的钛管要承受两舱的连接载荷同时需要在再入初期快速烧掉以保证局部热流和温度不产生巨变。设计中，综合考虑了各种矛盾，解决了口盖和钛管突起物局部防热问题，同时在局部防热理论和缝隙防热分析等方面探索出一套适应工程要求的分析方法。

(4) 地面试验技术

受各种条件的限制，防热结构的地面试验验证很难模拟飞行状态。在神舟飞船研制中，打破苏、美研制传统，未做整舱热试验和专门的飞行试验，通过对大型地面模拟试验装置进行详细的评估和分析，配合分析计算，用单个典型部件的热结构试验，再现了整个防热结构的工作状态，使模拟试验能较真实地反映实际飞行结果，节省了大量的研制经费，摸索出一套适合我国国情的防热结构研制方法。

3.4 舱段连接分离技术

舱段连接分离技术是神舟飞船首先需要突破的关键技术之一，舱段连接分离的成败直接关系到整个飞行任务的成败。

舱段连接分离需解决以下技术难点：

a. 连接机构必须承受舱段之间的巨大载荷，通过连接机构实现整船的刚度；

b. 解锁同步性要求高；

c. 高可靠性要求；

d. 高安全性要求：在任务期间火工机构必须绝对安全，不产生误爆等故障；工作时对密封舱无污染，不能产生碎片、有害气体，工作时产生的冲击必须在航天员所能承受的范围之内。

我国返回式卫星的舱段连接分离机构过去通常采用爆炸螺栓实现。爆炸螺栓可根据连接力要求设计螺栓直径、根据分离质量的要求设计装药量，随着连接螺栓直径的增大和火药的增加，爆炸螺栓工作时产生的冲击也越大。用爆炸螺栓实现连接分离的方式不适用载人飞船高可靠、低冲击的要求。

在神舟飞船研制期间，借鉴国外载人航天器连接分离设计经验，返回舱与轨道舱之间、返回舱与推进舱之间采用火工机构锁实现连接，火工机构解锁后用分离推杆实现分离，提供所需的分离速度。为了解决连接强度、刚度、密封、防热与分离可靠性、同步性之间的矛盾，对各连接分离面的特点进行了系统的分析与研究，确定了优化的系统设计方案。

(1) 返回舱与轨道舱之间的连接与分离

神舟飞船返回舱与轨道舱之间的连接机构需承受发射时、特别是逃逸时的巨大载荷，并且需保证对接面的密封。保证整船连接强度、刚度和密封所需连接机构数量和保证解锁可靠性及同步性所允许数量之间的矛盾是非常突出的。综合分析之后，设置了 12 个火工机构锁Ⅰ保证连接强度和密封压紧力。设置 4 个火工分离推杆提供合适的分离速度。在对接面上设置电路、气路和液路快速断接器实现两舱之间电信号的传递和气体、液体工质的输送。对接面上的火工机构锁、火工分离推杆、电、气、液路快速断接器等设备按对称原则布置，以减少分离时对姿态的干扰。

为了解决解锁同步性和分离同步性问题，研制了非电传爆装置。实现 12 个火工机构锁Ⅰ的起爆和 4 个火工分离推杆的延时引爆。该装置能以较高的同步精度起爆多个点火器，保证了解锁和分离的同步性，能够有效地防止杂散电流、静电等的影响，提高了安全性。因采用了多路传爆歧管，降低了对供配电分系统瞬时供电峰值的要求。在系统设计上，设置 2 套非电传爆装置，大大提高了舱段解锁、分离的可靠性。

(2) 返回舱与推进舱之间的机械连接与分离

返回舱的底部为球面，与推进舱之间没有对接平面，只能在防热大底预埋承力构件引出球面，再通过连接解锁机构与此传力构件相连，并与推进舱相连。舱段间连接强度和刚度所需此构件壁厚与防热设计允许的壁厚之间是很矛盾的，从防热设计角度考虑，此承力构件若不能在返回舱再入初期快速烧掉将导致灾难性的后果。另外，分离机构设计必须考虑返回舱质心偏离中心线较远的要求。综合考虑上述各种因素与矛盾，采用在防热大底上预埋 5 个钛管与火工机构锁Ⅱ相连，火工机构锁Ⅱ与推进舱上端框相连以实现连接与解锁。火工锁Ⅱ的承载能力在 10t 左右。采用弹簧分离推杆实现舱段分离。通过控制每个分离推杆分离力的大小保证舱段能平稳分离，使由于舱段质心偏离引起的干扰角速度在控制指标以内。

(3) 返回舱与推进舱之间电、气、液路连接与分离

从防热设计角度考虑，要避免在热流密度最大的防热大底上开孔。为实现返回舱与推进舱之间的电信号、气体和液体介质连接与分离，在返回舱舱体的侧壁设置专门的分离密封板组件。分离密封板组件由内板、外板及摆杆机构组成。在额定的时间，内外板在摆杆机构的引导下完成与内板的分离，在返回舱与推进舱机械分离之前切断两舱间电气液路的连接。分离密封板组件在设计时除需要保证连接分离可靠性之外，解决了再入防热和密封问题以及摆杆机构反弹的问题。

(4) 防热大底的连接分离

在防热大底的连接与分离设计中，由于受空间位置的限制，不能像返回舱与轨道舱、返回舱与推进舱之间一样，分别设置连接解锁机构和分离机构，而是设计了集连接、解锁、分离于一体的抛底火工锁。抛底火工锁与返回舱的主传力桁条、防热大底钛管、火工锁Ⅱ设置在同一轴线上，保证了传力路线的连续性，确保了整船的连接强度与刚度。抛底火工锁的另一个特点是直接安装在返回舱舱壁，必须保证舱体密封并且工作时产生的燃气不能泄漏到返回舱内。弹抛防热大底时，返回舱呈倾斜状态，每个抛底火工锁承受的配合阻力大小、方向各不相同，对保证同步、可靠分离带来了困难。通过对纵向和横向尺寸链的分析，合理地设置了定位面和定位销，确定了合适的配合间隙，因而确保了对接的同轴度和对象限线偏扭的控制，保证了分离的可靠性。

(5) 机构可靠性设计与试验

如前所述，舱段间连接分离的可靠性要求非常高，为了实现这一目标，在系统设计、产品设计、试验方法研究、产品质量控制等方面摸索了一整套方法。

首先，通过分系统的可靠性分析和故障树分析，找出了影响分系统可靠性指标的关键产品。舱段对接面上各种火工机构锁和火工分离推杆，必须同步可靠工作，任何一个失效均会导致舱段分离失效。对这些关键的火工机构，设计上采用双路起爆器和双火工机构，相对单起爆器和单火工机构而言，其解锁可靠度提高了4倍。

为了保证连接装置在解锁时各零部件之间运动灵活可靠，通过润滑措施来减小摩擦系数，对于一般的相对运动，普通的润滑膜就可以满足要求。但对于神舟飞船锁类连接件的受力面，其面积一般都比较小，局部接触应力比较大，摩擦力也很大，因而对润滑有特殊的要求。通过对润滑膜材料、干膜厚度、机体材料的处理和滑动面间隙的选择、润滑膜与金属机体粘接的牢固程度的研究，采取了相应的措施，保证了机构的灵活运动、工作可靠。

在横向载荷的作用下，对接面有开缝的趋势，为了保证不产生缝隙，必须对连接件施加足够的预紧力。预紧力与安装力矩的关系涉及到各种机构的结构形式、舱体法兰结构刚度与精度、表面状态、润滑方式、材料性能等各个方面，目前没有成熟、准确的计算方法。针对神舟飞船各连接分离面的特点，通过试验手段确定了各种连接机构的安装力矩，保证连接可靠。

为了验证舱段连接分离设计的可靠性，必须进行大量的可靠性试验。对各种连接分离机构产品进行了全面的分析，研究出一套适合我国国情的各种机构产品可靠性加严试验方法和评估方法，发展了航天器机构可靠性分析与试验技术。

(6) 机构安全性设计

安全性问题是神舟载人飞船需要着重考虑的问题，在连接分离机构的研制中，采取了一系列确保载人安全性的技术手段。各种连接分离机构为低冲击火工机构，设计上只用微量的起爆药和少量的主装药。在火工锁Ⅰ和摆杆等机构的设计中，设置了专门的缓冲元件进一步降低冲击载荷，保证传递到航天员座椅上冲击响应低于安全容许限。各种机构的运动部件采用全封闭设计，确保工作时不会产生碎片。设计上火工装置采用了对杂散电流、静电等不敏感的钝感型起爆器，确保安全性。

在舱段连接分离机构设计中，遇到的另一个安全性设计难题是如何确保火工机构工作时产生的有害气体不泄漏到舱内。常规的设计是采取严格的密封措施，使火工机构工作后有害燃气密封在机构内腔内。为此，专门研制了相应的密封型电起爆器，对各种密封环节采取了优化设计，这些措施对燃气工作压力较低的火工机构是可行的、安全的。但是，对于尺寸小、容腔小的产品，火工品点火后产生的燃气压力很高，常规的密封措施难以保证密封绝对可靠，为此，研究了一种新的设计思路，采用内部密封、外部排泄的方式，将安装在返回舱舱壁上火工装置工作后产生的有害气体排到舱外，确保舱内一端的密封性，此种设计

思想应用在抛底锁上取得了显著的效果。

3.5 着陆缓冲技术

载人飞船依靠缓冲发动机实现航天员的软着陆。如何保证即使缓冲发动机出现故障的情况下航天员也能安全着陆，这是载人航天特有的技术难题。我国无论是理论分析还是试验验证方法都没有可借鉴的技术。面对这一难题，进行了大量探索性的研究工作。

神舟飞船的着陆缓冲系统由结构与机构分系统的密封大底、座椅缓冲器、座椅与束缚装置以及航天员系统的赋形垫组成。座椅缓冲器安装在密封底的大梁上，座椅缓冲器支撑着座椅头部和航天员。着陆前，座椅缓冲器提升到一定高度，着陆时冲击载荷通过密封大底的塑性变形降低到一定程度，传递到座椅缓冲器，座椅缓冲器向下运动，内部的缓冲元件工作，吸收纵向能量，赋形垫实现横向缓冲，保证航天员的安全。

(1) 密封大底

密封大底为缓冲吸能的第一个环节。通过结构塑性变形吸能的结构形式通常为夹层结构，综合比较了蜂窝夹层结构与金属夹层结构的特点，采用了工艺性较好的金属夹层结构方案，此种方案的另一优点是可以在夹层中方便地设置总体所需的配重。由于受设备安装要求的影响，密封大底在着陆冲击时的变形空间有限，为了更有效降低大梁上的冲击响应，通过分析与比较，在内蒙皮与大梁之间，采用了高空隙率吸能泡沫铝新材料，使座椅缓冲器底部的输入大大降低。

(2) 座椅缓冲器

座椅缓冲器是着陆缓冲系统中的关键产品。座椅缓冲器的设计需要考虑强度、提升与锁定、缓冲、密封等各环节。为了避免提升过程中的冲击过大，采用了压力燃气包技术使座椅缓冲器在着陆前缓慢提升到位，并设置锁定机构锁定。设有7道橡胶密封圈和2道金属密封圈保证密封。

缓冲吸能部件是座椅缓冲器的核心部件。对两种缓冲吸能原理进行了深入的研究。一种是利用金属切削吸收冲击能量，另一种是利用金属材料的塑性变形和摩擦来吸收能量。按这两种原理分别制作了拉刀式座椅缓冲器和胀环式座椅缓冲器，通过大量的对比试验与分析，发现胀环式座椅缓冲器缓冲性能稳定，对加工、装配精度要求不高，并且对横向冲击不敏感，缓冲力具有很好的可设计性，可以根据需要的缓冲力调整缓冲元件的参数，从而得到满意的缓冲效果。

(3) 试验验证

着陆缓冲技术涉及到冲击动力学、结构动力学和人体生物力学等各个领域。在研制过程中，通过座椅缓冲器的单元试验、人椅系统联合试验、整舱验证试验，建立了我国自己的着陆缓冲研究体系和研究方法。通过这些试验，确定了胀环式座椅缓冲系统的设计参数，验证了在各种随机着陆状态下着陆缓冲系统的性能。地面试验证明，主伞开伞、缓冲发动机失效、平均地面风速的情况下，航天员受到的冲击载荷能满足医学要求。

4 载人航天器结构与机构技术的发展

随着载人航天工程的进一步发展，载人航天器结构与机构技术将得到全面的、深入的发展。

(1) 结构的轻量化技术

结构的轻量化是结构设计师永远追求的目标。在神舟飞船以后的改进中，将适当进行参数优化，同时大力推广高比强度、比刚度材料的应用。对于非密封舱结构和密封舱结构的直属部件，将考虑采用1420铝锂合金材料以降低一定的结构重量。同时开展复合材料构件作为密封舱直属承力构件的研究。

(2) 系列化密封舱门技术

目前，神舟飞船已开发了直径650mm、750mm两种规格的压杆周边压紧式密封舱门。在下一步出舱活动飞船任务中，将开发直径850mm的密封舱门；还将开发传动比更大的舱门以降低操作力，同时研究活动机构的长寿命可靠性技术。

(3) 整体壁板式密封舱结构

神舟飞船密封舱采用点焊式结构，这对于短时间的载人航天器是合适的。但是对于寿命长达几年的目标飞行器或十几年的空间站，这种结构形式是不适应的。载人密封舱在轨承受内压载荷，由于蒙皮与骨架的刚度不同产生变形的不协调，使两者之间存在剥离的应力，此应力与地面的强制装配应力方向叠加，使得点焊位置有很高的应力集中。长时间的应力集中将导致应力腐蚀，从而使点焊位置发生裂纹扩展，导致密封失效。因此，在下一步的目标飞行器密封舱结构设计中，将采用与国际空间站相同的整体壁板式结构，以提高长时间载人密封舱结构的可靠性和整体刚度。

(4) 空间防护结构

微流星和空间碎片对长寿命载人航天器结构安全性存在威胁。目前，国内有很多学者在进行相关的理论、模式和试验的研究。随着我国载人航天技术的不断发展，空间防护结构将进入工程应用研究阶段，在结构形式、结构材料、撞击试验与结构可靠性评估方面将取得实质性进展。

(5) 长寿命、低漏率密封技术

神舟飞船结构密封技术目前到达的漏率指标在 100～200Pa·L/s 的量级，在轨工作时间较短。对于目标飞行器和空间站来说，漏率指标要提高 5 倍甚至更高，而工作寿命将是几年或十几年。因此，下一步将开展长寿命、低漏率密封技术研究。主要集中在密封材料的选择、空间环境加速老化试验方法与寿命评估、密封接口设计的优化等方面。

5　结束语

通过神舟一号至神舟六号的飞行试验，全面系统的验证了结构与机构分系统的设计，突破了大型结构设计研制、载人密封舱结构研制、低密度防热结构研制、高可靠低冲击连接分离机构研制、着陆缓冲系统研制等关键技术，发展了我国航天器结构与机构技术。随着我国载人航天技术的不断发展，载人航天器结构与机构技术也将取得更大的成就。

Technical Achievement and Development in Structure and Mechanism System of Chinese Manned Spacecraft

Chen Tongxiang　　Lou Hanwen　　Wu Guoting and Chai Hongyou

Chinese Academy of Space Technology, Beijing, 100094

Abstract　In this paper, technical achievement in structure and mechanism system of Chinese Shenzhou manned spacecraft was introduced, the future development of technology of structure and mechanism system in Chinese manned spacecraft was also mentioned.

Key words　Shenzhou spacecraft; Structure and mechanism technology

中国特色军事变革中的航天发射场
试验通信系统发展探讨

陈文周　刁龙梅　于恩宁

中国酒泉卫星发射中心试验技术部三室

兰州市 27 支局 15 信箱 13 号，邮编：732750，jsbcwz@163.com

摘　要　本文针对中国特色军事变革对航天发射场试验通信系统提出的要求和挑战，分析和研究了试验通信系统的现状和差距，提出了试验通信系统的发展思路，为信息化、数字化靶场建设提供了技术支持。

关键词　军事变革；航天发射场；试验通信；信息化

1　概述

航天发射场试验通信系统由数据通信、指挥通信、时间通信、图像通信、保密通信、电话通信、卫星通信、光纤通信、微波通信、超短波通信、短波通信、互联网通信、指挥自动化、计算机网络通信、电缆通信以及网络管理等系统组成，是导弹武器试验鉴定、航天器发射飞行试验系统的三大支柱之一，是进行科研试验的重要基础设施，对于各项科研试验任务的完成具有至关重要的作用。也是建设"世界一流航天中心、国家重点武器靶场"和进行中国特色军事变革的信息基础。

试验通信系统是武器装备试验鉴定系统和航天器发射飞行试验的重要组成部分。其主要任务是：为航天器和武器试验任务的全过程提供可靠的通信传输手段，完成话音、数据和图像通信；向相关参试设备提供标准时间和标准频率信号；保障航天发射场的日常通信；实现航天发射场指挥控制、装备管理、科研试验管理和决策支持等工作的自动化。

中国特色军事变革的核心和方向是建设信息化军队、打赢信息化条件下的局部战争，目标和步骤是在本世纪前五十年逐步实现国防和军队的信息化发展道路：以机械化为基础、以信息化为主导，实现我军现代化的跨越式发展。

信息化武器装备将成为军队作战能力的关键因素，无论是陆军装备还是海、空军装备，无论是主战装备还是保障装备，都朝着信息化的方向发展，争夺信息优势成为作战的关键性环节，拥有信息优势并能有效转化为决策优势的一方，就能够更多地掌握战略和战场上的主动权；信息化战争不再是各个单元之间的对抗，而是建立在各种作战单元、作战要素综合基础上的体系和体系的对抗，诸军兵种联合作战成为基本作战形式。

作为航天发射场，要适应中国特色军事变革，就要牢固树立"靶场就是战场、试验就是作战、靶场为战场服务"的思想，为此航天发射场把建设信息化、数字化靶场作为自己的发展目标。

建设数字化、信息化靶场的信息基础就是试验通信系统，为贯彻落实江泽民提出的国防和军队建设跨世纪发展"三步走"的战略目标，满足对台军事斗争和我军武器装备战略发展的需要，实现中国特色军事变革，实现我军跨越式发展，完成××工程二期的空间交会对接、空间实验室发射等重大试验活动，这些都对航天发射场试验通信系统提出了更高的要求。本文探讨适应中国特色军事变革的试验通信系统的发展和建设。

2　中国特色军事变革中航天发射场的主要变化

(1) 参试测站、机动测站进一步增加，机动发射场建设逐步实施，试验通信的覆盖范围将逐步扩展。

(2) 新的航天器和武器试验任务要求通信提供更宽的传输带宽，适应更多的业务种类。

(3) 对航天器、新概念武器的精确测控，要求信息传输有更高的实时性与可靠性。

(4) 面对当前复杂的国际环境和军事斗争的需要，通信网络自身的安全和信息安全将成为重点。

(5) 为了满足导弹航天测控的需要，将建立网络化的导弹、卫星、航天器测控网络体系，实现信息传输速率的提升；将对各测控设备进行网络化改造，实现单台测控设备之间的联网，实现单台测控设备和计算机中心的联网，优化测量信息处理方法，更加有效地发挥全网测控能力，提高测控网的效费比。要求试验通信系统满足网络化信息传输的新体制。

(6) 战略战术导弹和载人航天等试验任务除了提高测量精度要求外，在测量控制传输的信息量方面，也有较大的提高；数据、视频和音频信息的融合传输和处理，均需要较高的通信带宽给予支持。

(7) 为支持新型运载火箭发射和新型导弹发射的需要，将随时选择机动发射场地，同时××工程将需要采取机动发射模式，建设机动发射场；军用航天器测控的防摧毁能力、抗干扰能力和载人航天工程试验都有机动布站和备份机动指控中心的要求。试验通信系统必须适应机动通信的试验模式。

(8) "靶场适应战场，靶场为战场服务"将是中国特色军事变革的主要内容，这一主要内容将对通信系统提出极其苛刻的要求。

3 试验通信系统的挑战和对策

航天发射场试验通信系统经过 40 多年的建设，已经实现了信息传输以光纤和卫星通信为主要手段的数字化、宽带化传输体制，实现了电话交换以数字程控交换为主要手段的电话交换体制，实现"模拟到数字"的通信转变，已经建成一个具有一定规模的多测站、多网络、多业务、多手段的综合通信系统，完成了以首次载人飞行为代表的历次试验任务，为完成各项科研试验任务和跨越式发展贡献了自己的力量。

但是，随着中国特色军事变革的开展、信息化、数字化靶场的建设和承担的科研试任务的发展，航天发射场试验通信系统将面临重大挑战，为了迎接新的挑战，通信系统将在以下方面重点研究和发展，从而提高试验通信的综合保障能力。

航天发射场试验通信系统将按照"科技强军、质量建军"的战略思想，积极跟踪国内外通信技术的最新发展和趋势，紧密结合科研试验任务及人才培养需求，处理好需要与可能、当前与长远、成果与应用、先进与实用、指挥自动化和试验通信的关系，以需求为牵引，以需求带动发展和建设，既要满足试验通信的基本需求，对现有通信装备进行优化整合，又要考虑超前性，研究最新的通信技术发展和应用。在传输网络化、信道宽带化、指挥可视化、管理智能化等领域进行重点研究，全面提高试验通信的综合保障能力，为中国特色军事变革的全面开展、信息化、数字化靶场的建设奠定基础。力争实现"点对点到网络互连"通信的转变，为信息化军队建设提供优质的信息高速公路。

4 试验通信系统现状

航天发射场试验通信系统经过 40 多年的发展和建设，已基本形成具备支持载人航天工程、卫星、导弹等大型试验任务的综合试验通信体系，并从单一的服务保障功能发展成为具有试验任务主体功能的重要系统。特别是在××、××等工程牵引下，基本建成了覆盖发射场、测控站、落区和气象系统的科研试验任务通信网，实现了传输光纤化、业务数字化的"点对点"通信传输体制。

4.1 试验通信传输网络现状

(1) 对外通信方面，建成了以卫星通信为主用路由、军网地面光纤为备用路由的 DDN 和帧中继双路由通信模式，保证了信息传输和交换的可靠性。对外通信目前不满足"网络宽带化"的要求。

(2) 内部通信方面，建成了型号试验任务北部地区 622 Mbit/s SDH 环路光纤传输系统，航天卫星试验任务南部地区以 PDH 环路光纤传输系统为主的 DDN 数据传输系统，出口 2.5 Gbit/s 环路光纤传输系统。内部通信实现了"网络宽带化"的要求。

(3) 卫星通信是航天发射场对外通信和对落区通信的主要干线传输网络，经过改造建设建成了以通信总站 7.3 m C 波段、5 m C 波段和 4.5 m Ku 波段卫通站为主连接落区固定和机动 C、Ku 频段卫通站和机动测控站 C、Ku 频段卫通站的卫星通信网络。形成了站型分布合理、业务支持齐全、机动能力强的 C 频段、Ku 频段卫星通信网以及 L 频段海事话音用户卫通网络。

(4) 无线通信建设了一点多址微波通信、PDH 微波通信、扩频微波通信、短波通信等多种通信系统，满足机动布站，完成电话、数据、调度等业务信息传输的需要。完成了短波台站的改造，实现了短波通信简化系统、缩小台站规模、提高通信效率、提高系统的自动化程度和管理水平的发展需求。

4.2　通信业务现状

在通信业务方面，建成了具有较强支持能力的电话通信、指挥调度通信、数据通信、图像通信和时间统一系统。

(1) 语音通信业务

电话通信完成了程控交换局的扩容改造，进一步完善了交换机的相关功能；对人工长途台进行了更新改造，满足了各单位电话通信的要求。

指挥调度通信伴随着国防科研试验任务的发展、电子技术的进步而发展，现已形成适应各种型号试验任务组织指挥的指挥调度通信网。××工程 9008 大容量数字调度系统、××卫星 9035 大容量调度系统、东风中心大容量调度系统和型号试验任务 3 号大容量调度系统的安装使用以及其它测控站调度系统的更新改造，基本实现了调度系统的大容量和数字化，覆盖了发射场、测控站、落区和团站的各任务岗位，满足现阶段试验任务的语音指挥通信要求。

(2) 数据通信业务

数据通信建成数字数据网（DDN）和帧中继网（FR）。由原来支持××工程的数据网络，扩展到覆盖了参加导弹、卫星和航天试验任务的中心、团站和所属测控站，为发射场区内部以及跨场区数据、图像业务提供专线传输电路。由于 DDN 和 FR 设备具有数据交叉连接、路由迂回等功能，提供了灵活的组网方式，保证了数据的可靠传输，在载人航天、卫星和导弹试验任务中发挥了较大作用。

(3) 图像通信业务

图像通信包括实况电视传输系统、会议电视系统和监视电视系统三个方面的内容。建成航天卫星试验任务电视监视系统和型号试验任务电视监视系统，建成了 8Mbit/s、2Mbit/s 实况电视传输系统。建成了总装会议电视东风分会场和基地会议电视系统的雏形。

(4) 时间统一系统

时间统一系统建成了以 H303、H305 标准化时统设备为主、以 GPS 和长波为主要定时校频设备手段、以东风中心时统站为中心的时间统一系统，丰富了定时校频手段，提高了定时校频精度和可靠性；已经形成较为完善的时间统一系统，能够提供满足现有各类试验任务要求的标准时间和标准频率信号。

4.3　保密通信系统现状

由于大型工程和型号任务的牵引，通信保密系统建设取得了长足的发展，在"压缩设备种类，发展通用型号"的总体发展思路指导下，开发和配备了一批通用性强、性能稳定、技术先进、操作使用方便的专线调度保密机、数字电视保密机和群路保密机设备。实现了调度指挥网话音信息、实况电视、会议电视图像信息(包括话音)和群路干线的加密，保障了话音、图像等信息的传输安全。在密钥管理方面，建设了覆盖基地各团站的密钥管理与分发系统。

分析航天卫星任务和型号试验任务对试验通信系统的需求，主要有以下差距：

(1) 在网络资源方面，存在长距离传输线路带宽资源不足，网络资源分配调度灵活性需要进一步提高，网络覆盖面需要进一步扩展，网络功能需要有待进一步优化和完善。

(2) 由于技术条件发展的限制，导致网络层次复杂，业务与业务承载网紧密结合，不同的业务分别构建不同的业务传输平台，造成系统庞大。

(3) 在网络管理方面，多种网络设备并存，难以实现有效的统一管理和资源调度，系统网管与专业网管之间的信息交互能力差，业务的性能监控、配置和更改能力有待提高。

(4) 指挥通信话音信号传输转接环节多，通信质量有时不够稳定。

(5) 进一步加强网络安全建设，提高网络安全防护能力。

(6) 军队赋予总装靶场作战任务，这就要求试验通信系统具有一定的抗毁能力，与国防通信网和地方电信网的互连互通能力。

(7) 提高试验指挥效能与丰富系统综合信息服务功能之间的矛盾；高可靠性、高机密性、高实时性与广泛的应用、广泛的用户、广泛的使用需求之间的矛盾。

5 发展探讨

航天发射场试验通信系统按照功能层次可以划分为传送网、业务承载网、业务网(系统)。传送网是整个宽带网络结构的基础,主要为业务承载网提供传送电路,由卫星通信系统、光纤通信系统和无线通信系统3 部分构成;业务承载网是建立在传送网之上为各类业务提供公共承载平台的网络,主要完成信息交换和路由功能。由基于 TDM 专线业务的专线业务承载平台和基于分组交换和传输的综合业务承载平台构成;业务网是利用传送网和业务承载网的信息交换和路由功能向用户提供各类通信业务的网络,试验指挥通信业务网由电话通信网、数据通信网、指挥调度网、时间统一系统、图像通信系统、保密通信系统等部分构成。

5.1 传送网发展

传送网分为长距离传送网和场区本地传送网两部分。长距离传送网主要负责对外和落区通信,由卫星通信网、地面军网电路和短波通信网构成。卫星通信网由于受卫星转发器传输带宽的制约,已经成为宽带网建设的瓶颈。对外和落区传送网的建设,由于受经济条件的限制,不可能建设专用对外光纤通信传送网络,现实可行的方案是:采取"卫星通信专网与军网通信电路并重"的策略,进一步提高卫星通信传输带宽、拓展卫星通信网的传输能力;借助军网通信能力的提高,在主要业务方向调用专线传输电路,实现业务分担。结合试验任务和应急作战等对网络具有抗毁性、对信息传输高可靠性要求的特点,对关键信息,如试验任务数据、作战指挥信息、调度信息等,采用卫星通信和军网电路双路由传输方案。

5.1.1 卫星通信网发展

卫星通信系统重点发展了 IBS/IDR 体制 C 频段卫通网,逐步压缩了 ADPCM/SCPC/FDMA 体制卫星通信系统。IBS/IDR 体制可提供点对点的中等容量通信,适宜干线传输和对外通信,目前,这种体制的卫通站已有相当的规模和数量,应根据任务需求继续加以补充和完善,对老化设备进行更新改造。

Ku 频段卫星通信作为正在蓬勃发展的卫星通信技术,由于天线口径小,可利用带宽更宽,卫通站造价低,设备体积小,易于车载或搬运,应加强 Ku 频段 IBS/IDR 体制卫通网建设。

卫星通信系统作为航天发射场试验任务电路的主要传输支持,应该与地面传输系统协调发展,同时,也要充分发挥卫星通信系统的独有的通信区域覆盖面广、广播性和建设独立性等特点,继续建设和完善专用卫星通信系统,进一步增强系统支持能力、增加传输带宽、提升传输速率;加强通信多业务的应用和无缝隙传输;扩大通信保障覆盖范围,提高卫通系统的机动性。

5.1.2 军用通信电路调用

为完成载人航天任务、卫星和导弹试验任务,通过调用军网 2Mbit/s 专线电路,完成了对外和落区的信息传输。

为了满足载人航天二期工程、导弹、卫星等信息传输的需要,应进一步调用军网地面通信电路,实现对外和落区以 155Mbit/s 或 622Mbit/s 的速率接入。为了适应全军联合作战演练和未来应急作战的需要,通过军网电路实现航天发射场与军队作战指挥系统的连接和信息传递。

5.1.3 光纤通信网发展

光纤通信网是航天发射场的主要传输网络,是构成宽带综合业务网的基础。

随着通信网技术的快速发展,各种技术体制的传送系统不断涌现,呈现出百花齐放的局面。目前,应用于传送网络的主流技术包括自动交换光网络(ASON)、弹性分组环技术(RPR)、多业务传输平台(MSTP)和波分复用(WDM/DWDM),这些技术体制的出现,为场区内传送网的建设提供了较大的选择空间。

多业务传送平台是以 SDH 技术为基础,在提供 TDM 业务的同时还能实现 10M/100M/GE 以太网、帧中继以及 ATM 业务的接入、处理和传送的技术。MSTP 建设方案是介于传统的"SDH+ATM"方案与未来全光智能网络之间的一种目前现实可行的建设方案。MSTP 明显地优于 SDH,主要表现在提供多种类型端口,提供灵活的服务,支持 WDM 的升级扩容,最大限度地利用光纤带宽,支持较小粒度的带宽管理等方面。由于它是基于现有 SDH 传输网络的技术,可以很好地兼容现有 SDH,保护现有投资。

由于 MSTP 具有对多业务的支持能力、灵活的组网能力、与原有设备的兼容性和互联互通能力、可靠性和稳定性、网络的可维护性和可监控性等技术优势，比较航天发射场通信业务发展的需要，可以进一步优化通信网性能，可作为构建综合业务通信网传送平台。波分复用技术比较适合于长途干线和光纤资源比较紧张的情况下，进一步提高光纤利用率的应用场合。

针对信息化建设和发展的需要，进一步扩大光纤网的覆盖范围，力争实现光纤到连队，支持部队试验任务、远程教育、信息服务的信息传输。继续完善宽带网的建设工作，建设重点从大规模的网络建设转移到网络整体能力的提高和功能的完善，进一步扩大网络的覆盖面，基本实现主要任务站点与骨干网155/622Mbit/s的连接，保证网络的持续发展能力。根据任务的需要，有针对性地对传送网进行升级改造，提高网络传输带宽和覆盖面，在升级改造时以采用MSTP光纤通信系统为主。在承载业务方面，实现在MSTP/SDH传送网络平台上构建IP体制业务承载网，逐步将调度、图像、数据纳入IP业务承载网，实现调度、图像和数据业务的融合。在网络结构方面，为了适应信息传输可靠性和应急作战网络抗毁性要求，更结合各场区的特点，采用环型、多环或网状的网络结构。

5.1.4 无线通信网发展

无线通信系统主要应用于地形复杂和机动要求的环境，作为传输和接入手段，满足地形复杂的外围站点、临时试验机动点和移动通信的需求。主要的业务为：话音、数据、时统以及图像。现在有PDH微波通信系统、扩频微波通信系统、机动一点对多点微波通信系统、集群移动通信系统、短波和超短波电台等无线通信系统。存在的主要问题是：系统传输速率低、业务比较单一、容量小，有的属于模拟系统，部分无线电系统多样、缺乏电磁环境监测手段等问题。

随着信息化进程的推动，通信系统将向宽带化、业务综合化、网络化等方向发展，无线通信系统也将朝着这个方向发展，应当在满足试验任务的前提下，采用新的技术体制对现有系统进行升级改造。

5.2 业务承载网发展

业务承载网是实现数据、图像和话音综合传送的平台，是构建试验指挥通信网的核心。

目前已经建成了以DDN、Passport74系列为节点设备的数据业务承载网，以各类调度总机为节点设备的调度指挥网，以模拟体制为主的监视电视网，以程控数字交换机为节点设备的业务和业务承载合一的电话网。为了适应中国特色军事变革的需要，将以建设多业务融合的宽带业务承载网为重点，实现数据、图像和话音在统一的业务承载网上传输，达到数据传输网、图像传输网和指挥调度网融合的目标。

构建综合业务承载网的主流技术主要有ATM和IP。IP技术与其它网络技术相比，具有网络兼容性好、组网灵活、丰富的应用和强大的扩展能力，并且随着光纤通信和接入技术的发展，传输带宽瓶颈问题得到解决，使得IP技术支持实时的数据、话音和多媒体业务得以实现，并且被电信界作为下一代网络的核心技术。

随着光纤通信技术的发展，传送网带宽已不再是一个问题，通过对网络承载业务量的规划和发展预测，合理地设计网络传输带宽，使带宽不再成为网络服务质量的瓶颈。其次，路由器在路由处理、包交换中采用了硬件技术，使得包交换或转发处理时延与ATM交换机相当。第三，技术措施方面，采取分类服务措施，根据各类业务对网络资源的需求，分配相应的网络资源。同时，通过构建虚拟专用网(VPN)、设置流量优先级，实现服务质量保证和资源的隔离，既保证了网络内不同信息的服务质量需求，又保证了网络的安全性。因此，构建IP技术体制的业务承载网，实现多业务的融合，在实时性、可靠性方面可以满足应用要求。

5.2.1 指挥调度通信网发展

指挥调度通信网是保障指挥人员在试验任务全过程中迅速、准确、不间断的有效指挥和业务协调，是试验任务时的重要指挥通信网络。由调度总机、调度单机和传输线路组成。目前在调度总机与总机之间的传输仍然采用模拟/数字信号混传的方式，即是调度总机输入和输出均为模拟信号，而传输电路为数字传输电路。这种信号传输方式存在的不足是：模拟信号在场区之间传输由于历经的路径不同，一般都需要经过2～3次音频转接和多次数/模变换，对话音质量有一定的损伤，同时，音频转接过程中的接口电平匹配也难以满足要求，容易导致话音失真和音量不稳定。

发展多媒体指挥调度系统，建设多媒体指挥调度网，逐步实现指挥调度系统信号传输的网络化，将指挥调度通信业务纳入统一的IP体制业务承载网，实现多业务的网络融合。

5.2.2 数据通信网

数据传输是完成中心、测控站(船)各类数据的实时、准实时传输任务。目前，数据通信网是传送试验任务各类数据业务和指挥自动化系统信息的主要平台，包括 DDN 和基于 Passport74 系列的帧中继网。

随着载人航天二期工程的启动和测控设备 IP 数据传输协议的应用，以 IP 协议为基础的数据业务呈现快速增长的趋势，且应用范围也越来越广，将出现两种体制数据业务并存的局面，因此，数据通信网的建设必须兼顾两种体制数据传输的需要。

DDN 作为数据传输的主要网络，由于其传输容量的制约和技术体制的限制，再难以进一步承担大容量的数据传输任务。随着投入应用时间的增长，其性能将逐步下降，将逐步淘汰性能不稳定的节点设备，并应有计划、逐方向地将数据业务逐步转移到帧中继网。

扩建 Passport74 系列节点设备构成的帧中继网，作为场区内和场区间专线数据传输的主要网络。同时，通过帧中继网提供场区间 IP 体制业务承载网节点间的连接电路，实现 IP 数据的传输。对采用 IP 协议传输的数据，通过接入网将其直接接入 IP 体制业务承载网中传输。

5.2.3 网络安全与通信保密

随着航天发射场通信网络建设的发展，尤其是 IP 等技术的应用，通信网络正逐步实现宽带化、智能化。传输业务也从单一话音发展到由话音、数据、图像等构成的综合业务。宽带网由于自身的重要性和复杂性，非法用户在致力于窃密的同时，还实施对网络进行攻击，导致网瘫痪。分析航天发射场通信网目前所面临的威胁，主要包括被动攻击和主动攻击两种。典型的被动攻击有信息窃取和信息流量分析等。主动攻击常见的有信息篡改、假冒、重放等形式。另外，内部合法人员也可能导致安全问题，主要表现在无意或恶意对网络设备参数的修改和系统数据的破坏。

针对通信网和信息安全的现状和面临的威胁，构建一个功能完备、适用可靠的一体化安全保密框架，建立通信网一体化安全保密体系。采用信息加密技术实现数据、话音和图像的信息的加密处理。

● 网络安全防护

分别在各级本地网与跨场区网络边界设置防火墙，增强本地网的安全性，控制外部合法用户对本地网络资源和服务器(如多媒体调度服务器等)的访问、阻止可能出现的网络攻击、防止内部主机的欺骗等。

建设入侵检测系统，主动保护网络免受攻击，通过采集网络上的数据包，提取相应的流量统计特性，并根据制定的安全策略分析出可能的攻击，及时报警同时作出有限度的反击。它作为防火墙的合理补充，能够帮助网络对付攻击，扩展系统安全管理能力，提供网络安全基础的完整性。

实施网络安全审计。通过记录分析网络应用操作事件发现和改进网络系统安全。防止内部人员滥用网络资源、泄露工作秘密，防止网络病毒的攻击，协助管理员有效地调整网络性能。

安全评估：通过带有安全漏洞库的网络扫描工具对网络进行安全扫描，查找网络安全漏洞和面临的威胁。

加强对网络中主机、服务器和网管设备的操作系统的防护，通过安装网络防病毒软件，实施对操作系统病毒清除，确保系统安全。

密钥管理和 CA 认证：建设两级结构的密钥管理和 CA 认证系统，在北京中心建设一级密钥管理和 CA 认证中心，在各基地总部建设二级密钥管理和 CA 认证中心。实施对全网多种类型保密机的管理和密钥的自动分发，同时，通过 CA 认证确保网上用户的合法性。

● 信息安全

研制 IP 网络加密设备，实施对跨场区和经过无线信道传输的 IP 信息的加密处理；根据要求对中心、场区内局域网间传输的信号进行加密处理。

研制数据库安全加密系统，实施对存储信息的加密处理。

5.3 支撑系统发展

5.3.1 通信网管

通信网管是试验通信网的重要组成部分，其主要任务是实施对通信网络资源的分配、控制和管理，提高资源的利用效率，实现资源共享，保证系统安全可靠地运行。为通信管理人员实时地提供通信网的工作状态和性能参数，提供较为集中的网络管理环境、方便的操作和维护手段，保证通信系统及时、可靠、不间断地运行。

通信系统的网管建设应从实际应用出发，加强专业网管建设，强化专业网管职能，实现主要专业的集中控制(包括参数配置等)、集中监视、集中维护管理。重点建设 IP 网网络管理系统，完善卫星通信网管系统。

5.3.2　通信指挥决策支持

通信指挥决策支持系统是通过建立科学、准确的数据库、专家支持系统和实时收集通信系统线路和设备状态的信息，在导弹、卫星、载人航天等试验任务过程中，为通信指挥员提供指挥决策的支持系统。

中国特色军事变革的推进和发展，试验任务将呈现任务多、持续时间长、覆盖面广、电路方向多等特点，这给指挥人员增加了相当的工作难度和工作量。为了便于指挥员在任务过程中及时了解通信相关设备的状态、参数和电路质量等信息，并及时针对任务和联调过程中出现的问题，提供相应的对策，减轻指挥员的劳动强度，提高指挥效率、准确性和应急指挥能力，使指挥员的指挥决策科学合理，有必要在开发研制通信指挥决策支持系统，辅助通信指挥员的指挥工作。

5.3.3　试验通信网实时电路监测

实时电路监测系统重要完成对通信传输干线电路进行实时监测和告警的系统。

在目前的各项试验任务中，通信涉及多个大系统，系统间数据传输速率高、接口关系复杂。通信系统在任务前都要对通信电路质量进行测试，以确保任务期间通信传输电路的质量，而这种测试一般都采用人工的方法对某一低速率电路进行监测，而且对由多段电路组成的混合型电路还需分段来进行监测，监测自动化程度低，能力也十分有限，特别是监测结果无法通过网络管理系统迅速提供给指挥人员作决策参考。为确保各项试验任务的顺利执行，有必要在总装备部各靶场试验基地、团站和中心配备具有实时电路监测能力的系统，实现对通信电路的自动监测，为通信指挥人员的指挥决策和故障的定位与维修提供依据。

6　结束语

航天发射场试验通信系统经过建设和发展，将进一步扩展宽带网的覆盖面，网络的服务能力得到进一步提升。建成具有一定覆盖范围的宽带综合业务承载网，实现图像、话音和数据的多业务综合传输。通过网络防护和信息安全系统的建设，实现网络与信息安全化。在支持试验任务和数字化、信息化靶场建设方面，具备完成载人航天二期交会对接、各类卫星试验任务的能力；具备信息化军队建设的能力和全军联合作战的能力。

参 考 文 献

[1]　Michael A. Gallo　William M. Hancock. Computer Communications and Networking Technologies. 王玉峰 邹仕洪等译. 计算机通信和网络技术. 人民邮电出版社,2003；551 页.

[2]　赵洪波,卜益民等. 现代通信技术概论. 北京邮电大学出版社,2003，414 页.

[3]　欧建平,娄生强. 网络与多媒体通信技术. 人民邮电出版社,2002，352 页.

Development of Spaceflight Launch Field Test Communication System in Military Affairs Transformation with Chinese Characteristics

Chen Wenzhou　Diao Longmei and Yu Enning

Jiuquan Satellite Launch Center of China

No. 13，P. O. Box 15, 27 Branch, Lanzhou , 732750，jsbcwz@163.com

Abstract　The article aims at the demand and challenge of Spaceflight Launch Field test communication system with military affairs transformation with Chinese characteristics. It analyzes and studies the actualities and difference of test communication system. It puts forward the development thought. It supplies the technology sustainment to the construction of information and digital launch field.

Key words　Military Affairs Transformation；Spaceflight Launch Field；Test communication

常规推进剂微量加泄方法研究

陈霞　陶桓美　朱良平

西昌卫星发射中心

四川西昌16信箱5组，邮编：615000

xcchenx@163.com

摘　要　火箭因故推迟发射后，推进剂不满足发射需要，需泄出推进剂再加注。对大型火箭而言，全部泄出推进剂再加注其工作量很大，需要的时间长。微量泄出推进剂再加注需要的时间短，可很快组织发射。本文从贮箱中推进剂温度与环境温度的关系和贮箱中推进剂温度控制方法研究，提出了微量泄出部分推进剂的方法，得出视推进剂温度超差情况，对不同的情况选用适当的方法进行微量泄出和补加，确保微量泄出后补加的推进剂满足发射要求。

关键词　常规推进剂；推迟发射；环境温度；推进剂温度；微量加泄

1　引言

在火箭的发射过程中，常规推进剂加注后，难免因天气或其它原因而推迟发射，受外界环境温度影响，由于传热等原因，停放在火箭贮箱中的推进剂温度和容积将随着环境温度的变化而变化，导致箱温有较大的波动，使贮箱内推进剂温度过高而造成贮箱内的推进剂温度不满足发射需要，从而影响常规发动机工作性能和火箭飞行时的弹道性能。当推进剂温度超出技术指标要求范围时，将面临泄回和重新调温后加注的问题，给测试发射工作造成很大的困难。高密度发射期间，部分卫星发射将在雨季进行，而此期间场区的气候特点是：气候变化快、昼夜温差大。增加了气象预报的难度，降低了预报的准确性。例如：97年"××-××"某型号运载火箭在完成常规推进剂加注工作后，第二天因天气原因发射中止，推进剂被迫做长时间置放。此后三天，场区天气持续高温，两种推进剂均有较大温升（UDMH：R1　19.32℃，R2　19.50℃；N_2O_4：Y1　19.39℃，Y2　18.95℃），尤其是四氧化二氮已十分接近使用温度上限20℃，如果箱温继续升高，将考虑泄回推进剂。但因随后场区突然开始普遍降温，至凌晨地面温度一度降至8.7℃，受外界环境影响，贮箱推进剂温度亦开始缓慢回落，至第二日下午6时，一二级各箱温均降至18℃以下，满足发动机使用要求，圆满完成此次发射。由此看来，火箭推迟发射后，面临推进剂从火箭贮箱中泄出，重新对库房中的推进剂调温后再加注的问题是存在的。对大型火箭而言，全部泄出推进剂再加注其工作量很大，需要的时间长，特别是在高密度任务下不能适应其发射需要。微量泄出推进剂再加注需要的时间短，可很快组织发射，因此，研究常规推进剂微量泄出部分推进剂再加注方法是具有积极意义的。

2　确定推进剂发射温度的理论依据

长征系列运载火箭助推器和一、二级都使用常规推进剂(偏二甲肼和四氧化二氮)。加注时常规推进剂是按容积加注的，当推进剂加注温度和发射温度偏离标准温度时，相应的加注容积会有变化。两种推进剂的加注比例与飞行混合比有关。在确定推进剂加注量时是以保证在该推进剂温度下推进剂剩余量最小为原则。推进剂发射时的准则要求：

(1) 在准时发射时，尽量接近标准弹道温度设计要求（15℃）；

(2) 不管何时发射两种推进剂的温度差在发射时小于5℃；

(3) 发射时推进剂的发射温度符合发动机的要求，发动机正常的工作的温度要求燃烧剂1～23℃,氧化剂5～20℃；并保证在停放期间箱内推进剂容积不到溢出管容积。

(4) 不管何时发射时贮箱的气枕容积大于最小气枕容积。

(5) 推进剂的加注比例在温度变化后也应符合发动机的飞行混合比。

火箭在计划时间内正常发射期间，以上发射需求都是能够满足的。但是火箭推迟发射二天以上由于受气象预报精度所限及加注诸元计算准则要求准时发射时火箭中的推进剂温度是最接近标准弹道设计温度，并从贮箱外部防结露等因素考虑，加注前的库房推进剂温度不会调整过低。诸元计算只考虑兼顾48小时发射，停放超出48小时则有必要考虑采取相应的措施来满足发射要求。

3 研究的模式设计

分析推进剂在贮箱中停放期间温度变化对发射时推进剂的需求影响，针对不同的情况寻求一种简单易行的方法来满足发射要求。

3.1 推进剂温度与环境温度的关系

由热力学知识，物质间的热传递主要有三种基本形式：热传导、热对流和热辐射。推进剂与火箭贮箱之间、贮箱与环境温度之间主要通过传导的方式进行热交换，推进剂内部主要通过对流达到热平衡。推进剂加注后，经停放到发射时，推进剂温度发生变化，火箭起飞时贮箱内推进剂温度称为推进剂发射温度。火箭推进剂发射温度的预估，只要考虑加注结束到火箭起飞推进剂停放期间温度的变化，由于火箭加注后大部分时间处于活动塔内，因此，可以只考虑箱内推进剂与大气之间的热交换。加注后推进剂的温度变化反映了热量在环境和推进剂之间的流动，在一定的热容下：

$$C = \Delta Q / \Delta T$$

$$\Delta T = T_1 - T_2$$

T_1 为环境温度，T_2 为推进剂的温度

$$T = \int_{t_1}^{t_2} \Delta T dt * C + D$$

预测温度为 t_1 时间到 t_2 时间的积分，其中 C、D 为修正因子，根据任务中实测数据与公式计算值比较获得。

3.2 推进剂发射温度变化对推进剂温度要求的影响模式

库房加注前温度和加注时环境温度以及泵温升等决定了推进剂加注后的温度，贮箱经与加注后的推进剂热交换后温度与推进剂温度基本一致，再经与环境气温度的热交换，发射时达到预估的发射温度。加注度诸元在计算时已考虑了准时并兼顾推迟48小时的发射要求，但是在推迟发射二天以后就应考虑推进剂是否还能满足发动机的发射要求，保证在停放期间推进剂不会出现意外溢出及长期停放后的气枕容积和加注比例及二种推进剂的温度差是否符合发射要求。

在以往的发射过程中，曾因推迟发射，因环境温度过高导至贮箱中的推进剂温度过高而为火箭敷冰块等。但对大型火箭而言，其为火箭敷冰块的方法是无法满足要求的，依据以上的火箭发射时推进剂的要求准则，推迟发射后推进剂温度变化模式可导致的不满足发射要求情形如图1所示。推迟发射后如果贮箱中的推进剂不能满足发射需要，对于泄出可采用的推进剂泄出模式有二种：泄出贮箱内的全部推进剂经重新调温后再加注发射和微量泄出部分推进剂再补加。

4 视不同温度超差情况采取的措施

从上节的分析我们可知，推迟发射后造成推进剂不能满足发射要求因素是不同的，决定泄出推进剂后如果采用单一的全部泄出推进剂再加注模式其工作量、风险都很大，需要的时间长。常规推进剂微量泄再微量加注方法的研究，是视不同的推进剂温度超差情况分别采取不同的措施，旨在减小泄出、调温、补加的工作量，节省操作时间，减小全部泄回的风险。

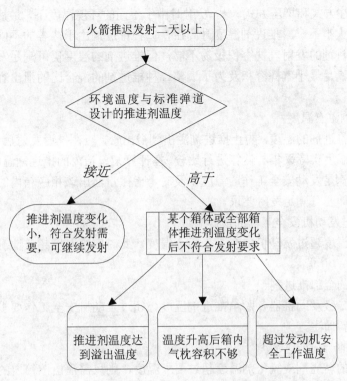

图 1　推迟发射二天以后推进剂温度变化图

4.1　推进剂温度的共混性问题

　　对于微量泄出推进剂经调温后进行微量补加，首先存在有贮箱中剩余推进剂温度和新加入推进剂温度的混合问题。对于二种推进剂温度的共混性问题，由于推进剂是从贮箱的底部加压进入贮箱的，因此进入贮箱的推进剂实际上又起了搅拌的作用，加速了两种不同温度推进剂混合的速度。另一方面再加注后的推进剂温度和原贮箱中的推进剂温度虽然不同，但由于是同种推进剂，而且都是液体，两者可直接进行热传导，因此可以认为推进剂可以较快地达到热平衡，即在1～2小时内达到热平衡，微量泄出部分推进剂再加注是可行的。

4.2　微量泄出模式设计

　　针对上一节的分析，夏季推迟发射时，由于环境温度高，推进剂温度升高（本文只考虑温度升高的问题）对推进剂发射要求的影响因素主要有三个方面，因此，推迟发射后应及时预估推进剂的溢出温度、到达最小气枕容积的最高温度。同时需要对贮箱中的各推进剂温度进行跟踪监测，如果到达预估的最高温度，为了减少风险，应根据不同的情况对推进剂贮箱逐个分析，尽可能少泄出推进剂。其方法可按图2所示采取不同的措施：

4.3　措施分析

　　(1) 贮箱中的气枕容积不够

　　气枕容积是在发动机启动时为保证满足泵入口压力要求和贮箱内不形成负压而留有的气枕空间，同时，当加注的推进剂温度发生变化，

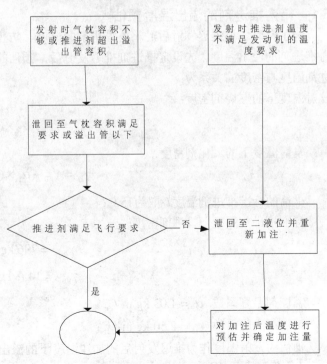

图 2　推进剂温度升高后微量泄出模式

为了仍能容纳所需的推进剂量而需要一定的调节空间，也作为气枕容积的一部份，气枕容积的大小主要取

决于推进剂加注量、加注方式和增压方式，[1] 发射时由于不同的环境温度下，最后发射时的气枕容积与设计的最小气枕容积差距大小不一。推进剂温度升高后，二种推进剂由于热容的不同，同级的二种推进剂间往往只是一种或二种推进剂的发射气枕容积极易不够，但推进剂的温度仍可满足发动机的安全工作需要。采用微量泄出推进剂到满足最小气枕容积及为了调整二种推进剂的混合比的泄出容积的和，再补加的方式就可满足发射要求。

(2) 推进剂温度达到溢出温度

为了及时掌握箱内推进剂的温度，防止推进剂溢出到溢出管，应在推迟发射后计算出箱内的溢出温度，同时与贮箱中的推进剂温度实际采集与计算进行比较，在计算某一箱内的推进剂温度将达到溢出管温度后，如此时推进剂的温度仍满足发动安全工作的温度，及时考虑微量泄出该相应箱内的推进剂，以防止箱内的推进剂溢出到溢出管，即要可满足发射要求。

(3) 推进剂温度超过发动机安全工作的最高温度

在发射推迟后发射温度超过发动机安全工作最高温度，此时应视温度超差情况，考虑全部泄出推进剂或微量泄出推进剂。

● 泄出全部箱内的全部推进剂

推迟发射后，一、二级及助推器各贮箱推进剂温度已超过发动机安全工作要求的最高温度，应全部泄了箱内的推进剂再行重新加注。

● 泄出指定箱内的一种推进剂。

如果只是某一箱内的燃烧剂或氧化剂温度超过要求温度，则只需泄出该箱内的对应推进剂，重新加注时应使预估的推进剂与同级的另一种推进剂的温度协调，即同一子级的（包括助推器）两种推进剂的发射温度差不大于5℃，并重新计算符合同一子级的（包括助推器）两种推进剂的混合比。

● 泄出指定箱内的全部推进剂

为了减少风险，应尽可能地少泄出推进剂，如同一子级（包括助推器）的两种推进剂的发射温度超过发动安全工作的最高温度，则同一子级（包括助推器）的两种推进剂都应全部泄出，重新加注。

5　推进剂最高温度及微量泄出模型

5.1　箱内推进剂的溢出温度预估

为了及时掌握推迟发射后贮箱内推进剂的温度，防止推进剂溢出到溢出管，应在推迟发射后计算出箱内推进剂的溢出温度。先设定推进剂推迟发射后，预估的发射温度作为推迟发射后的推进剂加注温度，推进剂温度与密度的关系为：

发射温度下的燃烧剂密度：

$$\gamma_{Rf} = \gamma_{R0} + \alpha_R \times (T_{Rf} - 15)$$

发射温度下的氧化剂密度：

$$\gamma_{Yf} = \gamma_{Y0} + \alpha_Y \times (T_{Yf} - 15)$$

火箭的标准推进剂温度T_0取为15℃；

标准推进剂温度下推进剂密度：

$$\gamma_{R0} = 796 \text{ kg/m}^3;$$

$$\gamma_{Y0} = 1458 \text{ kg/m}^3;$$

燃烧剂温度系数 α_R =-1.03 kg/m³/℃；

氧化剂温度系数 α_Y =-2.50 kg/m³/℃；

预估的发射温度作为推迟发射后的加注温度下的溢出管容积：

$$V_{Yyc} = V_{Yyc0} \times [1 + \beta \times (T_{Yf} - 15)]$$

$$V_{Ryc} = V_{Ryc0} \times [1 + \beta \times (T_{Rf} - 15)]$$

V_{Yyc} ——预估发射温度下氧化剂溢出管以下容积

V_{Ryc} ——预估发射温度下燃烧剂溢出管以下容积

V_{Yyc0} ——标准温度下氧化剂溢出管以下容积

V_{Ryc0} ——标准温度下燃烧剂溢出管以下容积

T_{Yf} ——预估的氧化剂发射温度

T_{Rf} ——预估的燃烧剂发射温度

推进剂箱容积膨胀系数 $\beta = 0.000072$。

预估的发射温度作为推迟发射后的加注温度下的加注容积：

$$V_Y = V_{Y0} \times [1 + \beta \times (T_{Yf} - 15)]$$

$$V_R = V_{R0} \times [1 + \beta \times (T_{Rf} - 15)]$$

V_Y ——预估的发射温度下氧化剂溢出管以下容积

V_R ——预估的发射温度下燃烧溢出管以下容积

V_{Y0} ——标准温度下氧化剂加注容积

V_{R0} ——标准温度下燃烧剂加注容积

达到推进剂溢出温度 t_{Yyc}、 t_{Ryc}

$$t_{Yyc} = T_{Yf'} + (V_{Yyc} - V_Y)/\alpha_Y - \Delta t$$

$$t_{Ryc} = T_{Rf'} + (V_{Ryc} - V_R)/\alpha_R - \Delta t$$

Δt ——温度修正量

5.2 泄回至二液位重新加注的混合温度

取贮箱内原剩有推进剂温度与新加入推进剂温度以容积为权的平均值。

贮箱内原有的推进剂温度为： t_1

后加注到贮箱的推进剂温度为： t_2

重新加注后的推进剂混合温度为： t

$$t = (V_{t_1} \cdot t_1 + V_{t_2} \cdot t_2)/(V_{t_1} + V_{t_2})$$

5.3 贮箱中气枕容积不够要求的最小泄出量计算

在发射推迟后，由于推进剂在贮箱中的停放时间延长，贮箱中的推进剂温度受环境温度的影响可能升高，推进剂容积增大，导致气枕容积不够，因此，推迟发射二天以后，需采用推迟发射后的推进剂温度来计算该推进剂温度下的气枕是否满足最小气枕要求。

$$Vz = V_{z0} \times [1 + \beta \times (T_f - 15)]$$

Vz ——推迟发射二天以后的推进剂发射贮箱总容积

V_{z0} ——标准温度下的贮箱总容积

$$\gamma_f = \gamma_0 + \alpha \times (T_f - 15)$$

$$G = \gamma_f \times Vz$$

G ——推进剂的加注质量

$$V_f = G/\gamma_f$$

V_f ——发射温度下的推进剂加注容积

$$V'_{qz} = Vz - V_f$$

V'_{qz}——推迟二天发射后推进剂发射温度的气枕容积

$$DV_1 = V_{qz} - V'_{qz}$$

V_{qz}——发射要求的最小气枕容积

DV_1——满足最小气枕容积的推进剂泄出量

如果$DV_1<0$，则取$DV_1=0$，即气枕满足最小气枕容积，不需要泄出，否则泄出量取DV_1的值。

5.4 满足发动机的混合比的推进剂容积泄出量

(1) 为了使推进剂的量符合发动机的混合比，需对泄出量进行调整，符合发动机的混合比的调整量为DV_2。

$$K_V = K * \gamma_{Rf} / \gamma_{Yf}$$

K_V——新的混合比

$$V'_{Rf} = V_{Rf} - DG_R / \gamma_{Rf}$$

V'_{Rf}——燃烧剂发射容积

DG_R——不能用于火箭飞行消耗的燃烧剂量

$$V'_{Yf} = V_{Yf} - DG_Y / \gamma_{Yf}$$

V'_{Yf}——氧化剂发射容积

DG_Y——不能用于火箭飞行消耗的氧化剂量

$$B_1 = (V'_{Yf} - DV_{1Y}) - K_V * (V'_{Rf} - DV_{1R})$$

$$B_2 = (V'_{Rf} - DV_{1R}) - (V'_{Yf} - DV_{1Y}) / K_V$$

DV_{1Y}——满足最小气枕容积要求泄出的氧化剂容积

DV_{1R}——满足最小气枕容积要求泄出的燃烧剂容积

当$B_1 < 0$，则$DV_{2R} = B_2$，$DV_{2Y} = 0$；

否则，$DV_{2R} = 0$，$DV_{2Y} = B1$

(2) 满足发射要求的最终泄出量

推进剂的最终泄出量：

$$DV_R = DV_{1R} + DV_{2R} \quad DV_Y = DV_{1Y} + DV_{2Y}$$

5.5 ××型号火箭推迟发射温度变化预估结果

对××型号火箭某次发射如推迟发射温度变化每升高1℃，气枕容积和发动机混合比变化计算结果如下表1所示。

从上面的计算结果可看出，在推进剂气枕容积不够或推进剂发射温度达到溢出温度后，采作微量泄出的方法泄出推进剂再加注其泄出量很小即可达到要求，减少了全部泄出再加注的时间和风险。

表1 推进剂温度升高1℃，推进剂变化量（单位：L）

级次	气枕容积减少量		满足发动机的混合比需泄出量	
	氧化剂	燃烧剂	氧化剂	燃烧剂
助推器	29	19	50	32
一级	131	85	230	145
二级	38	25	40.2	26

6 结束语

常规推进剂微量泄再微量加泄方法的研究，旨在减小泄出、调温、补加的工作量，节省操作时间，减小全部泄回的风险。火箭推迟发射后，当贮箱中的推进剂温度升高，造成常规推进剂不能满足发射需要并决定推进剂泄出、调温再加注时，针对推进剂温度超差情况，只要视具体情况分别处理，用微量加泄方法来操作，也能减少误差并可很快组织再发射。该方法研究在高密度发射的背景下，具有较强的实用意义。

参 考 文 献

[1] 龙乐豪. 总体设计. 宇航出版社， 1991.

Research on the Technique of Micro-vent and Injection of General Propellant

Chen Xia, Zhu Liang Ping and Tao Huanmei

Xichang Satellite Launch Centre，Xichang, 615000， xcchenx@163.com

Abstract   We need to vent the propellant and then reinject because the propellant can not meet the needs of launch after put-off. But for rockets of large-size, it is a large workload and also needs so much time to reinject all of the propellant. Micro-venting needs little time and can complete preparation for relaunch in a short time. The following section studies the relation between the temperature of the environment and the temperature in storing boxes. It also discusses the technique of Micro-venting and approaches to fix on the small quantity of injection, and proper approaches to vent or reinject in different cases, in order to meet the needs of launch.

Key words   General propellant; Put off launch; Temperature of the environment; Temperature of the propellant; Micro-vent and inject

一种超大口径空间望远镜光学系统及其展开结构方案的设计

程刚　黄文浩　竺长安　蒋维　周绍祥

中国科学技术大学精密机械与精密仪器系, 合肥, 邮编: 230027

gangcheng@ustc.edu, gcheng@mail.ustc.edu.cn

摘　要　提出了超大口径空间望远镜光学系统及其可展开结构的创新方案, 使之可以利用现有航天条件进行发射, 并解决了大口径镜片的制造问题。光学系统的设计减少了纵向尺度; 展开结构的折叠方式缩减了径向尺寸, 并设计了一款适合于该方案的新型直线式减速器, 节省了安装空间。采用虚拟样机技术建立了系统的仿真模型, 进行了太空微重力环境下的动态仿真, 获取了展开部件的动态特性, 分析了展开结构的设计合理性和运动合理性。

关键词　空间望远镜; 展开系统; 虚拟样机; 动态特性

1　超大口径空间望远镜及其展开系统的应用背景及实现意义

和地面上的天文观测系统相比, 在太空中运行的超大口径空间望远镜系统可以全天候地工作, 具有更大的视场, 并摆脱了大气层的干扰, 能捕集更多的光能, 对宇宙探测、空地观察、反导激光武器的研究和发展具有重要意义[1]。

增大空间望远镜的口径将使系统的整体性能大幅提高, 但整体大口径的望远镜需要大型的航天运载工具, 由于现有发射运载工具的大小和体积的限制, 大于 4~5m 直径的就需要研制和发展新的大型航天运载工具; 而且整体镜片的制造成本和工艺也对其直径大小有所限制[2]。因此, 对于超大口径空间望远镜我们采用可折叠的展开结构方案[3], 将其整体大镜片分割成若干较小的镜片单元, 折叠后减小体积, 发射升空后, 再展开组合成一个整体大镜片, 这就可以利用现有或较小的运载工具进行发射, 从而降低项目的成本, 同时又解决了整体大镜片的制造问题[4]。

2　超大口径空间望远镜光学系统设计与性能分析

空间望远镜光学系统按成像方式大致有以下三种[5]:

(1) 纯反射系统 (Purely Reflecting System);

(2) 纯折射系统 (Purely Refracting System), 这类系统以双菲涅尔透镜系统(Double Fresnel Lens System)为代表;

(3) 折反射系统 (Catadioptric System)。

这类系统中较为典型的有菲涅尔-马科斯托夫系统 (Fresnel-Maksutov System)。

这三种系统的成像性质和工艺要求有很大差别, 其中纯反射系统球差较大, 像点能量不集中; 菲涅尔透镜结构较复杂, 加工周期长, 成本高。在此我们提出一种同心折反射的光学系统方案, 其结构原理如图 1 所示: 同心折射镜和球面反射镜、焦面是同球心的, 整个系统的孔径光阑所在平面通过它们共同的球心。系统参数如表 1 所示。

运用光学设计软件 OSLO 对同心折反射系统的光学性能进行测评, 如图 2~图 4 所示。

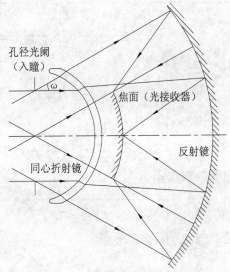

图1 同心折反射结构原理示意图

表1 同心折反射系统参数

孔径光阑直径	2.20m
视场大小（2ω）	50°
同心折反射镜第一球面半径	1.65m
同心折反射镜第二球面半径	1.90m
同心折反射镜口径	2.80m
反射镜球面半径	4.00m
反射镜口径	5.00m
焦面口径	1.98m
系统焦距	2.34m

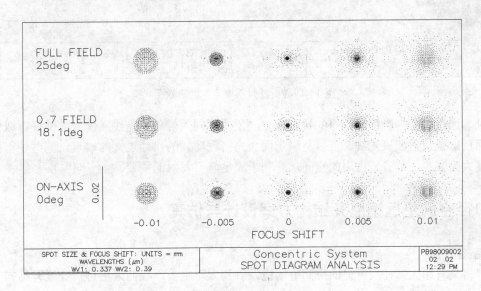

图2 同心折反射系统点列图

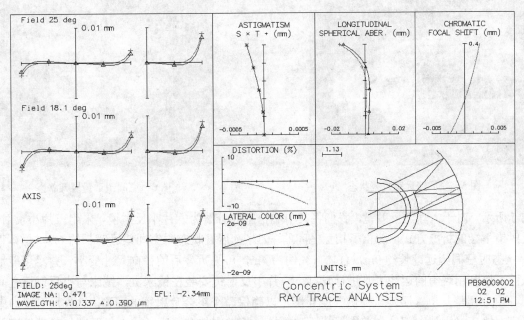

图3 同心折反射系统像差图

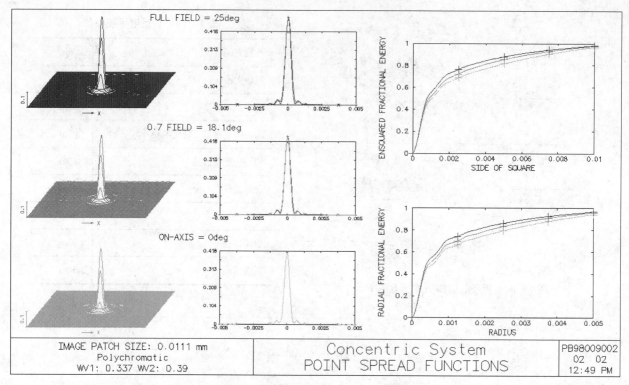

图 4 同心折反射系统点扩散函数图

由上可见，通过同心折射镜能较好的矫正球差，使得不同入射角的光线成像一致性好，成像质量好。而且通过球面反射镜反射汇聚光线又可以克服焦面（光接收器）的尺寸过大的缺点，同时使得整个光学系统的纵向尺度大为减少，节省了占用的空间，有利于满足航天发射的需要。

3 超大口径空间望远镜展开结构方案设计与仿真

3.1 展开结构方案

为了实现将具有超大口径反射镜的空间望远镜发射到太空中去，我们采用可折叠展开结构的系统设计方案。

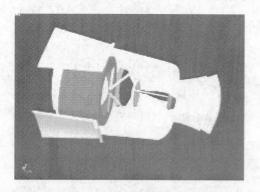

图 5 空间望远镜折叠状态

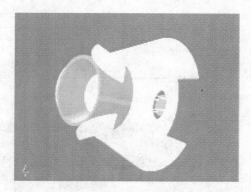

图 6 空间望远镜展开状态

如图 5 所示，对于大球面反射镜，我们将其中心挖空并分解为六片小反射镜，采用三片小反射镜上翻、三片小反射镜下翻的折叠方式，防止了相互之间的干涉[6]；展开状态时空间望远镜长约 6m，总体直径约为 8m，折叠状态时空间望远镜长约 9m，总体直径约为 4m，可见折叠后的径向尺寸变小，并尽可能地节省了空间，从而可以利用现有的运载工具进行发射。六片小反射镜安装在镜床上，镜床与小反射镜之间有许多微调装置，用来调整其位置误差，提供温度补偿，以确保整个组合反射镜的面型[7]。大反射镜的中心挖空后安装基座，镜床经由传动部件与基座保持活动联接，通过安装在基座上的电机驱动，带动镜床及其上的小反射镜，一步一步展开，镜床的另一端通过连杆与对外观察采光部相连。

该空间望远镜的对外观察采光部的前部为锥角50°的中空圆锥台(见图5、6)，以满足视场大小的要求，后部设计为中空的圆柱筒，以安装固定同心折射透镜。采光部的顶端用三块互成120°的保护盖封闭，发射时以保护同心透镜不受损伤，到轨道运行后再展开进行观测。

包覆在折叠的小反射镜外面的是遮光罩，目的是只允许反射镜接受从孔径光阑中进入的光线，屏蔽掉其他方向过来的光线，同样对于遮光罩也采用分解后三片上翻三片下翻的折叠方案，以减小体积，充分利用航天工具运载舱的空间。六片分解后的遮光罩和三块保护盖同样经由传动部件连接到对外观察采光部上，通过安装在采光部上的电机驱动，带动遮光罩和保护盖转动，一步一步展开。

焦面（光接收器）通过四根杆件与基座保持固联。基座的后面用以安置信息处理、控制及能源等一系列仪器设备。

3.2　用于展开结构的新型直线式减速器

由于折叠的空间望远镜要在外太空实现平稳地展开，并在完全展开后保持展开形状进行观测任务。这就要求展开系统的驱动及传动部件具有低缓的输出转速和较大的输出转矩，并在定位后机械结构自锁；同时考虑空间望远镜折叠后结构空间的有限性和基座上进一步安装电子仪器设备的需要，要求驱动及传动部分在满足要求的情况下占有尽可能少量的空间。

减速器作为动力传输部分的核心部件，对输出的动力性能影响很大。为此设计一款新型直线式减速器，其结构如图7所示。

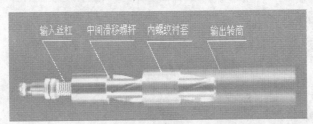

图7　直线式减速器结构示意图

该直线减速器实现了大减速比，具有传动平稳、可自锁、效率和精度高以及结构紧凑体积小的特点。将其作为安装反射镜片的镜床和基座连接的转动轴，兼顾了输出动力性能的要求和节省安装空间的需要，有力地保证了机构复杂、安装空间要求紧凑的望远镜展开结构的实现。

3.3　虚拟样机物理仿真分析

在此运用大型虚拟样机分析软件对系统复杂，造价昂贵，难于进行实物太空试验的空间望远镜展开系统进行了模拟空间环境下的动态特性物理仿真研究[8]，直观地演示其展开过程，便于分析结构设计方案的合理性，评估并调整其动态参数，避免出现如图8的情况，以达到顺利展开，如图9所示。

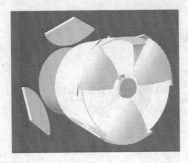
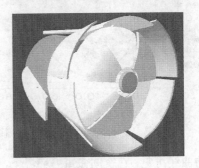

图8　展开部件之间发生干涉　　　　　　　　图9　展开部件之间未发生干涉

建立空间望远镜的虚拟样机模型后（如图10所示），进行空间微重力环境下的系统展开过程物理仿真。

仿真完成后，调用虚拟样机软件的后处理模块对仿真结果进行数据作图分析：

由于三组上翻镜片(UPPER-MIRROR)和下翻镜片(DOWN-MIRROR)各自成120°交错排列，结构对称而且运动特性相同，只选取其中一组进行数据作图和相关的分析说明。

图11 的曲线表明了上翻镜片和下翻镜片顺利展开到位时，二者质心到坐标原点（球心）的距离相等，处在一个球面上，从而可以组合成一个大球面反射镜。

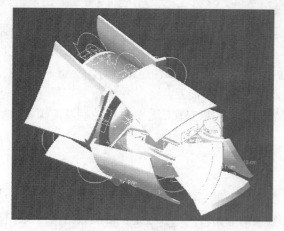

图10　空间望远镜的虚拟样机模型

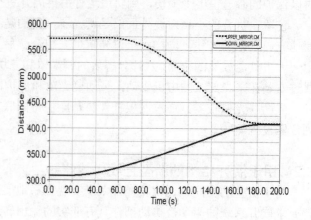

图11　反射镜的位置变化曲线

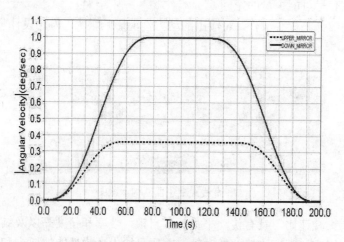

图12　反射镜的角速度值变化曲线

图12 的曲线反映了上翻镜片和下翻镜片展开过程中的运动情况：先缓慢加速，再匀速转动，随后再缓慢减速直至停止运动。该角速度曲线是连续的，因此不存在刚性冲击。

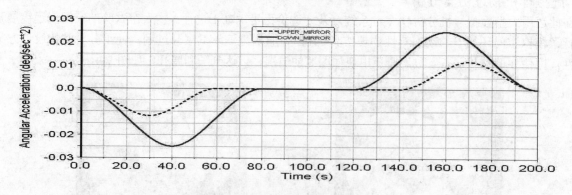

图13　反射镜的角加速度变化曲线

由图13 的曲线可见，在空间微重力环境下，上翻镜片和下翻镜片展开时的角加速度曲线是连续而光滑的，变化平缓，消除了柔性冲击，整个展开过程是平稳的，方案是可行的。

4　反射镜制备材料初探

由于空间望远镜系统必须要由航天器发射到太空中去，所以，光学系统的重量也是一个必须考虑的因素，在能保证成像要求的情况下，光学系统的总重量越轻越好；而且反射镜重量的减轻可以使支撑其的机械结构简单，整个系统的重量随之减轻，对望远镜操作控制也较为容易，还可降低发射费用。

在此我们拟初步采用了石墨/腈基脂复合材料，通过共混—热模压—脱模—镀膜的工艺来制备反射镜片，其密度约为1.72g/cm³，实现了轻量化的要求[9]。由表2各种轻质反射镜材料的综合性能比较来看，复合材料用作空间使用的大直径反射镜的制备具有明显的优势和潜力[10,11]。

表2 轻质反射镜材料性能比较

	熔石英	微晶玻璃	铍	铝	SiC	复合材料
密度 ρ(g/cm³)	2.2	2.53	1.82	2.72	3.14	1.72
弹性模量 E(GPa)	74	92	303	71	420	310
线膨胀系数 α	0.55	0.05	11.4	24	2	0.09
热导率 λ	1.38	1.67	180	237	180	156
比热 c	787	821	1880	900	-	156
E/ρ	2.5	33	16	10	90	1733
$\lambda/c\cdot\alpha$	34	36	166	26	134	180
品质指数	85	1188	2656	260	12060	311940

5 结论

对超大口径空间望远镜光学系统及其展开结构进行了系统设计，并运用虚拟样机技术建立其物理仿真模型，进行了方案论证，通过仿真分析，对该系统的动态特性进行了研究，得出了如下结论：光学系统及其展开结构设计合理，在空间微重力环境下能平稳地展开并达到预想的效果。同时，仿真研究结果为复杂系统的设计和制造提供了理论支持和系统层次上的概念，为超大口径空间望远镜的实现做出了有益的尝试。

参 考 文 献

[1] GENG Li-hong, SUN Cai-hong, XU Zhi-heng, et al. SST high rate data transmission system design[J].Journal of Astronautics,2004,25(1):46~51.

[2] 韩杰才，张宇民，赫晓东.大尺寸轻型 SiC 光学反射镜研究进展[J].宇航学报,2001,22(6):124-131.

[3] 王翔,张广宇,胡玉禧,等.空间大口径望远镜可展开镜片系统的概念设计[J].机械设计与研究,2004,20(6):49-52.

[4] Coulter Daniel R, Jacobson David N. Technology for the next generation space telescope[A].In:Proceedings of SPIE-The International Society for Optical Engineering[C],Munich.v4013,2000:784-794.

[5] Hadaway James B, Wilson Mark, et al. Lessons learned in the optical design of the Next Generation Space Telescope[A].In: Proceedings of SPIE-The International Society for Optical Engineering[C],Kona,HI. v3356,n1,1998:114-121.

[6] Maji Arup K, Wegner Peter. Deployable optical telescope testbed[J].SAMPE Journal,2003,39(5):35-40.

[7] Neam Douglas C, Lightsey Paui A, et al. Perspectives on primary mirror figure control for a space based optical telescope[A].In: Proceedings of SPIE-The International Society for Optical Engineering[C],Munich.v4013,2000:649-654.

[8] Wasfy Tamer M, Noor Ahmed K. Multibody dynamic simulation of the next generation space telescope using finite elements and fuzzy sets[J].Computer Methods in Applied Mechanics and Engineering, 2000,190(5-7): 803-824.

[9] 张长瑞，周新贵，曹英斌，等.SiC 及其复合材料轻型反射镜的研究进展[J].航天返回与遥感，2003，24（2）：14－19.

[10] 赵洪波，马丽华，姜志.碳纤维复合材料反射镜面板的铺层设计[J].光学技术，29（3）:365-367.

[11] 姚志雄，黄健，王欣.航天反射镜材料 SiC[J].红外，2005（4）：22－25.

The Design of Large Caliber Space Telescope Optical System and Its Deployable Structure Scheme

Cheng Gang   Huang Wenhao   Zhu Changan   Jiang Wei and Zhou Shaoxiang

Department of   Precision Machinery & Instrumentation, USTC, Hefei, 230027

gangcheng@ustc.edu, gcheng@mail.ustc.edu.cn

Abstract   A conceptual design scheme of deployable framework of the large caliber space telescope is presented.It can be launched in the current space flight condition and the manufacture problem of the large caliber mirror can be solved. The optical system is compact, which largely reduces the longitudinal scale. The deployable mode helps to reduce the radial scale, and a new type beeline reducing device was also designed for the deployable scheme.Thus the occupied room is saved. The virtual prototyping technology is applied to build the simulation model of general scheme, simulate its deploying course in space environment of near-zero gravity, obtain the dynamic characteristics of the deployable parts, and analyses the motion rationality of deployable structure.

Key words   Space telescope; Deployable system; Virtual prototype; Dynamical performance

双组元姿控发动机的热设计分析

丁凤林　潘海林　毛晓芳

中国空间技术研究院北京控制工程研究所

北京 2729 信箱 15 分箱，邮编：100080，cast_ding@yahoo.com.cn

摘　要　本文对卫星用双组元姿控发动机采用的热设计进行了概述，结合发动机的几何形状及热传递特性建立了用于热特性分析的二维瞬态热传导模型，对发动机工作时热量的传递进行了详细的分析，并采用数值方法对发动机的热特性进行了计算。通过对计算结果的分析可知，热设计有效的控制了发动机的温度。文中所采用瞬态热传导模型及相应边界条件的计算方法能够在精度允许范围内给出有效的模拟结果，为以后发动机的研制提供了参考数据。

关键词　发动机热设计；热传导模型；传热分析；数值方法

1　概述

双组元姿控发动机主要应用于高轨道卫星的在轨姿态控制和位置保持，目前国内外双组元姿控发动机大多采用四氧化二氮(NTO)和甲基肼(MMH)作为液体推进剂。发动机正常工作时，燃烧室中燃烧产物的理论温度接近 3000K，由于发动机尺寸较小，这就使它对热设计有着很高的要求。为了保证发动机安全、可靠的运行，与之相连的电磁阀能够正常地工作，双组元姿控发动机采用了下面的几种热设计方法：

(1) 采用双旋同轴喷注器，喷注单元自身组织对燃烧室头部壁面进行冷却的液膜，从而控制发动机身部对头部的热流反浸；

(2) 燃烧室及喷管采用耐高温材料，并在内外表面涂以高辐射率抗氧化涂层以达到加强辐射冷却的目的；

(3) 喷注器采用低热导率的金属材料制造，以减少热量通过喷注器向阀门传递。

本文针对上面所述的各种热设计方法，采用数值方法对发动机热特性进行了计算，并通过对计算结果的分析对姿控发动机的热设计进行了评述。

2　传热模型

发动机的几何特征决定了其传热是三维过程，但发动机的许多部件的几何形状、边界条件通常是轴对称的，如燃烧室、喷管等。轴对称结构因本身材料缺陷产生的周向温度及热流差别一般是很小的，可以忽略不计，因而可以将三维传热问题简化成为二维。为了确定推力器在稳态工作和瞬态工作状态下的温度变化情况，必须建立热传递的瞬态模型。基于双组元姿控发动机的实际形状简化后得到的姿控发动机热传导模型如图1所示：

由于发动机的轴对称特性，采用柱坐标系对于计算是比较方便的，以发动机的轴向方向为 x 轴，径向为 r 轴，如图1所示，此坐标系下二维瞬态热传导方程[1]为：

$$\rho C_p \frac{\partial T}{\partial t} = \lambda \left(\frac{\partial^2 T}{\partial x^2} + \frac{\partial^2 T}{\partial r^2} + \frac{1}{r} \frac{\partial T}{\partial r} \right)$$

其中：ρ，C_p，λ 分别为材料的密度，比热容和导热系数。T 和 t 分别为

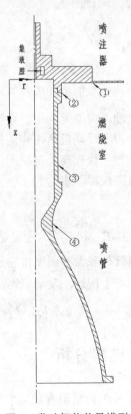

图1　发动机热传导模型

温度和时间。

3 发动机的传热分析

发动机工作时，燃烧产生的热量以对流和辐射的形式传递给发动机的内壁，外表面通过辐射向空间散热，不与燃烧产物相接触的部位则通过传导获得热量，发动机的热量传递如图所示。

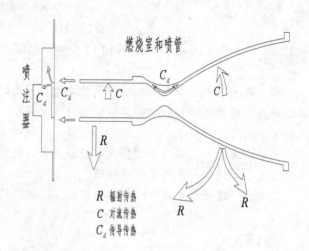

3.1 喷注器的热传递分析

发动机喷注器的热量来源于发动机工作时的壁面热传导，燃烧室内的对流和外表面吸收的燃烧室外表面辐射热量。喷注器和燃烧室外表面之间的辐射角系数可以通过 Rea 的计算方法给出[2]。

3.2 燃烧室的传热分析[3,4]

在发动机工作期间，来自燃烧所产生的热量以辐射和对流的方式传递给燃烧室内壁，发动机稳态工作时，燃烧室内的温度基本上是保持恒定的，为了计算的方便，先作如下的假定：

图 2 发动机工作期间热分析图

(1) 发动机稳态工作期间燃烧室内的温度保持不变，燃烧产物的组分保持恒定；

(2) 对发动机燃烧室内燃气辐射热流进行计算时将燃烧产物作为整体进行考虑，忽略燃烧室内不同位置处内流场参数的差异；

(3) 在计算外表面的辐射散热时，不考虑燃烧室外壁与喷管外壁之间的热辐射，同时为了简化也不考虑燃烧室内壁间的相互辐射传热。

在上述假设情况下，发动机燃烧室内部的热流密度为：

$$q = h_{gw_i}(T_g - T_{w_i}) + \varepsilon_g \sigma T_g^4 - \alpha_g \sigma T_w^4 - \varepsilon_{w_i} \sigma T_{w_i}^4$$

其中：

h_{gw_i} 为燃烧室内壁与燃气之间的对流传热系数，T_g 和 T_{w_i} 分别为燃气和内壁面的温度，ε_g 和 α_g 分别是燃烧产物的发射率和吸收率，它们是燃烧室内气体组份、温度和压力的函数[1]。σ 为史蒂芬-波尔兹曼常数，ε_{w_i} 为发动机内壁面的辐射系数。

由于发动机所工作的外界环境真空度较高，辐射成为燃烧室外壁向外部空间传递热量的主要方式。辐射传热不仅仅向外部空间，同时也向发动机的喷注器等部件辐射热量，如图 1，所以燃烧室外壁的热流量可以写成如下表达式：

$$q = F_{w_o s}\varepsilon_{w_o}\sigma(T_{w_o}^4 - T_s^4) + F_{w_o \infty}\varepsilon_{w_o}(T_{w_o}^4 - T_\infty^4)$$

式中：$F_{w_o s}$ 和 $F_{w_o \infty}$ 分别是燃烧室外表面与发动机其它外表面和外部空间的辐射角系数。T_{w_o} 为发动机燃烧室和喷管外表面的温度，它是沿轴向距离的函数，但为计算方便，在这里取成统一的值，T_∞ 为环境温度。

综上所述，发动机燃烧室的总的热流密度为：

$$q = h_{gw_i}(T_g - T_{w_i}) + \varepsilon_g \sigma T_g^4 - \alpha_g \sigma T^4 + F_{w_o s}\varepsilon_{w_o}\sigma(T_{w_o}^4 - T_s^4) + F_{w_o \infty}\varepsilon_{w_o}(T_{w_o}^4 - T_\infty^4)$$

4 结果分析

图 3 为采用有限速率化学反应模型对发动机内流场进行模拟的结果。可以看到在发动机燃烧室头部有一明显的低温区，此低温区的产生主要是由于氧化剂和燃料没有完全接触，燃烧不完全，同时推进剂的雾

化也吸收了一部分热量。发动机头部近内壁面处燃气的温度沿轴向是逐渐升高的，但总体上温度的变化不大，主要原因是喷射在燃烧室壁上的推进剂对于发动机头部温度的控制起到了积极作用。

通过内流场的计算获得的参数，结合巴兹公式[5]可以计算出发动机燃烧室内对流传热系数。MMH 与 NTO 理论反应的生成物有 30 多种，但其中能产生辐射热的主要成分是 H_2O 和 CO_2 气体，其它组分的辐射和吸收可以忽略不计[5]，在此种假设的条件下，燃烧产物的发射率和吸收率可以根据 H.C. Hottel 提出的方法[1]计算，将计算后的参数带入数值计算[6]程序可得到发动机温度曲线如下面各图所示（图中所标数字对应图 1 中各点）：

图 4 中给出的是发动机外壁面上几点（如图 1 所示）的温度随时间的变化曲线，同时也给出了试验测量的数据，通过两组数据对比可以看出在满足精度要求的范围内，仿真数据与试验数据是吻合的，这也就意味着所采用的计算模型能够满足工程的需要。双组元发动机燃烧室和喷管所采用的材料为铌合金 C-103，在机加工情况下此种材料的表面辐射率约为 0.25，覆盖涂层后，涂层表面辐射率可以达到 0.75。图 5 是针对涂层对发动机外表面温度的影响所做的仿真结果（辐射系数分别取为 0.25 和 0.75），通过对两种情况下发动机稳态工作时燃烧室外表面的温度分布对比可以看出带有涂层的发动机外表面温度要比没有涂层的低 200K 左右。高辐射涂层的应用有效的控制了发动机壁的温度。

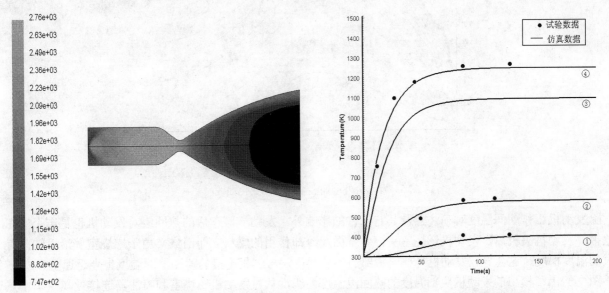

图 3　发动机内流场温度分布云图　　　　　　图 4　发动机外壁温度变化曲线

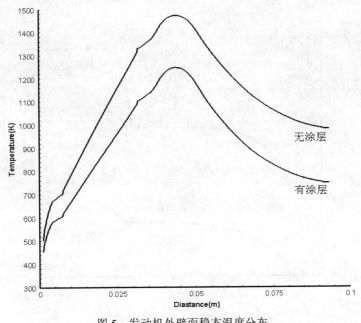

图 5　发动机外壁面稳态温度分布

图 6 是发动机燃烧室和喷管外表面温度随时间变化的曲线，在发动机工作的前 100 秒内，发动机的外壁温度变化相对较大，当温度接近平衡时，变化逐渐变小，最终趋于稳定。当温度分布达到平衡时，发动机外表面温度在喉部处达到了最高，仿真的温度为 1248K（975℃），略低于试验温度 1006℃。燃烧室头部处外表面温度有一很明显的梯度，此处为喷注器向外延伸的部分，如图 1 所示，其材料为热导率很低的钛合金，高的热阻减少了热量向喷注器内部的传递，降低了喷注器内部的温度，保护了后面的电磁阀等其它部件。

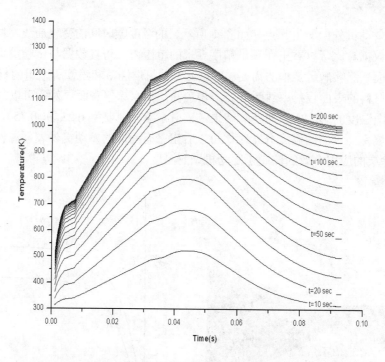

图 6　发动机外壁面温度随时间变化曲线

除发动机工作期间温度对喷注器及其它部件的影响外，发动机停车后的热回浸对发动机也是一个潜在的危害。发动机关机后，发动机燃烧室头部对壁面起冷却作用的燃料立即消失，由于燃烧室壁沿着轴向有很大的温度梯度，这会导致发动机身部向头部的热量回传，与之相连接的喷注器的温度也会迅速上升。

图 7 给出了模拟的发动机头部温度的热回浸温度曲线，从对发动机燃烧室和喷注器连接处（图 1 中点②）及喷注器上一点（图 1 中点①）在发动机关机后温度变化的对比可以看出，热回浸使燃烧室与喷注器

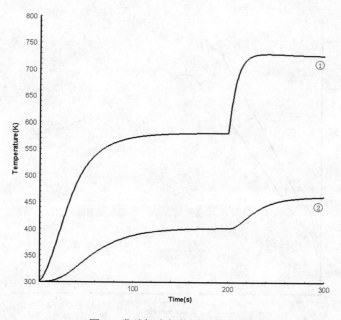

图 7　发动机头部热回浸温度曲线

的连接处温度上升了近200K，而采用低热导率的材料对于阻止热量的回传起到了重要的作用，延缓了热量的传递，将最高温度控制在喷注器材料所允许的范围之内，同时高的热阻也减少了热量继续向喷注器法兰盘的传导，温度对阀门的影响也就大大降低了。

5 结束语

双组元姿控发动机本身的特点决定了其热设计的特殊性，双旋同轴喷注器，带高辐射涂层的耐高温材料燃烧室和喷管以及低热导率钛合金的结合应用很好的解决了发动机的热问题。本文中用于热设计分析的模型和数值方法在误差允许的范围内能够给出与实际相吻合的模拟数据，从而为发动机的研制提供了有效的参考数据。

参 考 文 献

[1] 赵镇南. 传热学. 高等教育出版社， 2002.

[2] Rea，S.N. Rapid Method for Determing Concentric Cylinder Radiation View Factors. AIAA J.1975, Vol.13, 1122-1123.

[3] G.P.Purohit, P.A.Donatelli, V.K.Dhir, R.J.Driscoll. Transient Thermal Modelling of ARC 5 lbf Bi-propellant Thruster, AIAA-96-3304.

[4] G.P.Purohit, P.A.Donatelli, J.R.Ellison, V.K.Dhir. Parametric Examination of Propellant Temperature and Pressure Effects on Transient Thermal Response of a Radiation-Cooled Bipropellant Thruster， AIAA2000-1071.

[5] 刘国球. 液体火箭发动机原理. 宇航出版社， 1993.

[6] 孙菊芳，荣王伍. 有限元法及其应用. 北京航空航天大学出版社，1990.7， 143-196.

Analysis on Thermal Design of a Bipropellant Thruster

Ding Fenglin   Pan Hailin and Mao Xiaofang

Beijing Institute of Control Engineering, CAST

P.O.Box 2729-15, Beijing, 100080，cast_ding@yahoo.com.cn

Abstract   In this paper, thermal designs employed by a thruster is described and a two dimensional transient thermal model is established according to the geometry and thermal characteristics of the thruster. Detail heat transfer analysis is also given in the paper and numerical method is used to simulate the temperature distribution of the thruster. Simulation results shows that thermal designs of the thruster can control the temperature effectively, the analysis model and corresponding boundary condition calculation methods can give the predictions in general agreement with the test data, it can provide reference data for the thruster developing in the future.

Key words   Thruster thermal design；Thermal model；Heat transfer analysis；Numerical method

中国大型液体火箭发动机研制综述

段增斌　谭永华

陕西动力机械设计研究所

陕西省西安市 15 信箱 11 分箱研发中心，邮编：710100

摘　要　本文简要回顾了我国大型液体火箭发动机的研制过程，重点论述了我国大型液体火箭发动机的研制经验和取得的技术成就，为我国航天技术的发展奠定了坚实的基础。

关键词　液体火箭发动机；研制；经验；成就

1　引言

火箭要上天，动力要先行。在 20 世纪 60 年代中期，我国自行设计的中近程导弹试飞成功之后，立刻开展了更为先进的推力更大的液体火箭发动机的研制工作，为我国战略核导弹的成功研制，以及长征系列运载火箭的发展，奠定了坚实的基础。

在我国导弹研制的基础上，迅速演变出了我国长征系列运载火箭。长征运载火箭是我国的骄傲，长征火箭家族中已投入使用的一共有 13 种型号，它们是长征一号、长征二号、长征二号丙、长征二号丁、长征二号 E 捆绑式、长征二号丙改进型、长征二号 F 捆绑式、长征三号、长征三号甲、长征三号乙、长征三号丙、长征四号、长征四号乙。

到目前为止，我国长征系列运载火箭在 84 次的发射试验任务中，已成功地将 90 余颗国内、外各种不同类型的卫星及 5 艘我国宇宙飞船送入预定轨道。其中包括东方红系列通信卫星、尖兵系列侦察卫星、实践系列科学试验卫星、风云系列气象卫星、返回式国土普查遥感卫星及资源卫星等我国自行研制的卫星，以及亚洲系列、亚太系列、鑫诺系列、澳星 B、回声一号、中星七号、马部海星、铱星、中卫一号、巴基斯坦星及巴西星等国际卫星。特别是 2003 年 10 月 15 日，我国用大型捆绑式运载火箭 CZ－2F 成功地将航天英雄杨利伟送入太空，实现了中华民族千年飞天梦想，迈出了我国宇航员走出地球、飞向太空的第一步，标志着我国载人航天技术有了新的重大突破，举世瞩目，是中国航天史上的又一里程碑。

2　我国大型液体火箭发动机研制

我国大型液体火箭发动机经历了近 40 多年的发展演变，回顾发展历程，我国大型液体火箭发动机主要经历了以下几个主要的研制阶段。

2.1　东风五号一、二级液体火箭发动机研制

东风五号一、二级发动机进行各种类型的试车共计近 300 次，累计试车时间 73780 秒。与美国大力神 2 性能相当，与欧空局阿里安一、二级发动机相比，无论是性能还是结构上均优于阿里安发动机。在参加的 40 多次发射飞行试验中，发动机取得了 100% 的成功记录，从这一点上也可以看出，东风五号一、二级发动机具有世界同类产品的先进水平。

2.2　长征三号二级液体火箭发动机研制

长征三号运载火箭二级发动机是在东风五号二级发动机研制基础上，通过改进设计研制成功的。其中有关提高性能精度和结构可靠性方面的改进，是与东风五号二级发动机定型工作同时进行的。在研制过程中主要进行了以下几方面的工作：

a. 为了及早暴露发动机的薄弱环节，以便采取改进措施，提高发动机的结构可靠性，进行了恶劣工况的可靠性试车方案。

b. 为了提高发动机性能精度，进行了涡轮泵等设计改进，对组合件试验系统提出了高的测试要求，对测试系统进行了技术改造，提高了测试精度。

c. 进行了发动机动态特性研究。

2.3 长征四号一级液体火箭发动机研制

1981年4月开始研制新型大推力液体火箭发动机，以适应我国航天技术进一步发展的需要。发动机由四台基本模块单机 YF-20B 通过机架并联组成，是在东风五号一级发动机基础上的改进型，主要采取了如下技术措施：

a. 推力室、燃气发生器喷嘴压降提高；

b. 涡轮燃气喷嘴增加至18个，采用全周进气方案；

c. 燃气发生器身部采用了波纹板结构；

d. 燃料增压系统音速喷嘴直径加大，更换了单向阀门；

e. 汽蚀管重新设计；

f. 减小火药装药内孔径，改善起动加速性能。

g. 为提高结构可靠性，进一步采取了减振和抗振措施，主要技术措施如下：

h. 推力室增加一道加强箍，隔板转接座加强；

i. 涡轮泵与蒸发器采用焊接方案；

j. 蒸发器与排气管连接采用自锁螺母锁紧方式；

k. 涡轮导向环采用整体铸造方案；

l. 二级叶轮卫带采用高频钎焊方案；

m. 涡轮盘改为模锻件；

n. 加强氧化剂副系统单向阀门结构强度；

o. 氧化剂副汽蚀管后加节流圈，减小副系统振动；

p. 增加燃料副系统单向阀门流阻损失，减小副系统振动。

在 YF-21B 发动机研制过程中，进行了严格的性能及结构可靠性试车。可靠性试车实测推力最高达额定推力的111.2%，混合比实测值最高达额定值的113.2%，试车时间最大按额定工作时间的5倍。

2.4 长征二号E捆绑式液体火箭发动机研制

2.4.1 高性能高空二级发动机研制

针对总体对二级发动机主、游机推力及比冲提出更高的设计要求，且主机混合比能够进行调节，经认真进行方案论证，在 YF-24F 发动机基础上采取如下技术措施：

a. 主机采用内壁铣槽式喷管延伸段，喷管延长450mm，面积比加大到26.57，提高其高空性能；

b. 为适应主机大喷管状态，重新设计主机排气管；

c. 主机增加了推进剂利用系统，采用调节器控制流量的调节方式，并只调节燃料系统，实现混合比调节；

d. 主机带推进剂利用系统状态后，研究新的调整计算方法；

e. 主机涡轮泵与蒸发器采用焊接方案连接，进一步提高可靠性；

f. 主机蒸发器与排气管连接采用自锁螺母锁紧，提高可靠性；

g. 主机燃气发生器身部采用铣槽结构，提高内外壁连接强度；

h. 主阀门采用自锁解锁方案，提高使用维护性能；

i. 起动阀门采用冗余设计，双锁方案，提高工作可靠性；

j. 游机采用铌合金大喷管结构。游机喷管分两段结构，前段为可再生冷却的波纹板结构，后段为辐射冷却的铌合金结构，面积比加大到50；

k. 游机汽蚀管与节流圈进行了容错设计；

l. 游机充填与回流接管嘴焊接根部加强；

m. 主、游机发动机电缆插头采取灌胶措施，提高了防水防潮性能。

经过改进设计技术的实施，进一步提高了发动机的性能及可靠性。该发动机于 1990 年 7 月 16 日参加长征二号 E 首次飞行并获得成功，由于其高的性能及主的可靠性，现已成为我国长征运载火箭主要的高空动力装置之一。

2.4.2 助推发动机研制

为了适应捆绑式运载火箭的总体方案，经论证助推发动机采用梁式机架通过传力机构向芯级火箭传力。主要进行了全新的总体布局设计，采取了如下技术措施：

a. 进行新的总体布局设计，适应助推器总体设计要求；

b. 设计了全新型三梁交叉式助推机架；

c. 为适应增压系统总体设计要求，重新设计蒸发器；

d. 在新的涡轮落压比下，研究新的调整计算方法；

e. 设计新型助推发动机电缆；

f. 起动阀门采用双锁冗余设计方案，提高工作可靠性；

g. 主阀门采用自锁解锁结构，提高使用维护性能。

通过以上技术措施的实施，并经过试车及飞行试验考验，证明助推发动机结构合理，性能稳定可靠，而且全新结构完全满足助推器的总体设计要求，以及向助推器本身传力和向芯级火箭传力的需要。

2.5 长征二号 F 捆绑式液体火箭发动机研制

长征二号 F 发动机研制是为了发展我国载人航天技术的需要，1992 年初开始论证，1993 年开始研制，于 1999 年 5 月首次交付装箭，历时 7 年时间，各种整机试车共计 28 台次，累计试车时间折合单机 14870 秒。主要采取了以下技术措施：

a. 新研制具有高可靠性和安全性的双桥带钝感电爆管；

b. 新研制一级固体火药起动器，改善了起动特性，扩大了温度适应范围；

c. 新研制防水、抗振防松高性能的电缆；

d. 总装管路密封结构借鉴 RD－120 先进技术，并经严格的试验考验；

e. 涡轮改进设计，加强刚度，增大间隙，彻底解决一级卫带与涡轮盖相磨隐患，提高涡轮可靠性及安全性；

f. 改善燃料泵汽蚀性能，提高汽蚀裕度；

g. 推力室及燃气发生器可靠性增长设计改进，提高结构强度；

h. 起动阀门可靠性增长设计，提高锁位机构工作可靠性；

i. 主机调节器可靠性增长设计，提高推进剂系统工作可靠性；

j. 组件适应性改进设计，提高可靠性及使用性能；

k. 主机大喷管采用强力旋压方案，提高固有可靠性；

l. 改进工艺和工装，提高加工精度及生产质量；

m. 连接螺纹采用厌氧胶锁紧，提高结构可靠性；

n. 采用氦质谱检漏方法，提高发动机密封质量；

o. 进行多余物控制，采用工业胃窥镜等检查方法，提高安全使用性。

1999 年 11 月 20 日，长征二号 F 捆绑式运载火箭首飞成功地把我国第一艘无人飞船送入太空，标志着我国航天事业跨越了一大步，进入了一个崭新的阶段。2003 年 10 月 15 日，我国首次载人飞船发射成功，实现了中华民族千年飞天梦想。

2.6 其他运载用液体火箭发动机研制

为了适应我国其他型号运载需要，通过适应性修改设计，研制出了多种大型液体火箭发动机，形成了我国大型液体火箭发动机系列。

3 主要技术成就

(1) 简单可靠的系统方案

我国在东风五号大型液体火箭发动机研制初期，采取了简单可靠的系统方案，如：采用汽蚀管、节流圈控制流量；采用电爆阀门，实现不带气上天；采用炮式起动方式，提高起动加速性；采用分机关机，减小水击压力及后效冲量，提高飞行精度等。实践证明，此系统方案达到了高的性能及可靠性，适应于导弹武器及运载的共同需要。

(2) 实现了发动机摇摆

发动机摇摆是一种先进技术，我国在东风五号上开始研制，经论证确定一级采用单机泵前单向摇摆方案，四机并联实现切向摇摆功能，每台单机沿切向做±10°角摇摆，以提供飞行过程中的控制力矩。

(3) 解决了推力室横向高频不稳定燃烧

高频不稳定燃烧最具破坏性，其主要破坏形式是：喷注器周围和燃烧室内壁烧毁；发动机各组件机械破坏，包括焊缝撕开、管路断裂、连接件松脱等。

而燃烧系统对高频振荡的固有稳定性，主要取决于在给定压力扰动下，系统用来维持振荡的能量的大小，以及补充维持振荡流量的时间与扰动周期的关系。而这些与喷注器及隔板的设计密切相关，因此，为了提高燃烧效率又要使燃烧过程稳定，采取了如下技术措施：

a. 精心设计了喷注器；

b. 采用了防振隔板装置。

(4) 克服了耦合型的中频流量型振动

在大型液体火箭发动机研制过程中，曾遇到输送管路系统的压力脉动与推力室压力振荡相耦合所产生的振动，也称为中频流量型振动。表现在试车过程中出现 800~1000Hz 主导振型振动，燃烧室压力的脉动通过管路中的液体压力脉动进行相互增强，激起强烈的振荡燃烧，影响燃烧室乃至整个发动机的工作。根据中频流量型振动产生及发展的机理，采取了以下技术措施：

a. 改进喷注器方案；

b. 对输送系统采取减振措施。

(5) 解决了燃气发生器低频不稳定燃烧

燃气发生器选取较低余氧系数 α，这时推进剂燃烧所释放出的热量，一部分用于维持正常的燃烧，而另一部分热量则用于未燃烧燃料的蒸发、汽化与燃气混合。因此，燃料在发生器内停留时间较长，容易引起低频振动，造成低频不稳定燃烧，为此，对燃气发生器采取如下措施：

a. 燃气发生器头部中心区采用高 α 分布，使中心区形成温度高的火炬；

b. 选取合适的燃气发生器的容积，使燃烧产物停留时间缩短；

c. 提高喷嘴压降，改善混合雾化质量，提高发生器内部阻止压力脉动的能力，有效避免低频不稳定燃烧。

(6) 研制了同轴立式涡轮泵

为了适应一级发动机摇摆，涡轮泵采用同轴立式布局，氧化剂泵在上，燃料泵在中间，涡轮在最下面。这种布局横向尺寸最小，便于在有限的弹径内实现摇摆。

同轴立式涡轮泵另一关键技术是防止自燃推进剂的相互接触，即动密封结构是非常重要的。在两泵中均采用了弹簧式端面密封和唇式密封，最后一道采用泄漏管方式，使得两泵动密封可靠。

此外，涡轮转子采用高温合金整体电解加工；导向叶片采用整体铸造；主轴承采用带特殊保持架的滚珠轴承，能承受较大的轴向和径向载荷；向伺服机构提供能源的齿轮箱采用了干膜润滑，简单了润滑系统。

(7) 研制了双端面密封小涡轮泵

游机小涡轮泵采用涡轮中置式布局。它主要是防止氧化剂与涡轮燃气接触，第一道采用弹簧式端面密封，用于密封氧化剂，第二道采用膜盒式端面密封，用于密封涡轮燃气，在两道端面密封之间灌注不循环的氟醚油，起到进一步阻隔的作用。

(8) 推力室、燃气发生器铣槽结构研制

新型高空二级液体火箭发动机推力室大喷管后段采用了机械铣槽结构，降低了压力损失，提高了结构强度。二级燃气发生器采用了机械铣槽结构，克服了压坑点焊和波纹板结构连接强度低的弱点，提高了结构可靠性。二级游机采用内壁化学铣槽方案，提高了结构强度。

(9) 双锁起动阀门研制

阀门出现故障的原因主要是阀门锁位失效。因此，对锁位机构进行了改进，主要是在原来的单锁位机构基础上增加了冗余锁位机构。

4 结束语

我国大型液体火箭发动机，经过了40多年的研制历程，发展与演变出适用于各种型号运载火箭的系列发动机，现已成功应用于我国东风五号系统导弹和长征系列运载火箭，在过去的所有飞行发射试验中，大型液体火箭发动机保持着100％的成功率，为我国国防现代化建设及航天空间技术应用与发展做出了巨大的贡献。随着空间技术的不断发展，科技水平的不断提高，研制经验的不断成熟，还将发展、衍生出更多性能与可靠性更高的发动机型号。

The Development Overview of China's Large Scale Liquid Rocket Engine

Duan Zengbin and Tan Yonghua

Shaanxi Power Machine Design and Research Institute

P. O. Box 15-11, Xi'an, 710100

Abstract   The development process of China's large-scale liquid rocket engine is summarized in the paper. Then the development experiences and technique achievements of China's large-scale liquid rocket engine are emphatically described, which lay the stable foundation for the development of aerospace technology.

Key words   Liquid rocket engine; Development; Experience; Achievement

分布式空间武器在轨投送与支援系统初探

樊忠泽　朱福娟

酒泉卫星发射中心

兰州 27 支局 15 信箱 2 号，邮编：732750，fzzzfj@163.com

摘　要　本文提出了分布式空间武器在轨投送与支援系统概念，详细分析了系统能力需求和功能需求，给出了系统体系框架，探讨了典型作战过程，探索了系统的关键技术。

关键词　空间武器；在轨投送与支援；分布式系统；需求分析；体系结构

1　引言

在轨投送主要是指在空间或从空间发射、释放和使用武器，实现对空间目标、临近空间目标尤其是地面目标的攻击，以及空间武器投送、攻击精度评估、空间作战效能分析等相关活动。在轨支援是指在轨系统任务变更、故障修复、模块更换、燃料加注、延寿与增寿，在轨系统辅助操作与支持（例如飞行器在轨重新定位/轨道机动/快速转移/有效载荷释放与转运）等活动的总称。

在轨道和从轨道上投送武器是空间军事化和武器化的重要组成部分。在轨投送是空间武器化发展的必然结果，在轨投送技术是实现在空间和从空间进行力量运用必须解决的关键技术。

在轨投送与支援技术是空间对抗技术与应用系统化的必然产物。大型空间平台与空间综合系统等集中式空间系统和小平台、单功能、多模式、网络化的分布式航天系统是空间技术与应用向复杂和简单适用两极化发展的产物。集中式空间系统构成复杂、庞大，容易破坏，分布式空间系统组态灵活，易于扩展，各节点之间能互相操作、互相支援、互补和互为备份，从而提高了系统可靠性。因此，分布式空间武器在轨投送与支援系统是空间攻防体系化、高效化和低成本的产物。

国外军事航天和空天对抗体系建设发展动态分析表明，在轨投送与支援是实现空间力量运用、发挥空间系统效能、获取空间优势的有效途径。通过对国外空间武器在轨对抗技术发展的研究可以看出：

1) 空间武器系统的作用正在从实现信息优势和力量增强向空间对抗和从空间进行力量运用转变。快速往返空间和构成可用空间力量，通过空间、在空间和从空间实施作战和目标打击是国外军事航天研究的主要任务和目的。

2) 在轨投送与支援是美国空间军事化和空间能力的重要组成部分。美军在空间的任务分为空间力量增强、空间力量运用、空间对抗、空间支援。空间支援和空间对抗是基础和过程，空间力量增强和空间力量运用是目的。

3) 军事航天和空天对抗体系建设的过程是平台、信息和武器发展有机综合和集成的过程。目前，美军正在开展新型在轨武器投送与全球对地精确攻击技术、先进在轨服务与支援技术、在轨监视、预警与攻击技术等体现能力的新型空间武器关键技术攻关与演示验证等研究工作。

2　功能需求

在轨投送与支援系统是空间控制、空间作战和空间力量应用的重要组成部分，是轨道互联、体现力量、有效完成任务、功能扩展的重要保障和生命力所在。在轨投送与支援系统需要具备以下基本能力：

1) 大范围轨道快速机动、转运与长期在轨自主运行能力；

2) 对空间目标、临近空间目标尤其是地面目标的攻击能力；

3) 态势感知、威胁评估、任务规划、指挥控制及自主作战能力；

4) 在轨重新定位、任务变更及系统重组能力；

5) 在轨维修、模块更换、燃料加注与后勤补给能力；

6) 快速进入空间与天地往返能力；

7) 自身威胁预警，攻击防护，规避，有限毁损条件下的系统重组能力；

8) 系统内、系统间、系统与地面间高可靠高速通信能力；

9) 在轨支援有效载荷和武器载荷与平台的适配能力。

3 体系结构

3.1 概念模型

分布式空间武器在轨投送与支援系统是一种由多个航天系统组成的分布式网络系统，可以看作一个空间混成编队，它包括天基系统和地基系统两部分，如图 1 所示。

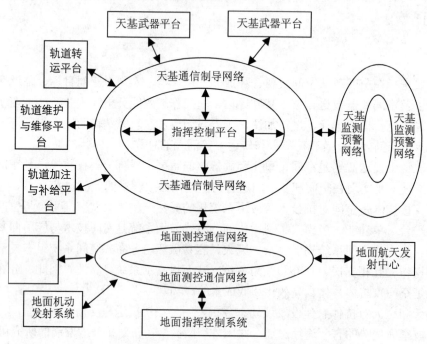

图 1　分布式空间武器在轨投送与支援系统概念模型

天基系统由小平台、单功能、多模式的航天器组成分布式网络系统，这些航天器是一种小平台+载荷系统，运行于拓扑关系一定的轨道，构成编队星座，依靠装载的各种作战武器或在轨支援有效载荷实现多种工作模式的某种单一功能，并依靠天基通信系统构成分布式网络系统。地基系统由航天发射系统、陆海空基测控系统、通信系统、指挥控制系统及其勤务保障系统组成。

3.2 逻辑模型

分布式空间武器在轨投送与支援系统从逻辑上可以用系统层、功能层和作战层三个层次来描述。系统层由航天系统组成，从系统拓扑结构角度看表现为天空地一体化分布式网络系统，从在轨投送角度看表现为轨道武器系统，从在轨支援角度看表现为轨道维护系统。功能层由分布在各种相互关联的轨道上的、装载各种概念载荷的小型空间平台和陆海空基发射、测控、通信、指挥控制、勤务保障系统组成。作战层包括在轨投送空军武器的各种可能作战样式和在轨支援的任务变更、维护维修、燃料补给等工作模式，各种作战单元通过星间/星地链路实现一体化分布式网络链接。

3.3 功能模型

分布式空间武器在轨投送与支援系统功能模型如下所述：

(1) 各种轨道作战武器平台

轨道作战武器平台是较小型的航天器系统，是各种武器的载体。在满足作战需要的前提下，大量采用标准化、模块化结构设计，使不同平台之间具有很强的模块可移植性，同一种平台能够承载、适配、投送和制导多种类型的天基武器系统，如激光武器、高能射频武器、动能武器和定向能武器等。

作战平台与天基武器共同构成空间作战单元。天基武器实现对敌方目标的攻击，作战平台提供适配接口、数据链路、高耗能源、目标指示信息和打击单元制导信息，并负责空间机动。

(2) 轨道转运平台

轨道转运平台是较大型的航天器系统，是实现空间武器布设（重定位）、轨道快速机动、有效载荷释放和转运等功能的主要载体。轨道转运平台同时可以作为指挥控制平台的备份，承担指挥控制功能。

(3) 指挥控制平台

指挥控制平台是在轨投送与支援系统的指挥控制中心，具有自主指挥控制能力。一般地，在轨投送与支援系统配置多个专用指挥控制平台，同时可以由轨道转运平台、在轨维护与维修平台作为备份。

指挥控制平台接收地面指挥控制中心的指令，进行多源数据处理和融合，完成空间作战与支援的指挥控制、攻击精度评估、作战绩效分析等功能。

(4) 轨道加注与补给平台

轨道加注平台所承载的燃料和补给由天地往返系统按需补充或自行返回补充。

(5) 在轨维护与维修平台

在轨维护与维修平台完成在轨航天器系统在轨维护、维修、模块更换和操作保障，实现在轨投送与支援系统的能力保持和恢复。在轨维护与维修平台配备指挥控制系统，作为指挥控制平台的应急备份。

(6) 快速发射与天地往返系统

快速发射与天地往返系统是地面与空间的物理连接纽带，实现航天器快速发射、补位发射和补充发射、燃料与补给的补充发射等，保持在轨投送与支援系统的作战和支援能力。该系统包括地面航天发射中心、空基发射系统、运载工具等。

(7) 空间监测与预警系统

空间监测与预警系统完成对空间目标、临近空间目标和地面目标的监视和预警功能，实现在轨投送与支援系统威胁预警、向指挥控制平台传送打击精度评估和作战效能分析数据、空间及地面目标监视、地面威胁预警等。

(8) 空间通信系统

空间通信系统由多个通信航天器、通信中继航天器构成分布式网络，实现空间通信和天地通信，为作战行动提供高可靠、高速率的通信链路。

(9) 空间制导系统

空间制导系统是空间作战武器的制导中继系统，配合轨道作战武器平台实现在轨投送武器的精确制导。空间制导系统与空间通信系统可由同一个航天器网络实现，共同构成通信制导航天器网络。

(10) 地面指挥控制中心

地面指挥控制中心是空间对抗体系的指挥中枢，可由多个陆海空基系统组成分级指挥控制系统，完成态势感知、威胁评估、任务规划、指挥监控、效果评估等功能。

(11) 地面测控站

地面测控站实现在轨投送与支援系统的轨道测量、监控，传输指令和数据，并与指挥控制中心保持高可靠的高速通信。地面测控站分布全球不同位置，构成地面测控网络。

4　作战过程与信息流分析

分布式空间武器在轨投送与支援系统具有航天器发射与再入返回、在轨空间武器投送、在轨维护支援等多种作战过程。

航天器发射与再入返回是系统的基础。发射方式包括地面航天发射中心发射、地面机动发射、空基发射、天基小型航天器布设释放等方式，发射目的包括组网发射、补网发射和补给发射等，再入返回是为了复杂故障维修和燃料、备件模块、空间武器等的补给。

在轨空间武器投送是系统的核心，主要完成在空间或从空间发射、释放和使用武器，实现对空间目标、临近空间目标尤其是地面目标的攻击。

在轨维护支援是系统的保障，主要完成在轨系统任务变更、故障修复、模块更换、燃料加注、延寿与增寿，在轨系统重新定位、轨道机动、快速转移、有效载荷释放与转运等。

下面分析在轨投送与支援的信息流以及典型作战过程。

4.1 信息流分析

分布式空间武器在轨投送与支援系统通过天空地一体化指挥控制网络实现信息交换，完成保护我方空间应用能力并破坏敌方空间能力的天空地一体化作战，可以划分为防御作战与进攻作战两大类型。其信息流如图2所示。

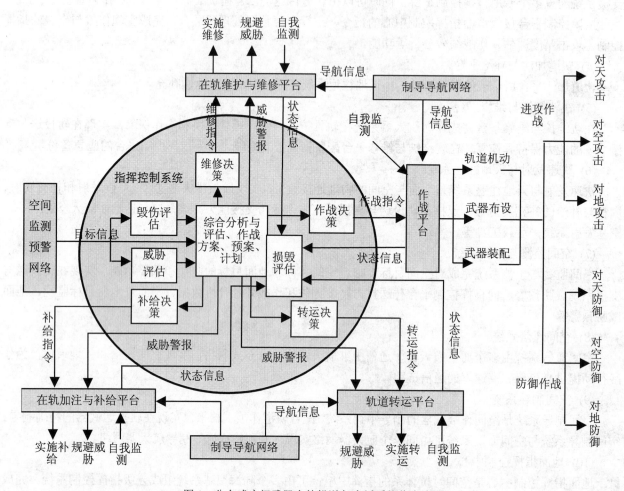

图2　分布式空间武器在轨投送与支援系统信息流图

4.2 典型作战过程

4.2.1 在轨武器投送

以天基动能武器为例，说明在轨武器投送的作战过程。指挥控制中心根据空间态势信息进行威胁评估，制定作战计划，将作战平台轨道机动指令发布给作战平台，作战平台接收指令后，携带天基动能武器按指令进行轨道机动，根据制导信息瞄准并释放天基动能武器。天基动能武器依据飞行程序自主攻击目标。空间监测预警网络获取攻击过程及攻击效果，并将这些信息通过天地通信系统传输到指挥控制中心进行作战效能评估，以规划下一步作战。

4.2.2 在轨燃料及后勤补给

天基系统的后勤保障与传统作战后勤保障相比，难度和代价都大大增加。燃料补给是天基系统的主要后勤保障内容。当有航天员长期在空间作业时，人员所需补给就必须定期补充。在轨燃料和给养的补给不能采取需要时运输的方式，而应采用补给平台携带燃料和给养在轨运行，根据航天器的需要变轨、对接、补充的方式。补给平台的"库存"由天地往返系统定期补充或自行再入返回补充。

4.2.3 在轨模块更换

在轨维护与维修是保持天基系统能力的重要手段。由于天基系统的易损性，特别是在对抗条件下，航天器发生故障、遭受损毁的概率可能非常高。为保持系统能力，在尽可能短的时间内对故障进行修复，恢复（或部分恢复）航天器能力，具有重要意义。在轨维护与维修中最主要也是易于实现的是在轨模块更换，其流程如图 3 所示。在轨模块更换的关键是航天器自我状态诊断、维护与维修决策、平台机动、自动对接等，对提高在轨维护与维修的效率起决定性作用。

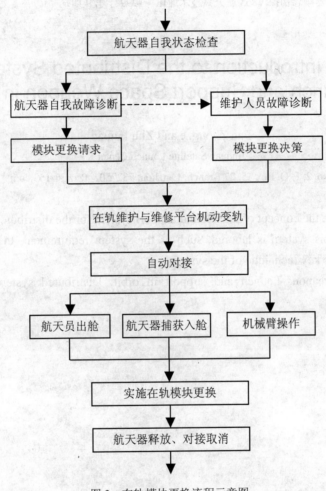

图 3 在轨模块更换流程示意图

5 关键技术分析

1) 空间武器发射与制导技术：空间武器与平台的适配性与匹配技术，天基武器的在轨装配、重组与布设，基于空间平台的在轨攻击模式和决策技术，基于空间平台的武器发射与制导技术，天基再入式对地攻击综合技术，平台+武器的综合变轨策略和最优机动技术；

2) 在轨系统轨道机动与快速转运技术：组合体轨道机动与制导、控制、自主运行技术，有效载荷与武器的快速转运技术，在轨系统重新定位与快速变轨技术；

3) 在轨系统任务变更与模块更换技术：在轨系统的模块化和标准化设计技术，在轨系统的健康管理和检测技术，不同模块的在轨更换、检测与切换技术，在轨系统软件升级与任务重新规划技术，在轨系统寿命评估与延寿和增寿技术，在轨系统扩展与重构技术；

4) 在轨系统协同飞行与辅助操作技术：分布式航天器系统布设、控制与应用技术，主/从飞行器协同飞行、代理操控与相互支援技术，在轨系统数据中继和在轨导航技术，激光武器中继技术，在轨系统遥控操作技术，航天员舱外活动支援技术，在轨系统辅助精密定轨与定姿技术，对空间设施的观察、逼近、绕飞、故障检测和辅助维修技术。

参 考 文 献

[1] 才满瑞. 重复使用运载器的近期发展. 导弹与航天运载技术，1999（2）.

[2] George Richie，John Haaren. Striking from Space: The Future of Space Force Application. AIAA-98-5257.

[3] 国家高技术航天领域专家委员会编译. 空间技术指南. 美国国防部.

[4] 黄志澄.空间作战飞行器概念初探. 863 航天高技术通讯，1999 年第 9 期.

The Introduction to the Distributed System for Launch and Support Space Weapon in Orbit

Fan Zhongze and Zhu Fujuan

Jiuquan Satellite Launch Center

No. 2, P. O. Box 15, 27 Branch, Lanzhou, 732750，fzzzfj@163.com

Abstract   In this paper, the concept of launch and support system for the distributed space weapon in orbit is built, and the function of this system is labored, such as the system requirement, the system architecture, the typical campaign process, the key technique of the system.

Key words   Space weapon; Launch and support in orbit; Distributed system; Requirement analysis; Architecture

低轨道小卫星电源系统的研究

付增英　　王保平

中国电子科技集团公司第十八研究所

天津市南开区凌庄子道 18 号，邮编：300381

摘　要本文针对低轨道（太阳同步轨道）卫星的特点，对电源系统开展研究并得到应用和验证。电源系统主要是给卫星有效载荷和平台负载供电，它由太阳电池阵、贮能蓄电池组及电源控制器组成。电源系统采用母线全调节的设计。光照期，太阳电池阵负责供电和充电，超过负载的多余功率，由分流调节电路调节，使母线电压得以稳定，同时给蓄电池组充电。阴影期，蓄电池组电压经放电调节电路（升压型）调节，给负载供电。

关键词　主误差(MEA)；放电调节(BDR)；充电控制(BCC)；下位机(PIU)

1　引言

某卫星主要用于灾害预报和监测、资源监控和开发。

电源系统为星上负载提供供电电源。系统由太阳电池阵、贮能蓄电池组及电源控制器组成。太阳电池阵是发电电源，它由两个展开式的太阳翼组成；贮能蓄电池组为镉镍电池组；电源控制器由主误差电路（MEA）蓄电池放电调节电路（BDR）、分流调节电路、充电控制电路（BCC）及下位机（PIU）组成。

电源系统采用母线全调节方式设计。在光照期，太阳电池阵发电，满足负载的需求，超出负载的功率，由分流调节电路调节，使母线电压稳定；充电调节电路从供电母线调节充电。电源母线电压控制在 28.5±1V。

2　设计

2.1　轨道

星箭分离后，最终变轨为 798km 高度的近似太阳同步轨道，轨道倾角为 98.8°，轨道周期 100.2 分钟，最长地影时间为 34.9 分钟，轨道平面逐渐东进，满足重复观测周期 2～3 天的要求，并在两年内降交点地方时，逐渐接近正午。

2.2　轨道条件下帆板太阳入射角及受晒因子变化
2.2.1　轨道光照情况

两年飞行期间，帆板太阳入射角由大变小。太阳入射角在 52.9°～11.8°变化。在寿命初期（即冬至发射，第 48 天时）帆板太阳入射角最大值 52.9°，此时太阳电池阵输出功率将下降到帆板太阳入射角为 0°时的 60.3%。

2.2.2　受晒因子的变化

两年飞行期间，受晒因子从大向小变化，最大受晒因子：0.7748，出现在冬至 48 天时，光照时间：77.6 分钟，此时尽管太阳方阵输出功率最小，但光照时间最长；而最小受晒因子：0.6532，光照时间：65.4 分钟，对应的是飞行期间的最长阴影时间：34.7 分钟。

2.3　空间带电粒子辐照的影响

由于 2001 年为太阳活动高峰年，假定发射时升交点经度为 120°，两年再轨寿命期内，太阳电池受带电粒子辐照累积通量为 1.04×10^{14} e/cm^2（等效 1Mev 电子）

2.4 卫星平台与有效载荷功耗需求

2.4.1 平台需求

系统名称	长期功率（W）	短期功率（W）
星务	21.6	
测控	15.9	2.7
姿轨控	47.9	16.9
热控	26.0	
电源	15.0	
总计	126.4	19.6

2.4.2 有效载荷功耗需求及工作模式

有效载荷功耗需求如下：

设备名称	长期功率（W）	短期功率（W）
斯特林制冷机		25.0（55，5min）
水色扫描仪	29.30	16.7
CCD 相机	6.0	30.0
数传发射机	5.0	80.0
总计	40.3	151.7(181.7，5min)

工作模式：

经对有效载荷约束如下，并作为电源系统设计和计算参考。

每圈工作时间：

光照期　23 min；

其中：斯特林致冷机　　23 min

　　　水色扫描仪　　　23 min

　　　相机 CCD　　　　23 min

　　　数传发射机　　　15 min

每天工作次数：光照期　≤　3 次。

2.5 电源系统的主要技术指标

母线电压：28.5±1V

质量：39kg

寿命：2 年

2.6 详细设计

电源系统的组成：硅太阳电池阵，包括供电阵和充电阵；23AH 镉镍蓄电池组，模块 A 和模块 B；电源控制器集分流调节电路、充电控制电路、放电调节电路及下位机于一体。

电源系统采用全调式式，即太阳电池阵在光照期输出功率受到调节，使其满足负载需要的功率，阴影期，蓄电池组电压也受到调节。由于卫星要求电源系统母线电压 28.5±1V，因此必须采用此类设计。

电源系统的原理图 1 所示。

电源系统的功能：

光照期，太阳电池方阵作为主电源，供电阵为星上负载供电，当供电阵功率人于负载所需功率时，太阳电池方阵工作点外移，母线电压升高，此时，分流电路经误差放大控制，开始逐级顺序分流，调节供电阵输出功率，使母线受控。

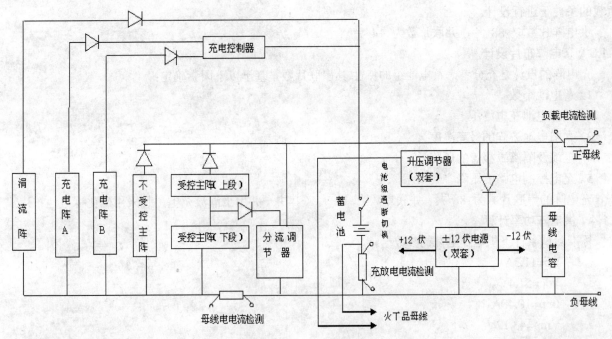

图1　电源系统原理框图

光照期，当整星长期、短期负载均出现，且超过太阳电池方阵供电能力，充电阵将通过放电调节电路补充供电；若仍未满足负载的要求，蓄电池组经放电调节电路补充供电。整个轨道周期内，保证母线电压。

充电阵为蓄电池组充电，充电率为 C/3，随着荷电量的递增，蓄电池组的电压将升高，其温度也将变化，当达到蓄电池组所设定的 V-T 曲线保护值，断开充电阵。

阴影期，蓄电池组经放电调节电路给母线供电，继续维护母线电压调节。

3　设计实例

该低轨道卫星电源系统采用全调节母线供电系统设计。光照期，太阳电池阵受控于分流调节电路，阴影期，蓄电池组受放电调节电路调节，太阳电池阵和蓄电池组受到电源控制器控制，自动交替工作，使母线电压稳定，有利于负载工作。

3.1　太阳电池阵设计

该卫星具有两个太阳翼，安装在卫星的两侧，太阳电池翼采用绕 X 轴单自由旋转并向 $\pm Y$ 方向展开的对日定向翼组成，每个翼有三块板，每块板面积 $1.1 \times 0.84 = 0.924 m^2$，总面积为 $6 \times 0.924 = 5.544 m^2$。

3.1.1　布片设计

太阳电池阵的构型是由完全相同的两个翼组成，每个翼由三块太阳电池板组成，即：内板、中板和外板。

太阳电池阵分成供电阵、充电阵，供电阵分成受控阵和非受控阵，充电阵分为两个充电阵和涓流阵。太阳电池阵的每个翼上布置供电阵和充电阵，两翼对称布片。

方阵设计是根据以下几个因素确定：

(1) 母线电压或蓄电池组电压

(2) 两年末由于电子辐射导致工作电压值下降

(3) 考虑太阳电池阵最高工作温度为负载提供功率

(4) 电线电缆及隔离二极管的压降

根据每块板的面积，选用的单体电池尺寸为 54mm×36.8mm×0.22 mm。

3.1.2　供电阵布片设计

供电阵是光照期的主供电源，要满足负载的要求。根据小卫星电源系统的设计经验，供电阵考虑长期负载的条件下进行设计。

供电阵片数取 88 片，并联片数为 14 片。

3.1.3 充电阵布片设计

充电阵的设计是充分考虑蓄电池组的特性，其串联片数是基于以下因素确定：

1. 蓄电池个数

2. 单体电池充电终压

3. 太阳电池方阵的最高温度

4. 电缆及隔离二极管的压降

5. 充电控制电路的压降

充电阵的串联片数为 88 片，并联片数为 13 片。其中一并用于涓流充电，且采用砷化镓电池布片。

3.1.4 供电阵功率计算

标准测试条件下供电阵电性能参数

Isc=11.3A

Voc=51.4V

Imp=10.48A

Vmp=43.12V

Pmax=451.9W

考虑极端工作情况的功率输出情况，计算出的功率值分别如下：

最优状态 Pmax=267.8W

最劣状态 Pmax=168.4W

3.1.5 充电阵功率计算

标准测试条件下充电阵电性能测试

Isc=9.84A

Voc=49.07V

Imp=9.22A

Vmp=41.16V

Pmax=399.25W

考虑极端工作情况的功率输出，计算的功率值如下：

最优状态充电电流 7.51A，涓流电流 0.106A

最劣状态充电电流 4.96A，涓流电流 0.069A

3.2 蓄电池组设计

蓄电池组的设计是根据卫星在轨一圈内，日照充电时间和阴影放电时间及卫星负载功率，卫星在轨光照期，蓄电池组必要时将对短期负载补充供电。

3.2.1 蓄电池组的数量

根据母线电压 28.5±1V 的要求，单体蓄电池的节数为 18 只。

3.2.2 单体电池额定容量

根据已给出的负载情况，可计算出放电电量公式

$$Q_D = \frac{P_L \times T_D}{\eta \times K_L \times N \times V_{op}}$$

式中：P_L　负载功率

T_D　阴影时间

η　放电调节器效率　$\eta = 0.9$

N　单体电池数量　$N = 18$

V_{OP}　单体电池的平均放电电压初期 1.2V，末期 1.15V

K_L　放电回路损耗因子 $K_L = 0.9643$

按规范要求，低轨道电池组的 DOD＝15%～30%，选择额定容量 23 Ah 的镉镍蓄电池。

3.2.3　电池组结构设计

采用框架式模块结构，该结构为铝合金端板，通过螺杆将电池固定在一起，具有散热面积大，重量轻的优点。

3.2.4　蓄电池组备份方式

采用单体电池热备份，其方式为：17/18，即蓄电池组由 18 只单体电池组成，允许其中一只失效。为防止开路失效引起断电，每个单体电池并联一个保护二极管组件。

3.2.5　蓄电池组的热控设计

每个物理模块采用框架结构，具有较大的散热面积，每个模块内部进行内部热导、均热设计，使单体电池之间温度差在 3℃ 左右。蓄电池组采用主动温控，每个单体电池帖加热片，电池温度低于 5℃ 时，进行加热；电池温度超过 15℃ 时，停止加热。

蓄电池组工作温度 0～20℃；

蓄电池组表面喷涂辐射漆；

蓄电池组每个模块间温度小于 5℃。

3.3　电源控制器

电源控制器是卫星电源系统的核心，其功能是：负责传递、调节、供电及检测电源系统的工作状态，具体是太阳电池阵的调节，蓄电池组的充电、放电控制，电源系统的检测等。电源控制器由分流调节电路、充电控制电路、放电调节电路及下位机组成。

3.3.1　分流调节电路

采用局部顺序线性分流调节电路，并应用冗余设计技术，其主要作用是在光照期消耗主供电阵超过整星负载所需的功率，保证母线电压在 28.5±1 V 以内。

分流调节电路由母线电压取样，三路母线误差放大器经 2/3 表决驱动分流功率级，当母线电压高于28.5V 时，第一级分流功率管有截止区进入线性区，随着母线电压继续升高，功率管由线性区进入饱和区，此时，与其相关的供电阵单元电路的下阵电压变为功率管的饱和压降，该供电阵电压低于母线电压，停止输出电功率。随着母线电压的继续升高，第二级以同样的方式投入工作，根据母线电压的变化，分流电路随之调整，其稳定状态是只有一级处于线性状态，其他各级工作于饱和导通或截止状态，每级之间彼此独立，互为备份。

分流功率级由 6 级组成。

3.3.2　充电控制电路

充电控制电路采用 V-T 曲线形式控制，分两个阶段，第一阶段充电阵电流 C/3 全部投入，当补充了85%～90%的电量后，充电电流改 C/6 率充电，直到 V/T 曲线受控，充电电流转入涓流。

充放控制比 1.03，八条模式工作曲线，通过遥控进行调整，以适应不同条件的要求。

3.3.3　升压调节电路

升压电路采用脉宽调制设计，并以两套互为热备份，在长期功率 166.7W 情况下，其平均效率为：90%。升压电路由母线误差放大器控制，当母线电压低于28.0V 时，将其启动，低于 27.8V 时，升压电路自动供电，提供负载所需的功率，保证母线电压不会出现瞬时断电。

在升压电路设计中采用 MOS 功率管，改变了频率，在保证升压电路功能提高的前提下，尽可能地减轻质量，压缩体积。

3.3.4　电源系统下位机电路

电源系统下位机直接与星务系统上位机通讯联络，用以传递遥测的数据及执行遥控指令，并对蓄电池组进行主动温度控制，确保电源分系统正常运行。

下位机电路包括遥测数据变换单元、遥控指令执行单元、与上位机的通讯单元及单片机单元。

3.4 电源系统各部件的功能及达到的指标

名称	功能	技术指标
太阳电池阵	光照斯提供功能，为负载供电，给蓄电池组充电	输出功能：330~456W 6块1.1×0.84m² 的板质量：9.5kg
蓄电池组	阴影期及半阴影期提供功率；光照期，补充胀冲负载所需的功率	18只（两个物理模块构成） 23Ah 质量：≤19.1kg
电源控制器	蓄电池组充电，放电控制，太阳电池阵的分流控制	吕线电压：28.5±1V 纹波：≤2% 升压放电调节器效率：≥90% 质量：9.7kg

4 结论

该卫星于 2002 年发射，经过主动段飞行卫星与火箭分离，达到 870km 的椭圆轨道，经过数次变轨，卫星达到预定轨道。

电源系统为平台和有效载荷的负载提供了充足的功率，确保了卫星正常工作。以下测试了卫星经主动段、变轨、定点后电源在可见弧段的数据，通过分析测试数据，对电源系统给予评定。

在 2004 年 3 月卫星在轨运行，电源系统测试的主要数据如下：

(1) 太阳电池阵参数

名称	母线电压	母线电流	充 A 电压	充 B 电压
数值	28.39V	17.5V	44.7V	44.7V

名称	充 A 电流	充 B 电流	涓流电流
数值	3.85A	3.85A	0.1A

供电阵输出率：274W，充电阵输出功率：206W。

(2) 蓄电池组参数

名称	蓄电池组电压	放电电流	放电电量
数值	22.36	7.70A	3.6~4.2Ah

名称	蓄电池组电压	充电电流	充电电量
数值	26.26V	7.90A	3.9~4.5Ah

蓄电池放电结束时平单体电压：1.224V；
蓄电池放电结束时平单体电压：1.459V；
放电深度 DOD：15%~18.3%

(3) 部件温度参数

名称	光照（℃）	阴影（℃）
功控器温度	26.4	26.1
蓄电池温度 1	12.4	13.1
蓄电池温度 2	12.4	13.1
蓄电池温度 3	13.1	14.7
蓄电池温度 4	13.4	14.2
方阵温度 1	51.5	-65.0
方阵温度 2	40.7	-65.9
方阵温度 3	49.6	-62.1
方阵温度 4	19.4	-67.6

卫星在轨工作期间，无论是卫星变轨、卫星全姿态捕获、数传单载波试验、成像试验，电源系统的所有技术状态和技术参数，均在设计要求内，满足卫星任务的要求。

通过对低轨道卫星电源系统的研究和应用，采用双母线（供电、充电母线）、高倍率多阶段充电、下位机测控，不仅设计简化明了，且性能稳定，该设计在轨得到充分地验证。

参 考 文 献

[1] 褚桂柏. 宇航技术概论. 宇航出版社，2002 年出版.

[2] 韩国经. 小卫星电源系统技术分析. 小卫星关键技术文集，宇航出版社，1996 年出版.

[3] 金航. 用于小卫星的电源技术进展. 小卫星关键技术文集，宇航出版社，1996 年出版.

The Technique of Satellite Power Supply Subsystem

Fu Zengying and Wang Baoping

China Electronics Technology Corporation No.18 Institute

Ling Zhuangzi Road, Nankai District, Tianjin, 300381

Abstract   Satellite power supply subsystem(PSS) in LEO have been applied. The PSS is made of solar array and batteries and power control unit. The PSS has bus regulation. When day, solar array generates power to load of satellite and recharge battery. SHUNT regulator regulates output power of solar array, and the supply bus is constant. When eclipse, the battery discharge regulator supplies power to instruments.

Key words   MEA means Main Error Amplifier；BDR means Battery Discharge Regulator；BCC means Battery Charge Controller；PIU means Power Interface Unit

建立与我国遥感卫星发展相适应的遥感数据标校场体系

高正清　黄学智

北京遥感信息研究所，邮编：100011，hxzh6688@sina.com

摘　要　本文从建立与我国遥感卫星发展相适应的遥感数据标校体系的需求出发，提出了建立我国自成体系标校检测场，主要从建立遥感数据标校场体系的必要性、标校与检测的主要内容和建立标校检测场三个方面进行了论述。实验表明，采用地面均匀或均称场进行高分辨率图象数据的相对辐射校正，不但是可行的，而且质量很好。

关键词　数据标校；检测；检测场；定标

1　引言

自 20 世纪 70 年代以来，我国已先后研制发射过返回式系列国土遥感卫星、风云系列气象卫星、资源系列遥感卫星和海洋遥感卫星，已经有了从空间获取多用途、多层次遥感数据的能力与手段，初步形成了我国的对地观测体系。与此同时，还初步建成了我国的卫星遥感信息接收、数据处理与分发的应用体系，既能接收处理我国自行发射的不同系列对地观测卫星的遥感数据，也能接收处理其他国家的对地观测卫星的遥感数据。要获取优质的遥感数据，确保遥感数据处理质量，确保产品的准确性和真实性，满足不同领域的应用，提高应用效能，还需建立一个功能齐备的承天接地的遥感数据标校体系。卫星遥感数据标校与检测，主要承担像质的检验与遥感器的监测、绝对辐射定标、相对辐射定标和几何位置的校验等系列任务。这就需要建立一支技术精湛的专业队伍，研究规范观测方法，配备功能齐全的装备，建立相应的实验室，勘建不同用途的标校场区。

国际上，为了系统开展遥感数据标校工作，专门组织实施了与此有关的计划，如国际卫星云气候计划（ISCCP），美国 NOAA/NASA 的 PATHFIDER 计划。国际地球观测卫星委员会（CEOS）还专门成立了定标和真实性检验工作组（WGCV），并根据遥感器类别设立了合成孔径雷达（SAR）、微波遥感器（MSSG）和红外可见光学遥感器（IVOS）三个小组，分别负责各类遥感器的定标和真实性检验，即遥感数据标校工作。

我国遥感界已经认识到了它的重要性，做了大量的工作，取得了一定的成效。20 世纪 90 年代，在当时的国防科工委的支持下，多个单位参加勘建了敦煌、青海湖两个"中国遥感卫星辐射校正场"。中科院安徽光机所拥有一支专门从事遥感数据标校的科研队伍，建立了遥感辐射定标系统、定标标准传递系统与实验室，研制开发了多种标校观测仪器、设备，主持或参加了不同类型遥感卫星数据的标校观测，对遥感辐射定标进行了大量的研究。国家海洋技术中心建立了海洋遥感定标实验室，选定了南海、东海、黄海三个海洋遥感试验场区，进行了海洋遥感定量化研究。其他专业遥感单位也投入了一定的人力、物力开展这方面的工作，并有所成效。但与发达国家相比还有很大差距，与遥感卫星发展的速度水平不匹配，满足不了应用的需要，且力量较为分散，更没有形成一个完整的体系，特别是场区建设滞后。

2　标校与检测的主要内容

遥感数据获取质量、也就是成像质量的好坏、用途的大小，既取决于遥感器性能的好坏，也取决于遥感数据处理的水平。为获取高质的遥感数据，确保遥感数据处理质量，就要对在轨运行的遥感卫星定期地进行监测、对遥感数据进行标校。绝对辐射定标、相对辐射定标、几何位置的检验和 MTF 值的检测等是遥感数据标校检测的主要内容和重要环节。

2.1 绝对辐射定标

绝对辐射定标的实质主要是建立遥感器每个探测元所输出信号幅度大小的量化值（DN）与探测器对应的实际地物辐射亮度值（L_i）之间的定量关系，即：

$$L = a \times (DN-b)$$

在卫星运行过程中，遥感器响应特性会发生不同程度的变化，因此必须定期检测标定，及时调整增益以提高图象数据的获取质量，还要观测研究大气对图象数据质量的影响，为处理应用提供修正参数。绝对辐射定标是改善图象质量、进行定量遥感的基础。

2.2 相对辐射定标

相对辐射定标的目的是确定图像处理所需要的全部探测器阵列元归一化系数。探测器阵列元响应的灵敏度有高有低，噪音有大有小，加之遥感卫星的工作寿命一般都比较长，随着时间的推移，探测器的光学涂层会逐渐老化，镜头表面可能受污，CCD 元件也可能衰减而发生变化，如美国的 LANDSAT（TM 传感器）、NIMBUS（CZCS 传感器）和法国的 SPOT（HRV 传感器）等，在经过一段时间的运行后，其响应特性均发生了不同程度的变化，变化范围在 4%～25%。这种变化不是均匀等同的，有的多，有的少，参差不齐，必须定期检测，进行辐射标定，如法国的 SPOT 卫星每 40 天要进行一次。相对辐射定标是航天遥感图像处理必不可少的，且为首要的步骤。相对辐射定标可分为发射前定标、在轨对地定标、在轨内置定标和在轨向阳定标。发射前定标固然重要，但更重要的是在轨定标，所以要研究和选择合适的在轨定标方法，得出准确的归一化系数，为图像处理提供必须的基础数据。

2.3 成像质量的检测与复原

分辨率是遥感卫星最主要的技术性能，卫星在轨运行期间，影响分辨率的因素很多，既有大气的，又有平台的，还有遥感器自身的，如相机离焦，且相机离焦常有发生。相机离焦会使像质恶化，降低或严重降低它的实际分辨能力。这就需要不断地对数据图象进行跟踪监测、分析判断，一旦发现离焦，就要重新调整。相机是否离焦，调整是否合适，要有客观的判定标准。建立判定标准、实施质量监控是遥感数据真实性检验的一项经常的主要任务。

2.4 位置精度的校验

对资源遥感卫星所获图像数据，不但要确定地物目标的特性，而且要确定地物目标的准确位置，即不但要知道它是什么，而且要知道它在什么地方。位置精度和分辨率是遥感卫星、或其他成像卫星两项主要技术指标。故位置精度是遥感数据真实性检验的一项内容，位置精度与轨道测量、姿态控制、内外方位元素等密切相关，是它们的综合反映。只有建立正确的检验手段与方法并经常检测，才能够提高图像处理的几何精度，提高地物目标定位精度。

3 建立遥感数据标校场体系的必要性

无论是绝对辐射定标和相对辐射定标，还是几何位置的校验和像质的检验监测、MTF 值的测量都需要固定的场区。勘测建立不同用途的标校场是标校体系中最为基础的、也是最为重要的。

3.1 美国的标校检测场

为了对航天遥感数据进行精确有效的标校检测，美国航空航天局投巨资在国内建成了 13 处不同用途的试验场，如密西西比州 Stennis Space Center、Phoenix,AZ 综合试验场、Blookings,SD、Big Springs,Tx、Morrison.Co 等几何位置校验场，White Sands Missile Range,NM、Lvanpah Playa,CA 等辐射特性校验场，用于遥感数据、图像几何特性的检验与标校，组成了美国遥感数据标校场体系。图 1 是美国遥感卫星试验场分布图。在这些场地上建有专门的大气、太阳等观测站，各类固定的、如分辨率检测、模量传递函数检验、辐射度测量、光谱色度等靶标。配备了多种测试车辆、直升机及其他仪器装备。

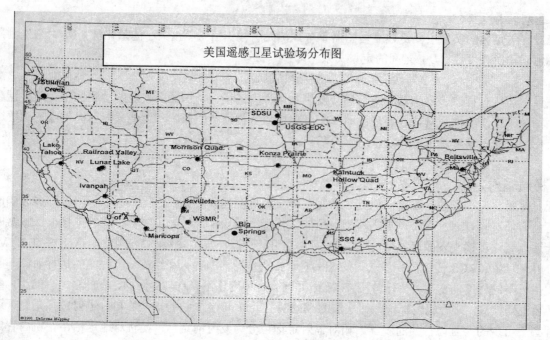

图 1　美国遥感卫星试验场分布图

3.2　建立自成体系的标校检测场

上个世纪 90 年代，我国建立了两处遥感卫星绝对辐射校正场，一处是敦煌辐射校正场，另一处是青海湖辐射校正场。但只有这两个场是远远不够的，还需要建立几何位置校验场、相对辐射定标场和综合试验场。建立遥感卫星数据几何位置校验场，需要从空间布局、气象状况、地形要素、地物分布、交通情况等多方面进行全面考察，选择符合要求的地域，合理布局，精心勘测，精确计算，并建立相应的设施。2000年以来，北京市遥感信息研究所在课题研究中初步勘测了几个用于卫星遥感图像几何位置检验的校验场。经过一年多的时间，先后勘测建立了敦煌、嘉峪关、北京、合肥、三亚、海口、昆明和大理八个卫星图像几何校验场，其中的敦煌、北京、合肥、三亚和昆明为主场，嘉峪关、海口和大理为副场。分布在我国西北、西南、华北、华中和华南。适用于其他型号不同分辨率的资源卫星或其他成像卫星几何位置精度、几何变形、系统误差纠正等的检验与标校，是一项重要的基础性建设工作。

3.3　勘建几处相对辐射定标场

相对辐射定标的本质是通过建立遥感数字图像的灰度值与实际的辐射量之间的数学关系来实现遥感信息的真实性表征，校正那些在图像信息获取过程中，因光学相机、像感器和后处理链路的缺陷所造成的入射信号的失真。从应用上讲，相对辐射校正比绝对辐射校正还要重要，它是遥感图像处理必不可少的首要步骤。为满足遥感数据处理与应用的需求，相对辐射定标的精度要高、速度要快、实用性要强。相对辐射定标是要经常进行的，一般一月一次。相对辐射定标可分为发射前定标、星上定标和替代定标（Vicarious Calibration），其中星上定标和替代定标均属在轨定标（On-Board Calibration）。从卫星运行与图像处理的实践来看，在轨对地定标，也叫替代定标（vicarious），或称辐射校正场定标，是解决相对辐射定标技术的途径之一。早期陆地卫星的遥感器，入瞳孔径小，星上定标装置也小，且能满足需要，法国的 SPOT 卫星上的 HRV 相机，卫星上天后的初期，一方面使用星上定标装置进行相对辐射定标，同时积极研究替代定标的方法，以弥补飞行中在轨定标器部分功能的不足和做为卫星传感器发射前定标参数变化的校验。对于那些入瞳孔径大或不便安装星上定标器或虽有星上定标器但工作不正常或精度不高的遥感器，相对辐射校正场定标就显得十分重要。

在轨对地定标就是选择、利用地面的自然场景来代替标准的定标光源或定标装置进行的相对辐射定标。场地必须满足基本要求：

1) 地势平坦，地物单一；

2) 全场表面覆盖均匀或均称，反射率适中且变化很小；

3) 具有足够大的面积，现阶段要大于 30km，按发展需要垂直轨道方向要大于 40km；

4) 大气洁净，能见度好，晴日多。

北京遥感信息研究所对使用均匀或均称场地进行遥感图像相对辐射校正的方法进行了研究，结果表明：采用地面均匀或均称场进行相对辐射校正不但可行，而且效果很好。经过空间图像的预选、数据的评估，遴选并初定了两种类型几个可用的均匀均称的辐射校正场，其中有格陵兰雪地、南极洲雪地、阿瓦提沙漠和西塔里木沙漠等。前两个在国外，后两个在我国新疆塔克拉玛干沙漠，但对它们的地表结构（指两个沙漠）、光谱辐射或反射特性需要进行实地考察与测量以及相关的研究，从分布和需要上来讲，在国内其他地区还需选建一到二处相对辐射较正场，以建成一个多星共用，国家级的，具有国际水平的遥感卫星相对辐射校正场体系。相对辐射校正直接关系到图象质量的高低，应用效果的好坏，是图像处理的关键环节，也是一项重要且十分有用的基础研究工作。

3.4 急需建立综合试验场

为了对星载遥感器进行标校检测，获取提高图像数据处理质量所需的基础参数，美国 NASA 在位于密西西比州的 Stennis 空间中心建立了一个综合试验场，在综合试验场区，用水泥修建了一个半径 100 多米的辐射状靶标，两个相互垂直每个面积为 70m×80m 的刃边靶标，4阶 35m×40m 的灰度靶标，还有一个分布在 15km×15km面积上、40 个具有 2cm 几何精度地标点的几何校验区。图 2 是美国 Stenni 空间中心综合试验场。近年来，国外在遥感数据处理方面，着力于提高视觉分辨率质量，新开发了提高图像 MTF 的处理方法，大大改善图像的分辨能力，本技术需要输入遥感器在轨航向与旁向的 MTF值。所以国外非常重视 MTF 值的测量，已成为了遥感数据标校的重要工作，综合试验场是检测在轨遥感卫星MTF 值的主要场地。为了能长期对卫星成像质量进行监控，及时调整因离焦等因素导致卫星图像质量下降的现象，应象美国那样建立一个能长期使用的、有几何分辨率靶标、辐射状分辨率靶标和刃边靶标的永久性综合试验场地。

图 2　美国 Stenni 空间中心综合试验场

Established Remote Data Calibration Field System be on Speaking Terms Developing Remote Satellite of Our Country

Gao Zhengqing and Huang Xuezhi

Beijing Remote Sensing Institute, Beijing, 100011，hxzh6688@sina.com

Abstract　This paper is based on the developing remoting satellite of our country. It is the established system of our remote data calibration field. In our article, we described mainly the necessity of founding our remote data calibration, the major content about calibration and survey and setting up calibration field. As a result, it is viable to adopt uniform ground and shapely field to fulfill relative radiation calibration of high resolution remote data field, and attain better effect.

Key words　Data calibration；Test；Calibration field；Calibration

月球测绘技术发展及其关键技术分析

葛之江　殷礼明　林宗坚

中国空间技术研究院，北京 5142 信箱 48 分箱，邮编：100094

中国测绘科学研究院，北京，邮编：100039

摘　要　对国外月球探测测绘历程进行了调研总结，并针对组合 CCD 相机和成像光谱仪的立体观测、星载激光测绘、星载雷达(SAR)和干涉雷达(InSAR)测绘等关键技术进行分析研究。

关键词　月球探测；测绘技术；研究

1　前言

月球测绘技术是探月工程实施的重要技术基础之一。利用测绘技术获取的高分辨率月球表面三维影像，可以用来精细划分月球表面的地貌单元，编制月球三维地形图、地质图和专题要素图；进行月球表面撞击坑的形态、大小、分布、密度等的研究，划分月球断裂和环形影像纲要图，为月面软着陆区的选址和月球基地的建设提供基础信息等[1]。

航天技术的发展促进了测绘技术特别是卫星摄影测量技术的发展，对月球探测卫星摄影测量技术的研究已成为实现月球三维测绘的关键问题之一。月球或行星探测的卫星摄影测量是把传感器装在卫星或载人航天器上，利用遥感器的输出信息(通常以影像的形式输出)，辅助以地球测控网测轨、恒星相机测姿来确定月球或行星上的物体坐标，进而测绘其星球表面[2]。

2　月球测绘技术发展状况和趋势

2.1　早期的月球测绘制图

为了绘制月球及行星图，天文学家们利用望远镜进行观测。但即使是使用当时最好的天文望远镜对月面进行摄影，最好的分辨率也只达到 km 级。航天技术的发展推动了现代天文学的技术进步。人们把航天器用作月球遥感器的搭载平台，利用月球探测卫星拍摄的照片，进行二维测图，即平面测图，确定月面物体的平面坐标，完成专题要素图的绘制[3]。

1959 年 10 月，苏联探测器月球 3 号从空间拍摄了第一批月球照片。并制作了第一幅月球背面图，开始揭开月球背面的神秘面纱。1966 年 10 月发射的月球 12 号，在位于赤道轨道对月球摄影。根据这次飞行所获得的资料，苏联制作了一幅比例尺为 1:1 000 000 的月球表面图。

为了抢先登陆月球，1961 年美国开始制定"徘徊者计划"，要在探测器上拍摄月球表面，以取得其细部照片，为阿波罗载人飞船登月作准备。1964 年 7 月 28 日，携带了 2 台宽角和 4 台窄角的电视摄像机的徘徊者 7 号成功地发回了 4 308 张高分辨率的照片(见图 1)。从徘徊者 7 号着陆器坠落月球表面前拍摄的最后几张照片上，清楚地显示出了月球详细地貌，其分辨率优于 1m。尽管徘徊者探测器的运行轨道给摄影测量制图带来了不小的技术困难，但专业人员还是利用解析测图法，针对月球的局部地区编绘了几幅照片镶嵌图和月貌图。为弥补"徘徊者计划"的不足，美国航空航天局随后发射了为阿波罗载人飞船登月作准备的月球

图 1　徘徊者 7 号发回的月面影像

轨道器。它们的首要任务是拍回阿波罗预定登陆地区的高分辨率的小面积摄影资料,以及中等分辨率的区域面积的摄影图像;第二个主要任务是拍摄具有重大科学价值地区的照片,包括像哥白尼环形火山这样较大的火山口以及特殊构造地区。这些飞行都非常成功地达到了上述两个目的。根据月球轨道器拍摄的照片资料,美国选择了 8 个候选登月区,绘制了 1:4 800 的月球地图。然而,对摄影测量应用来说,照片的覆盖区域及范围太小,对月球的了解还仅仅局限于月面孤立的几个地区。

早期的月球测绘制图计划的实施促进了卫星摄影测量技术的发展。用这些环月飞行中得到的资料,初步选择了阿波罗飞船的月球着陆场所,并采用多站解析空中三角测量(MUSAT)程序进行解析摄影测量把地球跟踪站数据中得到的曝光站位置作基准控制,使用加轨道限制条件的月球三角测量模型,对具有科学价值的环形山和重点场景进行测量,取得了卫星三角测量的实践经验。

2.2　阿波罗时期的月球测图

这一时期的主要技术特点表现为:从二维摄影测量方式向三维摄影测量方式的过渡,并首次实现了登月测量。阿波罗飞船采用的主要摄影设备是 Hasselblad 500EL 摄影机,该摄影机使用 70mm 宽的胶卷和可互换的光学透镜系统。月球表面的大多数照片是用 80mm 焦距的光学遥感系统摄取的,还可换用 250mm 焦距的透镜系统来摄取少量的有特殊价值的独立景物。4 台 Hasselblad 摄影机均装在指挥舱舱口的金属框架上,其中 3 台摄影机携带黑白胶片,经过适当的滤光得到绿色、红色和近红外的照片;第 4 台摄影机用假彩色的红外胶片,两张连续拍摄的照片就可基本覆盖一幅比例尺为 1:250 000 地图的标准面积。将这种照片放大 10 倍左右,根据在地图上和照片上都能识别的同名点进行纠正,就能晒印、制作出月面镶嵌图,作为制作标准线画图的底图。阿波罗 11 号于 1969 年 7 月 16 日登上月球,阿姆斯特朗是第一个踏上这个星球的人。为方便月面工作,宇航员们使用的是可以手持拍照的 Hasselblad 500 EL 摄影机。

早期的阿波罗飞行任务中拍摄了许多壮丽的照片,但摄影机不是为测量目的而专门设计的。当阿波罗 11 号历史性地登上月球之后,才认识到进一步的科学探索需要有更加专门化的摄影。因此,最后三次阿波罗(阿波罗 15 号、16 号和 17 号)飞行中,安装了完全新型的摄影系统。有伊特克(Itek)公司制造的全景摄影机和仙童(Fairchild)公司制造的测图镜箱系统,还有高精度恒星敏感器以及激光测高仪等测绘设备。这三次飞行在月面架设的激光反射器的位置正好构成一个等边三角形,用来建立了初步的月球参考基准。阿波罗计划期间,美国确定了月面上的 5 325 个特征点的位置。区域平差中量测了 1 244 张照片上的 51 000 多个点。对图根点协方差的分析表明,计算得到的平面坐标和高程数据有 90% 的精度在 45m 以内。取得的测绘成果有:

a. 用测图摄影机拍摄的照片制作了 1:250 000 的正射影像地形图(等高线间隔为 50m);

b. 用全景照片制作了 1:500 000、1:200 000、1:100 000 大比例尺地图(约占月球表面 25% 的地区);

c. 尝试用全景照片制作了局部地区的正射影像地形图(等高线间隔为 5m,比例尺为 1:10 000);

d. 建立了一个粗略的月球数学参考面。

与此同时,苏联出于经济上的限制和技术上的挫折,没能赶在美国之前登陆月球。尽管如此,还是于 1968 年 9 月到 1970 年 10 月期间,Zond 5 号、6 号、7 号和 8 号先后从环月轨道将摄影胶片送回地球。配置的对月面成像的摄影机焦距为 400mm,像幅为 130 mm×180mm。估计最好的地面分辨率当时只能达到 500m。根据这些照片苏联测绘部门编制了 1:2 000 000 比例尺的 1 幅条状照片镶嵌图,还对具有特殊科学研究价值的地区制作了几张 1:1 000 000 比例尺的用水彩颜料绘制的地图。尽管这些登月探测器拍摄了 7 万张月球表面的照片,提供了有关月面承受强度和载人飞船登月是否可行的资料,但在测绘制图方面的贡献却很有限。

2.3　近期月球测绘的进展

这一时期的技术发展特点表现为:对全月面实施高精度的月球大地测量和地形测绘;测定月球重力场参数。代表性的月球探测器有美国的克莱门汀、日本的月神号等。

2.3.1　克莱门汀（Clementine）

美国克莱门汀于 1994 年 1 月 25 日升空,同年 2 月 19 日进入环月轨道。探测器上配备了 5 台光学测绘像机:1 台可见光摄像机,1 台近红外摄像机,1 台长波红外像机,1 台宽频高分辨率像机,还有 1 台是星像机。为了辅助进行月面的地形测绘，还专门配置了1台激光测高仪。

克莱门汀的主要研究成果可以归纳为以下三个方面：一是用探测器的激光测高数据辅助测定了月球的数字地形图；二是用S波段的多普勒测控数据，和原来历史上月球轨道器1号至5号的测控数据，阿波罗15号至16号指令舱的S波段多普勒追踪数据结合起来，一并解算了月球重力场模型，求定了70完全阶次的月球重力场球谐系数；三是用新的地形和重力场模型去更好分析、理解月球的物理和地质的演化过程。

克莱门汀运行到同年5月3日，共摄取和发回了近180万帧月面影像，覆盖了月面面积达380万 km²，此外还有32万帧月面的红外影像，测绘了75°S～75°N地区的月球地形。图2是克莱门汀所摄月球南极的Aitken环形山（冲撞盆地）的图像，它在远月面一边（180°E，56°S），用照相测图和测高仪显示该环形山的围堰和盆底，这一环形山直径达2 500km，深度达12km。它是否存在曾一度被怀疑过，通过这次克莱门汀号探测器的勘探，证实了这个环形山的存在。图3是克莱门汀从400km高空对月球南极的摄像，它由1 500幅图像镶嵌而成[4]。

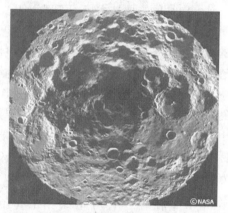

图2　克莱门汀所摄月南极的 Aitken 环形山　　　　图3　美国克莱门汀探测器拍摄的月球南极全貌

2.3.2　月球勘测者(Lunar Prospector)

美国月球勘测者主要的科学任务是探测月面岩土构成，极区是否存在水冰，量测月球磁场和重力场等。它于1998年1月16日进入仅距月面100km高的环月极轨道，1999年1月以后，它的轨道高度降低到30km，然后再次下降到10km，以获得更高分辨率的影像、磁场和重力场等信息。月球勘测者还利用S频段的无线电信号，进行多普勒频移测量，以确定探测器自身的轨道及其变化，配合地形信息从而测定月球重力场。

2.3.3　欧空局 SMART-1 探测器

SMART-1探测器于2003年9月27日发射升空。SMART-1是欧洲的第一个月球研究计划，由欧空局(ESA)领导，瑞典空间局负责具体实施。

SMART-1探月重点是完善月球重力场、进行高精度立体摄影、地形测绘、矿产勘查。探测器平台上载有的测绘仪器主要有：1台分辨率为4m的立体测绘像机；1台近红外成像光谱仪；1台分辨率为1km微波散射仪；1台雷达高度计；1台微波辐射计和1台SAR干涉测量仪。一颗月球子卫星，由母卫星追踪，它的多普勒测距测速精度为0.1mm/s，为高分辨率大地测量服务[4]。图4为SMART-1探测器接近月球轨道时所拍摄的月面环形山图像。

SMART-1探月项目预期成果包括：分辨率为8 m/像元的全月面彩色影像；横向分辨率为16m/像元，高程分辨率为 20m/像元的全月立体影像；首次完成分辨率为80m的红外光谱月球图；首次获得分辨率为10km的月球X光光谱图；进行高程分辨率为1m的微波雷达测高，首次获得具有20m分辨率的SAR月球影像；首次利用环月小卫星和母卫星之间的无线电多普勒追踪技术，以测定包括远月面在内的月球重力场，精度为1mgal，分辨率为100km。以这样高的分辨率在月球极区进行测绘也是探月历史上的第一次。

SMART-1号于2004年11月15日顺利进入环月球轨道，并正式开始向地球传送月球表面的各种数据。

2.3.4　日本月神号（SELENE）探月项目

月神号是环月飞行的航天器，预计2006年发射，轨道高度100km，轨道为圆极轨，伴同的还有飞行在更高轨道上的二颗子卫星(见图5)，环月运行时间设计为一年。

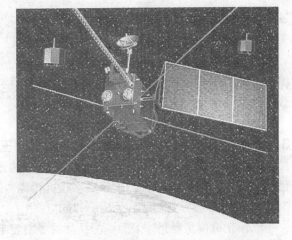

图 4 SMART-1 探测器所拍摄的月面环形山（陨石坑）图像   图 5 SELENE 探测器及其二个子卫星

月神号探测器平台上载有激光测高仪（LALT）；有二个 VLBI 无线电转发器（VRAD），以便地面对它进行三维追踪；还有多普勒信号接收机，以便对子卫星（RSAT）进行高低卫星跟踪(hl-SST)。

月神号预期涉及测绘方面有二项任务：一是利用 LALT 进行月球大地测量和地形测绘，二是利用 RSTA/VRAD 进行月球重力测量。

LALT 是月神号平台上 14 种科学仪器中的一种，其科学目的是确定月球形状，构建整个月球的地形数据库，其中包括至今探测较少的极区。在精度和覆盖面方面，LALT 要比美国探月航天器 Clementine 上的 LIDAR 好。

月球形状有个特点，即它的质心和它的几何（球形）中心相差约 2km，而二者的连线指向地球。进行测高的卫星是以月球质心为运行中心，而测高（月心高）的数据则应以月球的几何中心来进行统一处理，所以精化这"两个心"的立体几何关系是月神号拟考虑的一个科学任务。而月心高的求定，可以改善月面大地控制网的精度，若结合月球重力数据，则对评估月球岩石圈厚度和月球热演化过程也有一定作用。而测制精确的月球极区地形图，对于月球是否还存在水（冰）的研究有重要意义。

2.3.5 印度月旅一号探月计划

2003 年 10 月，中国第一艘载人飞船成功发射升空之际，邻国印度也开始启动一项命名为月旅一号(Chandrayaan－1)的深空探测计划，打算耗资 7 800 万美元，到 2008 年时把一颗质量为 525kg 的探测器送到月球上空 100km 的轨道上，对月球表面进行探测和测绘研究。印度的月球探测器为一个边长 1.5m 的立方体，携带的用于测绘目的的有效载荷有[5]：

(1) 可见光相机：空间分辨率 5m；幅宽 40km；

(2) 高光谱仪：成像谱段 400～900nm，光谱分辨率 15nm，空间分辨率 80m，成像幅宽 40km；

(3) 激光高度计：高程分辨率 10m。

2.3.6 我国的月球探测计划

根据对国外月球探测成果的分析和月球探测的现状与趋势研究，我国于 2001 年正式提出以嫦娥一号为代表的月球探测计划。月球卫星的探测重点为月球三维影像分析、月壤厚度探查、月球有用元素和物质类型的全球分布特点以及地月空间环境调查，其中三维影像、月壤厚度和部分有用元素探测是其他空间国家没有进行过的项目，地月空间环境调查是我国第一次获取地球静止轨道以外的空间环境数据，而有用元素和物质类型分布的探测其他国家也在筹备部分开展，可见我国的探测成果将为月球研究和资源调查提供大量有用的新资料。

纵观 20 世纪月球探测的研究历程，可以看出在月球探测早期阶段，美苏竞相抢先染指月球完全是出于冷战的政治考虑。拍摄的月球的照片不仅只局限于月球局部表面，而且精度较差。只有当执行阿波罗飞行任务时，才认识到要开展进一步的科学探索需要有更加专业化的摄影装备，为此才专门研制出能满足测绘目的要求的摄影像机。为了建立"数字月球"，近期的月球测绘进展更明显地表现为对月球大地测量技术的研究和实施。

3 月球测绘方式及关键技术分析

月球测绘就是要对月球表面进行全范围的月貌测绘，并获取月面的光谱图像信息。目前国内外进行测绘的方式归纳起来主要有 3 种：（1）组合 CCD 相机和成像光谱仪的立体观测；（2）星载激光测绘；（3）星载雷达(SAR)和干涉雷达(InSAR)[6]。

3.1 组合 CCD 相机和成像光谱仪的月球三维遥感

高分辨率数字摄影测量是近几年迅速发展的光学对地观测技术。由于大容量、大面积的 CCD 面阵器件已经逐步走向商品化，利用 CCD 数字相机代替传统的胶片式相机已经成为可能。对地观测使用的星载面阵 CCD 相机的分辨率已经达到了 1m～2m。

成像光谱仪是对月球表面资源探测的最主要手段之一。20 世纪 80 年代初世界上第一台成像光谱仪问世以来，已有几十套不同功能、不同形式的成像光谱仪出现，星载高分辨率成像光谱仪已从研究阶段走向商业运行阶段，硬件技术趋于成熟。星载成像光谱仪也已经成功上天运行，如美国的 MODIS。

正基于此，才研究应用面阵 CCD 的定位数据来补充对成像光谱数据的处理。采用成熟的立体观测获取定位数据并和成像光谱数据进行联合处理，将 CCD 立体匹配得到的定位信息和成像光谱的定性信息进行有机组合，从而达到获取月面多维遥感信息的目的。

面阵 CCD 相机的立体匹配可以获取月面的定位信息，而成像光谱仪又可以很好地获取月面的多光谱遥感定性数据，这两项技术都是能进行实用运行的技术系统。将这两个分别具有定位和定性特点的系统通过物方匹配的技术同样可以快速获取月面的定位、定性一体化遥感信息。它具有技术上实现比较简单、又能获取定位、定性的特点。

国外有些研究中曾经试验了 CCD 数据和成像光谱数据的融合，但他们主要是将两种数据源进行融合，目的是利用 CCD 数据的高分辨率来提高成像光谱数据的空间分辨率，并没有做到这两种数据的同步获取以及为了获取多维遥感信息为目的。因此目前还没有发现采用 CCD 和成像光谱同步观测数据进行月面多维遥感信息的获取与处理方法的详细报道。嫦娥一号采用立体照相及干涉成像系统的组合模式进行遥感测绘是一项技术创新。具体做法是在月球资源探测卫星上配置一套统一的光学成像系统，它由一台空间调制干涉成像光谱仪和一台三线阵型全色面阵 CCD 相机组成，其中三条线阵分别按前视、正视和后视方位配置，构成立体成像系统，对月球表面进行三维立体成像。为获取卫星的高度数据，拟在探测器上增设激光高度计，并为三维立体成像提供高程坐标。由于无法在月球上建立控制点，因此对月球的立体测绘一般要求卫星平台能提供卫星的三维位置和相机对月球测绘时的姿态。

我们以两个相机获取的立体图像为例说明数据处理的技术路线(如图 6 所示)。

为实现基于 CCD 相机和成像光谱仪同步观测的多维信息获取与处理，实施如下方案:

首先对 CCD 相机和成像光谱仪的各自设计原理、实现方法进行详细的比较，设计共用刚性结构，保证成像光谱仪的成像视场域和 CCD 相机的视场域在星下点月面上有完全的匹配和重叠区域，并在设计上使 VLBI 数据、CCD 数据和成像光谱数据在每一景图像上做到同步采集。数据的后处理中根据

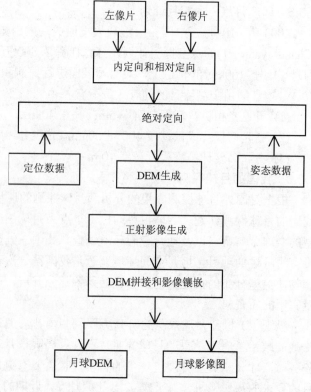

图 6 立体成像数据处理的技术流程

采集的物方匹配数据进行分解，对 CCD 数据进行立体匹配以得到定位信息，再根据物方匹配行对多光谱数据进行纠正处理。

  数据的同步获取和数据的后处理是一体化测绘成像系统的两项技术关键。数据的同步采集系统中主要将 CCD 数字相机和成像光谱仪设计成共用刚性结构，保持视场的匹配和重叠，并整体安装在探测器平台上。将成像光谱仪和 CCD 相机曝光快门同步开启，并将成像数据及同步信号送给星载数据管理系统，结合激光高度计和 VLBI 轨道测量数据，达到同步获取有关数据的目的。

  同步观测数据的后处理系统负责 CCD 和成像光谱数据的处理。首先根据重叠 CCD 数据的匹配提取定位数据的处理，即生成 DEM 和正射影像。再根据成像光谱仪的同步匹配行找到相应的面阵三行 CCD 数据，将 CCD 按成像光谱数据的空间分辨率进行重新采样。根据 CCD 数据就可以计算出该推扫行的位置和姿态参数，应用这些数据就可以对成像光谱数据进行处理（如图 7 所示）。

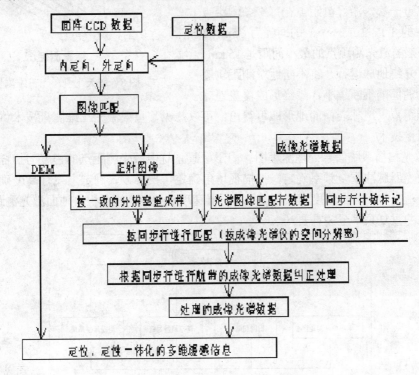

图 7　CCD 数据和成像光谱数据的处理流程

3.2　星载激光测绘系统

  激光扫描测距用于遥感技术系统是 20 世纪末兴起的新技术潮流，是随着高精度卫星定位技术的发展而产生的技术变革之一。高精度测轨技术为遥感图像对地定位的研究提供了新的技术支撑，为星载激光技术的进步提供了更广阔的需求空间，促使激光技术，尤其是大功率、高脉冲重复频率激光技术日益成熟。相关技术发展的良好环境是激光扫描测距/成像遥感集成技术系统产生的基础。

  激光三维遥感集成技术系统的主要特点是较常规的光学遥感系统有较高的效率，针对某种特殊应用时可构成实时测绘系统。理论依据、集成方案、参与集成的相关技术、数据处理等均与通常的遥感系统有所不同。

  激光测高(测距)仪是一类典型的生成剖面分布的点、线的参数或数据的光学遥感器，是基于一般的光电测距原理的主动式遥感器。它具有激光的单色性、高亮度及方向性极好等特点。作为星载激光测距的前身，机载激光测距最早于 20 世纪 60 年代试验，70 年代中期开始开发，美国等国家试验成功了用于深海测深和水道测量的机载激光测距系统。但一直到 20 世纪 80 年代末，卫星定位技术的成功应用才使得机载激光断面测量系统开始大范围应用。由于传统的摄影测量和遥感不能满足快速的应用要求，更由于卫星定位技术、扫描激光测距技术以及惯性导航技术的发展，为从空中直接、快速获取月面目标的三维位置奠定了技术基础。利用与卫星定位技术、INS、SLR 进行集成，可组成星载激光扫描系统。在对地观测领域，20 世纪 90 年代初断面测量系统开始被扫描激光系统代替，GPS 开始和 INS 进行组合。机载激光地形系统最早于 1993 年初美国出现实验室研制的样机。由于看到了此项技术未来的市场前景，后来有更多的厂商及更多的服务提供商纷纷进入机载和即将成熟的星载激光扫描系统研究领域，如美国的 ALIMS、FLI-MAP、SHOALS 和加拿大的 ALTM1025、瑞典的 TOPEYE、德国的 TOPOSYS 等系统，在相关学术期刊上均有报道[8-12]。目前世界上已有近 50 台星载扫描激光测绘系统，它们均采用主动定位方式获取地面的三维信息。

从 20 世纪 90 年代开始，美国 NASA 执行一项航天飞机星载激光三维测量技术的研究计划（如图 8 所示）。在轨道高度为 200 km 的航天飞行器上安置 5 台大功率激光器，其发射角间隔约 4°，随航天飞行器的运动，地面激光点成五条线排列，每条线间的距离在地面上约 15km。假设大功率激光器的脉冲重复频率为 200Hz，那么每条线上相邻激光测距点的间隔约为 35m。若航天飞行器在此上空仅飞过一次，激光测距点在每一条测距点轨迹线上（图 8 中的 1 或 2 或……）的间隔为 35m，1 号轨迹与 2 号轨迹上的激光测距点的最小间距是 15 km。

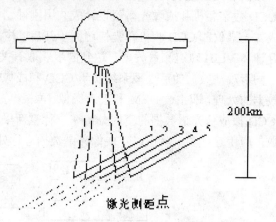

图 8　航天飞机激光三维测量示意图

航天飞行器重复绕地球运行，将不断地对测距轨迹线加密，使 15 km 的间隔不断缩小，最终形成覆盖地球表面密集的激光测距点，地球表面的地形即可得出。可以想见，星载激光三维测量技术将可成为地球和月球表面新的三维测量技术。

图 9 为星载激光扫描系统信息处理流程图。由于星载系统中激光测距点的密度与扫描方式、飞行器速度也有关系。在激光器脉冲重复频率确定，扫描视场角确定，扫描方式确定，飞行高度确定的条件下，地面上激光测距点的密度与飞行器速度直接相关。飞行器速度愈快，单位面积内地面激光测距点的数量愈少，因此提高激光器脉冲重复频率至关重要。

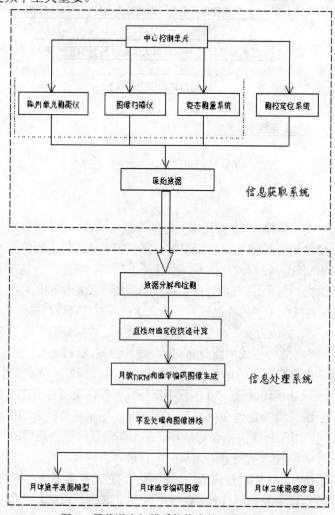

图 9　星载激光扫描系统信息处理流程图

随着 VLBI 等高精度定位技术、激光扫描测距技术等的发展，定位数据和定性数据相互脱节问题将得到根本解决。基于 VLBI、星敏感器（或紫外敏感器）系统、扫描激光测距和扫描成像遥感器集成而得到的星载激光三维成像仪，就是能够同步获取三维遥感信息的新型遥感技术系统。该系统能准实时获取三维遥感信息。其最大优点是在无需月面控制点的条件下快速获取三维遥感信息，效率比摄影测量等传统技术快数十倍～上百倍，可以迅速提供 DEM、遥感地学编码图像等传统产品，也可以提供位置+遥感的地形遥感图等产品。

3.3 星载雷达(SAR)和干涉雷达(InSAR)系统

SAR 是一种高分辨率的二维成像系统。作为主动式微波遥感设备，它发射线性调频信号实现距离向的高分辨率，利用回波的多普勒相位变化合成等效的大孔径天线，来获取高的方位分辨率。方位分辨率的提高主要靠相位信息，图像的反差主要由信号的强弱决定。

SAR 在飞行过程中发射微波脉冲，接收由地面目标散射回来的回波。雷达回波在接收机里经一系列放大、混频等处理后，得到既包含了反映目标散射特性的幅度信息，又包含了反映目标至雷达天线之间距离及目标自身特性的相位信息的回波信号。SAR 系统的工作原理如图 10 所示。

干涉 SAR 是以 SAR 为基础发展起来的一种新型雷达。为了形成干涉，必须具有两个信号源，它采用两个在横向方向上相距一段距离的天线，同时观测同一被测地区，得到两幅被测地区的 SAR 复数图像数据（包括幅度信息和相位信息），经两幅图像的精确配准和干涉处理后，就可以利用天线和地面目标之间的立体几何关系，通过干涉相位图上的相位差（即斜距差）、雷达的辐射波长、天线对目标的几何视角、干涉的基线及天线距月面的高度，来推导出被测地区的各点地形高度。干涉 SAR 的成像立体几何关系如图 11 所示。

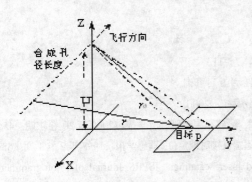

图 10　SAR 系统原理示意图

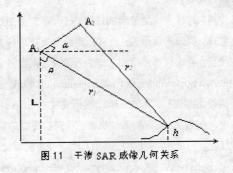

图 11　干涉 SAR 成像几何关系

干涉 SAR 在获取原始数据之后，要经过一系列的信号处理过程才能得到目标区域的干涉相位图和三维地形图。在干涉合成孔径雷达的整个信号处理过程中，必须对回波信号中所包含的相位信息进行相位保持，使其能真实地代表地面目标与雷达之间的斜距信息。利用星载干涉雷达实现对月球三维信息获取的示意图见图 12。

由上述分析可知，SAR 用于二维测绘和 INSAR 用于获取月面三维地理坐标具有很好的技术前景。

4　结束语

月球大地测量与地球大地测量不同，月球大地测量的观测数据绝大部分都要依靠环月或绕月的航天探测器来获取。月球大地测量的工作内容有三项：

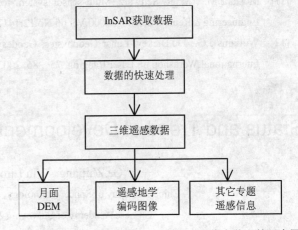

图 12　利用星载干涉雷达实现对月球三维信息获取的示意图

1) 在月球上给出一个有确定定义的坐标系，并在其中布测一个大地控制网；
2) 确定月球大地测量的几何和物理参数；
3) 求定月球的（外部）重力场，确定高程基准面(月球重力等位面)。

目前测量地球表面的卫星测量技术有立体观测技术（如：Spot 卫星等），有干涉 SAR 技术（美国已于 2000 年执行了测量地球的干涉 SAR 计划）等多种技术，激光三维测量技术的出现也将是意料之中的。每种技术各有其优点和不足，激光三维测量的精度和算法简单可能是其优势，加之是主动型遥感器，在对月球测绘(特别是两极地区)遥感中应有其长处。

综上所述，考虑到月球的特点，针对我国首次的探月实践，目前比较成熟的技术首推立体测量技术，而 SAR/INSAR 测绘系统也是比较有前景的技术，值得认真考虑。在月球表面无光照或弱光照的广大区域，扫描激光测绘系统将独显其技术优势。

此外，对月球全月面进行立体遥感测绘制图的前提是建立月球空间定位框架体系，而月球精确重力场的测定又是月球大地测量的基础。由于月球重力场反映了月球物质分布特性(含月球质量瘤的影响)，制约着月球及其近月空间任何物体的运动，它是"数字月球"要包含的基础物理场的信息。

要建立"数字月球"，实现月球信息的数字化，必须探测和了解月球重力场的精细结构，建立月球坐标系的空间定位框架，精确定义月面点海拔高程的起算参考面(基准面)，真正实现对月球的三维数字化。因此将月球地形地貌测量和月球重力场测量结合起来进行研究勘测，应是适合我国月球探测目标的三维遥感测绘成像技术途径。

参 考 文 献

[1] 欧阳自远，李春来，邹永廖等. 我国月球探测一期工程的科学目标. 中国宇航学会飞行器总体专业委员会 2004 年学术研讨会论文集，1～5.

[2] 陈俊勇. 月球大地测量学的进展. 航天器工程,2004(3)，1～5.

[3] 王之卓. 摄影测量原理. 北京：测绘出版社，1979.

[4] 陈俊勇. 月球地形测绘和月球大地测量. 测绘科学,2004，10，7～11.

[5] http://www.casc/index.asp?modelname=htqk/htqk_gd. 2004 年 11 月 8 日查询.

[6] 李树楷，薛永祺. 高效三维遥感集成技术系统. 北京：科学出版社，2000.

[7] 喻沧，张西文. 美国航天飞机奋进号首次飞行的雷达地形测量. 解放军测绘研究所学报，2000 年 20 卷 4 期：45～55.

[8] 尤红建，马景芝，刘彤等. 基于 GPS、姿态、激光测距的三维遥感直接对地定位. 遥感学报，1998 年 2 卷 1 期：63～67.

[9] E. P. Baltsavias. A comparison between photogarmmetry and laser scanning. ISPRS Journal of Photogrammetry & Remote and Sensing, 1999,Vol 54 No 2～3: 83～94.

[10] Huising E. J. , Pereira L. M. Errors and accuracy estimates of laser data acquired by various laser scanning system for topographic applications. ISPRS Journal of Photogrammetry & Remote and Sensing, 1999,Vol 54 No 2～3: 245～261.

[11] Mostafa M. , M. R. Schwarz. Multi-sensor system for airborne image capture and georeferencing . Photogrammertic Engineering &Remote Sensing, 2000,Vol 66 No 12:1417～1424.

[12] Williams J.G., J.O.Dickey. Lunar Geophysics, Geodesy, and Dynamics. Proceedings from the Science Session in 13th International Workshop on Laser Ranging, 75～86, 2003.

Status and Trend of Development of Lunar Topography Surveying

Ge Zhijiang   Yin Liming and Lin Zongjian

China Academy of Space Technology，P. O. Box 5142-48, Beijing, 100094

Chinese Academy of Surveying & Mapping，Beijing，100039

Abstract   The paper discusses a series of key technical points of Lunar surveying and mapping，such as topography imaging，inSAR，and spaceborne Laser scanning system. Through analyzing the goal of Chinese Lunar exploration，the author put forward a few suggestions on how to meet the goal.

Key words   Lunar exploration; 3-D topography imaging; Surveying & Mapping；Study &Analyses

多体航天器复合控制及其仿真试验

苟兴宇 李铁寿 曾海波 王典军 关轶峰 李季苏 牟小刚

北京控制工程研究所

北京 2729 信箱,邮编: 100080

摘 要 本文对多体航天器复合控制的概念、研究内容等进行了讨论,并介绍了作者在该领域的部分研究成果,包括矢量力学建模方法及其改进、基于多变量频率理论等的多种复合控制器设计及多体复合控制全物理仿真试验。

关键词 多体航天器;动力学建模;复合控制;仿真试验

1 多体航天器复合控制的概念及其研究内容

随着航天技术的发展,航天器承担的任务越来越复杂,航天器所配置的可动附件也越来越多。这些附件包括太阳帆板、转动天线、扫描装置及空间机械臂等。对于比较简单的多体航天器,附件的运动勿须考虑星体的影响,而卫星姿态在精度没有特别高要求的情况下,也无须考虑附件转动的影响。但是,对另外一些多体航天器(如中继卫星等)而言,这样简单的控制器设计则不敷使用。这类航天器附件质量、惯量、尺寸大,与航天器本体之间的相互作用达到不可以忽略的程度;附件运动规律复杂,往往不能事先确知;而且对卫星本体姿态及附件指向的精度都有相当高的要求。在本体姿态运动及控制中必须考虑到附件运动的影响,而附件的指向控制也必须考虑卫星姿态的变化。总之,航天器姿态控制与附件的跟踪指向控制必须联合起来加以考虑,控制器需要统一进行设计,这就是所谓多体航天器的复合控制问题[1],这种提法为北京控制工程研究所吕振铎研究员等首倡。

多体航天器复合控制技术是当前航天器控制技术发展的重要方向[2,3,4],在理论上与工程实际中,均具有丰富的内涵,涉及广泛的研究内容。其一,动力学建模问题。对需要进行复合控制的航天器而言,其动力学建模必须把握"为控制器设计而建模"这个原则。因此对象运动的广义坐标应当选取为直接描述星体姿态及附件指向的角度坐标,而不宜采用笛卡儿坐标;动力学方程宜由一组无约束的微分方程加以描述,而不宜以隐含形式,或者采取递推的格式,或者附加一组或多组约束方程。驱动附件的执行机构的主要特征也需要体现在动力学方程之中。其二,控制器设计问题。不难看到,多体航天器的控制问题必然是一个多输入多输出控制问题,这使得控制器设计与稳定性分析都变得更加困难。其三,数学仿真问题。数学仿真的目的是在从简单的设计模型到逼近真实对象的复杂模型的各个层次上,检验控制器设计的正确性和控制指标的实现情况。其四,物理仿真问题。物理仿真分半物理仿真与全物理仿真两种情况。通过真实部件乃至于系统的参与,可以更加逼真地模拟多体卫星在轨飞行的情况,加深对工程系统的理解,检验复合控制系统工作的有效性,发现可能存在的薄弱环节。

2 动力学建模与控制器设计

对这类多体航天器进行动力学建模时有多种建模方法可以选择。从所用的数学工具角度分,可包括矢量力学方法及分析力学方法;从所采用的力学基本原理角度分,则可分为 Newton—Euler 法、旋量矩阵法、Lagrange 法、Kane 法及 Roberson-Wittenburg 方法等。

文献[1]~[4]主要以中继卫星为背景来展开研究工作。中继卫星是目前结构最复杂、技术含量最高的应用卫星,具有以下特点:1)附件挠性特征明显。在典型中继卫星平台上,装有大尺度星地及星间链路天线,天线质量、惯量均较大,对整星惯量的贡献占到五分之一到二分之一,天线反射器和支撑臂组合体低频挠性特性明显,在一到数赫兹量级。此外星上还有两幅大面积挠性太阳电池板,基频更低至零点几赫兹;2)

附件转动范围大，转速较慢。各天线控制回路与卫星本体姿态控制回路之间存在运动学和动力学耦合关系。

文献[2,3]讨论了多体系统上一个挠性天线分支的建模问题，研究对象如图1所示。

上图对象包括卫星本体 T，固联天线支撑臂 F，并在支撑臂末端安装可大角度转动的天线 P。这种结构的卫星，其动力学上的特点是既有卫星和可动部件的转动自由度，也有挠性部件的挠性变形，并且各运动之间存在较强的耦合作用。由于系统构型可变，系统的动力学

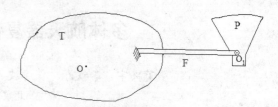

图1 挠性多体卫星的一种典型结构

参数也是变化的。如果挠性部件的变形运动用分布参数来描述，则整个系统的动力学是用常微分方程和偏微分方程描述的无穷维非线性系统；如果用有限元动力学方程描述，通常阶次也太高。故以上数学描述都不便于控制器设计和工程应用，必须进行适当的简化。工程上通常采用混合坐标方程描述卫星的运动，即用欧拉角描述卫星和可动部件的刚体转动，用模态坐标描述挠性振动。并且适当截断高阶挠性振动模态，用有限维方程组近似代替无穷维方程组。考察卫星和天线仅在轨道平面内运动的特殊情形，此时系统的运动仅限于俯仰平面内，包括卫星在俯仰平面内的平动、绕俯仰轴的转动、天线的方位角转动以及天线支撑臂在俯仰平面内的挠性振动。不失一般性地假定天线支撑臂安装在卫星本体坐标系的 $+X$ 轴方向，天线支撑臂挠度振型函数矢量 $\underline{\phi}_i(x)$ 沿卫星本体坐标系 $+Z$ 轴方向，天线支撑臂挠性转角振型函数矢量 $\underline{\psi}_i(x)$ 沿卫星本体坐标系 $+Y$ 轴方向，则系统动力学方程写成：

$$
\begin{cases}
m\ddot{x} + m_p r_{cp}(\ddot{\theta} + \ddot{\beta})\cos\beta + \sum_{i=1}^{n} B_{txi}^* \ddot{q}_i = F_{Tx} \\[2mm]
m\ddot{z} - m_p r_{cp}(\ddot{\theta} + \ddot{\beta})\sin\beta + \sum_{i=1}^{n} B_{tzi}^* \ddot{q}_i = F_{Tz} \\[2mm]
m_p r_{cp}(\ddot{x}\cos\beta - \ddot{z}\sin\beta) + J_0\ddot{\theta} + J_1\ddot{\beta} + \sum_{i=1}^{n} B_{ri}^* \ddot{q}_i = T_T \\[2mm]
m_p r_{cp}(\ddot{x}\cos\beta - \ddot{z}\sin\beta) + J_1\ddot{\theta} + J_p\ddot{\beta} + \sum_{i=1}^{n} B_{rbi} \ddot{q}_i = T_p \\[2mm]
B_{txi}^*\ddot{x} + B_{tzi}^*\ddot{z} + B_{ri}^*\ddot{\theta} + B_{rbi}\ddot{\beta} + \sum_{j=1}^{n} \mu_{ij}\ddot{q}_j + 2\xi\Omega_i\dot{q}_i + \Omega_i^2 q_i = 0
\end{cases}
\tag{1}
$$

限于篇幅，式中各符号对应表达式不再列出。

文献[4]~[6]讨论了一个中心体带有两个附件的对象的建模问题。研究对象如图2所示。

文献[4]分别建立了两种动力学模型。其一，假设卫星中心本体姿态运动是标称零姿态附近的小角度运动且机动对整星质心影响很小，假设卫星中心本体与附件均作慢速机动，但三体均考虑挠性；其二，假定附件作大角度快速机动，假定附件机动对整星质心影响很小，不考虑所有各体的挠性。显然，模型一所导出的动力学方程包含所有三体的挠性振动广义坐标，模型二所导出的动力学方程虽然没有挠性振动成分，但保留了三体角速度耦合的二次项。在俯仰平面内模型一的动力学方程写成：

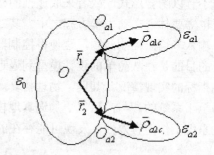

图2 三体卫星簇状构型

$$
\begin{cases}
J_{00}\ddot{\theta} + J_{01}\ddot{\beta}_1 + J_{02}\ddot{\beta}_2 + \boldsymbol{B}_0\ddot{\boldsymbol{q}} = T_0 \\[2mm]
J_{10}\ddot{\theta} + J_1\ddot{\beta}_1 + \boldsymbol{B}_1\ddot{\boldsymbol{q}} = T_1 \\[2mm]
J_{20}\ddot{\theta} + J_2\ddot{\beta}_2 + \boldsymbol{B}_2\ddot{\boldsymbol{q}} = T_2 \\[2mm]
\boldsymbol{B}_0^{\mathrm{T}}\ddot{\theta} + \boldsymbol{B}_1^{\mathrm{T}}\ddot{\beta}_1 + \boldsymbol{B}_2^{\mathrm{T}}\ddot{\beta}_2 + \mu\ddot{\boldsymbol{q}} = -\boldsymbol{\Omega}^2 \boldsymbol{q} - 2\xi\boldsymbol{\Omega}\dot{\boldsymbol{q}}
\end{cases}
\tag{2}
$$

限于篇幅，式中各符号对应表达式不再列出。

上述动力学方程均采用 Newton-Eular 方法导出，物理概念清晰，但也存在推导过程比较繁琐，获取标量方程不易等不足之处。如果希望保留所有角速度高阶项并考虑系统质心随附件机动的变化，推导标量方程将更加困难。为此，文献[5,6]逐步建议一套新的符号体系，使得推导过程得以简化，可操作性大为增加，称之为改进的矢量力学建模方法。仍以图 2 三刚体航天器建模为例，首先引入新的符号体系，即，标量 a、矢量 $\vec{a}$、张量 $\bar{\bar{a}}$、矢量或张量对应的坐标阵 $\underline{a}$、矢量矩阵 $\bar{\underline{a}}$、张量矩阵 $\bar{\bar{\underline{a}}}$ 等，并指定矢量 $\vec{a}$ 所对应的斜对称张量表示为 $\tilde{\vec{a}}$，$\vec{a}$ 的坐标阵表示为 $\tilde{a}$，矢量 $\vec{a}$ 的坐标基则用 $\underline{\bar{F}} = \left\{ \vec{i}, \vec{j}, \vec{k} \right\}^T$ 表示。

运用动量定理及动量矩定理，可导出图 2 系统的矢量动力学方程。消去参考点 O 的线运动，并定义耦合惯量张量 $\bar{\bar{I}}_{01} = \int_{\varepsilon_1} (\vec{r}_1 + \vec{\rho}_1) \cdot \hat{\bar{\bar{\rho}}}_1 dm = \bar{F}_0^T I_{01} \bar{F}_1$ 及耦合惯量张量 $\bar{\bar{I}}_{02} = \int_{\varepsilon_2} (\vec{r}_2 + \vec{\rho}_2) \cdot \hat{\bar{\bar{\rho}}}_2 dm = \bar{F}_0^T I_{02} \bar{F}_2$，从而可得到用张量与矢量混合表达的图 2 系统的动力学方程组，包括整星方程与两个附件的方程。以整星为例，动力学方程为：

$$\left(\bar{\bar{I}} - m\vec{r}_0 \cdot \overset{\bowtie}{\vec{r}_0} \right) \cdot \dot{\vec{\omega}}_0 + \left(\bar{\bar{I}}_{01} - m_1 \vec{r} \cdot \overset{\bowtie}{\vec{\rho}_{1c}} \right) \cdot \dot{\vec{\omega}}_1 + \left(\bar{\bar{I}}_{02} - m_2 \vec{r} \cdot \overset{\bowtie}{\vec{\rho}_{2c}} \right) \cdot \dot{\vec{\omega}}_2 + \vec{\omega}_0 \cdot \left(\bar{\bar{I}} - m\vec{r} \cdot \overset{\bowtie}{\vec{r}} \right) \cdot \vec{\omega}_0$$

$$+ (\vec{r} - \vec{r}_1) \cdot (2\vec{\omega}_0 + \vec{\omega}_1) \cdot \vec{\rho}_1 \cdot \vec{\omega}_1 + \vec{\omega}_1 \cdot \left(\bar{\bar{I}}_1' \cdot \omega_0 + \bar{\bar{I}}_1 \cdot \omega_1 \right)$$

$$+ (\vec{r} - \vec{r}_2) \cdot (2\vec{\omega}_0 + \vec{\omega}_2) \cdot \vec{\rho}_2 \cdot \vec{\omega}_2 + \vec{\omega}_2 \cdot \left(\bar{\bar{I}}_2' \cdot \omega_0 + \bar{\bar{I}}_2 \cdot \omega_2 \right) = \vec{M}_0 - \dot{\vec{h}} - \vec{\omega}_0 \cdot \vec{h} - \vec{r} \cdot \vec{F}_{sat} \quad (3)$$

上述矢量基列阵满足一系列等量关系。利用这些关系式容易得到图 2 系统的矩阵形式的标量动力学方程：

$$\underline{I}_\sigma \ddot{\underline{\sigma}} = \underline{M}_u - \underline{S}^T \left(\underline{N} + \underline{N}^* - \underline{M}_{out} \right) \quad (4)$$

式中 $\ddot{\underline{\sigma}} = \left\{ \ddot{\phi} \quad \ddot{\theta} \quad \ddot{\varphi} \quad \ddot{\alpha}_1 \quad \ddot{\beta}_1 \quad \ddot{\alpha}_2 \quad \ddot{\beta}_2 \right\}^T$ 为星本体姿态三个转动自由度及各天线各转动自由度的广义坐标对应的广义角加速度列阵。$\underline{M}_u$ 为对应于七个广义坐标的七个控制力矩所构成的控制力矩列阵，是控制器设计完成后控制力矩的入口。$\underline{N}$ 为对应于七个广义坐标的七个第一类非线性项所构成的第一类非线性项列阵，它来源于星本体姿态准角速度与天线转动准角速度的交叉相乘；$\underline{N}^*$ 为对应于七个广义坐标的七个第二类非线性项所构成的第二类非线性项列阵，它来源于星本体姿态角速度交叉相乘及天线转动角速度的交叉相乘。因此卫星本体与两个附件均可作大角度、快速机动。

在不同假设条件下，上述三组动力学模型的正确性均得到商用多体动力学软件 RecurDyn 的支持。其中，完整三刚体动力学方程（4）的仿真结果与 RecurDyn 在同样系统参数情况下的仿真结果完全吻合。

国际上各种中继卫星的控制方法不尽相同，如经典 PID 控制、PID+结构滤波器形式、考虑回路间的耦合而进行前馈补偿以及 μ 分析方法等。

在国内，文献[1]~[5]也开展了不同复合控制方法的研究。文献[1,2]推广运用全系数自适应控制方法设计了两输入两输出对象的复合控制器，并研究了两输入两输出多变量黄金分割反馈控制系统的稳定性。文献[3]建立了天线驱动机构 GDA 的动力学模型，采用分层控制的设计思路，先基于 H_∞ 理论设计了天线跟踪指向回路的控制器，然后分析了天线机动与卫星本体姿态运动所存在的动力学耦合、运动学耦合及参数耦合等三个层次的相互作用，在天线跟踪指向已完成闭环的基础上，依据标准 H_∞ 回路成型理论完成了卫星姿态控制器的设计，并给出了闭环稳定性判据。文献[4]结合前馈补偿法、冻结系数法和多变量频率法，给出了与成熟卫星控制工程设计接轨的设计方法。文献[5]基于理想的动力学模型设计了卫星本体的 PID+前馈控制器，天线指向控制器采用远大于姿态控制器的带宽独立完成控制器设计。除文献[3]外，其它文献均考虑天线驱动执行机构为力矩电机，与工程实际有不同程度的差距。

3 多体航天器复合控制全物理仿真试验

文献[1]~[4]基于不同假设完成多体航天器动力学建模，并均基于简化的平面模型开展复合控制器的设计研究工作。文献[3]的控制器设计还在单轴气浮台上得到了全物理仿真试验的检验。气浮台台体模拟卫星本体俯仰姿态运动，在台体上安装挠性杆模拟天线的支撑臂，支撑臂端部安装单轴GDA，通过GDA与模拟天线的惯量块连接。试验系统如图3所示。

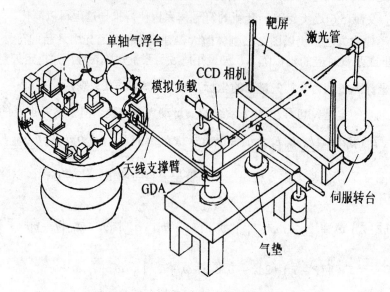

图3 单轴气浮台多体复合控制试验系统示意图

气浮台上装有15Nms飞轮、冷气推进系统、单通道陀螺、控制计算机、接口电路等部件构成单轴姿态控制系统，GDA、逻辑变换电路及GDAE（天线控制单元）使用实物样机。试验系统使用激光发射器与CCD测量装置对模拟天线的指向角度进行测量，使用气浮台的转角测量装置对模拟星体的俯仰姿态角进行测量。射频敏感器采用数学模型嵌入系统。该试验是国内首次完成的多体复合控制全物理仿真试验，试验验证了复合控制方案的正确性。

为了配合多体航天器复合控制空间问题的研究，北京控制工程研究所进一步于2005年在三轴气浮台上开展了多体复合控制的全物理仿真试验。试验系统如图4所示试验系统悬挂状态如图5所示。

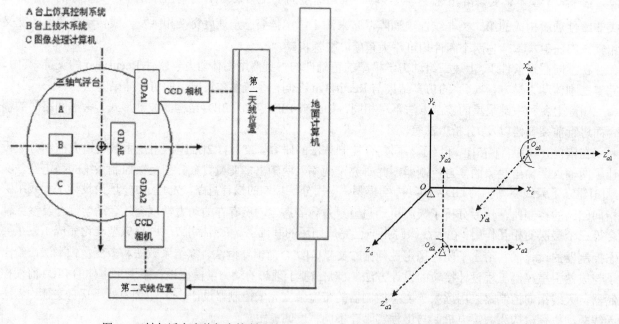

图4 三轴气浮台多体复合控制试验　　　　图5 三轴气浮台多体复合控制试验系统的
　　　系统示意框图　　　　　　　　　　　　　　悬挂状态及坐标系设置

该试验系统由三轴气浮台试验系统、GDA与天线负载模拟系统、CCD相机与图像处理系统、目标模拟生成系统、地面总台计算机及天线跟踪误差实时显示系统等六个子系统组成。从动力学方程(4)出发，基于多变量频率理论设计了试验系统的七输入七输出复合控制器。试验结果检验了复合控制系统的正确性与工程适用性，从而使多体动力学模型及一整套复合控制器设计方法得到了检验，试验摸清了系统误差构成的各个环节，加深了对复合控制系统本质的理解，试验验证了自主跟踪的优越性。试验还表明，随着天线机动角速度的加快，天线对目标跟踪的偏差也明显加大。

4 展望

多体复合控制技术在航天工程领域有着巨大的需求。例如，各国均非常重视跟踪与数据中继卫星系统的发展，以解决对地观察卫星、通信、测绘与定位卫星、飞船、遥感卫星、科学探测卫星等卫星系统通信和数据传输的及时性问题。世界上第一个跟踪与数据中继卫星系统（TDRSS），首先由美国花费十多年时间和数十亿美元建成。

多体航天器复合控制技术有着广阔的发展空间。这主要体现在：附件的质量、惯量越来越大，航天器本体与附件之间的动力学耦合作用更加突出；附件机动的范围越来越大，角速度越来越快，要求建立更加完整准确的动力学模型加以描述、提供控制器设计与仿真；其中挠性附件大角度、快速机动无论在多体动力学领域还是控制领域都属于前沿课题；卫星姿态控制精度与附件跟踪指向精度要求越来越高，使得执行机构研制、复合控制器设计及系统集成的难度均越来越大，等等。

致谢：本文所报道的基于三轴气浮台的多体复合控制全物理仿真试验得到李果研究员、高益军研究员等的建议和支持，在此向他们表示感谢！

参 考 文 献

[1] 齐春子，吕振铎. 挠性卫星天线跟踪指向控制系统的复合控制研究. 中国空间科学技术，1999 年第 2 期.

[2] 齐春子. TDRS 多变量自适应控制方法研究. 中国空间技术研究院北京控制工程研究所工学博士学位论文，1999 年 3 月.

[3] 曾海波. 挠性多体卫星指向控制设计研究. 中国空间技术研究院北京控制工程研究所工学博士学位论文，2003 年 11 月.

[4] 关轶峰. 中继卫星天线大角度机动控制系统的研究. 中国空间技术研究院北京控制工程研究所工学博士学位论文，2003 年 11 月.

[5] 苟兴宇，李铁寿. 一类附件有大角度跟踪机动卫星的动力学建模与控制. 动力学与控制学报，2004，2(2):29-33.

[6] 苟兴宇，李铁寿. 用改进的矢量力学方法建立完整的多体动力学模型. 2005 中国力学学会学术大会，2005 年 8 月 26~28，北京.

Composite Control of Multi-body Spacecraft and Its Simulation Experiments

Gou Xingyu　Li Tieshou　Zeng Haibo　Wang Dianjun　Guan Yifeng　Li Jisu and Mu Xiaogang

Beijing Institute of Control Engineering

P. O. Box 2729, Beijing, 100080

Abstract　Concept and research contents of composite control of multi-body spacecraft are discussed in this paper. Some research results achieved by authors are reported, which include vector dynamics modeling method and its improvement, composite controller designing methods based on multi-variables frequency region theory and other control theories, and physical simulation experiments, etc.

Key words　Multi-body spacecraft；Dynamics Modeling；Composite Control；Simulation Experiment

发展我国高分辨率资源卫星的技术途径及应用前景

关晖　唐治华

中国空间技术研究院总体部

北京 5142 信箱 81 分箱，邮编：100094，501gh@sohu.com

摘　要　本文通过对我国未来 5～10 年的对地遥感卫星的用户需求的分析以及国外高分辨率遥感卫星的发展及应用情况的调研和分析，提出适合我国高分辨率资源卫星的发展规划和途径，并结合我国用户需求的特点提出我国的重点发展方向，并展望高分辨率资源卫星在我国的广阔应用前景。

关键词　高分辨率；遥感卫星；发展途径；应用前景

1　前言

近年来随着微电子、微机械等技术的迅猛发展，对地遥感技术取得了重大的突破性进展，作为对地遥感卫星家族的主要成员之一的高分辨率遥感卫星成为国内外用户的宠儿，尤其是在精细农业、化工、资源详查、水利、测绘、重大工程、新闻报道等领域的应用为世界各国带来了巨大的经济效益和难以估量的社会效益。

2　我国高分辨率资源遥感卫星的需求及分析

2.1　我国高分辨率资源遥感卫星的需求描述

通过"十一五"建立我国先进对地观测系统的需求调研可知，高分辨率资源遥感卫星在我国的需求在技术上可以归纳为如下几个方面的特点：

(1) 高分辨率资源卫星的需求及其迫切；

(2) 像元分辨率在 5m 以下；

(3) 幅宽应尽可能宽；

(4) 图像质量应注重信噪比和传递函数的协调提高，根据应用突出重点；

(5) 特定区域的重访周期应在 3～5 天之内，并具有提供立体像对的能力；

(6) 具有较强的图像存储能力和境外成像能力。

2.2　需要分析

据不完全统计，目前我国每年用于购买国外遥感卫星数据的费用约为 2 亿元人民币，其中高分辨率遥感卫星数据的需求约占 70%，国家"十一五"对地观测系统需求调研显示，高分辨率遥感卫星数据需求呈逐年增长趋势，同时应用领域也随着应用开发的深入研究而变得越来越广。

从需求的时间性分析，高分辨率遥感数据的需求十分迫切；很多部位和单位在国家"十一五"规划中明确提出需要高分辨率资源遥感卫星的数据。

从分辨率和幅宽分析，目前我国用户的应用需求都希望获得高于 5m 的分辨率，但幅宽要求应保证至少县级以上单位的成图能力，根据应用经验，直接增加幅宽对于研制难度很大，利用姿态的大角度指向机动能力和快速稳定技术可以祢补幅宽的不足并可以同时满足快速重访的要求，这样通常 20km 以上的幅宽是基本可以满足用户需求的。

3　国外高分辨率遥感卫星的发展情况

目前世界上许多国家都发射了高分辨率资源遥感卫星，其中美国、法国、印度和俄罗斯等航天大国成为其中的主要代表，下面以美国的 Ikonos 2 为例简要介绍高分辨率卫星的发展情况。

艾科诺斯卫星由洛马公司制造，运行在高度为 675 km、倾角 98.2° 的太阳同步极轨道上，其全色（黑白）图像空间分辨率优于 1 m，多光谱图像分辨率可达 3.28 m。Ikonos 2 卫星获取的法兰克福机场图像见图 1。

艾科诺斯卫星每天绕地球飞行 14 圈，每 3 天就可以以 0.8 m 的分辨率对地面上的任何一个区域进行一次拍摄。若降低分辨率，它每天都可以重访一次同一区域。

艾科诺斯卫星上的相机装置质量为 170 kg，功率为 350 W。相机光学系统的分辨率相当于 10 m 的望远镜头，可以沿地面上 11 km 宽的条带获取图像。Ikonos 2 卫星的外形图见图 2。

图 1　法兰克福机场图像

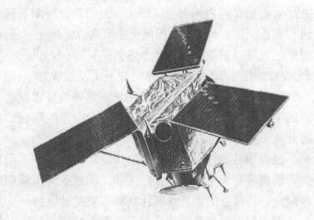

图 2　Ikonos 2 卫星的外形图

表 1 给出了世界主要航天国家高分辨率遥感卫星的发展情况及其主要技术参数。

表 1　世界主要高分辨率遥感卫星列表

国家	卫星	像元分辨率（m）		幅宽(km)	国家	卫星	像元分辨率（m）		幅宽(km)
		全色	多光谱				全色	多光谱	
俄罗斯	ALMAZ-1B	5～7		25～50	美国	Early-Bird	3	15	6/30
	RESURS-F3	0.75/1.5		21		Quick-Bird2	0.61	2.44	16.5
日本	ALOS	2.5	10	70/35		GDE	1	4	15
以色列	EROS-B6	0.82	3.68	16.4		OrbView-1	1/2	4	4/8
印度	IRS-C	5.8	23	63/127		Ikonos2	1	4	11
	IRS-P	2.5	5.8	30/70	法国	SPOT5	2.5/5	10	60
						Pleiades	0.7	2.8	20

高分辨率资源遥感卫星的发展是资源遥感卫星发展的大趋势，总结国际上高分辨率资源卫星的发展情况可见其主要特点表现在如下几个方面：

a. 遥感器大多为全色和多光谱 CCD 相机

该类遥感器的工作波段通常在可见光到近红外谱段之间。

b. 空间分辨率在 0.5～5 m 的范围之间

目前国际上民用遥感卫星分辨率最高的是美国的 Quickbird 2，其全色谱段分辨率达到了 0.61 m，多光谱谱段也达到了 2.44 m，而美国的 Ikonos 由于其良好的图像质量和售后服务成为目前数据分发最好的卫星。

c. 具有灵活的快速机动能力

由于刈幅宽度有限，为保证对特定地区的观测以及立体成像的需要，必须在俯仰和滚动方向上都具有大角度的侧摆能力。

d. 具有高精度的指向和定位能力

由于分辨率高、幅宽窄，为满足图像的无缝拼接以及精确制图等的需要，必须具有高精度的姿态指向和控制以及测量能力。

4 发展我国高分辨率资源卫星的途径分析

我国卫星研制起步于20世纪60年代末期，到目前已经成功发射了数十颗卫星，积累了丰富的卫星研制和应用经验，但与国外航天大国相比，还处于相对落后的地位。我国高分辨率的遥感卫星若想在国际图像市场领域占有一席之地，与国际先进水平形成竞争甚至迅速超越他们，必须充分吸取国外的成功经验，在尽量短的时间内拥有我国自主研发的高分辨率资源卫星，并在能力所允许的范围内针对用户需求的特点进行重点突破，例如在与国际上主流高分辨率遥感卫星的分辨率保持相当的水平的前提下，尽量扩大幅宽。概括起来可以归纳为以下几个方面：

(1) 制定合理的高分辨率资源卫星发展规划

项目的来源取决于用户的需求，然而当技术发展领先于市场的发展时，技术的推动作用就会领先于用户的需求，从而形成技术推动、需求牵引型的项目。高分辨率资源卫星在我国的应用落后于卫星的研制，因此属于技术推动、需求牵引型的项目。

该类项目的特点是应用不够广泛和深入，许多用户还没有认识到它的使用价值，因此这就需要做广泛的市场调研和大量的市场推广工作，同时了解国际应用市场和卫星研制情况，结合我国卫星研制水平分阶段制定合理可行的项目发展计划和未来发展规划，从而保证数据的连续性、稳定性和技术进步。

根据国内对高分辨率资源卫星数据的需求情况及特点以及我国卫星研制的实际水平，在综合考虑国外发展情况和需求情况后，可以设想我国高分辨率资源卫星的发展可以分如下三个阶段：

第一阶段：2008～2009年发射第一颗卫星，满足国土资源、农、林、水利、重大工程、新闻报道等方面的初步需求，同时验证技术的可实现性并培养我国的应用市场。

第二阶段：2011～2012年发射第二颗卫星，在满足上述需求的基础上，进一步满足测绘、生态监视、农情、灾情监视等方面的需求，同时进一步形成双星同时在轨运行的形式，从而进一步提高高分辨率遥感卫星获取图像效率的能力。

第三阶段：2013年以后，根据用户需求的变化修改卫星研制的方案，形成连续稳定的数据源。

(2) 针对用户需求特点，重点突破

我国资源勘测与国外的最大不同在于土地面积广阔，需要探测的面积与国外相比大很多，且我国处于快速发展阶段，需要的数据获取频度也相对高，同时我国南方多云多雨的天气较多，严重影响光学遥感卫星的成图效率，最后，我国用户应用高分辨率数据的经验较少。

针对上述特点，我国高分辨率资源遥感卫星的研制应重点突破下述几项技术：

a. 在提高分辨率的同时，尽量扩大幅宽，对于光学遥感器而言，可以通过配置多台遥感器的方式来避免单台遥感器扩大幅宽的技术难度，从而取得图像数据获取效率上的优势；

b. 在发展高分辨率的光学遥感的同时，应进一步发展高分辨率的微波遥感器，从而形成全天候的观测能力，加强图像获取手段和效率；

c. 丰富数据下传和传递手段，延长数据下传的总时间，例如建设更多的数据接收站，增加数据中继能力，从而减少卫星研制难度，提高数据获取能力；

d. 提高整星的系统性能，包括尽可能提高系统级定位精度，加快数据处理速度，缩短用户数据获取时间；加强整星的机动能力，从而缩短对特定地区的观测周期，提高对特定地区的观测能力，增强对目标图像的获取能力。

(3) 提高技术支持能力

资源卫星研制的技术难度非常大，因而国外普遍采用了一些降低卫星研制难度的数据手段，例如降低对遥感器传递函数指标的要求，在地面作图像的传递函数补偿处理；对一些特殊应用也可以做一些局部的专项处理；

针对上述需求，地面系统的技术支持工作十分重要，而技术支持的关键就是充分了解卫星的详细设计方案，高分辨率卫星的实现途径各不相同，对每个卫星都应有针对性的数据处理手段，这就要求地面系统和卫星系统的紧密配合，联合工作，从而对不同的用户需求有不同的处理结果。

5 我国高分辨率资源卫星的应用前景分析

20 世纪 90 年代后，发达国家逐渐认识到卫星遥感所具有的优势以及潜在的应用价值，遥感卫星的图像数据也逐渐被应用到多个相关领域和相关行业中，大量遥感数据的应用使得人们对遥感的认识更加深入，遥感从最初的大范围的定性普查工作发展到目前的以高精度、定量化为主要目标的各项工作中。我国在经过了自主研制"资源一号"卫星并获得了大量中分辨率遥感图像数据的同时，也使我国遥感用户的需求和应用水平得到大幅度的提高。通过"十一五"期间我国对地观测卫星的需求调研结合国外高分辨率遥感卫星的应用情况，可以预计高分辨率资源遥感卫星将在下列应用领域发挥重要作用：

(1) 国土资源方面的主要应用方向

地质灾害监测与预警、城市土地利用动态监测、矿山开发环境监测、1:2.5 区域地质调查、1:2.5 矿产资源勘查和 1:2.5 水文地质调查。

(2) 水利电力方面的主要应用方向

水利工程险情监测、城市防洪规划、土壤侵蚀调查、河口动态变化监测、水利工程选址选线、小流域治理和生态环境影响评估。

(3) 林业方面的主要应用方向

森林资源一、二类清查荒漠化、湿地调查和监测生态环境质量调查以及工程实施效益评价。

(4) 农业方面的主要应用方向

精准农业、小规模农作物监测等

(5) 测绘方面的主要应用方向

1 m 分辨率 DEM 更新、1：1 万比例尺地形图修测、1：5000 地形图修测城市基础框架数据更新等。

(6) 环保和减灾方面的主要应用方向

生态环境监测、生态规划、生态项目建设、环保项目验收以及紧急救援灾情的详查、评估等应用。

6 结束语

发展我国高分辨率资源卫星是顺应国际资源遥感卫星发展趋势，提高我国资源遥感卫星在国际遥感应用市场竞争力的重要手段，同时更是满足我国遥感用户对高分辨率遥感数据应用需求的主要手段。高分辨率资源卫星的研制将会填补我国在高分辨率资源遥感领域的空白，为我国的经济建设和社会发展作出重大贡献。

Technology Approach and Application Prospect on Development of High Resolution Resource Satellite in China

Guan Hui and Tang Zhihua

Institute of Spacecraft System Engineering, China Academy of Space Technology

P. O. Box 5142-81, Beijing, 100094，501gh@sohu.com

Abstract Through analysis Chinese user's requirements in the future 5-10 years with these following researches and analysis on the development situation of high resolution resource satellite in other countries, this paper will bring forward the developing program and approach according Chinese society development and its specific characteristics on those Chinese users, and prospect the future on high resolution resource satellite in China at the same time.

Key words High Resolution；Remote Sensor；Satellite；Technology Approach；Application's Prospect

中国航天运输系统未来发展战略的思考

果琳丽　申麟　杨勇　胡德风

中国运载火箭技术研究院研发中心

北京市 9200 信箱 38 分箱,邮编: 100076, guolinli2001@yahoo.com.cn

摘　要　本文介绍了航天运输系统概念、任务、总体技术要求的发展历程,总结了国外航天运输系统的技术特点和发展状况,分析了我国航天运输系统的差距和不足,并提出了我国航天运输系统未来的发展战略。

关键词　运载火箭;空间飞行器;重复使用运载器;发展战略

1　引言

随着航天技术的发展,航天运输系统的概念、任务和总体技术要求都发生了根本性变化。航天运输系统是指承担从地球表面－空间轨道、空间轨道－空间轨道、空间轨道－地球表面航线上所有运输任务的运载工具系统的统称。从运载火箭到航天运输系统的发展历程来看,共经历了三个方面的拓展。

——概念的拓展:由一次性运载火箭拓展到包括一次性运载火箭、天地往返运输系统及空间运输系统在内的综合航天运输系统。

——任务的拓展:由单纯的入轨运输,逐渐向天地往返运输、在轨维修服务、深空运输、空间救援等方向发展,具备"进入空间、空间转移、空间返回"的能力。

——总体技术要求的拓展:除满足基本的运载能力、入轨精度要求外,进一步向"可靠、安全、环保、快速、机动、廉价"等方面发展。

航天运输系统是保持空间优势能力的关键支柱,它的发展水平体现了一个国家自由进出空间的能力。确保可靠、安全、环保、快速、机动、廉价地进出空间,不仅是未来实现迅速部署、重构、扩充和维护航天器的基础,也是大规模开发利用空间资源的前提。

2　国外航天运输系统的技术特点和发展状况

目前已经有美国、俄罗斯、法国、中国、英国、日本、印度和以色列等国家拥有或拥有过能发射卫星的航天运输系统。全世界已经先后研制出近百种运载火箭、航天飞机、宇宙飞船等,修建了 10 多个大型航天器发射场,进行了 4000 多次航天发射[1]。从世界各国航天运输系统的构成来看,大致可以分为一次性使用运载火箭、重复使用运载器及空间运输飞行器等几类。

2.1　一次性使用运载火箭

纵观世界各国一次性运载火箭的发展历程,可以看出以下技术特点和发展趋势:

(1) 现有一次性运载火箭型谱比较健全,对于大中小型各类有效载荷都有性价比合适的运载工具进行发射。

美、俄、欧、日等国都建立了比较完善的一次性运载火箭型谱,例如美国的宇宙神系列、德尔它系列、雅典娜系列、飞马座系列、金牛座系列;俄罗斯的质子系列、安加拉系列、天顶座、联盟、第聂伯、隆声号、起跑号等火箭,火箭的运载能力覆盖大中小各类有效载荷的需要。

(2) 在 2005 年前后各主要航天国家将完成大型运载火箭的更新换代,原有的中型和大型运载火箭将逐渐退役,新型运载火箭将朝着大直径、大运载能力方向发展。

根据国外公布的计划,2003~2006 年全球各主要航天国家将完成大型运载火箭的更新换代,至 2010

年，低成本、高可靠性、无污染、大推力的新一代火箭将替换现有的绝大部分中型和大型火箭。国外运载火箭型号的发展与更新换代见图1所示[3]。

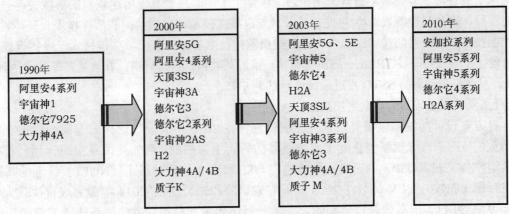

图1 国外运载火箭的更新换代示意图

(3) 在提高一次性运载火箭运载能力的同时，进一步强调降低成本，提高可靠性和发射成功率。

为了满足市场竞争的需要，降低发射价格成为各国新研制运载火箭的发展重点，在研制的初期就提出了降低发射成本的目标。如美国研制EELV时就明确提出把发射费用降低25%～50%，西欧在研制阿里安5火箭时明确规定每次发射成本低于阿里安44L火箭发射成本的90%。发射价格固然重要，但可靠性是运载火箭扩大市场份额必不可少的条件。例如欧空局的阿里安系列运载火箭曾经占领近一半的国际商业发射市场，主要是因为它具有良好的发射记录，较高的可靠性和安全性。

(4) 注重发展具备快速机动发射能力的小型运载火箭

未来军事斗争准备要求能够在战时快速发射军用小卫星入轨执行对地侦察、监视、通信等任务，也可以兼顾民用小型有效载荷的发射要求。当前世界各国主要采用的有车载发射、空中发射以及潜艇发射等多种发射方式，并积极开展新一代快速机动廉价可靠小型运载工具的研制。例如美国FALCON计划中的FALCON-1车载快速机动发射小运载、美国的改进型飞马座空射小运载、俄罗斯AN-124AL飞机采用内装式空中发射的飞行号（POLYOT）小运载、潜艇发射的"波浪"（Volna）小运载等等。

2.2 空间运输系统

空间运输系统是航天运输系统的重要组成部分，它不仅能将有效载荷送入工作轨道，也可进行轨道转移飞行，满足不同轨道任务的需求，还能为有效载荷提供在轨服务和燃料加注补给。国外空间运输系统的发展方向主要是以运载上面级研制为基础，在此基础上进一步发展成为轨道转移运输飞行器。

(1) 研制运载上面级，增强运载火箭的任务适应性和多星分配能力

为了提高运载火箭的任务适应性，世界各国研制了近10种各类上面级，如大型运载火箭所使用的上面级有半人马座G、H-2的第二级、质子号D级、阿里安5的上面级、液体过渡级、IUS、PAM-DII以及轨道转移级等。这些上面级一般都具有多次起动变轨能力，可以进行多星分配轨道部署，同时具有较好的通用性，适合多种运载火箭进行发射。

(2) 研制轨道转移运输飞行器，增强空间轨道转移运输和服务能力

轨道转移运输飞行器由于具有轨道机动、离轨、再入等功能，较常规的火箭上面级具有更大的机动性和灵活性。这种飞行器不仅可机动部署卫星，还能提供在轨服务和维修。例如美国空军明确提出要在2015年以后部署一种轨道转移飞行器（OTV），其主要作用是通过对美国空间资源进行在轨服务，显著提高这些空间资源的灵活性和作战能力。还有欧洲为了支持国际空间站任务，正在研制自动转移飞行器（ATV），ATV主要用于向国际空间站运送食品、氧气、氮、水、实验设备和燃料等货物。

2.3 重复使用天地往返运输系统

重复使用运载器是实现快速、机动、可靠、廉价进出空间的重要技术途径之一。虽然美国航天飞机的失事及退役给重复使用运载器的研发蒙上阴影，但是重复使用运载器单项关键技术的研发仍在继续，新型

重复使用运载器的研究更加热烈。

(1) 重复使用运载器单项关键技术的研发仍在继续

尽管国际上有许多重复使用运载器研制计划已经停止了，但是重复使用运载器的单项关键技术的开发始终在向前发展。例如运载器气动力/热设计技术、先进推进技术、轻质结构和部件技术、防热材料技术、再入制导控制技术、自动着陆技术、综合飞行器健康监控技术等。许多单项关键技术已经接近或达到飞行演示验证阶段（技术成熟等级 TRL6），如机身结构、推进剂贮箱、防热材料、着陆装置等都已达到 TRL5～6 级，以火箭发动机为动力的 SSTO 推进系统也已达到 TRL5～6 级。

(2) 新型重复使用运载器的研制更加热烈

由于自身方案设计的缺陷使得美国航天飞机计划将在 2010 年退役，这标志着第一代重复使用运载器时代的结束。与此同时一批新型重复使用运载器的研制更加热烈，例如美国新空间计划公布的 NASA 停止转移轨道空间飞机（OSP）的研究，并决定在 OSP 和下一代发射技术（NGLT）计划的基础上研制乘员探索飞行器（CEV），CEV 计划在 2008 年前完成研制和试验，并在 2014 年前完成首次载人任务。此外，2004 年 9 月 29 日美国私营公司研制的太空船一号飞船成功试飞，带动了亚轨道重复使用运载器技术的新兴[4]。

3 我国航天运输系统的发展现状与差距分析

我国的航天运输系统构成比较简单，仅包括长征系列运载火箭和神舟号载人飞船两种运输工具。长征系列运载火箭主要执行卫星、飞船等有效载荷的入轨发射任务，神舟系列飞船主要执行载人空间实验及再入返回等任务。当前长征系列运载火箭已发展成为由多种型号组成的大家族，近地轨道运载能力覆盖 0.3～9.0t，地球同步转移轨道运载能力达到 5.1t，太阳同步轨道运载能力达到 6.1t，基本能够满足国内不同用户的需求[2]。而我国自行研制的神舟号飞船已经成功地掌握了载人空间飞行及返回技术，具备了开展多人多天多任务空间实验的能力。

但是与国外先进的航天运载技术和完备的航天运输系统相比，我国航天运输系统还有比较明显的差距，一是航天运输系统现有的技术水平和能力与未来国防建设与国民经济发展的要求不相适应；二是核心基础技术的发展与航天运输系统的整体发展不相适应，突出表现为基础薄弱、能力不足，例如：

——现役运载火箭的价格优势正在逐步丧失，同时运载能力不足、发射准备周期长、任务适应性差；运载火箭产业化进程缓慢，与国民经济建设的需求不相适应；

——重复使用运载器仍处于概念论证阶段，基本关键技术尚未突破，与国外成熟的重复使用技术水平相比，有较大的技术差距；

——快速机动发射的小型运载火箭、重型运载火箭、空间运输飞行器、亚轨道飞行器、可重复使用飞船等尚处于空白，航天运输系统构成较为单一，与多任务的需求不相适应；

——发展航天运输系统所需的先进动力与新型推进剂技术、气动防热技术、制导导航控制技术、新型发射技术等核心基础技术科研力量薄弱，技术储备严重不足。

4 我国航天运输系统未来发展的思考

根据国外航天运输系统的发展现状和趋势，总结我国航天运输系统的差距和不足，我们设想中国航天运输系统未来发展主要有以下四个方向：进一步提高运载能力、具备快速机动发射能力、增强空间运输服务能力、发展重复使用运载技术。

(1) 进一步提高运载能力

随着我国探月工程二三期的实施，以及未来载人深空探测计划的实施，现有长征系列运载火箭的运载能力已远远不能满足需求，因此需要进一步提高一次性运载火箭的运载能力，初步设想可以按照新一代大型运载火箭、重型运载火箭、在轨组装加注运载火箭的思路来进一步提高我国一次性运载火箭的运载能力。

● 新一代大型运载火箭

新一代运载火箭主要采用液氢、液氧、煤油等无毒、无污染推进剂，芯级为 5m 直径同时捆绑 3.35m 和 2.25m 两种模块的助推器，通过模块化组合方式，形成近地轨道运载能力覆盖 1.5～25t，地球同步转移轨道运载能力为 1.5～14t 的完整火箭型谱，满足大型航天器的发射需求。

● 重型运载火箭

随着未来载人深空探测等任务的开展，需要进一步提高一次性运载火箭的运载能力。例如为支持载人登月计划，应按照美国土星 5 重型运载火箭的规模重点开展近地轨道运载能力百吨级，GEO 轨道为 25t 级的重型运载火箭的方案研究。

● 在轨组装加注发射运载火箭

由于受到常规化学火箭发动机规模的限制，对于未来的载人星际航行等任务，需要研究更先进的航天运载技术。例如发射运载火箭的子级或部段到近地轨道空间，在近地轨道空间上完成在轨装配及加注，实现运载火箭空间二次发射，以满足向更高空间轨道运送更重有效载荷的需求。

(2) 具备快速机动发射能力

根据未来军事斗争准备的需要，航天运输系统应该具备战时应急机动快速发射军用小型有效载荷的能力，同时兼顾日常民用小卫星等有效载荷的发射需要。初步考虑可发展车载发射和空中发射等不同发射方式的小型运载火箭。

● 车载发射小型运载火箭

发展军用两用技术，借鉴成熟的战略导弹武器车载机动发射技术，缩短常规运载火箭的发射准备周期，满足国内日益增长的小卫星发射需求，需要重点突破高能固体火箭发动机、大吨位发射车、快速测发控一体化、低成本总体设计等关键技术。

● 空中发射小型运载火箭

采用飞机腹挂或内装小型运载火箭方案，掌握空中发射技术，满足微小型有效载荷的发射需求，需要重点突破机箭投放分离技术、动基座初始对准技术、机箭系统优化设计技术等关键技术。

(3) 发展空间运输服务能力

为满足未来多星分配、轨道部署、以及向更高更深更远空间进行探测的需要，可以充分发挥运载火箭上面级火箭发动机的空间强变轨技术优势，按照先进上面级、轨道转移服务飞行器的思路增强航天运输系统的空间运输服务能力。

● 先进上面级

为提高新一代运载火箭任务适应能力，开展先进上面级的研制。先进上面级按照"结构模块化、动力系列化、电气一体化、功能多样化"的设计思路，具备多星发射能力和一定的轨道机动能力。通过先进上面级的研制，使新一代运载火箭具备发射中高轨道卫星直接入轨能力，发射地月转移或其他深空探测转移轨道能力。

● 轨道转移服务飞行器

在先进上面级的基础上，吸收我国载人工程在空间目标交会对接等方面的成功经验，研制具备空间强变轨能力的轨道转移服务飞行器。轨道转移服务飞行器具备执行轨道转移、对空间站和大型卫星运送和加注燃料、更换部件，为在轨卫星清理危险碎片，回收卫星等功能。

(4) 发展重复使用运载技术

可重复使用运载技术是实现未来航天运输系统快速、机动、可靠、廉价进出空间的重要技术途径之一。可重复使用运载器集飞机、运载器、航天器等多种功能于一身，不仅能执行发射卫星入轨、进行空间站物质补给人员运输等民用任务，同时也能执行轨道侦察监视、快速全球达到投送武器装备等军事用途。当前应重点突破可重复使用运载器的四项关键技术：高超音速气动力/气动热技术、先进的推进技术、热防护材料技术、高超音速再入返回控制技术等，为以后研制实用型重复使用运载器奠定技术基础。此外积极跟踪国外新型重复使用运载器的发展，如亚轨道飞行器、美国乘员探索飞行器（CEV）、俄罗斯的快船号可重复使用飞船等。

5 结论和建议

中国航天运输系统未来的发展一方面要积极缩短与世界先进航天运载技术之间的差距；另一方面要提高中国航天运输系统自身的国际竞争力，促进中国航天的市场化、产业化、国际化发展进程。为此建议如下：

(1) 坚持军民结合,寓军于民是航天运输系统发展的重要保障，国家行为是主导

即使在以商业竞争市场行为为主导的美国，在航天运输系统的发展政策上，仍然充分体现国家行为，通过航天政策和军方需求引导，保障航天运输系统的健康发展。

(2) 制定航天运输系统中长期发展战略，做好顶层系统级项目规划

航天运输系统的开发和研制周期较长，投入经费较多，必须做好广泛的调研和深入研究，按照科学发展观制定航天运输系统中长期发展战略，做好顶层系统级项目规划，带动相关的分系统开展关键技术攻关，做好各项专业技术的预先研究工作。

(3) 循序渐进逐步提高技术成熟度，缩短与国外先进航天运载技术的差距

建议在新项目研发过程中，采用评估技术成熟度（TRL）和集成准备程度（IRL）的级别方法，通过试验、仿真、系统集成演示验证等手段验证新的技术和项目的可行性，尽量减少新项目研发的风险和不确定因素。

参 考 文 献

[1] 龙乐豪. 中国航天运输系统的现状与展望. 中国航天，2004 年.

[2] 吴燕生. 积极探索发展中国航天运输系统的新思路. 导弹与航天运载技术，2002 年第 5 期.

[3] 丁文华. 运载火箭市场化. 国外运载火箭技术，2004 年第 4 期.

[4] 曲晶,曹志杰. 2004 年国外航天运载器发展回顾.导弹与航天运载技术，2005 年第 1 期.

Study on the Development Stratagem of China Space Transportation System

Guo Linli　Shen Lin　Yang Yong and Hu Defeng

China Academy of Launch Vehicle Technology, R&D

P. O. Box 9200-38, Beijing, 100076, guolinli2001@yahoo.com.cn

Abstract　In this paper, the development of space transportation system(STS) on the conception、task and technology requirement is introduced. Based on the technology characteristic and development trend of foreign STS, the deficiency of china STS is analyzed. Also the development stratagem of china STS is put forward.

Key Words　Launch vehicle；Space aerocraft; RLV；Development stratagem

一种星载数据管理系统软件复用方案

何熊文　赵和平

中国空间技术研究院总体部

北京 5142 信箱 90 分箱，邮编:100094，robinbear2005@hotmail.com

摘　要　针对目前国内星载数据管理系统软件重复设计、复用率低等问题，本文应用空间数据系统咨询委员会（CCSDS）的航天器星上接口服务（SOIS）以及欧空局（ESA）的包应用标准（PUS）服务，并结合目前国内数管软件特点，提出了一种星载数据管理系统的软件复用方案。

关键词　星载数据管理系统；软件复用；星上接口服务；包应用标准

1　引言

星载数据管理分系统是航天器的一个非常重要的组成部分，它将传统的互相独立的遥测分系统，遥控分系统以及跟踪测轨分系统综合到了一起，并加上星上自主管理等，形成了一个综合的数据管理系统。欧空局称之为 On-Board Data Handling(OBDH)，美国称之为 Command & Data Handling(C&DH)，国内简称为数管分系统（DMS）。随着星上自主管理要求越来越高，对数管分系统的功能要求也更高，系统的设计也越来越复杂，尤其是星载软件，从最初的几千行代码到现在的几十万行代码。

而目前在国内的数管软件的设计上，存在一个矛盾，那就是一方面型号任务越来越重，要求卫星研制周期越来越短，可靠性越来越高。而另一方面几乎每个卫星的软件都需要重新研制和重新测试，可复用的部分非常少。这样一来造成极大的人力财力浪费，卫星研制周期长而且可靠性不高。为了解决这个矛盾，本论文通过对星载数据管理系统这个特定领域内软件复用的研究，提出了一种星载数据管理系统的软件复用方案。

2　SOIS 参考模型和 PUS 服务

在给出方案之前，先简要介绍一下空间数据系统咨询委员会（CCSDS）的航天器星上接口服务（SOIS）以及欧空局（ESA）的包应用标准（PUS）服务，它们是方案的非常重要的组成部分。

2.1　SOIS 简介

SOIS 是在 1999 年在空间数据系统咨询委员会（CCSDS）的春季会议上新成立的一个部门，其主要研究内容为星上信息交换以及各分系统和设备的星上接口，即航天器星上接口（SOIF）。它通过标准化服务、接口及协议来降低重复开发活动，简化互操作性以及交互支持。整个 SOIS 部门的研究工作都是围绕一个参考模型进行的，SOIS 参考模型[1]如图 1 所示：

由图可知，SOIS 参考模型总共分为五层，即物理层、数据链路层、网络层、传输层和应用层。每一层对应 ISO 的 OSI 参考模型相同名字的那一层，而用户应用程序则在应用层之上。其中应用层和用户应用程序中的服务同属于实时星上应用程序服务（TCOAS），包括消息传输服务、文件传输服务、指令和数据获取服务以及时间分发服务。传输层和网络层中的服务属于实时星上网络服务（TCONS），主要用于端对端的消息传输以及数据报在各端点之间经由不同数据链路的路由。包括不可靠传输服务、可靠传输服务和调度服务三个服务。物理层和数据链路层同属于星上总线和局域网（OBL），定义了一些服务用于数据在星上总线和局域网上的传输，并且定义了与总线相独立的接口供上层的应用程序调用，通过该独立接口，即可屏蔽底层总线的不同。对于不同的总线，只需要更换相应的总线驱动以及总线接口卡就行，总线的更换不会对上层应用程序造成影响。

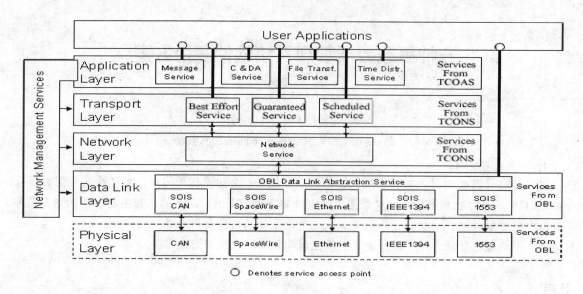

图1 SOIS 参考模型

该参考模型能很好地将软件和底层硬件隔离开来，使得底层硬件的变化不会对上层应用软件造成影响，从而增加了软件和硬件的复用潜力，简化了总装和测试，使设计更加模块化，能更有效地支持新的软件体系结构和适应新的科学技术。

2.2 PUS 简介

包应用标准（PUS）[2]是ECSS标准系列的其中一个，它定义了地面和星上之间的应用层级别的接口，用以满足电气组装和测试以及飞行操作的需求。该标准主要通过利用遥控包和遥测包来进行远程监视和控制星上各分系统以及有效载荷。标准的主要内容是一系列的通用PUS服务，这些服务包括：遥控确认服务、设备指令分发服务、内务和诊断数据报告服务、事件报告服务、内存管理服务、功能管理服务等十六个服务。每个服务下面又有若干个子服务，所有这些服务分别对应了数管软件的一些通用功能。标准中规定了各服务和子服务的功能以及采用的包结构，如果我们采用该标准规定的服务以及格式，并对应各服务开发相关的服务构件，这些构件可以在不同型号间复用，就可以极大地提高软件开发效率，缩短软件开发周期！由于篇幅关系，这里就不详细介绍各服务了，在下面的内容中会对应用到的部分服务进行进一步说明。

3 论文方案

前面介绍的都是论文要用到的一些理论以及标准，下面具体介绍本文的方案。方案主要分三部分，第一部分是针对如何改变传统的设计思想并采用新的设计思想，第二部分是模型的设计，第三部分是通用功能的具体实现。

3.1 设计思想
3.1.1 传统设计思想

传统的设计思想是没有考虑复用的设计的，一方面没有对需求进行规约，导致需求变化多端；另一方面开发人员在开发软件时没有一个可遵循的规范，没有或很少考虑到软件在不同型号之间的复用。尽管目前星上大多数是采用操作系统加应用程序的结构，但操作系统各不相同，对应用进程的划分也千差万别。这样的结果是软件与硬件相互依赖，导致软件很难移植。此外，编程语言大部分仍然采用汇编语言，代码难懂且复用非常困难。

3.1.2 论文设计思想

针对传统设计思想的种种弊端，本文决定采用新的设计思想，该思想有两个核心：一是分层，二是分包。

分层的目的是为了屏蔽硬件对软件的影响，提高软件的可复用性。由于星上软件很大程度上是与总线相关的，为了能使软件不受总线变化的影响，必须给底层总线提供一个统一的接口。另外对于应用层软件，通过对各型号的软件需求进行了归纳整理，我们可以得出一系列通用的功能，并且将这些功能采用通用的服务实现。这些服务都有标准的接口，应用软件可以根据需要直接应用这些服务，就能避免或降低由于需求不断变化引起的软件变化，从而可以极大地提高软件的复用性和开发效率。

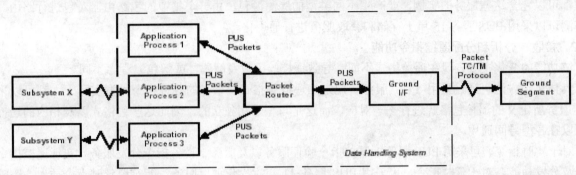

图 2   以包路由器为中心的结构

分包指的是在开发应用层的通用服务时主要参考 PUS 标准，该标准主要是基于目前比较流行的分包结构的，与传统的 PCM 体制完全不同，不仅是在体制上进行了变更，整个系统的设计思想也与传统思想不同。基于分包思想的星上软件结构也完全与以前不同，是一种以包路由器为中心的结构,如图 2 所示。

这种结构中，包路由器是整个结构的核心，负责管理整星数据包的路由。该结构的优点在于应用进程之间不直接通信，所有的通信都经过了包路由器，从而降低了进程间的耦合，且修改一个应用进程不会影响其他的应用进程，从而提高软件的复用性。

另外，对于操作系统建议尽量采用商用的操作系统如RTEMS或VxWorks，对进程调度以及进程间通信机制进行标准化。对于编程语言，建议尽量采用高级语言如C语言。

下面将分别介绍模型以及通用功能的具体实现。

3.2   模型设计

本文建立的数管参考模型充分借鉴了 SOIS 参考模型的分层设计思想并采纳了 PUS 标准定义的一系列服务。SOIS 参考模型的主要功能在于通过分层能有效的将应用软件与硬件相隔离，避免硬件变化对应用软件造成影响，但在应用层定义的服务比较少。而 PUS 服务则在应用层定义了许多服务，这些服务能对应数管的通用功能。另外对于目前星上只有一个总线的情况下是不需要传输层和网络层的。因此在建立数管模型时去掉了 SOIS 参考模型的传输层和网络层，只保留物理层、数据链路层和应用层。同时对应用层进行扩充，将 PUS 服务加入，这样整个模型就比较完整了。至于模型中各层服务及服务接口的详细定义还需要后续工作来完成。

3.3   通用功能的具体实现

上面介绍的设计思想以及模型都是抽象的概念，可用于指导数管软件的设计，但具体在进行可复用设计时还要考虑很多因素。由于需求变化是导致软件不能复用的最大原因，所以本文选取了四个航天器型号进行领域分析。这四个型号不仅覆盖了多种轨道类型，同时涵盖了通信卫星、地球资源卫星等多种航天器类型，因而比较有代表性。通过分析，论文归纳出了数管软件的通用功能，并且针对各型号在这些通用功能需求中的特点，给出对该功能的具体实现方法。这些实现方法是基于上面的模型和以包路由器为中心的结构的，可以作为设计可复用服务构件的一个参考。而这些服务构件开发成功后需要放入一个可复用库。随着型号的增加，这个复用库会不断的扩大，需要一定的配置工具来对其进行管理。有了这个复用库后，将大大提高星上数管软件的开发效率。

3.3.1   遥测数据采集，格式生成与发送功能

不同的型号常常有不同的遥测格式，同一型号也有多种遥测格式。当有延时遥测时，存储段的类型和格式也各不一样。另外，由于格式不同，采样周期必然不同，改变格式的指令也必然不同。

具体实现方法是通过采用 PUS 服务所规定的遥测包格式，各分系统或设备可以根据各自的需求，采用不同的速率来产生不同格式的包，但这里所说的格式不同是指包数据域的格式不同，而包的主导头，以及包数据域的导头格式是规定好的，地面可通过导头的内容来识别遥测包。而改变格式的指令实际上是可以采用通用的 PUS 服务所规定的指令格式的，可以做到各型号通用化。

对于实时遥测可以采用 PUS 服务 3 内务和诊断数据报告服务，以及服务 5 事件报告服务。不同的应用进程都可以包含这些服务的实例，能产生不同类型的遥测源包，由一个集中的包路由器对包进行路由。延时遥测可以采用 PUS 服务 15 星上存储和获取服务进行通用化。

3.3.2 接收、分析和分配遥控指令功能

该功能的变化主要表现在遥控格式不同，导致遥控验证以及解码（或解包）程序不同。

具体实现方法可通过采用 PUS 服务所规定的遥控包格式。型号的各种指令类型实际上大都可以采用 PUS 服务所定义的遥控包格式进行一一对应，而这是与型号相独立的，因而这些包格式以及相应的遥控软件可以在各型号间通用。

对于实时指令，可采用 PUS 服务 1 遥控指令验证服务以及服务 2 设备指令分发服务，实现遥控指令验证以及分发功能。对于延时指令，可采用 PUS 服务 11 星上操作调度服务，能实现延时指令插入、删除等功能。

3.3.3 自主热控功能

各星对自主热控的要求各不相同，主要表现在：热控回路个数不同、对热控软件的遥控指令不同等。这就造成热控软件完全不同，无法在不同型号间复用。

具体实现方法是采用通用的 PUS 服务 12 星上监视服务对温度进行监视，当温度超出定义的限值时采用服务 5 事件报告服务产生相应的报告，对应每一个报告应用服务 19 事件-动作服务定义当报告出现时应该执行的动作（如回路加热器开关指令）。而对于热控软件功能参数的修改，可以采用 PUS 服务 8 功能管理服务来实现，从而使遥控指令格式和类别通用。

3.3.4 自主电源控制功能

各星对自主电源控制的要求各不相同，主要表现在：对电源控制软件的遥控指令不同和电源控制软件的功能不同。从而导致电源软件完全不同，无法在不同型号间复用。

具体实现方法是采用 PUS 服务 8 功能管理服务来实现电源软件功能参数的修改，从而使电源遥控指令格式和类别实现通用。

3.3.5 内务管理功能

内务管理基本功能相同，主要是设计时变化多端。

具体实现方法是对于内存加载和下卸功能采用 PUS 的通用服务 6 内存管理服务，该服务能提供内存加载、下卸以及校验功能。对于校时功能由于无相应 PUS 服务，因而可以是任务特定的。对于系统诊断及状态/事件报告可采用 PUS 的服务 17 测试服务对系统进行诊断测试，采用服务 5 事件报告服务生成相应的状态/事件报告。

3.3.6 分系统间数据交换功能

不同型号对该功能有不同的需求，且接口以及交换的数据内容也各不相同。对软件造成的影响是导致分系统通信的软件大不相同。

具体实现方法是采用包路有器的思想，数管分系统、有效载荷分系统和姿轨控分系统可以用特定的应用过程标示符来表示，各分系统的数据交换格式采用统一的 PUS 包格式，通过包路由器来确定包的去向。

3.3.7 在轨维护功能

不同型号对该功能的要求不同，从而导致实现方式各不相同。

具体实现方法是采用 PUS 服务，如进程管理可对应 PUS 服务 18 星上操作程序服务，模块参数修改可对应 PUS 服务 8 功能管理服务，程序加载可对应 PUS 服务 6 内存管理服务。

3.3.8 故障检测和处理功能

该功能在各型号大体相同，但处理方式却大不相同，处理软件分布在不同的进程中。

具体实现方法可采用 PUS 服务 17 测试服务进行错误检测，服务 5 事件报告服务进行错误报告以及服

务 19 事件-动作服务进行错误处理，从而规范故障检测和处理功能。

4 结束语

本文方案采用的是一种基于复用的崭新的设计思维，与现有的数管软件设计理念完全不同，论文方案一旦得到实现，将能极大地提高数管软件的复用率，从而大大缩短软件开发周期，节约成本和提高可靠性，有助于将国内数管系统的研制水平提高到一个新的阶段。而且由于是对当前国外最热门并处在发展中的新技术进行跟踪研究，有助于将来与国际的接轨。方案目前还处于理论研究阶段，下一步的工作就是具体定义参考模型的服务以及服务接口，并开发相关的可复用构件并且建构可复用构件库。

参 考 文 献

[1]   CCSDS, Spacecraft Onboard Interfaces – Concepts and Rationale. CCSDS 830.0-G-0, GREEN BOOK, July 2005.

[2]   European Cooperation for Space Standardization. Space Engineering: Ground Systems and Operations - Telemetry and Telecommand Packet Utilization. doc. No. ECSS-E-70-41A, January 2003.

A Scheme For On Board Data Handling Software Reuse

He Xiongwen and Zhao Heping

System Engineering Department of China Academy of Space Technology

P. O. Box5142-90, Beijing, 100094，robinbear2005@hotmail.com

Abstract   Focusing on the problem of On Board Data Handling(OBDH) software repetitive design and poor reusability, this paper comes up with a scheme for OBDH software reuse. In the scheme, the Spacecraft On Board Interface Service(SOIS) suggested by CCSDS and Packet Utilization Standard(PUS) service provided by ESA have been used, combining with the characteristics of OBDH software in China.

Key words   On Board Data Handling(OBDH); Software Reuse; On Board Interface Service(SOIS); Packet Utilization Standard(PUS)

NASA 火星车 MER 热控设计

侯欣宾 王立

中国空间技术研究院研究发展部

北京海淀区友谊路104号109分箱，邮编：100094，houxinbin@cast.cn

摘 要 本文首先简单介绍了NASA火星车MER的主要结构组成和任务设计.针对火星车的特殊的热控条件和热控需求,着重介绍了火星车面临的热控环境、热控指标、热控思想和热控方案,以期对我国行星表面探测器的热控设计提供借鉴。

关键词 火星车；MER；热控设计；火星

1 MER 简介

MER 是美国最成功的火星探测任务。两个航天器分别于 2003 年发射，2004 年 1 月成功软着陆火星表面，设计寿命 3 个月，目前依然正常在火星表面开展科学探测。

MER 火星表面着陆探测器（图1），总质量为 1063kg，其主要组成包括：巡航段（Cruise Stage）243kg，其中推进剂质量 50kg；减速着陆段。减速着陆段包括部分：火星车减速着陆保护外壳，包括背壳减速伞（backshell/Parachute），质量为 209kg，热防护罩（Heat Shield），质量为 78kg；火星车着陆平台（Lander），包括火星车的保护安装平台和防护气囊，质量为 348kg；火星车（Rover）185kg。

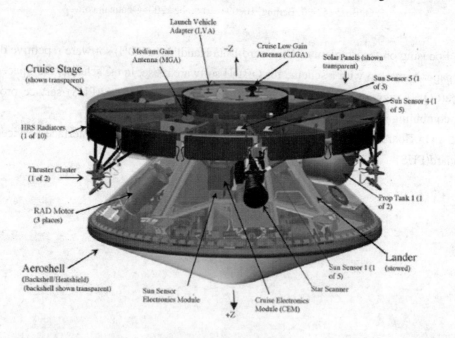

图 1 MER 航天器结构

巡航段是飞向火星过程中的主要工作部分，包括了巡航阶段的电源系统和所有的推进（推进剂）、姿态控制部件、通信天线，提供电力、自主导航、与地球的通讯等，以保证航天器正确进入火星轨道，巡航阶段保持自旋稳定，在进入火星大气前与减速着陆段分离。

减速着陆段系统设计基于火星探路者航天器的成功经验。在进入火星大气前,巡航段与减速段分离。减速着陆段底部的热防护罩（采用了与 Viking 着陆系统相同的 SLA-561 网格材料），保护火星车进入火星大气时的气动高温环境。在距离火星表面大约 11.8 km 的高度时，曾经用于 Viking/Mars Pathfinder 的降落伞减速系统打开，防热罩与火星车分离，火星车及着陆平台通过缆绳悬挂在背壳的下端。背壳上安装的雷达高度计开始测量距离火星表面的高度，在 355m 高时，着陆平台的充气气囊膨胀，150m 高度时，背壳上的减速火箭点火，使得降落速度降为 0，当高度为 20m 时，缆绳被切断，使得气囊在火星表面自由弹跳，之后气囊放气，火星车显露出来，5 块太阳电池板展开，椠杆、定向天线等展开。火星车安全着陆。

火星车的顶部为设备平台（RED），设备平台上方是全景相机椠杆，支撑着两对立体相机：一对用于导航（Navcams），一对用于科学拍摄（Pancams）。椠杆底部的电机控制椠杆展开和椠杆的方位。椠杆顶部的一台电机控制相机的高度。椠杆内部的一台电机控制 Mini-TES 的红外视景。Mini-TES 安装在电子暖箱内（WEB），电子暖箱与外部环境绝热设计以减小外界环境的影响。Mini-TES 安装在设备平台的底部，以保证与椠杆正确的位置关系。设备平台上部还包括 3 个通信天线：X 波段低增益天线（LGA），2 轴定向 X 波段高增益天线（HGA）以及 UHF 双极天线。X 波段天线可以直接与地面通信，而 UHF 用于与火星轨道器通信。5 块太阳电池阵提供了白天所需的电力，并且存储部分能源在暖箱内的锂蓄电池内，用于夜晚的供电。6 轮运动系统采用了摇杆/差分系统（图 2）。

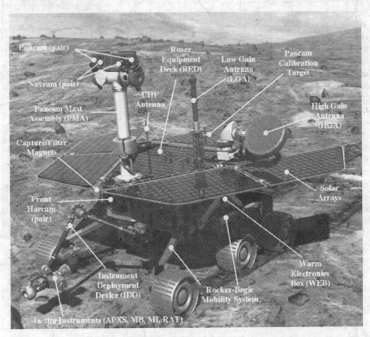

图 2　MER 火星车结构

2　MER 热控要求

MER 热控的任务是保证火星车电子设备、蓄电池、科学仪器、活动部件和硬件等在 90 天的设计寿命期内能够满足温度要求（包括工作温度和储存温度）。对于火星车热设计影响最大的因素包括四个方面：火星表面外部环境；火星车设备允许温度条件；电源系统所能提供的电能限制；任务设计所决定的高、低能耗工作工况。

2.1　火星表面环境

火星的典型参数包括：自转周期 24h37m；公转周期 687 days；距离太阳 207～249 Mkm；直径 6800 km；太阳入射强度 590 W/m^2；赤道附近最高温度 280 K；赤道附近最低温度 170 K。

火星表面大气压力约为地球的 1/200，主要成份为 CO_2，各组成部分的比例分别为：氧 0.13%；水蒸气 0.03%；氮气 2.7%；氩气 1.6%；二氧化碳 95.32%。

火星表面环境影响因素主要包括火星车着陆点纬度、着陆时当地季节（经度）、地面热特性（表面反照率和热惯性）、大气中的灰尘量（大气的光穿透率 τ）以及着陆点高度。由于火星车的主要电能来源是太阳电池，靠近赤道能够提供最多的能源，火星车允许的工作纬度范围是南纬 15°～北纬 10°。根据计划，火星车着陆时对应南半球的早秋时节，对应火星车寿命期的极端高温工况，90 天后设计寿命末期时对应极端低温工况。

火星表面的反照率和热惯性，决定了日照表面能够吸收的太阳能量以及日照期和阴影期储存和散失的热量。火星大气中的灰尘含量则直接影响到能够到达地面的太阳入射能量，并且影响天空辐射背景温度。极端高低温工况分别对应：白天晴朗天空、低灰尘大气质量（最大太阳入射热流）；夜晚晴朗天空、低灰尘大气质量（最低天空辐射背景温度）。火星表面的温度直接影响大气的温度。

根据火星通用模型（MGCS—Mars General Circulation Model），得到火星车的高、低温工况输入环境参数，见图3、4。风速条件也是影响火星车热控设计的主要因素之一，根据 Viking1、2 号火星着陆器的探测结果，火星表面的风速可高达 10~20m/s。所以，在极端高温工况下，风速取 0m/s（仅考虑自然对流）；极端低温工况下，风速取 20m/s。

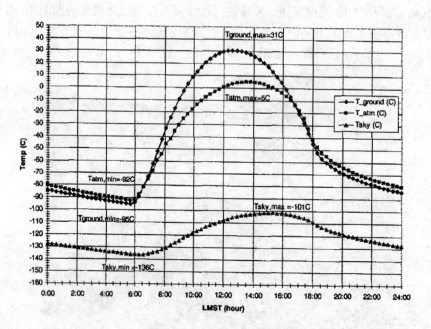

图 3　极端高温工况环境

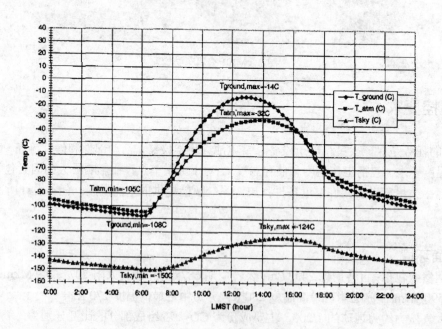

图 4　极端低温工况环境

2.2　火星车设备温度要求

由于火星表面的特殊环境，设备的温度要求对于热控设计至关重要，为了减小热控设计的复杂性、功耗和重量等资源，需要尽量扩大设备的许可温度范围。锂蓄电池是整个火星车中温度要求最为严格的设备，正常工作范围为-20~30℃，为了达到最大的充电效率，充电温度不能低于0℃。其他电子设备，包括火星车电子模块（REM）和通信电子设备的允许温度范围为-40~+50℃。主要科学仪器——热辐射计（Mini-TES）安装在暖箱内设备平台的下端，它的允许温度范围为-40~+45℃。

对温度要求较小的硬件部件都安装在电子暖箱的外部（包括太阳电池阵、全景相机、通信天线、机械臂和运动系统等），所有的外部设备必须能够承受在火星夜晚的低温环境下生存，而无需补偿加热或者绝热。外部设备的储存温度范围为-105~+50℃，而相机电子部件和转动部件的最低工作温度为-55℃。在相机电子部件和转动部件均安装了电加热器，在能源许可的情况下保证在火星夜或者黎明时相机的正常工作。

2.3　电源系统及工作模式的限制

MER电源系统由展开太阳电池阵，2个8Ah的锂充电电池以及其它电源调节设备组成。太阳阵面积大约为1.3m^2，采用三级联GaInP/GaAs/Ge电池片，每天可以提供600Wh的电能，电源系统的电压范围为24V~36V，标准为28V。太阳电池阵提供的电力主要用于科学设备、运动部件和通信联系，多出的能量存储在锂蓄电池内，或通过卸载电阻转化为热量排散到环境中。根据任务设计，夜晚能够利用的用于补偿加热的最大能量为120Wh，用于保证暖箱内设备维持生存温度。由于蓄电池容量限制，热控设计的重点是尽量减少夜晚补偿加热功耗。

根据火星车操作模式，火星车的极端热工况条件对应火星车与地球连续通信4h，一天总的功耗为742Wh。极端冷工况，对应总的功耗为428Wh。

3　MER热控设计

3.1　电子暖箱内部热设计

为了保证暖箱内设备的温度要求，尽可能的减小由于内部功耗和外部环境引起的温度波动，暖箱设计的重点之一是提高它的热时间常数，即提高暖箱的热质量、以及暖箱与环境的热阻。

电子暖箱主要部分之一是火星车电子模块（REM），包括所有的通信设备（UHF,SDST,SSPA）、姿态控制设备（IMU），这些设备的要求温度范围接近，总质量大约36kg。采用电子模块，减小了安装结构部件，也减小了补偿加热器和热电偶的数量。蓄电池质量大约为9kg，由于其特殊的温度限制，通过单独的支撑结构安装在暖箱底板上。Mini-TES质量约为2kg，安装在电子暖箱上部、设备平台底部，以保证设备与光学系统间的相对位置（图5）。

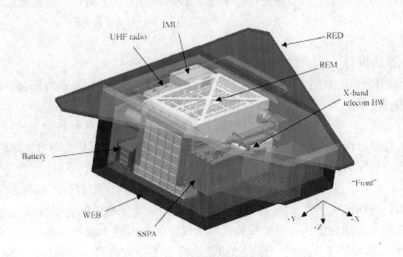

图5　电子暖箱（WEB）

电子暖箱热控设计的重点在于提高热阻，减小系统漏热。整个暖箱采用了框架结构，外结构板为碳纤维蒙皮铝蜂窝板。暖箱结构板外表面粘贴了低发射率、表面镀金的kapton膜，减小与火星外部环境的辐射换热。内部为一层不透明的气凝胶绝热材料，密度非常低，大约为20kg/m^3，导热率在火星大气环境（10tor

CO_2，0℃）下约为 0.012W/m·K。材料中增加了碳填充物以减小红外辐射漏热。气凝胶非常脆，采用环氧材料保护，并仔细安装在结构板内表面。气凝胶面向箱内的表面粘贴低发射率、表面镀金的 kapton 膜，减小与内部设备的辐射换热。箱内设备表面均进行处理，减小表面发射率。整个暖箱内除底板气凝胶的厚度为 12mm 外，其余表面均为 25mm 厚。需要在暖箱安装螺钉、连接电缆和 RHU 插入孔处事先预留孔，以防止对气凝硅胶的破坏。通过分析，通过气凝胶壁产生的漏热大约为暖箱总漏热量的 50%。

通过连接电缆产生的暖箱漏热也是一个重要的因素。为了减小通过电缆的漏热，采用弯曲的薄膜电缆代替传统的圆形电缆。电缆通过专门的电缆通道与暖箱相连，而且内部预留较长电缆（大约 0.5m）以增加热阻，电缆孔与结构间采用聚亚安酯泡沫隔热。通过连接电缆产生的漏热大约为总漏热量的 15%。在保证射频性能的情况下，通信设备选用最细的同轴电缆以减小漏热，在内部也预留较长电缆，通过同轴电缆产生的漏热大约为总漏热量的 10%。

为了防止白天蓄电池的过热，采用了两个石蜡热开关。当温度达到石蜡的熔点 18℃时，热开关闭合，蓄电池的热量通过热开关传到外面的辐射器（铝辐射器，表面喷涂白漆），再散到周围环境中。为了尽可能减小在火星环境下由于气体导热产生的漏热，热开关两接触面在不工作时的距离较大，为 1.3mm。通过热开关产生的漏热大约为总漏热量的 10%。

在巡航阶段，火星车封闭在防护罩内，火星车内的热耗需要通过称为热排散系统（HRS）的泵流体回路冷却系统散热。流体泵位于巡航段，驱动氟利昂工质收集火星车电子设备产生的热量传输到巡航段的辐射器散热。HRS 技术首次用于 1997 年的火星探路者航天器。为了减小着陆后通过流体回路金属管的散热，采用了低导热的不锈钢管，产生的漏热大约为总漏热量的 5%。

电子暖箱内的三大主要部件（火星车电子模块、蓄电池、Mini-TES）都采用的低导热连接件，火星车电子模块、蓄电池采用了硼/环氧复合材料连接，Mini-TES 采用环氧玻璃材料连接。连接件采用细长的形状，以减小接触面积，减少漏热。通过连接件产生的漏热大约为总漏热量的 5%。

剩余 5% 的漏热是 Mini-TES 通过椼杆与外部间的辐射和对流换热。

暖箱内的设备都通过机械调温器控制的电加热器保证最低温度要求。蓄电池安装了预热加热器，使得蓄电池在早晨充电前能够达到要求的 0℃以上，以保证最大的充电效率。所有加热回路和机械调温器均采用冗余设计，保证系统的可靠性。加热回路采用机械调温器主要考虑了其相对于控温计算机更加可靠，而且在火星夜晚，主计算机休眠的情况下，控温计算机也将不能工作。

由于蓄电池容量的限制，为了补偿夜晚的热量损失，需要采用辅助的能量装置——同位素热源（RHUs）。MER 共采用了 8 个 RHUs，每个 1W。其中两个安装在电子模块上，6 个安装在蓄电池的顶部。通过分析，6 个 RHUs 可以保证蓄电池在夜晚的最低温度要求，但在白天可能造成蓄电池的过热，所以采用了石蜡热开关将多余的热量散到外部环境中。热开关打开情况下的热导为 0.017W/℃，闭合情况下的热导为 1W/℃（热端温度 20℃）。

3.2　电子暖箱外部热设计

暖箱外需要热控的部件主要包括相机和活动部件。在不工作状态下火星车外部部件能够承受火星的环境条件，最低温度为-105℃。

火星车共有 9 台相机、一个 CCD 盒和一个相机电子盒。其中两对立体相机位于椼杆顶部，一对为科学全景相机，一对为工程导航相机；另外两对立体相机分别位于暖箱的前后、太阳电池阵的下部，用于工程、危险监测。最后一部相机安装在机械臂的顶端，用于显微成像。

相机 CCD 盒和相机电子盒外表面都粘贴了镀银 Teflon 带，防止太阳直照时设备温度过高。相机 CCD 盒直接安装在结构上，而相机电子盒采用 Ti 连接件隔热安装。电子盒中的电子线路板通过低导热的 G-10 垫圈安装在电子盒结构上。预热加热器直接安装在电子线路板上以减小加热功耗。为了保证电子设备在早晨工作前能够达到-55℃的最低工作温度，要求加热器能够在 1 小时内将电子线路从-95℃加热到-55℃，火星车上共有 34 个活动部件，所有活动部件的最低工作温度为-55℃。采用的 Braycote 润滑剂可以允许最低操作温度为-70℃。所有活动部件都安装了预热加热器，保证活动部件能够快速达到工作温度。可能受到太阳入射的活动部件表面均粘贴镀银 Teflon 带。为了防止活动部件过热，当环境温度在-30℃以上时，关闭活动部件加热回路。

石墨/环氧复合椼杆（PMA）采用 Ti 螺钉固定在设备平台上，底部中空使得 Mini-TES 通过两片透镜可以看到火星表面。椼杆的内部喷黑以减小杂散红外辐射。整个椼杆外表面喷涂白漆，以减小温度梯度。

椼杆上有 4 个活动部件，分别为：椼杆展开机构，方位驱动机构、Mini-TES 伸高机构和相机俯仰机构。机构的电机和轴承上均安装了 Kapton 薄膜加热器，椼杆内部的重要轴承（方位轴承、相机驱动跟踪轴承）表面也安装了加热器。全景相机 CCD 盒的过滤轮机构中有两个活动部件，表面安装了预热加热器。由于 Mini-TES 需要探测任何时候的红外图景，椼杆在白天和黑夜的任何时候都可能需要工作。

高增益天线（HGA）有两个电机，一个控制方位、一个控制高度。在通信前，通过电机和轴承的加热器预热。

运动子系统包括了 2 个摇杆展开机构、6 个驱动电机和 4 个转向电机。均安装了预热加热器。

IDD 是一个安装在火星车前部的 5 自由度机械臂。通过电机控制方位、高度、机械臂肘关节、腕关节和机械架。

机械臂端部安装了 4 台科学设备，分别为阿尔法质子 X 射线谱仪（APXS），Moessbauer 谱仪，显微成像仪和岩石研磨工具（RAT），其中岩石研磨工具有 3 个电机。显微成像仪安装有一个电机驱动的保护罩，保护镜头防止 RAT 产生的灰尘和碎片的损伤，由于保护罩在白天才可能工作（一般温度大于-55℃），它是唯一一个没有主动加热回路的活动部件。

其余 5 个活动部件位于可展开太阳阵，包括 3 个主阵和 2 个辅阵，火星车着陆后展开固定。

正常情况下电机不会出现过热现象，为了保护电机，监测软件可以检测到电机停转或者过电流，会立即关闭电机。

为了防止太阳电池阵产生过多的电力，采用了分流电阻将多余的电能转化为热量散掉，最大分流功率为 105W。分流电阻安装在左右主展开太阳阵的下表面，采用冗余设计。由于太阳阵基板为环氧石墨材料，非常薄，导热率较低，所以分流电阻的面积需要较大，以防止电池阵的温度超过上限工作温度 90℃。加热器外表面为镀银 Teflon 带（高发射率），可以通过高的辐射能力防止电池阵过热。

3.3 试验条件与真实环境的差别

由于地面试验条件的限制，无法真实模拟火星表面实际的热环境，出现了一定的差别，通过分析可以指导热分析模型的修正以及实际状态的预测。主要的试验条件差别包括：

➢ 火星大气为 8 torr 的 CO_2，为了防止 CO_2 在试验舱热沉的冷凝，试验环境模拟舱采用了 8 torr 的氮气，这个差别会增加试验时的气体导热和对流，减小绝热性能。

➢ 火星的重力加速度为 3/8g，而地球的重力加速度为 1g，增加了试验的自然对流；

➢ 不能完全模拟太阳热流；

➢ 在火星表面，火星车将直接面对火星表面和天空，背景温度差别很大，但是在试验中，由于试验模拟舱温度的限制，环境温度条件与火星表面差距较大；

➢ 试验不能模拟火星表面的风，在低气压下电机会过热，而且不易准确测定风速。试验中采用了自然对流控制板以控制合适的自然对流系数。

4 我国火星探测热控技术借鉴

我国目前正在开展月球探测一期任务的工程实施，二三期的月球软着陆及返回工程正在进行预研工作，为了实现月球表面的巡游探测、乃至未来的火星或其它行星表面探测，都需要重点开展热控技术攻关工作。为了适应月球或行星表面的恶劣环境，我国需要借鉴国外的成功经验，重点解决如下几项关键技术研究：

➢ 任务分析，确定合理可行的科学目标和工程目标；

➢ 行星表面热环境模型和热环境模拟技术研究；

➢ 同位素能源装置，提供必要的电源或热源；

➢ 大气环境下的绝热技术研究；

➢ 设备耐受恶劣环境条件的研究；

➢ 行星表面探测器准确热分析技术。

参 考 文 献

[1] Ralph B. Roncoli, Jan M. Ludwinski.Mission Design Overview for the Mars Exploration Rover Mission. AIAA-2002-4823.

[2] Keith S. Novak, Charles J. Philips, Gajanana C.Birur, Eric T. Sunada, Michael T. Pauken. Development of a Thermal Control Architecture for the Mars Exploration Rovers. Space Technology Applications International Forum 2003. Feb 2003.

[3] Gajanana C.Birur, Michael T. Pauken, Keith S. Novak. Thermal control of Mars rovers and landers using miniature loop heat pipes. 12th International Heat Pipe Conference. May, 2002.

[4] David G.Gilmore. Spacecraft Thermal Control Hancbook. 2002.

Introduction of NASA MER Thermal Control Architecture

Hou Xinbin and Wang Li

Research & Develepment Center CAST

P. O. Box 5142-109,Beijing, 100094，houxinbin@cast.cn

Abstract   In the paper, the flight system and mission are described firstly. The Mars surface environment, hardware temperature limits, thermal design strategy (including the WER internal thermal design and rover external thermal design) are introduced in detail. All of those are important and can be used by the design of Rover in China.

Key words   Mars Exploration Rovers; MER; Thermal Control; Mars

美国空间同位素能源装置发展现状

侯欣宾　王立　常际军　宋政吉

中国空间技术研究院研究发展部

北京海淀区友谊路104号109分箱,邮编: 100094, houxinbin@cast.cn

摘　要　本文介绍了美国空间同位素能源装置的发展历史，主要工作原理和安全方面的考虑，重点介绍了美国已经发展的和正在进行研制的多种空间同位素能源装置的结构组成，提出我国发展空间同位素能源装置的必要性和建议。

关键词　同位素；电源；深空；热控

1　概述

美国是世界航天的超级大国，也是深空探测最有成效的国家，其中的一个重要原因就是成功地运用了同位素能源装置，保证了深空环境下的长期电源和热控需求。在早期的空间任务中，广泛使用了化学电池、燃料电池和太阳电池阵为航天器提供电力。但是随着人类探索范围的不断扩大、任务复杂程度的提高，对于深空环境及长寿命条件下的电源技术提出的极高的要求。

1956美国制定了"空间核动力辅助电源计划"，简称SNAP（Space Nuclear Auxiliary Power），以便为军用导航卫星、深空探测器等空间应用提供电力。1961年6月29日发射了第一个载有同位素电源的军事通信卫星 Transit 4A，成功的验证了同位素电源技术的工作性能，并陆续用于多颗军事卫星。1969年开始连续为 Apollo 系列月表试验装置提供热源和电源。1972年3月2日,第一个安装了RTG的深空探测器Pioneer 10号成功发射，成为人类最伟大的深空探测器，目前已经飞到太阳系边缘，发射30年后RTG依然为航天器提供了一定的电量。目前已经有28次任务采用了同位素能源装置，其中的3次发生故障，其余的25次任务同位素能源装置全部正常工作，包括5次任务中采用的同位素热源热控装置和21次任务中的同位素电源装置。附表给出所有空间同位素能源装置的工作情况。

同位素能源装置表现出的无比的优越性使之逐渐成为深空探测器的主要电源系统，用于外行星、太阳探测任务，包括 Pioneer, Voyager, Galileo, Ulysses, Cassini 等，并且着陆于火星或者月球。大大扩展了人类探索太阳系的能力，同位素能源装置将在未来的人类深空探测活动中扮演更为重要的作用。从此以后，随着美国空间计划不断向着太阳系的深处的延伸，同位素电源成为美国空间技术不可替代的部分。

1.1　采用同位素能源装置的必要性

目前采用的空间电源主要包括化学电池、太阳能和核电源。对于短期任务来所，可以直接采用化学电池。对于长期的任务，必须采用太阳能或者核电源系统，不同条件下的空间电源适用范围见图1。图2种给出太阳系地球外的6大行星位置的太阳能光强度，可以看出距离地球最近的火星的光强度降为地球的一半，而木星的光强度降为地球的约4%，其它的四个行星的太阳光强几乎可以忽略。所以，对于深空探测来说，能源成为最重要的因素之一。

对于功率较小的长期深空任务（<1kw），一般适于选择同位素热电转换核电源系统。采用RTG的主要优点包括：

➤　长寿命：核能源是目前仅有的长寿命深空探测的能源系统。

➤　环境条件适应性：核能源可以在极端环境条件下正常工作，例如环绕木星的高辐射带、月球表面的极端温度环境、火星表面的恶劣灰尘环境等。

➤　工作的独立性：RTG的工作不依赖于飞行器的姿态或者与太阳的方位。一旦同位素热源安装在转换器上就开始产生电力。

➤　高可靠性：RTG已经证明是最可靠的空间电源系统，Voyage 和 Pioneer 的任务寿命可能超过40年。

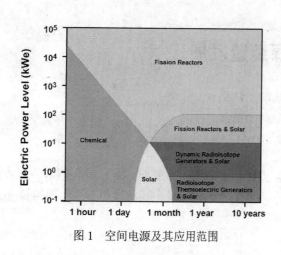

图1 空间电源及其应用范围

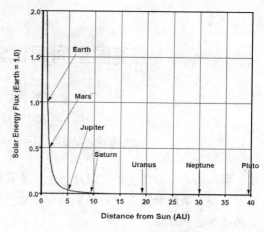

图2 外行星太阳热流

2 工作原理及安全性

2.1 工作原理

同位素热源利用同位素的衰变产生热量，在早期的 SNAP-3 中采用了钋 210，但是其半衰期只有 138.4 天。在后来的空间同位素能源装置中普遍采用了 Pu-238，其发热量为 0.55W/g，半衰期达到 87.7 年（15 年情况下的功率降低仅为 20%），可以充分保证长寿命条件下正常工作。热源可以直接用于航天器在低温环境下的温度补偿。

同位素电源是在同位素热源的基础上，利用各种热电转换方式将热能转化为电能，主要研究的转换方式包括热偶对热电转化、Stirling 机械动力转化、碱 金 属 热 电 转 化（AMETEC-Alkaline Metal Thermal-to-Electric Conversion）。目前主要应用的是利用德国科学家发现的 Seebeck 效应，通过热偶对实现热电转换的装置，也是目前唯一在空间探测应用并普遍采用的方式。其工作原理是利用两种不同

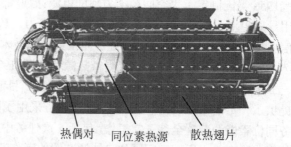

热偶对　同位素热源　散热翅片

图3 典型的 RTG 结构

导体组成回路，当回路两端存在温差时，就会产生电势。其中电势与温差电偶对的温差成正比，比例系数为温差电偶对的赛贝克系数。

温差电偶对材料一般采用半导体合金化合物，根据工作热端最高使用温度，可将材料分为低温、中温和高温三大类。相应的热端温度在 300℃，700℃及 1000℃以上。传统的低温区最好的温差电材料是以碲化铋为基体的材料。中温区应用最多的是以碲化物为基体的材料，如碲化铅，其温差电换能器的最高热面温度为 560～580℃，冷面温为 100～160℃。高温区广泛使用富 Si 的 SiGe 作温差电偶材料。SiGe 合金温差发电器热面温度可达 1000℃。

根据同位素热电转化的原理，同位素电源装置中除同位素热源、热电转化材料外，还有一个重要的部件就是提供冷端温度的散热器。一般通过辐射的方式将热量散到环境中，以维持同位素电源所需的温差。

2.2 安全性

安全性是空间同位素能源技术中最重要的一项，也是美国研究同位素装置是最优先考虑和着重研究的因素。应用证明虽然历史上曾出现过几次意外，但基本没有造成大的影响，经过严格设计的空间同位素装置的可靠性是非常高的。

美国空间飞行历史上携带 RTG 的航天器发生的 3 次意外事件分别是：

➤ 1964 年 4 月 21 日发射 Transit 5-BN-3 任务时，由于运载的故障导致了 RTG 再入大气燃烧，导致核燃料在大气上层的泄漏，之后的 RTG 设计中重点考虑了大气再入的安全性；

➢ 1968 年 5 月 18 日，Nimbus B-1 发射后，由于故障进行了安全引爆。同位素热源在加州海岸的 70m 水深处被发现，顺利回收并用于之后的任务；

➢ 1970 年 4 月，Apollo13 号由于氧舱爆炸中断了登月任务，在返回地球时，携带的 SNAP-27 RTG 再入大气，落到南太平洋 8000 多米的海沟中，目前没有探测到核泄漏。

为了确保 RTG 可能遇到的各种意外，美国制定了严格的安全条件测试项目，主要包括：

➢ 火：需要直接暴露在固体推进剂的大火中，比如发射时的意外，不能出现燃料泄漏；

➢ 爆炸：模拟比火箭燃料箱爆炸更为剧烈的爆炸波，不能出现燃料泄漏；

➢ 再入大气：模拟再入大气时的高温，不能出现燃料泄漏；

➢ 地面撞击：测试以接近 200km/h 的时速撞击地面（沙地、水面、土地等），不能出现燃料泄漏；撞击到岩石地面，允许少量辐射材料的泄漏；

➢ 水中浸泡测试：长期浸泡在水中测试海水的腐蚀作用，保证 Iridium（铱）的抗辐射型和燃料球的高度不溶解性；

➢ 榴弹测试：利用铝或者钛子弹模拟发射时爆炸产生的小碎片可能造成的破坏。

3　美国空间同位素能源装置

3.1　已研制的空间同位素能源装置

➢ RHU- Radioisotope Heat Units

美国开发出的标准 RHU 专门用于深空探测极端环境条件下的航天器设备的供热。目前的 RHU 标准模块采用 Pu-238 氧化物（PuO_2）作为同位素热源，初期热功率为 1W。整个单元长 3.2cm，直径 2.6cm，质量为 40g，其中燃料球质量为 2.7g。为了保证 RHU 的安全性，RHU 结构设计充分考虑了各种可能意外情况下不会发生核泄漏。RHU 标准模块的结构如图，最内部是 PuO_2 同位素材料，外面包覆高强度的铂-铑壳。

第一个采用 RHU 的航天器是 1989 年发射的 Galileo 木星探测器，共装配了 120 个 RHU，为设备提供热量。之后的 Mars Pathfinder 的 Sojourner 火星车安装了 3 个，Cassini 土星探测器安装了 117 个，2003 年发射的火星车 MER 各安装了 8 个用于低温条件下电子暖箱的加热。

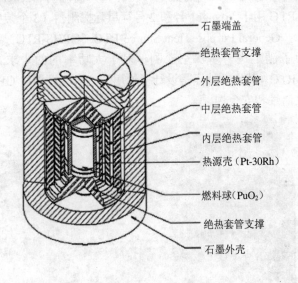

石墨端盖
绝热套管支撑
外层绝热套管
中层绝热套管
内层绝热套管
热源壳（Pt-30Rh）
燃料球（PuO_2）
绝热套管支撑
石墨外壳

图 4　RHU 结构

➢ SNAP-19 RTG

SNAP-19 RTG 是美国早期设计的一种标准 RTG 装置，质量为 15kg 左右，寿命初期输出功率为 40W，比功率达到 2.5~3W/kg，采用的热电转化材料为 PbTe/TAGS，热端温度 580℃，转化效率为 6.2%。同位素材料采用 PuO_2-Mo 金属陶瓷燃料，外层包裹材料由三层材料构成 Ta-10W、T-111、PT-20RH，再入烧蚀热屏蔽材料采用 AXF-Q 型石墨和热解石墨，使热源在再入大气层时可以完整地回收，再外层为隔热层和 Mg

外壳和散热翅片。SNAP-19 RTG 分别用于 Pioneer10、11 号（各 4 个装置）和 Viking1、2 号（各 2 个装置），在深空环境和火星大气环境下都很好的为航天器提供了电力。

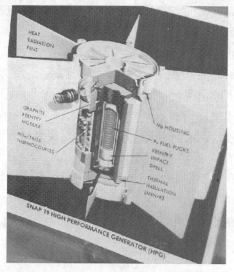

图 5　SNAP-19RTG

图 6　SNAP 27-RTG

> SNAP-27 RTG

从 1969 年的 Apollo 12 到 1972 年 12 月 Apollo 17 的 6 次任务中均采用了为 Appolo 实验设备 ALSEPs（Apollo Lunar Surface Experiment Packages）提供电能的 SNAP27 RTG 装置。该装置质量为 31kg，1 年后能够以 16V 电压提供 73W 的电力，比功率为 2.3W/kg。由于 RTG 的高可靠、轻质量、以及在恶劣的月表环境的正常工作性能，成为最合适的选择。所有的设备都正常工作到 1977 年 9 月 30 日（NASA 关闭试验站）。热电转化材料为 PbTe。

> Multi-Hundred Watt (MHW) RTG

为了满足大功率的深空探测的需求，美国又研制了新一代的 MHW-RTG。装置质量为 38.5kg，功率为 158W，比功率达到 4.1W/kg。燃料使用 24 个分别为 100W 热功率 PuO_2 球，每个球用铱壳包封，外层采用石墨再入保护层。采用的热电转化材料为高温材料 SiGe，热端温度达到 1000℃左右，效率达到 6.6%。MHW-RTG 用于 Voyage1 号和 2 号行星际探测器（3 个装置）和导航卫星 LES8 号、9 号（2 个装置）。

> General Purpose Heat Source-RTG（GPHS-RTG）

为了满足进一步深空探测但对于大功率的的需求，美国在 20 世纪 80 年代又研制了新一代的 GPHS-RTG。其主要特点是设计了通用同位素热源模块 GPHS，可用于未来的多种热电转换装置，增加了设计的灵活性和安全性。

图 7　MHW-RTG

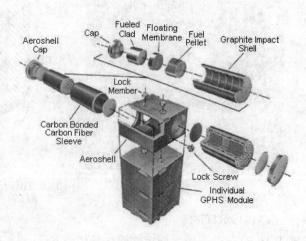

图 8　GPHS

GPHS 的结构如图 8 所示。GPHS 的基本结构为燃料容器（Fueled Clad），内部为 PuO_2 球，外部包封带放气孔的铱外壳。两个燃料容器封装在一个柱形的石墨防撞击容器（Graphite Impact Shell）中。每个 GPHS

又包括两个这样的柱形容器，外面包覆碳纤维隔热层（Carbon Bonded Carbon Fiber），整个 GPHS 的最外层为再入大气热保护层（Aeroshell），保证整个模块在遇到意外时的安全性。每个燃料容器包括 151g 的燃料，提供 62.5W 的热功率，整个模块质量为 1.6kg，能够提供 250W 热功率。

GPHS-RTG 装置（图 9）采用了 18 个标准的通用热源 GPHS，共提供 4500W 的热功率。质量为 55.9kg，功率为 285W，比功率达到 5.2W/kg。整个装置的直径为 42.2cm，长 114cm。采用的热电转化材料为高温材料 SiGe，热端温度为 1000℃左右,效率高达到 6.8%。外壳翅片材料采用铝。GPHS-RTG 已经用于 Galileo（2个）、Ulysses（1 个）及 Cassini（3 个）三个重要的太阳系探测任务，并计划用于即将发射的冥王星探测器 New Horizons（1 个）。

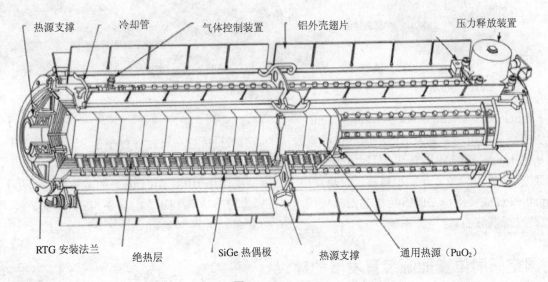

图 9　GPHS-RTG

3.2　正在研制的空间同位素能源装置

为了保证下一代深空探测任务的顺利进行，保证在深空环境和行星表面探测的多用途供电需求，美国开始研究新一代的 RPS（Radioisotope Power System），计划用于 2009 年左右发射火星科学试验室（MSL）。要求提高转化效率，减小核材料用量，寿命初期至少提供 110We 电力，寿命至少为 14 年，尽可能小而轻以提高功率比，提供的电压范围在 23～36V 之间，在 28V 附近提供最大的功率，提供最好的安全性。目前提出的两种方案分别为 MMRTG 和 SRG。

➤　Multi-Mission Radioisotope Thermoelectric Generator (MMRTG)

MMRTG 的热源采用了标准的 GPHS 模块，装配 8 个 GPHS，共 4kg 的同位素材料，热功率为 2000W。寿命初期的功率为 110W，14 年末的功率约为 100W。装置的质量为 40kg，外形尺寸为长 65cm，直径为 63cm，比功率为 2.9W/kg。热电转化材料分为两种：一种是与 SNAP-19 相同的 PbTe/TAGS，热端温度和冷端温度分别为 550℃和 165℃；另一种是与 GPHS-RTG 相同的 SiGe，热端温度和冷端温度分别为 1000℃和 300℃。外壳散热翅片材料采用了质量轻、导热好的 38%AL-62%Be 合金，表面喷涂高发射率热控涂层。

➤　Stirling Radioisotope Generator (SRG)

SRG 是一种通过机械方式进行同位素热电转换的装置。其关键热电转化部件是自由活塞 Stirling 热机和直线交流发电机，GPHS 产生的热能驱动 Stirling 热机的运动，再驱动直线交流发电机产生电力，最后通过直流变换装置（效率约 86%）用于航天器的供电。其中热机热端设计温度约为 650℃（受热机热端材料限制），冷端设计温度约为 46℃（受散热装置的质量限制）。SRG 最大的优点在于转化效率高，可以达到 22%以上，对于与 MMRTG 相同的输出功率下，只需约 1/4 的同位素燃料（1kg Pu-238），即 2 个 GPHS 热源模块，可以节约大量的核燃料和散热面积。通过装配两套 Stirling 热电转化装置，即可实现 110W 的功率输出。系统质量为 34kg，尺寸为 88.9cm×26.7cm，比功率为 3.2W/kg。设计寿命至少为：火星环境条件下 3 年，深空环境下 100000 小时。

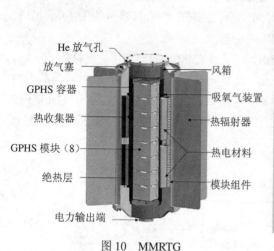

图 10 MMRTG

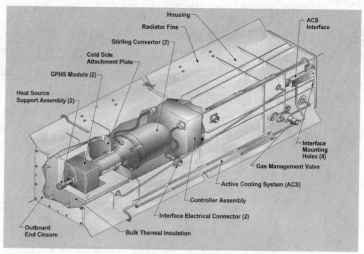

图 11 STG

> Small RPS（Radioisotope Power System）

为了实现多种用途，更灵活的应用同位素电源技术，美国目前正在进行多种小型 RPS 的概念研究，功率范围从几十 mW 量级到几十 W 量级。几十 mW 量级的 Small RPG 主要继承 RHU 标准热单元技术，采用 1 个 RHU 模块作为热源，开发出质量轻、尺寸小、效率高的微小 RPS，用于未来的多种用途。几十 W 量级的 Small RPG 主要继承 GPHS 标准热源模块技术，目标为输出功率 18W，质量 3~5kg，效率 7%，作为未来小型深空探测器的首选电源系统。

4 我国空间同位素能源装置发展的建议

我国目前正在开展月球探测一期任务的工程实施，二、三期任务也已作为重点研究项目，不远的将来，就会探访太阳系更远的宇宙空间。对于深空探测技术来说，电源和推进技术是制约深空探测能力的主要因素。月球二三期遇到的月夜特殊温度环境问题，可能必须通过同位素能源装置得到解决。国外同位素能源装置在深空探测中的广泛成功的应用也证明了这项技术的可行性和重要性。

国内已经有部分相关单位对于同位素能源装置开展了一定的研究工作，如中国原子能科学研究院同位素研究所、中国电子科技集团公司十八所、有色金属研究院等分别对于核材料、热电转化材料以及防护材料有一定的研究。我国应当以深空探测为契机，开展同位素能源技术研究，特别是基础能力、系统设计和安全性设计方面，不要让能源技术成为制约我国深空探测发展的障碍。

参 考 文 献

[1] Robert D. Abelson, Tibor S. Balint, Keith Coste, John O. Elliott. Expanding Frontiers with Standard Radioisotope Power Systems. JPL D-28902. January 12, 2005.

[1] Robert D. Abelson, Tibor S. Balint, Kathryn E. Marshall, Heros Noravian. Enabling Exploration with Small Radioisotope Power Systems. JPL Pub, Sep 2004.

[1] Radioisotope Power System (RPS) Information Summary. New Frontiers AO. October 2003.

[1] Nuclear Power in Space. DOE/NE-0071.

[1] U.S. Space Missions Using Radioisotope Power Systems. Nuclear News. April 1999.

[1] Christopher Scolese. NASA's Nuclear Systems Initiative. Nuclear Energy Research Advisory Committee. April 16, 2002.

[1] Overview of DOE's Plans for Radioisotope Power Systems for Future NASA Space Exploration Missions. Office of Nuclear Energy, Science and Technology.

[1] 张建中，王泽深，任保国，于俊鹏. 空间用放射性同位素温差电池的国际动态. 中国宇航学会空间能源学术年会论文集，电子第十八研究所. 2002.12.

[1] 叶水池，张国威，李海军，刘振茂. 放射性同位素热发电器概况与分析. 中国宇航学会空间能源学术年会论文集. 哈尔滨工业大学. 2002.12.

[1] 蔡善钰，何舜尧. 空间放射性同位素电池发展回顾和新世纪应用前景. 核科学与工程. 2004.6.

附表　美国空间同位素能源装置历史

航天器	同位素装置	任务目标	发射时间	状态
Transit 4A	SNAP-3B7 RTG (1)	地球轨道/ 导航卫星	1961.6.29	RTG 工作 15 年
Transit 4B	SNAP-3B8 RTG (1)	地球轨道/ 导航卫星	1961.11.15	RTG 工作 9 年
Transit 5BN-1	SNAP-9A RTG (1)	地球轨道/ 导航卫星	1963.9.28	RTG 工作正常，因其它原因 9 个月后失效
Transit 5BN-2	SNAP-9A RTG (1)	地球轨道/ 导航卫星	1963.12.5	RTG 工作超过 6 年
Transit 5BN-3[1]	SNAP-9A RTG (1)	地球轨道/ 导航卫星	19644.21	发射失败
Nimbus B-1[2]	SNAP-19B2 RTG (2)	地球轨道/ 导航卫星	1968.5.18	发射失败，RTG 热源回收利用
Nimbus III	SNAP-19B3 RTG (2)	地球轨道/ 导航卫星	1969.4.14	RTG 工作超过 2.5 年
Apollo 11	ALRH Heater	月球表面/ 科学实验	1969.7.16	利用热单元对实验站进行热控，后关闭
Apollo 12	SNAP-27 RTG (1)	月球表面/ 科学实验	1969.11.14	实验站关闭前 RTG 正常工作 8 年
Apollo 13[3]	SNAP-27 RTG (1)	月球表面/ 科学实验	1970.4.13	任务失败，RTG 沉入南太平洋海底，未探测到泄漏
Apollo 14	SNAP-27 RTG (1)	月球表面/ 科学实验	1971.1.31	实验站关闭前 RTG 正常工作 6.5 年
Apollo 15	SNAP-27 RTG (1)	月球表面/ 科学实验	1971.7.26	实验站关闭前 RTG 正常工作 6 年
Pioneer 10	SNAP-19 RTG (4)	行星探测／平台及载荷	1972.3.2	已经飞越超过冥王星，2003 年 1 月最后收到信号
Apollo 16	SNAP-27 RTG (1)	月球表面/ 科学实验	1972.4.16	实验站关闭前 RTG 正常工作 5.5 年
Triad-01-1X	Transit-RTG (1)	地球轨道/ 导航卫星	1972.9.2	RTG 工作超过 20 年
Apollo 17	SNAP-27 RTG (1)	月球表面/ 科学实验	1972.12.7	实验站关闭前 RTG 正常工作 5 年
Pioneer 11	SNAP-19 RTG (4)	行星探测／平台及载荷	1973.4.5	探测木星、土星，飞向更远的地方，1995 年 9 月最后收到信号
Viking 1	SNAP-19 RTG (2)	火星着陆器	1975.8.20	着陆器关闭前 RTG 正常工作 6 年
Viking 2	SNAP-19 RTG (2)	火星着陆器	1975.9.9	链路失败前 RTG 正常工作 4 年
LES 8, LES 9	MHW-RTG (4)	地球轨道/ 导航卫星	1976.3.14	LES 8 2004 年关闭，LES9 正常工作
Voyager 2	MHW-RTG (3)	行星探测／平台及载荷	1977.8.20	RTG 工作正常，已经超越了天王星，海王星，到更远的地方
Voyager 1	MHW-RTG (3)	行星探测／平台及载荷	1977.9.5	RTG 工作正常，已经飞到太阳系的边缘
Galileo	GPHS-RTG (2) RHU Heater (120)	行星探测／平台及载荷	1989.10.18	2003 年航天器在木星大气销毁，RTG 工作正常
Ulysses	GPHS-RTG	行星探测／平台及载荷	1990.10.6	工作正常
Mars Pathfinder	RHU Heater (3)	火星车/电子设备	1996.12.4	火星车寿命 84 天
Cassini	GPHS-RTG (3) RHU Heater (117)	行星探测／平台及载荷	1997.10.15	工作正常
MER Spirit	RHU Heater (8)	火星车/电子设备	2003.6.10	利用热单元，工作正常
MER Opportunity	RHU Heater (8)	火星车/电子设备	2003.7.7	利用热单元，工作正常

发射失败，再入时燃烧，造成上层大气的污染。
发射失败，RTG 热源落入大海后回收应用于后面的任务。
RTG 再入大气，落入南太平洋深海，没有监测到泄漏。

Introduction of U.S Space RPSs

Hou Xinbin, Wang Li, Chang Jijun and Song Zhengji

Research & Development Center CAST

P. O. Box 5142-109, Beijing, 100094, houxinbin@cast.cn

Abstract　In the paper, the history of U.S space missions using space RPSs are described firstly. The principle and safety are narrated. All kinds of Space RPSs which have also been developed and are developing are analyzed. The advice are given about developing RPSs in China.

Key words　Radioisotope; Power system; Deep spece; Thermal control

环境对冲压发动机烟火点火器性能影响研究

黄循瑶　余淑华　赖丽勤　文邦伟

中国兵器工业第五九研究所，国防科技工业自然环境试验研究中心

重庆 2331 信箱，邮编：400039，yshhx2000@163.com

摘　要　为促进某型冲压发动机烟火点火器生产工艺定型，在海南进行了高温、高湿热带海洋气候自然环境对点火器长期贮存性能影响研究。点火器采取无包装的暴露试验和密封包装贮存试验两种方法，分别在户外暴露场、棚库和库房三种环境条件下进行试验。通过试验得到环境温度变化对密封包装储存的点火器的绝缘电阻值、电阻性能均无明显影响，点火性能良好，玻璃钢、涂层等贮存性能良好，点火器的环境适应性良好等结论。

关键词　烟火点火器；贮存；环境试验；性能变化

1　前言

此前，很少有人开展导弹冲压发动机烟火点火器自然环境贮存试验。导弹冲压发动机烟火点火器经大量地面和飞行试验考核证明工作安全可靠、质量稳定并已通过设计定型和技术鉴定，为促进产品生产工艺定型，并按照"导弹使用保管自然环境条件要求"进行烟火点火器在高温、高湿自然环境条件长期贮存性能试验研究是十分必要的。

2　试验

2.1　试验样品

试验样品有 01 点火器和 02 点火器共两种（以下统称点火器），其中 01 有两种试验状态：01-1（包括 02）试验的点火器没有采用任何包装进行防护，01-2 进行了密封包装，其包装盒材料为铝合金，每盒放入点火器 20 发后抽真空并密封。02 点火器的锡箔有金属保护盖，01 没有金属保护盖。

2.2　试验地点

国防科技自然环境试验中心海南环境试验站，属于热带海洋性气候，具有高温、高湿、高盐雾和日照时间较长的气候特点。

2.3　试验方法

点火器分别采用无包装的暴露试验和密封包装贮存两种试验方法，在海南户外暴露场、棚库和库房三种环境条件下进行试验。将 01-1、02 点火器及 01-2 及包装盒分别固定放置在户外暴露架上，暴露架朝南方向并与水平线成 45°夹角；棚内和库内试验的点火器和包装盒水平放置进行试验。

2.4　检验项目

a. 外观以肉眼或 4 倍放大镜观察外观是否腐蚀、生锈、长霉、变色和涂覆层脱落等。

b. 电性能采用 QJ41 型电雷管测试仪 RCJ-3 高阻仪检测点火器的电阻和绝缘电阻，研究其环境对电性能的影响。电阻是指两引线间的电阻，绝缘电阻指两引线和金属外壳间的电阻。

c. 点火试验测试内容包括：燃烧时间、火焰高度和燃烧的连续性。用秒表测试点火器的燃烧时间，用特制高度标尺测试火焰高度。考察点火器在工作时的状态变化情况。

d. 气象、介质检测:试验场所的温度、湿度、日照、雨水、氯离子等环境因子检测。

3 试验结果

3.1 外观变化

户外暴露的样品试验一天便开始出现变化。01 的金属部份出现腐蚀白霜,02 身部玻璃钢颜色变化不均匀,01-1 的金属部份发生轻微腐蚀,其他无显著变化。其余变化见图 1 和表 1。

a.01-1 1年   b. 01-1 局部解剖图   c 01-1 2年   d 02 2年

图 1 点火器户外暴露试验外观图

表 1 户外样品外观变化表

样品	试验时间	外观情况
02	3个月	腐蚀面达积90%
	6个月	金属盖严重腐蚀,涂层开始脱落
	1年	玻璃钢涂层全脱落,金属盖严重腐蚀。
	2年	玻璃钢涂层全脱落,金属盖严重腐蚀
01-1	3个月	腐蚀面积达30%
	6个月	锡箔严重腐蚀,涂层开始脱落
	1年	玻璃钢涂层部分脱落,锡箔严重腐蚀。其中1发腐蚀穿孔
	2年	玻璃钢料涂层部分脱落,锡箔严重腐蚀

点火器棚内贮存试验三个月开始出现黑色腐蚀产物,6个月后涂层表面发暗,较多黑霉。棚内试验的外观变化结果见图 2 和表 2:

 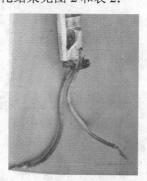

02 棚内试验 2 年   01-1 引线发霉

图 2 点火器棚内试验外观图

表 2 棚内试验外观变化情况

样品	试验时间	外观形貌
02	1年	金属盖60%面积严重腐蚀。
	2年	涂层长黑霉,金属盖80%面积严重腐蚀。
	3年	涂层部分脱落,轻微黑霉,金属盖100%严重腐蚀。
	4年	涂层部分脱落,轻微黑霉。
	5年	涂层部分脱落,轻微黑霉。
01-1	1年	锡箔25%面积严重腐蚀。
	2年	涂层较多黑霉,锡箔开始锈蚀。
	3年	涂层较多黑霉,锡箔约45%较严重锈蚀。
	4年	涂层较多黑霉,引线长霉,锡箔严重腐蚀。
	5年	内部引线严重长霉,锡箔严重锈蚀。

库房贮存的点火器试验一年时开始出现轻微腐蚀。库内样品试验外观变化结果见图3和3表：

01-1 库房贮存 2 年　　02 库房贮存 2 年

图3　点火器库房贮存外观图

表3　库房贮存的点火器的外观情况

样品	试验时间	外观形貌
02	1 年	涂层有微量黑霉，金属盖轻微腐蚀。
	2 年	涂层少许黑霉，金属盖轻微腐蚀。
	3 年	涂层较多黑霉，金属盖 35%面积轻微腐蚀。
	4 年	涂层较多黑霉，少许脱落，金属盖约 40%面积腐蚀。
	5 年	涂层较多黑霉，少许脱落，金属盖约 45%面积腐蚀。
01-1	1 年	涂层轻微黑霉，锡箔轻微腐蚀。
	2 年	涂层轻微黑霉，锡箔轻微腐蚀。
	3 年	涂层较多黑霉，锡箔约 30%面积轻微腐蚀。
	4 年	涂层较多黑霉，锡箔约 40%面积较严重腐蚀。
	5 年	涂层较多黑霉，锡箔约 40%面积严重腐蚀。

01-2 点火器户外、棚内、库内贮存试验到期后启封，检查其外观与原始状态相比无明显变化。库房贮存 7.9 年的外观见图4。

3.2　电阻、绝缘电阻

在户外暴露、棚内和库房试验的各种点火器，按规定试验周期分别进行电阻和绝缘电阻检测。户外暴露的 01-1 和 02 以及库房密封储存的 01-2 点火器的电阻检测数据说明其技术指标无明显变化。户外暴露 01-1 的绝缘电阻下降 1 个数量级，密封储存 7 年的 01-2 的绝缘电阻符合要求。

3.3　点火试验

经暴露试验和密封储存试验后的全部样品均进行点火试验。点火试验见图5。

图4　01-2 库房贮存图

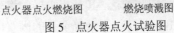

点火器点火燃烧图　　燃烧喷溅图

图5　点火器点火试验图

除在户外暴露试验 1 年的 1 发 01-1 在点火时瞎火外，其余全部点燃，燃烧时间和火焰高度均符合要求，在燃烧过程中有的出现喘息、飞溅等现象。

3.4　试验场地某年的气象、介质数据

表4　库房的环境气象介质数据

年均相对湿度 77%	月最高温 34℃
年平均温度 25℃	月最低温度 6℃
最高相对湿度 99%	0.041.SO_2 mg/100cm^2.d
最低相对湿度 55%	0.005 Cl$^-$ mg/100cm^2.d

表5 户外暴露场的气象介质数据

年平均温度℃	24
月最高温度℃	36
最低温度℃	6
年均相对湿度%	88
年相对湿度>80%的总时数 h	6850
年日照总时数 h	2311
年均雨水 PH 值	5.5
年均雨水中的 SO_4^{2-} mg/m³	4850
年均雨水中的 Cl^- mg/m³	16560
Cl^- mg/100cm².d	0.92

4 试验结果分析

4.1 外观试验结果分析

由图 1 和表 1 结果可以看出：户外暴露试验的 01-1、02 点火器金属构件全部严重腐蚀，由于 01-1 锡箔构件无金属保护盖保护而产生腐蚀穿孔（见图 1a），试验说明 02 的金属保护盖能有效保护锡箔构件；01-1 玻璃钢涂层比 02 的耐候性略微好些。01-1 的引线严重长霉（见图 2 和表 2）。对比表(图)1～3 可见，两种点火器的涂层或金属构件的外观劣化的顺序为户外暴露、棚内试验、库房试验。密封包装的 01-2 点火器库房贮存 7.9 年其外观无明显变化。

4.2 电阻、绝缘电阻试验结果分析

户外暴露 01-1 和 02 以及库房密封储存的 01-2 点火器的电阻检测数据说明其技术指标无明显变化，说明外观变化对点火器的电阻的影响不明显。受环境温度、湿度及腐蚀介质的影响，使引线包皮老化、长霉，使导线、金属构件腐蚀等导致绝缘电阻下降，其中湿度（导致凝露时间长）与腐蚀介质的协同作用对绝缘电阻的影响较大。密封贮存的 01-2 点火器，由于在贮存期间主要受环境温度变化影响，贮存 7.9 年其绝缘电阻仍然符合规定。

4.3 点火试验结果分析

户外暴露试验 1 年的 01-1 有 1 发瞎火，电雷管能够正常点火，因为喷火口密封锡箔被腐蚀穿孔（见图 1），使火药受潮变质而不能燃烧。其余点火器的燃烧时间和火焰高度均符合要求。

导致燃烧过程中出现喘息、飞溅等现象的因素十分复杂，本文仅仅从贮存环境因素对发射药的燃烧性能影响进行分析导致燃烧过程中出现喘息、飞溅等现象原因。由表 4 表 5 的数据说明：由于贮存环境的年均相对湿度较高、年相对湿度>80%的总时数高，容易使样品表面形成凝露，加之空气和雨水中的海盐浓度较高，年日照总时数长，使样品受到干湿交替和白昼温度变化的冲击。这些环境因素导致点火器的金属构件严重腐蚀，引线处的密封构件防护作用降低或失效等；受环境影响玻璃钢涂层粉化、脱落，使环境中潮湿空气中的水蒸气渗透到玻璃钢药筒内部，潮湿空气渗透到点火器中，发射药、氧化剂与潮湿空气中的水蒸气产生化学反应，影响药剂的燃烧稳定性，从而产生点火喘息、飞溅等现象。

5 结论

点火器分别通过户外、棚内、库房暴露试验和密封包装贮存试验得到以下结论：

a. 环境温度变化对密封包装储存的点火器 01-2 的电阻、绝缘电阻值均无显著影响，点火性能良好，玻璃钢、涂层等贮存性能良好，点火器的环境适应性良好。

b. 虽然暴露试验的环境温度、湿度、日晒及盐雾等因子使点火器玻璃钢涂层严重老化或脱落、使引线长霉、金属件腐蚀、使其绝缘电阻下降等，但户外暴露 2 年的点火器 02、01-1 的点火性能尚好，证明点火器具有耐户外大气腐蚀或老化的能力，能满足使用要求。

c. 02 的保护盖可以有效保护锡箔在恶劣的环境中免受腐蚀，01 的涂层耐候性比 02 好。根据以上现象可适当进行点火器的生产工艺改革。

Study of the Influence of Environment to the Performance of Ramjet Ignition Device

Huang Xunyao　　Yu Shuhua　　Lai Liqin and Wen Bangwei

The Natural Environmental Test and Research Center of Science,

Technology and Industry of National Defence，

P. O. Box 2331, Chongqing, 400039，yshhx2000@163.com

Abstract　Long term storage tests of ramjet ignition device were carried out at Warming exposure site where has tropic marine climate to study the influence of environment to the performance for the finalization of production process. The tests included two methods in three conditions, with the methods of non package exposure and seal package storage, and in the conditions of out door, under shelter, and warehouse exposure. The results showed that temperature change has no influence to electric performance of the ramjet ignition device under seal package storage; the storage performance of glass fiber reinforced plastic coating is good; the environmental worthiness of the ramjet ignition device is good.

Key words　Ignition device; Storage; Environmental test; Change of performance

智能微型航天器松散群体关键技术分析

江锦　卢劼　吴晶　贝超

航天科工卫星公司

北京市海淀区花园路7号新时代大厦6层，邮编：100088，jjiangjin@126.com

摘　要　本文提出了智能微型航天器松散群体的概念及其可能的应用领域，进而对智能微型航天器松散群体应用中的关键技术进行了详细分析并给出了可能的解决途径。

关键词　智能微型航天器；松散群体；智能协同；微机电技术

1　引言

随着空间应用领域的拓展，由单一航天器完成飞行任务的应用模式已经不能满足越来越复杂的空间任务的要求。很多高新技术科学和探测任务，如深空环境探测、彗星探测等，需要多个航天器协同工作，从不同位置、多个角度来同时获得信息。且随着系统规模的不断扩大、复杂性的日益增加对提高卫星可靠性和安全性的需求日益迫切，而采用多个航天器的冗余结构也是提高系统可靠性行之有效的方法。

构成一定的群体阵型是多个航天器协同工作的基本条件。从参与协同任务航天器间相对运动关系角度，群体阵型可以分为严格和松散两种形式。并非所用的空间协同任务都对群体阵型有十分严格的要求，在满足任务要求前提下，尽可能采用松散阵型，将有利于降低阵型初始化和保持的实现难度，减小航天器推进剂携带量，从而更好地实现以群体协同获得性能提高和成本降低的目标。

航天器本身的轻小型化和智能化是航天器群体协同工作的必要条件。显然，只有航天器轻小型化，才能在有限的运载能力条件下满足更多航天器以群体方式进入空间的需求。而只有航天器具有更强的智能和自主运行能力，才能真正解决地面站对多航天器群体同时测控和远距离测控的难题，同时也是航天器群体安全、健康、稳定在轨运行的保障。

分析表明，具有自主运行能力，由一定数量微型航天器所组成的松散群体将能够为许多空间科学和深空探测任务提供解决方案。

本文下面将首先给出一种智能微型航天器松散群体的概念及其可能的应用背景描述，进而对发展智能微型航天器松散群体的技术难点进行分析，归纳出主要关键技术并提出可能的解决途径。

2　概念及应用背景

智能微型航天器松散群体是由一定数量的智能微型航天器构成的一个群体，通过航天器个体间测量与控制的闭合回路保障航天器个体相对飞行状态不超出允许的误差范围，即阵形保持松散但不发散，通过航天器个体间的信息交互和智能协同完成整体性任务。

智能微型航天器松散群体有着广泛的应用背景，特别在深空探测领域，如：

空间环境探测和预警：在深空分布式配置多个智能微型航天器，对太阳系高能量电磁辐射进行测量，采集样本数据发回地面数据中心建模对其发生进行预报，且由于粒子辐射的速度要比电磁波的传播速度慢，当高能电磁辐射发生的时候，深空中配置的微型航天器可提前将消息发回地面，争取宝贵的时间，提前防范高能电子流等对地面通信及电子设施或中低轨卫星等的破坏；

彗星及小行星探测：多个智能微型航天器分别探测自身与小行星的相对位置的变化，从多个不同的角度对彗星或小行星表面进行拍照，这些都是通过单一航天器方式很难完成的。

3 关键技术分析及解决途径

(1) 智能微型航天器群体轨道转移技术与阵型设计

智能微型航天器松散群以一个整体协同工作的前提是其以一个整体在轨飞行，不能有成员掉队，群体轨道转移与单个航天器的轨道转移相比有许多新的难题：每个航天器的动作都需要兼顾群体中其它航天器，不能破坏整体的阵形。采用何种构型、并在飞行过程中克服各种干扰以保持松散队形，以使用尽可能少的能量完成队形保持等问题都需要进行具体研究。

一种可能的群体轨道转移策略是：采用主从方式---即选择群体中一个智能微型航天器作为中心，其它微型航天器以其为参照保持相对关系---通过理论计算得到群体中的中心智能微型航天器的理想转移轨迹，假设有一个虚拟的中心微型航天器沿此理想漂移轨迹运行，且理想漂移轨迹随测量设备的结果不断更新；真正的中心智能微型航天器跟踪虚拟中心微型航天器；其它微型航天器与中心微型航天器保持相对关系。群体轨道转移中的防撞问题可以通过航天器之间的信息交换进行协调或者由中心智能微型飞行器进行总体调控来解决。

(2) 松散群体相对测量与控制技术

当中心智能微型飞行器根据需要进行轨道调整后，原有的阵形会发生改变，必要时其它智能微型飞行器单体要及时做出响应并进行相应调整以保证群体队形不致发散，为此，涉及群体中各单体间的相对测量与控制方面的技术问题需要深入研究。

探测系统是智能微型航天器的"眼睛"，由它得到的测量信息是松散群体保持的前提，因此适应于微型航天器的探测系统是首要解决的问题之一。考虑到体积、重量、功耗等的限制，相对测量应基于光学视觉导航和多站无源定位技术实现。

智能微型航天器群体要进行整体飞行和相对控制，要求应能够感知自身的位置和姿态运动状态，并具有调姿、变轨能力。随着微电子和微机械技术的发展，可采用微惯性组合、微控制力矩陀螺和 MEMS 微推力器等组成智能微型航天器的姿轨控系统。

(3) 智能协同技术

复杂的航天任务和地面对群体航天器测控的困难要求航天器本身要具有高度的自主性和分工协同工作能力。地面控制系统仅对其发送高级指令或进行监测等，而由智能航天器本身将接收到的命令进行分解，转换为低一级的指令使执行机构产生动作。对于多个智能航天器组成的群体，各单体的智能性可有所区别或各司其职，通过协同来完成整体的任务。为了实现智能微型航天器群体的协同工作，如信息共享、资源分配等，需要对多智能微型航天器的协同触发机制、协同控制等问题进行研究。

多智能体技术是目前人工智能领域中最新、最重要的研究方向之一，随着网络技术的发展，多智能体技术的应用领域也不断扩大。智能体具有意图的性质，利用多智能体的联合意图机制可实现联合行动，从而实现分布式观测与控制。各智能体对各自观测到的数据进行处理，作出局部预测，通过相互之间的信息链路进行协调，对全局进行分布式问题求解，最终形成一个可靠的一致解，从而构成一个多智能体系统。

拟采用混合式的多智能体融合结构，对智能微型航天器群体进行建模，对不同微型航天器的智能等级进行设定，在协同工作过程中每一级智能体都具有特定的领域知识、特定问题的求解能力，都是能够自主工作和协作交互的智能实体。通过具有不同智能性的智能体之间需采用一个明晰的协作策略，实行从任务的分解、分配到执行的协调一致的动态管理。

(4) 微小型化实现技术

结构多功能、信息处理一体化和 MEMS 技术是是实现智能微型航天器的主要技术途径。

为了能够在近乎苛刻的尺寸与重量约束条件下完成智能微型航天器的集成，可采用多功能结构来减轻智能微型航天器重量和提高功能密度比，即将电子线路的外壳、电连接器、数据传输线、封装、支架，热控等辅助部件加以集成，敷设在结构的复合材料中间，并采用新的方法将有源电子线路与机械表面直接接触，敏感器和执行器安装在表面上，最大限度地减少电缆和接插件。

随着科学技术的发展，可采用目前出现的片上系统技术（System On A Chip，简称 SOC）从整个系统的角度出发，把处理机制、模型算法、芯片结构、各层次电路直至器件的设计紧密结合起来，实现信息处理一体化，在单个（或少数几个）芯片上完成整个系统的功能。

在模块微小型化方面，可采取微型惯性测量组合（MIMU）、基于 MEMS 微推进器和微型控制力矩陀螺实现智能微型航天器的姿态调整和轨道修正，可采取 MEMS 固态模化通信器件和微型天线构成微型通信组件，实现微型航天器与地面或微型航天器之间的信息交互。

4 结束语

本文对智能微型航天器松散群体的概念进行了详细描述并分析了其中急需解决的几项关键技术。这种微型航天器群体协同工作的思路有别于其他空间飞行器编队飞行和星座的概念，通过采用群体协作的方式提高了整体的智能性，降低了单体成本和技术难度，必将有广阔的应用前景。但国内外对很多关键技术的研究都刚刚起步，还有许多理论与实际问题有待于深入研究。如何将这些技术应用于实际任务，已成为当前最为迫切的任务之一。下一步我们应充分继承微小型技术方面的研究成果，加强群体协同方面的研究工作，为我国空间飞行应用探索出新的思路和实现途径。

参 考 文 献

[1] Zetocha, P.. Satellite Cluster Command and Control. 2000 IEEE Aerospace Conference Proceedings, 2000, 7:49~54.

[2] Mark E.Campbell and Karl F.Bohringer. Intelligent Satellite Teams for Space System.

Key Technique Analysis of Intelligent Micro-Spacecraft Loose Cluster

Jiang Jin   Lu Jie   Wu Jing and Bei Chao

CASIC Satellite Technology Ltd.

No.7 Huayuan Road, Haidian District, Beijing, 100088，jjiangjin@126.com

Abstract   The concept of intelligent micro-spacecraft loose cluster and its potential applications are presented in this paper. Key techniques of the intelligent micro-spacecraft loose cluster are analyzed and the corresponding possible solutions are also provided.

Key words   Micro-spacecraft; Loose Cluster; Intelligent Cooperation; MEMS

应对信息化武器试验需要，建设数字化综合发射场

蒋万军　曹新

63601 部队

兰州市 27 支局 7 信箱 78 号，邮编：732750

摘　要　随着信息化技术在武器上的不断应用和发展，发射场试验能力与武器系统对发射场的要求之间形成了严重的矛盾。为解决这些矛盾，文章提出了基于 HLA 网络的数字化发射场建设方案，并对数字化发射场的特点、功能、作用、优点等进行了论述。通过对数字化发射场的组成及体系结构的论证，指出了建设数字化发射场所需要的关键技术支撑。同时，针对数字化发射场的运作模式，指出了未来的研究方向和学科。

关键词　信息化；武器试验；数字发射场

1　概述

20 世纪 80、90 年代以来，以信息技术为核心的高新技术在军事领域的应用和发展导致世界军事领域发生了一场深刻地变革，这场变革也引起了武器试验发射场建设、武器试验方法以及部队列装、训练模式等的变化。

发射场作为武器研制试验、批抽检试验以及战技指标鉴定和作战效能评估的中心，在武器的研制、批产和装备部队、形成战斗力的过程中起着举足轻重的地位。然而，随着信息化高新技术在武器装备上的不断应用和发展，发射场逐渐落后于信息化武器装备的试验需要。因此，发射场必须着眼于未来战争需求，完善自身试验能力和职能，通过构建全新的数字化综合发射场，以及不断创新和研究信息化武器试验、作战和训练方法，使发射场从单一的武器测试发射、鉴定型发射场向数字化、智能化、自动化，集信息化武器测试发射试验、作战方式方法研究、部队操作技能及战术训练等为一体的综合性发射场转变。本文就数字化发射场特点及体系结构进行探讨。

2　建设数字化发射场的原由

2.1　信息化武器系统对发射场提出的要求

随着信息化高新技术的不断应用，发射场试验能力与武器系统试验要求之间形成了严重的矛盾。主要体现在以下几个方面：

a. 隐身化、突防设计的武器系统与相关数据获取之间的矛盾；

b. 以主、被动干扰设计为主的突防技术与相关数据获取之间的矛盾；

c. 全程弹道跟踪、测量，完备的作战效能评估与单一的试验环境、落后的试验方法之间的矛盾；

d. 高昂的武器试验费用和试验风险与完备的试验指标考核之间的矛盾；

e. 以快速发射为主的战标考核与相关数据获取、验证之间的矛盾；

f. 以武器系统方案试验、指标考核为主的试验与部队训练之间的矛盾。

为解决以上矛盾，发射场必须积极更新自身试验装备，通过完善试验检测方法和手段，来强化发射场试验能力，并为武器试验、检测及训练服务。对此，发射场需要完成的工作主要有：

a. 建立完善的数字化测试、发射、监测系统，积极获取可供作战效能评估以及武器系统对抗使用的武器系统各项试验数据；

b. 建立性能良好的数字化虚拟试验发射场，对武器系统进行多模态仿真试验，通过虚拟试验来降低试验风险和试验费用。同时，完成作战部队虚拟环境下的训练、考核及作战能力评估；

c. 加大武器系统在发射场试验全过程的质量、性能等科学、系统管理和控制的力度，全面考核武器系统的各项战技指标，完成武器系统作战效能评估；

d. 发射场试验流程向作战流程靠拢，尤其是抽检试验流程达到战斗化要求；

e. 利用数字化虚拟试验发射场，对武器系统进行机动隐蔽、快速发射、攻防策略、信息化作战指挥等作战模式研究，为作战部队提供最佳作战方案。

2.2 面向信息化作战，发射场必须承担的任务

2004 年 3 月 6 日，政协委员徐中信表示，目前中国国防力量与国际水平相比至少滞后 10 到 15 年，在当前国际形势下，没有强大的高新技术武器装备、没有强大的国防，中国的发展就没有保障，任何突发事件都可能发生。因此，必须不断更新和发展我军的武器装备，使其能够更好地适应未来战争需要，并始终保持强大的威慑和作战能力。为此，作为武器研制、鉴定、装备、作战使用过程中的关键环节，发射场必须在武器装备由试验向实战转变过程中发挥重要的作用。

随着隐身、突防等先进技术的不断应用，发射场因自身能力的原因，不能较好完成 RCS 测量、突防测量与判别、一体化指挥与控制、虚拟试验及再现试验、虚拟现实条件部队训练与考核等适应未来信息化武器装备需要的任务，为此，发射场必须加大投入，积极改造现有试验设备，并增加相应专门设备，以更好地完成信息化武器从试验向实战转变过程中的一切要求和任务。

近年来的局部战争表明，高技术条件下的战争是系统与系统之间的对抗，是陆、海、空、天、电、网等诸军兵种全立体、全纵深的联合作战。这正是我军所欠缺的，也是我军现有训练模式和水平不能达到和完成的。因此，必须改变"自己的兵，自己管；自己的人，自己训；自己的打法，自己练"的训练模式，建立统一的、课目齐全、训练方式多样的部队训练与考核中心。发射场作为武器测试、发射试验的中心，掌握着先进的测控设备、众多的信息化装备和丰富的测试发射经验，因此，发射场有能力也必须承担起建设我军新型部队综合训练考核中心的任务。

信息化对武器装备的改造，导致武器发生质的飞跃，但是，信息化高技术装备也不是没有弱点。如 1997 年 3 月，美军莫哈维"21 世纪特遣部队"演习中暴露出战术互联网抗干扰能力差，易受"黑客"入侵，语音通信易阻塞通道，提供信息过多以及指挥部转移时联网计算机必须脱机等问题。2003 年伊拉克战争暴露出美军信息化武器装备存在数字化身份验证失误、易受干扰、气候及恶劣的环境对武器性能影响严重等问题；为此，发射场不仅要对武器突防性能、作战效能评估、数字化模拟与仿真试验、虚拟现实模拟训练、一体化作战模式等学科进行研究，还需对网络攻防对抗、电子攻防对抗、侦察与反侦察对抗、突防与反突防对抗、干扰与反干扰对抗、网络超级无极嵌入等学科进行研究。

3 数字化发射场主要特点

3.1 数字化发射场的功能和作用

数字化发射场的功能和作用主要应表现在以下几个方面：

a. 获取信息化武器装备在试验过程中各方面的数据，尤其是实战过程中的突防能力、隐身效果等数据；

b. 建立信息战理论体系，开展信息战理论研究，为未来的信息战提供理论参考；

c. 根据各方面的数据进行信息化武器装备技战术性能指标的检验和鉴定，并相应进行作战效能评估；

d. 利用建模和仿真技术，构建数字化信息战合成战场、对抗环境，推演信息战过程，仿真信息战作战样式，开展虚拟网络练兵；

e. 培养和锻炼未来战争需要的信息化作战指挥人才。

3.2 数字化发射场主要特点

数字化发射场与一般发射场相比，其测控设备具有高度数字化联接、自动化运行、网络化管理等特点。数字化是自动化和网络化的基础。自动化是各种传感器的自动化运行，包括：战场背景模拟、战场威胁环

境模拟、电磁环境监测、目标特性测量和定位、指控等设备，其均能在控制网络上自动实现信息交换；网络化是发射场所有系统、设备均实现网络化管理，网络分为有线、无线网络，其采用 HLA 技术，将分散在各地的设备连接成一个有机整体，构成信息化试验环境。

数字化发射场不仅仅在于设备的数字联接、信息的自动交换和设备的网络管理，更重要的在于将虚拟现实技术应用于武器试验、对抗演习、战法研究和部队训练。

a. 高效、实时的武器研究与开发。利用虚拟现实技术，可根据战争需要，设置不同的战场环境、作战背景、敌我态势，在这种合成环境下，充分论证新技术、新概念的军事可用性，演示装备的技术可行性、作战适用性和经济可承受性。同时，还可进行边界条件、作战效能等试验验证。

b. 信息化条件下指挥决策模拟。虚拟指挥决策模拟是帮助学员学习利用各种传感设备感知敌方兵力部署、战况等，以便更好地了解战场形势和敌方意图，迅速定下决心。由于学员是独立分析判断并适时决策，当这些情况或类似情况在实际作战中重现，他们便能将原来的经验与现实情况结合，极大地增强胜利信心。

c. 高效的智能分析模拟与经验累积。在虚拟现实环境下，智能分析与模拟软件将各种传感器搜集到的数据和信息进行分类、融合和处理，使之变成容易理解的图形和图像，并把分析和决策结果存储在计算机内，以供下次模拟演练或实际作战参考。

d. 逼真的战场环境模拟，身临其境式的模拟训练。利用虚拟现实技术建立的战场环境图像库，存储了各种战场目标对象、作战场景、作战背景及作战双方的人员图形图像等，其利用先进的三维图像、多路传感输入手段，逼真地模拟自然环境中的视觉、听觉、动感等，为使用者创造出险象环生、几近"真实"却没有硝烟的立体战场环境，从而增强临场感受，提高训练质量。

e. 全程的监控与系统的检测。数字化发射场使武器自进场开始，就始终处于全程监控之中，这大大提高了试验的安全性。同时，使技术阵地测试、发射阵地测试与实际飞行试验的数据结果连为一体，这不仅强化了各种试验数据的管理和使用，提高了数据的利用率，也强化了发射场飞行试验及试验结果的权威性和科学性。

4　数字化发射场的组成和体系结构

4.1　数字化发射场的技术支撑

根据数字化发射场的所承担的任务，其需要以下新技术支撑：

a. 高性能数字化雷达技术。分布与首区、落区、空基、天基上的高性能数字化雷达，对武器发射场试验数据的获取，尤其是实际飞行试验数据获取，起着关键性的作用，是数字化发射场的基础。同时，也只有高性能数字化的雷达才能较好的完成武器 RCS 的测量，才能完成突防措施测量与判别等任务；

b. 高效的战术互联网络。数字化发射场的另一个基础设施就是高效的战术互联网络，其使所有的信息化测控设备联成一体，从而使一体化测控、实时通信与数据传输、交互虚拟现实、信息化指挥和控制等成为可能；

c. 先进的计算机技术。先进的计算机技术是数字化发射场的关键，其主要用于武器系统技术阵地测试信息、发射阵地测试信息、飞行试验信息的集成、统计、分析与处理以及虚拟现实技术的核心硬件平台，指挥和控制各种信息化测控装备等；

d. 虚拟现实建模与仿真。其不仅可以对武器边界条件试验进行检验，从而降低武器试验的成本，同时，也可降低部队的训练成本，提高部队训练的效率，还可用于指挥人员辅助决策等；

e. 全新的数字化测试与数据获取接口技术。发射场最重要的工作之一就是完成信息武器装备的技术阵地、发射阵地的测试与发射。随着未来各种先进技术的不断使用，随着自动化测试技术的不断应用，相应的发射场也必须具备数字化自动测试与相应的数据获取的能力。

4.2　数字化发射场的建设原则

依托发射场现有测控设备和布局，突出顶层设计；虚拟现实试验与实弹发射互为补充，互为验证，形成综合试验能力；坚持"实用、可靠、先进、经济"的原则，尽量采用成熟和先进技术；进行模块化、标准化、网络化设计，强调实用性、开放性和可扩展性。

4.3 数字化发射场的组成及其体系结构

数字化发射场组成及其体系结构如图1所示，主要包括HLA（High Level Architecture）系统体系与系统结构、作战理论体系、指挥调度系统、自然环境模拟生成系统、战场环境模拟生成系统、武器模型数据库、虚拟仿真试验系统、目标侦察与作战效能评估系统、虚拟演练系统、专家辅助决策系统、试验与演练态势监控系统、威胁数据库、信息化测控装备与环境、武器装备试验平台、历史测试与飞行数据库等，它们之间相辅相成，是一个有机的整体。

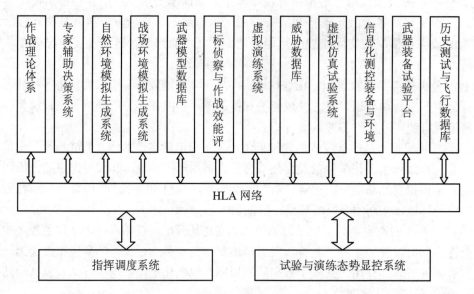

图1 数字化靶场体系结构示意图

HLA网络构成数字化发射场的系统体系，是信息化武器装备的试验平台，是发射场的基础设施。

作战理论体系主要研究武器系统在信息化作战过程中的使用原则、作战对象、作战环境和作战样式的，是发射场试验的出发点，也是试验最终的落脚点。

指挥调度系统、试验与演练态势监控系统是发射场试验的控制中心，协调各系统的工作，并显示相关结果。

武器模型数据库、专家辅助决策系统、威胁数据库是武器试验、演练以及开展相关作战理论研究的基础，其随着试验次数的增加不断充实。

目标侦察与作战效能评估不仅仅能够对进行全程跟踪，并进行作战效能评估，同时，还可以对首区发射平台进行跟踪侦察，完成武器系统生存、反侦察考核等。

虚拟演练系统是检验武器性能，进行信息化作战对抗的软硬件平台，其是建立在相关系统之上的战术演练平台。

虚拟仿真试验系统主要指的是虚拟现实仿真，为其它系统提供低成本的运行平台。

信息化测控装备与环境主要提供实际发射场信息，完成试验所需电子信息环境。

武器装备试验平台主要提供被试品安装平台及相应的发射场测试与数据获取接口。

历史测试与飞行数据库是武器系统在发射场进行测试与飞行的所有有效试验数据的集合，其是发射场试验结果或结论的来源，也是发射场执行部队训练任务的基础，其随着发射场试验次数的不断增加而增加。

自然环境模拟生成系统与战场环境模拟生成系统是构成数字化发射场的关键，是正确评价信息化武器装备性能指标的基础，其可根据具体情况进行设置。在发射场试验条件下，它有两个方面的内容：其一是战场信息环境内容和可能出现的信息对抗手段(如图2)。战场形势主要是提供与实际战场相近似的战场信息资源库，对战场指挥控制有着重要作用；发射场技术支撑主要是目标信息获取与识别、侦察与反侦察、作战效能评估、实体摧毁能力、信息支援、电子攻击与反攻击、网络对抗、心理战等；发射场信息传播范围可用时间、空间、频谱等进行度量，但却随时间、空间、频率变化；发射场信息系统主要是包括首区、落区、空基、天基等测控设备为主的发射场基础设施、相关机构、系统人员和其它相关信息成份组成，是发射场信息环境的基本要素。其二是模拟生成逼真的自然及战场环境。这需要依靠各种电子模拟器，包括雷达信号环境模拟器、光电信号环境模拟器、各种威胁目标模拟器以及部分实装，按一定的原则布设构成真实的战场信息态势。

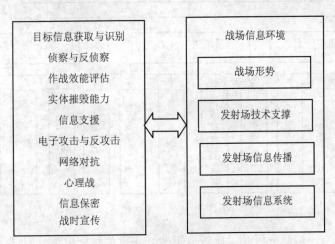

图 2　战场信息环境结构示意图

5　数字化发射场的运作模式

5.1　完备的测试与数据获取能力

发射场最重要的功能之一就是获取完备的测试、飞行试验数据，这些数据不仅包括了所有地面设备的测试数据、弹上各系统在各个阶段的测试数据、毁伤情况数据，还包括实际飞行隐身、突防效果等数据。同时，还有测试或飞行试验中，出现的各类故障现象、故障原因、处置措施等。这些数据是发射场完成武器系统评定、鉴定与效能评估的依据，同时，也是建立发射场，利用虚拟现实系统进行部队训练考核与评估、作战模式研究等的基础。

发射场测试数据获取与武器系统之间是一个矛盾的关系，尤其是隐身、突防技术应用与相关飞行数据获取上。由于这些技术在不同程度上有一定的针对性，这就给发射场完成测量提供了可能。为此，发射场必须针对这些特点改造现有测量装备，完成相应技术的测量。同时，随着未来高新技术的不断发展，现有经过改造的测量设备，又有可能再次落后，因此，发射场还应不断跟踪世界先进测量技术，不断改造自身，强化自身测试能力，积极完成各种试验任务。

5.2　虚拟试验与实际试验相结合

实际试验是在真实的大气环境与信息环境条件下进行的真实的测试发射试验，具有可信度高的特点，但也存在试验费用高，可重复性、可控性和保密性差等不足。虚拟试验则有良好的可重复性、可控性和保密性，且试验效费比高，可生成实际试验难以生成的信息条件等。随着武器系统技术含量的增加，武器系统的试验鉴定要求发射场能够生成各种复杂的试验条件，因此，完全依赖实际试验来完成系统评定、鉴定或评估的困难越来越大。数字化发射场采用虚拟试验与真实试验相结合的试验模式，虚拟仿真试验主要用于完成一般条件下的试验或真实试验难以完成的试验；真实试验则用于完成虚拟仿真试验结果的典型验证，以及虚拟仿真试验难以完成或无法完成的试验。虚拟试验的结果为实际试验方案的拟制提供依据；真实试验的结果用于虚拟试验的模型校验以及数据库的建设。虚拟试验与真实试验互为补充、互为验证、相辅相成，从而完成武器的各种试验及指标评定与考核。

5.3　作战效能评估

作战效能是指一个武器系统在战场环境中能够成功履行其作战使命任务的程度。要完成武器装备的作战效能评估，必须建立起科学合理的武器作战能力评估指标体系，为此采用逐级分析法，建立如图 3 所示的树状结构。将作战效能的评估分为几级指标，对每级指标给定编号、名称、权重、内涵条件、数学表达式等，对不能用数学表达式给出的，采用专家打分或模糊识别技术给出具体的数值。

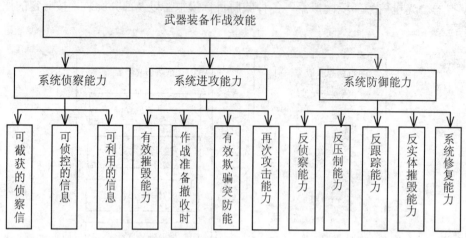

图 3　作战效能评估体系

分析评估方法主要的有：经验分析法、比较分析法、灰色关联分析法、信息量分析法、信息融合分析法等，具体方法的应用要根据具体评估对象来选用。

5.4　作战模式研究

作为数字化发射场的重要功能之一，充分利用战场环境模拟生成、武器模型数据库、虚拟仿真试验等系统模块进行作战模式研究是可行也是必要的。采用这种方式进行战法研究，不仅可培养大量系统操作人员、战法研究人员，并适时培训作战人员，还可对新装备研制提供接近实战的使用反馈信息，检验及其装备参加未来作战的方式与理念等。同时，明显缩短武器形成战斗力时间及节省试验训练经费等。

作战模拟仿真在于利用高性能计算机技术，充分发挥专家系统技术、面向对象仿真、高性能数据库等优势，通过直观图形生成及虚拟现实等完成战场建模与仿真，从而完成作战模拟研究。由于基于虚拟现实的计算机作战模拟可多次重复，所以，可有效地研究出有针对性的作战模式。因此，美军把计算机作战模拟（美国防部称为建模与仿真）看作"五角大楼处理事务的核心方法中的一种战略技术"，积极加强计算机作战模拟研究和投入，用以研究高技术武器对未来作战样式的影响。

5.5　对抗演习

对于作战人员来讲，通过对抗可以达到练兵和检验部队的目的，而对于一个新型武器的实际性能、实际作战效果，能否达到预定作战效果等问题，也必须在一定的战场环境条件下，通过武器系统与武器系统的实际对抗与演习才能得到检验。然而，布置一个真实的信息化战场对抗环境，来检验武器的实际作战效能是不现实也是不可能的。在数字化发射场中，利用战场环境模拟生成、武器模型数据库、战场信息环境等系统与模块，能较好的模拟真实的信息化战场环境条件，在历史测试与飞行数据的帮助下，即能完成武器系统对抗演习，达到检验作战效能的目的。

5.6　部队综合训练与考核

一个现代化的军队掌握着各种先进武器装备，这些武器之间，既存在联系也存在不同。要使这些武器在战士手中迅速形成战斗力，达到作战使用目的，就必须强化部队日常训练与考核。面对信息化作战条件，如何完善部队日常训练与考核是一个现实性的关键问题。海湾战争作为一场高技术条件下的成功战例，其主要得益于 20 世纪 70~80 年代，美军以"战时怎么打，平时就怎么练"为指导思想的训练革命。近年来，美军的部队训练，除继续强调实战标准外，还凸显出以下新特点和动向：

a. 积极以最新科学技术装备和完善训练中心，以加大或强化部队的训练难度和强度，其通过各种复杂而惊险的课题式训练，培养出随时能投入战斗的坚强部队。

b. 为寻找既节约能源，又保证质量，还能适应战争形态变化的训练途径，把注意力转向了以计算机模拟、虚拟现实、人工智能、激光、数字通信、网络等技术为基础的高技术模拟训练。

c. 美军不仅要求保持部队训练的持续性，还积极通过计算机对抗模拟、环境/武器系统仿真模拟和带测量装置模拟对抗与演习等，发现和解决训练中的薄弱点。

从发展趋势看，美军不仅积极改革训练方式，还为新装备研制提供接近实战使用的反馈信息，并大量应用于检验新的作战理论，然后，再以检验过的理论来指导训练，使军事训练活动始终充满变革的活力。

在和平与发展是世界主流的年代，军人的实战经验与战斗力的形成主要来自于参加局部战争、长期部队训练、参加虚拟战争等三个方面。长期的和平环境，使军人通过战争学习战争的可能性越来越少，因此，从训练中学习，从虚拟现实中学习将成为主要途径。数字化发射场有最先进的武器虚拟现实试验系统，在完成武器试验、鉴定的基础上，完全可借鉴外军部队训练的方法，充分发挥发射场作为部队训练中心的软硬件优势，在利用虚拟现实技术开展武器作战模式研究的同时，积极进行作战部队人员的培训、考核与评估。通过逼真的战场环境模拟，构造出近似于实战的敌我态势，通过"激烈"的战场对抗，从而造就身经百"战"的将士。

5.7 其它课题研究

数字化发射场作为一个集武器试验、虚拟仿真试验、作战模式研究、对抗演习、部队训练与考核等多项功能的全新发射场。还可进行武器系统威力考核与实践、武器系统突防能力检验与考核、部队一体化作战模式、部队一体化作战指挥与控制方案、网络攻防对抗、电子攻防对抗、机动发射装置的侦察与反侦察对抗、突防与反突防对抗、干扰与反干扰对抗、网络超级无极嵌入等学科或课题的研究。相信完成这些课题或学科的研究后，发射场的综合试验、部队综合训练与考核等能力都会得到较大的提高或发展。

6 结束语

数字化发射场的建立，对我军武器的研制、定型、列装、部队训练与考核以及相应的作战模式研究等将都将起到巨大的促进作用，也可明显节省相关的试验、训练经费与物资、人力等资源的使用量。但是，数字化发射场的建设作为一项复杂的系统工程，一个宏大的再设计工作，仅仅依靠一篇研究文章是不行的。在具体的建设过程中，还将出现众多如网络超级无极联接、虚拟试验模型建立等大量有待研究解决的技术问题，因此，发射场必须不懈努力，与时俱进，才能建设出世界一流的全新的数字化发射场，才能不辜负时代赋予我们的重任。

参 考 文 献

[1] 熊光楷. 关于新军事变革. 2003 年 4 月 16 日.

[2] 戴旭. 记者对刘亚洲将军关于伊拉克战争的访谈. 空军军事学术，2003 年 12 月.

[3] 孙福治. 美国陆军的虚拟试验场. 国防在线：2003 年 12 月 10 日.

[4] 李长春. 美军数字化演习的"幕后". 解放军报，2002 年 08 月 07 日第 12 版.

[5] 胡谷能，杨庆勇. 美军信息化条件下攻防作战的新特点. 南京陆军指挥学院外军教研室

[6] 马树新，闫民. 美军训练改革的着力点. 解放军报：2002 年 09 月 10 日第 6 版.

[7] 胡晓峰. 美军训练模拟发展概况. 2003 年 12 月 25 日.

[8] [俄] B.C.特列季亚科夫. 21 世纪战争. 军事谊文出版社，2002.4 月第一版.

[9] 黄汉标. 解读一体化作战. internet.

[10] 刘治德，郭晓洪. 21 世纪的精确制导武器技术. internet.

[11] 郁正德，张继勇. 信息战发射场构建. internet.

[12] 王稚. 军事革命/转型概念综述. 中国网.

[13] 数字化部队的步伐——美"陆军 21 世纪特遣部队"演习评析. internet.

[14] 王运刚. 外军虚拟现实模拟训练. 国防报，2002 年 02 月 26 日 第 8 版.

[15] 王盛槐，孙晓波，唐保东. 外军基地化训练大扫描. 解放军报，2003 年 02 月 12 日 第 12 版.

To Build a Digital Multi-Launching Site According to the Need of Armament Trial of Information

Jiang   Wanjun and Cao Xin

63601 Unit, PLA

No. 78, P. O. Box 7,   27 Branch, Lanzhou, 732750

Abstract   With the use and development of information technology continuously, the conflict between the capability of launching site and the need of an armament system to a site are more prominent. To solve these conflicts, a project for building a digital launching site is presented and the project is based on HLA network. In this article, the characteristic of a digital launching site is related and the function and the use and the merit too. The key support for technology to a digital launching site is defined by demonstrating the elements of a digital launching site and systematic structures too. Meanwhile, the direction and subjects in future are indicated in allusion to the operational mode of a digital launching site.

Key words   Information；Armament Trial；Digital Launching Site

地球探测双星太阳阵表面等电位及剩磁控制

金海雯　吕伟　崔新宇　高剑峰　赵颖

中国电子科技集团公司第 18 研究所

天津市 296 信箱 35 分箱，邮编：300381，yishi@tips.ac.cn

摘　要　本文结合具体空间型号——地球探测双星，介绍了太阳阵设计中，静电洁净度和磁洁净度方面的控制技术。论述了航天器在复杂的空间环境中运行时，等离子体环境使太阳阵表面出现的静电充/放电特性。分析了相邻太阳电池电路间形成电位差的机理以及二次弧光放电造成的太阳电池电路发生永久性短路。并介绍了地球探测双星太阳阵在表面等电位控制方面所采取的措施，通过在电池玻璃盖片表面蒸镀 ITO 导电膜，使太阳阵面最大电位差小于 ±1V。本文的另一部分还介绍了地球探测双星太阳阵在磁洁净度方面的控制，使剩磁指标达到国际先进水平，距太阳阵 2.5 m 处磁感应强度小于 0.5 nT。

关键词　太阳阵；ITO 膜；静电洁净度；磁洁净度；等电位

1　引言

空间环境是一个包括真空、低温及荷能粒子辐射等多种因素的综合环境。运行于空间轨道上的航天器不同程度地和空间环境相互作用，航天器的寿命与工作性能取决于是否能适应空间环境对其的影响。特别是对于长寿命的航天器，在选择材料和元器件时，更要充分考虑空间环境对它的累积效应。

随着科学的发展，试验卫星的不断探测，使我们渐渐掌握了如何使航天器能够适应空间环境对它产生的影响，并通过在轨工作管理，进行遥测数据的分析，验证了地面采取防护措施的有效性。

2　等离子体环境下太阳电池阵表面静电充/放电特性

安装在航天器上的太阳电池阵直接暴露在空间环境下，运行过程中，受到周围等离子体、高能带电粒子的轰击以及太阳电磁辐射引起的光电子发射等影响，使太阳电池表面沉积一定数量的电荷而充电。受光照时表面带正电荷，在地球的阴影期或背向太阳时，表面带负电。

当太阳扰动引起地磁亚暴时，等离子体的能量达 3 ～200keV，可在相邻的太阳电池串之间产生几千伏的电位差。当电位差高于阈值电压时，太阳电池电路高电位和低电位之间的电流流动，通过高浓度的等离子体的通路，发生放电，产生的能量足以使太阳电池之间或太阳电池与基板之间的聚酰亚胺膜发生热解。热解炭化留下一低电阻通路，太阳电池串电流从低阻通路流过，形成闭环回路，导致太阳电池阵永久性短路，不能再为航天器提供电能。

由此可见，对太阳电池阵进行静电充、放电防护是非常重要的一项设计工作。

3　太阳电池阵表面静电充/放电控制

3.1　防静电充/放电可采取的措施

(1) 采用多次往返布片的形式，减少相邻电池串间的电压差，使其不具备二次弧光放电的初始条件（当两片相邻电池之间的电压大于 75V 或者略小时，二次弧光放电的初始条件就已经具备）；

(2) 限制电路并联数，减小每个电路的电流，当每个电路电流小于 1.6A 时，发生静电放电的几率大大降低；

(3) 布置太阳电池片的间隙不小于 1mm，并在边缘填涂 RTV 胶，使 ESD 事件产生的等离子体和太阳电池之间建立了一个势垒，阻止了二次弧光放电及热解。也就是提高了放电的阈值电压，降低了放电的可能性。

(4) 在电池玻璃盖片表面蒸镀金属氧化物涂层，并与卫星"结构地"连接，使沉积在盖片表面的电荷得到泄放，消除轨道高压静电电荷的积累，彻底防止了静电充/放电的发生。

3.2　地球探测双星静电洁净度设计

为了保证欧空局提供的试验设备的探测精度，需要对地球探测双星太阳电池阵表面进行防静电充/放电保护，达到星表任意两点间的电位差最大不超过±1V 的等电位指标。因此，只有采取以上所述的 3.1.4 中防静电充/放电的措施。

通过在太阳电池玻璃盖片上蒸镀一层 ITO 透明导电膜，并将每片盖片上的导电膜有效地连接组成网络，与卫星的"结构地"相连，使太阳电池阵表面等电位。

3.2.1　ITO 膜结构

ITO 膜导电涂层蒸镀在玻璃盖片表面最外层，盖片一侧相对的边缘上带有两个三角形的焊接电极，ITO膜导电涂层与两个焊接电极具有良好的欧姆接触（如图 1 所示）。

3.2.2　ITO 膜互连网布局设计

当单体太阳电池组成太阳阵后，每片玻璃盖片上的 ITO 膜通过焊接电极以串联的方式实现相互联接，之后再从电池串的两端与接入卫星"结构地"，如图 2 所示。

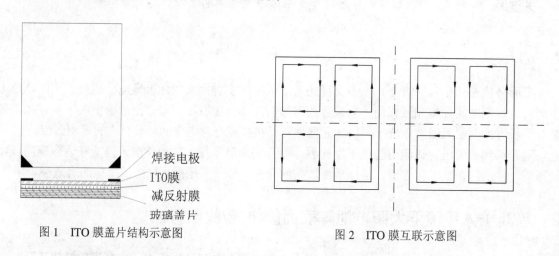

焊接电极
ITO膜
减反射膜
玻璃盖片

图 1　ITO 膜盖片结构示意图　　　　　　　图 2　ITO 膜互联示意图

4　太阳电池阵磁洁净度控制

4.1　太阳电池阵磁场的产生

由太阳电池阵产生的磁场主要对星上两个分系统产生影响：一个是姿控分系统，另一个磁探测分系统。对于处在环境磁场（如地球磁场）的航天器来说，剩磁或电流回路都会在航天器上面产生力矩。只有极少数航天器利用这一现象来进行姿态的控制，例如泰罗斯卫星和轨道天文观测卫星。而大多数航天器都不需要或者要尽量避免这种效应。特别是太阳电池阵帆板面积较大的航天器，在电池的电路设计中，电流回路产生的磁力矩全部得到相互抵消。例如 DFH-4 卫星太阳电池阵。如图 3 所示：

另一方面，在装有对磁非常敏感的磁强计的航天器上，航天器和太阳阵的设计必须尽可能选用非磁性材料，并在太阳电池阵电路设计时，充分考虑相邻电流回路产生的磁场相互抵消，使磁强计探头处由航器或太阳阵感应的磁场强度可以忽略不计。

太阳电池阵的电流流动方式和太阳阵上存在磁性材料都会影响磁洁净度。当电流流过受光照的太阳电池及太阳阵上相关接线时，其磁场作用如图 4 所示：

在笛卡儿坐标系中，(x,y,z) 点上的磁场作用 dB，是由于在长度为 dl 的导体元素（或太阳电池元素）内的电流造成的，其关系式如下：

$$dB = \frac{\mu_0}{4\pi} \frac{Idl \times r}{r^3}$$

式中：μ_0——真空空间的导磁率；r——从电流元素 Idl 到 (x,y,z) 点的矢量。

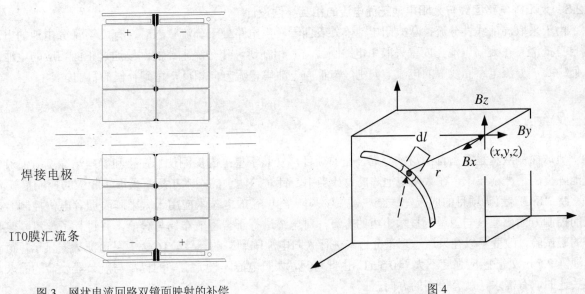

焊接电极

ITO膜汇流条

图3　网状电流回路双镜面映射的补偿

图4

总磁距 B 是由所有的电流元素 Idl 相加，包括三个分量，B_x、B_y 和 B_z。载流导体元素在电流方向上不产生磁场分量，即三个分量中有一个分量为 0。此外，利用太阳阵上电路布局的"镜面映射"和太阳电池串的回线也可使磁场得到一定程度的抵消。

4.2　地球探测双星太阳电池阵磁洁净度控制

为了保证安装在探测双星的探测仪器——三分量磁通门磁强计和低频电磁探测器测量结果的可信度，要求卫星在轨运行期间，距太阳电池阵 2.5 m 处磁感应强度不大于 1.5 nT。这样严格的卫星磁洁净度要求，在以前的型号研制中还没有遇到过。方案设计中首先把握尽量避免使用磁性材料的原则，并从太阳电池电路构形、引线布局、线路设计等方面采取了种措施，使太阳阵表面回路周围的磁场减小到最低限度。

4.2.1　太阳电池阵电路的布局设计

地球探测双星为体装式外形结构，分上、下两个圆柱形电池壳。电路构形的特点是 72 片串联为一个单电路，由 4 组 18 片串联的电池呈 8 字形连接（如图 5 所示）。因为相邻两行的电池面积相等，产生同样大小的电流，且方向相反，这种往返的布片方式，使磁场获得一定程度的抵消。相邻的两个电路为"镜面映射"，即轴对称，最大限度地减小了太阳电池阵周边形成的未被补偿的电效应。

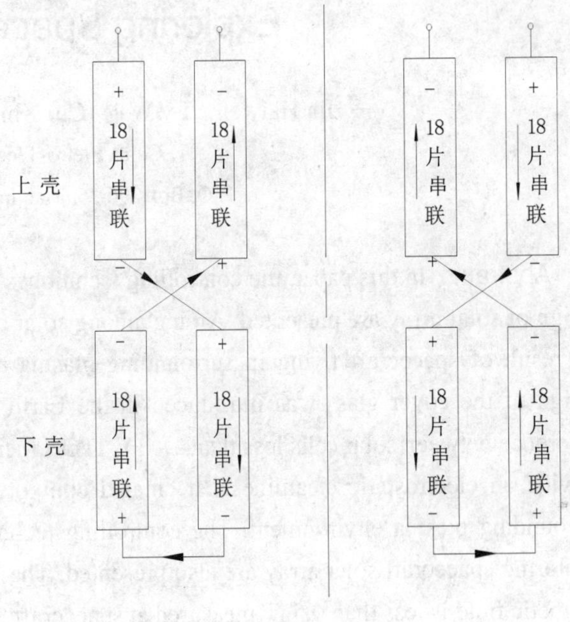

4.2.2　太阳电池阵引出线的引出位置设计

将太阳电池阵正、负母线、充电母线、涓流线、分流线的引出线安装于太阳电池上壳的同一位置，引出线自由端部分充分地进行正、负绞合，实现磁场的抵消。

4.2.3　覆铜电缆条的迭层粘贴设计

太阳电池阵每个电路的回线焊接于太阳壳内壁的环氧覆铜布电缆表面，包括正母线、负母线、充电母线、涓流线、分流线，这五条电缆线各自为一个闭环，采取迭层粘贴的安装方式，使电缆正、负线产生的磁场得到抵消。

图5

4.2.4　上、下壳太阳电池电路对接电缆正、负线绞合设计

上、下太阳壳的全部对接电路均匀分成 4 部分进行对接，每部分的引线保持正、负线均等，正、负电流之和任何时间都为零，自由端部分的电缆实行双绞，使对接电路中的电流产生的磁场能够双向抵消。

4.2.5　太阳阵电路回线与太阳电池正面电流的相互补偿设计

由于采取局部线性分流，从太阳电池阵外表面看，当电路处于分流状态时，有 1/4 部分电池的电流不能自身抵消。在太阳电池壳内壁采取用电路回线与其相补偿。让分流电路的回线通过正面相应的电池片的几何中心，分流电路回线中的电流方向刚好与正面电池串电流方向相反，达到补偿的目的。

5　小结

地球探测双星是我国首次与欧空局合作的项目，安装于星上的探测仪器在磁和静电洁净度方面对太阳电池阵提出了严格要求。在太阳电池阵的设计当中，针对这两项的技术指标，采取了相应的控制措施。

将"863"预研项目的成果－－金属氧化物膜防静电充/放电技术应用于太阳阵表面等电位控制。在剩磁的控制方面，通过与卫星磁技术小组的交流，对电缆进行了合理的布局与分配，并进行了整星光照状态下的磁试验，改变了以往只通过理论分析来进行太阳电池阵剩磁的计算。TC-2 卫星遥测数据显示，距太阳电池阵 2.5 m 处磁感应强度不大于 0.5 nT。由此可见，太阳电池阵设计水平的提高与航天器载荷的需求是相互关连的，有需求，就有提高的方向。

参 考 文 献

[1]　汉斯.S.劳申巴赫. 太阳电池阵设计手册. 宇航出版社，1987 年 .

[2]　Space Environments & Effects. Flight Experiments Workshop[C].Huntsville,Alabama:1998,138-142.

[3]　Youngjin choi ,Jinsuk Wang. Design of solar cell array preventing electrostatic discharge for satellite use，IEEE，New York.

Applying Controlling Techniques of Electrostatic Cleanliness and Magnetic Cleanliness in the Design of the Earth Exploring Spacecraft Solar Array

Jin Haiwen　　Lv Wei　　Cui Xinyu　　Gao Jianfeng and Zhao Ying

China Eletro-Technology Corporation

P. O. Box 296-35, Tianjin, 300381，yishi@tips.ac.cn

Abstract　In this paper, the controlling techniques of electrostatic cleanliness and magnetic cleanliness in the design of solar array are presented. Arcing among solar cells was trigger by ESD (Electrostatic Discharge). ESD is the result of spacecraft flying in surrounding plasma environment. To improve electrostatic cleanliness, a new design of the cover glass was introduced in the Earth Exploring spacecraft solar array to get voltage potential difference between solar cells less than +/- 1V. ITO（Ineium Tin Oxide）coating added to cover-glass substrate can provide an electrostatic cleanliness. It created epuipotential surface that would minimize interference with the surrounding plasma environment. The controlling techniques of magnetic cleanliness in the design of the Earth Exploring spacecraft solar array are also presented. The magnetic of this array was measured during the flight and magnetic field is less than 0.5nT measured at spacecraft 2.5 meters distance.

Key words　Solar array；ITO；Electrostatic cleanliness；Magnetic cleanliness；Epuipotential surface

我国第一颗微小卫星电源分系统研制及飞行实践

李国欣　张利群　张忠卫　张平

上海空间电源研究所

上海市苍梧路 388 号，邮编：200233，sispcc@online.sh.cn

摘　要　本文介绍了我国第一颗微小卫星创新一号电源分系统的技术指标、设计方案和飞行试验结果。文中指出，创新一号卫星电源分系统采用三域控制的全调节母线拓扑结构、用软件取代硬件进行控制等新技术，取得了成功。

关键词　微小卫星；电源分系统；研制；三域控制

1　前言

何谓微小卫星？宇航界对此并无统一标准。通常，相对于质量较重的大卫星而言，总质量在 1000 kg 以下的卫星称小卫星，在 100 kg 以下的卫星称微小卫星，在 10 kg 以下的卫星称皮卫星，在 1 kg 以下的卫星称纳卫星。自 20 世纪 80 年代起，由于小卫星具有质量小、体积小、成本低、研制周期短和卫星技术性能高等特点，小卫星/微小卫星技术得到了蓬勃的发展。人们预测，未来小卫星/微小卫星技术发展将引起卫星技术和卫星应用的一场重大大变革[1]。

微小卫星的电源分系统是卫星的关键分系统之一。它担负着为卫星平台的和有效载荷供电的重要任务，其供电质量的优劣直接影响整星的工作状态，甚至涉及整个卫星飞行任务的成败[2]。

创新一号（ChuangXin-1,简称 CX-1）卫星是我国第一颗低轨道数据存贮转发通信微小卫星。它的尺寸为 590mm×590mm×650mm，卫星总质量为 88.8kg，是我国第一颗总质量小于 100 kg 的微小卫星。

创新一号卫星由星载计算机、姿控电路盒、动量轮、磁强计、发射机、接收机、太阳电池阵、蓄电池组、电源控制器等主要设备组成。它采用新的设计理念，使用现代化的设计手段，与微电子、微机械、通信、信息技术的前沿成果相结合，走多学科融合、多领域合作、多模式并进的发展道路，坚持"可靠、实用、创新"。在低轨道通信技术，大多普勒频移的扩频数据信息技术，测控与通信业务信道共同设计，星上轨道预报和卫星自主管理运行，微小型化卫星通信终端等方面有新的突破和发展，仅用 3 年多时间就完成了卫星的研制。

创新一号卫星于 2003 年 10 月 21 日 11 时 16 分在太原卫星发射中心用长征四号乙火箭发射成功。11 时 29 分 29 秒星箭分离，12 时 46 分 36 秒顺利实现地球捕获，12 时 53 分新疆测控站收到卫星下发的第一批遥测数据。至今，卫星已正常运行 1 年零 9 个月以上。星载通信转发器源源不断地把各类数据下传到设在上海、北京、海南、新疆的测控通信站，在交通定位、环境保护、油气勘测、防汛抗旱、森林火灾、地震监测等领域的数据信息传送中发挥重要的作用。卫星平台工作稳定，有效载荷工作正常，卫星电源充足，整星状态良好。

创新一号卫星电源分系统承担着星上产生、贮存、变换、调节和分配电能的任务。本文主要介绍了创新一号卫星电源分系统的技术指标、工作原理、系统组成、设计方案和飞行试验结果。

2　技术指标要求

创新一号卫星运行在轨道高度为 751km 的太阳同步圆轨道上，其轨道倾角为 98.5°，运行周期为 99.81757min，卫星降交点地方时为 10:30，阴影时间为 33.667min~34.478min，太阳光照角为 51.2°~67.7°。

创新一号卫星电源分系统应在 2 年寿命期间满足整星长期功率 30W，短期功率 75.7~80.7 W 的需求。这时提供母线电压范围为 27±1V，母线电压纹波＜500mV；提供+12V，－12V，+5V 三种类型的二次电源。

电源分系统质量 ≤15.3kg。

可靠性：0.98。

3 电源系统设计

为了适应小卫星，特别是微小卫星的特点，不能简单地将小卫星/微小卫星的电源分系统的设计停留在将几千 kg 的大卫星电源分系统小型化的层次上。必须运用适于小卫星/微小卫星应用的电源分系统先进设计思想，采用新的发电器件和新的控制方式，减小电源分系统的质量所占小卫星整星质量的比例，提高其质量比功率。

创新一号卫星电源分系统选用高效的三结 GaInP₂/GaAs/Ge 太阳电池阵作为主电源，配有 6Ah 镉镍蓄电池组作为储能电源，采用了新颖的全开关功率调节控制，并由星务计算机参与充电管理和控制，最大程度地降低了系统的自身功耗，提高了系统的供电能力。

3.1 电源系统组成和工作原理

创新一号卫星电源分系统由 GaAs 太阳电池阵，镉镍蓄电池组及电源控制器组成。根据总体集中供电的配电方案为整星各负载提供+12V，－12V，+5V 三种类型的二次电源。电源分系统工作原理框图见图 1。

创新一号卫星电源分系统采用了以统一母线、三域控制、太阳电池充电阵供电阵合一为特征的全调节母线的拓扑结构。母线电压稳定在 27±1V 范围内，三域控制的原理如图 2 所示。在光照期，砷化镓太阳电池阵发出电能，给负载供电；并由充电调节模块给镉镍蓄电池组充电。太阳电池阵多余能量由分流调节模块控制分流，使母线电压保持恒定。在阴影期，镉镍蓄电池组经放电调节模块向负载供电。

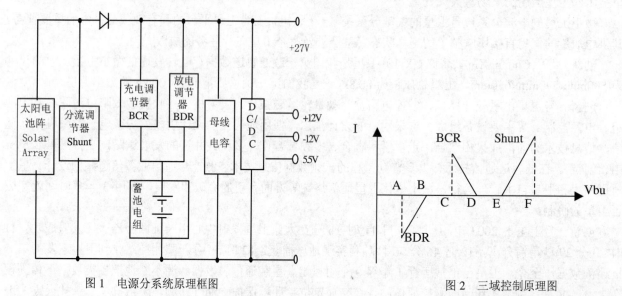

图 1　电源分系统原理框图

Fig .1　The Sketch of the EPS Operation Principle

图 2　三域控制原理图

Fig.2　The Operation Principle of 3-Domain Control

当光照期负载瞬间大功率、太阳电池阵不能满足负载供电时，蓄电池组经放电调节模块与太阳电池阵联合为负载供电。在功率调节和控制电路中，母线误差放大信号由集中采样的母线电压与参考电压经积分放大器产生。在母线误差放大信号的作用下，从母线电压控制范围的高端至低端，使 SHUNT 分流调节模块（Ve-Vf, 分流域，27.3~28.0V）、BCR 充电调节模块（Vc-Vd, 充电域，26.9~27.2V）和 BDR 放电调节模块（Va-Vb, 放电域，26.0~26.8V）三种电源控制工作模式协调工作，确保能量产生与耗散的平衡。为优化蓄电池组设计，放电调节器采用升压型。

这种电源分系统设计思想，不是根据总体有效载荷功率大小及工作模式进行太阳电池供电阵与充电阵设计，进而确定功率调节和控制装置的参数；而是根据具体有效载荷特性，通过增减太阳电池阵板及功率调节和控制装置模块数量，并调整蓄电池数量，来完成电源分系统的供电方案设计。这种电源分系统设计方案，体现了小卫星的特点，可以最大限度地利用太阳电池阵发出的电量，实现了负载优于蓄电池组充电，蓄电池组充电优于太阳电池阵分流，只有多余的能量才能通过分流调节器的分流的设计原则。

这种电源分系统设计思想，使电源分系统的配置和功能优化。创新一号卫星电源分系统总质量为14.8kg，仅占创新一号卫星整星总质量的16.6%。

3.2 太阳电池阵

单体太阳电池选择大面积的高效三结 GaInP$_2$/GaAs/Ge 太阳电池。电池尺寸为 63.2mm×38.4mm。其典型参数如下：开路电压（V_{oc}）2540mV，短路电流（J_{sc}）14.9mA/cm^2，工作电压（V_{mp}）2260mV，工作电流（J_{mp}）14.4mA/cm^2，光电转换效率 24.0%，太阳吸收率 a_s 为为 0.91，半球向辐射率 ε_H 为 0.85。

太阳电池阵采用体装太阳电池方式，在星体周围（±X、-Y 面）贴满太阳电池片，底面（-Z 面）部分面积贴布太阳电池片。在太阳电池阵布片时，考虑到帆板结构、布片走向、设计余量、星体遮挡阴影等各种因素，±X 面各为 16 串 8 并，-Y 面为 16 串 7 并，-Z 面为 18 串 3 并，太阳电池贴片总数为 422 片，贴片面积为 1.35m^2。

太阳电池阵的输出功率计算如下：

(1) 在姿态调整期的太阳电池阵平均输出功率为 78.66W。

(2) 卫星正常工作状态下太阳电池阵寿命初期输出功率（母线电压 27V）为 88.41W。

(3) 卫星正常工作状态下太阳电池阵寿命末期输出功率（母线电压 27V）为 79.59 W。

为了验证计算结果，建立了太阳电池阵±X, -Y, -Z 面的数学模型，并进行计算机仿真模拟。对-Y, +X, -Z, -X 和瞬态光照有效面积进行了分析和计算。仿真结果表明，二年后，太阳电池阵可输出功率 76.43 W，与估算值 79.59 W 之间仅偏差 2.0%。

3.3 镉镍蓄电池组

蓄电池组有 16 个 6Ah 全密封 Cd-Ni 单体电池，以卧式叠层拉杆式结构串联组成。前后端板上装有功率插座和试验插座，作为电接口，负责功率、信号传输和活化之用。另有机械接口，实现星上安装固定。单体之间用一块 0.5mm 的 L 型导热板作为传热通道，安装面平整度为 100：0.1。

蓄电池组设计工作温度为 0℃～20℃。采取主动温控和被动温控相结合的方式。蓄电池在充放电过程中产生的热量大部分通过埋在安装板内的热管传导至冷端；也有加热带保持蓄电池组温度不至太低。

3.4 电源控制器

电源控制器由分流调节模块、充电调节模块、放电调节模块、二次电源模块、遥测遥控模块等组成。其主要任务通过对蓄电池组的充放电调节控制、太阳电池阵输出多余功率的分流调节，完成电源分系统一次、二次电源变换控制，保持一次母线和各分系统供电的稳定，满足星上各负载的供配电要求。同时还完成电源分系统各主要性能参数的遥测变换和控制。

(1) 分流调节模块电路设计以脉宽调制电路（PWM）为核心，由母线电压取样电路、误差放大器、功率驱动电路等组成。设两路分流，每路 1.0A。电流调节器件采用了 V-MOS 大功率晶体管，并且实行两管串联防止单点短路失效。

(2) 充电调节模块包括充电调节、充电电流控制、充电终止控制三部分。充电调节采用了脉宽调制控制方案。当太阳电池阵输出功率大于星上负载功率时，由脉宽调制器控制充电调节电路对蓄电池组进行充电，充电控制采用 V-T 补偿下的限流充电方式（限流充电电流 2.5A），充电终压控制和充电解锁控制受控于星务计算机。整个寿命期间采用 8 条 V-T 曲线。可根据蓄电池组工作状态，通过遥控手段来选择相应的补偿曲线，从而保证蓄电池组处于良好的工作环境完成在轨期间的任务。

(3) 放电模块采用升压式电路，采用脉宽调制器作为核心控制部件，电路由母线采样、误差放大、脉宽调制、驱动等组成。设两路升压放电模块，每路输出功率 100 W。

(4) 为了提高电源分系统供电的可靠性，对二次电源的设置在设计中引起高度的重视。设计选用了成品的 DC/DC 模块，并根据用电负载的需求分别采用了热备份和冷备份措施，在保证姿控、通讯、OBDH 分系统用户负载供电电源可靠的前提下，大大降低了二次电源的自耗，提高了电源分系统供电能力。

必须指出，用星载计算机软件来执行电源分系统控制和管理任务，包括遥测量采集、遥控指令接收和执行、蓄电池组电压采样和计算、蓄电池组充电终止电压（*V-T*）理想设定值计算、充电过程控制，以及二次电源主备份切换等，是创新一号卫星设计的又一特色。它取消了电源控制器的*V-T*控制模拟电路等硬件，改由星上计算机用星载软件完成上述电源分系统的"控制"和"管理"任务，它减少了单机自耗，缩小了控制单机的体积，减轻了质量。而以往，在我国长寿命卫星中，蓄电池组充电终压控制，通常采用以*V-T*或第三电极为主的充电终压控制方法，均由硬件模拟电路来执行控制任务。

4 飞行试验数据及其分析

自2003年10月21日发射升空至今，创新一号卫星已正常运行了1年9个月余。飞行试验数据表明，电源分系统性能优良，工作可靠，完全达到了预定的设计要求。

4.1 母线电压

卫星不同运行模式及负载状态下电源分系统的典型母线电压数据如下（其母线电压变化曲线如图3所示）：

光照期，当长期负载（分流）时，母线电压为27.342~27.376V；当长期负载（充电）时，母线电压为27.053~27.087V。

阴影期，当长期负载有效载荷开机（蓄电池经放电调节为负载补充供电）时，母线电压为26.640~26.713V。

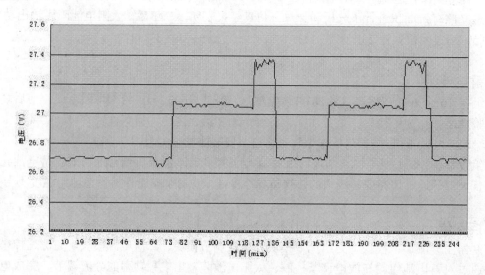

图3 典型的母线电压变化曲线

Fig.3 Typical Curve of the Bus Voltage

4.2 供电能力

4.2.1 太阳电池阵输出功率

根据太阳电池阵的输出电流遥测数据计算的输出功率典型值（BOL）为：

（1）最大输出电流3.571 A；

（2）最大输出功率96.417 W；

（3）最小输出电流1.946 A；

（4）最小输出功率52.542 W；

（5）帆板温度：阴影期-29.9℃（min），光照期+44.7℃（max）。

典型的太阳电池阵输出电流变化曲线如图4所示。

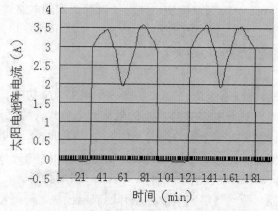

图4 典型的太阳电池阵输出电流变化曲线

Fig.4 Typical Current Curve of the Solar Array

4.2.2 能量平衡

从遥测数据可知，砷化镓太阳电池阵供电能力充足，可以做到单圈能量平衡。换言之，在有效载荷每圈开机工作的情况下，每一圈的光照期都能使镉镍蓄电池组的充电终压达到预定的 *V-T* 值，使镉镍蓄电池组每圈都处于充足电的状态。

4.3 镉镍蓄电池组充放电性能

镉镍蓄电池组的充放电电压、放电电流、充电电流和温度的遥测值变化如图 5、图 6、图 7 所示。从图 5、图 6、图 7 可知，镉镍蓄电池组处于相当好的充放电循环状态。

典型的镉镍蓄电池组充放电循环数据为：

(1) 充电终压 23.609 V（相当于每个单体 1.475V）；

(2) 放电终压 19.750 V（相当于每个单体 1.234V）；

(3) 放电电流 2~4.25 A；

(4) 充电电流 0.35~2.2 A；

(5) 电池温度 0.7~3.7℃。

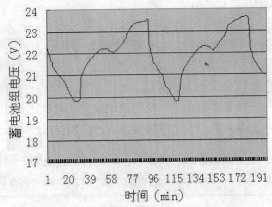

图 5　典型的镉镍蓄电池组充放电电压变化曲线

Fig.5　Typical Charge-Discharge Voltage Curve of the Cd-Ni Batteries

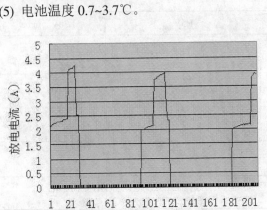
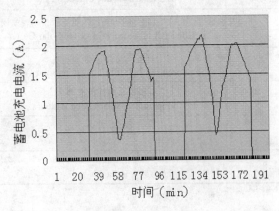

（A）　典型的镉镍蓄电池组放电电流变化曲线　　　　（B）　典型的蓄电池组充电电流变化曲线

(A) Typical Discharge Current Curve of the Cd-Ni Batteries　　(B) Typical Charge Current Curve of the Cd-Ni Batteries

图 6

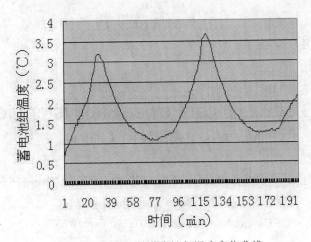

图 7　典型的镉镍蓄电池组温度变化曲线

Fig.7　Typical Temperature Curve of the Cd-Ni Batteries

4.4 电源分系统性能与技术指标的比较

创新一号卫星电源分系统的实际性能与技术指标的比较如表 1 所示。

5　结束语

创新一号卫星电源分系统在首发星上的应用取得了圆满成功。自 2003 年 10 月 21 日升空上天以来，已运行 1 年 9 个月余，至今始终性能良好，工作正常。它是我国第一颗真正意义上的质量小于 100kg 的微小卫星，它的成功运行为我国低轨道卫星执行数据存贮转发通信任务奠定了基础。

创新一号卫星电源分系统的研制成功，使我国微小卫星的电源分系统技术水平上了一个新的台阶。它为我国今后长寿命的小卫星/微小卫星系列的电源分系统研制提供了宝贵的经验，具有一定的工程应用价值。

表 1　电源分系统主要性能与技术指标的比较

Tab.1　Comparison between the Design Data and the Actual Performance of EPS

NO.	项目 Item	技术指标 Technical Requirements	实际性能 Actual Performance
1	母线电压 Bus Voltage	$27\pm1V$	26.64~27.39V
2	母线电压纹波 Ripple of Bus Voltage	$<500mV_{p-p}$	$<180mV_{p-p}$
3	动态特性 Dynamic Characteristics	$\leqslant1.5V$	1.38V（max）
4	砷化镓太阳电池效率 Efficiency of GaInP$_2$/GaAs/Ge Solar Cell	$\geqslant24.0\%$	24.3%（av）、 26.1%（max）
5	砷化镓太阳电池阵温度 Temperature of GaInP$_2$/GaAs/Ge Solar Array	-80℃~+70℃	-29.9℃~+44.7℃
6	镉镍蓄电池组温度 Temperature of the Cd-Ni Batteries	0℃~+20℃	0.7℃~+3.7℃
7	质量 Weight	$<15.3kg$	14.8kg
8	可靠性 Reliability	0.98	0.993

参 考 文 献

[1]　林来兴. 小卫星将引起卫星应用和卫星技术的重大变革. 现代小卫星技术（一），航天工业总公司小卫星论证组（1995），P.1～33.

[2]　李国欣，吕玉龙，张利群. 微小卫星电源分系统通用平台设计及其关键技术研究. 第四届海内外华人航天科技研讨会论文集，（2000 年 4 月，台湾垦丁）P.75～79.

The R ＆ D of Electrical Power Subsystem for the First Microsatellite in China

Li Guoxin　Zhang Liqun　Zhang Zhongwei and Zhang Ping

Shanghai Institute of Space Power-sources

No. 388 Cangwu Road, Shanghai, 200233，sispcc@online.sh.cn

Abstract　This paper introduced the technical requirement, design sketch and flight test result of the electrical power subsystem (EPS) for the CX-1 microsatellite which is the first one in China. It pointed out that the topology of 3-domain regulated bus and replacing hardware circuit by software control in the EPS are successful.

Key words　Microsatellite；EPS；R＆D；3-domain control

航天器制导、导航与控制技术发展展望

李果　刘良栋　王景

北京控制工程研究所

北京 2729 信箱，邮编: 100080，jorsonw@yahoo.com

摘　要　本文对我国近年来航天器制导、导航与控制技术的发展进行了总结，并对未来几年期间的技术发展方向进行了展望。

关键词　航天器；制导、导航与控制；自主控制；智能控制

1　概述

航天器制导、导航与控制技术是研究航天器为完成所承担的空间飞行任务而进行的姿态与轨道确定和控制，对某些特定飞行还包括航天器本体局部的指向控制。航天器制导、导航与控制分系统是航天器的重要分系统之一，它保证航天器能够准确地按预定的姿态和轨道运行，完成复杂的飞行任务。航天器制导、导航与控制技术是一项涉及多学科、多领域的综合技术，其水平直接制约着航天器的功能和性能。

本文对我国近年来航天器制导、导航与控制技术的发展进行总结，并对未来几年的航天器制导、导航与控制技术的发展进行展望。

2　当前发展状况

经过几十年的艰苦努力，国内航天控制界已经完全掌握了内部有液体推进剂晃动的中心刚体带挠性帆板卫星的姿态控制技术，在双自旋稳定卫星、喷气三轴稳定返回式卫星的基础上，掌握了卫星动量轮控制技术，包括整星零动量和偏置动量轮控加磁控的控制技术，掌握了以星敏感器为代表的高精度姿态确定技术、地球同步轨道卫星定点和轨道保持技术、太阳同步轨道卫星回归与冻结技术、以载人飞船返回控制技术、应急救生技术和航天器手控技术为标志的航天器制导、导航与控制技术。

目前国内静止轨道卫星，俯仰和滚动的指向精度为 $\pm0.15°$ ，偏航指向精度为 $\pm0.5°$ ，位置保持精度 $\pm0.1°$ ；中低轨道卫星指向精度 $0.1°$ （3σ），姿态稳定度 $1\times10^{-3}°/s$。在航天器平台研制过程中形成的控制与推进系统包括：返回式三轴稳定卫星控制、程控系统；静止轨道双自旋稳定控制系统；静止轨道三轴稳定控制系统；太阳同步轨道三轴稳定控制系统；载人飞船制导、导航与控制系统；小卫星控制系统；冷气推进系统；单组元统一推进系统；双组元统一推进系统。

在进行上述卫星控制、推进系统以及飞船制导、导航与控制分系统研制的同时，与之相关的部件技术也得到了迅速的发展，开发了一批姿态敏感器、控制器、执行机构及推进系统新型部件，其功能及性能指标不断提高。

姿态测量敏感器方面：已在轨成功运行的有轻型高精度星敏感器、适应中低轨道使用采用干摩擦润滑并具有消隐功能的圆锥扫描红外地平仪、静止轨道长寿命摆动式地球敏感器、采用新工艺的长寿命数字式太阳敏感器、0-1 及模拟式太阳敏感器，同时根据新的需求已完成工程样机研制的敏感器还有 CCD 光学成像敏感器、紫外敏感器等。

控制器方面：已在轨成功运行的双 CPU 三机容错计算机、386EX 计算机等，同时为满足长寿命快速计算需要还研制开发了功能更强的星载 RISC 计算机等。

执行机构方面：已在轨成功运行的有 1 Nms～50 Nms 系列动量轮、1000 W～4000 W 系列的帆板驱动机构、多种磁矩的磁力矩器。为了满足大型通信卫星及小卫星要求，目前正在开发研制的有长寿命大功率和小型（1000 W 以下）帆板驱动机构、一体化微小型反作用轮和双轴天线指向机构。为满足一些特殊飞行

需要，控制力矩陀螺、双自由度帆板驱动机构工程样机也已投入研制。

推进系统方面：已在轨成功运行的有 1N 、5N 和 20N 多种推力的单元肼发动机、10N 双元肼发动机及多种形式、多种容量的表面张力贮箱。

另外在航天器交会对接、月球探测、卫星自主导航、高精度高稳定度卫星姿态控制、星群/星座控制、中继星指向天线复合控制、天基综合信息网、全物理仿真实验技术等方面也开展了较深入的研究，并取得了一些阶段性的成果，有些技术在完成技术攻关后即已进入卫星研制。

3 趋势分析及发展方向

20 世纪空间技术取得了突飞猛进的发展，在经济、军事上的广泛应用，使得空间技术的重要地位被世界各国所重视。美国一权威著作预言：21 世纪国家对航天能力的依赖可与 19、20 世纪国家对电力、石油的依赖相比拟。21 世纪我国航天面临重大的发展机遇，国民经济及国防事业都对航天乃至对航天器控制系统提出了更高的要求，这包括更高的性能指标及更长的寿命要求。

目前航天器及其控制技术正向两个方向发展：一个方向是对具有结构上的轻质、挠性多体特点的复杂航天器，实现高精度、高稳定度、高可靠性和自主控制，完成更为复杂的飞行任务；另一个方向是多星及空间组网自主协调控制，最大程度发挥单个卫星的作用，提高卫星的功能。

由于需求及性能要求，飞行器的结构特性越来越复杂，多次展开和一次展开的大型太阳帆板、具有多种频段的大型多种抛物面天线以及伞状螺旋状天线由于重量限制都是挠性附件。长寿命要求携带更多燃料，多个大型液体燃料贮箱（吨级左右），使航天器成为要考虑挠性及液体晃动的多体结构。一些情况下还需考虑多体结构相对指向的控制及相互耦合影响（帆板、中继天线、窄波束天线、气象卫星扫描辐射计等），必须对姿态与多天线进行复合控制，要求协同进行姿态控制和部分有效载荷定向控制，因此使航天器控制难度大大增加。一些任务要求星体在短时间内快速侧倾并大角度俯仰机动，在达到目标角度执行任务时对姿态和姿态角速度有很高的精度要求。

一些大型航天器，由于采用了控制力矩陀螺等执行机构，其相应的控制规律、角动量管理与自主故障诊断与重构技术更加复杂；大型对地遥感卫星携带大量推进剂，能够在中低轨道较大范围内进行轨道机动，结构参数、运行环境和任务需求有较大变化，其姿态和姿态稳定度的要求很高。上述要求给卫星控制带来理论研究上新的课题，工程实现上新的挑战，迫切需要在理论和工程设计方法上有所创新。在设计方法上，考虑采用多变量耦合的鲁棒自适应控制方法，结合具体工程约束条件，进行系统方案设计。

对应用卫星提出更长寿命、更高可靠性和更强自主性的要求。系统设计方面，控制系统广泛采用关键部件冗余配置、部件级和系统级具备自主故障诊断和重构，姿态超差后具备安全对日定向或全姿态捕获的能力。目前面临的问题主要是在以往故障诊断和重构的基础上，进一步完善诊断能力和重构能力，从控制系统的角度进一步提高卫星寿命。

另一方面，小卫星技术迅速发展，其质量轻、功耗少、体积小，采用新技术，性能密度高，充分利用微机电技术，是航天器一个新的极有生命力的发展方向，也对控制系统部件的轻型乃至微型化，系统及部件一体化设计提出了要求。同时小卫星群组网技术的要求提出了航天器自主导航、自主轨道控制及组网技术新的研究方向。

卫星轨道控制和精密轨道确定技术在某些空间飞行任务中日益成为制约成功的主导技术，如载人运输飞船交会对接、月球探测、重力测量卫星精密定轨、星座/星群自主控制等。长寿命、高可靠、高精度、高稳定度、自主控制以及小型化、轻量化仍是今后一段时间航天器控制技术的发展方向。

面对这一挑战，我们首先要加强对复杂被控对象特性的动力学研究，要开展卫星控制系统设计理论方法、卫星控制系统设计和试验技术、卫星控制系统部件（包括各种敏感器、控制器和执行机构等）的研制技术以及控制系统试验及设备的研制技术等方面的研究工作。下面提出在未来数年我们应该重点关注并开展研究的关键技术课题。

3.1 复杂航天器高精度高稳定度控制及快速机动控制技术研究

高精度高稳定度航天器是未来航天领域重点发展的方向，姿态指向测量、控制精度要达到角秒量级，姿态稳定度要达到 0.0001°/s 的要求，均高于现有水平 1~2 个量级。这些航天器结构复杂，大挠性部件（天线，帆板）、液体晃动与刚体的耦合更为严重，有效载荷运动更为复杂，复合控制问题突出。

为此需要开展的研究工作包括：

- 大型、多挠性体复杂卫星的动力学分析与建模；
- 复杂卫星控制动力学的在轨检测与辨识技术；
- 复杂卫星高精度姿态确定技术；
- 高精度轨道确定与自主轨道控制方法；
- 复杂卫星高精度、高稳定度控制方法；
- 姿态快速机动与快速稳定技术；
- 多运动体复合控制技术、运动补偿技术；
- 大型挠性振动隔离与主动抑制技术。

需达到的技术指标为：在卫星存在大挠性、运动部件大力矩干扰情况下，实现高精度姿态控制：测量精度优于 $5''$；姿态指向精度优于 $0.01°$；姿态稳定度优于 1×10^{-4} °/s（无大力矩干扰情况达到 5×10^{-5} °/s）。

3.2 星间相对制导、导航与控制(GNC)技术研究

多航天器运行控制对精确制导与导航控制技术的需求主要体现在：卫星编队飞行要求解决相对轨道的高精度确定与捕获、维持控制技术，深空探测卫星也要求解决航天器相对空间目标轨道和姿态的测量和控制问题。

星间相对制导、导航与控制技术，涉及卫星编队飞行、星座自主运行、非合作目标跟踪、在轨维修、空间补给、深空探测等航天控制领域的崭新发展方向。

美国 GPS 星座目前正在研制的 GPS Block IIR/F 卫星具备自主导航能力：其采用的方法是地面每隔 30 天注入 210 天的预报星历，依靠星间链路提高整个星座的自主定轨精度。其预期指标是：无地面支持下自主运行 180 天，用户测距误差小于 6m。

美国 2005 年飞行验证了自主交会技术验证卫星(DART)，该卫星具有对合作目标交会控制的自主能力。演示内容包括从距目标上百公里远向目标交会和接近技术，利用先进视频敏感器的距离目标飞行器 15 m、5 m 时位置保持技术，以及绕飞和脱离轨道自主控制技术。美国微小卫星 XSS－11 也将于 2005 年发射，对非合作目标在轨试验交会和接近操作运行的能力进行演示。XSS-11 携带被动和主动相对测量敏感器，可以自主实现绕飞半径 50 m 的伴飞测量与控制。总之，国外多星星间相对 GNC 已经开始进入飞行验证阶段。

为此需要开展的研究工作包括：

- 星间相对运动动力学和相对运动典型模态；
- 星间高精度相对导航方法；
- 星间相对轨道捕获燃料最优控制方法；
- 高精度星间位置保持智能自主控制方法；
- 非合作目标捕获、逼近、跟踪控制方法；
- 动态非合作目标快速导航定位方法。

3.3 航天器自主导航与自主控制技术研究

航天器自主导航与自主控制是重要的发展方向。目前航天器的姿态测量及姿态控制一般均在天上自主运行，而航天器的导航目前主要是依靠地面测控站进行轨道确定。随着航天事业的发展，对在轨自主确定轨道位置及速度即自主导航提出了大量需求。

美国、俄罗斯和欧空局先后研究了多种卫星自主导航方案，并研制了相应的星载测量仪器，其中一部分还进行了在轨飞行试验。但迄今为止，还没有一个完全自主的卫星导航系统投入使用，主要原因是现有的方法都难以满足精度要求。基于导航星的自主导航精度可达 10m 量级，已在多个航天器上应用，但并不是全自主的导航手段。2004 年 8 月，美国国防高级研究项目局开始招标研究"基于 X 射线脉冲星的卫星自主导航"方案，导航精度可望达到 100m 量级。

为此需要开展的研究工作包括：

- 自主导航技术：基于星间链路的导航星座自主导航技术；基于光学测量的单个航天器的自主导航技术；基于导航星的自主导航技术；系统误差估计与补偿的导航算法；
- 航天器姿态控制系统自主故障诊断与重构技术；
- 航天器轨道自主控制技术；
- 卫星系统自主控制体系与系统配置。

3.4 载人航天制导、导航与控制技术研究

(1) 交会对接技术

除对接机构外，交会过程的制导、导航与控制是一项十分复杂、难度很大的技术，主要关键技术有：

- 自主段（百 km~0m）用于不同距离段的相对姿态测量、相对导航测量敏感器包括激光雷达、微波雷达、CCD 光学成像敏感器、相对 GPS 等。

基于这些测量敏感器的信息融和故障诊断、系统重构基础上的相对姿态及相对导航计算。

- 交会过程制导、控制方案设计

要考虑具体测控网条件、不同敏感器工作范围交接及视场限制、太阳光照干扰条件、测量及推力控制误差，发动机布局引起姿态及轨道控制器的耦合、高安全性要求（故障情况避撞及退出策略）以及限定时间要求下设计燃料优化的制导方案以及自动系统故障下由宇航员手控实施的方案。

(2) 空间实验室（站）控制技术

- 复杂航天器尤其是两个以上组合体的控制技术；
- 采用 CMG 为执行机构的控制规律设计、角动量管理及故障诊断、重构技术。

(3) 航天员出舱活动载人机动装置控制技术，人体运动影响的研究。

3.5 深空探测制导、导航与控制技术研究

探测大行星及其卫星、小行星和彗星等是人类认识自己、了解太阳系和宇宙起源以及发展空间科学、提高空间技术的重要途径。从 20 世纪 50 年代末开始，美国和原苏联就从探月开始，进行了包括行星探测、行星际探测和小行星与彗星探测的一系列深空探测研究和探测器的研制与发射工作。到目前为止，已发射的探测器有 150 多个。除月球外，已探测了除冥王星外的太阳系其他行星以及部分卫星、小行星和彗星。

探测器的控制操作技术的发展经历了遥控(直接控制)、半自主控制和自主控制三个阶段，自主控制是近些年才提出的一种新的控制方式。自主控制技术的具体应用是在 20 世纪 80 年代探测任务中提出的，但初期的自主性只是体现在某些子系统中。

我国的月球和深空科学跟踪研究已有 40 多年历史。从 20 世纪 90 年代初期开始了月球探测工程的概念性和可行性论证，经过专家多年论证，确定了我国月球探测将分"绕、落、回"的三步走的发展战略，目前月球探测卫星嫦娥一号已经工程实施阶段，目标是实现探测卫星绕月飞行。

进一步为此需要开展的研究工作包括：

- 满足软着陆冲击力限制条件下燃料最优的软着陆轨道设计、软着陆制导方案设计以及避障导航控制方案设计；
- 月球车制导、导航与控制，包括基于惯性/立体视觉的导航系统、环境建模及路径规划、传感器的信息融合、驱动控制和路径控制制导律的研究；
- 深空探测导航信息的自主获取、处理与融合技术；
- 深空探测器自主轨道确定技术；
- 深空探测自主姿态与轨道控制；
- 深空探测自主导航与控制技术演示与验证。

3.6 推进技术研究

(1) 高精度、长寿命化学推进技术

需要开展的研究工作包括：

- 精确推进剂剩余量测量技术；

- 高比冲精确冲量 10N 推力器；
- 高比冲长寿命 490N 发动机；
- 长寿命气路供给系统。

(2) 长寿命、高可靠电推进技术

需要开展的研究工作包括：

- 离子发动机长寿命阴极、栅极；
- SPT 等离子体发动机耐溅射腔体；
- 高效率电源处理器；
- 高精度推进剂供给系统；
- 电推力器与航天器相互作用研究。

(3) 电弧加热双模式推进技术

需要开展的研究工作包括：

- 长寿命肼电弧加热推力器；
- 轨道机动发动机氧化剂耗尽关机技术。

(4) 新型微推进技术

需要开展的研究工作包括：

- 微型部件机械加工技术；
- 微部件化学沉积和激光刻蚀技术；
- 推进剂制作和装填技术；
- 推力器一体化成型技术；
- 微推力测量技术。

3.7 新型先进部件及新概念技术研究

上述各种制导、导航与控制系统新的发展要求一批性能、精度更好的敏感器、控制器和执行部件，这包括：

(1) 星载控制器

需要开展的研究工作包括：

- 星载计算机容错与重构技术，包括：星载计算机自主快速故障诊断和隔离技术；高速处理器多机同步技术；多机容错结构中的系统循环重构策略与防死锁技术；基于不同 CPU 的异构自主容错体系结构；可配置的适宜不同容错模式的容错策略芯片；自主容错星载计算机的实时容错操作系统；可重构的自主容错体系结构；自主容错专用集成电路；星载计算机专用接口专用集成电路；
- 星载计算机 SoC 技术。

(2) 新型光学测量敏感器

需要开展的研究工作包括：

- APS 星敏感器工程化技术；
- APS 太阳敏感器技术；
- 自主导航敏感器（成像式）；
- MANS 导航敏感器应用技术。

(3) 惯性测量敏感器

需要开展的研究工作包括：高精度、长寿命半球谐振陀螺、三浮陀螺和光纤陀螺技术。

(4) 新型执行机构

需要开展的研究工作包括：

- 高精度高稳定度帆板驱动技术，包括高精度高刚度减速传动机构设计及其润滑；大力矩低功耗电机设计；高精度高可靠测角传感器；高稳定度电机驱动控制技术；
- 高速转动机构技术，包括大储油容量轴承组件润滑技术(飞轮)；高速轴承长寿命润滑技术和高稳定度超低转速电机及其控制技术(控制力矩陀螺)；大力矩系数电机及其驱动控制技术 (大力矩飞轮)；磁轴承系统及其高稳定度控制技术(磁悬浮惯性执行机构)。

3.8 智能自主等先进控制理论及信息融合、故障诊断技术的应用研究

面对 21 世纪我国航天技术的重大发展机遇，对制导、导航与控制技术提出了一系列复杂的新课题，我们需要从更高的高度，广泛应用先进的控制理论及信息技术，如各种自适应控制技术、智能控制、专家控制、神经网络控制、模糊控制等方法，并进一步开展复杂多信息系统信息融合、自主故障诊断、识别、隔离及系统重构技术研究，确保航天器的高性能要求和高可靠要求。

Developing Trends of Spacecraft Guidance, Navigation and Control Technology

Li Guo, Liu Liangdong and Wang Jing

Beijing Institute of Control Engineering

P. O. Box 2729, Beijing, 100080，jorsonw@yahoo.com

Abstract　This paper makes a survey of spacecraft Guidance, Navigation and Control technology of China in recent years, and presents the developing trends in the future.

Key words　Spacecraft; Guidance, Navigation and Control; Autonomous Control; Intelligent Control

再入制导的 θ-D 次最优设计

李惠峰[2]　高晨[2]　杨志红[1]　沈作军[1]

1. 北京机电工程研究所，北京市 7203 信箱 110 分箱，邮编：100074

2. 北京航空航天大学宇航学院，邮编：100083

fangjiama@yahoo.com.cn, leehuifeng@buaa.edu.cn

摘　要　本文介绍了利用 θ-D 次最优非线性控制方法设计再入航天器制导律的过程。这种方法通过引入中间变量 θ，对哈密顿-雅克比-贝尔曼方程的解进行幂级数展开，逼近最优控制率，解决了直接对非线性系统进行控制带来的计算负担问题，并达到满意的计算精度，具备机载实时应用的潜力。本文通过设计再入航天器的制导律，进行数值仿真，与传统制导控制方法进行比较，结果显示 θ-D 方法可满足再入制导设计及机载应用的要求。

关键词　再入制导；最优控制；θ-D 方法；非线性系统

1　引言

航天器的再入大气层飞行是整个飞行过程中一个非常重要的部分，也是飞行条件最为恶劣的部分。从本质上说，再入段制导律的设计是一个高度非线性的控制问题。

传统的最优控制方法在解决非线性最优控制问题时，往往要对系统进行线性化近似处理，这种

近似处理带来的误差是这类最优控制方法所不能避免的，而且反馈增益阵不是依靠具体公式求解的，需要设计者反复调试实验得到，这就很大程度

上依赖于设计者的经验，费时费力。通过对非线性程度较高的系统，仅仅做小偏差线性化近似处理，是难以解决高质量的控制问题。因此必须针对非线性系统的数学模型，采用针对非线性系统的最优控制分析和设计方法，才能得到更为精确的结果。

非线性系统最优控制问题能够通过解哈密顿-雅克比-贝尔曼(Hamilton-Jacobi-Bellman) HJB 偏微分方程来得到，但是由于 HJB 偏微分方程是非常难解的，这就限制了最优控制技术在非线性系统中的广泛应用。一种次最优控制方法：θ-D 次最优控制方法[1]被提出来解决这个问题。这种方法用幂级数展开的方式，逼近 HJB 偏微分方程的解，得到近似的最优控制率。它采用递推算法，非常适合计算机在线求解。这种方法不但解决了系统的计算负担，而且计算精度也比较满意。由于这个方法在解决非线性系统控制的问题上具有无可比拟优越性，使得它有了非常广泛的应用，如可重复运载器的上升段的非线性控制[2]，导弹自动驾驶仪的设计[3]，导弹纵向自动驾驶仪的设计[4]，都取得了良好的效果。

由于飞行器的再入制导控制和上升段的制导控制有类似的地方，因此对再入制导律的设计采用 θ-D 次最优控制方法。本文通过对 θ-D 次最优控制方法的描述，针对某再入飞行器的飞行模型和纵向制导状态方程，给出了制导律的设计过程及比较结果。

2　θ-D 次最优控制方法

设非线性系统：

$$\dot{x} = f(x) + B(x)u \tag{2-1}$$

系统代价函数可以表示为：

$$J = \frac{1}{2}\int_0^\infty (x^T Q x + u^T R u)dt \tag{2-2}$$

Q 是半正定矩阵，R 是正定矩阵。

将扰动 D 加入到代价函数中：

$$J = \frac{1}{2}\int_0^\infty \left[x^T \left(Q + \sum_{i=1}^\infty D_i\theta^i \right) x + u^T Ru \right] dt \tag{2-3}$$

其中 θ 和 D 选择使得：$Q + \sum_{i=1}^\infty D_i\theta^i$ 是半正定矩阵。

原始的状态方程(2-1)可以表示成线性的形式：

$$\begin{aligned}\dot{x} &= f(x) + B(x)u = F(x)x + B(x)u \\ &= \{A_0 + \theta[A(x)/\theta]\}x + \{g_0 + \theta[g(x)/\theta]\}u\end{aligned} \tag{2-4}$$

其中 A_0 是常数阵使得 (A_0, g_0) 是稳定系统，并且 $\{[A_0 + A(x)], [g_0 + g(x)]\}$ 是逐点可控的。

$V(x)$ 是最小代价函数：

$$V(x) = \min_u \frac{1}{2}\int_0^\infty (x^T Qx + u^T Ru)dt$$

最优控制量可以表示为：$u = -R^{-1}B^T(x)\dfrac{\partial V}{\partial x}$，$\dfrac{\partial V}{\partial x}$ 可以通过求解哈密顿-雅克比-贝尔曼 (Hamilton-Jacobi-Bellman) 偏微分方程得到。

θ-D 次最优控制方法是对 $\dfrac{\partial V}{\partial x}$ 以 θ 为自变量进行幂级数展开：

$$\frac{\partial V}{\partial x} = \sum_{i=0}^\infty T_i\theta^i x \tag{2-5}$$

避免求解难解的 HJB 偏微分方程。θ 为中间变量，目的是对 $\dfrac{\partial V}{\partial x}$ 进行幂级数展开。

根据式(2-3)，可以得到带扰动的 HJB 方程：

$$\lambda^T f(x) - \frac{1}{2}\lambda^T B(x)R^{-1}B^T(x)\lambda + \frac{1}{2}x^T\left[Q + \sum_{i=1}^\infty D_i\theta^i \right]x = 0 \tag{2-6}$$

其中 T_i 是对称矩阵，将式(2-4)，(2-5)带入式(2-6)中 i 从零开始取值，仿真结果显示，幂级数展开项取三项可以满足精度要求，下面只列出三项的递推公式[2]：

$$T_0A_0 + A_0^T T_0 - T_0 g_0 R^{-1} g_0^T T_0 + Q = 0 \tag{2-7}$$

$$\begin{aligned}T_1(A_0 - g_0R^{-1}g_0^T T_0) + (A_0^T - T_0g_0R^{-1}g_0^T)T_1 &= -\frac{T_0A(x)}{\theta} - \frac{A^T(x)T_0}{\theta} \\ &+ T_0g_0R^{-1}\frac{g^T(x)}{\theta}T_0 + T_0\frac{g(x)}{\theta}R^{-1}g_0^T T_0 - D_1\end{aligned} \tag{2-8}$$

$$\begin{aligned}T_2(A_0 - g_0R^{-1}g_0^T T_0) + (A_0^T - T_0g_0R^{-1}g_0^T)T_2 &= -\frac{T_1A(x)}{\theta} - \frac{A^T(x)T_1}{\theta} \\ &+ T_0g_0R^{-1}\frac{g^T(x)}{\theta}T_1 + T_0\frac{g(x)}{\theta}R^{-1}g_0^T T_1 + T_1g_0R^{-1}\frac{g^T(x)}{\theta}T_0 \\ &+ T_1\frac{g(x)}{\theta}R^{-1}g_0^T T_0 + T_0\frac{g(x)}{\theta}R^{-1}\frac{g^T(x)}{\theta}T_0 + T_1g_0R^{-1}g_0^T T_1 - D_2\end{aligned} \tag{2-9}$$

控制表达式可以表示为 T_i 级数展开的形式：

$$u = -R^{-1}B^T(x)\frac{\partial V}{\partial x} = -R^{-1}B^T(x)\sum_{i=0}^{\infty}T_i(x,\theta)\theta^i x \qquad (2\text{-}10)$$

其中 D 是根据需要可调整的设计参数。

3 应用 θ-D 次最优控制方法的纵向制导律设计

再入制导设计过程中，地球自传不是非常重要，而且自转的影响可以由反馈控制来补偿。纵向制导律的设计目的是使得纵向飞行参数跟踪参考轨迹的相应参数，从而导引飞行器到达相应的目的地。因此状态变量可以选为纵向参数,建立飞行器纵向动力学微分方程(忽略地球自传，微分方程以 e 为自变量)[5]:

$$\begin{cases} \dot{r} = \dfrac{\sin\gamma}{D} \\ \dot{\gamma} = \dfrac{1}{V^2 D}\left[L\cos\sigma + \left(V^2 - \dfrac{1}{r}\right)\left(\dfrac{\cos\gamma}{r}\right)\right] \\ \dot{s} = -\dfrac{\cos\gamma}{rD} \\ \int \dot{s}\,de = s \end{cases} \qquad (3\text{-}1)$$

其中 r 为地心到飞行器的距离， γ 是航迹倾角， s_{togo} 是飞行器到着陆点的射程， $\int s_{togo}$ 是射程的关于能量 $e = \dfrac{1}{r} - \dfrac{V^2}{2}$ 的积分。 V 是飞行器相对于地球的运动速度，参数 D 和 L 分别是气动阻力和升力加速度， σ 是速度滚转角。

将建立飞行器纵向动力学微分方程写成线性形式：

$$\begin{bmatrix} \dot{r} \\ \dot{\gamma} \\ \dot{s} \\ \int\dot{s} \end{bmatrix} = \begin{bmatrix} 0 & \dfrac{\sin\gamma}{D\gamma} & 0 & 0 \\ \dfrac{L(\cos\sigma+\sigma)}{V^2 D \cdot r} & \dfrac{-\cos\gamma}{DV^2 r^2\gamma} & 0 & 0 \\ \dfrac{-(\cos\gamma+\gamma)}{r^2 D} & 0 & 0 & 0 \\ 0 & 0 & 1 & 0 \end{bmatrix} \begin{bmatrix} r \\ \gamma \\ s \\ \int s \end{bmatrix}$$

$$+ \begin{bmatrix} 0 & 0 \\ \dfrac{-L}{V^2 D} & \dfrac{-\cos\gamma}{D\cdot r\cdot\alpha} \\ 0 & \dfrac{\gamma}{D\cdot r\cdot\alpha} \\ 0 & 0 \end{bmatrix} \begin{bmatrix} \sigma \\ \alpha \end{bmatrix} \qquad (3\text{-}2)$$

如前面介绍 θ-D 方法时提到，需要选定初始量 A_0, g_0，从而计算 T_0。 A_0, g_0 的选择可以是任意的，这里我们取 $A_0 = A(x_0)$ $g_0 = B(x_0)$，这样可以包含更多的系统信息。

代价函数可以表示为：

$$J = \frac{1}{2}\int_0^\infty \{x^T[Q + D_1\theta + D_2\theta^2]x + u^T Ru\}dt \qquad (3\text{-}3)$$

其中 $Q \in R^{4\times4}$ 是对角矩阵，如第二部分所说， θ 是可以消去的中间变量，因此选 $\theta = 1 = 1$。

控制器可以表示为：

$$u = -R^{-1}B(x)^T \sum_{i=0}^{\infty} T_i(x,\theta)\theta^n [r_s - r_c \quad \gamma_s - r_c \quad s_s - s_c \quad \int s_s - \int s_c]^T \tag{3-4}$$

仿真结果显示，幂级数展开项取三项可以满足精度要求。

$$u = -R^{-1}B(x)^T (T_0 + T_1 + T_2)[r_s - r_c \quad \gamma_s - \gamma_c \quad s_s - s_c \quad \int s_s - \int s_c]^T \tag{3-5}$$

其中下标 c 代表命令控制值，s 代表真实值，$u = [\delta\sigma \quad \delta\alpha]^T$。

4 仿真结果

选取再入条件为：

再入点高度：55.376km；再入点速度：2817.88m/s；再入点经度为：238.8323°，再入点纬度为：30.566°；再入时刻飞行器攻角为31°，速度滚转角为0°；航迹方位角为：0.08638°。

为了更好的模拟再入时空气扰动的真实情况，仿真计算时，对升力系数，阻力系数分别加了±10%的扰动[6]。选取权阵：

$$Q = \begin{bmatrix} 1 & 0 & 0 & 0 \\ 0 & 1 & 0 & 0 \\ 0 & 0 & 600 & 0 \\ 0 & 0 & 0 & 1 \end{bmatrix}, \quad R = \begin{bmatrix} 10^{-2} & 0 \\ 0 & 10^{-3} \end{bmatrix}$$

得到初始数据：

$$A_0 = A(x_0) = \begin{bmatrix} 0 & 2.3 & 0 & 0 \\ 8.8 & -1306.4 & 0 & 0 \\ -2.3 & 0 & 0 & 0 \\ 0 & 0 & 1 & 0 \end{bmatrix}, \quad g_0 = B(x_0) = \begin{bmatrix} 0 & 0 \\ -8.8514 & -0.0740 \\ 0 & 0.001 \\ 0 & 0 \end{bmatrix}$$

$$T_0 = \begin{bmatrix} 164.2949 & 0.2900 & -147.9485 & -5.9228 \\ 0.2900 & 0.0009 & -0.2607 & -0.0104 \\ -147.9485 & -0.2607 & 275.6021 & 11.1442 \\ -5.9228 & -0.0104 & 11.1442 & 24.9456 \end{bmatrix}$$

仿真结果如图1~6所示：

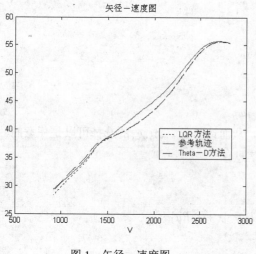

图1 矢径—速度图

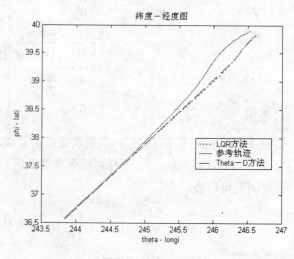

图2 纬度—经度图

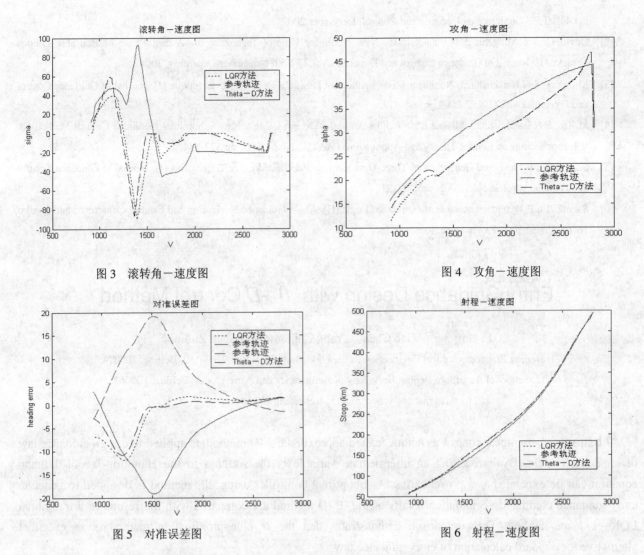

图3 滚转角－速度图

图4 攻角－速度图

图5 对准误差图

图6 射程－速度图

由图1、图2、图6可以看出，θ-D方法计算得到的实际飞行轨迹比传统的LQR方法计算得到的飞行轨迹更接近参考轨迹。

计算两种方法的对准目标点的误差(单位为弧度)和偏离目标(单位为米)的射程误差分别为：

LQR 方法：

$$h_{err} = -1.246962 \quad S_{err} = 3.781654$$

θ-D 方法：

$$h_{err} = -0.440882 \quad S_{err} = 2.485000$$

由计算结果可以看出飞行终点的对准误差和射程误差都小于传统的 LQR 计算结果。仿真结果表明，θ-D方法可以达到更准确的控制飞行器的目的。

5 结论

本文针对某再入飞行器采用θ-D非线性控制方法进行再入制导律设计。这种方法避免了线性化带来的误差，通过与传统制导控制方法进行比较，结果表明θ-D方法计算得到的再入飞行轨迹比传统制导方法得到的再入轨迹有更高跟踪精度，并满足机载应用要求。

参 考 文 献

[1] Ming Xin, S.N.Balakrishnan. A New Method For Suboptimal Control of A Class of Nonlinear System [C] . Proceeding of

the 41st IEEE Conferece on Decision and Control, December 2002.

[2] David Drake, MingXin, S.N.Balakrishnan. New Nonlinear Control Technique for Ascent Phase of Reusable Launch Vehicke [J]. Journal of Guidance Control and Dynamics Vol.27 No.6 November-December, 2004.

[3] MingXin, S.N.Balakrishnan. Nonlinear Missile Autopilot Design with $\theta - D$ technique [J]. Journal of Guidance Control and Dynamics Vol.27 No.3 2004 pp 406-417.

[4] M.Xin, S.N.Balakrishnan. Missile Longitudinal Autopilot Design Using a New Suboptimal Nonlinear Control Method[C]. IEE Proceedings on Control Theory and Applications, Vol.150, No.6, 2003, pp 577-584.

[5] Shen.Z, Lu P. On-Board Generation of Three-Dimensional Constrained Entry Trajectories [J]. Journal of Guidance Control and Dynamics Vol.26 No.1 2003, pp 111-121.

[6] Shen.Z, Lu P. Dynamic Lateral Entry Guidance Logic [C]. AIAA Guidance Navigation and Control Conference and Exhibit, 16-19 Augest 2004 Provindence, Rhode Island.

Entry Guidance Design with θ -D Control Method

Li Huifeng[2]   Gao Chen[2]   Yang Zhihong[1] and Shen Zuojun[1]

1. Beijing Electromechanical Engineering Research Institute,P. O. Box 7203-110, Beijing, 100074;

2. School of Aerospace Beijing University of Aeronautics and Astronautics, Beijing, 100083

fangjiama@yahoo.com.cn, leehuifeng@buaa.edu.cn

Abstract   A nonlinear control technique, called approximate θ -D method, is applied to design guidance law of an entry vehicle. By introducing an intermediate variable θ , the solution to the Hamilton-Jacobi-Bellman equation can be expanded as a power series. A suboptimal controller using this method is designed to generate entry guidance commands. Simulation results of the θ -D method are compared with the results of a traditional LQR guidance method. The comparison demonstrates that the θ -D approximation method is an excellent alternative for onboard calculation of entry guidance law.

Key words   Entry Guidance; Sub-Optimal; Nonlinear Control; θ -D Approximation

信息化航天测试发射系统研究

李少宁　张道昶

中国酒泉卫星发射中心

兰州市 27 支局 15 信箱 11 号，邮编：732750，sean1972@163.com

摘　要　本文归纳了国外测试发射系统的先进技术，结合技术进步、我国航天事业发展现状与发射场现实情况，提出了信息化航天测试发射系统的总体设想，并对其关键技术进行了研究与分析。

关键词　航天；测试发射；信息化；自动化；智能化

1　引言

测试发射能力是衡量发射场水平的核心内容，而测试发射能力最直接和最直观的体现就是其自动化、智能化水平。为满足军事现代化及航天工业产业化的需要、抢占国际市场份额，我国正加紧研制应用多种新技术、以无毒推进剂作为燃料、运载能力范围广的新型运载火箭系列。

按新型运载火箭基本型 2010 年左右首飞、5 年小型化成功并为过渡期预计，从迅速抢占国际发射市场、航天产业集团内部成本控制角度考虑，10～15 年新型火箭将全面取代现行火箭。根据战略布局需要，未来我国多个发射场并存的局面将延续，那么相应可以推断，第十一个"五年计划"以后，在现有航天发射场新建的发射工位均应适应新型运载火箭。可见，今后的 5 年是测试发射系统跨越式发展的关键阶段，必须从现在着手，及早规划论证，开展充分的顶层设计与技术研究。

为此，本文归纳了国外发射场的先进设计经验，针对航天发射场现阶段和未来的任务，总结出测试发射系统先进性的内涵，提出了信息化的全自动测试发射系统总体设想。即优化设计发射场测试发射工艺流程，实现试验全过程的自动化作业，实现测发装备数字化和厂房建筑智能化，实现试验进程的智能化决策指挥。在此基础上，参照国内外先进的测试发射系统工艺流程，从采用适应的测试发射模式、多工序并行作业、航天产品"三化"、箭地一体化设计、先进的发射技术等方面，分析研究了优化的重点；阐述了测发过程关键环节自动化的内容及方法；描述了装备数字化与厂房建筑智能化的主要方法、内容及所需建立的系统；提出了一种多层次、分布式的专家系统群构成的智能化指挥决策系统。

2　国外先进的航天测试发射系统

据欧洲咨询公司公布的消息，1988～1998 年间，全世界共发射了近 200 余颗商业卫星，世界各运载火箭所占的份额分别是：阿里安 64%、宇宙神 13%、德尔它 11%、长征 7%、质子号 3% 和大力神 2%。目前，中国运载火箭面临着阿里安 5 改进型、宇宙神 5、德尔它 4、质子号、天顶号、H-IIA 等多种火箭的竞争，这些火箭发射场在设计上采用了诸多先进技术可供我们借鉴。

2.1　欧空局库鲁发射场

阿里安 5 库鲁 3 号发射场所采用的测试发射模式为:垂直装配、运载器及其有效载荷与地面设备始终保持连接的垂直转运，远距离测试、控制和发射。先进之处包括：运载火箭的整个准备和测试阶段都并列进行；运载火箭与地面之间全部连接只检查一次；操作和检查高度自动化；采用简易发射台，投资和维护费用少，事故后恢复时间短；火箭在加注前才转运到发射区；活动发射平台负载时行驶速度为 4km/h，自身质量 870t，满载时质量为 1500t，由一个卡车牵引，通过铁路运行，上有高 58m 的脐带塔。发射场年发射能力为 10 枚运载火箭，两次发射时间间隔大约一个月。

2.2 美国卡纳维拉尔角发射场

宇宙神5卡纳维拉尔角LC-41发射场采用垂直装配、垂直转运，远距离测试、控制和发射的测试发射模式[1]。其活动发射平台负载时行驶速度为3.2km/h，宽约14m、长约16.7m，高约56m，重约635t，上有一个脐带杆；发射工位只有一个简易发射台；一子级煤油通过连接软管加注，一子级液氧从火箭基座里的脐带加注，"半人马座"二子级的燃料通过活动发射平台上脐带杆延伸出来的管路进行加注，自动对接，进入工作状态，并进行泄漏检测和为气动和液压系统提供服务。产品在发射工位的准备时间为1天。

德尔它4卡纳维拉尔角LC-37B发射场采用的测试发射模式为：水平组装，在发射区吊装有效载荷和捆绑式固体助推器，远距离测试、控制和发射。其活动勤务塔高约100.5m，重约4086t，可沿铁轨移动，可对竖立在发射台上的火箭进行360°范围内的操作；固定脐带塔高约60.1m，通过三个摆杆牵制火箭的，摆杆具有通风和辅助加注功能，在火箭起飞前脱开；具有一套以垂直方式将火箭吊装到发射台上的液压起竖设备；水平组装厂房可同时容纳6枚火箭。发射周期在30天之内，产品在发射工位的准备时间为10天。

2.3 俄罗斯拜科努尔发射场

拜科努尔发射场质子号、联盟号运载火箭采用的测试发射模式为：水平装配、转运，整体起竖，远距离测试、控制和发射。水平装配采用专用的装配支架和装配对接车，装配支架能够绕X轴旋转；运载火箭及有效载荷通过铁路运输起竖车水平运至发射场，并整体起竖于发射台上；质子号射前准备工作利用可分为两半的活动勤务塔完成；加注、供气以及加注接头的连接和脱落操作均自动进行。联盟号采用带有4个支撑臂的发射装置，火箭点火上升后，支撑臂在其配重作用下向后回落，像花瓣一样张开。能在恶劣的气象条件下完成发射，包括浓雾、风、雨和雪。产品在发射区时间为48h。

拜科努尔发射场天顶号运载火箭采用的测试发射模式为：自动化水平装配、转运，自动化整体起竖，远距离测试、控制和发射。箭上电气、气动和液压系统与其对应的地面辅助系统间的接口装置全是自动化的，实现了自动化水平组装；火箭水平运送到建有两个发射台的发射工位后，按极严格的公差要求由遥控机械装置进行起竖，火箭按照预定的程序与所有的发射台系统自动连接，并采用了故障自动防护装置；加注系统可以在2个发射台上按顺序加注两枚火箭，以便快速连续发射；射前准备和发射过程均由计算机控制的地面辅助系统自动完成。

2.4 日本吉信发射场

H-IIA吉信2号发射场采用垂直装配、垂直转运，远距离测试、控制和发射的测试发射模式。活动发射台采用多轮台车行走方式，能够前后行进、八字行进、横行和回转，并且在发射平台面上增加一个质量约1040t的脐带杆。采用的是简易发射台。

综上所述，从发射流程的设计合理和简洁性来说，库鲁发射场占有一定的优势；而从发射设施的自动化来讲，各有特色，也有不少共同之处，天顶号发射场的自动化控制水平最高。

3 测试发射系统先进性的含义

发射场进行信息化建设，其主要目的就是提高发射场测试发射系统的先进性，并使发射场能够高效地运作，发射能力得到切实增强。为此，针对发射场现阶段和未来的任务，综合国内外发射场所采用的先进技术，提出了测试发射系统先进性的内涵。

3.1 测试发射系统的任务

① 按照工作流程完成航天器、运载器的测试、转运、加注和发射。
② 对航天员紧急撤离或逃逸救生进行决策指挥并实施。
③ 对测试发射地面设施设备进行维护保养、检修检测以及改造维修。
④ 对飞行试验的结果进行分析处理。
⑤ 对航天器和运载器发射试验的指挥和操作人员进行训练。

⑥ 上级赋予的其它试验任务。

3.2 先进发射场的内涵

纵观美国、俄罗斯、欧洲、日本等国的航天发射场，概括起来，发射场的先进性应当体现在以下方面：

① 具有完备的航天器和运载器自动化测试发射和智能化决策手段。

② 测试发射流程简洁合理，产品从进场到发射的周期短。

③ 可靠性高，成功率高。

④ 年发射能力和连续发射能力强，特别是在发射区的占位时间短，发射后恢复发射能力的时间短。

⑤ 具有完善的快速飞行试验结果分析、评估能力。

4 信息化的全自动测试发射系统

发射场是通过高度集中统一的组织指挥，利用各种地面设施设备，对航天、运载器和导弹等产品进行技术准备和实施发射的工作场所[2]。

信息化全自动测试发射系统的总体设想如下：优化设计发射场测试发射工艺流程，实现试验全过程的自动化作业。测发装备数字化，厂房建筑智能化。实现试验进程的智能化决策指挥。

4.1 测试发射工艺流程优化

(1) 采用适应的测试发射模式

目前，测试发射模式可以归纳为以下四种：

① "三垂"测试发射模式

"三垂"模式即垂直总装、垂直测试、整体垂直转运模式。此为当今国际航天发射较为先进的流行模式，美国航天飞机、欧空局阿里安火箭、日本 H-II 火箭和我国 CZ-2F 火箭等均采用此种模式。在这种模式下，航天产品从进场后技术准备工作主要在环境条件优良的技术区进行，发射工位占用时间短，可择机转运、加注发射，且产品一直处于垂直状态，状态变化小，安全性、可靠性高，成功率高。但技术区必须建设高大厂房及其配套设施，造价比较昂贵。

② 水平总装、水平测试、整体水平运输起竖模式

"三平一垂"模式即产品在技术区水平总装、水平测试，整体水平运输至发射工位起竖模式。此为俄罗斯一贯采用的比较先进的测试发射模式，航天产品从进场后技术准备工作主要在环境条件优良的技术区进行，发射工位占用时间短，可择机转运、加注发射，安全性、可靠性和发射成功率也很高。特别对于小型运载火箭，如果采用公路运输方式，造价更低。

③ 水平测试、分级水平运输、发射工位吊装起竖对接模式

"两平一垂"模式即产品在技术区水平测试，分级水平运输至发射工位并吊装起竖对接模式。这是是过去战略导弹发射模式的延续，我国西昌、太原和酒泉北区发射工位一直采用，这种模式虽然安全性、可靠性和发射成功率也较高，但是技术区发射区重复测试，发射工位占位时间较长。

④ 分级水平运输、发射工位吊装起竖对接模式

"一平一垂"模式即产品从技术区分级水平运输至发射工位并吊装起竖对接模式。此为目前酒泉南区卫星发射场采用的模式，安全性、可靠性和发射成功率也较高，但是发射工位占位时间长。

综上所述，如果与新型运载火箭进行一体化设计，并利用现有载人航天发射场设施，采用"三垂"模式比较合理；同时，可以考虑采用具有自动化程度高、工程造价低等优点的"三平一垂"模式。

(2) 采用多工序并行作业，缩短准备工作时间

运载火箭、助推器、有效载荷分别在不同的厂房同时进行组装测试，在各厂房内又设置多个装配、测试工位，使几个产品可以平行作业。

(3) 运载器按"通用化、系列化、组合化"和"三化"、航天器按系列化思想设计，并与地面设施设备进行"三化"和一体化设计

运载器和地面设施设备实行"三化"，有利于发挥优势技术、缩短研制周期、节约资金和提高发射成功

率。航天器按系列化思想发展，便于航天器测试厂房的兼容性设计、提高厂房利用率、减少重复投资。同时，发射场使用同一个厂房可进行多种航天器的总装测试，能力无疑也得以提升。而要实现测试发射所有新技术的应用，都离不开运载器和航天器与地面设施设备进行一体化设计。鉴于卫星技术有呈星座化发展的趋势，微小卫星由于质量小、成本低、研制快日益受到青睐，航天器测试厂房在设计时要考虑一箭多星的发射需求，提供多个小卫星测试的空间、环境等要求。

(4) 采用先进的发射技术

产品在技术区进行充分的技术准备，转运到发射工位后，只需进行简单的功能检查和准备就可加注发射。发射区设施简单，简化或取消脐带塔（水平模式下，可采用简易发射台和移动勤务塔组合方案，在射前，勤务塔转移到安全地带，以求得较少的维护费用和较短的事故后恢复时间）。地面测试发射系统采用与箭上采用一致的总线技术，实现远距离自动化测试发射。

为了提高点火发射的安全性、可靠性，发射台应采用火箭起飞系留技术。利用地面自主式系留装置，在发射准备阶段作为防风装置，发射时作为火箭的牵制和释放装置。点火后由故障诊断系统对发动机工作情况进行诊断，只有在推力正常的情况下才发出指令，牵制释放装置按指令工作，将火箭释放起飞。

此外，还要考虑固定瞄准方案。即建设固定瞄准间，火箭在发射台上固定方向瞄准，起飞后自主寻找射向，发射台因此也就不再需要回转功能，地面也不必根据射向不同建设多个瞄准间。

4.2　测试发射过程自动化

测试发射过程自动化主要是实现关键环节的自动化控制，即实现自动化装卸、自动化装配、自动化测试、产品与脐带装置自动化对接、自动化转运、自动化加注、自动化发射。

(1) 产品自动化组装

产品进行自动化吊装、组装，甚至由遥控机械装置进行自动操作，并采用故障自动防护装置，故障时能够自动停止。

(2) 产品与脐带装置自动化对接

新一代运载火箭的脐带装置自动对接系统方案已经形成，该系统由机械本体、控制系统、执行机构、感受装置、自对中机构、缓冲减震机构、吊装机构、能源系统、视觉与触觉系统等组成。连接过程是开机→启动能源→粗瞄→调整→对接→导向销插入伞锥→接近传感器发讯→地面脐带装置自动抓紧火箭脐带装置，同时关闭能源卸荷→与火箭活门随动。分离过程是启动能源→地面脐带装置自动松开火箭脐带装置→退出→关机。

(3) 产品自动化转运

产品快速转运取决于转运工具的负载行驶速度和总装厂房到发射工位的距离。转运时间越短，受自然环境的制约越小，研制快速行进的转运工具成为关键。垂直转运设备负载时的行驶速度，美国航天飞机用履带式运输车为 1.6km/h，宇宙神 5 火箭活动发射平台为 3.2km/h，阿里安 5 火箭活动发射平台为 4km/h。我国 CZ-2F 火箭动发射平台为 1.68km/h。要实现产品自动化转运，除了要求有能够自行行驶的转运工具，还必须有相应的道路监控、应急故障处置系统与之配合使用。"三垂"模式下，产品转运基本上采用现有的模式，并进行适应性改造。"三平一垂"模式下，产品转运、起竖可借鉴俄罗斯先进技术。

(4) 运载火箭加注自动化

在实现加注接口自动对接后，还应解决远距离自动化加注问题。

4.3　测发装备数字化与厂房建筑智能化

针对新型运载火箭相关技术要求，对于已经具备信息采集、传输、联网的设备或系统进行适应性改造，对不具备该功能的设备进行技术途径研究并逐步实施，建成一批在线实用系统，完成测发装备状态、运行情况监测与在线维护管理，实现自动控制。主要包括以下内容：

(1) 设备故障预测和状态管理

可采用美国故障预测和状态管理（PHM）技术，利用先进的传感器（如涡流传感器、小功率无线综合微型传感器、无线微机电系统 MEMS）的集成，并借助各种算法（如 Gabor 变快、快速傅里叶变换、离散傅里叶变换）和智能模型（如专家系统、神经网络、模糊逻辑等）来预测、监控和管理设备的状态。主要实现以下功能: 故障检测, 故障隔离, 故障预测, 参与使用寿命预计, 部件寿命跟踪, 性能降低趋势跟踪, 保证期跟踪, 故障选择性报告, 资源管理, 容错信息融合, 信息管理。

(2) 关键设施健康状态监测

确定关键设施的薄弱环节和敏感部位, 安装加速度、应变、位移等传感器, 进行在线数据采集, 提取反映结构健康状况的信息, 通过专门的损伤探测的算法判断有无损伤以及损伤的位置和程度。

(3) 发射场信息虚拟化管理

可通过基于 VR-GIS 的发射场管理信息系统实现, 系统所融合的信息包括规划管理、自然景观、发射设施、试验、电磁环境、勘察、装备管理等, 所融合的信息满足分布、交互和立体的要求。在虚拟现实形成的空间中, 对航天试验、地面设施设备等实行虚拟化管理, 可将试验、设施设备等信息的多维化特征真实地、历史地再现。

(4) 厂房建筑智能化

厂房成为智能建筑, 具有自动门禁、基于 IP 技术的电子监控、自动空调、自动消防等系统。

4.4 测试发射指挥决策智能化

在工作实际中, 作为一项大型系统工程, 航天测试发射过程中的指挥决策往往依赖于各个领域的专家。专家系统是人工智能中最活跃、发展最快的一个分支, 它实现了 AI 从理论研究走向实际应用、从一般思维方法的探讨转入运用专门知识求解专门问题的重大突破。通过对在世界上现有的 200 种航天智能系统进行统计, 结果表明专家系统数量占 90% 以上, 几乎覆盖所有的航天工作[3]。

因此, 我们将智能化指挥决策系统设想为多层次、分布式的专家系统群。专家系统按照一种协作规则模型进行交互, 合理地分担任务, 共享信息和知识; 按层次运行, 低层专家系统执行高层专家系统的命令, 并将执行结果反馈给高层专家系统; 专家系统之间的通信和同步由协作规则和智能指挥系统来完成; 从而使得传统人类专家之间的协作变为专家系统之间的协作。

智能化指挥决策可设任务规划、智能指挥和运载火箭、飞船、航天员医监、航天员逃逸救生、地面设备、气象、发射场时统、倒计时智能发射决策支持、遥测信息处理等子系统, 按功能分主要包括规划调度、故障诊断、监测控制、预测预报、决策咨询、教育训练、数据分析、仿真演练、数据仓库、数据挖掘等系统。协作规则可考虑采用黑板模型。

其中, 任务规划子系统主要形成测试发射工艺流程、测试发射计划等内容, 把任务转换成可以运行的指令, 理解并评估某个任务完成程度。智能指挥系统, 类似智能网管, 在调度算法的基础上, 引入推理机制, 动态修改调度方案, 参照内部、外部的各种约束条件合理安排, 按照调度最优原则处理有冲突的请求, 并把最后形成的调度安排传达至各个功能分系统, 启动系统并按调度指令进行工作, 并对工作情况进行监视和评估。能够自我理解, 即知道什么时候、怎样利用不同的功能去完成承担的任务。故障诊断系统, 对目标系统进行连续监视, 进行故障预报、确定故障原因和部位, 做出长期变化趋势分析, 进行容错控制或推荐故障处理方案, 解释所采取的行动, 并在问题较少的"非高峰期"作周期性的自我测试, 运载器、航天器和地面设备的故障诊断专家系统应是智能化指挥决策首先要建立的系统。

5 结束语

航天测试发射系统的信息化建设包括以下两个层面的内容: 一是跨越式发展, 在建设新型运载火箭发射场时, 先期进行充分的箭地一体化设计, 最终建立信息化全自动测试发射系统。二是中间过渡式发展, 在现有条件下, 综合考虑成本与效益, 多方协同, 进行测发装备数字化和 C^3I 系统功能升级, 实现装备可监、可测、可控, 不断积累经验, 逐步过渡到信息化测试发射系统。

过渡式发展类似迭代求解, 意味着重复的和持续的经费投入, 鉴于后续的载人航天计划紧凑、可靠性要求极高, 进行大规模改造是不适宜的, 但是有必要先期开展数字化测发装备的实验研制和进行 C^3I 系统功能扩展。而为了提高国际竞争力, 与新型运载火箭终将取代现行火箭一样, 信息化的全自动测试发射系统则代表了技术发展的必然。因此, 在现阶段, 测试发射系统迫切需要解决的三大问题是: 箭地一体化论证与设计、数字化测发装备实验研制和试验指挥智能化决策系统研制, 它们应当成为近期突破的三大方向。

参 考 文 献

[1] 本书编委会. 世界航天发射系统. 1995.1.

[2] 徐克俊主编. 发射工程学概论. 北京:国防工业出版社,2003.4.

[3] 冯健翔. 人工智能及其航天应用概论. 北京:宇航出版社,1999.

The Research for Informationized Test-launch System of Spaceflight

Li Shaoning and Zhang Daochang

Jiuquan Satellite Launch Centre of China

No.11,P. O. Box 15, 27 Branch, Lanzhou, 732750, sean1972@163.com

Abstract   In this paper, some advanced techniques adopted by overseas test-launch systems are summarized, then , an integrated assumption, which combines the factors of technical progress with the reality of native spaceflight and cosmodrome, is put forward. Its key techniques are studied and analyzed afterwards.

Key words   Spaceflight; Test and launch; Informationization; Automatization; Intelligentization

信息技术助推航天工业发展

李少阳

上海航天技术研究院 805 所

上海金都路 3805 号，邮编：201108，ases805@vip.163.com

摘　要　信息技术的发展推动了制造业的发展。本文结合着作者参与航天信息化建设应用工作的体会，以及对国内外制造业信息技术发展应用的研究，从数字化设计、数字化仿真、数字样机与虚拟验证、数字化制造、虚拟产品仓库等几个方面概括论述了制造业信息技术的发展、应用和效果。同时也对航天信息技术的建设发展和应用做了一些探讨和前瞻。

关键词　数字化设计；数字化仿真；数字样机；虚拟验证；数字化制造；虚拟产品仓库

1　概述

信息技术在推动制造业发展过程中发挥着越来越重要的作用。如 CAD 技术、仿真技术、自动控制技术、柔性制造技术、资源管理技术、流程优化技术等等，是现代制造业中最关键的几个方面。航天工业是制造工业的重要组成部分，载人航天、卫星应用、火星探测、国际空间站等工程项目的成功实施，与信息技术快速发展所提供的先进技术和方法是密不可分的。可以说，没有信息技术的发展，就不会有航天工业的今天。

航天科技集团公司在 2002 年提出了建设"数字航天"的发展目标。在这一宏大的目标中，航天型号的数字化研制是核心。伴随着信息技术自身的发展，信息技术在型号研制中发挥的作用也经历了几个不同的层面。下面归类分别进行论述。

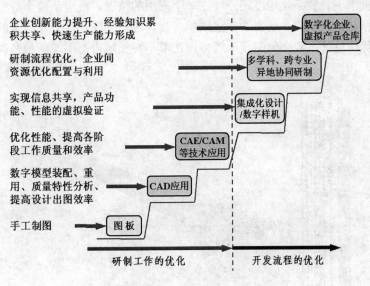

图 1　数字化产品开发的技术演进

2　数字化设计技术应用

信息技术在制造业应用的第一层面是以提高产品的设计、加工和制造效率为目的，代表性的技术如科学计算、CAD（计算机辅助设计）、CAM（计算机辅助加工制造）等单项技术的"孤岛式"应用。通过物理样机进行功能和性能的验证测试，在此基础上优化设计。

在型号的设计中经历了从手工设计阶段——二维设计阶段——三维设计阶段——数字化样机阶段。目前我们的现状是二维设计与三维设计并存，我们的目标是，"十一五"期间在型号研制中全面采用三维设计技术建立所有在研型号的全参数化三维实体模型，包括由三维模型转化建立完全关联的二维工程图（而不是 AutoCAD 上的、与三维无关的）。三维建模技术的先进性和带来的便利之处在于：

> 参数化设计和全相关性设计；
> 支持大模装、碰撞和干涉检查，形成几何样机；
> 有质心、转动惯量等质量特性运算检查能力；
> CAD 模型支持通用分析仿真软件进行分析计算，并在此基础上形成功能和性能验证样机；
> CAD 模型所包含的外形曲面特征和材料参数可直接支持后续的工艺设计和数控加工应用。

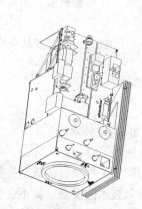 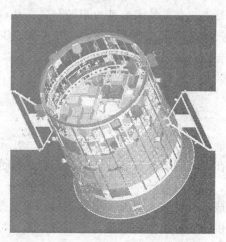

图2　卫星太阳帆板收拢二维结构图　　　　图3　航天器舱体三维设计模装图

3　仿真分析与数字样机验证

目前型号设计分析水平、数字化程度还停留在单个应用的情况，没有从整个数字化样机的角度进行集成设计。各种分析包括结构、机构、动力学、运动学、热等等，都还是对设计结果的校核，没有在设计的早期就去指导设计、优化设计。数字化的设计还停留在单学科领域内，不同学科之间的信息没有流动、没有共享、没有集成。

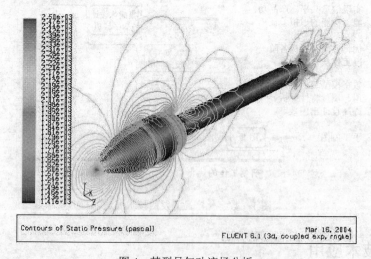

图4　某型号气动流场分析

随着软硬件技术的发展，逐步用数字样机替代物理样机进行功能和性能的验证测试。数字化验证测试可以分别在产品的系统、整机、单机或部件级进行。实现减少物理样机，降低成本，缩短研制周期的目的。

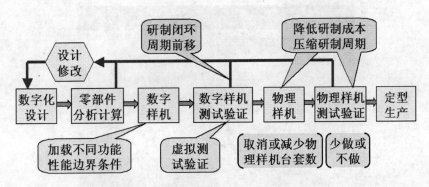

图5 以数字样机为驱动的型号研制流程

字样机技术在型号研制中是一种有效的技术方法。它是一种基于产品的计算机仿真模型的数字化设计方法。这些数字模型即虚拟样机,将不同工程领域的开发模型结合在一起,它从外观功能和行为上模拟真实产品,支持并行工程方法学。结合航天型号研制的实际需要,开展数字化样机技术推广应用的几个主要方面包括:

1) 利用数字样机进行多学科优化设计和综合设计。

2) 利用型号的数字样机进行各种检测验证,如可加工性、可装配性和可维护性等。

3) 利用型号的数字样机进行各种分析和仿真。如运动构件工作时的运动协调关系、运动范围、可能的运动干涉、产品动力学性能、强度和刚度等。

4 虚拟制造与数字化制造系统

虚拟制造与数字化制造,这是两个很容易混搅的概念。在两者之间是有一定区别的。虚拟制造是利用虚拟现实技术和数字化仿真技术,在计算机上通过仿真产品的综合性能和制造过程,用于分析提高产品设计制造过程中各层次的决策与控制能力的一种方法。数字化制造是制造业数字化工程中信息流和物料流的结合点,是以信息的集成与信息流的自动化为特征的利用数字化装备完成各种制造活动的自动化系统,包括 C4P 集成应用系统、数字化加工设备、物料存储输送系统、制造单元系统,等等。

右图是虚拟制造与数字化制造示意图。

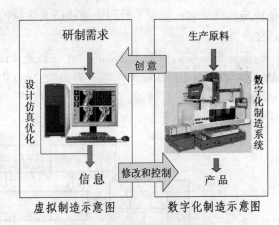

图6 虚拟制造与数字化制造

4.1 虚拟制造技术

虚拟制造是为了分析、评估、决策制造过程中所需要的关键性参数指标和性能而进行的计算机模拟。例如,生产流程设计与生产线布局,可以通过仿真评估分析机床利用效率、在制品数量、生产周期与调度策略等关键性参数,从而改进流程与布局设计。虚拟制造利用计算机仿真与虚拟现实技术可以对设计、工艺规划、制造、质检、管理和销售等环节各种技术方案和技术策略进行分析评估和优化。虚拟制造主要的技术特点是:

➤ 全数字化的产品模型-数字样机应用;

➤ 数字化仿真技术与优化模型的应用;

➤ 分布合作的操作环境与操作方法。

4.2 数字化制造系统

目前军工数字化制造系统是以柔性化制造技术和方法为基础,建立相对完善的信息系统,充分发挥计算机辅助设计、制造和管理技术的效能,结合军工制造业的实际,建立和实施数字化制造车间,通过数控自动化设备和信息集成与信息流自动化,有效提高制造能力。

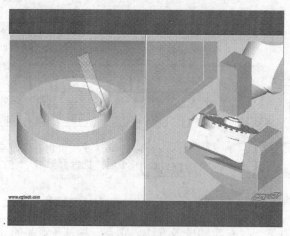

图7　虚拟五轴加工仿真

　　数字化制造车间的实质是数字化技术在车间的综合应用，即利用计算机辅助进行信息管理、生产工艺安排、生产计划制定和生产过程控制，在车间范围内实现 CAD/CAPP/CAM，PDM，MRP，MES，DNC 等数字化技术的集成应用。

5　集成与协同技术

　　集成是指软件资源和硬件资源的集成，以及研制信息的集成。协同是指在型号研制过程中，不同学科之间，不同专业之间，不同企业之间的高效率协同。集成与协同技术的应用，是基于产品数据管理（PDM）技术，或产品全生命周期数据管理（PLM）技术平台而实现的。目前发达国家航空航天工业都分别建立了集成与协同平台，实现了研制资源和研制信息的集成与共享，打通了基于产品数据管理的设计、加工、制造生产线。

　　支持集成与协同技术应用的平台主要是 PDM。目前我们在工作中选用的平台系统是 Pro/Intralink 和 AVIDM。Pro/Intralink 是一个项目组级的 CAD 图档管理系统，能够实现设计流程的控制、集中管理、信息全相关性、支持设计协同。AVIDM 作为集团公司企业级的集成与协同平台进行建设和应用，AVIDM 现在比较完善的功能是文本文档的管理，其它的功能也正在完善之中。

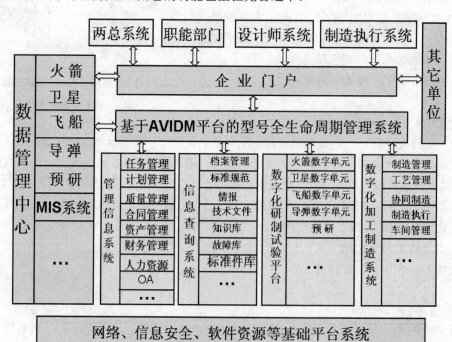

图8　航天型号数字化研制技术路线图

6 快速研制技术与数字化产品库

6.1 快速研制平台系统

最近几年来，NASA、波音、洛-马、欧空局等国际上领先的航天企业为了保持技术上和竞争上的优势，采用了并行与协同方法和产品数据生命周期管理技术，推出了基于协同和多学科优化技术的快速研制平台系统，并在相关型号研制中进行应用，有逐渐成为军工制造业信息技术应用发展的趋势和方向。

ESA（欧空局）推出了型号协同研制平台 CDF（Concurrent Design Facility），是各学科之间应用的集成设计平台。NASA 面向型号研制推出了一个先进工程环境（AEE），根据型号的研制在 NASA 所属的 Langley、Ames、JPL 等六个研究中心构建虚拟、协同的研究环境。这些多学科、跨专业的数字化集成与协同环境，形成了航天型号快速研制的平台系统，成为型号研制快、好、省的主要技术途径。这些快速研制平台的特点是：

> ➢ 基于 PLM 的协同工程，具有协同、交互、迭代等功能；
> ➢ 工具、数据、任务和系统模型的集成；
> ➢ 模型驱动的实时在线设计；
> ➢ 跨企业、跨地域的数字协同网络环境；
> ➢ 通过多学科技术实现整体性能优化；
> ➢ 通过数字样机技术，实现测试验证数字化；
> ➢ 以项目牵引建立跨企业、跨地域的虚拟企业，实现管理数字化。

欧空局从应用 CDF 的经验中总结出如下结论：在实施系统工程中，并行与协同是最有效的实践和方法之一。而 NASA 的 JPL 总结到：与旧的研制方法相比，采用新的协同研制方法使研制成本下降了 66%，研制时间减少了 73%，平均每年可多承担 82%的研究项目。

目前国内有关航天院局也正在开展快速原形技术的研究和实验，"十一五"期间有望在卫星、火箭等型号的研制中建立起快速研制平台，应用在有关型号的研制上。

6.2 虚拟测试与验证技术

虚拟试验基于单项分析技术，单又高于单项技术。其主要特征是，从设计开始，描述零件或产品的模型不仅仅是几何模型，还包括各种特征模型，如加工特征、结构特征、装配特征等，从过去的 CAX 发展到 DFx。并且这些模型建立在统一的产品数据管理系统基础上，从而使模型的可重用性、可扩展性大大加强。同时，具有三维动画能力的各种仿真分析软件实现了与产品数据管理系统的无缝连接，无需为分析重建模型。

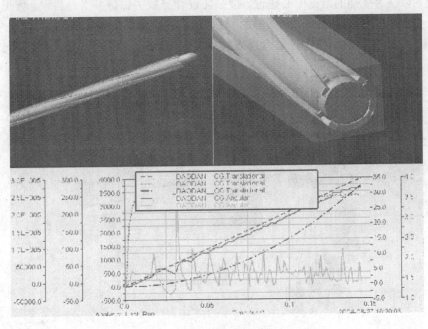

图 9　某型号来福线仿真验证

虚拟试验与型号产品设计各阶段的关系可以简单描述如下：

方案阶段：建立相对简单的产品数字样机，但能反映产品的主要功能与运动关系，进行多方案的仿真对比验证，选择确定优化方案；

初样阶段：系统级分析验证，通过仿真进行各类环境条件下的功能验证和技术指标考核，各类故障状态模拟及应对措施的仿真验证等；

正样阶段：根据虚拟试验和地面物理样机的试验分析，对数字样机模型和仿真分析条件进行完善性修改，为设计提供更多可靠分析数据等，并预示航天器飞行和在轨运行情况。

随着试验数据的积累，更多的地面试验都可以做到以虚拟试验或半实物验证来代替。而对那些空间环境模拟试验较困难或不可能的考核验证，如大面积的柔性附件、极端的空间环境模拟试验、型号系统级的试验考核等，虚拟试验有着特殊的意义。目前，这些

图 10　飞船对接过程虚拟测试

方面的考核很大程度上要借助于仿真的手段。随着仿真技术的不断发展，特别是虚拟测试技术和半物理仿真技术的快速发展和工程应用，将会有更多的环境考核试验任务通过虚拟试验来实现。

6.3　虚拟产品仓库

随着经济建设的快速发展，以及台湾问题和国际军事冲突的复杂化，国家对航天产品的需求在数量和种类上越来越多，在性能上越来越高，在周期上越来越短。过去进行一个型号的研制，就是循着研究、设计、制造、试验这条路线工作。借助于信息技术，我们可以把型号研制的概念进行一些扩充，就是广泛地进行研究和设计，部分进行物理样机生产和应用试验，部分以数字化产品的形式存储在数据库中。一旦有具体需要，比如用户的具体要求和订单合同、面临战争爆发的威胁等，可以快速地组织生产，将数据库中的数字化产品快速地生产成实物产品，并投入应用。这个存放数字化产品的数据库我们称之为虚拟产品仓库。

由于航天业属于高投入、高风险行业，且有政治、军事等不确定因素的影响，构建虚拟产品仓库是未来发展的一个主要方向。通过虚拟产品仓库的建设，可以培养和拓展研发能力，丰富虚拟航天型号与种类的储备，满足和平时期经济建设与战争时期军事装备的需要。

要使虚拟产品仓库建立起来并发挥作用，还有多方面的基础工作要做，主要包括：统一的产品生命周期平台 PLM 建设、以院为级别的数据中心建设、数字化设计与数字化仿真平台建设、虚拟制造与数字化制造平台环境建设、数字化科研生产管理系统建设，等等。只有把上述这些方面都建设好、应用好，才能建设好和维护好虚拟产品仓库，并使虚拟产品仓库发挥出最大的效能。

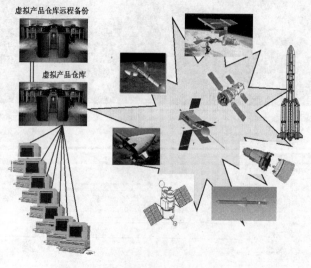

图 11　虚拟产品仓库示意图

目前国际上先进制造企业已经开始构建和应用虚拟产品仓库。如波音公司目前走的技术/商业路线是，借助于 PLM 平台，飞机的研制采用数字化设计、数字化验证与虚拟测试、虚拟制造，并向客户进行虚拟的展示，而根据客户的需求和订单合同再进行实物制造。丰田汽车公司通过丰富的虚拟产品仓库向客户推介汽车产品，并接受客户的特殊要求，在数字样机的基础上为客户进行个性化设计，利用快速柔性化制造系统加工生产，以最短的时间将订制的汽车交付给客户。这些先进的方法和经验值得我们学习和借鉴。

7 结束语

上面介绍的内容只是制造业信息化工程中几个比较重要的部分，而不是全部。信息技术对制造业发展的推动和影响正越来越广泛，越来越深入。做好信息技术的发展研究，建好信息化应用平台，将使我们在未来的发展和竞争中处于有利的地位。结合当前发展改革的大好时机，做好信息化建设规划，实现资源的优化配置，信息技术一定能对航天产业的发展起到更大的推动作用。

参 考 文 献

[1] 杨海成等编. 制造业信息化工程. 机械工业出版社，2003 年.

[2] 肖田元，等著. 虚拟制造. 清华大学出版社，2004 年.

[3] 吴伟仁，主编. 军工制造业数字化. 原子能出版社，2005 年.

[4] David Hhughes, Michael A. Taverna. Expanding the Digital Envelope — DESIGNING THE 7E7. AVIATION WEEK & SPACE TECHNOLOGY，MAY 10，2004.

[5] Massimo Bandecchi. The ESA Concurrent Design Facility(CDF): Concurrent Engineering Applied to Space missions assessment. ESA/ESTEC，NLCOSE—20 November 2003.

Development of Information Technology Accelerates the Progress of Aerospace Industry

Li Shaoyang

No.3805 Jindu Rd., Shanghai, 201108

ases805@vip.163.com

Abstract The development of information technology accelerates the progress of manufacture industry. On the basis of personal experiences on the course of aerospace IT construction, and researches for the foreign and domestic manufacturing information technology development, the author discusses and generalizes the development、applications and effects of manufacturing information technology on the aspects of digital design、digital simulation、digital prototype and virtual validation、digital manufacture and virtual product depository, etc in the paper. In addition, Profound discuss and foresight on the development and application of national aerospace manufacturing information technology are also to be told in the paper.

Key words Digital design; Digital simulation; Digital prototype; Virtual validation; Virtual product depository

航天测量船船体变形对船载外测数据的影响

李晓勇

中国卫星海上测控部

江苏省江阴市 103 信箱 501 号，邮编：214431，xyli212@163.com

摘　要　本文简要介绍了航天测量船船体变形测量系统的基本构成、测量原理和测量元素，分析了变形测量数据的基本特性，给出了船载外测数据船体变形修正的方法和计算公式，重点考察研究了船体变形数据对航天测量船外测数据和外测定轨的影响。

关键词　航天测量船；船体变形；外测数据；影响分析

1　前言

安装在远望号航天测量船的测量设备是按船体艏艉线纵向布局的，这些设备与作为测量船测量基准的惯导平台的距离从几米到几十米不等，测量设备(如雷达)固连在船体甲板上，受风浪、海流、朝汐等内外力的影响，船体会产生扭曲和弹性变形，使得测量设备坐标系与惯导坐标系的对应轴不平行，存在角度偏差，而航天测量船的外弹道测量采用单站测量体制，测量元素中包括E、A两个角度量，测量设备基座与惯导平台基座之间的船体变形量将直接影响E、A两个角度量，因此，在远望号航天测量船上要在测量设备基座与惯导平台基座之间安装船体变形测量设备，测量两者之间的船体变形角。在处理船载外测数据时，利用获得的船体变形测量数据进行修正，以消除船体变形对船载外测数据的影响。

2　船体变形测量系统和变形数据

2.1　变形测量系统简述

在承担飞行器外弹道测量任务的每一腹远望号航天测量船上，分别装载着两台套以上的外弹道测量设备，这些设备中包括无线电测量设备和光学测量设备。船载众多精密测量设备均以惯导作为基准参考点，为了获得船体变形量，在测量设备与惯导平台之间建立船体变形测量。船体变形量用三个角度量来描述：

k_b：艏摇变形角，船艏艉绕甲板垂线(Y轴)的转角；

φ_b：纵摇变形角，船艏艉绕节线(Z轴)的转角；

θ_b：横摇变形角，船艏艉绕艏艉线(X轴)的转角。

由于测量设备在测量船上安装的位置和方式不同，因此各测量船上的变形测量系统也不同，各测量船上变形测量系统的套数和安装的位置也不同。

变形测量设备是一组光电测量设备，它由测量望远镜、光电信号处理系统、数据中转系统和控制台四部分组成。

变形测量的基本工作原理是：在需要测量变形量的两个设备基座上，各安装一个光管，其中一个是发射光管，另一个是接收光管。变形测量系统工作时，由发射光管发出一束平行光通过透镜组至接收望远镜，接收光管像面上装有光电转换线阵(CCD)器件，此时落在CCD上光斑的位移量即代表了两个设备基座之间的变形量。

2.2　变形测量数据

变形测量数据是由测量船变形测量设备测量得到的，它反映的是测量设备基座与惯导平台基座之间的船体变形量。

首先，我们来看变形测量数据的曲线图。

下面的图(图1、图2、图3)是根据某航天测量船执行某次海上测量任务时，变形测量设备输出的实测船体变形数据绘制的曲线图，数据时段长度为100秒，参数间隔为0.1秒。

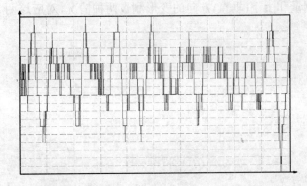

图1　艏摇变形角 k_b 原始测量数据曲线图

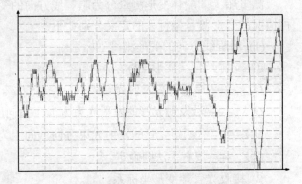

图2　纵摇变形角 φ_b 原始测量数据曲线图

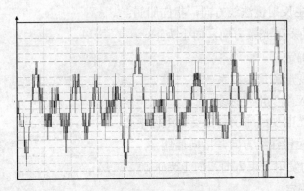

图3　横摇变形角 θ_b 原始测量数据曲线图

从三幅曲线图看到，变形测量数据中存在某种周期性的变化规律。

接着，我们考察变形测量数据本身的大小。

在甲任务和乙任务中，航天测量船有关变形设备的数据变化范围如表1所示。变形测量数据不仅与设备基座相对于惯导基座之间的距离有关，也与任务海域的海况有密切的关系。

表1　变形实测数据变化范围

任务代号	弧段	变形设备	k_b(″)	φ_b(″)	θ_b(″)
甲	A	a 船 USB 与惯□间	-5～5	30～50	-45～-49
甲	A	a 船雷达与惯□间	5～19	-72～-90	7～17
甲	A	b 船 USB 与惯□间	15～30	-30～-55	15～20
甲	B	c 船 USB 与惯□间	-5～-15	-5～5	-45～-50
甲	C	c 船 USB 与惯□间	-5～-15	-20～-35	-45～-60
甲	D	c 船 USB 与惯□间	-4～-12	-1.6～-3.3	-69～-74
乙	E	a 船雷达与惯□间	10～20	-60～-78.4	13～17

从上面的数据可以看出，一般情况下，变形测量的三个变形角中，通常有一个变形角的值比较大，达到 1′ 左右，有时还会出现两个变形角都比较大的情况。那么，几十角秒的变形测量数据对船载外测数据究竟有多大影响？对外测定轨究竟有多大影响？我们将在后面详细讨论。

3　船体变形修正方法

航天测量船船体变形测量的目的是修正船载外测数据中船体变形的影响。为了在外测数据处理时使用变形数据，需要建立船体变形量的数学描述。

3.1 变形测量坐标系

测量船上的船体变形测量分为艏艉线方向的变形测量和上下(垂直)方向的变形测量两种情况,对应这两种情况的变形测量坐标系的定义分别如下:

(1) 艏艉线方向的变形测量坐标系

① 发射光管端变形坐标系:

O_b　　——原点,为发射光管处;

O_bX_b——沿发射光管的发射光束方向,指向船艏;

O_bY_b——沿测扭光管的发射光束方向,向上为正;

O_bZ_b——按右手法则确定。

② 接收光管端变形坐标系:

O_b　　——原点,为接收光管处;

O_bX_b——沿接收光管主反射镜法线方向,指向船艏;

O_bY_b——沿测扭光管的发射光束方向,向上为正;

O_bZ_b——按右手法则确定。

(2) 上下(垂直)方向的变形测量坐标系

① 激光电视经纬仪基座端变形坐标系:

O_b　　——原点,为激光电视经纬仪测扭支架组件中心;

O_bX_b——沿测扭波罗棱镜法线方向,指向船艏;

O_bY_b——沿测扭光管的发射光束方向,向上为正;

O_bZ_b——按右手法则确定。

② 惯导Ⅱ基座端变形坐标系:

O_b　　——原点,为惯导Ⅱ基座上表面中心;

O_bX_b——沿惯导Ⅱ平台侧面反射镜法线方向,指向船艏;

O_bY_b——沿惯导Ⅱ基座上表面反射镜法线方向,向上为正;

O_bZ_b——按右手法则确定。

根据测量设备在不同测量船上安装的情况,远望号测量船有多套变形测量系统和多个变形测量坐标系。测量船上目前有以下船体变形测量角:

① 雷达基座与惯导Ⅰ(或惯导)基座之间的变形测量角,记为 k_{bl}、φ_{bl}、θ_{bn};

② 某频段统一测控系统基座与惯导Ⅰ(或惯导Ⅱ)基座间的变形测量角,记为 k_{bu}、φ_{bu}、θ_{bu};

③ 某频段统一测控系统基座与惯导Ⅱ基座之间的变形测量角,记为 k_{bc}、φ_{bc}、θ_{bc};

④ 惯导Ⅰ基座与惯导Ⅱ基座之间的变形测量角,记为 k_{bg}、φ_{bg}、θ_{bg};

⑤ 激光电视经纬仪基座与惯导Ⅱ基座之间的变形测量角,记为 k_{bj}、φ_{bj}、θ_{bj}。

3.2 坐标变换与欧拉角

船体变形修正问题实际上是两个空间直角坐标的变换问题,具体地说就是测量设备变形测量坐标系与惯导基座变形测量坐标系之间的坐标变换问题。可以通过坐标轴旋转和原点平移来实现:

$$\begin{bmatrix} X' \\ Y' \\ Z' \end{bmatrix} = B(j) \begin{bmatrix} X \\ Y \\ Z \end{bmatrix} + \begin{bmatrix} X_0 \\ Y_0 \\ Z_0 \end{bmatrix} \qquad (1)$$

式中,$(X_0、Y_0、Z_0)^{\mathrm{T}}$ 为原点平移量,$B(j)$ 为旋转变换矩阵,它由三个绕坐标轴旋转的矩阵 K_j、φ_j、θ_j 的乘积组成:

$$B(j) = K_j \cdot \varphi_j \cdot \dot{\theta}_j \tag{2}$$

3.3 欧拉角与变形角

等效变形角 k'_{bn}、φ'_{bn}、θ'_{bn} 是用来确定变形坐标系之间坐标变换的三个欧拉角，它是由变形测量角 k_{bn}、φ_{bn}、θ_{bn} 计算得到的。

(1) 对于艏艉线方向的变形测量：

$$\begin{cases} k'_{bn} = -\arcsin(\sin k_{bn} / \cos \varphi_{bn}) \\ \varphi'_{bn} = \varphi_{bn} \\ \theta'_{bn} = \arcsin(b \cos \alpha) - \alpha \end{cases} \tag{3}$$

其中

$$b = \sin \theta_{bn} / \cos k'_{bn} \tag{4}$$

$$\alpha = \operatorname{arctg}(\operatorname{tg} k'_{bn} \cdot \sin \varphi_{bn}) \tag{5}$$

(2) 对于上下(垂直)方向的变形测量：

$$\begin{cases} k'_{bn} = -k_{bn} \\ \varphi'_{bn} = \varphi_{bn} \\ \theta'_{bn} = \theta_{bn} \end{cases} \tag{6}$$

3.4 变形修正公式

(1) 计算旋转变换矩阵

$$B(j) = K_j \cdot \varphi_j \cdot \theta_j \tag{7}$$

其中：

$$K_j = \begin{bmatrix} \cos k_j & 0 & -\sin k_j \\ 0 & 1 & 0 \\ \sin k_j & 0 & \cos k_j \end{bmatrix} \tag{8}$$

$$\varphi_j = \begin{bmatrix} \cos \varphi_j & -\sin \varphi_j & 0 \\ \sin \varphi_j & \cos \varphi_j & 0 \\ 0 & 0 & 1 \end{bmatrix} \tag{9}$$

$$\theta_j = \begin{bmatrix} 1 & 0 & 0 \\ 0 & \cos \theta_j & -\sin \theta_j \\ 0 & \sin \theta_j & \cos \theta_j \end{bmatrix} \tag{10}$$

(2) 变形修正

船载测量设备安装在测量船甲板上，并以惯导平台提供的惯导地平系和天文北作为基准，测量设备的测量数据由该设备测量坐标系转到惯导地平系时，要先将数据转到惯导甲板系，在这过程中使用变形测量数据，进行船体变形修正；然后再将数据由惯导甲板系转到惯导地平系，此时要用到船体姿态数据(船摇数据)，进行船体姿态修正。

由于船载测量设备的种类和安装位置不同，变形修正时用到的变形测量数据也不同，因此变形修正公式略有不同，下面我们以某航天测量船单脉冲雷达为例，介绍将雷达测量数据由雷达测量坐标系转到惯导Ⅰ甲板系时船体变形修正的方法和计算公式。

设被测目标在雷达测量坐标系的数据为 $(X_{cl} 、 Y_{cl} 、 Z_{cl})^T$，转到惯导□甲板系后的数据为 $(X_{g1} 、 Y_{g1} 、 Z_{g1})^T$，雷达测量坐标系原点在惯导Ⅰ甲板系中的坐标为 $(X_{0l1} 、 Y_{0l1} 、 Z_{0l1})^T$，雷达测量坐标系相对惯导Ⅰ甲板系的等效变形角为 k'_{b1}、φ'_{b1}、θ'_{b1}，则雷达测量坐标系转到惯导□甲板系的坐标转换公式为：

$$\begin{bmatrix} X_{g1} \\ Y_{g1} \\ Z_{g1} \end{bmatrix} = B(b1) \begin{bmatrix} X_{cl} \\ Y_{cl} \\ Z_{cl} \end{bmatrix} + \begin{bmatrix} X_{0l1} \\ Y_{0l1} \\ Z_{0l1} \end{bmatrix} \tag{11}$$

式中 $B(b1)$ 表示以 k'_{b1}、φ'_{b1}、θ'_{b1} 代入公式(8)(9)(10)及(7)中计算。

4 船体变形对测量船外弹道测量的影响

我们以测量船上的统一测控系统(以下简称 USB)和单脉冲雷达为例，来考察船体变形对测量船外弹道测量的影响，具体分为对外测数据的影响和对外测定轨的影响。

4.1 变形数据对测量船外测数据的影响

对 USB 系统和单脉冲雷达测量数据，分别采用修正变形与不修正变形两种方法，然后将两种处理结果进行比对，考察变形数据对外测数据处理结果的影响。两种方法处理结果的比对数据见表2。

表2 变形修正与否对外测数据的影响

任务代号	弧段	测量设备	ΔR （m）	ΔA （″）	ΔE （″）
甲	A	a 船 USB	-0.013～0.021	-29～17	-54～6
甲	A	a 船雷达	-0.02～0.02	-5～-52	5.1～50
甲	A	b 船 USB	-0.027～0.016	40～50～30	22～61
甲	B	c 船 USB	0.07～0.13	-10～75～10	60～-50
甲	C	c 船 USB	-0.14～0.18	-20～110～20	55～-55
甲	D	c 船 USB	-0.17～0.10	-26～6.7	-65～-27
甲	B	c 船 180	-.0.047～0.16	-154～136	-16.9～18
乙	E	a 船雷达	-0.093～0.037	-25.1～29.9	-19～75

注：表中 Δ=修正变形－不修正变形

从表2看出，变形修正与否对斜距 R 的影响很小，基本上可以忽略不计，但对测角 A、E 的影响比较大，有时达到 1～2′。

4.2 变形数据对测量船外测定轨的影响

对于外测定轨，主要考察变形修正与否对初轨根数中半长轴 a 的影响。与上节相同，对 USB 和雷达测量数据采用修正变形和不修正变形两种方法分别进行处理，然后分别用同样的方法进行初轨计算，比较二者之间的半长轴之差 Δa，结果见表3。

从表3看出，变形修正与否对初轨半长轴 a 的影响是比较大的，对于近地近圆轨道，这个影响是几百 m 的量级，最大达到 800～900 m，而对于大椭圆轨道，这个影响达到 20 多 km。

表3 变形修正与否对半长轴的影响

表3 变形修正与否对半长轴的影响

任务代号	弧段	测量设备	Δa （m）
甲	A	a 船 USB	-147～-11
甲	A	a 船雷达	10～140
甲	A	b 船 USB	-530～120
甲	B	c 船 USB	-460～620
甲	C	c 船 USB	-770～800
甲	D	c 船 USB	-930～-280
甲	B	c 船雷达	-543～-185
乙	E	a 船雷达	-28 352～21 969

注：表中 Δ=修正变形－不修正变形

4.3 变形数据的精度对测量船外测数据和外测定轨的影响

从上两节的计算结果可以看出，变形修正与否对船载外测数据和外测定轨的影响比较大，是测量船外测数据处理必不可少的一个修正项目，下面我们再考察变形数据的精度对测量船外测数据和外测定轨的影响。

采用的方法是在实测变形值上人为地加、减 20″，使实测变形值中混入 20″ 的系统偏差(固定偏倚)，将用这种变形值处理的结果与用原始变形值处理的结果进行比对，考察其对测量船外测数据和轨道半长轴的影响，计算结果见表4。

从表4看出，变形数据的系统误差增加 20″ (即加、减 20″)，对外测数据角度的影响大约是 20～50″，折算到初轨半长轴 a，对近地近圆轨道而言，造成的影响大约是 100～300 多 m 的量级。

5 结束语

船体变形测量是航天测量船海上测量的一个重要特点，船体变形修正是船载外测数据处理的一个重要修正项目。

船载外测数据的误差源除设备的测量误差外，还包括大气折射修正剩余误差(低仰角跟踪时)、动态滞后误差和船摇误差、船位误差、船体变形误差等，后面三项是海上测量所特有的。对于一般的弹道测量和轨道测量，影响测量结果精度的主要误差源是外测设备误差、船摇误差和变形误差，根据我们做过的专题研究成果，它们的误差平方在总误差平方中所占的大致比例分别是 50%～60%、20%～30% 和 5%～10% 左右。变形误差的影响与低仰角跟踪时大气折射修正剩余误差的影响大致相当。

表4 实测变形值±20 角秒对测角及轨道半长轴的影响

任务代号	项目(″)	弧段	测量设备	ΔE（″）	ΔA（″）	Δa（m）
甲	+20	1	a 船 USB	16.5～21.1	49.9～20.6	-60～-208
甲	+20	1	a 船雷达	24.9～28.3	15.5～20.2	64～72
甲	+20	1	b 船 USB	-28.9～12.8	8.7～20.8	-316～65
甲	+20	14	c 船 USB	28.2～-15.8	12.9～-57.7	316～-103
甲	-20	14	c 船 USB	-28.3～15.8	-12.9～57.7	-328～111

由于航天测量船采用单站定位测量体制，影响外弹道测量结果精度的决定性因素是角度误差，因为目标的位置误差和速度误差随着距离的增加而线性增大。因此，控制测角精度（包括目标的方位角和高低角、航向角、横纵摇角及变形角）成为提高航天测量船测控水平的关键所在。

外测设备测量误差以及船摇、变形误差是船载设备的固有误差，不可能通过布站和数据处理完全消除。但选择比较好的海况可以适当减小船摇、变形误差带来的影响。

参 考 文 献

[1] 张玉祥,李晓勇.远望号航天测量船外测数据处理方法. 国防科工委司令部教育训练部,1994.10.

[2] 张玉祥,李晓勇.航天测量船外测数据处理船姿和船体变形修正方法(KB30-99). 总装备部司令部,1999.05.

[3] 刘利生等. 外弹道数据处理.国防工业出版社，2002.2.

[4] 江文达等，航天测量船，国防工业出版社，2002.10

[5] 刘利生等，航天器精确定轨与自较准技术，国防工业出版社，2005.1

The Effects of TT&C Ship Deformation on the Ship-borne Outer-trajectory Measuring Data

Li Xiaoyong

China Satellite Maritime Tracking and Controlling Department

No.501, P.O.Box 103, Jiangyin, 214431，,xyli212@163.com

Abstract　This paper briefly introduces the basic structure, measuring principles and elements of TT&C ship-borne deformation measuring system, analyzes the basic characteristics，presents modification methods and calculation formulas of ship-borne outer-trajectory data measured in time of ship deformation, and emphatically studies the effects of TT&C ship's deformation on its outer-trajectory measuring data and orbiting.

Key words　TT&C ship；Ship deformation；Outer-trajectory measuring data；Effect analysis

基于微系统技术的微小卫星综合电子系统应用展望

李新刚　韦其宁

中国航天时代电子公司研究院

北京北四环大地大厦 1401，邮编：100080，xingnli@hotmail.com

摘　要　随着微系统技术的发展，传统卫星的分系统设计将被高密度集成化设计所取代，微小卫星的测控、姿轨控、星务管理、电源管理和热控等功能将通过一体化综合电子系统来实现，从而实现微小卫星的模块化、标准化、系列化和生产批量化。研制微小卫星综合电子系统，首先应开展微型测姿定位测控基本型微系统的研究，本文对该系统所涉及到的功能器件国内外发展现状、系统组成、功能特点和关键技术等进行了详细的阐述和分析。

关键词　微系统技术；微小卫星；综合电子系统；测姿定位测控

1　前言

现代微小卫星一般采用标准化和模块化设计，具有"开发周期短、体积小、质量轻、成本低、发射方式灵活和技术性能高"等优点。在民用领域，微小卫星可用于技术演示、科学研究、空间探测、卫星通信和对地观测等；在军用领域，微小卫星是构筑未来信息战不可缺少的角色。因此，微小卫星不仅受到航天大国的重视，也被许多中等发达国家和新兴发展中国家作为发展航天技术的切入点。

微小卫星平台及其关键部件的微型化、系列化、通用化和标准化是整个卫星技术领域的一个主要发展趋势，是卫星商业化、产业化的必然需求。NASA 于 1995 年提出"新盛世"计划，目标是按照多功能一体化的设计思想，将卫星有效载荷质量比提高到 70%，可重复使用的软件通用模块提高到 80%～90%，以此研制出满足 21 世纪需求的微小卫星。目前 NASA/JPL 正积极围绕该计划开发集成公共舱模块（将结构、热控、电源分配、测控、星上计算机和其它机光电功能模块集成在一个质量轻、无电缆、结构紧凑的组件中），来实现微小卫星公共舱的模块化、标准化、系列化和生产批量化。为实现该目标，所有的器件必须采用微机电（MEMS）技术、微电子技术和高密度封装技术。美国 Aero Astro 小卫星公司目前正在制定"纳米技术卫星"方案，将微小卫星的所有功能都集中在一块芯片上，这种"芯片卫星"仅 1～2kg，功耗仅 1～2W，同时使用多颗这种"芯片卫星"组成星座，构成几百到近千公里的电子天线，可进行地球观测、环境监测和通讯等多种飞行任务[1-5]。

传统卫星的结构质量占卫星净质量的 25% 左右，电缆系统质量（电缆、导线和接插件）一般占卫星总质量的 6%～10%，其中 30% 为焊接和接插等互连件所占的质量比例[4]。由此可见，要实现 70% 以上的有效载荷重量比，必须采用新的设计方法来降低结构和电缆质量，采用星载电子器件高密度集成设计，开发微小卫星综合电子系统则能够有效解决这一问题，如 NASA/JPL 的集成公共舱模块设计方案。

随着微系统技术和微电子技术的发展，传统卫星的测控分系统、姿轨控分系统、星载计算机分系统、电源管理分系统都在以不同速度向小型化方向发展，与国外技术水平相比，国内在短期内将上述分系统进行高密度集成存在很大的技术难度，必须要分步进行。测控、测姿和定位是保证微小卫星成功执行飞行任务的基础，这些功能之间联系紧密，因此研制微小卫星综合电子系统，首先可以围绕测控、测姿和定位的高密度集成展开，研制厘米级尺度的测姿定位测控基本型微系统。

目前，航天强国都在对微型测姿定位测控系统展开重点攻关，并已形成了产业化，如 AeroAstro 公司、Surrey 大学的卫星技术公司等已经推出了一系列微小卫星的姿态测量系统及星载测控系统，并在微小卫星上得到了实际应用。国内如中国航天科技集团公司的第五研究院和第八研究院在研制大型卫星测姿、定位和测控系统中拥有成熟的技术，但在微小卫星领域的相关研究尚属起步阶段，微小卫星系统中所使用的绝大多数零部件均是通过在国内外市场采购的方式得到，这带来一系列问题：宇航级的微型化测姿、定位与测控系统属于高技术禁运产品，无法通过引进得到；微小卫星各个功能部件之间通常具有非常紧密的联系，相互之间的制约关系也较为复杂，不同途径获取的各个部件之间在性能的匹配性、接口的可协调性等方面一般均不理想；器件的电气标准不统一还会导致能量损失、系统的配套性差等问题；受到零部件外形和尺寸等方面的限制，微小卫星的测姿、定位与测控系统进一步小型化的困难较大，集成化程度度低；不能从系统级角度分配各器件的性能指标，因此无法充分发挥各器件的优势，实现最佳的系统性能。

基于国内微系统技术和微电子技术的发展，从提高系统整体性能的角度出发，尽可能降低单个器件的研制难度，将 GPS 测姿及定位接收机、硅微陀螺、硅微磁强计、星载计算机和扩频应答机以芯片形式采用单基板封装方式构成测姿定位测控基本型微系统，综合利用上述传感器的优点，采用多传感器数据融合技术，不仅可实现中等测姿和定位精度，而且可以形成具有自主知识产权的厘米级尺度基本型微系统，实现测姿、定位和测控功能，满足低轨道移动通讯微小卫星、环境监测微小卫星（如中等分辨率遥感卫星）、微小卫星编队飞行及微小卫星星座的迫切需求。一旦该技术获得突破，在为微小卫星提供测姿定位测控基本功能的同时，也可满足众多大卫星的需要，延长其工作寿命，具有重要的意义和良好的应用前景。

测姿定位测控基本型微系统将具有很强的扩展能力，系统提供扩展接口，可以接入更高精度的姿态传感器，如星敏感器、光纤陀螺、太阳敏感器和红外地球敏感器，因此测姿精度将能够极大的提高，当接入高精度光纤陀螺，原有的硅微陀螺则作为备份。这种扩展能力能够适应更多高姿态精度要求的卫星应用，同时也提高了卫星姿态确定系统的可靠性。此外，测姿定位测控基本型微系统也将具有非常好的扩展能力，可以兼容 GALILEO 卫星定位系统和我国二代卫星导航系统，可以接入更高精度的姿态敏感器，提供更高的系统性能。

2 功能器件的发展现状

目前，精度较高的硅微陀螺仪均采用体硅加工工艺。诺斯罗普·格鲁曼公司（前 Litton 公司）采用全硅的 MEMS 工艺研制的 SiGy^{TM} 陀螺结构（见图 1），已经实现了优于 $1°/h$ 的零偏稳定性目标，随机角度漂移也达到了低于 $0.1°/\sqrt{h}$ 的目标。

美国喷气推进实验室（JPL）研制的四叶式硅陀螺（见图 2），其谐振器通过一根细梁连接在硅片上，其形状为苜蓿状，最基本特点是驱动模态和检测模态互相独立，采用体加工工艺和超精密机械加工，最后经微组装工艺装配，体积为 $4.5in^3$，功耗 1W，2002 年中期时零偏稳定性已达到 $0.1°/h$，主要应用目标为航天器的导航控制。

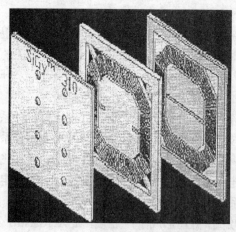

图 1　SiGy^{TM} 的芯片图

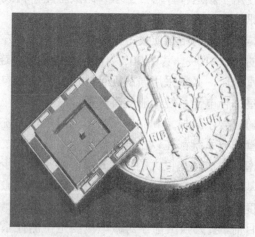

图 2　JPL 研制的四叶式硅微陀螺仪

磁强计进行姿态确定必须要精确的地球磁场模型和当时卫星的轨道位置。磁强计本身测量精度不高，地球磁场模型也并不能精确地描述实际的地磁场，因此只利用三轴磁强计进行测姿的实际系统很少，一般作为备份姿态传感器。

1990 年，瑞士首先采用微电子平面工艺制作了世界上第一个微型磁通门传感器，之后，日本、德国、美国及瑞士也都开展了微型磁通门的研究，并相继报导了研究成果。Honeywell 公司生产的磁阻式磁强计，结构采用四臂的惠斯通电桥，将磁场转换为差动输出的电压，具有低成本、小体积、低功耗等特点和较高的可靠性和坚固程度，其中 HMR2300 三轴智能数字磁强计能够测量磁场的强度和方向，磁场范围±2 高斯，分辨率 67 mGauss。

中国航天时代电子公司在"十五"期间对微型化磁强计进行了研究（见图 3），已经掌握了在硅片上精密线圈的制作工艺和磁性材料在硅片上的生长工艺，可使其敏感部件做到 0.5 mm×0.5mm，质量小于 1 克。其相应的信号处理电路已经做到 40 mm×40mm，采用单片集成技术，整个磁强计系统可以做到更小。

目前，在全世界范围内已经建成的卫星导航系统有美国的 GPS 和俄罗斯的 GLONASS 以及中国的"北斗一号"卫星导航系统，正在建设的有欧洲的 Galileo 和中国的"北斗二号"卫星导航系统。

ITrax02 GPS OEM 板（见图 4），其尺寸仅为 26mm×26mm×4.7mm，质量 4g，休眠时功耗仅为 80 μW，连续导航时不超过 110 mW。ITrax02 采用芯片式嵌入设计，最大限度地节省了空间，可更加灵活地进行产品的形态设计，保证产品结构一致化。

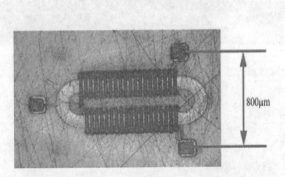

图 3　航天时代电子公司研制的微型磁强计探头

图 4　ITrax02 型 GPS 接收机

Motorola 公司开发的高性能微型 GPS 接收机 FS Oncore™ （见图 5），尺寸只有 14.5mm×18mm×2.75mm，平均功耗 70mW，可接收 12 通道信号，定位精度 10m（95%置信度）。

国内目前正在进行或正在准备进行 GPS 接收机 OEM 主板研制开发的单位有中国航天科技集团公司、中国航天科工集团公司、中国科学院和武汉测绘大学等。中国航天时代电子公司从 1986 年开始卫星导航接收机的研究，并于 1989 年研制出国内第一个单通道 GPS 接收机，1998 年研制成功第一台 16 通道 GPS/GLONASS 高动态组合定位接收机（GNSS-9816）和第一台 24 通道 GPS 高动态抗滚转定位接收机（GPS-9824），在微型卫星导航系统研制方面，已经研制出 GPS/GLONASS/BD 专用 ASIC 芯片、GPS/GLONASS/BD 三系统接收机 （见图 6）等产品。

图 5　FS Oncore™ 型 GPS 接收机

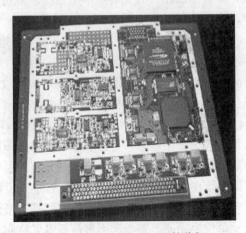

图 6　GPS/GLONASS/BD 接收机

采用固定基线长度、多天线配置的 GPS 姿态接收机可以测量完整的姿态信息，该测姿方法已在 RADCAL 小卫星和 CristaSpas 卫星实际飞行中得到验证。对于 1m 基线长度，典型的定姿精度在 0.4°～1°之间。

Surrey 空间中心和 ESA 合作开发出基于小卫星应用的 GPS 姿态接收机 SGR，使用 4 个天线进行姿态确定，在 UoSat-12 卫星上进行了飞行试验。SGR 采用了 GP2000 系列芯片和 ARM60M 32 位 RISC 微处理器，具有 24 个 LI C/A 通道，采用迭代最小二乘法估计基线偏差，姿态精度 0.5°~1°（1σ）。

中国航天时代电子公司已研制出 GPS 二维静态测姿接收机，航向精度 0.3°，俯仰精度 0.6°（1m 基线），目前正在研制 GPS 三维动态测姿接收机。

微小型计算机技术主要以 SOC 技术为核心，国际上 SOC 应用设计逐渐从 ASIC 方向向可编程 SOC 方向发展。中国在高新技术研究发展 863 计划中，把 SOC 作为微电子重大专项列入了 2000～2001 年度信息技术领域的重大专项预启动项目，并在 IP 核的开发、软硬件协同设计、IP 复用、VDSM 设计、新工艺新器件等方面布置了预研性课题，其中 IP 核的设计和制造是 SoC 技术中最为关键的部分。

中国航天时代电子公司研制的具有自主知识产权的 SPARC V8，是一个加固型高性能 32 位 RISC 处理器，支持双精度浮点运算，满足 IEEE754 标准（见图 7）。其主频为 133MHz（全温度范围），处理能力 100MIPS@133MHz。

图 7　SPARC V8 计算机

3 测姿定位测控基本型微系统

我们计划在"十一五"期间开展测姿定位测控基本型微系统的研制，该系统将 GPS 测姿定位接收机、高精度星载硅微陀螺、微型磁强计、星载扩频应答机和计算机功能模块进行芯片化，通过电路级分解，封装在一个基板上，其中涉及到 MEMS 结构、微波电路、模拟电路和数字电路，采用 MEMS 工艺、CMOS 工艺、BiCMOS 工艺和 BiPolar 工艺，设计和制造都非常复杂，难度很大，必须尽可能采取微系统设计技巧，进行优化设计，并运用成熟技术才能实现。

测姿定位测控基本型微系统有以下功能特点：

(1) 器件芯片化，测姿、定位和测控器件以及星载计算机采用微系统技术制造，整个系统以芯片方式进行集成化，满足微小卫星对测姿定位测控系统的重量、尺寸和功耗限制。

(2) 系统基本型，采用 GPS 测姿定位接收机、高精度星载硅微陀螺、微型磁强计、星载扩频应答机和星载计算机形成相对独立的基本型系统，可实现自主测姿、定位和测控功能；测姿采用功能冗余多传感器设计，大大提高了系统可靠性。

(3) 系统低成本，综合考虑测姿传感器、定位传感器、测控器件和计算机的性能与成本，以满足系统整体性能指标为首要条件，选用适当精度器件，降低系统研制成本。

(4) 系统高性能，使用 GPS 测姿定位接收机作为主要测姿传感器，高精度星载硅微陀螺辅助进行组合测姿；GPS 测姿定位接收机作为定位传感器，可实现较高的测姿和定位精度。

(5) 系统可扩展、可裁剪，系统留有接口，可以兼容 GALILEO 卫星定位系统和我国二代卫星导航系统，可以增加其它类型姿态和定位敏感器（如太阳敏感器和星敏感器）来实现更高的测姿和定位精度，可以引入控制功能并与控制机构连接来构成完整的姿轨控系统；系统内部可以通过指令控制任一传感器的工作状态，即系统在基本型结构的基础上能够进一步裁剪，来适应不同类型卫星的特定需求。

我们设计的微小卫星测姿定位测控基本型微系统的 SiP 封装的布局结构框图如图 8 所示，图中各组件的尺寸单位为 mm。基板选用多层低温共烧陶瓷方案，基板的层数根据电路的实际需要，并兼顾生产成本和基板成品率确定。

微小卫星测姿定位测控基本型微系统 ≤80mm×80mm×20mm

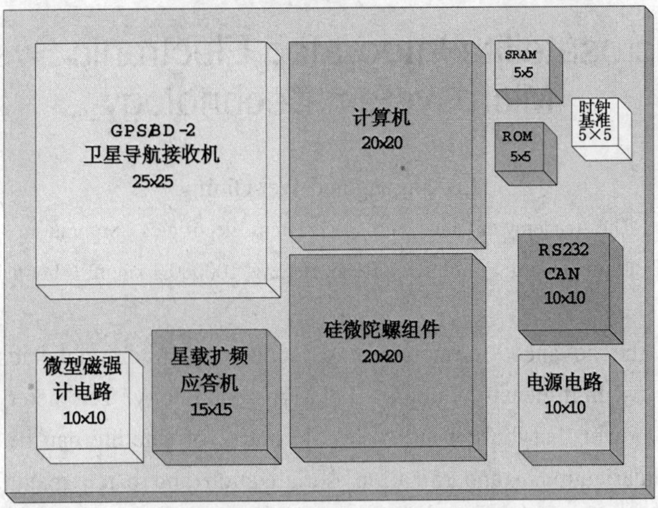

图 8　SIP 封装的布局结构框图

GPS 测姿定位接收机（1m 基线）存在因天线受遮挡而无法确定姿态和定位的问题，仅仅采用这种测姿定位方式带来了实际应用上的风险，因此微小卫星测姿定位测控基本型微系统采用了功能冗余方式，利用高精度星载硅微陀螺和硅微磁强计的信息，以多种工作模式切换来提高测姿定位的可靠性。

研制测姿定位测控基本型微系统涉及到非常多的关键性技术需要突破，如：

(1) GPS 测姿定位接收机的微型化技术与多天线相位修正技术

(2) 高精度星载硅微陀螺设计与制造技术

(3) 微型磁强计敏感探头的制造技术

(4) 单片上下变频 MMIC 设计技术

(5) 多芯片微系统组装、封装与测试技术

(6) 电磁兼容性设计与空间抗辐照技术

中国航天时代电子公司具备卫星导航、惯性器件、集成电路、计算机、硅微波功率器件、遥控遥测设备以及各类微传感器的科研生产与测试能力，已已成功开发出多种惯性器件、微波功率器件、具有自主知识产权的加固型 SPARC V8 处理器、DSP 处理芯片、卫星导航接收机、GPS 姿态接收机、星载应答机及基于 SiP 技术的 386 计算机等在卫星上成功应用。因此，我们认为短期内研制出满足微小卫星要求的测姿定位测控基本型微系统是非常可行的。

4　结束语

基于微系统技术，开发微型化、系列化、通用化和标准化的微小卫星综合电子系统是整个卫星技术领域的一个主要发展趋势，是卫星商业化、产业化的必然需求。作为微小卫星综合电子系统发展的第一步，开展测姿定位测控系统微系统研制工作对国家在微小卫星方面的战略部署和工程计划实施是非常有意义的，同时也非常迫切。

参 考 文 献

[1] 邓明泉, 尤政, 张晓敏. 皮型卫星的发展与 MEMS 卫星设计. 中国航天，2003 年第 7 期.

[2] 詹亚锋, 马正新, 曹志刚. 现代微小卫星技术及发展趋势. 电子学报，2000 年第 7 期.

[3] 孟晓雄, 李静. 微型机电一体化系统的发展及在航天领域中的应用前景. 航天情报研究报告，HQ-97007.

[4] 王存恩, 詹盛能. 国外星上器件小型化研究. 航天情报研究报告，HQ-97010.

[5] 王景泉, 安嘉欣, 郑刚, 梁巍. 现代小卫星设计中的新思路和技术途径选择研究. 航天情报研究报告，HQ-97025.

Advance of Microsatellite Integrated Electronic System Based on Microsystem Technology

Li Xingang and Wei Qining

The Academy of China Aerospace Times Electronics Corporation

DADI Building, North Fourth Ring Road, Beijing, 100080, xingnli@hotmail.com

Abstract　Following the advance of microsystem technology, traditional subsystem design method for satellite is being replaced by high-density integrated design technology. Telemeter, telecontrol, attitude orbit control, task management, power distribution and thermal control of satellite can be achieved by an integrated electronic system, so modularization, standardization, serialization and batch manufaction are becoming true. Developing such system, First step is focusing on attitude determination, positioning and communication kernel microsystem. In this paper, detailed discussion and analysis are given about state of arts for element instrument, structure of system, function characteristics and key technologies.

Key words　Microsystem; Microsatellite; Integrated electronic system; Attitude determination, positioning and communication

航天液体推进剂技术展望

李亚裕 禹天福 贺芳

北京航天试验技术研究所

hefang007@sina.com

摘　要　本文概述了液体推进剂研究的四个方向：(1) 研制无毒或低毒的"绿色"推进剂，包括单组元及双组元绿色液体推进剂；(2) 液体推进剂研究致密化，即将现用液体推进剂制成胶体或金属化胶体推进剂；(3) 针对超音速、高超音速飞行器研制人工合成高密度液体推进剂以及吸热型碳氢燃料；(4) 未来液体推进剂研制将面向更高能的原子簇、聚合氮以及原子推进剂等方向。

关键词　液体推进剂；无毒；胶体；吸热碳氢燃料；高能高密度

0　引言

液体推进剂是火箭的重要组成部分，液体推进剂在火箭起飞重量中占很大的比例，对大型运载火箭约占 70%～90%，其性能的优劣直接影响发动机及火箭的性能及费用。作为火箭发动机的能源和工质，液体推进剂的开发与应用是随着洲际导弹、人造卫星和宇宙飞船的发展而发展的[1, 2]。自 1900 年正式开始液体火箭研究至今 100 多年的时间里，液体推进剂的种类得到了极大的丰富，既有肼、过氧化氢等单组元推进剂、可贮存的硝基氧化剂/肼类燃料双组元推进剂，又有高能低温的液氧/液氢双组元推进剂。近年来，随着社会不断进步，载人航天技术不断发展，环境保护方面更为严格的要求以及国际商业火箭市场竞争的加剧，寻找廉价无毒、无污染以及高能液体推进剂，降低发射成本，已成为各航天大国追求的目标。目前，国际、国内液体推进剂已呈现出了无毒化、胶体化、高能化的发展态式。

1　绿色液体推进剂研究

1.1　单组元绿色液体推进剂

1.1.1　硝酸羟铵基单组元液体推进剂

硝酸羟铵基单组元推进剂为硝酸羟铵、燃料(如醇类、甘氨酸、硝酸三乙醇铵等)和水的混和物。因其与固体推进剂相比具有能量高、性能易调节、贮存和后勤供应方便等优点，最初被美国军方用作液体火炮推进剂。他们将硝酸羟胺（HAN），硝酸三乙醇胺（TEAN）硝酸二乙基羟胺（DEHAN）按不同比例配制成系列产品 LP1845、LP1846T 和 LP1898 三种推进剂，密度约 $1.4g/cm^3$ 左右，理论比冲 250S 以上，具有诱人的发展前景。后来，在美国 NASA 执行的一项"先进的单元推进剂计划"中，因硝酸羟铵基单组元推进剂具有冰点低、密度比冲高、安全无毒的特点，且在常压下不敏感、存贮安全、无着火与爆炸的危险，可减少运输和贮存的安全性管理要求，被 NASA 作为新一代的无毒单组元推进剂进行研究与试验[3,4]。在 NASA 的 IHPRPT 项目支持下，美国已经做了大量的工作，取得一定的进展。从 100 多种燃料配方中，筛选出 5 种，用电点火进行试验，其中硝酸羟胺/甘氨酸/水体系（水含量 26.0%），已被选用在 Spartan Lite 卫星轨道上升系统上。

1.1.2　二硝酰胺铵（ADN）基单组元推进剂

二硝酰胺铵（ADN）密度为 $1.81g/cm^3$，不含卤素，能量密度高，高温稳定性好，且毒性小，其毒性不仅远低于无水肼，而且比硝酸羟铵低一倍多。作为液体推进剂，燃烧不产生烟，能大幅提高推进剂的能量，降低特征信号和减少环境污染，特别适用于低污染的航天飞机助推系统和空间运输动力系统[5]。

ADN 由前苏联合成出来，并引起了西方国家极兴趣。美、法、德、英等国均投入研究。在近年来的ICT年会上，波兰作者发表了用不同胺制备二硝酰胺的合成及性能报告，瑞典、俄罗斯、美国等国家也各自发表了ADN在推进剂中的使用性能研究报告[6]。瑞典研究的一种代号为LMP-101的ADN单组元推进剂由61%

二硝酰胺铵、26%水和13%丙三醇,室温下密度为1.42g/cm^3,粘度为4.8cP,理论真空比冲2420NS/kg(膨胀比50),绝热燃烧温度1970K,火箭发动机试验表明这种推进剂点火快、能量高、无毒、燃烧完全且排气清洁、不污染环境[7]。

1.2 双组元绿色液体推进剂

在推进剂研究中,过氧化氢由于低毒、环保等特点非常引人瞩目。过氧化氢是一种环境友好的液体推进剂,很早就被当作推进剂使用,其分解放出氧气和水,既可用作氧化剂又可用作单组元推进剂。当作为氧化剂使用时,与之匹配的燃料选择比较广泛,如肼类、醇类、烃类、有机胺类等。

美国在评价民兵Ⅲ、和平保卫者等洲际导弹末修推进剂(四氧化二氮/甲基肼)的替代推进剂时,综合考察了各种双组元推进剂组合的毒性、着火延滞期、能量、贮存、系统复杂性、成本等因素,最终确定高浓度过氧化氢与醇类或CINCH配对,是两种最有希望的末修级绿色推进剂组合[8]。

1.2.1 过氧化氢/醇类双组元液体推进剂

对于过氧化氢/醇类双组元推进剂的研究以美国海军空战中心为代表,目标是用于"海军导弹防御系统"(DACS)。过氧化氢和醇类本身并不自燃,必须在醇类中添加适当的添加剂和催化剂达到与过氧化氢接触自燃的目的。美国海军空战中心(NAWC)对代号block0的甲醇基燃料进行了试验,使用了一种被称为SSR的环状合成化合物作为添加剂,进行了不同添加量的点火延迟测试,并进行了大量的发动机试验,试验结果表明:高浓度过氧化氢/醇基推进剂比冲为常规推进剂比冲的93%,密度比冲为102%[9]。

1.2.2 过氧化氢/叠氮胺类双组元液体推进剂

叠氮类有机化合物(如 N(N$_3$)、HN(N$_3$)、NO$_2$N$_3$、B$_2$H$_2$(N$_3$)$_4$ 等)是一种带有叠氮基团(-N$_3$)的新型含能材料,由于叠氮基的引入,既有利于提高推进剂的能量和燃速,又能降低推进剂的火焰温度和烟雾信号,且不存在毒性,因而是一类很有前途的含能新组分。叠氮接枝的小分子胺类化合物以其优良的比冲性能、自燃性能和低毒特性成为是液体燃料组分的重要研究方向之一,被誉为"有竞争推进力的非致癌自燃燃料(CINCH)"[10]。美国已成功地进行了叠氮胺/过氧化氢推进剂火箭发动机实验,并准备将叠氮推进剂用于空空导弹、洁净助推器。

1.2.3 一氧化二氮双组元液体推进剂

一氧化二氮是一种无毒安全的推进剂,可用于多模式推进系统,它可用作冷气推进、单组元推进、双组元推进、固液推进和电阻加热推进五种模式。采用一氧化二氮作为推进剂的发动机,推力可以从毫牛级到牛顿级以至千牛级,主要应用于小卫星、微小卫星、纳米卫星、飞船等,其中双组元推进剂具有很大的研究开发意义和应用前景。

实际上一氧化二氮作为双组元推进剂在国际上早已有应用,但因自燃问题未解决,只得采用催化点火或火箭起动器点火,它不适用于脉冲方式工作的姿控发动机。苏联在 1960 年就曾经采用一氧化二氮/胺作为"东方号"载人飞船双组元推进剂。当时主发动机的推力为 15.83kN,比冲达到 266s,飞船的速度增量为 155～215m/s[11]。美国"小推力推进系统"项目,关键技术即是研制一氧化二氮/丙烷火箭发动机(NOP)。欧洲计划研制能携带 2 名宇航员和 6 名乘客的"空间巡洋舰"飞船,该飞船的推进系统采用 3 台一氧化二氮/丙烷挤压式火箭发动机(估计每台推力 20000 磅)和 JT15D 型涡轮喷气发动机(估计每台推力 4000 磅)。

2 液体推进剂胶体化研究

2.1 浆氢、胶氢

液氢作为火箭燃料具有两个突出优点:一个是比冲高,另一个是清洁能源。但是,液氢作为火箭燃料有三个显著缺点:一是密度低,二是不可贮存,三是蒸发速率高。采用浆氢和胶氢燃料即可克服上述缺点:将液氢进一步冷冻,产生液氢和固氢的混合物,即浆氢(slush hydrogen);在液氢中加入胶凝剂,即成为胶氢(gelled liquid hydrogen),在一定压力作用下,胶氢象液氢一样呈流动状态。在胶氢中还可以添加轻金属粉末,制成金属化胶氢推进剂,以进一步提高密度和比冲。美国曾考虑将浆氢用于重复使用运载器,重复使用运载器采用浆氢可以将火箭起飞质量降低 15％～32％,7 台主发动机可以减少一台,并减少液氧/液氢供应管路、相关部件和剩余液体。

由于浆氢和胶氢可以用于运载火箭和上面级、组合循环冲压发动机、火箭冲压发动机，可以用于单级入轨、可重复使用的运载火箭，也可以用于登月飞行、火星探险，所以美国宇航局一直在大力进行两者的制备技术、生产设备和各项性能研究。

2.2　胶体推进剂

胶体推进剂是用少量胶凝剂将液体推进剂凝胶化，使其成为在一定压力（屈服应力）下可以用泵输送的凝胶状物质，以改善其使用性能和安全性能。胶体推进剂的形态是可逆的，增压时呈液态，常压下又呈凝胶状。在此基础上，还可以添加金属粉末（通常添加铝粉），成为金属化胶体推进剂，以提高能量和密度。

20世纪90年代是国外研究胶体推进剂和胶体推进技术最为活跃的时期。一方面，相关技术的发展（纳米技术、流变学等）推动了胶体推进剂技术的发展，另一方面，火箭发动机的设计趋近完善。为了显著提高推进系统性能，只有通过改进推进剂性能来实现。国外胶体推进剂的研究领域主要有两个系列：美国宇航局投资的项目，主要用于民用航天的运载火箭；美国军方投资的项目，主要用于武器系统。

美国宇航局为了增加民用航天的有效载荷，希望将具有高密度比冲的胶体推进剂用于运载火箭上面级，甚至用于月球探险和火星探险[12]。目前美国已研制成功的胶体推进剂有胶氢、煤油胶体、甲基肼(MMH)胶体和混肼－50胶体。美国国防部拟在大力神Ⅳ的基础上研制大力神Ⅴ运载火箭，拟采用金属化胶体推进剂，采用此种推进剂后，一级发动机和二级发动机比冲比原来分别提高9 s和14 s，有效载荷提高11.6%[13]。

美国陆军制定的两项武器研制计划都采用胶体推进剂技术，美国陆军航空与导弹司令部（AMCOM）制定的"未来导弹技术综合计划"（FMTI）的目的是通过能量管理使一种型号的导弹完成多种任务，实现多种射程。采用的推进剂是含碳胶体甲基肼和胶体抑制红烟硝酸。TRW公司和Telley防务系统公司按照此计划共同研制的胶体推进系统于1998年进行了6次点火试验。1999年3月30日，胶体推进系统成功地进行第1次飞行试验。2000年6月，在Eglin空军基地成功地进行了第2次飞行试验，导弹从布雷德利战车上发射，飞行时间51 s，飞行距离8 km，飞行期间发动机启动5次。2002年8月12日进行胶体发动机第一批次冷启动试验。

美国陆军认为：尽管在短时期内胶体系统的价格是现役固体导弹系统的1.5倍，但胶体发动机有潜力节约成本。胶体导弹将是多用途战术导弹，从而降低陆军导弹的总体作战和支援费用，美国预计装备这种胶体推进剂导弹还要3～5年时间，期望这种先进技术能极大地提高美国陆军在二十一世纪的作战能力。

四十多年来美国对胶体推进剂的研究经历了配方研究、性能研究、生产技术和生产设备研究、胶体推进系统研究、地面试验和飞行试验六个阶段。在某些领域，已接近实用阶段。

除了美国以外，德国、以色列、印度、日本也对胶体推进剂进行了深入研究，英国则协助美国研究胶体推进剂的材料相容性。

3　提高液体推进剂使用性能研究

3.1　人工合成高密度烃类燃料

现代高科技要求发展体积小、航程远、航速高的新一代导弹，这就对其所使用的燃料系统也提出了更高的要求，发展高能高密度燃料成为了实现该目标的关键之一。

煤油类燃料是最理想的燃料，生产工艺简单，成本低，可以通过提取石油馏分中高沸点组分而获得。如美国的JP-5，密度为0.77 ~0.84 g/cm³、JP-7密度为0.78~0.8 g/cm³、JP-8密度为0.77~0.84 g/cm³，然而这些燃料的热值均小于37MJ/L。

发展高密度燃料很重要的一步是出现了一种新的燃料RJ-4，一种人工合成的燃料（密度0.92～0.94 g/cm³、热值39.0 MJ/L、冰点-40℃），美国海军Talos导弹和战斧巡航导弹使用的就是RJ-4和RJ-4I（RJ-4改性）燃料，但因RJ-4和RJ-4I性质都不能满足空军的需求，所以美国又开发了单一组分的JP-10燃料（密度0.935～0.943 g/cm³、热值39.6 MJ/L、冰点-79℃），JP-10与RJ-4结构相似，但热值和低温性质都有所提高，是目前美国海军和空军广泛使用的小型导弹燃料的基本组分。美国空射ALCM导弹使用的就是JP-10燃料。在燃料密度上最大突破是合成了RJ-5燃料（密度1.08 g/cm³、热值43.8 MJ/L、冰点-17.78℃），由于它的高密度和高能量引起了广大研究者的关注，但由于它合成需要昂贵的金属催化剂，合成步骤多且各步骤得率又低，并且冰点较高，所以目前只作为掺对成分使用。美国先进的远程空对空导弹使用的燃料为 SI-80（80%RJ-5+20%异丁基苯的混合物）；空军冲压动力型巡航导弹是空中发射的战术导弹，它现在主要考虑使用 63%RJ-5 和 37%JP-10 组成的 RJ-5A 燃料；JP-9 也是美国空军用巡航导弹燃料，它是 RJ-5、JP-10 和 MCH 的按一定比例混合而成，已有军标发布[14]。

3.2 吸热型碳氢燃料

高超音速飞行器的研制是当今航空航天领域发展的热点，已引起了欧美、俄罗斯等国的高度重视。21世纪，高超音速飞行器无论是在军用还是商用领域都将进入高度发展阶段。因高超音速飞行中气流的高速度将给飞行器结构（特别是燃烧室）带来非常显著的气动力热载荷，未冷却燃烧室的温度能达到 3000K，完全超过已知结构材料的承受能力，所以设计高超音速飞行器的关键在于解决飞行器的冷却问题。

美国宇航局和美国空军分别实施各自的氢燃料和碳氢燃料超燃冲压发动机技术，对高超音速飞行技术进行了小规模验证[15]。因氢燃料具有高热值、吸热能力大的特点，是目前公认首选的同时满足冷却和燃烧要求的低温燃料，但液氢燃料的体积热值低、储存和运输不方便、易爆炸，吸热型碳氢燃料能够克服上述缺点，并且其制备成本较低，成为各航天大国关注的研究方向。吸热型碳氢燃料除了利于其本身的物理热沉（显热和潜热）外，还可以利用其在气相条件下发生化学反应吸收热量（化学热沉），即在进入燃烧室之前裂解为小分子产物，裂解过程吸收热量，因而其冷却能力大大增强。NASA 的兰氏研究中心研制的具有马赫数 5 巡航能力的飞行器的推进系统准备使用吸热型碳氢燃料而不用低温燃料，即利用吸热型碳氢燃料的催化吸热反应所产生的热沉（即吸热能力）来冷却发动机[15]。2002 年 5 月 30 日，美国在宇航局兰利中心风洞首次进行冲压喷射发动机点火试验。模拟高度 90km，速度为 6～6.5 Ma；美国正在研制第三代可重复使用航天运载器，有单级入轨和两级入轨两种方案，不管哪一种方案，都要涉及超音速燃烧，都要采用吸热型烃类燃料；法国在俄罗斯协助下正在研制吸热碳氢燃料超燃冲压发动机，已经在 2002 年进行发动机地面试验（2～7.5Ma）。

提高吸热型碳氢燃料的热沉有二个途径：一是提高碳氢燃料的使用温度，即研制具有高热稳定性的燃料，来增加燃料的物理热沉，这一方向的研究带来了燃料稳定性添加剂及实验技术的发展；二是通过高温化学反应，如：碳氢燃料催化脱氢和裂解（包括催化裂解和热裂解，加入引发剂和添加剂）来提高燃料的化学热沉。目前国内外都在进行这两方向的努力，其中美国研制的 JP-900 燃料，热稳定性温度已经达到 482℃。

4 未来高能液体推进剂研究

4.1 原子簇

高分子能量传统的途径是通过有机硝基化合物化学的研究来改善分子性能。但是，人们熟知，在同一分子中为提高能量而引入的爆炸性基团的增多与稳定性有矛盾。合成一个既能量密度高而又稳定性好的化合物，机率是很小的。美国提出了全新概念的设想，从 20 世纪 80 年代中期开始，在化学束缚激发态物质、亚稳态物质、超价态物质、应力态物质等诸多方面，广泛地开展了新的高能量密度物质的研究。这些化合物在化学上多是原子簇，离子簇，分子簇类化合物，研究是从量子化学计算开始，预测其键结构，能量和它的稳定性，然后准备应用现代物理技术实现其合成[16]，美国对亚稳态化合物的基础理论研究已经进行了不少的工作，最近美国 Christe 报道了 N_5^+ 以 AsF_6^- 的盐而存在具有强烈爆炸性，这是化学史上自 N_3 以后百年来第一次得到了 N_5 分子，这是氮原子簇化学上一个很大的进展，他们继续寻求更稳定的纯氮分子 $N_5^+N_3^-$[17]。近年来，美国、日本等对原子簇 C60 和 N60 等进行了合成研究，据预测其性能将比液体氢氧推进剂的比冲提高 20%，高达 5390N.s/kg[18]。

4.2 聚合氮

聚合氮的概念是由美国 LANL 的 Mailhiot 等人提出了，研究已进入实验阶段。这个概念的基本点是将氮原子均以共价键连接起来，则同一体积中所贮存的能量大得多，同一体积中氮原子的密度也大得多，因此，估计能量密度比起通常的含能材料要高达 3 倍之多[19]。

氮分子中的双原子依靠三键连接，三键是最稳定的化学键。聚合氮中的氮原子依靠单键连接。在超高压、高温下氮原子能以共价键三维地连结起来，而成为网状的新物质，并计算表明在常温常压下这样的聚合氮是亚稳态的。

聚合氮的实验室合成使用 Diamond Anvil Cell 方法，更大规模的合成有可能用冲击波方法，也有可能用超高压压机进行。用 Raman 光谱手段可以用来检测聚合氮，现在观测到这样条件下 N 的状态方程与过去发表的状态方程完全不同[20]。

聚合氮不仅可用作超高能量的爆炸能源、推进剂，还可能作为清洁的高能燃料。

4.3 原子推进剂

将来采用原子态高能量密度物质（HEDM）推进剂，可以将比冲在 O_2/H_2 的基础上提高 100 s 以上，这就使空间飞行器的结构更加紧凑，起飞质量减少 80%，有效载荷可以提高 264%～360%。例如，火箭采用含有 50%(m/m)原子硼的推进剂，有效载荷可以从 96 000 kg 增加到 170 000 kg；火箭采用含有 50%(m/m)原子氢的推进剂，有效载荷可以从 96 000 kg 增加到 475 000 kg，增加这些有效载荷意味着可以用一枚重型火箭就可以将载人星际航天器发射入轨。这种火箭可以节约数十亿美元和若干年的时间，无需在轨组装。采用原子推进剂可以使火箭从地面飞到太阳系。这样，可以在航天领域创造新的以往不可能的机遇[21]。

5 展望

新一代无毒、无污染、高性能和低成本用液体推进剂和胶体推进剂将是 21 世纪液体推进剂行业技术发展的重点。在新型高能推进剂研究方面，西方发达国家比我们早走了 20 余年，这方面的研究需要很长时间理论基础的准备、人才的成长和先进技术的掌握。我们现在如果不开始着手研究，则和发达国家的差距可能越来越大。所以我们应紧跟国外液体推进剂研究发展动态，创造条件，在型号牵引的同时不放松理论研究，加快我国液体推进剂研究步伐。

参 考 文 献

[1] 张起源，苏志林. 液体推进剂[M]. 北京：国防科工委后勤部，1979,83.

[2] 高思秘，张起源，刘墅等.液体推进剂[M].北京：宇航出版社，1989,108.

[3] Hansen R, Backof E, Greiff H J. Process for Assessing the Stability of HAN-based Liquid Propellants. AD-A190687,1987.

[4] Meinhardt D, Brewster G, Christofferson S, et al. Development and Testing of New HAN-based Monopropellants in Small Rocket Thrusters. AIAA-98-4006.

[5] Zenin A A, et al. Physics of AND combustion[R].AIAA99-0595,1999.

[6] Korobeinichev O P, et al. Study of combustion characteristics of the AND-base propellants[C]. The proceeding of 32nd ICT,2001:123.

[7] Anfol K. Development and testing of ADN-based monopropellants in small rocket engines [A].36th Joint Propulsion Conference and Exhibit, 2000.

[8] Mavris D N, Brian J G, Branscome E C, et al. An evaluation of green propellants for an ICBM post-boost propulsion system[R].AIAA MSC－2000－AF.

[9] B. M. Lormand,N. L. Purcell Development of non-toxic hypergolic miscible fuels for homogereous decompostition of rocket grade hydrogen peroxide.US6419772,2002.

[10] Mcquaid M J,Computationally based design and screening of hydrazine-alternative hypergolic fuels. US Army Research Lab,2003.

[11] 禹天福，刘江强.无毒安全多模式推进剂一氧化二氮的应用前景.航天一院科技委发动机专业组第三届学术研讨会，2004.

[12] Starkovich,j.,Palaszewski,B,Technology for gelled Liquid crogenic propellants metallized H_2/Al,AIAA 93-1878,1993.

[13] Palaszewski,B., Launch Vehicle performance using metallized propellants .AIAA 91-2050,1991.

[14] Chung H S.Chen C S,Kremer R A,et al.Energy &Fuels,1999,13(3)641-643.

[15] Edwards T, Michael L Meyer. AIAA-3870.

[16] Tyll J S, Herdy R. The nitrous oxide-propane rocket engine, Final rept. Report number: A844393,2001.

[17] Mailhiot C, Yang L H, McMahan A K. C & E N JAN 25, 1999.

[18] 日本产经新闻，1994.

[19] Lorenzana H E, Mailhiot C.ucrl-ID-123644, DE 96010714,1996.

[20] Loxenzana H E. Yoo C S. Mailhiot C, et al. Phys. Rev. B. 1992, 46(22):14419.

[21] Bryan P. Launch vehicle performance for bipropellant propulsion using atomic propellants with oxygen. NASA/ TM-2000-209443,2000.

Prospects for Liquid Propellants for Aerospace Propulsion

Li Yayu   Yu Tianfu and He Fang

Beijing Institute of Aerospace Testing Technology

hefang007@sina.com

Abstract The research about Liquid propellants is in four areas which are: (1) Non-toxic propellants are developed, including green monopropellant and bipropellant; (2) It is the best way to make liquid propellants into Gelled or metallization gelled propellants to obtain the densified liquid propellant; (3) Synthetic high density liquid propellants and endothermic hydrocarbon fuels are studied for supersonic and hypersonic vehicles; (4) Future liquid propellants will be directed at atom cluster, polynitrogen and atom propellants.

Key words Liquid propellants; Non-toxic; Gelled propellant; Endothermic hydrocarbon fuels; High energy density

将改进的 IDEF0 方法用于航天器系统工程

李英华　李勇

中国空间技术研究院

北京 5142 信箱 111 分箱，邮编：100094，liyinghua@cast.cn　liyong@cast.cn

摘　要　在分析和设计复杂系统的时候，人们常使用 IDEF0 建模方法。IDEF0 方法比较成熟、实用，但还不够完善，例如，对系统中比较复杂而又要不断细化的信息，描述起来比较困难。我们在航天器系统工程研究工作中，通过设立 ICOM 子码，解决了这一问题。ICOM 子码扩充了 IDEF0 方法中 ICOM 码的功能，从而增强了 IDEF0 建模方法的功能。

关键词　航天器；系统工程；IDEF0；复杂系统；建模

1　前言

IDEF0 方法是一种比较实用的系统结构功能分析设计方法，它在很多工程领域都有应用。我们起初将它应用于航天器系统工程等复杂系统或活动时，遇到了困难：IDEF0 方法分解复杂系统或活动时，高层分解的信息往往是粗粒度的、较笼统的，不便于直接被低层分解的子系统或子活动所使用或引用，因为低层子系统更需要细粒度的信息来描述。为此，在层层分解系统或活动的同时，我们也不断地分解信息，并设立 ICOM 子码来表示它们。在所进行的航天器系统工程等研究中广泛应用了 ICOM 子码，科研实践显示了 ICOM 子码的有效性和实用性。

2　IDEF0 建模方法介绍

2.1　IDEF0 方法的背景和基本原理

以往人们常用流程图来描述问题，但随着科技的发展、研究问题的复杂度的增加和考察对象的系统规模的增大，传统流程图方法越来越不能满足研究的需要，于是产生了一系列的复杂系统分析设计方法，如 IDEF0、IDEF3、面向对象设计等方法，以及多种信息建模方法（或数据库设计方法），如 ER/EER、Workflow（工作流方法）、IDEF1X 等方法。更多的系统分析设计方法可参考[4]、[5]等文献。

IDEF 系列方法最初是 80 年代美国空军在 ICAM（Integrated Computer Aided Manufacturing）工程中建立并命名的，IDEF 是 ICAM DEFinition Method 的缩写[1]。IDEF0 是系统结构模型或功能模型，描述系统的功能活动及其联系。后被列入美国联邦信息处理 183 号规范（FIPS PUBS 183）[3]。

可以发现，IDEF0 方法的基本思想来自于结构化分析方法、系统论和信息论。IDEF0 认为系统是运动着的系统，系统体现为活动，系统的运动用信息和信息流来描述，一个系统由若干个子系统或子活动构成，系统与外界的关系，系统内部运动着的子系统之间复杂的相互关系，也可以用信息和信息流来描述。所有这些信息和信息流都归纳为四类：输入（输出的原材料）、输出、控制（包括方法、规范、限制、指导、需求和反馈等）和机制（软硬件环境、平台、资源和数据支撑等），而且这四方面信息互相作用互相传递，使得整个系统处于复杂而又明晰的信息和信息流的网状关系中。一个系统可分解成若干个相互联系的子模块或子活动，每个子模块又可以进一步分解，通过层层分解和多层网状的信息图形描述，系统的运动规律就可以越来越详细准确地刻画出来。

2.2　IDEF0 方法中的 ICOM 码

为了比较方便地引出和设立 ICOM 子码概念、技术和规范，在此先简要地介绍 IDEF0 方法中的 ICOM 码。

在 IDEF0 方法中，要了解边界箭头的来源就要查看父图，父图和子图的相同箭头信息应当一致，内容和编号都要一致。将系统 IDEF0 模型的各边界箭头[1,3]（可以是输入、输出、控制和机制任一种）都编好号，那么系统的各 IDEF0 图就可以方便地引用箭头编号，并保持箭头信息一致。这种编号叫做 ICOM 码，ICOM 取自 Input、Control、Output 和 Mechanism 的首字母。ICOM 码是以 I、C、O、M 字母带数字来顺序地编号输入、控制、输出、机制边界箭头。如 I1 表示 IDEF0 模型的第一个输入，C3 表示第三个控制信息。这些 ICOM 码对当前整个 IDEF0 模型是唯一的，也是各图互相一致的。在图上标记（包括编号和引用）ICOM 码时，将 ICOM 码写在各图边界箭头远离盒子端处。通常在 A0 图或 A-0 图上开始编号，其它子图引用这些编码。一般说来，A-0 图上的箭头信息比较抽象，所以最好在 A0 图上开始编号 ICOM 码；如果系统不太复杂，A-0 图上的箭头信息就会比较具体，则从 A-0 图上开始编号。大多数 ICOM 码在 A0 图上编了号，各子图进行引用，可能有少量的在 A0 图上未出现而在子图上出现的通道箭头[1],[3]，便在子图上编号。ICOM 码编号次序：从上到下，从左到右，依次增大编号数字；A0 图上编完之后，再在第三层 IDEF0 图，即 A1、A2、…上对那些新定义（而不是被引用）且还没有编号的边界箭头进行编号，然后在第四层 IDEF0 图，即 A11、A12、…、A21、A22、…上对那些新定义（而不是被引用）且还没有编号的边界箭头编上 ICOM 码，直到把所有边界箭头都编好号，编号过程中 ICOM 码的编号数字按 I、C、O、M 类别分别依次增加。图 1 是一个较典型较简单的 ICOM 码编号和引用的例子，图中，系统 A 分解成 X、Y 和 Z 三个子系统，从图 1 可见，大部分 ICOM 码在 A-0 图中编了号，然后在 A0 图中依次对两个边界箭头信息 i 和 j 编了号。图中箭头末端有小括号的，是通道箭头，括号出现在箭头的远离盒子端，表示该箭头在父图中不出现。

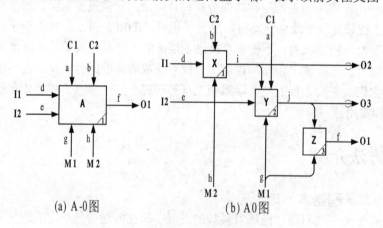

(a) A-0图　　　　　　　　(b) A0图

图 1　ICOM 码的编号与引用

子图中引用 ICOM 码时，不一定要按父图上 ICOM 码编号的上下左右顺序画箭头，但编号必须准确地对应，以保证一致性和唯一性。图 1(b)中，C2 排在 C1 的左面，M2 排在 M1 的左侧，虽然它们在父图上按从小到大顺序编了号。箭头画在哪个位置，取决于盒子之间的信息关系和箭头相互间的排列逻辑。

3　对 ICOM 码两种不同理解的辨析

由于 IDEF0 方法原文的一句话："If boxes on a child diagram are detailed on subsequent child diagrams, new ICOM codes are assigned on each new child diagram, relating that diagram's boundary arrows to arrows on its own immediate parent box." [3]，导致了读者对 ICOM 码存在了两种理解，曾有少数专家与我们争辩过，有必要在此澄清一下：

• 理解 1（错误理解）：ICOM 码本身只管一"代"，即只在一"代"父子图中有意义，再下一代的子图就完全更新了。

• 理解 2（正确理解）：ICOM 码对当前整个 IDEF0 模型是唯一的，也是各图互相一致的。定义和引用要一致。

辨析如下：

(1) 从原文看："理解 1"直接与原文矛盾。按"理解 1"，当没有父图时，A-0 图是没有 ICOM 编码的，这与文献[3]中的图 B8 矛盾！如果原文是"理解 1"的意思，那就说明原文就不完善，而且内部有矛盾，需要改进。

(2) 从 ICOM 用途看：ICOM 用途应是，一处定义 ICOM 码，其它各处好引用，并能使信息表示协调一致。按"理解 1"，ICOM 码在再下一代的子图就完全更新了，那么 ICOM 将不停地变化着，这样麻烦，编 ICOM 码还有什么意义。

(3) 从便利角度看："理解 1"把边界箭头的信息定义和编号分离了，即信息的文本定义在父图上，编号却在子图上。这种不必要的分离既不便利，又很混乱。而且按"理解 1"，当某图不需再分解时，该图上新出现的边界箭头就不会被编号。"理解 2"在一处定义并编号，其它任何地方可一致地引用。

(4) 从逻辑上看："理解 1"会与 IDEF0 定义的通道箭头发生矛盾，通道箭头会出现无法编号情况，而"理解 2"不存在这些问题。

(5) 从 ICOM 码的引用与注释看："理解 1"与原文矛盾。因为 ICOM 码的唯一性，原文[3]才指出可以单独引用它（如用 I2、O2），而不需用类似 A21.I2 的格式指明是 A21 图上的 I2 箭头，不是其它图上的 I2。按"理解 1"就必须用类似 A21.I2 的格式来指明某特定子图的 I2 箭头。

虽然信息不断细分解的思想在信息论中就有，但我们将信息分解加以唯一性编码，就使得 IDEF0 方法应用于复杂系统分析时显得更加便利。限于篇幅，更详细的辨析，如有需要请与作者联系。

4 用 ICOM 子码改进 IDEF0 方法

4.1 ICOM 子码的基本概念和技术规范

下面详细准确地给出 ICOM 子码的定义，并将它与 IDEF0 方法中原有的 ICOM 码完全地融合在一起。

IDEF0 建模时，随着分解层次越深，描述的信息越具体越细节越专门化，父图上某一箭头描述的信息，在子图上常被分成多项更细的信息或数据，用 A0 或 A–0 图的 ICOM 码就越来越不便于刻画更详细的信息，若为箭头另行编码，则又不能与已编的 ICOM 码一致，这样就产生了 ICOM 子码。ICOM 子码是在已编的 ICOM 码基础上进一步细编码，形成的编码既能与已编的 ICOM 码一致，又能编码描述更细节的信息。如一条箭头信息（ICOM 码为 O4）被细分为三项信息，则细分的信息的编码，即 ICOM 子码，分别为 O4.1、O4.2、O4.3，它们共享 ICOM 码 O4。若 O4.1 又进一步细分为两项更细的信息，则它们的 ICOM 子码为 O4.1.1、O4.1.2。称 O4.1.1 和 O4.1.2 的父码为 O4.1，称 O4.1.1、O4.1.2 都是 O4.1 的子码，同样，O4.1、O4.2、O4.3 的父码是 O4，或反过来，它们是 O4 的子码。小数点号"."后面的各码位，称为 ICOM 子码位，从左向右依次为一级子码位、二级子码位、……。而 ICOM 字母后面的各码位，称为 ICOM 码位，从左向右依次为一级码位、二级码位、三级码位、……，如 O4.1.2 中，一级码位值为 4，二级码位值为 1，三级码位值为 2。显然，同一箭头信息的 n 级子码位与 $n+1$ 级码位相对应。

ICOM 子码多用于较复杂的系统，且常应用于输出输入信息上，对于较简单、分解层次较少的系统建模可只用 ICOM 码而不用 ICOM 子码。模型中既有 ICOM 码又有 ICOM 子码时，将它们统称为 ICOM 码。

ICOM 子码的编号与 ICOM 码的编号方法和编号次序类似，在最先出现的详细图上文本定义和编号，其它图引用该子码。子码编号时，尽量靠近父码，并尽量按增序依次编号。引用 ICOM 子码和引用 ICOM 码类似。例子见图 2，为简洁起见，图中其它箭头未画出。子码编号时由于是靠近父码，所以与箭头远离盒子末端有一定距离，而引用 ICOM 子码时，ICOM 子码写在箭头远离盒子末端，因此读者读图时，也可以根据这种区别来确定是对 ICOM 子码的编号还是引用 ICOM 子码。

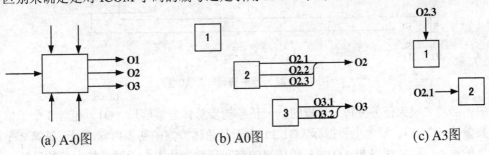

(a) A-0图   (b) A0图   (c) A3图

图 2 ICOM 子码的编号和引用

引用 ICOM 子码时，若某一子码位需要泛指时，可用"*"代替其码位值，如 O4.1.2、O4.2.2、O4.3.2 可用 O4.*.2 代指。当然 O4.1.1、O4.1.2 就没必要用 O4.1.*来代指，直接用 O4.1 表示便可。特殊需要情况下，子码编号时也可使用子码位泛指符"*"。

虽然一般要求每个箭头都要附带文字，但有时为了简洁，在引用 ICOM 码时，只标出 ICOM 码，而省略箭头要附带的文字，此时就要回溯查看该 ICOM 码的文本定义或文字意义（当然可以直接查看 ICOM 码对照表，如果有的话）。若只标出 ICOM 码，则按 ICOM 码编号顺序查找各 IDEF0 图，很快就能找到该 ICOM 码的定义，常在 A0 图或 A-0 图中就能找到。若只标出的是 ICOM 子码（如 O4.3.2），则先查看 ICOM 码编号图，一般是 A0 图或 A-0 图，找到该 ICOM 子码一级码位所进入或离开的盒子（如 O4 是第 3 盒子的输出），则查看下一层相应的 IDEF0 图（如查看 A3 图），在这一层图上找到该 ICOM 子码二级码位所进入或离开的盒子（如 O4.3 是第 2 盒子的输出），则再查看更下一层相应的 IDEF0 图（如查看 A32 图），……直到找到该 ICOM 子码的文字意义。

4.2 ICOM（子）码的其它技术规范

ICOM（子）码的语法：箭头的编号（即 ICOM（子）码）和内容（即所带文字）在整个 IDEF0 模型中都要一致。无论是编号定义，还是在子图中引用 ICOM 码，都要把 ICOM 码标记在箭头的远离盒子端处。编 ICOM 子码时，应尽量靠近相应的父码。在引用 ICOM 码时，只要图幅上的空间允许，标出 ICOM 码的同时，尽量标出箭头所带文字，以更方便地读图，减少对箭头意义的查对。

ICOM（子）码对照表：对于 ICOM（子）码数量比较多的情况，应列写 ICOM 码对照表，顺序列出各个 ICOM 码和 ICOM 子码的文字意义、编号（即定义）所在 IDEF0 图。

5 改进的 IDEF0 方法在航天器系统工程应用举例

下面简单地举个例子：航天器系统设计。例子中并没有详细地列出所有的信息，图中具体内容也未必很准确，仅仅是为了说明问题——IDEF0 方法的在航天器系统工程中的应用能力。

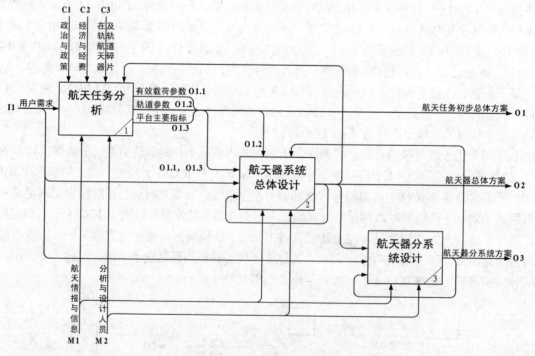

图 3 "航天器系统设计" A0 图

上图 3 中，活动"航天任务分析"形成的航天任务初步总体方案信息（O1）包含 3 个子信息，其中，有效载荷主要参数（O1.1）、平台主要指标（O1.3）由于是总体方案的初步内容，因而是第 2 个活动"航天器总体设计"的输入，而轨道参数（O1.2）所体现的空间环境制约着航天器系统本身的设计，因而是"航天器总体设计"的约束。第2、3个活动都有自迭代过程和向前一个阶段反馈与限制的作用。

感兴趣的读者可以进一步分解，在后续图A1、A2、A3、A11、…中，读者将进一步发现，ICOM 子码发挥着便利的信息表示作用。

参 考 文 献

[1] 陈禹六. IDEF 建模分析和设计方法[M]. 北京：清华大学出版社，1999.5.

[2] 徐福祥，林华宝，侯深渊. 卫星工程概论[M]. 北京：中国宇航出版社，2004.6.

[3] Integration Definition for Function Modeling(IDEF0). Draft Federal Information Processing Standards Publication (FIPS PUBS) 183，1993.

[4] Whitten J .L，Bentley L .D，Dittman K .C . . Systems Analysis and Design Methods[M]. Boston：McGraw-Hill/Irwin，2000.

[5] Satzinger J. W，Jackson R. B，Burd S. D.. Systems Analysis and Design in a Changing World[M]. Cambridge，MA：Course Technology，2000.

Appling a Modified IDEF0 Method to Spacecraft Systems Engineering

Li Yinghua and Li Yiong

China Academy of Space Technology

P. O.Box 5142–111, Beijing , 100094，liyinghua@cast.cn   liyong@cast.cn

Abstract   When analyzing or designing complex systems, people often use the IDEF0 modeling method. The IDEF0 method is a practical and mature technique, but it is still not perfect in some aspects. For example, it has weak capabilities in describing the complex and continuously subdivided information in a system. A complete set of ICOM sub-code techniques is established during our research on spacecraft systems engineering. Using these techniques, the complex information above can be well depicted. The ICOM sub-code technique extends the ability of ICOM code; hence it enhances the IDEF0 method.

Key words   Spacecraft; Systems engineering; IDEF0; Complex system; Modeling

飞船返回舱稀薄气动力特性计算和试验研究

梁杰　戴金雯　杜波强

中国空气动力研究与发展中心超高速所

四川绵阳211信箱5分箱，邮编：621000

摘　要　采用 DSMC 数值方法、工程计算方法以及低密度风洞试验三种手段研究分析了神舟飞船返回舱在 130～70km 飞行段的稀薄气动力特性。数值模拟采用 L-B 碰撞模型、五组元化学反应模型研究了热、化学非平衡效应对气动力特性的影响，分析了返回舱凸起物对配平攻角的影响。工程计算建立了依赖于当地压力与摩擦力系数的新的关联函数。低密度风洞试验在 90～70km 内模拟了 5 个高度、0°～45°攻角，测量了纵向三分量气动力。将三种手段获得的返回舱稀薄气动力系数进行了对比分析。

关键词　稀薄气体；气动力；DSMC；工程计算；风洞试验；返回舱

1　引言

我国神舟系列飞船返回舱在再入过程中，由于推返分离等事件发生，需要根据预装的配平攻角进行调姿配平，同时为了控制落点将根据预装的升阻比等参数实施升力控制。因此对 130～70km 返回舱气动力特性的准确预测对飞行控制具有非常重要的作用。本文通过 DSMC 数值模拟、工程计算以及低密度风洞试验等三种手段研究分析了返回舱在 130～70km 飞行段的稀薄气动力特性。

返回舱在超高速再入过程中，激波后的高温使气体分子发生振动激发、离解等现象，流场中出现的热、化学非平衡流动，会对飞行器的受力、受热产生影响。在数值模拟中，采用了 Laesen-Borgnakke 碰撞模型以及五组元空气的化学反应模型，并重点考察了 90km 热、化学非平衡效应对气动力特性的影响。同时考察了返回舱凸起物对配平攻角的影响。

在稀薄过渡流区，工程计算中常用的方法是当地桥函数法，一般是在计算的连续流和自由分子流气动力系数之间用半经验的桥函数搭接，但计算精度常不能满足工程要求。本文建立了基于压力与摩擦力系数的关联函数，提高了预测的精度。

在低密度风洞开展的试验共模拟了 90～70km 范围内的 5 个高度，0°～45°攻角范围，对纵向三分量气动力进行了测量。试验数据和数值结果为建立工程计算的关联函数提供了基础，最后将三种手段获得的返回舱稀薄气动力系数进行了对比分析，三者的一致性比较好。

2　数值模拟方法

计算中采用的是 DSMC 数值模拟方法[1]，该方法是用若干个模拟分子代替真实气体的分子，并存贮模拟分子的位置坐标、速度分量以及内能，这些量随模拟分子的运动、与边界的碰撞以及分子之间的碰撞而改变，最后通过统计网格内模拟分子的运动状态实现对真实气体流动问题的模拟。

对于返回舱外形，计算网格是求解泊松方程得到的结构贴体网格[2]，并在靠近物面附近进行了加密。由于网格是不规则的，模拟中分子排序过程非常困难。因此，采用直接跟踪分子运动轨迹的方法[3]，也就是通过计算分子运动轨迹与网格表面的交点来确定运动后分子的网格位置。

碰撞模拟中采用 NTC 方法[1]选取碰撞分子对，VHS 分子模型、Larsen-Bergnakke 碰撞模型[4]模拟分子平动、转动、振动自由度间的能量交换。化学反应模拟是根据 Bird[1]提出的位阻因子法，选取的是五组元（O_2，N_2，O，N，NO）气体分子 23 化学反应模型[5]，气-面作用模型是完全漫反射模型。

3　工程计算方法

工程计算因比较直观、简便，有一定精度并可进行大量重复计算等优点，多被工程研制所采用。过渡区气动力系数的计算因没有完善的理论基础，通常采用的是在连续流和自由分子流之间搭接的桥函数法。下面给出的是分别基于压力和摩擦力系数的误差-对数桥函数[6]：

$$F_p = \frac{1}{2}\left\{1 + \text{erf}\left[\frac{\sqrt{\pi}}{\Delta Kn_p}\log(Kn_{0,\infty}/Kn_{m,p})\right]\right\} \quad F_\tau = \frac{1}{2}\left\{1 + \text{erf}\left[\frac{\sqrt{\pi}}{\Delta Kn_\tau}\log(Kn_\tau/Kn_{m,\tau})\right]\right\}$$

式中的 $Kn_{0,\infty}$ 是基于 μ_0、T_0 和 ρ_∞ 的 Knudsen 数，$Kn_\tau = f(Kn_{0,\infty}, \theta)$，$\theta$ 是来流速度与物面法向的夹角。桥函数中引入了两个非常重要的常数，其中 Kn_m 决定过渡区的中心位置，也就是桥涵数等于 0.5 时的 Knudsen 数，而 ΔKn 表示过渡区的对数宽度。

外形用一阶面元法来近似[7]，则过渡区每个面元上的压力与摩擦力系数可以表示为：

$$C_p = C_{p,\text{Cont}} + F_p \cdot (C_{p,\text{FM}} - C_{p,\text{Cont}})$$
$$C_f = F_\tau \cdot C_{f,\text{FM}})$$

下标 Cont 和 FM 分别代表连续流和自由分子流。对所有面元的力系数求和就得到整个飞行器的气动力系数。

4　低密度风洞试验

在气动中心超高速所的低密度风洞上进行了名义模拟高度 70km、75km、80km、85km、90km，0°～45°攻角范围内三分量气动力测量。试验气体为氮气，试验采用了 M12、M16 两种喷管，模型缩比 1.5%。测力天平为三分力外式俯支微量天平（图 1），由于试验模拟高度范围较宽，模型气动载荷相差悬殊，试验使用了两台不同量程的三分力微量天平。

试验时采用两步镜像法对模型所受气动力进行支架、支杆干扰的修正，包括三种测力状态：模型测力、带模型支架干扰测力和支杆气动力的测量。为提高试验测量结果的精确度，对试验状态的流场进行了精确的调校。图 2 是零攻角状态下的流场照片，显示了较好的风洞流场品质。

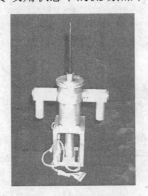
图 1　三分量外式俯支微量天平

图 2　返回舱模型流场照片

5　结果分析

5.1　方法验证与计算结果对比

为验证数值方法的可靠性，对 DSMC 模拟的无碰撞流结果与自由分子流理论值进行了对比。DSMC 数值模拟中所有状态的来流速度都取为 7500m/s，壁面温度是 350K。从图 3 和图 4 不同攻角下沿迎风母线上的物面压力和摩擦力系数分布可以看出，DSMC 模拟结果与理论值一致性相当好。说明本文给出的分子运动轨迹的跟踪方法以及分子与壁面的碰撞处理是相当精确的，尤其表现在压力与摩擦力急剧变化的区域，计算结果仍能与理论值吻合的非常好。

图5～图7给出了DSMC、工程计算和低密度风洞试验结果的对比情况。总的来看，数值模拟、工程计算和风洞试验数据的变化趋势是一致的，在数值上有差别。轴向力系数和法向力系数的风洞试验结果都要高于计算值，尤其是法向力系数偏差较大，在30°攻角时达到12%（与DSMC结果对比）。轴向力和法向力系数工程计算与数值模拟吻合得比较好，但俯仰力矩系数相差较大，导致配平攻角相差2.5°。工程计算的俯仰力矩系数与风洞试验的一致性较好，配平攻角仅差0.5°。图8给出了返回舱理论外形配平攻角沿飞行高度的变化。根据DSMC的数值模拟结果，飞行高度低于90km时，配平攻角的变化非常小，这与返回舱的特征尺寸比较大，90km以下的Kn数都小于0.01，处于近连续流区域是一致的。但风洞试验的结果反映出，在90～70km粘性干扰仍然很严重，配平攻角的变化高达6°。工程计算在拟合关联函数时，考虑了数值计算和风洞试验的结果，基本上反映了配平攻角的变化趋势。

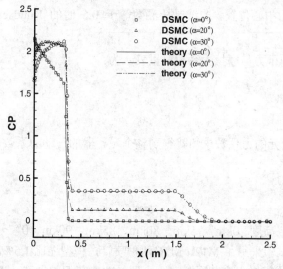

图3 自由分子流压力系数沿物面变化

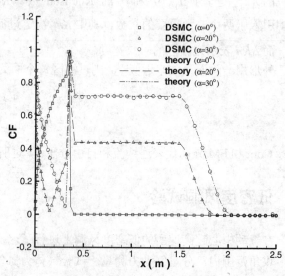

图4 自由分子流摩擦力系数沿物面变化

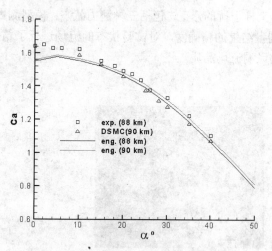

图5 不同条件下轴向力系数随攻角变化

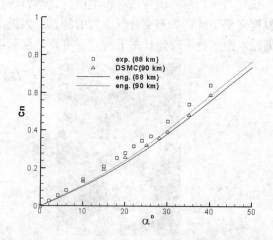

图6 不同条件下法向力系数随攻角变化

图9～图11选取70km、85km、100km和120km返回舱理论外形的气动力系数进行了对比。模拟高度低于80km，风洞试验的轴向力系数要比工程计算值低，当模拟高度大于80km时风洞试验值又高于工程计算值。而对于升阻比，风洞试验在数值上都偏低。DSMC数值结果在100km和120km的气动力系数与工程计算结果的一致性要好于与风洞试验数据的比较。

5.2 返回舱凸起物对配平特性的影响

由于飞船返回舱的真实外形带有许多凸起物，为了考察这些凸起物对配平攻角的影响，本文用工程和数值方法分别计算了带稳定翼外形的配平攻角沿再入飞行轨道的变化。图12给出了两种外形配平攻角的对

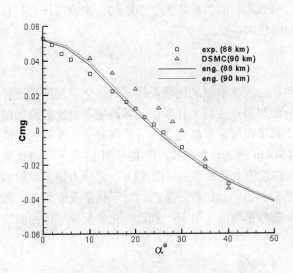

图 7 不同条件下俯仰力矩系数随攻角变化

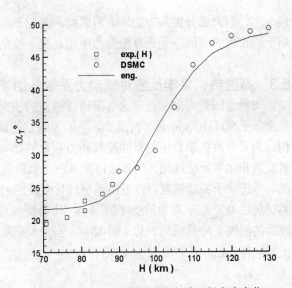

图 8 理论外形的配平攻角随飞行高度变化

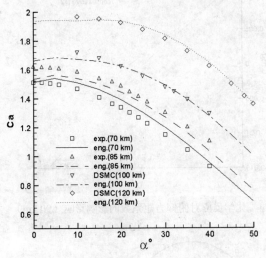

图 9 不同高度轴向力系数随攻角变化

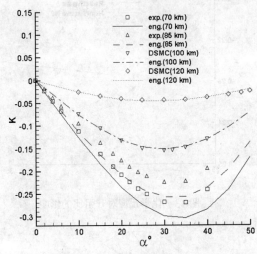

图 10 不同高度升阻比随攻角变化

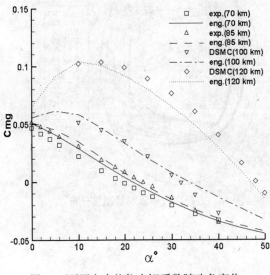

图 11 不同高度俯仰力矩系数随攻角变化

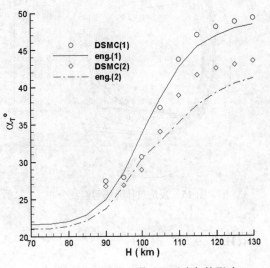

图 12 返回舱稳定翼对配平攻角的影响

比情况。注明（1）的为理论外形，注明（2）的为带稳定翼外形。可以看出，凸起物对配平攻角的影响是比较明显的，可以使配平攻角大大减小，尤其在高空稀薄气体效应影响严重的区域，使配平攻角最大可以减小 7°多。但飞行高度低于 100km 时，凸起物的影响不很明显。当攻角小于 30°时，尽管两片稳定翼处在迎风面，但大部分被前方的物面所遮挡，对配平攻角的影响有限。而当攻角大于 30° 时，来流可以直接作用于稳定翼的表面，无论对俯仰力矩还是配平攻角的影响都较大。

5.3 高温热、化学反应对气动力系数的影响

飞船返回舱周围的超高速气流通过激波的压缩和加热，会发生激烈的化学反应。这些化学反应在飞行高度低于 90～100km 时非常重要，是因为通过能量的再分配以及产生新的化学组元等改变了当地的流场结构。为了考察化学反应对返回舱气动力系数的影响，又计算了仅考虑单组元气体（氮气分子）并将振动能量交换和化学反应冻结（类似低密度风洞试验的条件）的 90km 的气动力系数，图 13～图 14 展示了对比情况。考虑分子振动激发以及五组元空气化学反应的升阻比在量值上是减小的（图 13），俯仰力矩系数的偏差引起近 0.7° 配平攻角的变化(图 14)。化学反应对流场结构的影响是比较严重的。对于化学反应气体，激波后的温度下降是相当大的（图 15）。与非反应氮气的头部弓形激波（图 16）相比，化学反应气体的激波更加贴体一些。

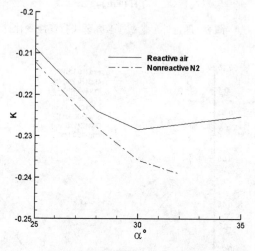

图 13　化学反应对升阻比的影响

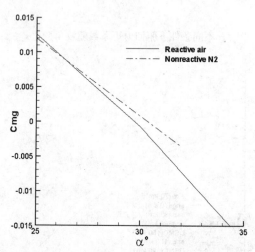

图 14　化学反应对俯仰力矩系数的影响影响（90 km）

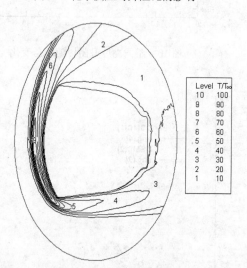

图 15　反应气体流场等温线分布

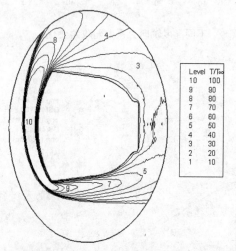

图 16　非反应气体流场等温线分布

6　结论

根据以上计算结果分析，可以得出以下几点初步结论：

a. 本文用 DSMC 方法模拟的无碰撞流结果与自由分子流理论值一致性相当好，验证了本文提供的 DSMC 数值方法中，对分子运动轨迹的跟踪、分子与物面的碰撞处理以及物面气动参数的统计抽样等具有相当的精度，同时也表明计算软件的可靠性。

b. DSMC 数值模拟、工程计算以及低密度风洞试验，三种方法得到的气动力系数总的变化趋势是一致的。工程计算基本上关联了风洞试验数据（低空）与 DSMC 数值计算数据（高空），但与 DSMC 结果吻合得更好一些。

c. 三种方法得到的轴向力系数偏差在 5%以内，但风洞试验的法向力系数明显偏大，而对于升阻比，风洞试验在数值上都偏低。110~90km 工程计算与 DSMC 数值模拟得到的俯仰力矩系数差别较大。其它高度，工程计算与风洞试验和数值计算的一致性都比较好。

d. 工程和数值计算结果表明，返回舱理论外形与带稳定翼外形的配平特性在高空有较大差别。返回舱凸出物（稳定翼）使配平攻角减小，对气动力系数的影响主要在 30°攻角以后。

e. DSMC 数值结果表明，高温热、化学非平衡效应使升阻比有所减小，配平攻角略有降低。但对流场结构的影响比较严重，使激波后的温度下降相当大，也使激波更加贴体一些。

参 考 文 献

[1] Bird, G.A., Molecular Gas Dynamics and the Direct Simulation of Gas Flows. Clarendon Press, Oxford, 1994.

[2] Thompson J.F.,Thames F.C.,Mastin C.M. Automatic Numerical Generation of Body-Fitted Curled Curilinear Coordinate System for Field Containing Any Number of Arbitrary Two-Dimensional Bodies. J. Comp. Phys.,1974,15:299~319.

[3] 梁杰,李中华.飞船返回舱再入稀薄区域的蒙特卡罗数值模拟. 第九届高超声速气动力(热)学术交流会议论文集.北京:北京空气动力研究所,1997,194~199.

[4] Borgnakke C and Larsen P S. Statistical Collision Model for Monte Carlo Simulation of Polyatomic Gas Mixtures. Journal of Computational Physics ,1975,18:405~420.

[5] 梁杰，李中华, 戚杰. 航天飞机头部绕流的蒙特卡罗数值模拟。第十届高超声速气动力(热)学术交流会议论文集.北京:中国科学院力学研究所,1999,246~249.

[6] M.S. Ivanov, S.G. Antonov, S.F. Gimelshein, A.V. Kashkovsky. Computational Tools for Rarefied Aerodynamics. The Eighteenth International Symposium on Rarefied Gas Dynamics, 1992,115-126.

[7] Arvel E.Gentry,Donglas N.Smyth,Wayne R.Oliver. The Mark IV Supersonic-hypersonic Arbitrarybody Program. AD77844, 1973.

Investigation of Computation and Wind-tunnel Test on Reentry Capsule Rarefied Aerodynamics

Liang Jie　　Dai Jinwen and Du Boqiang

HAI of China Aerodynamics Research and Development Center

P. O. Box.211-5, Mianyang, 621000

Abstract　The "ShenZhou" reentry capsule rarefied aerodynamic characteristics flight from 130 to 70 km altitude are investigated and analyzed with DSMC numerical method, engineering method and low density wind-tunnel test. The Laesen-Borgnakke collision model and chemical reaction models with five spieces are used to simulate thermochemical nonequilibrium effects in DSMC method. The influences of prominence on the surface of capsule to trim angles are studied also. New bridging functions of pressure and friction coefficients are developed in engineering computation. Lognitudinal Three-component aerodynamic force are tested in low density wind-tunnel in the range of 90 to 70 km with five altitudes and 0 to 45 degree angles of attack. Finally, rarefied aerodynamic coefficients of capsule obtained from above three ways are compared and analyzed.

Key words　Rarefied gas; Aerodynamics; DSMC; Engineering computation; Wind-tunnel test; Reentry capsule

飞船返回舱光学瞄准镜再入加热模拟试验研究

刘初平 杜百合

中国空气动力研究与发展中心超高速所

四川绵阳211信箱5分箱，邮编：621000

摘 要 本文给出了在 FD-15 电弧风洞上进行的神舟号飞船光学瞄准镜窗口再入加热模拟试验过程和结果分析。试验采用半椭圆喷管试验技术，进行了光学瞄准镜再入热环境模拟；采用瞬时熔断释放技术进行了模型表面热流测量；利用分层布点技术测得了模型内部的温度分布。结果表明：在所模拟的热流环境下，瞄准镜再入窗口的凸缘对局部热环境及结构内部温升有较小的影响，再入窗口的防热结构设计是安全可靠的。

关键词 电弧风洞；半椭圆喷管；烧蚀试验；返回舱

1 引言

飞船返回过程中通过再入点进入稠密大气层后，返回舱以接近第一宇宙速度高速飞行，在空气阻力作用下急剧减速，同时巨大的动能和势能转化为巨大的热量。飞船返回舱在整个再入过程中，对返回舱的防热设计是非常关键的环节之一，特别是对窗口、舱窗等部位的防热设计中，防热方案设计是否合理、安全可靠，都需要进行地面模拟试验进行试验考核或验证，提供试验数据作为设计的参考和依据。

美俄等国在载人飞船研制初期，在电弧风洞中对返回舱的防热系统进行了大量的地面模拟试验技术研究，为飞船返回舱的防热结构设计提供了可靠的设计依据。我国在发展载人飞船过程中，继承和沿袭了美俄的许多成功经验。但是，在一些关键技术领域，如大尺寸热结构地面防热试验技术研究方面，还存在许多差距和不足。因此，开展大尺寸的热结构试验技术研究变得十分重要。本文主要论述在 FD-15 电弧风洞中开展的大尺寸热结构试验技术研究以及我国神舟号飞船返回舱光学瞄准镜再入加热模拟评估和鉴定试验研究。

2 试验设备与方法

试验研究在 CARDC FD-15 超声速电弧风洞中完成。该设备由电弧加热器、喷管、试验段、冷却器、20MW 直流可控电源、4000m³ 真空罐和真空系统组成。选用喷管出口截面为 202mm×806mm 半椭圆喷管进行试验。为了在喷管出口获得较厚的边界层，专门增加设计了新型的半椭圆喉道来实现。

试验模型为全尺寸光学瞄准镜窗口的真实部件，具体尺寸为 ϕ430mm×260mm。

模型支架采用夹层水冷的防热结构试验支架。低热流时，支架在非水冷状态下，也能经受长时间试验。为了更好地保证试验模型的凸出边缘能很好的淹没在喷管出口边界层内，模型支架被设计成可调姿型式，以利于改变模型姿态。

从模型表面材料与边界层的相互作用机理上分析，气体边界层到模型表面之间的传热可以做如下理解：如果略去热表面至气体及热气体至表面的辐射，我们从气体层和固体之间交界面上的热平衡方程中可以导出模型表面的传热方程（假定普朗特数为常数），其对应的各项分别是对流换热项、边界层内粘性耗散项、表面材料蒸发时的消耗热以及与材料表面发生化学反应释放出的热量和离解热。从模拟参数的分析上已经知道，模型在所要模拟的参数条件下不会发生烧蚀，也就是说没有相变和化学反应发生。因此引起边界层内的传热主要是对流换热项和粘性耗散项。从上述分析可知，在保证边界层厚度的前提下，只要模拟出边界层内相应的热流密度值，就实现了边界层内参数的模拟。

为了提高热流测量的准确性与可信度，试验中专门设计了一种新型的隔热器，这种隔热器采用瞬时熔断释放技术措施较好地避免了风洞启动对其的影响。结果表明，热流参数满足试验要求，且重复性好。

模型内部温度分布通过在要求的各测点布置热电偶测得。由于模型各测点处于不同层面上，给布点带来了困难。经过仔细研究，设计了一种分层布点装置解决了这一问题。另外，分析认为，个别测点温升可能较小，因此，热电偶的冷端置于冰槽内。

3 试验结果分析

试验过程中，气流焓值用测得的弧室压力和喷管喉道尺寸，经平衡音速流法计算得到，公式如下：

$$H_s = K\left(\frac{P_s \cdot A^*}{m}\right)^{2.52} \tag{1}$$

其中：Hs—驻点焓值，MJ/kg；Ps—弧室压力，MPa；A^*—喷管喉道面积，m^2；m—气体流量，kg/s；K—常数，6.1×10^7。

表面剪力计算的方法是：根据已知的驻点焓值、表面压力和表面热流，计算出模型表面边界层外缘的气流静焓，再根据表面压力和静焓计算的"参考焓"，计算出边界层气体的热力学性质参数，最后计算出剪力。计算公式如下：

$$q_w = 0.332\left(\frac{\rho^* \cdot \mu^* \cdot v_2}{X}\right)^{\frac{1}{2}} \cdot (h_a - h_w)\bigg/ \left(\rho_r^*\right)^{\frac{2}{3}} \tag{2}$$

$$\tau_w = 0.0335\left(\frac{\mu^*}{\rho^* \cdot V_2 \cdot X}\right)^{\frac{1}{2}} \cdot \rho^* \cdot V_2^2 \tag{3}$$

$$h^* = 0.5(h_2 + h_w) + 0.22\left(P_r^*\right)^{\frac{1}{2}}(H_s - h_2) \tag{4}$$

$$h_a = h_2 + \left(P_r^*\right)^{\frac{1}{2}}(H_s - h_2) \tag{5}$$

图1给出了模型在电弧风洞试验过程中获得的试验照片。试验模拟了要求的热流、边界层厚度及凸缘高度，给出了重复性很好的试验结果。图2给出了部分测点的典型温升曲线。

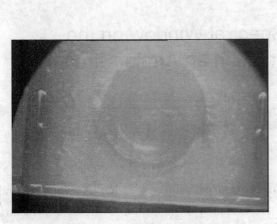

图1 光学瞄准镜试验照片

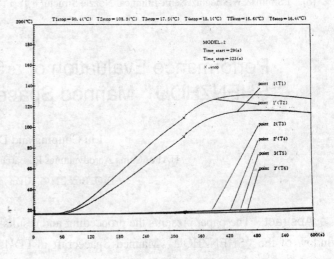

图2 典型部位测点温升

试验后模型表面洁净，分析认为，这是因为试验气流比较干净（含有极少量的硅橡胶分解产物），而且防热圈与模型表面均无烧蚀现象，因此试验后模型玻璃表面仍然光洁，透明性好。

各测点的温升曲线表明，玻璃上测点温度从下到上依次升高，且明显高于同一平面上其它测点温度，这与玻璃的传热性高于相邻非金属材料及透辐射性是一致的。

凸缘侧温升大，这是由于凸缘的存在，使局部热流增大的影响。这也表明，凸缘的存在是有影响的。

试验停车后，整个模型在内部温差的作用下，从高温向低温传热，逐渐向同一温度水平接近，试验结果证实了这一点。

误差分析：影响试验结果的主要原因有表面热流的准确性及热电偶测温的准确性。由于"薄壁法"理论固有的系统误差，因此。尽管试验时对热电系数及测热板厚度进行了精确标定与测量，在数据处理时也进行了反复取平均，但热流结果还存在误差，估算在15%以内。

根据热电偶与数采系统联机标定的结果分析，试验测得的温度误差在10%以内。且温度越高，误差越小。

4 结论

飞船返回舱光学瞄准镜窗口再入加热模拟试验研究结果表明：

a. 在电弧风洞中进行的全尺寸飞船返回舱背风面光学瞄准镜窗口部件再入热环境试验，实现了高焓、低热流密度和弱剪力参数的模拟。

b. 在试验模拟的状态下，光学瞄准镜窗口经过试验后，光学玻璃表面洁净，对其光学性能影响不大。光学玻璃窗口具有较好的安全性，在再入过程中不会出现危险。

c. 在光学瞄准镜窗口的凸出边缘侧，由于凸缘的影响，当地热流增加，模型内部温升增大，其影响程度从模型表面内逐渐减弱。在试验模拟的环境下，光学瞄准镜窗口的防热结构设计是安全、可靠的。

d. 神舟号系列飞船的实际飞行试验也验证了该试验研究结果的正确性。

参 考 文 献

[1] 张鲁民，潘梅林，唐伟，载人飞船返回舱空气动力学，国防工业出版社，2002.06

[2] 黄志澄，高超声速飞行器空气动力学，北京国防工业出版社，1995.

[3] V.Michael DeAngels and Karl F.Anderson. Thermal- Structural Test Facilities at NASA Dryden. NASA TM 104249.

[4] Theodore T.Mockler, Mario Castro-Cedeno. Design of a High-Temperature Experiment for evaluating advanced structural materials. NASA TM 105833.

[5] V.Michael DeAngels and Roger A.fields. Techniques for Hot Structures Testing. NASA TM 101727. nternational Symposium on Rarefied Gas Dynamics, 1992,115-126,

[6] J.Simms&W.Stieglitz. Semi-Elliptical Nozzle Structural Test Facility. AIAA-90-522

Performance Evaluation of a Spectral Window on the "SHENZHOU" Manned Spacecraft in an Arc-jet Stream

Liu Chuping and Du Baihe

HAI of China Aerodynamics Research and Development Center

P. O. Box.211-5, Mianyang, 621000

Abstract   The paper presents the proceeding and results of the reentry heating simulation test of the spectral window of the "SHENZHOU" Manned Spacecraft in FD-15 arc heated wind tunnel of CARDC. The reentry thermal environment of the spectral window was simulated using a semi-elliptic nozzle, and the heat flux on model surface was measured by employing a transient blowout technology. Additionally, the temperature distribution inside the sample was achieved applying a hierarchy temperature measurement technology. The results indicated that the outstanding edge of the spectral window influences little on local thermal environment and the temperature rise inside the structure. Therefore the thermal structure design of the spectral window is safety and reliable.

Key words   Arc-heated wind tunnel; Semi-elliptic nozzle; Ablation test; Reentry capsule

飞船两舱连接螺栓烧蚀鉴定及传热试验研究

刘初平　杜百合

中国空气动力研究与发展中心超高速所

四川绵阳211信箱5分箱，邮编：621000

摘　要　本文给出了在 CARDC 超高速所 FD-15 电弧风洞上进行的飞船返回舱与轨道舱连接螺栓突出部位烧蚀鉴定试验和防热大底分离装置烧蚀传热试验研究结果。在试验来流参数为：总焓 18.35MJ/kg，前室压力 10.90×10^5Pa，马赫数 5.3。喷管出口直径 Φ500mm。采用钝楔试验技术，对上述两种试验表面热流分别为 52.0W/cm^2、42.5W/cm^2，加热时间近 600 s。结果表明突出部位能在短时间烧落而且表面齐平，分离装置测点 1 的温升在近 600 s 下，不超过 10℃。

关键词　电弧风洞；烧蚀；钝楔；返回舱

1　引言

在进入大气层的返回式航天器表面，由于结构和应用的要求，不得不安排一些突起物、空腔和缝隙。这类局部结构周围会形成不同于大面积防热层的热效应。理论和实践均已证实：无论在亚声速还是在超声速条件下，无论来流是层流还是湍流，突起物或表面不连续都会引起局部热流密度增大。更为严重的是，当来流原为层流时，表面的突起和不连续会加速流动性质的转捩，这时热流密度的增大就会从局部范围扩大到整个防热层表面。防热层表面的不连续部位都有局部过热的可能，从而留下防热层从局部破坏的隐患。为了进行局部的防热结构设计，首先得弄清楚局部不连续物周围的传热效应。但是，这些传热效应一般伴随着流动的分离、再附着、漩涡等复杂现象，他们的规律、特别是定量数据至今还很难完全用理论分析求出，实际应用中，许多设计数据往往来源于地面试验和飞行试验。

飞船返回舱与轨道舱分离后，连接两舱的螺栓在返回舱防热大底形成了突起物。由于返回舱大面积防热层采用的是一种适合于中等热流的低密度烧蚀材料，再入过程中，在连接螺栓突起物周围将形成气动加热的干扰区，热流密度因干扰而增大。对防热结构设计中，除需要选择合适的烧蚀材料外，还必须考虑所选用的材料与周围材料是否烧蚀同步以免烧蚀过程中出现新的台阶等问题。因此，在选定材料和结构形式后，需要通过计算设计进行局部防热结构设计。为了验证结构设计的可靠性，通常需要在地面模拟设备中进行鉴定和评估。试验研究的主要目的是为了确定在返回前就完成使命的突起物，是否会引起分离装置的安全。另外，通过突起物传入的热量引起的内部温度升高也是必须要考虑的问题。本文主要给出了在 CARDC 超高速所 FD-15 电弧风洞上进行的神舟号飞船两舱连接螺栓烧蚀鉴定试验及防热大底分离装置烧蚀传热试验研究方法和结果。

2　试验设备与方法

试验在 CARDC 超高速所 FD-15 超声速电弧风洞设备上进行。该设备由片式电弧加热器、锥形喷管、试验段、冷却器、20MW 直流可控电源、4000m^3 真空罐和四台 ZL-5000，10 台 H-10 真空泵组成的真空系统组成。片式电弧加热器压缩片内径为 Φ60mm，长度 2.5m；锥形喷管喉道直径为 Φ30mm，出口直径 Φ500mm；试验段直径为 Φ2m。

试验采用钝楔试验技术，钝楔试验支架见图 1。楔支架与气流之间的夹角，突出物或螺栓轴线与气流夹角 20°，其攻角为 41°。钝楔头部直径为 Φ20mm。为了防止螺栓暴露在流场中，影响温度测量的准确性，对伸入防热层内部的螺栓采取了防热促

图 1　钝楔试验支架

设计措施。

　　试验参数模拟主要选取表面热流、表面压力、气流焓值和总加热时间。为准确计算加热时间，待风洞流场建立后，模型草用自动送进支架进行送进。其模型加热时间计算方法为风洞启动稳定后模型送进开始计算，到风洞运行结束。风洞模型最高温度待风洞停车，吹冷气，整个数采系统设定 0.5 小时进行记录，然后由记录曲线读出。

　　风洞模型试验过程进行全程录像。由录像记录突出物的烧去时间及对应的温度。在烧蚀传热试验中采用 NiCr-NiSi 热电偶进行温度测量。

3 试验结果与分析

　　风洞来流参数测量了电弧加热器的气体流量、弧室压力及喷管出口的驻点压力和驻点热流。驻点压力采用头部直径 ϕ1mm 皮托压力探针，传感器型号为 CYG19。驻点热流采用直径 ϕ25mm 平头水卡热流探针测量。

　　气体总焓采用如下关系式计算：

$$H_0 = \frac{q_s}{k\left(\frac{p_s}{R_{ef}}\right)^{\frac{1}{2}}}$$ (1)

式中 R_{ef} 为热流探针的有效半径。

　　模型表面加热等环境参数采用如下方法校测：表面热流采用"薄壁法"进行校测，传感器材料采用 1Cr18Ni9Ti，厚度 δ=2mm。图 2 给出了表面热流测点的布置示意图。剪切力采用计算方法给出。

　　烧蚀试验鉴定试验结果和脱落情况见图 3。从录像记录可以清楚看到，突出部位的烧蚀先从迎着气流方向熔化，并被气流吹掉，当在根部剩余一部分时，因达到熔点，突出部位被整体吹掉。在录像记录中其整体吹掉时间为 7 s。但是根部所记录的温度相差较大，两者平均温升为 40℃。造成温度相差较大的原因，初步分析主要是安装的热电偶位置偏差及与突出物的接触好坏造成。

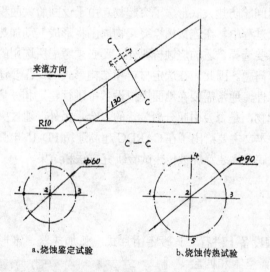

a、烧蚀鉴定试验　　　　b、烧蚀传热试验

图 2　表面热流测点位置示意图

图 3　突起物烧蚀吹落瞬时

　　图 4 给出了两舱连接螺栓烧蚀传热试验过程的照片。从图上看出，烧蚀过程稳定，对螺栓所采取的热防护措施得当，长时间的加热没有对支架造成破坏，说明支架设计合理实用。图 5 给出了加热 595 s 过程中螺栓上典型部位的温升曲线。由于防热玻璃钢板未被更换，从录像看到当加热器停止运行后即被吹离，使得停止加热后冷气流直接吹到螺栓上，图中测点 5（带"*"的曲线）的温度下降很快。

　　利用三次试验的平均值与每次试验值进行比较，所有试验数据与平均值的相对误差最大值不超过 20%。

图4 烧蚀传热试验照片

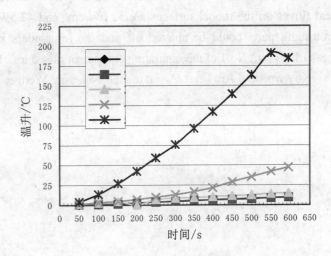

图5 典型部位温度曲线

4 结论

通过试验可以得到以下结论:

a. 烧蚀鉴定试验表明,突出物部位能在较短的时间内被烧去,而且烧蚀根部与模型表面齐平。

b. 防热大底分离装置的结构,经烧蚀传热试验证明,在测点 1 处,在这次试验状态下温升不超过 10℃,加热停止后温升最高不超过 17℃。

c. 突出部位内孔防热措施的好坏直接影响到分离装置各点的温升,建议采用耐烧蚀材料填充内空。

d. 神舟飞船的实际飞行试验也验证了本试验研究结果的正确性。

参 考 文 献

[1] 张鲁民,潘梅林,唐伟. 载人飞船返回舱空气动力学. 国防工业出版社,2002.06.

[2] 黄志澄. 高超声速飞行器空气动力学. 北京国防工业出版社,1995.

[3] V.Michael DeAngels and Karl F.Anderson. Thermal- Structural Test Facilities at NASA Dryden. NASA TM 104249.

[4] Theodore T.Mockler, Mario Castro-Cedeno. Design of a High-Temperature Experiment for evaluating advanced structural materials. NASA TM 105833.

[5] 王希季等. 航天器进入与返回技术(下). 宇航出版社,1991,83~84.

Ablation Evaluation and Heat Transfer Test Research of the Connecting Bolts between the Two Modules of the Spacecraft

Liu Chuping and Du Baihe

HAI of China Aerodynamics Research and Development Center

P. O. Box.211-5, Mianyang, 621000

Abstract The paper presents the procedures and results of the ablation evaluation test on the connecting bolts between the reentry capsule and the orbit module of the spacecraft, and that of the ablation and heat transfer test of the separating equipment of the thermal protection shield. In the test, the parameters of the arc heated flow are: total enthalpy 18.35MJ/kg, chamber pressure 10.90×10^5Pa, Mach Number 5.3. The exit diameter of the nozzle is Φ500mm. In these two tests, with a wedge test technology, during the near 600s-long heated time, the heat fluxes on the model surfaces are 52.0W/cm^2 and 42.5W/cm^2 used separately. The results indicated that the protruding parts could be ablated off and the remainders kept flat with around units, and the temperature at measuring point No.1 of the separating equipment raised less 10℃.

Key words   Arc heated wind tunnel; Ablation; Wedge; Reentry capsule.

国外大型火箭贮箱结构与制造工艺

刘希敏　熊焕　王爱民　郑卫东

北京宇航系统工程设计部

北京 9200 信箱 10 分箱 13 号，Struchre@sed-calt.com

摘　要　对国外部分大型航天运载器贮箱的资料进行收集、翻译、整理，以期对我国新一代运载火箭贮箱的设计及制造工艺有所帮助。

关键词　运载火箭；贮箱设计；制造工艺

1　前言

本文是在翻译了部分国外航天运载器大型贮箱结构及制造工艺方面资料的基础上，精简了与贮箱部分无关的内容，对原文中一些有价值的技术信息，在经过推断分析后，也尽可能做出较合理的介绍。

2　国外贮箱结构及制造工艺简述

2.1　美国航天飞机外贮箱

美国航天飞机外贮箱的液氧箱直径 8.4 m，长度 16.65 m，箱体容积 5520 m³，金属箱质量为 5670 kg，主要由 2219 铝合金焊成。其主要结构部件由尖卵形前底、T 形环、圆柱段、带 T 形环的椭球形后底组成。圆柱段由 4 块壁板组成，尖形前底由法兰、8 块尖弧板焊成的前部(锥)、12 块弧板焊成的后部(圆环)组成。

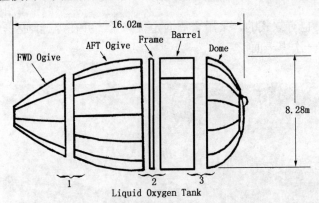

图 1　美国航天飞机外贮箱液氧箱外形图

图 2　美国航天飞机外贮箱液氧箱锥弧段装配图

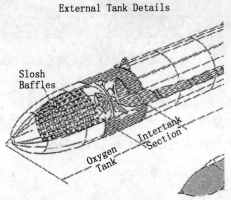

图 3　美国航天飞机外贮箱外形图

图 4　美国航天飞机外贮箱箱底装配图

液氢箱直径 8.41m，长度 29.47m，箱体容积 15730m³，金属箱质量为 14452kg，主要由 2219 铝合金焊成。前底、后底椭球短、长径之比为 0.75，椭球比约为 1.33，每个圆柱段由八块壁板焊成，圆柱段内表面均布有 96 根等间距的 T 形纵向加强筋，靠后底的圆柱段有 2 根纵梁承受(轴向)推力，5 个主环形框用于在圆柱段之间的连接及圆柱段与前、后底之间的连接，前、后底都是由 12 块三角形(弧)板、4 条(圆)弧段梁和顶盖组成。

圆柱段壁板间纵缝焊前切边不是简单直线，而是中间鼓凸一点，两头是名义尺寸，每条焊缝在焊前的对接缝的两切边都有严格的公差要求，必须相匹配，这是保证整个焊接质量的一个关键要素。

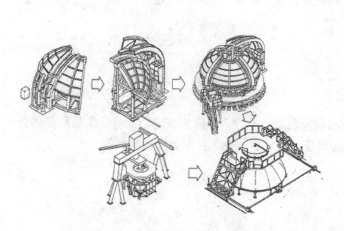

图 5　美国航天飞机外贮箱底制造工序图

图 6　美国航天飞机外贮箱零部件焊前切边图

有些零件的部份焊接厚度是根据所受载荷不同而变化的，焊接工艺参数相应也随着变化，采用编制程序进行自动控制的方法。

从现有资料看，柱段纵向焊缝焊接有卧式的，也有立式的，采用全周向定位夹紧，并在焊缝厚区采用磁弧震荡加宽"J"形坡口填充焊道和采用双面焊(一次焊一面)。

图 7　美国航天飞机外贮箱筒段水平装配图

图 8　美国航天飞机外贮箱筒段垂直装配图

总装焊接采用卧式转动、心轴加气动涨圈型架，在前、后底的带"J"形坡口的双环焊缝处，封底焊用两把焊枪、两台设备、两个操作者同时同步进行，因材料厚度不同，穿透焊各自进行，在涨圈走后从内部用一台便携式机械化的焊枪头来填充焊"J"形坡口，其他中间环形焊缝采用两把焊枪、两台设备、两个操作者同时同步进行。

每焊完一道焊缝后，在焊下一道焊缝前，进行 X 光检测。

图 9　美国航天飞机外贮箱部段装配图　　　　　　　图 10　美国航天飞机外贮箱液氢、液氧箱装配图

2.2　法国阿里安-V 型低温贮箱

上段装 131t 液氧，下段装 26t 液氢，贮箱直径 5.4m，长度 23.8m，采用共底结构，氧箱在上，氢箱在下，主要由 2219 铝合金焊成。圆柱段用带有框和纵向加强肋的板卷焊成，氧箱两个半球顶半径 3m，厚度 2mm，氧箱下底为与氢箱的共底，有两个直径 5.4m 圆柱段，壁厚 4mm。氢箱 6 个圆柱段，壁厚 2mm；1 个半径为 3m 的半球底，厚度 1.6mm。3 个半球底制造工艺相同，锻制后机加工的法兰用于连接到贮箱的相邻结构。

贮箱绝热层由两部分组成，确保对供给发动机需要的热条件下的推进剂进行冷隔离，确保对圆筒段气动热流的热隔离，另外还要确保在与固体推进器相互作用的情况下的热隔离。

前短壳直径 4m，高 3.3m，质量 1800kg，大部分材料是 7075 铝合金，在上部和下部的结构之间提供机械连接，它传递两个助推器的推力和低温部段的力，在助推器的连接水平面内采用一个框获得需要的较高的刚度，减轻助推器的推力在一个点造成的应力集中。圆筒部分用 6 块带有加强筋的壁板，采用热塑（性）成形后装配，安装一个环结构部分，从而给碳夹层外壳提供需要的刚度。推力裙（后短壳）高 3.5m，质量为 1700kg，环结构在上部与氢箱（用小螺孔）机械连接，截锥段由 8 块钣金成型的加筋板组成。

绝热材料保护圆筒段和前后底，到现在已使用了 10 年。4 个低温贮箱的绝热方法一样。

贮箱的其余部分中，包含有一些内部和外部的设备器件，特别是给发动机传送推进剂和压缩气体的管道、气体进气口，还有防漩防晃装置、测量仪表等。测量仪表提供气压、液压、温度、液位数据给箭上计算机。

贮箱制造厂房面积 15000m²，高 41m。另外，施工精细的工序还有专用的特别单元间，如：除油污、绝热层装配、涂漆和其他项目。此外，还有两个特殊设备：长约 45m 焊接装备；压力试验坑直径 9m，深30m，由一个超过 280t 的混凝土盖封住。

2.3　俄罗斯能源号火箭

直径 8m，长 60m，芯级直径 8m，芯级推进剂为液氧、液氢，捆绑 6～8 个助推器，助推器的推进剂为液氧、煤油。采用经热处理提高强度的 1201 铝合金材料，用高速（大于 40m/h 即 11.1mm/s）高集聚能量电子束焊接方法焊接纵焊缝和多焊道脉冲焊焊接。

采用多焊道脉冲熔化电极焊（PACW：multipass pulsed-arc consumable electrode welding）焊接子午线与环形对接焊缝的多道焊，PACW 工作量达 80%。经工艺加工的焊接结构保证装配零部件高精度，焊接间隙在接缝处为 0.5mm，焊接边的位移在 1.0mm 以内，采用垂直总装焊接工艺，能提高精度和效率。壁板间纵向焊缝焊接边为 40mm，采用局部真空电子束立式焊接。筒段间环缝焊接边厚度为 20mm，采用立式熔化极焊接。

图 11　俄罗斯能源号火箭发射前远视图

2.4 美国德尔它火箭

推进剂贮箱直径 2.4m，液氧箱长 12m，燃料箱长 8.4m，直径 2.4m 的箱筒段由 3 块厚度为 22.22mm 的 2014-T6 铝合金板材弯曲成型，壁板在化铣 48h 后焊接，以避免氧化。在水平位置施焊，3 条焊缝在内面，高出内外表面的焊缝加强高被刮去，100％焊缝经过 X 光检测和荧光着色检测。

2.5 美国土星-V 火箭

S-IVB 级推进剂箱直径 6.7056m，长 17.9832m， 共底结构，氢箱在上，氧箱在下，推进剂箱完全由 2014-T6 铝合金制造，有一个圆柱段，两个半球底和一个蜂窝夹芯共底，级间段后端直径 6.7056m，与 S-II 级前裙相配，前裙、后裙和后级间段是 7075-T6 铝合金外壳和桁。

S-II 级含推进剂载荷 421.8t，直径 10.0584m，长 24.3936m，采用共底结构，氢箱在上，氧箱在下，氢箱长 17.0688m，氧箱长 6.7056m，液氢、液氧箱的工作压力 0.345MPa。

S-IC 级燃料为 RP-1，氧化剂为液氧，级间段材料用 7075 和 7079 铝合金，贮箱材料用 2219-T87 铝合金，推进剂箱直径 10.0584m，长 42.0624m。采用共底结构，氧化剂 LOX 箱在上，燃料剂 RP-1 箱在下。

"Y"形环毛料质量为 6577.2kg，加工后质量为 1587.6kg，加工床子直径 8.2296m，技术改造后直径 12.8016m，最大转速 6r/min。

美国分别按不同的材料、焊接边厚度、焊缝填丝、焊接姿式、焊接接头形式，针对 MIG 焊（the gas metal-arc）和 TIG 焊（the gas tungsten-arc）进行了大量的对比焊接试验，最后选用 2219-T87 铝合金。

"Y"形环是壳段、底与短壳之间的连接件，由于轮廓的激剧变化形成复杂的应力区，"Y"形环结构将焊缝远离轮廓的剧变区来减轻复杂应力的影响。刚开始制造"Y"形环时，用质量约 4536kg 的 2219 铝合金胚材锻造成一块尺寸为 50.8mm×139.7mm×11 582.4 mm 的长条板，将板卷成半径为 5.0292m 的弧板，在 T81 回火状态下初步成型，为了释放应力，减小焊接和机加工时的变形，将整个环放在 223℃下 3h，随后发现如果在 T31 条件下成形，在老化过程中能释放足够大的应力，在机加工前允许对焊件使用局部应力释放。用 MIG 焊(gas metal-arc welding)垂直位置焊接 3 个截面为 50.8mm×139.7mm 的焊缝后组成一个直径 10.0584m 的环，焊接准备时对接缝边采用改良"J"型，采用一个附属连接在 MIG 焊头上的磁弧震荡器来减少焊道数量，每个焊接件大约总共需要 108 条焊道，采取交替从两面焊控制焊接变形，按有规律的时间程序表在（打底）焊后用 X 光照像检测，以保证合格的焊接质量。用 6.35mm 和 12.7mm 厚的焊件进行拉力试验，指标要求不低于 2219 铝合金的焊接接头。在机加工前对每条焊缝要进行一个局部应力释放工序，现阶段加热到 343.3℃，据称以后加热到 232.2℃，用 1 个特殊的感应线圈进行局部加热。在 1 个改造后的直径 8.2296m 的垂直镗床上进行机加工，机加工完成后测"Y"形环的分叉处的高度，另外还要控制同轴度，"Y"形环直径尺寸偏差必须在 1.27mm 以内。

三角形弧板是箱底的主要部件，每个箱底需要 8 块三角形弧板，每块由两个零件组成：一个顶部与一个底部，这些零件在机加工后拉伸膨胀成型，在拉伸成型同时，用"电锤"整变形，成型后化铣。这些三角形弧板包含组合的焊缝厚度以补偿焊缝强度，购进的板先在滚床上初成形，再液压膨胀一个 19.05mm 厚的氯丁（二烯）橡胶球胆施加压力促使三角形弧板靠向带塑料外套整型的凹模，考虑到很小的回弹量，钢模轮廓极近似实际三角形弧板的曲率，外型轮廓保持在 ±3.175mm，变薄量保持小于 0.2032mm 。每块三角形弧板每边留 76.2mm 余量，每 8 块三角形弧板放置在一个椭球型的真空吸盘模胎上，最终被焊成一个底。

圆筒段壳体上分布有完整的平行于箭体轴线的间距为 152.4mm 的 T 型肋，以防在火箭轴向推力下外壳失稳起皱，T 型肋还可携带防晃板和各种仪表、传感器等，相邻 T 型肋之间的角度是 8′，T 型肋间的间距相同是很重要的，因为焊好的筒段与下一筒段焊接后，从一段到另一段 T 型肋必须连续，要求从一段到另一段纵向肋最大错缝不大于 1.5875mm 。壁板毛料尺寸为厚 57.15mm ，宽 3352.8mm ，长 7924.8mm ，机加工一面后再加工另一面，壁板被真空吸盘吸住在数控铣床上加工出形状一致的 T 型肋、安装内部设备的加厚区和焊接用的焊接区。机加工后焊接，为补偿焊缝削弱的机械性能，焊缝几乎是其余壳壁部分厚度的两倍，焊接时将零件夹紧固定在半径为 R5.0292m 的夹具上，4 块壁板焊成一个 3.048mm

高、直径为 10.0584mm 的圆筒段，其周向偏差不大于 2.286mm ，纵向焊缝在垂直状态进行，首先从里面焊，再双面焊，在两面焊平接头必须保证焊透。2219-T87 铝合金最小拉伸强度为 434.36MPa ，为获得 241.3MPa 的焊缝强度要求错缝不大于 0.762mm 。

3 简单分析

俄罗斯能源号火箭贮箱采用立式装配焊接，立式装配焊接贮箱方案能较好地克服大型贮箱刚性不足的问题。

美国航天飞机外贮箱采用卧式装配焊接，装配型架像放大的"卷烟机"。

美国贮箱筒段纵缝焊接工艺采用全周向定位、纵缝附近琴键式夹具压紧。

以上仅对贮箱结构及制造工艺的主要项目进行了简单介绍，希望能对贮箱设计与工艺人员有所帮助。

参 考 文 献

[1] Weymueller Carl R. King-size fuel tank boosts spacemen into orbit. Welding Desing & Fabrication，1979，88.

[2] Oyler G W， Clover F R.Jr. Hard tooling for the fabrication of the external tank of the space shuttle. Welding Journal，1977-12.

[3] Hansen Lawrence L & Williamsen Joel E. Assessment of external tand for heavy lift launch vehicle tankage. 24th Joint Propulsion Conference，AIAA/ASMESAE/ASEE-1988.

[4] Powers Robert M. Big tools for deep space. Welding Journal，1977-02.

[5] Loechel L W & Roberts M O. Advanced Cryogenic Tank Development Status.28th Joint Propulsion Conference and Exhibit，AIAA/ASMESAE/ASEE-1992.

[6] Guillard P & Boisheraud H de. Ariane-5：The H155 Cryogenic Main Stage，ESA bulletin 73，IAF-89-195（1993）.

[7] Lawton A T. Energia – Soviet super rocket. Spaceflight，1987-08，29.

[8] Craig Covault/Washington. Manned Soviet shuttle flight delayed until 1992 for systems installation，Aviation Week & Space Technology .1989-05.

[9] Gubanov Dr.B I. Entergia-new Soviet launch vehicle. 39th Conress of the International Astronautical Federation，IAF-88-172.

[10] Miyazawa M & Fukushima Y. Development status of Japan's new launch vehicle：H-II rocket. 40th Congress of The International Astronautical Federation， 1989-10.

[11] Johnsen Mary Ruth. Friction stir welding takes off at Boeing，Welding Journal， 1999-02.

[12] 世界航天运载器大全. 宇航出版社， 1996-02.

The Configuration and Processing Techniques of Large Rocket Tank Abroad

Liu Ximin　Xiong Huan　Wang Aimin and Zheng Weidong

Beijing Aerospace System Engineering Design Institute

P. O. Box 9200-10-13, Beijing, 100076, Struchre@sed-calt.com

Abstract　The data of some large rocket tanks abroad was collected, translated and studied, which will be supply reference to the design and processing techniques of the new generation rocket tank in our country.

Key words　Rocket; Design of tank; Processing technique

卫星系统总体方案树合成技术研究

刘　霞[1]　罗文彩[2]　赵勇[2]　陈小前[2]

1. 中国空间技术研究院总体部　2. 国防科技大学航天与材料工程学院

摘　要　针对卫星数字化设计系统中分系统之间的耦合问题，分析了两种不同的分系统建模方式，研究了相应的系统总体方案合成技术，提出了针对并行和串行结构的建模方式对应的系统方案合成和校验算法，进行了合成方案的可行性分析，将总体方案树中出现的大量可能方案减少到少量的可行方案。研究表明，采用并行与串行结合的分系统建模、分系统版本验证可以降低数字化建模的难度，大量淘汰非可行总体方案，从而极大地减少了系统总体方案分析的工作量，提高卫星总体多学科设计优化能力。

关键词　卫星；方案树合成；可行性分析；多学科设计优化

1　引言

卫星总体设计是一个复杂的多学科耦合问题，集成的卫星设计子系统（学科）包括：轨道、发射运载、载荷、推进、结构、热控、数管、测控、电源等，卫星系统的最终性能取决于系统的整体最优。如何充分利用各学科的协同作用，获得整体最优设计，有效的降低研制费用，缩短设计周期，一直是总体设计部门关心的主要问题。传统的串行设计方法将卫星平台和有效载荷、卫星的各个分系统、卫星系统与地面系统的设计割裂开来，对系统的整体设计性能提高极为不利。多学科设计优化（MDO）的研究及在工程研制中的应用被认为是"快、好、省"地进行型号研制的重要技术手段。卫星集成设计软件平台（Satellite Integrated Design Environment，SIDE）把 MDO 中多学科设计（MDD）、多学科分析（MDA）和多学科优化（MDO）与卫星总体设计流程相融合，借鉴项目管理、产品数据管理和多学科设计优化技术，按照分布式协同设计模式和面向设计的建模，通过基于统一数据库的网络环境，实现了信息集成、过程集成和组织集成，对于改变面向制造的建模思路和工业部门"孤岛"式作业的方式，实现卫星产品数字化设计与仿真和"快、好、省"的思想具有重要意义[1, 2]。

建立集成的卫星总体设计系统，需要考虑下述因素：（1）多学科建模：模型的准确性，模型的适应性，系统分解的合理性和学科间耦合关系的准确性；（2）多学科集成：学科模型代码与专业分析工具的集成，设计、分析、优化的流程集成，模型交换信息的集成；（3）异地协同设计：分布式资源条件下异地设计、协同设计；（4）集中数据管理：基于并行工程（CE）和产品数据管理（PDM）技术，数据库集中统一管理，保证数据的唯一性、一致性和可重用性；（5）项目管理：按照卫星设计流程和阶段划分、专业划分，根据项目管理方式，建立适应异地协同设计要求的组织管理架构。其中多学科建模、多学科集成以及异地协同设计与分系统的模型建立方式密切相关。

在 SIDE 的系统方案分析和优化过程中，需要考虑卫星分系统组成及其方案选择，协调分系统之间的接口关系，对技术指标进行分解和综合，最终形成由分系统方案合成的卫星总体方案，并以此为基础进行系统总体多方案的评估、比较和优选，形成总体方案分析树。

2　问题描述

在建立卫星数字化模型的过程中，所有分系统模型需要考虑两种设计思路，即继承设计和创新设计两种思路。所谓继承设计是一种基于技术资源库的设计，主要支持用户在现有分系统解决方案的基础上进行继承和改进，并在此基础上形成分系统方案；所谓创新设计是指利用各分系统的约束条件和用户输入，利用所建立的数字化模型进行全新的设计。由于前者主要是一种数据库的操作，因此，主要讨论创新设计过程中所建立的各分系统模型。

卫星总体方案合成、分析和优选过程与卫星的数字化模型紧密相关。由于卫星各分系统之间的耦合关系十分复杂，如图1所示。如何处理好这种耦合关系对于提高卫星总体设计质量非常重要。

2.1 分系统之间耦合关系的处理

处理这种耦合关系有两种思路，一种思路采用传统的串行设计思路，从某一分系统（根节点）出发完成设计，其中父节点的输出是子节点的输入。在处理各分系统之间的耦合关系时往往需要人为地对各分系统之间的耦合关系进行干预。这种思路的优点在于简单、容易实现，且与现在的工程设计思路基本类似；缺点则在于没有更大程度地挖掘设计潜力，所得到的有可能不是系统的最优解；

另一种思路是采用并行设计思路，各个分系统并行地设计，设计结果之间的冲突由更高一级（如总师）系统进行协调。这种思路的优点在于能较好地挖掘设计潜力，缺点则在于工作量大、实现较为困难。

采用第一种思路之后所确定的一个数据流程如图2所示。

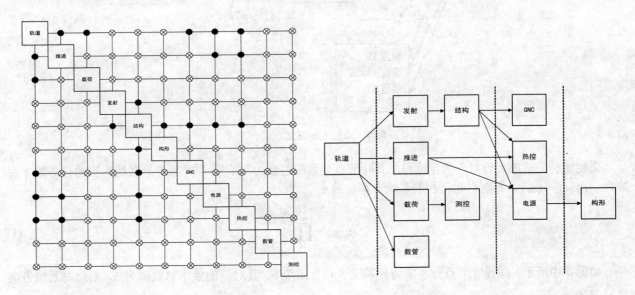

图1　卫星各分系统之间的耦合关系　　　　　　　图2　串行设计的总体方案设计流程及学科模块

采用第二种思路之后所确定的一个数据流程如图3所示。

图3　并行设计的总体方案设计流程及学科模块

2.2 总体方案树合成

由于实际设计过程中，为了提高分系统的设计水平和总体水平，一般各个分系统可以提供多个方案，从而由分系统组成的总体方案相应可以有多种组合方案；同时，在设计过程中，设计人员提供的方案可能有多个版本，系统支持的分布式协同设计中由于设计过程与结果在时间上、空间上的离散性，很容易导致由分系统方案生成总体方案时的混乱。因而 SIDE 软件采取根据模型版本信息、方案版本信息，用树形数据结构进行版本记录、跟踪与回溯，从而快速生成总体设计方案。

2.2.1 含串行设计的总体方案合成

采用并行和串行相结合设计的思想，针对具体的流程将系统分为若干个分系统，对各个分系统进行单独设计，各个分系统之间在时间和数据输入输出方面存在序列关系，各个分系统存在时间上的先后关系，而且部分分系统需要在其他分系统的基础上才能进行，具体如图4所示。

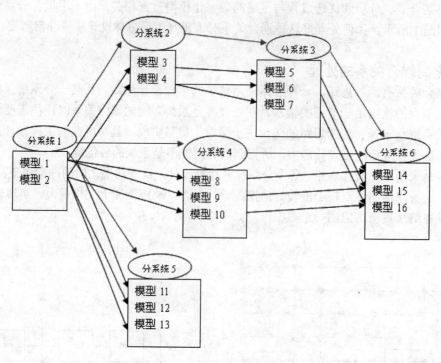

图4 系统方案建立方式一

采用这种方式时，设对于给定流程，其叶节点分系统总数为 m，各个叶节点分系统对应的任务版本总数为 $n_j(j=1,\cdots,m)$，这时对于流程的系统方案总数 n_{system} 为

$$n_{\text{system}} = \prod_{j=1}^{m} n_j \tag{1}$$

如图4中所示，假设叶节点分系统为分系统5和分系统6，其对应的版本总数都为3，则此时系统方案总数为9。

由式（1）可知，系统可以生成的方案总数由叶节点分系统的版本总数决定的，随着分系统总数的增加，总系统的方案总数只由相应的叶节点分系统总数和叶节点分系统版本总数决定。

采用第一种方式时，具有父子节点关系的子节点分系统在父节点分系统的基础之上进行设计，针对父节点分系统的一个具体的方案进行设计，此时该分系统需要考虑的是具体的对象，因而可以子节点分系统模型需要考虑的适用范围减少，从而可以提高子节点分系统模型的精度，相应减少部分设计工作量。父子叶节点分系统之间的模型是一对一的关系，而且存在时间顺序关系，需要进行版本信息检测。

2.2.2 完全并行设计的总体方案合成

采用完全并行设计的思想，各个分系统独立并行设计，每个分系统的模型充分考虑其它相关分系统的各种版本的模型，即针对其它分系统的各种模型给定分系统都可以采用其中一个版本的模型进行计算，具体如图5所示。

设给定流程，其各个节点分系统总数为 n，各个节点分系统对应的模型版本总数为 $n_j(j=1,\cdots,n)$，这时对于该流程的系统方案总数 n_{system} 为

$$n_{\text{system}} = \prod_{j=1}^{n} n_j \tag{2}$$

由式（2）可知，总系统生成的方案总数由分系统总数和分系统的模型版本总数决定，随着分系统总数的增加，系统方案总数将大大增加。

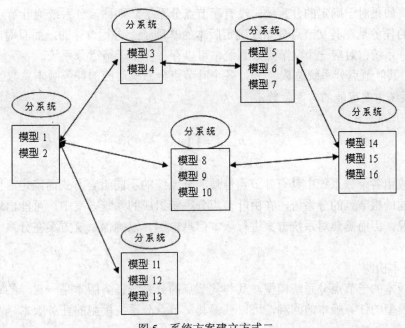

图5　系统方案建立方式二

2.3　总体方案合成方式的优缺点分析

由于分系统必须考虑针对其它分系统各种情况之下的通用的方案模型，此时在相同的复杂程度之下，模型的设计工作量将大大增加，而且由于整个分系统模型的建立需要兼顾分系统的各种情况下的模型精度，不同情况下的分系统模型可能存在不同的精度，因而单个模型的编程量将大大增加，而且通用性也受到一定限制，模型精度不一定很高。

如果分系统 i 和 j 之间存在耦合关系，则对于分系统的模型来说，需要考虑分系统 j 的所有模型方案下的模型，此时对应关系是一对多的关系，因而其模型的通用性很强，不需要进行版本信息检测。

综合方式一和方式二的具体特点来说，由于在现有基础上，各个分系统的模型一般通用性不强，而且很多情况下需要设计者手动设计，因而建立通用性很强、涵盖分系统各种情况下的模型存在较大的难度，建立的通用性模型时精度不一定高，而针对特定对象的模型可以做到精度比较高，而且工作量不大。虽然采用第二种方式可以很好的解决模型之间的耦合问题，可以比较真实的模拟分系统模型之间的耦合，但是由于受到理论研究的局限以及系统方案的实际可以接受的工作量的制约，需要进行一定的折衷考虑，因而采用第一种方式进行设计目前来说是比较现实可行的。当然，今后的发展方向是采用第二种方式，在模型的准确度和模型的软件化得到一定的成熟之后，可以进行，而且将获得更大的收益。

3　总体方案合成的实现

在综合分析上述两种方式的优劣和已有技术和软件基础之上，SIDE 系统采用的是第一种方式进行分系统的组织和总体方案的合成。并形成了以下算法：

(1) 总体方案组成

系统方案是指对于确定的流程，在系统中的所有分系统中都取一个任务版本的分系统模型而组成的系统模型而构成的方案。系统是针对确定流程而言的。

每一个系统方案，包括流程号，一组确定任务版本的各个分系统模型。各个分系统任务模型参数包括模型 id 号、模型对应的分系统 id 号、任务版本号、复杂度级数等。

(2) 总体方案合成

对于给定流程（设流程号为 i），在流程定义阶段可知分系统总数 $n_{subsystemsum}$，设流程 i 对应的各个分系统模型总数为 $n_{modelsum}$。

不同的分系统之间可能存在数据传递关系，如果存在确定的数据传递关系，此时称两个分系统之间存在父子关系，数据输出的分系统称为父分系统，或称父节点分系统，而数据输入的分系统称为子分系统，或称子节点分系统。如果对于确定的分系统，没有子节点分系统，则称该分系统为叶节点分系统。

子节点分系统的任务是在其父节点分系统确定版本的基础子上进行设计的，而且对应一个子节点，可以存在多个父节点分系统；对应一个父节点分系统，可以存在多个子节点分系统。

设给定流程 i，其叶节点分系统总数为 m，各个叶节点分系统对应的任务版本总数为 $n_j(j=1,\cdots,m)$，这时对于流程 i 的系统方案可能的方案总数 n_{system} 为

$$n_{\text{system}} = \prod_{j=1}^{m} n_j \tag{3}$$

系统方案的生成由各个分系统中具有叶节点性质的分系统的不同组合方式而确定。由于不同叶节点的分系统可能具有相同的根节点的分系统，在由叶节点分系统组成的系统方案中，可能出现其它分系统的版本信息不相同的情况，因而需要对系统方案进行版本信息检测，以确保系统方案在分系统模型任务版本上是相同的。

(3) 系统方案版本检测

对于确定任务版本的子节点分系统模型，其与父节点的分系统任务版本是一对一的对应关系。可以通过对叶节点分系统模型的任务版本的回溯，可以获得其父节点分系统模型的任务版本号及其以上分系统的模型版本号。

系统方案的可行性的确定通过验证各个叶节点的分系统具有的祖宗节点分系统对应的任务版本号来确定，如果版本号不一致，则认为该系统方案的分系统之间存在版本冲突，系统方案不可行；如果相同，则将系统方案选择的各个分系统的模型 id 输出。根据各个分系统的模型可以将分系统的模型信息全部获得。

分系统模型版本不冲突意义上的可行方案，可以采用各个分系统对应的模型 id 号来确定，而具体的分系统模型其它信息，通过查询相应数据库来获得。

系统方案的分系统模型版本信息检测的流程如下：

1) 初始状态下，设系统方案中各个分系统模型 id 号为 0，设分系统模型数组长度为 0；

2) 将各个叶节点分系统选择的模型 id 压入分系统模型数组；

3) 将分系统模型数组中第一个模型的模型 id 号与系统方案对应分系统的模型 id 号比较，如果系统方案对应分系统的模型 id 号为 0，则将其值等于第一个模型的模型 id 号，否则不等，则将其值等于-1；

4) 记下当前模型 id 号，将当前模型从分系统模型数组中删除，将最后一位模型从分系统模型数组中提到第一位；

5) 如果记下当前模型 id 号的模型存在父节点分系统模型，则将其对应的父节点模型添加到分系统模型数组的末尾；

6) 如果分系统模型数组长度不为 0，转 3)，否则转 7)；

7) 比较系统方案中各个分系统模型 id 号，如果出现等于-1 的模型 id 号，则说明在该分系统出现模型版本不一致，此时系统方案存在模型版本冲突系统，方案不可行，否则称系统方案可行，检测结束。

4 应用

SIDE 中采用第一种方式进行分系统方案的建模和总体方案的合成与版本效验，从总数高达几千万的可能方案缩减到总数为几百甚至几十个的可行方案。在数据库的支持下，在以上过程形成的方案树中，可利用性能、成本、进度、寿命等因素来评估方案，对方案树中的所有可行方案进行优选或由用户通过加权来进行综合评价。

5 小结

不同的分系统建模和总体方案合成方式影响到卫星数字化系统的结构和效率，采用串行和并行结合的建模方式，并进行相应的版本校验，可以很大程度上减少建模的难度和减少无效的总体合成方案，提高设

计效率。

参 考 文 献

[1] 徐福祥.卫星工程［M］.北京：中国宇航出版社，2002.

[2] James R. Wertz, Wiley J. Larson. Space Mission Analysis and Design［M］. Third Edition. USA: Microcosm Press, 1999.

The Technology of Synthesizing Satellite System Trade Trees

Liu Xia[1]   Luo Wencai[2]   Zhao Yong[2] and Chen Xiaoqian[2]

1. China Academy of Space Technology

2. College of Aerospace and Material Engineering, National Univ. of Defense Technology

Abstract   To solve the coupling problem among different subsystems of digital satellite design system, two different modeling methods of subsystem are analyzed. The technology of synthesizing system trade trees is studied. The method of synthesizing and validating system trade trees aiming at parallel and serial structural modeling mode is proposed. The feasibility analysis of synthesizing system trade trees is then processed, which reduces a large number of possible system alternatives to a few numbers of feasible options. The research shows that the difficulty of digital modeling can be decreased by using parallel and serial subsystem modeling and subsystem edition validation, a great number of impossible system alternatives are eliminated. And workload of system trade trees analysis is greatly cut down; the optimal performance of satellite system multidisciplinary design optimization is greatly improved

Key words   Satellite; System trade trees synthesis; Feasibility analysis; Multidisciplinary design optimization

船载测控设备维修工程化的 FMECA 方法

刘洋　吴新云　瞿元新

中国卫星海上测控部

江苏江阴 103 信箱 502 号，邮编：214431，jialhhj@yahoo.com.cn

摘　要　本文针对目前船载测控设备维修方式缺乏工程化机制的局限性，提出了适用于船载测控设备维修工程化的 FMECA 方法，给出了该方法实现的具体步骤，并通过一个实例演示了该方法的实现过程。

关键词　维修工程化；FMECA；故障模式；故障影响；致命度

1　引言

由于测量船的高度机动性和受船体空间的限制，使得船载测控设备与陆地固定站、车载站相比，结构和功能都更加复杂，同时测量船一旦出海执行任务，在安全性和保障性方面比陆站更加艰巨，这些都给船载设备的维修工作提出了更高的要求。而长期以来，对于船载测控设备的维修及维修管理缺乏工程化的机制，表现为与维修活动有关的文档只有故障检修报告、故障归零报告，它们只能反映随机出现的、突发性的单点故障的检测维修情况。岗位人员手头能反映维修活动的文档也只有机房日志和故障汇编，其间通常只记录了少量的单点故障的维修情况，并且往往受人为因素的影响，记录不够规范、细致。上述这些文档集中反映了目前的设备维修工作缺乏计划性和条理性，多数维修活动还停留在传统的、不出故障不维修的被动式的修理阶段。修理式维修的突出特点是维修质量取决于维修者个人的素质，一个有经验的、素质过硬的岗位操作手在维修过程中会表现得有条不紊、井然有序，能够迅速而准确地判断、定位并排除故障。但是他的这种技能却很难在较短时间内被其他操作人员掌握，因为故障诊断过程是一种带有浓厚经验色彩的、主观能动的复杂心理活动，难以用语言表达，需要较长时间的训练，才能在潜移默化中掌握这种技能[1]，所以经常是当故障发生时，只有少数人能维修，其他人束手无策。同时整个维修过程对各级指挥调度人员也缺少透明度和参照系，容易造成指挥决策的延误或失误。为了摆脱维修对人的过分依赖，必须建立一套系统的、全面的、标准的维修工程化机制。

2　故障模式影响与致命度分析(FMECA)

2.1　维修工程化与 FMECA 方法

维修工程化是指维修人员采取固定的、标准化、程序化的方法和步骤进行维修活动。实现维修工程化的前提条件是必须建立具有普遍指导意义的、行之有效的维修方法，并形成完整的、书面形式的维修技术文档，任何维修技术人员和维修管理者都必须遵照该文档的要求和方法开展维修和维修管理活动[2]。

故障模式影响与致命度分析 FMECA[3~5](Failure Mode Effect and Criticality Anslysis)是一种在产品设计初期常用的可靠性分析技术，它能从可靠性的角度对产品的设计方案做出评价，由于主要是一种定性的分析方法，不需要什么高深的数学理论，因此容易掌握，另外它有着最大限度的灵活性和可扩展性，无论任何人，从系统的任何一级出发，都可以运用 FMECA 的方法进行故障分析，个人之间所选择的切入点不同，得出的结论往往具有互补性，因此可以综合每个人的分析使得 FMECA 更加完善，它不仅触及单个故障点，而且能把各个孤立的故障点有机地联系起来，揭示它们的内在本质，这一点是任何现有的维修方法都无法达到的，因此具有很高的使用价值，故受到工程部门的高度重视。FMECA 采用自下而上、由因到果的逻辑归纳法，即从系统结构的低级（不一定是最低级的元器件级）开始逐步跟踪到系统级，以决定每个故障模式对系统性能的影响。并且 FMECA 早已有了自己成熟、完善的体系，具备齐全的技术文档，形成了工程化的标准，如国家军用标准 GJB1391-92《故障模式、影响及危害性分析程序》[5]。

由于故障模式是产品故障的外在表现形式，因此它是可以观察到的，可以被记录下来，不受人为因素的制约，通过故障模式分析可以确定各种频繁出现的、后果严重的故障及其对系统完成任务的可靠性产生的影响。FMECA 方法虽然是一种可靠性设计方法，但是如果我们能够运用 FMECA 方法弄清系统各功能级别的全部可能的故障模式，就可以建立一套现成的、完善的维修工程化机制来指导维修。

2.2 FMECA 方法的实施步骤

根据船载测控设备维修的特点，将 FMECA 方法的操作规程[2]细化，得到如下的实施步骤：

第一步，弄清与系统有关的全部情况。

(1) 与系统结构有关的资料

必须知道组成系统的各个部件的特性、功能及它们之间的连接——信息流程，即要知道系统的结构图。

(2) 与系统运行、控制和维护有关的资料

如系统的运行方式和运行的额定参数及参数允许的变化范围，各种运行方式的转换操作程序和控制。系统的不同运行方式所对应的不同可靠性逻辑图。系统最低性能要求确定故障判据、系统每项任务的持续时间和周期性测试的时间间隔等。

(3) 与系统所处环境有关的资料

包括系统和其它系统的相互关系，特别弄清人机关系、外界环境。这些资料在设备投入使用的初期往往不能一下子都掌握，只能做某些假设，用来确定一些明显的故障模式。随着使用时间的增加和操作人员个人知识、经验的积累，可利用的信息不断增多，应重复进行 FMECA 过程，以不断修正不够完善的维修方法。

第二步，根据设备功能框图画出其可靠性框图。

第三步，根据所需要的结果和现有资料的多少确定分析级别。

第四步，根据要求建立所分析系统故障模式清单，尽量不要遗漏。

第五步，分析造成故障模式的原因。

第六步，分析各种故障模式可能导致的对分析对象本身的影响、对上一级的影响以及对系统的最终影响。

第七步，研究故障模式对其故障影响的检测方法。

第八步，针对各种故障模式、原因和影响提出可能的预防措施和维修措施。

第九步，确定各种故障影响的严酷度等级。

第十步，确定各种故障模式的发生概率。

第十一步，估计致命度。

第十二步，填写 FMECA 表格。

2.3 FMECA 方法的致命性分析

FMECA 方法的致命性分析是对每一个故障模式按其严酷度等级和对故障模式出现的概率两者进行综合分析，从而达到这样一个维修目的：即尽量消除致命度高的故障模式，对于无法消除的致命度很高的故障模式，应尽量从预防性维修的角度去减少其发生的概率，比如增加保护监测装置或报警装置等。因此致命性分析就是 FMECA 操作规程中的第九到第十一步的内容。

(1) 严酷度等级

根据故障对局部、上一级、全局产生的影响和造成的后果，将严酷度分为四个等级：

I 级——重大故障

II 级——严重故障

III 级——一般故障

IV 级——轻微故障

(2) 故障模式出现概率

根据经验可将故障模式出现概率分为五个等级：

经常发生——即一种故障模式出现概率大于总故障概率的 0.2

很可能发生——即一种故障模式出现概率为总故障概率的 0.1～0.2

偶然发生——即一种故障模式出现概率为总故障概率的 0.01～0.2

很少发生——即一种故障模式出现概率为总故障概率的 0.001～0.01

极不可能发生——即一种故障模式出现概率小于总故障概率的 0.001

(3) 致命度估计的解析表达式

单元 i 的第 j 个故障模式的致命度 $C_{ij}=\alpha_{ij}\beta_{ij}t\lambda_i$

α_{ij} 为单元 i 以故障模式 j 发生故障的频数比；β_{ij} 为单元 i 以故障模式 j 发生故障时导致丧失规定功能的条件概率；λ_i 为单元的故障率；t 为对应于任务阶段的持续时间。其中 β_{ij} 可这样确定：实际丧失规定功能 β_{ij} 取 1.0；很可能丧失规定功能 β_{ij} 取 0.1～1.0；可能丧失规定功能 β_{ij} 取 0～0.1；无影响 β_{ij} 取 0。

3 FMECA 方法维修实例

我们以 S 频段统一测控系统遥测监控台为例进一步说明 FMECA 方法的实施过程。

第一步，在充分了解与遥测监控台结构、信息流程以及运行、控制有关的情况后，绘制遥测监控台的功能框图，并根据功能框图画出其可靠性框图。

图 1　遥测监控台功能框图

由功能框图可得到遥测监控台的可靠性框图——即由遥测监控台的全部硬件和软件组成的串联模型。可见，遥测监控台的可靠性模型比较简单，这是由它在系统中的功能和作用决定的，它在系统中的主要作用是监测并显示前端遥测各分机技术状态参数和实时遥测数据，对前端分机实现二级控制（一级控制是各分机本控），还有一个最重要的作用：通过网络向中心机发送实时遥测数据。

第二步，确定 FMECA 分析级别。这一点非常重要，很多情况下都是由于无法确定分析级别而导致故障分析的盲目性。由于系统功能的复杂性和所采用技术的多元性，决定了对故障的分析难以采用统一的规格级别，必须结合具体的对象定级别，比如对伺服机构适宜从组成系统的元部件级或组件级分析，信道适宜从经过信道的插箱着手，逐步细化到插箱中的板卡，再到板卡上的电子元器件，而遥测监控台则不适宜从元器件级进行分析，因为它的主要部分是两台嵌入式微机系统，对于采用标准配置的嵌入式微机，是不可能从元器件级进行分析的，那样只能是事半功倍，因为这里存在非常多的与操作使用有关的软故障。必须从组成系统的模块单元级进行分析。由功能框图知遥测监控台由 9 个硬件模块和 5 个软件模块组成，由模块引起的故障是我们分析的主要环节，而模块级再往下将不做分析。

表1　故障模式影响及致命性分析（FMECA）表

分析级别：模块级　　　　　　　　　　　　　　任务模式：

分析人员：　　　　　　　　　　　　　　　　　填表日期：

设备名	设备功能	故障模式	故障原因	故障影响			维修措施	严酷度类别	故障模式致命度 $C_{ij}=\alpha_{ij}\beta_{ij}\lambda_i t$			
				局部影响	对上一级影响	最终影响			α_{ij}	β_{ij}	λ_i 1/小时	t 小时	C_{ij} 10^{-6}
遥测监控台	监测监控控制	实时处理单元收不到前端遥测数据或收到数据短帧、绝对时错误但监控台宏加载正常，前端解调同步正常	可能的故障原因有两个：1、转接板上的遥测数据流接线错误——没能根据任务模式的改变及时换线。2、PC接口板硬件故障	完全丧失功能	完全丧失功能	完全丧失功能	根据不同的故障原因采取的措施为：1、关机换线、重新进入系统。2、利用双机热备份的特点，交叉两机的PC接口板	II严重故障	0.1	1	10^{-3}	2	200
		接收机宏加载失败，但解调机箱宏加载正常	多串口控制器硬件故障	局部丧失功能	功能降低	功能降低	将接收机串口更换到多串口控制器的其它槽位	I一般故障	0.05	0.5	10^{-4}	2	5
		遥测时间码显示乱码或固定码，但遥测数据滚动显示正常	可能的故障原因有：1、实时处理单元中的任务模式改动后，未能及时将数据来源从网络改为PC接口板就进行宏加载。2、B码分路器硬件故障	局部丧失功能	功能降低	功能降低	根据不同的故障原因采取的措施为：1、将数据来源从网络改为PC接口板再进行宏加载。2、更换B码分路器上故障的通道	I一般故障	0.1	0.5	10^{-4}	2	10

第三步，尽可能详细地列出由模块引起监控台故障的所有故障模式，并分析故障原因。这里面有些故障原因可能导致多个故障模式，比如属性库单元的设置错误，会导致解调机箱不同步，或者虽同步正常但误码率很高。而有些故障模式也可能是由不同的故障原因引起的，比如解调机箱加载后不同步，可能是属性库设置错误，也可能是网络进程与前端握手失败或者是网卡 1 的硬件故障。

第四步，根据长期操作设备的经验确定各种故障模式的发生概率，故障影响的严酷度等级并估计致命度，最后填写 FMECA 表格。

限于篇幅，表 1 只列出了三个较常见的故障，我们可以按照表 1 的格式列出各种可能发生的故障项目，从而形成一份详细的、操作性很强的 FMECA 文档，以指导今后的维修。这样，无论任何人——岗位操作人员或指挥调度人员，无论以前对设备是否熟悉，都可以通过查看该文档来掌握维修的方法，并提高对设备在任务前的预防性维修的力度，特别是对那种故障的致命度很高的故障模式，必须加强检查力度，力争将其消灭在萌芽状态，真正做到防患于未然。

4 结束语

FMECA 方法不仅能很好地实现维修的工程化管理，同时也能为岗位操作人员的业务技能训练提供指导和评定标准，按照 FMECA 方法进行的岗位实作考核问卷比常识性的测控知识问答更有针对性，更能真实客观地反映操作人员的实际业务水平，因此，值得大力推广应用。

参 考 文 献

[1] 张剑.军事装备系统的效能分析、优化与仿真[M].北京:国防工业出版社,2000,237-241.

[2] 王少萍.工程可靠性[M].北京:北京航空航天大学出版社,2000,166-167.

[3] 陈学楚.现代维修理论[M].北京:国防工业出版社,2003,244-245.

[4] 国军标 GJB368A-94,装备维修性通用大纲[S].1994,64-69.

[5] 国军标 GJB1391-92,故障模式、影响及危害性分析程序[S].1992,48.

A FMECA Method for Maintenance Engineering of the Maritime TT&C Equipment

Liu Yang　Wu Xinyun and Qu Yuanxin

China Satellite Maritime Tracking & Controlling Department

No. 502, P. O. Box 103, Jiangyin, 214431，jialhhj@yahoo.com.cn

Abstract　This paper indicates shortage of maintenance engineering on the maritime TT&C equipment. Under such a background, a new method based FMECA has been proposed and a detailed realization process has been given. The paper also demonstrates the process with an instance.

Key words　Maintenance engineering; FMECA; Failure Mode; Failure Effect; Criticality

1 200 kN 液氧/煤油高压补燃发动机研制进展

刘站国　李斌　谭永华

陕西动力机械设计研究所，西安，邮编：710100

摘　要　1 200 kN 液氧/煤油高压补燃发动机是我国新一代运载火箭系列的主要动力装置。从进行首次发生器-涡轮泵联动试验至今，研制工作已取得发动机不下台、全系统、额定工况连续三次 200 s 长程试车成功，系统结构和组合件结构得到较充分地考核。经过近 6 年的研制，已解决设计、生产和试验中的多项关键技术，为发动机初样后期和试样阶段研制工作的深入开展创造了条件。

关键词　液氧/煤油；高压补燃；液体火箭发动机；研制进展

1　前言

液氧/煤油作为火箭发动机推进剂组合，具有无毒、环保、密度比冲高和使用费用低等优点。

早期的液氧/煤油发动机均采用燃气发生器循环，研制中暴露了积碳、结焦和燃烧不稳定等问题，限制了发动机性能和重复使用潜力的提升。20 世纪 60 年代，前苏联在为登月计划开发 NK-15、NK-33 等液氧/煤油发动机时，采用了高压补燃技术（50 年代由科尔德什中心提出，能源机械联合体在 RD-253 发动机上首次使用），从而避免了推进剂组合在发生器循环系统中暴露的诸多问题。

20 世纪 90 年代初期，随着苏联的解体，液氧/煤油高压补燃发动机的神秘面纱逐渐被揭开。美国从俄罗斯引进了 NK-33、RD-120、RD-170 等发动机，并与俄罗斯以 RD-170 为原型样机共同开发了用于 Atlas V 等运载器的 RD-180 发动机。目前，俄、美两国仍然在开发新的液氧/煤油高压补燃发动机，如 RD-191、RS-84 等，以达到进一步提高发动机性能、降低发射成本和满足不同发射服务需求的目的[1~3]。

同时期，通过与俄罗斯的技术交流，我国对该类发动机技术也有了初步认识。经过为期三年国产航天煤油的试制、特性试验和试车考核工作，为我国独立开发研制液氧/煤油高压补燃发动机奠定了基础。随后，在"863"项目的支持下，航天科技集团公司第六研究院开展了包括总体方案论证、富氧燃气发生器研究、主涡轮泵关键技术研究、阀门研究在内的液氧/煤油高压补燃发动机四项关键技术的攻关工作。以发生器－涡轮泵联动试验成功为标志，关键技术攻关顺利完成。在此基础上，国家正式批准 1 200 kN 液氧/煤油高压补燃发动机(以下简称发动机)立项研制。目前发动机初样研制阶段工作即将结束，计划转入试样研制阶段。

2　发动机方案简介

发动机的系统、总体（见图 1、图 2）和组合件方案是根据发动机的特点和具体使用要求，在借鉴国外成熟系统方案的基础上，结合我国的研制基础提出和论证的。在近 6 年的研制过程中，逐步对控制系统、点火系统、总体和摇摆方案以及组件的设计方案进行了改进完善，并且已逐渐形成具有自主产权的液氧/煤油高压补燃发动机设计、制造、试验、测量以及相关材料技术。

发动机由氧化剂供应系统、燃料供应系统、燃气系统、起动点火系统、配气系统、推力与混合比调节系统、推进剂贮箱增压系统、伺服机构供应系统、发动机参数测量及故障诊断系统组成。发动机主要设计特点如下：

- 采用富氧燃气高压补燃方案；
- 采用三乙基硼与三乙基铝的混合物作为燃气发生器及推力室的点火剂；
- 采用贮箱压头自身起动方案；

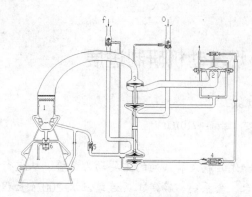

图 1　发动机系统简图

图 2　发动机总体图

- 具有大范围调节推力和混合比的能力；
- 冷氦加热器和液氧蒸发器为推进剂贮箱提供增压工质；
- 从燃料泵后引出高压煤油驱动伺服机构；
- 发动机在地面经处理和更换点火导管后可重复起动；
- 阀门、自动器和控制系统采用冗余设计；
- 配备有故障监控用传感器和信号计；
- 采用泵前摇摆方案，可实现不摆、单向摇摆、双向摇摆三种状态；
- 每台发动机可通过工艺检验试车进行性能评估。

发动机用于新一代运载火箭系列（图 3）。发动机与国外同类发动机的设计指标对比见表 1,关键技术包括：

- 富氧燃气高压补燃技术；
- 贮箱压头自身起动及化学点火技术；
- 大范围推力调节和混合比调节技术；
- 高压、大流量富氧燃气发生器技术；
- 高压管路密封技术；
- 富氧燃气驱动、大流量、全进气、低压比、高效率涡轮技术；
- 高扬程、高效率液氧泵及燃料泵技术；
- 高 DN 值、高载荷轴承技术；
- 高转速涡轮泵动、静密封技术；
- 涡轮泵轴向力平衡技术；
- 变螺距诱导轮预压涡轮泵技术；
- 高性能、高稳定气/液喷注器技术；

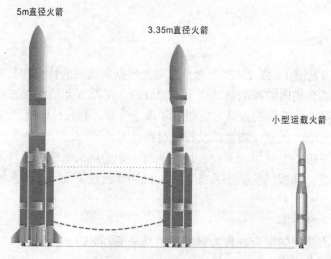

图 3　新一代运载火箭系列组合示意图

表1　1 200 kN 发动机与国外液氧/煤油补燃发动机对比[1~3]

参数名称	1 200kN 发动机	RD-8	NK-33	RD-120	RD-170
地面推力（kN）	1 200	—	1 512	—	7 260
真空推力（kN）	1 340	78.5	1 685	833	7 900
地面比冲（m/s）	2 942	—	2 914	—	3 028
真空比冲（m/s）	3 286	3 354	3 247	3 432	3 303
混合比	2.6	2.4	2.59	2.6	2.6
室压（MPa）	18	7.64	14.54	16.3	24.5
推力调节	可调节	不调节	可调节	可调节	可调节
混合比调节	可调节	可调节	可调节	可调节	可调节
喷管面积比	35	104	27.7	107	36.4
用途	新一代运载	天顶号二级游机	N1 火箭，改进后 K-1	天顶号二级主机	天顶号一级 能源号一级

- 高压推力室冷却技术；
- 推力和混合比调节器及低温阀门技术；
- 两个调节器的高性能电机及传动技术；
- 新材料、新工艺技术；
- 推进剂低温、高压及富氧燃气高温、高压测试技术；

该发动机将用于正在立项研制的新一代运载火箭系列 2.25m 模块和 3.35m 模块，主要包括：

- 用作新一代运载火箭基本型（芯级 5m 直径）的助推发动机，包括单向摇摆和不摆两种状态。
- 用作新一代中型运载火箭（芯级 3.35m 直径）芯一级主发动机，以及助推级单向摇摆发动机。
- 用作新一代小型运载火箭（2.25m 直径）芯一级双向摇摆发动机。

3　发动机研制进展

该发动机自"863"关键技术课题攻关至今，已进行了三次联试、两次半系统试车和多台次整机试车。

- 通过联试和半系统试车，主涡轮泵、燃气发生器和几种主要阀门的方案得到初步考核，材料、工艺和试验技术取得较大进展，突破"863"关键技术；
- 通过整机试车，发动机设计、制造、试验以及测试和材料技术取得重大突破，暴露的问题得到有效解决，发动机结构可靠性得以提高，技术状态开始趋于稳定。特别是 2004 年以来，发动机试车取得多次突破性进展。

3.1　设计方面

由于该发动机大量借鉴国外成熟技术，以及"863"关键技术攻关的成果，在研制过程中，设计方案无大的反复。

3.1.1　组合件

发动机主要组合件共计 44 项，通过初样阶段的设计改进和设计验证，这些组合件的设计状态已趋于稳定。其中：

- 推力室：喷注器采用气液直流离心式喷注器和隔板喷注器方案，身部采用可靠冷却的三道冷却环带方案。通过零、部组件的试验和整机额定、变工况与重复热试车的考核，证明设计方案正确、工作稳定、性能较高。
- 燃气发生器：采用球形外壳、圆柱形内壁、双区燃烧的结构方案。从历次试车的结果来看，燃气发生器起动点火可靠、燃烧效率高、温度场均匀、可在大混合比范围内稳定工作，说明其固有可靠性很高。
- 主涡轮泵：采用大流量低压比前置涡轮、一级离心式氧泵和两级离心式煤油泵方案。虽经过"863"

关键技术的攻关，但仍属问题暴露最多的组合件，主要问题有振动、脉动偏大，端面密封可靠性不高。从2004年开始对端面密封、出口部件、轴承冷却、锁紧方式、结构刚度以及定位方式进行了设计改进，加大了转子动力学和流场的分析力度，针对端面密封的可靠性问题进行大量的低温环境模拟研究试验。从试车结果来看，改进后涡轮泵振动、脉动有较大幅度的降低，端面密封结构、轴向力平衡系统适应额定与变工况的要求，满足初样阶段研制要求。

● 预压涡轮泵：采用轴流式方案。从试车结果来看，预压涡轮泵工作可靠，性能稳定；氧预压泵后气液混流工作正常。

● 流量调节器：通过了液流、介质、静特性、动特性、气密和试车等试验的考核。2004年根据试车考核情况，对调节器方案进行了优化改进，改进后的调节器已通过多次试车考核。

● 阀门：为发动机配套的18种阀门均已通

过液流、介质、特性、气密和热试车的考核，对试验暴露的结构可靠性问题以及因系统、总体方案改进提出的新要求均进行了设计改进和试验验证。

● 氢加热器、氧蒸发器：方案均一次通过试考核，并初步获得换热性能；

● 电机、测控仪：在试车考核中工作协调，变工况过程平稳；

● 总装直属件、传感器：均参加多次试车考核，工作可靠，满足研制要求。

3.1.2 系统和总体

发动机系统和总体方面主要取得下列进展：

(1) 攻克高压补燃自身起动技术

发动机研制初期整机试车均不理想，甚至连续两次出现发生器温度过高，烧蚀涡轮、燃气通道的故障。2002年通过攻关发现：解决起动问题的关键是对起动过程燃气发生器和燃烧室推进剂流量的控制，并在随后的历次试车产品上逐渐采取了许多行之有效的措施：

● 优化推进剂组元进入发生器的时间差；

● 控制推力室点火时的发生器工况；

● 控制推力室在起动过程的建压时间和建压速率；

● 强化起动过程燃气发生器头腔的吹除等；

● 控制转级速率；

● 控制推进剂（特别是液氧）入口压力。

(2) 发动机系统方案得到优化

发动机的最初系统配置方案是在借鉴国外技术的基础上确定的。随着对补燃发动机技术认识的不断深入以及火箭使用要求的逐渐明朗，对发动机起动点火系统、配气系统的方案已进行了多次优化。同最初方案相比减少各类阀门共计12件，相关管路30余根。目前发动机的系统状态已趋于稳定。

(3) 全系统、额定和变工况试车工作协调

从试车数据来看（图4a、b），发动机全系统、额定和变工况的工作过程协调、平稳。富氧燃气驱动氧预压泵的协调性得到试车的考核，推力和混合比调节技术已被掌握。

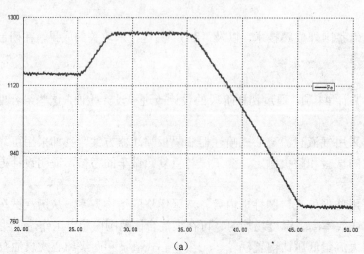

(a)

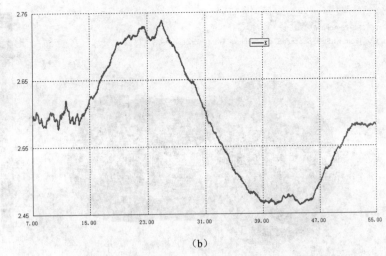

（b）

图4　发动机变推力、变混合比试车情况

(4) 发动机总体方案得到优化

发动机总体方案经过转位、紧凑等多次改进，设计状态得到进一步的优化。1 200 kN 大喷管、单向摇摆、紧凑发动机总体方案已通过额定、变工况、200 s 试车考核，证明该优化方案具有较强的适应能力。随着与总体单位协调工作的深入，与发动机使用维护有关的设计项目也得到改进和完善。

1 200 kN 大喷管、双向摇摆发动机与单向摇摆发动机组合件设计状态的相互兼容得到进一步的完善，双向摇摆方案常平座开始研制。

(5) 发动机试后处理方案得到简化

随着发动机系统、总体的优化，以及对发动机认识的提高，发动机试车后的处理工作得到简化，处理所需时间减少一半。

3.1.3　仿真分析

随着对液氧/煤油高压补燃技术理论认识的提高，在发动机系统、总体、组合件的分析工作中，大量采用仿真技术。仿真能力的提高，不但在优化发动机起动、关机控制程序和参数选择方面发挥了重要的作用，而且在故障再现、提高设计改进和故障归零分析能力方面起到关键作用。

(1) 起动仿真

按照分组合件的数学模型创建原则，建立了该发动机起动数学模型，编制了动态仿真软件。结合试车和冷调的结果，该软件不断得到修正和完善，已能够很好地反映发动机起动、稳态、变工况过程。仿真计算结果见图5。

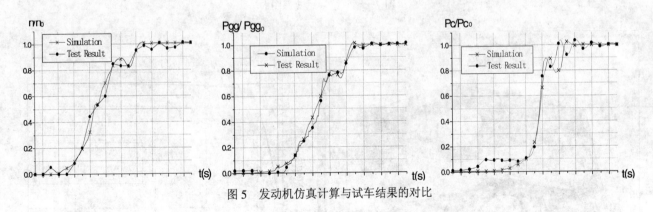

图5　发动机仿真计算与试车结果的对比

(2) 组合件仿真

在发动机组合件的研制中，特别是对技术难度大、研制周期长的产品，均采用仿真技术进行深入分析。这里给出了涡轮泵轴承加载变形、氧泵轴系变形、双摆常平座应力和流量调节器特性的仿真分析结果，见图6至图9。

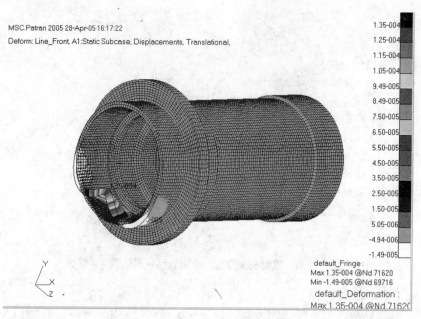

图 6　涡轮泵轴承座加载变形图

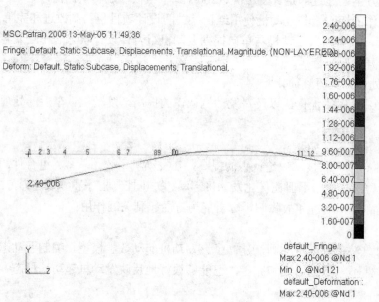

图 7　氧泵轴系变形图

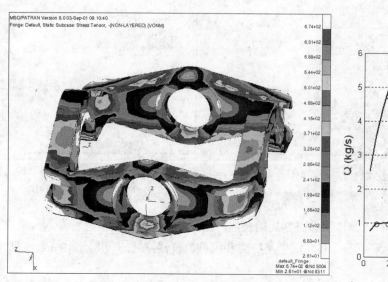

图 8　双摆常平座应力云图

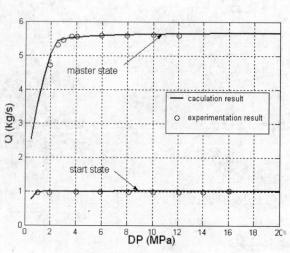

图 9　流量调节器的特性分析

3.1.4 技术协调工作取得进展

随着新一代运载火箭基本型研制立项工作的开展，与总体单位的协调工作较以往有了进一步的深入、策划并逐步落实新一代运载火箭预发展阶段发动机需进行的工作项目。摇摆试车发动机、伺服机构的技术状态已与相关研究所进行多次协调，并达成共识。

结合新一代配套预研项目，完成液氧隔离阀、预冷回流阀、煤油隔离阀的设计工作和课题的总结验收工作，开始转入工程研制。

3.2 制造、试验方面

(1) 发动机制造技术

发动机工艺攻关工作已取得较大进展，及时解决了发动机制造中的关键技术问题，确保了发动机研制任务的完成。

- 发生器装配、钎焊工艺日趋成熟；
- 解决了喷管内壁铣槽、胀形和扩散焊、电子束焊的问题，完成多台 1 200 kN 推力大喷管推力室制造；
- 解决了液氧控制阀膜片焊接工艺问题，完成改进方案流量调节器的生产制造；
- 完善了推力室内壁镍、铬厚镀层的表面特种处理工艺；
- 发动机装配技术有了一定的提高，完成了多台 1 200 kN 大喷管发动机装配。

目前，制造工艺基本满足发动机初样阶段研制工作的需要。

(2) 发动机整机试车技术

在发动机多台次整机试车中，参试系统试验成功率100%，主要参数获得率100%。

- 基本掌握了下列试车关键技术：
  - ➢ 高压补燃发动机起动、关机技术；
  - ➢ 低温设备和传感器研制、测量技术；
  - ➢ 低温管路布局和补偿技术、贮箱压力补偿和调节技术；
  - ➢ 发动机试后处理技术、发动机不下台连续试车处理技术；
  - ➢ 推进剂分析化验方法；
  - ➢ 点火剂灌装技术；
  - ➢ 含煤油废水处理技术等。
- 建立了试车故障诊断和紧急关机系统，并在试车中得到预演和应用；
- 研制出发动机起动用点火剂，建立了相应分析、化验手段；
- 开发出大口径低温球阀、手动截止阀、低温过滤器等管路设备；
- 自行研制了大口径低温流量计、专用低温温度传感器等测量仪器；

2005 年初，901#液氧/煤油发动机新试车台（图10）一次考台成功，试车故障紧急关机红线预警系统首次与试车台控制系统实现对接。该试车台的投入使用，极大地提高了试车持续时间以及测控和消防能力。发动机在 901#试车台摇摆试车方案和相应设备改造已通过初步摇摆热试车考核。

这些成果的取得，为发动机后续的研制工作提供了有力的保障条件。

图10 发动机试车台

(3) 组合件试验技术

发动机组合件试验不仅涉及方案选择、故障分析时的研究性试验，还涉及产品制造过程的例行和抽检试验。经过对原有试验系统的改造，目前投入使用和准备建立的组合件主要试验台有：

- 泵水力试验台；
- 涡轮吹风试验台；
- 推力室喷注器、头部、身部各段和整体液流试验台；
- 燃气发生器喷注器、整体液流试验台；

- 涡轮泵端面密封、轴承介质运转试验台;
- 流量调节器动、静特性试验台;
- 阀门液流试验台、介质试验台;
- 摇摆软管试验台;
- 机架、常平座静力试验台.

这些试验台的建立,不仅在发动机组合件方案选择及保证实物产品质量方面发挥了极为重要的作用,而且进一步提高了发动机组合件的试验技术,包括测控技术、试验工装设计以及数据的处理分析技术。

3.3 新材料研制进展

为保证液氧/煤油高压补燃发动机工作安全裕度和减轻发动机质量,必须解决高强度、适用于高压补燃发动机特殊工作环境的材料问题。为此,与发动机配套研制的新材料有 30 余种,主要包括:适用于常温、低温、富氧燃气的高强度材料;适用于新材料的焊丝、焊料;以及特殊用途的新型非金属和涂层材料。经过初样阶段的不断改进完善,新材料研制进展主要包括:

- 已制订各类材料标准文件 70 余项,对稳定工艺,确保质量发挥了重要作用;
- 高强度不锈钢、国产低温轴承、耐冲刷高温涂层等均通过较长时间试车的考核;
- 对应用中发现问题开展的技术攻关(包括铸造工艺研究、电镀工艺研究、焊接工艺研究、冲压成型工艺研究等)已取得重大进展,基本解决了生产工艺的需要。

4 今后研制工作的重点

虽然发动机研制工作取得了较大进展,但与研制立项和研制大纲的要求尚有一定的差距。近期的研制重点包括:

(1) 设计方面
- 继续优化和稳定发动机系统和总体状态;
- 完善涡轮泵结构、性能,提高其工作可靠性;
- 对流量调节器进行深入分析研究。

(2) 制造方面
- 完善和稳定高强度不锈钢铸造、推力室镀层和钎焊工艺状态;
- 开展涡轮泵装配工艺技术的研究,提高装配质量;
- 改进和完善工装设备,稳定发动机生产工艺状态。

(3) 试验方面
- 进行极限起动条件和极限工况试车考核;
- 进行全系统额定工况综合功能试车,实现发动机摇摆试车;
- 进行高负荷大推力长程试车;
- 改进和完善试车故障缓变参数红线关机系统,开展速变参数红线关机系统研究;
- 开展试车台输送管路的动力学研究。

(4) 可靠性方面
- 开展液氧/煤油补燃发动机性能可靠性评估方法研究;
- 加强发动机结构可靠性的分析工作,发现和改进薄弱环节。

(5) 新材料方面
- 继续改进和稳定新材料的质量;
- 健全和完善新材料的技术文件。

5 结论

1 200 kN 液氧/煤油高压补燃发动机经过近 6 年的研制,设计、制造、试验以及测试和新材料研究应用技术取得重大突破，单摆状态发动机取得不下台连续三次 200 s 长程、变工况、摇摆试车成功，发动机技术状态开始趋于稳定。

今后，发动机研制的重点是稳定和改进制造工艺、装备，提高发动机制造的质量。采用可靠性分析技术，实现对发动机设计过程的再认识，发现和改进系统、总体以及组合件设计中可能存在的薄弱环节，提高发动机的固有可靠性。

参 考 文 献

[1] 李斌，谭永华.液氧/煤油高压补燃发动机.火箭推进,2003.2（29）.

[2] Boris I.Katorgin. Oxidizer-Rich Staged Combustion Rocket Engines Use and Development in Russia. AIAA 95-3607.

[3] Jury N.Tkachenko. Powerful Liquid Rocket Engines Created by NPO Energomash for Up to Date Space Rockets. AIAA 93-1957.

Research and Development Progress of 1 200 kN LOX/ Kerosene High Pressure Staged Combustion LRE

Liu Zhanguo   Li Bin and Tan Yonghua

Shaanxi Power Machine Design and Research Institute, Xi'an，710100

Abstract   This engine will act as the main power for new generation launch vehicle series in China. From the first experiment of gas generator-turbopump up to now, the engine has successfully completed 200s long duration tests for three times at full system level and nominal operating condition without being removed from the test stand. Engine configuration and subassembly structure have been adequately demonstrated. After nearly six years of effort, several key techniques including design, manufacture and experiment have already been solved, which make further development of the engine possible.

Key words LOX/ kerosene; High pressure staged combustion; Liquid rocket engine; Researching and manufacturing progress

钛合金真空空心阴极穿透电弧焊接工艺研究

刘志华　　赵青　　李德清

航天材料及工艺研究所

北京 9200 信箱 73 分箱 14 号，邮编：100076

摘　要　本文详细介绍了空心阴极穿透电弧焊接工艺方法。真空穿透型电弧焊接工艺与熔透型电弧焊接工艺的不同在于其具有成形更好、更窄的焊缝和较大的焊接工艺裕度。文中对钛合金焊缝成形控制作了初步的分析，并对焊接工艺裕度作了计算和比较。文章最后给出了初步研究工作的结论。

关键词　空心阴极；穿透电弧；焊接工艺裕度；钛合金

0　序言

空心阴极焊接技术是一种先进的焊接工艺方法。就钛合金气瓶焊接而言，通常是在真空条件的熔透焊接，焊缝较宽呈浅平型。前苏联机械工艺科研生产联合体工艺院焊接钛合金气瓶采用的就是这样的焊接工艺。这对于流动性好、热导率低的钛合金来说，焊接线能量和热积累的波动对焊缝成形有一定的影响。也就是说，这种焊接工艺裕度还不够大。而空心阴极穿透电弧焊接工艺的研究就是为此目的而进行的。

1　试验方法和试验结果

试验工作是在我们研制的空心阴极焊接设备上进行[1]，采用小孔型空心阴极焊枪，焊接电源采用 Miller-300。焊接试板材料为钛合金 TA7，板厚 4.5mm。无垫板悬空焊接。

我们进行了直流熔透型焊接和直流脉冲穿透型焊接对比试验，结果如表 1 所示。

从表中数据可以看出，直流脉冲穿透型焊接工艺具有较大的深宽比，即对同样板厚，焊缝宽度较小。从焊接工艺裕度方面看，直流脉冲穿透焊接工艺具有宽的焊接电流波动范围，而且焊缝成形均匀一致，工艺稳定性更好。

在焊接过程中从试板背面观察焊接熔池底部，直流熔透型焊接时有下塌趋势，线能量或局部热积累较大时就易形成烧穿现象。而直流脉冲穿透型焊接工艺是小孔型焊接，焊接熔池中央自始自终有一约 ϕ3mm 的小孔，焊接电弧是在穿透试板厚度的状态下焊接，试板背面可观察到电弧。

表 1　直流熔透与直流脉冲穿透焊接工艺裕度试验结果

（板厚 4.5mm，材料 TA7，真空度 3.8×10^{-2}Pa）

焊接方法	焊接电流(A)		电弧电压(V)	焊接速度(m/h)
	基值	峰值		
直流熔透焊	——	180~190	17~18	12.0
直流脉冲穿透焊	135	220~270	16~22	16.4

备注：(1)直流熔透焊;电流介于未焊透和烧穿之间。(2)直流脉冲穿透焊：电流范围未再扩大试验,均双面成形良好。

2　分析和讨论

2.1　钛合金焊缝成形控制与分析

如表 2 所示，与钢相比，钛合金具有熔点高，热导率低，流动性好的特点。因此，对焊缝成形要求高的产品，钛合金的悬空焊接存在着一定的难度。主要表现在焊缝成形的控制方面，而且控制不当就有可能烧穿。通常手工氩弧焊是采用压低电弧的方法进行焊接。我们在空心阴极直流熔透型焊接试验中也发现，电弧电压大于 18V 时多次出现烧穿现象。而电弧电压控制在 18V 以下时，没有烧穿现象。从线能量方面分析，可能是线能量大引起焊缝背面熔宽增加，而由于钛合金流动性好出现下榻，进而穿孔。所以，钛合金焊接焊缝成形控制是要在保证焊透的条件下，选用尽可能小的线能量和控制尽量窄的背面焊缝。由此看来，增强电弧的穿透能力，同时又控制线能量的焊接工艺正是钛合金焊接所需要的。

表2　钛合金（TA7）与不锈钢（304L）的物理性能

材料	熔点 （℃）	热导率 W/(m·k)	比热(20) J/Kg·K
TA7	1 590±20	7.4~7.8(93℃)	523
304L 不锈钢	1 400~1 450	16.2(100℃)	500

采用空心阴极直流脉冲穿透型焊接工艺可以实现"小孔"焊接。脉冲电流使电弧具有较强的穿透能力，同时保持小孔效应，焊接过程相当稳定，而且焊缝双面成形良好。焊缝也较窄，焊接线能量也较小。

2.2　钛合金焊接工艺裕度分析

钛合金试板悬空焊接的主要技术关键是解决焊缝的双面成形问题，焊缝双面成形是衡量焊接工艺裕度的特征指标[2]。

在散热条件一定的情况下，影响焊缝成形的主要因素是焊接线能量，因此，这里只分析计算熔透型焊接和穿透型焊接的条件工艺裕度指数 C_f 和 C_p。

真空中空心阴极焊接电弧有效功率系数 η 分别设为 η_f 和 η_p，则焊接线能量可近似计算：

$$q = \eta q_0 = \eta \frac{IU}{v}$$

其中：q——实际焊接线能量(J/mm)

q_0——名义焊接线能量(J/mm)

I——焊接电流(A)

U——电弧电压(V)

v——焊接速度(mm/s)

对于直流熔透型焊接：

$$q_p = \frac{\eta_f \times [0.70 \times 135 + 0.30 \times (220 \sim 270)] \times (16 \sim 22)}{16.4 \times 1000 \div 3600} = (563.7 \sim 847.5)\eta_p \,(\text{J/mm})$$

对于直流脉冲穿透型焊接：

$$q_f = \frac{\eta_f \times (180 \sim 190) \times (17 \sim 18)}{12 \times 1000 \div 3600} = (918 \sim 1026)\eta_f \,(\text{J/mm})$$

$$\Delta q = \eta \frac{\left[\left(\bar{I} + \frac{\Delta I}{2}\right) \times \left(\bar{U} + \frac{\Delta U}{2}\right) - \left(\bar{I} - \frac{\Delta I}{2}\right) \times \left(\bar{U} - \frac{\Delta U}{2}\right)\right]}{v}$$

在焊接过程中焊接电流和电弧电压的波动量为 0.6A、1V。

则有

允许线能量变化区间：

$$T_f = q_{f\max} - q_{f\min} = (1026 - 918)\eta_f = 108\eta_f \,(\text{J/mm})$$

$$T_p = q_{p\max} - q_{p\min} = (847.5 - 563.7)\eta_p = 283.8\eta_p \,(\text{J/mm})$$

取焊接规范区间中点计算线能量波动

$$\Delta q_f = \frac{\eta_f \times (185.3 \times 18 - 184.7 \times 17)}{12 \times 1000 \div 3600} = 58.6\eta_f \,(\text{J/mm})$$

$$\Delta q_p = \frac{\eta_p \times [(245.3 \times 0.3 + 135.3 \times 0.7) \times 19.5 - (244.7 \times 0.3 + 134.7 \times 0.7) \times 18.5]}{16.4 \times 1000 \div 3600} = 39.4\eta_p \,(\text{J/mm})$$

则焊接线能量的条件裕度指数：

$$C_p = \frac{(T_p - 6S_p)}{T_p} \approx \frac{(T_p - \Delta q_p)}{T_p} = \frac{(283.8 - 39.4)\eta_p}{283.8\eta_p} = 0.86$$

$$C_f = \frac{T_f - 6S_f}{T_f} \approx \frac{T_f - \Delta q_f}{T_f} = \frac{(108 - 58.6)\eta_f}{108\eta_f} = 0.46$$

事实上，由于直流脉冲穿透型焊接工艺，焊接电流未再增大或减小试验，故未至裕度边界，所以 $C_p \geq$ 0.84。

由此可以看出，直流脉冲穿透型焊接工艺裕度高于直流熔透型焊接工艺，也就是说，具有更大的工艺裕度。

3 结论

从我们的试验结果可以看出，空心阴极直流脉冲穿透型焊接工艺是一种焊接工艺裕度较大、工艺更稳定、焊缝双面成形更优良的焊接工艺。特别是对于热导率低、流动性好的钛合金，由于焊接线能量的有效控制，使得焊缝较窄，深宽比较大，焊缝成形更加均匀一致。

参 考 文 献

[1] 刘志华等. 空心阴极真空电弧焊接研究和设备研制. 中国第九届全国焊接年会会议论文(H-XⅡa-030-99).

[2] 刘志华等. 焊接工艺裕度及其焊接质量保证的关系. 焊接学报，v01.17，No.3，1996，pp188-197.

Study of Hollow Cathode Arc Welding Technology for Titanium Alloys

Liu Zhihua   Zhao Qing and Li Deqing

Aerospace Research institute of Materials & Processing Technology

No.14, P. O. Box 9200-73, Beijing, 100076

Abstract   In this paper, technology margin experiment of hollow cathode fusion arc welding (FAW) and penetrating arc welding (PAW) is presented in detail. The advantages of HCPAW, compared with FAW, are better weld formation, narrower welds, as well as a larger technology margin. Technological experiment and hydraulic test for the titanium alloy vessels with PAW are described. Also, the weld formation control on titanium alloys is preliminary analyzed. Finally, study conclusions are addressed.

Key words   Hollow Cathode；Penetrating Arc；Titanium alloy；Welding Technology Margin

数值仿真在火工分离中的应用

卢红立　张晓晖

中国运载火箭技术研究院总体设计部

北京 9200 信箱 10 分箱 13 号，邮编：100076，gongpingandrose@sohu.com

摘　要　本文采用 LS-DYNA 软件对柔性导爆索、聚能切割索和膨胀管等三种线性分离装置进行了仿真计算，得到了这三种分离装置分离的作用过程。本文尝试使用不同的算法分别对二维、三维问题进行仿真计算，提供了三个具体的算例来描述数值仿真在火工分离中的应用方法。

关键词　数值仿真；火工品；柔性导爆索；聚能切割索；膨胀管

1　引言

分离装置是现代飞行器的重要组成部分，是具有连接、解锁和分离功能的装置。分离装置除部分机械结构外，大部分由火工装置组成[1]。火工装置是装填火药、炸药的一次性作用元件，对于飞行器的飞行又往往是单点失效即可造成整个飞行的失败。所以多年来国际上在火工分离装置上投入了大量的精力进行研究。分离过程为分离装置接到分离信号引爆装药，产生冲击波和高温、高压气体，在两者的共同作用下，机构实现分离。从装药起爆到分离完成是一个微秒级的过程。这个过程涉及装药的爆轰，材料在高温、高压及高应变率下的大变形等复杂的力学问题难以用传统的力学公式来描述，所以以前人们对分离过程的研究主要是以试验为主，随着计算机技术和数值分析方法的发展，数值仿真已经成为一种研究分离过程的重要方法。

分离装置分为点式分离装置和线式分离装置。线式分离装置由于具有同步性好、可靠性高、承载能力高以及结构尺寸小、重量轻等特点，而获得广泛研究和应用。本文以三种线性分离装置的数值仿真过程为例来描述数值仿真在火工分离中的应用。本文采用有限元程序 LS-DYNA 进行仿真分析。

2　聚能切割索分离作用过程仿真

聚能切割索是通过切割索爆炸后形成的射流对金属材料进行切割来完成结构的分离功能，在航天工程上有着广泛的应用，如火箭弹体结构飞行中的级间分离、子母弹的开舱抛撒等。本文采用多物质 ALE 算法，成功地模拟出了射流形成、侵彻、到实现分离的整个过程。ALE 算法可自由的动态定义网格结构，从而综合 Langrage 算法和 Euler 的最佳特点[2]，可以处理大变形问题。其射流作用过程见图1～图4。

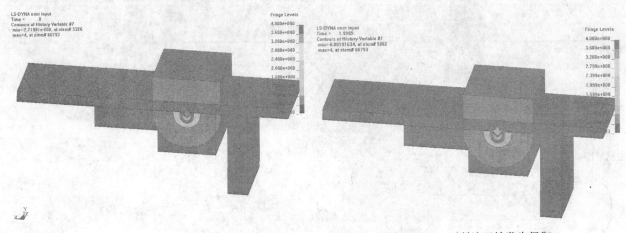

图1　t=0μs 时　结构图像　　　　　　　图2　t=2μs 时射流开始发生侵彻

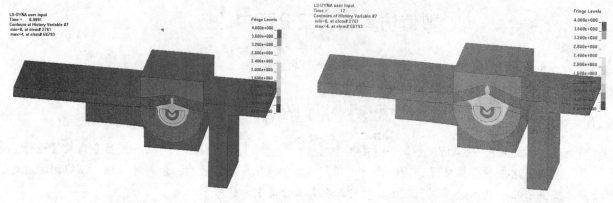

图3　t=7μs 时射流侵彻图像　　　　　　　　图4　t=12μs 时射流侵彻图像

炸药起爆后，药型罩在爆轰波的作用下被迅速压垮，形成高速运动的金属射流，图 2～4 都可以看出射流对壳体的侵彻作用过程。

3　柔性导爆索分离分离作用过程仿真

柔性导爆索实现分离装置的原理是，导爆索爆炸时产生的脉冲使壳体壁沿削弱槽碎裂，从而实现解锁分离。柔性导爆索的优点是构造简单、成本低、可靠性高，但产生的冲击大较大。本文采用 Langrage 算法，成功地模拟出柔性导爆索实现分离的整个过程。Langrage 算法具有计算速度快和材料交界面清晰的特点，但材料过度运动会使网格高度扭曲和畸变，导致计算低效和不精确[2]。本算例网格运动在前一段时间不是高度畸变，所以可以利用 Langrage 算法计算，在炸药能量基本消耗完全时，采取删掉炸药来继续计算的方法完成仿真。

图 5～图 8 形象的表现出了在分离过程中结构的应力传播与分布情况。同过研究分离过程中结构的应力分布规律，可以更好的设计分离面的关键尺寸，取得更好的分离效果。

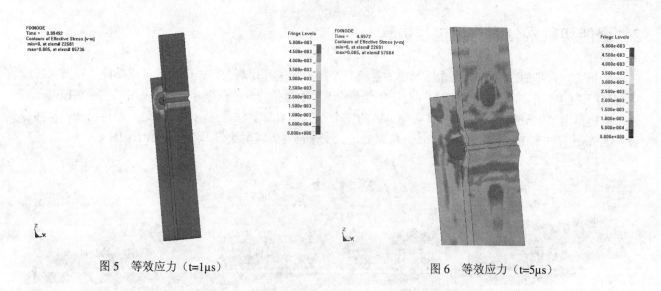

图5　等效应力（t=1μs）　　　　　　　　图6　等效应力（t=5μs）

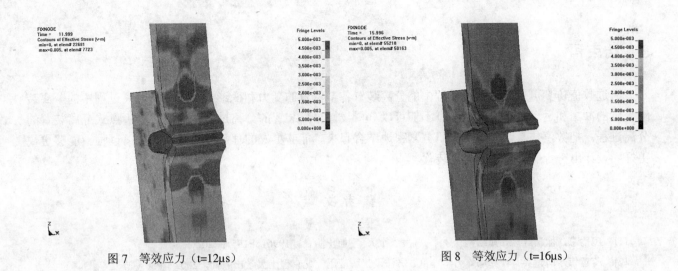

图7 等效应力（t=12μs）　　　　　　图8 等效应力（t=16μs）

4 膨胀管分离作用过程仿真

膨胀管的特点是由装在铅管内的炸药构成药芯，铅管药芯被塑性好、强度高的可膨胀管包裹。炸药爆炸后外部的可膨胀管膨胀但不破裂，由管子的膨胀达到切割的目的。膨胀管的优点是不会对弹体内部造成污染[1]。在现阶段属于比较先进的线性分离方式。本文采用二维 Langrage 算法进行仿真计算，二维 Langrage 算法所需网格少，计算速度快，同时物质之间界面清楚，可以快速完成膨胀管的仿真计算。

通过图9～图12可以清楚地看到膨胀管的膨胀过程，以及如何依靠管子的膨胀来推动壳体实现断裂的分离过程。

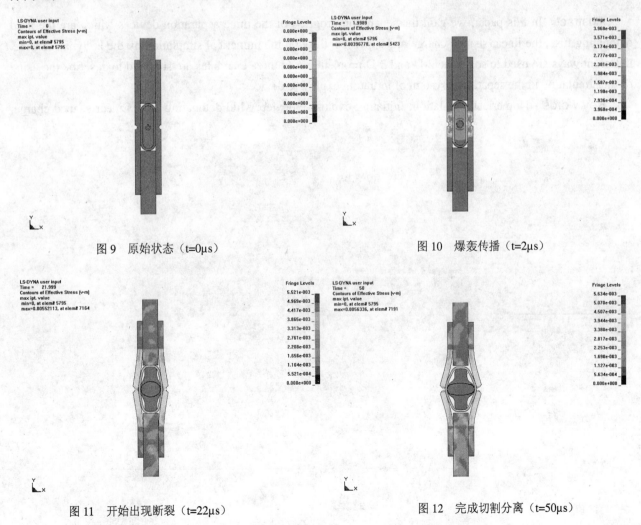

图9 原始状态（t=0μs）　　　　　　图10 爆轰传播（t=2μs）

图11 开始出现断裂（t=22μs）　　　　图12 完成切割分离（t=50μs）

5 结束语

通过数值仿真可以分析分离过程中的分离装置各个位置的受力和变形，可以分析分离过程中的分离装置受到的冲击和运动过程。数值仿真不但可以分析线性分离装置的分离过程，还可以分析点式分离装置的分离过程。把数值仿真研究和试验研究紧密地结合起来，能够更好的理解分离装置的分离过程。能够更快更好的设计出符合航天需求的分离装置。

参 考 文 献

[1] 田锡惠，徐浩等. 导弹结构·材料·强度（上）. 宇航出版社，1996，P195～220.
[2] 蒋建伟，门建兵. 计算爆炸力学理论、方法及工程应用. 北京理工大学出版社，2002，P30～37.

The Applications of the Numerical Simulation in the Separation Systems

Lu Hongli and Zhang Xiaohui

China Academy Of Launch Vehicle Technology Systems Engineering Division

No. 13, P. O. Box 9200-10, Beijing, 100076，gongpingandrose@sohu.com

Abstract　In this paper, we gain the separation progress of the three separation devices which are the mild detonating fuse, the linear shaped charge and super*zip through the numerical simulation by the ls-dyna software. Different ways are used to solve the 2-D and 3-D problems. And three examples are supplied to describe the using of the simulation in the separation system of initiating explosive devices.

Key words　Numerical simulation; Initiating explosive device; Mild detonating fuse; Linear shaped charge; Super*zip

测发指挥自动化系统设计研究

牛建军　韩光　张贤文　董明　董薇

总装备部工程设计研究总院

北京 4702 信箱 9 号，邮编：100028，niu_jj@sohu.com

摘　要　指挥自动化系统在我国航天发射场测试发射任务中发挥着越来越重要的作用。本文通过总结指挥自动化系统的形式，分析已有发射场测发指挥自动化系统(以下简称为测发指挥自动化系统)的工作特点和存在的问题，提出了改进方法，并加以阐述。籍此对其它指挥自动化系统设计提供借鉴作用。

关键词　测试发射；指挥自动化系统；系统；结构；设计；研究

经过多年的探索和实践，我国航天发射场指挥自动化系统已逐渐得到发展，在航天发射任务中，发挥着越来越重要的作用。随着我国现代化建设的不断发展、航天发射任务的增多和计算机技术的飞速进步，有必要总结当前测发指挥自动化系统采用的主要形式，充分利用现有技术，研究高可靠的、性能优良的新系统，从而满足提高我国航天发射场信息化技术的要求。

1　系统特点

(1) 发展性——指挥自动化系统已发展成为以计算机网络为平台、以计算机软、硬技术为主要核心的综合系统；

(2) 功能扩展性——已从最初的指挥、控制系统，发展成为集指挥、控制、计算机、通信、情报及监视与侦察一体化的系统，并且随着军事技术的变革，还会赋于新的内涵；

(3) 结构复杂——构成系统的元素比较多、接口种类复杂。既有系统内、外接口，还有人-机接口、软件-硬件接口、系统软件-应用软件的接口，因此系统的软、硬件结构应能适应这些要求；

(4) 实时性强——指挥自动化系统是一个输入反馈型系统。这要求对各种信息应有很高的处理能力和响应能力，从而为完成任务作出指挥、控制；

(5) 系统性——指挥自动化系统中的各部分协调工作共同完成系统目标。局部性能优化应以提高系统整体性能为目标。系统整体性能最为关键。

2　指挥自动化系统基本形式

作为指挥自动化系统核心的计算机网络系统，一般可采取的网络结构形式有：集中式、功能分布式和公共总线式三种结构。典型的系统结构形式如图 1 所示。

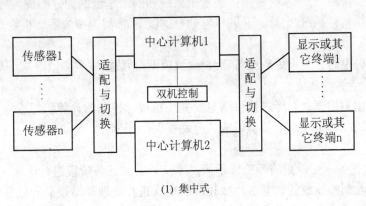

(1) 集中式

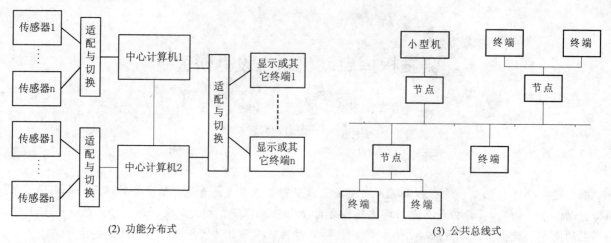

图1　指挥自动化系统常用结构形式

其中：

(1) 集中式结构：该结构特点是以中心计算机为处理核心、传感器（接口计算机）和显示设备不承担数据处理的功能。为了提高系统中心计算机的可靠性，可以对中心计算机进行双机备份设计。主要应用如早期北美防空司令部指挥控制系统、美国赛其系统等。

(2) 功能分布式系统结构：该系统为多计算机结构。主要采用不同规模和结构的计算机，来完成各自不同的独立的工作，从而有效节省占用的资源，提高了可靠性。具有系统结构复杂、接口数据量大和故障不能严格隔离等特点。主要应用是20世纪70年代美国全球军事指挥控制系统的霍尼韦尔6000系统和我国早期的防空指挥中心。

(3) 公共总线结构：是将所有的设备连接到一条公共的总线上，形成一个完整的系统。具有系统结构简单、传输效率高和扩展方便等特点。该结构主要应用于美军串行1553总线和光纤1773总线。Ethernet系统的发展也使该结构得到了更广泛的应用。

3　测发指挥自动化系统结构

测发指挥自动化系统主要应用于我国航天发射场，完成对火箭、卫星的指挥、管理、监测等测试发射任务，具有监测、监视显示、指挥保障、信息交换和数据处理等功能。在对测试发射模式的研究基础上，经过多年的建设，较典型的系统结构有两种形式：①集中与功能分布相结合的形式；②公共单总线形式。

3.1　集中与功能分布相结合形式

该系统结构结合了集中式和功能分布式的特点：服务器子系统（包括：数据处理服务器和数据库服务器），完成接口数据的处理并向指挥显示分系统发送；另外，为了提高系统的可靠性、减轻各服务器的负载，将数据库处理功能从数据处理服务器中分离出来并设置在数据库服务器中。具体形式如图2所示。

3.1.1　系统组成

系统由接口子系统、服务器子系统、指挥显示子系统和网络平台四部分组成。

(1) 接口子系统：由与外系统(火箭、卫星和地勤等，以下同)相连接的各微机组成。在系统与外系统间进行信息交换。

(2) 服务器子系统：由两台数据处理服务器和一台(或两台)数据库服务器组成。是全系统的中心。用于完成数据处理和转发、存储等功能。

(3) 显示子系统：由为指挥员、专家提供信息及完成指挥、控制的计算机组成。是人-机交互界面。

(4) 网络平台子系统：采用两组交换机组成，分别在两个子网中。

3.1.2　数据流分析

系统数据流在实时任务、记录重演等阶段不同，本文以实时任务阶段进行论述。

(1) 接口子系统接收到外系统的数据后，按相应的格式进行处理、转换后向服务器子系统发送；

(2) 服务器子系统将接收到的数据进行分析、处理，向显示子系统广播，并完成入库功能；

(3) 显示子系统接收到数据后，分析、处理，按相应格式显示给用户；

(4) 具有指挥权限的用户在显示程序中发出指挥命令，并向服务器传送；

(5) 服务器收到指挥命令后，向接口和显示子系统各微机广播。

(6) 接口和显示子系统收到指挥命令后，接收命令、完成相应的操作。

实时任务时的数据流如图3所示。

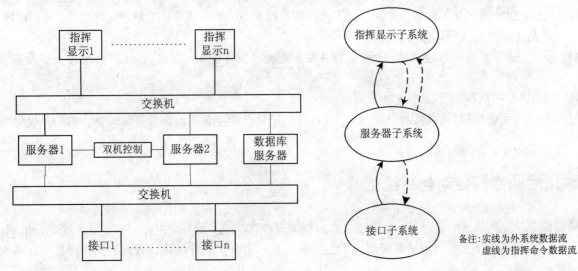

图2　集中与功能分布相结合的结构形式　　　　图3　实时任务时的数据流图

3.1.3　系统性能分析

(1) 服务器作为系统核心，不仅承担着数据处理、存储，而且转发两个子系统的数据，因而，其性能对系统影响较大。

(2) 两个数据处理服务器采用了双机备份的形式，而且与数据库服务器按功能分布进行设计，但是无法完全隔离故障。

(3) 从数据流分析可以看出：系统的可靠性模型为串行结构，接口、服务器、指挥显示子系统和交换机具有顺序关系，当其中的一个子系统出现故障，系统易陷入瘫痪。

(4) 系统数据经过多级才能到达指挥员，指挥信息同样多级才能到达接收方。因而，整个系统反应速度慢。

(5) 系统的可扩展性较差。

通过分析，可以看出：虽然系统建设成本低，运行模式与传统指挥模式基本一致，但是存在着系统整体可靠性低、响应速度慢、可扩展性差、未能完全发挥系统处理能力等特点。

3.2　公共单总线结构形式

采用公共总线结构的指挥自动化系统结构如图4所示。

3.2.1　系统组成

系统由接口子系统、服务器子系统、指挥显示子系统和网络平台四个子系统组成。

(1) 接口子系统、显示子系统与3.1.1所述的集中与功能分布式结构的两部分基本一致。

(2) 服务器子系统：由数据处理服务器和数据库服务器组成。用于完成数据的入库、存储、数据处理和转发等任务。也可用一台服务器完成数据处理和数据库操作两项功能。

(3) 网络平台子系统：由一组交换机组成。所有服务器和微机直接连接在该组交换机上。

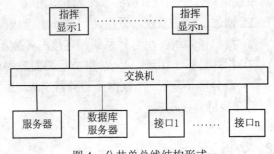

图4　公共单总线结构形式

3.2.2 数据流分析

系统虽然采取了公共总线形式,但是各子系统功能基本未发生变化,其数据流的形式也未发生改变(如图3所示)。主要在于数据流量不太大,功能较为简单的系统中。

3.2.3 系统性能分析

(1) 服务器子系统依然作为系统核心,不仅承担着数据处理、存储,而且为两个子系统的数据进行转发,其性能对系统整体影响较大。

(2) 接口、服务器、指挥显示子系统和交换机在数据流中具有顺序关系。系统的可靠性模型仍为串行结构,某一级故障易使系统整体陷入瘫痪。

(3) 系统数据经过多级才能到达指挥员,指挥信息同样多级才能到达接收方。因而,整个系统反应速度慢。

(4) 系统的可扩展性稍有改善。

通过分析,该系统结构具须建设灵活、运行成本低,但是仍存在着系统整体可靠性低、响应速度慢等特点。

4 改进后的指挥自动化系统结构

结合当今计算机领域的最新技术,通过认真分析测发指挥模式,研究测发指挥自动化系统的功能组成,可以得出:指挥自动化系统应用从系统硬件平台和数据流两个方面进行优化。改进后的指挥自动化系统结构模型如图5所示。

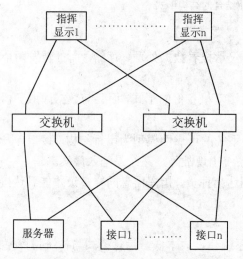

图5 改进后的 C^3I 系统结构形式图

4.1 系统平台改进

系统由接口子系统、服务器子系统、指挥显示子系统和网络平台四个子系统组成。

(1) 网络平台子系统:采用两组交换机组成,互为备份。系统内全部设备位于一个子网中。

(2) 接口子系统:由与外系统相连接的各微机组成。每台终端与两组交换机分别相连。

(3) 指挥显示子系统:是人-机交互界面。每台终端与两组交换机分别相连。

(4) 服务器子系统:由数据库服务器组成,主要完成数据的入库、存储任务,不再承担数据转发的功能。与两组交换机分别连接。

4.2 数据流改进

(1) 各接口机接收到外系统数据源发送来的数据后,按相关约定转化为内部帧格式后,向系统内服务器和显示子系统广播。

(2) 显示子系统接收到接口子系统的数据后,对数据进行处理,并以用户友好的方式显示出来;服务器子系统将接收到的数据进行实时存储。

(3) 具有指挥权限的用户在显示程序中发出指挥命令，该指挥命令向显示子系统和服务器广播。

(4) 接口子系统收到指挥命令后，接收命令、完成相应的操作，并向外系统转发。服务器子系统将接收到的命令等信息进行实时存储。

实时任务时数据流图如图6所示。

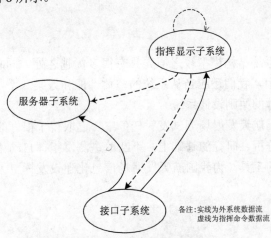

图6 实时任务数据流图

4.3 系统性能分析

(1) 可靠性高

该结构模型基于双总线结构，并且数据流改进后没有关键节点，系统可靠性模式为并联方式，系统整体可靠性得到了提高。

(2) 数据延迟小

接口子系统将数据直接广播到系统内的各子系统内；指挥命令也直接发送到系统内各子系统。各种信息经过一次格式转换发送到全系统中，不再多次转发。

(3) 系统负荷均匀

服务器不再作为全系统的数据处理、存储和转发中心，专职于数据的存储。部分处理功能分别移至接口和显示微机中。从而，降低了服务器负荷，消除了瓶径现象，使系统整体负载均匀。

(4) 带宽利用增加

可以尽量减少短数据帧的产生，有利于在千兆以及更高速率环境下系统性能的提高。

(5) 系统扩展性强

当系统规模扩大、各种应用不断综合复杂后，可方便采用分布技术、网格计算技术提升总体技术性能。

5 对比分析

通过对测发指挥自动化系统两种结构形式的研究、比较，对改进后的系统结构模式可以得出以下结论：

(1) 实时性提高

改进后的结构模式下，数据从发出方到达响应方经过的中间级数少、数据处理转换少，因而，数据延迟小，实时性得到了提高。

(2) 可靠性改善

可靠性模式从原先的串联模式发展为并联模式，从而系统单点失效造成的影响小，可靠性得到了很大的提高。

(3) 可适应多种工作方式要求

新系统模式可以适用于满负荷、日常值班和降低工作三种运行方式。

(4) 系统利用性高

系统负荷整体均匀，无性能瓶径，可充分利用各设备处理功能；数据流向和数据处理分布合理，可以充分利用千兆或更高速网络的性能。

(5) 扩展性好

采用当前先进的计算机网络技术，有利于今后系统规模扩大后的各种应用和功能进一步扩展，也可以采用各种新方法、新技术开展研究。

6 总结

改进后的测发指挥自动化系统结构模型较之原先具有很多优越之处，同时也对应用软件的实现提出了更高的要求。在实际应用过程中，我们还应当从系统的整体性能和方案入手，细化每一部分的功能和软硬件设备组成，按照局部服务整体的原则设计系统。

指挥自动化系统应用于我国航天发射场测试发射任务中，已取得了很好的社会效益和经济效益，我们应当在对测试发射模式进一步分析、研究的基础上，不断改进测发指挥自动化系统，为测试发射任务提供丰富的设计信息源和性能优良的工具，为我国航天发射场信息化建设发挥更大的作用。

参 考 文 献

[1] 刘曙阳等. C^3I 系统开发技术. 国防工业出版社，1997.4.

[2] 陆廷孝等. 可靠性设计与分析. 国防工业出版社，1995.9.

[3] 陈以恩等. 遥测数据处理. 国防工业出版社，2002.2.

[4] Andrew S.Tanenbaum. 计算机网络(第 4 版). 清华大学出版社，2004.8.

[5] 谢希仁. 计算机网络(第 4 版). 电子工业出版社，2004.7.

[6] 相关试验文档

Design and Research of C^3I System for Test and Launch System

Niu Jianjun, Han Guang, Zhang Xianwen, Dong Ming and Dong Wei

Centre for Engineering Design and Research under the Headquarters of General Equipment

No.9, P.O. Box 4702, Beijing , 100028，niu_jj@sohu.com

Abstract　C^3I system plays more and more important roles in spaceflight launch site of our country. In this paper, authors summarize its structure, and put forward an improved system, after analyzing features and problems of existing C^3I systems being operated in our spaceflight launch site. It is hoped to be a reference to design and research of other C^3I systems.

Key words　Test and Launch; C^3I System; System; Structure; Design; Research

7ICP10 锂离子蓄电池组的研制

潘延林　任杰伟　李克锋　顾秋香　王琛　李国欣

上海空间电源研究所

上海市苍梧路 388 号，邮编：200233，sispcc@online.sh.cn

摘　要　对于未来的空间任务，锂离子蓄电池因其卓越的质量比能量、体积比能量以及循环寿命而比传统的镉镍蓄电池和氢镍蓄电池表现出更大优势。上海空间电源研究所针对小卫星（100～1000kg）和微小卫星（10～100kg）的应用背景，研制开发了额定容量为 10Ah 的 7ICP10 锂离子蓄电池组。7ICP10 锂离子蓄电池组质量 3.0kg，质量比能量 100Wh/kg，以 30%DOD 模拟太阳同步轨道充放电循环寿命已超过 4000 周。

关键词　锂离子蓄电池组；贮能电源；卫星；太阳同步轨道

1　引言

小卫星（100～1000kg）和微小卫星（10～100kg）是近年来航天飞行器发展的热点。由于小卫星和微小卫星体积小、质量小，因此对贮能电源的设计提出了新的挑战。锂离子蓄电池因其卓越的质量比能量、体积比能量以及循环寿命而比传统的贮能电源，如镉镍蓄电池和氢镍蓄电池，在小卫星和微小卫星上表现出更大的优势。目前，许多大的研究机构已经开展对锂离子电池空间应用的评估和开发研制工作[2~7]，如美国 Yardney 公司和 Eagle-Picher，加拿大 Blue-Star，法国 SAFT 等。欧洲宇航局在 2000 年 11 月 16 日发射的 STRV-1d 小型卫星上采用了锂离子电池作为贮能电源[8]。在 2001 年 10 月 22 日发射的 PROBA 飞行器上，再次采用了锂离子电池组（9Ah，28V）作为贮能电源，目前运行良好。2003 年 6 月 8 日，Yardney 公司的锂离子蓄电池跟随"火星探测 2"发射，三个月后到达火星（见图 1）。

图 1　火星登陆器及探测器锂离子蓄电池组

针对小卫星（100～1000kg）和微小卫星（10～100kg）应用背景，上海空间电源研究所研制开发了额定容量为 10Ah 的 7ICP10 锂离子蓄电池组。本文介绍了 ICP10 锂离子蓄电池单体的电性能、结构、全密封和安全性等关键技术的设计和试验，还介绍了 7ICP10 锂离子蓄电池组结构、散热性、绝缘性等关键技术的设计和试验，并对蓄电池组进行各种常规试验，主要包括电性能测试、力学环境模拟试验、空间运行环境模拟试验测试以及地面贮存试验等。

2　ICP10 锂离子蓄电池单体的研制

2.1　ICP10 锂离子蓄电池单体设计

(1) 壳体设计

蓄电池壳体在设计中壳体采用可焊性较好不锈钢板材利用引伸工艺制成。

(2) 全密封设计

针对锂离子蓄电池的体系特点蓄电池单体的密封设计如下：

a. 极柱与蓄电池盖的密封：由于锂离子蓄电池是电位在 4V 左右的高电化学体系，不锈钢或镍极柱在高电化学体系中会发生电化学腐蚀和自放电等现象，以及铜极柱和铝极柱很难实现金属-陶瓷封接等问题，锂离子蓄电池采用压缩密封结构来实现密封。

　　b. 蓄电池盖与蓄电池壳密封：采用氩弧焊接实现蓄电池盖与蓄电池壳的密封。

　　c. 蓄电池壳的密封：采用氩弧焊接实现蓄电池壳的密封。

　　(3) 极柱设计

　　由于锂离子蓄电池是电位在 4V 左右的高电化学体系，不锈钢或镍极柱在高电化学体系中会发生电化学腐蚀和自放电等现象，因此正极柱设计采用纯铝材料，负极柱设计采用纯铜材料。

　　(4) 电堆设计

　　对较大容量电池而言，蓄电池电堆结构设计有叠层式和卷绕式两种结构。叠层式电堆结构适用于的矩形蓄电池结构，而卷绕式电堆结构适用于圆柱型蓄电池结构。相对于卷绕式电堆结构，叠层式电堆结构具有蓄电池散热性能好，正负电极极化小，蓄电池组合空间利用率高等优点。锂离子蓄电池采用的是叠片式电堆结构。

　　(5) 焊接

　　蓄电池壳与盖之间的焊接采用氩弧焊接，不锈钢锥套与蓄电池盖以及注液嘴与蓄电池盖之间采用钎焊。

　　(6) 电性能设计

　　ICP10 锂离子蓄电池的额定容量为 10Ah，设计容量应大于额定容量 10%～20%，取 18%。因此，对于 ICP10 锂离子蓄电池的设计容量应为 11.8Ah。ICP10 锂离子蓄电池正极材料采用 $LiCoO_2$，根据法拉第定律 $LiCoO_2$ 的理论容量为 274mAh/g，经过 CR2025 型扣式模拟电池测量，实际容量为 140mAh/g，正极活性物质的利用率为 45.62%。ICP10 锂离子蓄电池负极材料采用中间相碳微球（MCMB）材料，根据法拉第定律 MCMB 的理论容量为 372mAh/g，经过 CR2025 型扣式模拟电池测量，实际容量约为 310mAh/g，负极活性物质的利用率为 83.33%。正极集流体采用 0.02mm 厚的铝箔，负极集流体采用 0.02mm 厚的铜箔。在 ICP10 锂离子蓄电池中，隔膜采用聚丙烯聚乙复合烯微孔隔膜作为正、负极之间的隔膜，聚丙烯膜在温度高达 165℃时仍然具有良好的机械稳定性，而聚乙烯微孔隔膜在 130℃时就会熔化,采用聚丙烯和聚乙烯的复合隔膜,则可以同时具有两者的优点，提高了电池的电性能和安全性，如在电池短路引起电池内部温度过高时，聚乙烯膜将比聚丙烯膜较早熔化，堵住微孔，从而切断电流。电解液采用 1mol/L $LiPF_6$—EC+DEC+DMC（1：1：1，wt%),并且添加阻燃添加剂，以防止蓄电池在发生安全问题时燃烧。正、负极制造过程中所用的粘接剂为聚偏二氟乙烯 PVDF。)

　　(7) 单体蓄电池主要技术指标
　◇　单体蓄电池型号：ICP10
　◇　外型尺寸：65mm×18mm×120mm(带极柱尺寸为 65mm×18mm×139mm)
　◇　单体蓄电池质量：360±5g
　◇　单体蓄电池漏气率：$\leq 1.0 \times 10^{-7} Pa \cdot dm^3 \cdot S^{-1}$
　◇　单体蓄电池额定容量：10Ah
　◇　单体蓄电池（BOL）实测容量：11.8Ah
　◇　单体蓄电池质量比能量：$\geq 110 Wh \cdot kg^{-1}$

3　7ICP10 锂离子蓄电池组的研制

3.1　7ICP10 锂离子蓄电池组的结构设计

　　7ICP10 蓄电池组由 7 个矩形的 ICP10 锂离子蓄电池串联组成，具体设计情况如下：

　　(1) 整体设计

　　7ICP10 锂离子蓄电池组的 7 个单体侧卧排列，纵向由前后端板通过四根钛合金拉杆紧固。每个单体蓄电池之间用一块 $\delta 0.5mm$ 的 L 型导热板作为传热通道，并带有脚翅，用角铝压件把每个单体蓄电池组都禁固在安装面上，进一步提高结构块的横向和纵向的机械强度。7ICP10 锂离子蓄电池组样机的照片见图 2。

(2) 散热设计

由于该蓄电池组结构形式没有整体大底板和两侧框架，大电流充放电过程中产生的热通过串联单体蓄电池之间的非整体散热片来传导，即用的 L 型导热板作为传热通道。

(3) 绝缘设计

串联单体蓄电池之间以及 L 型导热板采用聚酰亚胺亚敏胶带绝缘。

(4) 强度设计

蓄电池组纵向由前后端板通过四根钛合金拉杆紧固，在串联单之间体蓄电池之间的缝隙填充导热硅胶以加强蓄电池组强度。

图 2 7ICP10 锂离子蓄电池组模样机照片

3.2 7ICP10 锂离子蓄电池组主要技术指标

7ICP10 锂离子蓄电池组的主要技术指标如下：

- ◇ 蓄电池组额定容量：10Ah
- ◇ 蓄电池组（BOL）实测容量：11.8Ah
- ◇ 蓄电池组最低工作电压：21.0V
- ◇ 蓄电池组最高充电电压：29.4V
- ◇ 蓄电池组质量：≤3.0kg
- ◇ 蓄电池组质量比能量：100Wh·kg^{-1}

3 7ICP10 锂离子蓄电池组相关试验

3.1 7ICP10 锂离子蓄电池组环境模拟试验

7ICP10 锂离子蓄电池组参照太阳同步轨道卫星试验条件，顺利通过了鉴定级发射力学模拟试验、鉴定级空间运行环境模拟试验以及地面贮存能力试验。

(1) 地面贮存能力试验

地面贮存能力试验包括地面温度循环试验条件和湿热试验条件，试验条件见表1、表2。

表1 地面温度循环试验条件

试验要求	低端	高端
温度范围 ℃	-40	+50
温度变化率 ℃/min	0.5～3	0.5～3
保持时间 h	12	12
试验次数	一个循环	

表2 湿热试验条件

	温度 ℃	35
工况	相对湿度 %	≥94
	时间 h	≥4

(2) 鉴定级发射力学模拟试验

鉴定级发射力学模拟试验包括鉴定级过载试验、冲击试验、正弦振动试验以及随机振动试验等四项试验，试验条件见表3～表6。

表3 鉴定级过载试验条件

轴向	最大加速度值 g	最大加载速率 g/min	最大加速度保持时间 min
X	2	≤3	2
Y			
Z	10		

表4 鉴定级冲击试验条件

冲击加速度 g	50
冲击波形	近似半正弦波
持续时间 ms	6～10
冲击方向	X，±Y，±Z
冲击次数	每个方向2次

表5 鉴定级正弦振动试验条件

轴向	频率范围 Hz	加速度 / 振幅
	5～21	11mm
X, Y, Z	21～50	20g
	50～80	10g
	80～100	4.5g
扫描速度	10～100Hz 每个方向扫描一次 2oct / min	

表6 鉴定级随机振动试验条件

轴向	频率 Hz	加速度功率谱密度 g^2 / Hz	总均方根加速度 g_{rms}
X, Y, Z	20～100	+3dB / oct	14.3
	100～600	0.25	
	600～2000	-9dB / oct	
时间	每个方向 2min		

(3) 鉴定级空间运行环境模拟试验

鉴定级空间运行环境模拟试验包括鉴定级热循环试验、热真空试验和辐照试验，试验条件见表7～表9。

表7 鉴定级热循环试验条件

最低工作温度 ℃	-10±3
最高工作温度 ℃	+25±3
气 压	正常环境压力
循环次数	≥18
温度变化速率 ℃/min	速率至少1
在最高和最低温度时停留时间 h	不少于1

表8 鉴定级热真空试验条件

最低工作温度 ℃	-10±3
最高工作温度 ℃	+25±3
罐内压力 Pa	≤1.3×10^{-3}
温度循环次数	≥3
在最高和最低温度时停留时间 h	最少2

3.2 锂离子蓄电池组磁试验

锂离子蓄电池组的磁试验采用 7 串的 10Ah 锂离子蓄电池组。表 10 为磁试验的试验结果。

表9 辐照试验条件

电子能量 MeV	$E=1$
电子辐照通量 S・cm^2	$\Phi=1.1×10^{10}$
电子最终剂量 cm^2	$De=1.2×10^{14}$
辐照时间 s	$T=10000$

表10 锂离子蓄电池组磁试验数据

坐标	磁矩值 mA・m^2			
	M_x	M_y	M_z	$M_总$
静态	6	-9	15	18
充电态	-24	-7	-9	27
放电态	8	-31	-12	34

3.3 锂离子蓄电池单体比热容和发热量试验

试验采用 ICP10 锂离子蓄电池单体，在 KM1 空间环境模拟器内进行。放电过程发热量试验数据见表11，充电过程发热量（或者吸热量）试验数据见表12。

表11 放电过程发热量试验数据

工 况	1	2	3	4	5
蓄电池质量 g	0.359	0.359	0.359	0.359	0.359
蓄电池比热容 Wh・kg^{-1}℃$^{-1}$	0.254	0.254	0.254	0.254	0.254
放电电流 A	5.5	4.8	4.2	3.8	3.0
放电平均发热量 W	1.151	0.961	0.845	0.640	0.432

表12 充电过程电发热量试验数据

工况	1	2	3	4
充电过程总热量 W	0.074	0.134	0.190	0.246
漏热量 W	0.264	0.228	0.202	0.152
充电过程电池发热量 W	-0.190	-0.094	-0.012	0.094

从试验结果可知，锂离子蓄电池发热量比镉镍蓄电池和氢镍蓄电池的发热量小。这些可减轻卫星总体热设计的压力。

3.4 锂离子蓄电池电性能试验

(1) 锂离子电池高低温性能测试

图 3 所示为 ICP10 锂离子蓄电池在低温度条件下的放电曲线（0.2C 倍率充电，0.5C 倍率放电）。-20℃时的放电容量相对于+25℃时的放电容量损失了 11.5%。图 4 所示为 ICP10 锂离子电池在高温温度条件下的放电曲线。+55℃时的放电容量相对于+25℃时的放电容量损失了 1.4%。从试验结果来看该电化学体系的锂离子蓄电池的高、低温性能良好。

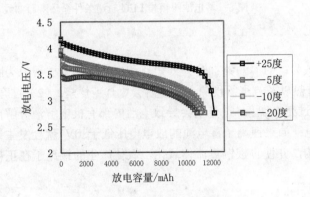

图3　锂离子蓄电池低温放电曲线　　　　　　图4　锂离子蓄电池高温放电曲线

(2) 不同倍率放电性能测试

图 5 是 ICP10 锂离子蓄电池的倍率放电性能曲线（0.2C 倍率充电）。0.5C 放电时，ICP10 的放电容量相对于 0.2C 放电时的容量减少了 1.4%；1.0C 放电时相对于 0.2C 放电时的容量减少了 2.6%。由此可以知道 ICP10 锂离子电池的高倍率放电性能也令人满意。

(3) 自放电试验

ICP10 锂离子蓄电池以 0.2C 倍率充电至 4.2V（恒压充电终止电流为 C/50），在 18℃±2℃的环境下放置 30 天，ICP10 锂离子蓄电池放置过程中电压变化情况见图 6，放置 30 天后的 ICP10 锂离子蓄电池与放置 30 天前的 ICP10 锂离子蓄电池的放电曲线见图 7，放置 30 天前锂离子蓄电池的容量 12.154Ah，放置 30 天后锂离子蓄电池的容量为 11.166Ah，ICP10 锂离子蓄电池的自放电率为 8.13%/月。

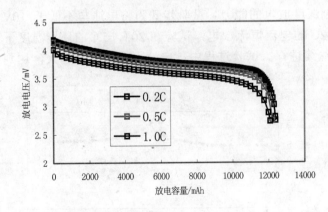
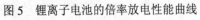
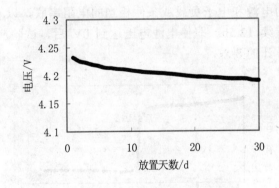

图5　锂离子电池的倍率放电性能曲线　　　　　图6　蓄电池放置过程中电压变化

(4) 模拟 LEO 轨道循环寿命试验

图 8 是 7ICP10 锂离子蓄电池组模拟 LEO 轨道条件循环寿命试验曲线。模拟试验制度为：3A 电流充电 60min，4A 电流放电 30min，20%DOD。目前地面模拟 LEO 试验循环次数>4000 周（至 2005 年 9 月 20 日），放电终压≥26.0V。

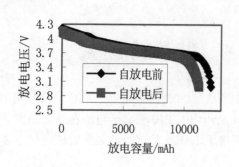

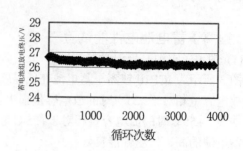

图7 自放电试验容量变化曲线

图8 蓄电池组模拟 LEO 轨道条件循环寿命曲线

3.5 锂离子蓄电池单体安全性试验

锂离子蓄电池产生安全性问题的主要失效模式为：（1）短路：分为外短路和内短路，主要现象为瞬间大电流放电，并放出大量的热，造成蓄电池单体过热以及气涨等现象，严重时会爆炸或燃烧。（2）过充电：如果锂离子蓄电池的充电电压高于 4.8V 就会发生过充电现象，过充电会导致电池内部有机电解液分解产生气体，蓄电池发热，严重时发生爆炸。（3）过放电：如果锂离子蓄电池的放电电压低于 0V 就会发生过放电现象，过放电会改变蓄电池正极材料的晶格结构，并使负极铜集流体氧化，氧化产生的铜离子在正极还原使正极失效。

对 ICP10 锂离子蓄电池进行了一系列安全试验，并全部通过了安全试验的要求。主要试验如下：

(1) 持续充电试验：本试验评价蓄电池承受持续长时间充电的能力。试验步骤为电池在 20℃±5℃ 的环境温度下以 0.5C 恒流充电充至 4.1V，然后恒压充电保持 28d。试验结果为蓄电池在试验过程中不泄漏、不泄气、不爆炸、不起火，达到设计的要求。

(2) 过充电试验：本试验评价电池承受充电器发生故障（充电上限电压仅受充电器限制）的能力。试验步骤为蓄电池在20℃±5℃的环境温度下，以0.2C的电流恒流放电至3.0V，然后电池与不低于10V的电源连接，然后以1C的电流充电5小时。蓄电池在试验过程中蓄电池不爆炸、不起火，达到设计的要求。

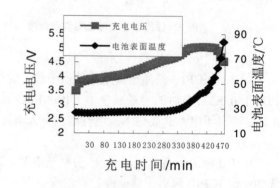

图9 ICP10 锂离子蓄电池过充电试验

(3) 强制放电试验：本试验评价电池承受强制深度放电的能力。试验步骤为将电池与不低于 10V 的电源和电子负载或条件相当的电阻串联，以 0.2C 的电流恒流放电，试验在 20℃±5℃ 的环境温度下持续 12.5h。即使电池电压达到 0V 后，试验应继续进行。试验过程中蓄电池不爆炸、不起火，达到设计的要求。

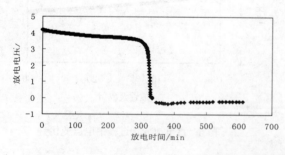

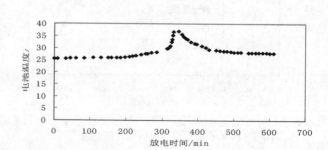

图10 ICP10 锂离子蓄电池过放电试验

(4) 跌落试验：电池从预定高度自由跌落到硬表面时，撞击会使电池的密封和安全装置受力，从而可能引起泄漏。本试验评价电池按 GB/T2423.8 进行跌落试验时承受机械冲击的能力。试验步骤为在 20℃±5℃ 的环境温度下，将电池 5 次从 1.0m 高度的位置自由跌落到硬木板上，欲得到不同位置的冲击效果，电池应在每个平面上进行 2 次跌落（除了极柱方向）。试验过程中蓄电池不泄气、不爆炸、不起火，达到设计的要求。

(5) 高倍率充电试验：本试验评价电池承受大电流充电的能力。试验步骤为电池在 20℃±5℃ 的环境温度下，以 0.5C 的电流恒流放电至规定的终止电压，然后以 3C 的充电电流对试验电池进行恒压充电，当电池充电至规定的充电终止电流时结束试验。试验过程中蓄电池不爆炸、不起火。

(6) 高温贮存试验：电池在高温下贮存可能会引起电解液泄漏。本试验评价电池承受高温贮存的能力。试验步骤为将充满电的蓄电池放于 75℃±2℃ 烘箱中，搁置48h。试验过程中蓄电池不泄漏、不泄气、不爆炸、不起火。

(7) 温度冲击试验：当电池承受快速和大范围温度变化时，温度冲击会对电池硬件产生相当大的机械应力。本试验通过在贮存温度的上限和下限之间改变电池的温度，评价电池承受温度冲击的能力。试验见表13。试验过程中蓄电池不泄漏、不泄气、不爆炸、不起火。

表13 温度冲击试验要求

试验要求	低端	高端
温度范围 ℃	-40±2	+50±2
温度变化率 ℃/min	0.5～3	0.5～3
保持时间 h	≥12	≥12
试验次数	一个循环	

4 结束语

上海空间电源研究所研制的 7ICP10 锂离子蓄电池组，经过一系列试验和改进，已经初步达到了小卫星（100～1000kg）、微小卫星（10～100kg）的使用要求，为锂离子蓄电池组在宇宙空间的实际应用奠定了基础。但在锂离子蓄电池的模拟卫星轨道循环寿命、充电控制等方面还要进一步更深入的研究。

参 考 文 献

[1] 马世俊. 卫星电源技术[M]. 北京:宇航出版社,2001.

[2] Mark J, Marsha E, Roger P. Li-ion batteries for space applications[A]. *Proceedings of the 32st IECEC[C]*, Hawalii, 1997,1: 31-34.

[3] Hossain S, Tipton A, Mayer S, et al. Lithium-ion cells for aerospace applications[A]. *Proceedings of the 32st IECEC[C]*, Hawalii, 1997,1:35-38.

[4] Perron D, Stefano S D. Survey of lithium-ion battery performance for potential use in USA missions[A]. *Proceedings of the 32st IECEC*[C], Hawalii, 1997,1: 39～41.

[5] Lurie C. Evaluation of lithium-ion cells for space applications[A]. *Proceedings of the 32st IECEC[C]*, Hawalii, 1997,1: 58-63.

[6] Chad O, Dwayne H, Robert Higgins. Li-ion satellite cell development:past, present and future[A]. *Proceedings of the 33st IECEC[C]*, Colorado, USA, 1998,4:335-339.

[7] Bruce G, Madikian P, Marcoux L. 50 to 100Ah lithium-ion cells for aircraft and spacecraft applications[J]. *J Power Sources*, 1997,65:149-153.

[8] Spurrett R, Thwaite C, Slimm M, et al. Lithium-ion batteries for space[C].*Sixth European Space Power Conference*, 2002:477-482.

Study on 7ICP10 Lithium-ion Battery

Pan Yanlin   Ren Jiewei   Li Kefeng   Gu Qiuxiang   Wang Chen and Li Guoxin

Shanghai Institute of Space Power-sources

No. 388 Cangwu Road, Shanghai, 200233， sispcc@online.sh.cn

Abstract   Lithium-ion cells offer significant improvements in energy density, specific energy and cycle life compared with Cd-Ni cells and H_2-Ni cells for future space missions. Shanghai Institute of Space Power-sources(SISP) has developed 7ICP10 lithium-ion battery of 10Ah for small-satellite and micro- satellite. The weight of 7ICP10 lithium-ion battery was 3.0kg, specific energy of 7ICP10 lithium-ion battery was 100Wh/kg, and life cycling times simulated LEO were more than 4000 cycles.

Key words   Lithium-ion batteries; Energy storage; Satellite; Low earth orbit.

三轴稳定卫星高精度姿态确定算法比较研究

沈莎莎　李果　刘一武

北京控制工程研究所

北京市2729信箱20分箱，邮编：100080，shendanchen@yahoo.com

摘　要　本文研究了三种典型滤波算法即卡尔曼滤波、自适应滤波和预测滤波在卫星姿态确定系统中的应用。建立了三轴稳定卫星陀螺与星敏感器组合的姿态确定系统模型，并给出了三种滤波器构成的姿态确定系统仿真。结果表明，在噪声统计特性不确定的情况下，自适应滤波算法和预测滤波算法的姿态估计精度优于卡尔曼滤波的估计精度。

关键词　姿态确定；滤波算法；星敏感器；陀螺

1　引言

陀螺和星敏感器组成的姿态测量系统是高精度姿态确定的典型模式，一般选用卡尔曼滤波算法作为相应的姿态确定算法获得姿态数据[7]。本文采用姿态的四元数表示方法，建立了误差四元数和星敏感器观测的姿态估计系统模型。针对卡尔曼滤波的局限性，即需要知道被研究对象的数学模型和噪声统计的先验知识；采用不精确的数学模型和噪声统计特性设计卡尔曼滤波器可能导致较大的状态估计误差，甚至造成滤波发散。本文应用了自适应滤波算法和预测滤波算法作为姿态确定算法，给出了其姿态确定系统的数学仿真，并在噪声统计特性不确定的情况下与卡尔曼滤波的仿真结果进行了分析比较。

2　系统模型描述

在讨论卫星姿态时，要选定参考坐标系。定义惯性坐标系和轨道坐标系如下：

惯性坐标系 $O_E X_I Y_I Z_I$：原点在地心，Z_I 轴沿地球自转轴，X_I 轴沿地球赤道平面与黄道平面的交线指向春分点，Y_I 轴在赤道平面内与 X_I 轴、Z_I 轴构成右手坐标系。

轨道坐标系 $OX_O Y_O Z_O$：原点在卫星的质心，Z_O 轴指向地心，X_O 轴在轨道平面内与 Z_O 轴垂直并指向卫星速度方向，Y_O 轴与 X_O，Z_O 轴正交且与轨道平面的法线平行。轨道坐标系在空间是旋转的，通常 X_O，Y_O，Z_O 轴为滚动轴、俯仰轴和偏航轴，ω_0 是沿轨道平面负法线方向的轨道角速度。

本文选定参考坐标系为轨道坐标系，即确定卫星本体坐标系相对于轨道坐标系的姿态角。由于陀螺和星敏感器测量均为本体系相对于惯性系的姿态数据，因此首先进行惯性姿态估计，然后根据轨道数据计算本体系相对于轨道系的姿态。

2.1　卫星运动学方程

描述卫星本体系相对于惯性系的姿态四元数定义如下：

$$\bar{q} = \begin{bmatrix} q^T & q_4 \end{bmatrix}^T$$

$$q = \begin{bmatrix} q_1 & q_2 & q_3 \end{bmatrix}^T$$

四元数具有正交性约束条件

$$q_1^2 + q_2^2 + q_3^2 + q_4^2 = 1$$

由四元素表征的运动学微分方程为

$$\begin{bmatrix} \dot{q}_1 \\ \dot{q}_2 \\ \dot{q}_3 \\ \dot{q}_4 \end{bmatrix} = \frac{1}{2} \begin{bmatrix} 0 & \omega_z & -\omega_y & \omega_x \\ -\omega_z & 0 & \omega_x & \omega_y \\ \omega_y & -\omega_x & 0 & \omega_z \\ -\omega_x & -\omega_y & -\omega_z & 0 \end{bmatrix} \begin{bmatrix} q_1 \\ q_2 \\ q_3 \\ q_4 \end{bmatrix} \tag{1}$$

可简写为

$$\dot{\overline{q}} = \frac{1}{2} \Omega(\omega) \overline{q} = \frac{1}{2} E(\overline{q}) \omega \tag{2}$$

利用反对称矩阵定义，式中

$$\Omega(\omega) = \begin{bmatrix} -[\omega \times] & \omega \\ -\omega^T & 0 \end{bmatrix} \tag{3}$$

$$E(\overline{q}) = \begin{bmatrix} q_4 E_3 + [q \times] \\ -q^T \end{bmatrix} \tag{4}$$

2.2 陀螺与星敏感器的测量模型

2.2.1 陀螺的测量原理

陀螺固连于星体且输入轴分别沿星体坐标系的三个轴，陀螺可以直接敏感卫星的转动角速度。陀螺的测速模型可列为

$$\omega_g = \omega + b + n_g \tag{5}$$

式中，ω_g 为陀螺的测量输出，ω 为沿陀螺输入轴的姿态角速度，b 为陀螺的常值漂移，n_g 为陀螺的白噪声。

2.2.2 星敏感器的测量原理

星敏感器光轴单位矢量 Z_S 在惯性系的表示记为 Z_I，星敏感器数据处理器对星象数据进行处理后获得 Z_I 的测量值，记为 Z_{I_m}，光轴矢量的测量模型为

$$Z_{I\_m} = Z_I + \Delta Z_I \tag{6}$$

假设 $E\{\Delta Z_I\} = 0$

$$E\{\Delta Z_I \Delta Z_I^T\} = \sigma_{SZ}^2 \{I - Z_I Z_I^T\}$$

若设星敏感器坐标系与星体坐标系重合，则星敏感器的测量原理也可描述为

$$U_B = A(\overline{q}) U_I \tag{7}$$

式中，U_I 是定义在惯性系中相对于某个恒星天体的参考矢量，U_B 是相应的定义在本体系中的观测矢量，$A(\overline{q})$ 是本体系相对于惯性系的姿态矩阵。

2.3 系统滤波方程的建立

2.3.1 状态方程

把四元数应用于滤波器中存在着困难，即四元数模为 1 的正交约束会造成误差协方差阵的奇异性，因此必须考虑降阶处理，一般采用四元数误差的增量表示法，自然使四元数降阶。定义增量误差四元素 $\delta \overline{q} = \hat{\overline{q}}^{-1} \otimes \overline{q}$，对上式进行微分，利用四元数微分方程可得到

$$\delta \dot{\bar{q}} = \frac{1}{2}\delta \bar{q} \otimes \bar{\omega} - \frac{1}{2}\hat{\bar{\omega}} \otimes \delta \bar{q} \tag{8}$$

且 $\hat{\omega} = \omega_g - \hat{b}$，令

$\delta\omega = \omega - \hat{\omega} = -\Delta b - n_g$，代入式(8)得

$$\delta \dot{\bar{q}} = \frac{1}{2}\delta \bar{q} \otimes \hat{\bar{\omega}} - \frac{1}{2}\hat{\bar{\omega}} \otimes \delta q + \frac{1}{2}\delta q \otimes \delta \bar{\omega} \tag{9}$$

选取 $[\delta q \quad \Delta b]^T$ 作为状态量，整理上式，忽略二阶小量，得到状态方程：

$$\begin{bmatrix} \delta \dot{q} \\ \Delta \dot{b} \end{bmatrix} = \begin{bmatrix} -[\omega^\times] & -\frac{1}{2}I_{3*3} \\ 0 & 0 \end{bmatrix}\begin{bmatrix} \delta q \\ \Delta b \end{bmatrix} + \begin{bmatrix} -\frac{1}{2}I_{3*3} & 0 \\ 0 & I_{3*3} \end{bmatrix}\begin{bmatrix} n_g \\ n_b \end{bmatrix} \tag{10}$$

2.3.2 观测方程

利用两个星敏感器的光轴测量时，滤波器观测量取为

星敏感器 A：

$$m_1 \equiv Y_{ab}^T A(\hat{\bar{q}})Z_{I\_m,A} = -2X_{ab}^T \delta q + n_1 \tag{11}$$

$$m_2 \equiv X_{ab}^T A(\hat{\bar{q}})Z_{I\_m,A} = 2Y_{ab}^T \delta q + n_2$$

星敏感器 B：

$$m_3 \equiv Y_{bb}^T A(\hat{\bar{q}})Z_{I\_m,B} = -2X_{bb}^T \delta q + n_3 \tag{12}$$

$$m_4 \equiv X_{bb}^T A(\hat{\bar{q}})Z_{I\_m,B} = 2Y_{bb}^T \delta q + n_4$$

其中 X_{ab}，Y_{ab} 为星敏感器 A 的 X_S，Y_S 在本体坐标系中的矢量表示，X_{bb}，Y_{bb} 类同。式中

$$\begin{bmatrix} n_1 \\ n_2 \end{bmatrix} = \begin{bmatrix} Y_{ab}^T A(\hat{\bar{q}})\Delta Z_{I,A} \\ X_{ab}^T A(\hat{\bar{q}})\Delta Z_{I,A} \end{bmatrix}$$

$$\begin{bmatrix} n_3 \\ n_4 \end{bmatrix} = \begin{bmatrix} Y_{bb}^T A(\hat{\bar{q}})\Delta Z_{I,B} \\ X_{bb}^T A(\hat{\bar{q}})\Delta Z_{I,B} \end{bmatrix}$$

星敏感器的输出是其光轴在惯性坐标系中的坐标 $Z_{I\_m,A}$，$Z_{I\_m,B}$，得到星敏感器的观测方程：

$$\begin{bmatrix} m_1 \\ m_2 \\ m_3 \\ m_4 \end{bmatrix} = \begin{bmatrix} -2X_{ab}^T & 0 \\ 2Y_{ab}^T & 0 \\ -2X_{bb}^T & 0 \\ 2Y_{bb}^T & 0 \end{bmatrix}\begin{bmatrix} \delta q \\ \Delta b \end{bmatrix} + \begin{bmatrix} n_1 \\ n_2 \\ n_3 \\ n_4 \end{bmatrix} \tag{13}$$

3 三轴稳定卫星姿态确定算法

3.1 自适应滤波算法

将式(10)(13)的状态方程和观测方程离散化并简写为如下形式

$$\begin{cases} X_k = \Phi_{k,k-1}X_{k-1} + \Gamma_{k-1}W_{k-1} \\ Z_k = H_k X_k + V_k \end{cases} \tag{14}$$

其中，状态向量 $X_k = \begin{bmatrix} \delta q & \Delta b \end{bmatrix}^T$，

状态转移矩阵

$$\Phi_{k,k-1} = \begin{bmatrix} 1 & \hat{\omega}_z T & -\hat{\omega}_y T & -0.5T & 0 & 0 \\ -\hat{\omega}_z T & 1 & \hat{\omega}_x T & 0 & -0.5T & 0 \\ \hat{\omega}_y T & -\hat{\omega}_x T & 1 & 0 & 0 & -0.5T \\ 0 & 0 & 0 & 1 & 0 & 0 \\ 0 & 0 & 0 & 0 & 1 & 0 \\ 0 & 0 & 0 & 0 & 0 & 1 \end{bmatrix}$$ （T 为采样时间），

量测向量 $Z_k = \begin{bmatrix} m_1 & m_2 & m_3 & m_4 \end{bmatrix}^T$，

量测矩阵 $H_k = \begin{bmatrix} -2X_{ab}^T & 0 & 0 & 0 \\ 2Y_{ab}^T & 0 & 0 & 0 \\ -2X_{bb}^T & 0 & 0 & 0 \\ 2Y_{bb}^T & 0 & 0 & 0 \end{bmatrix}$，

系统噪声矩阵

$$\Gamma_{k-1} = \begin{bmatrix} -0.5T & -0.5\hat{\omega}_z T^2 & 0.5\hat{\omega}_y T^2 & -0.5T^2 & 0 & 0 \\ 0.5\hat{\omega}_z T^2 & -0.5T & -0.5\hat{\omega}_x T^2 & 0 & -0.5T^2 & 0 \\ -0.5\hat{\omega}_y T^2 & 0.5\hat{\omega}_x T^2 & -0.5T & 0 & 0 & -0.5T^2 \\ 0 & 0 & 0 & T & 0 & 0 \\ 0 & 0 & 0 & 0 & T & 0 \\ 0 & 0 & 0 & 0 & 0 & T \end{bmatrix}$$

系统噪声向量

$$W_{k-1} = \begin{bmatrix} n_{g1} & n_{g2} & n_{g3} & n_{b1} & n_{b2} & n_{b3} \end{bmatrix}^T,$$

量测噪声向量 $V_k = \begin{bmatrix} n_1 & n_2 & n_3 & n_4 \end{bmatrix}^T$。

应用自适应滤波算法的姿态确定过程包括三部分：

其一，基于陀螺基准单元的测量数据，进行卫星姿态的四元素预估，其离散传播方程为：

$$q_k = \left\{ \cos\left(\frac{|\Delta \hat{g}|}{2}\right) I_{4\times4} + \frac{1}{|\Delta \hat{g}|} \sin\left(\frac{|\Delta \hat{g}|}{2}\right) \Omega(\Delta \hat{g}) \right\} q_{k-1} \tag{15}$$

式中，$\Omega(\Delta \hat{g})$ 的定义同式(3)，角度增量 $\Delta \hat{g} = \omega \cdot T$，且 $|\Delta \hat{g}| = \sqrt{\Delta \hat{g}_x^2 + \Delta \hat{g}_y^2 + \Delta \hat{g}_z^2}$，

其中：当 $|\Delta \hat{g}| < 0.005$ 时，$\frac{1}{|\Delta \hat{g}|} \sin\left(\frac{|\Delta \hat{g}|}{2}\right)$ 用 0.5 替代。

其二，利用星敏感器的测量数据进行自适应滤波，得到的状态量为姿态四元素矢量部分及三轴陀螺漂移的增量。

根据(10)(13)的状态方程和观测方程，采用如下的自适应滤波算法[5, 6]：

给定初值：$\hat{X}_0,\ \hat{P}_0\ Q, R$

$$P_{k+1/k} = \Phi_{k+1,k} P_{k/k} \Phi_{k+1,k}^T + \Gamma_k \hat{Q}_k \Gamma_k^T$$

$$K_{k+1} = P_{k+1/k} H_{k+1}^T \left[H_{k+1} P_{k+1/k} H_{k+1}^T + \hat{R}_k \right]^{-1}$$

$$P_{k+1} = (I - K_{k+1} H_{k+1}) P_{k+1/k}$$

$$\varepsilon_{k+1} = Z_{k+1} - H_{k+1} \hat{X}_{k+1/k}$$

$$\hat{X}_{k+1} = K_{k+1} \varepsilon_{k+1} \tag{16}$$

$$\hat{Q}_{k+1} = (1 - d_k)\hat{Q}_k + d_k \begin{bmatrix} K_{k+1} \varepsilon_{k+1} \varepsilon_{k+1}^T K_{k+1}^T + P_{k+1} \\ -\Phi_{k+1,k} P_k \Phi_{k+1,k}^T \end{bmatrix}$$

$$\hat{R}_{k+1} = (1 - d_k)\hat{R}_k + d_k \left[\varepsilon_{k+1} \varepsilon_{k+1}^T - H_{k+1} P_{k+1} H_{k+1}^T \right]$$

$d_k = \dfrac{1-b}{1-b^{k+1}}$；$b$ 是遗忘因子

自适应滤波算法在进行状态估计的同时，在线估计系统噪声和量测噪声方差矩阵 Q,R，且通过引入遗忘因子 b ($0<b<1$) 注重当前量测数据，对过去的量测信息予以遗忘。

其三，对自适应滤波估计出的姿态四元素进行修正，并修正陀螺漂移，修正方程为：

$$\hat{\hat{q}} = \hat{\hat{q}} + E\left(\hat{\hat{q}}\right) \cdot \delta\hat{q}$$

$$\hat{b} = \hat{b} + \Delta\hat{b} \tag{17}$$

3.2 预测滤波算法

3.2.1 状态方程测量方程推导

陀螺测量模型为 $\omega_g = \omega + d$，其中 ω 为角速度真实值，d 为由陀螺漂移误差造成的角速度模型误差。选用姿态四元数作为状态变量，由姿态运动学方程(2)得到状态估计方程

$$\dot{\hat{q}}(t) = \frac{1}{2}\Omega\left(\omega_g\right)\hat{q}(t) - \frac{1}{2}E\left[\hat{q}(t)\right]\hat{d}(t) \tag{18}$$

利用星敏感器测量原理方程(7)，选取两个不平行的参考矢量 u_{1I}，u_{2I}，则可建立测量方程

$$y_u(t_k) = \begin{bmatrix} A\left[q(t_k)\right]u_{1I} \\ A\left[q(t_k)\right]u_{2I} \end{bmatrix} = h\left[q(t_k)\right] + v(t_k) \tag{19}$$

其中 $v(t_k)$ 是均值为零的测量白噪声，且 $E\left\{v(t_k)v(t_j)^T\right\} = R\delta_{kj}$，

$y_u(t_k)$ 的估计模型为

$$\hat{y}_u(t_k) = h\left[\hat{q}(t_k)\right] \tag{20}$$

3.2.2 预测滤波器的求解[4, 9]

对(3.7)式中的输出估计向量进行泰勒级数展开，可得到

$$\hat{y}_u(t+\Delta t) \approx \hat{y}_u(t) + Z\left[\hat{q}(t), \Delta t\right] + \Lambda(\Delta t)S\left[\hat{q}(t)\right]\hat{d}(t) \tag{21}$$

$\Delta t = t_{k+1} - t_k$ 是采样周期，设采样速率是常值，则有 $y(t+\Delta t) = y(t_{k+1})$。$\Lambda(\Delta t)$ 是 6×6 维的对角阵

$$\Lambda(\Delta t) = \Delta t E_6 \tag{22}$$

$Z\left[\hat{q}(t), \Delta t\right]$ 的计算公式如下

$$Z\left[\hat{q}(t), \Delta t\right] = \Delta t L_f^1 \tag{23}$$

L_f^1 是由标量函数 $L_f^1\left[h_i(\hat{q})\right]$ ($i=1,2,\cdots;6$) 构成的 6×1 矩阵，$L_f^1\left[h_i(\hat{q})\right]$ 是 $h_i(\hat{q})$ 关于 $f(\hat{q})$ 的一阶李导数，

定义为

$$L_f^k\left[h_i\left(\hat{q}\right)\right]=h_i(\hat{q}) \qquad k=0$$

$$L_f^k\left[h_i\left(\hat{q}\right)\right]=\frac{\partial L_f^{k-1}\left[h_i\left(\hat{q}\right)\right]}{\partial\hat{q}}f(\hat{q}) \qquad k\geqslant1 \tag{24}$$

(21)式中的 $S\left[\hat{q}(t)\right]$ 是 6×3 维的矩阵，其元素计算如下

$$S_{ij}=L_{gj}\left[L_f^0(h_i)\right]=\frac{\partial L_f^0(h_i)}{\partial\hat{q}}g_j \qquad \begin{matrix}i=1,2,\cdots,6\\j=1,2,3\end{matrix} \tag{25}$$

式中的 g_j 为矩阵 $G\left[\hat{q}(t)\right]$ 中的第 j 列元素。

对于方程(18)(20)构成的非线性系统，定义指标函数

$$J\left[\hat{d}(t)\right]=\frac{1}{2}\left[y_u\left(t+\Delta t\right)-\hat{y}_u\left(t+\Delta t\right)\right]^T$$

$$R^{-1}\left[y_u\left(t+\Delta t\right)-\hat{y}_u\left(t+\Delta t\right)\right]+\frac{1}{2}\hat{d}^T\left(t\right)W\hat{d}(t) \tag{26}$$

式中 W 是 3×3 维的加权矩阵，则使 $J\left[\hat{d}(t)\right]$ 达到最小的角速度模型误差解为

$$\hat{d}(t)=-\left\{\left[\Lambda(\Delta t)S(\hat{q})\right]^T R^{-1}\Lambda(\Delta t)S(\hat{q})+W\right\}^{-1}$$

$$\left[\Lambda(\Delta t)S(\hat{q})\right]^T\times R^{-1}[Z(\hat{q},\Delta t)+\hat{y}_u(t)-y_u(t+\Delta t)] \tag{27}$$

如果 t 时刻的姿态估值 $\hat{q}(t)$ 已知，则利用 $t+\Delta t$ 时刻的观测量 $y_u(t+\Delta t)$，根据上式即可得到 $(t,t+\Delta t]$ 间隔内的 $\hat{d}(t)$，然后把 $\hat{d}(t)$ 代入(3.5)式，即可得到 $t+\Delta t$ 时刻的姿态估计值。

4 仿真研究

仿真选用静止轨道卫星，则轨道角速度为 $\omega=7.2722\times10^{-5}$ (rad/s)。陀螺的常值漂移取为 $5(°)/h$，测量噪声均方差取为 $0.01(°)/h$；星敏感器测量噪声的均方差取为 $2''$；采样步长为 $0.5s$。在自适应滤波器仿真中，遗忘因子取为 $b=0.9985$；在预测滤波器仿真中，选取参考矢量为 $u_{1I}=[1\quad0\quad0]$，$u_{2I}=[0\quad1\quad0]$。

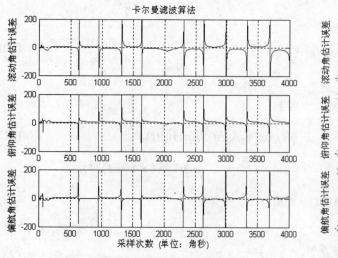

图 1 卡尔曼滤波算法姿态估计误差

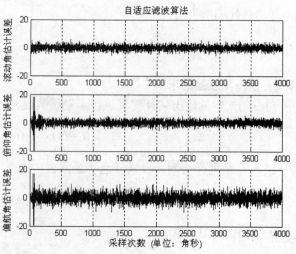

图 2 自适应滤波算法姿态估计误差

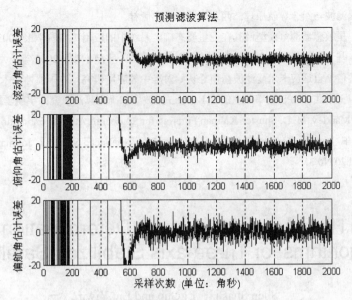

图 3　预测滤波算法姿态估计误差

表 1　三种滤波器姿态估计误差

三轴姿态估计误差（3σ）	卡尔曼滤波器	自适应滤波器（"）	预测滤波器（"）
	没有收敛	滚动 4.4642 俯仰 4.3613 偏航 7.5411	滚动 5.8849 俯仰 7.1034 偏航 11.199

　　卡尔曼滤波依赖于噪声统计特性的准确性，若在系统噪声和量测噪声方差矩阵中分别加入 10^{-14} rad/s 和 10^{-11} rad 的微小噪声，可以看出卡尔曼滤波算法的姿态估计没有收敛。而将使得卡尔曼滤波算法不收敛的噪声矩阵作为自适应滤波算法噪声方差阵的初值，通过在线调整噪声的方差矩阵，自适应滤波算法的姿态估计误差在一定范围内，得到了较高的精度。再看预测滤波算法，无需考虑系统噪声的统计特性，将其连同常值漂移一起看作模型误差在滤波中被估计，即使量测噪声统计特性不确定也不影响滤波效果，因为预测滤波器主要是利用模型误差项来逐步调整的。

5　结论

　　从不同滤波算法的计算过程和仿真结果可以看出：

　　(1) 卡尔曼滤波器需要知道被研究对象的数学模型和噪声统计的先验知识；采用不精确的数学模型和噪声统计特性设计卡尔曼滤波器可能导致较大的状态估计误差，甚至造成滤波发散。

　　(2) 自适应滤波器在当系统噪声方差阵 Q_k 和观测噪声方差阵 R_k 未知或近似已知时，利用观测数据带来的信息，由滤波本身不断地估计和修正噪声统计特性或滤波器增益阵，能够很好地消除由于噪声统计特性的不确定性对滤波性能的影响，并能获得较高精度的姿态确定数据。

　　(3) 预测滤波器可将系统噪声的统计特性以及未知的模型误差，都作为滤波器解的一部分得到它的估计值，系统噪声的统计特性无需事先知道，而且预测滤波器对模型误差的形式没有限制，甚至可以是非白噪声、非线性的模型误差。

　　综上所述，自适应滤波算法、预测滤波算法均可用作姿态确定算法，并能获得较高精度的姿态确定数据。

参 考 文 献

[1]　屠善澄等编著. 卫星姿态动力学与控制(2). 宇航出版社，1998 年 9 月.

[2] 秦永元等. 卡尔曼滤波与组合导航原理. 西北工业大学出版社.

[3] 刘一武，陈义庆. 星敏感器测量模型及其在卫星姿态确定系统中的应用. 宇航学报,2003 年 3 月.

[4] 林玉荣，邓正隆. 基于模型误差确定卫星姿态的预测滤波算法. 宇航学报，2001 年 1 月，第 1 期.

[5] 许明，刘建业，袁信. 自适应卡尔曼滤波在惯导初始对准中的应用研究. 中国惯性技术学报，1999 年，第 3 期.

[6] 罗建军，袁建平，王军武. GPS/速率陀螺组合 Kalman 滤波姿态确定算法研究. 宇航学报，2003 年 3 月，第 2 期.

[7] E. J. Lefferts, F. L. Markley, M. D. Shuster. Kalman Filtering for Spacecraft Attitude Estimation. Sept.-Oct. 1982.

[8] John L. Crassdis, F. Landis Markley. Predictive Filtering for Nonlinear Systems. Journal of Guidance, Control and Dynamics 1997 Vol.20 No.3.

Study on High-Accuracy Attitude Determination Filtering Algorithms for Three-axis Stabilized Satellite

Shen Shasha，Li Guo and Liu Yiwu

Beijing Institute of Control Engineering

P. O. Box 2729-20, Beijing, 100080，shendanchen@yahoo.com

Abstract   The application of Kalman filtering, Adaptive filtering and Predictive filtering in satellite attitude determination system are studied in this paper. The models of attitude determination using rate gyro/star sensor integrated system for three-axis stabilized satellite are established, and some simulation works of attitude determination using these filtering algorithms are also carried out in the paper. The simulation results indicate that the attitude estimation accuracy of Adaptive filtering and Predictive filtering are superior to that of Kalman filtering in the case of the noise statistic characteristic being uncertain.

Key words   Attitude determination; Filtering algorithms; Star senor; Gyro

从再入制导看可重复使用航天器总体布局

沈作军　杨志红

北京机电工程研究所

北京市 7203 信箱 110 分箱，邮编：100074，fangjiama@yahoo.com.cn

摘　要　提出了一个从再入飞行制导与控制的角度分析比较不同总体布局航天器的方法。通过定量分析和比较美国航天飞机、X-33、X-38 以及两种轨道空间飞机等不同总体构型的可重复使用航天器，从制导与控制的角度对不同总体构型的制导特点进行了研究。研究结果显示不同总体构型航天器在制导方案的灵活性、对模型误差及外界干扰的抗干扰能力等方面各有特点；这一分析方法将有助于我国未来可重复使用航天器的总体选型及设计。

关键词　可重复使用航天器；再入飞行；制导；控制

1　引言

可重复使用航天器（RLV）是未来天地往返运输系统的核心组成部分,其安全性和使用费效比等方面的指标要求是目前在役的美国航天飞机和俄罗斯联盟及步进飞船难以达到的。因此，研发下一代 RLV 成为当今世界航天学术和技术界的一个重要研究领域。其中一个要解决的首要问题便是下一代 RLV 究竟采用什么样的总体方案能够更好地满足人类未来航天活动的需求。从 20 世纪 90 年代中期美国 NASA 启动其下一代 RLV 的研发计划以来，已经经历了从最初的 X-33 到最近的轨道空间飞机 OSP（Orbital Space Plane）等若干方案，并且在每一个方案都投入了大量的研究经费和资源。一方面，下一代 RLV 的总体方案从根本上决定着其安全性和使用费效比等关键指标，另一方面，总体方案又与其支撑技术，如制导与控制、结构及热防护、以及任务规划等紧密相关，互为因果。本文基于作者近年来从事下一代 RLV 制导与控制技术研究的成果，试图从 RLV 再入飞行制导与控制的角度来探讨其与 RLV 总体方案的关系，从而为我国未来天地往返运输系统的设计提供一个实用有效的总体方案分析方法。

总体构型的差异体现在制导与控制方面为其外形气动升阻特性及飞控特性的不同，从而影响到其再入飞行制导方案的设计。例如，航天飞机类型的 RLV 具有接近常规飞机的大气内飞行能力，因而其再入飞行制导方案具有较大的灵活性，可以结合飞行任务设计出在载荷、热防护、和飞行品质等方面满足不同要求的制导方案，但涉及的气动及控制技术非常复杂。而具有较低升阻比的航天器的再入飞行轨迹接近于弹道，因而其制导方案以及涉及的结构及控制等方面相对简单、可靠性较高。

就再入飞行制导方案而言，不同气动外形/升阻比的航天器的飞行及控制能力不同，从而在两方面影响着再入飞行制导的最终结果：一是从给定的轨道再入点重返大气层并着陆的可到达的地域范围不同，二是对模型误差及外界干扰的抵制能力不同。显然，这两方面能力的不同在特定情况下将会决定航天器及其成员是否能安全返回地面。本文研究将建立于笔者此前在美国依阿华州立大学完成的研究成果及相应开发的计算及分析软件上，主要包括：再入飞行三维参考轨迹的快速生成方法、再入制导的跟踪控制方法、以及再入飞行的高保真飞行仿真软件，其中，航天器模型、大气数据误差和导航信息噪音及外界干扰因素等均可方便地置入该飞行仿真之中。

本文研究采用了五个总体布局各不相同的可重复使用航天器实例或模型，包括美国航天飞机、X-33、X-38 以及两种轨道空间飞机的模型。X-33 是美国 NASA 下一代 RLV 先进技术半尺寸演示验证机，采用升力体外形，质量约 40 t，高超声速下的升阻比约为 0.85；X-38 是 NASA 为空间站成员在紧急情况下返回地面而研发的一种人员运输机（CRV, Crew Return Vehicle），同样采用升力体外形，升阻比约为 1。如前所述，由于经费、方案及发展思路等方面的原因，X-33 和 X-38 项目都先后被取消，航天飞机也计划于 10 年内退役，但为 X-33、X-38 等计划研究的各种先进技术都被继承到 2002 年 11 月启动的轨道空间飞机项目中。轨道空间飞机计划采用助推火箭发射的方式入轨，而空间飞机本身具有一定的轨道机动能力，并能快速返回地面，且完全可重复使用。NASA 及其承包商采用开放式不预设偏好的方式对轨道空间飞机的总体方案，包括对从类似于航天飞机的方案到接近于联盟飞船的方案进行了广泛研究，目的在于取得航天器在安全性、使用性、技术复杂性及费用等方面的最佳组合。

2 再入飞行的数学模型与问题描述

可重复使用航天器再入飞行的开始高度一般定于约 122km（400000 英尺），取决于从地球轨道减速下降到再入飞行开始高度的过程，初速约为 7400~7600m/s。在这一高度和速度，地球自转对再入飞行过程的影响非常显著，因此如以下公式组所再示，再入飞行的质点数学模型一般建立于自转地球模型上。

$$\dot{r} = V \sin \gamma \tag{1}$$

$$\dot{\theta} = \frac{V \cos \gamma \sin \psi}{r \cos \phi} \tag{2}$$

$$\dot{\phi} = \frac{V \cos \gamma \cos \psi}{r} \tag{3}$$

$$\dot{V} = -D - \frac{\sin \gamma}{r^2} + \Omega^2 r \cos \phi (\sin \gamma \cos \phi - \cos \gamma \sin \phi \cos \psi) \tag{4}$$

$$\dot{\gamma} = \frac{1}{V} \left[L \cos \sigma + (V^2 - \frac{1}{r}) \frac{\cos \gamma}{r} + 2 \Omega V \cos \phi \sin \psi + \right.$$
$$\left. \Omega^2 r \cos \phi (\cos \gamma \cos \phi - \sin \gamma \sin \phi \cos \psi) \right] \tag{5}$$

$$\dot{\psi} = \frac{1}{V} \left[\frac{L \sin \sigma}{\cos \gamma} + \frac{V^2}{r} \cos \gamma \sin \psi \tan \phi - \right.$$
$$\left. 2 \Omega V (\tan \gamma \cos \psi \cos \phi - \sin \phi) + \frac{\Omega^2}{\cos \gamma} \sin \psi \sin \phi \cos \phi \right] \tag{6}$$

式中，r 为用地球半径 $R_0 = 6378$km 进行了无量纲化的从航天器质心到地心的距离，V 为用 $\sqrt{g_0 R_0}$ 进行了无量纲化的相对于地球的速度，$\sqrt{g_0 R_0}$ 为第一宇宙速度，其中 g_0 为重力加速度 9.81m/s^2。θ 和 ϕ 分别为弧度单位的经度和纬度坐标。γ 为速度矢量与水平面的夹角，ψ 为从指北方向顺时针计量的速度方向角，σ 为滚转角。Ω 为无量纲化的地球自转角速度。L 和 D 分别为作用于航天器上的用 g_0 做了无量纲化的升力加速度和阻力加速度，其表达式为

$$L = \frac{\rho g_0 R_0 V^2 S_{ref} C_L}{2m g_0} \quad 和 \quad D = \frac{\rho g_0 R_0 V^2 S_{ref} C_D}{2m g_0}$$

式中 ρ 为大气密度，S_{ref} 为参考面积，m 为质量。C_L 和 C_D 为升力系数和阻力系数，它们均为迎角 α 和马赫数的函数。

航天器在进行再入飞行时大都受到结构、热防护，以及飞行品质等方面的约束，这些约束简化后可表达为

$$\dot{Q} \leqslant \dot{Q}_{max} \tag{7}$$

$$|L \cos \alpha + D \sin \alpha| \leqslant n_{z_{max}} \tag{8}$$

$$q \leqslant q_{max} \tag{9}$$

$$L \cos \sigma + (V^2 - 1/r)/r \leqslant 0 \tag{10}$$

不等式（7）中 $\dot{Q}$ 为机体上某些特定关键位置单位面积上的加热效应功率值，一般采用经验公式 $\dot{Q}=k\sqrt{\rho}V^{3.15}$ 计算，其中 k 为一常数。不等式（8）代表了过载限制要求，不等式（9）则代表了对动压的限制。通过略去 $\dot{\gamma}$ 表达式（5）中的地球自转项，并假设 $\dot{\gamma}=0$ 及 $\gamma=0$，可以得到不等式（10），它代表了平衡滑翔条件（EGC）。满足 EGC 条件的轨迹具有高度随着速度的下降而平稳降低的良好特点。上述约束条件可转换到速度/高度坐标系中去，从而构成所谓的再入飞行走廊（Entry corridor）。除了满足上述约束条件外，对再入轨迹末端条件也有严格要求，包括末端速度、高度、和到给定目标点的距离及速度指向等，这些要求可表达为

$$r_f = r_{TAEM} , \quad V_f = V_{TAEM} , \quad S_f = S_{TAEM} \tag{11}$$

其中，TAEM（Terminal area energy management）代表再入飞行的末端要求，S_f 为飞行器到给定目标点（HAC，Heading alignment cone）的距离。另外，在此给定距离上要求速度指向 HAC 目标点。图 1 显示了再入飞行轨迹末端要求的几何关系。

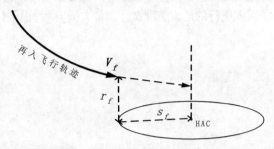

图 1　再入飞行轨迹末端条件

3　再入飞行制导任务与方法

再入飞行中制导系统的任务在于实时给出姿态指令 $[\alpha_{com} , \sigma_{com}]$，使航天器在满足（7）～（11）等轨迹约束条件的前提下飞到给定的再入飞行末端状态，即 TAEM 要求值。相应的航天器状态历程 $[r , \theta , \phi , V , \gamma , \psi , \alpha_{com} , \sigma_{com}]$ 构成了再入飞行的实际轨迹。因此，如何根据飞行器当前状况计算出 $[\alpha_{com} , \sigma_{com}]$ 构成了制导算法的核心内容。一个基本方法是先根据飞行器飞行动力学模型和再入飞行任务参数设计出一条满足各种约束条件和末端状态要求的纵向剖面或者三维参考轨迹。例如航天飞机再入制导采用先针对特定飞行任务设计好一条阻力加速度对能量的参考剖面，这一参考剖面满足再入限制条件和 TAEM 要求。在实际再入飞行中制导计算机通过非线性反馈控制的方法计算出跟踪这一参考阻力剖面所需的 $[\alpha_{com} , \sigma_{com}]$。

近年来，在 NASA 为研制下一代可重复使用航天器而开展的先进制导方法研究中，设计出包括全部六个状态变量的三维轨迹受到了研究人员的重视，在此基础上通过全状态跟踪控制或跟踪部分状态参考剖面来得到制导指令。在实际再入飞行中，由于存在模型误差、导航信息噪音及外界干扰等因素，必须通过有较强鲁棒性的控制方法跟踪此参考轨迹或剖面，从而引导飞行器完成再入飞行任务。

综上所述，再入飞行制导实际上包括两部分工作内容，即设计一条参考轨迹或飞行剖面，和设计一个能对模型误差、导航信息噪音及外界干扰等有较强抵抗能力的跟踪控制方法。从美国早期的可重返航天器如 Apollo 飞船和 Gemini 飞船，到当前的航天飞机，由于机载计算机和导航能力等方面的限制，以及制导和控制方法等方面的原因，大都采用跟踪纵向参考剖面的制导方法。近年来在下一代可重复使用航天器的制导与控制方法研究中，为了满足提高了一个数量级或更高的效能及安全性方面的要求，再入飞行制导的自动化成为一个热门研究领域，而再入制导自动化的核心在于能够根据飞行器的当前状况快速得出一条可行的再入飞行参考轨迹。具有这种能力的再入飞行器无疑在面临紧急情况时能更好地保证成员及飞行器安全返回地面。

4　不同总体布局下的再入制导特性比较

再入制导特性可从两个方面进行分析，即再入飞行的参考轨迹和对参考轨迹的跟踪控制。因此，首先就前述五个飞行器的再入飞行轨迹进行了研究。然后进一步就其中三个典型布局，包括航天飞机、X-33 和一个 OSP 模型，在存在模型及大气数据误差情况下的制导情况进行了研究，从而初步得出再入航天器总体构型与相应制导能力的关系。

4.1 再入飞行的可达区域比较

再入飞行的可达区域被称为所谓"脚印"（Footprint）区，如图3所示。Footprint 的得出一般采用最优控制的方法计算在不同给定航程情况下的最大可达到的横向距离，从而不同航程和相应最大横向距离形成了图中的 Footprint 包线。这一包线界定了从给定再入状态可以飞到的区域。然而由于 Footprint 的计算非常复杂，在航天器总体构型方案分析阶段可采用简化方法计算。通过对再入飞行器动力学模型的简化，文献[1]中给出了再入飞行的最大航程 S_{max} 和最大横向运动距离 S_c 的一阶近似估算表达式，如公式（12）和（13）所示。

$$S_{max} = \frac{R_0}{2} \frac{L}{D} \ln\left[\frac{1}{1-V_e^2}\right] \tag{12}$$

$$S_c = \frac{\pi^2}{48}\left(\frac{L}{D}\right)^2 \sin 2\sigma \tag{13}$$

式中 V_e 为再入初始速度。与实例的对比分析表明，在升阻比 L/D 较小时（比如低于1.1），上述近似估算具有较高的准确性。例如美国航天飞机在高超声段的升阻比约为1.1，通常再入初始速度约为7600m/s，据此估算 $S_{max} \approx 9000\,km$，这一结果符合航天飞机再入飞行约 8000 km 的实际情况。

通过分析估算公式的物理本质，可以从中得到计算 Footprint 的近似方法。首先注意到 S_c 的大小取决于滚转角 σ，当 σ 为45度角时，S_c 达到最大值。对于任何一个 σ 值，作用于飞行器上的升力在垂直平面内的投影为 $L\cos\sigma$。由于式（12）估算的是纵向平面内的航程，而此时投影于纵向平面内的"升"阻比为 $L\cos\sigma/D$，因此，在 S_c 是小量的情况下用 $L\cos\sigma/D$ 替代 L/D 并未违反此近似估算的物理本质。最后将替代后的式（12）与（13）合并，得到

$$S_{max} = \frac{R_0}{2} \frac{L\cos\sigma}{D} \ln\left[\frac{1}{1-V_e^2}\right] \tag{14}$$

结合式（13）和（14），对任一给定 σ 值我们都可估算得出相应的最大航程和最大横向距离。

我们选用五种不同布局的再入飞行器，包括航天飞机、X-33、X-38 以及两个 OSP 模型，来比较我国未来可重复使用航天器在再入飞行制导控制方面的可能特性。图2显示了航天飞机、X-33、X-38 以及两个 OSP 模型在典型再入飞行情况下的升阻比特性。由于再入飞行中速度较高阶段，比如马赫数 10 以上所完成的航程占了总航程的绝大部分，而且马赫数 10 以上的升阻比通常变化小，因此为简单起见，我们取用图2中升阻比曲线在马赫数 10 以上部分的均值来算 Footprint。另一方面，假设均从轨道倾角为 42.4° 的近地轨道以 $V_e = 7600$ m/s 的再入速度对准我国内蒙古红格尔着陆场做再入飞行。为便于比较，再入起点位置均采用位于印度洋的同一个经纬度坐标。表1显示了各型飞行器再入飞行的最大航程和最大横向距离。

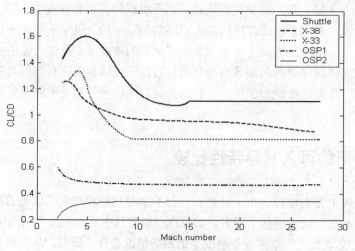

图2　五种不同布局再入航天器的典型升阻比

表 1 各型飞行器再入飞行的最大航程和最大横向距离

	Shuttle	X-38	X-33	OSP1	OSP2
最大航程(km)	9001	7774	6792	3846	2864
最大横向距离(km)	1585	1182	902	289	160

图 3 显示了各型飞行器所对应的 Footprint。其中，航天飞机的再入飞行可达区域几乎可覆盖中国全境及蒙古和西伯利亚一带；X-38 的飞行能力稍弱，

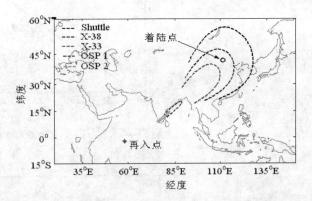

但也可涵盖中国西北方及西南地区；X-33 的飞行能力进一步减弱，从相同的再入点已不能飞抵红格尔着陆场，因此必须推迟轨道返回；两种 OSP 的再入飞行则呈现一定的弹道特点，表现为航程较短且没有太多的横向运动能力。图中显示的 OSP1 飞行器仍然采用如 X-33 之类的升力体构型，但升阻比较低，约为 0.5，再入飞行时的配平迎角已经很大，介于 50°~60°；OSP1 飞行器则采用类似于 Apollo 飞船的构型，飞行迎角约为 155°。从图中可以看到采用 OSP2 方案则再入点的可行范围较小，否则将不能着陆于目标点。这对航天器的轨道机动点火时机和精度提出了较高要求。

图 3 不同构型航天器的的再入飞行可达区域比较

4.2 对再入飞行中不确定因素的抗干扰能力

由于设计再入飞行参考轨迹采用的是标准大气模型及航天器的空气动力学理论模型，而实际飞行中这两者一定会有所误差，况且还存在着导航信息噪音、环境干扰、飞行控制执行机构响应偏差等许多不确定因素，因此，实际的飞行轨迹一定同参考轨迹有所差异，而制导控制的任务正是通过控制方法将这些不确定性对再入飞行末端精度的影响降到最小。以 X-33 从轨道倾角为 51.6°的国际空间站再入返回美国肯尼迪宇航中心为例，假设由于 X-33 模型及大气误差，甚至包括质量误差而使得其在任何给定飞行状态下作用于飞行器上的升力加速度为理论值的 90%，而阻力加速度则为理论值的 110%，对制导系统而言，它并不知道这种偏差。在这种情况下制导系统给出的指令值明显不同于参考轨迹上相应的参考迎角和滚转角。

图 4 显示了相应的高度-速度变化曲线，很明显，到达 TAEM 状态时的高度比理想值低了约 2000m。由于实际升阻比的下降，制导指令力图使飞行器以较为水平的姿态飞行以维持保持高度及保证航程所需的升力和阻力，这一点从图 5 和图 6 中得到了反映。图 7 和图 8 分别显示了相应的滚转角姿态指令和迎角姿态指令。由于配平飞行条件限制，X-33 实际飞行中的迎角一般不容许超出配平迎角±5°。图 8 显示出迎角的控制量已接近这一限制范围，这说明所设定的约 18%的升阻比误差已经快接近制导系统能包容的极限了，若继续增大这一误差，一旦制导系统给出的指令值超出了可容许的控制用量，将使再入飞行的末端精度迅速恶化。另一方面，图 8 显示滚转角仍然有一定的控制余地。

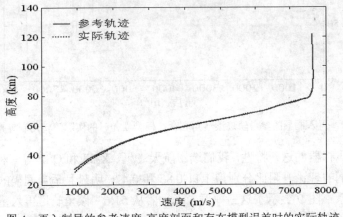

图 4 再入制导的参考速度-高度剖面和存在模型误差时的实际轨迹

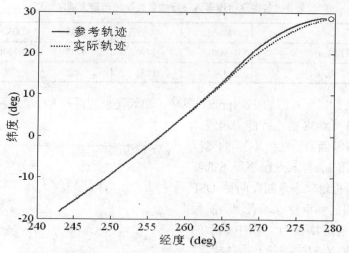

图5 再入制导的参考地面轨迹和存在模型误差时的实际轨迹

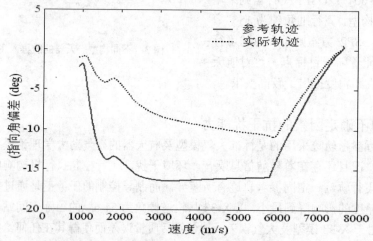

图6 再入制导的参考轨迹速度指向角偏差角和存在模型误差时的实际速度指向角偏差角

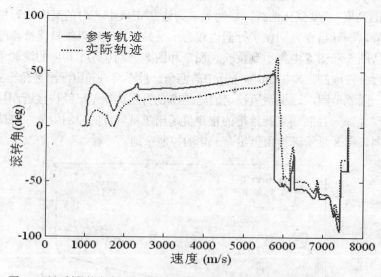

图7 再入制导的参考轨迹滚转角和存在模型误差时的实际滚转角制导指令

　　为了比较不同布局飞行器的这一特性，我们选用航天飞机、X-33 和 OSP 等三种飞行器进行分析。选用这三种飞行器是因为它们的理论升阻比分别为 1.1、0.85 和 0.47，明显且适当间隔的不同布局将使我们更容易辨别其中的规律性关系。图 9 显示了这三种再入飞行器从 51.6° 倾角轨道再入重返肯尼迪宇航中心的地面轨迹。

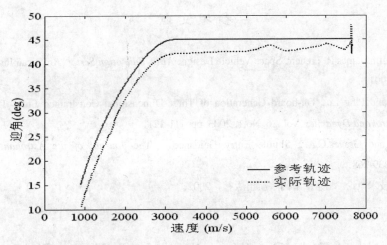

图 8　再入制导的参考轨迹迎角和存在模型误差时的实际迎角制导指令

　　首先，我们将三种飞行器的制导跟踪控制规律调校到各自在理想模型（实际飞行中没有不确定性）和小干扰状态下得到最好的制导效果。（有关内容请见文献[2]）然后逐步增大升力和阻力误差，对每一个情况都进行飞行仿真，记录下到达再入飞行末端速度值时的高度和距离偏差。图 10 显示了这一结果。按照 NASA 对再入飞行的末端精度容许范围要求，当末端高度偏差大于 3000m 或距离偏差大于 10km 时停止测试该飞行器在更大升阻比误差下的情况。图 10 清晰显示 OSP 模型的再入制导对升阻比误差的包容范围高达 35%，因为此时末端距离偏差才超过 10 km；X-33 的这一极限约为 23%，此时也是末端距离偏差超过 10km；航天飞机的这一极限约为 15%，因为此时末端高度偏差超过了 3km。这一结果表明航天器的再入制导对升阻比误差的包容性与其空气动力能力成反比。

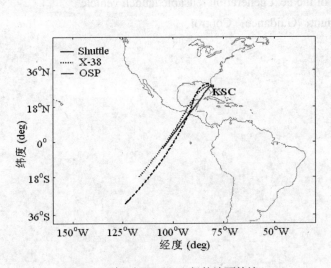

图 9　三种飞行器再入飞行的地面轨迹

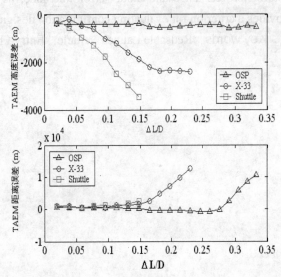

图 10　模型误差对三种飞行器再入制导末端精度的影响

5　结论

　　本文提出了一种从制导与控制的角度分析比较可重复使用航天器的总体布局的方法。研究结果定量显示：可重复使用航天器的总体布局与其再入飞行制导方案密切相关，具有较高升阻比的再入飞行器能够实现在较广泛区域内的重返着陆，但末端制导精度对模型及大气数据的准确性较为敏感；具有较低升阻比的再入飞行器对着陆区域以及从轨道返回的时机和精度要求严格，但对再入飞行中的不确定因素具有较强的包容性。

参 考 文 献

[1] Micheal D. Griffin, James R. French. Space Vehicle Design. *AIAA Education Series*, American Institute of Aeronautics and Astronautics, 1991.

[2] Zuojun Shen, and Ping Lu. On-board Generation of Three-Dimensional Constrained Entry Trajectories. *Journal of Guidance Control and Dynamics*, Vol. 26, No.1, 2003, pp. 111-121.

[3] Harpold.J.C., and Graves.C.A.. Shuttle Entry Guidance. The *Journal of the Astronautical Sciences*. Vol. 37. No.3,1979,pp.239-268.

[4] 褚桂柏. 航天技术概论. 北京；中国宇航出版社，2002.

Tradeoff Study of RLV Configurations from Entry Guidance Aspect

Shen Zhuojun and Yang Zhihong

Beijing Electromechanical Engineering Research Institute

P. O. Box 7203-110, Beijing, 100074，fangjiama@yahoo.com.cn

Abstract   A method for tradeoff study of reusable launch vehicles with different configurations is presented from the aspect of entry guidance and control design. Qualitative comparisons among the Space Shuttle, the X-33, the X-38, and two orbital space planes, reveal the characteristics of entry guidance performance of different configurations. The results demonstrate that vehicles with different configurations have different capabilities of disturbance resistance and model error tolerance, as well as flexibility of guidance design. This methodology provides a criterion for evaluating configuration design of the next generation reusable launch vehicle

Key words   Reusable Launch Vehicle；Entry Flight；Guidance；Control

航天器先进再入制导技术研究综述

沈作军

北京机电工程研究所

北京市 7203 信箱 110 分箱，邮编：100074，fangjiama@yahoo.com.cn

摘要 再入制导技术是研制可重复使用航天器的关键技术。以载人飞船和航天飞机再入制导技术为代表的传统技术方法不能满足下一代可重复使用航天器的要求。本文分析了传统再入制导技术的现状和问题，综述了美国在先进再入制导技术方面的研究方法和进展，提出了先进再入制导技术的未来发展和应用方向。

关键词 可重复使用；航天器；再入；制导

1 引言

半个世纪以来，航天技术经历了突飞猛进的发展，其中，再入航天器的相关技术经历了从早期的返回式卫星，到载人飞船和航天飞机，进而到新一代可重复使用航天运载器（RLV，Reusable Launch Vehicle）的发展过程[1]。

早期的载人飞船，如前苏联的东方、联盟载人飞船和美国的阿波罗载人飞船，以及中国的神舟飞船，采用无升力或低升阻比的外形，再入轨迹是弹道式或接近于弹道式的。通过使用烧蚀隔热结构、大型减速降落伞、反推火箭控制落地速度等手段来保证安全着陆。美国航天飞机轨道器则采用类似于大气层内有翼飞行器的气动布局，升阻比大于 1，其再入飞行具有极大的灵活性，通过姿态控制来调节气动力及其作用方向，从而调整再入飞行轨迹，一方面使飞行器承受的过载和气动热效应不超过限制条件，另一方面使飞行器精确到达末端能量机动（TAEM，Terminal Area Energy Management）的界面，即速度、高度、航向、及到着陆点距离均达到规定的范围，为最后的进场着陆做好准备[4,6]。升力式再入飞行使航天飞机轨道器能够像滑翔机那样水平着陆并可重复使用，在一定意义上代表着当今载人航天技术的最高水平和发展方向。

虽然航天飞机轨道器的再入制导技术非常成熟，并且简单、可靠，但基本上属于 20 世纪六七十年代的技术，无法回避高昂的地面技术支持成本和苛刻的发射及返回限制条件，以及当飞行中发生意外情况时在制导与控制方面缺乏灵活有效的应对措施。每次飞行任务前都要依据特定的飞行任务剖面、载荷、大气情况等因素，计算确定数以千计的制导与控制参数，设计、分析再入轨迹和制导方案。这一过程要耗费大量人力和时间，在设计思想和应用理念上同当今及未来可重复使用航天器的概念存在较大差距[3,5]。

新一代可重复使用航天器的标志性工作是 1996 年由美国洛克希德·马丁公司研制的 X-33 半尺寸 RLV 技术验证机。X-33 主要用于研究开发和演示验证下一代 RLV 的关键技术，除了先进制导与控制技术之外，还包括升力体外形和复合结构及金属基热防护技术等。为使潜在的 RLV 先进制导与控制技术得到充分研究和验证，NASA 马歇尔航天中心于 1999 年专门启动了先进制导与控制技术研究项目（Advanced Guidance and Control Project），再入制导与控制技术是这一项目的主要内容。在这一领域的开拓性研究工作通过 2001 年初启动的航天发射倡议（Space Launch Initiative）计划得到了继续和加强。通过这一系列的工作，一方面使可重复使用航天器的再入飞行制导与控制技术得到了极大提高，具备了航天飞机现有制导体制缺乏的多种能力，展现了在降低风险、控制研制和使用成本方面的巨大潜力；另一方面使再入动力学这一学科及制导与控制技术的研究领域得到了极大扩展。本文主要针对美国在这一领域近年来的研究情况进行论述，为发展我国的未来航天技术提供参考。

2 再入制导问题及发展方向

一般而言，航天器脱离运行轨道重返地面的过程包括调姿、减速、再入大气层，以及着陆等几个主要阶段，其中以再入大气层经历的飞行状态变化最大、环境最恶劣，对飞行器的热防护、载荷限制、制导与控制等方面的要求最苛刻，因而成为制约再入航天器发展的关键技术因素。

航天飞机轨道器再入制导技术是由阿波罗载人飞船的相关概念发展而来的[6]。再入飞行一般可划分为三个阶段，第一阶段从进入具有明显空气动力作用的大气层开始，一般为 120 km 高度处（文献[2]中则定义当空气动力的大小超过飞行器所受重力的 1%时为再入起点），滑翔减速下降到稠密大气层，达到高度约 25 km、速度 2.5 马赫左右的 TEAM 界面；第二阶段从 TAEM 界面开始，进一步减速下滑到速度 0.9 马赫，高度 1500 m 左右，并对准着陆跑道。为保证安全着陆，对这一高度和速度，或能量状态的精度要求较严，必须通过 S 形的滚转机动飞行来控制能量，因而被称为"末端能量机动"；第三阶段为进场着陆，以轨道器接地为结束标志。

由于第二阶段末端能量机动和第三阶段进场着陆的飞行过程类似于飞机的滑翔飞行，相应的制导与控制技术比较成熟。而第一阶段的再入飞行则复杂得多，从航天轨道飞行过渡到大气内飞行，涉及包括剧烈的气动加热现象在内的一系列严酷飞行条件，对制导与控制技术提出了极高的要求，因而，再入制导与控制技术的重点在于第一阶段的飞行过程。

航天飞机轨道器再入飞行时，根据预先设计的阻力加速度对飞行速度或能量的参考剖面，通过对滚转角的控制来跟踪此阻力加速度，攻角则按预先设定的对马赫数的变化规律进行控制，以满足配平飞行条件和热防护要求。这一制导方法保证轨道器在再入飞行中经受的气动热、过载和动压等指标不超过限制要求，并且末端速度和到着陆点的距离符合 TAEM 要求。对航向的要求通过滚转角的反向来实现，以保证到达TAEM 界面时，速度指向目标点。

航天飞机的这一制导与控制技术体系保证了在其数十年的运行历史中没有发生由于制导与控制方面的问题而引起的重大事故。然而做到这一点所付出的代价是极高的地面技术支持成本和苛刻的发射及返回限制条件，以及在飞行中发生意外情况时在制导与控制方面缺乏灵活有效的应对措施。每当飞行任务和有效载荷等因素发生变化，地面技术支持人员就要花费大量时间来重新设计、分析轨迹和制导方案。更重要的是，飞行任务前设计制导方案时不可能穷尽所有可能发生的紧急情况，例如，航天飞机上升段主发动机故障后的紧急制导方案就取决于故障发生在三个主发动机中的哪一个和发生在什么时间。显然，飞行前预先制定的制导与控制方案难以将所有类似的紧急情况编入程序中。

为了保证当上升段出现危及安全的故障时能安全返回地面，航天飞机针对可能发生的各种故障模式，并根据故障发生时航天飞机达到的能量状态，设计了若干紧急终止任务的应急制导与控制方案，如图 1 所示，包括：返回发射点紧急着陆(RTLS, return-to-launch-site)、越洋紧急着陆(TAL, transoceanic-abort-landing)、绕地球一圈紧急返回(AOA, abort-once-around)、取消任务紧急入轨(ATO, abort-to-orbit)等方案。在上升段的飞行过程中，地面计算机实时监控飞行过程，计算分析如果现在时刻发生故障，终止飞行任务并安全返回的可能性及适用的制导与控制方案。一旦转入取消任务紧急返回的制导模式，再入制导技术又成为决定能否安全返回地面的主要关键技术。

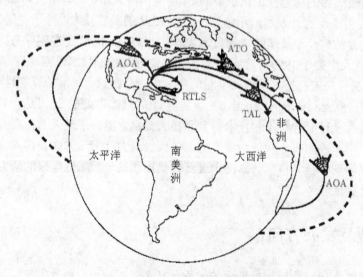

图 1　RLV 上升段的几种紧急制导模式[11]

如上所述，由于再入飞行是 RLV 任务剖面中最复杂、风险最大、相关费用成本最高的一部分，涉及的再入制导技术不仅直接关系到运载器及其乘员的安全，再入制导方案本身的复杂性和对不确定因素的自适应能力也在一定程度上决定了 RLV 的研制周期、费用和运行成本等。下一代 RLV 在安全性和运行成本等方面的要求比以往运载器有了量级的提高，因此，研究开发升力式再入航天器先进制导技术成为过去十年来的热点研究内容。

先进再入制导技术的价值主要体现在两方面：一方面，当出现哪些预料之外的严重偏离正常飞行状态的情况，以及当飞行器发生故障时，先进制导技术能根据实际情况对制导方案进行自动调整；另一方面，对降低研制和技术支持费用的潜力主要体现在无须针对不同的飞行任务，甚至无须针对不同的飞行器，投入大量工作来重新设计和调试制导方案。例如，根据文献[8]的研究，当一个升降副翼（Elevon）在再入飞行中发生故障，无法保持根据配平飞行条件及其他方面要求事先确定的攻角参考剖面，而反作用力控制系统由于控制力不足及喷射介质有限而无法补偿失效的气动舵面的情况下，传统的再入制导技术将无能为力，而先进制导方法则可通过飞行器健康监测系统，根据飞行器实际存有的飞行控制能力，如前述反作用力控制系统，设计一条新的角度较小的攻角参考剖面，进而基于这一新的攻角剖面重新生成再入轨迹，引导航天器安全返回地面。

因此，先进再入制导技术的主要判断标准体现在两个方面，即能否在安全性和直接及间接费用成本方面比传统技术有本质提高。NASA 的有关研究工作也围绕着这两方面来进行。

3 NASA 相关研究情况及进展

3.1 X-33 和 AGCP

美国 NASA 为新一代 RLV 明确了 10 大关键技术，如图 2 所示[11]。其中先进制导与控制技术同飞行力学一起被列为一大关键技术，计划通过从理论基础到 X-33 飞行试验的全过程来进行开发和验证。为使潜在的 RLV 先进制导与控制技术得到充分研究和验证，NASA 马歇尔航天中心通过 AGCP 项目，对从发射上升、入轨、到再入、着陆等全部飞行过程的制导与控制技术进行研究开发，其中再入制导与控制技术是这一项目的主要内容。

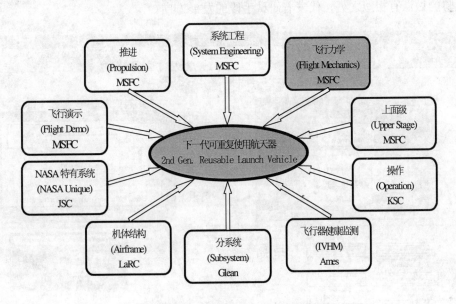

图 2 新一代 RLV 的主要关键技术

图 3 描绘了 AGCP 的系统研究框架及先进制导与控制技术的内在逻辑关系[5]。其中飞行指令决策系统起到大脑的作用，但其自主决策的基础却在于若干基础性的功能模块，包括制导轨迹生成、闭环制导逻辑、姿态控制及控制分配算法等。制导轨迹生成是制导技术的基础和核心。很难想象一个必须依靠地面人员的实时参与才能得到制导轨迹的系统会有多大的自适应性。因此，AGCP 的重点是从理论到试验验证的层次上解决若干基础性的问题，如机载制导轨迹生成、实时优化控制分配、自主决策逻辑等。

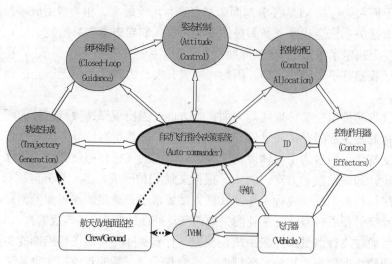

图 3 先进制导与控制技术逻辑

为给这些方面的研究提供调试和检验平台，NASA 马歇尔中心专门开发了的用于 RLV 飞行 GNC 技术开发的大型高保真模拟软件平台 MAVERIC（Marshall Aerospace Vehicle Representation In C），包涵数十万条 C 程序，对包括燃料晃动、结构变形、大气环境扰动、伺服控制系统动态响应等各方面因素进行了全面模拟，模拟平台采用的数据大都来自于硬件实验的结果，因此可以在最大程度上模拟真实飞行器情况。

3.2 GNC 技术集成开发运行系统 IDOS

为了在飞行演示验证前对 AGCP 的成果进行系统集成和广泛测试，NASA 专门通过航天发射倡议（Space Launch Initiative）研究计划和项目，开发了先进 GNC 技术的集成开发与运行系统 IDOS（Integrated Development and Operations System）。如图 4 所示，IDOS 系统在可视化软件运行和模拟环境的层次上为制导、导航与控制系统的集成提供了一个平台，实际上起到了将图 3 所示的先进 GNC 系统进行大型计算机模拟环境下的综合，在一定意义上替代了部分飞行试验的功能。这一研究手段同利用巨型计算机进行模拟以替代核爆炸试验的做法有相似之处，代表着研试手段的发展方向。

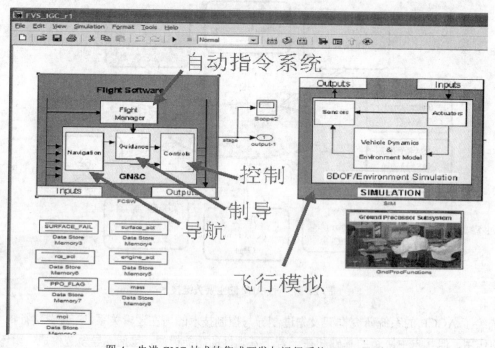

图 4 先进 GNC 技术的集成开发与运行系统 IDOS 界面

通过 IDOS 集成环境，可以将包括制导、控制分配等方面的各类方法方便地进行比较，完成三自由度或六自由度的飞行模拟，给出性能评价。

3.3 先进再入制导与控制技术的评估

针对 RLV 制导与控制的核心部分，即再入制导与控制技术，NASA 马歇尔航天中心通过 ITAGCT（Integration and Testing of Advanced Guidance and Control Technologies）项目，从 2000 年 9 月起以开放式竞争的方式在此研究领域组织了一系列测试与评比，对工业界及学术界提出的所有再入制导与控制系统的总体构想及算法进行测试与比较[3]。为保证测试的客观性，马歇尔中心以 MAVERIC 高保真模拟的 X33 为飞行器模型，设计了一套共计 28 组测试用再入飞行条件，如表 1 所示。

针对表 1 所示每一个再入飞行课目，记录下采用被试制导与控制方法引导 X33 进行再入飞行的各类性能，考核参数如表 2 所示。针对表 2 中每一个条目，以其对飞行安全、性能、及费用成本方面的贡献，设定一个分值，各条目得分按权重综合后，再以表 1 所示 28 个飞行课目累计，得分即为该制导控制方法得分。

表 1 ITAGCT 项目再入制导与控制技术测试课目[3]

测试编号	测试目的
Case1-4	测试正常再入中有极大扰动(dispersion)的情况
Case5-9	测试发动机失效及降落于后备着陆点的情况
Case10-12	测试发动机推力波动对重返再入的影响情况
Case13-21	测试扰动情况下不同的热防护要求和横向机动距离
Case22-25	测试控制面失效、机动能力下降的情况
Case26-28	测试飞行器模型偏差及不同飞行器气动模型的情况

表 2 先进再入制导与控制方法的测试评分因素

·空气舵面偏角	·滚转角
·动压	·舵机液压（电压）
·过载	·RCS 喷质量
·TAEM 高度偏差	·结构热负载
·TAEM 距离偏差	·结构蠕变量
·TAEM 航迹角偏差	·峰值气动加热率
·TAEM 指向角偏差	·…

按上述测试评估方法和流程，马歇尔航天中心对 5 种制导与控制方法[7,9,10,13,14]进行了评估，包括：

- 航天飞机传统制导与控制的改进方法（Baseline method）
- 线性二次规划方法（Linear quadratic regulator）
- 预测-校正数值方法（Numerical predictor-corrector method）
- 三维阻力对能量剖面方法（Drag-energy 3-dimensional method）
- 准平衡滑翔方法（Quasi-equilibrium glide method）

测试结果如表 3 所示。

表 3 先进再入制导与控制方法测试结果[3]

测试方法	得分
航天飞机传统制导与控制的改进方法（Baseline method）	8.4
线性二次规划方法（LQR）	83.5
预测-校正数值方法（predictor-corrector）	82.3
三维阻力对能量剖面方法（Drag-energy 3-D）	95.9
准平衡滑翔方法（Quasi-equilibrium）	95.7

航天飞机传统再入制导技术在所有课目的测试中，再入飞行成功率不到 5%，而先进制导控制技术则可保证 95% 以上的成功率，这意味着在 NASA 认为可能出现的极端再入情况下，传统方法保证人机安全返回的可能性不到 5%，而先进技术则可达到 95%，这无疑产生了本质区别。

4 先进再入制导与控制技术的应用前景

先进再入制导与控制技术的应用远远超出了从环绕地球的正常运行轨道返回地面这一范畴。其涉及范围可大致归纳为：

（1）亚轨道再入。在新一代 RLV 的研制过程中，通常要进行充分的再入飞行试验，试验的状态包括从中低空投放后滑翔进场着陆，到超音速飞行试验，进而到高马赫数高空亚轨道再入飞行试验，最终完成从环地球轨道的再入飞行试验。例如，在美国的 X-33 的亚轨道再入飞行试验计划中，包括两次试验，再入初始高度和速度分别为 55.4 km、8.5 马赫和 54.3 km、7.8 马赫[12]。显然，从这样的初始状态重返地面的制导和控制方法将不同于从环地球轨道重返的情况。

（2）上升段紧急重返。在 RLV 的发射上升阶段，当出现紧急状况而必须立即取消任务并返回地面时，由于不能提前预知紧急重返时的初始状态，对再入制导与控制系统提出了更高的要求。例如在前述航天飞机的几种上升段应急制导模式中，对跨大西洋着陆 TAL 和返回发射场 RTLS 两种紧急重返的模式，均需要根据发生故障时航天飞机的状态及故障的性质，由地面指挥中心或航天员选择执行某一预先设计好的制导方案。无疑，先进再入制导方法将能极大提高这类紧急情况下的安全返回能力[11]。

（3）空气动力机动弹道。具有空气动力机动能力的弹道导弹弹头能够在再入段进行机动飞行以提高精度和突防能力。美国潘兴 II 式导弹是这一类导弹的代表。在其再入飞行段，通过姿态控制，利用空气动力将弹道拉平并减速，进一步机动后，为末段精确导引提供必需的初始状态。弹道导弹机动弹头的制导问题同再入式航天器的相同之处在于，它们均主要依靠控制气动升力来实现对飞行距离和高度的控制，通过调节空气阻力来控制速度。

（4）一次性（expandable）再入航天器的任务规划。一次性再入航天器作为 RLV 的一个特例，即升阻比较小或接近于零升力，且不存在返回地面后再发射利用的可能，虽然其再入制导技术同升力式再入制导技术有一定差别，但在任务规划、再入状态确定和落点预测等方面仍然可以利用或借鉴先进再入制导技术的成果以降低相关工作成本，缩短研制周期。

5 结束语

以载人飞船和航天飞机再入制导技术为代表的传统技术在设计思想和应用理念上同当今及未来可重复使用航天器的概念存在较大差距。以美国 NASA 为代表的研究机构和人员近年来在先进再入制导与控制技术领域开展了大量的研究创新工作，一方面使可重复使用航天器的升力式再入飞行制导与控制技术得到了极大提高，具备了航天飞机现有制导体制缺乏的多种能力，展现了在降低风险、控制研制和使用成本方面的巨大潜力；另一方面使再入动力学这一学科及制导与控制技术的研究领域得到了极大扩展。本文通过分析传统再入制导技术的现状和不足，并结合美国在这一领域近年来的研究情况进行论述，为发展我国的未来航天技术提供了参考。

参 考 文 献

[1] 褚桂柏. 航天技术概论. 北京：中国宇航出版社，2002.

[2] J. W. 科尼利斯等著，杨炳尉，冯振幸译，火箭推进与航天动力学，1986 年 9 月.

[3] John M. Hanson, and Robert E. Jones. Test Results for Entry Guidance Methods for Space Vehicles. Journal of Guidance, Control, and Dynamics, Vol. 27, No.6. Nov.-Dec. 2004.

[4] Anon. Guidance and Navigation for Entry Vehicles. NASA SP-8015, Nov. 1968.

[5] Hanson, J. Advanced Guidance and Control Project for Reusable Launch Vehicles. Proceedings of Guidance, Navigation, and Control Conference, Denver, CO. Aug., 2000.

[6] Harpold, J. C., and Graves, C. A. Shuttle Entry Guidance. The Journal of the Astronautical Sciences, Vol. XXXVII, No.3, 1979, pp.239-268.

[7] Roenneke, A. J., Adaptive On-board Guidance for Entry Vehicles, Proceedings of the AIAA Guidance, Navigation, and Control Conference, Montreal, Canada, Aug. 2001.

[8] da costa, O., and Sachs, G.. Effects of Control Degradation on Flight Mission of Reentry Vehicle. AIAA 2002-4848, Aug. 2002

[9] Zuojun Shen, and Ping Lu. Dynamic Lateral Entry Guidance Logic. Journal of Guidance, Control, and Dynamics, Vol.

27,No.6.Nov.-Dec.2004.

[10]   Mease,K.D., Chen,D.T., Teufel,P., et al. Reduced-Order Entry Trajectory Planning for Acceleration Guidance. Journal of Guidance, Control, and Dynamics, Vol. 25,No.2.2002.

[11]   Hung-I Bruce Tsai. Optimal trajectory designs and systems engineering analyses of reusable launch vehicles. PH.D dissertation,2003, Iowa State University.

[12]   Zuojun Shen, and Ping Lu. On-board Entry Trajectory Planning Expanded to Sub-Orbital Flight. proceedings of AIAA Guidance, Navigation, and Control Conference and Exhibit, 2003, Journal of Acta Astronautica，2005.3.

[13]   Dukeman.G.A.. Profile Following Entry Guidance Using Linear Quadratic Regulator Theory. AIAA2002-4457,aug,2002.

[14]   Lu.P.. Regulation about Time-Varing Trajectories: Precision Entry Guidance Illustrated. Journal of Guidance, Control, and Dynamics, Vol. 22,No.6.1999.

An Overview of Advanced Entry Guidance Technology

Shen Zuojun

Beijing Electromechanical Engineering Research Institute

P. O. Box 7203-110, Beijing, 100074，fangjiama@yahoo.com.cn

Abstract   Entry guidance technology is crucial to reusable launch vehicles. Traditional entry guidance architectures and algorithms used on manned spacecrafts and the Shuttle can not meet the requirements presented by the next generation RLV. By summarizing the methodology and progress NASA has made in exploring advanced entry guidance technologies, the direction for the future development and applications of advanced entry guidance technologies are suggested.

Key words   Reusable; Space Vehicle; Entry; Guidance

星载嵌入式软件的柔性开发技术研究

石军　王海涛　武莹

中国空间技术研究院总体部

北京 5142 信箱 90 分箱，邮编：100094，shijun99@263.net

摘　要　为解决用户需求不断变化的问题，将柔性技术引入了软件工程领域。讨论了柔性的基本概念。给出了利用柔性技术开发星载嵌入式软件的方法。文中详细叙述了开发柔性星载嵌入式软件所必需的三项关键技术，即层次化技术、框架技术和可复用构件技术。介绍了开发柔性星载嵌入式软件的开发流程，叙述了该技术目前的发展，以及在实际应用中存在的问题。

关键词　星载数据管理系统；嵌入式软件；软件柔性；软件复用

1　前言

嵌入式计算机已经广泛地应用于在轨卫星的测控平台和应用平台。星上数据管理系统（OBDH）已经成为卫星测控及应用的关键部分。星上数据管理系统由软件和硬件组成。在系统中，软件和硬件有着同等的重要性，缺一不可。硬件是系统的基础，软件是系统的灵魂。硬件的生产研制一直为人们所重视，形成了一套科学的管理研制程序；相对而言，对软件的研究比较滞后。近年来，对星载计算机的处理能力的要求越来越高，越来越智能化、自动化和精确化，使软件的复杂程度和规模剧增，星上的软件开发面临着严峻的挑战。

星载嵌入式软件要实现对复杂系统的控制，因而规模比较庞大。参与卫星控制的敏感器件和执行机构多，任务复杂,其中包括:完成数据采集和处理、姿态确定、轨道计算；对卫星控制规律进行计算,形成控制指令信号;对各敏感器部件和执行机构进行故障检测,并进行故障隔离和重构;执行遥控数据和指令等。整体系统实时性要求高、软件在多任务并行处理中需要高可靠性、长时间处理大数据量中工作稳定性、有能力完成在轨维护、故障自诊断和排除等。传统的星载计算机系统软件系统通常专门设计星载操作系统和应用软件，而不使用商业化的操作系统和软件开发工具等资源。软件设计中重复开发的现象造成开发周期长、人力和财力浪费严重，无法适应现代星载软件的发展要求。长期以来，基于生命周期的软件开发技术本身的缺陷长期困扰着嵌入式软件开发人员，比如：整体开发周期长，模块化程度低，可复用性差，可移植性差，维护成本高等等。因此，缩短软件开发周期、降低开发和维护成本、提高软件质量是嵌入式软件开发人员的迫切要求，也是嵌入式软件适应当前星载软件飞速发展、应用领域急速扩大的要求。因此，本文提出了柔性的星载嵌入式系统软件开发技术以解决这个问题。柔性软件技术在大型通用软件中已经有比较成功的应用。但嵌入式软件与通用软件存在着较大差别，嵌入式软件的基本作用不是进行数据的转换，而是与物理硬件进行交互。它们运行在形形色色的物理硬件上，这也注定了把柔性软件技术运用到嵌入式软件中有其特定的特点。本文根据星载软件的特点给出了应用柔性技术开发星载嵌入式软件的方法。

2　柔性软件开发技术的基本概念

柔性嵌入式软件是指，在保持基本特征不变的条件下，在外界的作用、刺激和驱动下（例如：人工干预操作，硬件的小范围变化等）能保持平稳变化和协调运行性质的软件。这种性质主要从两方面来体现。

(1) 面对硬件环境的柔性：即当嵌入式系统的硬件环境在一定范围改变时，原有的软件系统不必由开发人员重新开发，而只需用户通过软件系统提供的人机对话模块重新选择新的硬件环境即可。如某嵌入式软件提供的人机对话模块如下：当嵌入式系统的处理器变化时，用户要做的就是在人机对话模块中选择新的处理器。

(2) 面对开发人员的柔性：即当开发一个新的嵌入式软件时，没有必要从头开始设计，进行大量的代码编写，而是充分利用已有的构件，框架通过调整，重新组织或加以修改即可组成新的软件系统。一般采用调整硬件抽象层，保留复用公共业务层，修改具体应用层来组成一个新的软件系统。

具有以上两方面柔性的嵌入式软件必须具有以下特性：

- 可配置性。系统本身各部分结构相对独立，可以依据实际需要方便地分拆、组合；
- 适应性。利用其柔性可以适合和满足嵌入式系统对软件新的要求。柔性是软件应对外部环境变化的一种方法；
- 平稳性。软件在柔性变化期间基本特性不变，基本功能不变，变化是协调的和有限的。

3 星载软件柔性开发的关键技术

3.1 结构的层次化技术

结构的层次化是指把组成系统的各成份，按一定的级别和规则进行分组，并按照"最大独立"原则将这些组排成若干层，以分层的形式来组织系统，并确定层内及层间的联系方式。要求每层向它的上层提供服务，同时向它的下层请求服务，并且层次之间只能单向依赖，即上层基于下层之上，上下层不能构成循环。

(1) 硬件抽象层：此层包含硬件驱动模块和硬件抽象模块。硬件抽象模块用于屏蔽不同的硬件特性，防止应用程序代码直接和硬件打交道，并且负责对目标系统的硬件平台进行操作和控制，它向下直接与硬件打交道，硬件驱动模块负责对硬件设备进行控制和管理，并完成数据设备的读写操作。一般说来只需对硬件抽象层进行适当的修改就可以把整个嵌入式软件移植到新的硬件平台上。

(2) 公共业务层：把业务域中绝大多数应用任务需要的公共功能（主要是处理应用程序执行顺序的调度，中间业务相互通信的服务和由于内部或外部事件引起的中断管理）抽象为公共的业务对象，封装业务域中绝大多数应用任务的公共数据。并且为具体业务层提供丰富的接口。具体业务层应用这些公共业务，就像主程序使用公共子函数一样方便。

(3) 具体业务层：一般包含两个模块，即人机对话模块和用户任务模块。在人机对话模块中，允许用户依据实际的硬件环境和用户的具体任务选择合适的软件系统配置；用户任务模块，即是用户依据所要求实现的具体任务去开发的软件包。

3.2 框架技术

软件的框架是对软件整体结构的刻画，着重解决软件系统自身的整体结构和构件间互联的问题。良好的框架是一个经过实践检验的成熟的软件整体结构，其方法、机制可以被该领域之中的绝大都数软件所复用。

成熟的框架应具有以下特征：

(1) 模块化，框架将多变的实现细节封装于固定的接口之中，提高了软件的模块性；

(2) 可复用性，框架提供的固定接口被定义类属组件，并可以用来制造新的应用程序；

(3) 扩展性，框架通过提供显式的"钩子方法"，允许应用程序来扩展其固定接口。

有了成熟的框架，软件开发人员只需集中精力于应用任务本身的特定细节。柔性嵌入式软件的框架应符合层次化结构的要求，从顶到底一般由主程序模块、服务子程序模块和应用子程序模块组成。这样的框架有利于增强系统的柔性。

在开发嵌入式软件中一般可通过三种方法来获得框架：嵌入式操作系统提供商；专业的框架开发人员和项目小组自己二次开发的框架。

3.3 可复用的构件技术

构件是指，应用系统中可以明确辨识的构成成份，是一个功能单位。可复用构件指具有相对独立功能，和有可复用价值的构件。这种构件必须具有：

(1) 可用性：构件必须易于理解和使用；

(2) 质量性：构件必须经过实践的检验，在变形仍然可以良好地运行；

(3) 适应性：构件应该易于通过参数化、接口化等方式在不同的应用环境中进行配置；

(4) 易检索性，构件应支持较好的检索效率，检索工作是使用软件构件的开始，它直接影响到后续构件的修改和系统集成。

研究嵌入式软件的本质可以发现，其中通常包含三种构件成分：通用基本构件，一般存在于公共业务层，通用于各种应用系统中（消息信箱模块，任务创建模块，优先级调度模块等）；领域共性构件，主要存在于硬件抽象层，一般针对外围硬件环境（键盘模块、多路复用模块、字符模块）；专业应用构件，这主要针对某一专业的特定问题而开发。目前嵌入式软件开发中的重复劳动主要在于前两类构件的重复开发。因此，构件复用的关键也集中在前两类。通过构件复用，在应用系统的开发中可以充分利用已有的开发成果，避免了分析、设计、编码、测试等许多重复性劳动，这样既提高了软件的开发效率，也避免了重新开发可能引入的错误，提高了开发质量。

由于嵌入式应用领域的不断扩大和新硬件的不断出现，因此新的构件也不断出现。目前嵌入式软件的构件主要来源于三方面：操作系统提供商或专业的嵌入式软件开发机构，提供通用基本构件；硬件提供商，提供领域共性构件；项目开发小组的积累，一般为专业应用构件。

4 星载软件的柔性开发流程

航天器系统功能日趋复杂，主要体现在有效载荷多，更大的数据吞吐量、更强的信息处理和存储能力、更强的自主飞行能力、姿态和轨道控制复杂，功耗大。这对星上信息处理和电源供电都提出了很高的要求。过去由独立的遥测分系统、遥控分系统分别实现航天器遥测遥控功能，由姿轨分系统计算机实现有限的航天器程控功能，基本上不具备航天器的闭环自主控制功能。

数据管理系统以整星管理为核心，负责完成航天器的在轨运行调度和综合信息处理，主要完成数据管理、姿态、轨道控制等多项任务。由于各个任务处理的信息量大，实时性要求高，采用传统的流水线顺序工作方式难以实现航天器的监控和管理。因此，选择合适的航天器数管系统软件开发技术在航天器设计和工程实现中有很重要的意义。

目前常用的星载数据系统有欧洲空间局有代表性的星载数据管理分系统(On-BOARD Data Handling, OBDH)和美国航天器使用的指令和数据管理分系统(Command & Data Handling, C&DH)。

其中指令和数据管理分系统的工作环境框图如图1所示。

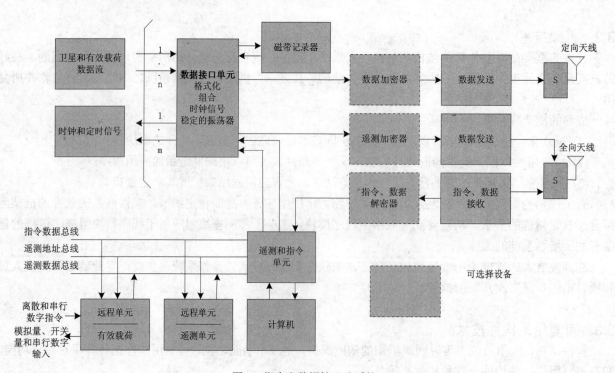

图1 指令和数据管理分系统

柔性嵌入式软件的开发流程与传统的基于生命周期的软件开发流程有较大差别。其将开发流程分为三大步：

- 软件构件和框架的生产；
- 系统柔度的分析和确定；
- 系统的动态集成和测试。

其中系统柔度的分析和确定决定着整个系统的开发、集成和测试。专业开发人员和厂商专注于构件和框架的开发，而应用者应关注集成系统的优化和性能测试。

基于以上分析，星载软件的体系结构如图2所示。使用柔性的星载软件开发技术可以达到以下几个目标：

(1) 有标准的软件体系结构，保证构件间通信协议统一，实现同步和异步操作控制，突破本地空间限制，充分利用网络环境。

(2) 构件有标准接口，保证系统可以分解成多个概念独立的单元，用构件组装而成。

(3) 构件独立于编程语言。

(4) 构件提供版本兼容，实现应用系统的开展和更新。

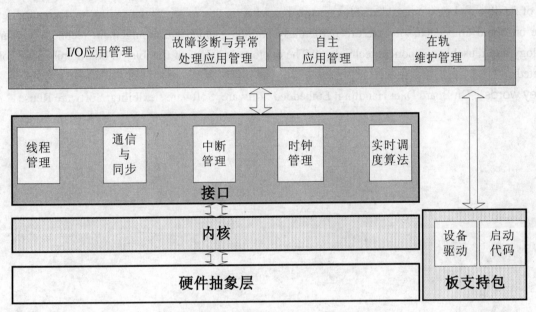

图2 星载软件的体系结构

5 结束语

随着嵌入式技术和软件技术的不断发展，柔性嵌入式软件的外延和内涵也不断发生变化。在实际工作中发现，只要具备以上三点（层次性、框架性、构件性）的嵌入式软件就具有一定的柔性，但这三点不是充分条件而是必要条件。柔性嵌入式软件具有很明显的优点，例如：很强的移植性，良好的可裁剪性，较强的抗应变能力，后期开发成本低，周期短。但必须考虑到开发的前期投资，设计和分析的工作量较大，周期比较长。但这一切，可被以后所体现的柔性所弥补。由于卫星星载计算机不可维修，因而通过软件柔性设计可以提高卫星运行的可靠性，保证飞行任务的顺利完成。依据柔性方法设计的软件可以比普通设计方法更有效地完成软件功能，有很重要的应用价值。软件的柔性可以增强软件设计的灵活性，并为软件运行中的修改留下余地，为嵌入式计算机系统的软件升级和修改提供有效的途径，特别是对于不可维修系统来讲，软件的柔性设计更为重要。

参 考 文 献

[1] 李庚，陈明等. 柔性嵌入式软件开发技术. 微机发展，Vol.15 No.2 Feb. 2005.

[2] 廖明宏，吴翔虎等. 小卫星软件共用平台设计. 计算机工程与设计。Dec.2001.

[3] 徐福祥主编. 卫星工程. 中国宇航出版社，2002.

[4] 褚桂柏，马世俊主编. 宇航技术概论. 航空工业出版社，2002.

[5] 申利民，穆运峰. 软件柔性的概念和度量. 计算机基础制造系统，Vol.10 No.10 Oct. 2004.

Research on Flexible on Board Embedded Software

Shi Jun   Wang Haitao and Wu Ying

Beijing Institute of Spacecraft System Engineering

P. O. Box 5142-90, Beijing, 100094，Shijun99@263.com

Abstract Flexibility was introduced into software engineering domain to solve the problem of changes of users' requirements. The definition of software flexibility and the relative concepts were discussed. A method of design of flexible on board embedded software was presented in this paper. Three key technologies for developing flexible on board embedded software are particularly narrated, which are arrangement technology, frameworks technology and reusable component technology. The exploitation flow of flexible on board embedded software is elaborated.

Key words   On Board Data Handling; Embedded Software; Software flexibility; Software Reuse

固体发动机柔性接头粘接试件粘接界面裂纹 *K* 因子计算与分析

史宏斌　沙宝林

中国航天科技集团第四研究院设计部，邮编：710025

Hongbinshi2003@ yahoo.com.cn

摘　要　柔性接头是固体火箭发动机柔性摆动喷管的关键部件之一，其结构的完整性与性能的优劣直接影响到整个发动机的技术水平，而表征柔性接头的界面粘结质量缺少完善的检验手段，工程上是用四重片试验件来检验。本文以固体发动机柔性接头的粘接性能试验的试件为模型，探讨应用裂纹面位移数据及MARC 软件来计算 *J* 积分和 *K* 因子。在剪切载荷下，对于这类双材料界面裂纹，计算了 I 型和 II 型裂纹复合的应力强度因子，包括应力强度因子的模和相位角。获得裂纹尖端以及整个粘接界面的应力参数。

关键词　柔性接头；粘接界面；粘接试件；柔性摆动喷管；裂纹；固体火箭发动机；应力强度因子

1　前言

1.1　工作原理及基本结构

柔性喷管在固体火箭发动机中不仅承担着推进剂燃烧产物的能量转换功能，又是火箭俯仰和偏航方向推力矢量控制的部件。柔性摆动喷管的核心部件是柔性接头，它把喷管的可动部分与固定部分连接起来，同时要实现可动部分与固定部分之间的密封，在喷管中起到了运动、密封、载荷传递和推力向量控制的重要作用。柔性接头主要由前、后法兰、弹性件和增强件组成，柔性接头结构示意图见图 1。

1.2　柔性接头粘接试验件界面性能表征试验

在柔性喷管的使用过程中，其失效形式有相当一部分表现为柔性接头粘结界面失效，致使喷管在摆动过程中漏气。由于柔性接头中存在多层橡胶/金属（复合材料）粘结界面，这一失效形式经过柔性接头的应力筛选检验时会漏检，因此对柔性接头的界面性能进行合理的表征和分析是十分必要的。然而，至今为止柔性接头的界面粘结质量仍缺少完善的检验手段。目前表征柔性接头粘结质量的可行措施是用四重片试验件来检验，试验件结构见图 2 所示。四重片试验件橡胶厚度为 4mm，刚性金属板的厚度为 5mm，宽度均为 20mm。四块橡胶长度均为 25mm，上下两块金属板的长度为 64mm，中间两块金属板的长度为 49mm，并在两端各开 ϕ 8.2mm 的销孔，为施力装置固定所用。试验以 50mm/min 的速度匀速拉伸。

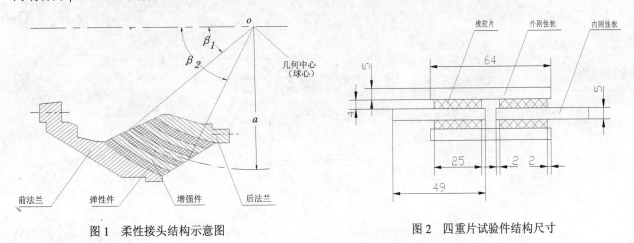

图 1　柔性接头结构示意图　　　　　　　图 2　四重片试验件结构尺寸

1.3　有限元模型

采用 MARC 有限元软件进行分析，粘接试件的结构呈现中心对称，选取 1/4 结构作为有限元分析实体。

胶层厚度为 0.12mm，E=4.483GPa，v=0.39. 金属材料的弹性模量 E=210GPa，v=0.30. 橡胶选取 Treloar 实验中的三阶五项式的材料参数如表1所示

表1　Mooney-Rivilin 模型材料参数

C10	C01	C20	C11	C30
0.17588971	0.00091017	-0.00171511	0.00002844	0.00004939

在粘接界面的左端预置 1mm 的裂纹，载荷时间为 20 秒，计算应力强度因子及 J 积分。

2　裂纹尖端应力强度因子的计算

2.1　计算理论

界面裂纹的断裂分析希望寻找到控制界面裂纹开裂和失稳扩展的物理参量，建立扩展准则，在这里选择了传统的参量应力强度因子。由双材料界面 I 型裂纹和 II 型裂纹复合的，所以 K 因子以复数形式表述。

$$K = K_1 + iK_2 = |K| e^{i\beta} \tag{1}$$

在这里$|K|$是应力强度因子的模，β 是其相位角。通过 K 就可以求出 J 积分。

由两种不同材料的弹性半平面组成一个无限大平面，在它们的交界处有一无限长裂纹，如图3所示。$y>0$ 的区域为材料1，剪切模量和泊松比分别为 μ_1 和 v_1；$y<0$ 的区域为材料2，相应的材料常数为 μ_2 和 v_2。在以后的分析中相应于上半平面量用下标 1 表示，下半平面用下标 2 表示。在界面处，应力、位移连续，裂纹面上应力自由。可用复变函数理论求解这双各向同性

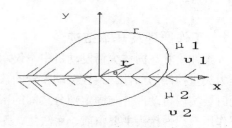

图3　双材料界面预置裂纹

介质二维应力和位移问题。根据 Williams 的结果，在得到界面裂纹裂尖的渐近应力场和位移场后，定义裂纹上下表面的相对位移矢量为：

$$\Delta u = \Delta u_r + i\Delta u_\theta \equiv u_2|_{\theta=\pi} - u_1|_{\theta=-\pi} \tag{2}$$

这是一个复函数，它表示裂纹面上两点的相对位移矢量，而这两点是在裂纹张开前重合在一的而裂纹张开后分别位于裂纹上下表面上，所以

$$\Delta u = \Delta u_r + i\Delta u_\theta = (u+iv)_{\theta=\pi} - (u+iv)_{\theta=-\pi}$$

$$= \frac{(c_1+c_2)Kr^{i\beta}\sqrt{r}}{2\sqrt{2\pi}\cosh(\pi\varepsilon)|1+2i\varepsilon|} \tag{3}$$

它的模为：

$$|\Delta u| = \frac{(c_1+c_2)K\sqrt{r}}{2\sqrt{2\pi}\cosh(\pi\varepsilon)|1+2i\varepsilon|} \tag{4}$$

其中：

$$\varepsilon = \frac{1}{2\pi}\ln\left|\frac{\dfrac{\chi_1}{\mu_1}+\dfrac{1}{\mu_2}}{\dfrac{\chi_2}{\mu_2}+\dfrac{1}{\mu_1}}\right|$$

$$c_1 = \frac{\chi_1+1}{\mu_1}, \qquad c_2 = \frac{\chi_2+1}{\mu_2} \tag{5}$$

对于平面应变问题，$\chi = 3-4\gamma$，对于平面应力问题，$\chi = (3-\gamma)/(1+\gamma)$。$\gamma$ 是泊松比，μ 为剪切模量。复应力强度因子的相位角也与裂纹面的相对位移矢量有关，令 β 为 K 因子的相位角，则由式(3)可知：

$$\beta = \phi - \varepsilon \ln r + \delta \qquad \delta = \tan^{-1}(2\varepsilon) \tag{6}$$

而相对位移矢量的相位角可由下式给出：

$$\phi\mid_{r=r_0} = \tan^{-1}\frac{\Delta u_\theta}{\Delta u_r}\mid r = r_0 \tag{7}$$

联合（1）——（7）式可求出 K 因子和相位角。

J 积分已经广泛的应用在均匀介质的线弹性断裂分析中，在这种条件下 J 积分与 K 因子是一一对应的，可以由 J 积分直接计算得到 K 因子。在非均匀介质的条件下，情况是相似的。当材料的性质仅沿 Y 方向非均匀时，如图 3 所示(假设材料的界面一条直线)，将均匀介质条件下的 J 积分扩展到非均匀介质条件下，则这时 J 积分可定义为：

$$J = \int_\Gamma \left(\omega n_x - T_i \frac{\partial u_i}{\partial x} \right) ds \tag{8}$$

这里 ω 是应变能密度，T 是作用在回线上弧线元素 ds 所对应的微面积上的应力矢量。

在线弹性情况下，J 与 K 的关系为：

$$J = \frac{c_1 + c_2}{16\cosh^2(\pi\varepsilon)}\mid K\mid^2_{\theta=-\pi} \tag{9}$$

可见计算出 J 积分的数值后，就可得到裂纹 K 因子的模，但这种方法无法得到 K 因子的相位角。

2.2 计算结果

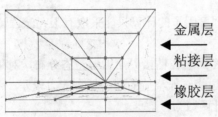

图 4　裂纹尖端的网格划分

MARC 有限元程序中提供了一种有效的断裂力学分析方法：虚裂纹扩展法与 1/4 奇异单元法联合使用。可以计算出裂纹的 J 积分。这种方法计算出来的 J 积分具有较高的精确性。通过计算，载荷时间为 20 秒后，裂纹尖端的 J=4.92E-2kJ/mm^2，拓扑半径 R=3.72 E-2mm。

表 2　通过面位移计算得到的 J 积分结果

积分路径	1	2
J 积（kJ/mm^2）	5.86 E-2	5.72 E-2

其中路径 1 的 r=4.0 E-3mm，其中路径 2 的 r=4.2 E-3mm。

表 3　计算得到的 K 因子结果

方法	剪切载荷下的|K| MPa$\sqrt{mm}$	剪切载荷下的 K 因子相位角
应运面位移数据计算	0.024	3.48
通过 J 积分计算	0.02073	

2.3 计算结果分析

由上述两种方法计算出的 K 因子的结果具有一致性。应用裂纹面的位移数据计算应力因子可以很方便地与数值计算的结果相结合，如有限元的数值计算结果，也可以根据实验的结果得到裂纹面上的位移数据。这就给该方法的应用带来了很大的适应性。这种方法的缺点在

于它的精确性有限，特别是在某些情况下确定 K 因子的相位角时。它的计算精确性取决于裂尖网格划分的精细程度，所以应用该方法时要求裂尖网格划分的要精细，这带来了大的计算工作量。通常情况下，

应用 J 积分来计算界面裂纹的 K 因子是一种最方便的方法，只要计算所使用的有限元软件能够计算式(8)的积分。应用 J 积分计算 K 因子时，由于 J 积分的守恒性，裂尖附近的网格不需要划分的很精细，这给计算工作带来了方便。但该方法不能给出 K 因子的相位角，而界面裂纹 K 因子的相位角是一个很重要的参数。应用 MARC 软件可以得出每一步载荷下的 J 积分值和应变能的值。见下图：

应变能随着外载荷的增大而增大，J 积分则是随着外载荷的增大而小幅振荡上升。

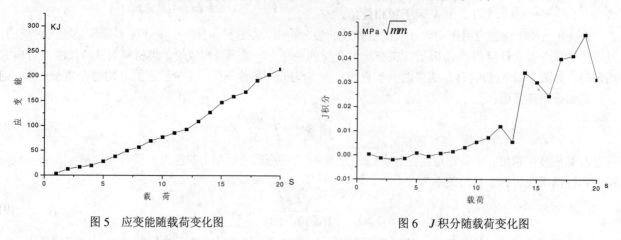

图 5　应变能随载荷变化图　　　　　　图 6　J 积分随载荷变化图

3　粘接界面应力强度因子的计算及分析

离开裂纹尖端的粘接界面应力强度因子的计算只能采取有限元法，计算出的 K 因子具有相对性，以离开裂纹尖端 0.5mm 起点来计算。

从计算结果来看，粘接界面的 K 因子在粘接界面上呈正态分布，对称轴基本上在粘接界面的中点。这也从数值上反映了界面的边缘效应:边缘对外载荷的冲击抵御能力较差，而中间部分抵御外载荷的冲击能力较强。通过非线性拟合，可获得统计函数为：

$$|k|= -0.10483+0.20104\exp(-(r-10.76)^2/270.8)$$

r：尖端距。

4　不同裂纹长度的 J 积分的计算及分析

以上的计算结果是以本文开始提出的模型，裂纹长度 $a=1mm$ 为基础展开的。不同裂纹长度对抵御外载荷的能力强弱如何，本文从也做了这方面得计算。预制裂纹从 $a=0.33mm$ 到 $a=1mm$，外载荷不变。重新划分网格计算结果如下：

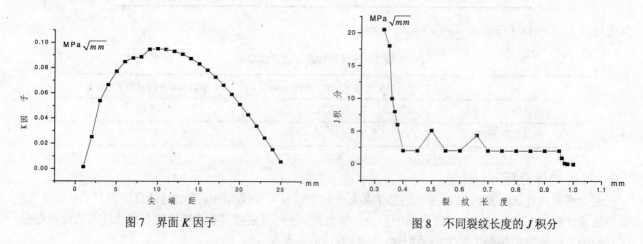

图 7　界面 K 因子　　　　　　　　　图 8　不同裂纹长度的 J 积分

从计算结果看出，裂纹长度 $a=0.40mm$ 到 $a=0.96mm$ 的 J 积分值比较稳定，其值在 2.0 左右。当裂纹长度从 $a=0.33mm$ 到 $a=0.40mm$ 变化时，其 J 积分值变化剧烈，从 22 kJ/mm² 到 2.05 kJ/mm² 的 J 积分值发生了急剧的变化，说明此段裂纹长度对外载荷响应敏感，为了描述这种现象，本文引入界面敏感度的定义：

$$\epsilon = 1 - J_a / J_0$$

ϵ：界面敏感度

J_a：长度为 a (mm) 的裂纹的 J 积分值。

$$J_0 = \lim_{a \to 0} J_a$$

J_0 的值可用外推法得到：计算得到的一组数据（a，J_a），用线性最小二乘法拟合这一组数据，得到一条直线，这条直线与纵轴的交点即为 J_0 的值。

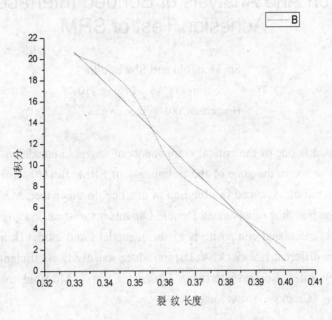

图 9　界面敏感度的归一化

通过以上方法可得到 $J_0 = 114.16$，对于粘接试件来说，这是一个理想值。不同的粘接剂形成不同的粘接界面这个值是不同的，这也反映了不同粘接界面抗外载能力。ϵ 的值介于 0~1 之间，它的值越大，说明粘接界面对裂纹响应越敏感，越易被破坏。

本文中当：$a = 0.33$mm 时，$J_a = 22$，则 $\epsilon = 0.801$

　　　　　　$a = 0.40$mm 时，$J_a = 2.05$，则 $\epsilon = 0.98$

不同的 ϵ 值反映了不同裂纹的特性，$a = 0.40$mm 到 $a = 0.90$mm 范围是一个比较钝感的区域，其 ϵ 值都在 0.98 左右，同时也说明这一长度区间的裂纹对构件的强度的影响是等同的。

5　结论

(1) 用有限元法和 MARC 软件法计算的裂纹尖端的 K 因子具有较好的一致性。

(2) 离开裂纹尖端的粘接界面的 K 因子呈正态分布。

(3) 不同长度的裂纹对外载荷的抵御能力不同，界面敏感度系数是一个很好的度量。

参 考 文 献

[1] 高庆. 工程断裂力学. 重庆大学出版社，1988.

[2] GB/T12830-91，硫化橡胶与金属粘合剪切强度测定方法. 中华人民共和国标准，1991.

[3] 徐明. 橡胶类超弹性材料的本构关系研究和有限元分析. 北京航空航天大学博士论文，1997.

[4] Chris Cassino. COMPUTATION MODEL FOR PROGRESSIVE FAILURE OF ADHESIVELY BONDED JOINTS. AIAA-1597.

[5] M. Lu and C. H. Jenkins. MICRO-MECHANICAL MODELING OF THE ADHESIVE INTERFACE IN COMPOSITE-COMPOSITE JOINTS. AIAA, 2003-1759.

[6] Antonio Pantano and Ronald C .Averill. A FINITE ELEMENT INTERFACE TECHNOLOGY FOR MODELLING DELAMINATION GROWTH IN COMPOSITE STRUCURES. AIAA 2002-1662.

[7] M.L.Williams. STRESS.SINGULARITIES, ADHESION, AND FRACTURE. U.S.A.F, 1966.

[8] D.B.BOGY and K.C.Wang. STRESS SINGULARITIES AT INTERFACE.

The Calculation And Analysis of Bonded Interface's K Factor in Adhesion Test of SRM

Shi Hongbin and Sha Baolin

The 4th Academy of CASC, Beijing, 710025

Hongbinshi2003@yahoo.com.cn

Abstract Flexible joint is one of the critical components of movable nozzle with flexible bearing of SRM. Its integrity has a great influence to the state of the technology of SRM. But it is difficult to check the adhesion quality of flexible joint, instead of advanced Double Lap in practice. In this paper, MARC soft is used to compute J-integral and K factor in the bondline of advanced Double Lap under the shear loading. For this bonded dissimilar isotropic materials structure, calculated composite K factor of model I and model II, including module and phase angle. Attain J-integral from different size crack. At last introduce sensitivity coefficient of the interface crack.

Key words Flexible joint; Bonded interface; Adhesion test; Movable nozzle with flexible bearing; Solid rocket motor(SRM) ; Crack; Stress factor

卫星推进系统静态特性数值仿真

苏龙斐　潘海林　梁军强　张兵

北京控制工程研究所　中国空间技术研究院

北京 2729 信箱 15 分箱，邮编：100080，su@sa.buaa.edu.cn

摘　要　本文研究了卫星推进系统的静态特性。以不同方程建立发动机各部件及系统模型。考虑由贮箱增压压强变化引起卫星推进系统各参数的变化。数值计算采用拟牛顿算法。仿真结果表明，当贮箱增压压强增减变化不大时，贮箱出口压强、喷注器前的压强、燃烧室压强和流量相应作小幅度增减。计算结果与试验数据基本一致，较好地反映了系统的静态特性，为卫星推进系统的设计与试验提供了指导。

关键词　推进系统；仿真；静态特性；管道；拟牛顿法

1　引言

空间液体火箭发动机已广泛应用于航天飞机、飞船、动能拦截器、卫星、多级运载器之中，其主要作用是轨道控制、姿态控制、航天器的对接和交会、着陆等。空间液体推进系统一般采用结构简单和便于多次起动的挤压式供应系统。推进剂有双组元的，也有单组元的。挤压式推进剂供应系统又可分为恒压式的和落压式的两种。空间主发动机通常采用恒压式供应系统，而辅助推进系统可采用落压式供应系统。在整个工作范围内，由于贮箱压强变化，引起系统工作状态不断变化。空间推进系统静态特性仿真[1,2,3]是根据系统各相关元件工作参数及系统性能参数之间的平衡关系，研究内外部参数变化对系统性能的影响，或仿真故障产生对系统各参数的影响，达到预评估系统性能和优化系统的目的。本文针对卫星上的推进系统，建立静态数学模型[4,5,6,7,8]，采用拟牛顿算法计算了由贮箱压强变化引起系统各参数的变化，并与试验结果进行了对比计算结果比较理想，为试验提供了依据，验证了模型和方法的准确性。

2　推进系统组件静态数学模型

2.1　基本原理

根据流体动力学[9]基本方程：连续方程、动量方程、能量方程可知，实际流体在稳态流动过程中，其压强的变化是由流速、密度的变化和不可逆损失造成的。对于不可压缩流体，可忽略介质密度的变化引起的压强变化。因此，对于液体流路，通常只考虑动量变化（局部压强损失）引起的压强变化和粘性摩擦力（沿程压强损失）引起的压强变化两项或其中一项：

局部压强损失：

$$\Delta p = \zeta \frac{\rho v^2}{2} = \zeta \frac{\dot{m}^2}{2\rho A^2} = \xi \frac{\dot{m}^2}{\rho}, \quad \xi = \zeta/2A^2$$

沿程压强损失：

$$\Delta p = \lambda \frac{l}{d} \frac{\rho v^2}{2} = \lambda \frac{l}{d} \frac{\dot{m}^2}{2\rho A^2} = \xi \frac{\dot{m}^2}{\rho} \quad \xi = \lambda \frac{l}{d} \frac{1}{2A^2}$$

式中：ζ 为局部阻力系数；λ 为沿程摩擦阻力系数；ξ 为与管路几何尺寸有关的流阻系数；ρ 为液体介质密度；A 为管路截面积；l、d 为管路长度和内径；v 为管截面液体平均流速；$\dot{m}$ 为管路中液体流量。

计算 λ 的经验公式：

$$\lambda = \begin{cases} 64/\mathrm{Re} & \mathrm{Re} \prec 2300 \\ 0.3164/\mathrm{Re}^{0.25} & \mathrm{Re} \in \left[2300,\ 10^5\right] \\ 0.0032 + 0.221/\mathrm{Re}^{0.237} & \mathrm{Re} \succ 10^5 \end{cases}$$

空间推进系统常用的液路组件有：贮箱、电爆阀、破裂膜片、自锁阀、过滤器、节流圈、电磁阀、喷注器、燃烧室、喷管、管路、加/排阀、三通等。在建立液路组件模型时，常常忽略液体的压缩性，认为其密度为常数。这样，根据上述组件中液体流动特性，考虑局部压强损失或沿程压强损失，给出从贮箱到燃烧室主要组件的静态数学模型。

2.2 表面张力贮箱模型

贮箱推进剂压强为贮箱增压压强与表面张力之差。贮箱出口压强为贮箱推进剂压强减去推进剂流出贮箱时的局部压强损失，或可简化为贮箱推进剂压强，其数学模型为：

$$p_0 - p_1 - \Delta p_t = 0$$

$$\Delta p_t - \Delta p - \Delta p_e = 0$$

$$p_1 - p_2 - \frac{\xi \cdot \dot{m} \cdot |\dot{m}|}{\rho} = 0$$

贮箱内管路沿程压强损失：

$$\Delta p = \lambda \frac{l}{d} \frac{\rho v^2}{2} = \lambda \frac{l}{d} \frac{\dot{m}^2}{2\rho A^2} = \xi \frac{\dot{m}^2}{\rho} \qquad \xi = \lambda \frac{l}{d} \frac{1}{2A^2}$$

贮箱内液体通过毛细筛网的阻力损失：$\Delta p_e = \mathrm{A}_1 \times \mu \times Ve + \mathrm{A}_2 \times \rho \times Ve^2$，$Ve = Q/A$

式中：p_0、p_1、p_2 为贮箱增气体压强、贮箱推进剂压强和贮箱出口压强；Δp_t 为贮箱内的压强损失，包括筛网的阻力损失和推进剂流动产生的沿程压强损失；ξ 为贮箱出口流阻系数（与贮箱局部损失系数、贮箱出口面积有关）；Δp_e 为贮箱内液体通过毛细筛网的阻力损失；A_1、A_2 为试验测量数据；μ 为液体的动力粘性系数；Q 为流量，A 为筛网面积。

2.3 部压强损失组件模型(电爆阀、破裂膜片、自锁阀、过滤器、节流圈、电磁阀、加/排阀)

流体流过这类组件时，受到的扰动很大，摩擦损失可忽略，则数学模型为：

$$p_1 - p_2 - \frac{\xi \cdot \dot{m} \cdot |\dot{m}|}{\rho} = 0$$

式中：p_1、p_2 为组件进出口压强；ξ 为阀门流阻系数（与阀门局部损失系数、阀门流通面积有关）；ρ 为推进剂密度。

2.4 三通（一进二出、二进一出）

不考虑压强损失，或将其局部压强损失纳入与之相连接的管路，则数学模型为：

$$\dot{m}_1 - \dot{m}_2 - \dot{m}_3 = 0$$

式中：$\dot{m}_1$、$\dot{m}_2$、$\dot{m}_3$ 分别为一进口（或一出口）二出口（或二进口）流量。

2.5 推力室组件模型

由液体火箭发动机原理可知，描述推力室组件静态过程的数学模型为：

$$\dot{m} - p_c \cdot A_t / \beta = 0$$

式中：$\dot{m}$、p_c 为燃烧室流量、压强；A_t 为喉部面积；β 为燃烧室综合流量系数。

3 数值仿真结果及分析

某卫星推进系统的简化图如图 1 所示：该系统为双组元推进系统，燃料为一甲基肼（MMH），氧化剂为四氧化二氮（N_2O_4），系统为恒压式挤压系统，增压气体为氦气。整个系统由气路增压系统，推进剂贮存供应系统（1 个氧化剂贮箱，1 个燃料贮箱）和发动机系统（1 台轨控发动机，14 台姿控发动机）等部分组成。本文仅给出了主发动机（轨控发动机）的工作情况。

过滤器压强与流量的关系采用的模型为：

$$\Delta p = (a/_{Re} + b) \times \rho \times V^2$$

式中：Δp 为压强损失，Re 为雷诺数，V 为流速，ρ 为推进剂的密度，a 与 b 是试验测量数据。

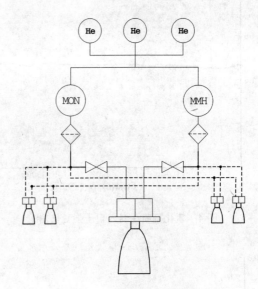

图 1　卫星推进系统简图

根据原始数据，结合管路沿程损失，建立了包括贮箱、管路、过滤器和推力室等多个非线性代数方程。热试车时贮箱增压压强随时间是变化的，考虑推进剂静压的影响，计算推进系统的一些参数的变化情况。仿真计算的部分结果如下：

给出了喷注器前压强、流量、燃烧室压强、推进剂消耗量随时间的变化曲线。

结果分析：由图 2～图 7 可见，贮箱压强变化时，推进系统各个参数也随着变化。随着贮箱增压压强的增大或减小，贮箱出口压强、喷注器前的压强、燃烧室压强和流量相应的增大或减小。贮箱增压压强变化不大时，贮箱出口压强、喷注器前的压强、燃烧室压强、流量等参数也变化不大。对地面热试车轨控发动机点火的数学仿真模拟，当减压器的压强输出值使得贮箱增压压强从 1.6MPa 变化±2.5％，燃烧室压强变化±1.43％（见图 6），氧化剂路喷注器前压强变化±2.18％（见图 4），氧化剂路流量变化±1.89％（见图 5），燃料路喷注器前压强变化±3.28％（见图 2），燃料路流量变化±2.16％（见图 3），其他参数也变化不大，基本保持在额定工作点附近，这个结论为试验提供了数据参考。对燃料路喷注器前压强随时间变化的实测值和仿真值进行了比较，实测值的变化范围 1.51～1.63Mpa，而仿真值的变化范围 1.5～1.58Mpa；氧化剂路喷注器前压力实测值的变化范围 1.52～1.65Mpa，而仿真值的变化范围 1.51～1.57Mpa；实测值与仿真值的差别较小，同时实测值和仿真值变化的趋势也非常一致，这个结论为试验的进行和系统的优化设计提供了理论指导。

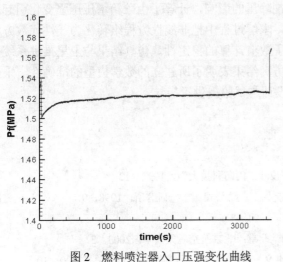

图 2　燃料喷注器入口压强变化曲线

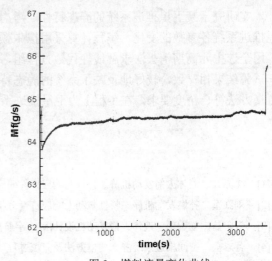

图 3　燃料流量变化曲线

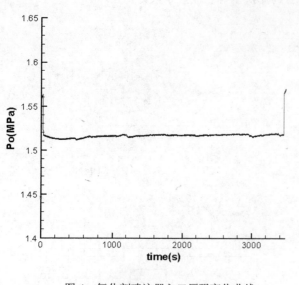

图4 氧化剂喷注器入口压强变化曲线

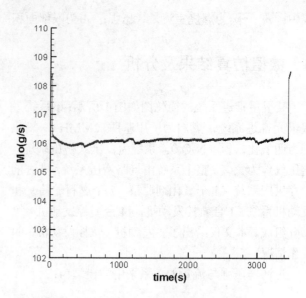

图5 氧化剂流量变化曲线

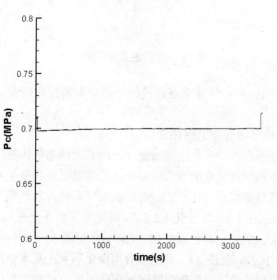

图6 燃烧室压强变化曲线

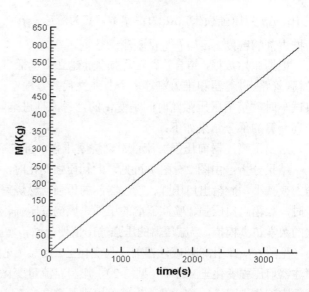

图7 推进剂消耗量变化曲线

4 结论

本文研究了某卫星推进系统的静态特性。考虑推进剂静压的影响，计算了由贮箱增压压强变化引起的卫星推进系统各参数的变化。编程计算采用拟牛顿算法，求解过程中把非线性方程组转化为线性代数方程组，用全选主元高斯消去法求解线性代数方程组，保证了数值计算的稳定性。仿真结果与卫星推进系统热试车试验结果相一致，较好地反映了系统的静态特性。仿真结果表明了所建立的数学模型的准确性，采用的仿真方法符合精度要求，在工程上为卫星推进系统的设计与试验提供了指导。

参 考 文 献

[1] 沈赤兵. 液体火箭发动机静态特性与响应特性研究[D]. 长沙：国防科技大学，1997，12.

[2] 刘红军. 补燃发动机静态特性与动态响应特性分析[D]. 航天工业总公司第十一研究所，1998，9.

[3] 朱宁昌，刘国球. 液体火箭发动机设计[M]. 宇航出版社，1994，8.

[4] 蒋志坚. 空间推进系统静态建模方法及充填过程研究[D]. 北京：北京航空航天大学，2003，3.

[5] 张黎辉，张国周，程显臣. 液体火箭发动机输送系统（讲义）[M]. 北京：北京航空航天大学，2000，10.

[6] 李家文，张黎辉，张雪梅等. 空间推进系统静动态特性仿真软件研究[J]. 推进技术，2004，25(2):148－151.

[7] Evans,A.L.，Follen,G.，Naiman,C.，Lopez，I. .Numerical propulsion system simulation's national cycle Program[J]. AIAA-98-3113.

[8] Belta,Thierry&Girault,Alain.CARAMEL/SATELLITE:A satellite propulsion systems design and analysis tool[J]. AIAA-97-3187.

Numerical Simulation of the Static Characteristics of Satellite Propulsion System

Su Longfei，Pan Hailin，Liang Junqiang and Zhang Bing

Beijing Institute of Control Engineering CAST

P. O. Box 2729-15, Beijing, 100080，su@sa.buaa.edu.cn

Abstract Static characteristics of propulsion system of satellite are studied. Models of component and system of engine were developed with different formulations. Changes of all system parameters caused by variations of pressure in propellant tank were considered. The method of similar-Newton was adopted for numerical simulation. The results show that the outlet pressure of tank, the inlet pressure of injector, the chamber pressure and the flux increased and reduced with a little scope when the inlet pressure of propellant tank is increased and reduced with a little amplitude. Simulation results are consistent with experiment, which reflects preferably static characteristics of system. The results of simulation can provide guidance for designs and experiments of propulsion system.

Key words Propulsion system; Simulation; Static characteristics; Channel; Method of similar-Newton

未来升力再入飞船返回舱的气动布局设计

唐伟　桂业伟　张勇　陈玉星

中国空气动力研究与发展中心

四川绵阳中国空气动力研究与发展中心，邮编：621000，CARDC_tangwei@hotmail.com

摘　要　设计新型高效低廉的运输工具，把有效载荷送入近地轨道是人们不断追求的目标。已成功实现载人天地往返发行的运输工具包括研制周期长、造价昂贵的可重复使用航天飞机和结构简单、一次性使用的载人飞船两类。为进一步降低发射成本，设计介于航天飞船和航天飞机之间的新型飞行器，集飞船和航天飞机特点于一体的升力再入飞船返回舱也许更为切实可行。欧洲航天局 CTV 及俄罗斯联邦空间局可多次使用"快船"概念值得关注。它们升阻比高、机动性强、稳定性好、过载低、空间大、成本低，而且可以部分重复使用，代表了未来低成本天地往返运输系统的重要发展方向。本文分析了未来升力再入飞船返回舱的需求，采用工程方法对升力再入返回舱的气动特性进行预测，利用多目标遗传算法获得了约束条件下的气动布局，初步探讨了这类布局的气动特点。

关键词　气动布局；升阻比；优化；遗传算法；飞船返回舱

0　引言

设计新型高效低廉的运输工具，把有效载荷送入近地轨道是人们不断追求的目标。自 1961 年前苏联的加加林乘坐东方 1 号飞船进入太空以来，苏联/俄罗斯、美国及中国先后研制成功了 10 种载人飞船，其中，苏联／俄罗斯研制成功的载人飞船为东方号、上升号和联盟号、联盟-T、联盟-TM、联盟-TMA；美国研制成功的载人飞船为水星号、双子星座号、阿波罗号。它们均采用了球形或倒锥类的弹道式再入或小升阻比的升力-弹道式再入。

由于探索和开发宇宙空间的费用极其昂贵，而目前研发的返回舱均为一次性使用，降低单位有效载荷运输成本的合理途径之一是运输工具的可重复使用。为此，1981 年美国发射了世界第一架垂直起飞、水平着陆的可重复使用航天飞机哥伦比亚号。航天飞机的主要设计目的是通过重复使用增大有效载荷、降低发射成本。但是，航天飞机的研制费及单次发射费非常高，发射周期长，而且实际寿命只有预期的 20%，俄罗斯也曾经研制发射过暴风雪号航天飞机，但因为经济原因而没有继续使用。

目前，天地往返的新概念层出不穷，包括水平起飞水平着陆、垂直起飞水平着陆或垂直起飞垂直着陆，单级入轨或两级入轨，典型的有单级入轨空天飞机 X-30 概念、垂直起飞垂直着陆的三角快帆概念、两级入轨完全可重复使用的空天飞机 Sanger，以及通用大气飞行器 CAV、空间机动飞行器 SMV、乘员应急返回飞行器 CRV、空间作战飞行器 SOV、跨大气层飞行器 TAV 等。但是，由于技术及经济等方面的诸多原因，这些计划目前均还没有变成现实。

为进一步降低发射成本，设计介于飞船和航天飞机之间的新型飞行器，集飞船和航天飞机特点于一体也许更为切实可行。为此，欧洲航天局在 20 世纪 80 年代末提出研制发展载人天地往返运输系统的计划。其再入有效载荷 2 t，机组 4 人，容积 30 m³，最大过载 3g，最小过载 0.5g，最大壁面温度 2300K。为优选返回舱外形，俄罗斯 TSNIIMASH 为 ESA 提供了升阻比分别为 0.3、0.6 及 0.9 三类共 22 种返回舱可选外形，并进行了从低速到高超声速常规气动力的风洞试验，将钝双锥外形 CTV（图 1）作为高机动性无翼升力再入式返回舱方案。

最近，俄罗斯联邦空间局提出了可多次使用的"快船"（Clipper）概念（图 2），飞船可搭乘 6～7 人机组，可重复使用 20～25 次，既可载人，也可运货到空间站，还可在必要时将空间站乘员撤退返回地面。该飞船的有效载荷可达 9.8 t，可用容积达 20 m³，约为联盟号的 5 倍，再入时最大过载为 2.5g，高超声速升阻比达到 0.8 左右。"快船"较大的有效载荷和可用容积对进行广泛的空间科学与空间技术研究提供了方便，较小的再入最大过载也为安全性提供了比较可靠的保障，部分可多次重复使用降低了运输费用，升力再入方式确保实现较大范围的机动。这些性能指标与目前的飞船及航天飞机相比，具有取长补短的特点，也可能是未来的低成本天地往返运输系统的主要发展方向。

　　　　　　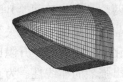

图 1　CTV 返回舱　　　　　　图 2　Clipper 返回舱

我国在神舟飞船飞行成功后，也面临着研制新一代载人天地往返运输系统的挑战，新型载人往返系统应具备高机动、低过载、大运载能力及低成本等特性。为此，本文对 CTV 及 Clipper 类升力再入飞船返回舱进行气动布局设计的初步研究。

1　研究方法简介

作为初步研究，采用修正牛顿理论预估返回舱的高超声速气动特性，参考面积为底部面积，参考长度为当量底部直径。

根据对 Clipper 返回舱的设计分析，选取的简化优化模型为：在底部当量直径保持不变的前题下，优化设计获得具有最大升阻比 K 和最大效用体积 U 的气动布局，设计变量 $\bar{x}_D = [\theta_1, \theta_2, L_C, L_F]$ 分别为前后两个锥的半锥角、柱段长及头锥底到返回舱底部的距离，计算马赫数为 7.96，攻角 20°。数学模型可表示为：

max

(1) 升阻比 $K = \dfrac{L}{D}(M_\infty = 7.96, \alpha = 20°)$；$L$ 为升力，D 为阻力。

(2) 效用体积 $U = 6\sqrt{\pi}V/S^{3/2}$；V 为体积，S 为表面积。

　　s.t.　(1) 底部直径 $D = D_0$

　　　　　(2) 设计变量 $\bar{L} \leqslant \bar{x}_D \leqslant \bar{U}$

由于选择两个设计目标，因此是多目标优化问题。通常，多目标优化问题的最优解是一个解集，称为非劣解、有效解或 Pareto 最优解等，解集中不存在所有目标都优于其他解的优越解。理论上，Pareto 最优解集中的任意一个解都可能成为"最优解"，这取决于决策者的偏好。而尽可能求出逼近 Pareto 最优解集的一个子集是获得令决策者满意的折衷解的基础。因此，求解多目标优化问题的首要步骤就是确定 Pareto 最优解集。

传统的处理多目标优化问题的方法是将其转化为单目标优化问题，通过求解一系列单目标优化问题而获得问题的非劣解集。本文采用遗传算法，通过适当的选择机制或采用小生境技术，在一次运行中生成大量的非劣解，并搜索到多目标优化问题的 Pareto 最优解集。由于选择机制使得选择的种群中父代个体至多有两次被复制的机会，确保了种群的多样性，因此能够有效地求解多目标优化问题。

2　优化结果分析

一般而言，细长体再入飞行器具有较高的升阻比，而钝体再入飞行器具有较大的效用体积。因此，上述优化问题的两个设计目标是相互冲突矛盾的。采用基于小生境竞争排挤多目标遗传算法进行求解，种群规模 200，进化代数 200，共搜索到 136 个可行非劣设计，目标空间的可行非劣解见图 3，而所有的可行解均处于图中曲线的左下方。多目标遗传算法在一次运行中给出了 Pareto 最优解集，为设计者进行折衷决策提供了丰富的信息，而且搜索效率要远远高于依靠单目标约束优化法及基于加权的多目标优化问题的求解效率。由于两个目标值变化范围不同，而且相互矛盾，因此设计者必须在两者之间进行平衡。根据对飞行器相应设计目标的偏爱程度，设计者可以方便地从目标空间中选择设计目标值，并在设计参数空间中获得相应的设计变量值。

图 4 及图 5 分别给出了设计参数空间非劣解集中前后两个锥的半锥角及两个长度与返回舱升阻比的相互关系，而设计变量与效用空间的相互关系可以比较直观地获得。从优化设计结果看，升阻比与半锥角及长度的关系呈现出强烈的非线性。为获得高升阻比，前锥半锥角应选择在 20° 左右，后锥半锥角应选择在 12° ～14° 之间，头锥底到返回舱底部的距离应选择在 3.7 m 左右，而柱段长应在 1.2～1.3 m 之间，这也为气动外形的参数确认提供了直接的帮助和支持。当然，只有四个设计变量的协调匹配，才能获得满足约束条件下的高升阻比、大体积的外形。

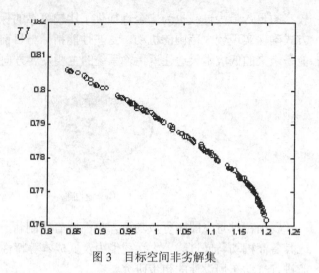

图 3　目标空间非劣解集

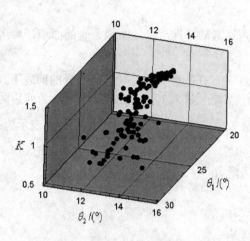

图 4　升阻比与半锥角关系

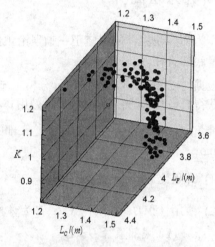

图 5　升阻比与长度关系

图 6 及图 7 是两个优化布局在马赫数 7.96 时的升阻比、升力与理论压心系数与初始外形间的比较，优化布局 1 和布局 2 分别为从 Pareto 最优解集目标空间和设计参数空间中获得的最大升阻比布局和最大效用

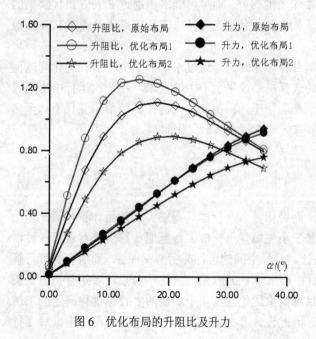

图 6　优化布局的升阻比及升力

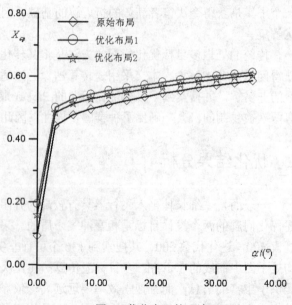

图 7　优化布局的理论压心

容积布局。由于 Clipper 返回舱的外形是非旋成体的，因此即使 0° 攻角时的压心也不在过顶点的理论纵轴上。由于攻角的存在以及外形的不对称，轴向力对力矩的贡献是不可忽视的，压心位置将在铅垂平面内偏离理论纵轴。为方便分析比较，此处采用了理论压心定义。理论压心 X_{cp} 为作用在飞行器上合力与飞行器外形的理论纵轴的交点到飞行器顶点的距离占飞行器全长的百分比：

$$X_{cp} = -\frac{C_m}{\sqrt{C_n^2 + C_a^2}} \cdot \sin\left(tg^{-1}\left(\frac{C_n}{C_a}\right)\right)$$

计算结果表明，最大升阻比布局的外形可以产生 1.2 左右的高超声速升阻比，属于中等升阻比再入，具有较好的机动能力和落点精度控制能力。其升力与初始外形相当，表明优化设计降低了返回舱的阻力，同时其理论压心也更靠后，更有利于进行质心设计和操稳控制。最大效用容积布局不仅降低了返回舱的升阻比，还降低了升力，但其理论压心仍较初始外形靠后。当然，在进行布局设计时，仅考虑升阻比和容积等因素是远远不够的，但作为评估飞行器高超声速气动效率优劣最重要的参数之一，飞行器设计师总是把升阻比作为一个至关重要的技术指标优先考虑。升阻比的提高可以增加飞行器的机动飞行能力，降低过载峰值和热载峰值，而一旦飞行器的高超声速升阻比达到 1.3~3.0，就有可能实现大范围的机动滑翔飞行、定点水平着陆和完全重复使用。

3　气动特性分析

在再入飞行中，联盟等升力-弹道式返回舱的法向力是指向地面的，而 CTV 及 Clipper 类升力再入返回舱的法向力却是指向天空，因而两者的飞行状态完全不同。CTV 的高超声速升阻比约为 0.8 以上，Clipper 的高超声速升阻比在 1.1 左右，而联盟返回舱仅为 0.3 左右，因此可以实现较大范围内的机动，从而可以更好地控制落点，而且还可以降低过载，为乘员提供更舒适的环境。其配平阻力系数虽然较小，但配平阻力系数与最大截面积之积却远大于联盟返回舱，而且是通过升力及阻力同时进行减速，从而具有更好的减速特性，确保可以以较低的水平及垂直速度落地。

返回舱通常是通过质心位置实现某一攻角下的稳定配平。由于 CTV 及 Clipper 的压心显示出典型的钝双锥体的特性，因此其质心设计具有更大的空间范围和便利，而且在超声速、高超声速范围内仅有一个稳定配平，且动稳定性较联盟类返回舱更好。此外，CTV 返回舱采用喷流控制升力技术，Clipper 返回舱则通过四个舵面进行姿态控制和阻力、升阻比控制。

图 8 及 9 给出了联盟返回舱和 CTV 返回舱在采用同样热防护材料时各自标准弹道下的表面温度及防热结构重量的计算结果。迎风面采用玻璃和卡普纶纤维的混合防热材料，内层采用轻型的高温隔热材料。背风面采用类似 Buran 的防热材料，其承力层采用厚度为 2mm 的铝锰合金，在承力层下是一层极轻的隔热材料。可以看到，两种返回舱的最大表面温度相当，而且驻点温度也基本相当。在不超过 3g 过载条件下，联盟返回舱每平方米表面积需要 14.5kg 防热材料，共需要 710kg 防热材料，占返回舱总质量的 10%，而 CTV 返回舱每平方米表面积需要 21.7kg 防热材料，共需要 1200kg 防热材料，占返回舱总质量的 15%。由此看来，联盟返回舱在热防护特性方面要比 CTV 返回舱有优势，防热材料相对较轻，单位质量中的有效载荷占有率更高。

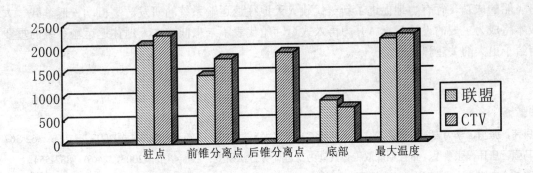

图 8　CTV 与 Soyuz 返回舱典型位置温度（K）分布

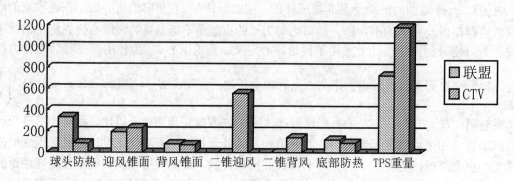

图 9 CTV 与 Soyuz 返回舱单位重量的有效载荷占有率比较

表 1 列出了联盟返回舱和 CTV 返回舱主要的飞行弹道参数。其中 K_t、σ、K^*、T、V、θ 分别为配平升阻比、弹道系数、最大驻点温度、飞行时间、10km 高空时的速度及弹道倾角。可以看出，CTV 返回舱具有更大的配平升阻比，其飞行时间几乎达到联盟返回舱的一倍，而两者达到最大表面温度的飞行时间几乎相等。在 10km 高空时两者都已减速到了亚音速，但联盟返回舱的飞行姿态更垂直于地面。考虑到 CTV 返回舱采用攻角和滚转角两种控制，因此 CTV 返回舱可以更加容易地进行姿态的控制，也具有更大的机动能力。

表 1　联盟返回舱与 CTV 返回舱弹道特性的对比

外形	K_t	σ	K^*	T	V	θ
Soyuz	0.30	1.776	2079	704	0.126	-74.28
CTV	0.64	1.124	2446	1228	0.146	-53.28

计算还表明，联盟返回舱从 92km 高空开始出现通讯中断问题，直到 39.6km 结束，黑障持续的垂直高度为 52km，时间为 330s，而 CTV 返回舱的黑障虽然在时间上持续了 700s，但在垂直高度上仅持续了 42km，从通讯中断特性来看，CTV 返回舱要比联盟返回舱好。

4 结束语

目前，天地往返运输系统的布局概念层出不穷，典型代表包括锥柱体的 K-1、DC-XA 等，翼身组合体类的 X-34、X-37、X-41、HOPE 等，升力体构型的 X-33、X-38、HYFLEX 等，以及乘波构型的 X-30、X-43A 等。尽管这些布局具有很高的高超声速升阻比和气动效率，可以实现大范围的机动滑翔飞行、定点水平着陆和完全重复使用，但其研制、发射、维护费用极其昂贵。而以 CTV 及 Clipper 为代表的升力体式返回舱的气动效率介于升力-弹道式返回舱和带翼升力体轨道器之间，其升阻比足以使返回舱进行大范围的机动滑翔，并可有效地降低过载峰值和热载峰值，而且结构简单，维护方便，成本低廉，并具有部分可重复使用的潜力，是极富生命力的未来飞船返回舱的潜在方案。

神舟飞船的成功飞行有力地促进了新一代载人天地往返运输系统的研发，高机动、低过载、大运载能力及低成本将成为主要的设计目标。升力再入式返回舱代表了未来低成本天地往返运输系统的重要发展方向，值得给予更大的关注和研究。

参 考 文 献

[1]　唐伟，张勇，李为吉，张鲁民. 欧洲返回舱 CTV 气动特性综述. 空气动力学学报，2003，21(3)：362-367.

[2]　马强，唐伟，张鲁民. 带控制舵双锥体气动力工程计算方法研究. 宇航学报，2003，24(6)：882-554.

[3]　张勇，唐伟，马强，李为吉，张鲁民. 基于 MATLAB 的现代优化算法在飞行器气动外形设计中的应用. 宇航学报，2003，24(1):103-106.

Aerodynamics Design for Future Manned Lifting Reentry Capsule

Tang Wei   Gui Yewei   Zhang Yong and Chen Yuxing

China Aerodynamics Research and Development Center

China Aerodynamics Research and Development Center, Mianyang, 621000，CARDC_tangwei@hotmail.com

Abstract   It is human beings' continuing and untiring goal to design new effective and cheap conveyances to transport payload to lower orbit and space beyond. There already exist two kinds of manned earth-to-orbit transportation tools, one is totally reusable space shuttle that is extremely expensive and complicated in techniques and operation, the other one is one-time only manned reentry capsule that is relative cheap and simple in both configuration and structure. In order to decrease launch cost, a new type of lifting partial reusable reentry capsule combining space shuttle and reentry capsule seems to be more reasonable and feasible at present. More attention should be paid to the new concepts of the undergoing Crew Transfer Vehicle proposed by European Space Agency and the brand-new partially reusable "lifting-body" vehicle called Clipper developed by Russian Federal Space Agency. They have many advantages, such as high lift-to-drag ratio, good maneuverability and stability, low overload and cost, big usable inner volume and can be launched as many as 25 times, therefore they may be the representatives of future low cost earth-to-orbit transporters. The design requirements for future lifting manned reentry capsule are analyzed, the aerodynamic characteristics are predicted and studied with engineering method, the aerodynamic configurations are optimized with generic algorithm under some given restrict conditions, and the performances are investigated.

Key words   Aerodynamic configuration; Lift-to-drag ratio; Optimization; Generic algorithm; Manned reentry capsule

重复使用运载器：回顾与展望

唐伟　桂业伟　张勇

中国空气动力研究与发展中心

四川绵阳中国空气动力研究与发展中心，邮编：621000，CARDC_tangwei@hotmail.com

摘　要　探索和开发宇宙空间的费用极其昂贵，降低单位有效载荷运输成本的合理途径之一是运输工具的可重复使用。航天运载器气动布局正向升力体、翼身组合体及乘波体的方向发展，升阻比的不断提高，使得大范围机动、定点着陆、水平着陆、降低过载和热载峰值、提高有效载荷、低廉可靠、完全可重复使用等成为可能。重复使用运载器布局概念层出不穷，典型布局方式包括锥柱体、翼身组合体、升力体及乘波构型等。本文系统回顾了以美国为首航天大国的航天运载器研发历程，分析了气动布局的演变及其原因，总结了国外目前研发重复使用航天运载器面临的技术挑战。

关键词　重复使用运载器；气动布局；空气动力学；再入飞行器

0　引言

航天飞行器作为国家综合国力的重要体现形式，具有政治、军事和经济等多重价值。人类设计研制飞行器的艰苦旅程可以看成是一场战胜"重力障"、突破"音障"和目前正在与"热障"、"升阻比障"和"动力障"进行艰苦卓绝的战斗过程。

新型高效低廉运输工具的候选方案有三类：水平起飞水平着陆、垂直起飞水平着陆及垂直起飞垂直着陆。这些方案可以设计成单级入轨飞行器，也可以设计成为两级入轨飞行器。评价这些运输工具的主要标准之一是把单位有效载荷送入近地轨道的成本，而降低单位有效载荷运输成本的合理途径之一是运输工具的可重复使用。因此，重复使用运载器在过去半个多世纪得到了极大的发展。

1　运载器的历史与现状

飞行器气动效率是设计师优先考虑的技术指标，促成运载器外形"进化"的一个重要驱动力是提高其高超声速升阻比，即高超声速气动效率。最早的弹道式再入飞行器为简单的旋成体，无气动升力，峰值热流密度高，过载峰值很大；克服上述缺点的简单方法是采用升力-弹道式再入飞行方案，即质心偏置的升力控制，减小了落点散布，增加了再入走廊宽度，减小了过载，并使热流峰值降低，但总加热量有所增加；然而，升力-弹道再入的升力还不足够大，无法实现水平着陆和定点着陆，从更高轨道返回需要的升阻比也更大，必须采用升力再入方式，包括有翼及无翼两类，其升阻比一般都大于 1，采用活动控制面、喷流直接力控制、质心运动等方式进行控制或复合控制等。

另一方面，航天开发是极其昂贵的。统计表明，1998～2000 年期间，至少有 53 个国家的 1100 多个机构投入了 5000 亿美元进行空间开发，即使是美国也把最大限度降低运载成本作为首要目标，而不是最大化其军事潜力。美国 2020 年空间长期规划分析表明，目前全球 75% 以上的在轨卫星为商业卫星，而且这一比例还在不断上升：2007 年前预计需要 1700 颗商用卫星，而同期西方军用卫星需求为 129 颗，到 2017 年商用卫星将达到 2700 颗；而 1700 颗商用卫星将为未来 20 年带来价值 1100 亿美元的巨大发射商机。

1928 年 Sänger 首先提出了重复使用运载器的概念，20 世纪 50 年代的 DynaSoar（X-20）为 70 年代的航天飞机、80 年代空天飞机（X-30）及 90 年代三角快帆等重复使用运载器的研制奠定了坚实的实验及理论基础。助推-滑翔技术演示验证机 DynaSoar（图 1）大大加速了美国高超声速升力再入运载器技术的发展，同时，NASA 还进行了 M1 和 M2 的布局研究，Langley 提出了 HL-10 概念，空军重点研究了 WADD II 及

MDF 系列升力体。这些研究结果产生了三类升力再入的候选外形：翼身组合体、升力体和融合体，后来演变发展到 X-24A（图 2）及 X-24B（图 3）等。同时，美国陆续制定了气动热力学及弹性结构系统环境试验 ASSET、机动再入的精确回收 PRIME、有人驾驶的低速试验 PILOT 及航天器技术和先进再入技术试验 START 等四个计划。1981 年首飞的航天飞机是历史上最昂贵、技术最复杂的运载器，由于其轨道器采用中心垂尾布局形式，垂尾和方向舵的效率几乎为零，带来了巨大的资源浪费，而且可靠性不高，其实际寿命只有设计飞行次数的 20%。在此基础上，美国空军提出空天飞机方案 NASP/X-30（图 4），它和普通的飞机一样水平起飞，用先进的吸气式推进系统在高空加速到高超声速，然后再助推到 300 英里轨道放置有效载荷后重返大气层，进行有动力的下降并在普通飞机场水平着陆，2 小时内实现全球到达，该项目目前已取消。

图 1　DynaSoar/X-20

图 2　X-24A

图 3　X-24B

图 4　NASP/X-30

目前，遂行天地往返任务运载器的新概念层出不穷，表 1 列出了一些代表性的技术方案。虽然很多计划已因为经济及技术等多方面的原因而被终止，而且目前也无法准确预测最终的重复使用运载器方案，但是采用各种先进技术解决重复使用问题的脚步不仅没有停止，新技术方案还在不断涌现。

表 1　主要天地往返运输系统一览表

名　称	主　要　特　点	方　案
K-1	两级垂直起飞、伞着陆，锥柱布局，单次发射成本 1700 万美元(Delta Ⅱ单发 5500 万)，发射小卫星，已签署 10 颗全球星（GlobalStar）发射任务。	
DC-X	单级垂直起飞、垂直着陆，锥柱布局，轨道/亚轨道任务，程序转弯、悬停，地面支持计划，发射周期 7 天，计划待定。	
Roton	单级垂直起飞、垂直着陆，锥柱布局，旋翼着陆，有效载荷 7000 磅，地球低轨道，单次发射成本 7 百万美元，计划目前已取消。	

名　称	主　要　特　点	方　案
Pathfinder	两级水平起飞着陆，10 km 高空空中加注液氧，80 km 亚轨道释放载荷，喷气发动机返回。	
Eclipse Astroliner	两级水平起飞着陆，发射中小型载荷至低极地轨道及赤道轨道，已签署价值 8900 万美元的 10 颗 Motorola 铱星发射任务。	
VentureStar/ X-33	单级垂直起飞水平着陆，无人升力体布局，aerospike 发动机，长而内凹的再入飞行剖面降低热载，地球低轨道发射成本 1000 美元/磅内，发射周期 7 天，M12，NASA 已取消计划。	
X-34	L-1011 空中发射（M0.7、H38000ft 释放），单级火箭发动机助推至 100 km 亚轨道（M8.0），无动力滑翔水平自动着陆，翼身组合体布局，短机翼，全动小垂尾，(L54ft,W28ft,G18000p)，DC-XA 及 X-33 间验证机，1000~2000 磅小载荷，25 次/年发射能力，单发 50 万美元，NASA 已取消计划。	
SOV (Space Operation Vehicle , Military Spaceplane)/ SMV (Space Maneuver Vehicle)/ X-37/X-40A	美空军有人/无人军用空间飞机概念，地球低轨道执行侦查、全球打击、卫星服务、空间指挥及发射等任务，载荷包括 SMV，或其它轨道转移器，进一步将 SOV 载荷发送至更高轨道。 SMV 是美国未来 X 系列的探路者，可重复使用的轨道转移飞行器，由 SOV 等其它运载器发射，执行天基的轨道发射及转移任务，自行重返地球并准备下次发射，在研计划为 X-40A 及 X-37，可载 1200 磅，72 小时发射周期。	
CRV (Crew Return/ Rescue Vehicle) /X-38	源于 X-24A，升力体构型，航天飞机等搭载发射在轨运行，无动力无人驾驶滑翔再入，可控翼伞着陆回收，NASA 已取消计划。	
Hypersoar	作为两级发射系统的第一级，使用循环发动机（Cyclic）产生跳跃式弹道，70 km 高空达到马赫数 12 左右，发射地球轨道载荷需要更高一级的运载器。全球打击的一个方案，2004~2009 年期间预计投资达到 2.365 亿美元。	
OSP (Orbital Space Plane)/ CTRV (Crew Transfer Rescue Vehicle)	NASA 新一代天地往返乘员运输系统，源于 HL-20 升力体方案，可用助推火箭或其它重复使用运载系统发射入轨，上升阶段可随时离轨返回发射场、机场跑道或采用着陆伞漂浮袋系统在海面溅落，可保证 5 名机组人员 20 天在轨，安全性极高。	
Clipper(Russian)	俄罗斯可多次使用的飞船，6 人机组，可重复使用 25 次，有效载荷 9.8 t，可用容积 20 m³，无翼升力再入方式，可以实现较大范围的机动。	

名　称	主　要　特　点	方　案
ESA 计划	1) Skylon，L270ft，20000 磅载荷，低轨道；2) Ascender，亚轨道飞机，2 名机组 2 名旅客，普通机场涡扇发动机助推起飞，10 km 2.8 马赫时启动火箭发动机助推至 120 km 高空；3) Spacecab，轨道空间飞机，运载小卫星，搭载 6 人，比航天飞机运输成本低 100 倍；4)Spacebus，计划搭载 50 人，75 分种内从欧洲通过轨道至澳洲。	
Japan HOPE-X	在 OREX（Orbital Re-entry Experiment）和 HYFLEX（Hypersonic Flight Experiment）演示基础上开展研究，无人翼身组合体，火箭助推，单级垂直发射入轨，水平着陆，最小载荷 3 t，横向机动距离 1500 km，着陆距离 4500 m，发射周期 4 天，每年发射一次，寿命 10 年。	

2　主要技术挑战

重复使用运载器最重大的难题是适用性、可靠性、可维护性及成本，而严峻的技术挑战主要包括热防护系统、可重复使用推进系统及无毒推进剂、轻质结构及组件、一体化的机上监测系统等，下面仅从与空气动力学有关的方面讨论几个关键技术。

热防护系统是重复使用运载器的核心问题和目前的主要技术难题。首先，从轨道及亚轨道无动力重返地面的航天运载器具有巨大的动能和势能，尽管能量的大部分会以激波和尾流等形式耗散于大气中，以边界层对流加热及激波辐射加于航天器的能量一般还不到其总能量的 1%，但航天器的总加热量也是相当巨大的。其次，滑翔飞行过程中 90% 的时间是以大于 5 km/s 的速度飞行的，处于极其恶劣的飞行环境：飞行器周围的空气受到强烈压缩和摩擦，激波后的温度及压力急剧升高，空气的物理化学特性都会发生变化，弹道式惯性体驻点温度可达 8000~10000K，热流密度可达 70000 kW/m^2，压力可达 10Mpa。即使是采用升力再入技术的高升阻比航天器，其表面的温度也可用达到 1700℃左右，而超燃冲压发动机喉道温度可达 5000~6000K，这样高的温度足以熔化钛金属。

解决航天运载器防热问题的途径有两个，即通过飞行器的气动设计减少气动加热，以及通过防热结构设计吸收并消耗加热量。气动设计方面，主要是提高其高超声速升阻比特性，降低摩阻，采用特殊弹道使运载器在大气层外边缘尽可能地减速降温；防热结构设计方面，需要根据不同的加热情况（图 5）区别对待：前缘采用先进的主动防热技术（包括陶瓷材料、金属材料及复合材料）或被动防热技术（包括带涂层的 C/C 及加强的炭硅纤维材料 C/SiC 等难熔复合材料、炭基及陶瓷等新型抗高温功能性分级/混合材料、整体陶瓷及强化纤维等分超高温材料），通过"发汗"方式吸收并排走热量；控制面需要在周期性反复交变的氧化

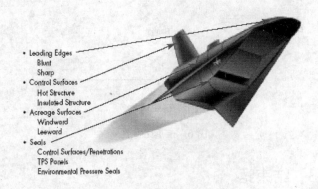

图 5　典型 TPS 结构问题

环境中承受较大的气动及结构载荷，可用采用金属、C/C 及 C/SiC 材料的热结构，或者采用隔热结构，以抵抗超过 1800℃ 的热载荷；对于大面积区域，由于航天飞机类的陶瓷瓦抗撞击能力弱、维护性差且隐患较多，因此目前的研究重点是发展轻质金属面板或金属化合物面板防热技术，在表面采用钛基、镍基、C/SiC 混合陶瓷等轻质耐高温复合材料，中间层采用多层结构的低导热率隔热材料；对于密封处，需要研究轻质、全天候且多周期应力/热应力环境下抗 1400℃ 以上的密封隔热材料。

与热防护问题密切相关的重复使用运载器技术系统级挑战还包括满足质量、容积、容积利用率及尺寸等总体约束条件下，如何进行气动布局设计的问题。首先，升阻比表征飞行器的气动效率，弹道系数表征减速效率，随弹道系数增加，最大热流和总加热量均随之增加，而最大过载、再入航程、再入飞行时间变化不大；随升阻比增加，最大热流和最大过载减小，而总加热量、再入航程及再入飞行时间增加。因此，运载器设计时需要增大升阻比并增大阻力，这显然是互相矛盾的；其次，为提高升阻比，高超声速再入飞行器的气动布局变得更加扁平，不仅带来容积和容积利用率的降低，而且还进一步引起俯仰方向和横侧方向间的稳定及操纵差异，特别是运载器返回途中绝大部分时间是以大攻角飞行，为获得足够的横向稳定配平能力和机动飞行距离，需要对控制方案、尤其是横侧向控制方案进行更加精细的设计，质心运动与 RCS 及活动控制面的复合控制方案有益于解决这一问题；第三，降低质量是关键。实际上，质量约束对于运载器而言比容积等约束更重要，质量减小可以减小弹道系数，提高减速能力并降低热流，为进一步减少热防护负担和质量打下有益的基础。

第三个系统级技术挑战是机载光电子系统和气动、控制的一体化设计。首先，高速飞行产生的激波加热和粘性加热，在运载器周围形成高温高压电离气体层，这就是通常所说的等离子鞘，电离层使得运载器与地面或其它飞行器的电磁波传输严重衰减、畸变甚至中断，很长时间处于黑障区，即通讯中断。飞行表明，联盟飞船与地面通讯中断约 400 秒，而航天飞机与地面之间的通讯中断为 900 秒，更大范围的滑翔飞行产生的通讯中断会更严重，这需要运载器具备非常良好的导航、制导、通信、指挥及控制系统；第二，为缩短发射装备周期和成本，需要良好的地面及机载的监测系统和飞行监控、确认系统，这使得机载光电子系统必须功能齐全、高度集成且质量轻；第三，运载器气动构型复杂，控制方案及效率严重依赖气动参数，必须进行一体化的气动控制设计，进行飞行轨道优化设计，给出飞行的气动边界和故障边界，并提出故障飞行的操纵裕度。

此外，重复使用发动机及无毒推进剂技术也是重复使用运载器研制的关键技术挑战。大推重比及大比冲发动机，以及无毒推进剂和大型重复使用的轻质低温多用途燃料储存箱等技术等是关键。目前研究的重点依然是火箭发动机及吸气发动机，图 6 及 7 给出了预冷的吸气火箭混合发动机 SABRE 与其他各类发动机的推重比-马赫数特性及比冲-马赫数特性。

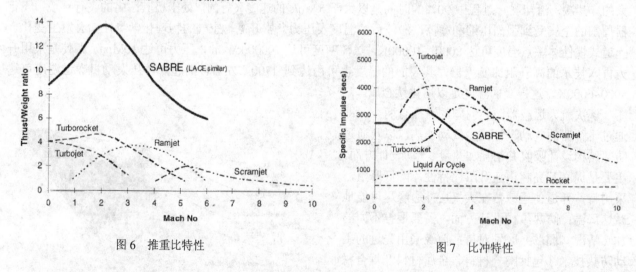

图 6　推重比特性　　　　　　　　　　　　图 7　比冲特性

3　结束语

巨大的经济利益和军事应用空间使得重复使用运载器在过去半个多世纪获得极大的关注，重复使用运载器系统的布局概念层出不穷，典型的代表包括锥柱体的 K-1、DC-XA 等，翼身组合体类的 X-34、X-37、X-41、HOPE 等，升力体构型的 X-33、X-38、HYFLEX 等，及乘波构型的 X-30、X-43A 等。实际上，重复使用运载器问题并非是一个定解问题，因此其气动布局方案也是八仙过海，各领风骚。尽管如此，有一个事实却是毫无疑问的，即设计师们不断地提高飞行器的高超声速升阻比，以获得更大的气动效益。升阻比的提高，不仅可以增加机动飞行能力，而且还降低过载峰值和热载峰值，当高超声速升阻比达到 1.3~3.0 后，飞行器就可以实现大范围的机动滑翔飞行、定点水平着陆和完全重复使用。事实上，如果运载器高超声速升阻比达到3.6，它可以无动力地在地球上任意一点着陆，而欲保证运载器具有安全的横向航程，其升阻比应大于 1.5 左右。

　　尽管重复使用运载器前景光明，但技术挑战却也是十分艰巨的，与空气动力学密切相关的主要技术挑战包括热防护系统设计、气动布局设计、机载光电子系统和气动与控制的一体化设计、重复使用动力系统等。以美国为代表的航天大国陆续制定实施了多个严肃的高超声速再入问题研究计划和飞行演示验证工作，取得了许多宝贵的经验和教训，为未来重复使用运载器的研制打下了良好的基础。尽管如此，气动工作仍任重道远。

参 考 文 献

[1] 钱学森. 星际航行概论. 北京：科学出版社，1963.

[2] SPEARMAN M L. Aerodynamic Characteristics of Some Lifting Reentry Concepts Applicable to Transatmospheric Vehicle Design Studies. AIAA 84-2146, 1984 .

[3] DRAPER A C. etc. Evolution and Development of Hypersonic Configurations 1958-1990，Final report. ADA242768，1991.

[4] FREEMAN D C, TALAY T A, AUSTIN R E, Reusable launch vehicle technology program, IAF 96-V.4.01 .

[5] BARRET C, The Lifting Body Legacy...X-33, AIAA 99-0382.

[6] BRAUCKMANN G J, X-34 vehicle aerodynamic characteristics, AIAA 98-2531.

[7] YAMANAKA T，Overview of Japanese aerospace plane, AIAA 92-5005.

[8] KONTIOUS D A, etc., X-33 aerothermoal design environment prediction: review of acreage and local computation, AIAA 2000-2687.

[9] JANICIK J L，THE PHASE I SPACE MANEUVER VEHICLE TEST PROGRAM - LEADING THE UNITED STATES INTO 21ST CENTURY，AIAA 99-4539.

[10] VERDERME LtCol Kenneth, etc., X-37 AND SPACE MANEUVER VEHICLE (SMV) EROBRAKING AND AERODYNAMIC PLANE CHANGE, AIAA 99-4608.

[11] DUNLAP P H, etc., Further Investigations of Control Surface Seals for the X-38 Re-Entry Vehicle, AIAA-2001-3628.

[12] LEWIS J, Selected space programs in the 2005 appropriations process, Presented to the 9th Annual ISODARCO meeting Nanjing, China, 2004.

[13] VARVILL R，BOND A，A Comparison of Propulsion Concepts for SSTO Reusable Launchers，JBIS, Vol. 56, pp.108-117, 2003.

Reusable Launch Vehicle: Review and Expectation

Tang Wei　　Gui Yewei and Zhang Yong

China Aerodynamics Research and Development Center

China Aerodynamics Research and Development Center, Mianyang, 621000，CARDC_tangwei@hotmail.com

Abstract　It is extremely expensive to discover and explore the space, and one of the rational and feasible approaches to decrease the cost of unit effective payload is the reusability of launch vehicle. Nowadays, the space transporters are developed toward the directions of lifting body, wing-body and wave rider. The continuing improvement of lift-to-drag ratio makes big range maneuvering, pointed landing, horizontal landing, low peak heat flux and overload, cost-effective, high reliability and reusability possible. The concepts of reusable launch vehicles emerge in endlessly, and typical configurations include cone-cylinder bodies, wing-bodies, lifting bodies and wave riders. In this paper, the development history of space transportation vehicles is reviewed, the revolution of vehicle aerodynamic configuration and the corresponding reasons are analyzed, and the technical challenges for a reusable launch vehicle design are summarized.

Key words　Reusable launch vehicle; Aerodynamic configuration; Aerodynamics; Reentry vehicle

类 Clipper 返回舱的一种参数化建模及气动布局分析*

唐小伟　唐伟　张勇　马强　张鲁民

中国空气动力研究与发展中心

四川绵阳211信箱5分箱，邮编：621000

摘　要　本文通过对 Clipper 返回舱相关资料进行分析，建立了一种类 Clipper 外形返回舱参数化模型，并对气动布局进行了计算研究。该参数化模型针对类 Clipper 外形的每个细节特征参数都能够进行量化调整，能够获得类 Clipper 外形的精细体现。根据该模型得到的 Clipper 外形，利用基于修正牛顿流理论的气动力工程方法对其高超声速气动特性进行了初步的预测估算，由计算结果对该类返回舱外形的气动布局进行了分析，得出了类 Clipper 布局外形在气动设计布局方面的一些性能特征。本文方法为进一步的类 Clipper 返回舱气动布局优化设计奠定了基础。最后说明了类 Clipper 返回舱和目前的飞船和航天飞机相比具有取长补短的特点。

关键词　参数化模型；气动布局；飞船返回舱；气动性能

引言

设计新型高效低廉的运输工具，把有效载荷送入近地轨道是人们不断追求的目标。目前，天地往返的新概念层出不穷，包括水平起飞水平着陆、垂直起飞水平着陆或垂直起飞垂直着陆，单级入轨或两级入轨，典型的有单级入轨空天飞机 X-30 概念、垂直起飞垂直着陆的三角快帆（Delta Clipper）概念、两级入轨完全可重复使用的空天飞机 Sanger，以及通用大气飞行器(CAV)、空间机动飞行器（SMV）、乘员应急返回飞行器(CRV)、空间作战飞行器(SOV)、跨大气层飞行器(TAV)，等等。但是，由于技术及经济等方面的诸多原因，这些计划目前还均没有变成现实。

为进一步降低发射成本，设计介于航天飞船和航天飞机之间的新型飞行器，集飞船和航天飞机特点于一体也许更为切实可行。为此，欧洲航天局在 20 世纪 80 年代末提出将钝双锥外形作为高机动性无翼升力再入式返回舱方案。最近，俄罗斯联邦航天局提出了可多次使用的"快船"（Clipper）概念（图1所示），该飞船可搭乘 6～7 人机组，可重复使用 20～25 次，其有效载荷可达 9.8 t，既可载人，也可运货到空间站，还可在必要时将空间站乘员撤退返回地面。

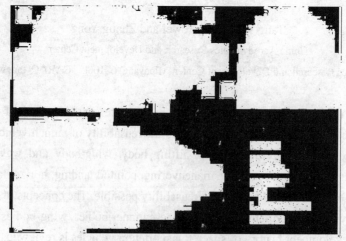

图 1　Clipper 返回舱布局示意图

* 作者简介：唐小伟，副研究员，中国空气动力研究与发展中心在职博士，主要从事高超声速飞行器气动布局设计及优化，气动特性计算分析，飞行特性计算及参数优化，气动专业数据库开发、研制和应用。

我国在神舟飞船载人飞行成功后，也面临着研制新一代载人天地往返运输系统的挑战，新型载人往返系统应具备高机动、低过载、大运载能力及低成本等特性。为此，本文在有限的资料条件下，对类 Clipper 返回舱特征进行分析，建立了一种外形设计的参数化模型，并对气动布局进行了计算研究。该模型针对外形的每个特征参数都能够进行参数化数值确定。根据该模型得到的 Clipper 外形（图 2 所示），利用基于牛顿理论的气动力工程方法对气动特性进行了较为全面的初步预测估算，由计算结果对该类返回舱外形的气动布局进行了分析。

在进一步的后续工作中，我们将建立了气动布局优化模型，对其进行深入剖析。

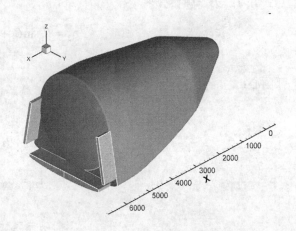

图 2　一种类 Clipper 外形的典型布局

0　参数化模型设计

近些年来，飞行器外形布局建模发展了一些通用设计方法，如二次曲线或幂次曲线放样等[1,2]。本节则是针对性地给出了类 Clipper 外形返回舱的一种参数化模型设计方法，该方法综合了球锥旋成体、二次曲线（圆和椭圆）等元素，并赋予外形的几乎每个可能调节的特征量。最终生成的一种接近原 Clipper 外形的情况如图 2 所示。

本文的参数化模型的生成主要包括五个主要步骤，按生成顺序分别是：a.上部旋成体部分；b.底部中央母线和边母线；c.身部斜垂面；d.底部椭圆面；e.尾部体襟翼。在模型中具体用到的形状控制参数列如表 1 和表 2 所示。表中长度数据可以理解为具有某种单位，也可认为是相对量；角度单位一律为度（°）。这里的具体数据为本文气动特性分析的基准外形布局参数。

表 1　类 Clipper 外形上部旋成部分特征参数示例

编号	名称	旋转半径		旋转角度		锥线长度	
		符号	数据	符号	数据	符号	数据
Ⅰ	头球锥部	R_1	420	θ_1	68	L_1	1700
Ⅱ	第二弧锥部	R_2	1000	θ_2	14	L_2	2680
Ⅲ	柱体部	R_3	3200	θ_3	8	L_3	800
Ⅳ	尾拐角	R_4	50	θ_4	75	L_4	0

注：尾底部参数由前面四部分参数导出确定

表 2　类 Clipper 外形下部复杂型线特征参数示例

名称	符号	旋转半径
旋转起始角（下垂体锥角）	θ_r	10
尾底边部下垂长度	z_1	1400
尾底中部下垂增量基数	z_2	280
底襟翼厚度	H_{jy1}	100
底襟翼长度	L_{jy1}	500
边襟翼厚度	H_{jy2}	100
边襟翼长度	L_{jy2}	500

下面结合图 3 的坐标系和型线构造示意图分别就几个典型情况下的型线生成的具体形式介绍如下。

Ⅰ-1：球头部

$$x_{11} = R_1(1 - \cos\theta_1) \tag{1}$$

$$z = \sqrt{R_1^2 - (x - R_1)^2}, \quad 0 \leqslant x \leqslant x_{11} \tag{2}$$

Ⅰ-2：球头锥部

令

$$\eta_1 = 90 - \theta_1 \tag{3}$$

$$x_{12} = x_{11} + L_1 \cos\eta_1 \tag{4}$$

$$z = R_1 \sin\theta_1 + [x - R_1(1 - \cos\theta_1)]\tan\eta_1, \quad x_{11} \leqslant x \leqslant x_{12} \tag{5}$$

Ⅱ-1：第二弧锥弧部

$$z_{12} = R_1 \sin\theta_1 + \left[L_1 - R_1(1 - \cos\theta_1) \right] \tan\eta_1 \tag{6}$$

弧圆心：

$$\begin{cases} x_{20} = x_{12} + R_2 \sin\eta_1 \\ z_{20} = z_{12} - R_2 \cos\eta_1 \end{cases} \tag{7}$$

令

$$\eta_2 = 90 - \theta_2 \tag{8}$$

$$x_{21} = x_{20} + R_2 \cos(\eta_1 + \eta_2) \tag{9}$$

$$z_{21} = z_{20} + \sqrt{R_2^2 - (x_{21} - x_{20})^2} \tag{10}$$

$$z_{21} = z_{20} + \sqrt{R_2^2 - (x - x_{20})^2} \quad x_{12} \leqslant x \leqslant x_{21} \tag{11}$$

Ⅱ-1：第二弧锥锥部

$$z_{21} = z_{20} + \sqrt{R_2^2 - (x_{21} - x_{20})^2} \tag{12}$$

$$x_{22} = x_{21} + L_2 \cos\eta_2 \tag{13}$$

$$z = z_{21} + [x - x_{21}] \tan\eta_2 \quad x_{21} \leqslant x \leqslant x_{22} \tag{14}$$

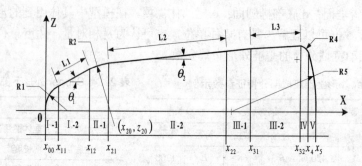

(a) 上体部旋成体型线

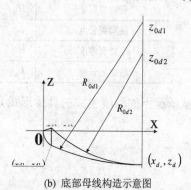

(b) 底部母线构造示意图

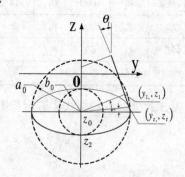

(c) 底部椭圆截线构造示意图

图 3　坐标系和型线构造示意图

底母线弧：底母线包括中央母线和边母线两条特征母线，底椭圆型线是由这两条母线界定其基本形状的。底母线弧的圆心在外形底部所在平面上，其纵坐标公式如下：

$$z_{0di} = \frac{1}{2}\left[(z_{di} + z_d) - \frac{(x_d - x_{di})^2}{z_d - z_{di}} \right], \quad i = 1,2 \tag{15}$$

母线上任一点的坐标关系如下：

$$z = z_{0di} + \sqrt{R_{0di}^2 - (x - x_d)^2} , \quad i = 1, 2 \tag{16}$$

底椭圆截面型线：本外形布局的下底面型线是整个外形构造的关键部分，主要难点在于需要保证底部型线和身部下垂部分的光滑过渡。为此本文采用椭圆曲线进行搭接，椭圆下顶点位于中央底母线，而侧顶点由下垂体终点（位于底部边母线上）及其下垂摆角 θ_t 确定。如图 3c 所示，设 (y_1, z_1) 和 (y_2, z_2) 分别为同一 X 截面上底部边母线和中央母线上的两点，则下底面椭圆型线的起始点参数角和横向坐标分别由下两式确定：

$$\varphi = \arcsin\left(\frac{z_1 - z_2}{z_1 - z_2 + y_1 ctg\theta_t}\right) \tag{17}$$

$$y_t = y_1 + (z_1 - z_2)\tan\theta_t \tag{18}$$

据此可以计算椭圆型线的长短半轴和中心位置坐标如下：

长半轴：
$$a_0 = y_t / \cos\varphi \tag{19}$$

短半轴：
$$b_0 = a_0 \cdot tg\varphi \cdot ctg\theta_t \tag{20}$$

椭圆中心纵坐标：
$$z_0 = b_0 + z_2 \tag{21}$$

于是对于 $(90 - \varphi) \sim (270 + \varphi)$ 之间的任一参数角 ψ，可以求得其坐标值为：

$$y = a_0 \cos\psi \tag{22}$$

$$z = z_0 + b_0 \sin\psi \tag{23}$$

图 4 给出了根据本文参数化模型计算数据绘制的一些形态的类 Clipper 返回舱的布局外形。在我们进一步的工作中，将根据模型的一些主要特征参数针对容积、升阻比等目标进行一些气动布局优化设计的研究。本文仅针对和原 Clipper 外形逼近的基准外形（图 2 和图 4a）进行高超声速气动特性计算，以对其布局特点进行分析。

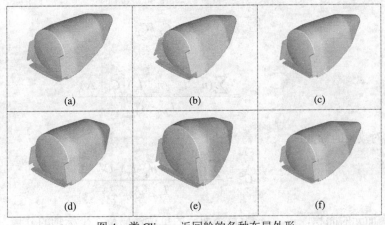

图 4　类 Clipper 返回舱的各种布局外形

1　气动特性计算方法

类 Clipper 布局方案设计要保证良好的高超声速再入飞行气动特性。本文应用修正牛顿流理论[1]，对类 Clipper 外形进行高超声速气动特性计算。

由类 Clipper 参数化模型得到的几何数据，根据一阶平面面元法[2]，将外形表面分为若干平面面元，应用修正牛顿理论计算每个面元上的压力系数，计算公式如下：

$$C_{pi} = \begin{cases} C_{p\max} \cdot \sin^2 \theta, \ \theta \geqslant 0 \\ 0, \ \theta < 0 \end{cases} \tag{24}$$

$$C_{p\max} = \frac{2}{\gamma Ma_\infty^2} \left\{ \left[\frac{(\gamma+1)^2 Ma_\infty^2}{4\gamma Ma_\infty^2 - 2(\gamma-1)} \right]^{\frac{\gamma}{\gamma-1}} \times \left[\frac{1 - \gamma + 2\gamma Ma_\infty^2}{\gamma+1} \right] - 1 \right\} \tag{25}$$

上式中 θ 为来流与面元的夹角。底部压强系数按下式修正：

$$C_{pbi} = \frac{1}{\gamma \cdot Ma^2} \tag{26}$$

根据 θ 与飞行攻角 α 的关系，可以计算面元上压强系数对飞行攻角的导数 C_{pi}^α，取机身长度为参考长度 L_{ref}、飞行器对 Oyz 平面（图 2）的投影面积为参考面积 A_{ref}，则可以求得类 Clipper 外形返回舱的如下高超声速气动力特性：

a. 法向力系数：

$$C_N = \frac{\sum (-C_{pi}) \cdot n_{iy} \cdot \Delta A_i}{A_{ref}} \tag{27}$$

b. 轴向力系数：

$$C_A = \frac{\sum (-C_{pi} - C_{pbi}) \cdot n_{ix} \cdot \Delta A_i}{A_{ref}} \tag{28}$$

c. 升力系数：

$$C_L = C_N \cdot \cos\alpha - C_A \cdot \sin\alpha \tag{29}$$

d. 阻力系数：

$$C_L = C_N \cdot \sin\alpha - C_A \cdot \cos\alpha \tag{30}$$

e. 升阻比：

$$K = C_L / C_D \tag{31}$$

f. 俯仰力矩系数：

$$C_m = \frac{\sum (n_{iy} \cdot l_{ix} - n_{ix} \cdot l_{iy}) \cdot C_{pi} \cdot \Delta A_i}{L_{ref} \cdot A_{ref}} \tag{32}$$

g. 俯仰力矩系数对攻角的导数：

$$C_m^\alpha = \frac{\sum (n_{iy} \cdot l_{ix} - n_{ix} \cdot l_{iy}) \cdot C_{pi}^\alpha \cdot \Delta A_i}{L_{ref} \cdot A_{ref}} \tag{33}$$

其中，ΔA_i 为每个面元的面积，n_{ix}、n_{iy} 为每个面元的单位法向量在坐标轴的分量，l_{ix}、l_{iy} 为面元质心到类 Clipper 返回舱质心 x_{cg}、y_{cg} 的距离。

2 计算结果及气动布局分析

针对上述类 Clipper 返回舱布局方案参数化模型的基准外形（图 2 和图 4a），应用修正的牛顿流理论和一阶平面面元法，计算了其高超声速气动特性。为了对这个基准外形具有更全面的了解，在图 5 中还给出了该布局外形的五个不同方位的视图。

在计算中设定该基本外形的基本参数如表 1 所示。本节的布局分析也仅限于在此外形参数条件下的计算结果。

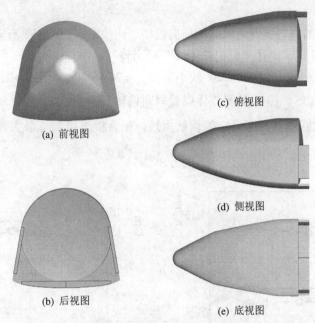

(a) 前视图

(c) 俯视图

(d) 侧视图

(b) 后视图

(e) 底视图

图 5　类 Clipper 返回舱参数化模型基准布局外形全方位视图

表 1　类 Clipper 返回舱布局基本参数

项目	全长（参考长度）	底部面积（参考面积）	x_{cg}	z_{cg}
单位	米 m	米 ^{2} m^2		
数值	6.0	7.0	0.60	0.05

下面根据计算结果对其气动布局特性进行简要分析。

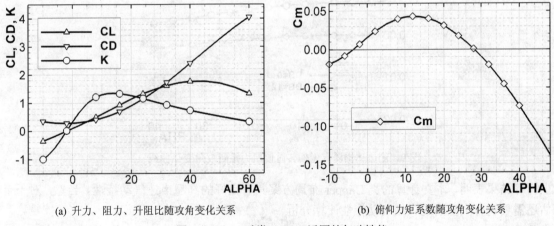

(a) 升力、阻力、升阻比随攻角变化关系

(b) 俯仰力矩系数随攻角变化关系

图 6　Ma=24 时类 Clipper 返回舱气动性能

设计算飞行马赫数 $Ma = 24$，返回舱的体襟翼处于基准位置，则计算得出类 Clipper 基准外形的气动力系数随飞行攻角的变化趋势如图 6 所示。由图 6a 可以看出，类 Clipper 基准外形具有较高的升阻比，可以获得较好的机动能力和较远的航程；图 6b 表明类 Clipper 基准外形具有纵向静稳定性，可以求得该布局外形具有静稳定性的配平攻角：$\alpha_{trim} = 28.20°$，相应的配平升阻比为：$K_{trim} = 1.037$，和联盟号飞船返回舱相比，类 Clipper 返回舱的配平升阻比约为前者的三倍，因而将使得机动性更强，过载更小。

在整个飞行过程中，Clipper 返回舱的飞行马赫数是不断变化的，为此计算其配平攻角、配平升阻比随飞行马赫数的变化趋势如图 7 所示。由计算结果可知，在 $Ma \geq 12$ 以上时，配平攻角基本保持不变，只有些微减小；当 $Ma \leq 12$ 后，配平攻角才有较为明显的减小。随着飞行马赫数的减小，配平升阻比略有增加，但在整个高超声速范围内，其配平升阻比的变化在 5% 以内。因此，类 Clipper 布局外形返回舱可以保持较为稳定的姿态飞行。

此外，类 Clipper 外形的体襟翼对返回舱的横向机动和俯仰姿态的控制具有非常重要和非常灵活的作用。图 8 给出了底部体襟翼向下偏转 5° 时俯仰力矩气动力特性的变化，可知此时返回舱配平攻角减小，和没有偏转时相比，配平攻角由 $\alpha_{trim} = 28.20°$ 减小为 $\alpha_{trim} = 24.66°$；但相应的配平升阻比明显增大，由 $K_{trim} = 1.037$ 增大为 $K_{trim} = 1.135$。图 9 是侧边体襟翼同向偏转 12° 时偏航力矩气动力特性的变化，和没有体襟翼偏转的情况相比，返回舱获得了一定的偏航力矩，配合横滚控制可以大大增强了返回舱的横向机动能力。

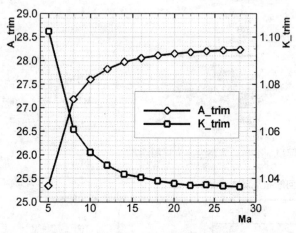

图 7　类 Clipper 返回舱配平性能

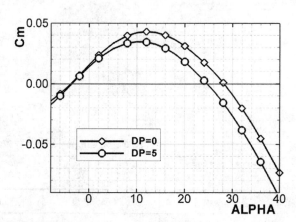

图 8　底部体襟翼有无偏转时俯仰力矩随攻角变化曲线

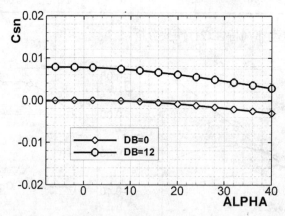

图 9　侧边体襟翼有无偏转时偏航力矩随攻角变化曲线

以上计算结果表明，本文计算的类 Clipper 布局方案具有良好的高超声速气动特性。当然，对于全面的性能评估还需要进行大量的的详细气动特性计算分析。

3　结论

本文应用基于旋成体、二次曲线（圆和椭圆）等的模线设计方法，构造了一种新的类 Clipper 外形布局的通用参数化模型方案，该方案能对类 Clipper 返回舱外形的几乎每一个细节特征参数进行灵活定制。在此基础上进行了高超声速气动特性计算分析，以考察研究类 Clipper 布局方案的合理性。本文构造的类 Clipper 参数化建模方法，提高了方案布局设计的效率。针对各种设计目标，通过对外形参数的调整能够得到满意的设计方案。因此，本文方法为进一步的类 Clipper 返回舱气动布局优化设计奠定了基础。

而以 Clipper 为代表的升力体式返回舱的气动效率介于升力-弹道式返回舱和带翼升力体轨道器之间，其升阻比足以使返回舱进行大范围的机动滑翔，并可有效地降低过载峰值和热载峰值，而且结构简单，维护方便，成本低廉，并具有部分可重复使用的潜力，是极富生命力的未来飞船返回舱的潜在方案。

通过计算分析可知，Clipper 返回舱的可用容积超过 20 立方米，约为联盟号的 5 倍，再入时最大过载仅为 2.5g，而联盟系列为 3.8g；无舵偏高超声速配平升阻比达到 1.0 左右。可见类 Clipper 返回舱具有较大的有效载荷和可用容积，对进行广泛的空间科学与空间技术研究提供很大的方便，再入时较小的最大过载也为安全性提供了比较可靠的保障，部分可多次重复使用也降低了运输费用，升力再入方式确保实现较大范围的机动。这些性能指标与目前的飞船及航天飞机相比，具有取长补短的特点，也可能是未来的低成本天地往返运输系统的主要发展方向。

神舟飞船的成功飞行有力地促进了新一代载人天地往返运输系统的研发，高机动、低过载、大运载能力及低成本将成为主要的设计目标，Clipper 类升力再入式返回舱值得给予更大的关注和研究。

参 考 文 献

[1] 张鲁民，潘梅林，唐伟. 载人飞船返回舱空气动力学. 北京：国防工业出版社，2002.06.

[2] 黄志澄. 高超声速飞行器空气动力学. 北京：国防工业出版社，1995.

Geometry Parameterization and Aerodynamic Analysis of Clipper-Type Reentry Capsule

Tang Xiaowei   Tang Wei   Zhang Yong   Ma Qiang and Zhang Lumin

China Aerodynamics Research and Development Center

P. O. Box 211-5, Mianyang, 621000

Abstract   A parameterized configuration model of Clipper-type reentry capsule is constructed and the aerodynamics properties of the capsule are estimated in this paper. Almost every parameters can be modified to the shape's detail by using this model. The hypersonic aerodynamics properties are calculated to a typical layout using modified Newton theory. Based on this parameterized model, the optimized layout design of Clipper-type reentry capsule can be expanded. At last the superiorities of Clipper-type compared to past capsules and space shuttle orbiter are indicated.

Key words   Geometry parameteric model；Aerodynamic layout；Reentry capsule；Aerodynamic characteristics

一种超高速长程飞行方式的特性分析计算

唐小伟　徐翔　柳森　白智勇　梁杰　石义雷　李四新

中国空气动力研究与发展中心超高速所

四川绵阳211信箱5分箱，邮编：621000

摘　要　本文综述了国外近年来在超高速长程输运系统方面的研究动态，对超高速长程飞行的三种方法模型进行了介绍。包括简化弹道分析模型、弹道分段解析近似模型及精确弹道方程。在本文重点介绍的利用 3D 弹道方程的算例中，得出了跳跃弹道性能及其影响参数间的一些定量结果，对定常巡航和跳跃弹道的能耗结果进行了比较，说明了采用跳跃飞行模式的可行性和经济性。

关键词　超高速飞行器；跳跃弹道；飞行特性

0　引言

自上世纪 40 年代以来，各国就一直在寻求一种快速、长距离的飞行器实现方式；如今，对于飞行器在 20000 km 范围以内，基本负载 5500 kg 以下，在两个小时内抵达目的地的目标，已经成为一个探讨的热点。过去若干年以来，各国都在探讨研究民用和军用的超高速全球运输工具。

一般说来，长程超高速飞行的弹道模式可归结为如下五种基本类型[1]：a.亚跨超声速定常巡航（SUBC：Sub/Supersonic Cruise）；b.高超声速定常巡航（HC：Hypersonic Cruise）；c.高超声速发射滑翔（HBG：Hypersonic Boost Glide）；d.亚轨道弹道（SUBO：Suborbital Ballistic）；e.周期跳跃滑翔弹道（PHC：Periodic Hypersonic Cruise）。这几种弹道的大致形态如图 1 所示。SUBC、HBG 和 SUBO 是目前已基本实用化的飞行方式，而 HC 和 PHC 是目前研究的重点，尤其对于可重复使用运载器，探讨采用经济可行的飞行方式具有重大意义。

通过多年来各国的理论研究和实践积累，长程超高速跳跃滑翔弹道已显现出在燃料消耗、过载、热防护等方面具有其独特的优越性。相关理论研究表明，采用跳跃滑翔弹道在超声速长程运载系统中可节省 8%至 45%的燃料[1,2]。

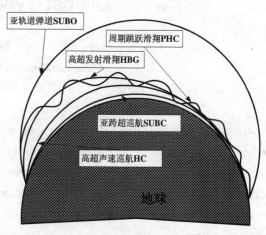

图 1　长程飞行器弹道形态示意图

本文旨在对在较高层大气以跳跃滑翔式弹道飞行的高超声速飞行器概念进行研究。通过综述国内外文献，对目前已经运用和正在研究的几种弹道类型的特征进行了概述，重点小结了跳跃滑翔弹道的航程估算、速度损失的简化分析模型及简化弹道轨迹方程描述模型，同时根据目前推进系统、布局设计等技术条件对其使用前景和局限进行了说明。最后针对特定的布局外形，利用 3D 弹道方程对飞行器的配平飞行特性进行了计算分析，得到了一种跳跃滑翔弹道的算例结果，并对其特征参数和影响因素间的关系进行了评估，比较了水平巡航模式和周期跳跃弹道的能耗差别，说明了采用该种飞行模式的可行性。一些深入的应用结果将在后续工作中进行，包括考虑飞行器动力系统比冲条件、飞行控制要求及参数优化设计等方面，以便为该类型飞行器快速概念设计奠定更坚实的基础。

1　简化弹道方程分析

超高速长程飞行器和目前应用的发射式轨道飞行器在动力、气动、结构和控制方面都具有一定相似性。

在弹道分析方面也基本沿用原先的推力火箭模型和升力式再入弹道模型。

为了估计分析长程飞行器飞行弹道的主要特征参数，下面我们归纳整理一套简化的弹道方程组模型[2]。

$$\begin{cases} \dfrac{dh}{dr} = \left(1+\dfrac{h}{R_e}\right)\tan\gamma \\[2mm] \dfrac{dM}{dr} = \dfrac{T+\cos\alpha - D - mg\sin\gamma}{Ma^2 m\cos\gamma}\left(1+\dfrac{h}{R_e}\right) \\[2mm] \dfrac{d\gamma}{dr} = \left(\dfrac{L+T\sin\alpha - mg\cos\gamma}{M^2 a^2 m\cos\gamma}+\dfrac{1}{R_e+h}\right)\left(1+\dfrac{h}{R_e}\right) \\[2mm] \dfrac{dm}{dr} = -\dfrac{T}{gI_{sp}Ma\cos\gamma}\left(1+\dfrac{h}{R_e}\right) \end{cases} \tag{1}$$

该弹道方程以航程作为关键相关变量，并进行了如下的简化假设：a.不考虑地球扁率；b.不考虑地球自转；c.采用标准大气参数。于是该弹道方程模型的表达式如下：

上述方程组给出了弹道飞行过程中四个关键特征参数随航程变化的微分关系式。在定解条件下，弹道方程组（1）能够容易地用龙格—库塔法等方法进行积分求解。

2 弹道分段近似解析

长程超高速跳跃滑翔弹道的飞行特性还能够用一种物理意义明晰的分段近似解析公式进行估计分析[1]。该方法把整个航程分解为相对独立的几段分别研究，然后考察每段弹道的速度损失，从而估计整个航程的燃料消耗和主要飞行特征参数之间的关系。

在下面的近似解析模型中，进行了如下假设：a.忽略气动热作用；b.不考虑过载情况；c.大气参数固定不变；d.充分的导航和控制，包括气动特性须满足预置的弹道模式；e.忽略地球扁率及自转等。

2.1 航程分段近似解析

以航程为考察对象，超高速跳跃滑翔弹道的整个航程可以分解如下：

$$R_{Total} = R_{Boost} + nR_{Ballistic} + (n-1)R_{Skip} + R_{Glide} \tag{2}$$

上述等式右边四种航程符号分别代表发射加速段、自由弹道段、跳跃弹道段和滑翔弹道段。周期跳跃滑翔弹道分段分解及主要弹道参数如图2所示。在多周期跳跃滑翔弹道中，共有n段自由弹道段和n−1段跳跃段重复冲出进入大气边缘。在发射加速段，可以采取不同的推进技术，如火箭、吸气式发动机或者是两者的组合形式，在本节弹道分析中，暂不考虑发射加速段的情况，只需知道飞行器经过加速后的初始高度速度及弹道倾角即可。在自由弹道段，飞行器进行无动力的惯性上升和下降。进入较稠密大气层后，认为飞行器开始跳跃飞行段，对于大升阻比飞行器，在气动升力作用下飞行器将会反弹爬升，但为了克服气动阻力，保持下一轮自由弹道惯性飞行冲出稠密大气的初速度，飞行器在跳跃必须保持必要的动力飞行状

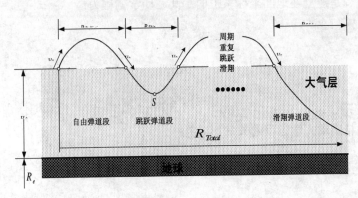

图2 周期跳跃滑翔弹道分段及主要参数示意图

态，对超高速飞行器来说，这个阶段的理想推力引擎就是吸气式超燃发动机。经过最后一次自由弹道惯性飞行后，飞行器最后主要以无动力方式滑翔抵达目的地。在理想的周期跳跃滑翔弹道飞行中，对飞行器姿态、动力的控制将是保障预定弹道飞行的关键。

忽略掉推进加速段 R_{Boost} 后，飞行器总的航程为：

$$R_{Total} = nR_{Ballistic} + (n-1)R_{Skip} + R_{Glide} \tag{3}$$

以地球平均半径 R_e 为参照的地心航程角为：

$$\Phi_{Total} = R_{Total}/2\pi R_e \tag{4}$$

2.2 速度分段近似解析

上述跳跃滑翔弹道的航程分段近似解析能够对弹道的空间运动特征参数进行计算分析，而对跳跃滑翔弹道的各段计算其速度差 ΔV 将能够对飞行器的燃料消耗情况进行估计。周期跳跃滑翔弹道飞行器的能量消耗主要是：在发射加速段达到充分的高度和初速度；在跳跃段反弹和拉起时为了维持跳出速度和跳入速度相比不衰减而需克服气动阻力。和前面的分段方法类似，可以把总的速度损失表示为：

$$\Delta V_{total} = \Delta V_{Boost} + (n-1)\Delta V_{Skip} \tag{5}$$

3 3D 弹道方程

随着计算机技术的发展应用，对飞行器进行弹道设计分析的趋势是进行精确的弹道数值仿真计算，目前常用的运动动力学模型是六自由度弹道方程组或四元素法向量方程。作为概念研究的初步分析，我们在这里仅介绍三自由度方程组及部分计算结果来说明超高速周期跳跃滑翔弹道的可行性、合理性和经济性。

在本文计算中忽略了飞行器绕其质心的运动方程，并实质上假设了系统具有足够的控制能力以保障我们设定的俯仰变化规律；考虑了地球扁率及自转运动的影响，在计算中设定飞行沿地球自转方向一致。

3.1 坐标系、欧拉角的定义

研究飞行器的空间飞行轨道，常用到如下几个坐标系：地心赤道坐标系、地面坐标系、飞行器坐标系、莱查坐标系、速度坐标系和地球坐标系。根据地面坐标系可以确定飞行器的位置，根据地心赤道坐标系可以确定经纬度，根据速度坐标系可以分析空气动力，根据飞行器坐标系可以研究绕质心的转动。

3.2 质心运动方程

飞行器质心运动方程是建立在地面坐标系中的。其运动学方程为：

$$\dot{x} = v_x \tag{6}$$

$$\dot{y} = v_y \tag{7}$$

$$\dot{z} = v_z \tag{8}$$

飞行器质心运动的精确动力学方程的矢量形式为：

$$m\frac{d\mathbf{v}}{dt} = \mathbf{P} + \mathbf{R} + \mathbf{G} + \mathbf{F}_e + \mathbf{F}_{co} \tag{9}$$

上式中 $\mathbf{P}$ 为发动机推力，$\mathbf{R}$ 为空气动力之和，$\mathbf{G}$ 为地球引力，$\mathbf{F}_e$ 和 $\mathbf{F}_{co}$ 分别为离心惯性力和科氏惯性

力。在地面坐标系下并代入各分量和欧拉角关系后得到飞行器质心运动的精确动力学方程组，细节请参阅文献[7]。

3.3 其他关系式

以上六个表达式构成了三自由度飞行器运动的基本方程组，但还需补充一些其它关系式才能完成轨道计算，这些关系式包括各种姿态角关系及地球物理关系等等，下面我们仅写出在超高速周期跳跃滑翔弹道计算分析中比较关心的弹道倾角、飞行器高度及航程计算的表达式：

地面坐标系下的弹道倾角由两个速度分量的比值确定，即

$$\tan\gamma = v_y/v_x \tag{10}$$

当地轨道倾角表达式如下：

$$\gamma_f = \arcsin\left\{\frac{1}{r\cdot v}\left[(x+R_{0x})v_x + (y+R_{0y})v_y + (z+R_{0z})v_z\right]\right\} \tag{11}$$

计算中认为地球是一个旋转椭球体，其扁率可表示为：

$$e = \sqrt{1 - b^2/a^2} \tag{12}$$

其中 a、b 分别为椭球体地球的长半轴和短半轴。

飞行器任一飞行位置的地心距为：

$$r = \sqrt{(x+R_{0x})^2 + (y+R_{0y})^2 + (z+R_{0z})^2} \tag{13}$$

星下点向径大小为：

$$R = b/\sqrt{1 - e^2\cos^2\phi_e} \tag{14}$$

上式中 ϕ_e 为飞行器任一时刻的地心纬度，则高度可以近似表示为：

$$h = r - R \tag{15}$$

飞行器飞行经过的地心角为：

$$\delta = \arccos\left(\frac{R_0}{r} + \frac{R_{0x}x + R_{0y}y + R_{0z}z}{R_0 r}\right) \tag{16}$$

则飞行器的航程为：

$$R_b = \delta R_e \tag{17}$$

3.4 计算方法

对于三自由度轨道方程这类常微分方程组的初值问题，可使用阿当姆斯预测－校正公式或龙格－库塔法进行全区间积分。

对于阿当姆斯预测－校正公式，在积分开始，要用别的方法获得前三个点上的未知函数值，如采用四阶龙格－库塔积分公式来计算开始三个点上的函数值。与全部使用四阶龙格－库塔法相比，阿当姆斯预测－校正公式的积分精度同为 $O(h^4)$，但阿当姆斯方法所用计算量更少，效率较高一些。

4 结果分析

在本节的结果分析中，着重讨论了我们开发的 3D 弹道方程程序求解的超高速周期跳跃弹道的跳跃段

和最终滑翔段特性，并和定常巡航弹道的动力损耗进行了对比。在计算中采用了如下设定：a.飞行器处于配平飞行状态；b.发动机推力沿飞行器轴向并过质心；c.忽略飞行器质量变化。

对于给定的布局外形飞行器，为了获得2.1.2节中的周期性动力跳跃弹道模式，需要满足一定的弹道初始参数和补充适当的动力以补偿2.2.2节中所述气动阻力导致的速度损失。本文计算按照2.1节中的分段模式，并在跳跃段的潜入段开机助推爬升，推力量值大小按气动力系数方式无量纲化。需要指出的是，不同的开机方式和时机可能导致不同的弹道效益，这方面的计算比较分析在本文中暂没有涉及。此外，通过选择不同初始高度数值计算试算可知，本气动布局下的飞行器适宜的跳跃式巡航平均高度约在 55～65km 高度左右，这也是本文滑翔跳跃计算初始高度基准值设定为 55000m 的依据，也是弹道潜入段的设定高度。需在此说明的是不同布局外形和飞行控制方式得到的跳跃巡航高度是不一定相同的。

参照图 2 所示的超高速周期跳跃滑翔弹道，针对自由惯性弹道和动力跳跃弹道组合成的一个典型飞行周期，本文确定以下参数作为考察目标：a.惯性爬升高度；b.跳跃下潜高度；c.单周期航程；d.单周期时间；e.周期内推力作用时间；f.单位航程能量补充；g.推力大小。考查对这些目标具有影响的典型因素如下：a.飞行器质量；b.初始速度；c.初始弹道倾角；d.配平升阻比。

单位航程能量补充的量值由下式计算：

$$单位航程能量补充 = \frac{推力大小 \times 周期内推力作用时间}{周期航程} \tag{18}$$

经过多方面分析试算，我们给出了表 1 所示飞行器跳跃飞行的计算基准值，同时表中还列出了相关典型因素的上下偏移考察值。

表 1　3D 跳跃弹道方程组计算参数表

典型参数	飞行器质量（kg）	初始速度（m/s）	初始弹道倾角（°）	配平升阻比
基准值	1000	4000	5.0	4.5
偏移量	50	80	0.5	约 1.0

在表 2 中给出了所有考察目标的计算结果。典型参数中的"+"、"−"号分别表示这些参数对应表 1 的偏移量进行正负偏移，并调整推力大小以获得满足周期滑翔跳跃飞行的条件，同时其它参数保持基准值。配平升阻比变化是直接调整轴向力系数获得的，虽然攻角不大但仍存在一定误差。下面对这些计算条件参数组合下得到的计算结果进行简单小结。

表 2　3D 跳跃弹道方程组计算结果

典型参数		惯性爬升高度（m）	跳跃下潜高度（m）	单周期航程（km）	单周期时间（s）	推力作用时间（s）	单位航程能量补充	推力大小
基准条件计算结果		13982	12124	933.066	235.33	143.92	0.3346	3.415
飞行器质量	+	13726	12512	934.210	235.47	142.25	0.3546	3.554
	−	14266	11721	931.918	235.20	145.74	0.3149	3.280
初始速度	+	14910	11861	964.509	238.44	149.37	0.3208	3.474
	−	13099	12399	902.817	232.36	138.59	0.3495	3.365
初始弹道倾角	+	16099	12773	949.874	239.65	151.41	0.3222	3.468
	−	11978	11443	917.532	231.33	136.42	0.3483	3.367
配平升阻比	+	13981	12124	933.072	235.33	143.92	0.3151	3.216
	−	13982	12124	933.066	235.33	143.92	0.3591	3.666

结合图 2、图 3 和图 4 的弹道参数，下面由表 2 中得出的结果分析飞行器周期跳跃弹道的一些基本特征。飞行器质量、初始速度、初始弹道倾角和配平升阻比对弹道跳跃周期的一些特征参数具有不同的影响。上述结果中值得注意的是，在小倾角范围内，适当增大初始弹道倾角可使得周期跳跃的能耗有所减小，但这是以降低水平平均速度为代价的；配平升阻比的大小对能耗的影响也是非常明显的。这里我们进行的是

一种倾向性的计算分析，在一定的限制条件下，利用优化算法可以寻找到能耗最少的一种跳跃弹道的参数配置，这方面的工作将在以后陆续展开进行。

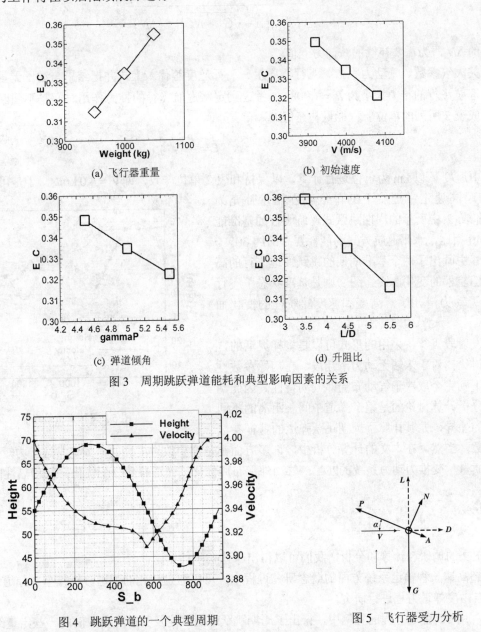

(a) 飞行器重量

(b) 初始速度

(c) 弹道倾角

(d) 升阻比

图 3　周期跳跃弹道能耗和典型影响因素的关系

图 4　跳跃弹道的一个典型周期

图 5　飞行器受力分析

在图 5 中给出了飞行器飞行时的受力状况，其中 P 为飞行器发动机推力，G 为重力，L 和 D 分别为升力和阻力，它们也可由法向力 N 和轴向力 A 来表述。在定常水平巡航状态下，飞行器受力满足如下关系式：

$$\begin{cases} P\sin\alpha + N\cos\alpha = G + A\sin\alpha \\ P\cos\alpha = N\sin\alpha + A\cos\alpha \end{cases} \tag{19}$$

由上述关系可导出在配平飞行状态下飞行器的攻角和推力须满足如下条件：

$$\alpha = \arccos\left(\frac{N}{G}\right) \tag{20}$$

$$P = A + N\tan\alpha = A + \sqrt{G^2 - N^2} \tag{21}$$

在假定推力不存在分布偏斜即推力过质心的情况下，飞行器的配平攻角由气动性能确定。由式(75)和（76）联合给出的配平巡航条件是十分苛刻的而较难满足的，一般还需要利用各种舵偏组合或矢量推力才能实现。经过分析或试算，在本文的外形布局的气动特性下，仅靠俯仰角调整也是无法满足小攻角配平巡航飞行的。为了进行初步分析，我们暂不考虑力矩平衡条件，在本文分析的飞行器配平攻角（4.5°）下，由偏斜推力补偿配平所需的法向力不足，即式（76）变为：

$$P = \sqrt{\left(A + \sqrt{G^2 - N^2}\right)^2 + \left(\Delta N\right)^2} \tag{22}$$

式中的 ΔN 即为需要补偿的法向力差值。

把有关大气参数、气动力系数、飞行器质量、飞行速度等代入上式并把结果与动压无量纲化后可得出保持配平巡航飞行的推力大小为 $P^{'} = 1.9083$。考虑到定常巡航飞行的推力作用时间是不间断的，于是可用下式换算成表2所列的单位航程能量补充值 $\tilde{P}$。

$$\tilde{P} = \frac{P^{'}}{V} \tag{23}$$

上式中速度 V 以 km 为单位进行计算，以保持和表2单位一致，即 $V = 4.0$ km/s，于是可得出本文布局飞行器在超高速定常巡航下的单位航程能量补充为 0.4771。和表2中所示的周期跳跃式巡航飞行的基准能耗值 0.3346 相比，水平巡航方式的能耗要高出约 30%。

在图6中画出了两个基准周期的跳跃弹道飞行的高度和速度随航程的变化曲线。图9则是基准状态下飞行器最终的无动力滑翔飘落高度和速度随航程的变化曲线。

对于发射段飞行，采用的形式可以是多样灵活的，本文不作讨论；对于末端无动力滑翔段，在初始参数一定的条件下则完全取决于气动布局即气动特性。因此，本文重点分析计算讨论的是整个弹道中间长距离的不同巡航模式的差异，尤其计算了周期跳跃弹道的特征参数

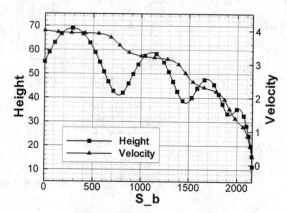

图6 飞行弹道最终滑翔段

及影响参数。当然，在本文的计算分析中，许多方面都是需要改进提高的，如定常巡航力矩平衡和俯仰角控制；变质量、变推力动力系统的匹配；气动外形布局优化；弹道参数分配优化；气动热性能分析等等。

5 结论

通过本文的调研、计算和分析，我们可以得出一些初步的结论：

a. 在超高速长程输运系统方面的概念研究过程中，可以通过简化的弹道分析模型、弹道分段解析近似模型和三自由度弹道方程进行研究。

b. 在利用 3D 弹道方程的算例中，得出了周期跳跃弹道性能及其影响参数间的一些定量结果。

c. 进行了定常巡航和周期跳跃弹道的结果比较，说明了采用跳跃飞行模式的可行性和经济性，本文计算结果表明，周期跳跃弹道比定常巡航方式要节省约 30% 的能耗。

d. 从弹道动力学分析方面考虑，采用超高速跳跃弹道方式比传统的水平巡航方式具有节省能耗、机动性好等优势。进行长程超高速跳跃飞行器的研制在概念上是可行的。

参 考 文 献

[1] Preston H. Carter II, Darryll J. Pines and Lael vonEggers Rudd, Approximate Performance of Peridic Hypersonic Cruise Trajectories for Global Reach. AIAA 1998-1644, AIAA 8th International Space Planes and Hypersonics and Technologies Conference, April 27-30, 1998.

[2] Chuang, C.-H. and Morimoto, H.. Periodic Optimal Cruise for a Hypersonic Vehicle with Constraints. Journal of Spacecraft and Rockets, Vol. 34, No.2, 1997, pp.165-171.

[3] Lael vonEggers Rudd and Darryll J. Pines. Preston H. Carter II, Improved Performance of Sub-Optimal Periodic Hypersonic Flight Trajectories for Long-Range. A98-27979, AIAA 8th International Space Planes and Hypersonics and Technologies

Conference, April 27-30, 1998.

[4] Dr. Hussein youssef, Dr. Rajiv Chowdhry. Howard Lee and Dr. Patrick Rodi. Hypersonic Skipping Trajectory, AIAA 2003-5498, 2003.

[5] Eggers, A. J., Allen, J. H., and Neice, S. E.. A Comparative Analysis of the Performance of Long-Range Hypervelocity Vehicles. NACA TR 1382. Dec. 1954.

[6] Foster, R., Escher, W., and Robinson, J.. Air Augmented Rocket Propulsion Concepts. Air Force Astronautics Lab., AD-B121 965, April 1988.

[7] 王希季主编. 航天器进入与返回技术（上册）. 宇航出版社，1991 年 9 月.

Performance Analysis of A Kind of Hypersonic Trajectories for Long Range Flight

Tang Xiaowei   Xu Xiang   Liu Sen   Bai Zhiyong   Liang Jie   Shi Yilei and Li Sixin

Institute of Hypersonic Aerodynamics, CARDC

P. O. Box 211-5, Mianyang, 621000

Abstract In this paper the status of researching long range flight are summarized. Three models are simplified trajectory model, subsection model and accurate trajectory equations. A sample by solving three dimensions trajectory equations gives the flight performance of cruise and skipping trajectories. The energy consumption of static cruise and periodic cruise are compared. The conclusion is derived for the flexiability of this flight mode.

Key words Hypersonic vehicle; Skipping trajectory; Flight performance

月球探测用锂离子电池储能电源的研究

田爽　崔振海　谭玲生　白杨　付增英　张遥　韩立明　孙忆　高岩　刘红军　王琪　郭杰

中电集团第十八研究所

天津市 296 信箱 36 分箱，邮编：300381

摘　要　与一般卫星相比，月球探测器具有飞行距离长的特点，因此对电源系统的质量提出了更高的要求，迫切需要体积小、质量轻、容量高的新型储能电源。锂离子电池具有比能量高、自放电小、热效应低、循环寿命长等突出优点，非常适合月球探测电源的发展需要，本文介绍了锂离子电池作为月球探测用储能电源的研究现状。

关键词　锂离子电池；储能电源；比能量；电池容量

随着航空航天事业的发展，我国已把月球探测项目列入高技术发展计划。月球探测计划主要包括发射月球卫星、月球探测器；其中探测器的主要包括着陆器、月面巡游探测器。在月球二期的探测计划中，探测器的飞行轨道主要分为运载发射段、地月转移段、环月段和着陆段四个部分，由于月球探测要携带大量载荷，以便进行月表形貌与地质构造调查、月表物质成分和资源勘察等科学任务，因此对电源系统提出了更高的要求，以往地球卫星采用的太阳电池阵-镉镍蓄电池组的设计方案已不能满足月球卫星的要求，必须采用体积小、重量轻、容量高的新型能源。

在月球探测计划中，探测器电源的研制是一个相当棘手的问题。一般低轨道地球卫星的阴影期只有 36min 左右，高轨道卫星的最长地影期也只有 72min 左右，而月球上一个昼夜相当于 28 个地球日，月夜期长达 14 天，相当于高轨道卫星最长阴影期的 280 倍，在这漫长的月夜期间，没有太阳光的照射，月面巡视勘测车要完全依靠自身携带的电源维持工作。更为苛刻的是：月球表面是一个表面温度下的灰体源，表面温度变化根据纬度和月球昼夜周期的时间来决定的。月球表面的极限温度在 +150℃ 到 -180℃ 之间，因此，研制开发月面巡视勘测车用新型电源就是月球探测计划必须解决的问题。锂离子电池具有比能量高、自放电小、热效应低、无记忆效应等突出优点，其比能量是氢镍电池的两倍，是镉镍电池的四倍，非常适合空间储能电源的发展需要，正逐步成为继镉镍电池、氢镍电池之后的第三代空间储能电源。尤其是在深空探测领域，锂离子电池优势更为突出。与镉镍电池和氢镍电池相比，锂离子电池除了比能量高外，还具有自放电小、温度适用范围宽的优势。在国外，锂离子电池作为空间储能电源已经在 SMART-1 航天器、W3A 和 AMAZONAS 通信卫星上使用，在欧空局（ESA）发射的火星快车中和美国发射的勇气号和机遇号火星探测器上也采用了锂离子电池作为其储能电源。锂离子电池作为空间储能电源，尤其是作为深空探测用储能电源的发展势头非常强劲。

中电集团第十八研究所在 20 世纪 90 年代末就开始了空间用锂离子电池的研究，已经研制开发出空间用锂离子电池系列产品（10Ah、15Ah、20Ah、40 Ah、 12Ah 、25Ah 、30Ah、35 Ah、50 Ah）。近年来，针对深空探测任务对储能电源的要求，积极开展了月球探测用锂离子电池储能电源的研究，本文介绍了有关这方面的研制情况。

1　电池设计的特点

1.1　电池的全密封设计

月球大气非常的稀薄，其大气密度只有大约 2×10^5 分子/cm³，而白天则降到了 10^4 分子/cm³。这大约比地球大气的密度小 14 个数量级，故通常认为月球没有大气，锂离子电池要在月球探测领域取得应用，必须实现全密封设计。锂离子电池实现全密封设计存在的技术难点在于电池极柱与电池盖的绝缘密封，为了解决其绝缘密封问题，有两条技术途径：一是借鉴空间用镉镍电池和氢镍电池的陶瓷绝缘密封技术；二是研制开发新型压缩密封技术。

1.1.1 陶瓷密封技术在锂离子电池全密封设计中的研究

目前我国镉镍电池和氢镍电池的极柱与电池盖的密封均采用的是陶瓷密封技术。电池的极柱采用金属镍材料，电池壳与盖采用不锈钢材料或镍材料，电池绝缘密封件采用陶瓷绝缘材料，通过高温烧结方式（一般在 1000℃左右），将陶瓷绝缘件与电池盖、电池极柱烧结在一起，达到绝缘密封的目的，锂离子电池的正极极柱采用的是金属铝材料，壳体采用不锈钢或铝合金材料。由于铝材料的熔点低于 400℃，将铝极柱与陶瓷、不锈钢材料（或铝合金材料）烧结在一起难度很大，如果采用镍金属作为极柱，又因为金属间存在电位差，导致极柱腐蚀。

1.1.2 压缩密封技术在锂离子电池全密封设计中的研究

为了实现锂离子电池全密封设计，必须研制新型压缩密封技术。首先作为锂离子电池压缩密封结构的绝缘材料必须具有以下特点：良好的电绝缘性能、良好的热适应性、较好的弹性模量，在压缩过程中不会发生塑性变形、在锂离子电池有机溶剂中具有良好的化学稳定性、良好的耐辐照性和机械加工性；同时优化压缩件的设计参数，在此基础上研制开发出压缩密封技术。采用该技术的密封件经氦质谱检漏测试，漏气率小于 10^{-10}Pa·m^3/s，达到了空间用蓄电池的全密封要求，为了保证该压缩密封件的可靠性将其进行了密封件的耐辐射试验，试验结果如表 1 所示。

表 1 压缩密封件辐射前后泄漏率比较

辐射项目	^{60}Co 7.06+05Rad	电子照射 1×10^{15}/cm^2	^{60}Co 7.06+05Rad 电子照射 1×10^{15}/cm^2
辐射前泄漏率 Pa·m^3/s	≤1.0×10^{-11}	≤1.0×10^{-11}	≤1.0×10^{-11}
辐射后泄漏率 Pa·m^3/s	≤1.0×10^{-11}	≤1.0×10^{-11}	≤1.0×10^{-11}

1.2 电池的高比能技术

锂离子电池与空间用镉镍电池和氢镍电池相比，其比能量是氢镍电池的 2 倍，是镉镍电池的 4 倍。如表 2 所示。

表 2 空间锂离子电池和镉镍、氢镍电池比能量对比

电池种类	Li-ion	Ni-H$_2$	Ni-Cd
比能量 wh/kg	120	60	40

提高锂离子电池的比能量的主要技术途径有：

(A) 选择高比能量的正极材料和负极材料；

(B) 优化电极工艺配方，提高电极的比容量

(C) 优化电池装配比，减少非活性物质的质量。

由于锂离子电池与镉镍电池和氢镍电池相比，电池的比能量已具有突出的优势。因此，作为月球探测用锂离子电池在进行电池材料的选择和电极工艺的优化时，是以提高电池的可靠性和电池循环寿命性能为第一要素的。

在提高电池比能量的研究中，我们首先进行了正、负极材料筛选，对三种正极（LiCoO$_2$、LiCoNiO$_2$、LiMnO$_2$）和二种负极（MCMB、石墨）材料进行了性能评估，在综合考虑电池的寿命和加工工艺成熟度的基础上，决定选用 LiCoO$_2$、MCMB 为正、负极活性物质。其次，在保证电极性能稳定的基础上，进行电极配方试验，提高电极中活性物质的含量，其中，正极物质涂布量≥45mg/cm^2，活性物质含量≥90%，电极厚度 0.165mm，负极涂布量≥22mg/cm^2，活性物质含量≥88%，电极厚度 0.165mm。另外我们进行了电池装配比对比试验，以保证正负极间距适当的减小，这样不仅可以增加电池的比能量，还可以降低电池内部极化电阻。在电池的结构设计中，进一步优化设计，降低电池壳、盖的质量，提高电池的比能量。

目前，我所生产的空间用电池的比能量≥120wh/kg；电池组的比能量≥90wh/kg，由于该种电池采用不锈钢壳体和全密封设计结构,因此与其他型号的锂离子电池相比,比能量有所降低,但是与空间化学电源相比,它的比能量相当高（见表2）。

1.3　电池的长寿命技术

影响电池的循环寿命性能的因素很多，如：电池的正极材料、负极材料、导电剂、黏合剂的种类及工艺配比、电池隔膜、电解液等均是影响电池的循环寿命性能的重要因素。通过对影响电池循环寿命的因素进行分析：开发出适合于空间长寿命要求的电极制造工艺，结合电池隔膜和电解液的优化筛选研究，研制的月球探测用锂离子电池具有优良的循环寿命性能，电池按照地球低轨卫星的循环周期已进行了 13 000 次循环（0.5 C、30%DOD，放电 0.6h，充电 1h，反复循环测试，见图 1），电池 100%DOD，0.5C 放电至 1 000次时，电池的容量衰降为初始容量的 78%，电池容量每经过一次循环容量衰降为 2.7‰，至 1800 次时电池的放电容量为 8Ah,为额定容量的 80%，为初始容量的 59%（见图 2）。可以看出：该电池可以满足深空探测用电源的工作时间长，放电深度大，且寿命长的要求。

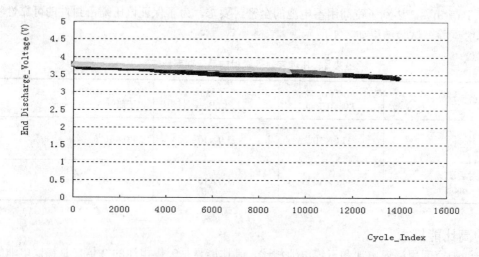

图 1　电池的放电终止电压随循环次数变化曲线（30%DOD）

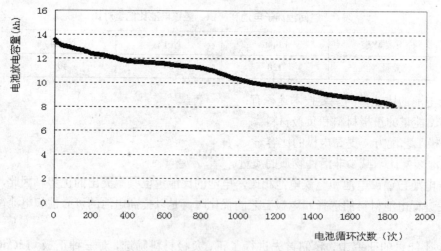

图 2　电池 100%DOD 放电容量与循环寿命之间的关系曲线

2　锂离子电池月面环境的适应性分析

月球表面的温度在+150℃到-180℃之间，因此，探测器上的热控会很复杂。锂离子电池要在月球探测上应用，就必须考核电池对环境温度适用性。因为月在月昼时，环境温度较高，高达+150℃，电池有可能在高温环境下充电；在月夜时环境温度较低，低到-180℃，电池将在低温环境下放电。因此我们对电池的温度特性进行了深入研究，进行了以下试验：

(1) 在高真空条件下的高温充电、低温放电实验（真空度小于 10^{-3}Pa、45℃、-10℃），见图3；

(2) 高温充放电循环试验，05C,30%DOD（55℃），见图4；

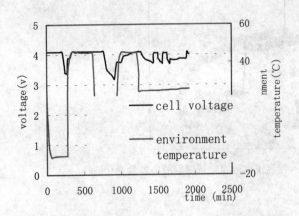

图3 高真空环境中电池的高温充电、低温放电曲线　　图4 电池在高温环境中充电放电曲线

(3) 电池在低温条件下、不同放电倍率的放电实验（-30℃），见图5；

(4) 电池在不同温度条件下的充电试验，（10℃、20℃、30℃），见图6

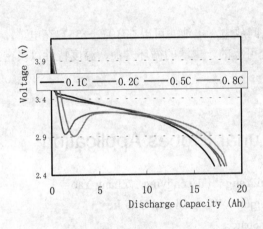

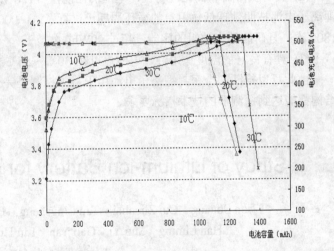

图5 电池在低温-30℃环境中不同倍率的放电曲线　　图6 电池在不同温度环境中充电曲线

从图3可以看出：在真空条件下，电池高温充电和低温放电曲线平稳；从图4可以看出：电池在高温55℃条件下，以30%DOD充放电循环,反复循环12小时，电池的电压正常；由图5可以看出：电池的低温放电性能良好；由图6可以看出：电池在10℃、20℃、30℃条件下的充电容量不同，但差距不大，此差距主要产生在恒流充电阶段；因为有机电液的电电导率随着温度的降低而减小，电池的内阻增加，电池在充电过程中，发生复杂的电化学极化，导致电池的终端电压升高，电池充电终止。以上测试结果说明：电池可以在-30℃～55℃之间放电，可以在10℃～55℃充电。

3 月面巡游探测器原理样机用锂离子电池组的研制

我们按照月面巡视探测器原理样机的功率需求进行锂离子电池组的设计，电池组平均电压 21.6V，容量35Ah，能量 790Wh@15A，25℃；质量 8.7 kg。

电池组按原理样机的功率需求进行性能测试，电池组电压、放电容量和功率需求的变化曲线如下：

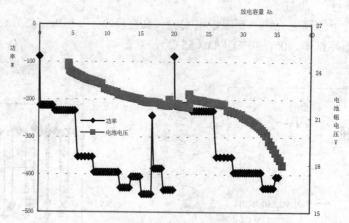

图 7　模拟月面巡游探测器原理样机工作时，锂离子电池组电压随着放电容量变化曲线

4　结论

通过对月球探测用锂离子电池技术的研究，可以得出以下结论：

(1) 实现了全密封设计，锂离子电池的漏气率小于 $10^{-8}Pa \cdot m^3/s$，，达到了全密封要求。

(2) 具有长寿命和高比能特性，电池的比能量≥120 Wh/kg；电池组的比能量≥90 Wh/kg。研制开发的锂离子电池按照地球低轨卫星的循环周期已进行了 11 000 次循环，按照 100%DOD 的寿命循环已进行了 1800 次；且研制的电池组的比能量超过 90Wh/kg。

(3) 具有良好的温度适用性，电池可以在-30℃～55℃之间放电，电池的可以在 10℃～55℃充电。

由此可以推断：全密封锂离子电池用于月球探测是完全可行的，电池的循环寿命、温度特性以及密封结构都能达到探测器的技术指标要求。

Study of Lithium-ion Battery for Lunar Probes Application

Tian Shuang　Cui Zhenhai　Tan Lingsheng　Bai Yang　Fu Zengying　Zhang Yao

Han Liming　Sun Yi　Gao Yan　Liu Hongjun　Wang Qi and Guo Jie

Tianjin Institute of Power Sources

P. O. Box 296-36, Tianjin, 300381

Abstract　Compared with satellite, lunar probes having long flying distance; so its power supply system needs small volume, lightweight. With high specific energy, lower self-discharge, lower thermal effect, long cycle-life, lithium-ion battery could be extended to meet the developing requirements of power storage systems for Lunar probes. This paper introduces the study of lithium-ion battery for Lunar probes application.

Key words　Lithium-ion battery；Power storage；Specific energy；Capacity

GaInP/(In)GaAs/Ge 三结叠层太阳电池光电流的改进

涂洁磊[1,2]　张忠卫[1]　王亮兴[1]　池卫英[1]　陈超奇[1]　陈鸣波[1]　万斌[1]　曾隆月[1]

1. 上海空间电源研究所，　2. 云南师范大学太阳能研究所

上海苍梧路 388 号，上海空间电源研究所，邮编：200233，km-tjl@263.net

摘　要　本文针对所研制 GaInP/(In)GaAs/Ge 三结叠层太阳电池光电流较低的问题，分别对底电池、中电池和顶电池进行了理论分析与设计。Ge 底电池窗口层设计的改进、(In)GaAs 中电池适合含量 In 的引入、GaInP 顶电池 n/p 结构设计改进，以及宽禁带隧穿结材料的选用，显著提高电池短路电流密度 Jsc，达到 16.5～17.5mA/cm²，GaInP/(In)GaAs/Ge 三结叠层太阳电池光电转换效率由此达到 27.3%（AM0，25℃）。

关键词　GaInP/(In)GaAs/Ge 三结太阳电池；光电流；窗口层设计；(In)GaAs 中电池；场助收集效应

0　引言

GaInP/(In)GaAs/Ge 三结叠层太阳电池应用广泛[1,2]，目前最高效率 29.7%[3]。GaInP/(In)GaAs/Ge 三结太阳电池为单片式两端叠层电池，其各子电池电学上为串联连接，电压为子电池电压之和 $V_1+V_2+V_3$，减去隧穿结电压 V_{12}、V_{23}；即 $V=V_1+V_2+V_3-V_{12}-V_{23}$；电流满足连续性原理，即流经子电池的电流相等：$I=I_1=I_2=I_3$。所以，欲提高电池的整体电流，关键在于提高各子电池电流，同时改进子电池间的电流匹配。本文将从太阳电池的光学性能入手，讨论材料选择及 n/p 结构设计对电池性能，特别是光电流的影响。

1　理论计算与分析

1.1　Ge 电池窗口层设计

Ge 电池，带隙为 0.67eV 较窄，其光电流密度理论值 Jph 为 79.1mA/cm²。若考虑实际工作状态（即：Ge 电池厚度～170μm，仅能吸收能量小于 1.424eV 的光子），则 Jph=37.0mA/cm²，几乎为 GaInP/GaAs/Ge 三结叠层太阳电池光电流的两倍。但是，后续生长过程中 Ge 的外扩散、与其他材料的晶格失配等问题，将导致电池反向饱和电流增加，使 Ge 电池电压下降，进而影响整个叠层电池性能。制作合适窗口层可有效避免上述问题的出现。其材料的选取，既要保证有足够的太阳光入射到 Ge 电池，又必须与 Ge 材料有良好的晶格匹配，达到有效降低表面（界面）复合的目的；其厚度必须足以避免 Ge 反扩散对后续外延层产生不利影响，其浓度选择则应保证窗口层导带与 Ge 电池发射层导带形成（空穴）势垒，提高光生载流子在 p/n 结的收集。经过对多种材料窗口层的研究（表1），认为 GaInP₂ 可有效降低界面复合，获得较高性能 Ge 底电池。如果在结构设计与制作方面进一步改进，可得到具有较好量子效应的 Ge 电池，其电压也将明显提高。

表 1　不同窗口层材料 Ge 底电池性能比较
Table 1　Comparation of Ge cells with different window materials

window	Voc (mV)	Jsc (mA/cm²)	FF	η (%)
无	160.1	17.5	0.340	0.704
AlGaAs	165.8	19.6	0.363	0.872
GaAs	172.8	20.2	0.385	0.993
GaInP	230.1	54.6	0.517	4.798

1.2　GaAs 中电池设计

与很多异质材料相比，GaAs 与 Ge 的晶格失配很低，仅为 0.128%。但由此造成的界面复合，仍成为降低少子寿命、抑制光生电流的主要因素。为此，工作中选择与 Ge 有更好晶格匹配、具有合适 In 含量的 $In_xGa_{1-x}As$ 材料代替 GaAs 作为中电池材料，以显著降低复合、提高少子寿命，同时通过吸收限的红移，提

高太阳光中波段部分的利用。外延生长的晶体质量测试结果（图 1）显示，$In_xGa_{1-x}As$ 与 Ge 衍射峰较接近(~67″)，GaAs 与 Ge 衍射峰间距(~276″)，表明 $In_xGa_{1-x}As$ 材料的确与 Ge 有更好晶格匹配；此外，图中还可观察到 $InGaP/In_xGa_{1-x}As/Ge$ 体系中 InGaP、$In_xGa_{1-x}As$ 及 Ge 的衍射峰强度明显高于 InGaP/GaAs/Ge 体系中 InGaP、GaAs 及 Ge 的衍射峰，其半高宽(FWHM)亦明显优于后者。就 $In_xGa_{1-x}As$ 与 GaAs 相比，前者的 FWHM 仅为 21.74″，而 GaAs 材料 FWHM 为 52.58″。因此，中电池改用 $In_xGa_{1-x}As$ 材料，不仅可提高中电池外延质量，Ge 底电池外延层及 InGaP 材料晶体质量也显著改善；InGaP、$In_xGa_{1-x}As$、Ge 各材料晶格匹配也随之改善。这就意味着，由晶格失配引起的复合及饱和暗电流将明显减小。

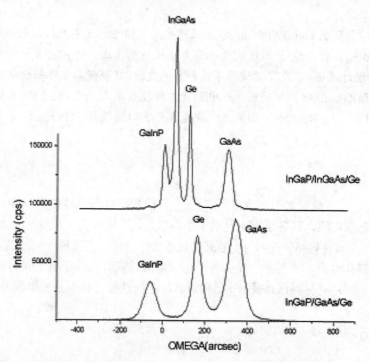

图 1　InGaP/(In)GaAs/Ge 三结叠层电池 X 射线双晶衍射谱

Fig.1 X-ray patters of InGaP/(In)GaAs/Ge triple-junction cells

此外，In 组分的引入含量 x 对电池性能的影响也不容忽视。原因可解释为，在 GaAs 中掺入 In 后，其带隙变窄，即使吸收限红移，可提高对太阳光中波段部分的利用。以 x=0.008 情形为例，所得到的 InGaP/(In)GaAs/Ge 三结叠层太阳电池吸收光谱与太阳光谱有更好的光学匹配。GaAs 掺入 0.8% 的 In 后，Eg 下降~12meV，其吸收限将红移~0.88μm，可提高中电池对红光的响应，使电流密度有所提高。为明确 $In_xGa_{1-x}As$ 中 In 含量 x，分别对 x=0, 0.008, 0.012, 0.015, 0.018 时的 $In_xGa_{1-x}As$ 中电池的性能进行了理论分析。计算结果（见表 2）仅作电流对比之用，故电池结构设计为单结，其参数不足以实用。

表 2　不同 In 含量的 $In_xGa_{1-x}As$ 电池性能

Table.1　Performances of $In_xGa_{1-x}As$ cellswith different In component

	0	0.008	0.012	0.015	0.018
Eg（eV）	1.424	1.412	1.406	1.402	1.397
Jsc（mA/cm²）	33.46	34.28	34.75	35.29	35.57
Voc（mV）	1042	1007	996	970	954
FF	0.842	0.840	0.836	0.831	0.828
η（%）	21.69	21.43	21.38	21.02	20.76

有研究[4]认为 In 含量 x=0.008 时，有很好的性能。不同 In 含量 InGaP/InGaAs/Ge 三结电池的 X 射线双晶衍射测试结果（图 2）给出，当 x=0.015 时有更优于 x=0.008 时的晶格质量。同时，鉴于此时的电性能较

好，所以，本文将选取 $In_xGa_{1-x}As$（$x=0.015$）为中电池材料，并考虑到其吸收系数稍低于 GaAs，通过适当增加基区厚度，保证太阳光的充分吸收，从而使电池 Jsc 相应地提高了 5%～10%。

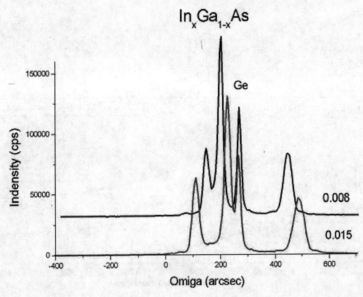

图2 不同 x 值的 InGaP/InGaAs/Ge 三结叠层电池 X 射线双晶衍射谱图

Fig.2 X-ray patters of InGaP/InGaAs/Ge triple junction cells with with different component of In

1.3 GaInP 顶电池 n/p 结构设计

由于 InGaP 材料有较高带隙，使其电流较低，很容易成为限制叠层电池电流的重要原因，因此，有必要提高 InGaP 顶电池电流。然而，InGaP 材料少子寿命通常较低，导致 n^+/p^+ 结构顶电池光电流较低，进而严重抑制了叠层电池总电流。为此，本工作设计并使用了具有场助收集效应的 n^+-n^-/p^--p^+ 结构。其中：(a)n^+ 和 p^+ 层的高掺杂使电池电压 Voc 得到保证；(b)低掺杂 n^-/p^- 层可明显降低因复合而产生的暗电流，获得尽可能高的光生电流；(c)各层间的浓度差形成利于光生载流子收集的漂移场（见图3），可显著提高少子寿命，有效提高了电池 Jsc。

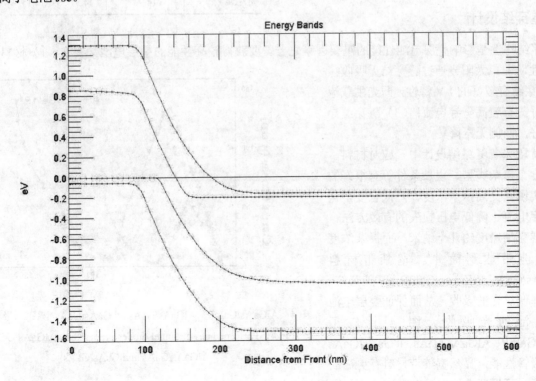

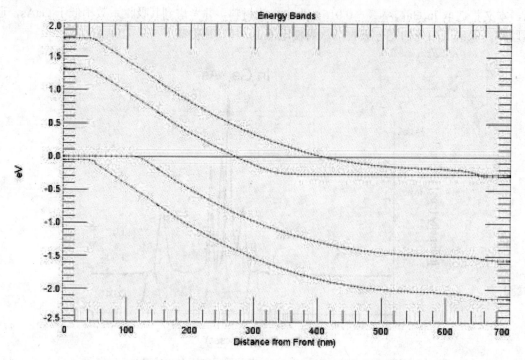

图3 p$^+$/n 和 p$^+$-p$^-$/n$^-$-n$^+$ GaInP$_2$ 电池能带示意图

Fig.3 Schematic energy bands of GaInP$_2$ top cells with p$^+$/n and p$^+$-p$^-$/n$^-$-n$^+$ structure

经过电流匹配设计与分析,要解决顶电池限制叠层电池总电流的问题,除 p/n 结设计改进外,选择宽带隙材料,并适当增加顶电池基区厚度(~1.0μm),使其充分吸收利用太阳光,达到提高电池 Jsc 的目的。改进结构的 InGaP 顶电池理论电性能(表3)证明,这一结构设计对提高顶电池电流是卓有成效的。

表3 GaInP$_2$ 顶电池的理论电性能

Table.3 Theoretic performance of GaInP$_2$ cells with different Eg

Eg (eV)	1.80	1.85	1.89
Jsc(mA/cm^2)	18.15	17.00	16.11
Voc(mV)	1273	1323	1362
FF	0.873	0.872	0.872
η(%)	14.92	14.51	14.15

1.4 隧穿结设计

隧穿结特性是影响叠层电池性能的重要因素之一。要获得较高性能的叠层电池,要求(1)材料有很好的透光性,即:太阳光通过隧穿结无吸收;(2)隧穿结有较好的 I-V 特性,即光生载流子特性好,有较高隧穿电流;(3)隧穿结导电性能好,两侧无压降。

这就意味着隧穿结设计中,应对材料、掺杂浓度、掺杂类型、生长条件等有很好的选择与实现。提高掺杂浓度、降低宽度,是提高隧穿电流、降低电压损失的有效方法。通常,隧穿结厚度约几十纳米,而掺杂浓度应使其能带达到简并。宽禁带材料(AlGaAs/GaAs、AlGaAs/GaInP 等)隧穿结,可显著降低对光的吸收,从而保证叠层电池各子电池的光吸收。图 4 比较了 AlGaAs/GaInP、AlGaAs/GaAs 和 GaAs/GaAs 隧穿二极管性能,显然宽禁带材料有更高的隧穿电流,可保证叠层电池光电流的顺利通过。

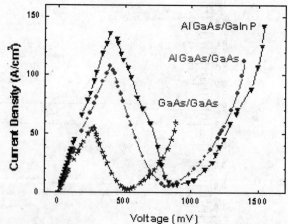

图 4 AlGaAs/GaInP、AlGaAs/GaAs 和 GaAs/GaAs 隧穿二极管性能

Fig.4 Performances of tunnel diodes prepared by AlGaAs/GaInP, AlGaAs/GaAs and GaAs/GaAs

2 试验结果

根据上述对各子电池及隧穿结的分析与设计，并通过 MOCVD 外延工艺和器件工艺难点的解决，本工作中 GaInP/(In)GaAs/Ge 三结叠层太阳电池短路电流密度和光电转换效率得到显著提高，Jsc 达到 16.5～17.5mA/cm², 最高效率达到27.3%（AM0，25□），其光照下的 I-V 特性如图 5 所示。图 6 的量子效率曲线清楚表示出：理论设计在试验中的成功应用，有效提高了电池光谱响应，同时也证明了短路电流的显著改进。

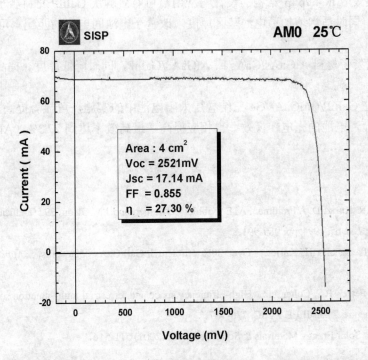

图 5　GaInP/(In)GaAs/Ge 三结叠层太阳电池 I-V 特性(AM0,25℃)

Fig.5　I-V curve of GaInP/(In)GaAs/Ge triple-junction cell under illumination (AM0，25℃)

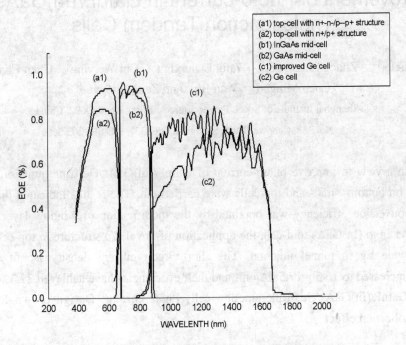

图 6　GaInP/(In)GaAs/Ge 三结叠层太阳电池量子效率

Fig.6 External quantum efficient (EQE) of GaInP/(In)GaAs/Ge triple-junction cells

3 结论

(1) Ge 底电池窗口层材料的选择、结构设计与成功实现，可有效降低界面复合速度，改善 Ge 底电池光谱响应。

(2) 中电池采用与 Ge 晶格匹配更好的 $In_xGa_{1-x}As$ 材料，可显著降低复合、提高少子寿命，同时可提高太阳光中波段部分的利用，最终得到更高 Jsc。

(3) 具有场助收集效应 n^+-n^--/p^--p^+ 结构的设计与应用，可有效解决 GaInP 材料少子寿命较短、致使顶电池光电流较低的问题。同时适当增加顶电池基区厚度，改善子电池间电流的匹配，可使 GaInP 顶电池短路电流密度 Jsc 显著提高。

(4) 隧穿结采用宽禁带材料 AlGaAs/GaAs 或 AlGaAs/GaInP，同时降低厚度、提高浓度，可成功获得更高隧穿电流。

上述设计与方法在 GaInP/(In)GaAs/Ge 三结叠层太阳电池中的实施，可显著提高短路电流密度，使 Jsc 达到 16.5～17.5mA/cm^2，电池的光电转换效率也相应提高，最高效率达到 27.3%（AM0，25℃）。

参 考 文 献

[1] K. A. Bertness, S.R. Kurtz, D. J. Freidman, A. E. Kibbler,C.Kramer, and J.M.Olson. 29.5%-efficient GaInP/GaAs tandem solar cells. *Appl. Phys. Lett.* 65, 1994, pp. 989-991.

[2] T. Takamoto, E. Ikeda, and H. Kurita. Over 30% efficient InGaP/GaAs solar cells. *Appl. Phys. Lett.* 70, 1997, pp. 381-383.

[3] R.R. King, C. M. Fetzer, P.C. Colter, etc. High-efficiency space and terrestrial multi-junction solar cells through band-gap, control in cell structure. 29th IEEE PVSC, 776-787.

[4] T.Takamoto et al. Solar Energy Materials & Solar Cells. 66(2001) 511-516.

Improvement of Photo-current in GaInP/(In)GaAs/Ge Triple-junction Tandem Cells

Tu Jielei[1,2]   Zhang Zhongwei[1]   Wang Liangxing[1]   Chi Weiying[1]   Chen Chaoqi[1]

Chen Mingbo[1]   Wan Bin[1] and Zeng Longyue[1]

1. Shanghai Institute of Space Power Sources, Kunming, 650092, China

No. 388, Cangwu Road, Shanghai, 200233，km-tjl@263.net

Abstract With a view to improve photo-current of GaInP/(In)GaAs/Ge triple-junction cell in our lab, the theoretical analyses on bottom-, mid- and top-cells were carried out. The results indicated that great progress on photo-current and conversion efficiency was obtained by the modification of window layer of bottom-cell, the introduction of proper In to (In)GaAs mid-cell, the application of novel n/p structure in top-cell and the utilization of materials with wide Eg in tunnel junction. The short-circuit current density Jsc of GaInP/(In)GaAs/Ge triple-junction cells increased to 16.5～17.5mA/cm^2 and their efficiencies have achieved 27.3% (AM0, 25℃).

Key words GaInP/(In)GaAs/Ge triple-junction cell; Photo-current; Design of window layer; (In)GaAs mid-cell; Field-aid collection effect

三结 GaInP₂/GaAs/Ge 太阳电池电子辐照效应研究

万斌　涂洁磊　王亮兴　池卫英　曾隆月　陈超奇　张忠卫

上海空间电源研究所

上海苍梧路 388 号，上海空间电源研究所，邮编：200233，km-tjl@263.net

摘 要 新型高效率三结GaInP₂/GaAs/Ge太阳电池是目前和今后最具竞争力的空间主电源，太阳电池在空间的辐射衰减是影响航天飞行器寿命的重要因素，要达到空间实用，有必要对其进行辐照效应研究。本文以改善电池抗辐照性能为目标，对不同结构及参数的三结GaInP₂/GaAs/Ge太阳电池的子电池及整体电池进行电子辐照试验与加固设计。改进后的GaInP₂/GaAs/Ge三结太阳电池在1MeV、$1\times10^{15}e/cm^2$辐射条件下，效率衰减率为21.42%。

关键词 高效率；三结GaInP₂/GaAs/Ge太阳电池；电子辐照；结构改进

0 引言

由于新型高效率三结GaInP₂/GaAs/Ge太阳电池是目前和今后最具竞争力的新一代空间主电源，其光电转换效率高、耐高温性能好、抗辐射能力强，可显著增加太阳电池方阵的性价比和工作寿命，先进国家在投入了大量人力物力进行研究，并在空间应用的同时,十分重视其抗辐照性能研究[1~7]。空间的辐射主要来自宇宙射线、范艾伦带、太阳耀斑、太阳电磁辐射和极光辐射等。范艾伦带已成为航天器的主要威胁[8]。在地球不同高度、不同轨道上，各种辐射粒子的能量和注量是不同的，通常采用1MeV的电子辐射等效空间带电粒子的辐射，取得数据后再与实际情况进行比较。

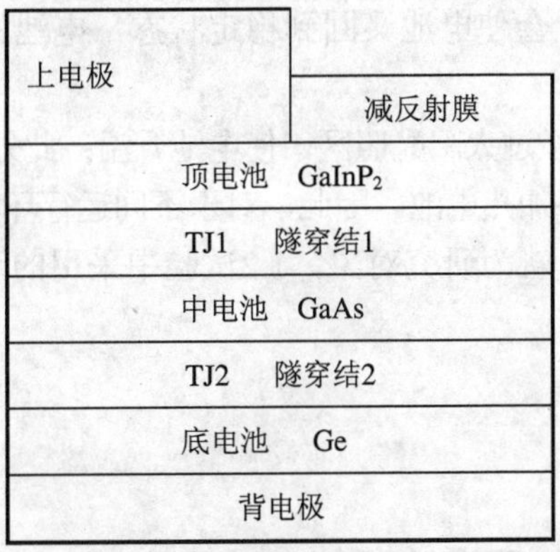

图 1 三结 GaInP₂/GaAs/Ge 太阳电池示意图

Bourgoin等人比较了1MeV电子辐照后Si、GaAs、GaInP电池的性能变化，发现Si电池耐辐照能力最差，而在效率保持方面，GaInP优于GaAs，辐照后GaInP和GaAs电池的开路电压则有相同的表现。Maurer等人对各种方法制备的GaAs电池辐照研究结果表明，质子辐照对开路电压的影响较强，而电子辐照则对短路电流和光谱响应的影响较大。Haapamaa等人报道了Equator-S卫星上GaInP/GaAs电池在经受1MeV、$10^{13}cm^{-2}$电子辐照后，性能开始衰减；当注量达到10^{15}时，电池的EOL为19%，是BOL的90.2%，短路电流、开路电压仅分别下降3.1%和1.4%，表现出极好的耐辐照能力。

国内自20世纪90年代中后期开始研制多结GaAs太阳电池，目前三结GaInP₂/GaAs/Ge太阳电池的研究效率已突破27%(AM0，1sun),而抗辐照研究与加固仍处于起步阶段。前期我单位已开展了单结、双结、三结砷化镓电池的各子电池以及初步研制的三结GaInP₂/GaAs/Ge太阳电池的辐照效应初步研究，包括相同能量、不同辐照剂量对相同结构电池性能的影响，相同能量、相同辐照剂量对不同结构电池性能的影响。结果表明，随着辐照剂量增大，电池辐照损伤增大；在相同辐照剂量下，各电池按GaInP₂顶电池、GaAs中电池、单结GaAs电池、双结GaInP₂/GaAs电池和三结GaInP₂/GaAs/Ge电池的顺序抗辐照能力依次下降。为此，为解决现阶段三结GaInP₂/GaAs/Ge电池抗辐照能力较低的问题，我所开展了更深入的研究与试验。本文正是基于此目的，对电池进行结构改进，即对三结GaInP₂/GaAs/Ge太阳电池（结构如图1所示）的顶、中子电池进行了加固设计，并将改进的结构应用于三结电池，以研究其耐辐照能力。

1 试验

1.1 电子辐照试验

三结GaInP₂/GaAs/Ge电池抗辐照试验是模拟太阳电池在轨辐射环境中的条件，在地面进行的试验。地面试验主要目的是确定模拟辐射对太阳电池片性能的影响，并为以后在轨数据的处理建立一种稳定的试验方法。鉴于太空环境十分复杂，完全模拟其辐照非常困难。目前本领域均采用单一的、标准的高能粒子进行辐照试验（即：选择能量1MeV电子作为入射粒子），累计注量则根据不同的运行环境和寿命要求而异。本试验以低轨道5～8年寿命为要求，选定累计注量为1×10^{15}e/cm²，即电子辐照条件为1MeV、1×10^{15}e/cm²，室温下直接入射到三结GaInP₂/GaAs/Ge太阳电池上（无盖片）。

1.2 三结砷化镓电池的抗辐加固设计

(1) 顶电池 n/P结构加固设计；

(2) 顶电池发射区加固设计；

(3) 顶电池基区加固设计；

(4) 中电池基区加固设计。

1.3 退火试验

太阳电池在空间环境中，单位时间内受到辐射的粒子量比试验时的量小得多（即：瞬时注量较小），导致电池在实验室的辐射衰减要比实际使用时大得多。实际上，辐射引起结构变化的电池处于亚稳定状态，一旦停止辐射，在加温或长时间放置会使电池又回到稳定状态，电池的性能也会有一定程度恢复。该现象被称之为电池退火效应。

空间太阳电池在飞行过程中，将经过太阳光照区，使电池升温；此外，入射到太阳电池表面的太阳总能量中较大部分（约80%～90%）能量也将加热电池。因此，对于不同运行环境的太阳电池有不同实际工作温度。

本工作以带电粒子辐射较强的低轨为研究对象，1.2试验中采用的退火工艺条件为：温度80℃，时间10小时。

2 结果与讨论

2.1 GaInP₂顶电池 n/p 结构的加固设计

由于InGaP₂材料带隙较高，且少子寿命较低，导致电流较低。为此，将顶电池设计为具有场助收集效应的n⁺-n⁻/p⁻-p⁺结构，以获得更高的光电流。而在辐照效应方面，可理论上分析：各层间由于浓度差形成漂移场，可将入射电子加速，使其快速穿过电池，降低电池辐射损伤程度。为验证上述分析，对n/p和n⁺-n⁻/p⁻-p⁺两种结构电池进行辐照试验。

样品FZ-1~FZ-4为常规n/p结构，FZ-7至FZ-10为n⁺-n⁻/p⁻-p⁺结构，电池其他部分结构参数相同。对比辐照实验前后的测试数据（如图2所

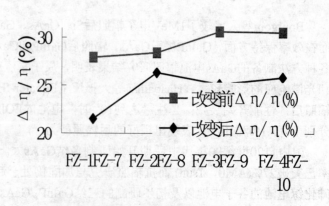

图2　高低掺杂前后辐照后效率衰减率对比

示），具有n^+-n^-/p^--p^+结构电池的效率衰减率分别为：25.51％，26.32％，25.12％，25.83％，均比常规n/p结构电池效率衰减率明显降低。因此，可以说n^+-n^-/p^--p^+结构的设计与使用不仅可提高电池的电性能，同时可显著改善电池的抗辐照性能。

2.2 GaInP$_2$顶电池基区的加固设计

为深入研究电池各功能层参数对电池抗辐照性能的影响，首先有必要通过试验确定能同时获得较高光伏特性和抗辐照性能的基区结构参数（厚度、浓度）。太阳电池的基区是产生光电流的重要功能层，其结构及参数的设计，要求有足够的厚度以充分吸收可用波长范围的太阳光。本节以3.1中确定的结构为基础，进行了顶电池基区的加固设计，以确定较合适的掺杂浓度与厚度。

为获得较高开路电压，并保证足够的少数载流子寿命，必须选择适当的顶电池基区浓度。样品FZ-15～FZ-17顶电池基区的浓度范围为10^{15}～10^{17}cm^{-3}，其初期效率均较好，辐射后效率衰减情况明显不同（见图3）。具有较高和较低基区浓度的样品，在辐照后效率衰减率均相对比较大；而对于样品FZ-16有较好的耐辐照能力，此时的掺杂浓度～10^{16}cm^{-3}。

为保证电池能充分吸收可用波段的太阳光，基区应有足够的厚度。但是，伴随着厚度的增加，入射电子在该区域造成的损伤也同时加剧。此外，三结电池中，顶电池通常是电流的限制部分，故基区厚度可较理论设计值略薄，本文选择0.45μm~0.95μm为试验厚度。样品FZ-1至FZ-6的辐照后测试电性能结果表现出规律性变化，证实了上述分析（如图4所示）。为保证足够的光电流，同时兼顾较好的耐辐照能力，本工作选择0.55～0.8μm为GaInP$_2$顶电池基区厚度范围，以便于调整电流，达到三结电池电流的匹配。

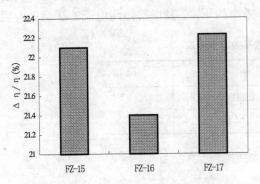

图3 效率衰减与顶电池基区浓度关系

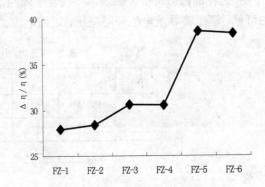

图4 辐射后效率衰减与顶电池基区厚度关系

2.3 GaInP$_2$顶电池发射区的加固设计

发射区通常较薄，但需有高的掺杂浓度，以保证开路电压Voc；另一方面，过高的掺杂浓度会使光生少子扩散长度较短，同时辐照损伤程度加剧。顶电池样品FZ-11到FZ-14的发射区浓度为：10^{17}～10^{19} cm^{-3}，比较辐射后电性能（见图4）可见，效率衰减率随顶电池发射区浓度的增加而增加，但达到一定浓度时又开始下降。较高掺杂下的较小性能衰减可以解释为：此时的光生少子寿命，因过高的掺杂已较低；而入射电子在晶体中的由于电离效应，导致晶体质量降低，引起的

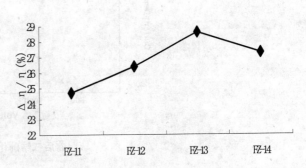

图5 辐射后效率衰减与顶电池发射区浓度关系

少子寿命缩短已不再显著。综合考虑辐照试验前后填充因子、电池效率和效率衰减率的变化，本工作选定样品FZ-11或FZ-12的发射区浓度为顶电池改进参数。

2.4 GaAs中电池基区的加固设计

与GaInP$_2$顶电池类似，本工作首先对GaAs中电池基区厚度进行系列试验。样品FZ-18～FZ-21基区厚度为：2.6μm～3.9μm，辐射前后电性能参数及效率衰减率见表1。

从表中可以看到，随着中电池基区厚度的增加，电池效率衰减率逐渐减少，但当厚度达到一定后，效率衰减率又增加。综合考虑电池的效率和辐照后衰减率变化，取中电池基区厚度为～3μm，这种结构的电池辐照衰减率均小于22%(如：FZ-19，FZ-22)。

表1　FZ-18～FZ-21 辐照实验结果

No.		V_{oc}(mV) (mV)	I_{sc}(mA/cm^2) (mA/cm^2)	FF	η(%)	Δη/η (%)
	辐射前	2510	17.27	0.839	26.88	
	辐射后	2397	14.98	0.784	20.80	
	辐射前	2465	16.55	0.832	25.09	
	辐射后	2341	14.4	0.8	19.93	
	辐射前	2521	17.03	0.845	26.81	
	辐射后	2374	14.99	0.779	20.49	
	辐射前	2487	16.38	0.846	25.47	
	辐射后	2285	14.74	0.804	20.01	

2.5　辐照条件对三结砷化镓太阳电池电性能的影响

图6是样品FZ-20的I-V曲线，实线表示辐照前性能，虚线为辐照后曲线，其电性能参数见表2。从图6及表2可见，辐照将导致电池开路电压、短路电流、填充因子和效率的下降，其中对短路电流的影响最为明显。

表2　FZ-20 电池电性能参数及效率衰减率

No.	V_{oc} (mV)	I_{sc} (mA/cm^2)	FF	η(%)	Δη/η(%)
辐射后	2521	17.4	0.821	26.61	
辐射前	2374	15.29	0.79	21.19	

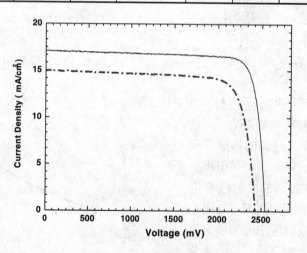

图6　辐照前后三结砷化镓太阳电池 I-V 曲线

3　结论

为进行三结GaInP$_2$/GaAs/Ge太阳电池抗辐加固设计，本工作以低轨道5～8年寿命要求为标准，对三结GaInP$_2$/GaAs/Ge太阳电池及其顶、中子电池进行室温下1MeV、1×10^{15}e/cm^{2}的电子辐照，并在80℃下，退火10小时。

对于顶电池，为获得以更好的耐辐照性能，（1）采用具有场助收集效应的n$^+$-n$^-$/p$^-$-p$^+$结构取代常规n/p结构，达到获得更高的光电流，降低电池辐射损伤程度的双重目的；（2）基区选择掺杂浓度～10^{16}cm^{-3}、厚度

0.55~0.8μm，以获得较高开路电压和合适的光电流，以及较低的辐射效率衰减；（3）高掺较薄的发射区，应选择10^{18}~10^{19} cm^{-3}的掺杂浓度。对于中电池的基区，其厚度选择为~3μm，此时的效率辐照衰减率小于22%。将上述改进措施应用于三结GaInP$_2$/GaAs/Ge太阳电池后，辐照效率衰减率为21.42%。

参 考 文 献

[1] N.de Angelis, J.C.Bougoin, et al, Solar cell degradation by electron Irradiation, Comparison between Si, GaAs and GaInP Cells, Solar Energy Materials &Solar Cells 2001,66:495-500.

[2] R.H.Maurer, G.A.Herbert, J.D. Kinnison, Gallium Arsenide Solar Cell Radiation Damage Study, IEEE Transaction on Nuclear Science, 1989, 36(6):2083-2091.

[3] J.Haapamaa, M.Pessa, G.La Roche, Radiation resistance of MBE-grown GaInP/GaAs cascade solar cells flown onboard Equator-S satellite, Solar Energy Materials &Solar Cells 2001,66:573-578.

[4] V.M.Andreev, O.I.Chosta, M.Z.Shvarts, Radiation resistance of GaAs/GaSb Tandem Solar Cell, Proceedings of European PVSEC,2000 (CD-ROM).

[5] N.H.Karam, R.R,King, M.Haddad, et al. Recent developments in high-efficiency Ga$_{0.5}$In$_{0.5}$P/GaAs/Ge dual- and triple-junction solar cells: steps to next –generation PV cells, Solar Energy Materials &Solar Cells 2001,66:573-578.

[6] B.Li, X.B.Xiang, Z.P.You, et al. High-efficiency AlGaAs/GaAs solar cells: Fabrication, irradiation and annealing effect, Solar Energy Materials &Solar Cells 1996, 44:63-67.

[7] Xiang Xianbi, Du Wenhui, Chang Xiulan, Liao Xianbo, Electron irradiation and thermal annealing effect on GaAs solar cells, Solar Energy Materials &Solar Cells 1998,55:313-322.

[8] 曹建中等. 半导体材料的辐射效应. 科学出版社，P15.

Research of Electron Radiation Effects in GaInP$_2$/GaAs/Ge Triple-junction Tandem Cells

Wan Bin   Tu Jielei   Wang Liangxing   Chi Weiying   Zeng Longyue
Chen Chaoqi and Zhang Zhongwei

Shanghai Institute of Space Power Sources

No. 388, Cangwu Road, Shanghai, 200233，km-tjl@263.net

Abstract   New high efficiency GaInP$_2$/GaAs/Ge triple-junctions solar cells are the most competitive space main power sources .The space degradation of electron radiation of solar cells is an important factor which influences the spacecrafts' life-time, it is necessary to research the radiation effects to ensure the solar cells' space application. This paper aims at the solar cells' radiation resistance performance, introduces the electron radiation tests and reinforces design for triple-junctions GaInP$_2$/GaAs/Ge solar sub cells and whole cells with different structures and parameters. In our work，after electron radiation under 1MeV、1×10^{15}e/cm^2, the degradation of efficiency of improved GaInP$_2$/GaAs/Ge triple junction solar cell could be less than 21.42%

Key words   High efficiency；GaInP2/GaAs/Ge triple junctions solar cells；Electron radiation；Structure improve

陀螺加速度计多脉冲问题的技术分析

汪莉莉

中国航天时代电子公司二三○厂

北京 142 信箱 414 分箱 30 号，邮编：100854，wanglili_julian@sohu.com，wanglili_julian@163.com

摘　要　陀螺加速度计负通道出现多脉冲问题是由于输电装置的接触不良造成的，而导致输电装置中导电杆与电刷之间接触不良的主要原因之一是由于导电杆在仪表上工作时从缝隙中析出胶状多余物，并呈薄膜状覆盖在导电环外圆上，从而阻碍电刷与导电环的接触。

关键词　陀螺加速度计；多脉冲；导电杆；胶状多余物

1　前言

陀螺加速度计的输电装置由电刷组件和导电杆组成，为陀螺组件内部的泵、陀螺电机和短路匝传感器传递电能和信号，同时将短路匝传感器输出信号送给伺服回路前置变换放大器。输电装置工作性能的稳定性直接关系到陀螺加速度计工作的可靠性和使用寿命，是陀螺加速度计的重要组成部分。

2　陀螺加速度计多脉冲问题的技术分析

2.1　问题概述

某平台进行电老练时，在 0 位置 Y 陀螺加速度计负通道出现多脉冲现象（此时 Y 陀螺加速度计正置，负通道应无脉冲出现），周期约为 20s（仪表进动一圈的时间）。

2.2　问题定位

将单表从平台上分解下来进行单表测试，负脉冲现象仍存在，所以将问题定位于陀螺加速度计表头上，测量输电装置动态接触电阻：7-9 点波动为 200～315Ω、8-9 点波动为 195～242Ω，7-8 点无波动，可以判定输电装置第 9 点存在接触不良现象。

因此，Y 陀螺加速度计多脉冲问题定位于陀螺加速度计内的输电装置上。

对陀螺加速度计及输电装置进行了分解，检查电刷与对应导电环的情况。将电刷组件拆下，在 40 倍显微镜下检查导电杆和电刷组件，发现以下现象：

1) 电刷组件无变形现象，各刷丝形状保持良好，刷丝弹力较好；

2) 导电杆导电环上电刷工作轨迹居中情况良好，第 6 环下边缘与胶层接触处呈圆周分布 7 颗白色半透明球状附着物，直径小于 0.1mm；第 9 环上有较少白色半透明胶膜状附着物分布（见图 1）。

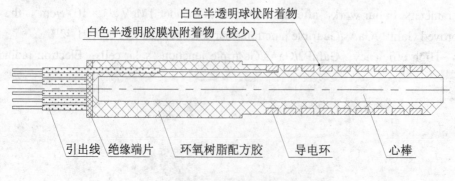

图 1　导电杆上多余物分布示意图

将该导电杆从仪表中拆下，对其进行分析：

1）将从陀螺加速度计中拆下的导电杆真空封装，并把封装好的导电杆放入烘箱，加热至 80℃，烘 40 小时，之后在 40 倍显微镜下观察导电杆表面，第 6 环下边缘与胶层接缝处白色半透明球状附着物增多，第 9 环白色半透明薄膜状多余物增多，下边缘与胶层接缝处出现同样的白色半透明球状附着物。

2）第 9 环上较少的白色半透明胶膜状多余物与胶层结合比较牢固，当它附着在导电环外圆面上时，可使导电环与电刷导通不良。白色半透明胶膜状附着物与白色半透明球状附着物颜色相似，状态相近。从以上多余物的状态特性与外观特征可判定白色半透明胶膜状附着物与白色半透明球状附着物为同种物质，均为导电杆上使用的环氧树脂胶。

通过以上现象及分析，将仪表的故障定位在导电杆自身产生胶状多余物上。

2.3　机理分析

2.3.1　多余物产生机理

从导电杆制造工艺和灌胶过程进行分析，引起胶状多余物的原因是导电杆局部胶液固化不充分造成的。在导电杆装配时，配方胶在固化过程中由于污染使局部胶液无法固化，导致导电杆局部未完全固化的胶液在仪表上工作时从缝隙中析出，呈薄膜状覆盖在导电环外圆上，从而阻碍电刷与导电环的接触，使其接触不良导致负脉冲。

2.3.2　多余物造成负脉冲机理分析

陀螺加速度计工作时采用电刷组件（见图 2）和导电杆（图 3）对应耦合的输电方式。当导电环上存在多余物时，就会影响对应电刷刷丝与其的接触，造成接触不良，引起接触电阻变大，导致该环的输电不良。

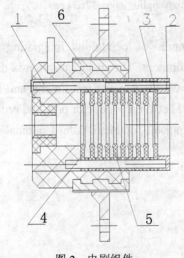

图 2　电刷组件

图 3　导电杆结构示意图

1—连接螺钉；2. 压圈；3. 绝缘片(3)；4. 绝缘片(1)；

　　5. 绝缘片(2)；6. 螺纹衬套

由电刷组件和导电杆组成的输电装置给陀螺组件内部的泵、陀螺电机和短路匝传感器输电，同时将短路匝传感器输出信号送给伺服回路前置变换放大器，伺服回路由内环轴的角度传感器、伺服放大器、外环轴的直流力矩电机组成。当内环轴有误差角度输出时，经过短路匝传感器和放大器把误差信号传输给力矩电机，在外环轴产生一个外加的力矩，平衡外环轴上的摩擦力矩，保证陀螺的转子轴和外环轴垂直。如果角度传感器输出信号异常，使力矩电机的驱动电流变化，从而使陀螺加速度计的外环轴抖动。此时陀螺加速度计的输出电路负通道就会有多余的脉冲输出。导电杆第 9 环是短路匝传感器的输出，如果该环接触不良，就会给伺服回路一个误差信号，从而导致仪表正置时负通道出现多脉冲，并且产生力矩电流跳动。

2.4　解决的措施及其有效性

1）将 X 平台上的 Y 陀螺加速度计进行更换。在平台更换仪表后，对平台进行功能检查、安装精度检查、随机振动试验、稳定测试等工作，平台系统工作正常。

2) 在导电杆的生产制造过程中增加一项高温挥发筛选，将有隐患的导电杆提前筛出。

2.5 结论

通过对该陀螺加速度计多脉冲问题的分析，认识到导致陀螺加速度计多脉冲问题的一种新的故障模式。输电装置是陀螺加速度计的重要组成部分，是陀螺加速度计工作可靠性的保证。导电杆是输电装置的核心零件，通过在制造过程中对导电杆进行高温挥发筛选，可以筛选出有隐患的导电杆，从而降低故障发生的概率，提高产品使用可靠性。

参 考 文 献

[1] 陆元九. 惯性器件. 宇航出版社，1993 年 11 月，第 228 页-第 232 页.

[2] 吴敏镜. 惯性器件制造技术. 宇航出版社，1989 年 03 月，第 368 页.

Technologic Analysis of the Problem on the Noise Pulse of the Pendulous Integrating Gyro Accelerometer

Wang Lili

China Aerospace Times Electronics Corporation 230 Factory

No. 30, P. O. Box 142-144, Beijing, 100854，wanglili_julian@sohu.com, wanglili_julian@163.com

Abstract　The problem on the noise pulse of the negative channels of pendulous integrating gyro accelerometer(PIGA) is due to ill contact of the electricity transmitting equipment. The main causation is due to separating out colloidal spilth from the aperture when conductor pole are working in the instrument, and these spilth laying over the conductor pole, as a result these spilth block the contact between conductor pole and brush.

Key words　Gyro accelerometer；Pendulous integrating；PIGA；Noise pulse；Conductor pole；Colloidal spilth

运载火箭气氧/煤油姿控发动机技术研究

王爱玲

上海航天动力机械研究所

上海桂平路 680 号，邮编：200233

摘　要　为实现空间推进系统无毒、无污染、低成本、高可靠，国内首次开展了运载火箭辅助动力系统气氧/煤油发动机的技术研究。研究结果表明，采用电脉冲点火器可实现发动机的可靠点火，离心式喷注、铌合金液膜辐射冷却方案的 150N 气氧/煤油发动机真空比冲突破 2800Ns/kg，脉冲工作次数大于 3000 次，达到国际先进水平。

关键词　无毒推进剂；气氧/煤油；火箭发动机

1　引言

随着人们对环境保护和自身健康的日益关注，航天用推进剂的无毒化已成为一种发展趋势，常规有毒推进剂系统的使用将越来越受到限制，无毒、无污染、高性能、低成本的空间推进系统正成为二十一世纪世界各国推进领域研究的主要方向。我国新一代运载火箭以加强环境保护、维护人体健康为宗旨，以发动机采用无毒、无污染推进剂实现整个推进系统低成本、高可靠为设计原则。

目前我国现役的运载火箭辅助动力系统使用的推进剂均为有毒推进剂，也许有人认为辅助动力系统的推进剂用量不大，污染不大，问题不大。其实不然，对于污染不仅仅是使用污染，还包括生产制造、试验及使用维护等过程的污染，均有违于环境保护和人体健康，不符合新一代运载火箭的总体规划和设计原则。为此需开展无毒、无污染辅助动力系统发动机及其关键技术的研究，本文着重阐述有关气氧/煤油发动机采用电脉冲点火器在地面及高空模拟舱的试验研究。

2　国外研究情况

航天技术的发展使人们认识到常规有毒推进剂带来的高毒性、强腐蚀、高污染和高成本等方面的问题，世界各国都趋向用无毒推进系统取代有毒推进系统并为此开展了大量的研究工作。就辅助动力系统而言，其发动机具有小推力、多脉冲、快响应工作特点，研究的无毒推进技术主要有过氧化氢/煤油（醇类）和液（气）氧/煤油（醇类）组合。这两种组合都属于非自燃推进剂，均需解决发动机点火问题。过氧化氢/煤油发动机主要采用在燃料中加入添加剂使之能与过氧化氢自燃；液（气）氧/煤油发动机则多采用电脉冲火花塞点火技术途径。

2.1　过氧化氢/煤油组合技术

过氧化氢作为单组元推进剂，德国曾用于 V-2 火箭驱动涡轮泵燃气发生器；俄罗斯用于联盟系列载人飞船返回舱推进系统。过氧化氢也可用作为双组元发动机的氧化剂，在煤油燃料中加入添加剂与之自燃。俄罗斯早在 20 世纪 80 年代已研究出能与过氧化氢自燃的煤油添加剂；美国海军空战中心研制的与过氧化氢自燃的 NHMF 燃料，点火延迟期约为 17ms；美国马夸特公司为 NASA 上面级飞行试验计划研制的 10000 lb 推力 H2O2/JP-8 发动机，试验比冲为 275 s 至 298 s[1]。

虽然过氧化氢/煤油（醇类）组合具有低毒、自燃、系统简单等优点，但尚存在添加剂的存贮稳定性、材料相容性及高浓度过氧化氢的使用、贮存安全性等问题[2]。目前尚无查询到有关型号使用的报道，但随着技术的突破和安全操作的规范，过氧化氢/煤油（醇类）组合也可成为空间推进系统的一种优势组合。

2.2 液(气)氧/煤油组合技术

与过氧化氢/煤油组合相比,液(气)氧/煤油组合具有无毒、比冲更高、成本更低等优点。上世纪 70 年代前后俄罗斯即开始研制液(气)氧/煤油组合技术,应用型号有天顶号、安加拉大型运载火箭和暴风雪号航天飞机等[3]。暴风雪号航天飞机上则采用姿、轨控发动机统一推进系统,2 台 90 kN 作轨道机动用的主发动机,真空比冲 362 s,开启 5000 次,推进剂均为液氧/煤油。38 台作轨道控制用的 4 kN 发动机,真空比冲 275～295 s,开启 2000 次;8 台精确定位用的 200 N 发动机,真空比冲 265 s,开启 5000 次,推进剂为气氧/煤油,采用电脉冲点火技术[4]。此外,俄罗斯最新研制的飞行号空射火箭上面级也采用了液(气)氧/煤油组合的姿、轨控统一推进系统,轨控发动机推力为 3 t,采用燃气发生器循环,比冲为 360 s;姿控发动机为 12 台 100N 推力的气氧/煤油发动机,采用电脉冲点火,比冲为 306 s[5]。

美国在 20 世纪 80 年代为降低航天飞机的维护费用和消除硝酸盐沉积对小孔的污染及羽流污染,对第二代航天飞机使用无毒推进剂进行了试验研究。航天飞机的推进剂更换为液氧/酒精或液氧/烃类,实现了 6670 N 气氧/酒精发动机的脉冲点火,其轨控发动机推进剂为液氧/酒精,姿控发动机推进剂为气氧/酒精。

3 气氧/煤油发动机研究意义

气氧/煤油姿控发动机的研究成功不仅能实现无毒、无污染、高性能、低成本,加强环境保护、维护人体健康的目标,同时能提高我国运载火箭辅助动力系统的技术含量,其中包括点火技术、阀门技术和推进剂贮存技术等。新一代运载火箭辅助动力系统与芯级发动机推进剂一致,可实现真正意义上的火箭全无毒、无污染,可大大简化发射基地勤务,提高产品的安全性和可靠性。

姿控发动机因结构小、推力小、多脉冲、快响应等特点,点火不宜采用常规的火药、火炬点火。需研究适合发动机多次启动的小型化、高性能电点火器,解决高空环境下的脉冲点火问题。此外,气氧/煤油组合具有混合性好、热值高、比冲高、性能高、燃烧温度高等特点。与液/液推进剂组合相比其燃烧准备时间更短,燃烧温度更高,因此发动机的头部喷注和身部冷却成为一大技术难点。

气氧/煤油发动机为我国首次研制的气/液推进剂组合发动机,主要关键技术有:
- 发动机电脉冲点火技术研究;
- 发动机头部喷注及身部冷却技术研究;
- 发动机启动、脉冲及稳态性能研究;
- 发动机高空点火及工作性能研究。

4 气氧/煤油发动机设计参数

以 150N 推力的气氧/煤油发动机作为研制关键技术突破点,设计参数如表 1。

表 1 气氧/煤油发动机设计参数

参 数 名 称		技 术 指 标
推进剂	氧化剂	GB3863-1995 气氧
	燃 料	煤油
燃烧室压强		约 0.8MPa
推进剂混合比		1.8～2.0
设计真空比冲		≥2800Ns/kg
工作模式		稳态及脉冲
起动加速性		≤80ms
关机减速度性		≤100ms
最长连续工作时间		100s
最短脉冲工作时间		200ms
脉冲工作次数		1500 次

5 气氧/煤油发动机设计方案

5.1 点火方式

气氧/煤油推进剂组合为非自燃，发动机工作特点是脉冲工作次数多、推力响应时间短，同时受到安装结构的限制。分析认为电脉冲火花塞式点火器能够满足上述要求，虽然这种点火技术在火箭发动机上尚未使用过，但在我国直升飞机、航空发动机和工业系统中已广泛使用，有一定的研制基础，可使火箭发动机点火技术有所创新。为此选择电脉冲火花塞式点火方案，火花塞直接装入发动机头部，贮能器可安装在头部上端也可另行安装，点火时序由控制系统控制。

5.2 喷注器及身部冷却方式

气氧/煤油发动机的喷注方案，从离心和直流式两种喷注器头部方案同时入手，通过筛选性试验验证择优选取一种。气氧/煤油发动机的身部冷却方式则采用成熟的铌合金液膜辐射冷却方案。

5.3 阀门方式

气氧/煤油发动机的氧化剂、燃料阀门均选用成熟的电磁阀方案，该电磁阀具有快响应和开启寿命高的特点，能够满足气氧/煤油发动机的启动及脉冲工作要求。

6 电点火气氧/煤油发动机研制

6.1 气氧/煤油发动机

短喷管气氧/煤油发动机如图 1 所示。

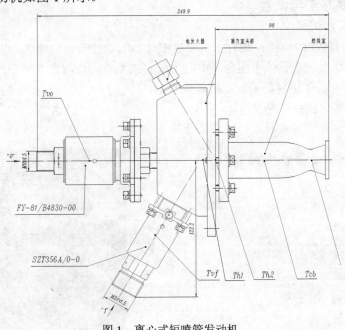

图 1 离心式短喷管发动机

发动机特点：采用电脉冲火花塞式点火器直接点火；推进剂为气氧/煤油组合，无毒；头部由本体和芯体组成；身部为铌合金辐射冷却；工作模式为稳态和脉冲。

发动机参数：推力 150N，燃烧室压强 0.8MPa，混合比 1.6~2.0，喷管面积比 10，喷管喉部直径 11.7cm，氧化剂流量 32.11g/s，燃料流量 17.84g/s。

6.2 电脉冲点火器

采用工业用点火器验证发动机直接点火可行基础上，进行小型化、高性能适合气氧煤油发动机的电脉冲点火器研制。原工业用点火器结构尺寸大、质量重、发火响应时间长等，不能满足小推力发动机的使用要求。新研制的航天用气氧煤油发动机点火器结构小、重量轻、放电频率高，能与电磁阀同步开/关。两种点火器性能参数的对比见表2，火花塞实物照片见图2。

表2 电脉冲点火器参数对比表

性能参数	工业点火器	航天点火器
火花能量	1J	130mJ
放电频率	50SPS	200SPS
供电电压	220V/AC	27V/DC
结构尺寸	$\phi10\times60mm$	$\phi6\times35mm$
质量	3kg	0.5kg

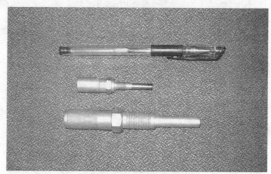

图2 火花塞实物照片

6.3 研制中的主要问题

电点火气氧煤油发动机为国内首次研制，研制过程中遇到有关冷试、点火、冷却、试车、测量等一系列问题，其主要有：

- 工业用点火器不适用于小姿控发动机；
- 气/液组合喷注器的有效混合问题；
- 电点火成功率与能量、结构的匹配问题；
- 发动机稳态工作壁温过高导致烧蚀问题；
- 发动机在高空环境下的真空点火及可靠性问题。

6.4 解决问题的主要方法与试验

(1) 喷注器设计与雾化试验

为解决气/液组合的有效混合问题，进行了多方案喷注器的设计与试验研究。最终选择离心式喷注方案。该方案的火花塞与喷注面在一个设计平面内，中心为离心式喷嘴，外圈设有液膜冷却孔，见图3。离心式喷注器能使气/液有效混合，创造良好的发动机点火氛围。

离心式喷注器冷流雾化试验情况见图4。

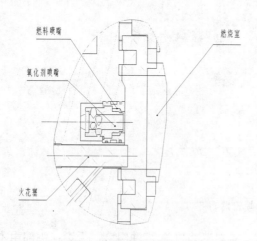

图3 离心式喷注器结构图

图4 离心式喷注器的喷雾照片

(2) 气液两相流的燃烧流场研究

应用发动机的设计理论，对直流式不同结构的喷注方案进行气液两相流的燃烧流场模拟分析及试验研究，获取气氧/煤油发动机液滴的粒径、分布，气液两相流的流强分布及混合比分布。该燃烧过程的理论模拟计算及仿真温度分布场为方案的取舍提供了参考[6]，见图5。

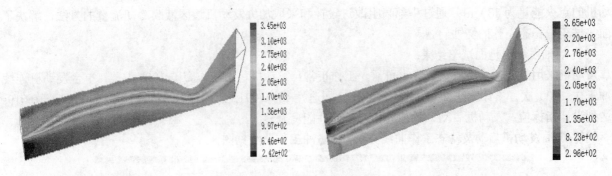

图 5　不同结构的燃烧温度分布场

(4) 氧化剂路气流试验

通过冷态氧气的气流试验可获取发动机氧化剂路流量与压降的变化关系。燃烧室压强为 0.7MPa(表压)的流量与压降的关系曲线见图6。

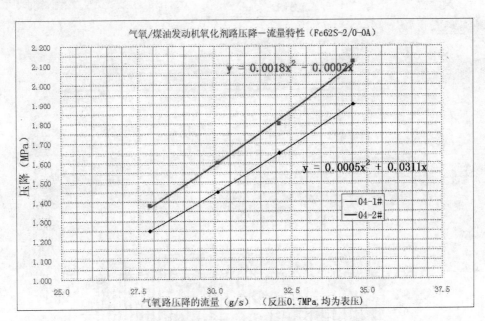

图 6　0.7MPa 流量与压降关系

7　气氧/煤油发动机热试车

7.1　发动机地面热试车

地面热试车发动机状态：发动机喷管为短喷管状态；喷注器为多种直流与离心式方案；点火器为工业和航天用两种型号。

通过地面热试车，验证了气氧/煤油发动机用电点火器直接点火的可行性；验证了航天小型电点火器的点火性能、能量匹配性能及与电磁阀同步开/关性能；筛选了气氧/煤油发动机的多种喷注方案(不同喷注结构、不同冷却流量等)；考核了气氧/煤油发动机的启动、脉冲及稳态工作性能。

(1) 地面热试车中遇到的主要问题

工业用点火器结构尺寸过大，导致发动机头部形成预燃室，使燃烧高温区靠近发动机头部；

点火器与发动机电磁阀的同步开/关问题；

电脉冲点火器的点火能量不足，导致脉冲工作过程中，个别脉冲不能正常点火；

发动机身部壁温过高，约 1500℃，导致发动机稳态工作 5～8s 烧蚀。

(2) 采取的措施及试车结果

研制了航天用小型点火器，取消头部预燃室，使发动机头部结构更合理；点火贮能器电路中增设了自动延迟电路，解决了与发动机电磁阀的同步开/关问题；通过不同能量的点火器试验，确定150N 气氧/煤油发动机的点火能量为 130 mJ；通过头部喷咀改进设计和采取加大发动机边区液膜冷却流量的方法，解决了地面热试车中稳态工作的烧蚀问题。

气氧/煤油发动机地面试车结果：

发动机采用航天用小型点火器点火可靠，工作正常；发动机稳态工作突破 100s 大关，单台发动机连续脉冲工作 1000 次、累计脉冲工作 1500 次，起动加速性 $t_{90}=0.0912\pm0.01s$，关机减速性 $t_{10}=0.064\pm0.019s$ 均达到设计指标值；发动机启动、脉冲及稳态工作性能良好。

气氧/煤油发动机启动及稳态工作曲线见图 7，脉冲工作曲线见图 8。

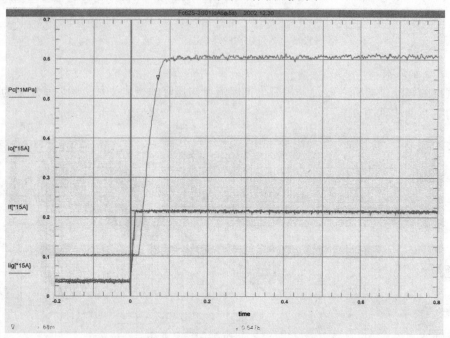

图 7　启动及稳态工作 Pc 曲线

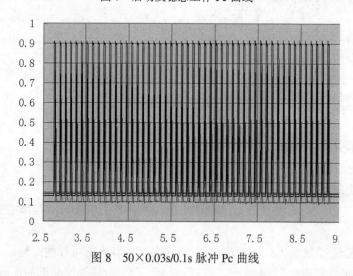

图 8　50×0.03s/0.1s 脉冲 Pc 曲线

(3) 地面热试车结论

- 气氧/煤油推进剂组合燃烧性能优良；
- 航天小型点火器研制成功，电脉冲点火性能可靠，能与电磁阀实现同步开/关；
- 发动机地面试车冷却问题基本解决；
- 气氧/煤油发动机启动、稳态、脉冲程序工作正常，各项性能参数基本达到设计指标。

7.2　发动机高空模拟热试车

高空模拟热试车发动机状态：发动机喷管为铌合金辐射冷却大喷管；头部喷注器为通过地面热试车的离心式方案和改进型离心式方案；点火器为航天用小型点火器。真空舱状态：真空度≤410 Pa，模拟 42 km

高空环境。

通过气氧/煤油高空模拟热试车,进一步考核和验证了电点火方案的可行性和电脉冲点火性能;考核了气氧/煤油发动机的启动、脉冲及稳态工作性能;考核发动机高空启动/关机特性及发动机边区冷却性能;测取发动机高空稳态、脉冲工作性能参数。

高空模拟试车发动机见图9。

(1) 高空模拟热试车的主要难题

在真空度为 300Pa～4750Pa 的真空舱内,气氧/煤油发动机点火失败;调整发动机工况、点火时序和点火能量后气氧/煤油发动机仍未能正常点火;地面已突破稳态工作 100s 的气氧/煤油发动机,在高空模拟环境下稳态工作 40s 出现烧蚀。

(2) 采取的措施及热试车结果

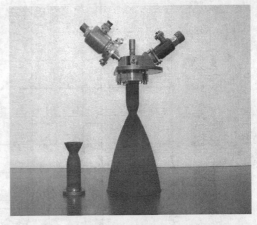

图 9 离心式大喷管发动机

分析认为,高空模拟环境下气氧煤油发动机点火失败和烧蚀的主要原因是点火氛围和环境发生变化所致。高空模拟舱内为低气压环境,进入发动机内的气氧被迅速扩散造成氧含量降低、助燃力下降,火花塞周围未能形成着火环境,故发动机高空点火屡遭失败。同样由于环境的变化,真空下身部外壁处无空气对流使发动机的身部温度升高导致烧蚀。

采取改进发动机头部结构的措施,从发动机氧路引一股气氧,从燃路引一股煤油在火花塞中心形成撞击对,以此改善火花塞周围的真空点火氛围。经高空模拟试车考核,发动机点火成功。对于发动机的烧蚀问题正在技术攻关和试验研究之中,尚未取得试验结果。

高空模拟试车结果:

真空度为 250Pa～410Pa 环境下,气氧/煤油发动机点火数十次均获成功;单台发动机累计脉冲工作 3200次,累计工作 114s,单次最长稳态工作时间 40s;发动机起动加速性 $t_{90}=0.113\pm0.049s$,关机减速性 $t_{10}=0.131\pm0.008s$;发动机真空比冲达 3000N•s/kg,满足设计指标;100ms 脉宽的推力冲量达 11.7N•s;发动机启动/关机和脉冲性能良好。

发动机高空模拟试车曲线见图10～图12。

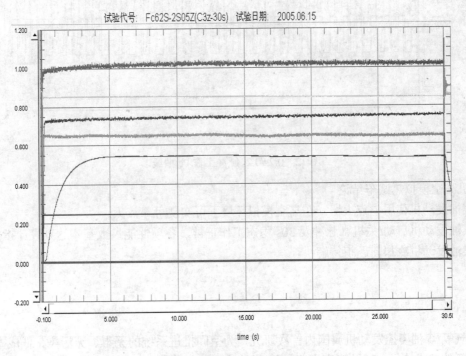

图 10 30s 稳态工作 Pc 曲线

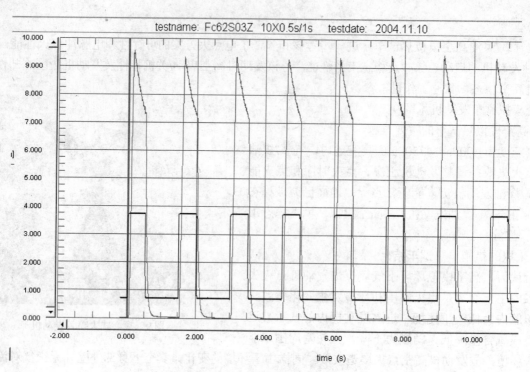

图 11   0.5s/1s 脉冲工作 Ps 曲线

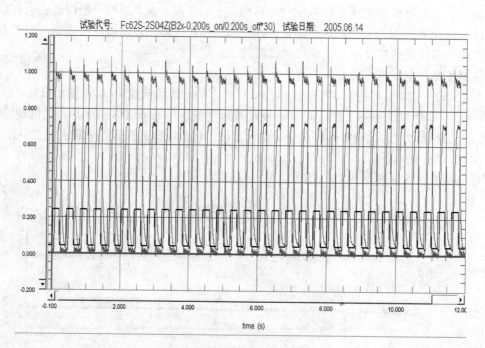

图 12   0.2s/0.2s 脉冲工作 Pc 曲线

(3) 发动机高空模拟热试车结论

• 气氧/煤油发动机使用电点火器,在高空模拟环境下可实现可靠点火;

• 气氧/煤油发动机启动/关机、脉冲及30s稳态工作正常,各项性能参数基本达到设计指标;

• 气氧/煤油发动机冷却问题正待解决。

6   结束语

运载火箭气氧/煤油姿控发动机属国内首次研究,为空间推进系统的无毒、无污染、低成本、高可靠研制走出了一条新的技术途径。试验研究表明气氧/煤油推进剂组合是一种理想的航天推进剂组合,其来源丰富,无毒、价廉、高能、可贮存,并且利于实现全箭推进剂一体化。气氧/煤油发动机高空电点火的突破证明了电脉冲点火方案的可行、可靠。150N 气氧/煤油发动机的研制解决了一系列技术难点，真空比冲达到 3000N•s/kg。但发动机冷却问题尚未彻底解决需进一步开展技术攻关和试验研究。

参 考 文 献

[1] H202-/JP-8 Rocket Engine：N2000089964.

[2] 顾明初. 航天推进与动力. 过氧化氢的现场操作，2005 年 2 期.

[3] 丁丰年，张恩昭. 火箭推进. 航天运载器及液体推进技术，2001 年 1 期.

[4] 暴风雪号航天飞机统一推进系统. 2004.

[5] SPACE TRANSPORTATION SYSTEM. 2004.

Study on GOx/Kerosene Engine for Carrier Rocket

Wang Ailing

Shanghai Institute of Space Propulsion

No. 680 Guiping Road, Shanghai, 200233

Abstract With the requirement of nontoxicity, unpollution, low cost and high reliability for space propulsion system, a novel engine, which uses gas oxygen as oxidizer and kerosene as fuel, has been developed for domestic auxiliary propulsion system. The investigation demonstrates that GOx/ kerosene engine can realize reliable ignition with electrical pulse ignitor and the number of pulse mode operation can reach 3000.The 2800N.s/kg specific impulse of 150N GOx/kerosene engine can acquire with centrifugal injector and radiation cooling niobium alloy material.

Key words Nontoxic propellant；GOx/kerosene；Rocket engine

微波 UQPSK 调制技术的研究

王创业　丁伟强

中国航天时代电子公司539厂

上海市嘉定区环城路1600号，邮编：201800，chuangye_mail@sohu.com

摘　要　本文先从UQPSK调制技术的理论入手，分析了其原理和调制模型，得出了其频谱特性，及其误码性能与功率和码速之间的关系。然后通过ADS仿真实际验证了UQPSK调制方式的独特性，并制作和测试了UQPSK调制器。

关键词　UQPSK；微波调制；正交调制；ADS仿真

1　引言

早在20世纪70年代末，国外就提出了UQPSK通信体制。这种传输体制被用于跟踪和数据中继卫星系统（TDRSS）和导航卫星的测时测距全球定位系统（NAVSTAR GPS）。在国内对此项技术的研究起步比较晚，应用也不多，但国家正在大力发展卫星产业，这种调制体制方式有着广阔的应用前景。目前市场上有通用多调制方式的模块，其中包括UQPSK调制方式，但大多数是中频调制。为了适应自身技术的储备和项目研发的需要，展开了对微波UQPSK调制技术的研究。

2　微波 UQPSK 的调制原理

QPSK是一项非常成熟的技术，其调制方框图如图1所示。由图可知，QPSK调制器可以看成由两个BPSK调制器构成。输入的串行二进制信息序列经串并变换，分成两路速率减半的序列。双极性非归零信号$I(t)$和$Q(t)$分别对$\cos\omega_0 t$和$\sin\omega_0 t$进行调制，相加后即得到QPSK信号。此时正交的两路信号幅度相等，称此种调制为平衡正交相移键控方式，也就是QPSK调制方式。若所加的两正交信号幅度不相等，则称之为不平衡正交调制相移键控方式，即UQPSK（Unbalanced Quadriphase-Shift-Keying）调制方式。在有些特殊情况下，要同时传输两路不同速率的信息，如既要传输语音信号，又要传输数据信号，这时候就用到UQPSK调制方式。

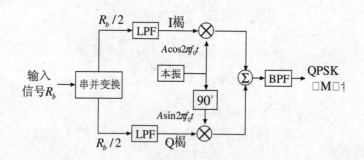

图1　QPSK 调制方框图

UQPSK调制方框图如图2所示。图中，I路比特流和Q路比特流不要求有一定的相位、幅度和码速等关系，是相互无关的两组比特流。它们分别与零相载波$\cos\omega_0 t$和正交载波$\sin\omega_0 t$进行二相PSK调制，然后两支路信号合成为UQPSK信号。因为UQPSK调制方式不要求两组数据流有严格的相位、幅度和码速等关系，甚至可以是不同的码型，而它的频谱占用率只是高码速那路BPSK信号的频谱占用率，所以用UQPSK方式来传输两组数据流就有很大的优越性。

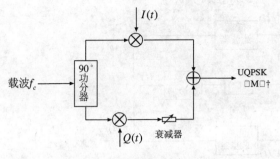
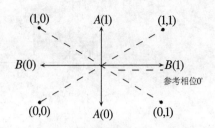

图 2　UQPSK 调制原理图　　　　　　　　　图 3　UQPSK 信号的组成

数字信号的微波调制解调的实现有两种方案，第一种是先把基带信号调制在中频频率上，然后再移频到微波频率；经过信道后在接收端首先经过下变频，然后在中频频率上进行解调。第二种方案是不经过中频，直接在微波频率上进行调制、解调。为什么要在微波频率上进行调制呢？第一种方案易于设计、制造，可以保证有一定的中频功率。其缺点是：（1）结构复杂，体积大；（2）成本高；（3）限制了最高数据率；（4）已调信号的质量在上变频过程中将不可避免的下降。第二种方案节省了混频和中放，电路体积小、调制精度容易保证。

3　UQPSK 调制解调的分析

3.1　UQPSK 信号的组成和频谱

在UQPSK系统中，可以把UQPSK信号看成是载波相互正交的两个二相PSK信号之和。图3中A、B为两组数据流的码符号。由图3中可以看出两个二相PSK信号的幅度不同，若以参考相位为基准，已调波的相位已不是 $\pi/4$ 或 $\pi/2$ 的奇数倍，这正是UQPSK与QPSK信号的区别所在。UQPSK调制器的方框图如图2所示。图中 $I(t)$ 和 $Q(t)$ 为两组互不相关的数据流。

$$
\begin{aligned}
I(t) &= \sqrt{2P_1}\, m_2(t) \\
Q(t) &= \sqrt{2P_2}\, m_2(t)
\end{aligned}
\tag{1}
$$

合路器输出的 UQPSK 信号为：

$$
\begin{aligned}
s(t) &= I(t)\cos(\omega_0 t+\theta) + Q(t)\sin(\omega_0 t+\theta) \\
&= \sqrt{2P_1}\, m_1(t)\cos(\omega_0 t+\theta) + \sqrt{2P_2}\, m_2(t)\sin(\omega_0 t+\theta)
\end{aligned}
\tag{2}
$$

则UQPSK信号的频谱，如下式所：。

$$
\begin{aligned}
G_{s_{UQPSK}}(f) &= \frac{P_1}{2}\big[S_1(f+f_0)+S_1(f-f_0)\big] + \frac{P_2}{2}\big[S_2(f+f_0)+S_2(f-f_0)\big] \\
&= \frac{P_1 T_{s1}}{2}\Big[Sa^2(\pi(f+f_0)T_{s1}) + Sa^2(\pi(f-f_0)T_{s1})\Big] \\
&\quad + \frac{P_2 T_{s2}}{2}\left[\frac{\sin^4(\pi(f+f_0)T_{s2})}{(\pi(f+f_0)T_{s2})^2} + \frac{\sin^4(\pi(f-f_0)T_{s2})}{(\pi(f-f_0)T_{s2})^2}\right]
\end{aligned}
\tag{3}
$$

3.2　微波 UQPSK 解调器模型分析

UQPSK信号必须采用相关解调，如何得到同频同相的载波是个关键的问题。UQPSK信号中没有载频分量，因而无法直接从已调信号中用滤波法提取。只有采用非线性变换才能产生新的频率分量。UQPSK信号的解调是通过二阶科斯塔斯环来实现的，其原理方框如图4所示。

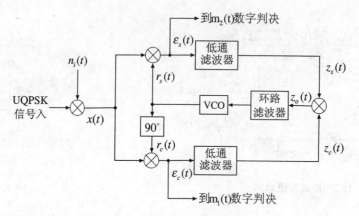

图4 科斯塔斯载波跟踪环

通过分析和推导，求出了UQPSK信号两路科斯塔斯解调环的误码性能。两路的误码性能与信道的信噪比、速率之比、功率之比、相互交调和调制指数有关。其具体表达式如下所示。

$$P_{E2} = \frac{1}{2} erfc\sqrt{R_{T2}\eta_2} + \frac{1}{2}\sqrt{\frac{R_{T2}\eta_2}{\pi}}\exp(-R_{T2}\eta_2)[1+2R_{T2}\eta_1\overline{\tilde{m}_{12}^2}]\sigma_\phi^2$$

$$P_{E1} = \frac{1}{2} erfc\sqrt{R_{T2}\gamma_T\eta_1} + \frac{1}{2}\sqrt{\frac{R_{T2}\gamma_T\eta_1}{\pi}}\exp(-R_{T2}\gamma_T\eta_1)[1+2R_{T2}\eta_2\overline{\tilde{m}_{12}^2}]\sigma_\phi^2$$

(4)

下面取UQPSK调制的载波 $f_c = 2.25\text{GHz}$ ，两路调制信号分别为2Mbps和5Mbps的NRZ码，信道的信噪比 $E_b / N_0 = 10\text{dB}$ 。则两路在不同功率比条件下的误码率曲线如图5所示。由图5可知，当两路的码速比一定时，高码速的一路误码率高，而低码速的一路误码率低。随着功率比P_2/P_1的增加，高码速路的误码率降低，而低码速路的误码率升高。当功率比P_2/P_1等于两路码速比时，这时两路达到相同的误码性能。也就是说，当传输两路码速不等的基带信号，且要求两路有相同的误码性能，这时就要求两路的功率有相应的比率。这就是为什么在传输两路不同速率的信号时要求两路有不同的功率。

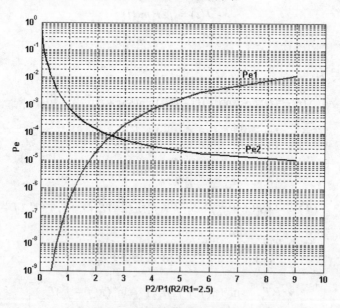

图5 误码率随功率之比的变化

4 UQPSK 调制解调系统的软件仿真

在调制器制作之前，对调制解调系统进行了仿真。软件仿真提前预知了各参数变化对调制器性能的影响，为电路设计和调试提供了捷径。仿真方框图如图6所示。

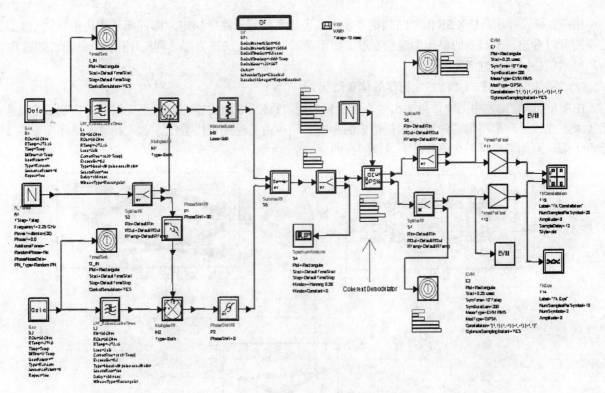

图 6　UQPSK 调制解调系统的仿真图

对于该系统在衰减和移相的情况下进行了仿真，下面是两种情况的仿真结果和分析。

(1) I路衰减5dB时的仿真结果

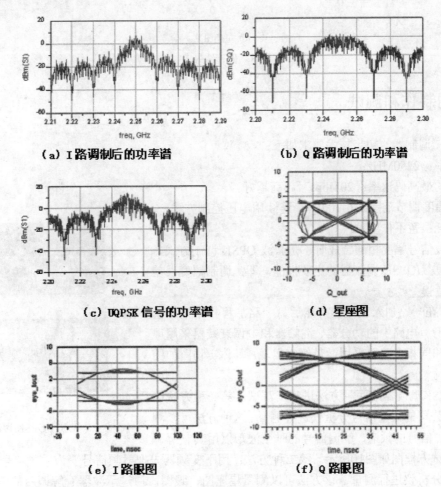

（a）I 路调制后的功率谱　　　　　　（b）Q 路调制后的功率谱

（c）UQPSK 信号的功率谱　　　　　　（d）星座图

（e）I 路眼图　　　　　　（f）Q 路眼图

图 7　仿真结果一

由图7可以看出，UQPSK信号的频谱宽度由高码速率的那一路所决定，即证明了理论推导的结果。由星座图可以看出，衰减后的星座图成长方形，而不是严格意义上的正方形。同时I路的眼图因衰减"瞳孔"变小，显然该路的误码性能要变差。

(2) I路加5dB衰减，Q路加5°相移的仿真结果

由图8可以看出，由图中可以看出当有正交偏移时，I路的眼图更差。说明正交偏移对调制器性能影响比较大，在设计时要尽可能的减小相位带来的影响。同时由星座图可以看出，加入相移时星座图变成了平行四边形，因此当两路正交偏移时，星座图扭曲。

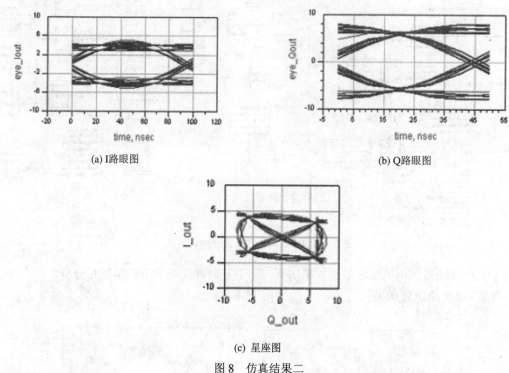

(a) I路眼图　　　　　　　　　　　　　　　(b) Q路眼图

(c) 星座图

图8　仿真结果二

5　调制器的制作和测试

微波 UQPSK 调制器的初步技术要求如下：

(1) 载波频率：2250MHz；

(2) 能适应的最高码速率：20Mbps（越高越好）；

(3) 正交路幅度调节范围：1~10dB ，连续用电压控制方式；

(4) 插入损耗：暂不作要求；

(5) 两路载波信号幅度相同合成时，是微波 QPSK 调制方式，调制器应满足微波 UQPSK 调制器的主要性能，即：调制幅度误差≤1dB，调制相位误差≤5°。

设计思路：在一路加入衰减器，然后另一路加移相器来补偿衰减器带来的相移。电路中的功分器、混频器和电调衰减采用现有器件，移相器和同相合路器采用微带线来实现。具体实物图如图9所示。

对微波UQPSK调制器用两种方法进行了测试。第一种方法：直接利用Agilent公司的矢量信号分析仪进行测量。这种方法可以测量星座图、眼图、信号的频谱、解调信号的时域波形以用其它解调指标。具体的测试方框图如图10所示。第二种方法：用下变频器先把射频信号变为中频信号，然后利用HP公司的矢量调制分析仪进行测量。该方法可以测量星座图、眼图，通过示波器看解调后的信号。第二种测试方案如图11所示。

图9　微波 UQPSK 调制器外形图

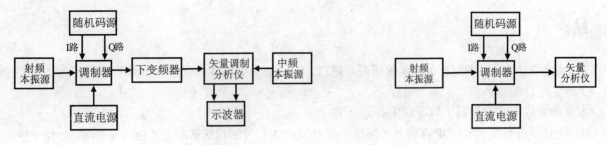

图 10　第一种测试方案　　　　　　　　　　　　　　图 11　第二种测试方案

　　第一种测试方案中的矢量分析仪的最大分辨率带宽为10MHz，因此限制了测试的最高码速率，但是该矢量分析仪测试各项指标比较方便，可以给出EVM值、幅度误差、相位误差、正交偏移和不平衡度。而第二种方案可以测更高的码速率，来测定调制器的最高码速率，但只能主观的看其形状的好坏。两种测试方法的测试结果如下图所示。

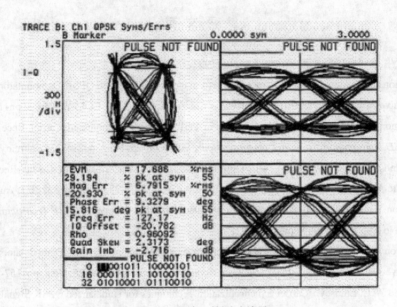

图 12　方法一的测试结果

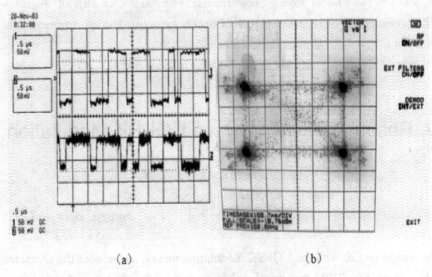

(a)　　　　　　　　　　　　　　　　(b)

图 13　方法二的测试结果

　　上图的测试条件：两路输入10Mbps的码源的不平衡调制。对该调制器测试时，采用的最高码源为20Mbps，而实际微波UQPSK调制器适应的码速率要比这个值要大。因此也说明了微波调制可以较容易的实现速率的高速传输。最后的实验结果证明微波UQPSK调制器的制作是成功的。

6 结束语

本文通过对UQPSK调制解调技术的研究，建立了对通信系统的整体概念，加深了对数字调制技术的理解，了解了电路制作和测试的整个过程。

本文的完成，主要取得了以下成果：

(1) 验证了随机序列和UQPSK信号的频谱，得出UQPSK信号的频谱宽度主要由码速率高的一路所决定。

(2) 对调制性能进行了分析，证实解调信号的误码率不仅与两路的码速率有关，还和两路的功率之比有关；而且提出了当两路的码速比等于功率比时，是UQPSK调制器设计的最佳点，此时两路的误码率同时达到最小。

(3) 利用ADS微波射频软件对UQPSK系统做了仿真，提出了解决微波UQPSK调制器衰减和相位正交的办法。提前预知各参数变化对调制器的影响。

参 考 文 献

[1] 曹志刚，钱亚生.现代通信原理.清华大学出版社，1992.

[2] Marvin K. Simon and Waddah K. Alem. Tracking Performance of Unbalanced QPSK Demodulators: Part I-Biphase Costas Loop with Passive Arm Filters. *IEEE Transactions on Communications*, Vol. COM-26, No. 8, pp1147-1157, August 1978.

[3] Marvin K. Simon and William C. Lindsey. Optimum Performance of Suppressed Carrier Receivers with Costas Loop Tracking. *IEEE Transactions on Communications*, Vol.COM-25, No.2, pp215-227,February 1977.

[4] William C. Lindsey and Marvin K. Simon. Optimum Design and Performance of Costas Receivers Containing Soft Bandpass Limiters. *IEEE Transactions on Communications*, Vol. COM-25, No.8, pp 822-831, August 1977.

[5] Marvin K.Simon. Error Probability Performance of Unbalanced QPSK Receivers. *IEEE Transactions on Communications*, Vol.COM-26, No.9,pp 1390-1396,September 1978.

[6] Marvin K. Simon and Waddah K. Alem. Tracking Performance of Unbalanced QPSK Demodulators: Part II-Biphase Costas Loop with Active Arm Filters. *IEEE Transactions on Communications*, Vol.COM-26, No.8, pp1157-1165, August 1978.

[7] W. R .Braun and W. C. Lindsey. Carrier Synchronization Techniques for Unbalanced QPSK Signals-Parts I & II. also this issue, pp1325-1333 and 1334-1341.*IEEE Transactions on Communications*, Vol. COM-26, No. 9, September 1978.

[8] Marvin K. Simon. Two-Channel Costas Loop Tracking Performance for UQPSK Signals with Arbitrary Data Formats. *IEEE Transactions on Communications*, Vol.COM-29, No.9, pp1275-1289, September 1979.

[9] 清华大学《微带电路》编写组. 微带电路. 人民邮电出版社，1976.

[10] 《中国集成电路大全》编委会. 微波集成电路（第1版）. 国防工业出版社，1995.

A Research for Microwave UQPSK Modulation

Wang Chuangye and Ding Weiqiang

China Aerospace Times Electronics Corporation

No. 1600 Huancheng Rd., Jiading District, Shanghai, 201800，chuangye_mail@sohu.com

Abstract　This article begins with the UQPSK modulation theory, and educes the characteristics of spectrum and the relationship among the BER, the signal power and the bit rate by analyzing the principle and the modulation model. Afterwards，the characteristics of UQPSK modulation have been validated through ADS soft simulation, and a UQPSK modulator has been made and tested.

Key words　UQPSK; Microwave modulation；Quadrature modulation；ADS simulation

激光陀螺用光学谐振腔的设计方法研究

王登顺　季德成

北京自动化控制设备研究所

北京市 7209 信箱 31 分箱，邮编：100074，greatwds@163.com

摘　要　本文首先简要提出了激光陀螺用光学谐振腔的设计方法和过程，主要包括确定谐振腔的外形尺寸和基本形状、确定谐振腔的参数范围、分析谐振腔性能并精确确定其各个参数；从设计的角度分析了谐振腔的稳定性和腔内振荡光的光斑尺寸，包括腔的光学长度和端镜的曲率等对谐振腔稳定性的影响，以及端镜处和光腰处的光斑尺寸；采用传输矩阵的研究方法对某型激光陀螺的谐振腔稳定性、腔内光斑尺寸进行了理论分析，得出了相关的表达式。在理论分析的基础上，对某型激光陀螺所选用的谐振腔参数进行了数值扫描，绘出了谐振腔稳定性和腔内光斑尺寸随腔参数的变化曲线。这些方面的分析和结果将为激光陀螺用光学谐振腔的设计提供很好的理论依据，而且可以为设计出高品质的谐振腔提供一定的保障。

关键词　激光陀螺；光学谐振腔；稳定性；光斑尺寸

1　引言

激光陀螺是利用光学 Sagnac 效应制成的一种敏感转速的光学元件，作为捷联式惯性导航系统的理想器件，它在许多方面具有机械陀螺仪所无可比拟的优点[1]。它已被广泛用在飞机、火箭等各种飞行器的捷联惯性导航系统中[2]。而环形 He-Ne 激光器是激光陀螺的核心部分，谐振腔又是激光器的三要素之一。激光器的结构尺寸、工作稳定性、模体积大小等都与谐振腔的设计息息相关[3]。因而谐振腔构成激光陀螺的主体，它产生陀螺效应所必须的反向激光行波。激光陀螺误差源除了与反射镜背向散射的锁区误差相关外还与谐振腔相关[4]。这样激光陀螺对谐振腔有更为特殊的要求，例如要远离谐振腔的稳区边缘，对工作时腔长的变化也有严格要求，腔长决定着激光陀螺标度因数的稳定性[5]，以及对输出光的光斑与发散角都有一定的特殊要求等。所以在设计激光陀螺的时候，对影响谐振腔稳定性，光斑尺寸，以及输出光发散角的各参数进行分析是很有必要的。而且激光陀螺要求严格地基横模运转[5]，所以精确地计算腔内振荡光的的光斑尺寸就有了另外的意义——确定光阑的孔径，或者计算光阑的衍射损耗。

本文从谐振腔的设计过程出发，以某型激光陀螺所采用的谐振腔为例进行了公式推导，得出了其谐振腔参数须满足的表达式，并利用这一表达式以及腔内振荡光光斑的计算公式，对有关参数进行了计算机扫描，得出了一系列数值下的稳区范围与光斑半径。清楚地阐述了这种利用谐振腔传输矩阵与稳定性条件的谐振腔设计方法。

2　谐振腔设计方法

激光器的三要素就是谐振腔、泵浦源以及工作物质，所以对于激光器设计来说，谐振腔设计是其中的一项重要工作内容。根据不同的分类方式[3]，谐振腔有以下分类：从振荡光的传播方式，可以分为行波腔与驻波腔，例如环形腔是行波腔，直腔是驻波腔；从腔侧面有无边界的角度，可以分为开放式谐振腔与封闭式谐振腔，简称开腔与闭腔，其中开腔又分为稳定腔、非稳腔与临界腔。激光陀螺采用的谐振腔为环形开放式稳定谐振腔。对于这种谐振腔的设计，一般有以下要求：在子午面与弧矢面上均满足谐振腔的稳定性条件，尽可能大的模体积（为了得到尽可能大的增益），尽可能少的光学元件以及较小的发散角等等。对于激光陀螺所采用的谐振腔则有更为严格且特殊的要求：首先要远离谐振腔的稳区边缘，以及要充分结合模体积与发散角的大小，因为激光陀螺要求尽可能大的模体积和非常小的发散角，而很多情况下这两方面是矛盾的。

考虑上面所述的要求，提出以下设计过程：（1）根据功能激光器的特殊要求确定使用的腔镜数目，并考虑激光器的尺寸粗略确定谐振腔的距离参数要求，即确定谐振腔的基本形状；（2）根据薄透镜对高斯光束的变换理论，粗略确定各腔镜的参数；（3）利用谐振腔的稳定性条件，导出腔参数须满足的表达式，找到远离谐振腔稳区的参数范围组合；（4）利用腔内振荡光斑的计算公式，计算腔内各位置的光斑半径；（5）根据前面得到的表达式，对参数进行数值扫描，找出满足要求的最优谐振腔参数；（6）考虑要求发散角很小的特点，不能采用曲率过小的腔镜。

第（1）、（2）步是缩小理论分析与数值计算的范围，尽可能地少作一些无用功，这是很必要的，否则谐振腔设计的工作量将会很大。后面几步是谐振腔设计的主体内容，包括理论推导与数值计算，下面将围绕这一中心展开讨论。

3 谐振腔设计举例分析

在这一部分，我主要以某型激光陀螺所采用的谐振腔为例，对谐振腔进行理论分析，得出有关腔参数的表达式。对于激光陀螺来说，应该有较小的尺寸，所以谐振腔的距离参数也应该去满足条件的较小的数值。考虑到这些要求，某型激光陀螺的谐振腔采用如图 1 所示的腔型结构。这些都是首先需要考虑的方面，接下来通过理论推导，最后进行综合分析，确定各个腔参数。

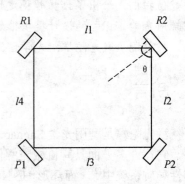

图 1 某型激光陀螺结构示意图

在这部分的理论推导中，为了使思路清晰，对谐振腔的参数进行简化，图 1 就是某型激光陀螺的结构示意图，其中，用 l_1 表示振荡光在高反镜 R_1 与输出镜 R_2 之间走过的光学长度，l_2 表示高反镜（或输出镜）与腔平移镜之间的光学长度，l_3 表示两个腔平移镜之间的光学长度。图 1 所示谐振腔子午面与弧矢面的传输矩阵分别如下(下标 Z、H 分别代表子午面和弧矢面)

$$M_Z = \begin{bmatrix} A_Z & B_Z \\ C_Z & D_Z \end{bmatrix} = \begin{bmatrix} 1 & l_1 \\ 0 & 1 \end{bmatrix} \begin{bmatrix} 1 & 0 \\ \dfrac{-2}{R_1 \cos\theta} & 1 \end{bmatrix} \begin{bmatrix} 1 & l_2 \\ 0 & 1 \end{bmatrix} \begin{bmatrix} 1 & 0 \\ 0 & 1 \end{bmatrix} \begin{bmatrix} 1 & l_3 \\ 0 & 1 \end{bmatrix} \begin{bmatrix} 1 & 0 \\ 0 & 1 \end{bmatrix}$$

$$\begin{bmatrix} 1 & l_2 \\ 0 & 1 \end{bmatrix} \begin{bmatrix} 1 & 0 \\ \dfrac{-2}{R_2 \cos\theta} & 1 \end{bmatrix} \tag{1}$$

$$M_H = \begin{bmatrix} A_H & B_H \\ C_H & D_H \end{bmatrix} = \begin{bmatrix} 1 & l_1 \\ 0 & 1 \end{bmatrix} \begin{bmatrix} 1 & 0 \\ \dfrac{-2\cos\theta}{R_1} & 1 \end{bmatrix} \begin{bmatrix} 1 & l_2 \\ 0 & 1 \end{bmatrix} \begin{bmatrix} 1 & 0 \\ 0 & 1 \end{bmatrix} \begin{bmatrix} 1 & l_3 \\ 0 & 1 \end{bmatrix} \begin{bmatrix} 1 & 0 \\ 0 & 1 \end{bmatrix}$$

$$\begin{bmatrix} 1 & l_2 \\ 0 & 1 \end{bmatrix} \begin{bmatrix} 1 & 0 \\ \dfrac{-2\cos\theta}{R_2} & 1 \end{bmatrix} \tag{2}$$

在这里若取 $R_1 = R_2$，则可以得到

$$\frac{A_Z + D_Z}{2} = 1 - \frac{2l_1 + 2l_2 + l_3 + 1}{R\cos\theta} + \frac{2l_1(2l_2 + l_3)}{R^2 \cos^2\theta} \tag{3}$$

$$\frac{A_H + D_H}{2} = 1 - \frac{(2l_1 + 2l_2 + l_3 + 1)\cos\theta}{R} + \frac{2l_1(2l_2 + l_3)\cos\theta}{R^2} \tag{4}$$

根据谐振腔稳定性条件[3]

$$\left| \frac{A + D}{2} \right| \leqslant 1 \tag{5}$$

即
$$\left|\frac{A_Z + D_Z}{2}\right| \leqslant 1 \quad , \quad \left|\frac{A_H + D_H}{2}\right| \leqslant 1 \tag{6}$$

可以得到
$$\left|1 - \frac{2l_1 + 2l_2 + l_3 + 1}{R\cos\theta} + \frac{2l_1(2l_2 + l_3)}{R^2\cos^2\theta}\right| \leqslant 1 \tag{7}$$

$$\left|1 - \frac{(2l_1 + 2l_2 + l_3 + 1)\cos\theta}{R} + \frac{2l_1(2l_2 + l_3)\cos\theta}{R^2}\right| \leqslant 1 \tag{8}$$

要得到稳定的激光输出，图1所示谐振腔的参数就必须满足式（7）和（8）。下面腔内振荡光斑的尺寸进行分析，从式（1）和（2）可以得到

$$B_Z = l_1 + 2l_2 + l_3 - \frac{2l_1(2l_2 + l_3)}{R\cos\theta} \tag{9}$$

$$B_H = l_1 + 2l_2 + l_3 - \frac{2l_1(2l_2 + l_3)\cos\theta}{R} \tag{10}$$

把式（3）、（4）、（9）和（10）代入下面的腔内振荡光斑尺寸计算公式[7]就可以得到光斑尺寸的计算公式，鉴于代入后，式子变得比较冗长，在这里就不列出其解析表达式了，直接在后面采用计算机扫描的方式得出其数值解（波长取 $0.6328\,\mu m$ ），结果如图2至图7所示。

$$\omega_Z^2 = \frac{\lambda B_Z}{\pi} \bigg/ \sqrt{\left|1 - \left(\frac{A_Z + D_Z}{2}\right)^2\right|} \tag{11}$$

$$\omega_H^2 = \frac{\lambda B_H}{\pi} \bigg/ \sqrt{\left|1 - \left(\frac{A_H + D_H}{2}\right)^2\right|} \tag{12}$$

根据图2，可知满足谐振腔稳定性条件的 R 有两个范围，但是对于激光陀螺来说，只能选用第二个范围，原因有二：一第一个范围比较小，不能满足远离稳区边缘的条件；二对应第一个范围的 R 数值相当小，会导致较大的输出光发散角。由图3可以看出，距离 l_1 的范围是从零开始的，所以从谐振腔稳定性

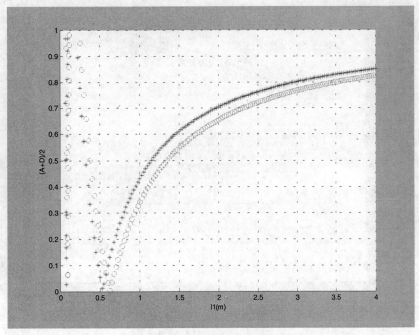

图2　腔参数 R 对谐振腔稳区的影响

（o—子午面，*—弧矢面）

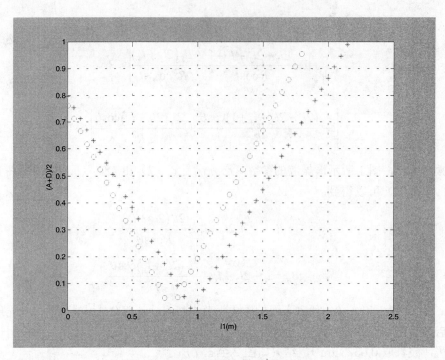

图 3　腔参数 l_1 对谐振腔稳区的影响

（o—子午面，*—弧矢面）

的角度说，可以选用足够小的数值，也就是说，在考虑其它因素（如放电毛细管的长度、陀螺标度因数大小等）的情况下，可以取尽可能小的数值，以缩小陀螺的体积。由图 4 与图 6，可以看出，从激光器像散以及输出光发散角的角度来说，R 的取值范围比较大，这样就需要综合考虑谐振腔的抗变形能力与模体积两个方面，找到最佳结合点。从图 5 与图 7，可以知道当 l_1 取较大的数值时，光阑处的光斑与输出镜处的光斑相差相对较大，结果就是发散角会相应的变大，考虑这一点，l_1 也应该取较小的数值。

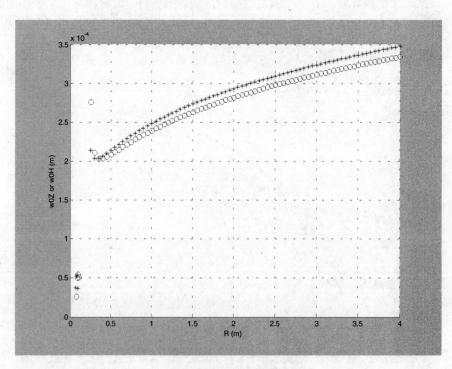

图 4　光阑处光斑半径随 R 的变化

（o—子午面，*—弧矢面）

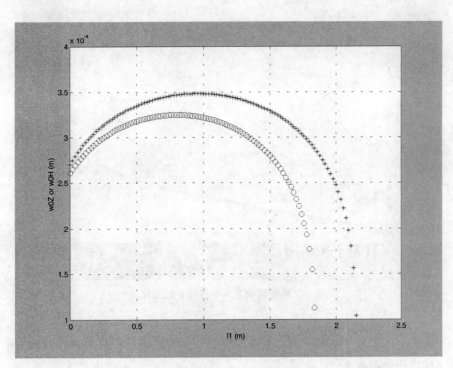

图 5　光阑处光斑半径随 l_1 的变化

（o—子午面，*—弧矢面）

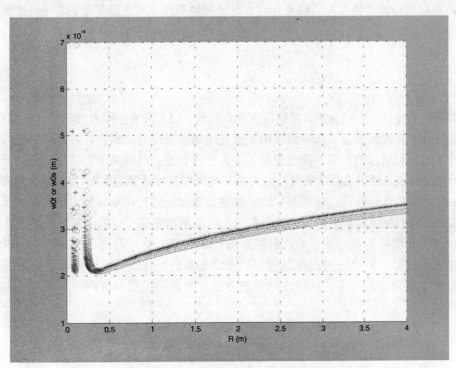

图 6　输出镜处光斑半径随 R 的变化

（o—子午面，*—弧矢面）

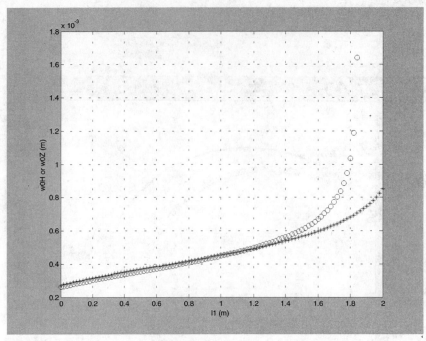

图 7 输出镜处光斑半径随 l_1 的变化

（o—子午面，*—弧矢面）

在激光器的工程设计中，基于不同阶次模具有不同衍射损耗的的特性，为得到 TEM$_{00}$ 模，光斑半径 ω 与放电管直径 d 之间应取的关系为[3]

$$\omega = 0.3d \tag{13}$$

当振荡光的光斑半径远小于放电管的直径时，为了限制高阶模得到基横模的运转，就需要加入限模光阑，那么光阑直径与振荡光斑的关系就可以取为（13）式。再结合图 3、图 4 所示的光斑尺寸结果，就可以确定限模光阑的孔径。

用同样的方法可以分析讨论 l_2 与 l_3 以及角度 θ 对谐振腔稳区和对光斑半径的影响，找到它的满足激光陀螺设计要求的最佳数值。

4 结论

通过对光学谐振腔的设计方法分析，得出以下几点结论：（1）因为不同激光器的谐振腔有很大的区别，所以设计具有某种特殊功能激光器的谐振腔（例如激光陀螺所采用的谐振腔）首先要根据具体要求整体考虑谐振腔的结构。（2）利用传输矩阵对激光陀螺的谐振腔进行设计具有两个方面的优点：一是可以对激光陀螺所必须考虑的模体积（通过增益区长度与腔内振荡光斑的尺寸计算得到）、发散角、腔内各位置的光斑半径等进行详细分析和数值比较；二是相对来说，推导计算过程比较简单易行，还可以与计算机的数值计算结合起来，得出具体的曲线和数值，找到谐振腔的稳区范围和光斑尺寸随强参数的变化趋势。

在本文中，通过计算机扫描的方式对这种腔形进行了数值求解，得到了相关的变化曲线，为腔参数的选择提供了依据；这种分析方法与思路同样可以应用在其它形式的谐振腔设计上，相信采用这种简洁的谐振腔设计方法必将为激光陀螺的结构设计带来方便，为设计出更为合理、更为实用的谐振腔提供较好的保障。

参 考 文 献

[1] 高伯龙，李树棠．激光陀螺，中国人民解放军国防科学技术大学．

[2] 杜建邦．三角形环形激光谐振腔调腔原理及方法.应用光学，1999 20（6）：P30—33.

[3] 周炳琨，高以智等．激光原理.国防工业出版社，2000 年 1 月第四版.

[4] 韩宗虎，冯培德．谐振腔参数对激光陀螺性能影响的分析.中国惯性技术学报，2002 10（2）：P32—38.

[5] 杨培根，龚智炳等．光电惯性技术.兵器工业出版社，1999 年 9 月第一版.

[6] 马养武，陈钰清等．激光器件.浙江大学出版社，1994 年 11 月第一版.

[7] 吕百达．激光光学.四川大学出版社，1992 年 12 月第二版.

Study of the Designing Method of RLG's Optical Resonator

Wang Dengshun and Ji Decheng

Beijing Institute of Automatic Control Equipment

P. O. Box 7209-31, Beijing, 100074，greatwds@163.com

Abstract   The method and process of RLG(ring laser gyro)'s optical resonator are introduced. Stability and spot-size of optical resonator are analyzed theoretically from the point of designing. Recording to theoretical analysis, the parameters of the differential laser gyro are calculated in numerical value. The sketch of stability and the spot-size versus the parameters of optical resonator is spotted. This paper's analysis and results can become theoretical foundation of optical resonator designing of RLG.

Key words   Ring laser gyro；Optical resonator；Stability；Spot-size

质子交换膜燃料电池及其在空间领域中的应用

王东　张伟　刘向

上海航天技术研究院 811 所

上海市苍梧路 388 号，邮编：200233，sispwd@yahoo.com.cn

摘　要　质子交换膜燃料电池由于其优异的电性能，在近期的空间领域将有广阔的应用前景。本文针对空间领域对电源系统的要求，结合质子交换膜燃料电池的工作原理和使用性能，论证了质子交换膜燃料电池及其在此基础上发展的可再生燃料电池系统在空间领域中应用必要性和可行性，并提出了发展我国空间领域质子交换膜燃料电池系统的建议。

关键词　质子交换膜燃料电池；可再生燃料电池；空间能源

1　引言

随着科学技术，特别是信息技术的发展，军事航天系统在未来战争中起着举足轻重的作用，"制天权"变得越来越重要，空间军事化及空间攻防对抗的序幕已经拉开。目前，我国航天高技术发展规划已初步确定，载人飞船、空间站、探月飞船、天地往返系统、太阳能无人飞机、空间对抗平台等各类新型航天航空飞行器已经提到了议事日程上来。随着各类新型航天航空飞行器概念和空间攻防技术的提出和逐步实现，对电源系统的使用也提出了更高的要求。空间领域中的电源系统需要具备较长时间高功率输出、响应速度快、安全性好等新特点。由于受质量、体积和可靠性等方面的限制，目前的卫星用太阳电池－蓄电池电源系统已经不能满足各类新型空间攻防技术对能源的需求，因此有必要在原有卫星电源系统基础上开展新型空间能源系统的研究，以满足空间领域对高品质电源的迫切需求[1]。

国外氢氧燃料电池的发展是从航天器电源的需求发展起来的。从 20 世纪 60 年代起，氢氧燃料电池系统已在航天器，诸如美国的双子星座载人飞船、阿波罗登月飞船、俄罗斯的月球轨道器和暴风雪号航天飞机作为主电源系统使用。随着质子交换膜燃料电池技术突飞猛进的发展，现在已由单一的氢氧燃料电池发电系统发展到了与太阳能电池阵匹配的再生燃料电池发电系统。美国航空航天局（NASA）专门制定了针对航天飞机、可重复使用运载器和火星登陆器、空间站等新一代航天飞行器使用的 10kW～20kW 级质子交换膜燃料电池发电系统发展计划。远征月球和火星探测器的电源系统试验件均为带有单独水电解器的再生氢氧燃料电池发电系统，可以使月球登陆器的电源系统质量比功率达到 1019W/kg，是同样供电能力的传统太阳能电池+蓄电池系统的 3 倍；工作寿命达到 30000～40000 小时。欧洲航天局（ESA）为空间站研究的 20kW 再生氢氧燃料电池发电系统已取得成功，其贮能水平和寿命都是远优于镉镍和氢镍电池。NASA 正在研究和发展的能在 30km 高空中连续飞行半年的 Helios 无人驾驶飞机，其夜间飞行就是依靠再生质子交换膜氢氧燃料电池发电系统提供动力，其燃料电池和水电解器为一体化设计，电解的氢氧高压气态存储，系统效率 31.6%。已于 2003 年 6 月试飞，预计到 2006 年正式使用。

总体说来，质子交换膜燃料电池系统在空间领域的应用有以下特点：

(1) 自身为独立电源系统，放电电流密度最高可达 2A/cm^2，输出能量只取决于所携带氢气和氧气量，抗攻击能力强，安全性好。

(2) 可快速响应，从 10% 到 90% 额定功率的启动响应时间不超过 1s，能够及时满足空间作战负载高速启动需要。

(3) 高可靠特性。燃料电池发电装置由单个电池堆叠至所需规模的电池组构成。由于这种电池组是模块结构，因而维修十分方便。另外，当燃料电池的负载有变动时，它会很快响应，故无论处于额定功率以上过载运行或低于额定功率运行，它都能承受且效率变化不大。

综上所述，质子交换膜燃料电池特别适合机动能力强、运行轨道复杂、需要较长时间高功率输出的新型空间飞行器平台使用。为此 NASA 专门制定了针对航天飞机、可重复使用运载和火星登陆器、空间站等新一代航天飞行器使用的 10KW～20KW 级质子交换膜燃料电池发展计划。同时，单一的氢氧燃料电池电源系统现在已发展到与太阳电池阵相配合的可再生氢氧质子交换膜燃料电池发电系统，以满足各类新型航天航空飞行器对高功率电源系统的需求。

本文针对我国各类新型航天航空飞行器概念和空间攻防技术逐步实现的要求，结合质子交换膜燃料电池使用的性能特点，提出了质子交换膜燃料电池系统以及可再生质子交换膜燃料电池系统在空间领域中的近期和中远期发展设想。

2 工作原理和性能

2.1 工作原理

燃料电池是一种将氢和氧的化学能通过电极反应直接转换成电能的装置。这种装置的最大特点是由于反应过程中不涉及到燃烧，因此其能量转换效率不受卡诺循环的限制，其能量转换率高达 60%～80%，实际使用效率则是普通内燃机的 2～3 倍。另外，它还具有燃料多样化、排气干净、噪音低、对环境污染小、可靠性及维修性好等优点[2, 3]。

从本质上说，氢氧燃料电池装置是水电解的一个"逆"装置。电解水过程中，通过外加电源将水电解，产生氢气和氧气；而在燃料电池中，则是氢气和氧气通过电化学反应生成水，并释放出电能。燃料电池的工作原理与普通电化学电池相类似，然而从实际应用来考虑，两者存在着较大的差别。普通电池是将化学能储存在电池内部的化学物质中，当电池工作时，这些有限的物质发生反应，将储存的化学能转变成电能，直至这些化学物质全部发生反应。对于原电池而言，电池所放出的能量取决于电池中储存的化学物质量，对于可充电电池而言，则可以通过外部电源进行充电，使电池工作时发生的化学反应逆向进行，得到新的活性化学物质，电池可重新工作。因此实际上普通电池只是一个有限的电能输出和储存装置。而燃料电池则不同，参与反应的化学物质，氢气和氧气，分别由燃料电池外部的单独储存系统提供，因而只要能保证氢氧反应物的供给，燃料电池就可以连续不断地产生电能，从这个意义上说，燃料电池是一个氢氧连续发电装置。

按电解质划分，燃料电池大致可分为五类：碱性燃料电池（AFC）、磷酸型燃料电池(PAFC)、固体氧化物燃料电池(SOFC)、熔融碳酸盐燃料电池（MCFC）、质子交换膜燃料电池（Proton Exchange Membrane Fuel Cell，PEMFC）。

根据各种燃料电池的工作温度和特性要求，能够在空间实际应用的燃料电池主要有碱性燃料电池和质子交换膜燃料电池。目前的发展趋势是大力发展空间用质子交换膜燃料电池系统。以下重点介绍质子交换膜燃料电池以及在其基础上发展的可再生质子交换膜燃料电池系统。

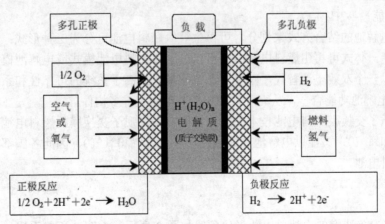

图 1　PEMFC 燃料电池工作原理示意图

质子交换膜燃料电池是这样一个装置，将氢气（液氢或压缩 H_2，也可由燃料重整装置提供）与空气（普通空气，特殊要求时为纯氧 O_2）分别同步输送到膜电极进行电化学反应，产生直流电能。在质子交换膜燃料电池中，电解质是一片薄的聚合物膜，质子能够渗透这层膜（称为 Nafion™ 质子交换膜），而电极基本由碳和铂金催化剂组成。氢气进入燃料电池到达负极，裂解成氢离子（质子）和电子。氢离子通过电解质渗透到正极，而电子通过外部线路流动，提供电能。以空气形式存在的氧气供应到正极，与电子和氢离子结合形成水。电极反应如下：

负极：$2H_2 \rightarrow 4H^+ + 4e^-$

正极：$O_2 + 4H^+ + 4e^- \rightarrow 2H_2O$

整体：$2H_2 + O_2 \rightarrow 2H_2O +$ 能量

质子交换膜燃料电池的工作温度约为 70℃。在此温度下，电化学反应能正常缓慢地进行，通常每个电极表面涂覆一层薄的铂金，对反应进行催化。

可再生燃料电池（Regenerative Fuel Cell，RFC）则是一种特殊的燃料电池，它将水电解技术($2H_2O+$ 电能$\rightarrow 2H_2+O_2$)与氢氧燃料电池技术($2H_2+O_2\rightarrow H_2O+$电能)相结合，氢氧燃料电池的燃料 H_2、氧化剂 O_2 可通过水电解过程得以"再生"，起到贮存作用。燃料电池中生成的水再送回电解池中，以太阳能为电源将其电解为氢气和氧气，然后再分别返回到燃料电池。这种方法就构成了一个封闭的系统，不需要外部供应氢气和氧气，从而起到高效储能的效果，比能量可以达到 400~600Wh/kg，远高于目前比能量高达 150Wh/kg 的锂离子电池。当然，也可以说，可再生燃料电池就是一套氢气产生、贮存和利用的电化学装置。可再生燃料电池电解池模式工作的原理如图 2 所示。

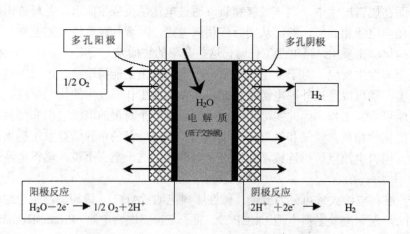

图 2　可再生燃料电池电解池模式工作原理示意图

电解池电极反应如下：

阳极：$4H^+ + 4e^- \rightarrow 2H_2$

阴极：$2H_2O+$ 能量$\rightarrow O_2 + 4H^+ + 4e^-$

整体：$2H_2O +$ 能量$\rightarrow 2H_2 + O_2$

从燃料电池与电解池的结合方式来划分，可再生氢氧燃料电池可分为三种形式：分开式、综合式和一体式。目前大力发展一体式可再生燃料电池，它可以分别以燃料电池模式或电解池模式工作，将原先的燃料电池与水电解池以一个双效电池替代，减轻了系统质量，提高了系统的可靠性和系统比能量。其特点是电极双效性，电池/电解池功能合一，从而可省去整个发电系统许多构件。

近年来，由于质子交换膜燃料电池技术的快速发展，采用质子交换膜的燃料电池既能以电池方式工作（发电，消耗氢气和氧气），又能以电解池方式工作（产生氢气和氧气），因此各国都在大力发展一体式可再生质子交换膜燃料电池。

2.2　性能

较为典型的质子交换膜燃料电池单电池极化曲线如图 3 所示。由图 3 不难看出，质子交换膜燃料电池主要特点是具有高比功率输出特性，在空气和氢气作为反应气体时，在高工作电流密度下，单位活性面积的输出功率不低于 $500mW/cm^2$。

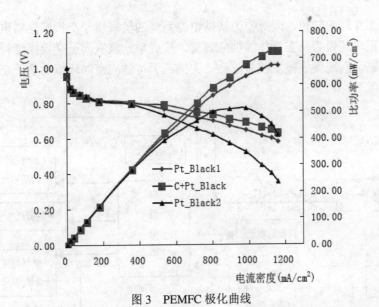

图3　PEMFC极化曲线

工作压力：H2，1.3atm/Air，1.5atm，空气流量计量比：2.0-2.5，氢气流量计量比：1.1-1.15

温度对质子交换膜燃料电池性能有显著地影响。高温有利于提高质子交换膜的电导率和促进反应气体的传质扩散，能够有效改善电池性能。试验结果表明，电池温度每增加1摄氏度（℃），电池工作电压增加1.1~2.5 mV左右。但过高温度会加速水在膜中的蒸发，致使膜严重失水，内阻增加，因此质子交换膜燃料电池的工作温度不宜过高，一般在60~80℃之间。

反应气体操作压力对电池性能也有影响。图4为电池温度93℃时，不同氧气压力对应的电池极化曲线。从图中可知，当工作电流密度为400 mA/cm² 时，当氧气压力从1atm变化到3 atm时，电池电压增加了42 mV。

作为各类新型航天航空飞行器，尤其是负载功率大于10kW的飞行器，可再生燃料电池系统较现有的化学储能电源更有竞争力。图5为可再生燃料电池与各类化学储能电源质量比能量指标的比较。

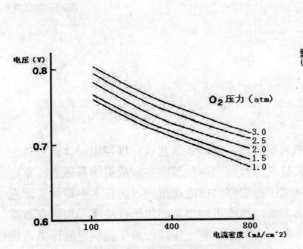

图4　不同氧气压力质子交换膜燃料电池极化曲线

（工作温度93℃，H₂压力3atm）

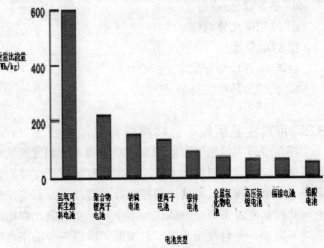

图5　可再生燃料电池与蓄电池性能比较

3　系统应用初步设想

3.1　氢氧质子交换膜燃料电池系统

在我国发展新型航天航空和空间攻防技术的近期阶段，由于经费投入和技术继承性方面等原因，应在原有卫星太阳能-蓄电池电源系统的基础上着重发展作为辅助能源系统的氢氧质子交换膜燃料电池系统。电源系统为上述两个系统组成的混合系统，飞行器平台携带大功率作战载荷进入空间后，在空间长时间的飞行驻留期间的供电采用太阳能电池与蓄电池组联合供电系统，而当战时攻击时则采用氢氧质子交换膜燃料电池进行供电。由于工作时间较短，因此作为辅助电源系统的氢氧质子交换膜燃料电池可采用贮气含量较高、自身质量轻的高压气瓶作为反应气体的供应装置，构成单一氢氧质子交换膜燃料电池系统。该系统构成相对简单，易于控制，系统集成技术较为成熟，关键在于可适应空间环境的质子交换膜燃料电池堆的研制。系统框图如图6所示。

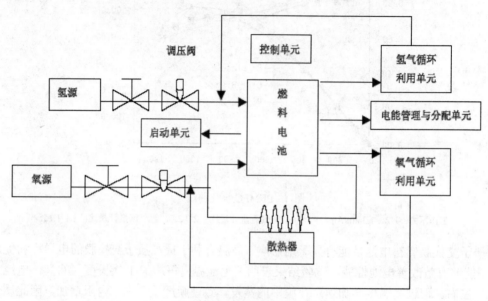

图6　单一氢氧质子交换膜燃料电池系统

系统主要包括以下单元：

a. 燃料电池能源核心——质子交换膜燃料电池堆；

b. 氧气供应及循环利用单元；

c. 氢气供应及循环利用单元；

d. 热管理分系统；

e. 控制单元分系统；

f. 启动单元；

g. 电能管理与分配单元；

h. 机械及环境支持单元。

3.2　可再生氢氧质子交换膜燃料电池系统

在新型航天航空飞行器和空间攻防技术研制发展的中后期阶段，电源系统建议发展使用一体式可再生氢氧质子交换膜燃料电池系统。在单一氢氧质子交换膜燃料电池得到空间领域中实际应用的基础上，重点突破双效氧电极及其系统协调控制等关键技术，可使一体式可再生燃料电池在空间攻防技术中得到实际应用。此时的电源系统由一体式可再生质子交换膜燃料电池构成，系统可输出功率为平台功率和攻防有效载荷功率之和，平台在空长时间驻留期间所需较少的平台功率由太阳电池和一体式可再生燃料电池提供，能量输出能力取决于系统贮氢装置。而在战时，电源系统快速切换转为放电工作模式，系统贮氢装置及额外携带的气源（高压气钢瓶或液氢、液氧）同时为电池供应反应气体，以满足作战载荷较短时间内的高功率输出需要。该系统能够适应机动能力强、平台功率和攻防有效载荷功率输出均较大的新型空间飞行器领域，但系统控制条件较为复杂，涉及部件多，实施难度大，关键技术尚需突破，因此建议在中后期阶段进行发展。

4　关键技术

到目前为止，尽管质子交换膜燃料电池系统在地面，如电动车、潜艇等领域，已经开始应用，但对于在空间领域能够可靠稳定运行的质子交换膜燃料电池系统，世界各航天大国都处于积极的研究之中，而我国在该领域基本处于空白状态。其中氢氧质子交换膜燃料电池系统涉及的关键技术主要有：

- 轻质双极板材料优选及表面处理技术，提高电池质量和体积比功率，降低发射成本。
- 空间微重力环境下双极板流场优化设计技术，最大效率利用燃料气体和有效地排放产物水。
- 反应气体增湿、电堆水热管理技术。利用膜电极自增湿方式，省却系统外部或内部增湿单元，并采用具有较大热交换容量的冷却液有效将高功率电堆中的废热带出。
- 空间环境的可靠性运行技术，确保复杂系统在空间特殊环境下长时间稳定运行。

而可再生氢氧质子交换膜燃料电池系统由于系统较复杂，在单一氢氧燃料电池基础上，系统涉及的关键技术还有：

- 双效催化剂与催化电极制备技术，主要是双效氧电极催化剂及其电极的研究。
- 气体增压增湿技术，重点解决电解水生成氢气和氧气高压贮存难题。
- 气氢、气氧与水的分离技术，采用水汽分离装置将电解水生成的氢气和氧气与一同带出的水各自分离，便于气体增压储存。
- 产物水的收集、输送技术，将燃料电池反应生成的水收集、储存后再送回电解池进行电解。
- 系统热管理技术，对燃料电池发电、电解池电解水时的热量进行有效管理。
- 配套组件的小型轻质化技术，主要是气体储存装置、水泵、气体压缩装置等小型轻质化设计制造。
- 系统在空间环境下的可靠性与安全技术，确保系统在不同工作状态下的稳定运行。

5 建议

由于质子交换膜燃料电池优异的电性能，无论是作为新型空间飞行器平台的长期供电系统，还是作战载荷的短期能源系统，都有广阔的应用前景。我国在大力发展新型航天航空飞行器技术的同时，应按照先易后难、先简后繁的原则，首先发展技术相对成熟的单一氢氧质子交换膜燃料系统，为较大功率需求的作战载荷提供短期能量。同时在此基础上，进行可再生氢氧质子交换膜燃料电池原理样机的地面演示验证，为后阶段的空间领域提供长期高可靠、高品质、安全的大功率电源系统。

参 考 文 献

[1] 马世俊. 卫星电源技术. 北京，宇航出版社，2001.

[2] 衣宝廉. 燃料电池—原理·技术·应用. 北京，化学工业出版社，2003.

[3] EG&G Technical Services，Inc.. Fuel Cell Handbook(Sixth Edition). Morgantown，West Virginia，U.S. Department of Energy Office of Fossil Energy，2002.

The Application of Proton Exchange Membrane Fuel Cells in the Space Area

Wang Dong   Zhang Wei and Liu Xiang

No.811 Institute of SAST

No. 388 Cangwu Road，Shanghai，200233，sispwd@yahoo.com.cn

Abstract   With excellent electrochemical performance, the proton exchange membrane fuel cell (PEMFC) will be widely used in the space missions in the short future. According to the requirement of space aerocrafts to the power sources, this paper discussed about the feasibility and necessity of PEMFC and regenerative fuel cell used in such fields. In the end, it presented some suggestions on developing PEMFC system used in the new space aerocrafts in China.

Key words   Proton exchange membrane fuel cell; Regenerative fuel cell; Space power sources

双星电源分系统在轨性能分析

王鸿芳[2]　黄才勇[1]　钱成喜[1]　付增英[1]

刘元默[2]　金海雯[1]　罗顺[1]　郑义[1]

1. 中国电子科技集团公司 第十八研究所，　2. 中国空间技术研究院 东方红卫星公司

1. 天津 296 信箱，邮编：300381，　2. 北京 5616 信箱，邮编：100094

wanghongfang@e－cast.com.cn

摘　要　叙述了双星电源分系统的组成、技术指标、工作原理及分系统的在轨技术性能。根据系统运行数据对分系统在轨典型技术性能进行了分析。分析结果表明，首次进入国内空间电源工程应用的太阳电池阵的磁洁净度设计、太阳电池阵表面等电位设计、H_2-Ni 蓄电池组充放电的安时计控制设计，技术性能稳定，达到了预期的工程应用目的。

关键词　双星；电源分系统；磁洁净度；表面等电位；H_2-Ni 蓄电池组；安时计

1　前言

双星探测计划是中欧政府间空间合作项目，该项目的目标是通过中方研制的双星与欧空局在轨的 CLUSTER-Ⅱ卫星实现对近赤道区和近极区的磁场和空间粒子的时空变化进行多点交汇立体探测，籍以分析由于太阳活动引起的各种扰动的发生和发展规律。其中探测一号（TC-1）卫星运行在近赤道区，探测二号（TC-2）卫星运行在近极区。探测一号和探测二号两颗卫星于 2003 年 12 月 30 日、2004 年 7 月 25 日用长二 F 丙运载火箭分别在西昌和太原卫星发射中心升空，两颗卫星在大椭圆轨道上运行，卫星的自旋轴垂直于黄道面。卫星在轨期间，电源分系统连续调节母线电压，并提供星载仪器的负载功率。

2　电源分系统组成及主要技术指标

2.1　电源分系统组成

根据地球空间双星探测计划（赤道区卫星和极区卫星）任务对电源分系统的技术要求，光伏电源系统采用全调节直接能量传送（DET）供电系统设计。双星电源分系统由太阳电池阵、全密封 H_2-Ni 蓄电池组和电源控制器三个部件组成。

2.2　电源分系统主要技术指标

双星电源分系统主要技术指标示于表 1。

表 1　双星电源系统技术指标

型号	TC-1	TC-2
母线电压 / V	28.5±1	28.5±1
负载功率 / W	主动段：117； 调姿阶段：117； 在轨运行：180（长期）；70（短期）； 短期功耗时间每圈不小于 4 h	主动段：117； 调姿阶段：117； 在轨运行：180（0~6 个月，长期）；150（7~12 个月，长期）；70（短期）； 短期功耗时间每圈不小于 3 h
温度 / ℃	舱内：-10~+45 蓄电池组：-15~+15 方阵：-186~+15	舱内：-10~+45 蓄电池组：-15~+15 方阵：-186~+15

型号	TC-1	TC-2
质量 / kg	<44.3	<44.3
工作寿命 / a	1.5	1
可靠性	≥0.95	≥0.95
方阵表面静电洁净度	任意两点之间电位差最大不超过±1 V	任意两点之间电位差最大不超过±1 V
磁洁净度	方阵剩磁： 探测器伸杆大于 2.5 m 处，低于 1.5 nT； 200 cm 处蓄电池组剩磁：<5 nT； 150 cm 处电源控制器剩磁：<1 nT	方阵剩磁： 探测器伸杆大于 2.5 m 处，低于 1.5 nT； 200 cm 处蓄电池组剩磁：<5 nT； 150 cm 处电源控制器剩磁：<1 nT

2.3 电源分系统框图

电源分系统采用全调节母线（稳压型母线）设计，卫星进出地影，母线电压连续受调，且无跃变现象，母线电压稳定在（28.5±1）V。双星电源分系统电原理框图示于图 1。

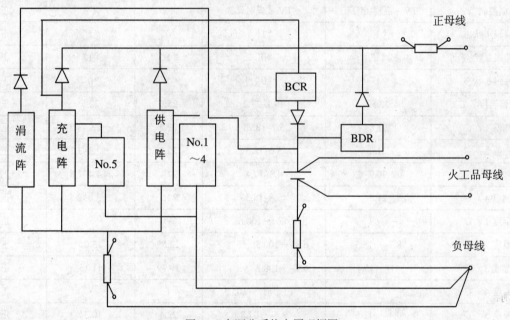

图 1   电源分系统电原理框图

3 双星电源分系统遥测数据

TC-1 和 TC-2 卫星在大椭圆轨道上稳定运行，迄今分别为 13 个月和 6 个月，卫星在轨飞行期间，产品技术性能稳定，遥测数据正常。电源分系统遥测数据示于表 2。

表 2   双星电源分系统遥测数据

参数名称	TC-1 数据		TC-2 数据		数据判读
	主动段	在轨运行	主动段	在轨运行	
母线电压 / V	28.064	28.962	28.075	28.962	正常
蓄电池组电压 / V	22.450	24.812	23.194	25.285	正常
充电电流 / A	/	0~0.418	/	0~0.447	正常

参数名称	TC-1 数据		TC-2 数据		数据判读
	主动段	在轨运行	主动段	在轨运行	
母线电流 / A	/	9.7~10.7	/	9.58~10.6	正常
负载电流 / A	3.02	4.38~6.30	2.87	3.0~6.08	正常
放电电流 / A	4.19	/	4.06	/	正常
升压器电压 / V	28.056	29.244	28.064	29.244	正常
2/3 表决电压 / V	0	3.76	0	2.8~3.76	正常
1#分流电压 / V	0	1.02	0	1.02	正常
2#分流电压 / V	0	1.02	0	1.02	正常
3#分流电压 / V	0	1.02	0	1.02~	正常
4#分流电压 / V	0	1.02~24	0	1.02~24.9	正常
5#分流电压 / V	0	24~25.3	0	24~25.7	正常
1#单体电压 / V	1.29	1.449	1.37	1.49	正常
2#单体电压 / V	1.29	1.449	1.37	1.49	正常
充电控制	TV（温度-电压）	TV 或安时计	TV	TV	正常
曲线编码 1 状态	"1"	"1"	"0"	"1"	正常
曲线编码 2 状态	"1"	"0"	"1"	"1"	正常
曲线编码 3 状态	"1"	"0"	"1"	"0"	正常
控制器温度 / ℃	22.59	19.1~27.2	25.6	22.5	正常
电池测温 1 / ℃	21.8	5.7~18.23	22.2	−2.9~3.2	正常
电池测温 2 / ℃	21.0	5.0~18.3	22.1	−2.3~3.1	正常
电池测温 3 / ℃	20.9	4.3~17.4	22.1	−4.4~1.8	正常
电池测温 4 / ℃	21.0	5.8~18.3	22.1	−3.0~2.5	正常
方阵温度 1 / ℃	/	出影前 −100.6	/	/	正常
方阵温度 2 / ℃	8.7~−15.5	6.8~−100.5	22.55	13.06	正常
方阵温度 3 / ℃	11~−15.4	6.9~−108.2	19.79	11.13	正常
方阵温度 4 / ℃	/	出影前 −105.3	/	/	正常
方阵温度 5 / ℃	9.4~−17.5	9.4~−97.8	22.4	10.34	正常
方阵温度 6 / ℃	11.6~−17.4	9.60~−97.4	19.94	10.44	正常

4 太阳电池阵在轨输出功率衰降及裕度分析

TC-1 太阳电池阵入轨第一周母线电流点波道数据的平均值为 10.761 A，卫星在轨 1 a，2004 年底母线电流点波道数据的平均值降为 10.287 A，比较母线电流同期数据，太阳电池阵的母线电流衰降量为 4.4 个百分点。

2005 年 6 月卫星到达寿命末期，太阳电池阵的母线电流继续衰降 2 个百分点，则母线电流为 10.081 A，季节光强因子为 0.968 6，届时 6 月份 TC-1 太阳电池阵的母线电流降为 9.764 A。母线电压为 28.950 V，要求太阳电池阵末期供电功率为 260 W，则 TC-1 太阳电池阵在卫星寿命末期（2005 年 6 月）输出功率的余量为 8.7 个百分点。

TC-2 太阳电池阵入轨第一周母线电流点波道数据的平均值为 10.293 A，2005 年 1 月母线电流点波道数据的平均值降为 10.057 A，卫星在轨前 6 个月太阳电池阵的母线电流衰降量为 2.3 个百分点，取 TC-2 卫星全年太阳电池阵的母线电流衰降量为 4.6 个百分点，则 TC-2 太阳电池阵的寿命末期（2005 年 7 月）母线电流为 9.819 A。母线电压为 28.962 V，要求太阳电池阵末期供电功率为 260 W，则 TC-2 太阳电池阵在卫星寿命末期输出功率的余量为 9.4 个百分点。

5 "TC-1" H_2-Ni 蓄电池组在轨长地影期间供电性能分析

H_2-Ni 蓄电池组在轨工作期间，前期采用（温度-电压）充电曲线，对蓄电池组进行充电控制。利用 6 条遥控指令，从 8 条 VT 曲线中选择，其中 3#VT 曲线用于蓄电池组充电，3#曲线的数学表达式为：$V = -0.042\,t + 25.85$

该星在大椭圆轨道上工作，2004 年 9 月 4 日前后 60 多天时间中，卫星处于长地影轨道，9 月 4 日卫星地影时间达 276 min。蓄电池组典型供电性能数据示于表 3

蓄电池组的热控措施采用被动热控，温度范围为：$-15\ ℃ \le t \le 15\ ℃$。地影期间蓄电池组的温度接近工作温度上限。蓄电池组的温度与蓄电池组的热控措施、蓄电池组的涓流充电功率及蓄电池组的散热途径有关。TC-2 中的 H_2-Ni 蓄电池组由于热控增加散热面措施后，蓄电池组的平均温度均在 0℃ 左右。

TC-1 中的 H_2-Ni 蓄电池组在长地影轨道期间，最大放电深度已接近 70%。

表 3 H_2-Ni 蓄电池组典型供电性能数据

参数名称	性能数据
地影时间 / min	275
进影前蓄电池组温度 / ℃	11.74~13.35
出影前蓄电池组温度 / ℃	13.31~14.15
进影前蓄电池组电压 / V	24.812
出影前蓄电池组电压 / V	21.741
平均放电电流 / A	5.45
负载电流 / A	3.93
蓄电池组放电深度（%）	69.4

6 安时计首次对 H_2-Ni 蓄电池组充电控制应用分析

安时计通过累计蓄电池组放电电量，并以该电量控制蓄电池组的再充电电量。

安时计启动，计数器电量初始值 $Q = 0$ Ah。

充放电系数 K 可以上注，没有进行注数的默认值为 1.05。

蓄电池组放电，当前电量计数器开始累计放电电量，依据软件约定，对放电电流取样最低的分层值为 0B/H，折合到 0.005 Ω 取样电阻上的电流为 0.05 A，2 s 计数一次。当电量计累计放电电量，蓄电池组的自控充电开关接通。蓄电池组充电，电量计数器开始递减当前电量，依据软件约定，对充电电流取样最低的分层值为 14A/H，折合到 0.005 Ω 取样电阻上的电流为 0.3 A。当电量计当前电量为 0 时，蓄电池组的自控充电开关断开。

2004 年 10 月 25 日，TC-1 卫星的蓄电池组从 TV 充电控制改为安时计充电控制。安时计充电控制期间对充放电系数 K 的默认值进行了验证。遥测数据显示，蓄电池组放电电流 5.30 A，放电时间 128 s，蓄电池组的当前电量值变化量为 01/H（01/H 对应电量为 0.2 Ah），由此计算蓄电池组的放电电量与充电电量之比：

充放电系数 $K = (0.2 \times 3\,600) / (5.30 \times 128) = 1.061$

充放电系数 K 默认值为 1.05，该系数 K 默认值正确。

电量计充电控制电量误差主要来自放电电流和充电电流信号变换电路。放电电流和充电电流信号变换误差在 ±1% 左右，通过上注电量或上注充放电系数，蓄电池组在轨过充电或过放电可以免除。事实上，蓄电池组充电结束转为涓流充电（涓流电流约 0.35 A，涓流充电时间长达 20 h），涓流电流对蓄电池组容量的影响远大于放电电流和充电电流信号变换误差带来的结果。3 个月来，蓄电池组在轨的充放电系数上注值分别在 0.97~1.07 之间进行选用，遥测数据表明蓄电池组的温度和工作电压技术性能稳定。

2005 年 1 月 25 日，TC-2 卫星在轨工作 6 个月后，电源分系统中蓄电池组的充电控制也从 TV 充电控制改为安时计充电控制，遥测数据显示，蓄电池组充放电技术性能正常，分系统供电正常。

7 太阳电池阵磁特性分析

TC-1 卫星的磁强计（FGM）和磁场波动分析仪（STAFF）在轨观察到信号周期约 4 s（卫星自旋速率

为 15 r·min⁻¹) 的干扰信号。分析认为，太阳电池阵设计产生磁干扰，干扰机理分为：

(1) 太阳电池阵的供电正、负母线，分阵分流电缆线在筒体内侧纵向的几何位置彼此相隔，负母线电缆靠近"腰带"，流经电流最大，它们在仪器探测的位置产生的磁场不能抵消；

(2) Ⅱ象限太阳电池阵的正、负母线电流的引出线相对位置间隔 10°，引出线产生"会聚"干扰；

(3) 太阳分阵选用"S"形电路，因分流控制使分阵电流从对称变为不对称，相邻电路产生非对称干扰。

为验证太阳电池阵磁干扰机理，选用 1/4 缩比的筒体进行模拟供电磁特性测试。依照电缆线在筒体内侧纵向的几何位置，在缩比的筒体上以相同的比例布置电缆，并通电进行磁特性测量。然后变更电缆位置接近上端框，再次进行磁特性测量。测量结果分别示于图 2 和图 3。

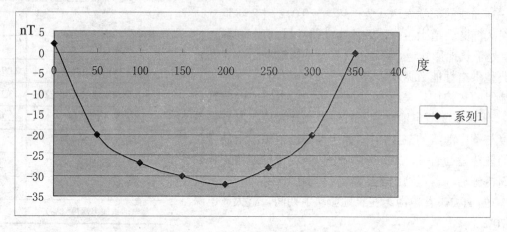

图 2   缩比的筒体上更改电缆位置前的磁特性测量曲线

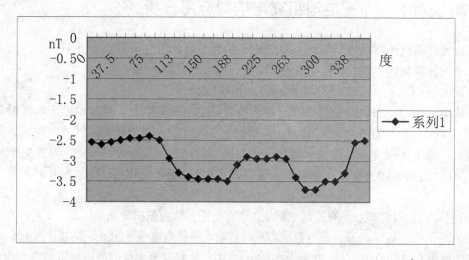

图 3   缩比的筒体上更改电缆位置后的磁特性测量曲线

经过一系列的试验和分析，明确了筒体电缆位置和电缆安装工艺对方阵磁特性的影响，变更相关位置参数和工艺措施，可使太阳电池阵的准正弦干扰信号降低。TC-2 卫星太阳电池阵变更电缆位置和电缆安装工艺，在轨测试数据显示，在卫星表面磁强计伸杆 2.5 m 处卫星的剩磁干扰信号降为 0.5 nT。2004 年 10 月 5 日，在英国伦敦进行了 TC-2 卫星中欧双方在轨联合测试评审，双方认为 TC-2 卫星太阳电池阵的磁特性指标符合科学目标要求。

8 太阳电池阵表面等电位分析

为了保证欧空局提供的试验设备的探测精度，须要对地球探测双星太阳电池阵表面进行防静电充/放电保护，达到星表任意两点间的电位差最大不超过 ±1 V 的等电位指标。

通过在太阳电池玻璃盖片上蒸镀一层氧化铟锡（ITO）透明导电膜，并将每片盖片上的导电膜有效地连接组成网络，与卫星的结构地相连，使太阳电池阵表面等电位。

已知空间等离子体电流密度为 $1 \times 10^{-5}\text{A} \cdot \text{m}^{-2}$，太阳电池盖片上方 ITO 膜的方块电阻（面电阻）不大于 $10^6\Omega$，单体电池尺寸为 $24.5\,\text{mm} \times 40.2\,\text{mm}$，18 片 ITO 膜串联后引出端分别接至两端 ITO 接地汇流条，则方阵表面 ITO 膜任意一点与 ITO 接地汇流条之间的电位差数字表达式为：

$$V = J \cdot S \cdot R \cdot (N+1)N/2$$

式中：J ——空间等离子体电流密度；

$\quad\quad S$ ——电池表面积；

$\quad\quad R$ ——ITO 膜方块电阻。

取 $N = 9$ 计算，电位差 $V = 0.44\,\text{V}$

为防止太阳电池片与 ITO 膜短路，ITO 膜的每一汇流条与 20 个太阳方阵电路跨接，然后经 $12\,\text{k}\Omega$ 的电阻接入卫星结构地。依据空间等离子体的电流密度，20 个太阳方阵电路 ITO 膜上总的等离子体的电流约为 $0.01\,\text{mA}$，因此 ITO 膜的汇流条与卫星结构地之间的压降为 $0.12\,\text{V}$，太阳电池阵 ITO 膜上任意点与卫星结构地之间的电位差不大于 $0.56\,\text{V}$。太阳电池阵表面等电位的技术性能符合卫星静电洁净度技术指标。

9　结束语

双星电源分系统遥测数据显示，电源分系统技术性能稳定，系统工作正常，电源分系统供电功率充裕，从而为两颗卫星在轨延长工作寿命创造了条件。电源分系统中太阳电池阵的磁洁净度设计、太阳电池阵表面等电位设计、H_2-Ni 蓄电池的安时计充电控制设计，填补了国内空间电源的空白，为我国空间电源技术的进步作出了贡献。

Analysis of the Power Source Subsystem Performance of Double Satellites in Orbit

Wang Hongfang　　Huang Caiyong　　Qian Chengxi　　Fu Zengying

Liu Yuanmo　　Jin Haiwen　　Luo Shun　　Zheng Yi

1. Eighteenth Institute Of Electrical Science and Technique Group Company Of China

2. Dong Fang Hong Satellite Company Of Space Technique Academy Of China

1. P. O. Box 296, Tianjin, 300381　　2. P. O. Box 5616, Beijing, 100094

wanghongfang@e－cast.com.cn

Abstract　This paper describes subsystem constitution、technical objective、working principle and technical performances of the Power Source Subsystem of Double Satellites in orbit. According to the subsystem running counts, analysis of the typical performances of subsystem in orbit, and the results demonstrate solar cell array magnetic design and equal electric potential design on surface、battery fuel gauge design about H_2-Ni battery be dominated in charge and discharge, which enters space electric source project the first time in our country, the technical performances is stable, which achieves the expectant purpose of the project.

Key words　Double Satellites; The Power Source Subsystem; Magnetic design; Equal electric potential design on surface; H_2-Ni battery; Battery fuel gauge

我国空间环境及其效应监测的初步设想

王立 张庆祥 侯欣宾 王慧 宋政吉 史旺林 常继军

中国空间技术研究院 研究发展部 深空探测与空间科学研究室

北京市 5142 信箱 109 分箱，邮编：100094，wangli@cast.cn

摘 要 随着对应用卫星长寿命、高可靠要求的不断增长、空间环境及其与航天器相互作用的在轨监测日益受到重视。同时由于现代卫星大量使用新型元器件、材料和新技术，空间环境对卫星的影响不可能在设计阶段完全避免，基于空间环境和及其效应监测的卫星在轨风险管理成为保障高品质航天器长寿命高可靠的重要手段。本文在分析国外相关领域的发展现状的基础上，提出我国开展空间环境及其效应监测的初步设想。

关键词 空间环境；空间环境效应；监测

1 引言

经过 35 年的发展，我国航天事业取得了重大的成就，目前已成功发射 60 多颗卫星、4 艘无人飞船以及神舟 5 号、神舟 6 号载人飞船，这标志着我国航天技术已跨越试验阶段，进入全面应用的崭新阶段。在保证提高卫星平台和有效载荷品质，满足国防和国民经济建设的基础上，保证卫星的长期稳定运行成为今后一段时期我国航天技术的主要任务。

空间环境是影响卫星长寿命高可靠的主要因素之一，如图 1 所示，空间环境中的等离子体、粒子辐射、电磁辐射、中性大气、微流星和空间碎片等通过不同的机制影响卫星的可靠运行，同时也是影响卫星寿命的重要因素。空间环境对卫星寿命的影响体现在两个方面，首先大碎片的撞击，介质深层充放电效应、破坏性单粒子效应等效应引起灾难性后果，使得卫星任务提前结束，不能达到设计寿命；其次空间环境下卫星用材料、元器件的性能退化是制约航天器长寿命的重要原因之一。随着卫星寿命的延长，其遭遇恶劣空间环境的几率更大。恶劣空间环境对卫星寿命的影响非常大，例如在 1989 年 3 月发生的特大太阳质子事件期间，GOES-7 卫星太阳电池受损，功率输出下降一半，卫星工作寿命大大缩短。

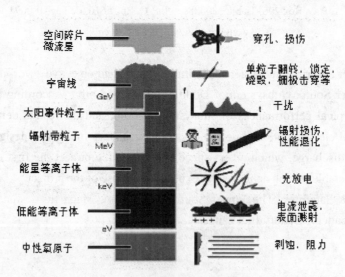

图 1 典型空间环境因素及其效应

空间环境及其效应监测对于卫星在轨运行阶段避免风险和进行故障诊断具有直接的作用，还有利于改进对空间环境防护措施，为设计阶段减小风险具有重要的价值，尤其是随着高性能器件、新型材料和高灵敏度探测器在航天工程中的应用，不可能在设计阶段完全避免空间环境引起的风险，空间环境及效应监测成为保障卫星长寿命、高可靠，提高卫星空间环境适应性设计水平的重要环节。

2 我国空间环境及其效应监测活动的现状分析

长期以来，我国利用实践系列科学卫星和应用卫星搭载进行空间环境的探测活动，内容包括太阳活动、静止轨道带电粒子、太阳同步轨道带电粒子、高层大气、低轨的表面电位、辐射剂量、单粒子效应等，对空间环境有了初步的了解，一些探测结果对航天器的故障分析等工作起到了较好作用。

空间环境本身是随时间和空间变化的，对空间环境的了解需要在广大的空间区域长期积累数据。此外空间环境及其效应的复杂性，需要更精细的探测仪器，开展更精细的探测。如细化带电粒子的能谱和方向测量，细化舱内不同方向、不同屏蔽的辐射剂量，区分空间原子氧和卫星放气对卫星的影响等。而且即使要将工程关心的一个空间环境效应问题彻底了解清楚，也需要系统的、全面的，从环境、效应和验证等多方面、多种探测器共同配合来解决问题。

但应用卫星由于受到功率、质量等多种因素的制约，很难对空间环境进行多成份、多谱段、全向的监测，数据很难齐全和完整，而且开机时间、下行数据能力等直接影响到数据的完整性。空间科学卫星，虽然数据质量比较高，但是受到明确的科学目标和寿命的限制，也无法为航天器设计提供全面、稳定、连续的数据服务。

我国空间环境及其效应监测、灾害性空间环境预警等方面的技术基础远远不能满足以上型号研制的要求，空间环境监测和预警体系的不完善已经成为制约我国航天发展的重要因素，系统开展空间环境及其效应监测称为是现阶段我国航天发展的迫切要求。

3 国外发展空间环境及其效应监测活动发展趋势

美国、欧洲等航天技术发达的国家和地区，都建立了完善的航天器空间环境工程研究体系，特别是建立了空间环境监测卫星体系，监测空间环境并发布监测、预警报告；收集的空间环境数据不但作为空间天气预报、警报的输入条件，也促进了空间环境模型的完善，有力地保障了在轨航天器的安全，最大限度地发挥航天系统的效能。图2给出了美国空间环境监测体系的基本构成，其环境监测卫星涵盖从 LEO 轨道到 L1 点的广大区域，同一轨道上也有军、民两个系列的卫星从多个角度进行监测。

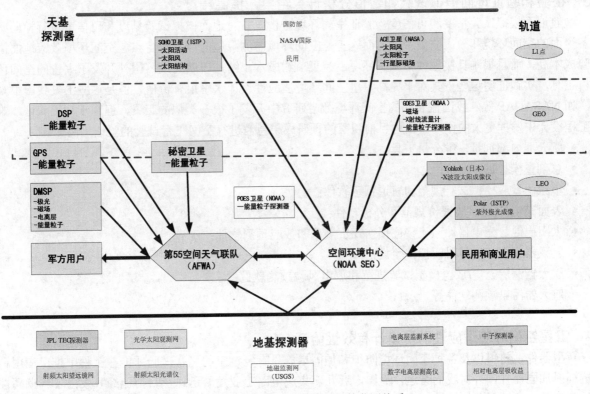

图 2 美国建立的完善的空间环境监测体系

国外从 20 世纪 60 年代开始对空间环境进行系统的探测。到 70 年代，国外就已经积累了大量的空间环境探测数据，并由此建立了各种空间环境模型。发展到 90 年代，国外进行了大量的空间环境及其效应的探测，发射了大量的空间环境探测卫星。

4 我国空间环境及其效应监测的主要任务分析

4.1 为应用卫星长寿命、高可靠设计提供稳定连续的空间环境数据保障

空间环境数据是航天器空间环境适应性设计的依据，直接关系到防护设计的有效性和合理性。由于空间环境模型给出的设计数据精度不高，因此设计师在型号设计中倾向于采用较大的余量的保守设计，一个突出的表现就是对器件的抗辐射加固指标提出过高的要求，因此高精度的空间环境模型对于研制长寿命、高可靠的空间系统，减小设计余量，提高平台资源的利用效率都具有非常重要的意义。国外根据新的探测结果对环境模型不断进行修正，推出高精度的空间环境模型。但这些高精度工程模型是不公开的，由于缺乏稳定可靠的数据来源，我国不能系统地对其适用性进行验证，更谈不上进行修正。我国长寿命应用卫星的环境防护设计迫切需要高精度、动态辐射带模型，辐射环境的各向异性特性模型和等离子体模型等。

4.2 全面认识空间环境效应规律

卫星空间环境适应性的设计水平在很大程度上取决于对空间环境效应的认识水平。例如美国等国家利用苏联和平号空间站和 LDEF 装置开展了大量材料辐射效应在轨试验，为国际空间站的长寿命设计积累了丰富的经验；通过 SCATHA 卫星，CREES 卫星搭载的空间环境效应试验，充放电效应有了深入的认识，促进了充放电防护设计技术的全面提高；我国也有因对空间环境效应认识不足，使卫星工作寿命受到严重影响的例子。随着技术的进步，各种空间环境效应不断涌现，某些已经被熟悉的效应也可能出现新的趋势，例如双极性器件低剂量率增强效应、超大规模集成电路中种类多样单粒子效应、介质深层带电、极光电子环境带电、中低轨道卫星带电航天器尺寸效应、速度效应、光电器件的移位损伤等。业务服务型空间环境卫星长期在轨运行，有助于发现一些对应用卫星长期稳定运行构成威胁的空间环境效应，促进对空间效应的认识，改进后续卫星的设计，提高其可靠性。

4.3 检验和验证地面模拟试验和数值分析计算结果，提高精度

检验地面模拟试验精度和可信度，验证空间环境分析工具对地面模拟试验精度和可信度进行检验必须具备全面的空间环境和效应监测手段，而这正是空间环境监测卫星的最主要特点。空间环境效应地面模拟试验成本高，而且很难真实地模拟空间环境，为了节约成本，缩短研制周期，国外开发了大量的空间环境分析工具，实践证明这些工具对于提高卫星空间环境适应性设计水平很有价值，但是这些工具我国很难引进，如 NASACAP 等。我国在长期的空间环境效应研究中开发了很多类似的工具，但由于缺乏验证，难以在工程设计中发挥更大的作用。国内目前积累的预研成果急需进行空间飞行试验的验证，例如：

- 航天器内部剂量三维分析工具；
- 总剂量模拟试验规范；
- 单粒子效应模拟试验规范和轨道预示软件；
- 表面充电/放电试验评价规范和分析软件；
- 太阳电池、光电器件原子移位损伤评价规范和效应预测软件；
- 航天器表面薄层材料模拟试验规范；
- 航天器深层充电/放电模拟试验规范和放电风险预测软件；
- 航天器污染预测软件等。

4.4 卫星空间环境适应性防护设计有效性验证

新型器件、材料以及各种空间环境防护和加固措施只有经过空间飞行试验才能在工程中推广应用。由于抗辐射加固器件国外对我们禁运，而国内近几年集成电路工业发展迅速，目前已经开发出了一批高性能非加固器件，验证这些器件在空间环境中应用的可能性，具有非常重要的工程价值。此外为加快国产器件

的空间应用，工程中研究了大量的各种抗辐射加固措施以及等电位控制技术和局部屏蔽等空间环境适应性设计技术等，这些都须得到有效的验证。业务型空间环境监测卫星，可以为国产高性能元器件、新型光学元件、热控材料等提供长期的空间飞行试验平台。

4.5 提高我国卫星在轨故障分析和处理能力

目前我国航天器缺乏空间环境和危害监测能力，卫星异常的诊断主要依靠经验推测，由于无法获得完整的环境信息，不得不进行多方假设，因此卫星异常分析存在不确定因素，对于灾害性空间环境引起的航天器损伤无法准确的评估。空间环境监测可以为卫星故障分析，灾害性环境后卫星健康状况的评估提供依据，提高安全监测和故障处理能力。空间环境监测的作用主要体现在以下几个方面：

- 准确掌握航天器所处空间环境，采取有效的措施来规避恶劣空间环境对航天器的影响，保证卫星在轨运行期间的安全；
- 利用准确的空间环境信息对异常做出准确的诊断，使其快速从单粒子事件、航天器表面充电和深层充电所引起的异常中恢复过来，有助于对后续卫星设计进行改进，提高未来卫星运行的可靠性；
- 通过对于空间环境效应的监测，可以比较准确地评估恶劣空间环境发生后航天器损伤状况，采取合理的策略来发挥航天器最大的效益。

4.6 促进我国在空间环境和效应方面数据方面的国际合作

国外经过多年的研究，在空间环境监测技术积累非常雄厚，通过持续的监测活动，积累了大量的空间环境数据、空间环境效应数据库，空间环境及效应监测技术和数据方面也是国际合作非常活跃的领域。由于我国没有系统地开展自主的空间环境监测的活动，不利于我们开展国际合作，例如国际上目前建立了很多空间环境和效应方面的数据库，这些数据往往只有通过数据交换可以获得；有了空间环境监测卫星平台，也有可能争取在高品质环境载荷方面与国外开展合作，学习国外先进技术，提高我国空间环境载荷设计、建模、标定技术。

此外作为一个长期稳定的空间环境数据来源，空间环境监测卫星可以为我国空间天气预报和空间科学研究提供补充数据产品。

5 我国开展空间环境及其效应监测的总体方案建议

围绕保障我国在研和未来高性能军、民用航天器安全性和可靠性技术的需求，迫切需要建立空间环境及其效应监测体系，"十一五"期间重点开展以下几个方面的工作。

5.1 制定我国空间环境及其效应监测总体规划

如图 3 所示，我国未来空间环境监测系统由天基探测器，地面数据接收系统，数据处理中心和各用户终端组成，天基探测器由专用的空间环境监测卫星和搭载于我国各类应用卫星上搭载的集成空间环境监测载荷、空间科学卫星共同构成，各类探测器的数据格式将按照统一标准，由统一的数据接收和处理中心来处理、分发、存档，为用户工程应用研究提供数据。

5.2 发展业务型、长期在轨运行的空间环境及其效应监测专用卫星

如图 4 所示，根据我国应用卫星轨道分布的特点，发展涵盖 GEO 轨道和 SSO 轨道的长寿命业务型的空间环境及效应监测专门卫星。低轨空间环境及其效应监测卫星监测内辐射带环境数据（包括南大西洋地磁异常区）、极光电子环境、背景等离子体环境、微小碎片、中性大气成分，总剂量效应，表面带电等效应和原子氧剥蚀效应和开展相关的工程验证。高轨环境及其效应监测卫星主要对太阳活动、高能电子和质子、磁场等的监测，获取外辐射带扰动特征数据，总剂量效应，介质材料深层充电等效应监测和开展相关的工程验证。业务型卫星通过对空间环境及其效应进行全面、多角度的监测，为航天器设计提供改进的工程模型，经过验证的地面模拟试验规范、空间环境仿真软件和防护技术，并且为航天器在轨故障处理提供数据。

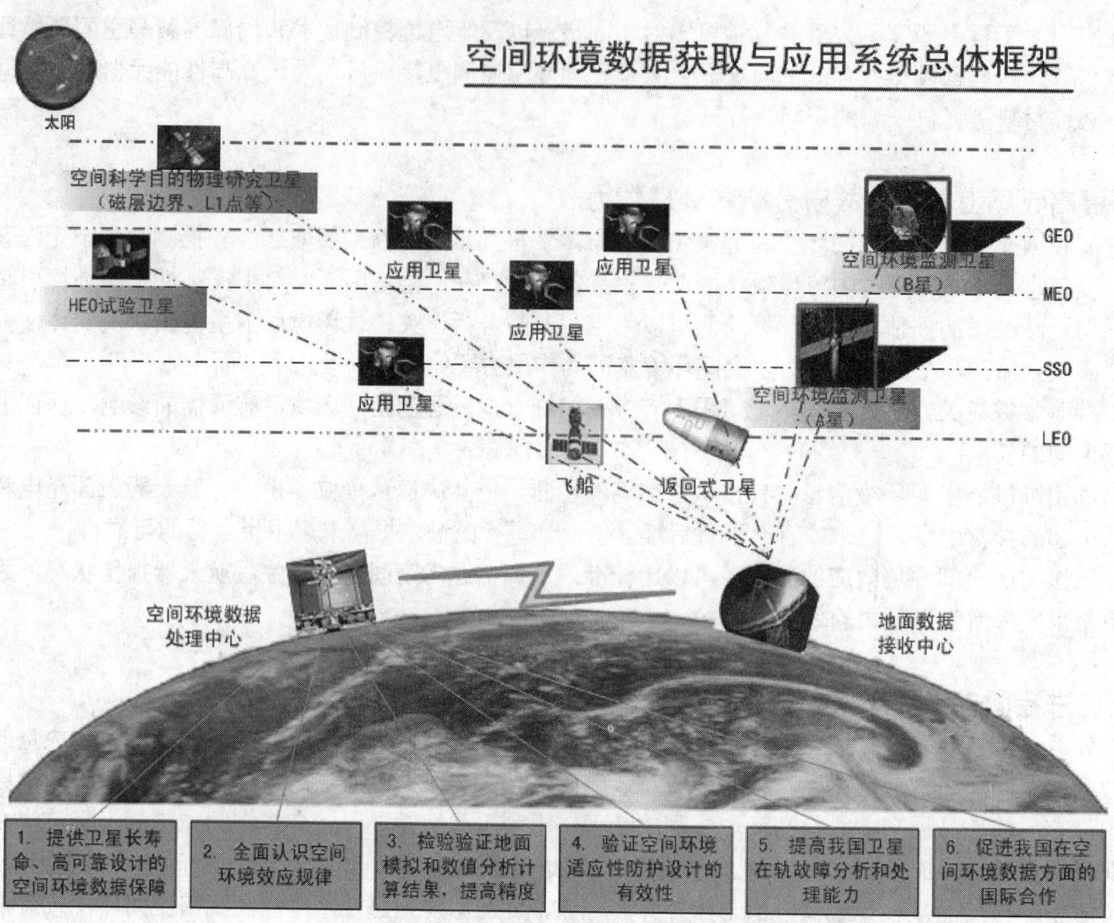

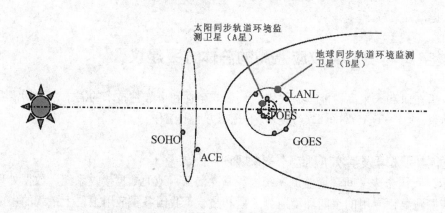

图3 空间环境数据获取与应用系统总体框架

图4 近地空间环境监测卫星轨道示意图

5.3 发展我国空间环境及效应监测载荷

促进空间环境及效应探测器电接口、数据格式的标准化，研制小型化、集成空间环境及效应监测器，开展空间环境探测器建模和标定技术研究，发展空间环境效应监测和验证载荷。

5.4 开展空间环境监测数据的工程应用

以卫星工程设计应用牵引、以国内空间环境应用研究优势单位为主要依托，联合国内相关高校、研究所，建立由工业部门、科研院所、高校等专家组成的空间环境数据研究分析委员会和具体实施不同类型空间环境数据分析研究的工作组。对相关探测数据进行融合处理，为卫星在轨运行提供相关空间环境信息；通过对辐射带动力学过程的研究和卫星轨道的分析，用卫星当地高能粒子探测数据来反演整个辐射带高能粒子探测数据，修正空间环境模型，为后续卫星抗辐射加固设计提供基础数据。

6 结语

空间环境及效应监测系统对于保证我国各类军、民用卫星的长期在轨运行；提高我国空间环境适应性设计水平，促进国产高性能芯片和低等级芯片在空间低风险应用，满足各类应用卫星对提高性能的迫切需求，打破由于国外在高等级抗辐射加固芯片方面对我国禁运所带来的不利局面；促进我国空间环境及效应领域的持续发展等方面都具有重要的意义。

参 考 文 献

[1] K.L. Bedingfield, R.D. Leach, and M.B. Alexander. Spacecraft System Failures and Anomalies Attributed to the Natural Space Environment. NASA Reference Publication 1390.

[2] D. Heynderickx. Radiation belt modelling in the framework of space weather.

[3] efects and forecasting. Journal of Atmospheric and Solar-Terrestrial Physics 64 (2002) 1687－1700.

[4] Éamonn Daly. Effects in Technology. 29 June 2002 Summer School Alpbach 2002.

[5] Lt Col Michael F. Bonadonna. LIVING WITH A STAR DoD PERSPECTIVE. Living With a Star Workshop 11 May 2000.

[6] David J. Rodgers. Lesley M.Murphy, Clive S.Dyer，Benefits of a European Space Weather Programme. ESWPS- DER-TN-0001.

[7] B.K.Dichter, J.O.Mcgarity, M.R.Oberhard, et.al.. Compact Encironment Anomaly Sensor(CEASE): A Novel Spacecraft Instrument for in situ Measurements of Environmental Conditions. IEEE Transaction ON Nuclear Science,Vol.45, No.6,December 1998.2758-2764.

[8] J.L.Barth, Kenneth A.LaBel, Billy Kauffman. The Objectives of NASA's Living with a Star space environment Testbed. 52nd International Astronautical Congress 1-5 Oct 2001/Toulouse , France.

[9] 王世金，朱光武，梁金宝. 我国空间环境天基监测网建设.

A Primary Scenario for Space Environments and its Effects monitoring in China

Wang Li   Zhang Qingxiang   Hou Xinbin   Wang Hui   Song Zhengji   Shi Wanglin and Chang Jijun

Research & Development Center CAST

P. O. Box 5142-109, Beijing, 100094，wangli@cast.cn

Abstract   To meet the increasing demands of longevity and high reliability for application satellites, the importance of space environment and its effects monitoring has been recognized. At the same time, with a lot of state of art microelectronics, materials and technologies being inserted into space system, the effects of space environment can not be avoided in design phase. Risks manage which based space environment and its effect monitoring has been one of the important means to ensure the longevity and high reliability of satellite. In this paper, firstly the statue and trend in the field of space environment and its effect monitoring were analyzed, then a primary scenario for space environment and its effects monitoring was presented.

Key words   Applications satellite；Space environment；Space environment effect；Monitoring

航天器总装工艺装备的发展趋势分析及对策

武亨亮

中国空间技术研究院第五一八研究所

山西省太谷县五号信箱，邮编：030800

摘　要　本文对航天器总装过程使用的工装设备进行了分类，并对使用方法和特点及工艺装备的发展趋势进行了分析总结。并从五院总体考虑，提出了一系列提高工艺装备设计、制造水平的措施和建议。

关键词　航天器；总装；工艺装备；发展趋势；分析及对策

1　概述

航天器总装的任务，就是根据总体的要求，将各个分系统的仪器设备可靠地、固定到所要求的位置，通过电缆和导管将它们连接起来，形成质量特性、密度和气密性等能满足总体要求的整星或整船；保证它能够在地面、发射、飞行和返回阶段各种环境的作用下正常工作。

航天器总装包括总装设计和总装实施。为保证航天器总装的精度等要求，并做到安全可靠，使用方便快速，需要在总装设计和总装工艺设计阶段进行总装工艺装备的要求论证和方案论证，提出设计要求，并进行设计和研制。目前，我院提出了实施"产品化"的要求，总装工艺设备就显得更为重要，必须对其进行深入的分析和探讨，以使总装工艺装备的使用在航天器总装过程中达到一定的比重，提高航天器总装的可靠性、稳定性和效率。

本文对航天器总装测试、转运、过程中使用的主要工艺装备，使用和发展趋势进行了分析的探讨，并在此基础上提出了五院总装工艺装备水平的建议。

2　总装工艺装备的种类、用途、目前的状况和发展趋势

航天器总装测试和运输过程中，需要使用各种不同的工艺装备；主要有停放支架、吊具、二轴转台、零重力展开架、大型工作平台、运输车、包装箱等。

目前，五院总装工艺装备的研制流程是：

采用的是一颗卫星、一套队伍，尤其是总装设计和工艺设计队伍，只考虑本型号的特殊性，所以总装工艺及工艺装备都是专用的，难以实现型号间的通用和模块化设计。

目前五院总装工艺装备研制主要由五一八所来完成，设计依据是总体部，总装设计要求。

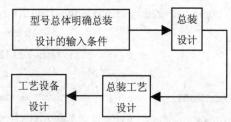

2.1　停放支架(支架车)

用于航天器及舱体在总装厂房内，进行总体装配，电测和检测期间的停放和移动。

按用途和装备状态不同，可分为垂直、水平和翻转三种，一般应具备如下性能或功能：

a. 承载性能，整体承载安全系数不小于3；

b. 移动功能应装有车轮，其中两个定向轮，两个万向轮，并在万向轮间装有导向机构；

c. 在垂直、水平三个方向可有选择地具有微调功能；

d. 与航天器或过渡支架对接的对接面，应有限位装置和保护装置；

e. 翻转支架车，可具有手动翻转和电动翻转功能。

目前已为几乎所有型号研制了水平、垂直和翻转功能的支架车，具备了一定的设计研制水平。

2.2　吊具

用于航天器（星、船）的起吊或翻转。起吊有水平和垂直两种状态，翻转则指水平与垂直之间任意角度的转换。因此一般吊具可分为垂直起吊与翻转两种。

1) 垂直起吊吊具，一般应具有如下性能和功能：

a. 具有足够的强度和刚度，安全系数不小于 5；

b. 与航天器连接部位有防脱落和保护措施；

c. 钢绳外表应有保护套；

d. 与厂房天车的连接部位，应适应厂房天车吊钩几何尺寸（如 5T、10T、15T、20T 等）。

2) 翻转吊具，一般应具有以下性能或功能：

a. 具备垂直吊具的性能或功能；

b. 吊具与航天器及厂房天车吊钩连接部位应具有转动装置和防脱装置，以防止翻转过程的打滑；

c. 应具有两个起吊环，以适应双钩天车吊钩并可安全地进行翻转。

近几年，吊具的重要组成部分，如吊索、连接杆等已基本上采用了标准件，并有了稳定可靠的供应商。但目前吊具设计还没有实现组合化和智能化，吊具设计和研制没有充分利用五院厂房资源，做到资源共享，各型号吊具也没有实现通用。

2.3　二轴转台

二轴转台用于卫星的大件安装，特别是太阳电池阵的安装。安装时，将装有太阳翼的卫星侧壁模拟板分别悬挂在零重力展开架上，卸掉压紧装置，使太阳翼成半展开状态，卫星安装到二轴转台上，旋转 90°使卫星成水平状态，调整卫星侧壁模拟板的高度，将二轴转台移动到太阳翼展开架前侧，移动太阳翼，将连接架铰链的法兰与卫星上 BAPTA 法兰相连接，并将太阳翼收拢，折叠，压紧于卫星侧壁上，从而完成太阳翼向卫星的安装。

从以上过程可知，二轴转台所起的作用巨大。以前二轴转台的移动靠人力推动，要想调节好位置，既费力，又费时，而且还不安全。从某型号开始，518 所设计研制的二轴转台已具备了电动行走，自动转向，三向微调等功能，大大提高了劳动强度，提高了装配的效率。

另外，二轴转台还用于装配其他部件，因为二轴转台可以进行 0—90°的翻转和 0—360°的自转，装配极为方便。

目前，国内二轴转台只用于航天器的装配，还未能用于测量甚至精测，我想只要合理提高二轴转台的旋转精度和翻转精度，用于航天器的测量是可能的。

所以，二轴转台按用途可以分成以下几类：一是总装配用转台，二是测量用转台；按特点可分为：人力移动式转台和电动行走式转台。

2.4　零重力展开架

零重力展开架主要用于太阳翼的零重力展开地面试验，另外还用于太阳翼往航天器的安装。

目前，零重力展开架设计主要采用网架式组合结构，便于安装和拆卸。但存在着导轨平面度难以实现的缺陷。

2.5　大型工作平台

主要用于 5 米以上的高空作业，一般用于垂直装配的大型航天器。

一般要求具备以下功能：

a. 具有多层工作台，工作台应有护栏；

b. 工作阶梯应稳固可靠，并有安全护栏和防滑措施；

c. 应尽量采用抱臂式或折叠式结构以减少空间尺寸，增加通用性和安装的方便性；

d. 使用液压机构等不能出现滴油现象。

目前五院在神舟飞船的总装测试中就使用了这种工作平台。

但这种平台存在缺陷是不能实现更多型号通用化，移动、调节不方便，厂房空间占用较大，不利于今后产品化的要求。

2.6 运输车

运输车有厂房内运输车和公路运输车两种。厂房内运输车可分为人力推动运输车（包括支架车、气浮垫车等），电动运输车（包括专用转运车和电瓶车等）。

支架车一般只用于体积较小，质量较轻但移动距离较小的航天器部件的移动，目前使用率高，能满足要求，但存在转向欠灵活的缺陷。

气浮垫车一般用于体积、质量较大，而移动距离又较远的航天器部件的移动。

气浮垫车与地面接触处设有若干气垫，每只气垫的底部开有喷气孔，使用时，在气垫和地面之间形成气膜，从而减少移动时的摩擦力。但气浮垫车对行驶路面的要求较高，平整度、光滑度不易保证，具耐压性也要求相当高。

从目前五院使用来看，气浮垫车对地面的缺陷比较敏感，因而造成了厂房地面被气压吹裂，气浮垫车目前已不能使用。

所以有必要使用电力驱动的转运车来代替气浮车，既省力又快速。

但从市场上能选购的电瓶车品种来看，仅能满足体积小，质量轻的产品转运。对于体积大而重的产品，则没有现货，所以必须设计研制载重在 10 t 以上的电动行走的转运车；其应具备的性能为：1）行走制动平稳；2）转弯半径小（可以原地打转）；3）速度可调；4）适应交直流电源使用。目前 518 所正自行研制这种电动行走转运车，年底可研制完成样机。

至于公路运输车，主要用于航天器往发射场地运输过程中，总装厂房至火车站或飞机场，由火车站或飞机场至发射基地的运输；一般应具备如下性能和功能：

1）运输车具备良好的减振性能（减振后冲击振动加速度小于 1g）；

2）如带车厢运输，则车厢内温度应控制在 20℃±5℃内；

3）运输车的高度加上航天器包装箱高度，应小于公路运输桥梁涵洞 4.5 米的要求。

目前，一般由总体或包装箱研制单位提出公路运输车技术要求，由有资质的车辆厂家来研制。

2.7 包装箱

包装箱用于航天器整体或特殊部件的包装箱和检漏并适应公路、铁路、飞机的运输。

包装箱一般应具有以下几种性能的一种或几种，根据被运输产品的特点以及运输方式选取。

1）气密性：即包装品应具有气密功能，气压降不高于 300Pa/天，使用时内存干燥氮气，使箱体内外压差保持在 1000Pa～3000Pa 。

2）保温性：即具有被动保温结构与主动保温措施，使器内温度在运输过程的-20℃～＋50℃环境下，维持箱内温度在 20℃±5℃。

3）减振性能：即包装器的结构应具有对所运输的航天器减振的性能，减振后冲击加速度不大于 1g，振动加速度不大于 0.6g。

4）温度、压力、自动控制与显示功能：为保持箱内温度在 20℃±5℃内，箱内外压差在 1000Pa～3000Pa 之间，需有温度与压力的自动控制系统，以克服箱外大气压和温度变化带来的影响。

5）振动与湿度显示功能：在包装箱使用过程中，自动显示箱内被减振部分的振动加速度和箱内湿度值。

6）运输适应性

包装箱的外形尺寸、吊装、固定方式应适应公路、铁路或空运的环境限制要求。

从 20 世纪 90 年代初开始，随着五院航天器研制数量的增多，五院开始了金属型包装箱的研制，至今已为各型号研制了各种不同性能、不同规格的包装箱 60 余套。性能已覆盖了以上各项，尤其设计研制了我国航天器第一次空运的神舟飞船包装箱和具有以上全部性能的东三系列包装箱。技术和性能已达到了国内领先水平，但是和国外尤其是欧美相比，我们的设计研制水平还有一定差距，特别是在设计理念和通用性方面存在差距，还需要在以下方面加以研究：

1. 包装箱"三化"技术研究；

2. 试振机理的进一步研究；

3. 微压安全阀的研究；

4. 包装箱工艺技术的研究；

5. 包装箱与二轴转台合二为一的技术的研究；

6. 海运包装箱的研究。

3 总装工艺装备的发展趋势

随着航天器研制数量的增多，研制周期越来越短，有效地缩短航天器总装周期显得尤为重要，目前世界各国宇航公司越来越客重视地面设备的研制，有的已将地面设备作为分系统来对待，已逐渐形成了许多知名的地面设备研制公司。

总装工艺装备的总的发展趋势是：统一发展，综合设计研发，注重多功能、通用化、组合化和智能化的应用研究，以有效减少航天器总装的工序，优化流程，提高质量和效率。

总装支架和工作平台，注重多功能、组合化（模块化）、人性化设计。所谓多功能即一个（或一套）总装支架（工作平台）可以执行多工序的装配任务，利于缩短装配时间提高效率。所谓组合化（模块化）则是指征讨设备由多种可拆卸的、可组合的部件构成，根据需要可以组装成不同尺寸和形状，可满足不同用途的工装设备，这样可以有效降低工艺成本，也便于工装的管理和保存。所谓人性化是指工装设计更注重人机原理，符合人的操作习惯和生理特点，使操作更方便，使用更可靠。

吊具注重组合化、智能化、标准化设计；组合化与前述基本一致；智能化是指吊具起吊时克自动进行平衡调整，使吊具更安全，也便于实现吊具的组合化和通用化；标准化是指吊具所使用的零部件尽力选取标准件，以减少吊具的制造成本与周期。

二轴转台的发展趋势是注重多功能、高精度、自动化方向的发展。所谓多功能即是指二轴转台的功能不只是用来进行航天器装配，还可以进行各种质量特性及电特性能测试等。所谓高精度是指转台的设计、制造要求更高，定位精度和运动精度更高，以适应多功能使用。自动化则是指二轴转台运动、操作等自动化程度更高。

包装箱的发展趋势更加注重多功能、通用化、智能化方向的发展。多功能是要求包装箱不仅用于航天器的包装和运输，还要满足特定条件下的检漏、性能测试等一系列功能。通用化则要求是能多型号共用、多产品共用。智能化则是指包装箱的各种功能实现智能控制（温度控制和压力控制等）。

其他工装设备的发展，也基本上向"三化"的方向发展，这里不再赘述。

总之，在航天器总装工艺装备管理上将越来越重视集约化、专业化，设计上注重通用化、组合化和智能化。

4 航天器总装工艺装备发展的对策

五院作为国内航天器研制的主力军，面对越来越多的任务，既是一种极好的发展机遇，同时也面临前所未有的挑战，这就要求五院型号研制向产品化迈进，作为总装工艺装备，也必须实现这一要求，而目前我院地面机械设备的研制和管理状况是，各型号各自独立，缺乏统一管理，造成了很多不必要的重复投资，一些共性的共用设施没有建立起来，院的许多资源未能达到统一管理，统一使用的目的。

各个型号在方案阶段，由于人力所限，没有将地面机械支持设备及早纳入流程，造成地面机械支持设备尤其是总装工艺装备的研制相对滞后，甚至可能对型号任务的完成带来一定的影响。所以本人认为，院应确定一个航天器地面机械支持设备的抓总单位或部门，在型号方案确定时就参与进来，对不同型号不同平台综合考虑，考虑其工装的通用化、组合化，同时由院 NGSE 专家组评审把关，进而从产品化的角度，规划地面机械支持设备的发展，尤其是总装工艺装备的发展，使五院航天器制造工艺与设计齐头并进，使五院航天器制造早日步入世界一流。

参 考 文 献

[1]   徐福祥主编.卫星工程.中国宇航出版社.

[2]   高慎斌主编.卫星制造技术.中国宇航出版社.

Analyses and Countermeasures On Spacecraft Assembly Techniques Equipment

Wu Hengliang

The 518th Institute, Chinese Academy of Space Technology

P. O. Box 5, Taigu, 030800

Abstract   This thesis categorizes techniques equipment used in spacecraft assembly, in this paper its use means & characteristic and its development direction was analyzed and summarized. In the view of Headquarter, CAST, this study brings forward a series of measures and suggestions on how to improve the design and production level of techniques equipment.

Key words   Spacecraft；Assembly；Techniques equipment；Development direction；Analyses and countermeasures

无机抗菌高分子材料在载人航天技术中的应用前景

许胜国　魏民　赵成坚　谢琼　田树霖

航天医学工程研究所

北京 5132 信箱 13 分箱，邮编：100094，weiguiwei@163.com

摘　要　对载人航天器舱内有害菌进行有效抑制，是航天工程设计人员不可忽视的一个重要技术课题。本文在成功研制无机抗菌高分子材料的基础上，对无机抗菌高分子材料在航天应用方面进行了初步研究，阐明了无机抗菌高分子材料在航天应用的可行性及其美好前景。

关键词　无机抗菌高分子材料；载人航天技术；舱内设备；应用前景

1　概述

细菌、霉菌、酵母菌、藻类等有害微生物不仅对人类生活工作环境造成污染，而且对人体健康和生命造成严重损害。即使在远离地球的载人航天飞行器舱内环境中同样不能幸免。美国载人航天器飞行史中，因细菌感染而导致乘员患感冒、尿路感染、皮炎、口腔溃疡的病例就有多起[1]。如阿波罗 7、8 号曾发生呼吸道感染，9、11、12、14 发生中耳炎，其他飞行任务中也发生过皮疹等皮肤感染性疾病[9]。和平号空间站乘员留轨期间也有因细菌感染患疾，从而不得不提前返航的病例[2]。

载人航天器乘员座舱、航天服都属狭小人一机密闭环境，其内装载各种飞行仪器、环控生保设备及乘员生活设施。从备料、加工生产、单机性能试验、整机联试、到装船飞行，它们都曾经历多地区、多厂家、多时间、多人接触，有害菌的污染不可避免。尽管座舱起飞前都经过仔细消毒处理，但由于设备太多，品种材质不一，实施彻底灭菌消毒有较大困难，而进入太空后在失重密闭条件下，后续消毒灭菌的实施就更加困难。因此，不论采用哪种方法消毒都不会尽善尽美，再加上航天员自身及其排泄物携带细菌的继发繁衍，都会给中、长期太空飞行留下遭受有害菌繁衍和侵袭的可能。因为载人飞行器座舱在为乘员提供舒适生存环境的同时，也为有害菌的快速繁衍提供了极好的温床。根据国内、外大量研究表明，有害菌株在空间的生长速率要高于地面对照[10]。1975 年美国 D1 飞行任务在微重力条件对真菌 Physarum Polycephalum 的细胞效应观察中发现，搭载后的细胞质流动速率是地面对照的 110%。德国科学家在 D2 飞行实验中观察到 1g 枯草杆菌形成的孢子数量比对照增加 4 倍之多[10]。所以，飞行器舱内环境中有害菌的繁衍、传播以及对人体的侵害，切不可被航天工程设计人员所忽视。

在危害人类健康的同时，有害菌也对太空舱内各种设施及材料同样造成严重侵害。在和平号空间站上，微生物学家就发现了一些生物降解菌对轨道站仪器设备所造成的危害，如图 1、图 2、图 3。它们破坏光学仪器、绝缘材料和聚合结构[11]，在和平号主要乘员组 3 飞行任务中，由于霉菌的作用，导致眩窗可视度进行性下降，其他飞行任务中也无一例外地在管道、电子接头及电缆上检测出了霉菌[11]。有害菌对仪器设备零部件和一些材料的侵蚀，将直接导致飞行故障的发生。因此，对运用到太空飞行器载人座舱内某些仪器设备的金属、橡胶及高分子聚合材料制品的抗菌保护，同样是不可被航天工程设计人员所忽略的另一个重要技术课题。

图 1　通讯设备导线上生长的霉菌

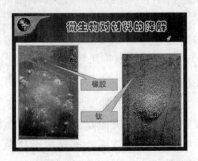

图 2　微生物对橡胶材料及钛的降解

图 3　试验舱眩窗上的霉菌

2 高分子材料航天应用现状

为给乘员创建安全可靠工作条件和舒适方便的生活环境，高分子聚合材料越来越多的运用于载人航天舱内设备。航天服就用到多种经特殊处理的保温耐压高分子材料。又如头盔及其面窗材料，通信用麦克和耳机材料，飞行程序控制用计算机壳体、操作键盘，各种连接导线和电缆，多种非金属餐饮、复水器具，食品、饮料及药品包装材料，废物和大小便收集存贮装置，尿液及航天废水再生处理用过滤、透析膜材料，吸水材料，保温材料，各种通用工具及设备的操作把手，各种通风排气复合软管材料，减震保温用发泡材料，有时电热设备的绝缘隔热层也不得不用高分子材料制成。

高分子材料为人类创建生活和工作便利的同时，同样也会遭受有害菌侵蚀，不仅损害材料外观，而且严重损害到材料质量，甚至通过交叉传播殃及人体健康。据调查，105门电话中46%的机子上有大肠杆菌，仅在塑料听筒、话筒上就有480余种细菌和2400种病毒[6]。有害微生物的繁衍速度很快，在适宜条件下，一个大肠杆菌经9个小时可达1亿个之多[8]。因此，航天高分子聚合制品的抗菌消毒，就显得尤为重要和突出。多年来，航天科技人员苦心积虑试图寻找一种快速、长效、广谱杀灭有害微生物的方法，但都不能尽人心愿。无机抗菌高分子材料的研发成功，及其可高效、长期、安全杀灭细菌的优点，为长期载人航天器中高分子制品消毒技术难题的解决带来一定希望。如能使航天高分子聚合制品都增加抗菌自洁功能，不仅可抑制有害菌的繁衍传播，减少飞行患病几率，而且还可有效防止或减少因有害菌侵蚀而引发的设备功能故障。因此，在对载人航天器舱内环境实施科学合理整体消毒的同时，积极开展高分子材料制品的抗菌性研究，将具有同样重要意义和功效。

3 无机抗菌高分子材料简介

无机抗菌高分子材料就是含有无机抗菌成分并具有抗菌抑菌功能的高分子材料。无机抗菌剂是一种新的、含有银、锌、铜等金属离子成分和无机载体的接触型抗菌制剂，其所含金属离子具有超强抗菌能力。当细菌、霉菌等微生物接触到载体中游离态金属离子后，带正电荷的金属离子与带负电荷的微生物因库仑引力相互吸附，并在微生物表面聚积，在金属离子之正电荷达一定量时，就会有效击穿细菌细胞壁，接触细胞内部蛋白质和核酸，产生化学反应，使蛋白质变性，从而降低蛋白酶活性。蛋白质失活就会影响细胞的代谢和呼吸功能，使其无法进行分裂繁殖，直到死亡，从而达到灭菌、抑菌目的。在杀灭细菌的同时，抗菌剂本身并不消耗，微生物细胞破裂后，金属离子仍然存在，可从细胞碎片中游离出来继续杀灭新的菌类[4]。这就是它可长效抗菌的原因所在。抗菌剂是1.27~1.29μm的超细粉末，经调制能均匀分散在物料中各个部位。然后再通过特殊工艺把物料（含有抗菌金属离子之载体）均匀添加到各种高分子原料中，制出具有灭菌功效的高分子材料和制品。利用金属离子在载体中的缓释功能，可长期、广谱、有效杀灭附着在高分子材料制品表面的有害微生物。其灭菌的范围主要取决于高分子材料对外接触面积的大小，灭菌率取决于高分子材料中物料添加浓度和物料分布的均匀度。

从古代人们就知道银及某些金属具有灭菌效果，所以常常用银、铜作为餐具，水具。其实，起抗菌灭菌效果的并不是金属本身，而是这些金属的离子在起作用。因金属离子缓释量在安全范围内，所以对人、畜比较安全。传统无机抗菌剂的主要原料来自无机硅、钙、钾等化合物，其中有些早已被用做食品或饲料添加剂，含人体不可缺少的微量元素。所以，只要对无机抗菌剂使用得当，科学、合理、适量，无论是加工或者是使用过程，抗菌高分子材料对人畜都将是安全的，尤其是银系列抗菌剂具有高效、安全的优点。抗菌高分子材料抗菌效果好。某研究所曾对接触型无机抗菌系列进行过62次抗菌效果检测，灭菌效果都比较好。如抗菌牙刷毛20小时大肠杆菌杀灭率为99.99%，金黄色葡萄球菌的杀灭率为99.94%[6]，抗菌油漆板32小时对大肠杆菌杀灭率为94.78%，对金黄色葡萄球菌的杀灭率为91.50%[4]。可见抗菌性能大大削弱了细菌在高分子制品上的的繁衍速度。由于无机抗菌制品可能杜绝或减弱人与人、人与物、物与物之间有害菌的交叉传播和感染，所以在全世界受到普遍欢迎。正是由于抗菌高分子材料低毒、灭菌效果好、适用广泛、加工方法简单，因此，针对抗菌需求迫切、杀抑效果要求较高的载人航天技术领域有着广阔的开发应用前景。

目前我国已试制和生产出硅、钙、钾三大系列七大类多种抗菌剂，而且还为各种制剂选配了合适载体，较好的解决了部分抗菌高分子制品的生产工艺技术难题。如抗菌尼龙丝、聚乙烯板、药品包装材料、食品包装膜、聚丙编织丝料、无纺布、ABS、PS、聚酯泡沫塑料、涂料、空气清新剂等多种抗菌制品，经过进一步严格筛试，均可应用于载人航天技术领域。

4 无机抗菌高分子材料航天应用初步尝试

为了进一步提高载人航天环控生保产品的性能，对产品中部分高分子材料进行了初步抗菌应用尝试。航天员就餐用多功能餐盘盘体使用无毒高分子材料制成，为确保进食卫生，减轻消毒工作量，尝试在盘体原材料中添加无机抗菌剂，制成抗菌产品，并由中国建筑材料科学研究院环境工程研究所对其 24h 抑菌效果进行了检验，结果见表 1。

表 1   抗菌餐具卫生检测结果[7]

项　目	作用时间	活菌数量（个）				平均灭菌率
		1	2	3	平均值	
对照菌数量	0h	112	103	108	107.7	
抗菌塑料碗 1#	24h	0	2	2	1.33	98.76%
抗菌塑料碗 2#	24h	1	3	-	2	98.14%

吸水材料、液体过滤材料、废水透析材料是载人航天尿液和废水再生处理设备中不可缺少的三种材料，尿液及航天废水因含有大量有害菌，所以在很短时间内就会腐蚀发酵，甚至形成菌丝、菌絮、菌膜粘结在这些材料上，直接影响尿液和废水的再生处理效果，缩短设备的使用寿命。为使这三种材料增加抗菌自洁功能，试制了抗菌过滤和抗菌吸水材料，其抗菌效果检测见表 2、表 3。表中数据均显示出这几种材料的抗菌效果都比较好。

表 2   抗菌滤水材料卫生检测结果

项　　目	作用时间	对照菌数量（个）			平　均灭菌率
		细菌总数	总大肠菌群	粪大肠菌群	
对照菌数量	0h	$1.5×10^4$	>1600	>1600	
抗菌滤水材料 1#	24h	<1	未检出	未检出	99.94%
抗菌滤水材料 2#	24h	<1	未检出	未检出	99.94%

表 3   抗菌吸水材料抑菌结果检测

菌株名称	作用时间（h）	菌株浓度（cfu/ml）	平均杀抑率 (%)
产黄青霉	72	$8.33×10^6$	76.35
金黄色葡萄球菌	24	$6.78×10^6$	88.56
大肠杆菌	24	$3.76×10^5$	89.12

我们的试验虽然只是初步的，但可由此更可进一步看出：低毒、灭菌效果好、适用广泛、加工简单的无机抗菌高分子材料，在抗菌需求迫切、灭菌效果要求较高的载人航天技术领域中应用的可行性及其美好广阔的开发前景。

参 考 文 献

[1]   王爱华译.阿波罗计划的生物医学结果.SP-386.

[2] 王爱华译. 太空中的医学应急.（Tamarack R. Czarnik,DM MEDICAL EMERGENCIES IN SPACE.）

[3] 郑安呐，管涌，周强，程岩. 分子组装抗菌技术及其对高分子材料性能的影响. 中国首届抗菌制品（材料）国际展览会第二届中国抗菌材料产业发展大会论文集，P52.

[4] 田树霖. 抗菌剂分类及抗菌原理分析. 中国首届抗菌制品（材料）国际展览会，第二届中国抗菌材料产业发展大会论文集，P17.

[5] 李毕忠. 我国抗菌母粒的发展和应用现状. 中国首届抗菌制品（材料）国际展览会，第二届中国抗菌材料产业发展大会论文集，P8.

[6] 田树霖. 高分子用抗菌剂及抗菌高分子制品.

[7] 中国建筑材料科学研究院环境工程研究所检测报告. 209001 号.

[8] 川本隆一 . 日本抗菌市场的发展以及抗菌相关标准的制定. 日本抗菌制品技术协会，中国首届抗菌制品（材料）国际展览会第二届中国抗菌材料产业发展大会论文集，P1.

[9] David W.Koenig & Laura L. Mallary Disinfectants for spacecraft Applications: An Overview. SAE Paper911516 1991:1623-1637.

[10] 江丕栋. 空间生物学. 青岛：青岛出版社，2000：63～79.

[11] Natalja Novikova. Review of the Knowledge Of Microbial Contamination Of the Russian Manned Spacecraft. Moscow, Russia：State Scientific Center Rf -Institute For Biomedical Problems, 2000： 6～29.

The Application Foreground of Inorganic Antimicrobial Macromolecule Material Used in Manned Space Flight Technique

Xu Shengguo   Wei Min   Zhao Chengjian   Xie Qiong and Tian Shulin

Institute of Space-medicoEngineering

P. O. Box 5132 –13，Beijing，100094，weiguiwei@163.com

Abstract   It is an inevitably important technological project for space engineering designer to inhibit the harmful microbial growth in manned space cabin effectively. In this paper, based on the successful development of the inorganic antimicrobial macromolecule material, some pilot study has been done about the application of the inorganic antimicrobial macromolecule material used in the way of space environment. The results show that it is feasible for manned space flight to use inorganic antimicrobial macromolecule material, and the results also show nice foreground for the application of inorganic antimicrobial macromolecule material in space.

Key words   Inorganic antimicrobial macromolecule material；Manned space flight technique；Facility in the cabin；Application foreground

静电悬浮加速度计剖析

薛大同　唐富荣　陈光锋　王佐磊

中国空间技术研究院　兰州物理研究所

兰州 94 号信箱，邮编：730000，dtxue@sohu.com

摘　要　静电悬浮加速度计广泛应用于测量大气阻力等引起的准稳态加速度、电推进器推力、高空地球重力场等军用和民用领域，其特点是灵敏度高、量程小、频带窄。本文给出了静电悬浮加速度计的指标，介绍了它的结构组成和检测原理，给出了结构参数、电容检测器的输出电压与位移的关系，分析了 PID 控制器的作用和残余气体的阻尼作用，导出了线加速度和角加速度的检测公式，指出了辐射计效应对加速度噪声的影响是非常严重的。

关键词　空间测地学；惯性传感器；加速度计；静电学

1　引言

静电悬浮加速度计的特点是灵敏度高、量程小、频带窄。

灵敏度高：1）静电力十分微弱，因而反馈控制的电压信号很强；2）检验荷载基本上与外界没有机械接触，且处于高真空环境中，因而噪声很弱；3）Σ-Δ式 A/D 变换器（例如采样频率 10kHz，每 0.1s 给出信号的积分[1]）和软件后续处理（例如在每 0.1s 有一次数据的基础上每 4s 求一次平均值[2]）的双重累加-平均功能来压缩通带，平抑噪声。

然而，正因为静电力十分微弱，所以量程小。要扩大量程必须：1）提高极间电压，2）缩短极间距离，3）减薄检验荷载的厚度。联合采用措施 1）、2）将受到高压击穿的限制，而联合采用措施 2）、3）更适合于微机械加速度计。

同时，正是压缩通带的措施使得响应速度很慢。

因此，静电悬浮加速度计适合测量慢变的微弱加速度，这一特点在空间微加速度测量上具有不可替代的明显优势，从而受到国际宇航界的重视。

目前，国外具有工程应用能力的静电悬浮加速度计有：美国 NASA 刘易斯研究中心研制的 MESA（进一步组装成 OARE）[3]、法国 ONERA 研制的 ASTRE[4]、STAR[5] 及 GRADIO[2] 等。这些加速度计在测量大气阻力等引起的准稳态加速度、测量电推进器推力、测量高空地球重力场等军用和民用领域正在或将要发挥重要作用[1~7]。表 1 给出了以上几种加速度计的测量范围、分辨率和带宽。

表 1　国外具有工程应用能力的静电悬浮加速度计的测量范围、分辨率和带宽

型号		轴向	沿该轴的线加速度		绕该轴的角加速度		带宽(Hz)
			测量范围(g_0)	分辨率(g_0)	测量范围(rad/s^2)	分辨率(rad/s^2)	
MESA[3]	A	x 轴	$(-1$—$+1)\times10^{-2}$	3.05×10^{-7}	——	——	——
		y, z 轴	$(-2.5$—$+2.5)\times10^{-2}$	7.63×10^{-7}	——	——	——
	B	x 轴	$(-1$—$+1)\times10^{-3}$	3.05×10^{-8}	——	——	——
		y, z 轴	$(-1.9$—$+1.9)\times10^{-3}$	5.8×10^{-8}	——	——	——
	C	x 轴	$(-1$—$+1)\times10^{-4}$	3.05×10^{-9}	——	——	$1\times10^{-4}-1$
		y, z 轴	$(-1.5$—$+1.5)\times10^{-4}$	4.6×10^{-9}	——	——	$1\times10^{-4}-1$
ASTRE[4]		x 轴	$(-1.32$—$+1.32)\times10^{-3}$	1×10^{-8}			$DC-1.9$
		y, z 轴	$(-1.36$—$+1.36)\times10^{-3}$	1×10^{-9}			$DC-1.9$

型号	轴向	沿该轴的线加速度		绕该轴的角加速度		带宽(Hz)
		测量范围(g_0)	分辨率(g_0)	测量范围(rad/s²)	分辨率(rad/s²)	
STAR[5]	x 轴	$(-1—+1)\times10^{-5}$	3.05×10^{-9}	$(-1—+1)\times10^{-3}$	1×10^{-7}	$1\times10^{-4}—1\times10^{-1}$
	$y,\ z$ 轴	$(-1—+1)\times10^{-5}$	3.05×10^{-10}	$(-1—+1)\times10^{-3}$	5×10^{-7}	$1\times10^{-4}—1\times10^{-1}$
GRADIO[2]	x 轴	$(-3.05—+3.05)\times10^{-5}$	3.05×10^{-11}	——	——	$0.005—0.125$
	$y,\ z$ 轴	$(-2.55—+2.55)\times10^{-6}$	5.1×10^{-13}	——	——	$0.005—0.125$

2　结构组成和检测原理

三轴静电悬浮加速度计敏感结构的中心有一检验荷载，其上、下和四周围绕着电极。如图 1 所示。

检验荷载通过 5～15μm 直径的金丝与检测电路相连，金丝下端用直径 0.5mm 的导电胶粘合在检验荷载上（如图 2 所示），上端穿过上电极中心孔引出（如图 3 所示）。

图 1　STAR 的检验荷载、电极、底座照片[8]　　图 2　金丝下端[9]　　图 3　金丝上端[8]

为了保证对线加速度和角加速度矢量的精确检测，加速度计敏感结构需安装在经过研磨等精细加工的殷钢基座上，如图 1 所示。该基座的垂直度和平行度公差为 5×10^{-5}rad（相当于 10″）[2]。

为了降低噪声，加速度计敏感结构还需高真空密封。为维持高真空，真空密封容器携带有微型溅射离子泵和吸气材料。图 4 给出了带有真空密封容器和抽气系统的加速度计的外观。图 5 为 STAR 加速度计组装后的结构略图。

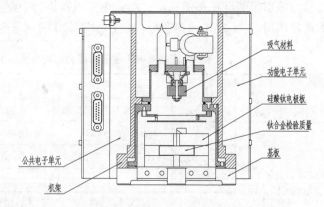

图 4　带有真空密封容器和抽气系统的加速度计的外观[8]　　图 5　STAR 加速度计组装后的结构略图[5]

地面上采用重力场小角度倾斜法对"准水平"方向（设为 $y,\ z$ 方向）进行静态标定时，垂直于地面方向（设为 x 方向）检验荷载受到几乎等于 $1g_0$ 的重力加速度，因此必须给检验荷载特殊施加一足够大的反方向静电力，以使其悬浮。该静电力是通过测量检验荷载与上下电极间的电容变化，并经专用伺服电路放大后，给上、下电极板施加数百伏的反馈电压得到的。而 $y,\ z$ 方向则根据标定要求，仅略微偏离水平方向，重力场的分量使检验荷载"滑"向低侧，造成检验荷载与相应方向电极间的电容变化，经伺服电路放大后，给该方向的电极施加恰当的反馈电压，利用静电力使检验荷载保持在准平衡位置，反馈电压的大小即反映了重力场在该方向上的分量。

当加速度计装在航天器上进行在轨检测时，由于输运惯性力平衡了地球引力，x 方向的反馈电压不再需要比 y，z 方向高。因此，x 方向地面和空间所用的伺服反馈电路是不一样的。此时，当 x，y，z 任一方向受到干扰力（或称非引力、微重力）而偏离自由漂移（或称自由漂浮、自由飞行），即出现微重力加速度时，该方向的电极随之加速运动，而悬浮的检验荷载因惯性作用不会受到微重力加速度的影响，使其相对该方向的电极偏离平衡位置，造成检验荷载与该方向电极间的电容变化，经伺服电路放大后，给该方向的电极板施加恰当的反馈电压，利用静电力使检验荷载相对该方向的电极保持在准平衡位置，反馈电压的大小即反映了微重力加速度的水平。绕 x，y，z 三轴出现的角加速度也采用这样的办法使检验荷载恢复平衡。

3 敏感结构

3.1 检验荷载尺寸

法国 ONERA 研制的 ASTRE、STAR、及 GRADIO 等的检验荷载均选用六面体，尺寸为：$h = 1\text{cm}$（沿 x 轴）、$w_p = 4\text{cm}$（沿 y 轴）、$l_p = 4\text{cm}$（沿 z 轴）。W_p，l_p 相同下 h 较小可使检验荷载较轻，有利于地面标定时 x 向检验荷载悬浮。六面体各面的不平度小于 $1\mu\text{m}$[4]。各面间的不垂直度和不平行度小于 10^{-5}rad（相当于 $2''$），以确保三个敏感轴互相独立[1]。

3.2 电极配置

图 6 给出了检验荷载及其周围的电极配置，该配置用于敏感检验荷载位置和姿态并对线加速度和角加速度施加反馈控制静电力。电极板和机械限位器的不平度小于 $1\mu\text{m}$[4]，各电极面积的误差小于 0.2%[10]。

3.3 检验荷载与极板间的平均间隙

同样的极板尺寸和电位差下，静电力与检验荷载至极板间的间隙的平方成反比，所以，根据量程来调整 d 显得非常重要。d 可以在 $30\sim500\mu\text{m}$ 内调整。STAR x 向采用 $d = 60\mu\text{m}$，y，z 向采用 $d = 75\mu\text{m}$[6]。检验荷载和电极间的距离精度是 $2\mu\text{m}$[4]。

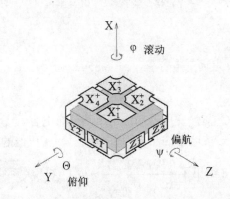

图 6 为敏感检验荷载位置和姿态所作的电极安排[8]

3.4 检验荷载和极板的材料

同样的检验荷载尺寸和静电力下，检验荷载的密度越大，对加速度的检测越灵敏，因此，检验荷载可以换用从铍（$\rho = 1.8 \times 10^3 \text{kg/m}^3$）到铂（$\rho = 2.0 \times 10^4 \text{kg/m}^3$）不同密度的材料以适应不同的测量范围要求，STAR 采用低磁化率（2×10^{-4} 国际单位）的钛合金[6]。

ASTRE、STAR 及 GRADIO 的电极板均采用硅酸钛[1], [2], [4]，经超声加工制成[6]。室温下的线胀系数为好的 $10^{-8}/℃$。

检验荷载和电极板的线胀系数不同导致标度因数的温度系数沿 y，z 轴为 $4.9 \times 10^{-3}/℃$，沿 x 轴为 $2 \times 10^{-3}/℃$[6]。

4 电容检测电路

图 7 给出了电容检测电路的原理框图。

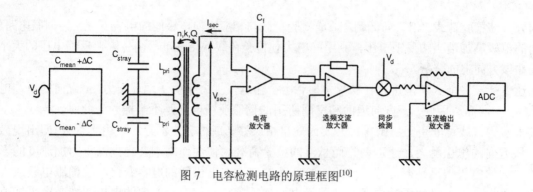

图7 电容检测电路的原理框图[10]

4.1 电荷放大器的输出电压

采用传统方法对图7所示电容检测电路中前半部分进行分析,可以得出电荷放大器的输出电压与位移的关系为:

$$\frac{ndC_fU_{out(rms)}}{xC_{mean}U_{d(rms)}} \cong -\frac{1-\omega_d^2L_{pri}C_{pri}}{1-2\omega_d^2L_{pri}C_{pri}} \tag{1}$$

式中:n为变压比,d为检验荷载处于正中位置时电容的间隙,C_f为电荷放大器的反馈电容,$U_{out(rms)}$为电荷放大器输出的高频电压有效值,x为检验荷载对正中位置的偏离,C_{mean}为检验荷载处于正中位置时上下电容的容值,$U_{d(rms)}$为高频检测电压的有效值,ω_d为高频检测电压的圆频率,L_{pri}为变压器初级的电感,并有:

$$n = \frac{N_2}{N_1} \tag{2}$$

式中:N_1,N_2分别为初级线圈和次级线圈的匝数。

$$C_{mean} = \frac{\varepsilon S}{d} \tag{3}$$

式中:ε为真空电容率,$\varepsilon = 8.8542 \times 10^{-12}$ C^2/(N·m^2);S为电极面积。

$$C_{pri} = C_{mean} + C_{stray} \tag{4}$$

式中:C_{stray}为变压器初级电感的分布电容。

(1)式按电感的品质因数$Q \gg 1$,变压器的耦合系数$k \cong 1$,$x \ll d$作了简化。

图8给出了$\dfrac{ndC_fU_{out(rms)}}{xC_{mean}U_{d(rms)}} \sim \omega_d^2L_{pri}C_{pri}$关系曲线,从图8可以看出,$\omega_d^2L_{pri}C_{pri}$越接近0.5,增益越大,但为了使增益稳定和防止增益反相,$\omega_d^2L_{pri}C_{pri}$必须偏离0.5。因此,$\omega_d^2L_{pri}C_{pri}$的恰当范围为0.44~0.49及0.51~0.55。

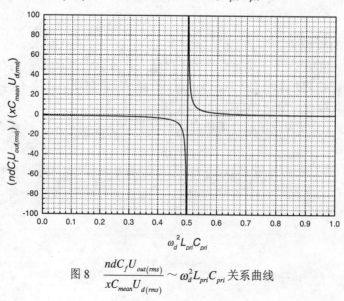

图8 $\dfrac{ndC_fU_{out(rms)}}{xC_{mean}U_{d(rms)}} \sim \omega_d^2L_{pri}C_{pri}$关系曲线

对于 GRADIO 加速度计而言，$f_{d}=100\,kHz$，$L_{pri}=3mH$，$n=1$，$k=0.9999$，$C_{mean}=50pF$，$C_{stray}=350pF$，$C_{pri}=400pF$，$C_{f}=10pF$[10]。因此 $\omega_{d}^{2}C_{pri}L_{pri}=0.4737$，显然非常恰当。

不作 $x \ll d$ 的简化时，电荷放大器输出的高频电压有效值与位移的关系为：

$$U_{out(rms)} \cong -\dfrac{\dfrac{U_{d(rms)}\varepsilon Sx}{C_{f}n}}{\dfrac{d^{2}\left(1-\omega_{d}^{2}L_{pri}C_{pri}\right)-x^{2}\left(1-\omega_{d}^{2}L_{pri}C_{stray}\right)}{1-\dfrac{\omega_{d}^{4}L_{pri}^{2}\left(d^{2}C_{pri}^{2}-x^{2}C_{stray}^{2}\right)}{d^{2}\left(1-\omega_{d}^{2}L_{pri}C_{pri}\right)^{2}-x^{2}\left(1-\omega_{d}^{2}L_{pri}C_{stray}\right)^{2}}}} \tag{5}$$

将上述 GRADIO 加速度计的参数代入(5)式，可以画出当 V_d 的有效值为 5V 时，电荷放大器输出的高频电压有效值与位移的关系，如图 9 所示。

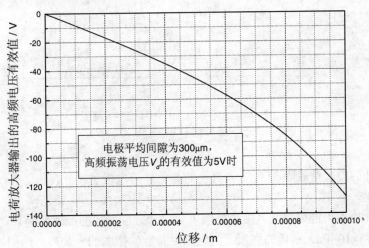

图 9　GRADIO 的 $U_{out(rms)}$ 与 x 的关系

从图 9 可以看到，位移(0～50)μm 范围内，电荷放大器输出的高频电压有效值与位移的关系基本是线性的。所以，使用(1)式是合理的。

4.2　同步检测

同步检测采用乘法器，设高频检测电压为：

$$u_{d}=U_{d}\cos\omega_{d}t \tag{6}$$

式中：ω_{d} 为 $6.28\times10^{5}rad/s$（即 $f_{d}=100kHz$）。

乘法器输入的信号为调幅波：

$$u_{in}=U_{in}\cos\left(\omega t+\alpha\right)\cos\left(\omega_{d}t+\beta\right) \tag{7}$$

式中：因子 $U_{in}\cos(\omega t+\alpha)$ 为幅度调制，ω 为 $(6.28\times10^{-4}\sim0.628)rad/s$［即加速度测量通带为 $(1\times10^{-4}\sim0.1)Hz$］，$\cos(\omega_{d}t+\beta)$ 为载波。

则乘法器的输出为：

$$u_{out}=\frac{U_{d}U_{in}}{2}\cos\beta\cos(\omega t+\alpha)+\frac{U_{d}U_{in}}{4}\cos(2\omega_{d}t+\omega t+\alpha+\beta)+\frac{U_{d}U_{in}}{4}\cos(2\omega_{d}t-\omega t-\alpha+\beta) \tag{8}$$

采用通带远低于检测频率 f_{d} 的低通滤波滤除后两项，即得到所需的信号 $\dfrac{U_{d}U_{in}}{2}\cos\beta\cos(\omega t+\alpha)$。由于该信号中含有因子 $\cos\beta$，可见要求乘法器输入信号的相位在全部测量通带 $(1\times10^{-4}\sim0.1)Hz$ 内尽量与高频检测电压的相位一致，否则会引起信号衰减。

5 PID 控制器

图 10 给出了静电悬浮加速度计闭环控制方框图。可以看到，其中含有 PID 控制器。PID 控制器的作用是提供电阻尼和改善测量线性。

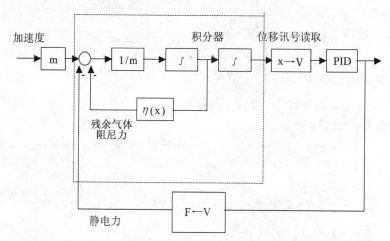

图 10 静电悬浮加速度计闭环控制方框图

5.1 提供电阻尼

静电悬浮加速度计的检验荷载除 $5\sim15\mu m$ 直径的金丝作为电极引线外，与外壳没有其他机械接触，所以不可能采用机械阻尼。

静电悬浮加速度计也不可能采用空气阻尼，因为辐射计效应引起的加速度噪声与气压成正比，从抑制噪声角度必须保证 $P\leqslant5\times10^{-4}Pa$。这样的气压下空气阻尼是非常微弱的。此外，地面上为使检验荷载悬浮，需施加近 1000V 高压，根据气体放电的巴邢曲线，为使着火电压高于 1000V，应使 $P<2000Pa$，这样的气压下空气阻尼也是极其不足的。

唯一的办法是采用电阻尼，PID 控制器的微分环节就起电阻尼的作用。

5.2 改善测量线性

若反馈电压不变，静电力与极间距离的平方成反比。所以，为了改善测量线性，伺服控制电路必须在任何情况下均使检验荷载回复到准平衡位置。PID 控制器的积分环节可以控制加速度计在全量程范围内不论频率是什么，最大位移不超过 $0.1\mu m$。图 11 给出了 STAR 加速度计检验荷载位移幅值 [纵坐标单位为 dB m/(m/s^2)] 与频率的关系。

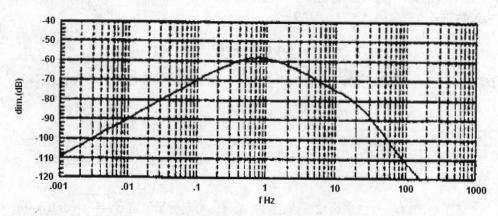

图 11 STAR 检验荷载位移幅值与频率的关系[5]

由图 11 可以绘出加速度满量程（1×10^{-4} m/s^2）时质量块位移幅值与频率的关系，如图 12 所示。

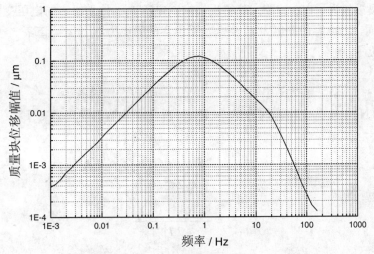

图 12 STAR 满量程时质量块位移幅值与频率的关系

图 12 表明，STAR 加速度计在满量程和频率低于 0.3 Hz 下（要求的测量通带上限为 0.1Hz），最大位移为 0.1 μm。

6 残余气体阻尼

抑制噪声角度要求 $P \leqslant 5 \times 10^{-4}$Pa，此时气体处于自由分子流状态，不存在压膜阻尼，只存在平衡态阻尼，根据气体分子运动论、克努曾假说、动量守恒定律，可以导出平衡态阻尼的阻尼系数为：

$$\eta = \frac{n\left(2w_p l_p + w_p h_p + l_p h_p\right)}{N_0} \sqrt{\frac{2\mu RT}{\pi}} \tag{9}$$

式中：η 为平衡态阻尼的阻尼系数，n 为气体分子密度（个/m³），w_p 为检验荷载的宽度(m)，l_p 为检验荷载的宽度(m)，h_p 为检验荷载的高度(m)，N_0 为阿弗加德罗数，$N_0 = 6.022 \times 10^{23}$/mol，$\mu$ 为气体的摩尔质量（kg/mol），R 为气体普适常数，$R = 8.314$ N·m/(mol·K)，T 为气体温度（K）。

我们知道，根据 Nyquist 定理，阻尼会引起加速度噪声：

$$<a_n> \approx \frac{\sqrt{4kT\eta}}{m} \tag{10}$$

式中：k 为玻尔兹曼常数，$k = 1.38 \times 10^{-23}$ N·m/K，m 为检验荷载的质量(kg)。

联合(9)式和(10)式，可以看到，残余气体阻尼引起的加速度噪声与温度的 3/4 次方成正比。

7 反馈环节

图 10 所示静电悬浮加速度计闭环控制方框图中的反馈环节"F←V"表达反馈控制电压施加到电极上形成静电力，从而实现线加速度和角加速度检测。

7.1 线加速度检测

由普通物理知识可以得到，平板电容器的静电力为：

$$F = \frac{\varepsilon S U_p^2}{2d^2} \tag{11}$$

式中：F 为静电力（N），U_p 为两极板间的固定偏压（V）。

当存在一向上的加速度 a 时，如图 13 所示，上下两极板随之向上运动，而检验荷载由于受到惯性力的作用，不会随之向上运动，于是，上电容的间隙变大，电容量变小；下电容的间隙变小，电容量变大。通过

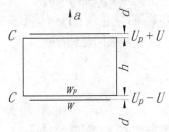

图 13 线加速度检测原理图

差分电容检测、伺服反馈放大、PID 控制，获得反馈控制电压 U_f，使上电容的电压变为 $U_p + U_f$，下电容的电压变为 $U_p - U_f$，因而，上电容的静电力 F_1 变大，下电容的静电力 F_2 变小，二者之差恰与惯性力相平衡，检验荷载回复到平衡位置：

$$F = F_a - F_b \tag{12}$$

式中：F 为静电合力（N），F_a 为上电容的静电力（N），F_b 为下电容的静电力（N）。

我们有：

$$F_a = \frac{\varepsilon S(U_p + U_f)^2}{2d^2} \tag{13}$$

$$F_b = \frac{\varepsilon S(U_p - U_f)^2}{2d^2} \tag{14}$$

于是：

$$F = \frac{2\varepsilon S}{d^2} U_p U_f \tag{15}$$

因而：

$$a = \frac{2\varepsilon S}{md^2} U_p U_f \tag{16}$$

式中：a 为加速度（m/s^2）。

从(16)式可以看到，检验荷载的质量越大，加速度检测越灵敏，这正是 3.1 节确定检验荷载尺寸、3.4 节确定检验荷载材料的依据。

从(16)式还可以看到，电容间隙越大，加速度检测越灵敏，这正是 3.3 节确定检验荷载与极板间平均间隙的依据。

在工程实践中，为了减少稳压电源的数量，固定偏压 U_p 可直接取用伺服反馈控制电路的电源，因而 $U_f < U_p$，由(16)式可知，在敏感结构的参数已经确定的情况下，此时量程取决于 U_p，即：

$$a_{max} < \frac{2\varepsilon S}{md^2} U_p^2 \tag{17}$$

换言之，量程确定之后，可由(17)式确定固定偏压 U_p。

7.2 角加速度检测

静电悬浮加速度计角加速度检测原理如图 14 所示：检验荷载左右各有一对平板电容器，宽度为 0.5w，长度（垂直纸面）为 l。当存在一顺时针方向的角加速度 β 时，左右两对极板随之顺时针方向旋转，而检验荷载由于受到惯性力矩的作用，不会随之顺时针方向旋转，于是，电容 C_a 的外侧间隙变宽，电容 C_b 的外侧间隙变窄，而内侧的间隙几乎不变。通过差分电容检测、伺服反馈放大、PID 控制，使电容 C_a 的电压变为 $U_p + U_f$，电容 C_b 的电压变为 $U_p - U_f$，因而，电容 C_a 的静电力 F_a 变大，电容 C_b 的静电力 F_b 变小，形成的力矩恰与惯性力矩相平衡，检验荷载回复到平衡位置：

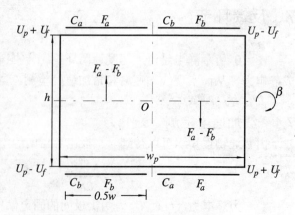

$$M = 2(F_a - F_b) \cdot \frac{w_p}{4} = I\beta \tag{17}$$

图 14　角加速度检测原理图

式中：M 为力矩（N m），F_a 为电容 C_a 的静电力（N），
F_b 为电容 C_b 的静电力（N），I 为转动惯量（kg·m^2），β 为角加速度（rad/s^2）。

其中：

$$I = \frac{m}{12}(w_p^2 + h^2) \tag{18}$$

(17)式也可表述为：

$$M = (F_1 - F_2) \cdot \frac{w_p}{4} = I\beta \tag{19}$$

式中：F_1 为左电容的静电合力，F_2 为右电容的静电合力。

其中：

$$F_1 = F_a - F_b \tag{20}$$

$$F_2 = F_b - F_a \tag{21}$$

8 辐射计效应引入的加速度噪声

如果在静电悬浮加速度计的某一敏感方向上两侧电极存在温度差，则检验质量两侧的气体产生压强差，气体分子在该方向上对检验质量两侧的作用力之代数和不为零，温度差引起的作用力称之为辐射计效应；而只要检验质量导热足够好，因而其两侧面的温度相同，则从检验质量两侧面重新逸出的气体对检验质量不引起附加作用力。根据余弦定律和克努曾假说，可以导出辐射计效应引起的加速度偏值为：

$$B_r \cong \frac{2PS_p}{3\pi mT}\delta_T \tag{22}$$

式中：B_r 为辐射计效应引起的加速度偏值(m/s^2)，P 为气体压力(Pa)，S_p 为检验荷载的横截面积，δ_T 为两侧电极温差(K)，T 为两侧电极的平均温度。

当 δ_T 随机起伏时，造成加速度噪声：

$$\tilde{a}_r = \frac{2PS}{3\pi mT}\tilde{\delta}_T \tag{23}$$

式中：$\tilde{a}_r$ 为辐射计效应造成的加速度噪声(m·s^{-2}·Hz$^{-1/2}$)，$\tilde{\delta}_T$ 为检验质量两侧电极板间温差噪声（K/Hz$^{1/2}$）。

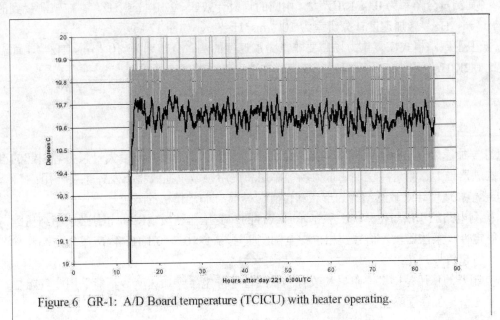

Figure 6 GR-1: A/D Board temperature (TCICU) with heater operating.

图 15 GRACE 卫星在轨控温时的温度变化

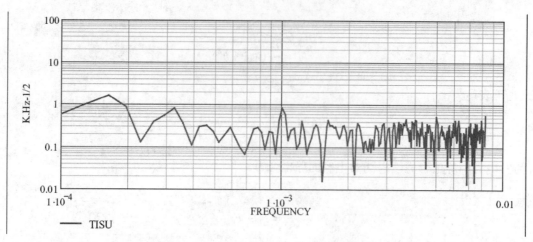

图 16　GRACE 卫星在轨控温时的温度频谱

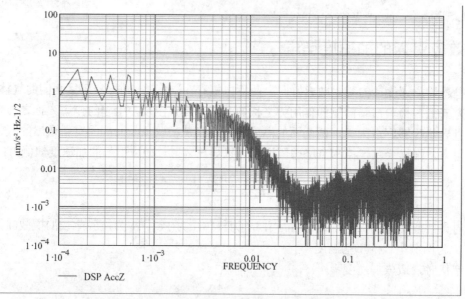

图 17　GRACE 卫星在轨在轨测量到的最小加速度水平

文献[11]给出了 GRACE 卫星在轨控温时的温度变化及其频谱，如图 15、图 16 所示。获得的温度起伏为 0.2K/Hz$^{1/2}$（其测量分辨率为 0.08 K/Hz$^{1/2}$），相应的辐射计效应< 2.10^{-9} ms^{-2}Hz$^{-1/2}$。在轨测量到的最小加速度水平为 2.10^{-9} ms^{-2}Hz$^{-1/2}$（加速度计分辨率为 10^{-10} ms^{-2}Hz$^{-1/2}$），如图 17 所示。

由于低-低卫卫跟踪模式恢复重力场需要非重力加速度的测量分辨率为 10^{-10} ms^{-2}Hz$^{-1/2}$，而温度起伏目前无法做到比 0.2K/Hz$^{1/2}$ 更小，所以辐射计效应对加速度噪声的影响严重。

9　结论

a. 静电悬浮加速度计的特点是灵敏度高、量程小、频带窄，因而在测量大气阻力等引起的准稳态加速度、测量电推进器推力、测量高空地球重力场等军用和民用领域正在或将要发挥重要作用；

b. 静电悬浮加速度计对敏感结构的形状和位置公差具有非常精密的要求；

c. 电容检测电路的输出与位移的关系基本是线性的；变压器初级电感和电容必须精细搭配，以保证足够的增益和稳定性；乘法器输入信号的相位在全部测量通带($1\times10^{-4}\sim0.1$)Hz 内应尽量与高频检测电压的相位一致，以免引起信号衰减；

d. PID 控制器的作用是提供电阻尼和改善测量线性；静电悬浮加速度计不能采用空气阻尼，残气阻尼作用微弱，但会引起加速度噪声；

e. 检验荷载的质量越大，或电容间隙越大，加速度检测越灵敏；

f. 辐射计效应对加速度噪声的影响严重，为此对真空度和温度噪声有很高的要求。

参 考 文 献

[1] Perret, A., STAR. The accelerometric system to measure non-gravitational forces on the CHAMP S/C. 49th International Astronautical Congress, Melbourne, Australia, 1998, IAF-98-U.1.06.

[2] Bemard, A. and Touboul, P.. The GRADIO accelerometer: Design and development status. Proceedings of the Workshop on Solid-Earth Mission ARISTOTELES, Anacapri, Italy, 1991, ESA SP-329, pp61-67.

[3] McNally, P. and Blanchard, R.. Comparison of OARE ground and in-flight bias calibrations. 32nd Aerospace Sciences Meeting & Exhibit, Reno, NV, 1994, AIAA 94-0436.

[4] Touboul, P. and Foulon, B.. ASTRE accelerometer: Verification tests drop tower Bremen. Proceeding of Drop Tower Days in Bremen, Germany, 1996.

[5] Touboul, P., Foulon, B. and Le Clerc, G.M.. STAR, The accelerometer of geodesic mission CHAMP. 49th International Astronautical Congress, Melbourne, Australia, 1998, IAF-98-B.3.07.

[6] Touboul, P., Foulon, B. and Willemenot, E.. Electrostatic space accelerometers for present and future missions. 47th International Astronautical Congress, Beijing, China, 1996, IAF-96-J.1.02.

[7] Robert, W. D., James, C. F. and William, G. L.. An electrostatically suspended cube proofmass triaxial accelerometer for electric propulsion thrust measurement. USA: 32nd AIAA/ASME/SAE/ASEE Joint Propulsion Conference, Lake Buena Vista, FL, 1996, AIAA 96-2734.

[8] Rune Floberghagen. Earth Observation Programmes Development Department. 2e Nederlandse GOCE Gebruikersdag, ESTEC, 28 October 2003.

[9] Pierre Touboul. Accéléromètres spatiaux. 2ème Ecole d'été GRGS "Géodésie spatiale,"Géodésie spatiale, physique de la mesure et physique fondamentale", 30 août 30 août -4 sept 2004 -Forcalquier (France).

[10] V. Josselin, P. Touboul, R. Kielbasa. Capacitive detection scheme for space accelerometers applications. Sensors and Actuators 78_1999.92-98.

[11] Pierre.Touboul. MICROSCOPE status. GREX workshop Pisa 7 - 10 october 2002.

Dissection of Electrostatically Suspended Accelerometer

Xue Datong, Tang Furong, Chen Guangfeng and Wang Zuolei

Lanzhou Institute of Physics, CAST

P. O. Box 94, Lanzhou, 730000, dtxue@sohu.com

Abstract The electrostatically suspended accelerometer is applied widely in martial and civilian region such as measurement of the quasi-stable state acceleration caused by atmosphere drag, the thrust of electrical thrusters, space gravitational field etc. Its behavior is high sensitivity, small measuring range and narrow frequency band. In this paper, the index of electrostatically suspended accelerometer is presented, its composition of structure and principle of detection is introduced, the parameter of structure and relation of output voltage to displacement of proof-mass is unfolded, the action of PID controller and damping action of residual gas is analyzed, the detecting formula of linear and angular acceleration is educed, and it is indicated, that the contribution of radiometer effect to the noise of acceleration is quite serious.

Key words Space geodesy; Inertial sensor; Accelerometer; Electrostatics

月球及深空着陆探测器软着陆机构研究

杨建中　曾福明　商红军　满剑锋

中国空间技术研究院总体部

北京市 5142 信箱 87 分箱，邮箱：100094

摘　要　本文首先简述了软着陆机构的功能及组成，然后从满足着陆探测器的着陆稳定性和缓冲可靠性要求出发，介绍了软着陆机构系统中着陆腿的数量、构型、布局和缓冲器的设计方法，为月球等着陆探测器软着陆机构的设计提供参考、借鉴。

关键词　着陆探测器；软着陆机构；着陆冲击

1　引言

随着人类对以月球为代表的外星球探测技术的发展，逐渐形成了在目标体旁掠过、围绕目标体飞行、撞击目标体、在目标体软着陆、取样返回以及载人着陆探测的一般过程。身临其境的软着陆探测不论是在探测深度上，还是在探测精度上都比卫星遥感探测高得多。另外，软着陆技术是载人探测的基础，也是人类实现星际移民的基本前提。着陆探测器（以下简称着陆器）在进行月球或其他星球着陆探测时，一般首先通过反推发动机或降落伞来实现减速，使降落速度降到几米至十几米的范围内，而后再通过着陆缓冲系统缓冲着陆瞬时的冲击，在着陆缓冲系统与星球表面的冲击过程中，把这些剩余的能量吸收掉，保证着陆器的安全着陆。目前常用的着陆缓冲系统有缓冲气囊和软着陆机构系种形式，图1所示为缓冲气囊，它利用充气气囊缓冲着陆时的冲击载荷。缓冲气囊的优点是：对着陆初始条件要求不严，缓冲的速度范围较大，适用于着陆质量和体积都较小，且不再返回的探测器的软着陆。前苏联早期的月球号探测器，以及美国机遇号和勇气号火星探测器，都采用了缓冲气囊系统来实现软着陆。图2所示为软着陆机构，它一般由3～4条着陆腿组成，通过着陆腿上的缓冲器缓冲着陆时的冲击。软着陆机构具有着陆姿态易于控制，且通过缓冲器的设计，可以避免着陆过程的反弹等优点。另外，通过着陆腿支撑，可以构成一个平台，所以，它还特别适合着陆探测完成后，需要挟带样品或人员再次返回地球的探测任务。美国的勘察者号探测器和阿波罗号载人登月舱，以及前苏联后期的月球号探测器都采用了软着陆机构[1,2]。

软着陆机构的核心功能是保证着陆器着陆瞬时的稳定性和平稳性，即既要保证着陆瞬时着陆器不翻倒，又要保证着陆器受到的冲击载荷在要求的范围内。美国和前苏联在软着陆机构的设计上积累了丰富的经验，实现了多次软着陆探测飞行试验的成功。我国要开展月球等星球软着陆探测试验，必须首先突破软着陆机构的设计。本文对软着陆机构设计过程中应考虑的问题以及解决方法作了初步探讨，供月球或其他星球软着陆机构的设计参考、借鉴。

图1　缓冲气囊展开时的状态

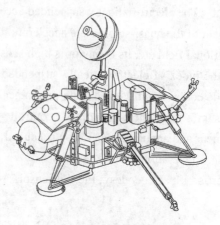

图2　软着陆机构示意图

2 软着陆机构的功能及组成

软着陆机构的主要功能可以归纳为以下几点：

1) 有效缓冲着陆瞬时的冲击载荷。着陆器着陆前一般具有上万焦耳甚至数万焦耳的动能，这些能量都要在软着陆机构与星球表面撞击的瞬间吸收掉，使着陆器受到的冲击载荷迅速衰减，保证着陆器受到的最大冲击载荷在要求的范围内。

2) 保证着陆器着陆过程中的稳定性。着陆器着陆前一般除了竖直向下的速度外，还有水平速度，同时，着陆点的局部地形地貌也未尽知，这就要求软着陆机构在上述非结构化环境下，仍然能够保证着陆过程的稳定性，保证着陆器着陆后的姿态要求。

3) 能够收拢、压紧以及展开、锁定。为了保证着陆器的稳定性，要求着陆有较大的支撑面积。但是由于运载包络的限制，着陆腿在上升段要能够收拢并压紧。飞行到一定轨道后，压紧装置解锁，在展开驱动装置的作用下着陆腿展开并锁定。

4) 支撑功能。着陆后着陆腿要能够为着陆器提供长期有效的支撑，以满足着陆器上的有效载荷可靠工作的需要。另外，对于着陆探测任务完成后，还要返回的探测器，着陆腿还要作为返回时的反射架。

为了满足上述功能要求，软着陆机构系统一般由3～4条与着陆器结构本体相连的着陆腿组成。每条着陆腿又包括若干功能组件。图3所示为美国阿波罗号载人登月舱的一条着陆腿，它包括主支柱、辅助支柱、缓冲器、足垫、压紧释放和展开锁定组件。受运载火箭的包络限制，着陆腿在发射时向下收拢，通过与主支柱及着陆器结构本体相连的压紧装置实现压紧。着陆器入轨后，释放机构解锁，着陆腿通过驱动机构展开到预定位置并锁定。安装在主支柱和辅助支柱上的缓冲器是缓冲吸能的核心部件，用来缓冲月面着陆撞击时竖直和水平方向的冲击载荷。足垫是圆盘状结构，内部填充了缓冲材料，当着陆器在坚硬的表面着陆时，也可以起到一定的缓冲作用，并且大面积的足垫还可防止着陆器在较软的月面上过度下陷。同时，如果着陆瞬时的水平速度较大，足垫还为着陆器的滑移，防止着陆器的倾倒创造了条件。

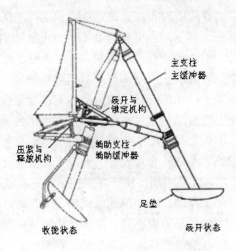

图3 美国阿波罗号载人登月舱着陆腿

3 着陆腿的数量、构型与布局设计

3.1 着陆腿的数量确定

究竟是采用三条腿、四条腿还是五条腿，这要从着陆稳定性、软着陆机构重量、系统复杂性等多个角度来衡量。从理论上讲，如果着陆后着陆器质心沿月球重力方向的投影落在以足垫中心为顶点的正多边形内（这个多边形可以称为稳定性多边形），那么可以认为着陆器是稳定的，即着陆器不会翻倒。仅从着陆稳定性的角度讲，跨度相同（即稳定多边形的外接圆直径相同）的着陆器，着陆腿数量越多，稳定性多边形的面积也越大，着陆的稳定性就越高。如图4所示为三腿、四腿和五腿着陆器的稳定性多边形。比较图中的

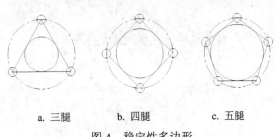

a. 三腿　　　　b. 四腿　　　　c. 五腿

图4 稳定性多边形

三个稳定性多边形可知，五腿着陆器的稳定性多边形面积最大，因此稳定性最好，而三腿着陆器的稳定性最差。另外还要考虑系统的重量、着陆腿与着陆器的安装接口等因素综合考虑，最终确定着陆推得数量。

3.2 着陆腿构型设计

根据当前已有着陆腿的构型不同，可以把着陆腿分成两类：即"倒三角架式"和"悬臂梁式"，"月球"号着陆器和"勘察者"号探测器的着陆腿属于"倒三角架式"，"阿波罗"号登月舱的着陆腿属于"悬臂梁式"构型。对两种构型进行比较，可以得出以下结论[1]：第一，后者比前者的质量轻，因为辅助支柱更短，但是主支柱承受的弯矩较大，对主支柱的刚度要求高；第二，着陆腿在相同的展开半径下，"悬臂梁式"的着陆腿具有更好的着陆稳定性，因为这种情况下着陆器的重心可以设计得比"倒三角架式"更低。第三，"悬臂梁式"的着陆腿便于足垫与主支柱的连接设计，而"倒三角架式"的着陆腿便于辅助支柱与结构本体的连接设计。第四，当着陆腿落到凹坑中时，"倒三角架式"的着陆腿则难以正常工作，而"悬臂梁式"的着陆腿可以正常工作，所以，后者的缓冲可靠性更高。从以上的分析比较可知，两种着陆腿具有各自的优、缺点，因此着陆腿的构型设计与选择需要综合考虑着陆器的着陆质量、总体构型、结构布局、运载包络、着陆点的地形与地貌特点等要求。

3.3 着陆腿布局设计

着陆腿的布局是决定着陆稳定性的关键因素。月球等星球的表面往往散布着石块，为了确保着陆器能够在这些星球表面安全着陆，要求着陆腿缓冲完成后着陆器底部仍然不会接触到这些岩石，这就要求适当增加着陆腿的长度，但是着陆腿长度增加导致了着陆器的质心相对着陆腿足垫的高度增加，从而降低了着陆器的着陆稳定性。同时，为了保证着陆器的着陆稳定性，要求着陆腿展开后所围成的面积尽可能大，这不仅会导致着陆腿的重量增加，还会使收拢、压紧变得非常困难。着陆腿布局设计的关键是确定主支柱的垂直高度和展开距离，如图5所示。由于主支柱上端与着陆器结构本体支架连接，因此只需确定 Lv 和 Lh 两个关键尺寸，就可以确定主支柱的布局，其中 Lv 是足垫中心到着陆器结构中心的距离，Lh 是着陆器结构最低点到足垫底端的高度差，它们均是影响着陆器稳定性的关键参数。

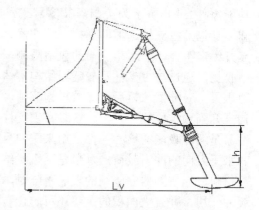

图 5 着陆腿主支柱布局示意图

根据着陆器着陆稳定性的要求，为了防止着陆时倾覆，要求着陆器的重心位置尽量低。所以在满足上述要求的前提下，应尽量减小主支柱的垂直高度，Lh 的数值可以通过下式来计算：

$$Lh_{min} \approx S + \Delta + T - D \tag{1}$$

式中 S 为缓冲器在垂直方向的行程，T 为足垫高度，D 为着陆器着陆后的地面下陷深度；Δ 为着陆器着陆后结构本体最低点距离月面的安全预留距离。当 Lh 数值确定后，着陆器重心高度就确定了。

Lv 的精确数值需要通过着陆稳定性仿真分析来确定。在设计初始阶段，可以利用功能原理来初步估计满足着陆稳定性条件的 Lv 值，在此基础上，再进行详细的仿真验证。假设着陆器以先着陆的两个足垫的连线为轴心转动，在着陆器翻转过程中，着陆器的动能转化成势能，当着陆器质心运动到通过转动轴心的竖直平面内时，着陆器相对着陆初始位置增加的势能位 W_H，要保证着陆器不倾倒，必须满足的条件是：

$$W_D < W_H \tag{2}$$

其中，W_D 为着陆器翻转开始时具有的动能，在满足上述条件的前提下 Lv 应取最小值。在实际着陆过程中，缓冲器会因为缓冲作用而使长度缩短，着陆器的质心也会因此而降低，所以上述估计方法偏保守。

4 缓冲器的设计

缓冲器是软着陆机构的核心部件，它的作用是在着陆瞬时缓冲着陆器结构与有效载荷受到的冲击，防止结构与月面之间发生刚性撞击，保证着陆器结构和有效载荷的安全。由于着陆任务为一次性动作，所以，不需要缓冲器反复起作用，但要求缓冲器的力学特性稳定，受空间环境的影响小，而且要求其缓冲特性在地面可以准确测试。同时缓冲器还要具备质量轻、制备工艺简单、缓冲效率高的特点[4]。缓冲器设计的核心问题是：首先确定缓冲器需要吸收的最大冲击能量，而后根据空间环境以及缓冲性能要求选取适当的缓冲方法。在此基础上根据稳定性分析的结果以及与着陆器结构的接口，确定缓冲器的结构形式。

4.1 缓冲能量计算

进行缓冲器设计时，首先要确定系统的最大冲击能量。最大冲击能量可以根据下式估算：

$$A_{\max} = \frac{1}{2} m_{dl}(v_v^2 + v_h^2) + m_{dl} g_m H \tag{3}$$

式中 m_{dl} 为着陆器着陆前干重，v_v 为着陆器在接触月面时的最大垂直速度，v_h 为着陆器在接触月面时的最大水平速度，g_m 为月面的重力加速度，H 为从着陆器与月面接触的瞬间开始，到着陆过程完成后，质心移动的垂直距离。

考虑到月球等星球表面地形、地貌的复杂性，以及着陆姿态的随机性，在着陆过程中着陆腿不可能同时起作用，因此缓冲器设计时，每条着陆腿需要吸收的能量需要保留一定的裕度，可以利用下式确定单个着陆腿缓冲器的缓冲能力。

$$A_1 = \frac{A_{\max}}{N}(1 + MS) \tag{4}$$

式中 N 为着陆器具有的着陆腿数量，MS 为保证着陆安全的裕度系数。

4.2 缓冲方法的确定

由于月球等星球表面温度等环境的复杂性，在确定缓冲方法时一定要充分考虑环境的因素。要选择缓冲性能稳定、易于控制、制备工艺简单的方法。可用于月球、火星着陆探测器软着陆机构的缓冲方法主要有以下几种[2]：液压阻尼法、金属坍陷变形法、金属切削法、金属塑性变形法等。液压阻尼法液体介质的密度和粘性系数等参数与环境温度的变化相关，而且还有液体介质泄漏的可能，因此，要保证缓冲性能的稳定性，需要采取许多措施解决缓冲器的密封和温控问题。正是因为上述原因，除了美国"勘察者"号月球探测器成功应用该方法实现了月面软着陆外，其余探测器的软着陆没有应用该方法，而是更多地采用金属坍陷变形法实现探测器的着陆缓冲。金属坍陷变形法就是利用铝蜂窝材料的坍陷变形吸收冲击能量的。它具有缓冲力稳定性好，缓冲效率高的突出优点。

铝蜂窝材料具有不同的规格，为了选择合适的铝蜂窝材料，首先就要计算蜂窝材料的吸能效率比：

$$E_{spec} = \sigma_c \frac{\Delta h}{h_e} \frac{1}{W_e} \tag{5}$$

式中 σ_c 为单位面积的压溃应力；h 为压缩段高度(根据冲击试验结果)；h_e 为缓冲系统的高度，本文指蜂窝块的初始厚度；W_e 为蜂窝材料的比重。

在进行铝蜂窝的选择时，分别计算不同铝箔材料和规格的铝蜂窝的吸能效率比 E_{spec}，选取 E_{spec} 值相对较大的铝蜂窝材料，然后把多个铝蜂窝组合在一起，进行冲击试验，得到如图6所示的缓冲力－位移曲线，则铝蜂窝吸收的能量为：

$$A_2 = \int_0^S F(s)\mathrm{d}s \tag{6}$$

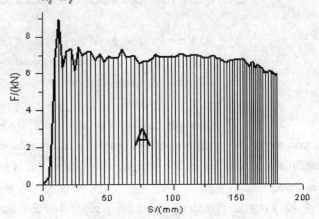

图6　铝蜂窝材料冲击载荷下缓冲力－位移曲线

通过对不同的铝蜂窝组合设计，直到满足条件：

$$A_1 = A_2 \tag{7}$$

这样，就可以保证铝蜂窝材料可以把冲击能量全部吸收掉。

5 其他组件方案确定

对于软着陆机构的其它组成部分的方案，如收拢压紧、展开锁定方案，可以借鉴太阳翼压紧及展开的方案。需要注意的是太阳翼铰链所承受的载荷很小，而软着陆机构的展开铰链一般需要承受较大的冲击载荷。另外，软着陆机构为空间机构而非平面机构，且构件较多，所以，对加工、装配的精度要求较高。为了保证机构的可靠性，在提高加工、装配精度的同时，还要考虑通过设置局部自由度等方法，来补偿机构的装配误差，这不仅可以提高机构的可靠度，而且也可以降低加工成本。在展开锁定方案的确定过程中，还要适当选择运动副，在保证机构性能的前提下，尽可能用转动副代替移动副，因为前者比后者的可靠度高，而且易于加工制造。最后，所有运动副的配合面都要采取润滑措施，国外的飞行试验表明，MoS2 膜是一种性能优良的润滑膜。

6 结论

软着陆机构性能是否可靠直接关系到着陆器的安全着陆。在设计过程中要全面考虑着陆腿的数量、布局、构型、组成及各部分，特别是缓冲器的结构形式，正确解决上述问题是保证软着陆机构性能可靠的前提，同时，还要充分考虑空间环境的影响。本文得出的结论对于着陆器软着陆系统的研制具有借鉴、参考意义，为我国早日突破月球探测软着陆机构技术奠定了基础。

参 考 文 献

[1] 杨建中，曾福明等. 月球探测器软着陆机构综述. 宇航学会深空探测专业技术年会，2004.

[2] 曾福明，杨建中等. 月球及行星探测器软着陆缓冲器技术综述. 宇航学会深空探测专业技术年会，2004.

[3] Tommaso Rivellini. The Challenges of Landing on Mars . The BRIDGE NATIONAL ACADEMY OF ENGINEERING Volume 34, Number 4 • Winter 2004.

[4] 杨建中，曾福明等. 拉刀式与胀环式座椅缓冲器研究. 宇航学会航天器总体技术年会，2004.

[5] Rick Robinson, James Pei, Eric Hammer. Aerobraking and Impact Attenuation. Mark Fischer Spring 1995.

Soft Landing Gears of Lunar or Deep Space Lander

Yang Jianzhong，Zeng Fuming，Shang Hongjun and Man Jianfeng

Institute of Spacecraft Systems Engineering

China Academy of Space Technology，P. O. Box 5142-87, Beijing, 100094

Abstract The functions and components of soft landing gear are described briefly, and then according to the requirements of landing stability and attenuation reliability, landing legs are introduced, including amount, configuration and layout, the design of the attenuator is presented, all of these can be used as the reference for designing landing gear.

Key words Lander；Soft landing gear；Landing impact

空间计算机技术的现状和未来发展趋势

杨孟飞　华更新

北京控制工程研究所

北京 2729 信箱 100080，huagengxin@sina.com

摘　要　本文首先介绍了空间计算机研制的国内外发展概况，然后分析了未来五至十年空间任务需求和对计算机技术提出的挑战。论文着重探讨了 SoC 设计，软硬件协同设计，仿真与测试验证，系统重构技术，国产化器件与软件应用，并行处理和高速数字信号处理，空间辐射环境与防护，通用总线，空间卫星网络技术，实时多任务操作系统，COTS 技术，软件无线电技术，软件设计测试验证评估技术，大容量数据存取与安全技术等空间计算机技术热点方向的现状和未来发展趋势。

关键词　空间计算机；知识产权；SoC；COTS 技术

1　概述

随着计算机技术自身的迅速发展，计算机技术在空间飞行器中也不断得到深入应用，目前，计算机已广泛存在于几乎所有空间飞行器中，是空间飞行器的控制与处理核心。计算机技术随着航天技术的发展，应用到不同类型的空间飞行器上，解决了许多技术难题，如复杂控制精度计算、大容量数据实时处理、深空探测维护问题等，积累了大量经验。随着卫星星座的出现，卫星的网络化趋势正在部分系统中实现。大量民用计算机技术应用到空间领域。但空间计算机在自恢复、自主性方面依旧是未解决的一个难题，快速处理能力依旧不能满足空间技术发展的要求。

国外星载计算机发展较快，有多种抗辐射加固处理器，主要有 Intel 系列（包括 80C31、80C32、80C86、80C186、386EX、80486 等）、PowerPC 系列（包括 RAD6000、RAD750 等）、MIPS 系列（包括 R2000、R3000、R4000 等）和 SPARC 系列（包括 TSC691~693、TSC695 等）。国内已有国产化的 80C31、386、486 和 1750A 处理器，但抗辐射器件主要还是采用国外器件。星载计算机处理器主要有 80C31、80C86、386EX、1750A、TSC695 等，其中 TSC695 为 32 位 CPU，80C31 为 8 位 CPU，其他为 16 位 CPU。在这些星载计算机中普遍采用了计算机容错技术，同时正在进行抗辐射技术研究。

2　未来五至十年的任务需求及提出的挑战

按照空间技术既要为国防建设服务，又要服务于国民经济的指导思想，未来的任务需求在下面几个方面：要求卫星具有更加可靠、更加自主的能力，满足未来空间技术发展的需要[1]；要求卫星机动灵活、性能强大，满足商用卫星长寿命应用提出的需求，卫星星座发展提出的需求，深空探测的需求，载人航天、空间站的需求和小卫星的快速发展的需求等。要实现上述目标，对于空间计算机将提出更新的要求：更可靠、长寿命；更智能化、自主性更强；低功耗，小型化；具备抗辐射能力，适应空间复杂环境；运算速度和处理能力进一步增强；具有空间网络能力和超强的数据通信能力等。

3　未来的空间计算机技术发展趋势

未来的空间计算机技术将进一步适应空间技术的发展，在下列方面取得突破。

3.1　SoC 技术

采用 SoC 技术，能够大幅度降低系统的体积、质量和功耗。图 1 所示是 ESA 的三代主要的星载计算机

CPU 芯片，第一代 MA31750 是同 1750 同等水平的 16 位处理器，采用 1.5μm SOS 工艺；第二代 TSC695，采用 0.5μm 抗辐射工艺，集成浮点协处理器和存储器管理器，采用 SPARC 体系结构；第三代 LEON 处理器则可以以两种方式得到，一是以传统 CPU 的方式得到，如 Atmel 的 TSC697；二是以知识产权（IP）核的方式出现，用户可以在 FPGA 或 ASIC 上实现该处理器。NASA 的戈达德研究中心采用 SoC 技术实现了一个卫星数管系统的远置单元(ESN)[2]。

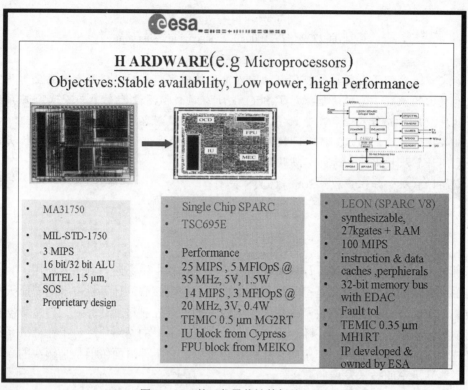

图 1　ESA 的三代星载计算机处理器

今天的计算机电路已经不仅以传统芯片方式出现，也可以 IP 的方式出现，用户可有偿使用这些 IP，能大大加速研制过程；SoC 技术使很多 IP 集成到一个芯片内部，原来需要很多芯片实现的功能可以在一个芯片内实现。如 ESA 就通过购买和设计建立了网上最大的开放 IP 库，其中包括 LEON、ERC32、8032、CAN、PCI、VME 等，通过这些 IP 就可以进行用户定制的高集成度的设计，也可以选择不同的 ASIC 或 FPGA 实现。ESA 从最初用美国军方的 1750，到集成商业公司的 IP 做出了 TSC695，到使用 ESA 自己开发的 LEON IP 来设计 OBC，达到了稳定的 OBC 供货渠道、低功耗、高性能等目标。探索空间计算机的 SoC 技术实现，把常用电路先用 FPGA 验证后，再做成专用集成电路（ASIC），实现空间计算机产品的升级换代。

3.2　软硬件协同设计、仿真及测试验证技术

采用软硬件协同设计、仿真及测试验证技术，能够大大缩短研制周期，降低成本，避免设计过程的反复，提高可靠性。空间计算机的软硬件协同设计，将嵌入式软件开发工具和硬件逻辑仿真器结合起来，使项目开发小组在物理原型（电路板或芯片）生产出来之前，就能够使用同一个系统模型进行高性能的软/硬件协同验证，使软件/硬件并行开发成为可能，可大大减少硬件设计风险，及早发现并改正软/硬件接口中的错误。

软硬件协同设计技术，在民用工业领域已经应用广泛，特别是在 SOC 领域，取得了一系列成果，例如我国中科院计算所龙芯、北大众志、方舟 2 号、国信 C*Core 等。在航空航天领域，ESA 的 ESTEC 部门在上世纪 90 年代已经提出了嵌入式电子系统软硬件协同设计和验证，期望解决设计过程的设计反复。美国空军菲利普斯实验室在开发基于多处理器结构的下一代航天计算机系统过程中，提出了建立一种开放式、由商业化产品支撑的双向（TOP-DOWN，BOTTOM-UP）研制环境，它可以让用户在一种集成系统中以软硬件协同设计的方法进行产品开发。法国人采用安捷伦公司的 ADS 仿真系统设计数字化卫星的电路，称赞这样的系统是新技术卫星集成电路的催化剂[3]。

3.3 系统重构技术

采用系统重构技术，能够提高自主容错能力，使空间计算机应对复杂环境的能力大大增强。未来空间领域，在轨计算机所要解决的问题日趋复杂，比如，深空探测飞行器，在故障条件下需要有自主容错和维护能力；又如空间机器人很多时候需要自身计算机做出判断和决策。因此，在轨计算机应该能够通过系统重构自主判断、自主处理各类空间环境下面临的各种问题，保证系统的正常运行。

在轨智能重构计算机的核心技术是可进化系统技术（EHW）。EHW可简单定义为：借助软硬件技术将智能算法应用于可编程器件构建智能系统的一种设计技术。在轨智能重构计算机的特点在于利用"自适应"的思想，使在轨智能重构计算机软硬件具备分析、判断故障能力，实现自我诊断，并通过动态、自主重构，在故障条件下继续正常工作，保障在轨计算机自动完成预定任务。

国外对于智能重构计算机的研究起步较早。美国喷气推进实验室JPL依据EHW技术已开发出几种验证平台（包括控制器以及其他部件）。高速、大容量可编程器件成为智能重构计算机首选的硬件平台。国外目前采用的的可编程器件有FPGA、FPAA（Field Programmable Analog Arrays 现场可编程模拟阵列）、FPTA（Field Programmable Transistor Arrays 现场可编程晶体管阵列）以及可编程混合信号阵列几种，其中又以FPGA应用最为广泛。星载计算机容错体系结构与系统重构技术的研究，使星载计算机能够满足深空探测、空间机器人、空间攻防技术发展需要，确保星载计算机能够尽量少地依靠地面指挥系统，实现自主故障诊断、故障隔离和系统重构。英国Luton大学为马特拉·马科尼公司研制的一个试验性的地球敏感器项目就采用了SoC技术和系统重构技术[4]。

3.4 国产化技术

研究国产化技术，摆脱我国空间计算机核心器件依靠进口的被动局面，使我国空间计算机获得自由发展。近年来，随着我国国力的增强和半导体工业的进步，实现国产化星载计算机平台已经不是梦想，完成国产化星载计算机平台，利用我们的现有技术基础，进行容错设计和功能评测验证，确保国产化星载计算机稳定可靠，满足应用卫星需求。

目前国产化的386、486和1750A已经由国内有关单位研制成功，特别是由中科院计算所推出的的龙芯（GodSon）CPU，龙芯具有国有自主产权的IP Core。利用当前成熟的开发工具，可以很方便地将除内存以外的、可能需要的其他器件集成到一个FPGA或ASIC中，这些可能的器件包括：中断控制器、计时器、串口、并口、Mil1553B、看门狗、CAN总线、EDAC器件等。

772所正在试制国产化抗辐射SRAM，电子科技集团公司47所也已开始立项研制国产化抗辐射PROM。502所委托772所研制成功地球敏感器接口、发动机接口和遥测接口等国产抗辐射专用集成电路。54AC系列和4000系列芯片已经有国产抗辐射产品。这些情况为开展国产化星载计算机平台研究，提供了非常好的条件。立足于国产化元器件和国内技术途径，实现空间计算机国产化。

3.5 并行处理和高速数字信号处理技术

研究并行处理和高速数字信号处理技术，不断提高处理能力，适应卫星（飞船）对高速数据处理的需求。在星载电子侦察与对抗一体化技术研究中，空间信息处理技术是一项核心技术。DSP是计算机技术最近十几年获得飞速发展的一个新的领域，由于它具有强大的信息处理能力和通用CPU的控制能力，因此广泛应用在从商用到军用所有需要复杂信息处理的产品中，空间信息处理采用DSP技术能够达到最优性能。

星载高性能并行DSP信息处理系统选用高性能DSP处理器组成多DSP并行处理机，不仅大大提高系统的数据处理能力，而且从系统结构设计增强系统容错能力，系统可靠性也得到充分保证，从而完全可以满足未来空间攻防和对抗技术对信息处理任务的需求。

DSP具有强大的数据处理能力，CPU选择高速数字信号处理器DSP，采用多处理器并行结构，至少可达到2~4GFLOPS浮点处理速度；可靠性高，具有实际应用价值，系统设计充分考虑卫星应用，所有元器件均使用成熟的航天优选器件；成本低，CPU航天级器件非常昂贵，如果要求高性能就必须花费更大的代价，系统可采用高性能工业级DSP，采取有效的措施解决可靠性和抗辐射加固问题，因此具有良好的经济性。

3.6 空间抗辐射环境与防护技术

研究空间抗辐射环境与防护技术，是为了避免空间计算机由于空间辐射效而遭到破坏，保障计算机稳定可靠工作，完成预定任务。空间环境下最容易发生的辐射效应有两种：辐射总剂量退化效应和单粒子效应。辐射总剂量退化效应随着计算机在空间工作时间的增加而逐渐累积，并可能造成电子元器件由于辐射效应而失效，导致计算机不能正常工作。单粒子效应分为单粒子翻转(SEU)、单粒子锁定(SEL)甚至单粒子烧毁(SEB)。单粒子翻转可以导致计算机内部的存储记忆单元，如 CPU 内部寄存器、存储器单元发生位翻转，一般采用纠错检错编码（EDAC）或多模冗余的办法来解决 SEU 问题。单粒子锁定(SEL)可以造成计算机发生"可控硅效应"，产生大电流，严重的使计算机电路烧毁，即单粒子烧毁(SEB)。

空间辐射环境研究主要包括下列方面：研究各种卫星轨道辐射效应，预计卫星可能遭受的辐射总剂量和单粒子效应敏感程度；研究空间辐射效应试验模拟方法，如用质子或重离子引发单粒子效应，用钴源或电子模拟总剂量效应；研究各种电子元器件的辐射效应；研究故障模拟和故障注入手段等。

空间辐射防护技术主要包括：研究各种电子元器件抗辐射工艺实现；研究抗单离子效应防护措施，如三模冗余和存储器纠错检错编码；研究各种屏蔽材料和空间计算机抗辐射局部屏蔽措施；研究软硬件综合加固措施；研究故障隔离和计算机容错措施等。

3.7 通用总线技术

研究通用总线技术，大幅度提高数据交换和传输效率，使系统成为一个有机整体。未来航天任务需要科学仪器，大容量内存，计算机以及上下行链路间进行大量的数据交换，必然要求卫星内部通信要具有更高的处理速度、可靠性、抗辐照能力；同时也应能够实现航天器内数据的分布式处理，具备高速的错误检测及恢复能力，能够保障航天器精确的自主运行及自主导航；借助高速信息传输技术能够将航天器内部各分系统进行统一管理，构成航天器内部网络；在实现上述目标的同时，应尽可能减少开发费用。具备高速信息传输速率、采用低成本标准化协议与硬件接口、具有良好节点扩充能力、具有抗辐射能力的星上总线技术发展需求，必然导致对高速容错总线技术的研究和发展。

国外对高速串行总线的航天应用研究开始较早。例如美国航空航天局（NASA）的 X2000 计划中，IEEE-1394 高速总线是首期交付的新技术之一。美国 Honeywell 公司已研制出采用抗辐射加固技术的 IEEE1394A 芯片。欧空局（ESA）"开放式接口数据关系"研讨会曾确定将 IEEE1355 标准用于星上信号/图像处理和数据处理系统。Daimler-Benz 宇航公司和 ATMEL 已经开发出一种器件（SMCS），可以提供 3 种同 IEEE1355 兼容的联接和一种处理器接口。德宇航在 DIPSAP-II 项目中采用了 DSP、1355 总线和操作系统技术[5]。ESA 近年来大力提倡 SpaceWire 总线，SpaceWire 总线的硬件开发工作已与 2001 年开始，目前已经开发出多种相关器件产品。因此，尽早开始空间计算机通用总线技术研究对于天基信息网的建设和卫星数据的高效传递具有非常重要的意义。

3.8 卫星星座和空间网络技术

卫星星座和空间网络，卫星星座设计的研究早在上世纪 60 年代就开始了，40 多年来其研究获得了巨大进步。卫星星座具有高得多的覆盖性能，设计合理的卫星星座能实现全球连续覆盖乃至全球多重连续覆盖，满足通讯、导航、气象、定位、空间探测和科学实验等各方面任务要求。随着微小卫星技术的发展和运载发射能力的提高，在空间部署大规模的星座不仅在技术上可行，经济上也可行。在卫星星座的应用方面有很多卓有成效的实例，如美国的全球定位系统(GPS)、俄罗斯的 GLONASS 系统。

卫星星座组成，要求组成空间卫星网络，空间卫星网络有基于地面的组网方式和基于空间的组网方式两种。卫星星座的设计需要考虑星座任务要求、卫星制造成本、地面应用系统的分布、地面站的分布、外层空间环境等约束的影响，需要合理的选择卫星星座的各种参数，使之满足指定的各种性能要求。

当前，卫星星座的组网一般采用以下两种方法：基于地面的组网方法：在基于地面的组网方式中，每颗卫星都相当于一个在太空中的中继站。采用这种实现方式的商用系统包括 Globalstar, ICO Global 和 SkyBridge 等，还有一些传统的地球静止轨道卫星。基于空间的组网方式：在基于空间的卫星组网方式中，每一颗卫星都是一颗具有星载处理功能(OBP, On-Board Processing)的网络交换机或者是路由器，并且相邻的卫星之间可以通过高频无线电或激光星间链路进行通信。

3.9　COTS 技术应用

研究 COTS 技术的应用，就是把商用器件应用到空间领域，在不降可靠性的前提下，大幅度降低成本、提高性能。最近十几年来计算机技术迅猛发展，商用计算机的硬软件性能都达到了很高的水平，价格却不断下降。空间计算机的硬软件性能远远落后于商用计算机，因此把商用器件应用到空间是一个重要的研究方向。

目前，空间环境恶劣以及航天器抗热、抗辐射、抗震动和可靠性要求都很高，使得 COTS 器件在航天领域的应用还不是十分广泛。但世界各国的航天机构都在从事这方面的研究、探讨和实验。COTS 技术的应用，不但包括硬件还包括软件。在硬件方面，美国海军研究生学校研究可配置容错处理器 CFTP（Configurable Fault Tolerant Processor），并应用到 NPSAT1 卫星上。该 CFTP 采用基于可容忍总计量的商用 FPGA，实现了一个三模冗余的片上系统（SOC）。NASA 在 X2000 项目中使用基于 COTS 标准的 IEEE1394 容错总线体系结构，实现了容错设计，建立起全面的错误检测机制以支持容错总线体系结构。Surrey 大学在过去的 20 年中，一直在近地轨道微小卫星中使用 COTS 电子设备，并且积累了重要的设计、制造、发射和操作经验。Maxwell 公司对 COTS 器件芯片进行外围抗辐射加固，获得了比加固芯片更高的性能。在软件方面，航天研究机构也在试图把高性能、低价格的软件应用到航天器上。航天器包含通信和遥感等多种任务，当遥感卫星产生大量数据却由于信道容量不足和地面站稀少等原因不能及时传输到地面时，需要卫星实时处理这些数据，目前的星载实时操作系统大都不能适应大量数据的处理。为了提高星载实时操作系统的性能，NASA 专门开展了 FlightLinux 项目研究，把商用的实时操作系统应用到空间。目前，NASA 已经试验在国际空间站上使用 Linux，SSTL（Surrey Satellite Technology Limited）也已经成功地把 FlightLinux 用在 UoSat-12 卫星上。

COTS 技术由于其自身具备的多种优势，正逐步被航天界所接受，各个国家个航天机构都在积极的从事 COTS 技术的研究和实验，一些在轨的小卫星也都成功验证了 COTS 器件应用到空间的可行性。COTS 器件的低功耗、高性能、以及可重新配置的性能对深空探测具有重大意义；其低廉的价格、较强的通用性、以及较短的开发周期无疑是将来商用卫星和星座应用首要考虑的优势。COTS 器件最主要的缺点就是其可靠性较低和抗辐射能力差，但是随着制造技术和容错技术的不断进步，COTS 器件在空间的应用会更加广泛。在当今空间产品逐渐走向成熟、研制经费日渐紧张、研制周期逐渐缩短、市场竞争日益剧烈，而 COTS 器件的费用越来越低的情况下，其空间应用是航天器设计的一种必然趋势。

3.10　实时多任务操作系统技术

研究实时多任务操作系统技术，能够大大加速软件研制流程，提高系统的实时性和可靠性，同时用户不需要了解更多硬件细节。国外航天界对实时操作系统的研究已有较长时间，具体实现途径可分为两类：自主开发内核（homegrown）和使用商用产品（commercial）。

由于欧美国家的商用实时操作系统发展较早，一般倾向于使用经过定制的商用实时操作系统。VxWorks 及其开发工具已被 NASA/JPL、ESA、NASDA 等航天机构及 Lockheed Martin、Aerospatiale Matra、Hughes Aircraft、Honeywell、SAAB 等著名公司用于火箭、航天飞机、卫星控制系统、导弹等，在国际空间站、火星探路者等重大航天项目中得到应用。VRTX 操作系统已经用于哈勃太空望远镜。RTEMS 操作系统用于爱国者导弹。在 NASA 的先进信息系统技术（AIST）研究计划中，开发了适用于星载计算机的 Linux 操作系统——Flight Linux，已用于 1999 年 4 月发射的微小卫星 UoSAT-12 等多颗卫星。在 NASDA 开发的制导控制计算机中，既使用了商用实时操作系统 VxWorks、pSOS 等，也使用了自主开发的专用操作系统 FMOS。由于商用实时多任务操作系统对内存需求比较高，这样就大大增加了星载计算机的生产成本，同时在安全上难以控制；因此非常有必要研究我国自有知识产权的星用实时操作系统。

3.11　软件无线电技术

研究软件无线电技术，就是用现代化软件来操纵、控制传统的"纯硬件电路"的无线通信。1992 年 5 月

Joe Mitola 在美国电信系统会议提出"软件无线电"的概念,十几年来软件无线电的理论研究和工程实践取得了丰硕的成果。软件无线电技术的出现是通信领域继固定通信到移动通信,模拟通信到数字通信之后第三次革命,软件无线电技术在卫星通信领域有很多应用,特别是在现代小卫星方面。

在理论研究方面,基于数字信号处理的理论框架已经建立,无论是信号数字化理论、全数字化和软化调制解调理论、数字化信道估计理论、软硬件体系结构理论都有多种成熟的算法。在工程实践方面,军用或民用都有大量成功的案例。作为通信领域的一个分支的卫星测控技术,正向数字化、集成化、小型化、系列化的方向发展。随着集成电路规模的扩大和生产工艺的进一步提高,使得我们有可能采用软件无线电方法实现遥控单元的数字化、软件化,完成卫星测控多模式的解调功能。对于航天器测控、通信系统,基于软件无线电的实现方式比其他实现方式具有明显的优势。

国际上,美、日、欧在该方面已处于领先水平,如美国 NASA 的 ACTS 星上基带处理器、日本空间通信公司(SCR)研制的"星上基带处理器"、欧洲的"星上处理预工作系统",法国 IN-SNEC 公司生产的CORTEXNT 系统均是基于软件无线电思想和技术开发的星上通信设备。

3.12 软件设计测试验证评估技术

研究软件设计测试验证评估技术。空间计算机软件为嵌入式实时软件,可靠性为第一要素,设计时必须考虑代码容量、硬件响应速度和空间辐射影响等因素。空间计算机软件测试验证技术主要以 Goodenough 等人提出的测试可靠性理论为基础。

针对最新软件开发技术进行研究,如基于面向对象软件开发与测试技术,基于构件技术的软件开发测试技术等;通过形式化建模来验证软件正确性,如代码自动生成工具;测试自动化技术的研究,它主要以提高测试各阶段的自动化程度,减轻人工测试负担为目标;针对不同的软件特点,特定软件测试技术的研究,如嵌入式软件的测试技术、实时软件的测试技术等是当前的主要研究热点。当前的软件测试验证技术主要分软件的静态度量评估技术和软件的动态测试技术。软件的静态度量评估技术主要是根据软件质量度量相关理论对软件相关的质量数据进行评估;软件动态测试则主要基于规范的功能测试和基于程序结构的测试。基于规范的功能测试又称黑盒测试,基于程序的结构测试又称白盒测试。

空间计算机软件特有的发展方向包括软件重用技术研究;软硬件协同设计测试验证技术研究;结合故障注入技术的软件设计测试环境和方法研究;高性能嵌入式软件代码自动生成和验证方法研究;软件实时性测试方法和覆盖性分析研究;嵌入式软件测试用例的可复用设计和管理技术的研究。

3.13 大容量数据存取与安全

由于未来航天任务对于数据的需求将大大增加,研究大容量数据的存取与安全非常重要。遥感技术的应用,需要处理大量的有用数据,这些数据必须可靠地通过压缩、加密、存储和数据交换。保障数据的安全也十分重要,大容量数据安全的两个重要方面是可靠的数据压缩算法和加密算法。

SDRAM,DRAM 和 FLASH 是三类大容量数据存储器。法国 3D-PULS 公司采用三维叠层封装技术生产的宇航级存储器,其单个 SDRAM 模块的容量已达 4Gbit,单个 DDR SDRAM 模块的容量也已达到 4Gbit,单个 FLASH 存储器容量更达到 32Gbit。ESA 在 Rosetta 卫星上采用的大容量数据存储架构,其总容量为270Gbit。LVDS 接口、IEEE1355,IEEE1394、 SpaceWire 总线是高速数据交换的重要手段。

未来大容量数据存储技术将依据任务需求的增强而获得快速发展,容量将由现在的几百 Gbit 达到甚至超过 1Tbit,质量及功耗将分别降至 10 kg 及 10W 以下,同时其接口速率将有望达到 1~4Gbps。国内对于大容量数据存取的要求也非常迫切,如太阳望远镜计划采用 40Gbit 容量的 FLASH 工艺的大容量固态存储器,计算能力要求每天能够达到 1750G;资源系列后继星计划采用 330Gbit 的 FLASH 工艺的大容量固态存储器。

4 总结

本文对未来空间计算机发展的若干个趋势进行了分析,总结了这些方面的国内外研究重点和热点问题,并就具体问题提出了具体研究思路。

参 考 资 料

[1] D.Gomez, et al.. Teledyne Systems Company "Architecture & Implementation for a High Reliability Long-Term Mission Space Computer" 45th Congress Of the International Astronautical Federation.

[2] R. Caffrey, H. Shaw A Standard Spacecraft Data System on a Chip:NASA Goddard Space Flight Center's Essential Services Node(ESN).

[3] P. Busson, A.Moutard, B.Louis-Gavet, P.Dautriche, F.Lemery, STMicroelectronics, France, Satellite Tuner Single Chip Simulation with ADS

[4] Donald J.Dent Faculty of Science, Technology & Design, University of Luton, Luton, United Kingdom Achieving Higher Levels of Electronic Integration Through System-on-Chip

[5]. T.k.Pike, G.J. Christen, K.p. Forster and P.Rastetter Omi, Building Blocks and Development for Future High Performance Processing Systems in the Aerospace and Automotive Fields:DSP,AMCS AND Virtuoso, Domier Satellitensysteme GmbH, Postfach 80 11 69, D-81663 Munchen.

Current Development Statuses and Future Development Trends of On-Board Computers

Yang Mengfei and Hua Gengxin

Beijing Institute of Control Engineering

P. O. Box 2729, Beijing, 100080, huagengxin@sina.com

Abstract In this paper, the general status of Onboard Computer (OBC) technology is briefly surveyed at first. Then, requirements of future space tasks and their correspondent challenges to OBC technology are analyzed. Current status and future trends of OBC technology are then discussed in detail, and the emphasis are laid on the following interesting areas: System On Chip, hardware and software Co-design, simulation and test validation, system reconfiguration, application of domestic component and software, parallel processing, high-speed digital signal processing, radiation environment and radiation-harden technology, standard bus technology, satellite network technology, real-time multi-tasks operating system, commercial off-the-shelf technology, software radio technology, software design testing & validation technology etc.

Key words Onboard Computers (OBC); Intelligent Property (IP); System on Chip (SoC); Commercial Off-The-Shelf (COTS)

月球卫星的冻结轨道

杨维廉

航天科技集团五院总体部

北京 5142 信箱 92 分箱，邮编：100094，weiliany@yahoo.com

摘　要　地球（及其它行星）、月球的卫星由于引力场的南北不对称性都存在冻结轨道（Frozen orbit），月球异常复杂的引力场使得月球卫星的轨道有着与地球卫星轨道不同的特性，这种不同的轨道特性可以通过两者的冻结轨道不同来说明。此外给出了描述轨道慢变化的近似分析解，由此可以清楚地看出一般的非冻结轨道与冻结轨道的关系。

关键词　月球探测；月球卫星；月球卫星轨道；冻结轨道

1　引言

月球异常复杂的引力场使得月球卫星的轨道有着与地球卫星轨道不同的特性。月球上空没有大气层，卫星轨道不会因大气阻力影响而衰变，半长轴不会减小，不存在地球卫星情况的轨道寿命问题。但是，在较低的初始圆轨道上运行的月球卫星经过一段时间后仍然有可能坠到月面。要从理论上说清楚这个现象需要用到"冻结轨道"的概念。

地球（及其他行星）、月球的卫星由于引力场的南北不对称性都存在冻结轨道（Frozen orbit）。冻结轨道是一种稳定的轨道，它的偏心率和近地点幅角（取特定值）将保持不变，而其他的轨道没有这个特性。当我们选择了轨道的半长轴和倾角后，存在无穷多的轨道，在其中有且只有一条冻结轨道，其他的非冻结轨道将以这条稳定的冻结轨道为中心作长周期的震荡。因此研究冻结轨道有着很重要的意义。本文基于轨道摄动理论来研究冻结轨道。

2　运动方程

卫星运动的微分方程的正则型如果用 Delaunay 变量来表示应为如下形式：

$$
\begin{aligned}
\frac{\mathrm{d}L}{\mathrm{d}t} &= \frac{\partial F}{\partial l} & \frac{\mathrm{d}l}{\mathrm{d}t} &= -\frac{\partial F}{\partial L} \\
\frac{\mathrm{d}G}{\mathrm{d}t} &= \frac{\partial F}{\partial g} & \frac{\mathrm{d}g}{\mathrm{d}t} &= -\frac{\partial F}{\partial G} \\
\frac{\mathrm{d}H}{\mathrm{d}t} &= \frac{\partial F}{\partial h} & \frac{\mathrm{d}h}{\mathrm{d}t} &= -\frac{\partial F}{\partial H}
\end{aligned}
\tag{2.1}
$$

Delaunay 变量与 Keplerian 根数的关系是：

$$
\begin{aligned}
L &= \sqrt{\mu a} & l &= M \\
G &= L\sqrt{1-e^2} & g &= \omega \\
H &= G\cos i & h &= \Omega
\end{aligned}
\tag{2.2}
$$

式中的哈密顿函数 F 可以表示为

$$
F = F_0 + F_1, \quad F_0 = \frac{\mu^2}{2L^2}
\tag{2.3}
$$

其中 F_0 是中心力场形成的引力位，F_1 是扰动部分。如果只考虑带谐调和项的影响，则

$$F_1 = -\frac{\mu}{r}\sum_{n=2}^{\infty}J_n\left(\frac{R_e}{r}\right)^n P_n(\sin\phi) \tag{2.4}$$

式中 $P_n(x)$ 是勒让德多项式。

3 扰动位函数的展开

根据勒让德多项式的加法定理可得，

$$P_n(\sin\phi) = P_n(0)P_n(c) + 2\sum_{m=1}^{n}\frac{(n-m)!}{(n+m)!}P_n^m(0)P_n^m(c)\cos m\left(u-\frac{\pi}{2}\right) \tag{3.1}$$

其中 $P_n^m(x)$ 是勒让德连带函数，$c \equiv \cos i$，$u = \omega + f$，f 真近点角。采用简记符号 $\varepsilon_n = J_n\left(\frac{R_e}{p}\right)^n$ 和 $p = a(1-e^2)$ 后（2.4）式可以写成

$$F_1 = -\frac{\mu p}{r^2}\sum_{n=2}^{\infty}\varepsilon_n\left(\frac{p}{r}\right)^{n-1}P_n(\sin\phi) \tag{3.2}$$

为了用轨道根数来表示运动方程并获得闭合的解，我们采用下面的展开式

$$\left(\frac{p}{r}\right)^n = \sum_{k=-n}^{n}e^{|k|}E_n^{|k|}(e)\cos kf \tag{3.3}$$

式中采用了我们定义的偏心率函数

$$E_n^k(e) = \sum_{0\le\delta\le\frac{n-k}{2}}\frac{n!}{2^k(n-k-2\delta)!(k+\delta)!\delta!}\left(\frac{e}{2}\right)^{2\delta} \tag{3.4}$$

再利用另一个简记号

$$\begin{aligned}
P_n^0 &= P_n(0)P_n(c),\\
P_n^m &= \frac{(n-m)!}{(n+m)!}P_n^m(0)P_n^m(c),(m>0)
\end{aligned} \tag{3.5}$$

最后获得

$$F_1 = -\frac{G^2}{2r^2}\sum_{n=2}^{\infty}\varepsilon_n\sum_{m=-n}^{n}\sum_{k=1-n}^{n-1}P_n^{|m|}E_{n-1}^{|k|}(e)e^{|k|} \tag{3.6}$$

$$\times\left\{\cos\left[m\left(u-\frac{\pi}{2}\right)+kf\right]+\cos\left[m\left(u-\frac{\pi}{2}\right)-kf\right]\right\}$$

4 冻结轨道

冻结轨道是轨道慢变化的一种特性，因此需要将作为快变化的短周期部分消除掉，为此需要作一个正则变换，新的运动方程变成

$$\frac{\mathrm{d}G^*}{\mathrm{d}t} = \frac{\partial F_1^*}{\partial g^*}, \quad \frac{\mathrm{d}g^*}{\mathrm{d}t} = -\frac{\partial F_1^*}{\partial G^*} \tag{4.1}$$

新的哈密顿函数 F_1^* 变成

$$F_1^* = F_{1s}^* + F_{1p}^*$$

$$F_{1s}^* = -G^* n^* \sum_{k=1}^{\infty} D_{(2k)0}$$

$$F_{1p}^* = -2G^* n^* \sum_{m=1}^{\infty} \sum_{n=3}^{\infty} D_{nm} e^{*m} \cos\left[m\left(\omega^* - \frac{\pi}{2}\right)\right]$$

$$D_{n0} = J_n\left(\frac{R_e}{p}\right)^n P_n(0) P_n(c) E_{n-1}^0(e^*) \tag{4.2}$$

$$D_{nm} = \begin{cases} J_n\left(\dfrac{R_e}{p}\right)^n \dfrac{(n-m)!}{(n+m)!} P_n^m(0) P_n^m(c) E_{n-1}^m(e^*), \\ \text{如果 } n \geqslant 2 \ and \ n-1 \geqslant m \geqslant 1 \\ \\ 0, \text{否则} \end{cases}$$

因为哈密顿函数中不再包含角变量 l^*，Ω^*，故可直接解得 L^*，H^* 为常数，运动方程也退化为两个自由度。

由方程（4.1）可以看出，如果

$$\frac{\mathrm{d}G^*}{\mathrm{d}t} = 0, \quad \frac{\mathrm{d}g^*}{\mathrm{d}t} = 0 \tag{4.3}$$

则 G^*，g^* 皆为常数，是方程的一个特解，这个特解对应的就是冻结轨道，因为

$$e^* = \sqrt{1 - \frac{G^{*2}}{L^{*2}}}, \quad \omega^* = g^* \tag{4.4}$$

所以冻结轨道就是偏心率 e^* 和近地点幅角 ω^* 都不变的轨道。

将式（4.2）代入式（4.1）就可以得到冻结轨道需满足的条件：

$$\frac{\partial F_1^*}{\partial g^*} = -2G^* n^* \sum_{m=1}^{\infty} \sum_{n=3}^{\infty} m D_{nm} e^{*m} \sin\left[m\left(\omega^* - \frac{\pi}{2}\right)\right] = 0$$

$$\frac{\partial F}{\partial G} = -n^*\left(\sum_{k=1}^{\infty} D_{(2k)0} + \sum_{k=1}^{\infty} G^* \frac{\partial D_{(2k)0}}{\partial G^*}\right) \tag{4.5}$$

$$-2n^* e^{*-1} \sum_{m=1}^{\infty} e^{*m-1} \cos\left[m\left(\omega^* - \frac{\pi}{2}\right)\right]$$

$$\times \sum_{n=3}^{\infty}\left[\left(D_{nm} + G^* \frac{\partial D_{nm}}{\partial G^*} + m D_{nm}\right)e^{*2} - m D_{nm}\right] = 0$$

由（4.5）很明显地看出，冻结轨道的近地点辐角必须是 $\dfrac{\pi}{2}$ 或 $\dfrac{3\pi}{2}$，进一步的推导可得冻结轨道偏心率的计算公式：

$$e^* = \frac{2\sin\omega^* \sum\limits_{k=1}^{\infty} D_{(2k+1)1}}{\sum\limits_{k=1}^{\infty} \bar{D}_{(2k)0} - 4\sum\limits_{k=2}^{\infty} D_{(2k)2}} + o(e^{*2}) \tag{4.6}$$

式中，

$$\bar{D}_{(2k)0} = -J_{2k}\left(\frac{R_e}{p}\right)^{2k}P_{2k}(0)\times\left[k(2k+1)P_{2k}(c)+\frac{\partial P_{2k}(c)}{\partial c}c\right] \tag{4.7}$$

$$D_{(2k)2} = J_{2k}\left(\frac{R_e}{p}\right)^{2k}\times\frac{k-1}{16(k+1)(2k+1)k}P_{2k}^2(0)P_{2k}^2(c) \tag{4.8}$$

$$D_{(2k+1)1} = J_{2k+1}\left(\frac{R_e}{p}\right)^{2k+1}\frac{k}{2(k+1)(2k+1)}P_{2k+1}^1(0)P_{2k+1}^1(c) \tag{4.9}$$

上述这个计算冻结轨道偏心率的公式对于任意行星和月球的卫星的轨道都是适用的。计算时只涉及到它们的引力常数和引力场的模型。

地球卫星的冻结轨道已经有了比较广泛的应用，已经有相当数量的对地遥感卫星，包括中国与巴西合作的资源一号卫星都采用了冻结轨道。由于地球引力场的良好特性，它的卫星的冻结轨道的偏心率与倾角的关系不太大，对于太阳同步卫星轨道，不论高度有多大的不同，其冻结轨道偏心率都是千分之一的量级，基本上可以看作是圆轨道，这对遥感卫星是非常有利的。

不幸的是，月球卫星的轨道不具备这样好的特性，这是由于月球引力场的复杂性。地球引力场的 $J_2=1.08264\times10^{-3}$，而 J_3 以上的系数都是 1×10^{-6} 或更小，可以看成是二阶小量。而月球引力场的 $J_2=2.04\times10^{-4}$，$J_3\approx1.0\times10^{-6}$，$J_4=-0.933\times10^{-5}$，$J_5=1.2\times10^{-6}$，$J_6=-1.42\times10^{-5}$，$J_7=-2.48\times10^{-5}$，$J_8=-1.07\times10^{-5}$ 彼此相差不很大，因此同样大小的半长轴由于倾角不同冻结轨道的偏心率有很大的差别。下面图 1 的曲线给出平均高度 100 km（半长轴 1838 km）的月球冻结轨道的偏心率随倾角的变化。计算时取 $\omega=\frac{\pi}{2}$，故 e^* 既有正值也有负值，偏心率应该是正值，负值对应 $\omega=\frac{3\pi}{2}$。

从图 1 可以看出，冻结轨道的偏心率随倾角的不同变化很大，对应于 56° 和 134° 的倾角偏心率可达 0.25，这样的轨道实际上是不存在的，因为对应的近月点高度是 -359.5 km，已经进入月球内部。对于我们感兴趣的平均高度 100 km 倾角为 90° 的极月轨道，它的冻结轨道偏心率是 0.0531，对应的近月点高度是 2.4 km，这条轨道虽然存在，但没有实用价值。如果是平均高度 200 km 的极月轨道，则它的冻结轨道偏心率是 0.022，对应的近月点高度是 157.4 km，这样的轨道是可以用的，只是近月点和远月点相差太大。

对于遥感卫星我们希望所选择的尽可能是圆轨道，圆形的冻结轨道是存在的，图 1 中的曲线与横坐标轴的几个交点对应的都是冻结圆轨道，离 90° 最近的两条的倾角分别是 84.6° 和 95.4°。

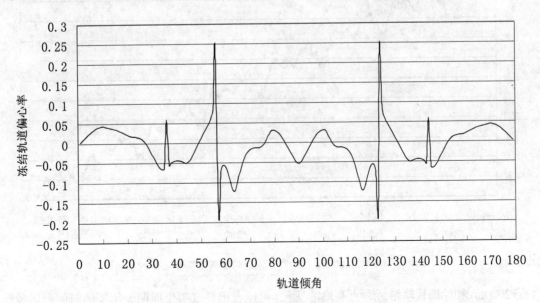

图 1　冻结轨道与倾角的关系（100 km）

需要指出的是，这里讨论的冻结轨道只与引力场的带谐调和项有关，未考虑与地理经度有关的田谐调和项，如果把这些引力异常项考虑进去，则冻结轨道还会产生小的周期性的变化，其周期是月球自转的周期约27天，图2显示了田谐调和项在100天内对近月点月心距的影响，如果没有它的影响，其轨道的月心距将始终保持在1838 km。

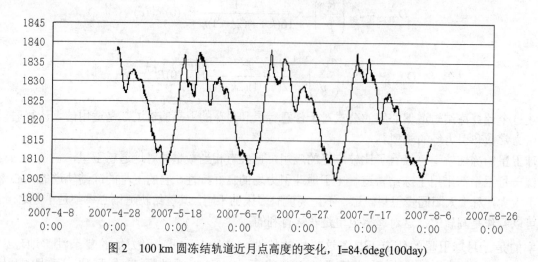

图2　100 km 圆冻结轨道近月点高度的变化，I=84.6deg(100day)

由此可见，月球卫星的冻结轨道并非像地球卫星的冻结轨道那样理想。虽然如此，由于它只有周期性的振荡而没有长期性的变化，工程上就不需要进行定期的轨道控制。

5　非冻结轨道的稳定性

由上节的分析可知，一般的月球卫星冻结轨道对月球遥感的应用并非十分理想，遥感都希望尽可能采用圆轨道，那么圆形的非冻结轨道将如何变化？目前的做法是用数值模拟来了解它的变化。在美国的月球勘探者（Lunar Prospector）卫星成功地完成了飞行任务后，JPL 的科学家们解算出一个最新的月球引力场模型LP165，目前它是分析月球卫星轨道变化的主要依据。图3是基于这个模型算出的100 km 初始圆轨道近月点高度的变化，可以看出，经过约半年的时间，近月点将进入月球内部。

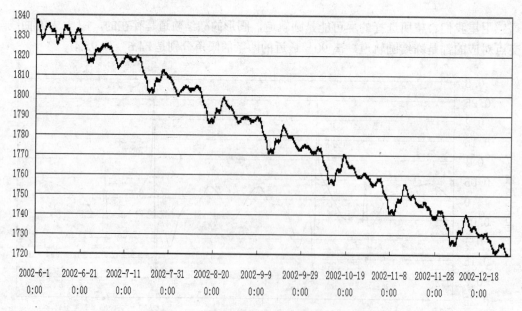

图3　100 km 初始圆轨道近月点高度的变化

图4是200 km 初始圆极轨道近月点高度的变化，可以看出经过半个周期一年多的时间到达最低点后又转而上升，近月点高度将永远在 100 km 以上。

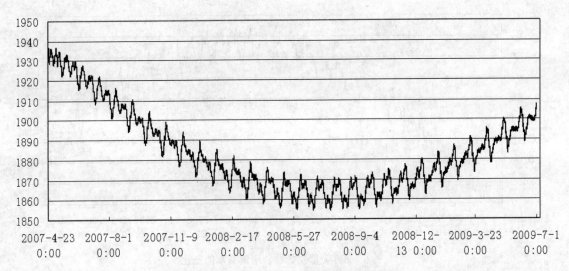

图4 200公里初始圆极轨道近月点高度的变化

数值方法可以给出工程上有用的数值结果，但是非冻结轨道是按什么特性变化的？要解答这个问题需要有解析的结果。我们在研究地球卫星的冻结轨道时，推导出一般轨道偏心率向量$(e\cos\omega, e\sin\omega)$慢变化的近似分析表达式[1]

$$e^*\sin\omega^* = e_f + \bar{e}\sin\bar{\omega}$$
$$e^*\cos\omega^* = \bar{e}\cos\bar{\omega} \tag{5.1}$$

上式中$\bar{e}$是偏心率的平根数，是常数；$\bar{\omega}$是近地点幅角的平根数，是时间的线性函数，一般情况e^*，ω^*都将变化。但如果$\bar{e}=0$，则

$$e^*\sin\omega^* = e_f$$
$$e^*\cos\omega^* = 0 \tag{5.2}$$

于是偏心率$e=|e_f|$，当$e_f>0$时近地点幅角$\omega=\dfrac{\pi}{2}$,；当$e_f<0$时

$\omega=\dfrac{3\pi}{2}$，这就是冻结轨道。由此还可以看出，冻结轨道用轨道平根数表示就是圆轨道，这个结论是我们首次在文献[1]中得出的。我们还证明了[2]式（5.2）对于月球卫星也是适用的。

对于一般的非冻结轨道，相应的轨道参数长期变化可用下面的图5来说明（$e_f>0$）。

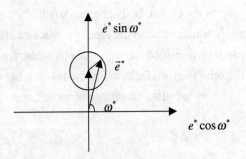

图5 轨道慢变化的几何图示

图中圆的半径是偏心率的平根数$\bar{e}$，偏心率向量的慢变化的轨迹是圆。如果$\bar{e}=0$圆缩成一个点，偏心率向量变成纵轴上的向量，并保持恒定，这就是冻结轨道。由（5.1）易知对于一般轨道偏心率e^*的变化范围是

$$|e_f|-\bar{e} \leqslant e^* \leqslant |e_f|+\bar{e} \tag{5.3}$$

特别地，对于初始圆轨道，它所对应的偏心率的平根数$\bar{e}=|e_f|$，因此它的偏心率将由$e^*=0$经过半个周期变到$e^*=2|e_f|$再经过半个周期又变回到$e^*=0$。整个周期约为两年半。

前面已经提到，200 km的圆轨道对应的冻结轨道的偏心率是0.022，根据这里的分析解的结果，初始轨道的偏心率最大将变到0.044。下面图6是数值模拟的结果，可以看出两者是很接近的。

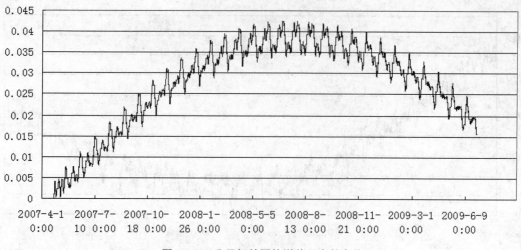

图 6   200 公里初始圆轨道偏心率的变化

参 考 文 献

[1]   杨维廉. 基于 Brouwer 平根数的冻结轨道. 中国空间科学技术,Vol.18, No.5 , 1998,10.

[2]   Yang Weilian, Yang Weilian.Frozen Orbit for Lunar Orbiter.ISCOPS-03-C1-13，Tokyo，Japan，Dec, 2003.

Frozen Orbit for Lunar Satellite

Yang Weilian

Chinese Academy of Space Technology

P.O. Box 5142-92, Beijing, 100094，weiliany@yahoo.com

Abstract   There exist frozen orbits not only for satellites of earth (planets) but also for lunar satellites, as long as the central body is north-south asymmetric. The behavior of orbits of lunar satellites is much different from earth orbits, because the lunar gravitational field is much more complicated than the earth. These orbital characters can be understood through analysis of the frozen orbit. An approximate analytical solution for the slow variation of the orbit is given from which the relation between frozen and non-frozen orbit can be discovered.

Key words   Lunar exploration; Lunar satellite; Lunar satellite orbit; Frozen orbit

空间两相热流体系统模型和仿真技术

姚伟

中国空间技术研究院研究发展中心

北京 5142 信箱 111 分箱，邮编：100094，yaowei@cast.cn

摘 要 空间两相热流体系统是空间技术发展的重要方向。本文提出的采用带有湍流方程和相界面传输方程的先进两流体分析模型，是未来空间两相热流体系统的三维热流体分析和动态性能分析与安全评估的重要工具。具体算例表明，该模型能够较好地预测两相热流体系统在不同传热流动状态下的参数分布和特性。

关键词 空间两相热流体系统；建模仿真；先进两流体模型；相界面传输方程

1 前言

随着航天器功率水平大幅提升，功率密度不断提高，以及未来空间能源动力和空间工业的发展，两相热流体系统将是未来空间技术发展的重要方向和关键技术。它不仅包括泵驱两相热传输系统、喷雾冷却系统、热泵系统等新型热控系统，载人航天的环境控制系统，和航天器推进剂管理系统，而且在未来高效能源转换（如空间核动力发电系统、燃料电池系统等）和空间工业过程系统中将起到重要的作用。目前仅毛细泵驱简单两相热流体系统已经有了一定的应用，其它系统仍基本处于探索和研究阶段。为满足未来空间应用和空间科学技术发展的需要，空间两相热流体系统必将功能更为强大、系统结构更为复杂、涉及领域更多、技术难度更大。

在地面上，两相热流体系统已经在能源、动力、化工等多个工业领域获得广泛的应用，并对沸腾传热和两相流动等多个学科开展了广泛的深入研究，获得了大量的试验数据，总结了多种经验关系式。近年来，在理论模型和数值计算方法研究的基础上，开发了多种仿真分析软件，如RELAP，CATHARE等，对复杂两相热流体系统，如核电系统进行仿真分析、性能预测和安全评估。这些研究成果将对空间两相热流体系统的研究有着重要的参考价值。

但是，由于两相热流体系统的复杂性，在空间微重力环境和行星重力环境下，汽泡生长、脱离、合并与破碎、液滴破碎聚合、核态/膜态沸腾、临界热流、薄液膜蒸发、热毛细、浮升力等物理现象与地面有较大的不同，不能直接采用地面试验数据和模型来预测空间两相热流体系统特性。另一方面，由于空间试验代价高昂，目前已进行的微重力试验非常少，已有试验数据难以覆盖复杂的两相热流体现象和工况条件。因此，空间两相热流体系统的研究必须更为重视发展模型和仿真技术，在地面试验数据和少量微重力试验数据的支持下，通过建立先进两相热流体模型，有效地预测空间两相热流体系统动态特性和稳定性，分析关键部件性能，保障系统安全，节省研究成本，并提供地面模拟试验方法。目前，应用于航天器热分析的SINDA/Fluint软件提供了两相热流体系统的简单分析功能，但其采用均相模型，关键部件模型简化为简单的集总模型，失去了大量重要信息，更为重要的是，由于缺乏两相之间的耦合模型，无法正确预测包括稳定性分析在内的两相热流体系统的瞬态特性。

本文提出采用带有湍流方程和相界面传输方程的先进两流体分析模型，考虑了湍流对传热、流动以及两相流态的发展变化，通过相界面传输方程模拟汽泡之间、液滴之间复杂的相界面变化情况，通过相间传输项（传热、传质、相间作用力）模拟相间复杂耦合作用，不仅可以进行关键部件的三维热流体分析，而且可以实现复杂两相热流体系统的动态性能分析和安全评估。

2 计算模型

通过分别对各相进行时间（或系综）平均，可以得到各相的平衡方程[1,2]。

质量平衡：

$$\frac{\partial}{\partial t}(\alpha_k \rho_k) + \nabla \cdot (\alpha_k \rho_k \vec{V}_k) = \Gamma_k \tag{1}$$

其中 Γ_k 是由于相变等作用产生的相间的质量传递。

动量方程：

$$\frac{\partial (\alpha_k \rho_k \vec{V}_k)}{\partial t} + \nabla \cdot (\alpha_k \rho_k \vec{V}_k \vec{V}_k) = div\left[\alpha_k \left(\vec{\vec{t}}_k + \vec{\vec{t}}_k^{Re}\right)\right]$$
$$-\nabla(\alpha_k P_k) + \vec{M}_{ki} + \alpha_k \rho_k \vec{g} + \Gamma_k\left(\vec{V}_{ki} - \vec{V}_k\right) \tag{2}$$

其中 $\vec{M}_{ki}$ 是相间的作用力。

能量方程：

$$\frac{\partial}{\partial t}(\alpha_k \rho_k e_k) + \nabla \cdot (\alpha_k \rho_k e_k \vec{V}_k) = \vec{\nabla} \cdot \left[\alpha_k \left(\lambda_k \nabla T_k + \frac{\rho_k v_{tk}}{\mathrm{Pr}_t} \nabla e_k\right)\right]$$
$$-P\left[\frac{\partial \alpha_k}{\partial t} + \nabla \cdot (\alpha_k \vec{V}_k)\right] + \Gamma_k H_{ki} + q_{ki} \tag{3}$$

其中 q_{ki} 是相间传热。

K-ε湍流方程：

$$\frac{\partial}{\partial t}(\alpha_k \rho_k K_k) + \nabla \cdot (\alpha_k \rho_k K_k \vec{V}_k) = \nabla \cdot \left(\alpha_k \rho_k \frac{v_{tk}}{\mathrm{Pr}_{tK}} \nabla K_k\right)$$
$$-\alpha_k \rho_k \varepsilon_k + \alpha_k \vec{\vec{t}}_k^{Re} : \nabla \vec{V}_k + P_K^i - \sigma\left(\phi_{a_i}^{RC} + \phi_{a_i}^{TI}\right) + K_{ki}\Gamma_k \tag{4}$$

其中方程右边第四项是汽液界面剪切应力产生的湍流动能（如汽泡或液滴拖曳力和附加质量力产生的湍流），第五项为由于相界面合并与破碎产生的相界面能量和湍流能量的交换。

$$\frac{\partial}{\partial t}(\alpha_k \rho_k \varepsilon_k) + \nabla \cdot (\alpha_k \rho_k \varepsilon_k \vec{V}_k) = \nabla \cdot \left(\alpha_k \rho_k \frac{v_{tk}}{\mathrm{Pr}_{te}} \nabla \varepsilon_k\right) - C_{\varepsilon 2}\alpha_k \rho_k \frac{\varepsilon_k^2}{K_k}$$
$$+C_{\varepsilon 1}\frac{\varepsilon_k}{K_k}\alpha_k \vec{\vec{t}}_k^{Re} : \nabla \vec{V}_k - \frac{2}{3}\alpha_k \rho_k \varepsilon_k \nabla \cdot \vec{V}_k + P_\varepsilon^i + \varepsilon_{ki}\Gamma_k \tag{5}$$

相界面浓度传输方程：

$$\frac{\partial a_i}{\partial t} + div\left(a_i \vec{V}_i\right) = \frac{2}{3}\frac{a_i}{\alpha \rho_g}\left(\Gamma_{g,i} - \alpha\frac{d\rho_g}{dt}\right) + \frac{36\pi}{3}\left(\frac{\alpha}{a_i}\right)^2\left(\phi_n^{CO} + \phi_n^{BK}\right) + \pi d_{nuc}^2 \phi_n^{NUC} \tag{6}$$

其中方程右边第二项为合并与破碎造成的相界面浓度的变化，第三项为汽泡或液滴核化造成的相界面浓度的增加。

为使以上平衡方程封闭，需补充以下本构方程：

(1) 相间作用力

$$\vec{M}_{ki} = \vec{M}_k^D + \vec{M}_k^{MA} + \vec{M}_k^L + \vec{M}_k^{DT}$$

其中曳力为：

$$\vec{M}_g^D = -\vec{M}_l^D = -\frac{1}{8}a_i \rho_l C_D \left|\vec{V}_g - \vec{V}_l\right|\left(\vec{V}_g - \vec{V}_l\right)$$

附加质量力为：

升力为：

$$\vec{M}_g^{L} = -\vec{M}_l^{L} = -C_L \alpha \rho_l \left(\vec{V}_g - \vec{V}_l\right) \cdot \left(\nabla \vec{V}_l - \nabla^T \vec{V}_l\right)$$

湍流扩散力为：

$$\vec{M}_d^{DT} = -\vec{M}_c^{DT} = -C_{DT} \rho_c K_c \nabla \alpha$$

(2) 相间传热

$$q_{li} = h_{li} a_i \left(T_{sat} - T_l\right)$$

$$q_{gi} = \frac{\alpha \rho_g C_{pg}}{\delta t} \left(T_{sat} - T_g\right)$$

(3) 湍流湍流应力：

$$\vec{t}_l^{Re} \triangleq -\rho_l \overline{\vec{u}'\vec{u}'}^{l} = \rho_l \nu_{tl} \left(\nabla \vec{V}_l + \nabla^T \vec{V}_l\right) - \frac{2}{3} \rho_l \left(K_l + \nu_{tl} \nabla \cdot \vec{V}_l\right) \vec{I}$$

湍流涡粘系数：

$$\nu_{tl} \triangleq C_\mu \frac{K_l^2}{\varepsilon_l}$$

液滴或汽泡产生的湍流：

$$P_K^i = -\left(\vec{M}_g^{D} + \vec{M}_g^{MA}\right)\left(\vec{V}_g - \vec{V}_l\right)$$

$$P_\varepsilon^i = C_{\varepsilon 3} \frac{P_K^i}{\tau}$$

(4) 相界面浓度湍流破碎导致的产项：

$$\phi_n^{TI} = K_{b1} \frac{\varepsilon^{1/3} \alpha (1-\alpha)}{d_s^{11/3}} \frac{1}{1 + K_{b2}(1-\alpha)\sqrt{We/We_{cr}}} \exp\left(-\frac{We_{cr}}{We}\right)$$

湍流合并导致的产项：

$$\phi_n^{RC} = -K_{c1} \frac{\varepsilon^{1/3} \alpha^2}{d_s^{11/3}} \frac{1}{g(\alpha) + K_{c2}\alpha} \frac{1}{\sqrt{We/We_{cr}}} \exp\left(-K_{c3}\sqrt{\frac{We}{We_{cr}}}\right)$$

3 仿真算例和结果

(1) 管内空气－水两相流计算分析[1,3]

采用上述模型，我们计算得到了圆管内泡状空气－水两相流各参数在管内的二维分布结果。图1给出了气泡直径（a）速度分布（b）计算结果和实验结果的比较。结果表明，以上模型较好地预测了气泡尺寸和速度分布与变化。

(2) 管内欠热流动沸腾计算分析[1,3]

采用上述模型，我们计算分析了均匀管壁加热的圆管内欠热流动沸腾，得到了沸腾汽液两相流各参数在管内的二维分布结果。图2给出了两种工况条件下加热段出口的汽泡尺寸分布计算结果和实验结果的比较。结果表明，以上模型能够较好地预测欠热流动沸腾的参数分布和变化。

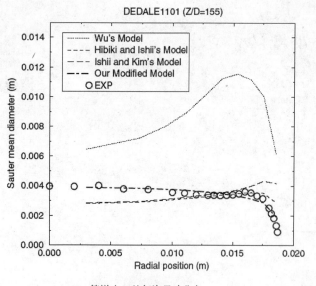

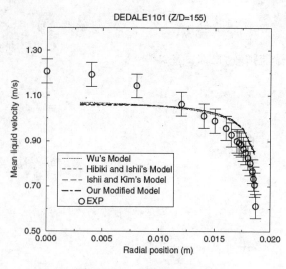

(a) 管道出口处气泡尺寸分布

(b) 管道出口处液体速度分布

图 1　圆管内泡状空气－水两相流计算和实验结果比较

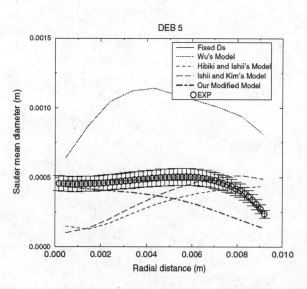

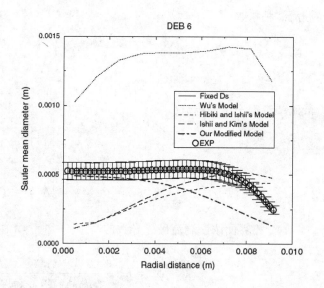

（a）入口温度 68.52℃，入口流量 1986kg/(m²s)

（b）入口温度 70.53℃，入口流量 1985kg/(m²s)

图 2　圆管内欠热流动沸腾计算和实验结果比较

(3) 空气－水分层流计算分析[4]

采用上述模型，我们对如图3所示的空气－水分层流动的情况进行了分析计算，得到不同截面处的流动参数分布结果。图4给出了测量位置处的空气和水的速度分布，以及液层湍流应力分布。结果表明，以上模型能够较好地预测气液分层流动的参数分布和变化。

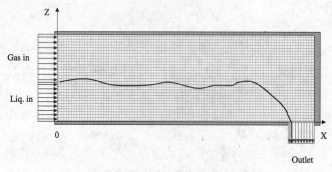

图 3　空气－水分层流计算示意图

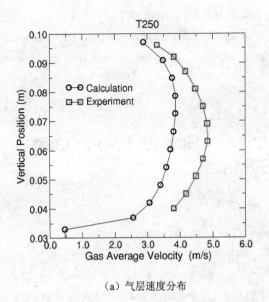

（a）气层速度分布

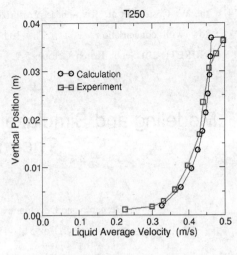

（b）液层速度分布

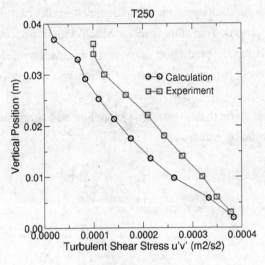

（c）液层湍流应力分布

图 4　气液分层流动计算和实验结果比较

4　结论和展望

空间两相热流体系统是空间技术发展的重要方向，本文提出的采用带有湍流方程和相界面传输方程的先进两流体分析模型，是未来空间两相热流体系统的三维热流体分析和动态性能分析与安全评估的重要工具。具体算例表明，该模型能够较好地预测两相热流体系统在不同传热流动状态下的参数分布和特性。

为更好地对运行在微重力环境和行星重力环境下空间两相热流体系统进行仿真分析，必须充实空间实验数据，建立微重力/变重力条件下的沸腾模型，CHF模型，热毛细唯象模型等内容，进一步完善先进两流体分析模型。

参 考 文 献

[1]　Yao W. & Morel C.. Volumetric interfacial area prediction in upward boiling two-phase flows. 47(2), Int. J. of Heat & Mass Transfer, 2004, p307-328.

[2]　Morel C.. Modélisation multidimensionnelle des écoulements diphasiques gaz-liquide. Application à la simulation des écoulements à bulles ascendants en conduite verticale, Thèse de Doctorat, Ecole Centrale Paris, 1997.

[3]　Yao W. & Morel C.. 2002, Prediction of parameter distribution of upward boiling two-phase flows by two-fluid

models. 10th International Conference on Nuclear Engineering (ICONE 10), USA, April 14-18.

[4] Yao W., Coste P. et al. Two-phase pressurized thermal shock investigations using a 3D two-fluid modelling of stratified flow with condensation. 2003，The 10th International Topical Meeting on Nuclear Reactor Thermal Hydraulics (NURETH-10), Seoul, Korea, October 5-9.

Modeling and Simulation Technology of Space Two-Phase Thermal-Fluid Systems

Yao Wei

Research and Development Center, China Academy of Space Technology

P.O. Box 5142-111, Beijing, 100094，yaowei@cast.cn

Abstract   A space two-phase thermal-fluid system (STPTFS) is a key technology in the future space science and technology. An advanced two-fluid analysis model including turbulent equations and volumetric interfacial area transportation equation is proposed in this paper, which is an important tool for three-dimensional thermal-fluid analysis, dynamic behavior prediction and safety evaluation of STPTFS. Numerical simulations show that this model predicted well two-phase system behavior and parametric distributions under different conditions.

Key words   Space two-phase thermal-fluid system；Modeling and simulation；Advanced two-fluid model；Volumetric interfacial area transportation equation

地面设备机械机构疲劳寿命计算方法及应用

伊曙东　吴学雷

北京航天发射技术研究所

北京 9200 信箱 71 分箱，邮编：100076，yishudong@sohu.com，xlwu21cn@21cn.com

摘　要　本文将有限元仿真技术、雨流计数法、迈纳准则和疲劳强度的知识相结合，为地面设备机械结构在随机载荷作用的情况下提出了一个较为实用的疲劳寿命的计算方法；文中以某型车辆悬架摆臂为例，对该方法进行了实际应用。运用该方法较为精确的计算出了机械机构的疲劳寿命，并在疲劳寿命与结构强度间寻找一个较好的结合点。

关键词　有限元；随机载荷；疲劳寿命；计算方法；应用

1　引言

地面设备所涉及的范围比较广，而在此文中所指的地面设备为各类运输和发射车辆等地面支持系统。由于火箭与导弹重量的不断增加，为了能够使地面设备有较大的承载能力，因此大多数的地面设备的结构和重量相应都非常大，庞大的结构和重量直接影响着设备的各方面使用性能；要使地面设备机械机构既能满足使用要求又有足够的使用寿命，在这两者间寻找一个合理的结合点尤为重要。

众所周知，运输过程中各类运输和发射车辆机械结构受力均为交变载荷，而交变载荷正是机械结构发生破坏的最主要因素。因此，使用寿命就等于疲劳寿命。为使机械结构既不造成疲劳寿命过剩也不导致疲劳寿命不足，因此较为精确地计算出机械结构的疲劳寿命和通过改变机械结构来控制疲劳寿命是很有必要的。通过计算出来的零部件的疲劳寿命的大小来判断其安全性，如果该零部件计算的疲劳寿命远远超出其规定或期望的使用寿命，可对其结构进行一定的减小或局部改进以降低其疲劳寿命使其尽可能的接近期望的使用寿命，这样既满足了使用要求同时也可以减轻自重、提升性能、降低成本。

2　疲劳寿命计算方法

在进行疲劳寿命的计算前，首先要确定零部件的动应力，只有找到接近实际工况的动应力后才能更准确的计算出零部件的疲劳寿命。

疲劳寿命与机械结构的使用工况是相关的，在不同的工况下，疲劳寿命是不一样的，因此要根据机械结构的实际使用情况为待分析的机械结构设定一个接近实际使用中遇到的总工作过程 S，此工作过程由机械结构实际使用中各种工况出现的比例划分为的若干个子工作过程 S_1，…，S_n（n 为正整数）组成；对所关心零部件在各子工作过程 S_1，…，S_n 中分别进行动应力计算，文中采用非线性动态有限元软件求解动应力；应用雨流计数法[3]将零部件在各子工作过程中的动应力进行分解，并将分解后的各全循环提取出来；应用疲劳寿命计算公式[1]

$$\sigma_f \varepsilon_a = \frac{(\sigma'_f)^2}{E}(2N_f)^{2b} + \sigma'_f \varepsilon'_f (2N_f)^{(b+c)} \tag{1}$$

公式（1）中：

　　ε_a ——主应变幅

　　b ——疲劳强度指数

　　c ——疲劳延性指数

　　ε'_f ——拉伸疲劳延性系数

σ'_f——拉伸疲劳强度系数

N_f——破坏前的循环次数

$2N_f$——破坏前的交变次数

对各子工作过程的所有全循环逐个计算零部件的寿命 N_f；运用相对迈纳准则[1, 2]，将每个子工作过程 S_1……S_n 中零部件的动应力所分解出来的全循环对零部件造成的损伤线性相加得到各子工作过程对零部件的累计损伤

$$D_J = \sum_{i=1}^{k} \frac{n_i}{N_i} \tag{2}$$

式（2）中 D_J（$J=1, 2, \cdots, n$）为某一子工作过程的累积损伤，将各子工作过程的累计损伤线性相加则得到整个工作过程对零部件的累计损伤 D

$$D = \sum_{J=1}^{n} D_J \tag{3}$$

将上述工作过程 S 视为一个循环，那么累计损伤 D 的倒数 L

$$L = \frac{1}{D} \tag{4}$$

则是零部件可以承受以该工作过程为一个循环的次数。

3 应用实例

某型车辆悬架摆臂结构如图 1，其截面为 90mm×45mm 的矩形，其材料的各疲劳特性参数分别为 K=1592MPa、N=0.173、b=-0.120、c=-0.559、ε'_f=0.388、σ'_f=1306MPa。

该型车辆主要在 A、B、C、D、E 五种典型工况下行驶，各种工况在车辆行驶过程中出现的比例 A 为 54%、B 为 26.7%、C 为 12%、D 为 6%、E 为 1.3%。现以车辆跑 30 000 km 为一个总工作过程，则上述五种子工作过程的行驶里程 A 为 16 200 km、B 为 8 000 km、C 为 3 600 km、D 为 1 800 km、E 为 400 km。利用非线性动态有限元分析技术将车辆以 40km/h 的车速在上述五种工况下行使时的动应力分别计算出来，通过疲劳寿命计算方法初步得到摆臂在按上述比例分配的五种工况下的疲劳寿命为无限寿命。

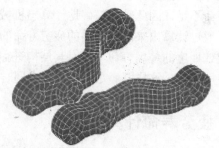

图 1 摆臂结构

造成疲劳寿命过剩的原因是强度过剩，因此摆臂的截面尺寸改为 80mm×40mm，这将使摆臂的疲劳寿命趋于合理同时达到减重的目的。

应用有限元分析技术分别对修改后的摆臂在五种工况下的工作过程进行 1 秒钟的仿真，可得到五种工况下摆臂的动应力，通过计算各工况对摆臂在 1 秒内的累积损伤分别为 D_a、D_b、D_c、D_d、D_e，数值见表 1。各工况的行驶时间为 T_a、T_b、T_c、T_d、T_e，数值见表 2。

表 1 各工况 1 秒累计损伤 D

D_a	D_b	D_c	D_d	D_e
1.0×10^{-9}	1.0×10^{-9}	3.453×10^{-8}	2.784×10^{-8}	3.341×10^{-7}

表 2 各工况行驶时间 T（s）

T_a	T_b	T_c	T_d	T_e
1.458×10^6	7.2×10^5	3.24×10^5	1.62×10^5	3.6×10^4

各工况在各自规定行使里程的总累积损伤 D_A、D_B、D_C、D_D、D_E 可用下式计算得到

$$D_J = D_j \times T_j \tag{5}$$

利用公式（3）和公式（5）则可计算出摆臂在总工作过程 30 000 km 内的累积损伤

$$D = 2.990\ 407\ 4 \times 10^{-2}$$

通过公式（4）可得疲劳循环寿命 L

$$L = \frac{1}{D} = 33.44$$

故修改后摆臂的行驶里程寿命 M

$$M = 30\ 000L = 1\ 003\ 028\ \text{km}$$

由上述计算可知，摆臂在上述五种工况的组合作用下以 40km/h 的速度连续行驶 1 003 028 km 后发生失效。

4 结论

本文提出的机械机构疲劳寿命计算方法可以较准确的计算出机械结构在各种随机载荷作用下的疲劳寿命，同时有限元分析技术计算动应力的运用可以避免做大量试验来获取动应力。但是此方法中存在有不足之处，在有限元分析过程中没有考虑机械机构零部件的表面粗糙度、应力集中系数等外界因素的影响。

参 考 文 献

[1] 程育仁，缪龙秀，侯炳麟. 疲劳强度. 中国铁道出版社，1990.

[2] 徐灏，邱宣怀，蔡春源等. 机械设计师手册. 机械工业出版社，1995.

[3] 王超，王金等. 机械可靠性工程. 冶金工业出版社，1992.

The Calculation Method and Application of the Ground Equipment Mechanism Fatigue Life

Yi Shudong and Wu Xuelei

Beijing Institute of Space Launch Technology

P. O. Box 9200-71,Beijing, 100076，yishudong@sohu.com，xlwu21cn@21cn.com

Abstract In this paper, a relatively practical calculation method based on FE simulation technology, rainflow cycle counting, miner rule and fatigue strength of fatigue life is presented for the ground equipment mechanism that is acted by the random loads. As an example, this method is applied in the arm suspension of a vehicle actually. A relatively accurate fatigue life can be calculated and a preferable combination between the fatigue life and structure strength can be found by this method.

Key words Finite element；Random loads；Fatigue life；Calculation method；Application

激光推进技术的过去、现状和未来

余西龙[1,2]　沈岩[1]　潘海林[1]　边炳秀[1]

1. 北京控制工程研究所，中国空间技术研究院　2. 中国科学院力学研究所

xlyu71@hotmail.com

摘　要　本文首先回顾了激光推进技术的发展历史，然后介绍了激光推进的研究现状，主要是脉冲激光推进和烧蚀激光推进的研究进展。同时，介绍了作者利用高速摄影技术研究脉冲激光推进中激光诱导的等离子体及爆轰波的生成，传播等过程。本文还着重介绍了等离子体参数（电子温度）的测量方法和测量结果。这些研究工作对于发展高性能的激光推进技术具有一定的意义。通过作者的研究经历，作者还指出激光推进技术发展的研究方向。

关键词　激光推进；能量耦合和转换；爆轰波；等离子体

1　引言

激光推进是利用激光作为能量源来推动飞行器。它的最大优点是不必携带能量源，因此，可以大大降低小飞行器的入轨费用。同传统的化学火箭相比，费用只是化学火箭系统的百分之一左右。激光推进的概念首先是由 Arthur Kantrowitz 在 1972 提出的[1]。在 20 世纪 90 年代，Myrabo 成功进行了利用脉冲激光驱动光飞船的演示实验。与此同时，德国宇航的 Schall 等人进行了类似的工作。这些研究工作说明激光推进是可行的技术。这一系列的演示实验促进了相关的基础和应用研究。此外，对廉价的小卫星发射系统的需求，高功率激光器和相应的自适应光学系统的发展也促进了上述研究活动的开展。

2　脉冲呼吸式激光推进

脉冲式激光推进利用重复频率脉冲激光产生的冲击波来产生推力。高强度的激光将空气或者工作介质电离以后，形成高温等离子体，等离子体迅速膨胀，并通过喷管排出，产生推力。在这一过程，如何形成激光支持的爆轰波是研究的关键。

激光支持的等离子体和激光支持的爆轰波及燃烧波的过程及其复杂，是包含激波、膨胀波、辐射吸收的非平衡流体力学过程。分析和计算过程都不太容易。宏观上一般用一个基本的参数，类似于火箭发动机的比冲来描述激光转换为冲量的能力，即动量耦合系数。动量耦合系数定义为：

$$C_m = \frac{\int F \mathrm{d}t}{E}$$

在上式，F 为产生的推力，t 为时间，E 为输入的激光能量。动量耦合系数是衡量激光能量转换为冲量的一个很重要的参数。

3　烧蚀激光推进

烧蚀激光推进是利用激光和固体物质相互作用产生的定向等离子射流产生推力，同脉冲呼吸式激光推进相比，结构简单，不需要喷管。利用金属材料作为工作介质，比冲可以高达几千秒。因此，作者认为烧蚀激光推进比脉冲呼吸式激光推进更易实现。

4　爆轰波的生成、传播过程和离子参数测量

下面的纹影是利用高速摄影的得到的激光支持的爆轰波的过程。

这里应该指出的是，正如图1所示，在 $t = 0.06\mu s$，等离子体核的形状不是一个简单的球形，而更像一个圆锥。这是因为，在击穿发生以后，接近于中心轴的入射激光束被介质吸收。而距离轴心处的激光束被介质吸收的较弱，被反射镜反射以后，才被等离子核吸收。沿此方向传播的爆轰波由于吸收了激光能量而得到了增强。Mori等人通过流场显示的方法发现了激波和对激光吸收相耦合，激波传播的速度对应于激光支持的爆轰波[10]。在目前的工作中，由于激光的主峰大约终止于 $0.3\mu s$，对应于图1的前三. 在这一时间段内，等离子核和爆轰波没有出现分离。对于 $t > 1.0\mu s$，可以发现激波和等离子接触面已经发生分离。在此之后，等离子体前峰静止不动，而激波则向前传播。图2给出了等离子体核的轴向和侧向膨胀轨迹。

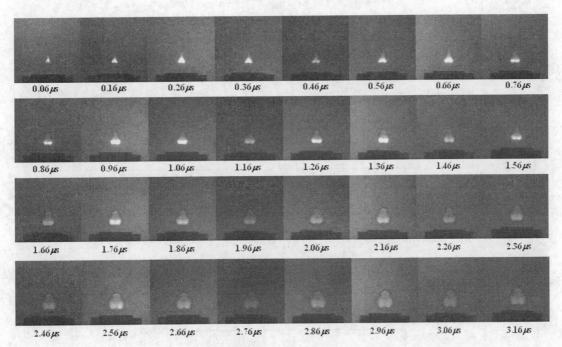

图 1   Framing Schlieren images of laser generated plasma and blast wave, test gas;

Ar, fill pressure; 100kPa, frame interval; $0.1\mu s$, exposure time; $0.03\mu s$,

the whole set of frames are taken from four independent laser pulse irradiations.

(a) laser beam optics; (b) whole framing images

通过量纲分析得出的点源爆炸的相似性经典理论认为，球形爆轰波的直径正比于时间的2/5方。这一关系得出是假设气体是常比热的理想气体，忽略了离子化过程和分子内能的非平衡激励，同时能量是瞬时注入的。对于激光支持的等离子体，能量转换过程包括气体受到强电场的作用而击穿，离子化的气体对入射激光能量的逆韧致吸收过程。这些过程发生在有限空间和有限时间内的。此外，对入射激光能量的非均匀吸收也导致爆轰波的传播偏离相似理论。从图2可以看出，等离子核的轨迹不能很好地符合时间的2/5。发光前锋的轴向方向膨胀的指数大致为0.21～0.41，而侧向膨胀的指数在0.23～0.39之间。一般地，充气压力越高，轴向膨胀的指数越低。而侧向方向膨胀的指数同压力没有此依赖关系。

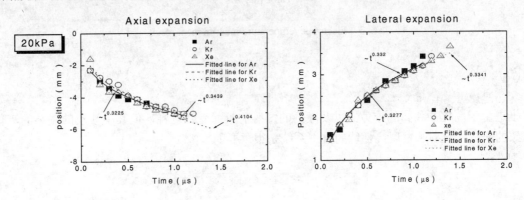

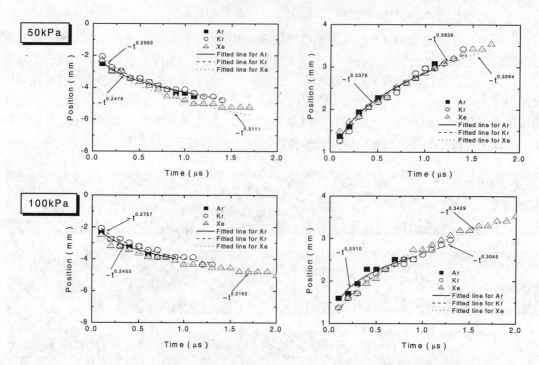

图 2 Trajectories of axial expansion of luminous front and lateral expansion in a laser supported plasma core for Ar,
Kr, Xe in fill pressure 20kPa, 50kPa and 100kPa, respectively. ($t \leqslant 2 \mu s$).

图 3 给出了利用高速条纹光谱仪等到 Ar 等离子体的温度测量结果。由结果可以看到等离子体的温度大致在 4 个电子伏左右。

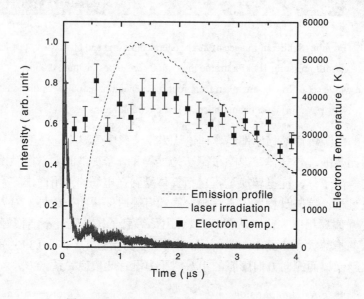

图 3 Electronic temperature measurement result

5 结论

激光推进由于高比冲和高的推力,以及廉价的发射前景而受到重视,但其中涉及的复杂的流体力学过程需要细致的研究,这对于发展高性能的推进系统是很重要的。

参 考 文 献

[1] Kantrowitz, A.. Astronautics and Aeronautics. 10, 74 (1972).

[2] Myrabo, L. N. et al.. AIAA paper, AIAA-2001-3798.

[3] Schall W. O. et al.. High -Power Laser Ablation III.. Proc. SPIE, 4065, 472(2000).

[4] A. Sasoh. Review of Scientific Instruments. 72, 1893 (2000).

[5] A. Sasoh, N. Urabe, S. S. Kim, I. S. Jeung. Applied Phys A. 77, 349(2003).

[6] A. Sasoh , J.. Phys. IV France. 10, 40(2000).

[7] Hertzberg, A. et al . AIAA Journal, 26, 195 (1988).

[8] Akihiro Sasoh, Naohide Urabe, Sukyum Kim, In-Seuck Jeung. submitted to Transactions of the Japan Society for Aeronautical and Space Sciences.

[9] Ya. B. Zel'dovich and Yu. P. Raizer. Physics of Shock Waves and High-Temperature Hydrodynamic Phenomena. Vol. I, Academic Press, New York, pp360, 1996.

[10] Koichi Mori, Kimiya Komurasaki. Journal of Applied Physics, 92, 5563(2002).

Laser Propulsion: the Status and Future Prospects

Yu Xilong[1, 2]   Shen Yan[1]   Pan Hailin[1] and Bian Bingxiu[1]

1. Beijing Institute of Control Engineering, Chinese Academy of Space Technology

2. Institute of Mechanics, Chinese Academy of Sciences

xlyu71@hotmail.com

Abstract   The history of laser propulsion is first reviewed in the paper, and then current status of pulse laser propulsion (PLP) and ablative laser propulsion (ALP) is also analyzed. The dynamics of laser supported plasma and blast wave is introduced in detail by using high-speed shilieren image technique. Plasma parameter measurement result is given in the paper. The future prospect of laser propulsion is discussed.

Key words   Laser propulsion; Energy coupling and conversion; Blast wave; Plasma

信息化靶场建设理论初探

张传友　向勇　王学良

海军 92941 部队 91 分队

辽宁葫芦岛，邮编：125000，zcy-zx@163.com，zcy-zx@vip.sina.com

摘　要　为适应我军信息化发展要求，武器装备试验靶场必须走信息化建设道路。本文在准确把握未来发展方向的基础上提出了信息化靶场的建设构想与建设原则。运用系统工程的思想，依据信息、信息技术、信息化等基本概念之间严密的逻辑关系，建立并阐述了信息化靶场的基本理论，包括信息化靶场内涵外延、概念模型、试验保障体系、综合试验信息系统、一体化综合试验能力体系等。本文对国防试验资源的优化建设具有重要参考价值。

关键词　定义；性质和特征；试验保障体系；试验综合信息系统；综合试验能力；概念模型

0　引言

"推进中国特色军事变革，必须按照实现信息化的要求，科学确立我军建设的战略目标、发展思路和具体步骤"。江泽民同志的这一重要论述，为靶场新时期的建设和发展指明了方向。未来靶场建设和发展要以武器装备试验需求和靶场发展要求为牵引，以体系化、标准化、一体化为技术准则，以完善固定试验场、建立机动试验场和虚拟试验场为重点，深化试验内涵，创新试验理论方法，努力把靶场建设成试验、试验工程研究、训练与战法演练于一体的信息化靶场，并逐步向逻辑靶场过渡。

1　信息化靶场建设原则

从未来武器装备试验和靶场发展的双重需求出发，以适应中国特色军事变革为目的，建设信息化靶场；

从主动、全面、持续、跨越式地发展要求出发，拓展靶场职能、深化试验内涵；完善与拓展固定试验场，建立机动试验场和虚拟试验场；

从一体化、体系化、标准化的技术发展要求出发，突出理念创新、技术创新和体制创新，实现靶场结构与功能成体系、技术成标准、装备成系列、管理成规范；

从武器装备发展的试验需求出发，提高靶场对新武器装备试验的适应能力；从武器装备评价的要求出发，创新试验鉴定理论方法，极大地丰富技术储备，增强靶场建设的主动性与前瞻性；

从信息技术支持的可能出发，在满足试验要求的前提下，深入挖掘各种潜力，提高整体效益，为未来信息化靶场一体化综合试验能力的提高积蓄发展后劲；

从技术先进、能力强大的要求出发，借鉴与瞄准国外，尽量引进技术、引进装备，提高靶场发展的起点，极大地缩小与世界先进水平的差距。

2　信息化靶场的基本理论

2.1　信息化靶场的定义

在广义上，信息化靶场就是广泛应用信息技术，有效开发和利用相关信息资源的一类武器装备试验场的统称。这个定义是语法、语义上的定义，其关键词有信息技术、信息资源、武器装备和试验场四个，是偏重于本体论的定义范畴，应用范围非常广泛[1]。

在狭义上，信息化靶场就是以信息技术为基础，以体系化、标准化、一体化综合试验为模式，广泛而有效、自觉与自动地开发、利用和共享相关信息资源，完成试验鉴定、试验工程研究、部队训练和战法演练任务的一类武器装备试验场的统称。这个定义是语用上的定义，是偏重于认识论的定义范畴，其应用范围相对要小。

狭义上的定义有七层含义：一是信息化靶场建设要有统一的规划与组织；二是靶场建设离不开信息化，信息化服务于靶场建设；三是信息化靶场建设以体系化、标准化为支撑；四是靶场军事及相关领域的各种活动及其所包含的意识是一个有机的整体（一体化）；五是靶场要全面应用信息技术，深入开发、综合利用与广泛共享信息资源；六是信息化靶场一体化综合试验能力主要体现在一体化综合试验鉴定、试验工程研究、部队训练与战法演练三个方面；七是信息化靶场建设是一个不断发展的过程。

2.2 信息化靶场的基本性质与主要特征

信息就是对事物存在方式或运动状态的直接或间接的反映[1]，包含数据、图像、声音、信号、指令、消息、情况、资料、情报和知识等。信息化靶场的基本性质是由信息的基本性质与靶场的基本性质两者共同决定的。信息具有客观性、存储性、共享性和可控性等四个基本性质[2]；靶场的基本性质应包括保障性、服务性、研究性和发展性等[5]。这八个性质可以作为信息化靶场的基本性质。

信息技术与信息化靶场的内涵、外延和基本性质，确定了信息化靶场的基本特征。信息化靶场具有"七化"特征[3]，主要内容如下。

信息交换网络化。外军提出的"网络中心战"，突出强调了信息共享和网络传输的重要性。在靶场建设中，应充分认识数字化信息网络建设的前瞻性、优先发展的必要性、信息通道的多样性、数据链路的完备性、信息安全的重要性。充分利用各种有线与无线、微波与卫星、光纤等通信手段，构建以数字化网络为中心的信息交换平台，建设宽带大容量、高速多链路、信息热备份的信息交换通道，实现试验数据、语音图像等多媒体信息的及时、准确、远距离地传输与交换。

试验手段自动化。在测控、通信、靶标专用试验装备建设上，大量应用内嵌式测试技术，提高专用装备的信息收集、传输、分析和处理的自动化水平；同时与各种试验环境模拟设备、电磁环境监测设备、目标特性测量设备、控制设备等组成自动化的综合试验系统，实现以网络为中心的信息处理与交换，使试验信息即试即得。

试验场景可视化。利用各种声、光、电、磁传感器组成一体化的、立体式的试验场景可视化感知系统，使试验场景能够及时传送到各级指挥所与参试战位，实现靶场试验场景的全程透明与可视，全方位可控。

试验平台机动化。机动化的试验平台主要包括"发射阵地与航区、发射潜舰与飞机、测控舰船与飞机、靶标机动与模拟、指控网络与设施、警戒装备与舰船"等六大部分。按照靶场也可以机动的概念，在建设过程中，通过自购、请调或兄弟部队支援等渠道，利用车、船、舰、飞机、导弹等机动能力强的各型运载工具，优先发展机动能力强的测控、通信、靶标装备。

指挥控制精确化。以靶场 C^4ISR（指挥、控制、通信、计算机、情报、监视与侦察）[3]系统为核心，借助辅助决策支持系统，快速处理、分析、评价所获取的信息，精细而准确地筹划和运用各种试验资源，对试验过程实施实时而准确地指挥与控制，将试验风险和损失降低到最低程度。

试验保障体系化。靶场的试验活动是一项复杂的系统工程，必须以体系化和标准化为支撑。信息化靶场包括"测量体系、靶标体系、通信体系、指控体系、人才体系、配套保障体系"等六大试验保障体系；包括"试验管理与试验质量标准化、试验专用装备管理与建设质量标准化、信息系统建设开发标准化"等三大标准化体系。无论从战略层还是试验专用装备建设层来说，只有在体系化、标准化指导下，才可能实现测控、通信、靶标等专用试验装备的互动与综合发展，才能在标准化、系列化、小型化、模块化、通用化、自动化方向有所作为，有所突破。

靶场功能一体化。通过靶场信息化建设，实现多靶场试验平台、试验系统、试验信息、试验工具的共享，甚至实现联合互操作，使靶场成为集武器装备试验、部队训练、战法演练和试验工程技术研究为一体的信息化靶场。

2.3 信息化靶场的试验保障体系

固定试验场是固定海空域条件下的武器装备试验场地的总称；机动试验场是突破海空域条件限制的，能够机动地完成武器装备试验任务的靶场总称；虚拟试验场是利用分布式建模仿真技术、虚拟现实技术和网络中心技术，在模拟逼真环境与对抗条件下，进行武器装备试验的靶场总称[3]。

依据信息化靶场的概念，固定试验场、机动试验场和虚拟试验场也分别属于信息化靶场的统称范畴，它们既相互支持，互为补充，既独立又有机融合，有力地支撑我军武器装备的"两成两力"建设。信息化靶场的共享性和可控性决定了信息化靶场对外具有支援试验场的功能，同时也为靶场间、靶场与作战部队、靶场与武器装备研发单位联合与互操作提供了理论基础。

由于国民经济的飞速发展，武器装备试验靶场与经济发展共存的矛盾将越来越突出；由于武器装备系统的远程化发展，受自然环境和测控传感器水平等限制，试验海空域也将越来越难以满足综合试验鉴定、多武器系统协同战法演练的需求。因此，固定试验场有必要向机动化方向发展。另外，虚拟试验是实物试验不可或缺的重要补充，是分布式建模仿真试验技术概念的延拓，具有效费比高、环境逼真可控、系统集成性高和应用范围广等特点。靶场尚处于建模仿真的初期，距虚拟试验还有很长一段距离。

试验保障体系就是直接或间接为武器装备试验鉴定、训练与战法演练服务的，由人员物资、软硬设施、器材装备、工程技术、理论方法等基本要素构成的一类功能集合体。靶场的基本职能是武器装备试验保障，因此试验保障体系才是靶场的主体。根据此概念设计靶场六大试验保障体系，它包括"测量体系、靶标体系、通信体系、指控体系、人才体系、配套保障体系"等。任何靶场都应当包含这六个体系，信息化靶场如此，固定、机动和虚拟三个试验场也不例外。靶场试验保障体系如图1所示。

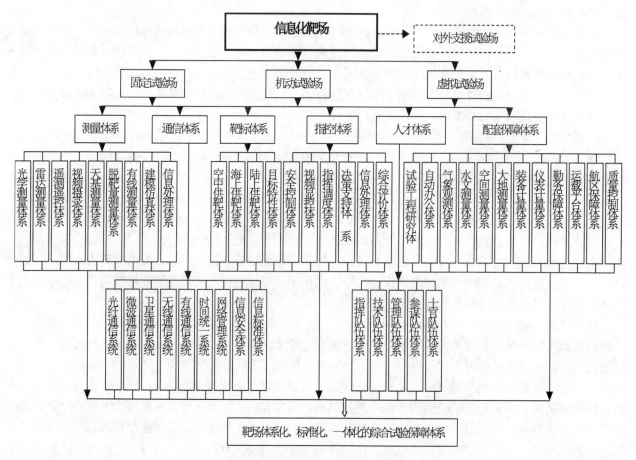

图 1 靶场试验保障体系结构示意图

2.4 试验综合信息系统组成与信息流程

根据信息技术的基本内容，结合信息化靶场的实际，确定信息化靶场"试验综合信息系统"，包含 6 大信息系统（含 34 个分系统），主要是"试验信息获取系统、试验信息传输系统、试验信息处理系统、试验指挥控制系统、试验信息开发利用系统、信息化靶场综合评价系统"等。试验综合信息系统组成如图 2 所示，信息流程图 3 所示。

试验信息获取系统。试验信息获取系统是信息化靶场的"感觉器官"，是信息化靶场获取试验信息和情报信息的的手段和工具。它包括"武器装备试验的测控系统、靶标系统、时统系统、航保系统、试验仿真系统、试验专用装备计量系统，全军侦察与海洋监视及国内外导航定位卫星和各种情报资料信息系统"等10 个分系统。

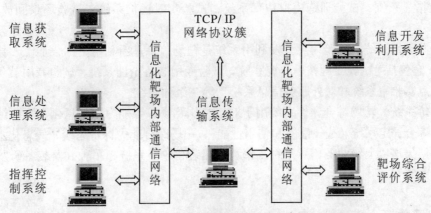

图 2 试验综合信息系统组成示意图

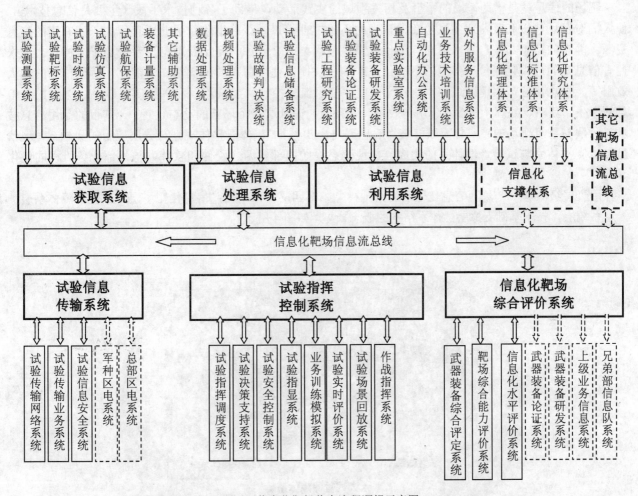

图 3 信息化靶场信息流程逻辑示意图

试验信息传输系统。试验信息传输系统是信息化靶场的通信网络和数据链路,同时也是与上级机关、同级靶场和对外信息交流的通道。试验信息获取系统有如信息化靶场的"神经网络",又如遍布全身的"血管",是信息"血液"传输的"桥梁"和"通道",担负着试验信息和情报信息等多媒体信息的及时而准确、安全而可靠地传输任务。它包括"传输网络系统、传输业务系统和信息安全系统等"等 3 个分系统。

试验信息处理系统。试验信息处理系统是信息处理与信息分发的"集散中心",同时也是"信息仓库"。试验信息处理系统有如信息化靶场的"心脏"或"肠胃",它包括"数据(实时与事后)处理系统、视频(实时与事后)处理系统、故障判决系统、试验信息储备系统"等 4 个分系统。

试验指挥控制系统。试验指挥控制系统是信息化靶场试验指挥、控制与信息共享协调的"中心",有如信息化靶场的"大脑与神经中枢"。它包括"自动化指挥调度系统、试验辅助决策支持系统、试验安全控制系统、试验指显系统、试验训练模拟仿真系统、试验实时评价系统、试验场景回放系统"等 7 个分系统。

试验信息开发利用系统。试验信息开发利用系统是靶场信息重新利用、综合加工，甚至变成信息产品的"加工基地"。它包括"试验工程技术研究系统、试验专用装备论证系统、试验专用装备研发系统、办公自动化系统、重点实验室系统和对外服务信息系统"等 7 个分系统。

靶场综合评价系统。靶场综合评价系统用于对信息化靶场综合能力和信息化水平的综合评价。它包括"武器装备试验综合评定系统（战技性能和使用性能）、靶场综合能力评价系统、信息化水平评价系统"等 3 个分系统。其结果送"上级业务信息系统、军种武器装备论证系统、军种武器装备研发系统、以及其他兄弟部队的信息系统"。

2.5 信息化靶场的概念模型

靶场的信息就是借助靶场的军事及相关领域的实践活动，借助于各种技术手段（主要是信息技术），使人们对靶场建设和武器装备试验活动认识的不确定性得以减少或消除，为此所获得的一切有用的信息资源。静态的信息与信息技术概念，不足以满足使用要求。比如，靶场获取信息手段趋于多样化，追求拥有信息量的最大化，传递信息的自动化、准确和快捷，使用信息的最优化、智能化，达到信息的最大效用等。信息化这一主谓词组的本质含义是用"信息流"控制"能量流"和"物质流"[2]，强调的是信息的产生、获取、处理、分发、使用、效用（信息能）评价这 6 个环节的动态过程[5]。其目的是用信息技术来分解与重组靶场的硬实体，以打破"信息孤岛、IT 黑洞"，体现整体规划与分层应用的集成，体现信息技术支撑体系与试验管理体系的集成，体现信息系统内部资源（硬件和软件）与外部业务流程的优化等等[4]。

用"层级原理"[4]刻画信息化靶场的结构模型，即四层体系结构：信息化靶场层，试验保障体系层，信息系统层，技术基础支撑层。体系结构的概念模型[6]如图 4 所示。

图 4　信息化靶场的体系结构模型（概念模型）示意图

2.6 一体化综合试验能力体系结构

靶场是我军新型武器装备的使能机构，其使命任务的完成，需要能力体系为支撑。一体化是指靶场军事及相关领域的各种活动及其所包含的意识（理论方法、技术手段、标准体系等等）构成一个有机的整体。靶场军事相关领域的活动包含十分广泛的内容，比如综合试验能力包括：试验鉴定、试验工程研究、训练与战法演练等三个方面内容[1]。信息化靶场一体化综合试验能力体系结构如图 5 所示。

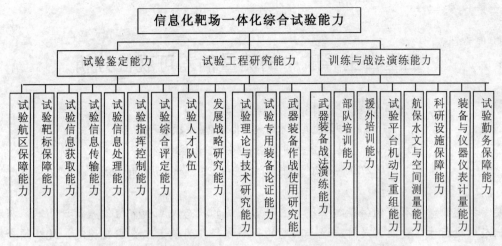

图 5　信息化靶场软硬结合的一体化综合试验能力结构示意图

3　结束语

本文力求贯穿一体化、体系化与系统工程的思想内涵，阐述靶场信息化的概念模型、性质特征、组成体系以及重构技术支持。但应当看到信息化是需要用权威和心力来推进的大型系统工程，应充分调动人力物力等各种积极因素，建立相应支撑体系，完成从顶层到各分系统的一体化总体设计。

参 考 文 献

[1] 钟义信.信息技术.上海科学技术出版社,1994.

[2] 王普丰.信息战争与军事革命.军事科学院出版,1995.

[3] 萧海林．海军信息化靶场建设构想．装备指挥技术学院硕士学位论文,2004.10.

[4] 余彤鹰．信息化概念与意义探究．企业工程论坛,2004.9.

[5] 杨榜林等．军事装备试验学．国防工业出版社,2002.

[6] 沈锡臣,陈怀楚.高校信息化建设标准规范.清华计算机与信息管理中心,2002.

[7] Mark Patel. eSWT requirements and High-Level Architecture. 2004.9.

Initial Study of Informationization Rang Construction Theory

Zhang Chuanyou　Xiang Yong and Wang Xueliang

Unit 92941-91, PLA

Huludao, 125000，Email:zcy-zx@163.com, zcy-zx@vip.sina.com

Abstract　A rang must be on the informationization way for the Chinese troop informationization demanding. This paper first construct the theory of informationization rang，including definition，a model of the conception，a system of system of test guarantee，a synthesis test information system，and a system of integrate synthesis test capability. This paper has value very much，for the nation defense test resources to optimize.

Key words　Definition；Characteristics；Test guarantee；Integrate information system；Integrate capability；Concept model

卫星自主导航中的测量偏差可观性分析

张春青　刘良栋　李勇

1. 中国空间技术研究院北京控制工程研究所

2. 中国空间技术研究院研究发展中心

北京 2727 信箱 20 分箱，邮编：100080，zchunq@sohu.com

摘　要　考虑测量带有常值偏差时卫星自主导航系统的状态观测和常值偏差估计问题，将观测常值偏差扩增为状态后进行卡尔曼滤波是解决这一问题的一个途径。为使卡尔曼滤波稳定，就必须分析系统的随机可观测性。本文利用线性时变系统的可观性理论对测量带有常值偏差时卫星自主导航系统的可观性进行了分析，得出了对工程应用有参考价值的结论。数值仿真结果显示了所得理论结果的正确性。

关键词　可观性；偏差估计；时变系统；自主导航

1　引言

卫星自主导航是指卫星不依赖地面支持，仅利用星载测量设备输出的数据对所选定的轨道参数的估计或计算，影响其精度的主要因素包括轨道建模误差及敏感器测量误差。目前航天器轨道动力学模型已有相当高的精度，相比于敏感器测量误差，其对导航精度的影响可忽略不计。敏感器测量误差一般包括随机误差和系统误差。随机误差的影响通常可以通过采用一定的统计估计算法(例如卡尔曼滤波)来加以消除。而系统误差会造成观测模型的不准确，一般难以通过滤波方法来消除，大量的仿真研究[1, 2]表明如果不对其进行估计补偿，直接应用卡尔曼滤波得到的状态估计结果会显著偏离真实状态，使自主导航精度大大下降。因此如何实时准确地对测量系统偏差进行校准将是提高卫星自主导航精度的重要途径。

对偏差进行估计的常用方法包括增广状态法[3]、最大似然法[4]以及两步平行滤波法[5]等，但不论选用的方法如何，如想得出准确的偏差估计，都必须要求其对应的偏差状态增广系统对于偏差具有完全的可观测性，否则得出的某些偏差的估计结果将不可信。本文利用线性时变系统的可观性理论对测量带有常值偏差时卫星自主导航系统的可观性进行了分析，得出了对工程应用有参考价值的结论，并利用数值仿真对所得理论结果进行验证。

2　轨道动力学模型

考虑二体轨道情况。选取卫星位置矢量 r、速度矢量 v 为系统的状态变量，则二体轨道的状态方程[6]为：

$$\dot{X}(t) = f(X(t)) = \begin{bmatrix} v \\ -\dfrac{\mu}{r^3} r \end{bmatrix} \tag{1}$$

式中　$X(t) = \begin{bmatrix} r^T & v^T \end{bmatrix}^T$，$r = [x, y, z]^T$，$r = |r|$，$v = [v_x, v_y, v_z]^T$；$\mu = 398\,600.44\ \mathrm{km^3/s^2}$ 为地心引力常数。

将方程(1)在状态最优估计 $\hat{X}(t)$ 处进行 Taylor 级数展开，保留一阶项，得如下线性方程：

$$\dot{X}(t) = F(t)X(t) + u(t) \tag{2}$$

其中：

$$F(t) = \left. \frac{\partial f(X(t))}{\partial X(t)} \right|_{\hat{X}(t)} = \begin{bmatrix} 0_{3\times3} & I_{3\times3} \\ S(t) & 0_{3\times3} \end{bmatrix}$$

$$u(t) = f(\hat{X}(t)) - F(t)\hat{X}(t)$$

式中：

$$S(t) = \frac{\mu}{r^5}(3rr^T - r^2I)\Big|_{\hat{r}(t)} \tag{3}$$

3 测量带有偏差时卫星自主导航系统可观性分析

从自主导航原理来看，现有的自主导航技术主要包括惯导、GPS、天文导航等。从测量数据获取情况看，以上自主导航技术又可以分为测量数据在惯性系获得及在非惯性测量系获得两种类型，相应地可以把系统误差建模为在惯性系为常值和在非惯性测量系为常值两种情况。本文分别针对这两种情况，对系统的可观性进行分析。

3.1 偏差在惯性系为常值时系统可观性分析

3.1.1 观测方程

认为测量误差由常值偏差和观测噪声两部分组成，则观测方程为：

$$Z(t) = r(t) + b + \eta(t) \tag{4}$$

其中，b 为 3 维测量常值偏差向量，$\eta(t)$ 为观测噪声。

3.1.2 可观性分析

将偏差 b 扩充为状态，系统状态变为：

$$W(t) = \begin{bmatrix} X(t) \\ b \end{bmatrix}$$

系统矩阵为：

$$\tilde{F}(t) = \begin{bmatrix} 0_{3\times3} & I_{3\times3} & 0_{3\times3} \\ S(t) & 0_{3\times3} & 0_{3\times3} \\ 0_{3\times3} & 0_{3\times3} & 0_{3\times3} \end{bmatrix}_{9\times9}$$

观测矩阵为：

$$H_1(t) = [I_{3\times3} \quad 0_{3\times3} \quad I_{3\times3}]$$

经分析，系统(2)、(4)对于状态 $W(t) = [X^T(t) \quad b^T]^T$ 的可观性，有如下结论：

定理 1 对于测量偏差在惯性系为常值的自主导航系统(2)、(4)，轨道状态与测量常值偏差可观。

证明：根据线性时变系统可观性判别定理[7]，系统(2)、(4)对于状态 $W(t) = [X^T(t) \quad b^T]^T$ 在时间区间 J 能观测的一个充分条件为，存在一个时刻 $t \in J$，使得如下可观性矩阵 $\Theta(t)$：

$$\Theta(t) \equiv \begin{bmatrix} N_0^T(t) & N_1^T(t) & \cdots & N_8^T(t) \end{bmatrix}^T \tag{5}$$

$$N_0(t) = H_1(t)$$

$$N_1(t) = N_0(t)\tilde{F}(t) + \frac{d}{dt}N_0(t)$$

……

$$N_{n-1}(t) = N_{n-2}(t)\tilde{F}(t) + \frac{d}{dt}N_{n-2}(t), \quad n = 1,2,\cdots,9$$

的秩为 9。

将 $\tilde{F}(t)$、$H_1(t)$ 的表达式代入(5)式，取矩阵 $\Theta(t)$ 的前 3 个行块，构成方阵 $\Theta_3(t)$：

$$\Theta_3(t) = \begin{bmatrix} I_{3\times3} & 0_{3\times3} & I_{3\times3} \\ 0_{3\times3} & I_{3\times3} & 0_{3\times3} \\ S(t) & 0_{3\times3} & 0_{3\times3} \end{bmatrix}_{9\times9}$$

由矩阵理论[8]可知，如果 $S(t)$ 为满秩方阵，则 $rank(\Theta_3(t)) = 9$，进而 $rank(\Theta(t)) = 9$。经计算可以求出 $S(t)$ 的行列式为 $\dfrac{2\mu^3}{r^9}\Big|_{\hat{r}(t)}$，显然其恒不为零，故 $S(t)$ 在任意时刻都为满秩方阵，故可观性矩阵 $\Theta(t)$ 的秩为 9，因此系统(2)、(4)对于状态 $X(t)$ 及常值偏差 b 在任意时刻都可观。证毕。

3.1.3 数值仿真

实际系统模拟中卫星轨道动力学模型除地球的中心引力项外，还包括高阶引力项 J_2, J_3, J_4 以及大气阻力；导航滤波器模型除地球的中心引力项外只包括 J_2 项。观测方程同(4)式。采用偏差增广卡尔曼滤波对轨道状态及偏差进行估计。在仿真中取：卫星飞行高度约为 500km 的近圆轨道；仿真时间为 36 000 秒，大约 6 个轨道周期；测量常值偏差取为：

$$b = [-0.001R_e \quad 0.001R_e \quad 0]^T (m)。$$

其中，R_e 为地球半径，文中取 6 378 140 m。

仿真结果见图 1~图 3，其中图 1 是对系统偏差不校准采用广义卡尔曼滤波得到的导航系统的位置和速度估计误差时间历程，图 2 是采用自校准滤波算法后导航系统的位置和速度估计误差时间历程，图 3 是采用自校准滤波算法得到的对系统偏差的估计值。

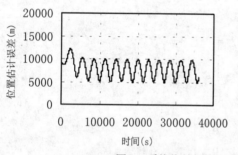
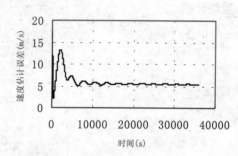

图 1　系统偏差不校准时位置、速度估计误差时间历程

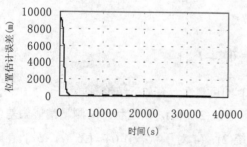
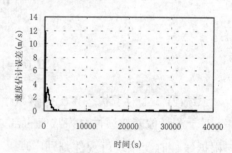

图 2　采用自校准滤波后位置、速度估计误差时间历程

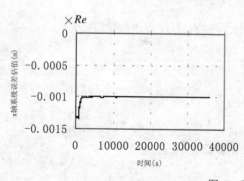
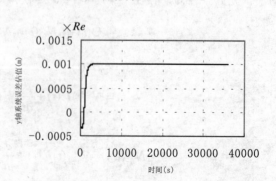

图 3　系统偏差估计值

从仿真结果可见，测量存在常值偏差时，如果不对偏差进行处理，采用一般卡尔曼滤波的导航滤波器不能达到稳态，导航精度很差(图1)。采用自校准滤波算法的导航滤波器能对测量常值偏差进行准确估计，滤波在不到一个轨道周期后即收敛并达到稳态，导航精度大大提高(图2、图3)。

当测量系与本体固连，而卫星为三轴稳定且对地定向时，可近似认为测量系与轨道系重合，以下对这种情况下系统的可观性进行研究。

3.2 偏差在测量系为常值时系统可观性分析

3.2.1 观测方程

当测量偏差在非惯性测量系为常值时自主导航系统观测方程可以写为如下形式：

$$\boldsymbol{Z}(t) = \boldsymbol{r}(t) + \boldsymbol{C}_{is}(t)\boldsymbol{b}_s + \boldsymbol{\eta}(t) \tag{6}$$

其中，$\boldsymbol{b}_s$ 为位置矢量测量值的常值偏差，$\boldsymbol{\eta}(t)$ 为观测噪声，$\boldsymbol{C}_{is}(t)$ 为惯性系相对于非惯性测量系的坐标转换矩阵。

3.2.2 可观性分析

为便于分析问题，将地心惯性坐标系($O_i X_i Y_i Z_i$)定义为：Y_i 轴与轨道角速度方向一致，Z_i 轴沿轨道长轴方向，X_i 轴按右手定则确定。惯性系与测量系关系如图4所示。

将 $\boldsymbol{u}(t)$ 看成已知的外作用，并忽略噪声的影响，分析系统(2)、(6)的可观性。由于认为测量系与轨道系近似重合，故测量系中的常值偏差 $\boldsymbol{b}_s$ 可看成为轨道系中的近似为常值的偏差。用 b_x、b_y、b_z 分别代表 $\boldsymbol{b}_s$ 在轨道系三坐标轴上的分量，即 $\boldsymbol{b}_s = \begin{bmatrix} b_x & b_y & b_z \end{bmatrix}^T$。经分析，对于测量存在常值偏差的自主导航系统的可观性存在以下定理：

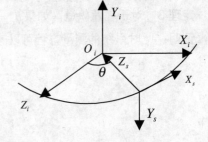

图 4 坐标系关系示意图

定理 2 如果轨道偏心率 $e \neq 0$，则轨道状态及三轴常值偏差 b_x、b_y、b_z 均可观。

证明：由坐标系的定义，图4中的 θ 角即为卫星的真近点角，则坐标转换矩阵 $\boldsymbol{C}_{is}(t)$ 为：

$$\boldsymbol{C}_{is}(t) = \begin{bmatrix} \cos\theta & 0 & -\sin\theta \\ 0 & -1 & 0 \\ -\sin\theta & 0 & -\cos\theta \end{bmatrix}$$

同定理 1 的证明，将偏差 $\boldsymbol{b}$ 扩充为状态，系统状态变为 $\boldsymbol{W}(t) = [\boldsymbol{X}^T(t) \quad \boldsymbol{b}^T]^T$，由观测方程(6)式可以求出系统的观测矩阵为：

$$\boldsymbol{H}_2(t) = [\boldsymbol{I}_{3\times3} \quad \boldsymbol{0}_{3\times3} \quad \boldsymbol{C}_{is}(t)]$$

将 $\tilde{\boldsymbol{F}}(t)$、$\boldsymbol{H}_2(t)$ 的表达式代入可观性判别矩阵((5)式)，取矩阵 $\boldsymbol{\Theta}(t)$ 的前 3 个行块，构成方阵 $\boldsymbol{\Theta}_3(t)$：

$$\boldsymbol{\Theta}_3(t) = \begin{bmatrix} \boldsymbol{N}_0(t) \\ \boldsymbol{N}_1(t) \\ \boldsymbol{N}_2(t) \end{bmatrix} = \begin{bmatrix} \boldsymbol{I}_{3\times3} & \boldsymbol{0}_{3\times3} & \boldsymbol{C}_{is}(t) \\ \boldsymbol{0}_{3\times3} & \boldsymbol{I}_{3\times3} & \dfrac{d}{dt}\boldsymbol{C}_{is}(t) \\ \boldsymbol{S}(t) & \boldsymbol{0}_{3\times3} & \dfrac{d^2}{dt^2}\boldsymbol{C}_{is}(t) \end{bmatrix}_{9\times9}$$

如果能证明对于 $t \in J$，有 $\boldsymbol{\Theta}_3(t)$ 满秩，即 $rank(\boldsymbol{\Theta}_3(t)) = 9$，则由可观性判别定理[0]知系统在时间区间 J 可观。由于初等变换并不改变矩阵的秩，将矩阵 $\boldsymbol{\Theta}_3(t)$ 的第一行块右乘方阵 $(-\boldsymbol{S}(t))$ 并加到第三行块，得

$$\tilde{\boldsymbol{\Theta}}_3(t) = \begin{bmatrix} \boldsymbol{I}_{3\times3} & \boldsymbol{0}_{3\times3} & \boldsymbol{C}_{is}(t) \\ \boldsymbol{0}_{3\times3} & \boldsymbol{I}_{3\times3} & \dfrac{d}{dt}\boldsymbol{C}_{is}(t) \\ \boldsymbol{0}_{3\times3} & \boldsymbol{0}_{3\times3} & \dfrac{d^2}{dt^2}\boldsymbol{C}_{is}(t) - \boldsymbol{C}_{is}(t)\boldsymbol{S}(t) \end{bmatrix}_{9\times9} \quad 令$$

$$Q(t) = \frac{d^2}{dt^2} C_{is}(t) - C_{is}(t)S(t)$$

由矩阵理论 ^{0} 知，如果 $Q(t)$ 满秩，则 $\tilde{\Theta}_3(t)$ 满秩，进而 $\Theta_3(t)$ 满秩，系统的可观性从而得证。

经计算整理得

$$Q(t) = \frac{\mu}{r^3} \begin{bmatrix} 2e\sin^2\theta - e\cos^2\theta & 0 & 3e\sin\theta\cos\theta \\ 0 & -1 & 0 \\ 2e\sin\theta\cos\theta + (3+e\cos\theta)\sin\theta & 0 & -2e\sin^2\theta + (3+e\cos\theta)\cos\theta \end{bmatrix}$$

对 $Q(t)$ 求行列式：

$$|Q(t)| = \frac{\mu^3}{r^9} e(4e - 3e\cos^2\theta + 3\cos\theta)$$

分析上式知，只有 θ 与 e 影响 $|Q(t)|$ 的取值。θ 为时变，除个别时刻外它的取值不会使 $|Q(t)|$ 为零，只有当 $e=0$ 时 $|Q(t)|$ 恒为零。由定理 2 知 $e \neq 0$，故 $|Q(t)|$ 在时间区间 J 内除个别时刻外均不为零，从而除个别时刻外 $\Theta_3(t)$ 满秩，故系统在时间区间 J 内可观，证毕。

定理 2 考察了 $e \neq 0$ 时偏差状态的可观性，经分析，对于 $e=0$ 的情况，有以下定理：

定理 3 对于任意轨道，如果 $b_x = 0$，则常值偏差 b_y、b_z 均可观。

证明： 此时系统的测量方程可以改写为：

$$Z(t) = r(t) + \tilde{C}(t) \begin{bmatrix} b_y \\ b_z \end{bmatrix} + \eta(t) \tag{7}$$

其中

$$\tilde{C}(t) = \begin{bmatrix} 0 & -\sin\theta \\ -1 & 0 \\ 0 & -\cos\theta \end{bmatrix}$$

同定理 2 的证明，容易求出系统的可观性判别矩阵为：

$$\Gamma(t) = \begin{bmatrix} I_{3\times3} & 0_{3\times3} & \tilde{C}(t) \\ 0_{3\times3} & I_{3\times3} & \dfrac{d}{dt}\tilde{C}(t) \\ S(t) & 0_{3\times3} & \dfrac{d^2}{dt^2}\tilde{C}(t) \\ \vdots & \vdots & \vdots \end{bmatrix}$$

如果能证明 $rank(\Gamma(t)) = 8$，即 $\Gamma(t)$ 列满秩，则系统可观。取矩阵 $\Gamma(t)$ 的前 8 行，构成方阵 $\tilde{\Gamma}(t)$：

$$\tilde{\Gamma}(t) = \begin{bmatrix} I_{3\times3} & 0_{3\times3} & \vline & \tilde{C}(t) \\ 0_{3\times3} & I_{3\times3} & \vline & \dfrac{d}{dt}\tilde{C}(t) \\ \hline S_1(t) & 0_{2\times3} & \vline & \dfrac{d^2}{dt^2}\tilde{C}_1(t) \end{bmatrix}_{8\times8} = \left[\begin{array}{c|c} A & B \\ \hline C & D \end{array} \right]$$

其中，$S_1(t)$、$\tilde{C}_1(t)$ 分别为矩阵 $S(t)$、$\tilde{C}(t)$ 的前两行。

由舒尔公式[8]，当 $|A| \neq 0$ 时，有

$$|\tilde{\Gamma}(t)| = |A| |D - CA^{-1}B| = \left| \frac{d^2}{dt^2}\tilde{C}_1(t) - S_1(t)\tilde{C}(t) \right|$$

经计算整理得

$$\left|\tilde{\boldsymbol{\Gamma}}(t)\right| = \frac{3\mu^3}{r^5 h^2}\sin\theta$$

上式中，h 为角动量幅值，为常量，故只有 θ 影响 $\left|\tilde{\boldsymbol{\Gamma}}(t)\right|$ 的取值，因此在一个轨道周期内除个别时刻外 $\left|\tilde{\boldsymbol{\Gamma}}(t)\right|$ 均不为零，进而 $\tilde{\boldsymbol{\Gamma}}(t)$ 满秩，即 $rank(\tilde{\boldsymbol{\Gamma}}(t))=8$。考虑到 $\tilde{\boldsymbol{\Gamma}}(t)$ 为 $\boldsymbol{\Gamma}(t)$ 的子式，且矩阵 $\boldsymbol{\Gamma}(t)$ 有 8 列，故 $rank(\boldsymbol{\Gamma}(t))=8$。定理得证。

3.2.3 数值仿真

从定理 2、3 可以得知，常值偏差 b_y、b_z 具有完全的可观性，其可观性不受 e 的影响，但 e 的取值可能影响 b_x 的可观性，且 $e\neq0$ 是 b_x 可观的一个充分条件，但这个条件的必要性如何，从理论上证明较困难，本节利用数学仿真对此进行研究。

针对二体轨道进行仿真，并采用偏差增广卡尔曼滤波作为导航滤波算法。测量方程为(6)式。

在仿真中取：

1) 卫星标称轨道参数

$$a=6\,878.14\text{ km}，\quad i=97.4°，\quad \Omega=175°，\quad \omega=90°，\quad M=0°$$

2) 测量常值偏差

$$b_x=b_y=b_z=6\,378.140\text{ m}$$

3) 仿真时间为 90 000 s，大约 15 个轨道周期；导航精度定义为：当滤波器趋于稳态后，66 000 s~ 90 000 s 约四个轨道周期内的导航误差均值的绝对值加上其三倍方差值。

在以上约定条件下，我们对 e 取不同的值，近行了大量的仿真研究，仿真结果如表 1 所示，图 5~图 7 为其中有代表性的几组曲线。表 1 中符号含义为：Dr—导航位置精度；Dv—导航速度精度；Dbx—常值偏差 bx 估计精度；Dby—常值偏差 by 估计精度；Dbz—常值偏差 bz 估计精度。

表 1 偏心率对导航精度及常值偏差估计精度的影响

偏心率 $e(°)$	$Dr\,(m)$	$Dv\,(m)$	$Dbx\,(m)$	$Dby\,(m)$	$Dbz\,(m)$
0	3 327.494	3.682	3 320.328	5.729	6.018
0.005	1 956.150	2.167	1 967.539	5.855	4.843
0.01	628.053	0.697	633.484	5.973	4.040
0.1	277.935	0.304	270.559	6.087	7.752
0.2	96.254	0.111	95.836	5.368	3.201

1) $e=0$

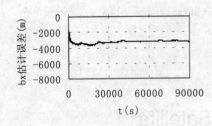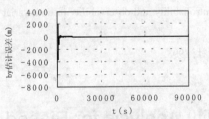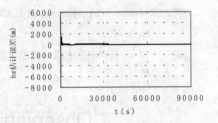

图 5 常值偏差估计误差时间历程

2) $e=0.01$

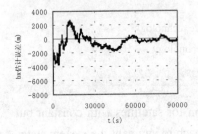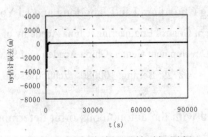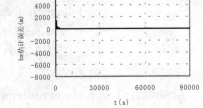

图 6 常值偏差估计误差时间历程

3) $e = 0.2$

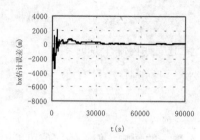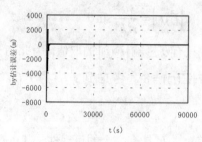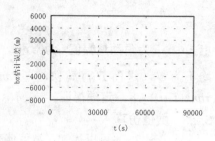

图 7　常值偏差估计误差时间历程

从仿真结果可以看出：常值偏差 b_y、b_z 的估计精度不受 e 取值的影响，即无论 e 取何值，常值偏差 b_y、b_z 都可以很准确的进行估计；b_x 的估计精度随 e 取值的增大而升高。因此通过数学仿真可以得出结论，e 的取值只影响 b_x 的可观性。

4　结论

本文分别针对测量偏差在惯性系为常值及在测量系为常值两种情况对卫星自主导航系统的可观性进行了研究。证明了在一定条件下，观测带有常值偏差的自主导航系统关于卫星位置、速度和常值偏差均可观。所得理论结果给我们的启发是，对于存在系统误差的自主导航系统，可以用扩充状态的方法实现自校准滤波对系统误差进行估计。这一结论对于工程上提高卫星自主导航的精度提供了理论支持。

参 考 文 献

[1] 李季陆, 陈义庆, 孙承启. 一种卫星自主导航系统的导航精度分析. 全国第八届空间及运动体控制技术学术年会论文, 黄山, 1998.10.

[2] 董云峰, 章仁为. 利用星敏感器的卫星自主导航. 宇航学报, 1995, 16(4): 36-41.

[3] T. A. Chmielewski. A state space approach to noise bias identification in linear systems. ACC, 1995, 4067-4071.

[4] J. L. Lin and A. P. Sage. Algorithm for discrete sequential maximum likelihood bias estimation and associated error analysis. IEEE Trans. SMC-1, no. 4, Oct. 1971, 312-324.

[5] B.Friedland. Treatment of bias in recursive filtering. IEEE Trans. Automat. Contr., AC-14, Aug. 1969, 359-367.

[6] 章仁为. 卫星轨道姿态动力学与控制. 北京: 北京航空航天大学出版社, 1998.5.

[7] Silverman L M, Meadows H E. Controllability and observability in time-variable linear systems. SIAM J. Control, 1967, 5(1): 64~73.

[8] 严拱天. 矩阵论. 北京：宇航出版社, 1993.

Observability Analysis for Biased Satellite Autonomous Navigation Systems

Zhang Chunqing, Liu Liangdong and Li Yong

1. Beijing Institute of Control Engineering, China Academy of Space technology

2.Research & Development Center, China Academy of Space technology

P. O. Box 2729, Beijing, 100080，zchunq@sohu.com

Abstract　This paper is concerned with the autonomous orbit determination for satellites with constant but unknown errors in the measurements of navigation sensors. It is a common approach to augment the system states with bias states and implement a Kalman filter if the augmented system is completely observable. The observability of the proposed system is discussed using standard results of linear time-variant systems theory and some very useful analysis results are presented in this paper. The correctness of the presented results is demonstrated by numerical simulation.

Key words Observability; Bias identification; Time-variant system; Autonomous navigation

动力学环境试验力限控制技术分析

张俊刚　　马兴瑞

中国空间技术研究院总装与环境工程部

北京 5142 信箱 54 分箱，邮编：100094

摘　要　由于在振动试验中，航天器与振动台连接边界条件和飞行时不同，其动态特性也不同。采用加速度和力限双重控制技术，是避免航天器振动试验中过、欠试验的有效手段。本文力求在加速度控制的振动试验中，通过航天器与工装连接界面处的应变与力的关系，应用力限控制技术对试验条件进行分析，得到力限作用时的加速度控制曲线，与试验加速度控制曲线对比，分析利用加速度和力限双重控制技术的合理性。

关键词　力限；振动试验；双重控制；过试验

1　前言

真实地模拟航天器在发射阶段所经受的力学环境，暴露航天器设计、制造缺陷，是动力学环境试验的目的。如果航天器或有效载荷在力学试验中的连接边界条件与在发射时同运载火箭的连接边界条件相同，用飞行时测得的连接边界处的加速度曲线作为地面振动试验的输入条件，试件的响应将与飞行时响应相同。但地面力学试验很难模拟飞行时的真实边界条件，振动试验时，约束了如连接界面扭转等多个自由度，振动台机械阻抗较运载火箭大，结果是相同加速度输入条件下，振动试验时试件的结构响应大，同时共振频率移向高频，引起过试验问题。

为避免试验中过试验问题，曾采取两种方法，一种是将试件的工装设计成模拟有多个振动模态的真实安装结构，这种工装专用性强、花费大，另外，这种方法与传统上要求工装的刚度高以避免试验中与试验件产生共振的思路相悖而被放弃；另一种是控制试件关键位置加速度的响应来缓解振动试验的过试验问题，加速度响应控制复杂，需要依靠分析计算，并且为了预示飞行中关键位置的响应，试件模型要非常精细，其精度常常值得怀疑，特别是随机振动的高频部分。

力限控制技术也是一种响应控制，它通过控制航天器与振动台连接界面作用力的大小，来避免过试验的发生。其思想在 50 多年前就被提出来了，但由于早期通过试件应变或振动台驱动电流的方法来测力不够准确，没有被应用。随着压电力传感器的出现，测量连接界面的作用力与加速度一样方便而准确，力限控制方法得到快速发展并被应用于振动试验中。

2　振动试验中过试验问题

产生过试验的主要原因是制定试验控制条件的包络方法。某飞行器噪声试验响应测量曲线见图 1。6 条数据曲线的都是电子盒与蜂窝板连接处不同位置的响应，上部梯形曲线是电子盒在噪声试验前所做的随机试验条件，在中间频段 100~500 Hz 包络的较好，在低于 100 Hz 的频段随机试验条件高于响应曲线很多，说明随机试验条件与结构低频响应存在较大差异；在 500 Hz 以上时，试验条件也高于响应测量曲线，可以理解为噪声试验在高频处没有激励起电子盒安装位置的响应。

可以看出图中黑色曲线中波谷远低于试验条件谱。波谷处频率是电子盒与安装基础发生共振频率，即随机试验在电子盒连接面共振频率处引起过试验，如图中所示曲线差 10 到 20 dB。

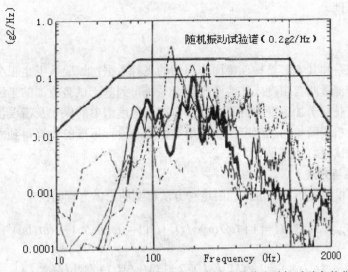

图1　噪声试验电子盒与蜂窝板连接处加速度响应曲线和随机试验条件曲线

3　力学试验中的力限控制方法

3.1　力限控制方法的理论依据

力限控制方法是配合加速度控制的响应控制方法。以简单的二自由度系统为例，见图 2，参考电路等效理论得到：

$$A=A_0-F/\underline{M} \tag{1}$$

$$F=F_0-A\underline{M} \tag{2}$$

其中：A——源和负载系统的界面加速度；

A_0——自由界面加速度（即负载不存在时界面的加速度）；

F——界面力；

$\underline{M}$——源系统在界面上测量得到的显性质量（频响函数），也称为结构的机械阻抗，其反映了结构的刚度、阻尼和质量特性；

F_0——界面固定力（即使界面固定不动时的作用力）；

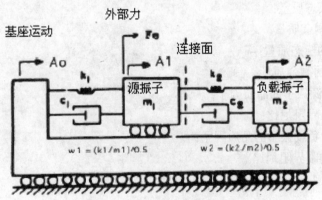

图2　简单的两自由度振动系统（TDFS）

由上面两个方程整理得到：

$$F_0/A_0=\underline{M} \tag{3}$$

从方程中消去 $\underline{M}$ 得到：

$$1=A/A_0+F/F_0 \tag{4}$$

其为双重控制的理论基础。

3.2 力限控制技术

目前还没有有效载荷和其安装结构连接面作用力的飞行数据，试验数据也很少，振动试验的力限数据一般通过计算、分析和测量两自由度或其他两个耦合系统得到基于试验数据的半经验估计，一般适用于随机振动试验，因其力谱是基于加速度谱得到的，任何在加速度谱中的保守及错误都会带到力谱中，另一种方法是基于耦合系统分析或简单的加速度曲线的用类似静态设计标准的计算得到力谱，经常用于静态和低频正弦扫描或瞬态振动试验。

3.2.1 简单二自由度系统方法

简单二自由度系统模型如图 2 所示，利用这种方法得到的力谱方程为：

$$S_{FF} = S_{AA} * M_2^2 * \left[1 + (\omega/\omega_0)^2 / Q_2^2\right] \Big/ \left\{\left[1 - (\omega/\omega_0)^2\right]^2 + (\omega/\omega_0)^2 / Q_2^2\right\} \tag{5}$$

$$(\omega/\omega_0)^2 = 1 + (M_2/M_1)/2 \pm \left[(M_2/M_1) + (M_2/M_1)^2/4\right]^{0.5} \tag{6}$$

3.2.2 复杂二自由度系统方法

复杂二自由度系统方法是考虑到源振子和负载振子模态质量和剩余质量的方法，用于力谱密度计算的方程为：

$$S_{FF} = S_{AA} * M_2^2 * F(m_1, M_1, m_2, M_2, Q_1, Q_2) \tag{7}$$

3.2.3 半经验方法

类似于二自由度系统方法，半经验方法通过用指定位置连接面的加速度谱密度 S_{AA} 乘以一个依赖于频率的常数得到力谱密度，而常数的确定是基于相似安装结构和试验件结构的连接面的作用力数据得到的，用于计算力控制的方程为：

$$S_{FF} = S_{AA} * M_2^2 * C^2 \qquad f < f_0 \tag{8}$$

$$S_{FF} = S_{AA} * M_2^2 * C^2 / (f/f_0)^2 \qquad f > f_0 \tag{9}$$

在公式（5）~(9)中：

S_{FF} ——为力谱密度；

S_{AA} ——为加速度谱密度；

$F(m_1, M_1, m_2, M_2, Q_1, Q_2)$ ——为依赖于频率的比例函数；

m_1 ——为源振子的模态质量；

M_1 ——为源振子的剩余质量；

m_2 ——为负载振子的模态质量；

M_2 ——为负载振子的剩余质量；

$Q_1 = 1/(2*\zeta_1)$ ——为源振子的品质因子；

ζ_1 ——为源振子的临界阻尼比；

$Q_2 = 1/(2*\zeta_2)$ ——为负载振子的品质因子；

ζ_2 ——为负载振子的临界阻尼比。

C ——为经验常数；

f ——为频率；

f_0 ——为一阶固有频率。

连接面力控制谱 S_{FF} 是用连接面指定位置的加速度谱密度 S_{AA} 乘以一个比例因子（依赖于频率）得到。显性质量（频响函数）的测量用于计算负载振子的品质因子。对于三个不同的品质因子，最大力谱密度可以从方程（5）和（6）中算得，以负载振子与源振子质量比为横坐标，结构作用力曲线见图 3。从图 3 中可以看到，当负载振子与源振子质量比值很小时（0.000 1），作用力接近于品质因子 Q 的平方；对于大的质量比，作用力的数值很小；对于质量相同的负载振子和源振子，作用力的数值约为 2.56。

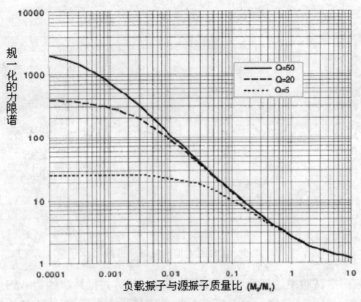

图 3 通过 TDFS 计算的随机振动力谱

4 中心承力筒正弦振动试验下凹条件分析

目前力限控制技术还没有应用于国内的力学试验中，但对力限控制技术的研究已经开始，作为早期的工作，通过对已完成的承力筒力学试验进行分析，试图通过应变与承力筒于工装连接界面力的关系，根据简单的二自由度模型和经验公式得到正弦扫描振动试验的力谱，再通过力限控制得到加速度控制谱，与试验中的控制加速度进行比较，分析力限控制的合理性。

承力筒的振动试验是在 40 t 振动台完成，下面就其垂直向振动试验进行分析。40 t 振动台是由两个 20 t 振动台通过一个扩展台面并联而成，承力筒通过铸铝花盆与扩展台面连接。铸铝花盆重 500 kg，频率大于 200 Hz，扩展台面重 3 000 kg，频率大于 150 Hz。铸铝花盆与扩展台面刚性连接，外加两个振动台动圈组成源振子，重约 4 000 kg，中心承力筒加配重总重量为 2 480 kg，质心高度 1 200 mm。在承力筒与工装连接的下锥壳底部四个象限处纵向均布四个应变片，四个控制用加速度传感器均布在连接面上的四个象限处。承力筒纵向试验照片见图 4。

正弦振动力谱方程为：

$$F = C * M * A \qquad (10)$$

其中：F——是力限的幅值；

C——是常数；其值依赖与结构的和频率；

M——是承力筒质量；

A——是控制加速度幅值。

图 4 承力筒纵向试验照片

由简单二自由度系统得到：

$$C^2 = \left[1+(\omega/\omega_0)^2/Q_2^2\right] \Big/ \left\{ \left[1-(\omega/\omega_0)^2\right]^2 + (\omega/\omega_0)^2/Q_2^2 \right\} \qquad (11)$$

在低量级 0.2 g，5~120 Hz 扫描中，结构质心附近测点加速度响应曲线见图 5。在共振频率 62 Hz 处约为 3.2 g，从而得到 $Q=16$（临界阻尼比 $\zeta=0.031$），带入式（11）得：$C=1.87$（或 $C=0.86$ 舍去）。

应变片是在试件自重情况下贴的，所以试验中应变的响应可以看成完全是由试验加载量级引起的。在低量级 0.2 g 扫描试验中，在低频段（共振前），试件可以看成一个刚体随振动台一起运动，此时的应变为试件在 0.2 g 加速度下受力产生的，根据连接面处应变的变化与试件在连接面处的受力对应关系，力限控制也就是限制应变响应的控制。对于承力筒振动试验，四个象限的应变及加速度略有差别，不失一般性，以同一象限处（以 I 象限处的加速度和应变响应为例）的应变响应与加速度响应为研究对象。

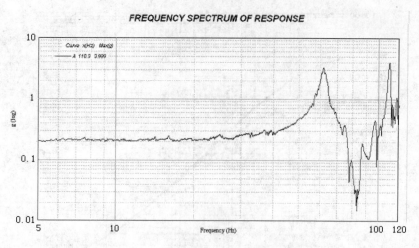

图 5　质心附近加速度响应曲线

在低量级 0.2 g 正弦扫描试验中，应变响应曲线见图 6，此时共振频率约为 62Hz，对应 C=1.87 频率为 42 Hz，此处的响应为 10 $\mu\varepsilon$，在验收级中共振频率处加速度值为 0.6 g，由试验条件按公式（10）计算得到力谱，相应得到力限的大小，从而得到其所对应的应变最大值，按线性推算应变值应限制为 56$\mu\varepsilon$（10×0.6×1.87/0.2）。承力筒验收级试验控制曲线见图 7，控制加速度在 12~20Hz 频段内为 0.8 g，对应的应变响应曲线见图 8，在 12~20 Hz 频段应变的 1.87 倍约为 40 $\mu\varepsilon$。两者比较取其大者 56$\mu\varepsilon$作为响应控制值。

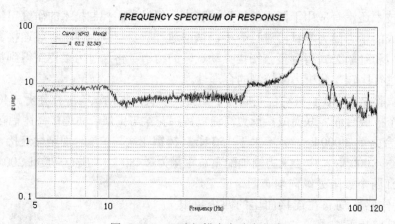

图 6　0.2 g 正弦扫描应变响应曲线

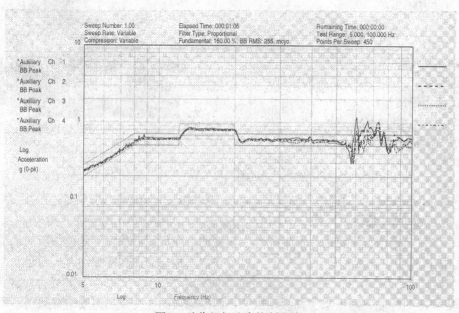

图 7　验收级加速度控制曲线

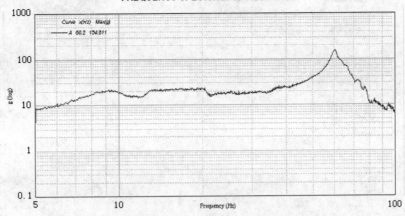

图 8　验收级连接界面处应变响应曲线

从图 8 可以看到应变在 54~67Hz 频段内应变响应均超过 56 με，这时应变最大值为 154.8 με（60 Hz）对应的控制加速度值约为 1.2 g（见图 7 中 60 Hz 处）。在响应控制的作用下应变值需限制为 56με，其加速度控制需下凹到 0.43 g（60 Hz）。按线性推算得到力限控制作用下的加速度控制谱见图 9。图中红色下凹曲线为根据力限控制得到的曲线，黑色曲线为根据低量级制定的试验下凹曲线（在 58~64 Hz 内下凹到 0.48 g）。

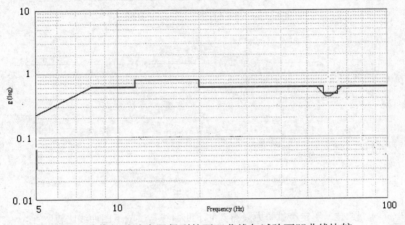

图 9　验收级试验力限得到的下凹曲线与试验下凹曲线比较

图 10 为鉴定级试验连接界面应变响应曲线。同理得到应变限制为 84 με，应变在 53~63 Hz 频段内应变响应均超过 84 με，最大应变为 206 με（57.6 Hz）对应的控制加速度值约为 1.7 g（见图 11 中 57.6 Hz 处）。若限制应变值到 84με，控制加速度需下凹到 0.69 g（57.6 Hz）。按线性推算得到力限控制作用下的加速度控制谱见图 12。图中红色下凹曲线为根据力限控制得到的曲线，黑色曲线为根据低量级制定的试验下凹曲线（在 58~64 Hz 内下凹到 0.72 g）。

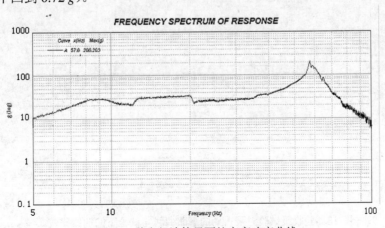

图 10　鉴定级连接界面处应变响应曲线

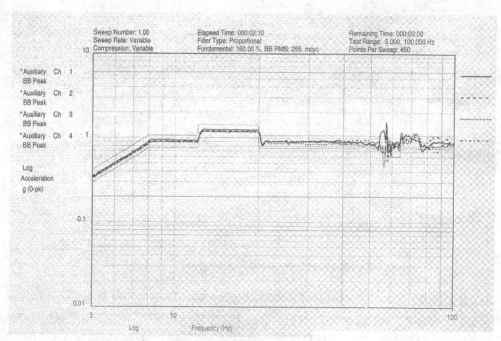

图 11　鉴定级加速度控制曲线

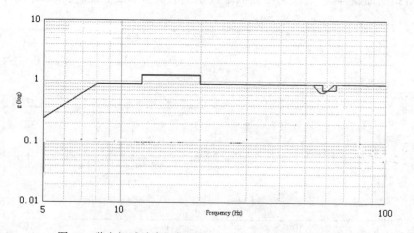

图 12　鉴定级试验力限得到的下凹曲线与试验下凹曲线比较

根据半经验方法，由于动态减振效应的影响，常数 C 一般不超过 1.4。如果取 $C=1.4$，验收级应变限制为 42 $\mu\varepsilon$，控制加速度需在 51~69 Hz 内下凹，下凹峰值为 0.33 g（60 Hz）；鉴定级应变限制为 63 $\mu\varepsilon$，控制加速度需在 50~66 Hz 内下凹，下凹峰值为 0.52 g（57.6 Hz）。验收级力限控制得到的下凹控制曲线及试验条件控制谱见图 13，鉴定级力限控制得到的下凹控制曲线及试验条件控制谱见图 14。

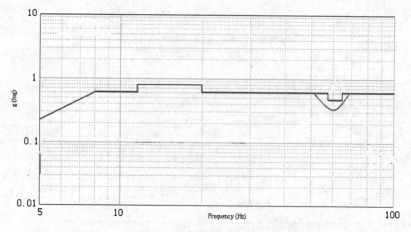

图 13　验收级试验力限得到的下凹曲线与试验下凹曲线比较

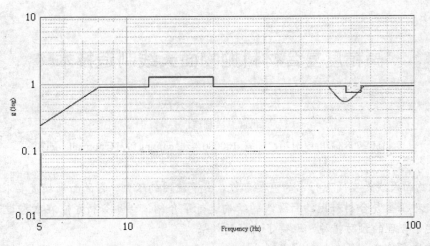

图 14　鉴定级试验力限得到的下凹曲线与试验下凹曲线比较

5　结束语

本文利用应变与力的关系，对中心承力筒纵向振动试验进行了分析，得到在加速度与力限双重控制条件下的加速度控制谱。与试验前制定的加速度下凹控制谱相比，采取加速度与力限双重控制技术更合理，事先下凹带宽及量级的确定难度较大，容易造成在两侧欠试验，而在共振峰处过试验，力限控制技术可以有效地避免这种情况。鉴于目前力限控制技术研究刚刚起步，若用力传感器进行力限控制能得到更好的效果。利用力限控制技术可以避免像太阳翼这样的试件在 40 t 振动台上做振动试验时过试验的发生，使力学试验更真实有效。

参 考 文 献

[1]　T.D.Scharton. G_Force Limited Vibration Testing Monograph RP1403.　NASA　RP-1403.

[2]　Ghad E.Rice and Ralph D. Buehrle. Validation of Force Limited Vibration Testing at NASA Langley Research Center. NASA　May 2003.

The Force Limited Application Analysis in Vibration Test

Zhang Jungang and Ma Xingrui

Beijing Institute of Spacecraft Environment Engineering

P. O. Box 5124-54, Beijing, 100094

Abstract　The dynamic characteristic of spacecraft in the vibration test is different with in the flight because the boundary conditions are not identical. It has been found that the dual control of the acceleration and force input from the shaker alleviates the overtesting problem associated with conventional vibration tests using only acceleration control. In this paper the control acceleration specifications are attained when force got from strain is limited in vibration test controlled only by acceleration. The validity of dual control of the acceleration and force is analyzed, compared with using only acceleration control.

Key words　Force limited；Vibration test；Dual control；Overtesting

高精度复合材料抛物面天线制造技术

张明　路江　林大庆

北京卫星制造厂

北京 2708 信箱 49 分箱，邮编: 100080, zhangming1971@hotmail.com

摘　要　抛物面天线是空间飞行器的重要部件，由于使用的限制，它的面形精度要求很高，给制造带来很大难度。本文对卫星复合材料抛物面天线的结构进行了介绍，详细分析了它在成型过程中的主要技术问题，并分析设定了合理的预防措施，取得了良好的效果。

关键词　天线；高精度；复合材料；成型

1　前言

卫星天线是建立天地链路不可缺少的重要组成部分，是卫星通信最重要的有效载荷之一，要确保其在轨可靠，工作正常，是关系到整个飞行任务能否顺利完成的关键。随着空间技术的发展，卫星天线的作用越加重要，有效的提高天线的加工工艺水平已成为当前关注的重要课题。

卫星通用的复合材料抛物面天线具有结构简单、质量较轻和造价较低等优势,已成为天线结构的首选。但是，卫星抛物面天线是反射器表面形状要求较高的空间飞行器部件，达到高精度的设计指标要求，成为制造的重点和难点。迄今，国内外对高精度天线的定义仍是天线轮廓度均方差（r.m.s）$\leqslant \lambda /100$，厘米波天线均方差要求为 10^{-1} 量级，毫米波天线均方差要求为 10^{-2} 量级。国内外都在根据用途需要向高精度，超高精度发展，所以掌握这一技术具有很好的应用前景。目前，国外的高精度抛物面天线的精度已达到 3.0~1.0　μm（r.m.s），国内报道的精度达到 0.03~0.06 mm（r.m.s）。我厂制造的复合材料抛物面天线的精度已达到 0.02 mm （r.m.s）,所以此类型的制造技术具有很高的推广价值。

2　结构简介及主要技术要求

2.1　结构简介

复合材料抛物面天线的反射面由内面板、蜂窝芯子、外面板和直通预埋块通过 J-47B、C、D 胶粘剂中温固化而成的碳纤维蜂窝夹层结构。后埋块组件、后埋定位块和加强套在天线本体固化成型后使用后埋胶后埋，见图 1。面板采用几层高模量纤维编制布/环氧复合材料，芯子为铝蜂窝芯材拼接而成。天线反射面是一个投影口径为 500 mm 的偏置抛物面，反射面截面是椭圆。为了保证馈源与反射面间精确定位，反射

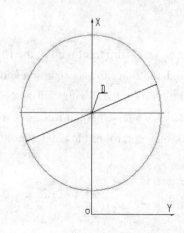
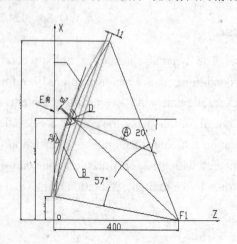

图1　抛物面天线结构示意图

面与馈源间采用了碳纤维复合材料的结构支架，该支架有非常好的结构刚度和强度，同时有十分稳定的结构尺寸，保证在轨冷热交变中仍能维持相对的位置精度，天线结构支架由碳纤维无维布组合铺层的高模量纤维/环氧复合材料。

2.2 反射面形面均方根偏差要求

如图1，天线反射面 B 面满足参数方程 $X^2+Y^2=1\,600\,Z$，表面形状偏差不大于 0.1 mm（r.m.s）。在天线的设计中，一般对反射面形面误差的限定往往通过允许的天线增益下降来确定，如果测量中获得反射面的法向偏差 Δn_i，对应的半光程差为：

$$\delta_i = \Delta n_i \frac{2f}{\sqrt{4f^2+r^2}}$$

其中，f 为抛物反射面焦距，r 为反射面上投射点到对称轴的径向距离。而所谓的表面形状偏差是指在反射面上测量 N 个点，它们均布于天线口径面，表面的均方根误差为：

$$\varepsilon = \sqrt{\frac{1}{N}\sum_{i=1}^{n}\delta i^2}$$

在制造过程中根据上式来评价抛物面的面形精度能否满足设计要求。

3 制造过程中技术问题分析

对抛物面天线反射面的结构和面形精度要求分析可知，在制造过程中最大的难点是面形精度要满足要求，而影响反射面制造精度的主要因素归纳如下：结构合理的高精度模具的设计与加工；高精度复合材料面板的成型；制造工艺的技术保证，如铺层设计、固化工艺、后处理工艺、预埋件预理工艺，以及封边技术等；精度检测。

3.1 模具设计及制造

3.1.1 模具材料选择

在复合材料制件制造过程中，模具是复合材料成型的主要工艺装备。由于天线反射器的形面精度要求高，碳纤维复合材料的膨胀系数小（碳纤维的纵向线膨胀系数为小于 1.0×10^{-6}/℃，蜂窝芯材格子的纵向和横向平均系数为 -1.2×10^{-6}/℃和 -1.4×10^{-6}/℃），成型温度高（最高成型温度达 170 ℃），采用普通的金属材料作为高精度碳纤维复合材料的模具材料因其材料的热膨胀系数与复合材料不匹配，造成碳纤维复合材料制件在经过高温固化成型后产生热应力结构变形，制件表面精度有可能达不到设计精度要求。所以对模具材料的选择是研制的关键点之一。

低膨胀合金钢材料 4J32，又称殷钢。这种合金具有很低的膨胀系数（25~170 ℃线膨胀系数为 1.6×10^{-6}/℃），塑性良好、性能稳定，但导热性差。它主要用于制造在环境温度变化较大、尺寸精度要求高的零部件，是制造高精度反射器理想的模具材料。但是由于模具的结构复杂、形面加工精度高及材料自身含镍量高，造成切削性能显著下降和刀具磨损大，导致模具制造加工难度很大，但是通过制定合理的加工工艺，还是可以达到精度要求的。国内已有单位进行过这方面的工作，面形精度达到了 0.03mm，这种加工精度能完全满足我们的要求，但在当时研制过程中缺乏这方面的资料和信息，没有进行深一步的探讨，但这一方案对更高精度天线（如毫米波的天线）有很好的借鉴意义。

国外的报道表明，用石墨和碳纤维制作的模具都可以满足成型要求。国内查阅资料发现线膨胀系数小于 3.0 的低膨胀铸铁国内还没有，大型石墨可以购到，膨胀系数也合乎要求，但加工困难；碳纤维模具强度高，膨胀系数也能满足要求，但将其加工成成型模具并非易事，而且其光洁度也不好保证。

综合评价后对于面形精度要求 0.1 mm 抛物面结构，选用铸铁中的球墨铸铁 QT60-2 就可以满足设计要求。它的缺点是其热膨胀系数稍大（10.8×10^{-6}/℃），但是我们对这种材料的加工精度有成熟的工艺，面形精度可以达到相对高的要求，而且这种材料的制造成本也现对较低。但是对于更高精度抛物面的制造，就要考虑其他的模具材料了。

3.1.2 模具的设计与加工

在模具的设计过程中，一方面要考虑到对方案可行性的实现和加工工艺的可行性，另外还要考虑到操作方便和模具的检测。根据上述考虑，设计了如图2所示的成型模具。

对模具进行热膨胀有限元理论分析的结果最大位移为 0.06 mm，考虑到均方根的正负关系，热膨胀的均方根误差在 0.03，机加精度可达到 0.03 mm，综合这些因素可以实现 0.1 mm 的面形要求。另一方面，使外围面做的大一些可以在后序工序中进行机加以保证外形，但是在后序的加工过程中，由于应力释放会导致面形发生一些变化，所以在工艺过程中要考虑这个影响因素。

图2　主反射面内面板固化模设计造型

3.2　高精度复合材料面板成型

夹层结构反射面的一大关键件是碳纤维复合材料面板，由于天线反射面表面曲率精度要求很高，而碳纤维复合材料板弹性模量较高，所以为保证夹层结构表面精度，对面板、盖板都有很高的精度要求，我们从以下几方面来保证复合材料面板的高精度。

3.2.1　面板的铺层选择

合理的铺层设计是取得较佳强度及较高精度的关键之一，在铺层设计中可采取交叉铺层，同时保证铺层的对称性以减少翘曲变形，提高制件精度。另一方面要尽量减少纤维断口，同时保证纤维铺放有序，以实现铺层的均匀对称，满足高精度制件的制造要求。由于天线是一个三维曲面，要保证增强纤维丝束准直、无扭曲，不能用整张预浸料分块铺叠。对于旋转抛物面天线的铺层，有人采用三角形"瓣"状分块的方法，但是这需要设计三角形模板，而且不能实现准各项对称铺层。也有采用长条形铺层，接缝处尽量避免预浸料搭接。虽然这两种方案均为中心对称的形式，但是两方案的重点在于面板固化后的卷曲对最终产品的形面精度有多大的影响，而且在固化过程中手工铺层也很困难，对操作人员要求较高。所以在考虑这些因素和精度的影响，用整张编织布铺层进行固化操作简单，而且编织布有自适应性，可减少在加压过程中局部突起，更有利于保证精度。

3.2.2　固化方案的选择

内、外面板在热压罐抽真空加一定的压力，在 165 ℃下固化 2 小时，主反射面蜂窝夹层结构装配后在热压罐抽真空加 0.2 MPa 的压力，130 ℃下固化 2 小时。此方案为 M40B 碳纤维/环氧 4211 的普遍固化方法，在结构板和承力筒的应用中比较成熟，但是在抛物面模具表面固化后的形变量数据有待试验测得。另外，由于铺层的不对称，固化后会卷曲，对蜂窝夹层结构在抛物面上的固化装配造成一定难度，这一点是有别于结构板中的不对称铺层，主要依靠销钉把内外面板和蜂窝芯子定位到固化模具上。

但是对于更高精度的抛物面天线，也有单位采用反射面在模具上部分固化，然后在未完全固化的面板铺设蜂窝芯和外面板，最后一体固化成型。从经济性和精度方面考虑，这种方案还是切实可行的，有必要在今后的工作中进行进一步的探索。

3.3　复合用胶粘剂

蜂窝夹层结构复合用胶粘剂要求韧性好，以减小胶合的应力集中程度，我们对几种韧性较好、强度较高的蜂窝夹层结构复合用胶粘剂进行了对比。J-47 能满足所需雷达天线环境条件，而且固化温度为 120 ℃，所以反射面不需很高的耐热性，故选用 J-47 胶粘剂作为碳纤维复合材料反射体夹层结构复合用胶粘剂。目前，国内研制的抛物面天线也有很多是采用这种胶或与这种胶性能相近的结构胶。

3.4　脱模剂的选择

以往我们采用的是在表面贴特氟隆，但是对于高精度抛物面反射面的面形要求，粘贴特氟隆很难满足面形要求，而且成本也高。脱模剂的选择要采用膜层厚度相对较小的脱模剂以保证精度要求，所以采用市购进口的薄膜型脱模剂。

3.5 精度检测

精度检测设备使用美国吉丁斯&路易斯公司生产的 RS-50 型高精度三座标测量机，精度（3.5＋L/1000）μm。其中它的测量范围为：X 方向 1 200 mm，Y 方向 1 000 mm，Z 方向 750 mm。探头系统采用英国 Rainshow 公司的产品，A 轴的转动范围为 0°～105°，B 轴转动范围为－180°～＋180°。三座标测量机使用接触式探头，反射面的形面精度用测量检测点的方式。这种检测方法可满足我们目前要求的精度检测要求，但是测量时间太长，对小批量生产来说不是很适用。目前国内有报道用非接触式的三坐标测量，并配有相应的软件，但是在我们制造过程中，没有找到相关单位。

4 质量分析

通过对上述的几个关键点的控制，在精度上达到 0.02 mm，产品图见图 3，为我厂在这一领域的工作提供了很好的借鉴作用。但是，在研制过程中，也有一些问题需引起我们注意。

首先是在产品的后机加过程中，由于内应力的释放造成面形发生变化，虽然在后来通过调节后埋件的预紧力使其得到了解决，但这是一个隐患。通过分析，可以通过使蒙皮一次到位成型的办法解决。其次是在装配的过程中，发现了后埋件调整时对面形的影响很大，这说明设计的刚度不够，这已和设计人员协商对铺层进行修改。第三，对模具的有限元分析认为模具的变形会达到 0.03 mm，这从最终产品的精度分析显然是不合理的，所以需要对有限元分析的边界条件进行重新确定，以符合实际生产情况，进而指导模具的设计。

图 3　抛物面天线产品图

5 结束语

在制造过程中严格控制各影响因素，经过了反复的试验与检测，使复合材料抛物面天线反射面的制造达到了很高的精度，最终实现了预定的指标，这说明这种工艺方案可行，采取的工艺措施是有效，对这种类型结构的制造具有重要的指导作用，从国内的报道看已处于国内的领先水平。

参 考 文 献

[1] 夏文干等. 高精度碳纤维复合材料的研制. 高科技纤维与应用，2002，
[2] 何晓容.精密殷钢模具加工工艺.模具工业，2002.

Manufacturing Technique of the High Precision Composites Parabolic Antenna

Zhang Ming, Lu Jiang and Lin Daqing

Beijing Spacecrafts

P. O. Box 2708-49, Beijing, 100080, zhangming1971@hotmail.com

Abstract　Parabolic antenna is the important part of space spacecrafts, Because of the requirements of use, the structure hold high surface precision, which gave rise to manufacturing difficulties. In this paper, we introduced the parabolic antenna structure that used in satellite, gave detailed analysis about its main processing problems and set the reasonable prevention means which obtained the good result.

Key words　Antenna；High surface precision Composites；Process

中国载人登月火箭动力系统设想

张小平　丁丰年　王拴虎

中国航天科技集团六院 11 所

西安市 15 号信箱 11 所 8 室，邮编：710100

摘　要　月球研究和开发及深空探测将成为新世纪人类关注的重点，各航天大国均提出了相应的计划，而我国的火箭及其发动机均无法完成此任务。本文提出我国载人登月火箭可以采用 8m 箭径的三级半方案，三级采用两台推力 500kN 级的氢氧发动机，二级采用四台推力 1200kN 级的液氧煤油发动机，一级和助推级采用推力 5000kN 左右的液氧烃发动机。其中 5000kN 推力的液氧烃发动机可选择液氧甲烷发生器循环和液氧煤油补燃循环。

关键词　载人登月火箭；发动机；推进剂；循环方式

1　概述

月球是距离地球最近的星球，千百年来人类对月球充满了种种向往。随着科技的发展，月球资源及其特殊环境的研究利用，展现出广阔的前景，将对地球的可持续发展作出重大贡献。几十年来，人类对月球进行了大量的研究。

1957 年，美国开始执行土星计划，1969 年 7 月土星 V 发射阿波罗 11 首次载人登月成功，实现了人类历史上伟大的壮举，并使美国在一个时期内领先苏联。在此期间，苏联急于在载人登月上击败美国，开始研制 N-1 载人登月火箭。但是，由于匆促上马加上设计师内部意见不一，N-1 火箭共进行四次飞行，全部以失败告终，N-1 计划被迫撤消。20 世纪 80 年代，苏联研制了能源号火箭，其目的虽然不是登月，但是由于运载能力巨大，可以用于载人登月。

20 世纪 90 年代，掀起第二轮月球探测活动的高潮。最近美国提出计划，在 2018 年实现重返月球、建立永久的月球基地，并在 2025 年以月球为基地登陆火星；俄罗斯计划发射月球轨道站研究月球的水冰和开发氦-3；欧洲提出欧洲月球 2000 计划，最终建立人类月球基地；日本和印度也有此类计划。

为了在月球开发中占得先机，并保证航天竞争力，我国制定了"绕、落、回"的三期探月计划。但是，探月的目的是为了登月，是为了开发和利用月球的宝贵资源。而我国现有的火箭由于运载能力太低，根本无法承担载人登月任务。目前研制的新型运载火箭，能够把 30 t 级的低地球轨道有效载荷送入太空，满足"绕、落、回"三期探月的要求，但是与载人登月的要求仍有较大差距。随着载人登月和深空探测的需求和航天事业的持续发展，我国有必要开展发射能力更强、推力更大的载人登月火箭及其发动机的研究。

为此，本文对我国未来的载人登月火箭及其发动机进行了分析，提出我国载人登月火箭方案的初步设想，并重点论述大推力地面级发动机的推力量级、推进剂组合和动力循环方式。

2　我国载人登月火箭方案设想

在运载火箭方案中，首先需要考虑的是火箭的规模。根据载人登月的目标，火箭的起飞质量约为 2 800～3 000 t 左右，火箭的地面推力约为 35 000～40 000 kN 左右。

其次，火箭的箭径。我国目前使用的火箭箭径为 3.35 m，新一代运载火箭的箭径为 5 m。而对于登月火箭来说，这两种箭径均过细，将使火箭长细比太大，不利于火箭稳定性设计，也不利于发动机等组件布局。因此国外载人登月火箭一级箭径均大于 8 m。但是火箭箭径越大，研制难度和研制费用越高，运输也将是突出的问题。

第三，火箭的级数。火箭的级数越少可靠性越高，但是性能有所降低。考虑火箭级数时，可采用并联的助推级，在保证火箭长细比较小的同时，又可以使火箭的箭径不至于太大。我国的载人登月火箭可以采用三级半方案或二级半方案。

第四，发动机类型。发动机是运载火箭关键的组成部分，研制难度大、风险高、费用多，应尽量减少新研制的发动机种类。

根据上述分析，我国载人登月火箭可以采用以下几种方案（具体见表1）：

方案 a。5 m 箭径的三级半方案：助推级和一、二、三级箭径均为 5 m。其中，芯一级和助推级结构相近，推力均为 7 000～8 000 kN，均采用 1～2 台液氧烃发动机；二级推力为 5 000 kN 左右，采用 4 台推力 120 kN 的液氧煤油发动机；三级推力为 1 000 kN 左右，采用 2 台推力 500 kN 的氢氧发动机。

方案 b。8 m 箭径的三级半方案：一级箭径为 8 m，二、三级箭径为 5 m，捆绑四个 5 m 箭径的助推级。其中，一级与助推级发动机相同，均为推力 4 500～5 000 kN 的液氧烃发动机，一级采用 4 台，助推级采用 1 台；二、三级与方案 a 相同。

方案 c。8 m 箭径的二级半方案：一级箭径为 8 m，二、三级箭径为 5 m，捆绑 5 m 箭径的四个助推级。其中，助推级总推力为 7 000～8 000 kN，采用 1～2 台液氧烃发动机；芯一级采用 4 台推力为 1 500～2 000 kN 的氢氧发动机；二级推力为 1 000 kN 左右，采用 2 台推力 500 kN 的氢氧发动机。

综合考虑各种因素，方案 b 火箭长细比小，易于设计，可靠性高；同时需要新研制的发动机只有一种，有利于降低研制成本，因此该方案较好。

表 1 我国载人登月火箭几种可选方案比较

级 数		方案 a 三级半	方案 b 三级半	方案 c 二级半
助推级	箭径	5 m	5 m	5 m
	推力	7 000～8 000 kN	4 500～5 000 kN	7 000～8 000 kN
	推进剂	液氧烃	液氧烃	液氧烃
一级	箭径	5 m	8 m	8 m
	推力	7 000～8 000 kN	4×（4 500～5 000）kN	4×（1 500～2 000）kN
	推进剂	液氧烃	液氧烃	氢氧
二级	箭径	5 m	5 m	5 m
	推力	4×1 200 kN	4×1 200 kN	2×500 kN
	推进剂	液氧煤油	液氧煤油	氢氧
三级	箭径	5 m	5 m	～
	推力	2×500 kN	2×500 kN	～
	推进剂	氢氧	氢氧	～
新研制发动机种类		1	1	2
火箭总体特性		长细比大稳定性较差	稳定性好	稳定性好

3 我国载人登月火箭发动机分析

发动机是运载火箭的重要组成部分，研制经费占火箭总经费的 1/3～1/2，而且技术风险大、研制难度高，因此应根据国外载人登月火箭的经验与教训，结合我国的国情，综合考虑研究方案。

3.1 地面级发动机方案选择

目前，世界各国都在发展新的发动机。美国提出了 RS-84（推力 4900kN）、AJ-800（推力 3 558.6 kN）和 RS-76（推力 4 003.4 kN）等发动机的设计计划。俄罗斯在 RD-170 发动机的基础上，研制了推力 3 830 kN 的 RD-180 和推力 1 960 kN 的 RD-191 发动机。欧洲航天局提出了推力 4 000 kN 的 Volga 液氧甲烷发动机方案。这些大推力、高性能的液体火箭发动机将为上述国家未来航天技术的发展奠定基础，将成为这些国家开展月球开发和深空探测的强大动力。

因为载人登月火箭的起飞推力达到 35 000～40 000 kN，地面级发动机在火箭的发动机中最为关键，其方案如何选择极其重要。由于我国的发动机推力太小无法使用，应研制新的推力更大的发动机。

我国载人登月火箭地面级发动机的推进剂应选择密度比冲大、来源广、廉价、无毒、无污染的液氧烃推进剂，其中包括液氧煤油和液氧甲烷。可选择的循环方式包括补燃循环和发生器循环。针对推进剂种类、发动机循环方式和推力量级，进行了初步估算，具体参数见表2～表4。在此的基础上，对发动机方案进行分析论证。

表2 液氧/煤油高压补燃发动机的性能估算

序号	参数名称	单位	发动机性能估算结果			
1	推力	kN	3 000	4 000	5 000	6 000
2	燃烧室压力	MPa	20.0	20.0	20.0	20.0
3	发动机混合比	～	2.6	2.6	2.6	2.6
4	喷管出口压力	MPa	0.05	0.05	0.05	0.05
5	液氧流量	kg/s	729	972	1 215	1 458
6	燃料流量	kg/s	280	374	467	561
7	真空比冲	m/s	3 324	3 324	3 324	3 324
8	地面比冲	m/s	2 973	2 973	2 973	2 973
9	喷管出口外径	mm	2 146	2 474	2 764	3 026
10	推进剂组合密度	kg/m³	1 032	1 032	1 032	1 032

表3 液氧/甲烷高压补燃发动机的性能估算

序号	参数名称	单位	发动机性能估算结果			
1	推力	kN	3 000	4 000	5 000	6 000
2	燃烧室压力	MPa	20.0	20.0	20.0	20.0
3	发动机混合比	～	3.5	3.5	3.5	3.5
4	喷管出口压力	MPa	0.05	0.05	0.05	0.05
5	液氧流量	kg/s	705	939	1 274	1 409
6	燃料流量	kg/s	220	293	365	439
7	真空比冲	m/s	3 603	3 603	3 603	3 603
8	地面比冲	m/s	3 246	3 246	3 246	3 246
9	喷管出口外径	mm	2 067	2 384	2 663	2 915
10	推进剂组合密度	kg/m³	827	827	827	827

表4 液氧/甲烷发生器循环发动机的性能估算

序号	参数名称	单位	发动机性能估算结果			
1	推力	kN	3 000	4 000	5 000	6 000
2	燃烧室压力	MPa	10.0	10.0	10.0	10.0
3	发动机混合比	～	2.49	2.49	2.49	2.49
4	喷管出口压力	MPa	0.05	0.05	0.05	0.05
5	液氧流量	kg/s	791	1 054	1 318	1 581
6	燃料流量	kg/s	246	328	410	493
7	真空比冲	m/s	3 398	3 398	3 398	3 398
8	地面比冲	m/s	2 893	2 893	2 893	2 893
9	喷管出口外径	mm	2 325	2 681	2 996	3 280
10	推进剂组合密度	kg/m³	766	766	766	766

3.1.1 发动机推力选择

一般来说，发动机的推力选择应综合考虑发动机的用途、研制难度、生产设备、试车台能力、火箭箭径等。根据载人登月火箭起飞推力的需求，如果火箭的助推级和一级采用 8 台发动机（每个助推级采用 1 台，一级采用 4 台），则发动机推力应为 5 000 kN 左右。从试车台的能力考虑，研制推力 5 000 kN 以上发动机，需新建更大的试车台；而研制推力 5 000 kN 左右的发动机，可利用现有试车台。从发动机生产厂投资规模看，发动机推力越大，对生产工艺和生产能力要求越高。

综上所述，我国载人登月火箭地面级发动机的推力应为 5 000 kN 左右。

3.1.2 推进剂选择

对于地面级发动机来说，推进剂应选择密度比冲大、来源广泛、廉价、无毒、无污染的液氧烃组合，目前可以选用的推进剂组合有两种：液氧煤油和液氧甲烷。从性能上看，液氧甲烷的比冲比液氧煤油高约 3%；但甲烷的密度仅为 0.427 kg/L，发动机的推进剂组合密度低于液氧煤油。从冷却性能上看，甲烷在温度超过 1 000 K 时才会结焦；煤油在 800 K 时就会结焦，甲烷要好于煤油。从发动机的使用性上看，甲烷燃烧时无积碳、且关机后无残余，有利于重复使用和采用系统较为简单的发生器循环，从这一点来说，甲烷要好于煤油。

通过上述比较，液氧甲烷比液氧煤油更好一些。但是，液氧甲烷无研制成功的型号，欧洲的方案尚未最终确定，需要进行大量的研究工作，如传热试验、燃烧试验等等，技术风险较大；而液氧煤油补燃循环发动机在国内外已经有型号研制经验，技术风险低。

3.1.3 循环方式比较

目前，大推力的液体火箭发动机可供选用的循环方式有补燃循环和发生器循环。在性能上，发生器循环的比冲比补燃循环低 10% 以上，推进剂组合密度也比补燃循环低，不利于火箭的总体性能。在推力室的燃烧稳定性问题上，发生器循环的液-液燃烧形式较为不利，而补燃循环的气-液燃烧便于解决此问题。但是，必须指出的是发生器循环的发动机压力低、涡轮泵功率小，发动机研制成本和生产成本低于补燃循环的发动机，同时便于重复使用。

在上述组合中，对于液氧煤油推进剂，因为积碳问题，发生器循环发动机研制风险大，可以不考虑；而国内具有研制补燃循环发动机的经验，所以应选择补燃循环。对于液氧甲烷推进剂，由于甲烷冷却性能高、无积炭问题，因此发生器循环具有一定优势。

3.2 二级发动机方案选择

根据我国的实际情况，载人登月火箭的二级发动机可以采用 4 台推力 1200 kN 的液氧煤油发动机或其改进型发动机。

3.3 三级发动机方案选择

三级发动机选用高性能的氢氧发动机较为有利，载人登月火箭可以采用 2 台推力 500 kN 的氢氧发动机。

4 结论与建议

(1) 随着科学技术的发展，月球将成为新世纪人类研究和利用的重点。为此，应积极开展我国载人登月火箭及其发动机的预先研究。

(2) 建议我国载人登月火箭选择 8m 箭径的三级半方案。

(3) 在载人登月火箭的发动机中，建议地面级发动机选择推力为 5 000 kN 左右的液氧烃发动机。

(4) 根据目前的分析，地面级发动机推进剂可以采用液氧煤油和液氧甲烷。对于液氧煤油推进剂，补燃循环有成功的型号研制经验，应采用该循环方式；而对于液氧甲烷推进剂，由于发生器循环研制成本和生产成本低而且便于重复使用，因此该循环方式具有一定优势。

(5) 载人登月火箭的二级和三级发动机应采用新一代运载火箭的 1 200 kN 推力液氧煤油补燃循环发动机和 500 kN 推力氢氧发动机。

The Scheme of Chinese Lunar Rocket and Engine

Zhang Xiaoping，Ding Fengnian and Wang Shuanhu

Shaanxi Engine Design Institute

Room No.8, P. O. Box 15, Xi'an, 710100

Abstract　In new century, human emphases study and utilization of Lunar and space all the more. Many countries bring forward scheme of Luna. But China has no rocket and engine for that scheme. This paper brings forward Chinese scheme of Lunar Rocket: 8m diameter,3.5 stages, the 3rd stages adopt $2\times500kN$ LOX/LH engine, the 2nd stage adopt $4\times1200kN$ LOX/ kerosene engine, the 1st stage and booster adopt 5000kN LOX/hydrocarbon engine. The 5000kN LOX/ hydrocarbon engine can adopt staged combustion power cycle LOX/ kerosene and gas generator power cycle LOX/CH4.

Key words　Luna Rocket；Engine；Propulsion；Power Cycle.

STK 空间目标建模技术的分析和应用

张延鑫　金巍

酒泉卫星发射中心

甘肃省兰州市 27 支局 15 信箱 15 号，邮编：732750，zyx_sd@163.com

摘 要 本文首先介绍了创建 STK 模型的两种主要方法，在充分比较两者各自的优缺点后，又通过一个具体的实例，详细介绍了如何利用标准的 STK 建模语言为空间目标等对象建立模型，如何设置它们的位置、大小、方向、变换以及纹理和关节等属性，如何在模型查看程序（MDE）中观察、测试、分析模型的结构和性能，以及如何将创建好的模型应用到一个具体的 STK 三维场景中去的方法。

关键词 STK；纹理；关节；MDE；三维场景

1 引言

STK 的全称是 Satellite Tool Kit（卫星仿真工具包），是由美国 AGI 公司开发，并在当前航天工业领域中处于领先地位的卫星系统分析软件，利用它可以快速方便地分析航天任务中各种错综复杂的情况，并能以形象直观的三维场景方式真实地再现空间目标整个寿命周期（包括发射、轨道插入、定轨、在轨任务规划、变轨、脱轨等）的运行情况（如位置、姿态、可见性、传感器覆盖性及空间实时操作等），为专家、领导的正确分析和决策提供强有力的支持。三维建模技术作为 STK 的重要组成部分，为空间目标的分析提供了很大的便利。

本文首先介绍了创建 STK 模型的两种主要方法，并比较了这两种方法的优缺点。然后详细介绍了如何利用 STK 建模语言建立三维模型；如何设置模型的位置、大小、方向、关节、变换等属性；如何在模型查看程序（MDE）中观察、测试、分析模型的结构和性能；以及如何在 STK 场景中应用已创建的模型。

2 建立模型的常用方法

目前创建 STK 模型主要有两种方法：

1. 使用三维模型制作软件 LightWave 创建空间三维立体模型，然后使用转换工具，将做好的模型文件转换成标准的 STK 模型文件。其中使用的转换工具是 STK 网站提供的 LwConvert.exe。

2. 使用标准的 STK 建模语言手工编辑。STK 建模语言可以在任意文本编辑器中使用。

上述两种方法各有其优缺点，对于习惯用专业建模软件（如 LightWave、3DMax 等）来创建模型的人来说，前者的优点是使用简单方便，而且对结构比较复杂的模型（如飞机、坦克、舰船等）也不难操作，但是通过转化生成的扩展名为.mdl 的模型文件全部由多边形集合（polygonmesh）组成，很难看懂且极难修改（若要修改模型中某一组件，即模型某一组成部分的大小、位置、方向、纹理等属性，就必须在建模软件中重新制作，然后再转化成.mdl 格式），一旦加载到具体的 STK 场景中以后，修改起来就更加不便了。另外，在 STK 模型中占有相当重要地位的活动关节（模型中可进行平移、旋转、缩放控制的部分），用建模软件无法产生，这对于在整个寿命周期必须做出很多动作的空间目标来说，是不能接受的。

而使用后一种方法，即用标准的 STK 建模语言进行编辑，所有的组件都是由操作者用 STK 提供的几何结构描述模块（类似于 C 语言中的函数）生成，这些几何结构包括螺旋体、多边形、旋转体和球体等等。利用这种方法能够方便快捷地生成一些形状比较规整的模型（如火箭、导弹、卫星等），而且根据实际需要，可以随时随地对任何组件的纹理和活动关节等进行精确的控制和修改，不过对于一些结构很复杂的模型（如飞机、坦克等）来说，操作起来就比较麻烦了。

相比之下，前者更适合于制作结构复杂、不需要活动关节且生成之后几乎不需要什么改动的模型，而后者则适合于制作结构比较规整但经常需要进行调试和修改的模型，两种方法都各有自己的优势，又有各自的不足之处。事实上，在模型的制作过程中，可以根据实际需要将这两种方法结合起来使用，这样就兼顾了操作简单和修改方便两个优点，使得模型的制作过程变得更加快捷和便利。

由于使用专业建模软件创建模型的方法已经很成熟，关于这方面的书籍和资料也已经很普遍，这里就不再赘述，下面就重点介绍一下如何利用 STK 建模语言建立一个 STK 模型。

3 利用 STK 建模语言建立模型文件

在用 STK 建模语言建立模型文件之前，先来了解一下模型文件的组成结构。3D 模型文件为分级结构，包括组件、实体和参数。每个组件都对应着模型中一个特定的组成部分，例如卫星上的天线、太阳帆板，导弹的一级、二级；每个实体都定义了一个具体的几何结构，如圆柱体、多边形；而参数则是为了更详尽地描述组件和实体的属性和特征，如颜色、大小、纹理等等。图 1 和图 2 就是描述一个模型文件组成结构的树形图（其中矩形框表示组件，六边形框表示实体，框下面的汉字是对框内组件名或实体名的注释）。

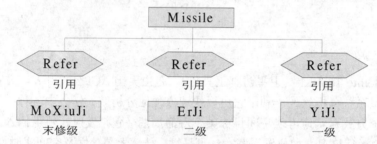

图 1 表示 Missile 模型由组件构成的简单树形结构

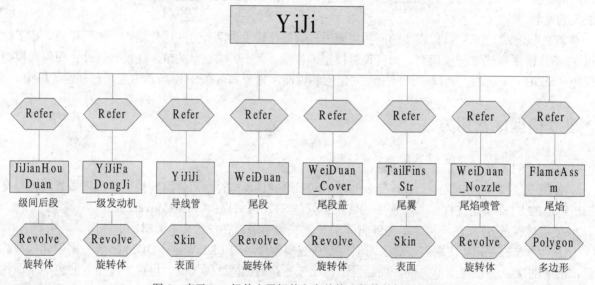

图 2 表示 YiJi 组件由子组件和实体构成的简单树形结构

组件是模型的基本组成部分，一个模型可由一个或多个组件组成，一个组件又可由一个或多个实体组成。每个实体定义了一个几何结构，模型文件中可用的实体有 Extrusion（突起），Cylinder（圆柱体、圆锥体），Helix（螺旋体），Polygon（多边形），Polygonmesh（多边形集合），Revolve（旋转体），Skin（表面），Sphere（球体）和 Refer（引用）。

模型文件的每个组件都必须使用关键词 Refer（引用）提交，同时文件中还必须包含 Root（根）命令，Root 命令所在的组件是模型中所有组件的父级。下面介绍导弹模型 Missile.mdl 的创建过程。

1. 新建一个模型

建立 3D 模型最简便的方法是修改现成的模型文件，将它重命名为新文件，然后使用标准的文本编辑器打开并进行编辑。任意一个扩展名为.mdl 的模型文件副本重命名为 Missle.mdl，再将文件内容清空，或根据实际需要保留可以重用的部分组件。

2. 添加组件或子组件

导弹模型由一级、二级和末修级组成。首先建立根组件，命名为 Missile，根组件使用 Root 标识。在根组件中添加三个子组件，并命名为 YiJi、ErJi 和 MoXiuJi，共同组成 Missile 组件。具体代码如下。

```
Component Missle    #定义组件命为 Missle
    Root   #表示 Missile 是模型文件中最高层组件的标志
    Refer              #子组件语句开始标志
        Component MoXiuJi #子组件名为 MoXiuJi
    EndRefer       #子组件语句结束标志
    Refer
        Component ErJi
    EndRefer
    Refer
        Component YiJi
    EndRefer
EndComponent        #组件定义语句结束标志
```

注：代码中以"#"开头的文字是代码的注释。

3. 为组件增加实体

组件 YiJi 的子组件 JiJianHouDuan 由一个空心的旋转体（即没有上下底的圆台）构成，它的颜色是灰色，高 0.2 米，上底半径 0.55 米，下底半径 0.6 米。在模型文件 Missle.mdl 中添加如下代码。

```
Component JiJianHouDuan
    Revolve          #旋转体实体定义语句开始标志
    FaceColor %192192192 #旋转体颜色 RGB 值
    StartAngle 0         #绕 X 轴旋转的起始角度
    EndAngle 360         #绕 X 轴旋转的终止角度
    NumRevolve 36        #绕 X 轴旋转的次数
    NumVerts 2 #绕 X 轴旋转的直线上包含的点数
    Data    #绕 X 轴旋转的直线上包含的点的坐标
            0.0 0.55 0.0
            0.2 0.6 0.0
    EndRevolve  #旋转体实体定义语句结束标志
EndComponent
```

按同样的方法，为组件 YiJi 的 YiJiFaDongJi、YiJiJi、FlameAssm 等子组件分别增加 Revolve（旋转体）、Skin（表面）和 Polygon（多边形）等实体。

4. 组件的变换

组件的变换实现组件的位置、方向和大小的改变，在模型文件中对应的语句分别为 Translate（平移）、Rotate（旋转）和 Scale（缩放）。每条语句中均有三个参数，其中 Translate <tx> <ty> <tz>表示组件在 x、y、z 轴上移动的距离分别为 tx、ty、tz，Rotate <rx> <ry> <rz>表示组件绕 x、y、z 轴转动的角度分别为 rx、ry、rz，Scale <sx> <sy> <sz>则表示组件在 x、y、z 轴缩放的比例分别为 sx、sy、sz。

一般来说，模型的任意组件都可以在坐标系原点创建，然后通过必要的变换将它放到特定的位置。需要强调的是，如果一个组件既要平移又要旋转，那么这两种变换的顺序是必须经过严格的计算来确定，顺序不同，则变换后的效果就可能完全不一样。下面这段语句表示 YiJi 组件的 JiJianHouDuan 子组件沿 X 轴平移 7.501 m，而子组件 FlameAssm 则是先绕 X 轴旋转 180°，再绕 Z 轴旋转 90°，最后沿 X 轴平移 14.118 m。

```
Component YiJi
    Refer
        Translate   7.501 0   0
```

```
            Component JiJianHouDuan
    EndRefer
            .
            .
            .
        Refer
            Rotate 180 0 90
            Translate 14.118 0 0
            Component FlameAssm
        EndRefer
    EndComponent
```

5. 增加活动关节

活动关节对空间目标（如卫星、导弹等）模型来说非常重要。通过定义活动关节，我们可以实现导弹的一二级分离、火焰的点火与熄灭，也可以实现卫星太阳帆板的展开、通信天线的伸缩，这样使得三维场景的显示更加真实。

活动关节的命令种类跟组件的变换一样有三种，即平移（xTranslate、yTranslate、zTranslate）、旋转（xRotate、yRotate、zRotate）和缩放（uniformScale），具体的命令形式为：<Articulation Command> <Articulation Command Name> <Min Value> <Init Value> <Max Value>，其中 Articulation Command Name 是我们为这个关节命令定义的名字。对模型活动关节的控制，实际上就是修改变量值的过程。

下面的语句为 YiJi 组件的子组件 FlameAssm（尾焰）添加了几个活动关节。

```
Component YiJi
        .
        .
        .
    Refer
        Rotate 180 0 90
        Translate 14.118 0 0
        Articulation Flame_YiJi        #关节语句开始标志，同时给关节命名为 Flame_YiJi
        uniformScale Size 0 0 1          #在 X、Y、Z 轴上统一的缩放比例范围是 0~1，初值为 0
        xRotate Roll -360 0 360
        yRotate Pitch -360 0 360
        zRotate Yaw -360 0 360
        #以上 3 行定义绕 X 轴、Y 轴、Z 轴旋转的角度范围是-360°~360°，初值为 0
        xTranslate MoveX -1000 0 1000
        yTranslate MoveY -1000 0 1000
        zTranslate MoveZ -1000 0 1000
        #以上 3 行定义，沿 X 轴、Y 轴、Z 轴平移的距离范围是-1000~1000 m，初值为 0
        EndArticulation                  #关节语句结束标志
        Component FlameAssm #指定与这个关节相关的组件
    EndRefer
EndComponent
```

6. 添加纹理

在实际的建模过程中，我们往往不会满足于仅仅将模型用一些简单的几何结构拼凑起来，而是希望我们建立的模型具有尽可能接近真实效果的光照和阴影等特征。STK 中可以将一幅图像（如木纹、布料、石头、金属等真实物体表面的照片）应用到几何结构的表面以提供附加的细节特征，从而实现模型高度的真实感。这种技术通常被称为"纹理贴图"，我们提供的图像就叫做"纹理"。

在 STK 中，添加纹理的方法比较简单，只需在实体描述语句中插入几行描述纹理文件的语句即可，下面以组件火焰 TailGlow 为例来说明如何添加纹理的过程。

```
Component TailGlow
    Polygon
    FaceEmissionColor white
    Texture                  #纹理描述语句开始标志
    RGB    flametex-orange   #指定需要添加的纹理文件名（扩展名为.ppm）
    Alpha   flamealpha3      #指定需要添加的透明度纹理文件名（扩展名为.ppm）
    Parm   AA                #参数 AA 表示纹理不透明，应用反锯齿技术使纹理平滑
    EndTexture               #纹理描述语句结束标志
    TxGen       #将二维纹理图片转化为三维图片的语句
    NumVerts 4
    Data
        0.0   96 -12.5
        0.0   96  12.5
        0.0   -4.0  12.5
        0.0   -4.0 -12.5
    EndPolygon
EndComponent
```

4　模型开发环境 MDE 的使用

模型开发环境 MDE（Model Development Environment）是随 VO 模块一起提供的一个工具，利用它打开已编辑好的模型文件，就可以查看、编辑和测试我们需要了解的模型。

使用 MDE 程序打开 Missile.mdl 文件，如图 3 所示。

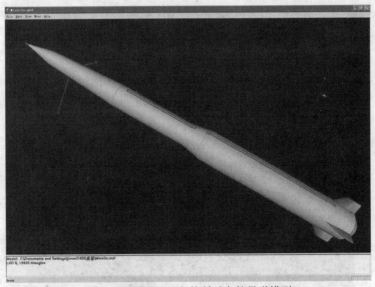

图 3　Missile.mdl 文件所对应的导弹模型

模型上面的红、绿、蓝三条线分别表示导弹弹体坐标系的 X、Y、Z 轴。通过鼠标控制模型在窗口中的变换（其中鼠标左键控制模型的旋转，Ctrl＋左键控制平移，右键和滚轮均可控制缩放），能够从不同位置、不同角度观察到模型各个组成部分的细节特征，从而验证模型是否满足实际的需要。

除了可以查看模型外，MDE 的 EDIT 菜单下还有下面几项主要功能：

1. Edit-Articulation（关节）

单击 Edit-Articulation 命令，打开模型的关节对话框，在里面可以对整个模型或某一组件的关节进行控

制，下面就以一级尾焰关节为例，来介绍关节的控制方法。

在"Articulation"列表框中选择一级尾焰关节 Flame_YiJi，然后在"Transformations"列表框中将关节命令名"Size"的值从 0 变为 1。这样，在 MDE 窗口中，就可以明显地看到导弹的尾焰了，如图 4 所示。

2. Edit-Reducion（缩图）

这个命令可以控制所选组件的 revolve（旋转体）、skin（表面）和 polygon（多边形）等实体的显示精度。除非计算机性能很差，或者待显示的模型太多，否则采用默认值即可。

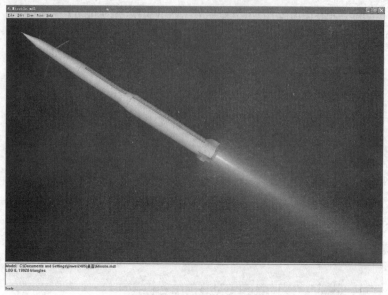

图 4　导弹模型和它的尾焰

以上是在 MDE 程序中使用较多的菜单命令，其他的就不再赘述。

5　在 VO 场景中载入和观察 3D 模型

现在我们用新建的模型来更换默认导弹模型，并在 VO 场景中察看新模型。

(1) 在 STK 浏览窗口，选中导弹对象，打开 VO 属性窗口。

(2) 在 Model 栏，选择…（浏览文件）按钮。

(3) 寻找 Missile.mdl 文件并打开。点击 VO 属性窗口的 Apply（应用）按钮。

(4) 现在，在 VO 窗口，点击 View Position and Direction 按钮（眼球图标），选择导弹 Missile（即在 VO 场景中以 Missile 为中心观看），点击确定。

(5) 在 VO 窗口中，可以看到我们新建的模型，如图 5 所示。

图 5　在 STK 的 VO 场景中显示导弹模型

（6）打开导弹模型的 VO 属性窗口，在 Model 栏，点击 Articulations 区域下的 View 按钮。导弹以及它所有组件的活动关节（如 Size、Roll、Pitch、Yaw、MoveX、MoveY 和 MoveZ 等）都会出现在对话框中，选择其中之一，拖动滑动条，观察 VO 窗口中的变化。完成后关闭窗口。

（7）在 VO 窗口中缩放和旋转，观察导弹运动情况。完成后保存并关闭场景。

6 结束语

从理论上讲，利用文中介绍的方法，我们已经能够建立任何类型的模型，如飞机、地面站、运载器、导弹、卫星、舰船和地面目标等，但由于对模型很多参数的设置还处于初步尝试的阶段，对许多工具的使用还不够熟练，因此模型制作的效果还远远没有达到尽善尽美的程度。要创建出更形象、更逼真、更美观的模型，还必须在如何更好地体现模型的层次感、如何确保各组件之间过渡的平滑度、以及如何制作更精美的纹理图片上进一步摸索和实践。

参 考 文 献

[1] 杨颖，王琦.STK 在计算机仿真中的应用.国防工业出版社，2005.

[2] STK 中国技术支持中心.Satellite Tool Kit 培训教材.北京宏宇航天技术应用公司，2004.

[3] STK5.04 联机帮助文档.

The Analysis and Application of STK Space Target Modeling Technology

Zhang Yanxin and Jin Wei

Jiuquan Satllite Launch Center of China

No. 15, P. O. Box 15, 27 Branch, Lanzhou , 732750, zyx_sd@163.com

Abstract   In this paper, two main ways of creating STK model are presented. After comparing both advantages and disadvantages of the two ways sufficiently, an example is applied to introduce how to create an space target model using standard STK modeling language, how to set up the properties of model such as position, size, direction, translation and so on, how to observe, test and analyze model's structure and performance in MDE, and how to use a model in a STK three dimensions scene.

Key words   STK; Texture; Articulation; MDE; Three Dimensions Scene

标准姿态空间目标 RCS 角度归一化的处理方法

张延鑫 李宗利 刘世奎 梁志刚

酒泉卫星发射中心

甘肃省兰州市 27 支局 15 信箱 15 号，邮编：732750，zyx_sd@163.com

摘　要　本文简要介绍了 RCS 角度归一化的概念和传统方法，提出了一种具有标准姿态空间目标 RCS 角度归一化的处理方法。使用该方法对欧洲资源 2 号卫星的数据进行了处理，得出了比较有效的结果。

关键词　空间目标；标准姿态；RCS；角度归一化

1　引言

雷达散射截面(Radar Cross Section，缩记为 RCS)是反映目标形体及电磁特性的最基本参量，也是在目前条件下使用最为广泛的特征量。随着空间技术的发展，作为空间目标重要特征的 RCS 成为提取空间目标特征的重要信息资源。

目前窄带雷达通常只能提供空间目标的轨(弹)道和 RCS 随时间变化的序列值，一般不能直接提供诸如目标的物理尺寸、形状、姿态等其他信息，利用窄带雷达进行空间(或再入飞行器)目标识别的一种常规方法是通过寻找和比较目标 RCS 随时间的变化规律来实现的。就国外 RCS 的应用研究来讲，他们在目标的三维立体模型的建立、制造低散射特性的介质和对目标 RCS 的仿真计算等方面取得了卓有成效的成果，并且开发了 3DSMAX、RadBase、Xpatch、STK 等软件，这些成果和软件已在目标特性研究方面起到了重要的作用。与此同时为了测量空间目标的 RCS 并从中提取可供利用的信息，国内各大院校、研究所也展开了空间目标探测与识别方面的研究，并且取得了很大的进展。目标特性研究工作已从理论仿真和地面试验为主，向以理论仿真、地面试验和动态特性测量试验相结合的方法综合研究各种目标特征转变。

我们知道使用雷达进行目标散射特性测量，一般经数据处理可获得目标 RCS 的时间序列值，对于球体这样的规则类型的星体我们测出的 RCS 在各个方向上是稳定的，但是对于不规则的空间目标来讲，测量出的 RCS 在不同的方向上是剧烈变化的，在这种情况下如何来解释测得的 RCS 数据，就需要把测得的 RCS 时间历程转换到空间目标体坐标系中。若已知某时刻空间目标的位置数据、姿态数据和测站位置数据，求出该时刻 RCS 数据在目标坐标系中的方向，以便把测量的目标 RCS 数据和理论 RCS 数据进行比对，我们把该工作叫做 RCS 角度归一化。本文利用获得的大量测量数据对 RCS 角度归一化处理方法进行了探讨，试图通过 RCS 角度归一化处理为理论研究和实际测量相互验证提供新的途径。

2　RCS 角度归一化的传统方法

要完成 RCS 角度归一化，需要知道空间目标的姿态、测量雷达站和空间目标的相互位置。因此 RCS 角度归一化过程需要的输入数据包括：①雷达测站在地心系中的位置坐标；②空间目标在地心坐标系中的位置坐标；③对空间目标而言，要知道目标相对于 J2000 ECI 惯性坐标系的旋转角度（姿态角）。

一般情况下，角度归一化分为以下几个步骤：①数据段的检择、加密和微分；②计算测量站在惯性系中的坐标；③利用姿态角旋转坐标系得到测量站在弹体坐标系中的坐标；④计算出目标的反射角序列；⑤对全向 RCS 数据插值计算得出理论上的 RCS 序列；⑥最后做理论 RCS 和实测 RCS 数据的比对分析。

2.1　测量数据的预处理

对空间目标进行跟踪测量时由于受到多方面条件的制约，测得的数据并非全程有效，所以 RCS 角度归一化过程中要选择轨道数据和目标特性数据都存在的时间段进行处理，而且该时间段要求测量时间范围要尽可能的长，但数据的波动不能太大。为了保证计算所需数据的有效性，计算时须对测量数据做必要的检择，第一次检择的主要工作是统计轨道数据和 RCS 测量数据的连续性，把相连续的数据段分成离散的两类集合，然后求这两类集合的交集。第二次检择的主要工作是先对轨道测量数据求二阶导数，然后从中选择出数据变化较为平稳且时间最长的数据段，并标记出数据的开始时间和结束时间。

另外由于目标特性测量支路录取的数据率为 292Hz，轨道测量数据率为 20Hz，两个记录时间不是一一对应的。所以数据处理时需要对轨道数据进行插值加密，建立轨道数据和目标特性测量数据间的一一对应关系。最后对加密后的轨道数据微分，求出各点对应的速度分量。

2.2 计算测量站在惯性系中的坐标(参考坐标)

首先求出给定时刻由地心系向 J2000 ECI 惯性系的转换矩阵。由卫星轨道理论可知，地心直角坐标系(地固坐标系)和惯性系的差别在于地球的自转、岁差、章动和极移，这种坐标系的转换过程是非常复杂的，如图 1 所示。

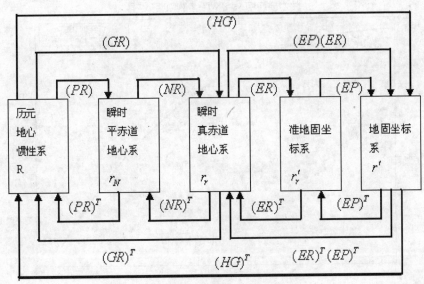

图 1 坐标系转换关系图

对于历元地心惯性系到瞬时平赤道地心系的转换要经过三次旋转，若记旋转矩阵是 PR，则

$$(PR) = R_z(-z_A)R_y(\theta_A)R_x(-\zeta_A) \tag{1}$$

其中：
$$\begin{cases} \zeta_A = 2306''.2181T - 0''.30188T^2 - 0''.017998T^3 \\ z_A = 2306''.2181T - 1''.09468T^2 - 0''.018203T^3 \\ \theta_A = 2004''.3109T - 0''.42665T^2 - 0''.041833T^3 \end{cases}$$

$$T = \frac{JD(t) - 2\,451\,545.0}{36\,525.0}$$

$JD(t)$ 为儒略日。

上述地心系转换到惯性系要经过四次矩阵变换，各个环节的旋转矩阵可以参阅资料[3]、[4]。但是岁差的影响是主要的，作为粗略的处理，若仅考虑岁差和地球自转的影响，可大大简化软件的编写过程和计算机的运算量。

然后，把已知测站的地心坐标乘以求出的旋转矩阵，得到测量站的参考坐标(B_{xyz})。

2.3 计算测量站在弹体坐标系中的坐标

若已知空间目标的姿态角分量(偏航角 η、俯仰角 ξ 和滚动角 θ)，测站在星体(或弹体)坐标系中的位置矢量可由下式计算：

$$B_{\eta\xi\theta} = D_z D_y D_x B_{xyz} \tag{2}$$

式中 $D_z = \begin{bmatrix} \cos\eta & \sin\eta & 0 \\ -\sin\eta & \cos\eta & 0 \\ 0 & 0 & 1 \end{bmatrix}$,

$D_y = \begin{bmatrix} \cos\xi & 0 & -\sin\xi \\ 0 & 1 & 0 \\ \sin\xi & 0 & \cos\xi \end{bmatrix}$,

$D_x = \begin{bmatrix} 1 & 0 & 0 \\ 0 & \cos\theta & \sin\theta \\ 0 & -\sin\theta & \cos\theta \end{bmatrix}$

按此方法计算，其结果和 STK 仿真的结果一致，如图 2、图 3 所示。图中实线为 STK 仿真得出的弹体反射角，点线为角度归一化后的软件得出的弹体反射角。坐标轴的横轴是时间，纵轴是角度。

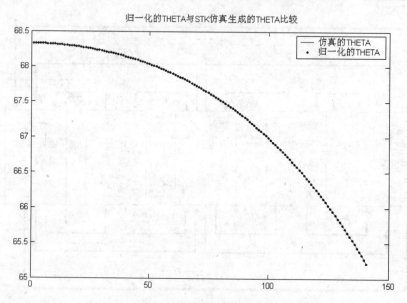

图 2　角度归一化后的 THETA 角与仿真生成的 THETA 角

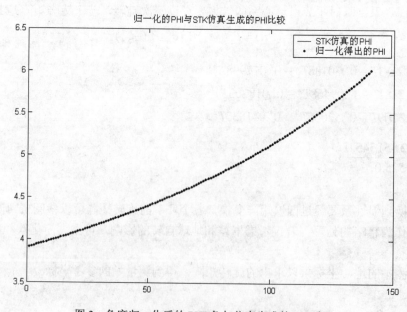

图 3　角度归一化后的 PHI 角与仿真生成的 PHI 角

3 标准姿态空间目标 RCS 角度归一化方法

卫星最常用的姿态有两种,就是受 ECF 速度约束的指向天底的姿态和受 ECI 速度约束的指向天底的姿态,具体定义见表 1。本文对这两种姿态进行了单独的角度归一化研究。

表 1　两种标准姿态的定义

名　称	定　义
Nadir alignment with ECF velocity constraint	Z 轴指向天底方向,X 轴受限于 ECF 速率矢量方向。
Nadir alignment with ECI velocity constraint	Z 轴指向天底方向,X 轴受限于 ECF 速率矢量方向。

对于第一种标准姿态,根据其定义,建立它的坐标轴如下:

Z 轴——目标质心指向地心;

X 轴——位于轨道面内,与 Z 轴垂直,指向目标前进的方
　　　　向;

Y 轴——根据右手螺旋法则建立。垂直于轨道面。

如图 4 所示,为某空间目标的质心轨道坐标系:

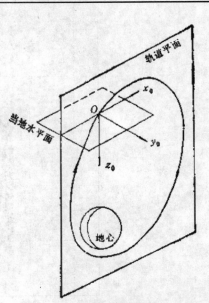

图 4　质心轨道坐标系

3.1　数据段的检择、加密和微分

方法同上。

3.2　质心轨道坐标系的建立

输入的数据是飞行目标的地心系坐标分量(x_0, y_0, z_0)和速度分量($\dot{x}_0, \dot{y}_0, \dot{z}_0$)。根据输入数据建立质心轨道坐标系,它的原点记为 $O(x_0, y_0, z_0)$;

Z 轴方向为 $e_z = \dfrac{A}{|A|}$, $A = (-x_0, -y_0, -z_0)$;

Y 轴方向为 $e_y = \dfrac{B}{|B|}$, $B = (\dot{x}_0, \dot{y}_0, \dot{z}_0) \times (x_0, y_0, z_0)$;

X 轴方向为 $e_x = e_y \times e_z$。

3.3　求测量线在质心轨道坐标系中的坐标分量

已知测站在地心系的坐标(x_d, y_d, z_d),将测量线矢量记为 $\triangle$,这里

$\triangle = (x_d - x_0, y_d - y_0, z_d - z_0)$,

则 $x = e_x \cdot \Delta^T, y = e_y \cdot \Delta^T, z = e_z \cdot \Delta^T$ (3)

得到的(x, y, z)就是测量线在质心轨道坐标系中的坐标分量。

3.4　用球坐标系描述该测量线

也就是把测量线描述成球坐标的形式,这里仅仅求出代表矢量方向的 θ 角和 θ 角。

$$\theta = \text{arctg}\left(\frac{\sqrt{x^2 + y^2}}{z}\right) \qquad \varphi = \text{arctg}\left(\frac{x}{y}\right) \qquad (4)$$

图 5 是某卫星 RCS 角度归一化的结果,黑色的点为归一化后的数据,线构成的网格

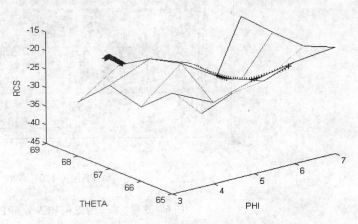

图 5　标准姿态归一化后的数据与理论数据比较结果

是对应同一颗卫星使用 RadBase 计算出的 RCS 数据，可以看出曲线符合的较好。

对于第二种标准姿态，需要在 ECF 速度方向叠加一个地球自旋速度，其他的处理同上。

4 角度归一化结果

为了验证 RCS 仿真软件和 RCS 归一化的正确性，我们对某雷达跟踪的欧洲资源 2 号卫星一个圈次的数据进行了处理，结果见图 6（a）和图 6（b）。两组结果虽然是同一圈次的不同时刻 RCS 测量数据，但是它们相同 THETA 角对应的 RCS 测量数据非常相近。这是因为欧洲资源 2 号卫星具有金属平板的类似性，相同夹角的 RCS 值非常相似，这说明我们所作的角度归一化处理是有效的。

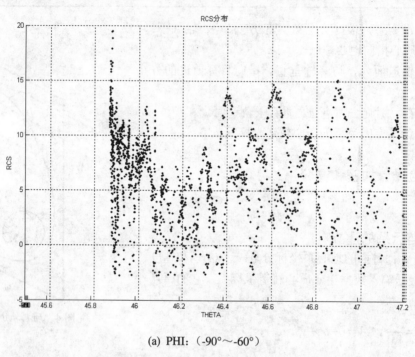

(a) PHI：（-90°～-60°）

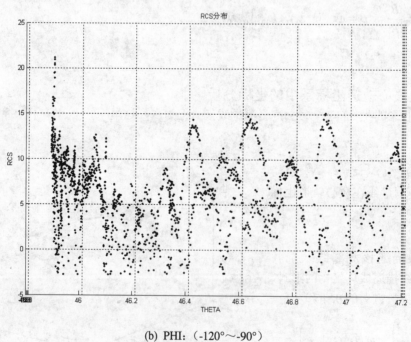

(b) PHI：（-120°～-90°）

图 6　欧洲资源 2 号卫星 RCS 分布(PHI：-90°～-60°)

（图中 THETA 和 PHI 是球坐标系中的两维元素。）

5 结论

本文提出的针对标准姿态空间目标 RCS 角度归一化的处理新方法要比传统的处理方法简单，处理速度快，节省系统开销，而且处理的效果和传统的方法一致。但是该新方法只是针对具有标准对地定向姿态的卫星有效，对于其他姿态的卫星则必须使用传统的方法进行处理。另外本文中的处理方法没有涉及卫星上太阳能帆板的影响。

参 考 文 献

[1] 航天测控坐标系.GJB2250—94.

[2] 阮颖铮.雷达截面与隐身技术.国防工业出版社，1998.6.

[3] 刘林.人造地球卫星运动理论.科学出版社，1974.

[4] 陈芳允，贾乃华.卫星测控手册.科学出版社，1993.

[5] 赵汉元.飞行器再入动力学与制导.国防科技大学出版社，1997.

[6] 陆镇麟.人造地球卫星轨道计算方法.中国人民解放军 89750 部队.

[7] 王行仁.飞行实时仿真系统及技术.北京航空航天大学出版社，1998.9.

Method of RCS Angle Normalization for Object in Space with Standard Attitude

Zhang Yanxin , Li Zongli , Liu Shikui and Liang Zhigang

Jiuquan Satellite Launch Center of China

No. 15 , P. O. Box 15, 27Branch, LanZhou, 732750，zyx_sd@163.com

Abstract　In this paper, the conception and traditional method of RCS angle normalization is introduced, and a new method of RCS Normalization for Objects in Space with Standard Attitude is proposed. Process of analysis to ERS2 using the new method is discussed, and in this way a better effect is gotten.

Key words　Objects in space;　Standard attitude;　RCS;　Angle normalization

SBSW 系统飞行过程分析与建模仿真

张岩 冯书兴

装备指挥技术学院

北京怀柔 3380 信箱 171 号，邮编：101416，zhangyanemail@sina.com

摘 要 天基对地打击武器（SBSW）是美国提出的一种新概念武器，主要用于从太空对地面战略目标和高价值目标进行快速、准确的打击。文章运用空间飞行器动力学，在特定条件下，分大气层外和大气层内两个阶段，对天基对地打击武器的作战飞行过程进行动力学分析，并利用建模仿真的方法得出在不同再入角和不同运行轨道高度的情况下飞行过程的相关数据，验证了天基对地打击武器具备军事应用价值，说明了天基对地打击武器在未来有着极广阔的军事应用前景。

关键词 天基对地打击武器；飞行过程；再入；动力学分析；建模仿真

1 引言

美国为确保其航天强国的地位和实现"控制空间"的意图，于 2003 年 6 月发布了《美国空军转型飞行计划》[1](TFP——Transformation Flight Plan)的修改版，该计划明确提出美国使用空间武器的前提是"将阻止在未经美国授权的情况下使用空间服务"，表明了美国掌握与发放"空间许可证"的决心。同年 6 月美国又发布了《猎鹰》(FALCON) [2]计划，在这个计划中，美国空军正式公布了一个规划中的太空武器名单，其中包括反卫星武器和对陆攻击武器。其中，天基对地打击武器(space-based strike weapon—SBSW)是最重要的对陆攻击武器。本文针对天基对地打击武器的作战飞行过程进行初步探讨，以期对美国公布的这种新概念武器有一个概要的认识。

2 天基对地打击武器概述

天基对地打击武器是指在天基平台部署动能武器载荷，从空间直接对敌方重要地面目标实施精确打击的武器系统，主要由天基平台、攻击武器载荷等组成。天基平台主要包括卫星平台、发射控制系统；攻击武器主要包括动能弹、姿态轨控系统、制导系统等。美国设计中的天基对地打击武器具有全球攻击能力，可有效突破多层次防御体系，具有打击精度高、飞行速度大等特点，是空间威慑和一体化作战的重要手段。

天基对地打击武器的作战过程可以描述为：在接收到指挥控制中心的对地打击指令后，即由平时在轨执行战场监视任务状态转入战时执行任务状态；天基平台进行轨道和姿态调整，按照指令在指定时刻启动动能武器的离轨控制系统；动能武器载荷离轨进入过渡轨道，距离地面 100km 时动能武器进行姿态调整，以特定再入角进入大气层；动能武器以高速再入，在距离地面 10km 时，动能载荷按预先设置的程序分解为多个弹头，对地面目标实施打击。

天基对地打击武器是利用高速运动的物体来摧毁地面目标，与反弹道导弹的动能武器不同，它们必须能够在大气层内高速运行直至对地面目标实施攻击。为确保攻击的准确性和极高的撞击动能，动能载荷大气层内再入过程必须保持较陡的攻击弹道。

3 大气层外飞行动力学分析[3~6]

当天基对地打击武器处于在轨执行战场监视任务状态时，假设天基平台运行在半径为 r_a 的圆轨道上，以速度 v_0 飞行。当接到作战指令后，转入战时执行任务状态，在离轨点 A 对动能载荷施加制动脉冲 Δv，使动能载荷的速度变为 v_1，并从原来的圆形轨道进入到一条与地球大气相交的椭圆过渡轨道，在再入点 E

开始以速度 v_2 和再入角 θ_e 进入稠密的大气层。从 A 点到 E 点的椭圆轨道飞行称为大气层外飞行段，也称自由飞行段（如图 1 所示）。

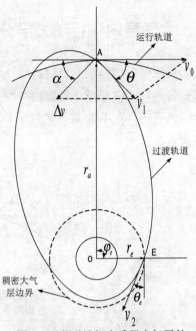

在离轨点 A 有如下方程：

$$v_1^2 = v_0^2 + \Delta v^2 - 2v_0 \Delta v \cos a \qquad (3.1)$$

$$v_0 = v_1 \cos\theta + \Delta v \cos a \qquad (3.2)$$

从 A 点到 E 点由能量守恒和动量矩守恒，有

$$\frac{v_1^2}{2} - \frac{\mu}{r_a} = \frac{v_2^2}{2} - \frac{\mu}{r_e} \qquad (3.3)$$

$$r_r v_1 \cos\theta = r_e v_2 \cos\theta_e \qquad (3.4)$$

在以上方程中有 Δv、v_1，v_2，α，θ，θ_e 六个变量，只要给出 Δv 和 α 就可以求出其余的四个变量。但为了限制进入大气层后动能载荷所受的过载和气动加热，应该规定 θ_e 的数值，这样四个方程中有五个未知变量，可以得到一个 Δv 和 α 的关系式。本着能量最省的原则，希望存在 α 使 Δv 最小，即应该满足 $\mathrm{d}\Delta v/\mathrm{d}a = 0$。由(3.2)和(3.4)式可得

图 1　天基对地打击武器大气层外
飞行示意图

$$r_e v_2 \cos\theta_e = r_a v_0 - r_a \Delta v \cos\alpha \qquad (3.5)$$

上式对 α 求导，有

$$\frac{\mathrm{d}v^2}{\mathrm{d}a} r_e \cos\theta_e = r_a \Delta v \sin\alpha \qquad (3.6)$$

式(3.1)和(3.3)对 α 求导，整理可得

$$v_2 \frac{\mathrm{d}v_2}{\mathrm{d}a} = v_0 \Delta v \sin\alpha \qquad (3.7)$$

把(3.7)式代入(3.6)式中，有

$$\left(r_e \frac{v_0}{v_2} \cos\theta_e - r_a \right) \Delta v \sin\alpha = 0 \qquad (3.8)$$

由此可得令 Δv 最小的最优值 $\alpha_1 = 0$ 或

$$r_e \frac{v_0}{v_2} \cos\theta_e - r_a = 0 \qquad (3.9)$$

将(3.5)式代入(3.9)式中，得 $v_0^2 - v_2^2 - \Delta v v_0 \cos\alpha = 0$，再与(3.1)和(3.3)式联立，求出 α 另一个最优值，$\alpha_2 = \arccos\left[\dfrac{2(r_a/r_e - 1) + (\Delta v/v_0)^2}{\Delta v/v_0} \right]$。根据计算，$\dot{\alpha}$ 的取值有两种情况：

(1) 当 $r_a/r_e \geqslant 1.125$，或者 $r_a/r_e < 1.125$，且满足 $\dfrac{\Delta v}{v_0} \geqslant \dfrac{1}{2} + \dfrac{1}{2}\sqrt{9 - 8r_a/r_e}$ 或 $\dfrac{\Delta v}{v_0} \leqslant \dfrac{1}{2} - \dfrac{1}{2}\sqrt{9 - 8r_a/r_e}$ 取 y$\alpha = \alpha_1 = 0$，此时制动脉冲施加的方向与圆轨道运行速度 v_0 的方向相反。

(2) 当 $\dfrac{1}{2} - \dfrac{1}{2}\sqrt{9 - 8r_a/r_e} \leqslant \dfrac{\Delta v}{v_0} \leqslant \dfrac{1}{2} + \dfrac{1}{2}\sqrt{9 - 8r_a/r_e}$ 时，取 $\alpha = \alpha_2$，此时制动脉冲施加的方向与圆轨道运行速度 v_0 的反方向夹角为 α_2。

此外，在自由飞行段，可由以下方程组得出 Δv、v_2 及由 A 飞行至 E 的时间 t：

$$r_a = a(1+e)$$

$$r_e = a(1 - e\cos E)$$

$$\tan\frac{E}{2} = \sqrt{\frac{1-e}{1+e}} \cdot \tan\frac{f}{2}$$

$$\sin\theta_e = \frac{-e\sin\varphi_e}{\sqrt{1 + e^2 - 2e\cos\varphi_e}}$$

4 大气层内飞行动力学分析[7~10]

当天基对地打击武器在近地轨道飞行时，即 $r_a / r_e \geqslant 1.125$，有 $\alpha = 0$，此时制动脉冲施加的方向与圆轨道运行速度方向相反，动能载荷的大气层内飞行如图 2 所示。动能载荷在 A 点与天基平台分离，自由飞行至再入点 E，在 E 点进入大气层的同时将所携带的动能弹释放，动能弹沿较陡的飞行轨迹对地面目标实施打击。

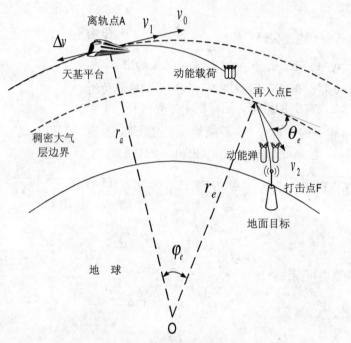

图 2　天基对地打击武器大气层内飞行示意图

由理论力学可知，再入飞行器的运动由通过再入飞行器质心的平移运动和绕质心的转动运动组成。由于动能武器的载荷——动能弹是圆锥状轴对称的中心体，与飞行速度相比，姿态运动可以忽略。因此，动能弹进入大气层后其运动方程为

$$m \cdot \frac{dv}{dt} = R + G \tag{4.1}$$

其中，m 为动能弹的质量，R 和 G 为作用其上的气动力合力和中心引力体的引力矢量。将(4.1)式在速度坐标系中可分解为

$$m \frac{dv}{dt} = -D - mg \sin\theta \tag{4.2}$$

$$m \left(v \frac{d\theta}{dt} - \frac{v^2}{r} \cos\theta \right) = L - mg \cos\theta \tag{4.3}$$

其中，D 和 L 是大气的阻力和升力，r 是自中心引力体质心到动能弹质心的半径，θ 是飞行速度与当地水平线的夹角。

由于动能弹在进入大气层前进行自旋保持姿态稳定，使进入大气层时的攻角为零，即采用弹道式返回，大气升力为零。在重返大气层的飞行过程中轨道倾角变化不大，近似有 $\theta = \theta_e = const$，且动能弹的质量不大于 100 kg，迎面阻力比重力分量在速度方向投影大得多，即 $mg \sin\theta \ll C_x S \dfrac{\rho v^2}{2} = m \dfrac{C_x S \rho v^2}{2m}$。将 $D = \dfrac{\rho v^2}{2} S C_x$ 代入(4.2)式，有

$$\frac{\mathrm{d}v}{\mathrm{d}t} = -C_x \frac{\rho v^2 S}{2m} \tag{4.4}$$

式中 C_x 为动能弹的大气阻力系数；S 为其特征横截面积；$\rho = \rho_0 e^{-\beta h}$ 为大气密度；θ_e 为再入角。再将飞行器运动学方程 $\mathrm{d}h/\mathrm{d}t = v\sin\theta$ 代入(4.4)中，有

$$\frac{\mathrm{d}v}{\mathrm{d}h} = -\frac{C_x S \rho_0}{2m\sin\theta_e} e^{-\rho h} v \tag{4.5}$$

对上式积分，可得

$$v = v_2 e^{\frac{C_x S(\rho - \rho_2)}{2m\beta\sin\theta_e}} \tag{4.6}$$

同样，将方程 $\mathrm{d}h/\mathrm{d}t = v\sin\theta$ 代入(4.4)中，对从再入点开始的高度 h_e 至飞行到某一高度 h 的飞行时间进行积分，有

$$t = \int_{h_e}^{h} \frac{e^{-\frac{1}{2}\beta k_0 \int_{h_e}^{h} e^{-\beta h} \mathrm{d}h}}{v_e \sin\theta_e} \tag{4.7}$$

设 $\int_{h_e}^{h} e^{-\beta h} \mathrm{d}h = \frac{1}{\beta}(e^{-\beta h} - e^{-\beta h_e}) \approx \frac{e^{-\beta h}}{\beta}$ ，则

$$t = \frac{1}{v_2 \sin\theta_e} \int_{h_e}^{h} e^{\frac{k_0}{2} e^{-\beta h}} \mathrm{d}h \tag{4.8}$$

由(4.6)式有 $v = v_2 e^{-\frac{1}{2}\frac{c_x s \rho_0}{\beta m \sin\gamma_e}(e^{-\beta h} - e^{-\beta h_e})} = v_2 e^{\frac{k_0}{2} e^{-\beta h}}$

其中，$k_0 = \dfrac{-c_x s \rho_0}{\beta m \sin\gamma_e}$ 。

5 飞行过程建模仿真

由前面的讨论可知天基对地打击武器的飞行过程分为两个阶段，即大气层外飞行阶段和大气层内飞行阶段。由于每个阶段所受到的力各不相同，分别对两个阶段进行建模仿真，仿真流程如下：

由于飞行受力的复杂性，可采用在一定假设条件下的解析方法求解其运动方程的近似解。为简化建模仿真过程中的复杂程度，结合上述分析，做如下近似处理：

(1) 天基平台运行在近地圆轨道或近圆轨道；

(2) 动能载荷运行至 E 点时将所携带的动能弹释放，动能弹以弹道式返回再入；

(3) 在大气层内飞行时，忽略重力对动能弹的影响，将 C_x 作为一个定值。

仿真结果如图 4、图 5 所示：

图 4 显示的是当再入角范围为 $2°\sim6.5°$ 时，天基对地打击武器从距地面 130 km 至 800 km 高度的圆形轨道对地面目标打击所用的最短时间和最小速度冲量，此处的最短时间和最小速度冲量分别是满足再入角约束条件的多组轨道簇求解中的最短时间和最小冲量。从图中可以看出，在再入角的约束下，不同轨道高度打击所用的时间不同，从最少不足 15 分钟到最多 30 多分钟，变轨所消耗的能量也在现有天基平台承受能力范围之内。

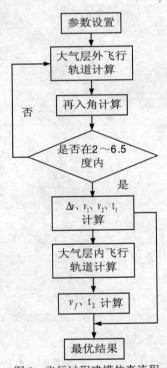

图 3 飞行过程建模仿真流程

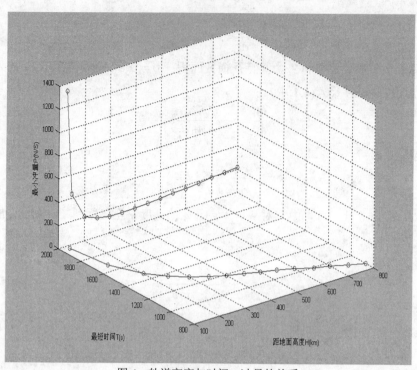

图4　轨道高度与时间、冲量的关系

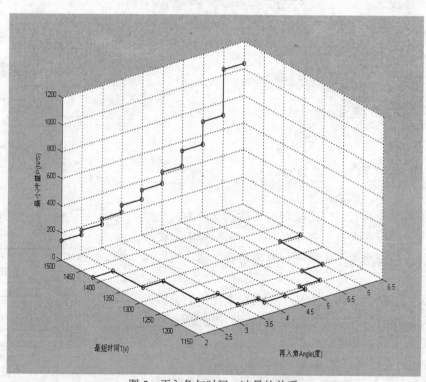

图5　再入角与时间、冲量的关系

图5是规定轨道高度在 400 km 的条件下，不同的再入角对应不同的打击时间和能量消耗，此处的打击时间和能量消耗意义同上。由图中可以看出，当再入角范围为 4°～4.5° 和 4.5°～5° 时，打击时间在 20 分钟左右，比其他角度区间的打击时间都小，同时此区间的能量消耗也较小。由此可见，4°～5° 是动能弹最佳的再入角范围，这一结果与其他返回式飞行器的最佳再入角取值基本相同。

6　结论

通过上述分析可知，天基对地打击武器在低轨道和近地轨道有着极强的军事应用价值，军事应用前景十分广阔：飞行时间短可对时间敏感目标实施打击；高速再入带来的巨大冲击动能可以打击高价值的坚固目标和深藏地下的目标；大气层再入时多弹头的释放增加了对方反导和拦截的技术难度，提高了生存率。因此，天基对地打击武器的出现大大扩展了动能武器的投放空间，提供了突破敌方导弹防御体系的有效手段。未来随着制导技术的发展和打击精度的提高，天基对地打击武器将对敌方地面移动的导弹发射架、海中航行的航空母舰、甚至是空中飞行的飞机具备打击能力。

参 考 文 献

[1] John P. Jumper，Dr James.G.Roche. The U.S. Air Force Transformation Flight Plan (Revised Edition) [R]. November 2003:60～68.

[2] HQ USAF/XPXC.Force Application and Launch from CONUS Technology Demonstration[R].June 2003.

[3] 郗晓宁，王威等.近地航天器轨道基础[M].长沙：国防科技大学出版社，2003:210～219.

[4] 侯妍.航天运载器与航天器[M].北京：装备指挥技术学院，2002:224～229.

[5] 竺苗龙.最佳轨道引论[M].北京：宇航出版社，1989:41～56.

[6] 王希季主编.航天器进入与返回技术[M].北京：宇航出版社，1991.1.

[7] 冯书兴，张守信.载人航天器返回舱落点预报与精度分析[M].长沙：国防科技大学出版社，1996:47～61.

[8] 杨嘉墀主编.航天器轨道动力学与控制[M].北京：宇航出版社，1995.12.

[9] 赵汉元.飞行器再入动力学和制导[M].长沙：国防科技大学出版社，1997.11.

[10] 汤锡生，陈贻迎，朱民才.载人飞船轨道确定和返回控制[M].北京：国防工业出版社，2002:533～537.

Dynamics Analysis and Modeling Simulation for the Flight Course of the SBSW System

Zhang Yan and Feng Shuxing

The Academy of Equipment Command &Technology

No. 171, P. O. Box 3380, Beijing, 101416，zhangyanemail@sina.com

Abstract   The space-based strike weapon（SBSW）is a kind of new concept weapon brought forward by the U.S, which is mainly used to strike the ground stratagem and high worth targets quickly and exactly from the space. This paper uses the space aerocraft dynamics, in the special conditions, to analyze the flight course of the space-based strike weapon from the two phases outside the aerosphere and inside it. It also utilizes the modeling and simulation method to calculate the data of flight course in different re-enter angles and cycling orbit height in order to validate the worthiness of weapon's military applications and make it clear that the weapon will have extremely wide military applications in the future.

Key words   Space-based strike weapons; Flight course; Re-entry; Dynamics analysis; Modeling and simulation

燃气射流激励下发射起始扰动计算

赵宪斌　乐发仁　王永平

中国航天科技集团公司第四研究院设计部

西安 120 信箱，邮编：710025

摘　要　本文根据箭架结构参数和实测俯仰油缸压力变化结果，通过集中参数模型分析推算出某型号火箭燃气流作用下系统的扰动频率。计算出燃气流扰动下火箭在半约束状态下受牵连运动影响的初始扰动参数，从而确定出初始干扰可能域面积最小的优化设计方案。并和地面试验及飞行遥测数据进行了比较，结果基本吻合。对于火箭发射外弹道分析和发射装置设计具有一定价值。

关键词　发射装置；液压；燃气流；推力偏心；初始扰动

符号说明

J_1（J_2）—起竖臂（火箭）对耳轴的转动惯量；

J—带弹起竖臂对耳轴的转动惯量；

J_z—火箭关于质心转动惯量，$2\,470\ \mathrm{kg \cdot m^2}$；

R—火箭质心到耳轴距离，$2\,510\ \mathrm{mm}$；

C_e（C_f）—油缸的泄漏（摩擦系数）；

A—油缸活塞面积，$\mathrm{m^2}$；

β—10 号航空液压油压缩系数，$\beta = 6.5 \times 10^{-8}\ 1/Pa$；

β_1—振动放大因子；

ϖ_0—发射装置固有频率；

ϖ_n—火箭固有频率；

m、m_1—火箭（臂）质量，$1\,070$（2440）kg；

$\Delta\theta_1$（$\Delta\theta$）不同时（跨行）滑离阶段导弹转角；

θ_1—前滑块离轨后导弹转动角度；

h_G—离轨下沉量；

t—导弹离轨飞行时间；

M_δ—火箭推力偏心矩；

e—发动机推力偏移距离，$2\ \mathrm{mm}$；

F—发动机离轨时推力，$84\,500\ \mathrm{N}$　γ—耳轴倾角；

δ—推力偏心角，$0.1°$；

l_2—后滑块到导弹质心距离，$2109\mathrm{mm}$；

N_2（T_2）—火箭后滑块所受正压力和侧压力；

φ（φ_1）—发射装置装订（实际）方位角；

α（α_1）—发射装订（实际仰角）。

1　引言

火箭离轨误差除了和发射装置的初始瞄准误差有关外，还与箭架系统的振动、定向器结构形式以及运载体随机运动影响密切相关。由于重力、推力偏心和偏斜影响，加之发射时燃气射流激励的牵连运动影响，使得扰动量加大。对于不同时滑离式定向器结构，采用倾斜发射方式，附加在箭体上的扰动影响尤为明显。为此通过油缸起竖系统的压力变化，估算出发射装置扰动幅值。

火箭离轨后的下沉量，除了和箭架振动性质有关外，主要取决于火箭质量、推力偏心和牵连运动等因素。采用上支承式发射方式，重力是产生下沉量的主要原因，约占总下沉量的 80%～90% 以上。而扰动角速度则取决于弹体和发射装置的结构质量特性、行载激励和环境影响。本文中设计导轨长度为7m，不考虑电分离器闭锁条件。

2　发射装置初始瞄准误差

该火箭发射装置采用三个调平支承进行三点调平。基体底座前后两端分别安装有一个和两个调平支承。定向器位于调平支承下端三角形的中垂面上。在保证三个调平支承相对地面位置固定情况下，通过改变耳轴倾角进行发射方位调整，如图1所示。

当耳轴和基体调平基面成倾角γ后，装订的高低角和方位角便会发生变化，产生新的高低角和方位角。其相互关系如下：

$$\tan\varphi_1 = \tan\alpha \times \sin\gamma ; \quad \sin\alpha_1 = \sin\alpha \times \cos\gamma$$
$$\sin\varphi_1 = \tan\alpha_1 \times \tan\gamma 。$$

另外随着发射装置起竖角度的增大，和耳轴不垂直度对发射方位角的影响越来越大，即方位角随着火箭装订高低角增加而增加，而实际高低角几乎没有发生变化。这种情况会引起较大的落点散布，影响发射精度。所以在加工和装配定向器导轨时，要把耳轴倾角或导轨和耳轴转臂的夹角控制在0.1°以内。如表1所示。

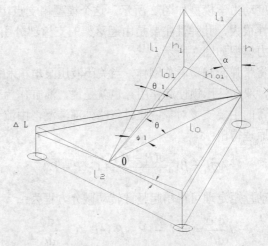

图1　发射架方位调整分析

表1　不同安装角在 $\alpha = 60°$ 时的实际发射角与方位角

序号	导轨转臂夹角	方位角偏差	实际发射仰角	发射角误差
1	0.05°	0.10°	59.999°	0.001°
2	0.1°	0.20°	59.999°	0.001°
3	0.5°	1.00°	59.996°	0.004°
4	1°	1.99°	59.985°	0.015°

3　火箭离轨参数计算

使用 Pro/ENGINEER 软件可以计算出全箭质量特性如表2所示。

同样可以计算得出起竖臂对耳轴的转动惯量为 $J_1 = 3.46 \times 10^4 \text{ kg} \cdot \text{m}^2$ ；火箭关于耳轴的转动惯量为 $J_2 = J_z + mR^2 = 7.02 \times 10^3 \text{ kg} \cdot \text{m}^2$ ；故火箭和起竖臂关于耳轴转动惯量为： $J = J_1 + J_2 = 4.16 \times 10^4 \text{ kg} \cdot \text{m}^2$ 。

表2　全箭质量特性

全箭质量特性	质量 kg	质心 mm	$J_z(\text{kg} \cdot \text{mm}^2)$
满载	1 062.01	3 954.40	2.47×10^9
空载	402.03	3 253.55	1.7×10^9

发动机推力曲线一般是已知的。已知发动机的秒流量和导弹质量的变化，则火箭的滑离速度可以求出。当前滑块滑行距离 S_l 为 3.5m，则 t_l 为 0.39s， V_l 为 21.97m/s。后滑块滑行距离 S_l 为 6.9m，则 t_l 为 0.52s， V_l 为 30.95 m/s。

火箭运动第一阶段为前后滑块在导轨运动；第二阶段为半约束期后滑块滑离这段时间的运动。按照弹道计算和遥测结果得出发射指令到弹动的时间为 0.147 3 s；弹动到前滑块离轨时间为 0.355 s，速度 22.4m/s；弹动到后滑块离轨时间为 0.480 s，速度 31.3 m/s。

4　燃气流激励下箭架系统耦合振动频率

火箭滑离定向器前燃气流对起竖系统冲击作用逐渐增大，直到某一时间达到最大值，此后逐渐减小，直至冲击作用消失。发射系统在激振力作用下进行受迫振动。当频率比 $\lambda \geq \sqrt{2}$ 时，放大引子 $\beta_1 \leq 1$ 。为了达到隔振目的， $\omega_0 \geq \sqrt{2}\omega_n$ 。

通过在一定发射仰角下的模态试验，测得起竖臂运动平面内发射架一阶固有频率为 112 Hz，垂直于起竖臂运动平面方向发射架一阶固有频率为 160 Hz。远大于火箭固有频率。

发射系统俯仰角的改变是由高低起竖机构或者液压缸直接推动实现。为此可以将发射系统简化成两个自由度动力学模型如图 2 所示。这个模型由支点上的刚性起落架和液压平衡弹簧组成。一般来说，起落架的刚性很大，其弹性主要是由起落架的支撑部分引起的。根据燃气流作用下起竖油缸压力变化，俯仰系统的动力模型如图 2 所示。[1]

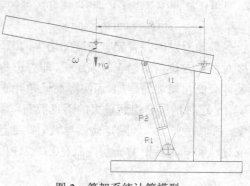

将带弹起竖臂看作刚体，当关闭液压泵电机和截止阀后，双向液压锁便起作用。也就是说，油缸作为带弹起竖臂的主要支撑对象。此时忽略外部渗漏，由流量连续性原理得出：

$$A\varpi l_1 = \beta V_0 \frac{\mathrm{d}(P_1 - P_2)}{\mathrm{d}t} + C_e(P_1 - P_2) \tag{6}$$

根据动量矩定理可得出起竖臂转动微分方程为：

$$J\frac{\mathrm{d}^2\phi}{\mathrm{d}t^2} = mgl_g - (P_1 - P_2)Al_1 - C_f\frac{l_1\mathrm{d}\phi}{\mathrm{d}t}$$

图 2 箭架系统计算模型

由于油缸摩擦系数很小，不计摩擦力，$C_f = 0$ 取 $\frac{\mathrm{d}\phi}{\mathrm{d}t} = dw$

代入上式得出：

$$\frac{\mathrm{d}\omega}{\mathrm{d}t} = \frac{\beta V_0}{l_1 A_2}\frac{\mathrm{d}^2(P_1 - P_2)}{\mathrm{d}t^2} + \frac{C_e}{l_1 A_2}\frac{\mathrm{d}(P_1 - P_2)}{\mathrm{d}t} \tag{7}$$

$$J\frac{\mathrm{d}w}{\mathrm{d}t} = mgl_g - (P_1 - P_2)Al_1 \tag{8}$$

令 $\Delta P = P_1 - P_2$，（8）入（7）：

$$\frac{J\beta V_0}{l_1 A_2}\frac{\mathrm{d}^2\Delta P}{\mathrm{d}t^2} + \frac{JC_e}{l_1 A_2}\frac{\mathrm{d}\Delta P}{\mathrm{d}t} = mgl_g - \Delta PAl_1 \tag{9}$$

设 $V_0 = l_0 \times A$，$t = 0$ 时，$\Delta P = 0$。代入上式：

$$\Delta P = \frac{\varpi}{A}\sqrt{\frac{JA}{\beta l_0}} \times \sin\sqrt{\frac{Al_1^2}{J\beta l_0}}t$$

$$\varpi = \Delta P_m A\sqrt{\frac{\beta l_0}{JA}}$$

火箭发射时，受燃气流作用，利用压力传感器可测出起竖油缸受力腔的压力变化。根据有关试验表明，发射仰角为 $82° \sim 87°$ 时，油缸最大压力变化量为 $5 \sim 5.5$ MPa。代入上式进行计算得出发射起竖臂扰动平均角速度 ϖ 为 $1.19°$ /s。

5 火箭发射起始扰动计算

5.1 火箭半约束期扰动角计算

发射装置采用不同时离轨发射方式，火箭前后滑块的高度一致。火箭在半约束期运动如图 2 所示。[2]

规定沿发射架液压控制台一侧观测，角速度和角度方向逆时针向上为正，利用牛顿定律和动量矩定理可得出：

$$m\frac{\mathrm{d}^2 x}{\mathrm{d}t^2} = F\cos(\delta + \Delta\theta_1) - G\sin\alpha - \mu(N_2 + T_2)$$

$$m\frac{\mathrm{d}^2 y}{\mathrm{d}t^2} = -G\cos\alpha + N_2 + F\sin(\delta + \Delta\theta_1) \tag{10}$$

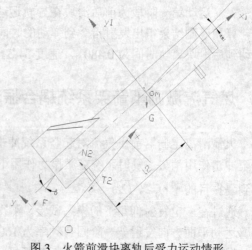

图 3 火箭前滑块离轨后受力运动情形

$$J_Z \frac{d^2\Delta\theta_1}{dt^2} = -M_\delta - N_2 l_2 - \mu(N_2 + T_2)l_3 \tag{11}$$

$$M_\delta = FL_2 \sin\delta + F\cos\delta \times e \tag{12}$$

忽略导轨的纵向变形量，则有： $\qquad y = l_2\Delta\theta_1 \tag{13}$

由（10）、（11）、（12）和（13）式得出：

$$(ml_2{}^2 + J_Z)\frac{d^2\Delta\theta_1}{dt^2} = Fl_2(\Delta\theta_1 + \delta) - Gl_2\cos\alpha - M_\delta \quad (ml_2{}^2 + J_Z)\frac{d^2\Delta\theta_1}{dt^2} = Fl_2\Delta\theta_1 - Gl_2\cos\alpha - M_\delta$$

$$7229.23\frac{d^2\Delta\theta_1}{dt^2} = 178210.5\Delta\theta_1 - 22114.97\cos\alpha - 240.01$$

由此可以算出 $\alpha = 82°$ 时火箭相对定向器转动的最大角度和角速度为 $0.23°$ 和 $3.85°$/s；$\alpha = 86°$ 时火箭相对定向器转动的最大角度和角速度为 $0.13°$ 和 $2.08°$/s。图中角速度和角度方向向下，和规定方向相反，故取负值。

由于导轨定向器的扰动，火箭运动的牵连运动为转动。将火箭运动看作牵连转动和相对转动的合成运动。即绕瞬时轴的转动。前面计算求出发射时起竖臂的扰动角速度 ϖ 为 $1.19°$ /s，根据叠加原理可得到 $\alpha = 82°$ 后滑块离轨瞬间火箭扰动角速度为 $5.04°$ /s。$\alpha = 86°$ 后滑块离轨瞬间火箭扰动角速度为 $3.27°$ /s。

根据火箭遥测数据得出 $\alpha = 82°$ 后滑块离轨瞬间扰动角速度为 $5.10°$ /s。$\alpha = 86°$ 后滑块离轨瞬间火箭扰动角速度为 $3.02°$ /s。可见，计算结果基本和实际结果相吻合。产生误差的主要原因在于环境因素诸如风载荷的影响。如图4～图7所示。

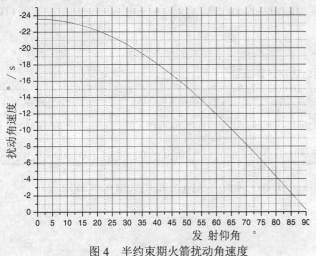

图4　半约束期火箭扰动角速度

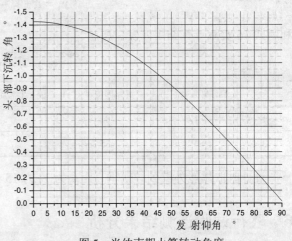

图5　半约束期火箭转动角度

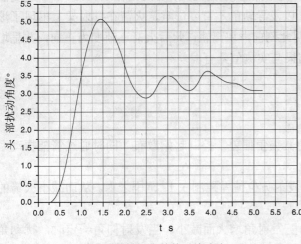

图6　发射后火箭扰动姿态角

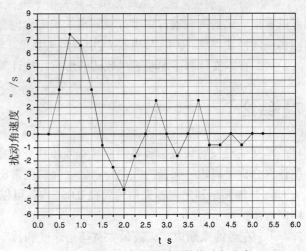

图7　发射后遥测的扰动角速度

5.2 火箭离轨后下沉量计算

设计时定向器的让开量要大于导弹的下沉量（安全系数选取为 1.2～2），否则就会发生碰撞干涉现象。[3, 4]文中火箭后滑块距离尾舱后端 467 mm，滑离速度为 31.3 m/s，由此得出跨行时间为 0.015 s。尾舱后端最低点关于质心坐标为 A（-2576，-233）。

$$m\frac{\mathrm{d}^2 y}{\mathrm{d}t^2} = F\sin(\delta + \Delta\theta_1) - G\cos\alpha \tag{14}$$

由于推力偏心使火箭离轨后下沉同时旋转一定角度 $\Delta\theta$ 时，相当于将发射装置坐标系0XYZ绕Z轴旋转 $\Delta\theta$ 到0X₁Y₁Z₁，此时箭体坐标系为0X₁Y₁Z₁：

$$J_z\frac{\mathrm{d}^2\Delta\theta}{\mathrm{d}t^2} = M_\delta \tag{15}$$

$t=0$ 时，$\omega=0$，$\Delta\theta=0$ 时由（14）、（15）式求得：

$$\Delta\theta = \frac{1}{2J_z}M_\delta t^2$$

$$Y = \frac{1}{2m}F\sin(\delta + \Delta\theta)t^2 + \frac{FM_\delta}{24mJ_z}t^4$$

$$\Delta\theta = 0.00074°$$

$$\begin{bmatrix} X_{10} \\ Y_{10} \\ Z_{10} \end{bmatrix} = \begin{bmatrix} \cos\Delta\theta & -\sin\Delta\theta & 0 \\ \sin\Delta\theta & \cos\Delta\theta & 0 \\ 0 & 0 & 1 \end{bmatrix} \times \begin{bmatrix} X_1 \\ Y_1 \\ Z_1 \end{bmatrix}$$

$$y_A = Y + Y_1 - X_1\sin\Delta\theta - Y_1\cos\Delta\theta \tag{16}$$

利用式16实际计算结果如表3所示。

表3 火箭离轨扰动计算结果

序号	装订仰角 α（°）	实际仰角 α_1（°）	扰动角速度（°/s）	实测离轨角速度（°/s）	计算离轨下沉量 Y_A
1	81.6	81.14	5.04	5.10	0.20
2	86.1	85.28	3.27	3.02	0.11

设计时取尾舱外壁到导轨垂直距离为 Y_1 为 15 mm，可见，火箭离轨后不会出现箭架碰撞现象。

6 飞行试验遥测结果分析

在飞行试验中，遥测系统提供了开关指令跳变前后关键点的数据，T0跳变发生在 0.147 秒。从遥测图可以看出，火箭离轨前，由于导轨和滑块的配合间隙，以及导轨的不直度影响，火箭在发射架上出现了滚动和横向摆动现象。0.4 s 后火箭 ω_z 出现最大负值，表明此刻前滑块离轨；此后火箭逐渐变为正向，并呈增大趋势。在本文计算中忽略了风载荷的影响，故计算结果与实测值具有偏差。

7 结论

本文通过发射装置总装时控制耳轴倾角和导轨定向器夹角偏差，控制起始散布。同时通过箭架振动系统计算分析了离轨后火箭的扰动角，确保火箭正常出轨。

a. 耳轴倾角和定向器夹角偏差在 0.05° 内，可以将发射方位偏差控制在 1° 范围之内。从而减小火箭的横向散步；

b．在半约束期内，火箭最大扰动角速度和扰动角随发射角增大而减小。当发射仰角一定时，扰动角速度和扰动角随着时间的增加而增大。根据 S2 火箭飞行试验遥测数据得出 $\alpha = 82°$ 后滑块离轨瞬间扰动角速度为 5.10°/s，$\alpha=86°$ 后滑块离轨瞬间火箭扰动角速度为 3.02°/s。而计算值 $\alpha=82°$ 时火箭扰动角速度为 5.04°/s。$\alpha=86°$ 时为 3.27°/s。可见，计算结果基本和实际结果相吻合；

c．适当增加基座垂直刚度、定向器结构刚度和阻尼可以减小发射扰动。控制火箭跨行时间，将会有效防止箭体与发射装置磕碰。导轨不平度取单向偏差，箭架间隙适当，发射顺序先上后下，左右交替。提高发射精度。

参 考 文 献

[1] 李宏人.液压控制系统.国防工业出版社,1992.6.

[2] 姚昌仁,张波.导弹发射装置设计.北京理工大学出版社,1998.9.

[3] 芮筱亭等.多管火箭发射动力学仿真与试验测试方法.国防工业出版社,2003.8.

[4] 李喜仁.防空导弹发射装置.宇航出版社,1993.10.

Engineering Calculation of Launch Initial Interfere Inspired with the Fired Flow

Zhao Xianbin，Yue Faren and Wang Yongping

The Design Department of the Forth Academy of CASC

P. O. Box 120，Xi-an，710025

Abstract　In this paper，the libration frequency of the rocket-launcher system with the structure-parameters and pressure values of the working cylinders was calculated. Under the influence of the act of implicating, It also calculated the initial interfere of the rocket running off the rails while the fired flow are now being processed. Finally，This result draw a comparison between the theory and telemetry results in practice. The method provides a reference to the ballistic trajectory analysis and design of The Rocket launcher.

Key words　Rocket launcher；Hydraulic pressure；Fired flow；Thrust eccentricity；Initial interfere

液体火箭发动机多学科设计优化研究进展

郑　韬　方杰　童晓艳　蔡国飙　尘军　王珏

北京航空航天大学宇航学院, 北京, 100083

北京航天动力机械研究所, 北京, 100076

摘　要　针对50吨氢氧发动机的燃气发生器循环系统、再生冷却的短喷管推力室和单级液氧离心泵的叶轮等研究对象, 使用混合优化策略及其他相关的多学科设计优化方法和技术分别开展了相应的设计研究。研究工作表明了开展液体火箭发动机多学科设计优化的可行性和有效性; 同时也为后续的项目研究提供了实用的结果, 并积累了相关的经验和技术。

关键词　多学科设计优化; 数值仿真; 液体火箭发动机

1　引言

多学科设计优化（Multi-disciplinary Design Optimization, 简称MDO）的研究和应用自上世纪八十年代提出以来, 发展迅速。MDO已经从最初的NASA的倡导和发起, 发展为今天的政府、工程单位、科研机构和商业公司等共同参与其中; 同时也从美国传播到世界各地, 包括法国、德国和英国等在内的欧空局所属国家、以及俄罗斯、中国和日本等国家都相继提出了大型的MDO研究计划; 每年都有数个世界级的与MDO相关的研讨会在各地召开。航空航天领域最先认识到开展MDO研究的必要性和迫切性, 已经将MDO技术应用于高超声速飞行器、高速民用飞机、微型飞行器、卫星、运载火箭等各种飞行器产品的设计开发之中[1]。

基于仿真的液体火箭发动机设计往往涉及众多的学科分析, 各学科之间存在较强的耦合关系。对液体火箭发动机进行多学科设计优化, 通过充分利用学科之间的相互作用所产生的协同效应以获得系统的整体最优解, 可以提高设计结果的可信度, 缩短设计周期, 减少研制经费, 从而使液体火箭发动机的设计水平大大提高, 并为型号的研制和设计提供强有力的技术支持[1]。

本文的项目背景为"十五"民用航天预研项目。该项目以我国新一代运载火箭的动力装置——50 t氢氧发动机和120 t液氧煤油发动机为对象, 研究包括发动机系统、涡轮泵、推力室、预燃室和燃气发生器在内数值仿真、多学科设计优化和数据库等技术, 最终建成一个完整的液体火箭发动机数值仿真和优化设计平台, 供工程部门研究和设计使用。本文主要介绍了该项目中关于50 t氢氧发动机的多学科设计优化的研究进展情况。

针对燃气发生器循环系统、再生冷却的短喷管推力室和单级液氧离心泵的叶轮等研究对象, 分别建立了模块化的多学科仿真模型, 分析涉及了几何型面、质量、流动、传热和结构应力等学科内容, 并使用混合优化策略及其他相关的多学科设计优化方法和技术开展了相应的设计研究; 所研究问题的复杂程度和求解的技术难度随着研究对象的不同而有所变化。

在进行关于液体火箭发动机的系统和部件的多学科设计优化时, 还分别对基于分布并行和响应面模型近似的协同优化算法、多目标优化方法、以及基于可靠性分析的设计优化等理论和技术进行了具体地研究和应用, 以便于改善设计优化的过程和结果。

2　燃气发生器循环系统的MDO

本节以燃气发生器循环系统为研究对象, 在模块化的系统仿真程序的基础上, 对系统参数进行了设计优化, 优化目标为最大化发动机比冲和推质比; 并且还开展了基于可靠性分析的设计优化, 在牺牲较少发动机性能指标的同时很好地增强了设计的可靠性。

2.1 模型的建立

2.1.1 仿真模型

系统仿真主要考虑液体火箭发动机的静态特性计算，根据流量、压强和功率三者的平衡来建立参数平衡模型。在此基础上，分别对发动机各主要部件建立计算模型和仿真程序，包括推进剂热力计算程序、推力室仿真程序、燃气发生器仿真程序和涡轮泵仿真程序等。

质量模型采用同类型液体火箭发动机的统计经验方程[2]，根据主要系统参数，分别对推力室、燃气发生器、涡轮泵、阀门和其他组件等进行质量估算。

2.1.2 优化模型

燃气发生器循环系统的多学科设计优化研究包括了推力室、管路、阀门、燃气发生器、涡轮和泵组件、以及结构质量和性能评估等七项内容。各研究内容之间的耦合关系可通过如图 1 所示的设计结构矩阵来表示。

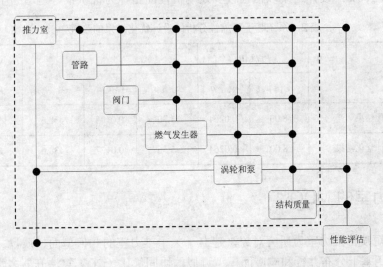

图 1 燃气发生器循环系统的设计结构矩阵

图中虚线框内为系统参数计算部分，其中的推力室、以及涡轮和泵的计算分别提供了推力室推力值和涡轮排放推力值，根据这两个推力求和得到发动机推力及比冲，再连同结构质量计算结果一起用于性能评估的计算，从而实现对燃气发生器循环系统发动机的多学科分析与优化。

优化目标为最大化发动机的比冲 I_e 和推质比 N_e。设计变量为燃烧室压强 P_c 和混合比 r_c。约束条件包括发动机推力 F、混合比 r_c 和比冲等 3 个变量的约束。

2.2 优化方法和技术

2.2.1 物理规划方法

物理规划是一种处理多目标优化问题的方法[3]。它根据每个目标的设计要求将目标划分为软目标和硬目标。硬目标作为约束条件处理。软目标则采用特殊的三次样条映射为类别函数用于反映设计者的设计偏好，类别函数的值越小就表明所对应的目标函数离设计者的期望值越近。对若干软目标的类别函数求和就构成了新的优化目标函数，称为总偏好函数。本文将发动机的真空比冲和推质比都作为软目标，利用二者构造了总偏好函数。

2.2.2 混合优化策略

为了能以较大概率找到最优解，采用了多岛遗传算法和梯度算法相结合的混合优化策略：首先利用多岛遗传算法对优化问题进行全局寻优；在最优解的可能存在域，再利用序列二次规划方法进行局部寻优。该策略兼有全局算法和局部算法的优点，已被广泛使用[4]。

2.2.3 基于可靠性分析的设计优化

基于可靠性的分析和设计一般要考虑参数容差、以及制造和使用中的不确定因素[5]。本文选取的随机变量为燃烧室压强和混合比，允许其变动上下限为均值的 1%；假定随机变量满足正态分布，并按照 3σ 标准，给定随机变量的变动系数为 0.33%。根据上述假设，对通过确定性优化方法得到的最优设计点开展可靠性分析和设计优化，所采用的优化算法为可行方向法。

2.3 MDO 结果及分析

表 1 给出了使用物理规划方法和混合优化策略得到的确定性优化结果的改进情况。与初始值相比，发动机比冲 I_e 提高了 6.3s，推质比 N_e 增加了 30.8 N/kg，改进程度分别为 1.4%和 5.0%。

表 2 给出了基于可靠性分析的设计优化结果的改进情况。与确定性的设计优化结果相比，发动机比冲 I_e 降低 0.6s，而关于发动机混合比 r_e 的约束的可靠性则由 49.80%上升为 100%；设计结果以牺牲较少发动机性能指标为代价很好地增强了设计的可靠性。

表 1 系统 MDO 的设计变量和优化目标的改进

变量名称	设计变量		优化目标	
	P_c / MPa	r_c	I_e / s	N_e / (N/kg)
初始值	11.00	6.00	432.3	617.3
优化值	8.00	5.30	438.6	648.1

表 2 系统基于可靠性分析的设计优化结果的改进

	P_c / MPa		r_c		I_e / s	可靠性	
	均值 μ	偏差 σ	均值 μ	偏差 σ		$F \geqslant F_0$	$r_{e0} \leqslant r_e \leqslant r_{e1}$
确定性的设计优化结果	8.00	0.0264	5.30	0.0175	438.6	99.98%	49.80%
基于可靠性分析的设计优化结果	8.00	0.0264	5.36	0.0177	438.0	100%	100%

3 再生冷却推力室的MDO[6]

本节以再生冷却短喷管推力室为研究对象，建立了关于推力室的几何型面、质量、流动、传热和结构应力的仿真模型，采用基于分布并行和响应面模型近似的协同优化（CO）算法开展多学科设计优化，优化目标为权衡推力室质量、出口比冲和冷却通道压降的综合改善。

3.1 模型的建立

3.1.1 仿真模型

对推力室的二维轴对称型面进行参数化建模，其扩张段的特型曲线通过对 4 个控制点先后进行 Chebyshev 二次多项式拟合和 Hermite 插值得到。推力室的质量则是根据其参数化模型分别对内、外壁进行逐段差分计算得到。

内流场方程采用二维轴对称的 Euler 模型，计算网格数为 80×50，用 LU 隐式计算格式差分求解。在推力室短喷管出口截面处，积分得到推力、比冲等性能值，并为后续的传热和应力计算输出壁面静压和静温分布。

传热计算主要使用 Bartz 公式等经验公式。关于内壁的热传导和冷却剂侧的对流换热都考虑了槽间肋片的散热效应。冷却通道的压降计算则包括了摩擦损失和局部损失。

推力室外壁只承受由冷却剂压力所引起的应力；而内壁承受的是冷却剂与燃气间的压力差所引起的压缩应力和由内壁的温度梯度引起的热应力的组合应力。因此，最大的应力发生在推力室内壁的内表面处；使用经验公式估算该处的最大应力值。

3.1.2 优化模型

优化目标为最小化推力室的质量 M_n 和冷却通道的压降 ΔP_l，及最大化短喷管的出口比冲 I_n。三个目标通过无量纲和线性加权构成评价函数 U，并使其最小化。

设计变量包括喉部后圆弧半径、特型曲线端点和控制点的坐标、内壁厚度、以及扩张段冷却通道肋宽等 7 个结构参数。

约束条件包括 2 个结构约束、7 个几何约束和 3 个目标约束。

3.2 优化方法和技术

3.2.1 CO 算法及其分布并行的实现

CO 算法是一种多级 MDO 算法。该算法将复杂系统分解为若干个子系统，子系统之间不直接发生联系，通过系统级优化来协调子系统的优化结果；子系统的优化目标与系统级的优化目标不一样；子系统可以分布并行运算和优化；只有当系统级所有约束都满足时才能找到一个可行解。

针对本文研究的问题，结合所建立的仿真模型，通过解耦推力室内壁燃气侧的压力和温度边界，可以将仿真分解为两个子系统，从而实现 CO 算法的应用。如图 2 所示，子系统 1 主要为关于推力室流动的仿真优化，子系统 2 主要为关于推力室内壁传热和结构应力的仿真优化；两个子系统的优化算法均为序列二次规划法，系统级的优化算法为遗传算法。

各系统的优化通过 iSIGHT 软件在同一局域网的 3 台星型联接的 PC 机实现双层并行运算。

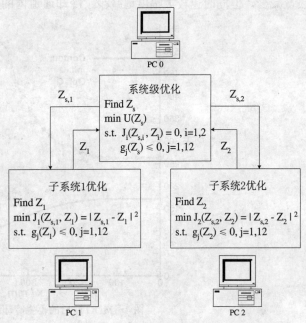

图 2 基于 CO 算法的系统分解及其分布并行的示意

3.2.2 响应面模型近似

为了降低 CO 算法的计算消耗，可以对各子系统采用响应面模型来做近似仿真。响应面模型使用简单的低阶多项式在整个设计空间内拟合目标函数和约束方程，能够减少数值计算的次数，平滑设计空间的数值噪声，并估计最优设计。iSIGHT 软件内嵌的近似模块中就包含了 1 到 4 阶的响应面模型。在本文研究中，两个子系统均采用 2 阶响应面模型近似。

3.3 MDO 结果及分析

表 3 总结和比较了关于推力室多学科设计优化前后的优化目标的相关参数值。可以看出，在短喷管出口比冲略有损失(-0.33%)的情况下，推力室质量和冷却通道压降均得到了明显改善，改进程度分别为 4.28%和 3.96%。

图 3 比较了优化前后的推力室内流场马赫数的分布。由于扩张段的内型面变化不大，所以马赫数曲线基本相同，只是在近壁区域略有差异。因而，优化前后的推力室短喷管出口比冲值变化很小。

表 3 再生冷却推力室 MDO 的优化目标的改进

变量名称	M_n / kg	Δp_l / MPa	I_n / (m/s)	U
初始值	70.12	2.754	2806.30	1.973
优化值	68.12	2.645	2797.10	1.907
改进程度	4.28%	3.96%	-0.33%	3.35%

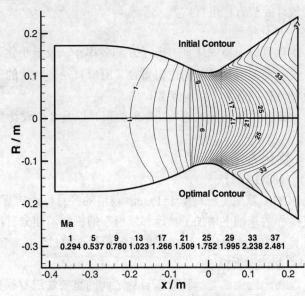

图 3 MDO 前后的推力室内流场马赫数的分布

图 4 比较了优化前后的再生冷却通道内热流的分布。考虑到优化变量主要集中在扩张段，所以该处的热流分布的变化较大。优化后的冷却通道肋宽变小，增大了流通面积，减小了冷却剂的流速，这使得相应的换热量减少，但同时也较大幅度地减少了冷却通道内的压力损失。

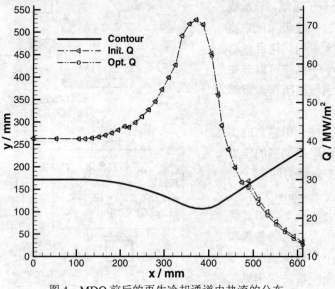

图 4   MDO 前后的再生冷却通道内热流的分布

4   液氧离心泵叶轮的 MDO

本节以单级液氧离心泵叶轮为研究对象，分别采用多目标遗传算法（NCGA）和超传递近似法对叶轮的主要结构参数进行设计优化，优化目标为权衡泵的扬程、效率和泵叶轮质量的综合改善。

4.1   模型的建立
4.1.1   仿真模型

根据图 5 所示的液氧离心泵叶轮的几何参数以及泵的流量 Q、转速 n 和泵内液体密度 ρ 等参数,采用经验公式，分别计算泵的扬程 H、效率 η 和轴功率 N_p。

离心泵叶轮的质量采用类似于 2.1.1 中相应的统计经验方程进行估算。

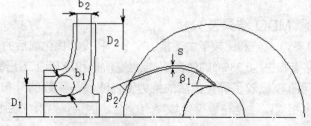

图 5   液氧离心泵叶轮的结构参数示意

4.1.2   优化模型

优化目标为最大化泵的扬程 H 和效率 η、及最小化泵叶轮的质量 M_b。

设计变量包括叶轮的进口直径、出口直径，叶片的进口宽度、出口宽度、进口角、出口角、叶片数，以及叶片厚度等 8 个结构参数。

约束条件包括泵的输入功率的约束、以及 8 个设计变量的约束和 3 个目标约束。

4.2   优化方法和技术
4.2.1   NCGA 算法

NCGA 算法是一种基于 Pareto 前沿的多目标遗传算法[7]。同其他遗传算法相比，它在对种群中个体的交叉操作的基础上增加了"近邻繁殖"的机制，使分目标值接近的个体进行交叉繁殖的概率增大，从而改善了算法的收敛性质，减少了仿真的运行次数。

4.2.1   超传递近似法

超传递近似法是一种对多目标之间的重要性进行模糊评价的方法[8]。该方法首先通过分目标间的两两比较生成二元比较矩阵，然后通过矩阵变换求得超传递近似矩阵，最后求出超传递近似矩阵的最大特征值所对应的特征向量，该向量中的元素即为各分目标对应的最佳权系数。

在超传递近似法中，设计者首先需要根据具体情况，分别设置各分目标的相对重要性，以建立相应的二元比较矩阵。在本文研究中，假设泵的扬程的重要性是效率的 2 倍，是叶轮质量的 4 倍，而泵的效率的重要性则是叶轮质量的 3 倍。

4.3 MDO 结果及分析

图 6 给出了由 NCGA 算法得到的关于泵的扬程 H、效率 η 和叶轮质量 M_b 的 Pareto 前沿。如图所示，该前沿是一条三维空间的凸曲线。曲线的分布满足参数变化的物理分析：随着泵的扬程增高，泵的泄漏量相应增大，从而使得泵的效率逐渐减小；另一方面，推力室的压力会随着泵的扬程的增高而变大，这会导致泵叶轮质量的增加。图 7 显示了该空间 Pareto 前沿在关于泵的扬程和效率的二维平面上的投影。

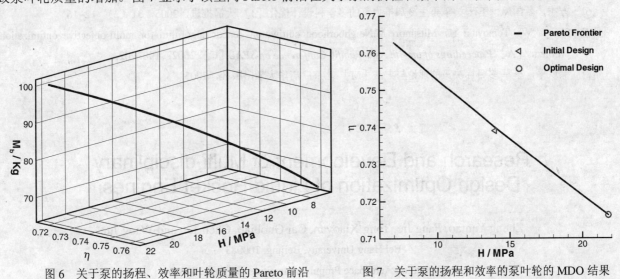

图 6 关于泵的扬程、效率和叶轮质量的 Pareto 前沿　　图 7 关于泵的扬程和效率的泵叶轮的 MDO 结果

根据超传递近似法计算得到的关于泵的扬程、效率和叶轮质量的最佳权系数分别为 0.558，0.320，0.122。使用该组权系数对离心泵叶轮进行加权多目标优化，结果表明：泵的扬程由 14.0 MPa 升高为 21.8 MPa，改进 55.5%；而泵的效率则由 73.9%减小为 71.6%；并且叶轮质量也由 84.6 kg 增加为 100.0 kg。从图 7 所示的初始设计点和最优设计点的分布来看，对液氧离心泵叶轮进行 MDO 之后，设计结果达到了 Pareto 前沿；而超传递近似法确定的最佳权系数则较好地体现了设计者的意图，重要程度最高的泵的扬程分目标，在牺牲了其他两个分目标的前提下，得到了较大程度的改善。

5 结束语

本文主要介绍了对燃气发生器循环系统和若干部件开展多学科设计优化的研究进展情况。

关于燃气发生器循环系统的 MDO，发动机比冲提高了 1.4%，推质比增加了 5.0%；进一步开展的基于可靠性分析的设计优化，则以牺牲 0.6 s 发动机比冲为代价，使得关于发动机混合比的约束的可靠性增强了 51.20%。关于再生冷却推力室的 MDO，在损失 0.9 s 的短喷管出口比冲情况下，推力室质量和冷却通道压降分别减小了 4.28%和 3.96%。关于液氧离心泵叶轮的 MDO，在设定 3 个优化分目标不同重要性的前提下，泵的扬程提高了 55.5%，而泵的效率减小了 2.3%，质量则增加了 18.2%。

结合对发动机型号开展的多学科设计优化，还分别对物理规划方法、混合优化策略、基于可靠性分析的设计优化、基于分布并行和响应面模型近似的协同优化算法、NCGA 算法、以及超传递近似法等理论和技术进行了具体地研究和应用，从而改善了设计优化的过程和结果。

研究工作表明了开展液体火箭发动机多学科设计优化的可行性和有效性；同时也为后续的项目研究提供了实用的结果，并积累了有关液体火箭发动机多学科设计优化的经验和技术。下一步工作将在完善已有的关于 50 t 氢氧发动机系统和部件的多学科设计优化的基础上，进行针对 120 t 液氧煤油发动机的多学科设计优化研究。

参 考 文 献

[1] 方杰.液体火箭发动机多学科设计优化 [D].北京：北京航空航天大学，2005.

[2] 朱森元.氢氧发动机及其低温技术 [M].北京：国防工业出版社，1995：66~73.

[3] Messac A.Physical programming: effective optimization for computational design [J] .*AIAA Journal*，1996，34（1）：149~158.

[4] Koch P N，Evans J P，Powell D.Interdigitation for effective design space exploration using iSIGHT [J] .*Journal of Structural and Multidisciplinary Optimization*，2002，23（2）.

[5] Koch P N.Probabilistic design: optimization for six sigma quality [R] .*AIAA*-2002-1471.

[6] 方杰，蔡国飙，王珏，等.再生冷却推力室的多学科设计优化 [J].火箭推进，2005，31（2）：12~16.

[7] Shinya W，Tomoyuki H，Mitsunori M.Neighborhood cultivation genetic algorithm for multi-objective optimization problems [A] .*Proceedings of the 4th Asia-Pacific Conference on SEAL* [C] .2002：198~202.

[8] 徐玖平，李军.多目标决策的理论与方法 [M].北京：清华大学出版社，2005.

Research and Development of Multi-disciplinary Design Optimization of Liquid Rocket Engines

Zheng Yuntao, Fang Jie, Tong Xiaoyan, Cai Guobiao, Chen Jun and Wang Jue

Bei Hang University, Beijing, 100083

Beijing Aerospace Propulsion Institute, Beijing, 100076

Abstract   The hybrid algorithm and correlative optimization methods were performed on system, combustion chamber and centrifugal impeller of LH_2/LO_2 gas-generator cycle engine. Feasibility and availability were indicated through research effort of MDO of liquid rocket engines. The results and techniques were accumulated for the intending item investigation.

Keywords   MDO; Numerical simulation; Liquid rocket engine

氢镍电池控温技术的研究

周亦龙

中国电子科技集团公司第十八研究所

天津 296 信箱 40 分箱，邮编：300381，zjzyl@eyou.com

摘 要 氢镍电池耐过充耐过放是一种高可靠的空间储能电源，但氢镍电池的电性能受环境温度的影响比较大，尤其是充电过程中环境温度的影响。通过合理的热设计和有效的控温技术可以使星用氢镍电池组在适宜的温度环境下工作，其性能得以充分发挥。

关键词 氢镍电池；氢镍电池组；热设计；控温技术

1 前言

氢镍电池组耐过充、耐过放是目前各种中、大功率同步轨道卫星的首选的一种高可靠的空间储能电源，在阴影区电池组为整星供电，在日照区内由太阳电池阵供电，电池组充电，充电完成后电池组保持涓流充电，等待下一个阴影区的放电。氢镍电池的电性能受环境温度的影响比较大，尤其是充电过程中环境温度的影响。在轨飞行的××等多个型号的卫星[1]，氢镍电池组工作出现一定的异常情况，分析表明都与温度影响密切，氢镍电池控温技术的研究越发显的迫切。

2 氢镍电池的工作原理

氢镍电池正常充放电、过充电和过放电的反应如下[2]：

a）正常充放电

$$\text{正极：} \quad Ni(OH)_2 + OH^- \overset{充}{\underset{放}{\Leftrightarrow}} NiOOH + H_2O + e^- \tag{1}$$

$$\text{负极：} \quad H_2O + e^- \overset{充}{\underset{放}{\Leftrightarrow}} OH^- + 1/2H_2 \tag{2}$$

$$\text{总反应：} \quad Ni(OH)_2 \overset{充}{\underset{放}{\Leftrightarrow}} NiOOH + 1/2H_2 \tag{3}$$

b）过充电

$$\text{正极：} \quad 2OH^- \rightarrow H_2O + 1/2O_2 + 2e^- \tag{4}$$

$$\text{负极：} \quad 2H_2O + 2e^- \rightarrow 2OH^- + H_2 \tag{5}$$

$$O_2 \text{的化学复合：} \quad H_2 + 1/2O_2 \rightarrow H_2O \tag{6}$$

总反应（4）＋（5）＋（6）没有变化,或

$$\text{正极：} \quad 2OH^- \rightarrow H_2O + 1/2O_2 + 2e^- \tag{4}$$

$$\text{负极：} \quad 1/2O_2 + H_2O + 2e^- \rightarrow 2OH^- \tag{7}$$

总反应（4）＋（7）：没有变化

c）过放电

$$\text{正极：} \quad H_2O + e^- \rightarrow OH^- + 1/2H_2 \tag{8}$$

负极：$$OH^- + 1/2H_2 \rightarrow H_2O + e^- \qquad (9)$$

总反应（8）＋（9）没有变化。

氢镍电池正常充电时负极生成氢气（2）式，电池内部压力呈线性上升。过充电时，正极析氧（4）式，负极析氢（5）式，同时发生氢氧复合反应（6）式，或正极析氧（4）式，负极氧还原（7）式，总反应的结果没有变化，即电池的压力、电压和温度维持一个稳定状态。反之，放电时消耗氢气（2）式，电池内部压力下降。过放电时，正极析氢（8）式，负极氢放电（9）式，总反应的结果也没有变化，电池的压力、电压和温度能维持再一个稳定的状态。

3　氢镍电池的温度特性

氢镍电池工作时（充电、放电）伴随有热 Q 的生成，它由极化热 Q_1 和熵变热 Q_2 两部分组成[3]，即

$$Q = Q_1 + Q_2 \qquad (10)$$
$$Q_1 = I \cdot t \cdot (E - E^0) \qquad (11)$$

式中　Q_1——极化热，J

　　　I——充电和放电电流，A

　　　t——时间，h

　　　E——充电和放电电压，V

　　　E^0——电池的可逆电压，V

$$Q_2 = (I \cdot t) \cdot (T \cdot \triangle S / F) \qquad (12)$$

式中　Q_2——熵变热，J

　　　I——充电和放电电流，A

　　　$\triangle S$——熵的改变量，J/K

　　　t——时间，s

　　　T——绝对温度，K

　　　F——法拉第常数，C

极化热是电池内阻产生的热，熵变热是化学反应过程中活性物质的熵变产生的热，极化热总是放出热量，熵变热在电池充电前期是吸收热量，熵变热大于极化热，电池的温度下降；充电后期，由于副反应的加剧，熵变热变成放出热量，电池的温度升高；放电时，熵变热也是放出热量，电池温度升高。

一般来讲，氢镍电池在较低的温度环境下工作，性能比较稳定，比如天津 18 所研制的 QNY₁G110 氢镍电池在低温区（-12 ℃～9 ℃），充电效率高，自放电率低，放电中点电压比 INTELSAT ⅦA 120 Ah 电池高出 40 mV；可以进行更高放电深度（DOD 78%）的充放电循环。在高温区（高于 9 ℃），充电效率低、自放电率高，不适宜进行较高放电深度的循环（DOD 超过 58.3%）[4]。不同温度条件下氢镍电池的放电电压曲线见图 1。

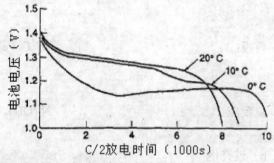

图 1　温度对氢镍电池放电电压的影响

2　氢镍电池的发热量

氢镍电池发热量的测定现在比较成熟，在单体电池外表面粘贴测温热电偶、加热器、跟踪热电偶、然后将其悬吊在同样布有测温热电偶、加热器、跟踪热电偶的防护筒，放在真空罐内就可以进行测定氢镍电池发热量的试验[5]。当氢镍电池以 0.1 C 充电时，在 0～6 h 内，电池的发热量很小，约为 0.002 W/Ah，在充电后期，电池发热量逐渐增大，过充电阶段电池发热量增加很快，最大达到 0.11 W/Ah，所以对氢镍电池

而言，过充电将产生大量的热量，若散热通道设计的不合理，易使电池温度失控。当电池以 0.5 C 放电时，氢镍电池也具有较大的发热量，而且从放电开始一直到放电结束，其值约在 0.103 W/Ah[6]。

有限元模型还能从时间和空间上描绘出氢镍电池的温度变化[7]，图 2 为 100 Ah 氢镍电池 10 ℃下 C/2 放电接近末期的空间温度分布图。

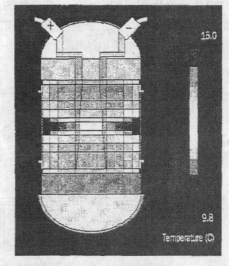

图 2　100 Ah 氢镍电池放电末期的有限元模型

3　氢镍电池组的构成

一般氢镍电池单体通过卡套（sleeve）固定到电池底板（baseplate）上去，卡套与电池之间用一层聚酰亚胺膜绝缘，用硅橡胶粘接和导热。卡套可以设计成比较多的形式，不仅起到将单体电池固定在电池底板上的作用，另外一个重要的方面就是将单体电池产生的热尽快传递到电池底板上去。图 3 为 EOS-AM 氢镍电池组小组件模型图[8]。图 4 为 ISS 氢镍电池组的照片。

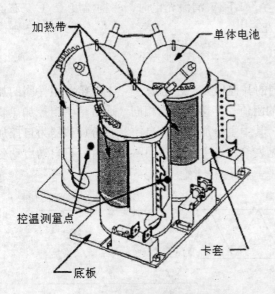

图 3　EOS-AM 氢镍电池组小组件模型图

图 4　ISS 氢镍电池组照片

氢镍电池组的发热量还可以通过测量电池内部氢气的压力来间接获得。假定电池壳的体积是常数；氢气的压力、温度和摩尔数符合理想气体状态方程；电池的充电效率为 100%，那么氢镍电池在充电过程中压力增加的速率与充电电量的增加成比例[9]。这个比例若小于正常值则表明氢镍电池的充电效率降低。充电效率低的那部分电量不用于产生氢气，而是用于产生热。利用基本的热力学方程，通过测量压力、温度和电压三个值对时间的函数就可以能计算出充电效率和发热量。上述方法也可以通过控制软件来实现，所描述和计算出来的发热量用于作为控制算法中的反馈，可以通过改变充电电流来比较好的控制氢镍电池的温度。

4　目前的控温水平

4.1　小组件温度分布试验

目前，在空间氢镍电池的发热量主要通过卡套、底板传向电池舱板，舱板内预埋有平行的 T 型双孔轴向槽道铝－氨热管，并外贴与预埋热管正交的工字型单孔轴向槽道铝－氨热管，组成正交热管网络[10]。电池板外表面布置面积一定的 OSR 散热片，直接将热量排到太空中去，氢镍电池舱示意图见图 5。

由于充电末期电池组上各单体电池的充电效率不尽相同，电池组各个部位的温度出现差异，会导致电池电压之间的偏差。为了了解氢镍电池组在轨工作时，电池单体、卡套、底板、单体电极和电缆的温度分布及变化情况，对氢镍电池小组件进行温度分布试验，温度分布试验小组件照片见图6。

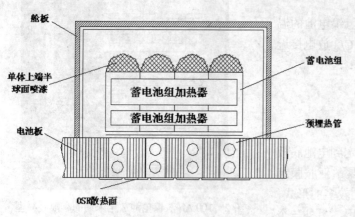

图5　氢镍电池舱示意图

图6　温度分布试验组件照片

　　采取正常的热控措施模拟氢镍电池组实际在轨工作的温度情况，电池组在"分点"76 A放电时的温升约30 ℃，电池与底板之间的温差，约为20 ℃左右，"冬至"1.1 A涓流充电时，平衡温度7 ℃左右，0.55 A涓流时约4 ℃，分点充电及涓流时平衡温度在8 ℃左右[11]。

4.2　电池组的控温技术

　　国内，××氢镍电池组温控设计时将电池组与电池舱内的其他仪器一起考虑[12]。电池组各组件间的加热器各自独立，包括主份、备份2个回路，主备份加热器的阻值和连接方式均相同，通过星上自控加热软件根据设定的温度阈值进行自动控制或地面指令进行遥控，其中主份加热器为自控，备份加热器为自控加遥控。主、备份加热器的控温阈值上限相同，下限不同，见表1。当主份加热回路失效时，可自动启动备份加热回路，见图7。

表1　主、备份加热器的控温阈值

加热器类型	日照区		阴影区	
	上限	下限	上限	下限
主份	−3 ℃	−5 ℃	−8 ℃	−10 ℃
备份	−3 ℃	−7 ℃	−8 ℃	−14 ℃

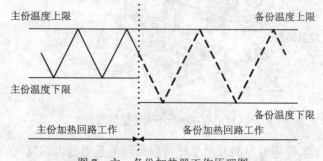

图7　主、备份加热器工作原理图

　　通过热平衡试验发现[13]，氢镍电池组同步轨道分点70 A放电结束时，电池组的温升22～27 ℃，77 A放电结束时，电池组的温升25～29 ℃；同步轨道寿命初期冬至1.4 A交替涓流充电（等效于1 A连续涓流充电）时，电池组温度在0.3～10.8 ℃范围内；同步轨道寿命末期冬至1.4 A交替涓流充电时，电池组温度在14.2～22.1 ℃范围内。若排除试验过程中大功率电缆布局、电池测温点（热电偶）粘贴位置和导热脂填涂范围的影响，温度水平会更理想一些。

　　EOS-AM氢镍电池组规定了冷偏向的热设计（散热速率高于发热速率）[14]，为满足苛刻的单体电池间温差要求（小于3 ℃），在全部的任务期间，选用主动均衡加热控制。为提供一个自动的控制能力，由星务计算机SCC执行主动温控，EOS-AM氢镍电池舱示意图见图8。热敏电阻提供所有108只单体电池的温度数据，控制接口图见图9[15]。

　　每个电池组加热控制分为9个回路，每个回路包括安装在邻近6个单体电池上的主备份加热器，取每6只单体电池温度的数学平均值作为温控输入，通过地面上注软件参数修改星务计算机中的算法调节电池组中各部分的温度。

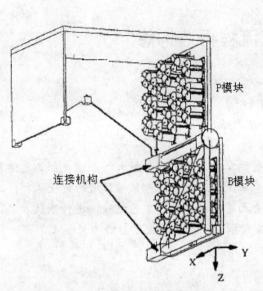

图8　EOS-AM氢镍电池组示意图

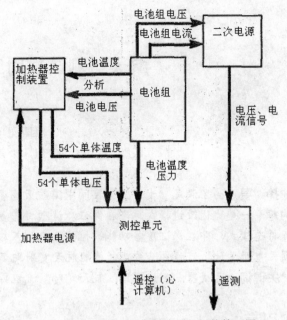

图9　EOS-AM氢镍电池组温控接口图

ISS 氢镍电池组采取主动降温，电池组使用独特的带有辐射热交换功能的底板，电池组 35%DOD 工作时的温度保持在 5 ℃±5 ℃[16]，对氢镍电池组来说，这种温度环境已相当不错了。

5　结论

氢镍电池的控温技术是卫星技术中的难点之一，已经引起一些航天专家的重视，由于目前考虑到电池舱内其他仪器设备的工作温度范围和整星实际温控技术的水平，氢镍电池组的温度环境只能控制在一个较高的程度，工作温度范围也拉的比较宽，相信随着空间技术的进步，氢镍电池的温控技术会达到一个更高的水平。

Thermal Control Technology of Nickel Hydrogen Battery

Zhou Yilong

China Electronics Technology Group Corporation No.18th Research Institute

P. O. Box 296-40, Tianjin, 300381，zjzyl@eyou.com

Abstract　Nickel Hydrogen cell is high reliable power source for spacecraft use, which can tolerate overcharge and over discharge .Whereas environment temperature affects much on electric performance of Nickel Hydrogen battery ,especially when charged period, By proper thermal design and effective thermal control technology Nickel Hydrogen battery may work in appropriate, it can exert its whole capability.

Key words　Nickel Hydrogen cell；Nickel Hydrogen battery；Thermal design；Thermal control technology

航天器测试发射工艺流程再造构想

朱良平　陶桓美　黄舟雷　陈霞

西昌卫星发射中心

四川西昌 16 信箱 5 组，邮编：615000，lpzhu_69@163.com

摘要 为了满足"十一五"期间中国航天高密度发射的需求，提出两种航天器测试发射工艺流程再造构想：一是优化改进模式，即在保证测试项目覆盖性的基础上，对现流程测试项目进行优化调整；二是流程再造模式，即在保证覆盖功能、性能检查的基础上，全面革新测试发射工艺流程，进行测试方法、测试项目重新设计。流程再造构想能缩短航天发射靶场测试发射周期，提高航天发射能力。

关键词 运载器；测试项目；航天发射；流程再造

1 引言

2003 年以前，我国航天测试发射流程在靶场一般采用两个阵地模式，即在技术区进行单元测试和系统测试，在发射区进行系统测试后进行加注发射[1]。2003 年对这种测试发射工艺流程进行了简化，成为现行测试发射工艺流程。现行测试发射工艺流程加强了运载器出厂测试项目，取消了靶场技术区系统测试，使我国运载器靶场测试发射周期缩短近半，较大的提高了我国航天发射能力。如长征三号甲系列运载器在靶场的测试周期缩短了 20 天左右。

在"十一五"期间，中国航天将进入高密度发射周期，为了适应激烈的国际竞争，满足高密度发射的需要，就必须缩短运载器测试发射周期。而缩短测试发射周期最快捷、最有效的方法就是进行测试发射工艺流程再造。本文对流程再造提出了两种方法：一是优化改进模式，主要沿用现行的先分系统、后总检查的模式[3]，在保证测试项目覆盖性的基础上进行优化调整，一般可以缩短发射周期 10 天左右；二是流程再造模式，主要采用新思路，全面革新流程，根据目前航天器产品质量不断提高，并且有严格的出厂测试，在保证覆盖功能、性能检查的基础上，全面革新流程，基本思路是重新设计总检查程序，这样可以不进行单机测试和分系统测试，而是直接进入总检查测试，这样能使长征三号甲系列运载器发射周期最少能缩短 15 天左右，较大的提高发射场发射能力。

随着运载器及地面测试技术的不断发展、产品质量的不断提高，进行测试发射工艺流程再造是紧迫的，也是可行的。本文主要以长征三号甲系列运载器为例进行测试发射工艺流程的再造，对于其他型号运载器可以类似进行。

2 我国航天测试发射工艺流程现状分析

现行航天测试发射一般按照先单机测试、分系统测试、分系统间匹配测试，然后才是总检查测试，最后才是加注和发射[3,4]。这种测试发射模式其实就是如图 1 所示的金字塔式的测试模式（该金字塔主要体现了工作量的大小）。

从图 1 可以看出，在金字塔最上的三层是航天发射必不可少，而其余的测试项目均是为这三层测试发射做准备；从测试项目覆盖性来看，总检查测试覆盖最全面。

而测试发射工艺流程中的每个测试阶段均有部分测试项目是该阶段的中心工作，决定该阶段测试时间的长度，我们称之为**短线项目**；同时还有部分测试项目是后续测试项目的前提，我们将后面的测试项目称为**受限项目**。在进行流程再造时需要围绕这些短线项目和受限项目进行分析，对短线项目进行优化，尽量取消受限项目的受限关系，同时需要取消重复设置项目，合并分散测试项目，达到减少工作量，缩短测试发射周期的目的。图 2 是长征三号甲系列运载器在靶场的测试发射流程示意图。

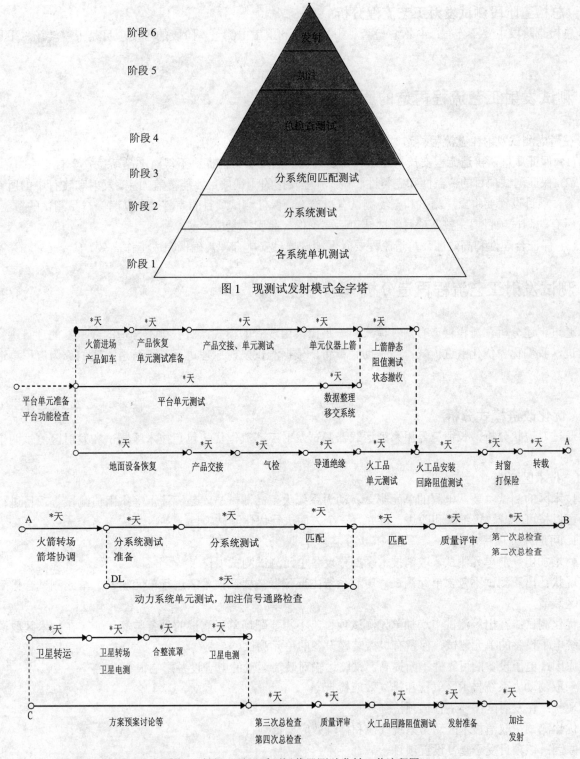

图 1　现测试发射模式金字塔

图 2　长征三号甲系列运载器测试发射工艺流程图

2.1　技术区单元测试阶段测试发射工艺流程分析[3]

从测试发射工艺流程来看，本阶段的**短线项目**就是平台单元测试和动力系统测试，**受限项目**就是箭上静态阻值测试。

2.2　发射区分系统匹配阶段测试发射工艺流程分析

本阶段测试时间较短，是电测系统首次进行箭上加电，从测试发射工艺流程来看，本阶段的**短线项目**是控制系统和遥测系统的分系统测试。

2.3 总检查阶段测试发射工艺流程分析

总检查阶段主要工作有：4 次总检查、卫星转场和卫星电测。本阶段的**短线项目**是卫星转场、卫星电测。

3 测试发射工艺流程再造的原则

在考虑测试发射工艺流程再造时，必须遵守以下原则：

(1) 保证质量。再造流程安排的测试项目以确保产品质量为前提，不得对产品质量安全有影响。

(2) 保证测试项目的覆盖性和完整性。再造流程安排的测试项目要能覆盖加注、发射和飞行中的所有工作内容，项目设置要将出厂测试和靶场测试有机结合，保证测试项目的完整性，以确保产品测试的覆盖性；同时所有的测试项目要完整，项目测试结束后要确保产品状态复位。

(3) 保证合理性和高效性。再造流程要确保测试项目安排合理，确保完成工作高效。

4 测试发射工艺流程再造分析

通过上述分析，流程再造有两种模式：一是原沿用现有的模式，对安排不合理的或重复的项目进行优化改进，我们称为优化改进模式；二是彻底革新，依据测试发射原理进行流程再造，我们称为流程再造模式。

4.1 优化改进模式分析

通过对现状分析，长征三号甲系列运载器测试发射工艺流程优化包括技术区测试和发射区测试两个部分[4]。

4.1.1 技术区测试

技术区的测试主要从电测的单元测试、动力系统火工品测试与安装、箭上静态阻值测试等项目进行考虑，可以按可删减、可缩减和改进、可并行三个方面进行优化测试项目。

1. 可删减的项目

● 增加出厂前单元测试，取消技术区部分设备单元测试测试项目。

现状：出厂测试不包含单元测试，电测系统主要仪器需要在技术区进行单元测试，单元测试合格后在技术区装箭。

优化测试：在出厂测试中增加单元测试项目，不需要靶场单元测试的设备装箭运输，在技术区取消电测系统电子设备的单元测试，保留有机械装置设备的单元测试。

原因：电子设备的可靠性不断提高，铁路运输对装箭运输的电子设备影响很小。

● 取消动力系统技术区气检和排气效应检查

现状：在发射区需要进行该项检查。

优化测试：取消技术区动力系统气检和排气效应检查项目。

原因：该项目受于重复设置项目。

2. 可缩减和改进的测试项目

● 平台单元测试项目简化

现状：平台单元测试主要工作有：功能检查、调平精度测试和 6 组分离系数测试[2]。

优化测试：装箭及备份平台在出厂前完成 6 组分离系数测试，备份平台不进场，装箭产品在靶场技术区只进行 3 组分离系数测试。

原因：技术区 3 组分离系数测试数据与出厂测试数据共同构成平台的装箭数据，满足测试要求。

● 技术区的箭上静态阻值测试取消或改为分段测试

现状：转场前，电测系统在技术区要进行一次箭上静态阻值测试，测试和准备工作需要 1 天时间。

优化测试：将技术区的箭上静态阻值测试改为分段测试。

原因：分段测试可以达到静态阻值测试的目的，还可以减少对三级尾裙、全箭连接的次数。

● 产品交接内容变化

现状：由于单元测试设备装箱运输，所以在对箭上产品交接时需要对没有装箭设备的插头等进行检查。

优化测试：在产品交接时，由于装箭产品不下箭，所以不需要对箭上设备的插头进行检查。

3. 可并行测试的测试项目

● 火工品测试与其他测试项目进行

现状：动力系统的火工品单元测试通常与系统的工作内容串行安排。

优化测试：在运载器进场后就进行火工品单元测试，与产品恢复、产品交接等并行进行。

原因：与其他测试项目并行进行，可以缩减测试时间。

4. 技术区测试发射工艺流程变化情况

按照上述优化方案，现行技术区测试发射工艺流程可以缩短 7 天左右时间

4.1.2 发射区测试

发射区主要从分系统匹配、总检查、加注发射的测试项目进行优化[5]。

4.1.2.1 分系统匹配阶段

可以删减的项目：

● 取消遥测与外安匹配测试

现状：目前在进行遥测系统与外安系统匹配后需要进行控制系统与外安系统、遥测系统匹配。

优化测试：取消遥测外安匹配。

原因：控制系统与外安系统、遥测系统匹配涵盖了遥测外安匹配测试项目内容。

4.1.2.2 总检查阶段

第一次、第二和第四次总检查的测试内容基本上是一致，只是第二次总检查的状态不同，第一次和第四次的状态也相同，所以可以取消第一次总检查。另外卫星采取整体吊装，同样可以缩短卫星吊装、卫星电测时间。

4.1.2.3 加注发射阶段

加注发射阶段的测试检查项目不能减少，但部分准备工作可以提前进行，如常规加注管路的清洗等工作可以提前进行。

4.1.2.4 塔架撤收与恢复阶段

在恢复时分两种情况：连续两次发射是不同型号运载器，需要塔架状态转换；连续两次发射是同型号运载器，不需要塔架状态转换。

● 需要状态转换

如果连续两次发射是不同型号运载器，在发射结束后，需要对测试电缆、测试设备进行撤收，对发射塔架进行检查、恢复和状态转换。

● 不需要状态转换

如果连续两次发射是同型号运载器，在发射结束后，只需要对测试电缆、测试设备进行撤收，对发射塔架进行检查、恢复。

4.1.3 优化改进型小结

通过以上分析和优化，运载器靶场测试发射工艺流程可以优化 10 天左右。

同时在远控和高密度发射的情况下，流程再造需要对状态检查方式、质量评审方式、系统人员的职责与分工、岗位设置、设备备份方案等方面进行重新规划，才能保证测试工作高效合理，才能达到测试发射工艺流程再造的目的。

4.2 流程再造模式设想

流程再造模式的关键是需要根据运载器测试发射的原理对测试项目进行重新设计，主要依靠现产品质量的不断提高和出厂测试的强化，设想如下：在靶场不进行单元测试、分系统测试和匹配测试，测试直接从总检查开始，但需要对总检查测试进行重新设计。在总检查重新设计时要根据推进剂加注、发射和运载

器飞行中的各项工作以及可能出现的各种情况考虑，确保总检查能覆盖所有情况。同时根据再造原则，保证总检查测试项目的完整性、合理性、高效性，并保证产品质量。

4.2.1 取消单机测试、分系统测试和匹配测试

单机测试可以在出厂测试时进行，取消该测试项目不影响测试的覆盖性。

另外总检查测试基本上能包括分系统和匹配测试项目的内容，所以这两个阶段也可以取消。

4.2.2 重新设计总检查测试项目

总检查测试项目需要包括分系统匹配的内容，就需要涵盖发动机活门照相、姿态自毁这两个内容。

另外现行总检查有三个状态、四次总检查，在重新设计总检查时可以将发动机活门照相放到紧急关机总检查中，将姿态自毁项目放到保护关机总检查中，同时还可以只设计三次总检查。

5 结论

要提高我国运载器的发射能力，不但要从测试发射工艺流程上下功夫，还要从测试原理、测试方法、产品质量、组织指挥模式、设备备份方案、岗位设置等方面进行研究，只有这样才可以适应未来高密度发射要求，增强我国航天发射的能力，提高在航天领域的竞争力。

参 考 文 献

[1] 胡世祥.国防科研试验工程技术系列教材－－导弹航天测试发射系统.国防工业出版社, 2003 年 5 月.

[2] 姜复兴.惯导测试设备原理与设计.哈尔滨工业出版社, 1997 年 6 月.

[3] 崔吉俊.火箭导弹测试技术.国防工业出版社, 1999 年 2 月.

[4] 陈新华.火箭推进技术.国防科工委指挥技术学院出版, 1998 年.

[5] 郑荣跃, 王克昌.航天工程学.国防科技出版社, 1999 年.

Redesign Conception of Spacecraft Test and Launch Flow

Zhu Liangping, Tao Huanmei, Huang Zhoulei and Chen Xia

Xichang Satellite Launch Centre

No.5, P. O. Box 16, Xichang, 615000, lpzhu_69@163.com

Abstract   In order to satisfy the needs of frequent launch tasks in China spaceflight, we propose two kinds of redesign conception of spacecraft test and launch flow, the first is to optimize improvement mode, the second is renovation redesign mode. Flow redesign conception can reduce the period of ground test and launch of spaceflight launch, which can improve the capability of spaceflight launch.

Key words   Carrier vehicle; Test item; Spaceflight launch; Flow reduce

西昌靶场航天发射受气象要素影响分析

朱良平　黄舟雷　陈霞　庄轲

西昌卫星发射中心

四川西昌 16 信箱 5 组，邮编：615000，lpzhu_69@163.com

摘　要　运载器测试发射过程对气象条件有严格的要求，恶劣的气象会对航天发射造成严重影响[1]，通过对西昌靶场场区气象要素特征分析，得出了降水、雷电、风、温度四种气象要素对航天发射的影响最大的结论，同时还对气象要素的危害性进行了分析，并针对性地提出了相应的措施，以降低气象要素对航天发射影响程度，为航天发射提供可靠保障。

关键词　航天发射；气象要素；高空风；载荷

1　引言

发射场气象条件对卫星和运载器的测试发射过程有着重要的影响，轻则造成测试推迟，影响发射进程，重则造成设备损坏，甚至导致飞行失败。

西昌靶场地处青藏高原东麓的横断山脉，属中亚热带滇北湿润气候区，独特的地理环境形成了特殊的气候背景[2]。因气象原因导致更改发射时间的情况时有发生，这对发射带来很多的不确定因素，增加了发射风险。如执行××发射中由于环境温度比较高，在常规推进剂加注后，助推和Ⅰ、Ⅱ级箭体结露，导致发射推迟两天；中卫 1 号发射中由于航区气象条件在预定的发射日不满足要求，最后决定提前一天发射。

中心近几年开始将步入高密度卫星发射时期。结合西昌的气候特点，合理安排发射计划、科学组织实施是确保发射顺利完成的关键。因此，为了高效应对后续高密度发射试验，需要认真分析发射场区气象要素对发射的影响范围和程度，对于科学制定航天发射计划、主动规避不利因素、正确实施指挥决策具有较好的指导作用，有利于进一步提高发射场综合试验能力[2]。

2　西昌靶场气象特征

西昌卫星发射中心发射场位于东经 102° 02′，北纬 28° 14′，海拔高度 1800 多米。属于中亚热带滇北湿润气候区，具有低纬度高原冬暖夏凉，四季如春的气候特征[1, 2]。由于西昌靶场的降水、雷电、风、温度对航天发射影响最大，下面主要介绍西昌靶场这四种气象要素的情况。

2.1　气温

年平均气温 14.2 ℃，最高为 14.8 ℃，最低为 13.5 ℃。历年月平均气温最高出现在 7 月份，为 20.3 ℃，最低出现在 1 月份，为 6.3 ℃。

2.2　降水

年平均总降水量 1 113.6 mm，最多为 1 550.8 mm，最少为 898.6 mm。降水量主要集中在 6 月至 9 月份，占全年总降水量的 63.0%。

2.3　雷暴

历年雷暴总天数平均为 58.1 天，最多为 79 天，最少为 43 天，主要集中在 4 月至 9 月，占 82.0%。历年月平均雷暴天数最高出现在 7 月份，为 11.8 天。

2.4 风

地面风：年平均风速 1.3 m/s，最大为 1.8 m/s，最小为 0.8 m/s。历年月平均风速最高出现在 3 月份，为 1.9 m/s。

高空风：发射场区高空风有明显年变化。雨季受青藏高压和西太平洋高压的影响，高空风速很小，9 000 m 平均风速 11 m/s，高空风极端最大为 57 m/s，风向多变。10 月份开始，随着南支急流的建立，高空风波浪式增加，一般在翌年 1 月份达到最大。

3 气象要素对运载器发射的影响

表征大气状态的基本物理量和基本天气现象，统称为气象要素。主要气象要素有气温、气压、风向、风速、湿度、降水、雷电、雾、辐射、云、能见度等，在西昌靶场对航天发射影响较大的主要是雷电、风、降雨和气温，下面分析主要这四种气象要素对航天发射的影响。

3.1 雷电的影响[1]

雷电是云团内部、云团之间、云空之间、云地之间强烈放电的结果。雷电对卫星运载器电测系统有很强的破坏作用，雷电电流形成的强电磁场对电子设备影响很大，同时还会干扰测试结果；还可能引爆易燃、易爆物品，影响火工品操作、产品转场和推进剂加注；运载器在飞行中，遭遇雷电也是致命的，会直接导致飞行失败。

3.1.1 雷云的静电场作用引起的危害

雷云未放电之前，在雷云附近会形成很强的静电场，当雷云运动时，电场的变化就会形成电磁场。这种电磁场可能会对电子设备造成干扰。雷云还会对微波信号的传输造成多径效应，影响微波信号的接收。

3.1.2 雷电电流的热效应

强大的雷电电流通过物体时，会产生很大的热量，加注低温燃料时有大量的易燃燃料在加注现场，这时如果有雷电流经过，就可能会导致灾难性后果。

3.1.3 雷电电流的电磁感应

发射阵地的发射塔架周围有避雷塔，发射塔离避雷塔较近，在避雷塔受雷击时，避雷塔周围就会产生很高的电磁场，这种电磁场的强度是围绕被击避雷塔递减的。分布在摆杆、固定塔电缆井、电缆沟里的电缆、各系统的天线、高频电缆等有各种不同的走向，如果电缆走向与形成的电磁场方向垂直，那么这些电缆就会产生电磁感应，形成感应电流，如果没有可靠的措施把这种感应电流消除掉，感应电流就会对所连接的设备产生危害。

3.1.4 低频电子干扰

雷击时的放电过程中，将产生频率为 30kHz 以下的电磁波，不仅对地面电子设备、指挥通信线路有干扰，还将影响运载器控制、遥测、外安、利用等电测系统的正常测试工作。

3.2 大风的影响[2]

大风的影响要素有两种：地面风和高空风。

3.2.1 地面风的影响

对地面风而言，影响最大的是风荷载和阵风干扰。地面风主要影响有：运载器的可靠吊装与对接；模拟发射时运载器的稳定性以及发射前的稳定性；大的地面风会使固定在塔架上的运载器摇摆，不利于瞄准。

3.2.2 场区高空风对发射的影响

不同的运载器其结构可靠性不同，在飞行中受到的载荷也存在区别，如果运载器受到的载荷超过运载器结构可靠性，就会导致运载器飞行失败。

运载器在飞行中受到的载荷影响最大的就是气动载荷，而气动载荷主要与风速、风向、风切变的高度等有关，所以高空风是影响运载器飞行至关重要的因素。

根据西昌场区高空风的特点和相关计算，在各个射向，气动载荷最大出现在相对高度为 9 000 m 左右的高度上。当运载器飞行方向与空气相对于运载器流动方向平行，也就是运载器完全顺风和完全逆风飞行时，夹角为零，气动载荷最小。

3.3 气温的影响

气温的影响主要有三个方面：一是对元器件影响，长时间高温或低温可能造成元器件功能失效，也可使密封装置失效；二是气温不在常规推进剂理论设计温度范围时，需对常规燃料进行调温；三是环境温度如果超出常规推进剂温度较多时，会使运载器表面"出汗"，使运载器绝缘性能下降。

现在箭上产品均进行过高低温试验，西昌的气温不会超出元器件正常使用温度范围，可以不考虑气温对元器件方面的影响。

3.4 降水的影响

运载器的测试窗口和整流罩不是完全密封的。天然水或凝结水都可能进入仪器舱、箱间段、发动机舱，破坏舱内的环境。水进入插头、电缆，就会造成绝缘下降；水进入仪器内部，就会对仪器造成危害，严重时可造成线路短路，影响电磁阀、火工品等箭上设备正常工作。

降水使空气中的湿度增加，运载器上的"冷源"处特别是低温燃料周围的凝结会增加，电缆、插头、设备中的湿度加大，容易出现漏电现象。

4 气象要素影响的针对性措施

针对气象要素对航天发射的影响，主要是在防止雷电、漏电、气温和高空风这四个方面着手。

4.1 防止雷电的主要措施

雷电对测试发射影响最大，对设备和人身安全危害相当严重，所以在测试发射时必需要采取可靠的措施来防止雷电造成的危害，现主要措施有以下几种。

(1) 防止通过测试用的天线引入雷电或雷电感应，需要对测试天线接地，并在测试结束后将天线撤收或断开天线与测试设备的连接。

(2) 防止电缆感应电荷，长线电缆需要采用屏蔽外套，并对屏蔽外套每 10～15 m 进行一次接地。

(3) 为了确保地面转接电缆屏蔽外套之间连接可靠，需要将电缆转接处用导线连接在一起，使之可靠接地。

(4) 使箭体与地面连接可靠，箭体各级需要接地，在地面模拟电缆与箭体连接时，需要将地面模拟电缆的屏蔽套与箭体地连接。

(5) 加强雷电预测，确保设备产品安全、测试数据可靠，有雷电时要避免设备加电测试、产品转场、加注和发射工作。

4.2 防止雨水造成漏电的措施

漏电会给系统故障分析带来较大难度，所以需要采取一些措施来防止降水对系统产生漏电，应对降水的一般措施有以下几种。

(1) 测试间进行空调通风保障，保证测试间的温度、湿度在要求的范围以内，防止测试间因湿度过大造成设备漏电。

(2) 所有测试电缆均采用有防雨、防潮功能的电缆，防止测试电缆漏电，并对地面测试电缆进行定期检查，防止地面电缆因破损而造成漏电。

(3) 所有的电缆插头要有防雨、防潮措施，对转接电缆插头要包扎密封好，并在里面放置防潮砂和湿度示纸，定期检查示纸情况，一旦发现湿度降低，就要更换防潮砂。

(4) 箭上的所有仪器、设备、电缆的插头需要缠好蓝胶带，防止雨水从箭上插头进水造成漏电。

(5) 在运载器转场前，对所有窗口、仪器安装位置、天线安装位置、排气孔、接地孔等都要做好防雨措施，防止雨水进入舱内；在运载器转场时还要对运载器做好防雨措施，同时应当避免下雨时转场。

(6) 在推进剂加注前做好防结露措施，防止运载器表面的"结露水"流入测试舱内。

(7) 对安装仪器设备的舱内使用防结露空调，防止舱内结露。

(8) 对因雨水造成的漏电，在排查时需要对可疑部位用电吹风进行烘干处理。

(9) 采用防雨罩、防雨蓬等措施。在转场、吊装时运载器穿防雨罩；在加注低温推进剂和发射时，对固定塔增加防雨蓬，提高固定塔的防雨能力；在发射时还可以将活动塔撤离到离运载器较近的位置，如果在发射前一旦降雨较大，可以开回活动塔。

还有做好在各关键点气象的监测、预报工作，特别是转场、紧急关机状态总检查和加注发射阶段的降水监测和预报，避免降水对测试发射造成影响和危害。

4.3 加强常规推进剂温度计算和贮箱温度控制

在运载器推进剂（指常规燃料，即四氧化二氮和偏二甲肼）加注前，要进行推进剂诸元计算。根据气象系统提供的未来 48 小时和未来 72 小时的环境温度预报，计算出加注温度和发射温度，并对推进剂进行升、降温处理[3]。

所谓高温是指环境温度高于运载器常规燃料温度上限，常规燃料的温度上限为一般 20 ℃，如果平均环境温度高于贮箱中的推进剂温度[2]，运载器在大气中就成了一个冷源，当空气达到饱和时，就会在运载器表面出现凝结水，这就是结露，将对运载器电子设备的绝缘性能产生影响，需要采取擦拭、吹除等擦拭，尽量减小漏电的可能性。

当气温预报出现较大偏差或推迟发射时，常规推进剂的温度可能不在理论温度范围内，需将部分或全部常规推进剂泄出，并重新补加，以保证推进剂温度和贮箱气枕满足飞行要求。

4.4 进行风载荷修正

运载器主结构受载破坏的主要模式就是受压失稳。推进剂箱内通过保持压力来使的箱体减少压缩载荷，而箱间段等就必须对结构补强，以承受压缩载荷。

压缩载荷主要有如下部分构成：发动机推力、阻力、惯性力及横向空气动力及控制力。空气动力、发动机的控制力及运载器的惯性力一起，使运载器产生了弯矩。这样在运载器的一侧产生了压缩载荷，另一侧产生拉伸载荷。由于发动机推力、阻力及纵向惯性力等变化小。故载荷变化的主要因素风干扰产生的弯矩载荷[4]。

由于西昌地区气动载荷最大出现在相对高度为 9 000 m 左右的区域内，所以需要运载器在该区域内飞行时进行风载荷修正，使运载器姿态沿空速方向改变姿态，以达到最大风载荷变小的目的。运载器纵轴指向空速方向将会使运载器离开预定运载目标，为此，可以在 q 比较小时使运载器纵轴向反方向转动，在 q 比较大时再沿空速方向，使 $q\alpha$ 最大值较小。当越过最大风载荷区后，再将姿态转到运载所要求的方向。

4 结论

有效载荷对环境条件有非常高的要求，在技术区和发射区都有严格空调保证，且采用整体吊装是发展的必然趋势，因此除卫星加注、卫星转场外，气象因素对卫星造成的直接影响比较小，在靶场气象要素对测试发射的影响主要是作用在运载器上。对运载器影响比较大的因素是：降水、雷暴、高空风和气温。

从西昌气象特征来看，在 1、2、3、10、11、12 月组织发射，气象要素影响小，计划选择制定空间大，防护手段容易满足。其中 10 月份是发射的最佳时机，其他月份要考虑高空风影响，需要通过修改程序角来修正 $q\alpha$ 值，对于东南射向，需要同时对俯仰、偏航通道进行修正，才能满足飞行要求；4~9 月份降水和雷暴会对测试造成影响，目前塔架采取了一些防雨措施，效果比较明显，且降水主要集中的夜间，由于运载器、卫星的转场和总检查一般在白天进行，选择空间比较大。

参 考 文 献

[1] 吴传竹主编.航天器发射场的雷电防护.西昌卫星发射中心出版，1998 年.

[2] 胡世祥主编.西昌发射场风场模型.国防工业出版社，1997 年.

[3] 胡世祥.国防科研试验工程技术系列教材——导弹航天测试发射系统.国防工业出版社，2003 年 3 月.

[4] 龙乐豪.941 工程技术手册.总装备部航天装备总体研究发展中心，1999 年 11 月.

The Weather Factors Analyses of Spaceflight Launch in Xichang Ground

Zhu Liangping, Huang Zhoulei, Chen Xia and Zhuang Ke

Xichang Satellite Launch Centre

No.5, P. O. Box 16, Xichang, 615000， lpzhu_69@163.com

Abstract   The test and launch process of launch vehicle need strict weather conditions. Bad weather will deteriorate affect spaceflight launch. The result is that rainfall, thunder and lightning, wind and temperature are the most influences to spaceflight launch. We also analyze the perniciousness of weather conditions and propose effective measure to reduce the degree of effect to spaceflight launch in order to provide reliability guarantee for spaceflight launch.

Key words   Spaceflight launch；The Weather Factors；Upper air wind; Load

第二篇　空间应用

卫星 ATM 通信网及其业务管理策略综述

鲍莉娜　李杨

中国空间技术研究院，北京，邮编：100094

摘 要 卫星 ATM 网络综合卫星通信和 ATM 网络技术的诸多优势，是国内外的研究热点之一。本文主要介绍卫星通信与 ATM 的结合方式、卫星 ATM 网络的体系结构和关键技术，并对可应用于卫星 ATM 网络的业务管理策略进行探讨。

关键词 卫星通信；ATM 技术；业务管理；拥塞控制

ATM 技术是快速分组交换的一种实现方式，它综合了电路交换和分组交换方式的优点，能在保持较高信道利用率的前提下实现信息的高速传输和交换。将 ATM 技术与卫星通信相结合，既能有效利用卫星的广域覆盖性、广播性等通信特性，又能充分发挥 ATM 信元传输方式的灵活性和适应性，是卫星通信的发展方向之一。

1 基于卫星通信的 ATM 网络

1.1 卫星通信与 ATM 的结合方式

卫星通信与 ATM 相结合有两种方式。第一种采用"弯管"转发方式的卫星，这是一种透明的 ATM 网络，它不改变 ATM 的高层协议，在此网络中，卫星上对 ATM 及以上各层不进行任何处理，所有交换及协议处理在地面的用户关口站和网络控制站中完成，因此能够利用现有的卫星资源和其他设备。目前进行的 ATM 卫星传输试验都是在透明弯管式数字卫星转发器上实现的。第二种采用具有星上处理器(OBP: Onboard Processing)的卫星进行星上 ATM 交换，这样的卫星具有完全的星上信号再生能力，星上处理单元完成多路复用/分用、信道编码/解码和利用多波束配置的星上快速分组交换等功能，因此可以提供与 ATM 的无缝连接并支持小而便宜的用户终端。在此网络中，信息交换由星上 ATM 交换机完成，控制功能主要分布于星上 ATM 交换机与地面控制网络之间。网络采用完全的 ATM 结构，而卫星作为网络的一个节点，其上的 ATM 层是 S-ATM(区别于地面固定网中的 ATM 层)，支持传统 ATM 业务、TCP/IP 应用和 UDP/IP 应用。

考虑到将 ATM 交换机完全搬到星上实现在技术条件上的复杂性，可以采用下面的方案：将 ATM 交换机的部分功能搬到星上，而将大多数要求高速率处理能力的操作在地面完成，如呼叫建立、连接容许控制等操作在地面完成。

1.2 卫星 ATM 网络的体系结构

基于 ATM 的卫星网络（如图 1 所示）与一般卫星通信网络类似，均由空间段、控制段、地面段三部分构成。

控制段由所有地面控制和管理设施组成，包括用于监测和控制这些卫星的地球站（TTC 站），还包括用于网络管理（包括星上资源管理）的地球站。服务站、接口站、用户站申请网络资源时，须获得主控制站准许后方能进行星上交换。

空间段包括 GEO 的一颗或几颗通信卫星，在空

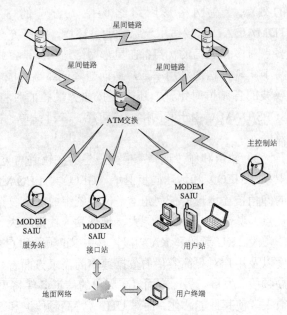

图 1　基于卫星通信的 ATM 网络构成

中对发来的信号起中继放大和转发作用，是卫星通信网络的核心。一颗卫星只能够提供有限覆盖区域的业务，为了扩展覆盖，一个卫星系统可以使用多颗卫星，卫星间通过星间链路相连。本文所讨论的卫星具有星间链路和星上处理的能力。

地面段由多个业务地球站组成。与地球站服务类型有关，这些站的大小可能很不一样，大的天线直径可达几十米，小的只有数厘米。地面段按其服务类型分为三类：1）用户站：如手机、便携设备、移动站和很小孔径终端（VSAT）等，它们可以将用户直接连接到空间段，支持大量小型用户；2）接口站：又称为关口站，它将空间段与地面网络互连，支持用户发送大量信息；3）服务站：如枢纽站或馈送站，它通过空间段从用户处收集或向用户分发信息。

每个地球站为一个独立的 B-ISDN 业务接入点，它配置了 SATM（卫星 ATM 网）接口单元（SAIU），SAIU 由多个 UNI 组成，UNI 可以与地面用户、ATM 交换机、路由器或局域网桥相连，UNI 采用软硬件结合的方式，可以根据用户的具体情况灵活配置[1]。SAIU 的 UNI 把数据转换成 53 字节长的信元，多个 UNI 的信元在信元发送缓冲区中被复用，然后经过编码、调制、选择转发器频段、上变频后以突发方式发送到卫星。接收时按相反程序处理。

地球站和卫星构成一个分布式交换系统，其中地球站负责输入和输出，卫星承担交换任务，呼叫/连接管理和资源分配由主控制站负责。

1.3 卫星 ATM 网络的关键技术

ATM 技术在 B-ISDN 网络中的地面应用基础是高速率、低误码率光纤信道，而在卫星通信环境下采用 ATM 技术将面临一系列特殊的问题，如广播性、信道误码率高、传输时延长等。所以基于 ATM 的卫星通信网络有些特殊约束和要求，如图 2 所示。

正如上图所示，发展基于 ATM 的卫星网络的关键技术包括以下几个方面：

1）网络结构的选择：卫星通信网有星形、网格形、星形与网格形相结合三种主要结构形式。星型结构中，小站之间的通信必须经主站转发才能实现；网格型结构中，任何站之间均可通过卫星直接通信，实时性较好；网格型与星型相结合的网络结构中，通信时采用网格型结构，申请信道和网络管理采用星型结构，这种网络结构更为灵活实用。

2）卫星链路多址方式：在卫星 ATM 网络中，要根据网络结构及所要传输业务的性质来选择多址方式，以获得更高的效率。在网格形网络结构中，首选的多址方式是 TDMA/DA，它较适用于综合业务环境，并能充分利用卫星

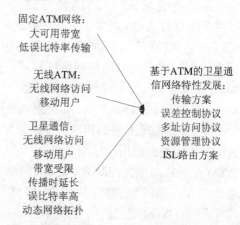

固定ATM网络：
大可用带宽
低误比特率传输

无线ATM：
无线网络访问
移动用户

卫星通信：
无线网络访问
移动用户
带宽受限
传播时延长
误比特率高
动态网络拓扑

基于ATM的卫星通信网络特性发展：
传输方案
误差控制协议
多址访问协议
资源管理协议
ISL路由方案

图 2　基于卫星通信的 ATM 网络的约束及要求

多点对多点通信的优点；在星形网络结构中，各站业务量相对较小，多载波 TDMA 是较好的多址方式，且易于实现，信道利用率高，从而能降低终端的成本，另外，为了平衡各载波之间的业务量，并使采用同一载波的各站忙时错开，还需要按业务量和忙时将所有的站分类；在网格形与星形相结合的网络结构中，SCPS/DAMA 由于其网络操作可靠、管理简单、能同时接受所支持的各种业务灵活组合等优点将得到较大发展。

3）轨道和频段选择：根据卫星所在轨道的类型可将卫星划分为三类，即低轨道卫星（LEO）、中轨道卫星（MEO）和地球同步卫星（GEO）。LEO/MEO 卫星高度低、传输损耗小、时延小，并能以较为合适的仰角覆盖地球的任何角落，但系统组成非常复杂；GEO 则具有覆盖面广、空间技术难度小及易于建网等优点，其缺点是传输损耗大、地球站天线尺寸大、空间线路传输时延大。卫星通信常用的频段有 L 频段、C 频段、KU 频段和 KA 频段，其中 Ku 频段和 C 频段是当今卫星最常用的两个频段。但是从技术发展的角度以及用户对更高容量的数据速率的需求方面看，卫星频段必然向 Ka 频段、SHF（超高频段）及 EHF（极高频段）发展。另一方面，高频段的信道条件将更为复杂，大气吸收和降雨对 Ka 和 EHF 的传输性能影响很大，使其性能恶化，而对 UHF（特高频段）和 SHF 的影响较小，因此要保证通信的可靠性，就要做到多频段的结合和互补。

4）差错控制技术：在卫星 ATM 网络中，Ku 和 Ka 波段的雨衰和大气吸收易引起突发错误和随机错误。空间辐射及卫星姿态扰动导致信道稳定性变差，也会导致较高的差错率（10^{-7}甚至更高）。因而，有必要采用高效、纠错能力强的差错控制技术。涉及的问题是：纠错编码的理论及其实现；如何根据信道与信元的特点选择差错控制方式。采用交织技术、Turbo 码、级联码等差错控制方法均可获得较好的效果。

5）调制解调技术：卫星信道功率受限，因此通常选用功率利用率最高的相移键控（PSK）调制方式。PSK 的变形有 BPSK、QPSK 和 OQPSK，从带宽效率看，后两者是前者的两倍；从抗干扰性能和复杂性看，BPSK 最简单，抗干扰效果最差，OQPSK 抗干扰能力最强，但实现最为复杂，QPSK 的两项指标居于二者之间。采用∏/4-QPSK 后，带限滤波器引起的包络起伏和非线性放大引起的频谱失真都大大减小，很适于作为卫星 ATM 网络的调制方式。

6）业务管理技术：即为本文所要讨论的内容，此处不再赘述。

2 卫星 ATM 网络中的业务管理策略

相对于地面 ATM 网络使用的光纤信道，卫星的带宽是有限的，更容易在数据传输中发生拥塞，再加上卫星通信不可避免的长传输时延，需要更为有效的业务管理[2]。业务管理包括流量控制和拥塞控制。拥塞是发生在 ATM 层中的网络元件（如交换机、传输链路、交叉连接）中的一种状态。在这种状态下，网络不能完成规定的指标性能。流量控制是为了避免网络拥塞而采取可能的措施，以适应无法预知的业务流量的变化及网络中的其他问题。拥塞控制是当网络已经拥塞时，采取措施减少拥塞所带来的影响，避免拥塞进一步加剧。

为实现流量控制和拥塞控制，ATM 网络必须做到如下几点：

1）在呼叫建立时，进行一系列称为连接容许控制（CAC）的操作以确定接受还是拒绝用户的连接请求[3]，这些操作中可能包括获取连接的路由等操作。

2）建立使用率参数控制（UPC）以监视和调节用户—网络接口中的话务量。

3）通过使用信元丢失优先级（CLP），接受用户的输入并为不同类型的话务建立优先级。

4）建立话务整形机制，以便在管理用户—网络接口处的所有话务（具有不同的特性）时能达到规定的目标。

以下将对常用的业务管理策略以及一些业务管理的新思想进行介绍。

2.1 常用的业务控制策略

2.1.1 传输整形策略

针对 ATM 中传输流的突发性，根据排队理论，改善输入流进网络的统计特性，使信元到达网络这一随机过程的统计特性尽量平滑，则服务质量（延迟和丢失率）好，能从一定程度上避免拥塞。

2.1.2 基于信用的流量控制策略

在逐段（链路到链路）的基础上运行。下游节点向上游节点发送信用，直到源发端。这些信用使发送节点可以向下游发送话务。发送节点未收到信用时，必须等待（并停止发送），直到信用到达。在及时调整带宽方面要有效得多，但其额外开销较大。

2.1.3 基于速率的流量控制策略

这是 ATM 论坛和 ITU 定义的标准流量控制方式，与帧中继的拥塞通知操作非常相似。ATM 节点可以向目的端发送前向拥塞通知信号；目的端的用户向源发端用户发送后向拥塞通知信号。通过一些算法，源发端将停止发送信元。实现起来比较经济，但对前向和后向拥塞通知信号做出响应而引起的时延可能导致网络发生振荡。包括前向显式拥塞通告、反向显式拥塞通告、均衡速率控制算法、智能拥塞控制算法等几种算法。

2.1.4 明确话务量上限的拥塞控制策略

该策略可由漏桶算法或令牌池实现，这两种算法都定义了系统所能允许的最大话务量。

漏桶算法中桶的容量是有限的，每到达一个信元，它的内容就减少一个单位；每送出一个信元，它的内容就增加一个单位。桶实际上是在每一条连接的 UNI 网络端维护的大量计数器。桶中内容少于或等于界限时，到达的信元是符合要求的，可以被传输出去。

在令牌池算法中，令牌生成器周期性的发出一些称为令牌的值，并将它们放入令牌池中，信元只有取得令牌才能有效传输。当信元被送入网络之后，从相应连接的令牌池中减去发送的信元数。如果用户发送超额的话务，令牌池将被耗尽，即用户已用完他的令牌。在此情况下，网络可能将信元中的 CLP 位的值置为 1，然后让其进入网络；或者信元可能在用户—网络接口处即被丢掉，而不再作进一步处理。有些方法为每条连接使用两个令牌池，一个令牌池用于记录用户将 CLP 位置 0 的信元（主令牌池），另一个用于记录用户将 CLP 位置 1 的信元（辅助令牌池）。这种方法使得用户在一定程度上可以控制哪些信元可以被丢弃，因为 CLP 位置 1 的信元不会占用主令牌池中的令牌。

2.1.5 开环拥塞控制策略

拥塞控制方法根据是否采用网络的反馈信息来进行控制分为开环和闭环两种。开环控制方法是一种预防式控制策略，它利用一些先验知识或采用一些手段来对信元流量进行约束，以尽量减少拥塞发生的概率，其特点是时延较小，但所施加的控制与当前的网络状态无关。

2.1.6 闭环拥塞控制策略

闭环拥塞控制是一种反应式控制策略，当网络出现拥塞时，交换机向源端发出控制信息来减少源的发送速率。长延时是其最大的缺点，但是有些业务的突发长度可长达几秒甚至几分钟，它相对于卫星延时可比，此时采用闭环控制方法是很有效的。基于星上处理的闭环控制方法有地面丢弃法、优先权标记法等。目前已有一些学者对优先权标记法进行了比较深入的研究，并通过仿真验证了该方法的有效性[4]。

2.2 一些新的思想

流量及拥塞控制的最终目的是为了保证网络的鲁棒性，即通过采用一些控制方法，使得网络在任何情况下都能满足 QoS 要求。控制理论是一门相当成熟的系统理论，将其运用于 ATM 网络的流量及拥塞控制会达到很好的效果[5]。近几年来，已有专家学者在这方面作了一些尝试。以下将对此方面进行简要介绍，并根据卫星 ATM 网络的特点提出一些可行的拥塞控制方法。

2.2.1 经典控制理论应用于拥塞控制

控制器先从交换机中取得当前交换机中数据队列的长度和发送端的发送速率，经过运算，确定一个发送端应遵从的速率，它作为控制信息发给发送端，发送端接到这个控制信息后，调整自身的发送速率，以避免拥塞或解除拥塞。显然，发送速率和数据队列长度大致成反比，控制器可以采用 PID 调节器实现。问题的关键在于对队长的建模和调节器的设计。

2.2.2 智能控制理论应用于拥塞控制

近年来，智能控制理论和技术获得了很快的发展，它主要用于解决那些用传统方法难以解决的复杂系统的控制问题。智能控制技术包括神经网络、模糊逻辑、遗传算法、自适应控制等几个较为成熟的方法体系。可利用神经网络的学习能力，让其对网络的动态特性进行概括和总结，在此基础上调节发送端的发送速率，以达到避免和解除拥塞的目的。也可以利用遗传算法的寻优能力，结合最优控制思想，将路由器队列或接收端缓冲区中的数据表示为各个发送端发送速率和时间的函数，寻求一个在避免拥塞的情况下保持网络利用率最大的控制规律，即将最优控制的思想引入网络业务管理。还可以利用模糊神经网络控制器预测下一个将要到来的信源流特征，结合当前缓冲区中的队列信息，事先估计出网络的运行状况，不用等到拥塞瓶颈给出拥塞信息后再调整，而是发送端先主动地减小发送速度，就可以避免拥塞。也可以将动态规划思想应用于拥塞控制：这是一种全局的管理策略，针对多个连接共享有限的几个物理链路的情况，合理地分配和管理各个连接占用带宽的策略，假设在网络中运行一个动态规划算法，这个算法可以分析网络状况，寻找网络中的空闲资源，调整路由途径，从而可以动态地选择一条经过优化的传输链路，使数据经此路由传输时速度最快

考虑到卫星星上处理功能有限的特点，将过于复杂的控制算法搬到星上实现受各种因素影响较多，这不仅会使设备复杂化，不利于工程实现，可能还会取得反效果。因此，必须在地面完成部分话务管理功能。如可由地面主控制站进行 CAC（连接容许控制），将数据流整形、拥塞控制算法等在 SAIU 处进行，并须将这些控制算法进行适当改进，简化控制率，采用高速处理设备，以减小时延，适应卫星 ATM 网络的需要。

3 结束语

卫星 ATM 网络结合了卫星通信和 ATM 网络技术的诸多优势，特别是基于星上处理的卫星 ATM 网络，既能发挥卫星投资少、见效快、覆盖面积大等特点，又能充分发挥 ATM 网的灵活性和适应性。目前，欧洲、美国、日本、加拿大和澳大利亚对卫星 ATM 网络已经进行了广泛的研究，并对卫星 ATM 层的性能进行了测试，取得了良好的试验效果；有些国家将在近期开始提供卫星 ATM 网的商业服务。随着星上处理技术和业务管理技术的进步，相信卫星 ATM 网络将会提供更多更高质量的服务，得到更为广泛的应用。

参 考 文 献

[1] 吴诚夫，马正新，曹志刚. 基于星上交换的卫星 ATM 系统设计. 现代电信科技，2002 年 7 月第 7 期.

[2] Stephen Olariu and Petia Todoroua.Resource Management in LEO Saellite Networks,IEEE,2003.

[3] Antonio Iera, Antonella Molinaro and Salvatore Marano.Call Admission Control and Resource Management Issues for Real-Time VBR Traffic in ATM-Satellite Network.IEEE JOURNAL ON SELECTED AREAS IN COMMUNICATIONS, NOVEMBER 2000 .

[4] 王勇前,马正新，曹志刚.基于星上处理的卫星 ATM 拥塞控制算法. 清华大学学报（自然科学版），1999 年第 39 卷第 5 期.

[5] 熊辉，王耀青. 控制理论在拥塞控制中的应用及若干新思路. 武汉科技大学学报（自然科学版），2002 年第 1 期.

Satellite-based ATM Networks and Its Resource Management Strategies

Bao Lina and Li Yang

Chinese Academy of Space Technology, Beijing, 100080

Abstract   Satellite ATM (Asynchronous transfer mode) networks are expected to offer many advantages both of satellite communication and ATM technology, and this technology becomes a hot research area. This paper introduces the integrate methods of satellite communication and ATM, the structure and key issues of satellite ATM networks, and discusses some resource management strategies which can be used in satellite ATM networks.

Key words   Satellite communication; ATM; Resource management; Congestion control

我国第一个太阳观测卫星—SST

常际军

中国空间技术研究院研发部

北京市 5142 信箱 109 分箱，邮编：100094，changjijun@cast.cn

摘　要　空间太阳望远镜（SST）作为国家"十五"背景型号，是我国第一颗用于对太阳进行连续观测的空间科学卫星。本文概述了 SST 科学目标，说明了为实现 SST 科学任务目标对有效载荷和平台的基本要求，剖析了卫星总体关键技术，总结了所取得的预研成果。

关键词　空间太阳望远镜；主望远镜；精密姿态控制；精密热控；天线运动仿真

1　空间太阳望远镜（SST）的科学目标

空间太阳望远镜（SST），是国家"十五"重点背景型号，是我国第一个用于对太阳进行连续观测的科学卫星。卫星重约 2 吨，工作寿命 3 年，其飞行外形如图 1 所示。

太阳是天文学研究的重要对象之一。由于太阳磁场主宰着太阳活动，太阳磁场特征发生在相对小的尺度上，因此高分辨率太阳磁场观测是目前和未来太阳物理研究的最重要课题。

SST 的科学目标是：（1）以磁元探测为突破点研究太阳矢量磁场和速度场的精细结构和三维结构；（2）研究太阳大气精细结构，尤其是色球和日冕加热现象；（3）研究太阳耀斑能量的积累、存储和释放的物理机制；（4）研究太阳活动区在精细尺度上的演化；（5）研究日地空间环境中的多种太阳瞬变现象；（6）提供预报太阳活动以及相关灾害的多种参数。

图 1　太阳望远镜飞行外形图

2　任务需求分析

2.1　SST 有效载荷配置

SST 的科学目标决定了其观测仪器必须具有下述特性：

➢ 高空间分辨率、高辐射分辨率、高光谱/频谱分辨率；

➢ 探测频段应尽可能覆盖粒子辐射、可见光辐射和极紫外辐射及射电辐射全波段。

为实现 SST 科学目标，SST 卫星将配置五种观测仪器：（1）主光学望远镜（WOT）；（2）极紫外望远镜（EUT）；（3）Hₐ 和白光望远镜（HWT）；（4）宽波段光谱仪（WBS）；（5）太阳和行星际低频射电频谱仪（SIR）。在实现 SST 总体科学目标方面，上述五种科学仪器中 WOT 所起的作用是最关键的。

2.2　SST 有效载荷性能要求

2.2.1　主光学望远镜（MOT）

MOT 主要技术特征是通过一个约 1M 口径的主光学成像系统与近十个通道两维同时偏振光谱仪组合，获得可见光优于角秒级的空间分辨率的太阳图像，时间分辨率为秒级。MOT 包括光学成像系统、两维光谱仪、相关摆镜三个主要部分。MOT 有三种太阳观测模式：爆发、活动和宁静目标成像模式，其积分时间分为数十秒钟至数十分钟几挡。

2.2.2　极紫外成像望远镜（EUT）

EUT 用于观测日冕中高温活动区的精细结构及其长时标和短时标演变。EUT 由四个口径为约 100 mm

不同波段的望远镜组成，像元分辨率为角秒级，时间分辨率为秒级。

2.2.3 Hₐ和白光望远镜（HWT）

HWT 用于色球耀斑和白光耀斑观测，其主镜口径约 100 mm，像元分辨率为角秒级，时间分辨率为秒级。

2.2.4 宽波段光谱仪（WBS）

WBS 研究太阳活动的高能辐射，提供耀斑曝发能量储存、释放和传播的演化信息。它由三个子仪器组成：软 X 射线光谱仪，数百个能道，时间分辨率为秒级；硬 X 射线光谱仪，数百个能道，时间分辨率为秒级；伽玛射线光谱仪，数百个能道，时间分辨率为秒级。

2.2.5 太阳和行星际射电频谱仪（SIR）

SIR 可以提供对太阳和行星际低频射电观测。该仪器与地面射电探测仪器组网，以观测和研究太阳风和高能粒子在外日冕的加速，太阳风中冕洞及超冕洞电子起源等重大问题。SIR 仪器频率范围几兆赫至几十兆赫，拥有上百个通道。

2.3 SST 飞行任务要求

为了实现 SST 太阳观测使命，SST 总体设计应满足下列飞行任务要求：

➤ 太阳观测方式——日面/黄极定向
➤ 全日照观测——最小星蚀期
➤ 太阳观测保持精度——优于角秒级
➤ 姿态太阳定向精度——优于角分级
➤ 日面观测区机动范围——±15′
➤ 科学数据单站接收——约 100 Mbps
➤ 寿命——3 年

2.3.1 轨道选择

基于 SST 对太阳观测高时间分辨率的要求，轨道选择应尽可能避免地影，使卫星在一年中的绝大部分时间里，SST 都在全日照下飞行。由此卫星应选择与太阳光近似垂直的太阳同步轨道。

在综合考虑卫星质量、运载能力、轨道退化等因素后，选择 730 km 高度太阳同步轨道，其降交点时下午 6 点，回归周期为二天。

这条轨道在一年内轨道光照情况的变化如图 2 所示。

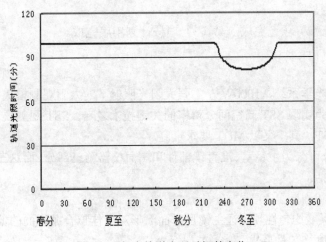

图 2　一年内轨道光照时间的变化

2.3.2 精密姿态控制要求

SST 主望远镜分辨率优于角秒级，而卫星轨道运动和姿态随机抖动都将会造成望远镜光轴的抖动，从而模糊目标成像。目前卫星姿态控制精度还达不到角秒量级。为此，SST 通过两级图像定向稳定控制实现优于角秒量级的成像指向稳定要求。

由于 MOT 相关摆镜视场为十几角秒，故要求卫星平台对太阳定向也要达到此种精度，实现这个精度的关键技术之一是角秒级太阳敏感器——太阳导行镜。在导行镜锁定太阳后，再由安置于 MOT 光路中的相关摆镜以优于角秒的精度实现主镜光轴精确地动态跟踪目标。

SST 有效载荷对姿控的要求如下：

> 指向精度要求：偏航　　优于角分级

　　　　　　　　俯仰　　优于角分级

　　　　　　　　滚动　　角分级

> 姿态机动稳定时间数分钟

> 姿态稳定要求：偏航　　每秒几角秒

　　　　　　　　俯仰　　每秒几角秒

　　　　　　　　滚动　　每秒几十角秒

> 对卫星局域高阶模振幅、振频的要求：

$2\pi \cdot f \cdot A \leqslant \pm 3('')/s$，式中 A 为振幅，f 为频率。

3　SST 关键技术攻关情况

3.1　有效载荷

SST 有效载荷的主要关键技术项目有：

（1）主光学望远镜

> 高分辨率光学成像系统

> 磁分析器/滤光器

> 相关摆镜

（2）极紫外成像望远镜

> 光学加工

> 光学镀膜

> 系统集成

> 光学装调

（3）科学数据处理单元

> 星载可重构计算机设计

> SDPU 可靠性保证技术

上述三项中第（1）和（2）项已完成，第（3）项按计划年底完成。

3.2　精密热控技术

SST 所采用的大口径光学系统，1000W 左右强大阳光照射下的太阳观测模式，以及高精度温度稳定的技术条件，使精密热控成为实现 SST 高空间分辨率的关键技术之一。SST 观测仪器中对温度条件要求较高的两个仪器是 MOT 和 EUT，其中又以 MOT 要求最高。

MOT 从结构角度划分可分为主镜室、准直镜部件和焦面仪器箱三部分，而这三部分又靠主构架来连接。

SST 主要热控要求包括：

（1）主构架温度水平和周向温差要求。

（2）主镜轴向和径向温度均匀性须保证主镜反射面面形对最佳拟合抛物面的偏离在规定的允差范围内。

（3）准直镜系统的温度均匀性要求。

（4）EUT 每个望远镜轴向和径向温度均匀性要求。

（5）卫星平台的一般仪器设备控制在-10～+45℃。

SST 精密热控问题包括以下预研攻关内容：

（1）主构架系统热控技术研究

（2）主镜温度均匀性研究

（3）准直镜系统大热流密度的排散研究

（4）极紫外成像望远镜温度均匀性研究

光－机－热集成分析结果表明，采用被动和主动热控相结合控温技术，可以满足 MOT 主构架和主镜温度均匀性热控指标要求。

针对准直镜系统大热流密度的排散而进行的热管散热方案原理上合理可行，热管的实际传热性能已通过原理样机的试验验证。

EUT 温度均匀性研究已确定，EUT 前端的滤光片光学特性和位置是影响望远镜温度的关键因素。根据热分析结果，对望远镜结构设计进行了部分修改，修改后整个结构的温度更加稳定。

MOT 主镜组件的热平衡试验验证了主镜组件热设计的正确性，解决了整星热平衡试验中的一些关键技术。

3.3 总体构型和结构方案设计

SST 整星构型经历了从"捆绑式"到"贯穿式"的论证过程。捆绑式构型是基于一束捆绑的光学望远镜，它包括 MOT 和与它联结在一起的其他 4 个望远镜，采用的是 MOT 主构架与平台主构架统一构形的概念。该种构型的缺点是由于所有服务系统设备捆绑于望远镜本体结构上，将给望远镜本体结构的精度保持带来很大负担。

"贯穿式"构型是把望远镜主体下沉安装到卫星平台的底部，从而可以大大降低望远镜本体在整星的重心高度并减小其振动响应，体现了以载荷为主的基本设计思想。

贯穿式的平台结构采用中心承力筒与板架组合的结构形式。为了满足望远镜在平台内部的贯穿式安装，承力筒要做成变截面的，上部一段直径大，下部一段直径小，这样承力筒有上、中、下三个端框，MOT 直接连接到中端框，卫星平台也通过中端框向下传力。

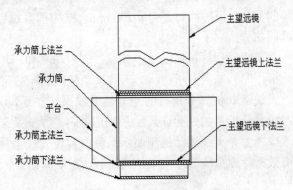

图 3　MOT 与平台的连接法兰示意图

SST 由平台、MOT 组件和太阳翼组成。卫星平台结构既支撑卫星服务系统的全部设备，又支撑 MOT，其设计重点是一个能容纳 MOT 安装的变截面承力筒，由于变截面的结构形式引起的应力集中问题只能以较重的材料代价来实现功能。

MOT 主结构设计的重点是使桁架的杆系合理布局以满足刚度和载荷安装要求，在稳定性上要在"一定程度上"实现光学系统的精度要求（因为还要通过在轨调节机构实现最终的精度要求）。

3.4 精密姿态控制技术

为了实现 SST 高精度的要求，姿控系统完成了以下三项关键技术攻关：

（1）关键部件研制

完成了具有角秒级精度的太阳敏感器——太阳导行镜和高精度执行机构——高精度速率控制动量轮样机的研制。

（2）控制方案设计

控制方案设计包括姿态确定、控制律设计、误差分析、稳定性分析、角动量管理、数学仿真等研究内容。

（3）全物理仿真试验

通过地面气浮台试验验证姿态控制系统方案的可行性，完成基本控制参数确认及关键部件的技术指标确定。图 4 为全物理仿真实验装置，中间细长部件为导行镜。

姿态控制系统数学仿真分析及全物理仿真试验验证结果表明，姿态控制系统方案可以实现 SST 观测仪器的精度要求。

3.5 数传运动天线

SST 卫星对日定向，没有固定对地面。为了满足星上科学数据有效下传到地面站，星上数传天线覆盖区域，在以星体为中心的 4π 空间中应大于 88%。

通过固定波束和定向天线比较分析后，得出采用定向天线方案优点明显的结论。定向天线采用双轴机构实现波束覆盖。鉴于方位-俯仰方式固有盲区的存在，双轴机构采用 X-Y 方式。

数传天线原理样机组成及展开状态构型如图 5 所示。

图 4　全物理仿真装置

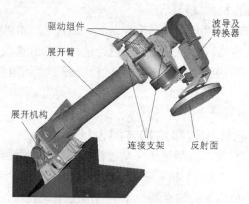

图 5　数传天线原理样机各部分的基本组成及展开状态构型

数传天线分为天馈子系统和机构子系统。天馈子系统包括天线反射面、小型馈源、旋转关节、馈电组件等四部分，反射面口径为 $\Phi200\,mm$。机构子系统包括展开机构、双轴定位机构、展开臂组件及驱动控制器等四部分。

在天线原理样机研制中，完成了三项仿真和一项系统演示验证试验：（1）天线运动仿真分析；（2）模态分析；（3）响应分析；（4）天线运动控制演示验证试验。

天线运动仿真分析目的是验证天线系统在运动过程中各部分是否发生干涉以及天线是否满足覆盖要求；模态分析目的是验证天线系统是否满足收拢及展开状态下的刚度要求；响应分析目的是验证天线系统的承载能力。天线运动控制演示系统由数传天线与星上数据管理系统仿真器构成，结果验证了数传天线与星上数据管理系统测控接口、天线运动控制算法及天线运动误差分配设计的正确性。

4　结束语

SST 作为"十五"期间国家重点背景预研型号主要关键技术攻关已取得突破，为转入型号研制奠定了坚实基础。可以预期，SST 的成功研制不仅是太阳物理学重大成果，而且对带动我国航天核心技术进步具有重要意义。

The First Solar Observation Satellite of China—SST

Chang Jijun

China Academy of Space Technology, Research &Development Center

P. O. Box 5142-109, Beijing, 100094, changjijun@cast.cn

Abstract　As an important project of "SHIWU", the Space Solar Telescope(SST) is the first satellite of China which is used to observe the solar continuously. This article introduces the aim of SST, explains the basic requirement of payload and platform in order to carry out the mission aim of SST, analyses the key technology of satellite system, and summarizes the achievement of preliminary development.

Key words　the Space Solar Telescope; the Main Optical Telescope; the attitude Control With High Precision; the Thermal Control With High Precision; the Simulation of Antenna's Movement

参差基线相位干涉仪测向技术研究

陈浩川　　徐刚

北京遥测技术研究所

北京市 9200 信箱 74 分箱研发中心六室，邮编：100076，achuan_79@sohu.com

摘　要　干涉仪测向技术具有原理简单，测向精度高，实时性好等优点，在无源测向定位领域有良好的应用前景。本文讨论了参差基线干涉仪测向问题，提出了解模糊算法，重点分析了成功解模糊最大基线长度，鉴相误差容忍度和成功解模糊的概率，给出了计算机仿真结果。

关键词　参差基线干涉仪；无源测向；解模糊

1　引言

干涉仪测向技术是一种在工程上相对易于实现且付出的代价相对较小的测向技术，具有原理简单，运算量小，测向精度高等优点，广泛应用于无源测向系统当中。一般的单基线干涉仪为了克服测向模糊，要求基线长度不能超过频段内最短波长的一半。另一个方面，测向精度是我们追求的目标，为了提高测向精度，需要增大基线长度。提高测向精度和克服测向模糊是一对矛盾。参差基线相位干涉仪可以突破基线长度的限制，既能实现解模糊又能保证测向精度。干涉仪系统是从相位差信息中提取信号的来波方向的，所以相位差的测量精度直接影响着解模糊能否成功及测向的精度。本文将讨论参差干涉仪的测向原理，测向精度，成功解模糊的条件及鉴相误差正态分布时的解模糊成功概率。

2　参差基线相位干涉仪

2.1　测向原理

如图 1，远场的平面波入射到参差基线干涉仪的天线阵。设入射角为 θ，天线 1，2 和 1，3 的间距分别为 d_{12} 和 d_{13}，并且 $d_{12} \neq d_{13}$，鉴相器的输出为 $\Delta\phi_{12}$，$\Delta\phi_{13}$。入射信号在天线 1，2 和 1，3 上由波程差引起的相位差分别为 ϕ_{12} 和 ϕ_{13}，则：

$$\phi_{12} = \frac{2\pi d_{12}\sin\theta}{\lambda} = 2k_{12}\pi + \Delta\phi_{12} \qquad (1)$$

其中：$\Delta\phi_{12}$ 对应于 ϕ_{12} 在 $(-\pi, \pi]$ 区间的相位主值；λ 为信号波长；k_{12} 为整数，表示 ϕ_{12} 跨越的 2π 周期数。同理有：

$$\phi_{13} = \frac{2\pi d_{13}\sin\theta}{\lambda} = 2k_{13}\pi + \Delta\phi_{13} \qquad (2)$$

当 d_{12}（或 d_{13}）大于 $\lambda/2$ 时，ϕ_{12}（或 ϕ_{13}）超出了相位主值的范围，引起相位模糊，进而带来测向模糊。此时仅根据 ϕ_{12}（或 ϕ_{13}）将无法消除模糊问题。

由（1），（2）式得：

$$\theta = \arcsin\left[\frac{(2k_{12}\pi + \Delta\phi_{12})\lambda}{2\pi d_{12}}\right] \qquad (3)$$

如果我们确定了 k_{12}，k_{13}，$\Delta\phi_{12}$ 和 $\Delta\phi_{13}$ 可以由鉴相器直接得到，从（3）式就可以获得信号入射角。

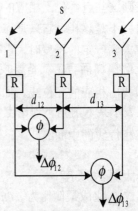

图 1　参差基线相位干涉仪测角原理

2.2 测向精度

对（1）式（或（2）式）全微分，并略去各变量的下标得：

$$\partial\theta = \frac{1}{2\pi(d/\lambda)\cos\theta}\partial\Delta\phi + \frac{\tan\theta}{\lambda}\partial\lambda - \frac{\tan\theta}{d}\partial d \tag{4}$$

从（4）式看出，测向精度主要由基线长度决定，基线越长，测向精度越高。后两项对测向精度影响很小得：

$$\partial\theta \approx \frac{1}{2\pi(d/\lambda)\cos\theta}\partial\Delta\phi \tag{5}$$

可以看出提高测向精度有两个主要途径：增大基线长度和提高鉴相精度。

3 解模糊算法

3.1 参差基线相位干涉仪的相位线

将（1）式，（2）式相除并整理得：

$$\Delta\phi_{12} = \frac{d_{12}}{d_{13}}\Delta\phi_{13} + \left(\frac{d_{12}}{d_{13}}2k_{13}\pi - 2k_{12}\pi\right) \tag{6}$$

由（6）式看出：$\Delta\phi_{12}$ 和 $\Delta\phi_{13}$ 是直线关系，不同的 (k_{12}, k_{13}) 整数对应着不同的直线，这些直线的斜率均为 d_{12}/d_{13}，所以它们是平行的，称这样一组平行直线组为**相位线**。

当基线长度确定时，可以由（1）式，（2）式可以推导出 k_{12}，k_{13} 的范围，如下：

$$-\frac{d_{12}}{\lambda} - \frac{\Delta\phi_{12}}{2\pi} \leqslant k_{12} \leqslant \frac{d_{12}}{\lambda} - \frac{\Delta\phi_{12}}{2\pi} \tag{7}$$

$$-\frac{d_{13}}{\lambda} - \frac{\Delta\phi_{13}}{2\pi} \leqslant k_{13} \leqslant \frac{d_{13}}{\lambda} - \frac{\Delta\phi_{13}}{2\pi} \tag{8}$$

从理论上讲，如果将 $(\Delta\phi_{12}, \Delta\phi_{13})$ 看成相位平面上的一点，则这些点都位于相应的相位线上，考虑到鉴相误差时并不是这样，它只是靠近相应的相位线，当鉴相误差大到一定的程度时，它有可能偏离正确的相位线。就解模糊而言，就是要找到正确的 (k_{12}, k_{13}) 整数对，即找出相应的相位线。如图2所示。

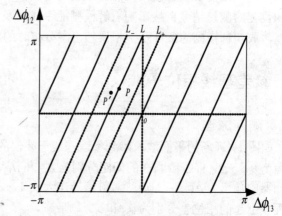

图 2　参差基线相位干涉仪的相位线

P 点表示某入射角下理论上的相位点，P' 点表示含鉴相误差的实测相位点，L_- 和 L_+ 表示相位线 L 与它左右相邻相位线的中间线。

3.2 最大基线长度

设 d_{12}/d_{13} 化成最简比为 p/q（p,q 为正整数），代入（6）式并整理得：

$$q\Delta\phi_{12} - p\Delta\phi_{13} = 2\pi(pk_{13} - qk_{12}) \tag{9}$$

观察（9）式可以发现：如果 (k_{12}, k_{13}) 为它的解，则 $(k_{12}+mq, k_{13}+mp)$ 也是它的解，其中 m 为整数[3]。如果基线长度太长，则使 (k_{12}, k_{13}) 和 $(k_{12}+mq, k_{13}+mp)$ 都有可能取到。这样，相位线不能保证同解模糊整数对之间的一一对应关系。所以必须做出如下的限制：

$$\left|\frac{2\pi d_{12}\sin\theta}{\lambda}\right| \leqslant p\pi \tag{10}$$

$$\left|\frac{2\pi d_{13}\sin\theta}{\lambda}\right| \leqslant q\pi \tag{11}$$

即：

$$d_{12} \leqslant \frac{p}{2}\lambda \qquad d_{13} \leqslant \frac{q}{2}\lambda \tag{12}$$

3.3 鉴相误差容限

观察图 3，当鉴相误差不太大时，P' 点落在 L_- 和 L_+ 所夹的带内，此时它离正确的相位线 L 最近，能找到正确的相位线，即实现解模糊。

下面来推导能实现正确解模糊时的鉴相误差容忍度。在推导之前先引入数论中的两个定理：

定理 1[2] 给定整数 P_1，P_2，存在整数 K_1，K_2，使 $K_1P_1 - K_2P_2 = (P_1, P_2)$ 成立，(P_1, P_2) 表示 P_1，P_2 的最大公约数。

定理 2[2] 当且仅当 (F_1, F_2) 能 K 整除时，丢番图方程 $K_1F_1 - K_2F_2 = K$ 有解。

由（9）式得：

$$pk_{13} - qk_{12} = \frac{q\Delta\phi_{12}}{2\pi} - \frac{p\Delta\phi_{13}}{2\pi} \tag{13}$$

考虑到鉴相误差，设 $\Delta\phi_{12}$，$\Delta\phi_{13}$ 的鉴相误差是 δ_{12}，δ_{13}，定义：

$$W = \left| \left(p\overline{k}_{13} - q\overline{k}_{12} \right) - \left(\frac{q(\Delta\phi_{12} + \delta_{12})}{2\pi} - \frac{p(\Delta\phi_{13} + \delta_{13})}{2\pi} \right) \right| \tag{14}$$

其中：$\overline{k}_{12}$，$\overline{k}_{13}$ 是 k_{12}，k_{13} 的估计值。将（13）式代入（14）并整理得：

$$W = \left| (\overline{k}_{13} - k_{13})p - (\overline{k}_{12} - k_{12})q + \left(\frac{p\delta_{13}}{2\pi} - \frac{q\delta_{12}}{2\pi} \right) \right| \tag{15}$$

称 W 为用 $(\overline{k}_{13}, \overline{k}_{12})$ 估计 (k_{13}, k_{12}) 的代价函数。

如果限定 $\max\left(\left| \frac{p\delta_{13}}{2\pi} \right|, \left| \frac{q\delta_{12}}{2\pi} \right| \right) = \delta > 0$，当 $(\overline{k}_{13}, \overline{k}_{12})$ 对 (k_{13}, k_{12}) 的估计完全正确时有：

$$W = \left| \frac{p\delta_{13}}{2\pi} - \frac{q\delta_{12}}{2\pi} \right| \leqslant \left| \frac{p\delta_{13}}{2\pi} \right| + \left| \frac{q\delta_{12}}{2\pi} \right| \leqslant 2\delta \tag{16}$$

要求此时付出的代价最小，其他情况下：

$$W > 2\delta \tag{17}$$

即当 $\overline{k}_{13} = k_{13}$，$\overline{k}_{12} = k_{12}$ 两式至少有一个不成立时，必须有：

$$\left| (\overline{k}_{13} - k_{13})p - (\overline{k}_{12} - k_{12})q \right| > 2\delta + \left| \frac{p\delta_{13}}{2\pi} - \frac{q\delta_{12}}{2\pi} \right| \geqslant 4\delta \tag{18}$$

那么：

$$\left| (\overline{k}_{13} - k_{13})p - (\overline{k}_{12} - k_{12})q \right|_{\min} = \lceil 4\delta \rceil \tag{19}$$

其中：$\lceil * \rceil$ 表示不小于*的正整数。

根据定理 1 和定理 2，（19）式有解的条件是：

$$(p, q) = r\lceil 4\delta \rceil \tag{20}$$

其中：r 为正整数。

因为 p/q 是 d_{12}/d_{13} 的最简比，所以就有：$(p, q) \equiv 1$，为了使 δ 达到最大（这样，鉴相误差的容忍度最大），取 $r = 1$，则：

$$\delta \leqslant 0.25 \tag{21}$$

我们把上面的推导过程总结为定理 3。

定理 3 设参差基线相位干涉仪系统的基线长度比为 $d_{12}/d_{13} = p/q$，p，q 不可约，系统的鉴相误差为 Δ，令 $n = \max(p, q)$，当满足 $\left| \frac{\Delta}{2\pi} \right| n \leqslant \delta$，其中 $0 < \delta \leqslant 0.25$，系统可以成功解模糊，$\delta = 0.25$ 对应着最大

的鉴相误差容度。

定理3表明了参差基线相位干涉仪系统的基线长度最简比同鉴相误差容忍度之间的关系。取 $\delta = 0.25$ 可以总结成下表：

表1 鉴相误差容忍度同基线长度比的关系

鉴相误差容忍度（度）	10	15	20	25
p，q中大者	9	6	4	3
p，q中小者	8，7，5，4，2	5	3	2

3.4 鉴相误差正态分布时的解模糊概率

定理3是成功解模糊的充分条件，但不是必要条件。从图3看出，只要 P' 点落在 L_- 和 L_+ 所夹的带内（此时的鉴相误差可以很大），它离正确的相位线 L 最近，能找到正确的相位线，即实现解模糊。P' 点落在 L_- 和 L_+ 所夹的带内可以等效为过 P' 点斜率为 $\dfrac{d_{12}}{d_{13}}$ 的直线的截距 b' 落在直线 L_- 和 L_+ 的截距 b_-，b_+ 所确定的区间内。

设包含误差的 $\Delta\phi_{12}$，$\Delta\phi_{13}$ 为 $\Delta\hat{\phi}_{12}$，$\Delta\hat{\phi}_{13}$，则：

$$b' = \Delta\hat{\phi}_{12} - \frac{d_{12}}{d_{13}}\Delta\hat{\phi}_{13} = \Delta\hat{\phi}_{12} - \frac{p}{q}\Delta\hat{\phi}_{13} \quad (22)$$

假定：

$$\Delta\hat{\phi}_{12} \sim N(\Delta\phi_{12}, \sigma^2) \quad (23)$$

$$\Delta\hat{\phi}_{13} \sim N(\Delta\phi_{13}, \sigma^2) \quad (24)$$

构造随机变量：

$$B = \left(\Delta\hat{\phi}_{12} - \Delta\phi_{12}\right) - \frac{p}{q}\left(\Delta\hat{\phi}_{13} - \Delta\phi_{13}\right) = b' - b \quad (25)$$

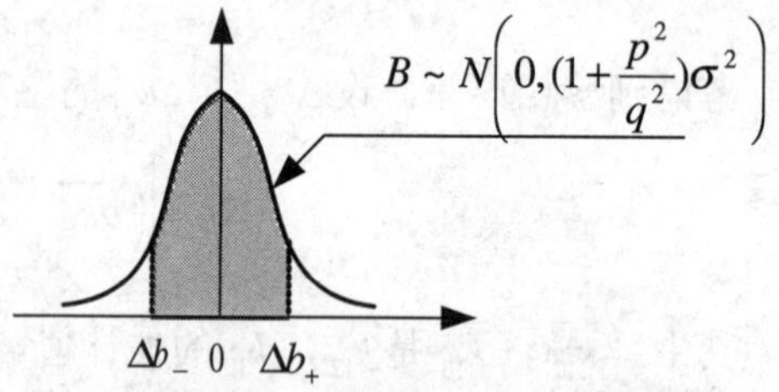

图3 鉴相误差正态分布时正确解模糊的概率

其中：$b = \Delta\phi_{12} - \dfrac{p}{q}\Delta\phi_{13}$，为正确相位线 L 的截距。

由统计的知识有：

$$B \sim N\left(0, (1+\frac{p^2}{q^2})\sigma^2\right) \quad (26)$$

记 $\Delta b_- = b_- - b, \Delta b_+ = b_+ - b$，则很明显当 B 落在 Δb_-，Δb_+ 确定的区间内时，能正确解模糊，如图4所示。图3的阴影部分的面积就是成功解模糊的概率。随机变量 B 的概率密度为：

$$\rho_B(x) = \frac{1}{\sqrt{2\pi}\sqrt{(1+p^2/q^2)\sigma^2}}\exp\left(-\frac{x^2}{2(1+p^2/q^2)\sigma^2}\right) \quad (27)$$

成功解模糊的概率为：

$$P_{resolution} = \int_{\Delta b_-}^{\Delta b_+} \rho_B(x)\mathrm{d}x \quad (28)$$

表2总结了不同的基线长度比下的解模糊概率。

表2 不同基线长度比下的解模糊概率

p:q＼σ(°)	5	8	10
7:9	99.84%	95.15%	88.56%
5:6	99.99%	99.60%	97.88%
3:4	100%	99.99%	99.97%
2:3	100%	100%	100%

4 仿真分析

在 1~2GHz 频段，我们选择 $d_{12} = 375$ mm，$d_{13} = 450$ mm，基线长度的最简比为 5/6，则它的鉴相误差容忍度是 $\pm 15°$。

实验1 选择两个点频，1.2GHz 和 1.8GHz，入射角 θ 分别取 $-30°$，$40°$，$50°$，鉴相误差严格限制在 $\pm 15°$ 内，各做 10 000 次蒙特-卡罗实验，仿真图如图4。

图4中实线为相位线，虚线为相邻相位线的中间线。可以看出均能正确地解模糊。

实验2 维持实验1的其他条件不变，将鉴相误差改为正态分布，均方差为 8°，仿真图如图5所示。

图5给出了各自成功解模糊的概率 P，可以将它同表2的结果比较。仿真实验验证了理论分析的正确性。

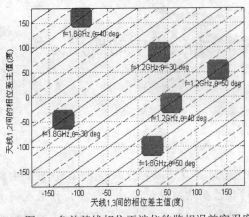
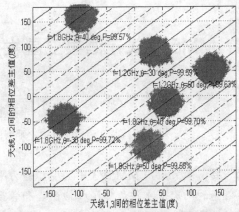

图 4　参差基线相位干涉仪的鉴相误差容忍度　　　　　图 5　鉴相误差服从正态分布时的解模糊概率

5　结论

通过前文对参差基线相位干涉仪系统测向的理论和仿真分析，证明了测向方法的有效性。该方法已经在某测向系统中实际应用，无需其他的辅助解模糊手段，仅靠相位干涉仪就获得了大范围的解模糊能力。主要结论总结如下：

1）干涉仪测向系统的精度与基线长度成正比，增大基线长度是提高测向精度的有效方法。

2）利用参差基线可以解测向模糊，基线的最大长度受（12）式约束，相位线的间距大小决定了解模糊的鉴相误差容忍度，为了获得最大的鉴相误差容忍度，需要根据定理 3 合理设置基线长度。

3）当鉴相误差服从正态分布时，解模糊的概率由（27）和（28）式确定。

参 考 文 献

[1] William S McCormick, James B Y TSUI, Vernon L Bakke.A Noise Insensitive Solution to an Ambiguity Problem in Spectral Estimation.IEEE Tran. On Aerospace and Electronic Systems VOL25 NO.5: 729~732, 1989.9.

[2] Kirch, A M.Elementary Number Theory: A Computer Approach.New York:Intext Educational Publishers, 1974.

[3] 张勇, 刘渝.多信号测向算法研究.数据采集与处理.第 17 卷第 3 期：265 页~270 页，2002 年 9 月.

[4] 陈浩川.多元天线利用幅度和相位差信息联合求解测向模糊的研究.中国航天时代电子公司 704 所硕士学位论文，北京，2005 年 3 月.

Analysis of the Method in Direction Finding

Chen Haochuan and Xu Gang

with Stagger Baseline Difference

Research Center, Beijing Research Institute of Telemetry，P. O. Box 9200-74,Beijing, 100076，achuan_79@sohu.com

Abstract　Direction finding with interferometer has the characters: simple theory, high precision and real time, etc. It is well used in passive direction and position finding. In this paper, we propose the method in direction finding with stagger baseline difference, and a new algorithm of ambiguity resolution is put forward. We mainly analyze the limit of max baseline, the degree of acceptance to phase error and the probability of succeeding in ambiguity resolution. The condition is proved by computer simulation.

Key words　Passive direction finding; Stagger Baseline Difference; Ambiguity resolution; The degree of acceptance to phase error; Max baseline; The probability of succeeding in ambiguity resolution

MM5 模式在酒泉卫星发射场夏季降水预报中的应用分析

崔国生 刘汉涛

酒泉卫星发射中心气象室

兰州市 27 支局 15 信箱 16 号，邮编：732750，huaxiamin@163.com，hansels@163.com

摘 要 本文应用 MM5V3 中尺度非静力平衡模式，对 2004 年 7 月 24-25 日和 8 月 13 日发生在酒泉卫星发射场的两次降水过程作了模拟试验和尝试预报，并对其预报结果进行了对比分析。结果表明，该模式对发射场及周边地区降水天气的发生、降水的时间、降水强度以及主要降水落区都有一定的模拟预报能力，其预报结果有一定的参考价值。对模式进行相应的调整实验，有望进一步提高其模拟预报水平。

关键词 非静力平衡；中尺度模式；酒泉卫星发射场；降水预报

1 前言

随着世界航天技术和我国航天事业的飞速发展，航天发射任务对气象保障的要求越来越高。建立在天气图分析和动力统计基础之上的传统的主观预报方法，在很大程度上依赖于预报员的经验，在物理量场和天气要素的预报方面是无法达到客观、定量的要求，因此很难适应未来航天任务的要求。

数值预报是目前对短期天气要素（包括云、降水、温度和大风等）实现定量预报的唯一手段。它是根据某一时刻实际观测的大气状态和运动，通过描述大气运动规律的基本方程组来计算将来某一时刻大气的状态和运动。也就是用数学物理方法，通过具体计算，数值求解描述大气运动的基本方程组，从而使天气预报业务实现从主观到客观，从定性到定时、定点、定量的飞跃。

在相当长的一段时间里，我们在航天器发射任务的气象保障中沿用的预报方法，从严格意义上来讲，是以数值预报产品为指导的主观预报。这里的数值预报产品，主要有我国的 T213、欧洲气象中心和日本发布的数值预报产品等。这些产品对预报员制作要素预报有一定的指导意义，但它们有一些共同的缺点：首先，它们提供的预报内容不够丰富，没有提供要素预报，都是以高度场等形势场预报为主，预报员要通过识别判读再加以经验总结才能制作场区的天气要素预报；其次，网格距比较大，欧洲数值预报产品的格距最小为 2.5°，格距最小的是我国的 T213，为 1°，它们对中小尺度天气系统的预报可参考性较差；第三，预报时间间隔大，对天气系统的变化过程描述不够精细，不够全面。

MM5V3（The Fifth-Generation NCAR / Penn State Mesoscale Model）非静力中尺度模式（以下简称 MM5 模式）是目前国际上最先进的中尺度数值预报模式之一[1~2]。模式在我国已经有许多省地气象台应用于业务运行，据文献报道[3-7]，模式应用效果较好。该模式的优点是：水平网格距可调到几公里，可以较好地模拟出一些中尺度天气系统及其降水时空分布特征；可以根据保障地域的不同灵活地移动积分区域中心位置；模式的地形资料、水平分辨率、垂直层次、计算域大小及各种物理过程均可根据业务需求进行选择，灵活方便；模式可以逐时输出各网格点（或站点）的温度、气压、云量、风矢量、降水量、垂直速度和比湿等要素以及物理量场的预报。该模式的引进实现了发射场气象保障从定性到定量，从主观到客观的飞跃，为未来航天器发射气象保障无缝隙化奠定了基础。

本文应用 MM5 模式对 2004 年 7 月 24-25 日和 8 月 13 日发生在场区的两次降水过程作了模拟实验和尝试预报，并对其预报结果进行了对比分析。着重讨论了模式对降水发生时间、降水落区中心位置、降水强度和对场区单站预报的效果。目的是检验该模式对发射场及周边地区降水的预报能力，并为进一步研究和调整模式参数提供依据，同时，也为进一步检验和改进模式对场区其他要素的预报能力探索新途径。

2 模式参数设置与运行

2.1 模式参数设置

我中心在引进 MM5 模式后加入了适合场区的地形地貌资料,降水物理过程选择了简单冰相方案。采用 σ 坐标系,水平三层嵌套,积分区域及中心经纬度精确到 0.01°,细网格水平格距取 10 km,垂直方向 26 层,积分时间步长 270 s。

2.2 资料来源

以我国 T213 全球模式的初始场和预报场作为模式的初始场和侧边界场,包括从零时刻开始至 60 小时,每隔 12 小时(或 6 小时)一次的 u、v、T、Q 资料和高空报中 TTAA 部分,用同时次实测地面资料和高空资料进行订正分析。

2.3 模式运行

模式运行的硬件环境为曙光 TC4000 服务器,软件环境为 Rad Hat Linux9.0。在实验期该模式每天运行四次,于北京时间(下同)00:00 和 08:00 定时启动自动运行,利用前一天 20:00 的资料进行预报,12:00 和 15:30 定时启动自动运行,利用当天 08:00 的资料进行预报,运行时间约 21 分钟。模式输出 00~84 小时逐时的有效降水量、温度、云量(低、中、高、总)、风向风速、相对湿度及 6 小时一次的形势场预报等。对物理量场的输出有 6 小时一次的涡度场、散度场和垂直速度等。

3 夏季降水预报及分析

3.1 个例 1

2004 年 7 月 24~25 日,发射场出现一次年度夏季最强的降水过程。24 日 15 时开始降水,25 日 06 时降水终止,降水过程持续 16 小时。其中 24 日降水量为 2.8 mm,25 日降水量为 8.7 mm,过程降水量达 11.5mm。无论从降水量还是从降水持续时间来讲,对于年平均降水量只有 40mm 左右的发射场来说都是一次少见的强降水过程。

3.1.1 形势分析

这是一次典型的副高西北侧型降水。过程前期,副热带高压西伸比较明显,冷空气主要活动在巴湖与北疆附近,冷暖空气交汇辐合区随着副高的发展和西伸逐步移近场区,使场区形成了冷暖空气结合的降水形势(图 1、图 2)。从云图分析(图 3、图 4):过程前,向场区移动的云团由两部分组成。一是从新疆上空向东移动的冷锋云系,24 日 14 时,其前沿已经影响到场区;另一部分是从青藏高原向东北方向移动的暖湿气流上的松散对流云系。两支在移动过程中互相交汇,形成了较强的降水云系。

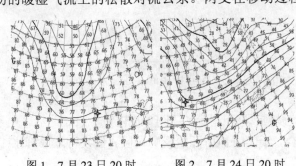  

图 1　7 月 23 日 20 时　　　图 2　7 月 24 日 20 时　　　图 3　7 月 24 日 14 时　　图 4　7 月 25 日 03 时
　　500hPa 高度场　　　　　　500hPa 高度场　　　　　　卫星云图　　　　　　　卫星云图

注:图 ✚ 中标明了发射场的地理位置,下同。

3.1.2 MM5 模式预报与天气实况对比

MM5 模式在过程出现前有 3 次有效(48 小时)的模拟预报,分别是 22 日 08 时、23 日 08 时和 23 日

20时的预报，三次都成功地预报出24-25日有降水，其中23日20时准确地预报了过程降水量。

22日08时预报24日23时至25日17时有降水，降水量为0.84 mm。23日08时预报25日05时至25日13时有降水，降水量为0.63 mm。23日20时预报24日17时至25日10时有降水，降水量为10.66 mm，预报降水开始时间比实况晚2小时，降水结束时间比实况晚4小时，降水量预报只有0.84mm的误差。

模式对总云量预报也表现出了较好的模拟效果。图5显示了7月23日20时MM5预报的云量和降水与观测实况的对比，图中实线为实况云量曲线，虚线为预报云量曲线，a为实况降水时段，b为预报降水时段。分析可知，系统在有效预报时段内除较为准确地预报了降水时段外，对降水量、云的转折时间和总云量的预报也是比较准确的。

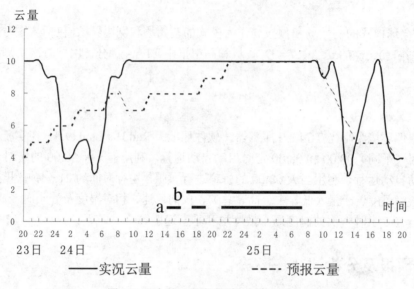

图5　48小时云量降水预报与实况对比

（起报时间：2004年7月23日20时）

从实况的降水时段分析，两天的降水并不完全是同一个完整的系统造成的，这一点，从云图上也可以明显看出。如图3中，南支云系还没有靠近场区的时候，北支系统已经开始了对场区的影响。事实上，在此之前（24日10时至11时），发射场已经产生了降水，虽然降水量不大（观测没有达到计量标准），但足以说明在没有南支配合的情况下，北支系统已经开始了对场区的影响。而从MM5预报降水时段分析，场区始终受同一个系统的影响，也就是说，MM5没有模拟出北支系统前沿分裂波动造成的降水，而是模拟只有南北两支结合以后才产生降水。

造成这一结果的原因可能有两个，一是MM5对天气系统预报时没有模拟出北支波动分裂，如果是这一原因造成的，则可以通过调整模式水平分辩率来改善模拟水平。另一种可能是模式预报北支携带水汽与其他物理量场相配合不足以形成降水，可以通过调整降水物理方案以确定最佳方案。作者认为后者的可能性比较大。

3.2　个例2

8月13日09时和11时至12时，发射场出现降水天气，过程降水量0.3mm。

3.2.1　天气形势

该降水过程由南支短波槽云系北移后形成，槽线过境后，场区于13日19时转为少云。此后，由于北支锋区南压，锋区云系东移南下，南北两支云系结合，于14日01开始影响场区，但没有造成降水(图3.6)。

3.2.2　模式预报与实况对比

对于这次降水过程，MM5模式在12日08时和12日20时各有一次有效模拟预报，08时预报8月13日11时至14时有0.54mm的降水，是一次比较成功的预报(图7)，而20时却预报次日无降水，是一次漏报。但是从两次云量预报来看，模式基本模拟出了天气系统的发展趋势。

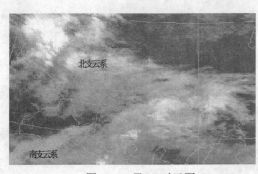

北支云系

南支云系

图6 13日12时云图

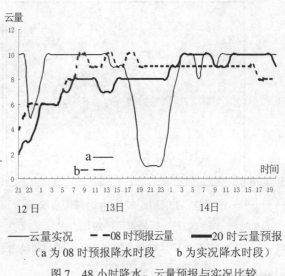

——云量实况 ---08时预报云量 ——20时云量预报
（a为08时预报降水时段 b为实况降水时段）

图7 48小时降水、云量预报与实况比较

从区域降水实况分析，这次降水过程的主要降水落区在张掖、武威一带（图8a、图9a），中心降水量7~10 mm（填图时，降水量取整数；因为发射场气象站不是标准站，所以常规报文中没有发射场实况）。降水落区移动方向和天气系统（南支云系）的移动方向一致（西南—东北）。

从12日08时的模拟来看，MM5模式预报主要降水落区和实况基本相符，但降水量明显偏大，总降水量在22~40 mm之间（图8b，图9b）。就发射场单站而言，模式预报0.54 mm，与实况（0.3 mm）基本相符。

从12日20时的模拟来看，模式对过程前期的降水预报比较好，对降水量、降水落区和降水时间的预报都与实况相近（图8a，图8c）。但对过程后期的预报偏差比较大：首先，对天气系统后期的发展趋势预报不准确，实况表明13日14时至20时，主要降水落区在内蒙古境内（图9a），而模式预报主要降水落区在祁连山区和青海湖周围（图9c）；其次，降水强度的预报偏差较大，特别是对过程后期降水强度的预报偏小；第三，对发射场降水出现漏报。

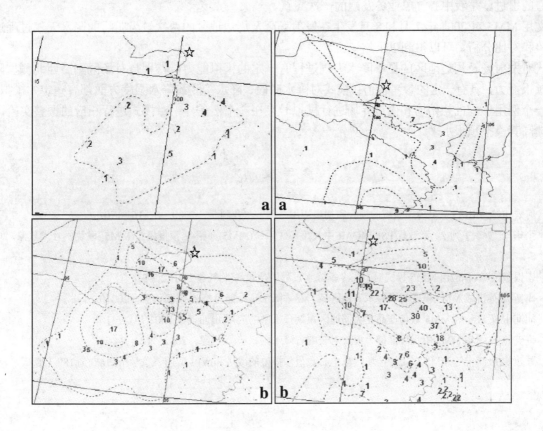

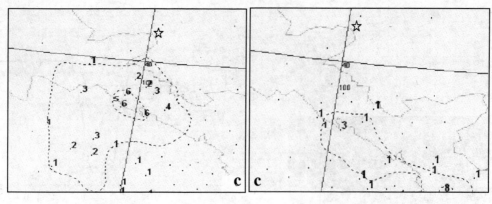

图8　13日08时至14时降雨实况　　　　图9　13日14时至20时降雨实况
与预报降雨落区对比　　　　　　　　与预报降雨落区对比
a:实况　b:12日08时起报　c:12日20时起报　　a：实况　b：12日08时起报　c：12日20时起报

3.2.3　模拟效果分析

同一模式用12日08时和12日20时两个不同时刻的初始场资料对同一天气系统进行模拟预报,其预报结果各有得失。前者较好地预报了降水落区和系统发展趋势,也较为准确地预报了发射场的降水量,但主要降水落区的降水量偏差太大,另外,降水始末时间也有一定的差异。后者较为准确地预报了过程前期的降水落区和降水量,但对过程后期的预报却表现出明显的偏差,特别是对降水落区的预报偏差比较大。从云的预报来看(图7),两者都较好地模拟了天气过程的发展趋势,但有一个共同的失误点,就是实况中出现5小时的少云天气,两次模拟都预报多云天气。尽管如此,两次模拟结果都有一定的参考价值。

4　结束语

随着气象科技的飞速发展,气象资料的来源不断丰富,以及计算条件的不断提高,数值预报的积分误差将得到不断的减小,数值预报取代传统的主观预报只是一个时间问题。MM5非静力中尺度数值预报模式在我中心的引进,是我中心气象业务发展的一次飞跃。

本文用MM5对2004年7月和8月发生在发射场区及周边地区的两次较为明显的降水天气过程进行了模拟实验和对比分析,可以得到以下结论:

模式对发射场及周边地区的夏季降水天气过程有一定的模拟能力,特别是对场区副高西北侧型降水有较好的预报能力,具有一定的参考价值;模式对降水时段、降水落区和降水强度方面都有一定的模拟能力,但对同一个例用不同的初始场和侧边界场进行模拟时存在着个例差异;对模式进行相应的调整实验,有望进一步提高其模拟预报水平。

参 考 文 献

[1] 何宏让等. MM5微机模拟系统的简介和初步应用个例. 气象科学, 2000, 6, 161-170.

[2] 张华,李耀辉,王劲松. 第五代PSU/NCAR中尺度模式系统(MM5)介绍Ⅴ:预报模式(MM5 模块). 甘肃气象,2000(4), 6-14.

[3] 李银娥,彭春华.应用MM5模式对一次冬季降水过程的预报.湖北气象.2001,2,7-9.

[4] 窦新英,孙贵成.MM5模式对乌鲁木齐地区冬、春季降水预报能力检验.新疆气象, 2001(6),4-6.

[5] 胡润山,梁进秋等.MM5数值产品在大同地区短期预报中的应用.山西气象,2001(12),15-16.

[6] 许美玲,孙绩华.MM5中尺度非静力模式对云南省降水预报检验.气象, 2002(12),24-27.

[7] 顾建峰,殷鹤宝等.MM5在上海区域气象中心数值预报中的改进和应用.应用气象学报,2000(5),189-198.

The Application and Analysis of Summer Rainfall Prediction of MM5 Model in the Jiuquan Satellite Launch Area

Cui Guosheng and Liu Hantao

The Weather Forecast Office of the Jiuquan Satellite Launch Centre

No.16, P. O. Box 15, 27 Bracnch, Lanzhou, 732750, huaxiamin@163.com, hansels@163.com

Abstract By using MM5 model, the simulated test and forecast were carried out about the two summer rainfall processes that happened in the Jiuquan Satellite Launch Area on July 24-25 and August 13, 2004. The result of the contrastive analysis indicates that the model is capable of forecasting the summer rainfall in the Jiuquan Satellite Launch Area and its surrounding area. The forecasting level of the model can be improved with the corresponding experimentation readjusted.

Key words Non-static equilibrium; Meso-scale numerical model; The Jiuquan Satellite Launch Area; Rainfall prediction

电离层闪烁影响远洋船海事 HSD 传输性能的分析与研究

傅俊璐

中国卫星海上测控部

江苏江阴 103 信箱 400 号，邮编：214431，everyone4@163.com

摘　要　本文针对远洋船岸船通信海事第二路由的 B 系统高速数传链路在远洋任务中出现的信号强度不稳定、有突发误码、系统误码率偏高的问题，研究分析了电离层闪烁对海事 HSD 传输性能的影响；通过对电离层振幅闪烁信号的建模仿真分析，结果显示电离层闪烁的确会导致海事 HSD 传输性能下降、引起突发误码。

关键词　电离层闪烁；海事 HSD；传输性能；建模仿真

1　引言

1998 年，远洋船根据船舶自身特点和要求安装了海事卫星通信 Inmarsat-B 系统，实现与上海和广州的海事通信备份路由，将远洋船的数据、话音等复接成 64kbps 数据经由 Inmarsat-B 的高速数据传输(High Speed Data)链路传送至中心。作为远洋船通信系统的第二路由，基于海事卫星 B 站高速数传信道的岸船通信综合业务传输系统在远洋任务中发挥了积极的作用。但是在多次任务执行期间，几条远洋船不同程度的出现了海事 HSD 链路沟通时有突发误码、误码率测试结果偏高的现象，这使得第二路由系统传输质量大为降低，影响了整个岸船通信系统的可靠性。在经过大量检查与测试、排除了设备故障及传输环节影响等因素后，通过多次分析比较，发现远洋船在任务中大多分布于电离层闪烁增强带内，而海事系统所使用的波段又极易受到电离层闪烁影响；因此，有必要对电离层闪烁的分布及特性展开深入研究，并结合远洋船实际情况具体分析电离层闪烁对海事 HSD 传输性能的影响程度。

2　电离层闪烁概念及其对海事卫星通信的影响

2.1　电离层闪烁的概念及特点

电离层为大气层的一部分，其涵盖范围大约是距地球表面约 80 至 640 km 的高度范围。在此高度范围内，部分气体由于受到太阳辐射的影响而产生游离化现象，形成带正电荷的离子以及带负电荷的电子。根据垂直路径的总电子含量多寡，研究学者将电离层依高度区分为 E 层（80~130 km）以及 F 层（113 km 以上）。E 层会对低频电波造成反射，而 F 层则会对高频电波造成反射。对于卫星通信所用的 VHF 频段及其以上频率，电离层的吸收和反射已不重要，主要影响是日地系统扰动产生的电离层快速随机变化，也就是当无线电波穿过电离层时，受电离层结构的不均匀性和随机的时变性的影响，引起卫星信号的快速随机起伏，形成"电离层闪烁"现象。这种效应与卫星移动通信系统的工作频率、地理位置、地磁活动情况以及当地季节、时间等有关，且于地磁纬度和当地时间关系最大。因此，电离层闪烁强度分布主要有以下几个特点[1, 8]：

(1) 对于频率低于 12GHz 的无线电波，在穿过电离层时会受到影响；对频率低于 3GHz 的卫星移动通信，电离层的影响更为突出。

(2) 地磁赤道附近及高纬度区（尤其地磁 65° 以上）电离层闪烁严重且频繁，普通中纬度区电离层闪烁造成的信号起伏一般不大，但在闪烁增强带闪烁强度明显比普通中纬度区大。图 1 中标示了地磁赤道及闪烁增强区域分布[8]。

(3) 在地磁低纬度区，闪烁强度在春分、秋分时最大；在冬季很少发生衰落现象，春夏季发生闪烁严重且频繁。在地磁中纬度区，电离层闪烁一般在夏季达到最大，冬季最小。

(4) 电离层闪烁强度一般在夜间（20:00~03:00）较大，通常在子夜时达到最大值，并可能在中午前后出现第二个最大值。闪烁持续时间可达几十分钟到几小时。

2.2 电离层闪烁对海事卫星通信的影响

电离层闪烁的主要表现之一是信号幅度的随机起伏，称为幅度闪烁，它导致信号幅度的衰落，使信道的信噪比下降，当衰落深度超过接收系统所能容忍的衰落余量时，将导致系统误码率上升，衰落严重时使卫星通信链路中断。这种现象在低纬度地区的夜间尤为频繁，影响也最严重，中纬度闪烁增强带区域的影响也不小。如我国的台湾—广州一线以南的地区直到南海版图的最南边是电离层闪烁的高发区，影响也比较严重，海事卫星通信在这些地区经常出现的通信中断现象大部分是电离层闪烁的结果[9]。在 L 频段最严重的电离层闪烁能达到 15dB 以上，这是大部分地空无线电系统所不能容忍的，闪烁的持续时间最长达 3 小时以上。远洋表明，甚至在 12GHz 的频率上低纬地区电离层闪烁的影响仍不可忽视[8]。

根据地磁赤道及闪烁增强区域分布情况，通过具体分析远洋船在任务中的海区分布，可以发现有三条船均位于闪烁增强带内。而且任务期间通常是当地的夏季时间，正是电离层闪烁高发季节。在任务中，处于闪烁增强带的船只均出现过接收信噪比不稳定、有突发误码的现象，信道误码率测试结果时好时坏，某条船还出现过链路中断情况。以上几点均与电离层闪烁特点相吻合，因此，电离层闪烁极有可能是造成 HSD 系统性能不稳定的主要原因之一。以下对电离层幅度闪烁的分布及特性展开进一步的研究，具体分析其对海事卫星传输信号的影响，通过建模仿真初步判断电离层幅度闪烁可能在多大程度上导致海事 HSD 传输性能下降。

3 电离层幅度闪烁建模及其对海事 HSD 性能影响的仿真分析

3.1 电离层幅度闪烁的统计特性

对于频率低于 3GHz 的信号来说，穿过电离层时会遭受明显的电离层闪烁效应。通常用闪烁指数 S_4 来描述电离层闪烁的强度[8]。S_4 指数定义如下：

$$S_4^2 = \frac{\langle I^2 \rangle - \langle I \rangle^2}{\langle I \rangle^2} \tag{1}$$

其中，$\langle \ \rangle$ 代表平均值，I^2 代表信号强度。

闪烁指数 S_4 与峰—峰值闪烁强度有关。严格的关系依赖于信号强度的分布。根据 Whitney 的实验证明[2]，闪烁信号的振幅值 R 的概率分布符合 Nakagami 分布，其概率密度函数表示如下：

$$p(R) = \frac{2m^m}{\Gamma(m)\Omega^m} R^{2m-1} e^{-\left(mR^2/\Omega\right)} \tag{2}$$

其中，$m = \dfrac{E^2(R^2)}{Var(R^2)}$，$\Omega = E(R^2) = \langle R^2 \rangle$。

如果令 $I = R^2$ 表示信号强度，将 I 的平均强度电平归一化，即 $\Omega = E(I) = 1$，经过变换可得 Nakagami-m 系数与闪烁指数 S_4 的关系为：

$$m = \frac{\langle I \rangle^2}{\langle I^2 \rangle - \langle I \rangle^2} = 1/S_4^2 \tag{3}$$

电离层闪烁被认为是因于横越卫星信号传播路径的电离层折射系数的不规则扰动所引起的，因此扰动频率的功率谱密度与电离层的飘移速率有关。根据以往的大量研究成果，功率频谱因各个观测站的观测环境不同，呈现出 f^{-v} 的斜率范围变化，称为级数定律，斜率 v 因工作频率、地理位置影响有不同取值，但一般比较典型的变化呈现出 f^{-3} 的斜率变化，因而被广泛采用[1, 3, 4]。

3.2 电离层幅度闪烁仿真模型

闪烁信号幅度的概率分布服从 Nakagami 分布,而 Nakagami 分布与 Rayleigh 分布和 Rice 分布均有相对应的关系,即:

(1) 若 $m=1$,则为 Rayleigh 分布;

(2) 若 $m=(1+k)^2/2k+1$,则为 Rice 分布。其中 k 为莱斯因子;

(3) 若 $m \to +\infty$,则分布趋于高斯分布。

由于 Nakagami 分布包含了 Rayleigh 分布和 Rice 分布,因此可以采用与以上两种分布类似的仿真模型来产生具有 Nakagami 分布特性的电离层闪烁信号。一般而言,在数字通信信号的计算机模拟中,在计算机上去直接模拟一个实际的数字调制的 RF/IF 信号及系统会相当困难,其需要大得多的样值存储量和复杂得多的数字处理,因此一般都采用等效基带分析方法[7]将已调信号从频谱上搬移到复基带来进行分析,这样即减少了仿真计算量又完全反映了所仿真信号的时/频域特性。

根据闪烁信号振幅的功率谱密度函数具有 f^ν 级数定律[1],在此假设 $u_1(t)$ 和 $u_2(t)$ 的功率谱密度函数 $S_{u_i}(f)$,$i=1$,2 具有巴特沃斯滤波器的形式,表示为:

$$S_{u_i}(f) = \frac{k}{\sqrt{1+\left(f\big/f_m\right)^{2\nu}}} \tag{4}$$

当 $f < f_m$ 时,功率谱密度可以视为水平;当 $f > f_m$ 时,功率谱密度符合 $f^{-\nu}$ 的级数定律,以上所作假设都与早期研究学者对电离层闪烁的实际观测数据相符合[1, 3-5]。

根据统计无线电理论,当宽带随机信号通过一个窄带系统后,可以认为输出的随机信号是一个窄带高斯过程。因此,一个带限的实高斯过程可以直接由 AWGN 发生器与低通整形滤波器 $H_i(f)$ 级联产生,但是滤波器方法由于采样频率和带宽的限制,给滤波器的设计带来困难,因此在此采用易于在计算机或硬件平台上实现的莱斯和法来近似产生带限高斯过程。经典莱斯和法认为一个零均值的带限实高斯过程 $u_i(t)$ 可以通过无穷多个加权谐波函数迭加获得,但这些谐波函数必须满足频率是等间隔、相位是随机的,即:

$$u_i(t) = \lim_{N_i \to \infty} \sum_{n=1}^{N_i} c_{i,n} \cos(2\pi f_{i,n} t + \theta_{i,n}) \tag{5}$$

$c_{i,n}$、$f_{i,n}$、$\theta_{i,n}$ 分别称为多普勒系数、离散多普勒频率和多普勒相位。其中多普勒系数:

$$c_{i,n} = 2\sqrt{\Delta f_{i,n} S_{u_i u_i}(f_{i,n})} \tag{6}$$

其中,$\Delta f_{i,n} = \dfrac{B}{N_i+1}$;

离散多普勒频率: $\qquad\qquad\qquad f_{i,n} = n\Delta f_{i,n} \tag{7}$

多普勒相位 $\theta_{i,n}$ 服从 $[0, 2\pi)$ 的均匀分布。

因为式(5)中 $N_i \to \infty$,所以无法用计算机仿真实现。当 N_i 为有限值时,得到另一个随机过程:

$$\hat{u}_i(t) = \sum_{i=1}^{N_i} c_{i,n} \cos(2\pi f_{i,n} t + \theta_{i,n}) \tag{8}$$

严格意义上说,$\hat{u}_i(t)$ 不是高斯分布,但是,当 N_i 足够大时,$\hat{u}_i(t)$ 的概率密度函数接近高斯分布。通常认为 $N_i \geq 7$ 时[15],$\hat{u}_i(t)$ 就比较接近高斯分布。并且为了保证 $\hat{\mu}_1(t)$ 与 $\hat{\mu}_2(t)$ 的不相关性,可以选择 $N_2 = N_1 + 1$。

图 1 说明了如何利用有限个正弦波的合成信号来近似 $u(t)$,得到计算机模拟的电离层闪烁振幅信号 $\xi(t)$。

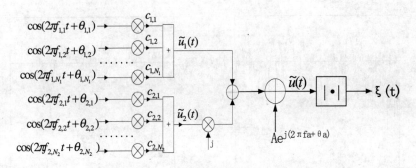

图 1   电离层幅度闪烁信号仿真模型

采用确定性仿真模型来近似随机性仿真模型，主要的问题就是如何计算模型参数$(c_{i,n}, f_{i,n}, \theta_{i,n})$，使得确定过程 $\tilde{\mu}_i(t)$ 的统计特性接近随机过程 $\mu_i(t)$ 的统计特性。对于瑞利衰落信号而言一般都认为其功率谱密度为 Jake 型功率频谱，通过采用等距离法（MED）、等面积法（MEA）、最小均方误差法（MSEM）、精确多普勒扩展法（MEDS）等一些方法，在相关书籍中已推导出确定的计算公式来得到模型参数$(c_{i,n}, f_{i,n}, \theta_{i,n})$。但电离层闪烁的振幅功率谱密度为级数定律的形式而非 Jake 型功率谱密度，而且其振幅的概率密度函数需符合 Nakagami 分布，因此必须根据实际情况具体计算各个模型参数。根据多普勒相移 $\theta_{i,n}$ 在 $[0, 2\pi]$ 服从均匀分布的统计特性，可以取为：

$$\theta_{i,n} = 2\pi \frac{i}{N_i + 1}, \qquad i \in [1, N_i] \tag{9}$$

然后，采用等面积法[5, 10]来求得 $f_{i,n}$ 以及 $c_{i,n}$。

根据上述模型，利用 Matlab 软件仿真得到的闪烁指数为 0.9 时的电离层闪烁信号的包络变化及概率密度分布如图 2 所示。从图中看出，闪烁信号强度起伏大、衰落深；通过与理论 Nakagami 概率密度曲线对比，可见仿真的闪烁信号概率密度较好的符合了 Nakagami 分布。由此，建立了概率密度函数服从 Nakagami 分布、功率谱密度函数为级数定律形式的电离层振幅闪烁信号的仿真模型。

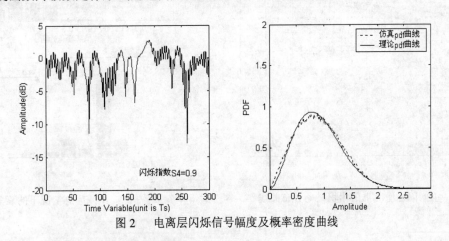

图 2   电离层闪烁信号幅度及概率密度曲线

3.3 电离层幅度闪烁信号仿真结果分析

根据以往研究学者对电离层闪烁所做的大量试验和研究，选择出符合远洋船所处位置和通信波段的相关试验结果，作为仿真分析的依据[4, 6~8]，以确定实际的闪烁指数分布范围。考虑到中纬度电离层闪烁增强区的闪烁强度较低纬度而言相对弱一些，但明显比普通中纬度要大，可设定远洋船所处区域的闪烁下限参数为 $S_4 = 0.5$、振幅闪烁功率谱带宽 $f_m = 0.01$ Hz，上限参数为 $S_4 = 1.0$、$f_m = 0.5$ Hz。在两种参数下的幅度闪烁信号变化情况如图 3 所示。从图中看出，强闪烁发生时的电离层闪烁信号强度起伏大，信号衰落严重；而弱闪烁发生时信号起伏相对较小，变化比较缓慢，但一旦信号衰落至低于门限电平，则衰落持续时间较长。

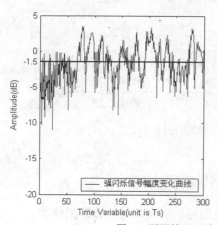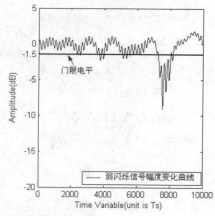

图 3　不同情况下电离层幅度闪烁信号曲线

图 4 所示为仿真得到的闪烁上限和下限的累积概率分布曲线，其可以反映衰落深度的概率分布情况。从图中曲线可以得到，强闪烁发生时信号衰落超过海事高速数传系统余量的概率约为 40%，，在弱闪烁发生时信号衰落超过海事高速数传系统余量的概率约为 17%；也就是说，当电离层闪烁在远洋船所处区域发生时，信号幅度衰落不低于系统门限电平、系统正常通信的发生概率为 $60\% \leqslant P \leqslant 87\%$ ，远远小于系统链路指标的 99% 的要求，这必然会导致系统性能下降、误码率增大，当衰落深度大时会导致链路中断。

图 5 所示为两种闪烁情况下的衰落时间分布情况。根据仿真数据得出强闪烁情况下的衰落持续时间主要分布在 0.1 秒左右，弱闪烁时的衰落持续时间主要分布在 4～8 秒之间，同时还可得到两种情况下的平均衰落持续时间分别为 0.16 s 和 7.2 s，这说明电离层闪烁的确有可能会引发系统突发误码。

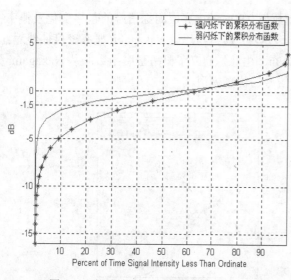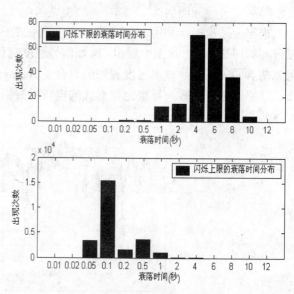

图 4　不同闪烁情况下的累积概率分布曲线　　　　图 5　不同闪烁情况下的衰落时间分布

4　结论

以上通过对电离层统计特性的研究分析，建立了概率密度函数服从 Nakagami 分布、功率谱密度函数为级数定律形式的电离层振幅闪烁信号的仿真模型，根据此模型研究不同闪烁指数下的振幅波动强弱情况，并具体针对闪烁对远洋船海事高速数传系统的影响进行仿真分析。结果表明，当电离层闪烁发生时，信号电平大于系统门限而保证系统正常工作的概率远远小于系统链路指标的 99% 的要求，这必然会导致海事系统 HSD 传输性能下降、误码率增大；通过对平均衰落持续时间的仿真分析，可知电离层闪烁的确可能使得海事高速数传出现突发误码。

如何有效解决电离层闪烁对海事第二路由系统传输性能的影响，还将在下一步的工作中展开深入的分析研究。

参 考 文 献

[1] ITU Recommendations. Ionospheric propagation data and prediction methods required for the design of satellite services and systems, ITU-R,1997 pp:531-534.

[2] H.E.Whitney, J.Aarons, R.S.Allen and D.R.Seemann. Estimation of the cumulative amplitude probability distribution function of ionospheric scintillation. Radio Sci., DEC 1972,Vol.7, num.12, pp:1095-1104.

[3] R.K.Crane. Ionospheric scintillation. Proc. IEEE, vol. 65, No.2, Feb 1977, pp:180-199.

[4] S.Basu and E.Martin. 250MHz/GHz Scintillation Parameters in the Equatorial,Polar,and Auroral Environments. IEEE Journal On Selected Areas In Communications, Vol 5 ,No 2, Feb 1987, pp:102-115.

[5] R.Umeki, C.H.Liu and K.C.Yeh. Multifrequency spectra of ionospheric amplitude scintillations. J. Geophys. Res., Vol. 82, No.19, Jul 1977, pp: 2752-2760.

[6] Fujita M. et al.. 1.7 GHz Scintillation measurements at midlatitude using a geostationary satellite beacon. Journal of Atmospheric and Terrestrial Physics,1978,Vol.40, pp:963-968.

[7] Karasawa,Y ,Yasukawa.K and Yamada.M. Ionospheric scintillation measurements at 1.5GHz in mid-latitude region. Radio Science, Vol 20,Number 3, May 1985,pp:643-651.

[8] 张更新，张杭等. 卫星移动通信系统. 人民邮电出版社，2001.

[9] 吴健，郭兼善. 空间天气对通信和导航定位等无线电系统有什么影响. 全球定位系统，1999 年，Z1 期，pp:27-31.

[10] 杨大成等. 移动传播环境. 机械工业出版社，2003.

The Study of Inmarsat HSD Performance Impacted by Ionospheric Scritillation in Marine Scientific Vessels

Fu Junlu

The Satellite Marine Tracking and Controlling

No. 400, P. O. Box 103, JiangYin, 214431，everyone4@163.com

Abstract   Being the redundant path,integrative service communication system between the marine scientific vessels and the land ,which is based on High Speed Data channel of Inmarsat-B, have high transmit BER,unstable signal level and sudden errors in some missions. In this paper,author analyzed the ionospheric scritillation which impacted the performance of HSD transmission. Author set up and analyzed ionospheric amplitude scritillation model.Based on simulation results, we conclude that ionospheric scritillation may result in Inmarsat-B HSD performance drop and burst errors exactly.

Key words   Ionospheric scritillation; Inmarsat High Speed Data; Transmission Performance; Modeling and simulation

空间激光通信在卫星通信中的应用分析

郭今昌　曹桂兴

中国空间技术研究院

北京 5142 信箱 108 分箱，邮编：100094，guojinchang@yahoo.com.cn

摘　要　比较了空间激光通信和微波通信的优缺点，详细介绍了空间激光通信系统的组成、现有条件下的实现方法和途径，按目前已能达到的技术水平对激光通信链路进行了初步估算，结果表明在精确瞄准状态，激光通信功率和误码率能满足通信基本要求。分析了激光通信在卫星通信中的应用前景和开展我国卫星激光通信系统应用研究的必要性并提出了发展建议。

关键词　激光通信；卫星通信；星间链路；激光应用

1　引言

随着高新技术的开发和利用，21 世纪将走向信息社会，争夺信息控制权已成为大国国家战略的重要组成部分。实际上，控制信息的能力不仅对作战是重要的，实时信息的获取也能在外交中遏制别的大国。取得全球信息优势，已成为国家综合国力和具有大国地位的一个重要标志。

纵观世界信息技术的发展现状，由于地面信息网络的建设会受到领土、领海等地域限制及自然条件等的限制，全球无缝信息网的建设和完善必须依靠空间节点，信息控制权的竞争已经扩张到空间——高速卫星通信网已成为信息高速公路的重要枢纽；各个发达国家的军队都大力发展被称为"第三次军事革命"的 C^3I、C^4I、C^4ISR（指挥、控制、通信、计算机、情报、监视和侦察）等系统，该有机整体的一大要素——"通信系统网络"是其中最重要的组成部分，是现代军事信息的基本载体，是确保各电子信息系统互连、互通、互操作，并充分发挥其综合效能的重要保证。

卫星通信系统网络化，已经成为全球实时信息网络的重要基础和发展趋势，而星间链路技术，是通信卫星系统组网的关键。对比我国目前的状况，不仅在轨的各种通信卫星尚未建立星间链路，计划实现的某些系统的微波星间链路，由于受到整星正常通信有效载荷重量、微波发射功率、波束覆盖等条件的限制，星间链路的带宽容量受到了极大的限制，甚至对于个别系统的星间链路，理论预算的结果表明，若采用微波通信，其整星能力余量所能支持的星间链路带宽不足 1 Mbit/s，远远不能满足实用需求。与微波星间链路比，激光通信具有通信带宽更宽、信息容量更大、抗电磁能力强、通信可靠性高、保密性好、发射功率需求小等诸多优点，迎合了星间链路网络节点的需求，具有广阔的应用前景。在空间激光通信方面，国外目前的卫星激光通信已从理论研究发展到应用基础研究的试验阶段。在我国及时开展空间激光通信技术应用研究，对于发展我国的卫星通信网络，建立全球实时信息网络，赶上国际先进技术水平，具有重要意义。

2　空间激光通信与微波通信的比较

作为对微波通信的革命，激光通信得到了各国的普遍重视[1]。目前，卫星间还主要靠微波进行通信，微波的物理特性决定了它不可能达到与激光通信一样的带宽。实际上，卫星通信的容量瓶颈已经集中体现在星间链路。拓宽星间链路的一种解决方案是多发射卫星，然而空间资源有限，发射卫星要受到一定的限制。早在 20 世纪 90 年代初，卫星通信专家就达成共识，卫星间大容量通信的矛盾只能通过发展卫星激光通信来解决。

使用激光通信的一个主要优点就是减小了信号发射孔径和发散角，大大提高了系统增益，对于短波长衍射极限的光束及微波，天线增益为：

$$G = 20 \ \log_{10} (PI \times D/\lambda) \tag{1}$$

其中，λ代表光波长，D代表天线（望远镜）直径。激光发射机光束发散角为：

$$\Psi = 1.03\ (\lambda/D) \tag{2}$$

微波与光波比，光波的波长要短得多，所以激光的波束发散角小，光斑也很小，天线增益高。例如：光束从火星传到地球，光斑的直径也只有地球的十分之一。光斑的直径小，使得接收到的功率大大增加，提高了检测灵敏度。再如：典型的微波行波管 TWTA 的发射功率为 20 W，激光管的发射功率为 1 W，微波天线的增益为 30 dB，光学天线增益为 100 dB。天线增益高，可以减小天线孔径，提高数据传输速率，增加传输距离。在传输速率大于 1 Gbit/s 时，星上激光系统终端的质量仍然可小于 100 kg，远低于同样性能的微波有效载荷。

另外，光学器件调制速率高，方式灵活，所需射频功率小，因此可以提高空间卫星通信系统的通信质量，扩展通信范围，还可以减少不同区域用户通信的种种限制，减少星上载荷的体积和质量，运行安全，无法被窃听，增强了通信的保密性、抗干扰能力，提高了稳定性，光路抗电磁干扰且不干扰其他传输设备，无须申请频率许可证等。

卫星激光通信系统的主要缺点是瞄准系统复杂[8]，位于主动跟踪卫星上的激光通信终端，必须在自身存在振动的条件下，在几万公里之外，以误差在 µrad 量级的角度，瞄准另一颗卫星，技术难度极大。

采用激光进行卫星间通信的主要优点概括为：

(1) 频带宽，星间链路通信容量大大增加；

(2) 波束窄，降低了发射功率，减小了星上功耗；

(3) 天线口径小，星上通信设备体积和质量减小；

(4) 波束发散角小，具有很好的抗干扰和抗截获性能，系统安全性高。

目前，激光通信已经和微波通信相提并论，成为构筑未来世界范围内通信网不可或缺的技术。美国家侦察局（NRO）的"同步轨道轻型技术试验"（GeoLITE）卫星，就是一颗对于研制先进激光通信和其他军用航天中继能力至关重要的卫星。尽管该卫星的使命高度保密，但它无疑是国家侦察局验证军用航天通信——特别是激光通信——计划的组成部分，最终将为美国提供更强的信息优势。

3 空间激光系统的组成和分析

空间光通信系统主要包括:(1)光源子系统；(2)发射接受子系统；(3)信号调制、解调、探测子系统；(4)瞄准、捕获、跟踪子系统。如图 1。

另外，卫星光通信系统中，还有辅助器件、伺服系统、控制系统等。

图 1　卫星光通信系统组成

3.1　光源及光检测器：

LD 激光管具有发射功率大、出射光束窄、能载荷宽带信号等优点，空间光通信系统通常采用 LD 激光管。鉴于空间光通信传输距离长，空间损耗大等特点，要求光发射机输出功率大，调制速率高，以满足大容量信息传输的需要。发展大功率激光源，是空间激光通信的一个关键技术。

目前有几种器件可供选择，它们可提供稳定、单瓣、受衍射限制的远场光束，波长范围在 0.8~1.5 µm。

(1) GaAs/AlGaAs 大功率激光器。波长 0.8~0.86 µm，具有简单、高效的特点，并且与探测、跟踪用的 CCD 阵列具有波长兼容性，例如：在 120 Mbit/s 脉冲调制、峰值输出功率 150 mW 条件下，其寿命可达 50 年，是空间激光通信中的一个较好选择。

(2) 多模、不受衍射限制、远场空间非相干的二极管阵列器件。这种器件现在输出功率可达到 1~10 W，在空间激光通信中可作为信标源或作为 Nd:YAG 的光泵。

(3) Nd:YAG 激光器。波长 1.064 µm（或 0.53 µm，以倍频输出），是目前半导体激光器中输出功率最高的，是未来空间光通信的发展方向之一，但它要求高功率的调制器和保证波形质量，目前效率较低（约 8％），波长复用范围有限等，技术上还不完全成熟。

光电探测器是光接收机的关键元件，对探测器的要求有：

(1) 高灵敏度；

(2) 足够的带宽；

(3) 解调噪声小。

目前可选用的光探测器有：

(1) CCD。具有高分辨率、大动态范围、无死区等优点，在空间激光通信中常作为位置传感器，用于PAT系统，作为精瞄准传感器。较成熟的是SiCCD探测器，长波的InGaAs探测器较难得到。

(2) 四象限探测器。比CCD器件有更高的灵敏度，探测响应频率高，波长范围宽，外围电路简单，是长波精瞄准探测器的理想选择，缺点是光敏面小，有死区，探测精度和线性度受限。

(3) PIN光电二极管或APD雪崩二极管。后者接受灵敏度比前者高10 dB，为空间激光通信所常用的光检测器。Si雪崩二极管有较大的动态范围，能满足空间通信链路6 dB左右动态范围的要求，已有的器件光电转换效率大于90%，寿命超过10年，可用于卫星激光通信。

3.2 调制/解调

空间激光通信采用的调制/解调技术可分为光强度调制/直接检测和相干调制/外差检测两类。

前者系统体积小、质量轻、结构简单、成本低、易实现。缺点是频带利用率低，接受灵敏度低。常用的调制方式有OOK（通断键控）、PPM（脉位调制）和PIM（脉冲时段调制）。最简单的方式是采用OOK强度调制，但光传输的环境有噪声和多径发散等，对OOK产生不利影响，严重损害其接受灵敏度。PPM方式受其影响较小，所以调制方式以PPM最为常用。特别是在有背景辐射噪声，而接受机又需要接受高数据率的数据时，采用多进制脉位调制（M-PPM）优点更为突出。

在相干调制/外差检测系统中，数字信号通过载波信号的移频或移相进行调制；接受时，首先与一本振光信号进行相干混合，再通过鉴相或鉴频实现解调。图2给出相干调制/外差检测系统结构。

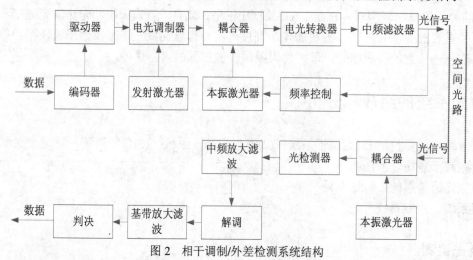

图2 相干调制/外差检测系统结构

外差检测系统通常采用PSK（移相键控）调制方式。关键器件包括发射激光器、本振激光器、光输入耦合器和宽带匹配电路等。PSK调制系统接受灵敏度较高，解调器设计相对容易，激光器可选择范围大，便于实现多阶调制。

采用这种方式，在光发射端，信号电流与本振光信号成正比，本振光信号使接受光信号得到了放大，从而使信噪比得到提升。在接受端，PSK调制光信号首先与一本振光信号进行相干混合，经光耦合器，一起加到光检测器进行外差检测，得到IF信号，经放大、滤波、解调、判决等恢复原信号后输出。外差转换增益系数正比于本振光功率和接受端信号功率之比，故外差检测系统具有较高的接受灵敏度。在相同的误码率情况下，外差检测系统接受灵敏度比直接检测系统灵敏度高10~20 dB[2]。

3.3 捕获、瞄准和跟踪

激光链路具有数据率高、功耗低、保密性好的优点，但由于其发射波束窄，一般在5~10 μrad量级，卫星的激光终端之间必须实现相互的精确对准，并在通信过程中实现锁定。接受端捕捉发射光束的PAT（瞄准、捕获和跟踪）技术，是激光星间链路的关键技术，也是卫星间光通信的难点[3, 4]。

PAT 系统要有高的精度和快的响应速度，不仅要求系统本身所选的光、机、电器件有好的精确度并采用较好的控制方案，还要考虑各种外界因素对系统的影响并采用相应的解决方法。

通常 PAT 包括粗瞄准系统和精瞄准系统。初始瞄准时，接收机终端的视线必须能在一个大的角度范围内转动，对应于卫星姿态的控制精度，大约为±0.2°。通信过程中，要求通信光束偏离接受终端的角度不能超过光束宽度的几分之一，即要求瞄准精度达到 0.2 μrad。整个 PAT 的角度动态范围要求大于 70 dB，因此必须采用粗瞄准组件和精瞄准组件结合的方法。

粗瞄准系统通常采用信标光＋扫描的方案，采用较宽的信标光束，按螺旋扫描或行列扫描对不确定区域进行扫描，完成捕获过程。目前，大功率信标激光器光束宽度的典型值为 680 μrad，功率 5 W；大面积捕获敏感器 CCD 典型的有效像素 385×288，捕获信标后，在程序的控制下切换到通信光束，同时开始锁定、跟踪。

精瞄准系统通常包括精瞄传感器、快速转镜、精瞄控制系统。对精瞄系统性能的要求一方面源于通信本身所要求的瞄准精度，另一方面源于卫星轨道、姿态变化和微振动等干扰的影响。轨道、姿态变化频率相对较低，对伺服机构带宽要求不高，但平台微振动频带较宽，要求较高的伺服带宽。要使精瞄系统满足激光通信要求，必须结合振动抑制技术，合理设计伺服系统的性能指标。

实时控制系统及控制算法也是 PAT 系统的关键，粗瞄准采用开环控制，精瞄准采用闭环控制，两种控制方法互相配合，共同实现卫星激光通信的全过程。

近期美国 Thermo Trex 研究所提出采用原子滤光器的方案、含有原子滤光器的 PAT 接收装置称之为激光无线电装置。在卫星接收端采用性能优异的超窄带宽的原子滤光器，可以展宽视场角，易于捕获发射激光束、由于原子滤光器对太阳背景辐射的强烈抑制作用，发射端的信号光不会淹没在强烈的噪声中，卫星接收端就可以捕捉并跟踪锁定在另一颗卫星的发射光束上，实现光链路建立，以进行高码率通信。这一进展值得关注。

4 空间激光链路设计分析

光学链路的冗余公式表示为：

$$M = P + G_T + \tau_{txopt} + \eta_{ff} + L_n + F_{SL} + \tau_{atm} + F_M + G_R + \tau_{rxopt} + \eta_{dd} - S_{REQ} \tag{3}$$

式中 M 为链路余量(dB)，P 为激光器输出功率(dBW)，G_T 为发射通信增益(dB)，τ_{txopt} 为发射天线系统透射率(dB)，η_{ff} 为远场共轴效率(dB)，L_n 传输天线前向效率，F_{SL} 为自由空间传输损耗，τ_{atm} 为大气损耗，F_M 为大气闪烁与孔径平均所引起的损耗，G_R 为接受天线系统增益，τ_{rxopt} 为接受天线系统光学透过率，η_{dd} 为直接探测接受效率，S_{REQ} 为达到所要求的系统性能的最小功率。

4.1 发射机器件选择及参数确定

虽然气体激光器在方向性、单色性和亮度等方面性能最好，但从卫星空间应用的工程实用角度考虑，固体激光器在可靠性、寿命、重量、功耗等方面都优于气体激光器，同时考虑到产品的成熟性因素，优先选用 AlGaAs 激光器。即便用目前已经能实用的器件水平进行链路估算，器件发射功率已达 30 mW 以上，波长 830 nm，对应这一波段的光学产品，波长分光片和偏振分光片的透射率约 90%，反射率约 99.5%，干涉滤光片透射率 70%～80%，带外抑制 40dB。天线口径的选取考虑我国光学材料和实际制造加工的工艺水平，选取约 30 cm。

发射机的增益和光波束的宽度要考虑增益、突发误码受瞄准角度的影响[9]，在 PBE 为 10^{-6} 的条件下，均方根误瞄角约为 0.3 μrad，波束角和增益分别为 6.75 μrad，119.7 dB。

4.2 接收机参数确定

综合考虑灵敏度和噪声因素，以及与发射端激光束波长相匹配，APD 式接受探测器为最佳选择，已有的器件，灵敏度可达-59 dBm。接受天线口径可与发射天线口径类似选取。增益可按公式(1)计算得到约 117 dB。

发射机与接收机参数确定后，系统的接收功率就已经确定[10]，取发射机和接收机的损耗共 10 dB，链路储备 4 dB，链路极限距离以我国 GEO 卫星轨道分布于 E80°-E140°的链路距离或 GEO 与 LEO 的距离估算，约 45 000 km，计算得到接收功率为 -59 dBm。

整个链路的设计分析结果如表 1 所示：

表 1　空间激光链路的设计分析

	波长	830 nm		调制方式	PPM
发射机	功率	30 mW	接收机	跟踪探测器	CCD
	天线直径	30 cm		视场	20 μrad
	瞄准误差	0.5 μrad		链路距离	45 000 km
接收机	天线直径	20 cm	系统	BER	10^{-9}
	背景噪声功率	80 pW		发射天线增益	119.7
	探测器	APD		接受天线增益	117.6
	光探测器增益	80 dB		接受功率	-59 dBm

5　空间激光通信应用分析

利用激光通信方式，可在 GEO 与 GEO 卫星间、GEO 与 LEO 卫星间、LEO 与 LEO 卫星间、GEO 及 LEO 与地面站之间建立起激光通信链路。

5.1　激光星际链路和星间链路

GEO-GEO、GEO-LEO 及其 LEO-LEO 卫星之间的激光链路，主要起到数据中继链路的作用，由于卫星位于大气层以外，不受大气衰减的影响，因此，采用激光通信具有突出的优点和巨大的潜力。

低轨道小卫星间激光链路作为一种新型的、潜在的激光星间链路正在被推广应用到移动通信和其他通信方式的小卫星网络中。采用了新型的衍射光学技术和先进的微系统设计原理，使得设计很小的、更轻的系统成为可能，利用低轨道通信小卫星进行通信，信号衰减小、时延短、只需较小的卫星天线，尤其是用小光学用户终端在小卫星间建立链路，使得用较低的卫星发射功率以及较小的用户终端就能达到高的通信质量。由于小卫星的星间距离比同步轨道上的中继星的星间距离短很多，在采用同样功率光源的情况下，应用于小卫星间的光学通信终端具有更大的通信容量；或者在相同的通信容量要求下，通信设备体积小、重量轻，更加适合装于小卫星上，提高传输比特率。

早在 1995 年美国与日本两颗相距 39 000 km 的卫星间实现了通信，并完成了光通信，可以认为卫星空间激光通信的关键技术已经基本解决。

5.2　激光星地链路

卫星对地面站、地面终端或海上终端之间的光通信由于受到大气扰动，仍属于技术难点[7]。由于星地激光链路是在大气中实现，大气是复杂的动力系统，需考虑大气对低轨道卫星与地面站之间激光链路的影响，不透明的云层能完全阻断通信信号，大气浊度、折射或透明空气的扰动都会对激光束产生影响，这些影响明显地依赖于激光光源的波长。考虑到大气的影响，星地激光键路的激光波长应选择在 0.532 mm 附近，即采用倍频 Nd：YAG 激光器或氩离子激光器。

1992 年，美日两国进行了长达 3 个月的卫星与地面站的光通信实验，研究了大气信道对光通信的影响，目前，实现卫星与地面站通信的解决方案主要有两种。方案之一是在气候干燥少雨处建地面站，这样很容易实现卫星对地面站光通信。另一个方案是实现激光与微波通信组网，即卫星间用激光通信，经过信号压缩处理后，再用微波与地面站通信。日本东京大学提出激光与微波通信结合的双层低轨道全球通信组网方案，具体论证了在地球 700 km 和 2 000 km 的低空中，布置两套卫星系统的可行性，卫星之间采用激光互联技术进行信息传递，与地面的关口站的通信链路由上层卫星负责，采用激光链路。下层卫星负责与小型地面站和移动用户（包括个人移动通信）的通信，采用微波链路。

5.3 激光地面链路

采用激光作为通信媒介的光无线通信系统除了充当卫星间的传输手段外，也可在地面通信中发挥其独特作用。作为一种高速廉价的通信工具，适用于野外部队、公司间、楼与楼间的临时性低成本短距离通信，可在较短时间内调试完成。

光在大气中传播，必然会有大气损耗，包括空气吸收、散射、折射等引起的损耗，对于室外通信在 3 个通信波长（0.85 mm、1.31 mm 和 1.55 mm）带窗中，空气吸收最低。雨、雾、雪的水点引起散射和折射损耗，则与季节有关。对于长距离的系统，还可能遇到太阳能闪烁，使传播途径发生折射，接收信号强度发生起伏，而且光传输到接收端进行检测时，必定会有较大的耦合损耗，因此传输距离不能太长。

地面系统间采用激光为通信载体，不会造成无线电频谱泄露，也不会受到无线电管理委员会电波频率和功率法规的限制。

6 发展我国卫星激光通信的建议

空间激光通信具有许多微波系统不可比拟的优点，在卫星通信系统对数据率提出更高的要求时，激光链路几乎成了唯一的选择，因此，在卫星通信中采用激光通信链路是我国通信卫星发展的必由之路。

国际上，激光通信作为高性能通信卫星网络技术中的关键性课题，包括美、欧、日等在内的国家和机构开展了大量的研究工作，取得了令人注目的进展。美国已经研制成功 2×600 Mbps 的卫星通信终端，建立了数据率为 1 Gbps 的低轨卫星—地面站激光链路，今年，布什总统还请求国会拨款 8.36 亿美元以继续研制利用激光通信和更为完善的射频技术的卫星系统，五角大楼计划从 2013 年开始发射首颗该系列卫星。美国军用卫星系统中后续的中继卫星、美国空军规划的 TSAT 卫星项目等，无一例外地将激光卫星通信终端列入了规划。欧空局早在 2001 年实现了 Artemis 卫星与 SPOT-4 卫星的激光通信，速率达到 50 Mbit/s，误码率小于 10^{-9}。日本专门研制的激光通信卫星 OICETS 实现了星际链路通信。国际上空间激光链路研究已经完成了概念研究，关键技术和核心部件已解决，进入了应用研究。

我国近年来也开始了空间激光通信系统的研究，863 计划，国防基础预研都有相应的研究课题。信息产业部、中科院、高校等都有相应的机构开展先期研究，取得了不少成果，中国空间技术研究院也在积极研制卫星激光通信终端，随着关键技术方面的进展和关键部件的研制成功，空间激光通信系统进入我国卫星通信应用指日可待。事实上，与高端微波通信技术发展相比，近年来，我国在某些高端的激光应用领域处于国际领先水平，我们在激光通信领域实现跨越式发展，及时跟进，赶上国际先进水平，不是没有可能。

空间激光通信，其关键技术涉及：(1) 大功率激光器和高灵敏探测器技术；(2) 高灵敏、干扰信号检测技术；(3) 快速、精确的 PAT 技术；(4) 精密、可靠、高增益收发天线；(5) 高速、大容量信号处理技术；(6) 大气信道及其工程化技术研究等。

某些技术是与微波通信共性的技术，在微波预研攻关中将逐步同步解决，而在激光通信特有的技术，如光学器件、光学天线、PAT、大气光学通道等方面，首先要重视尖端理论与原理系统的攻关研究，更要同步开展工程化技术研究，才能确保缩短整体周期。要追赶别人，我们就必须实施并行工程，我们不能再容忍因为工程化问题影响新技术应用一个周期的前车之鉴。

我们建议在各项关键技术上同步研究，分步应用，小步快跑。由于各项关键技术突破的难度、周期不同，制定规划不能一刀切，即设想经某研发周期后，全部关键技术同步突破，一步到位，而应该突破一项、工程化一项，演示验证一项，形成卫星激光通信终端产品化稳步发展。例如：采用直接检测、中功率 LD、高灵敏度 APD，是激光终端的现实方案，而相干外差检测方式是发挥超远距离、高速激光通信优势的必然趋势；GEO-GEO 或同轨的 LEO-LEO 是激光链路工程化验证的优选平台，再次是 GEO-LEO 星际链路应用，而最终、最难的是激光通信在星地通信、星潜等直接通信中发挥其优势。

PAT 被认为是卫星激光通信系统中最难的技术，我们认为，其难度不在于理论研究的难度，而在于卫星应用的工程化技术。对于 PAT 所要求的控制精度、回路时间、信号采集处理周期，对现有的控制理论和硬件技术而言，并非难点。但是，光学天线等对在空间环境中的热控要求和工程化实施；空间环境光学通信天线的机械支撑和运转结构与机构；卫星轨道控制、姿态控制、振动、动力学耦合等工程应用环境实验研究；激光大气窗口模型、动态、闪烁、多普勒频移等对系统工程化应用影响的研究等问题，必须及时组织分析，并规划卫星激光通信的工程化进程和相应卫星激光通信产品的应用平台。相信，激光通信将会逐步在我国的卫星中继、卫星高速网络、高性能卫星对潜、对地实时保密通信等应用中发挥重要作用。

参 考 文 献

[1] Oppenhauser G,Witting M, Popeson A.. The European SILEX Project and other advanced concepts for optical space communication. Proc SPIE,1991,1552:55-56.

[2] 葛林等. 光空间通信中几个问题的探讨. 光通信接受，1998,22(2):86-91.0l.

[3] Michel Bailly. The pinting,acquisition and tracking system of SILEX European program, a major technological setup for intersatellite optical communication. Proc SPIE,1991,417: 142-157.

[4] Victor A Skormin, Carl R Herman, Mark A Tascillo, et al.. Mathematical modeling and simulation. Opt Engineering. 1993, 32(11): 2749-2763.

[5] 谭立英，马晶等.卫星光通信系统及其发展.电信科学,1999(1):34-36.

[6] 周炳昆，高以智等.激光原理,国防工业出版社,1983:348.

[7] Masahiro Toyoda. Ground to ETS-VI narrow laser beam transmission. Proc SPIE,1996,2699:71-80.

[8] M.Witting. Effect of Micro-accelerations on an Optical Space Commnictaion Terminal. Proc SPIE, 1991,1522:267-277.

[9] K.Miller,T.O Connor, D.Thompsom Prcision Pointing and Tracking Between Stalite-borne optical systems. Proc SPIE, 1999,3615:331-337.

[10] J.L.Vanbove,B.Laurent,J.L.erbos. System Analysis of Optical Interorbit Communications. Proc SPIE, 1987,810:164-171.

Space Optical Communication in Satellite Communication

Guo Jinchang and Cao Guixing

Chinese Academy of Space Technology

P. O. Box 5142-108, Beijing, 100094，guojinchang@yahoo.com.cn

Abstract Optical communication and microwave communication are compared. The principles and configurations of Laser communication system are described. The evolutions and prospects of Laser communications are introduced. The feasibility of application of laser communication in satellite communication is analyzed base on a laser link budget.

Key words Laser communication; Satellite communication; ISL; Laser application

导航卫星军事应用体系结构探析

侯迎春[1]　张志威[1]　张建丽[2]

1 装备指挥技术学院试验指挥系；2 航天医学工程研究所

北京怀柔 3380 信箱 75 号，邮编：101416，winterbow@163.com

摘　要　本文在介绍了我国导航卫星军事应用系统的现状及需求，给出卫星军事应用系统体系结构的定义；运用面向对象方法，完成了导航卫星军事应用系统体系结构的分析和设计，用统一建模语言 UML 描述了导航卫星军事应用系统体系结构的系统级模型。

关键词　导航卫星；统一建模语言；面向对象；卫星军事应用体系结构

1　导航卫星系统概况

北斗一号是我国的第一代卫星导航定位系统，该系统是一个具有全天候、高精度、快速实时特点的区域性导航定位系统，兼有简短数字报文通信与授时功能，是独立自主解决我军快速定位问题的有效手段。系统可用于我军分队（单兵）、车辆、坦克和舰船、直升飞机、中低速飞机行军及航行定位，为各级指挥机关实时提供所辖用户位置坐标，也可为某些机动发射武器提供定位保障。

北斗一号主要是用来为在我国大陆、台湾、南沙及其他岛屿、中国海（渤海、黄海、东海、南海）、日本海、太平洋部分海域及周边部分地区的我各军兵种中低动态及静态用户提供快速定位、简短数字报文通信和授时服务。

北斗导航定位系统由北斗导航定位卫星、地面控制中心站为主的地面部分、北斗用户终端三部分组成。地面部分由时统分系统、供配电系统、保密分系统、数据收发分系统、数据处理与监控子系统、数据接收站等组成，其组成如图 1 所示。

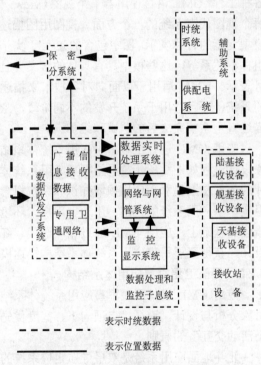

图 1　北斗一号地面系统组成图

2　导航卫星军事应用综合需求

卫星导航定位是在地面、海洋、空中和空间实体接收导航星座发出的无线电信号基础上，确定实体的位置、速度向量和时间，简言之实现天基无线电定位与时间转换。按导航方式分为多卜勒测速定位、时间测距定位和主动式双星定位 3 类。

在卫星导航定位精度方面，总体上是海军与空军的要求最高，其次是二炮，陆军的需求相对低一些。北斗一号的性能不能满足各军种在这方面提出的需求。在卫星授时精度方面，海军、空军、二炮的要求比较接近，而且他们的需求北斗一号也基本能支持。在卫星的防护性方面，北斗一号现有反干扰、反欺骗、反病毒性能远不能满足各军种的需求。在卫星用户容量方面，总体上空军的要求最高。

3 导航卫星军事应用体系结构

3.1 卫星军事应用体系结构定义

卫星军事应用是以执行军事斗争信息保障或空间控制等任务为目的，运用卫星资源配套的非天基（地面、空中、海上）应用系统的军事活动。卫星军事应用系统为：根据给定卫星资源作战使用目的、要求，而开发的卫星军用系统中与卫星资源配套的地面系统装备，主要包括卫星信息系统、用户终端，以及为达到作战目的所需的保密、监控和其他特定的任务支持系统。参照国际标准体系结构概念定义，卫星军事应用系统体系结构的定义是：卫星军事应用系统的基本组织，表现为卫星军事应用系统的组成或构件、组成之间的关系、组件与环境之间的相互关系以及制约它们设计与随时间演进的原则与指南。

3.2 利用 UML 建立卫星军事应用体系结构

3.2.1 UML 内容

UML（Unified Modeling Language）是国际对象管理组织 OMG 制定的一个通用的、可视化建模语言标准，可以用来描述、可视化、构造和记载软件密集型系统的各种工件。UML 语言使用若干个视图（view）构造模型，每个视图代表系统的一个方面。视图用图描述，而图用模型元素的符号表示。图中包含的元素可以有类、对象、组件、关系等，这些模型具有具体的含义并且用图形符号表示。UML 适用于以面向对象技术来描述任何类型的系统，而且适用于系统开发的不同阶段，从需求规格描述直至系统完成后的测试和维护。

应用 UML 进行卫星军事应用系统体系结构面向对象设计过程如图 2 所示，卫星军事应用系统体系结构设计的依据是卫星军事应用领域知识和系统概念，在确定卫星军事应用系统的范围、用途、用户、环境以及作战概念的基础上，应用 UML 通过循环迭代、细化的分析设计，获得卫星军事应用系统体系结构描述模型。

3.2.2 导航卫星军事应用体系结构

应用 UML 进行卫星军事应用系统体系结构的面向对象分析与设计，遵循"自顶向下、宽度优先"与"基于活动交互"的原则。

北斗地面应用系统是双星导航定位系统的核心，其基本任务是在卫星和工程测控系统的配合下实现系统

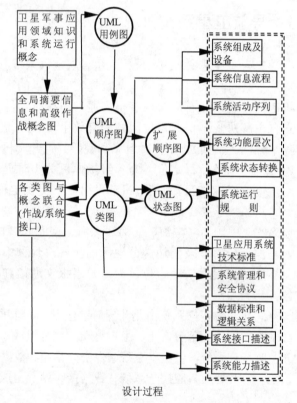

设计过程

图 2　应用 UML 体系结构面向对象

的定位/简短报文通信/授时三大功能，并担负整个系统长期运行和管理等任务。

其地面应用系统的主要任务有：

- ✧ 在北斗卫星的配合下快速确定用户所在地的地理位置；
- ✧ 向用户及各类用户主管部门提供导航信息。
- ✧ 在北斗卫星的配合下为用户与用户、用户与中心控制系统之间提供双向简短数字报文通信服务。
- ✧ 通过北斗卫星转发器为用户提供定时时差修正值。
- ✧ 实时、精确测定北斗卫星位置。
- ✧ 为入网用户机进行性能指标测试与入网注册登记。
- ✧ 存储用户有关信息。
- ✧ 监视并控制北斗卫星有效载荷和地面应用系统的工作情况。

(1) 建立北斗卫星军事应用系统的用例模型

经过分析，首先给出卫星军事应用系统作战概念图。

如图 3 所示，北斗卫星军事应用系统主要包括为北斗卫星、标校系统、数据接收系统、数据处理系统、监控系统和用户终端等。根据北斗卫星应用系统运行机制图建立初始的用例图示，系统用椭圆表示，如图 4 所示：

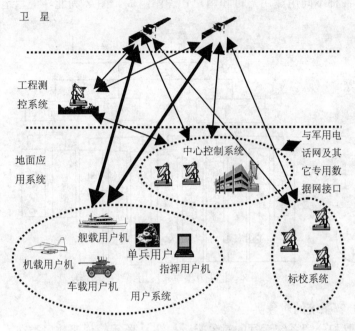

图 3　北斗卫星军事应用系统作战概念图

图 4　北斗卫星军事应用系统用例图示

(2) 建立北斗卫星军事应用系统的顺序图

通过用例图和作战概念图，很容易得到系统的顺序图。图 5 是北斗卫星军事应用系统核心运行顺序图表：

a. 从北斗卫星军事应用系统的顺序图提取该系统的主要功能对象，用图 6 北斗卫星军事应用系统类图表简单描述如下：

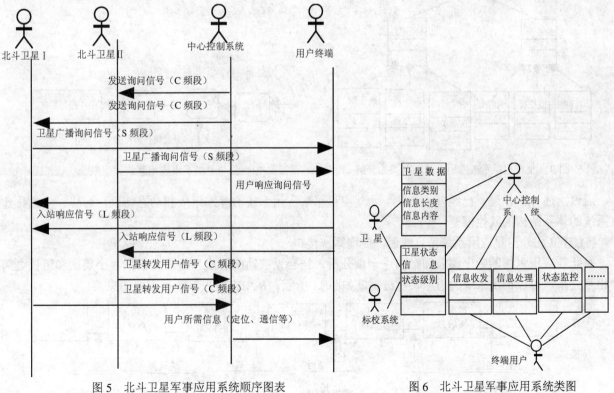

图 5　北斗卫星军事应用系统顺序图表

图 6　北斗卫星军事应用系统类图

b. 以图 5 系统顺序图为参考，构建北斗应用系统功能层次图，如图 7 所示为中心控制系统的层次结构。

在北斗应用系统中，中心控制系统由信号收发分系统、信息处理分系统、时统分系统、监控分系统、信道监测分系统、专用测试设备及配套设备组成。标校系统由分布在服务区内不同位置上的测轨标校机、定位标校机和测高标校机组成。各类用户机由各种不同用途用户机和用户管理站组成。图 8 为北斗卫星地面应用系统的功能层次。

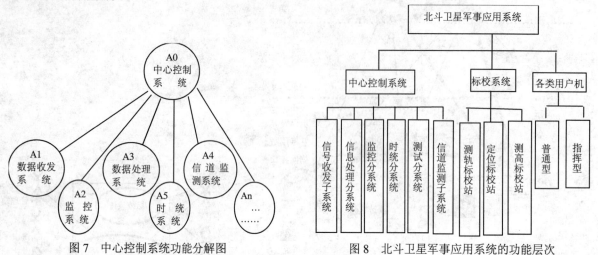

图 7　中心控制系统功能分解图　　　　　图 8　北斗卫星军事应用系统的功能层次

(3) 分解北斗卫星军事应用系统，提取和分解系统的对象类

根据系统的工作原理和功能组成，可以提取和分解系统运行的对象类。如图 9 所示，说明数据类在系统运行过程中的分解。

(4) 构建北斗卫星军事应用系统的状态图表

图 10 举例描述北斗卫星军事应用系统的数据的运行情况。

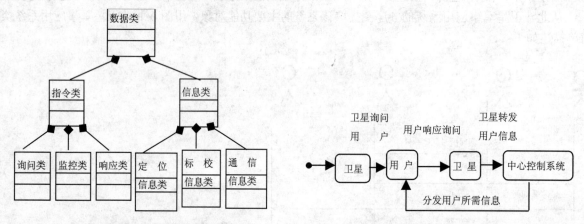

图 9　北斗卫星军事应用系统数据类的分解　　　图 10　北斗卫星军事应用系统数据系统级状态图

通过上述分析描述，已经基本清楚了北斗卫星军事应用系统的静态组成和动态特性，可以一步细化建立系统的体系结构的其他模型。

(5) 建立北斗卫星应用系统消息映射，提取系统接口

对北斗应用系统的顺序图表和类图进一步分析，结合系统功能层次和组成，根据各个层次和组件之间的相互关系，可以得出系统的消息映射机制，如图 11 所示，从中提取出系统的主要消息接口。

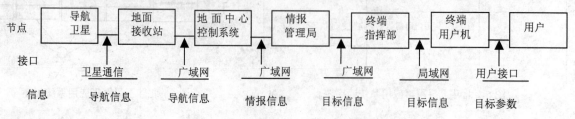

图 11　北斗卫星军事应用系统消息映射

4 结束语

利用 UML 多个视图可以综合描述卫星军事应用系统体系结构。这些模型视图包括用户模型视图、系统结构模型视图、系统行为模型视图、系统实现模型视图和系统环境模型视图，视图从不同侧面综合描述卫星军事应用系统的系统组成元素以及元素间的关系、系统功能以及功能间关系、系统的活动以及活动间的关系、系统运行规则以及状态变换、系统接口与接口通信等。

导航卫星军事应用系统是一个极其复杂和庞大的系统，内容包罗万象，技术涉及多门学科。利用 UML 建立了导航卫星军事应用体系结构，可以指导项目开发的整个过程，从项目规划之初至系统建设后不断地完善和改进，有利于系统和其他卫星及作战系统的集成，并进行相应的评估。导航卫星军事应用体系结构能够比较清晰、准确的描述应用系统的任务、卫星应用要素间的信息流和系统间的复杂关系，使特定的目标和作战要求，特别是联合作战的要求被清晰地理解，从而提高我军高技术条件下的作战能力。另外，根据建立的导航卫星军事应用系统体系结构，研究导航卫星地面应用系统的作战使用性能要求，可以有针对性地牵引卫星应用技术发展，更有效的使用好这些卫星资源，使导航卫星真正成为战斗力的关键。

参 考 文 献

[1] (美)Joseph Schmuller .UML 基础、案例与应用[M].人民邮电出版社，2002 年 6 月.

[2] 卫星应用. 2000，2001.

[3] 总装卫星有效载荷及应用专业组.卫星应用发展战略研讨会学术论文集，2003 年 6 月.

Study of the Navigation Satellite Military Application System

Hou Yingchun, Zhang Zhiwei and Zhang Jianli

1.Department of Command, Institute of Command and Technology of Equipment

2. Institute of Space-medical Engineering

P. O. Box 3380-75, Beijing, 101416，winterbow@163.com

Abstract   This paper introduces present situation and demand of the navigation satellite military application system of our country, applies the definition of systematic architecture to satellite military. At the same time, discusses the method of the architecture design，then construct the architecture with Object-Oriented method，and describe the architecture's system level model by UML（Unified Modeling Language）

Key words   Navigation satellite; UML; Object-Oriented; Satellite military application architecture.

扩谱技术在卫星测控领域的应用

金蓬嘉　　秦朝晖

上海航天时代电子有限公司

上海市嘉定区环城路 1600 号，邮编：201800，Qinzhaohui210@sina.com

摘　要　扩谱技术是一种新型的信号处理方法，具有其他通信技术所不能与之相比的独特性能，现已成为近代通信重要的研究和发展方向。本文对扩谱系统的理论基础和典型的扩谱系统模型进行了阐述。针对卫星测控领域，本文对传统的统一载波 TT&C 系统和扩谱 TT&C 系统从构成、工作原理和性能特点等方面进行了对比分析，并对相干系统和非相干系统两种不同扩谱体制的信号设计进行了阐述。最后，论文对扩谱 TT&C 系统的一些关键技术进行了介绍。

关键词　扩谱技术；香农定理；统一载波 TT&C 系统；扩谱 TT&C 系统

1　概述

扩谱技术一般是指用比信号带宽宽得多的频带宽度来传输信息的技术。一种典型的扩谱系统如图 1 所示：

图1　典型的扩谱系统框图

典型的扩谱系统主要由上述十一个部分组成。

信源编码的目的是去掉信息的冗余度，压缩信源的数据率，提高信道的传输效率。

信道编译码（差错控制）的目的是通过增加信息在信道传输中的冗余度，使其具有检错或纠错能力，提高信道的传输质量。

载波调制部分是为使信息能在适当的频段以适当的形式进行传输，如微波频段，短波频段等。

扩谱调制和解扩谱是为了某种目的而进行的信号频谱展宽和还原技术。

扩谱技术的理论基础是信息论中的香农（shannon）定理。信息论中关于信道容量的香农定理表达为：

$$C = W \log_2 \left(1 + \frac{S}{N} \right) \tag{1}$$

式中：C——信道容量(比特/秒)

　　　W——信号频带带宽

　　　S——信号功率

　　　N——噪声功率

该公式表明，在高斯信道中当传输系统的信号噪声功率比 $\frac{S}{N}$ 下降时，可用增加系统传输带宽 W 的办法来保持信道容量 C 不变。对于任意给定的信号噪声功率比，可以用增大传输带宽来获得较低的信息差错率。扩谱技术正是利用这一原理，用高速率的扩谱码来达到扩展待传输的数字信息带宽的目的。

扩谱技术按其工作方式可以分为以下四种：

（1）直接序列扩谱方式（DS）：就是用比信息速率高很多倍的伪随机噪声码（PN）与信号相乘来达到扩展信号的带宽。

(2) 跳频方式(FH):数字信息与二进制伪码序列模二相加后,去离散地控制射频载波振荡器的输出频率,使发射信号的频率随伪码的变化而跳变。每次移频是根据信息和伪码序列的状态加权所得到的随机数来选取频率。

(3) 跳时方式（TH）：跳时是用伪码序列来启闭信号的发射时刻和持续时间。发射信号的"有"、"无"同伪码序列一样是伪随机的。

(4) 混合方式：以上三种扩谱方式中的两种或多种结合起来，便构成了一些混合扩谱方式，如FH/DS,DS/TH,FH/TH 等，它们比单一的扩谱、跳频、跳时方式具有更优良的性能。

扩谱技术是一种具有优异抗干扰性能的新技术，它的主要特点是：

(1) 抗干扰力强。它具有很强的抗人为宽带干扰、窄带瞄准式干扰、中继转发式干扰的能力；

(2) 可检性低（Low Probability of Intercept），不易被侦破；

(3) 具有多址能力，易于实现码分多址（CDMA）技术；

(4) 可抗多经干扰；

(5) 可抗频率选择性衰落；

(6) 频谱利用率高，容量大（可有效利用纠错技术，正交波形编码技术，话　音激活技术等）；

(7) 具有测距能力；

(8) 技术复杂度逐步降低。

从上述对扩谱技术的一般描述可以看出，扩谱技术在卫星测控领域有着极其广泛的用途。

2　统一载波 TT&C 系统简介

统一载波 TT&C 系统的基本概念是：地面测控站和卫星星载测控设备都采用一个载波、一个天线、一个公用信道设备来实现测控。

它的定义可概括为：在一个载波上，用几个副载波调角，实现频分复用的几路信号传输，从而实现测控中的多功能综合，即将测控的多种功能统一在一个载波上，故称统一载波 TT&C 系统。当采用 S 频段载波时，称为统一 S 频段系统(USB)，当采用 C 频段载波时，称为统一 C 频段系统(UCB)。

统一载波 TT&C 系统是基于频分制多路通信原理，遥测和遥控各用一个副载波传输，（有时也增加话音副载波等其他信号），一般采用 PCM——PSK——PM 或 PCM——FSK——FM 调制。测距用一组正弦波测距音或伪随机码对载波调角，上述各副载波调相后尚残留的载波分量用来实现多普勒测速和角跟踪及测角，从而实现了跟踪测轨（包括测距、测速、测角）、遥测和遥控（即 TT&C）三种功能的综合。

在统一载波 TT&C 系统中，对残留载波采用窄带锁相环进行跟踪滤波，可获得极高的信号捕获灵敏度，这是它能完成远距离测控通信的关键。这个被窄带过滤了的残留载波还用作多普勒测速，完成比幅单脉冲角跟踪测角。因此载波锁相环是统一载波 TT&C 系统的核心。

为了实现远距离无模糊测距，系统中采用了伪码测距或多测音测距技术，对卫星的定轨采用 A、E、R 单站定轨体制。

统一载波 TT&C 系统主要有以下一些特点：

（1）统一载波并实现多功能综合；

（2）减小了卫星星载设备的体积、质量，且电磁兼容性好；

（3）作用距离远；

（4）简化了地面设备的维护和使用，节约了投资；

（5）已纳入国际标准，便于国际合作；

（6）具有中等的测距定轨精度；

（7）采用频分制引起的组合干扰较大，且数据率低；

（8）对单站多目标和多站单目标测控的局限性大；

（9）抗干扰能力弱，系统安全性较差。

3 扩谱TT&C系统

扩谱技术已经广泛应用于军事通信，电子对抗，导航和测控等众多领域。扩谱TT&C系统是扩谱技术在卫星跟踪测轨和测控领域的具体应用。它在统一载波TT&C系统的基础上又大踏步地前进了一步，与统一载波TT&C系统相比，它更具活力和前景，引起了多方的高度重视。

它的基本原理是利用伪随机序列对传送的信息数据进行调制，实现频谱扩展后再在统一载波上进行传输。同时，还可以实现码分复用和高精度测距等功能。

对卫星的定轨技术采用A、E、R单站定轨体制（常用于相干扩谱TT&C系统中），与统一载波TT&C系统相同；也可以采用"动力学"法，即利用地面测量站→飞行器→地面测量站的双向测距测速数据来定轨（常用于非相干扩谱TT&C系统中）。

3.1 扩谱TT&C系统的现状

扩谱技术的一些显著特点促使国内外的飞行器测控领域的专家们对其应用进行了深入的研究。迄今为止，在民用卫星测控中已经应用的系统有美国NASA的深空网、TDRSS系统（对用户航天器测控、定轨）；在欧洲，Alcatel Space Industries和ESA做技术上的支持，欧洲电信标准协会（ETSI）负责形成了地球同步轨道通信卫星测控链路扩谱ETSI新标准。

这些系统的建成和标准的形成，说明了扩谱技术在卫星测控领域的强大生命力和美好的前景。

在国内，扩谱技术正以迅猛的姿态影响着卫星测控领域，基于ETSI标准的扩谱TT&C系统正在建立起来，并充实了新的内容。同时，国内自行开发研制的新的扩谱TT&C系统也已进入了方案论证阶段

3.2 扩谱TT&C系统的信号设计

目前，扩谱TT&C系统大体上分为相干系统和非相干系统两种体制，它们在对遥测/遥控信息的传输方式上是相同的，区别在于其定轨方式。

相干体制下，星载扩谱应答机采用伪码再生技术相干转发上行测距伪码，并实现载波的相干转发，与地面测量站完成相干伪码测距和双向相干多普勒测量。

非相干体制下，星载扩谱应答机通过星上采样脉冲对上行信号完成信息采样和伪距、伪多普勒提取，形成下行测量帧，与地面测量站配合完成非相干的测距和测速。

3.2.1 相干扩谱TT&C系统的信号设计

在相干扩谱TT&C系统中，上下行均采用UQPSK调制；上行I支路调制遥控信息，采用短码扩谱，Q支路调制测距伪码，Q支路测距伪码与I支路短码相关，以便星载应答机利用短码辅助测距伪码捕获；下行I支路调制遥测信息，采用短码扩谱，Q支路调制测距伪码，下行测距伪码（长码与短码）必须与上行测距伪码相干，测距精度取决于短码，长码用于测距解模糊。

相干扩谱TT&C系统的信号结构如下：

上行调制采用UQPSK调制，I支路为指令通道，Q支路为测距通道。

其数学表达式为：

$$S(t) = \sqrt{2(0.91)P_T} \, PN_I C(t) \cos \omega t + \sqrt{2(0.09)P_T} \, PN_Q \sin \omega t \tag{2}$$

式中：ω 为上行载波角频率；

P_T 为上行信号总功率；

$C(t)$ 为指令码；

PN_I 为指令信道 PN 码；

PN_Q 为测距信道 PN 码。

下行扩谱链路与上行扩谱链路配合工作于双向多普勒测量，距离测量和低速率遥测数据场合。下行载波频率与上行载波可以是相干的，也可以是不相干的。

下行也为UQPSK信号，I，Q两路信道上分别传送扩谱遥测数据和测距码。其数学表达式为：

$$S(t) = \sqrt{2P_I}\,PN_I\,d(t)\cos\omega t + \sqrt{2P_Q}\,PN_Q\sin\omega t \tag{3}$$

式中：ω 为下行载波角频率；

P_T 为下行信号总功率；

$d(t)$ 为遥测数据流；

PN_I 为遥测信道 PN 码；

PN_Q 为测距信道 PN 码。

3.2.2 非相干扩谱 TT&C 系统的信号设计

非相干扩谱 TT&C 系统中，上行链路包含 1 路遥控 BPSK+（1~4）路测距 BPSK 信号，下行链路包含 1 路遥测 BPSK+1 路测距 BPSK 信号，采用码分多址区分各路信号。遥测遥控数据传输基本原理与一般的扩谱通信原理类似，这里不作赘述。

非相干扩谱 TT&C 系统的信号结构如下：

地面测量站发送信号

$$S_{\text{up}}^{i} = A_{\text{TC}}^{ij}(t)P_{\text{TC}}^{j}(t)D_{\text{TC}}^{j}(t)\cos\left(2\pi f_{\text{up}} + \varphi_{\text{TC}}^{j}\right) + A_{R\text{up}}^{i}(t)P_{R\text{up}}^{i}(t)D_{R}^{i}(t)\cos\left(2\pi f_{\text{up}} + \varphi_{R}^{i}\right) \tag{4}$$

卫星发送信号

$$S_{\text{down}}^{j} = A_{\text{TM}}^{j}(t)P_{\text{TM}}^{j}(t)D_{\text{TM}}^{j}(t)\cos\left(2\pi f_{\text{down}} + \varphi_{\text{TM}}^{j}\right) + A_{R\text{down}}^{j}(t)P_{R\text{down}}^{j}(t)D_{R}^{j}(t)\cos\left(2\pi f_{\text{down}} + \varphi_{R}^{j}\right) \tag{5}$$

地面测量站接收信号

$$S_{\text{down}}^{i} = \sum_{j}\left(A_{\text{TM}}^{j}(t)P_{\text{TM}}^{j}(t)D_{\text{TM}}^{j}(t)\cos\left(2\pi f_{\text{down}} + \varphi_{\text{TM}}^{j}\right) + A_{R\text{down}}^{j}(t)P_{R\text{down}}^{j}(t)D_{R}^{j}(t)\cos\left(2\pi f_{\text{down}} + \varphi_{R}^{j}\right)\right) \tag{6}$$

（注：对波束 1~3 颗卫星下行信号求和）

卫星接收信号

$$S_{\text{up}}^{j} = A_{\text{TC}}^{ij}(t)P_{\text{TC}}^{j}(t)D_{\text{TC}}^{j}(t)\cos\left(2\pi f_{\text{up}} + \varphi_{\text{TC}}^{j}\right) + \sum_{i}A_{R\text{up}}^{i}(t)P_{R\text{up}}^{i}(t)D_{R}^{i}(t)\cos\left(2\pi f_{\text{up}} + \varphi_{R}^{i}\right) \tag{7}$$

（注：对波束 1~4 个地面测量站上行测距信号求和）

式中：S——信号；

A——载波振幅；

P——扩谱伪码；

D——数据码；

f——载波频率；

φ——载波初相；

up——上行；

down——下行；

i——地面测量站序号；

j——卫星序号；

TM——遥测；

TC——遥测；

R——测距。

3.3 扩谱 TT&C 系统的前景

随着用户需求的不断增加和技术的不断进步，扩谱 TT&C 系统在卫星测控领域的应用必将越来越广泛，针对不同用户的应用将越来越细化，主要体现在以下几个方面：

(1) 从安全性考虑，加强系统的抗干扰能力和抗主动攻击能力；

(2) 从保密性考虑，增加系统的隐蔽性，降低信号的被截获概率；

(3) 从可靠性考虑，增强设备的可靠性，尤其是星载设备软硬件的可靠性工作；

(4) 从系统容量考虑，形成一个选择可用的码库；

(5) 细分用户，在有限的频段和系统容量的前提下，满足各类用户的需求；

(6) 正视国际间的技术交流和国际联网，积极消化、吸收国外的先进技术和先进设计理念。

4 扩谱 TT&C 系统的关键技术

1. 伪码在大动态（电平和多普勒）、低门限条件下的快速捕获技术

扩谱伪码捕获的目的就是估计出接收信号的伪码相位和系统频差。

在大多普勒频移、大伪码频偏、大多普勒变化率及大信噪比范围的高动态范围条件下，大多普勒频移需要捕获时在频域扫描，需要检测的不确定空间成倍增加，捕获时间也成倍增加；大多普勒变化率及大伪码频偏就限定了一次相关累加的长度，从而影响捕获概率；大信噪比范围要求捕获门限要动态调整，否则高信噪比时的门限用于低信噪比，则捕获概率减小，低信噪比时的门限用于高信噪比，则误捕概率太大。

扩谱码捕获有多种形式：按搜索策略可分为串行式、并行式、混合式；按相关器可分为主动式和被动式；按检测方法可分为固定驻留时间或变驻留时间式搜索；按检测器又可分为相干或非相干；按处理域又可分为时域方法或频域方法。从性能（捕获概率及时间）上来说，并行式搜索优于串行式搜索，被动式相关器优于主动式相关器，频域方法优于时域方法。在大动态（电平和多普勒）、低门限条件下，基于频域并行捕获技术是一种值得探究的方法。

基于频域并行捕获技术是根据时域循环卷积等价于频域相乘来降低捕获时的运算量，在频域完成扩谱码的并行捕获。由 A/D 采样进来的数据通过 FFT 运算变到频域，我们可以利用时域的复指数相乘等价于频域偏移，可以很方便完成系统频差的搜索，也可以利用传统的改变下变频的 NCO 输出频率来进行频差扫描。我们还可以利用频域的干扰消除技术来消除信道内的窄带干扰，提高系统的抗干扰能力。

2. 高精度测距技术

无线电测距的原理是发射无线电波，然后测量由目标反射（或转发）回来的信号相对于发射信号产生的时延 τ，从而决定了距离。目标间的径向距离 d 与 τ 的关系是：

$$d = \frac{1}{2} c \cdot \tau \tag{8}$$

式中：c 为无线电波传播的速度。

因此，测距就是要测量时延 τ。伪随机码的相位随着时间改变，故可以利用伪随机码的相位变化计算时延。伪随机编码信号的周期可以做得很长，相关特性尖锐，采用相关检测的方法，使测距抗干扰能力大大增强，精度也得到很大的提高。

但是，高精度的伪码测距所受到的制约因素是非常多的。我们必须经过认真仔细的研究，从系统和设备两个层面上对影响测距精度的误差源进行分析和分解。遵循合理、可靠、适用的原则进行误差分配，以达到在资源允许的范围内实现系统性能的最优。

3. 时间同步技术

时间同步的基础是精密测量卫星钟与地面钟钟面时刻的差异，据此对各卫星钟进行调整，或在地面解算时计入这些钟差的影响。

时间同步技术作为扩谱 TT&C 系统的一个衍生产物，其工程应用已得到越来越多同行的重视，通过高精度的星地时差测量可以满足高精度的星地时间同步。

4. 非相干测量技术

非相干扩谱 TT&C 系统可以采用非相干伪距测量、伪多卜勒测量方式进行对卫星的跟踪定轨。测距通过双向测伪距实现，测速通过双向测伪多卜勒实现。上、下行信号采用测距帧结构，帧内所传信息是测距信息。测距精度取决于测距支路伪码码元宽度和信号能量，无模糊距离取决于上行帧周期，数据采样率取决于下行测距帧频。

地面接收到下行测距链路信号后进行解扩、解调、帧同步提取，通过计算完成测距、测速功能。

通过分析论证，非相干体制下的系统测距、测速精度可以等同于相干体制下的测距、测速精度。

5 结束语

在卫星测控领域，随着用户要求的不断提高和技术的不断发展，扩谱 TT&C 系统以高效、可靠、抗多径衰落、多址和保密性等诸多优势必将具有更广阔的发展空间。

参 考 文 献

[1] 查光明,熊贤祚.扩谱通信.西安电子科技大学出版社，1990 年 12 月.

[2] ESTI EN 301 926 V1.2.1，卫星地球站和系统（SES）地球同步通信卫星射频和调制标准.

[3] 石书济，孙鉴，刘嘉兴.飞行器测控系统－－看不见的领航员.国防工业出版社.1999 年 10 月.

[4] 汪勃.扩谱测控体制及信号设计.2004 年 12 月.

[5] 朱近康.扩展频谱通信及其应用.中国科学技术大学出版社，1993 年.

Spread Spectrum Technology's Application in Satellites Tracking, Telemetry and Control

Jin Pengjia and Qin Zhaohui

Shanghai Aerospace Times Electronic Ltd.

No. 1600, Huancheng Road, Jiading District, Shanghai,201800，Qinzhaohui210@sina.com

Abstract　Spread Spectrum Technology is a new way of signal processing. With incomparable performances, it has been a very important researching and developing direction today. In the paper, the theory and system model of the Spread Spectrum are expounded. In allusion to the field of Satellites Tracking, Telemetry and Control, contrasts about configuration, principle and performance between classic Unified Carrier TT&C system and Spread Spectrum TT&C system are involved. The paper also talks more about the signal's designs of coherent system and non-coherent system under Spread Spectrum technology. The paper analyses some key techniques of Spread Spectrum TT&C system in the end.

Key words　Spread Spectrum Technology; Shannon theorem; Unified Carrier TT&C system; Spread Spectrum TT&C system

海洋监视卫星定位仿真研究

刘海洋　李智

装备指挥技术学院

北京怀柔 3380 信箱 172 号，邮编：101416，liuhaiyang2004@163.com

摘　要　本文基于三星时差定位原理，推导出辐射源位置的解析解，分析了卫星定轨误差、卫星测量误差以及地球半径误差对定位精度的影响，并将星座构形、轨道高度、目标与卫星的相对位置对定位精度的影响进行了模拟计算，得出了相应的仿真结果。

关键词　海洋监视卫星；三星时差定位；定位精度；星座构形

1　引言

海洋监视卫星主要用于探测、监视海上舰船和潜艇活动，是一种实时或近实时地侦收窃听舰载雷达信号和无线电通信信号的侦察卫星。它能在全天候条件下监测海面，有效鉴别敌舰队形、航向和航速，准确确定其位置，能探测水下潜航中的核潜艇，跟踪低空飞行的巡航导弹，为作战指挥提供海上目标的动态情报，为武器系统提供超视距目标指示，也能为本国航船的安全航行提供海面状况和海洋特性等重要数据[1]。同时，也能为水面舰船提供通信。另外，它还能探测海洋的各种特性，例如海浪的高度、海流的强度和方向、海面风速、海水温度和含盐量及海岸的性质等，可为国民经济建设服务。因此，海洋监视卫星在民用及军事应用中均有重大意义。

海洋监视卫星所要覆盖的海域广阔、环境特殊、探测的目标多是活动的，而且要求实时搜集和处理信息，因此它的轨道比较高，并常采取多颗卫星组网的侦察体制，以达到连续监视、提高探测概率和定位精度的目的[1]。海洋监视卫星按所携带的侦察、监视设备的不同和采用的侦察手段的不同大体可分为电子侦察型海洋监视卫星和雷达型海洋监视卫星。本文主要是针对电子侦察型海洋监视卫星进行研究的。

2　三星时差定位系统

电子侦察型海洋监视卫星系统采用多颗卫星组网工作，利用星载电子侦察接收机同时截获海上目标发射的无线电信号，来测定目标的位置和类型。

三星时差定位电子侦察系统采用三颗邻近的卫星为一组，利用测量电磁信号到达三星的时间差及卫星位置参数，在空间形成两个双叶双曲面(由于时差是可测出正负的，因此实际上每个时差确定的双曲面只有一叶)，一般它们与地球球面有两个交点，其中一个为辐射源。时差定位体制对卫星的姿控和天线的安装位置要求都不高，侦察设备的通道数也很少[2]。

由于在实际应用中，星座中的三颗卫星必须能够接收到同一脉冲信号，因此这些卫星需要同时覆盖地面辐射源，这就要求星座中卫星之间的星间距较小(白云海洋监视卫星的星间距保持在 50~240 km)[3]。

3　海洋监视卫星的三星定位原理

取地固坐标系[4]为下述研究的基准坐标系，设雷达目标的位置矢量 $T(x_t, y_t, z_t)$，卫星 j 的位置矢量为 $S_j(x_j, y_j, z_j)$，卫星与目标间的距离测量值用 ρ_j 表示。由此得到卫星与目标间的距离方程：

$$\rho_j = [(x_j - x_t)^2 + (y_j - y_t)^2 + (z_j - z_t)^2]^{1/2} \tag{1}$$

当有 3 颗卫星（$j=0$，1，2）观测目标时，可列得三个距离方程，从而解算出三个未知参数 (x_t, y_t, z_t)。

但从上式可知，距离方程是个非线性方程，为计算简便，需将其线性化。设目标的概略位置为 (x_{t0}, y_{t0}, z_{t0})，改正数为 $(\Delta x, \Delta y, \Delta z)$，则距离方程可写成

$$\rho_j = \{[x_j - (x_{t0} + \Delta x)]^2 + [y_j - (y_{t0} + \Delta y)]^2 + [z_j - (z_{t0} + \Delta z)]^2\}^{1/2} \tag{2}$$

应用泰勒级数将上式展开，并略去高次项，可得线性方程组：

$$e_{j1}\Delta x + e_{j2}\Delta y + e_{j3}\Delta z = F_{j0} - \rho_j \tag{3}$$

式中：$F_j = [(x_j - x_t)^2 + (y_j - y_t)^2 + (z_j - z_t)^2]^{1/2}$

$$F_{j0} = [(x_j - x_{t0})^2 + (y_j - y_{t0})^2 + (z_j - z_{t0})^2]^{1/2} = \rho_{j0}$$

$$e_{j1} = \left(\frac{\partial F_j}{\partial x}\right)_0 = \frac{(x_j - x_{t0})}{F_{j0}} = \frac{(x_j - x_{t0})}{\rho_{j0}}$$

$$e_{j2} = \left(\frac{\partial F_j}{\partial y}\right)_0 = \frac{(y_j - y_{t0})}{F_{j0}} = \frac{(y_j - y_{t0})}{\rho_{j0}}$$

$$e_{j3} = \left(\frac{\partial F_j}{\partial z}\right)_0 = \frac{(z_j - z_{t0})}{F_{j0}} = \frac{(z_j - z_{t0})}{\rho_{j0}}$$

在已知目标概略位置 (x_{t0}, y_{t0}, z_{t0}) 的情况下，由卫星星历可计算出卫星坐标 (x_j, y_j, z_j)，从而可以解算出改正数 $(\Delta x, \Delta y, \Delta z)$。由此便可得到目标的坐标值。

在上述三星定位模型中，由于目标的概略坐标 (x_{t0}, y_{t0}, z_{t0}) 可能有较大偏差，而在线性化时又略去二阶以上的项，另外在求卫星位置时使用的时间参数不准确，从而产生解算误差。此时可利用迭代法解算，即取得第一次解后，用它作为近似值再重新解算。事实上，这一迭代过程收敛很快，一般迭代两次即可取得满意的结果[5]。

4 三星定位的精度分析

三颗卫星的位置坐标为 (x_i, y_i, z_i)，$i = 0, 1, 2$，目标 T 的位置坐标为 (x_t, y_t, z_t)，则

$$\begin{aligned} \delta_{01} &= r_{0t} - r_{1t} \\ \delta_{02} &= r_{0t} - r_{2t} \\ \delta_{te} &= r_{te} \end{aligned} \tag{4}$$

$$r_{ij}^2 = (x_i - x_j)^2 + (y_i - y_j)^2 + (z_i - z_j)^2 \tag{5}$$

其中：δ_{01} 为 S_0 和 S_1 测得的距离差，δ_{02} 为 S_0 和 S_2 测得的距离差，r_{ij} 为 i 和 j 间的距离。

对（5）式两边求全微分，经整理可得

$$dr_{ij} = c_{ijx}(dx_i - dx_j) + c_{ijy}(dy_i - dy_j) + c_{ijz}(dz_i - dz_j)$$

其中：c_{*x}, c_{*y}, c_{*z} 分别为 r_* 与 X，Y，Z 轴间的方向余弦。如

$$c_{0tx} = \frac{x_0 - x_t}{r_{0t}}$$

为了分析定位精度，对（4）式求微分，并结合（5）式，可得

$$\begin{aligned} d\delta_{01} &= dr_{0t} - dr_{1t} \\ &= (c_{1tx} - c_{0tx})dx_t + (c_{1ty} - c_{0ty})dy_t + (c_{1tz} - c_{0tz})dz_t \\ &\quad + c_{0tx}dx_0 + c_{0ty}dy_0 + c_{0tz}dz_0 - c_{1tx}dx_1 - c_{1ty}dy_1 - c_{1tz}dz_1 \\ d\delta_{02} &= dr_{0t} - dr_{2t} \\ &= (c_{2tx} - c_{0tx})dx_t + (c_{2ty} - c_{0ty})dy_t + (c_{2tz} - c_{0tz})dz_t \\ &\quad + c_{0tx}dx_0 + c_{0ty}dy_0 + c_{0tz}dz_0 - c_{2tx}dx_2 - c_{2ty}dy_2 - c_{2tz}dz_2 \end{aligned}$$

$$d\delta_{te} = dr_{te} = c_{tex}dx_t + c_{tey}dy_t + c_{tez}dz_t$$

整理得

$$A\begin{bmatrix} dx_t \\ dy_t \\ dz_t \end{bmatrix} = \sum_{i=0}^{2} B_i \begin{bmatrix} dx_i \\ dy_i \\ dz_i \end{bmatrix} + I \begin{bmatrix} d\delta_{01} \\ d\delta_{02} \\ d\delta_{te} \end{bmatrix}$$

上式可写成

$$\varepsilon_t = A^{-1}\sum_{i=0}^{2} B_i \varepsilon_i + A^{-1}\varepsilon_r \tag{6}$$

其中：

$$A = \begin{bmatrix} c_{1tx} - c_{0tx} & c_{1ty} - c_{0ty} & c_{1tz} - c_{0tz} \\ c_{2tx} - c_{0tx} & c_{2ty} - c_{0ty} & c_{2tz} - c_{0tz} \\ c_{tex} & c_{tey} & c_{tez} \end{bmatrix};$$

$$B_0 = \begin{bmatrix} -c_{0tx} & -c_{0ty} & -c_{0tz} \\ -c_{0tx} & -c_{0ty} & -c_{0tz} \\ 0 & 0 & 0 \end{bmatrix}, \quad B_1 = \begin{bmatrix} c_{1tx} & c_{1ty} & c_{1tz} \\ 0 & 0 & 0 \\ 0 & 0 & 0 \end{bmatrix}, \quad B_2 = \begin{bmatrix} 0 & 0 & 0 \\ c_{2tx} & c_{2ty} & c_{2tz} \\ 0 & 0 & 0 \end{bmatrix},$$

$\varepsilon_t = [dx_t, dy_t, dz_t]^T$，$\varepsilon_i = [dx_i, dy_i, dz_i]^T$，$\varepsilon_r = [d\delta_{01}, d\delta_{02}, d\delta_{te}]^T$。

$\varepsilon_t, \varepsilon_i$ 分别为目标定位误差、卫星定轨误差，ε_r 为卫星测量误差和地球半径误差。

假设各颗卫星的定轨误差和测量误差互不相关，则由协方差传播公式，定位误差的协方差矩阵为

$$B_T = E[\varepsilon_t, \varepsilon_t^T] = A^{-1}\sum_{i=0}^{2} B_i E[\varepsilon_i, \varepsilon_i^T] B_i^T A^{-T} + A^{-1}E[\varepsilon_r, \varepsilon_r^T]A^{-T} \tag{7}$$

定位精度可以用三个正交方向上定位误差的方差和来表示，即定位精度为

$$\sigma_T = \sqrt{Tr(B_T)} \tag{8}$$

构形和轨道高度以及目标相对三颗卫星的位置对确定目标位置精度的影响，将各卫星及目标的坐标以这些量来表达。

5 仿真结果分析

5.1 定位精度仿真模型

为计算方便，不失一般性，选取一颗星为参考星 S_0，以参考星 S_0 为坐标原点，地心指向参考星方向为 Y 轴方向，X 轴在卫星 S_1 和 Y 轴所确定的平面内并指向卫星 1，Z 轴由右手定则确定。令三颗卫星离地心的距离分别为 H_0, H_1, H_2，卫星间的距离，即基线长度分别为 B_{01}，B_{02}，B_{12}，其他参数如图 1 所示。参考星 S_0 的坐标为 $\{x_0, y_0, z_0\} = \{0, 0, 0\}$。

卫星 S_1 的坐标为

$$x_1 = B_{01}\cos\gamma, \quad y_1 = -B_{01}\sin\gamma, \quad z_1 = 0$$

其中：γ 为 B_{01} 与 X 轴的夹角，

$$\gamma = \frac{\pi}{2} - \arccos\left(\frac{H_0^2 + B_{01}^2 - H_1^2}{2H_0 B_{01}}\right)$$

卫星 S_2 的坐标为

$$y_2 = -\frac{B_{02}^2 + H_0^2 - H_2^2}{2H_0}, \quad z_2 = h, \quad x_2 = \sqrt{B_{02}^2 - h^2 - y_2^2}$$

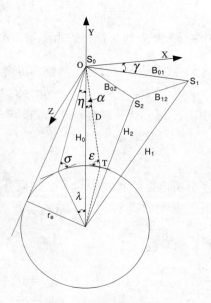

图 1　三星定位仿真模型

其中：$h = \dfrac{3V}{S}$

$$S = \sqrt{p(p-H_0)(p-H_1)(p-B_{01})}$$

$$p = \frac{1}{2}(H_0 + H_1 + B_{01})$$

$$V^2 = \frac{1}{288}\begin{vmatrix} 0 & H_0^2 & B_{01}^2 & B_{02}^2 & 1 \\ H_0^2 & 0 & H_1^2 & H_2^2 & 1 \\ B_{01}^2 & H_1^2 & 0 & B_{12}^2 & 1 \\ B_{02}^2 & H_2^2 & B_{12}^2 & 0 & 1 \\ 1 & 1 & 1 & 1 & 0 \end{vmatrix}$$

目标 T 的坐标为

$$x_t = D\sin\alpha\cos\beta, \quad y_t = -D\cos\alpha, \quad z_t = D\sin\alpha\sin\beta$$

其中：β 为目标到 Y 轴的垂线与 XOY 面的夹角

$$D = \frac{r_e\cos(\alpha+\varepsilon)}{\sin\alpha}$$

$$\varepsilon = \arccos\left(\frac{H_0\sin\alpha}{r_e}\right)$$

地心的坐标为

$$x_e = 0, \quad y_e = -H_0, \quad z_e = 0$$

将以上坐标值代入（7）、（8）式就可以得到定位精度与卫星星座构形、轨道高度及卫星与目标的相对位置之间的关系。

5.2 结果分析

利用 Matlab 语言对三星定位精度情况进行仿真计算，为便于分析，设定目标位置时假设地球为标准球体，地球半径为 6 378.137 km。系统以一个卫星为主星，其余卫星与其直线距离 120 km。单星在空间三维方向上的定轨误差与距离测量误差均随机分布在 0～15m，地球半径误差随机分布在 0～5 m。误差曲线见图 2～图 3。图中横坐标为目标距星下点距离，纵坐标为定位精度，单位均为 km。

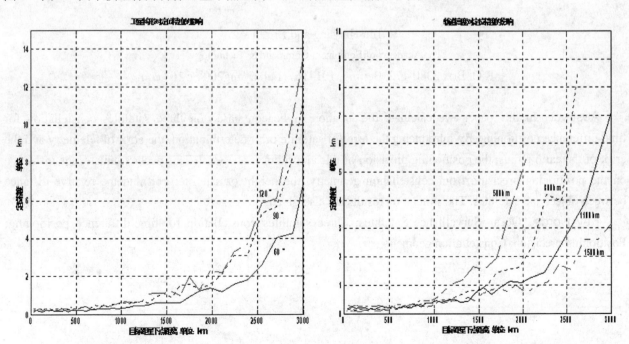

图 2 星座构形对定位精度的影响　　　　　　　　图 3 轨道高度对定位精度的影响

通过详细分析仿真数据，可以得出下面的结论：

（1）在相同的轨道高度下，星座构形为正三角形时，定位精度最高，但对轨道构形保持控制的要求比较苛刻。

（2）在相同的星座构形下，轨道高度与定位精度成正比，且轨道高度越高，对载荷能力的要求也越高。从图2可以看出，轨道高度在1 100 km时定位精度已相当高，且基本满足覆盖要求。

（3）目标与星下点的距离与定位精度成反比，距离越大，定位精度越差。

6　结束语

三星时差定位具有定位精度高、覆盖范围广、监视时间长等优点，非常适于对海监视，如对航母舰队、潜艇的连续监视，以便及时了解掌握来自海上的威胁。

本文在研究三星时差定位原理的基础上，推导出了辐射源位置的解析解，对该算法的定位精度进行了分析，并分别从星座构形、轨道高度与目标与卫星相对位置三个方面对定位精度的影响进行了模拟计算。在轨道高度对定位精度影响的仿真过程中，由于采用的定轨误差、测量误差及地球半径误差的变化范围相同，因而得到轨道高度越高，定位精度越好的结论。在实际三星定位过程中，轨道高度越低，定位精度越好，但是综合考虑星座覆盖范围、成本和载荷要求等因素，星座轨道高度一般定在1 100 km左右。

参 考 文 献

[1]　赵勇，徐永胜.国外海洋监视卫星系统的现状与发展趋势.电讯技术，2002 年第 42 卷第 5 期.

[2]　李建军.四星时差定位算法研究.电子对抗技术，2004 年 7 月第 4 期.

[3]　王永刚，刘玉文.军事卫星及应用概论.国防工业出版社，2003.201.

[4]　郗晓宁，王威等.近地航天器轨道基础.国防科技大学出版社，2003.17-19.

[5]　张守信.外弹道测量与卫星轨道测量基础.国防工业出版社，1992.

Research on Positioning Simulation of Ocean Surveillance Satellites

Liu Haiyang and Li Zhi

The Academy of Equipment Command & Technology

P. O. Box 3380-172, Beijing, 101416，liuhaiyang2004@163.com

Abstract　In this paper, we calculate the location of beacon based on three satellites constellation for time-difference positioning. By introducing the error of satellite orbit determination, the error of telemetry and the error of the earth radius, the positioning precision of this algorithm is analyzed. This paper simulates the influence on the positioning precision from constellation geometry, the height of satellite orbit and the relative distance between object and satellites. The simulation results are also given.

Key words　Ocean Surveillance Satellites; Three satellites constellation for time-difference positioning; Positioning precision; Constellation geometry

一种网格编码调制的译码算法研究

毛庆华　　张炅

1. 上海航天测控通信研究所, 2. 太原卫星发射中心

上海天宝路 881 号, 邮编: 200086, hunter_qh@163.com

摘　要　本文介绍了网格编码调制技术的基本特点, 提出了对维特比 (*Viterbi*) 译码的一种改进算法。有关的仿真实验表明这对于有关高速数据传输项目的研究应用具有一定的实际意义。

关键词　网格编码; 译码算法; 高速数据传输; 调制技术

1　引言

随着现代航天科技的发展, 近几十年来, 航天测控技术有了迅速的发展, 取得了一系列重要成果。航天测控通信系统从"地基网"向"天基网"发展已成为国内外航天测控界的共识, 作为天基测控通信系统的 TDRSS (跟踪与数据中继卫星系统) 是下一代测控通信系统的发展方向, 它的特点是高覆盖率, 多目标测控高速数传, 并采用全数字综合实现了测控与通信的合一。传统的数字传输系统中, 调制解调和纠错编码是两个主要组成部分, 是提高通信系统信息传输速率 (有效性)、降低误码率 (可靠性) 的两个关键。由于两者是独立进行设计的, 往往不能得到令人满意的效果。采用网格编码调制(TCM)的方法克服了传统信道编码的缺点, 把调制与编码结合起来, 在保持频带利用率基本不变条件下, 增加信道中传输信号集中的信号状态数目, 利用其冗余度进行抗干扰编码, 从而提高能量利用率, 目前 TCM 技术正逐步应用于无线、微波、卫星通信、跟踪与数据中继卫星系统等各个领域。

2　网格编码调制的原理

1974 年梅西 (Massey) 根据香农 (Shannon) 信息论, 首先证明了将编码与调制作为一个整体考虑时的最佳设计, 可以大大改善系统性能。昂格尔博克 (Ungerbock)、今井秀树等在 20 世纪 70 年代后期也进行了这方面的研究, 并于 1982 年提出了利用码率为 $k/(k+1)$ 的格状 (Trellis) 码, 将每一码段映射为具有 2^{k+1} 个调制信号集中的一个信号。在接收端, 信号解调后经反映射, 变换为卷积码的码序列, 并送入维特比 (*Viterbi*) 译码器解码。这种方法在不增加带宽和相同的信息速率下可以获得 3~6 dB 的功率节省, 因而引起了人们的广泛关注。由于调制信号可看作是网格码, 故这种体制就称为网格编码调制 (TCM)。

调制与编码作为一体设计时的系统模型如图 (图 1) 示。

在 TCM 中, 系统的误码率取决于信号序列之间的欧几里德距离, 故编码的目的就是要增加这个距离, 从而改善系统的误码性能。当将纠错码作为独立的技术设计考虑时, 设计目的是为了求得最大汉明距离, 但是对于具有最大汉明距离的卷积码, 已调信号不一定具有最大欧几里德距离。因此, TCM 方式中的关键问题是如何针对不同的调制方式, 寻找具有最大自由欧几里德距离的卷积码。

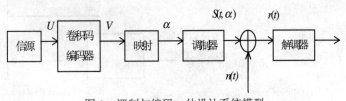

图 1　调制与编码一体设计系统模型

设信源输出二进制随机序列 $U=(u_0,u_1,\cdots)$, 经码率为 $R=k/n$ 的 (n,k,m) 卷积码编码器, 其中 n 为编码器的输出码长, k 为输入信息位长度, m 为状态位数。卷积码的编码器的输出序列为 $V=(v_0,v_1,\cdots)$; 然后, 把这一序列映射成调制所需的多电平序列 $\alpha=(\alpha_1,\alpha_2,\cdots)$, 在经过调制器的输出信号 $S(t,\alpha)$。考虑某卫星系统的高速数传链路是基于加性高斯白噪声信道的通信链路。

假定信号在加性高斯白噪声（AWGN）信道下传输，则收端的信号是：

$$r(t) = S(t, \alpha) + n(t) \tag{2.1}$$

式中：$n(t)$是均值为零，方差为$\sigma^2 = N_0 T/2$的高斯白噪声，（N_0是噪声单边功率谱密度，T为码元持续时间）。若接收机采用最大似然相干检测（MLSE），则解调器输出错误概率为：

$$P(\varepsilon) = \frac{1}{m} \sum_{i=0}^{m} P(\varepsilon \mid S_i) \leqslant \frac{1}{m} \sum_{i=0}^{m-1} \sum_{\substack{j=0 \\ i \neq j}}^{m-1} \mathrm{erf}\left(\sqrt{d_{ij} \frac{E_b}{N_0}} \right) \tag{2.2}$$

式中：m是发送端的信号总数，即信号空间的信号数目；d_{ij}是信号空间中信号点i和j之间的欧几里德距离；E_b/N_0是信号与噪声功率之比；E_b是信号的平均能量。误差函数

$$\mathrm{erf}(x) = \frac{1}{\sqrt{2\pi}} \int_{-\infty}^{x} e^{-t^2/2} \mathrm{d}t \tag{2.3}$$

当E_b/N_0较大时，错误概率式子近似为

$$P(\varepsilon) \approx C \cdot \mathrm{erf}\left(\sqrt{d_{f\min}^2 \frac{E_b}{N_0}} \right) \tag{2.4}$$

式中：C为常数；$d_{f\min}$为最小归一化自由欧几里德距离，两信息序列$U_\alpha = (u_{\alpha 0}, u_{\alpha 1}, \cdots)$，$U_\beta = (u_{\beta 0}, u_{\beta 1}, \cdots)$对应信号序列$\alpha$，$\beta$之间的$d_{f\min}^2$定义为：

$$d_{f\min}^2 = \min_{\text{所有}U_\alpha, U_\beta} \frac{2}{E_b} \int_0^\infty \left[S(t, \alpha) - S(t, \beta) \right]^2 \mathrm{d}t \tag{2.5}$$

可以看出，系统误码率取决于信号之间的最小自由欧几里德距离的平方$d_{f\min}^2$。针对不同的调制方式和规则，寻找最大$d_{f\min}^2$的卷积码是编码和调制相结合的一个关键问题。由于用分析的方法很难寻找，目前都是用计算机搜索方法寻找。

3 网格码调制的译码算法

TCM采用的软判决维特比译码是一种最大似然译码，"纠错"是指直接从软量化解调输出决定最大似然码序列。最佳编码调制系统应按码序列的欧氏自由距为设计性能的量度，使编码器与调制器级联后产生的码序列具有最大欧氏自由距(Euclidean Free Distance)。

3.1 TCM 传输的译码方式

在设计和选择 TCM 最优码方案的网格图结构时，通常是将调制信号集分割成若干子集，使子集中信号点之间的欧几里德距离不断增大，然后将其映射成卷积码的形式，根据上述的集分割原理，可以得到 TCM 编码原理方框图（图2）。

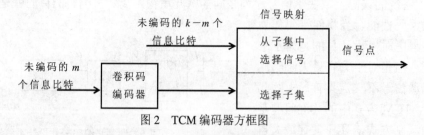

图2 TCM 编码器方框图

它由卷积码和信号映射两部分组成。TCM 信号是通过如下方式产生的：每一编码调制间隔，有k个比特传输的信息，其中的m比特（$m < k$）通过一速率为$m/(m+1)$的二进制卷积码编码器扩展成$(m+1)$编码比特，并用它来选择2^{k+1}各子集中的一个，其余$k-m$个未编码比特用来选择已确定的某子集的2^{k-m}个信号中的某一个。譬如，对于作为例子的(3,2,1)码编码器，$k=2$，$m=1$。就是说，输入编码器的两个信息位，其中一个通过速率为 1/2 的二进制卷积码的编码器扩展成 2 编码比特，并用它来选择四个子集中的一个，另一个未

编码的比特用来选择已确定的某子集的 2 个信号点中的一个。

TCM 传输系统在接收端一般采用维特比（Viterbi）译码。Viterbi 译码的基本思想是：按照某一规则，在译码格形图中寻找并确定一条路径，使得到的码字尽可能的与发送端的输入序列相匹配。TCM 译码是基于最佳软判决译码。待传输的信息序列经格码调制后，通过无线数字信道传送到接收端。接收端由维特比软判决算法实现格状编码的译码，即采用最大似然序列估计的维特比译码器对解调后的接收序列进行译码。该译码过程分为三个基本步骤：（1）计算接收符号与每个子集中距离最近点的欧氏距离；（2）根据维特比算法进行最大似然序列估计，寻找与接收序列最接近的码序列；（3）根据译码后的码序列和比特分配表恢复原始信息比特流。

3.2　TCM 中使用改进维特比译码算法

TCM 译码的关键步骤是解算接收信号序列与可能的解调信号序列之间的欧几里德距离，也是主要的运算量所在。关于 TCM 信号序列的欧几里德距离的计算，除维特比（Viterbi）算法，已经研究出多种算法，例如，Rouanne 和 Costello 的距离谱算法，和相应的动态规划算法等。这些算法都体现了不同思路的改进算法措施，但改进后不如维特比算法易于在设备上实现。

为了在多种算法中更能够适应某卫星高速数传系统的特点，下面以编码率为 $k/(k+1)$ 的昂格尔博克（Ungerbock）类型 TCM 信号为例给出维特比的改进算法。

用 k、$k+1$ 分别表示编码器在第 k、$k+1$ 时刻的状态，假定编码器状态为 $\{s_0, s_1, s_2, \cdots, s_{N-1}\}$，输出的信号集为 $\{a_0, a_1, a_2, \cdots, a_{M-1}\}$，编码器的状态从 s_i 转移到 s_j 时相应的输出信号子集为 $\{I_{i,j}^k\}$，$I_{i,j}^k$ 表示从 s_i 转移到 s_j 第 k 条重合路径上对应的输出信号。当编码器的状态从 s_i 到 s_j 无联络分支时，$\{I_{i,j}^k\}$ 取空集。假定信码间的度量函数为 m，全零信息序列对应的编码器的转移状态序列为 $\{s_0, s_0, s_0, \cdots, s_0, \cdots\}$，相应的单步转移的最小距离矩阵为 $P = \{p_{i,j}\}_{N \times M}$，其中

$$p_{i,j} = D^{\min_k\left\{m\left(I_{i,j}^k, I_{0,0}^0\right)\right\}} \tag{3.2.1}$$

表示矩阵 P 的第 $(i+1)$ 行 $(j+1)$ 列元素，D 为一大于 1 的正数，$m\left(I_{i,j}^k, I_{0,0}^0\right)$ 表示信号 $I_{i,j}^k$ 与 $I_{0,0}^0$ 之间的欧几里德距离。当 $I_{i,j}^k$ 取空集时，相应的 $p_{i,j}$ 取为无穷。记矩阵 P 的后 $(N-1)$ 行 $(N-1)$ 列组成的矩阵为 P_1。下面给出有限长度的首次错误事件路径的最短距离的算法。记首次错误事件路径的长度为 L，相应的最短距离为 $d(L)$。

当 $L=1$ 时，$d(1) = \min_k\left\{m\left(I_{0,0}^k, I_{0,0}^0\right)\right\}$，

当 $L=2$ 时，$d(2) = \log_D\left(\min_{j \neq 0}\left\{(p_{0,j}, p_{j,0})\right\}\right)$。　　当长度 $L > 2$ 时，计算 $P_1^{(L-2)}$，记矩阵的第 i 行 j 列元素为 $p_{1,i,j}^{(L-2)}$，

$$\text{则 } d(L) = \log_D\left(\min_{i,j \neq 0}\left\{p_{o,i} \cdot p_{1,i,j}^{(L-2)} \cdot p_{j,0}\right\}\right) \tag{3.2.2}$$

其中 $p_{1,i,j}^{(L-2)}$ 为状态 s_i 到状态 s_j 除去经过状态 s_0 的所有长度为 $L-2$ 的连通路径之间的最小距离。

此算法与原维特比算法相比，计算复杂度较小，$P_1^{(L-2)}$ 的计算可以采用递推算法；同时所需的存储空间相对较少，因为在每次 $d(L)$ 的计算中，只需保存相应的矩阵 $P_1^{(L-2)}$ 即可。事实上，欧几里德距离

$$d = \min_{L \geq 1}\left\{d(L)\right\} \tag{3.2.3}$$

因为 TCM 的网格图是全通的，即从任意一个状态出发，经过有限次状态状移，可达到图中任意状态，所以存在一常数 L_0，当 $L \geq L_0$ 时，任何两个状态之间都存在两条以上的连通路径。根据对矩阵乘法的定义，当 $L \geq L_0$ 时，矩阵必为一非超越矩阵。于是做如下假设：

当 $L = L_0$ 时，矩阵 $P_1^{(L-2)}$ 首次成为超越矩阵，记 M_0 为矩阵 $P_1^{(L-2)}$ 的最小元，即

$$M_0 = \min_{i,j \neq 0}\left\{p_{1,i,j}^{(L_1-2)}\right\} \tag{3.2.4}$$

在一般情况下，$M_0 > 1$。

3.3 应用网格编码调制的仿真分析

昂格尔博克（Ungerbock）的 $k/(k+1)$ 码率 TCM 码是一种广义准正则格形码。这有利于采用矩阵运算和计算机仿真，以编码率为 2/3 的 4 状态 8PSK 的 TCM 信号为例。

在高斯白噪声信道下，解调采用最大似然法，信号间的距离为平方欧几里德距离。D 取自然数 e。相应的单步转移最小距离矩阵 P_1 为

$$P_1 = \begin{pmatrix} 100 & 1.796\,304 & 1.796\,304 \\ 1.0 & 100 & 100 \\ 100 & 1.796\,304 & 1.796\,304 \end{pmatrix}$$

采用矩阵算法，得到 $P_1^{(2)}$、$P_1^{(3)}$

$$P_1^{(3)} = \begin{pmatrix} 3.227\,065 & 3.227\,065 & 3.227\,065 \\ 1.706\,403 & 3.227\,065 & 3.227\,065 \\ 3.227\,065 & 3.227\,065 & 3.227\,065 \end{pmatrix}$$

显然 $P_1^{(3)}$ 为非超越矩阵，其最小元 M_0 为 1.796304，并且

$\min\limits_{j \neq 0, k \neq 0} \left\{ p_{j,0}/p_{k,0} \mid p_{j,0} \neq M, p_{k,0} \neq M \right\} = 1$ 因此，参数 $L_1 = 5$，$K_1 = 1$。利用结果，所需计算 $d(L)$ 的数目为

$K_1(L_1-2)+L_1=8$。于是有

$$d = \min\{d(1), d(2), \cdots, d(8)\}$$

进而得到

$$d = 4.$$

在某卫星的高速数传系统的 AWGN 信道上，应用网格编码调制，能够很好的配合多元相移键控调制。由于四元以下的多元相移调制信道编码的汉明距离和欧几里德距离相同，因此，在某卫星的高速数据传输系统上应用 MPSK（$M \geq 2^3$）时，网格编码调制是配合复杂多元信号调制的理想选择。更多元的相移调制具备了更加高效传输的优点，而且网格编码调制很好地解决了功率限制问题。无疑，这是我们所期待的一种信号设计方案，兼顾了传输效率和可靠性。

列表（表 1～表 2）给出了用计算机搜索得到的与 8PSK 相结合的 $(3,2,m)$ 网格码。

这种改进译码算法寻找接收信号的最大似然路径，然后以信号点的最小欧氏距离为判决准则，解出接收信号序列。使用欧氏距离作为设计编码和调制的统一量度，从而解决了以往设计上编码和调制衡量标准的不一致性，完成了卷积编码和多元调制技术的结合，性能列表给出的 8PSK 在编码调制下的编码增益，确证了网格编码调制的可观性能改进，为某卫星在功率限制条件下应用复杂多元相移调制获得 3～6 dB 的功率节省。

表 1　编调结合 8PSK 相对为编码的 4PSK 的编码增益

卷积码	状态数	编码增益
(3,2,2)	4.0	3.0
(3,2,3)	8.0	3.6
(3,2,4)	16.0	4.1
(3,2,5)	32.0	4.6
(3,2,6)	64.0	5.0
(3,2,7)	128.0	5.4
(3,2,8)	256.0	5.7

表 2　与 8PSK 调制相结合的最佳 $(3,2,m)$ 网格码

m	$H^0(D)$	$H^1(D)$	$H^2(D)$	$d_{f\min}^2/\Delta_1^2$	编码增益 G(dB)
2	5.0	2.0	0.0	2.00	3.0
3	11.0	2.0	4.0	2.293	3.6
4	23.0	2.0	10.0	2.586	4.1
5	45.0	16.0	34.0	2.879	4.6
6	105.0	16.0	74.0	3.00	4.8
7	203.0	14.0	16.0	3.172	5.0
8	405.0	250.	176.	3.465	5.4
9	1007.	164.	260.	3.758	5.7

如果系统采用 16PSK 或更复杂的调制方式，那么将面临尖锐的技术矛盾。已经了解到，MPSK 的功率以 M^2 的系数增长，相对于 8PSK，16PSK 在同样误码性能下，功率增加了四倍，这要求差错控制系统带来

$6dB$ 的编码增益。但是，由编码增益的式子可知，改善误码性能可以增大 $d_{f\min}$ 或者减少 N_{free}。在更加复杂的 MPSK 调制下，编码调制仍可以采用增加状态数的方法，来提高 $d_{f\min}$，但是 $d_{f\min}$ 的增加，以及编码增益的提高，在高于 8PSK 以后已十分缓慢，相反，N_{free} 值则增加较快，成为影响性能的主因。同时，随着状态数的增加，将导致译码复杂程度指数性上升。显然，采用 8PSK—TCM 方案是较佳的选择。美国新墨西哥州大学在 90 年代重点研究了利用高带宽效率调制格式来提高 TDRSS 转发器的数传容量，他们采用高效率带宽调制技术是与 8PSK 配合的 TCM 体制。美国日本等国家的中继卫星系统已准备改变 QPSK 等高速调制技术，转而采用 TCM 调制/解调技术。

4 结束语

总而言之，TCM 将传统的调制和编码技术结合，不增加信号带宽，却获得可观的功率节省，非常适合卫星系统星地链路高速通信的需要。通过实验仿真数据，可以比较多元相移调制与网格编码结合构成网格编码调制的不同组合方案，做出相应的选择。

参 考 文 献

[1] G Ungerboeck. Trellis-coded modulation with redundant signal sets，part Ⅱ：state of the art. IEEE Communications Magazine, Feb. 1987 vol.25: 12～21.

[2] Wei L F. Trellis-coded modulation with multidimensional constellation. IEEE Trans Inform Theory，1987，IT-33(4): 483～501.

[3] Jerrld heller, Irwin Mark Jacobs. Viterbi Decoding for Satellite and Space Communication [J]. IEEE Transactions on Communication Technology, 1971, Vol.19(5):835-848.

[4] 张也青，乐光新.格状编码调制中的 Viterbi 译码. 电信科学，1989,5(3)、30～35.

[5] 罗伦，时信华，阳军.我国卫星数据中继系统中的高速数据传输问题研究.飞行器测控学报，2002，12、7～13.

Research on a Trellis Coded Modulation Decoding Algorithm

Mao Qinghua and Zhang Jiong

1. Shanghai Space-flight Institute of TT&C and Telecommunications; 2.Taiyuan Satellite Launch Centre

No. 881 Tianbao Road, Shanghai, 200086，hunter_qh@163.com

Abstract This paper introduces the basic principles of Trellis Coded Modulation, puts forward an improved Viterbi's coding arithmetic. The Imitation tests on Trellis Coded Modulation indicated give significance to the higher speed data transmission system.

Key words Trellis Coded; Decoding Algorithm; Higher Speed Data Transmission; Modulation Techniques.

星载 SAR 海洋目标监视监测技术研究

王爱明　李志　杨文涛　常际军

中国空间技术研究院研究发展部

北京 5142 信箱 110 分箱，邮编：100094，wangam505@tom.com

摘　要　以舰船尾迹检测为例，分析了星载 SAR 对海洋特征成像的机理，从理论上阐述了多频多极化 SAR 在海洋目标监视监测应用中具有的优势。在此基础上建立了星载 SAR 对海洋特征成像的仿真模型，给出了仿真得到的舰船尾迹 SAR 图像。

关键词　多频多极化；星载 SAR；舰船尾迹；监视监测

1　引言

海洋是生命的摇篮，海洋与人类生活息息相关。在过去的几十年里，星载雷达遥感技术得到了很快的发展，使全球范围的海洋监视监测有了可能。1978 年 NASA 发射的 Seasat 卫星标志着航天微波遥感的真正开始。Seasat 装载了包含合成孔径雷达（SAR）在内的 5 种传感器，可获得有关海面风、浪、温度、海冰特征、风暴潮、海底地形、海洋强风暴特征、大气层水蒸汽和降雨等信息[1]。星载探测器具有观测面积大、易于实现全球观测等优点，有利于实施大范围高精度探测。

舰船及其尾迹是典型的海洋目标，本文主要探讨了星载多频多极化 SAR 对海洋舰船尾迹成像的一些理论，建立了仿真模型进行成像仿真。通过本文的研究，探索海洋目标监视监测的途径，有利于优化用于海洋监视监测的 SAR 系统参数和卫星平台参数。

2　基本理论

2.1　合成孔径雷达

SAR 是基于合成孔径技术的高分辨率微波成像传感器，通常以卫星（星座）或飞机等匀速运动载体为平台。主动的工作模式使 SAR 可以独立于外部的源（如阳光），微波频段大大减少了云、雾、雨对获取图像的影响，使 SAR 可以全天时和全天候地进行成像，能够满足连续的全球性监视。对于海面观测，SAR 具有最丰富的信息，从 SAR 图像中可以反演海面波高、波长和波向。海洋特征首次卫星观测开始于 1960～1961 年 TIROS-2 对海面温差的探测[2]。1991 年 7 月 16 日欧空局发射的地球资源卫星 ERS-1 装载有 C 波段 SAR，其主要任务就是对水情和海洋进行监测。SAR 对水面舰船和水下运动目标引起的水面特征都具有较强的成像能力，是海洋船只交通监视、海底地形反演、海洋环境监测、军事侦察的重要技术手段。

2.2　多频多极化

各种地物和海洋目标与雷达波束相互作用，可以用散射截面 σ^o 来表征，σ^o 与雷达频率的关系极为密切。在适当的入射角范围内，海浪的 σ^o 主要来自 Bragg 散射，Bragg 散射直接与 SAR 的工作频段有关。频率是 SAR 工作的重要参数，微波的显著特点是带宽相对较窄，结果造成信号内所包含的信息量较少，因此在设计微波遥感仪时，利用多种频率操作来提高信息量。

电磁波的传播和散射都是矢量现象，传统的单极化成像雷达采用固定极化天线来发射和接收射频信号，只能测量散射波矢量的一个分量，而其他包含在散射波极化特性中的有关地物信息分量则丢失了。不同极化的 SAR 数据反映不同的作用过程，用于估计地表物理参数，如湿度、几何特性和表面粗糙度，通过极化分解技术提取图像中不同目标，因而多极化测量可以大大提高成像雷达对目标各种信息的获取能力。

多频、多极化的特征使物体的表面及其覆盖物之间可以通过后向散射的差异加以区分。因此，新一代星载 SAR，都尽可能采用多频多极化体制，例如美国航天飞机的 SIR-C，以及 EOS 卫星的 SAR 等。EOS-SAR 的应用目标包括全球变化、碳循环、水文循环和海冰测绘。装载的仪器包括 L、C、X 三个频段，L 频段包括四种极化，其余两频段为 HH，VV 两种极化。EOS-SAR 的可变模式包括：局部高分辨率模式、区域成像模式和全球成像模式。

2.3 舰船尾迹

运动的舰、船、艇都会在海洋表面留下一定的尾迹特征，图 1 给出了舰船尾迹特征分布。对于水面舰艇来讲，用肉眼可见的尾迹主要为 Kelvin 尾迹和湍流尾迹。Kelvin 尾迹的扩散较快，在较短的时间内，船后的 Kelvin 波尾迹就不再可见。肉眼可见的湍流尾迹也只在船尾后很短的范围内可见。对于水下运动物体，它产生的 Kelvin 尾迹和湍流尾迹很微弱。星载 SAR 敏感的尾迹特征主要是由尾迹引起的海洋表面流场。

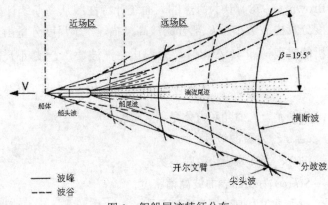

图 1 舰船尾迹特征分布

3 海面特征及其 SAR 成像机理

3.1 海洋表面特征

海面包含了各种尺度的海浪。不失一般性，认为海面由重力波和毛细波叠加而成。选取 Pierson-Moskovitz（P-M）谱描述充分成长状态下的海洋大尺度特征

$$S(\omega) = \alpha \frac{g^2}{\omega^5} \exp\left\{-\beta \left(\frac{U\omega}{g}\right)^{-4}\right\} \tag{1}$$

其中，$\alpha = 0.0081$，$\beta = 0.74$，U 为海面上 19.5 m 高处的平均风速。P-M 谱的谱峰频率为

$$\omega_0 = 0.877g/U \tag{2}$$

选取 Phillips 谱来描述波场的小尺度特征

$$\psi(\boldsymbol{k}) = \begin{cases} \dfrac{B}{\pi} k^{-4} \exp\left(-\dfrac{k_0}{k}\right) & \boldsymbol{k} \cdot \boldsymbol{U} > 0 \\ 0 & \text{其他} \end{cases} \tag{3}$$

其中 $k_0 = g/U^2$，$B = 0.006$。

海面粗糙度是以雷达波长 λ 为度量单位来统计表征的。在大入射角（大于 30°）情况，对于给定的雷达波长来说，散射体主要由距离间隔为 $\lambda/2$（为雷达波长）的海浪分量引起的谐振现象产生，被称为布拉格谐振现象。电磁波与小纹波和短重力波产生谐振，这些小尺度波只有几十毫米高，它们叠加在几米高的大波上。假定雷达回波信号是由每个布拉格谐振波在波的同一部位反射产生的，则接收到的电压是各单独电压的相位相干总和[3]

$$V_r = \sum_{i=0}^{N} V_0 e^{-j2kR_0} e^{-j2ki\Delta R} \tag{4}$$

N 是在照射区中各谐振分量的总周期数。其和为

$$V_r = V_0 e^{-jkR_0} \frac{\sin[k(N+1)\Delta R]}{\sin[k\Delta R]} \tag{5}$$

从每个小景物单元后向散射的功率被接收，并把每个小景物单元的值转换成 2 维阵列来形成雷达图像。

因此，SAR 海洋图像的明暗分布能在一定程度上反映海面粗糙度。

3.2 海洋表面特征 SAR 成像机理

Brown（1978）认为海洋的表面统计特性服从高斯统计的双尺度模型，由两种统计独立的分量组成，大尺度分量由波数小于 k_d 部分的波高谱描述，小尺度分量由其余波谱描述。选择 k_d 使小尺度结构满足小扰动分析的需要，即 $4k_0^2\zeta_s^2 \ll 1$。k_0 是电磁波波数，ζ_s^2 是小尺度结构的均方高度。则雷达截面表示为：

$$\sigma_B(\theta,\phi) = 8\pi k_0^4 \iint |G(\theta,\xi_x,\xi_y)|^2 \cdot S(2k_0\sin\theta',\phi)p(\xi_x,\xi_y)d\xi_x d\xi_y \tag{6}$$

式中：θ，ϕ 为入射角和方位角；

ξ_x、ξ_y 为表面坡度；

$G(\theta,\xi_x,\xi_y)$ 为极化散射系数；

$S(k,\phi)$ 为表面表面波高谱密度；

$p(\xi_x,\xi_y)$ 为坡度概率密度函数；

$\theta' = \theta + \tan^{-1}\xi_x$ 是本地入射角。

3.3 内波 SAR 成像机理

在海面的 SAR 图像中经常可以发现海底地形引起的内波特征，这并不意味着卫星上的 SAR 能够看见海底特征，而是由于内波引起海面纹波波场分布的变化。内波虽然没有引起表面高度的变化，但致使表面流场的空间和时间发生变化，引起海洋表面的粗糙度调制，使 SAR 能对海洋内波成像[4]。雷达后向散射截面 σ 正比于 Bragg 波谱能量密度 E。

$$\sigma = T[E(+2k_0) + E(-2k_0)] \tag{7}$$

k_0 为雷达波矢量在水平面的投影，T 为散射系数。

内波引起的表面粗糙度特征为一对对相邻的非常粗糙和光滑条纹，被宽的本地平均粗糙度区域隔开，在相应的雷达图像均匀背景上出现一对对相邻的明暗条带。领头的内波边缘对应会聚区，也对应雷达图像的亮条带[5]。内波会引起海面流场变化，在海洋表面的垂直位移很小，但是水平流速却很大，结果在海面上不同的位置处造成流场的辐聚和辐散效应。

4 星载 SAR 舰船尾迹成像仿真

开展星载 SAR 成像仿真是一项非常有意义的工作。可以验证卫星平台参数和 SAR 系统参数。以舰船尾迹 SAR 成像为例，整个仿真过程主要包括：

（1）根据海洋动力学仿真海面和尾迹特征，以海况和船的参数等为输入条件，输出海面波高、流场分布等；

（2）根据微粗糙表面电磁散射理论，计算海面的 NRCS（归一化雷达截面，σ_0），得到图 2 所示的 σ_0 与极化、入射角、风向、风速等的关系；

从图 2 可见，在同等条件下（雷达波长、入射角和海况等）VV 极化比 HH 极化产生的海面回波强，而 HH 极化比 VV 极化回波具有更大的起伏范围。而且，横风（cross-wind）与迎风（upwind）的不同在 X 波段比 L 波段明显。

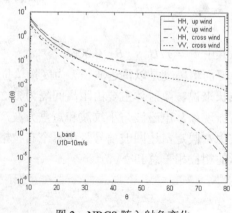

图 2 NRCS 随入射角变化

（3）建立 SAR 成像仿真模型；

建立地面坐标系 $O(x,y,z)$，对于入射角不大的星载情况（如 Seasat）可以简化地球表面为平面，坐标原点在雷达平台的起始位置与地面的垂直交点上，x 轴是平台运动方向，z 轴垂直于地球表面，天线波束宽

度 θ_v，R_1 和 R_2 分别是近距和远距，平台高度 H，这样得到的地面坐标系几何关系如图3。

输入参数，包括发射信号频率、系统分辨率、地面散射单元间隔，脉冲重复频率、脉冲宽度、系统带宽、标称入射角、天线物理孔径、天线方向图增益权函数、雷达平台高度、速度等。下表给出了仿真中用到的几个主要参数。

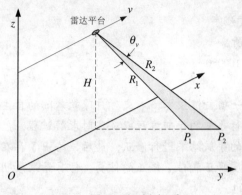

图 3　地面坐标系

参数		Seasat SAR	仿真的 星载 L-SAR
波长	(cm)	23.5	24
入射角	(°)	23	35
分辨率	(m)	25	5
PRF	(Hz)	1647	1752
发射脉宽	(μs)	33.8	33
采样率	(MHz)	110	66.67

计算原始回波信号，为了减少运算量采用快速卷积方法实现快速计算，对回波信号进行成像处理得到 SAR 图像。图 4 给出了一幅实际的 ERS-2 的尾迹 SAR 图像，其湍流尾迹比较明显。图5是用本文的方法仿真得到的尾迹 SAR 图像，它包含了 Kelvin 尾迹、窄 V 尾迹和内波尾迹。

图 4　ERS-2　　　图 5　仿真舰船尾迹 SAR 图像

5　结束语

利用多频多极化 SAR 卫星对海洋特征进行监视监测有快速、大范围、信息量丰富、全天候等优势，有着广阔的应用前景。开展星载 SAR 海洋特征的成像仿真研究有利于研究海洋监视监测新手段，有利于优化海洋遥感的卫星平台参数，也有利于优化 SAR 系统参数。

参 考 文 献

[1] 索兹曼 B..卫星海洋遥感, 海洋出版社, 北京, 1991.

[2] T.D.Allan.*Satellite Microwave Remote Sensing*, New York, 1983.

[3] F. T. Ulaby, R. K. Moore and A. K. Fung.*Microwave Remote Sensing: Active and Passive.*Addison-Wesley, 1982.

[4] D.R. Lyzenga, J.R. Bennett.Full-Spectrum Modeling of SAR Internal Wave Signature.*Journal of Geophysical Research*, 1988, pp.12345- 12354.

[5] Werner Alpers.Theory of Radar Imaging of Internal Waves, *Nature*.1985, pp.245-247.

A Study of Ocean Surveillance by Spaceborne SAR

Wang Aiming, Li Zhi, Yang Wentao and Chang Jijun

Abstract　Take the ship wake detection as an example, the paper have analyzed the theory of SAR ocean wave imaging, as well as the advantages of multi-frequency and multi-polarization SAR be used in ocean surveillance. A simulated result shown that it is an effective way to use spaceborne SAR in ship wakes detecting.

Key words　Multi-frequency and multi-polarization; Spaceborne SAR; Ship wakes; Ocean surveillance

月球软着陆自主导航方法研究

王大轶　关轶峰　黄翔宇

北京控制工程研究所

北京 2729 信箱，邮编：100080

摘　要　自主导航技术是探测器成功实现月球软着陆的一项关键技术，本文对月球软着陆的自主导航方法进行了研究。首先给出了利用 IMU（惯性测量单元）进行导航的导航方程以及实时求解过程；然后引入着陆器的速度或位置信息，应用 Kalman 滤波方法对 IMU 的导航结果进行修正；最后，给出了存在初始导航误差、IMU 存在随机噪声时的仿真结果，同时给出了速度修正和位置修正的仿真。仿真结果表明，利用外部测量信息（速度或位置）对导航结果进行修正是可行的。

关键词　月球软着陆；自主；导航；Kalman 滤波

1　前言

作为人类迈向太空的第一站，月球探测有着重大的科研、政治和经济意义，人类对月球的探索始于上世纪 60 年代。苏联在 1963 年 1 月～1966 年 12 月间，13 次发射无人月球软着陆器探测器（Луна 系列），成功在月球软着陆 2 次（月球-9，月球-13）；1970 年 11 月（月球-17）和 1973 年 1 月（月球-21）2 次成功发射带有自动巡视月球车的探测器，月球车-1 号和月球车-2 号分别在月面行走 10.5 km 和 37 km；1970 年9 月、1972 年 2 月和 1976 年 8 月成功实现了 3 次月表软着陆并自动取样返回（月球-16、月球-20、月球-24）。美国在 1966 年 5 月~1968 年 1 月间发射无人月球软着陆探测器 7 次，成功 5 次（Surveyor 系列 1、3、5、6、7）。近几年，日本和欧空局也开始研制并发射了月球软着陆探测器。

月球软着陆自主导航技术是探测器成功实现月球软着陆的一项关键技术，在月球探测器着陆阶段，精确测量着陆器与着陆面之间的距离、速度信息对探测器的安全着陆有着重要的意义。

本文首先对自主导航方法进行了概述；给出了着陆模型、导航方程及求解；采用 Kalman 滤波方法修正导航值；最后给出了数学仿真结果。

2　自主导航方法概述

在早期的月球着陆（如阿波罗登月）过程中，通信与导航都要依靠地面的深空网（Deep Space Network），深空网完成诸如任务控制跟踪、计算及向飞船传送状态消息等功能。但是由于月地之间 38 万 km 距离产生的 1.25 秒信号延迟，使着陆精度难以得到保证。在没有宇航员目测手动控制的情况下，为实现软着陆及满足月面全球着陆（极区或背月面）的需要，有必要大力发展自主导航技术。目前着陆自主导航的发展趋势如下[1~5]。

1. 精确定位式着陆（Pinpoint Landings）

误差直径范围小于 10m。众所周知，根据月面特征进行测量可以有效地减小导航误差。通常，精确定位式着陆可分为两种方法。

（1）主动的障碍躲避方法（Active Hazard Avoidance Approach）。这种方法将使着陆器能定位、识别和避开对安全着陆构成威胁的障碍。它对于软件和硬件有很高的要求。为着陆计算机提供快速高分辨率图像的摄像系统、用于障碍和危险识别的算法、能够对图像进行智能处理和及时传送命令的专家系统是实时障碍躲避导航的基本组成。这种方法很被人们看好，但成本较高，难度较大。

（2）地形匹配着陆方法（Terrain Matching Approach）。当前的想法是基于从成像轨道器，如月球观测者轨道器，获得的月面图像资料来选择着陆点。尽管需要大量的图像，使用地形景像匹配的精确着陆法仍然要比上一种方法廉价、简便。就我国目前的情况而言，由于尚未发射月球卫星，因此月面地形、图像方面的资料基本是空白。

2. 中等精度着陆

误差直径范围 10 m~1 km。这种能够提供良好着陆精度的导航方法是可给出距离信息的射频（RF）表面信标法。RF 信标是一种用于陆基航空导航的常用方法，如用测距仪进行导航。这种方法采用直线对准的发射方式为航空器导航。

利用信标进行星际导航是一种简便、易行，提供着陆精度仅次于地形跟踪的方法。但是，如果信标相对于着陆点的位置不能准确确定，使用信标进行星际导航（无论是在星球的轨道上或是固定到星球表面）都会导致误差。

3. 低精度着陆

误差直径范围 1km。惯性测量单元（IMU）通常是在全部过程中都要使用的最基本的导航敏感器。RF 信标和地形跟踪方法通常会被作为第二套导航方案，用以提高 IMU 获得状态信息的能力。IMU 的误差，如加速度计的偏差、零位误差、和陀螺仪的漂移率，都会积累于状态向量中。因此，采用外部导航敏感器进行数据更新，对于提高导航精度来说是必要的。

我国发展月球软着陆技术，采用前两种导航方式技术难度大，比较可行的方式：在环月期间用地面深空网导航，软着陆期间用 IMU 作为主要的导航敏感器，同时配以位置或速度的外部测量信息对 IMU 的导航结果进行修正。

3 导航方程及求解

3.1 模型

月球赤道惯性坐标系 F_I（$O_M X_I Y_I Z_I$）：原点为 O_M 月心，$O_M X_I$ 指向历元 J2000.0 的平春分点在月球赤道上的投影方向，$O_M Z_I$ 指向月球北极方向，$O_M Y_I$ 按右手坐标系确定。

着陆坐标系 F_L（$O_M X_L Y_L Z_L$）：原点为 O_M 月心，$O_M X_L$ 指向动力下降点，$O_M Y_L$ 指向着陆点方向，$O_M Z_L$ 按右手坐标系确定。

轨道坐标系 F_O（$O_B X_O Y_O Z_O$）：O_B 为着陆器质心，$O_B X_O$ 轴与 $O_M O_B$ 方向重合，$O_B Y_O$ 指向垂直 $O_B X_O$ 指向运动方向，$O_B Z_O$ 按右手坐标系确定。

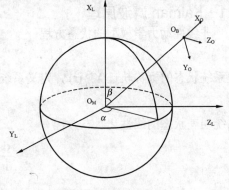

图 3-1　着陆坐标系

本体坐标系 F_B（$O_B X_B Y_B Z_B$）：O_B 为着陆器质心，$O_B X_B$、$O_B Y_B$、$O_B Z_B$ 沿惯量主轴方向。

着陆器质心动力学方程（惯性系）

$$\ddot{\underline{r}} = u\underline{F}/m - \mu\underline{r}/r^3$$

其中 $\ddot{\underline{r}} = \overset{\circ\circ}{\underline{r}} + 2\underline{\omega} \times \overset{\circ}{\underline{r}} + \dot{\underline{\omega}} \times \underline{r} + \underline{\omega} \times (\underline{\omega} \times \underline{r})$，$\underline{r}$ 为着陆器月心距矢径，$\overset{\circ}{\underline{r}}$ 和 $\overset{\circ\circ}{\underline{r}}$ 为径向速度和加速度，$\underline{\omega}$ 为轨道角速度，u 为制动推力开关函数，μ 为月球引力常数，m 为着陆器质量。

3.2 初始化

着陆初始时刻，依赖地面深空网，可直接得到 O_B 相对 F_I 的位置 $\underline{r} = F_I^T [x \quad y \quad z]^T$ 和速度 $\underline{v} = F_I^T [v_x \quad v_y \quad v_z]^T$；$F_B$ 相对 F_I 的方向余弦矩阵 C_{IB} 可以①直接由星敏感器测量得到；②（环月结束时的姿态可用）由姿态角得到 F_B 相对 F_O 的方向余弦矩阵 C_{OB}，再由深空网确定 F_O 相对 F_I 的方向余弦矩阵 C_{IO}，由 $C_{IB} = C_{IO} C_{OB}$ 确定四元数初值 $[q_0 \quad q_1 \quad q_2 \quad q_3]^T$。

3.3 导航方程及求解

惯性坐标系 F_I 内的导航基本方程为

$$\ddot{\underline{r}} = \underline{g} + \underline{a}$$

其中，$\underline{r}$ 为月心到着陆器质心的矢量，$\underline{g}$ 为引力加速度矢量，$\underline{a}$ 为作用在着陆器上的视加速度矢量。由于加速度计测量的是着陆器相对惯性系的视加速度在 F_B 中的投影 $\underline{a} = F_B^T \begin{bmatrix} a_x & a_y & a_z \end{bmatrix}^T$。根据陀螺测量的转速 $\underline{\omega}_{BI} = F_B^T \begin{bmatrix} \omega_x & \omega_y & \omega_z \end{bmatrix}^T$ 及四元数初值计算

$$C_{IB}^T = C_{BI} = \begin{bmatrix} q_0^2 + q_1^2 - q_2^2 - q_3^2 & 2(q_1 q_2 + q_0 q_3) & 2(q_1 q_3 - q_0 q_2) \\ 2(q_1 q_2 - q_0 q_3) & q_0^2 - q_1^2 + q_2^2 - q_3^2 & 2(q_2 q_3 + q_0 q_1) \\ 2(q_1 q_3 + q_0 q_2) & 2(q_2 q_3 - q_0 q_1) & q_0^2 - q_1^2 - q_2^2 + q_3^2 \end{bmatrix}$$

其中

$$\begin{bmatrix} \dot{q}_0 \\ \dot{q}_1 \\ \dot{q}_2 \\ \dot{q}_3 \end{bmatrix} = \frac{1}{2} \begin{bmatrix} 0 & \omega_z & -\omega_y & \omega_x \\ -\omega_z & 0 & \omega_x & \omega_y \\ \omega_y & -\omega_x & 0 & \omega_z \\ -\omega_x & -\omega_y & -\omega_z & 0 \end{bmatrix} \begin{bmatrix} q_0 \\ q_1 \\ q_2 \\ q_3 \end{bmatrix}$$

则

$$\begin{bmatrix} \ddot{x} \\ \ddot{y} \\ \ddot{z} \end{bmatrix} = \begin{bmatrix} \dot{v}_x \\ \dot{v}_y \\ \dot{v}_z \end{bmatrix} = \begin{bmatrix} g_x \\ g_y \\ g_z \end{bmatrix} + C_{IB} \begin{bmatrix} a_x \\ a_y \\ a_z \end{bmatrix}$$

积分上式，得到位置 r 及速度 v，再由坐标变换求出所关心的量。

4 轨道修正

4.1 Kalman 滤波原理

非线性动力学模型的状态方程

$$\dot{X} = f(X, t)$$

设系统状态的标称轨迹 $X_{ref}(t)$，定义系统的误差状态

$$\delta X = X(t) - X_{ref}(t)$$

系统误差状态的线性化状态方程

$$\frac{\mathrm{d}}{\mathrm{d}t}(\delta X) = F(t)\delta X + G(t)W(t)$$

其中

$$F(t) = \left. \frac{\partial f(X, t)}{\partial X} \right|_{X = X_{ref}(t)}$$

$W(t)$ 为系统模型不确定星的系统噪声，假设为连续的白噪声。

相应的离散时间线性化状态方程

$$\delta X(t_{k+1}) = \Phi(t_{k+1}, t_k)\delta X(t_k) + W_k$$

W_k 为离散高斯白噪声，$E\{W_k\} = 0$，$E\{W_k W_l^T\} = Q_k \delta_{kl}$。观测矢量

$$Z(t_k) = h[X(t_k), t_k] + V_k$$

V_k 为测量噪声，$E\{V_k\} = 0$，$E\{V_k V_l^T\} = R_k \delta_{kl}$。定义系统的观测矩阵

$$H_k = \frac{\partial h(X,t)}{\partial X}\bigg|_{t=t_k,\, X=X_{ref}(t_k)}$$

基于上述状态方程和观测方程，Kalman 滤波状态估计步骤如下：

（1）给定初始条件：$\delta \hat{X}_{(+)}(t_0) = 0$，$P_{(+)}(t_0) > 0$

（2）误差状态的一步预测

$$\delta \hat{X}_{(-)}(t_{k+1}) = \Phi(t_{k+1}, t_k) \delta \hat{X}_{(+)}(t_k)$$

（3）计算预测方差矩阵

$$P_{(1)}(t_{k+1}) = \Phi(t_{k+1}, t_k) P_{(+)}(t_k) \Phi^T(t_{k+1}, t_k) + Q_k$$

（4）计算滤波增益矩阵

$$K_{k+1} = P_{(-)}(t_{k+1}) H_{k+1}^T \left[H_{k+1} P_{(-)}(t_{k+1}) H_{k+1}^T + R_{k+1} \right]^{-1}$$

（5）状态更新

$$\partial \hat{X}_{(+)}(t_{k+1}) = \partial \hat{X}_{(-)}(t_{k+1}) + K_{k+1} \left\{ Z(t_{k+1}) - h\left[X_{ref}(t_{k+1}), t_{k+1} \right] \right\}$$

$$\hat{X}(t_{k+1}) = X_{ref}(t_{k+1}) + \partial \hat{X}_{(+)}(t_{k+1})$$

（6）计算滤波方差矩阵

$$P_{(+)}(t_{k+1}) = P_{(-)}(t_{k+1}) - K_{k+1} H_{k+1} P_{(-)}(t_{k+1})$$

（7）$k = k+1$，转向（2）。

4.2 方程线性化

（1）由加速度

$$\begin{bmatrix} \ddot{x} \\ \ddot{y} \\ \ddot{z} \end{bmatrix} = \begin{bmatrix} g_x \\ g_y \\ g_z \end{bmatrix} + C_{IB} \begin{bmatrix} a_x \\ a_y \\ a_z \end{bmatrix}$$

其中

$$\begin{bmatrix} g_x \\ g_y \\ g_z \end{bmatrix} = -\frac{\mu}{r^3} \begin{bmatrix} x \\ y \\ z \end{bmatrix}, \quad r = \left(x^2 + y^2 + z^2 \right)^{1/2}$$

则速度

$$\begin{bmatrix} \dot{x} \\ \dot{y} \\ \dot{z} \end{bmatrix} = \int \begin{bmatrix} \ddot{x} \\ \ddot{y} \\ \ddot{z} \end{bmatrix} \mathrm{d}t$$

位移

$$\begin{bmatrix} x \\ y \\ z \end{bmatrix} = \int \begin{bmatrix} \dot{x} \\ \dot{y} \\ \dot{z} \end{bmatrix} \mathrm{d}t$$

（2）设状态变量 $X = \begin{bmatrix} x & y & z & \dot{x} & \dot{y} & \dot{z} \end{bmatrix}^T$，状态方程

$$\dot{X} = f(X) + U$$

其中

$$f(X) = \begin{bmatrix} \dot{x} \\ \dot{y} \\ \dot{z} \\ -\dfrac{\mu}{r^3}x \\ -\dfrac{\mu}{r^3}y \\ -\dfrac{\mu}{r^3}z \end{bmatrix} \qquad U = \begin{bmatrix} 0 \\ 0 \\ 0 \\ C_{IB}\begin{bmatrix} a_x \\ a_y \\ a_z \end{bmatrix} \end{bmatrix}$$

（3）设 X_{ref} 为 IMU 的导航状态，定义系统的误差状态 $\delta X = X - X_{ref}$。由状态方程可以导出系统误差状态的线性化状态方程

$$\frac{\mathrm{d}}{\mathrm{d}t}(\delta X) = A\delta X$$

其中

$$A = \left.\frac{\partial f(X)}{\partial X}\right|_{X=X_{ref}} = \begin{bmatrix} \boldsymbol{0}_{3\times 3} & \boldsymbol{I}_3 \\ \boldsymbol{M} & \boldsymbol{0}_{3\times 3} \end{bmatrix}$$

$$M = -\frac{\mu}{\left(x_{ref}^2 + y_{ref}^2 + z_{ref}^2\right)^{5/2}} \begin{bmatrix} -2x_{ref}^2 + y_{ref}^2 + z_{ref}^2 & -3x_{ref}y_{ref} & -3x_{ref}z_{ref} \\ -3x_{ref}y_{ref} & x_{ref}^2 - 2y_{ref}^2 + z_{ref}^2 & -3z_{ref}y_{ref} \\ -3x_{ref}z_{ref} & -3z_{ref}y_{ref} & x_{ref}^2 + y_{ref}^2 - 2z_{ref}^2 \end{bmatrix}$$

4.3 修正

（1）速度修正。若测量方程

$$Z = \begin{bmatrix} \dot{x} \\ \dot{y} \\ \dot{z} \end{bmatrix} = CX$$

其中，$C = \begin{bmatrix} \boldsymbol{0}_{3\times 3} & \boldsymbol{I}_3 \end{bmatrix}$。可以证明，$X_{ref}$ 使得 M 非奇异，即 A 非奇异，则 $\begin{bmatrix} C \\ CA \end{bmatrix} = A$ 非奇异，即系统可观。

（2）位置修正。若测量方程

$$Z = \begin{bmatrix} x \\ y \\ z \end{bmatrix} = CX$$

其中，$C = \begin{bmatrix} \boldsymbol{I}_3 & \boldsymbol{0}_{3\times 3} \end{bmatrix}$。此时 $\begin{bmatrix} C \\ CA \end{bmatrix} = I_6$ 非奇异，系统可观测。

5 数学仿真

5.1 理想情况时的仿真结果

动力下降段初始时刻，着陆器在 15 km 处，水平速度 1692 m/s，质量 6000 kg；发动机推力 15000N，比冲 300s。制导要求在 2 km 处速度为 0 m/s。制导律采用显示制导方法。仿真结果如图 1～图 3 所示。图 1 为航程曲线，末端高度 2 000 m，纵向位移 488.8 km；图 2 为纵向水平速度曲线，末端值为-0.3 m/s；图 3 为垂直速度曲线，末端值为 0.05 m/s；末端质量 3250 kg；末端横向水平速度 0.006 m/s。

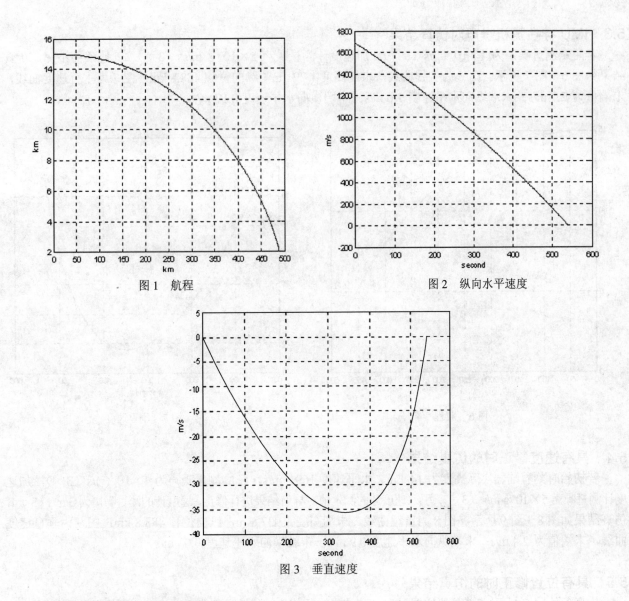

图1　航程

图2　纵向水平速度

图3　垂直速度

5.2　存在初始导航误差时的仿真结果

若初始时刻着陆器实际高度为 14 km、水平速度 1 691 m/s，其他条件不变，仿真结果如图 4～图 5 所示。图 4 为航程曲线，末端高度 600.3 m，纵向位移 488.7 km；图 5 为垂直速度曲线，末端值为-3.2 m/s；末端横向水平速度 0.17 m/s。末端纵向水平速度-2.1 m/s。可见，初始导航误差对制导影响较大，因此需要利用速度或位置信息对导航结果进行修正。

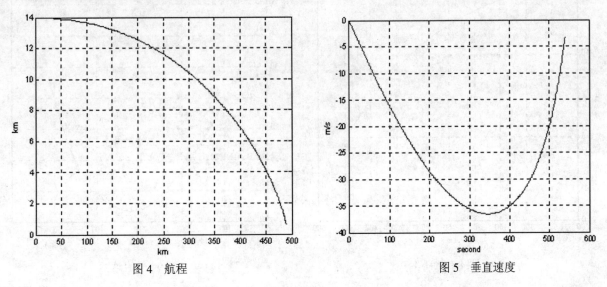

图4　航程

图5　垂直速度

5.3 IMU 存在随机噪声时仿真结果

若陀螺测量噪声为 4×10^{-3}(°)/s（3σ），加速度计测量噪声 5×10^{-4}g m/s² （3σ），其他条件不变，仿真结果如图6～图7所示。图6为航程曲线，末端高度1 791 m，纵向位移488.8 km；图7为垂直速度曲线，末端值为-2.7 m/s；末端纵向水平速度-1.6 m/s；末端横向水平速度0.17 m/s。

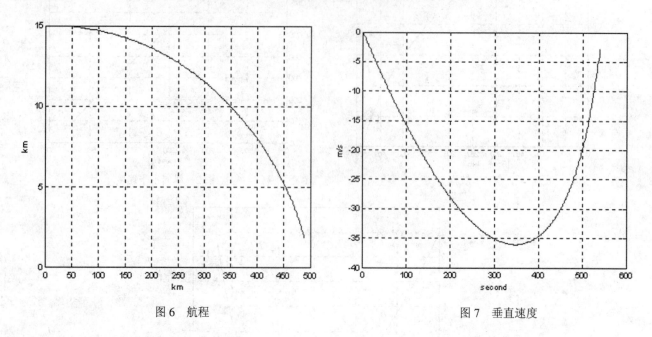

图6 航程　　　　　　　　　　　　　　　　图7 垂直速度

5.4 具有速度修正时的仿真结果

若初始时刻着陆器实际高度为 14 km、水平速度 1691 m/s，陀螺测量噪声为 4×10^{-3}(°)/s （3σ），加速度计测量噪声 5×10^{-4}g m/s² （3σ），引入速度计的测量值对导航结果进行修正，速度计的测量噪声为 3 m/s（3σ），仿真结果如图8～图9所示。图8为航程曲线，末端高度1 937.8 m，纵向位移488.8 km；图9为垂直速度曲线，末端值为-2.4 m/s；末端纵向水平速度0.9 m/s；末端横向水平速度0.03 m/s。

5.5 具有位置修正时的仿真结果

仿真条件同5.4，引入着陆器位置量对导航结果进行修正，测量噪声为 30 m（3σ），仿真结果如图10～图11所示。图10为航程曲线，末端高度1 994 m，纵向位移488.8 km；图11为垂直速度曲线，末端值为-1.6 m/s；末端纵向水平速度1.1 m/s；末端横向水平速度0.04 m/s。

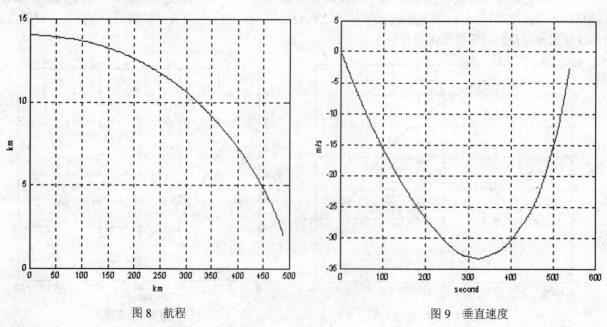

图8 航程　　　　　　　　　　　　　　　　图9 垂直速度

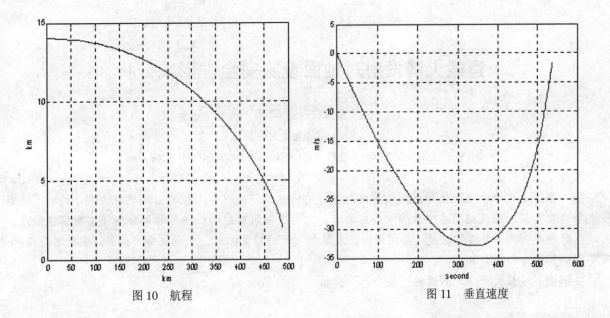

图 10 航程 　　　　　　　　　　　　　　　 图 11 垂直速度

6 结论

月球软着自主导航技术是实现月球软着陆的关键技术。采用 IMU（惯性测量单元）进行导航作为主要的导航手段，同时引入着陆器的速度或位置信息，应用 Kalman 滤波方法对 IMU 的导航结果进行修正。仿真结果表明，利用速度或位置信息对导航结果进行修正是可行的、有效的。

参 考 文 献

[1] Dan G. Tuckness.Influence of suboptimal Navigation Filter Design on Lunar Landing Navigation Accuracy.Journal of Spacecraft and Rockets. 1995, 32(2): 353～359.

[2] Dan G. Tuckness.Analysis of Terminal Landing on Mars. Journal of Spacecraft and Rockets.1995, 32(1): 142～148.

[3] Tsutomu Iwata, Takao Eto, Yutaka Kaneko, etc.Conceptual Design of Lunar Lander. 18th International Symposium on Space Technology and Science.Japan, 1992: 1765～1770.

[4] Dan G. Tuckness. Autonomous Navigation for Lunar Transfer.Journal of Spacecraft and Rockets. 1995, 32(2): 279～285.

[5] Gregory H. Barton.Proposed Autonomous Lunar Navigation System.Proceedings of the AAS/AIAA Astrodynamics Conference, USA, 1993. Advances in the Astronautical Sciences, Univelt Inc: 1717～1736.

Study on Autonomous Navigation of Lunar Soft landing

Wang Dayi， Guan Yifeng and Huang Xiangyu

Beijing Institute of Control Engineering

P. O. Box 2729, Beijing, 100080

Abstract Autonomous Navigation is a key technique for successful lunar soft landing, which is studied in the article. Navigation with IMU(Inertial Measure Unit) and the solving process are presented, and the navigation result is revised using Kalman filter with velocity and position of the detector. Finally, the importing initial navigation error and the random noise of IMU, simulations of revising the navigation result with velocity or position are given. The simulations' results show that it is feasible to revise the navigation result by using some outer measurements, eg, velocity or position.

Key words Lunar soft landing; Autonomous; Navigation; Kalman filter

运载火箭发射对地面设施安全性影响分析

王家伍　夏莉萍

中国酒泉卫星发射中心

甘肃省兰州市 27 支局 15 信箱 1 号，邮编：732750，w0501@163.com

摘　要　本文以常规液体推进剂火箭发射飞行的特点，以某航天工程发射场建设为例，论述了运载火箭发射对发射场地面设施的安全性影响。主要有：火箭发射时对地面设施的作用分析（发射环境效应、点火起飞时相关时间、导流槽深度、导流方向、火箭起飞时的推重比对、发动机推力偏差、发射时地面风速）及安全距离的分析与计算。

关键词　运载火箭；地面设施；安全性；分析

1　概述

某航天工程发射场新建了我国第一个钢筋混凝土结构的发射塔架，同时也是世界上第一个经过运载火箭发射检验的钢筋混凝土结构的发射塔架。塔架由塔体结构、回转平台、升降工作平台、电缆摆杆、塔吊、电梯及测试间、塔勤间、加注、供气、液压、配电、消防、自控、通信、空调等系统组成。具有较深大的基础部分。塔体总高 67 m，避雷针顶端最高点 91.8 m，长 18 m，宽 14 m，塔体地下部分 2 层，地上 12 层。导流槽为钢筋混凝土结构单面导流槽。长度 38 m，宽 9 m，深 11.4 m，冲击角 28°，排焰角 30°。塔架于 2002 年 11 月建成。

该发射场充分利用了载人航天工程发射场的部分地面设施，如推进剂加注系统。在发射场建设布局和地面设施设备建设与防护研究中，必须要充分考虑到运载火箭点火起飞及出现意外情况下的安全性。

为保证钢筋混凝土结构发射塔架的安全使用，同时也为发射场建设布局和地面设施设计及射前防护提供依据，本文重点分析了运载火箭在发射塔上出现意外及正常飞行时火焰、振动等对地面设施的环境效应及安全性影响。

2　发射环境效应分析

火箭发动机的高温高速喷气射流造成的环境称为发射环境，发射环境对塔架的作用称为发射环境效应，主要包括：发动机点火工作时产生的压力脉冲以气浪的形式向周围传播，作用到塔架上产生压力载荷而引起激励；高温高速喷气射流及燃气生成物中大量氧化物和固体颗粒作用到塔架上，产生烧灼和冲刷效应；超音速喷气射流遇到阻拦产生冲击波，波后压力和温度升高，压力升高产生附加载荷，温度升高加强烧灼效应；超音速紊流产生很强的噪声，作用到设备上引起激振。

火箭发射时由于化学燃料燃烧而产生的高温高压燃气通过发动机喷管高速喷出，产生推力克服火箭重力使火箭起飞。在发射过程中火箭发动机对地面发射设施的破坏作用主要表现在高温高速燃气(温度为 1 581 K，速度 2 892 m/s)的烧蚀作用、气流的冲刷作用、由于多种原因(燃烧不稳定、喷管口膨胀波、反射激波等)引起的振动作用和高温辐射作用。烧蚀作用和冲刷作用直接破坏火焰接触的部位如发射台、导流槽的导流面等，作用范围的大小与火焰包络线的长度、宽度等有关(高速摄影数据表明：CZ-2C、CZ-2D 火箭火焰长度接近一致，长约 39 m，宽约 6.8 m)。一般情况下，发射台、导流面等均处于燃气火焰及其反弹火焰的直接破坏范围内。振动作用和高温辐射作用的破坏范围较宽，发射点附近(周围 100 m)的所有设施都可能由于振动和高温辐射引起松动、变形甚至是功能失效。因而在可能的情况下，采取必要的措施对发射设施进行防烧蚀、加固等处理，最大限度地减小损坏程度。

3 点火起飞相关时间分析

相关时间主要有点火至起飞时间、火箭飞离塔架时间、程序转弯时间等。其中点火至起飞时间由发动机启动特性决定，通常，从火焰喷出至离开发射台时间为 1.64 s，这期间高温高速燃气及其反弹燃气对塔架低层发射设施、发射台造成破坏。火箭飞离塔架时间与火箭起飞加速度有关，起飞加速度越大，时间越短，对发射设施破坏程度越轻。

程序转弯时间由火箭控制系统决定，根据 CZ-2C、CZ-2D 火箭用户手册，CZ-2C、CZ-2D 火箭程序转弯时间分别为 15 s 和 17 s，火箭飞行高度超过 330 m(10 s 时间为 CZ-2C 初步弹道计算数据，已飞离塔架)，因而转弯时不会对发射设施特别是塔架造成影响。

4 导流槽深度、导流方向的影响分析

导流槽的作用主要是在发射时对高温高速燃气进行降温(消防系统实现)、降噪、排焰、导流等。发射场一般采用单面导流和双面导流两种方式，当采用单面导流时，火焰坑的深度和导流方向决定了对发射设施破坏作用的轻重。酒泉卫星发射中心 138 工位导流槽，是我国第一个卫星发射塔，比新建的 9401 工位深(138 工位深度为 -19 m，9401 工位为 -11.4 m)，根据 138 工位执行任务时使用经验，导流槽越深，反弹火焰的烧蚀作用越轻，因而其防止火焰反弹对发射设施的烧蚀作用较 9401 工位要好。发射时火焰直接烧蚀的部位是发射台。火箭在发射台上停留时间越短，起飞加速度越大，火焰直接烧蚀的破坏作用越轻。

另外，由于导流槽设计时燃气的导流方向一般朝向开阔地带，且燃气出导流槽时温度、速度已逐渐下降，因而对发射设施的破坏作用比较轻微。

5 推重比对火箭起飞的影响分析

火箭起飞时的推重比直接影响火箭的加速度，影响火箭飞离塔架的时间。表 1 给出了部分任务的推重比、程序转弯时间和飞行高度。

一般而言，火箭起飞时推重比越小，离开塔架时间越长，对塔架的烧蚀越严重。反之则较轻微。从 01-29 任务 CZ-2C 火箭的相关数据可知，其推重比较 05-6 任务较大，起飞加速度较大，程序转弯时间也较以往 CZ-2C 火箭推迟(由于需要翻越塔架，航天科技集团延长转弯时间至 15 s)，在程序转弯时火箭的飞行高度达 330.0 m，超出了塔架的最大高度 91.8 m，可确保火箭起飞时不会碰撞塔架。从后续的分析可以看出，如果减去火焰长度 39 m，则在 10s 左右，火焰尾部最低端高度为 116.7 m，塔架已彻底脱离火焰作用范围。

表 1 部分任务的相关数据

任务代号/ 火箭型号	01-24/ CZ-2D	01-25/ CZ-2C	01-26/ CZ-2C	01-27/C Z-2D	01-28/ CZ-2D	01-29/ CZ-2C	01-30/ CZ-2D	05-6/ CZ-4B	05-8/ CZ-4B
发动机推力 (kN)	2 785.089	2 785.089	2 785.089		2 961.6	2 961.6	2 961.6	2 961.6	2 961.6
起飞质量(t)		192.243	191.54		231.13	244.53	251.29	247.867	250.7
推重比 [1)]		1.479	1.484		1.308	1.236	1.203	1.219	1.205
程序转弯时间 (s)	17	10	10	17	17	15[2)]	17	8[3)]	8.588[3)]
转弯时飞行高 度(m)	518.1	275.3	269	532.9		330[2)]		80.1[3)]	80.1[3)]

6　发动机推力偏差对起飞漂移量的影响分析

理论上，YF-21 及其改进型发动机 YF-21B 的单机推力近似一致，实际工作时由于各分机流量偏差导致混合比存在偏差造成发动机的推力偏差，直接造成火箭起飞时 X 方向和 Z 方向的漂移量(指发射坐标系，下同)。在起飞过程中，漂移量是影响塔架中高层烧蚀的主要因素。漂向塔架，则烧蚀情况更为严重，反之则比较轻微。

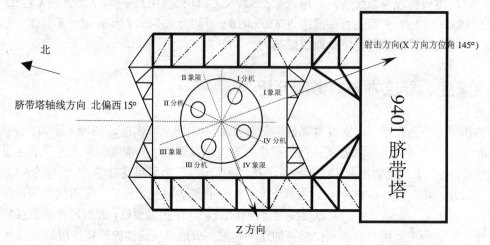

图 4　JB 工位塔架与产品关系图

从上图可以看出，火箭沿射向方向翻越塔架。一级 II、III 分机推力偏大、I、IV 分机推力偏小均可造成+X 方向和+Z 方向的漂移量，使产品靠近塔架，烧蚀情况会比较严重。反之则较轻微。

7　发射时地面风速的影响

火箭发射时的地面风速的影响表现为使弹体产生一定的横法向偏移，如果火箭姿态角不发生变化，则火箭稳定系统可不进行纠偏，发动机喷管不摆动。反之，如果姿态角与预定姿态角产生偏差，则进行姿态纠偏。实际上，由于发射时各种外界因素(如风速)的影响，作用在火箭各部位的力不会很均匀，火箭的姿态角可能产生轻微变化，稳定系统通过调整一级发动机推力矢量方向来调整其姿态角，就可能造成火焰烧蚀发射设施。因而火箭发射时一般要求为平均风速不大于 10m/s，瞬时最大风速为不超过 20m/s。

8　安全距离的分析与计算

安全距离是发射场地面设施设备布局及建设设计的重要依据。

所谓安全距离包括两部分，一是冲击波安全距离，主要指保护建筑物和人体不受伤害，即爆炸时的最小距离；二是殉爆安全距离，主要指防止炸药间互相引爆的最小距离。

运载火箭发生爆炸的危害性主要来自火箭推进剂的爆炸。爆炸主要以冲击波、火球、热辐射及碎片等能量释放形式表现出来，从而对人体和设施设备产生影响。其中冲击波超压的作用距离最大，而火球、热辐射与碎片的作用距离较近。

计算原则：火箭在发射台上爆炸时，折合 TNT 爆炸当量为常规液体火箭推进剂加注量的十分之一；选取适当的超压值，重要设施布局在其安全距离之外；只考虑在发射台上爆炸这种比较严重的情况，在发射场上空爆炸时由于没有地面的反射作用，对地面人员和设施的破坏作用较发射台上爆炸的破坏作用要轻，因而不再另行计算。

8.1 冲击波安全距离计算

如果火箭推进剂在发射台爆炸（即地面爆炸），其波阵面呈半球形，爆炸威力最大。考虑到地面的反射效应，波峰超压值与距离的变化用如下经验公式表示：

$$\Delta P_m = 1.06 \frac{\sqrt[3]{W_T}}{R} + 4.3 \left(\frac{\sqrt[3]{W_T}}{R} \right)^2 + 14 \left(\frac{\sqrt[3]{W_T}}{R} \right)^3$$

式中：ΔP_m——冲击波峰超压值（kg/cm^2）；

W_T——TNT 爆炸当量（kg）；

R——冲击波峰到爆炸中心的距离（m）。

注：此式仅适用于和 $W_T > 100$ kg 时的爆炸情况。

$$1 \leqslant \frac{R}{\sqrt[3]{W_T}} \leqslant 15$$

将 $\Delta P_m = 0.094$ kg/cm^2 代入上式，经计算得当量距离，满足上述公式的要求。将 $\Delta P_m = 0.5$ kg/cm^2 代入上式，经计算得当量距离，也满足上述公式的要求。

8.2 火球直径及持续时间的计算

火箭推进剂爆炸时的火球直径可用下式表示：

$$d = 3.854 Q^{0.32}$$

式中：d——火球直径（m）；

Q——推进剂加注量（kg）。

火球持续时间可用下式表示：

$$t = 0.2987 Q^{0.32}$$

式中：t——火球持续时间（s）；

Q——推进剂加注量（kg）。

8.3 热辐射距离的计算

热辐射与火球大小以及中心和边缘的温度有关，另外还受多种环境因素的影响，因此对热辐射值的估算非常复杂，也很困难。一般情况下，热辐射危险区取火球直径的 1.5~2.5 倍。即

$$l = 1.5 \sim 2.5 d$$

式中：l——热辐射距离（m）；

d——火球直径（m）。

8.4 殉爆安全距离的计算

当火箭推进剂发生爆炸时，由于殉爆作用，将引起与其相距一定距离的被惰性介质隔离的其他火箭推进剂的爆炸。推进剂爆炸时产生的爆轰产物、抛射出的物体以及在惰性介质中形成的冲击波的冲击作用均可引起殉爆。殉爆距离主要取决于火箭推进剂的起爆能力、火箭推进剂的性质和惰性介质的性能等。殉爆安全距离可按如下经验公式进行计算：

$$R = k \sqrt{Q}$$

式中：R——殉爆安全距离（m）；

Q——TNT 当量（kg）；

k——殉爆安全系数，计算殉爆距离时按两个工位均无土堤考虑，取 $k = 1.2$。

几种运载火箭安全距离计算值

型　号	加注量(kg)	爆炸当量 (kgTNT)	冲击波安全距离 (m)	火球直径 (m)	火球持续时间 (s)	热辐射距离 (m)	殉爆安全距离 (m)
CZ-2D	221 311	22 131.1	427	201	15.33	402	185
CZ-2F	446 900	44 690	545	253	19.20	506	255
CZ-2E/A	641 139	641 13.9	600	278	21.55	556	304

9 结束语

9401 脐带塔前横梁中心至发射点垂直距离为 9m(半层过渡平台距发动机喷口距离不足 6m)，塔架主体为钢筋砼结构，电缆井筒自上而下为全封闭，其状态比其他同型号火箭发射工位要好。二级液体火箭发射时如果不出现一级发动机各分机推力极不平衡或由于发射风速过大(西北风、六级以上)造成火箭严重漂向塔架、一级发动机喷口火焰烧向塔架的情况，则对发射设施的烧蚀就不会很严重。但为了做到万无一失，防止由于一级发动机各分机由于偶然因素造成的较大推力偏差，还应采取相应的防范措施。

从火箭起飞漂移量测量数据分析，目前该塔架完成的 6 次火箭发射，最大漂移量均没有超过 1 m。目前，该塔架已完成了多次运载火箭的发射任务，状态良好。

参 考 文 献

[1]　周载学.发射技术.宇航出版社，1993.

The Analysis of Safety Effects with the Rocket Launching to Ground Facility

Wang Jiawu

China Jiuquan Satellite Launch Center

No. 1，P. O. Box 15, 27 Branch, Lanzhou, 732750，w0501@163.com

Abstract　The article discusses safety influences of launch facility with the liquid rocket launch in the basic of launch site construction. These influences include: reflective effect while launching, the ratio of weight and propellant, propellant deviation, the analysis and calculate of safety distance.

Key words　Launch vehicle; Ground facility; Safety; Analyze

利用箭遥数据计算卫星入轨点时刻初始姿态方法

王玉祥　张忠华　刘海兵

中国卫星海上测控部

江苏江阴 103 信箱 503 号，邮编：214431，lingli1121@163.com

摘　要　本文从利用火箭遥测数据确定卫星初始姿态的原理入手，对数据的选取和坐标系定义进行了描述，并对计算方法和步骤进行了详细讨论，同时对测量船多年来使用的几种卫星初始姿态方法进行比较和分析，希望对以后的软件设计和海上测控任务有一定帮助。

关键词　测量船；入轨点；初始姿态；方法；计算

1　引言

1.1　基本原理

对于卫星入轨时刻的初始姿态的确定方法，不同类型的卫星(自旋稳定型、三轴稳定型)选用不同数据源(星遥数据、箭遥数据、轨道根数)，其姿态确定方法是不同的。本文主要讨论利用星箭分离前火箭保姿态飞行段[1]的箭遥姿态角数据进行入轨初始姿态的确定方法。

对于自旋稳定型卫星，若不对卫星实施姿态控制，其飞行姿态在惯性坐标系下是基本不变的，因此，卫星入轨姿态也就决定了卫星调姿前的运行姿态。而卫星与火箭的分离过程是卫星旋转轴方向的分离，它不改变旋转轴的指向，因此，星箭分离前的火箭姿态可以代表卫星的姿态，也即可以用运载火箭在星箭分离前的保姿态飞行段的箭遥姿态角数据计算卫星的入轨姿态。

1.2　定姿数据源的获取

在箭遥数据的处理中，有两种火箭遥测数据可以用来确定卫星入轨时刻的初始姿态。一是分离时刻火箭的偏航角和俯仰角，或是用分离前几秒内的火箭的偏航角和俯仰角平均值来定初姿；二是用遥测定轨结果来定初姿。我们主要讨论第一种方法。

在入轨点初始姿态的计算中，对于有较大影响的实测值的量主要有偏航角和俯仰角，因此选择好这两个量是提高精度的关键。诚然，在理论上要用入轨点时刻的那一组，但考虑到误码和测量等因素，以及在分离前有一段时间是保姿态飞行，所以要选取分离前(包含分离点)保姿态飞行期间每秒一点的平均值为好。

调姿过程中不能用该公式计算入轨点姿态，但可用于调姿过程中的数据监视。

本方法不受偏航角大小的限制。在实际测量中如果所测量偏航角和俯仰角是全量，则在计算中可以直接使用实测值，如果为偏差值，则应加上理论弹道文件中给出的入轨时刻（即星箭分离时刻）理论偏航角和理论俯仰角。

1.3　数据传输说明

(1) 在火箭姿态时间中，有两种表示方法。一是当时北京绝对时，二是 GMT（格林尼治）时。两种时间不可混淆，应根据每次任务中的规定。

(2) 姿态参数每秒传送一帧，直到收到传向方的回答信号或已送满 20s 为止。

(3) 在姿态参数中要求计算转速，要求卫星在分离后起旋的情况，因分离前的转速为 0，所以 ω 填"0"；要求卫星在分离前起旋的情况，如对于发射外星中要求的先起旋后分离的参数，其角速度 $\dot{r}$ 的求法为：

$$\dot{r} = \frac{r_2 - r_1}{t_2 - t_1} \quad (°/s)$$

式中　r_2，r_1 为 t_2，t_1 时刻测得的滚动角。由于起旋时间一般较短(0.5~1s)，所以要求逐帧处理，在分离前较平稳的一般内选值即可，然后再由角速度求得转速。

2 坐标系的定义

2.1 坐标系定义

(1) 惯性平台坐标系与发射时刻(T_0)的发射坐标系重合；

(2) 发射坐标系：

原点 O 取在发射点，X 轴指向射向，Y 轴指向天文天顶，$OXYZ$ 构成右手系，它是和地球一起旋转的坐标系。

(3) 测站地平坐标系[2]：

原点 O 取在测站，X_T 轴指向大地南，Y_T 轴指向东，Z_T 轴指向天文天顶。

(4) 轨道计算坐标系：

原点取在地球的质心，X_G 轴指向 1950.0 平春分点（根据约定，可以指向 2000.0 平春分点），$X_G Y_G$ 平面取瞬时赤道面，Z_G 轴取瞬时北极，$OX_G Y_G Z_G$ 构成右手系。

2.2 惯性平台坐标系 $OX_P Y_P Z_P$ 到轨道坐标系的转换[3]

(1) 惯性平台坐标系 $OX_P Y_P Z_P$ 到测站坐标系

$OX_T Y_T Z_T$，需转动角 A_f（发射方位角）：从大地北(在地平面内)顺时针度量，忽略垂线编差，则 OY_P 与 Z_T 轴重合。

$$\begin{bmatrix} X_T \\ Y_T \\ Z_T \end{bmatrix} = \begin{bmatrix} -\cos A_f & 0 & \sin A_f \\ \sin A_f & 0 & \cos A_f \\ 0 & 1 & 0 \end{bmatrix} * \begin{bmatrix} X_p \\ Y_p \\ Z_p \end{bmatrix}$$

(2) 测站坐标系 $OX_T Y_T Z_T$ 到轨道坐标系

先绕 Y 轴转-($\pi/2 - B_f$)＝ $B_f - \pi/2$，再绕 Z 轴转-S_{T0} 后有：

$$B_{TG} = \begin{bmatrix} \cos(S_{T0})*\sin(B_f) & -\sin(S_{T0}) & \cos(S_{T0})\cos(B_f) \\ \sin(S_{T0})*\sin(B_f) & \cos(S_{T0}) & \sin(S_{T0})\cos(B_f) \\ -\cos(B_f) & 0 & \sin(B_f) \end{bmatrix}$$

B_f：发射点大地坐标，大地纬度；

S_{T0}：T_0 时刻的发射点地方恒星时；

③ 惯性平台坐标系 $OX_P Y_P Z_P$ 到轨道坐标系 $OX_G Y_G Z_G$，设其转换矩阵为 B：

$$B = B_{TG} \begin{bmatrix} -\cos A_f & 0 & \sin A_f \\ \sin A_f & 0 & \cos A_f \\ 0 & 1 & 0 \end{bmatrix} = \begin{bmatrix} B_{11} & B_{12} & B_{13} \\ B_{21} & B_{22} & B_{23} \\ B_{31} & B_{32} & B_{33} \end{bmatrix}$$

其中：

$B_{11} = -\sin S_{T0} \sin A_f - \cos S_{T0} \sin B_f \cos A_f$

$B_{12} = \cos S_{T0} \cos B_f$

$B_{13} = -\sin S_{T0} \cos A_f + \cos S_{T0} \sin B_f \sin A_f$

$B_{21} = \cos S_{T0} \sin A_f - \sin S_{T0} \sin B_f \cos A_f$

$B_{22} = \sin S_{T0} \cos B_f$

$B_{23} = \cos S_{T0} \cos A_f + \sin S_{T0} \sin B_f \sin A_f$

$B_{31} = \cos B_f \cos A_f$

$B_{32} = \sin B_f$

$B_{33} = -\sin B_f \sin A_f$

3 计算步骤及方法

3.1 输入量

入轨时刻俯仰角偏差 $\triangle\varPhi$	(测量值)
入轨时刻偏航角 $\varPsi$	(测量值)
发射时刻 T_0	(收中心或听直播)
发射方位角 A_f	(查理论弹道)
发射点大地坐标大地纬度 B_f	(发射阵地提供)
发射点大地坐标大地经度 λ	(发射阵地提供)
入轨时刻俯仰程序角 ϕ_{cx}	(查理论弹道)
入轨时刻 T_λ	(测量值)

3.2 输出量

入轨姿态

T_λ＝××××年××月××日

赤经 a＝×××.×度

赤纬 δ＝±××.×度

转速 ω＝××.×转/分

3.3 计算过程

(1) 入轨时刻实际俯仰角 ϕ

$$\phi = \phi_{cx} + \triangle\phi$$

入轨时刻实际偏航角：$\varPsi = \varPsi$

若测量值中得到的为偏航偏差角 $\triangle\varPsi$ 时，则

$$\varPsi = \triangle\varPsi + \varPsi_0$$

$\varPsi_0$ 为入轨时刻偏航程序角，查理论弹道有关数据得到。

(2) 惯性平台坐标系卫星的初始姿态 P_p

姿态矢量 P 投影到 X-Y 平台内为 OP'，OP' 与 OP 之间夹角为偏航角 $\varPsi$，逆时针为正，顺时针为负；OP' 与 X 轴之夹角为俯仰角，逆时针为正，顺时针为负(从 X 轴算起)。P 矢量可写成：

$$P_p = \begin{bmatrix} \cos\psi\cos\phi \\ \cos\psi\sin\phi \\ -\sin\psi \end{bmatrix}$$

(3) 计算 S_0

$$S_{T0} = S_0 \times 360° + \lambda$$

$\qquad\qquad$ (S_{T0} 取值范围 $0\sim360°$)

$S_0 = 0.2752497990$

$\qquad +0.00273\,781190854171908 \cdot x$

$\qquad -0.8659450 \times 10^{-18} \cdot x^2$

$\qquad -0.58748\,69638 \times 10^{-21} \cdot x^3 + t$

$\qquad +0.002737811909 \cdot t$

x——自世界时 1950.0 起算的日数(整数)（根据约定也可以自世界时 2000.0 起算）；

t——自世界时当天 0 时起算的日数(小数)；

(4) 计算转换矩阵 B；

(5) 计算在轨道坐标系下卫星的初始姿态 P：

$$P = BP_p$$

(6) 计算卫星的初始姿态 α、δ；

由 $P(P_x，P_y，P_z)$ 向量的投影得

$$\alpha = \begin{cases} \arctan(P_y/P_x) & P_x > 0 \\ \arctan(P_y/P_x) + \pi & P_x < 0 \end{cases}$$

$$\delta = \arcsin P_z$$

4 应用情况及方法分析

用于确定卫星入轨初始姿态的方法有多种，如用星箭分离后 60 秒卫星遥测信息确定姿态，其方法主要根据卫星上的姿态参数（太阳脉冲和南北红外脉冲）进行几何定姿[4]，它的不足之处是测量船在入轨时所测弧段短，数据质量不高（主要是南北红外脉冲不全），计算复杂，所需常数和要提供的系数多，而且由于结果知道的晚，对于及时监视、评估和控制决策不利。

还有一种专门用于三轴稳定卫星入轨初始姿态确定方法，星箭分离后必须进行太阳捕获，进而进入巡航姿态。为确保卫星入轨后进入太阳捕获工作模式，必须保证太阳处于安装在卫星－Z 面的太阳敏感器视场内；同时为了使卫星＋Z 轴指向测量船，保证星箭分离时船对卫星跟踪测量 60 秒的数据，所以卫星入轨时的－Z 轴必须和太阳有一个较小的夹角。其计算过程是利用入轨时刻箭遥参数三个欧拉角的变换[2]，求太阳在第二赤道坐标系内经纬度和太阳角，该方法使用面有局限性，数据源的选取和计算相对复杂且精度受到影响因素多。

利用卫星入轨时的轨道根数[5]（升交点赤径、近地点幅角、轨道倾角、真近点角）和俯仰角求出卫星自旋轴单位矢量及其在地心惯性系下的投影 $P(P_x，P_y，P_z)$，然后计算卫星的初始姿态 α、δ。该方法的优点是可以用遥测或外测的定轨结果进行计算，但我们在实际使用中认为其精度较差，且前提条件和已知条件严格。

在某些型号的任务中也有要求直接用实测角度表示的。综上所述，我们在实际任务中感到前面详细介绍的这一种方法既简便、成熟，其应用面也广，适合用于海上执行任务的需要。

参 考 文 献

[1] 杨嘉墀.航天器轨道动力学与控制.宇航出版社，1995.12.

[2] 江文达.航天测量船.国防工业出版社，2002.10.

[3] 刘利生.外弹道测量数据处理.国防工业出版社，2002.2.

[4] 陈芳允.卫星测量手册.科学出版社，1992.6.

[5] 黄学德.导弹测控系统.国防工业出版社，2000.5.

Method of Computing Satellite's Initialize-pose using Rocket's Telemetry Data at Entry-orbit Point's Time

Wang YuXiang, Zhang Zhonghua and Liu Haibing

China Satellite Maritime Tracking and Controlling Department

No. 503, P. O. Box 103, Jiangyin , 214431, lingli 1121@163.com

Abstract   The article bases the theory of confirming initialize-pose using rocket's telemetry data，describing data of choice and reference frame of definition,and discuss compute method and step. At one time, article compares and analyzes several kinds of satellite's initialize-pose methods on survey-ship. Author hopes that it will help software designing and martine tracking and controlling tasks for the future.

Key words   Survey-ship; Entry-orbit point; Initialize-pose; Method; Compute

一种光学波束形成天线及其可行性的研究

杨文丽　刘波　吴春邦　崔兆云

中国航天科技集团五院 504 所

西安市 165 信箱，邮编：710000，liwenyoung@163.com

摘　要　本文设计并实现了一种采用实时延技术的光学波束形成天线。文中首先进行了该天线的方案设计和理论分析，详细介绍了其所依据的实时延基本原理；然后给出了该光学波束形成天线的实验结果和数字调制信号通过该天线的光学波束形成网络的传输试验结果，并进行了详细的性能分析；最后进行了小结，指出了光学波束形成技术在军用/民用卫星通信中应用的广阔前景。

关键词　光学波束形成天线；实时延；波束形成网络；传输试验

1　概述

在各种军用/民用雷达、卫星、飞船、导弹、轮船、潜艇和无线通信系统中，天线都处于信息收发的最前端，是其中不可或缺的重要组成部分。现代大容量、多功能、超宽带综合信息系统的迅猛发展，迫切需求多种高性能的天线。其中卫星通信在历经近半世纪的发展后对天线的波束形成与控制，在轨重构，快速跳变，扫描及跟踪等性能也提出了越来越高的要求。如需要达到以下功能要求的高性能天线：重量和体积都大幅度减小；波束形成的带宽可从几百 MHz 到 1GHz 甚至更宽；宽带多波束；防电磁干扰（EMI）、调零、自适应、赋形等。

光学波束形成技术是提高卫星，雷达等系统中天线性能的强有力的技术。国外已经有许多专家及技术研究人员在进行这方面的研究工作，自 Wille Ng 等人首次成功利用光纤时延线设计实验了一个光控微波相控阵天线并对其进行分析以来[1]，美国卫星通信实验室（SATCOM）、E-Tex 动力公司、麻省理工学院、Lockheed Martin 公司、日本 CRL 实验室、西班牙 FRG/ITACA 实验室等单位十几年来一直致力于这方面的研究并取得了很大的研究成果[2-3]。近年来，光纤通信、光电子技术的发展也极大地推动了其在微波领域的应用，从而使得采用光学波束形成技术的天线在雷达、军用通信以及卫星系统等领域愈来愈引起了人们的广泛重视。

本文采用实时延光纤延迟线技术，研制了一种新型的天线—光学波束形成天线。文中给出了相应的研究和实验结果，同时，还介绍了数字调制信号通过该天线的光学波束形成网络的传输试验，从而来验证光学波束形成技术用于实际通信系统的可行性。

2　方案设计及基本原理

2.1　采用光学实时延技术的方案设计

如图 1 所示，天线单元接收到的射频信号经过低噪声放大器放大后对光源进行直接强度调制，得到调制的光波信号；再经由不同长度的光纤延迟线耦合成一路信号；然后到达光探测器检波，将光信号转换成

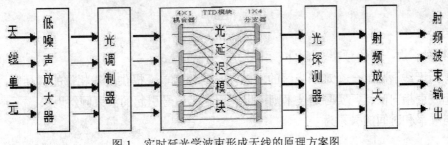

图 1　实时延光学波束形成天线的原理方案图

射频信号；微弱的射频信号被射频放大器放大，以低阻抗形式输出，供后面的信号处理电路使用，即最后输出具有较大幅度的射频信号。空间相对相位差与阵内相位差的平衡由不同的光路时延来实现（如图中光延迟模块内所示）。

设调制系数适当，激光源工作在线性区，检波器未饱和，对整个方案中的信号变化流程的分析如下：

若天线阵面接收到的射频信号为

$$E_{kr} = I_k \cos(\omega_r t + \varphi_r + k\Delta\phi) \tag{1}$$

激光源输出的信号为

$$E_{kl} = A_c \cos(\omega_c t + \varphi_c) \tag{2}$$

经过低噪声放大器放大后对光源进行强度调制，得到的调制信号为

$$E_{km} = \frac{A_c^2}{2}[1 + k\cos(\omega_r t + \varphi_r + k\Delta\phi)] \cdot \cos^2(\omega_c t + \varphi_c) \tag{3}$$

分别经不同相对路径延迟线产生相对相位差，通过光耦合器，有

$$E'_{km} = \frac{A_c^2}{2}[1 + k\cos(\omega_r(t + t_1 + k'\Delta\tau) + \varphi_r + k\Delta\phi)] \cdot \cos^2(\omega_c(t + t_1 + k'\Delta\tau) + \varphi_c) \tag{4}$$

经包络探测器（PD）检波后输出

$$E_m = I_k[1 + k\cos(\omega_r(t + t_1 + k'\Delta\tau) + \varphi_r + k\Delta\phi)] \tag{5}$$

PD 内置隔直电容，只输出第二项，当 $k\Delta\phi + \omega_r \cdot k'\Delta\tau = 2k\pi$ 时，阵列之间的空间相位差与延迟线产生的阵内相位差平衡。

2.2 基本原理

上述方案设计是基于实时延技术的基本原理，而实时延技术是在阵列天线波束形成原理基础上演绎而来的，它既可以由同轴线或波导来实现，也可以采用光纤、光波导或基片波导等来实现。对它的推导过程简述如下：

为简单起见，考虑一维阵列天线[4]，不同的辐射单元用不同的相移，对指向为 θ 的波束，其远场方向图为：

$$E(\theta, \varphi) = f(\theta, \varphi)\sum_{i=0}^{4} a_i e^{ji\left(\frac{2\pi}{\lambda}d\sin\theta - \Delta\varphi_B\right)} \tag{6}$$

其中，$f(\theta, \varphi)$ 为单元方向图。其波束指向为：

$$\theta_B = \arcsin\left(\frac{\lambda}{2\pi d}\Delta\varphi_B\right) \tag{7}$$

单元间的相差公式为：

$$\Delta\varphi_B = \frac{2\pi d}{\lambda}\sin\theta \tag{8}$$

当工作频率为一固定频率时，固定的相移 $\Delta\varphi$ 可以使每个单元都满足条件，但当使用宽带信号时，若仍保持 $\Delta\varphi$ 为常数，由上式可得：

$$\Delta\theta = -\frac{\Delta\omega_m}{\omega_m} \cdot \tan\theta \tag{9}$$

ω_m 为微波频率，由一定的频带宽度 $\Delta\omega_m$ 引起了波束偏斜 $\Delta\theta$。

因此传统阵列天线面临的一个难以克服的问题是：给辐射单元提供所需相位的移相器，当微波信号为宽带时，会引起波束指向倾斜，实时延技术则可以克服宽带信号引起的波束倾斜现象。

因为相差与频率和时间的关系为

$$\Delta\phi = \omega \cdot \Delta t \tag{10}$$

所以有

$$\omega \cdot \Delta t = \frac{2\pi d}{\lambda} \cdot \sin\theta$$

则得到实时延公式

$$\Delta t = \frac{d\sin\theta}{c} \tag{11}$$

由此可见，若采用实时延技术，因为 $c = f \cdot \lambda$，当工作波长 λ 改变，c 并不产生变化，如果 Δt 不变，$\sin\theta$ 就为一个常数，即是不会发生波束角 θ 倾斜的现象。因此为了实现消除宽带波束倾斜现象，可以采用实时延技术[5]。

实时延技术即是把微波信号馈送到各个辐射单元时，由延时网络控制信号传输到各阵元的时间，由于波束的指向跟频率无关，因此不需要根据频率的变化而改变延迟线的长度。传统的方法是采用同轴电缆或波导作为微波延迟线，当构成大型、复杂的波束形成网络时，它们的重量和体积都比较大，尤其是在飞机、舰船、卫星等许多对体积、重量要求严格的环境中不实用；再从降低综合信息系统的整体成本、减轻重量、实现良好的电磁兼容特性等方面来看难以满足要求。这样使得实延迟线并没有因为其巨大的带宽潜力而得到普遍应用。

光电子技术的发展为光电技术应用到超宽带、大容量、多功能的高性能阵列天线中提供了新的思路，同时又以其体积小、重量轻而更加引人注目[6]。本文的方案即采用光学实时延技术来实现波束形成。

3 样机实验结果及波束形成网络传输试验性能分析

3.1 样机实验结果

原理样机实现了光学波束形成，图2、图3示出了其中的2个实验结果。将各个波束指向总结为表1，得到：

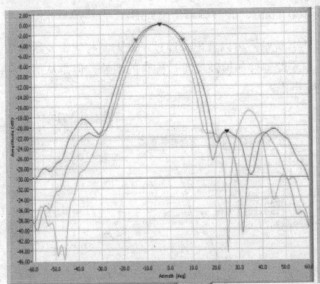

图 2　实测原理样机波束 1 方向图

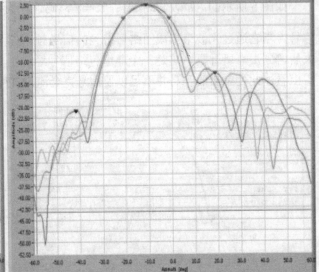

图 3　实测原理样机波束 2 方向图

从表中可以看出：1.3GHz 处各波束指向与其余各波束相比少许偏差。这是因为在设计原理样机时，假设各路信号电道上的绝对路径相同，包括天线单元之间、连接电缆之间、低噪声放大器之间的相位一致性很好；各路之间路径几乎相等；其相对时延是纯粹的光路上的时延，而实际制作中电道上的路径并不完全相同，从光波束形成网络的射频输入口到低噪声放

表 1　实测波束指向

频率	波束 1	波束 2	波束 3	波束 4
1.3GHz	-4°	-11.5°	4.5°	13°
1.5GHz	-4°	-12°	4°	12.5°
1.7GHz	-4°	-12°	4°	12.5°

大器的 4 路射频电缆并不等长，引入了一定电路上的相对时延。同时天线单元之间的互耦影响（实测互耦值在频率较低的频段内要相对大一些）。此外，由于各个频点之间的阻抗不一致性使得其真正的输入相位也不一样，导致空间相位差与阵内相位差并不平衡，从而影响了波束特性。所以实测波束指向产生了少许误差。可以采取一定的改进方法使其更准确，如改进天线阵面设计，尽量减小互耦影响等。从实测结果中可以看出采用光学波束形成技术形成的波束，指向精度高；不存在波束随频率倾斜现象；同时，样机实现了 L 波段 400MHz 带宽波束，说明波束形成网络采用光学波束形成技术，带宽很宽，对于现今采用的射频波束形成网络和数字波束形成网络存在的带宽限制问题有着极大的诱惑力。

前面的初步研究结果表明了光学波束形成技术的可实现性。一般的波束形成网络是在射频上实现或由数字波束形成网络来构成，通常认为光波频率过高，在光学上依靠光器件来实现比较困难，通过此光学波束形成原理样机的实验证明，通过光可以实现射频波束形成。

3.2 波束形成网络传输试验及性能分析

由于该天线用到了光调制与解调技术，它是否会引起微波信号失真及在何种情况下可以使失真现象降到最低限度甚至避免失真是一个很关键的问题，直接影响到在实际通信系统中是否可行。因为若微波信号失真，将直接导致调制在微波上的基带信号失真而使图像、语音、数据信号等无法解调出来。反之，若已调的微波信号没有因为经过了与光波的转换而发生非线性变化，则基带信号可以被解调出来。

因为本文所设计的光学波束形成天线是由天线阵面与光学波束形成网络两个模块所构成，针对上面问题，本文进行了两种具有代表性的数字调制信号（GMSK，$\pi/4DQPSK$）通过光学波束形成网络的传输试验，取得了预期效果，如图 3 所示：

如图 4 所示的 GMSK 信号：BT=0.5，码速率为 100 kbit/s，载波频率为 1.5GHz，它是一个恒包络信号。当此恒包络信号通过光波束形成网络即经过了一个光调制与解调过程后，再从频谱分析仪上得到的信号频谱如图 5 所示。从频谱分析上看，信号频谱几乎无变化；因为网络内置增益放大器，所以整个网络有约 27dB 的增益。

如图 6 所示的 $\frac{\pi}{4}DQPSK$ 信号：$\alpha=1$，码速率为 100 kbit/s，载波频率为 1.5GHz，它是一个非恒包络信号。当它通过光波束形成网络后得到的信号频谱如图 7 所示。可以看出，经过了光调制与解调及增益放大后，副瓣有所升高，这是一个非恒包络信号经过了非线性器件如检波器等后固有的现象，但是从信号频谱上看，此处副瓣的升高并不足以使信号完全淹没在噪声中。

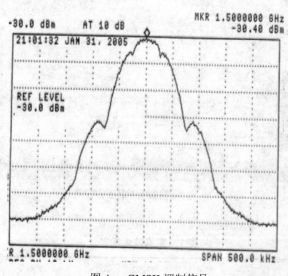

图 4　GMSK 调制信号

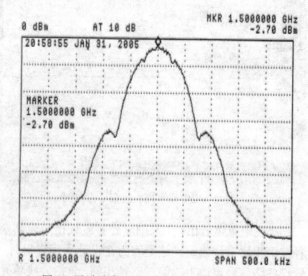

图 5　通过波束形成网络的 GMSK 调制信号

基带调制信号分为恒包络信号和非恒包络信号，上面的两种信号具有代表性。对它们经过了光调制与解调后的频谱分析可以看出：当激光源工作在线性区，PD 检波器的输入功率适当（即不饱和），则被基带信号调制的微波信号经过了光调制与解调过程后，从频谱分析上看，没有对基带信号造成影响。

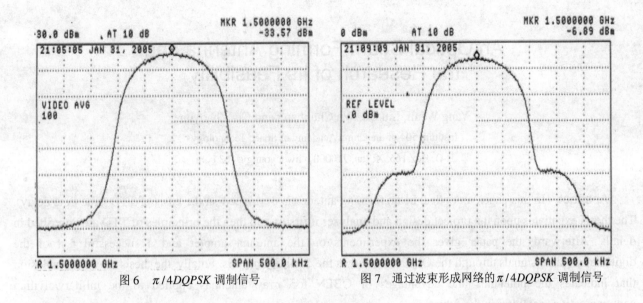

图 6　$\pi/4DQPSK$ 调制信号　　　　　图 7　通过波束形成网络的 $\pi/4DQPSK$ 调制信号

5　结论

文中所用到的光器件有：激光器，探测器，光纤，光耦合器等，这些器件都已商品化。随着光电子技术和微电子技术不断取得突破，光电器件和光电子集成（OEIC）及光子集成（PIC）器件的性能水平还在不断提高，另外对光交换技术及光互连网络所进行的深入研究，也取得了大量成果，所有这些技术的不断成熟极大地推动了光电子技术在微波领域的应用。

光电子技术在阵列天线中的应用为实现天线系统性能的大幅度提高提供了独特的技术途径，同时可以更好的解决复杂天线系统庞大的体积与重量问题。所以说在卫星天线及相关领域应用光电结合技术是一项新发展起来的有着强大生命力的技术，它集中了微波、毫米波及光学的多种优点，也将使各种军用/民用雷达、卫星、空间飞行器、跟踪与数据中继卫星、飞船、导弹、轮船、潜艇和无线通信系统的技术水平得到飞跃性提高。

本文实现了采用实时延技术的 L 波段 400MHz 带宽内波束指向无倾斜的光学波束形成天线。实际测试结果表明了光学波束形成技术的可实现性及宽带特性。同时，通过两种具有代表性的基带数字调制信号的传输试验，表明了光学波束形成技术在实际通信系统中的可行性。鉴于国内尚未有相关研究的报道，因此，本文是对光学应用于微波天线波束形成进行探索的总结。

参 考 文 献

[1] Wille Ng,Andrew A.Walston,etc.The first demonstration of an optically steered microwave phased array antenna using true-time-delay.SPIE Vol.1958/123-130.

[2] Rajender Razdan, D.K.Paul, B.J,Markey.Communications performance of a multi-beam multi-carrier photonic beam-forming and beam-steering feed network for satcom phased array antenna. AIAA-96-1160-CP.

[3] Fumio Kira , Toshikazu Hori.Beam Forming Network Design for Cluster Feeding of Scanning Antenna.IEEE 2000 pp133-135.

[4] 汪茂光，吕善伟，刘瑞祥.阵列天线分析综合.电子科技大学出版社，1988 年.

[5] 张光义.相控阵雷达系统. 国防工业出版社，1994 年.

[6] Zhenhai Fu.SUBSTRATE-GUIDED WAVE TRUE-TIME DELAY NETWORK FOR PHASED ARRAY ANTENNA STEERING.University of Texas at Austin，2000.

[7] 黄章勇.光纤通信用光电子和组件.北京邮电大学出版社，2001 年.

[8] J.H.Franz, V.K.Jain 著.徐宏杰等译.光通信器件与系统.电子工业出版社，2002 年.

An Optical Beam Forming Antenna and the Research of Its Feasibility

Yang Wenli, Liu Bo, Wu Chunbang and Cui Zhaoyun

Institute 504 of the China Academy of Space Technology

P. O. Box 165, Xi' an, 710000， liwenyoung@163.com

Abstract　In this paper, an optical beam forming antenna is developed on the basis of TTD (true time delay). The thesis expatiates upon the project design and analyzes it firstly, and then the principles of TTD are described in details. Afterward, the paper gives the experiments on the antenna-sampler and a successful test of the digital-modulated signals through the OBFN, as well as the detailed analysis. Finally, the thesis draws a conclusion that indicates the potentials and advantages of OBFN for array antennas applied to the military/civilian communications satellites in the future.

Key words　Optical beam forming antenna; True time delay; Beam forming network; Transfer experiment

空间-光谱调制成像光谱技术

殷浩 罗绵卫

航天科工集团 8358 研究所

天津市 225 信箱，邮编：300192，hyinhtm@hotmail.com

摘　要　空间-光谱调制成像光谱技术是在成像系统中加入空间-光谱调制器（Special Spectral Encoder），对一维空间信息进行空间-光谱调制，这样在像平面上可获得波长随一维视场变化的图像，通过推扫就可以获得完整的两维空间信息和一维光谱信息，经解码后就可以得到完整的多光谱图像。本文还介绍了声光可调滤光器（AOTF）和一维列阵滤光片等两种空间-光谱调制器，对其工作原理和特点进行了分析。

关键词　成像光谱；空间-光谱调制；声光可调滤光器；滤光片列阵

1　引言

成像光谱技术能够获得被测目标的二维空间信息和一维光谱信息，信息量丰富，因此在航空航天遥感、军事侦察、环境检测、资源勘探等领域具有重要的应用价值。目前，用于遥感的成像光谱仪获取信息的方式一般为两种：同时获取单一波长的两维空间信息，通过波长的扫描或切换来获取完整的光谱信息；同时获取一维空间信息和一维光谱信息，通过推扫来获取另一维空间信息。前者通常会采用滤光片轮或声光可调滤光器（AOTF），后者会采用色散型的分光器件或干涉光谱仪。20 世纪 90 年代，人们在应用声光可调滤光器或干涉光谱仪时，发现它们在某些条件下还具有空间-光谱（或光程差）调制的现象[1~2]，能将光谱信息调制到一维空间信息上，所构成的成像光谱系统能获取波长（或光程差）随一维视场变化的图像，由于不需要入射狭缝，它具有高通量和高信噪比的特点，加上小体积和稳定的优点，其在遥感上的应用已受到重视。

本文阐述空间-光谱调制成像光谱技术的基本概念，在采用声光可调滤光器构成的成像光谱技术的基础上，提出了无射频扫描的推扫式工作方式，特别适合于遥感应用。另外还提出了以滤光片列阵构成的新型空间-光谱调制器，它可以构成最小巧的推扫式成像光谱仪。

2　空间-光谱调制成像光谱技术的原理

空间-光谱调制成像光谱仪是在普通成像系统中加入空间-光谱调制器，对入射的光信号进行空间-光谱调制，将波长信息调制到一维空间信息上，从而在像平面上可以获得波长随一维视场而变的图像信号。根据调制参数，可以分为按入射角度调制和按一维视场调制两种形式。

图 1 为按入射角度进行空间-光谱调制成像光谱原理示意图。目标位于透镜 L_1 的前焦面上，其上任一点所发出的光线经 L_1 后变成平行光入射到空间-光谱调制器 SSE 上，经调制后的光信息再由透镜 L_2 会聚在焦平面上。该空间-光谱调制器是按一维方向的入射角度进行调制的，因此在像面上就能获得波长随一维视场变化的图像。对无穷远物体成像，系统还要增加前置物镜才能实现。

图 2 为按一维视场进行空间-光谱调制成像光谱原理示意图。透镜 L 将目标成像于像平面上，在像平面前放上按一维视场调制的空间-光谱调制器，将接收的图像直接在像平面处调制，这样也能获得波长调制在一维空间信息上的图像。

为便于理解，我们将多光谱信息以如图 3 所示的三维坐标形式来表示，其中 X，Y 为两维空间信息，λ 为一维光谱信息。常规的成像光谱所获得的光谱图像不是纵切面（瞬态图像包含一维空间信息和一维光谱信息）就是横切面（瞬态图像包含某一波长下的二维空间信息），而空间-光谱调制成像光谱系统所获得的瞬态图像则是斜切面（包含一维空间信息和另一维波长随视场而变的空间信息）。

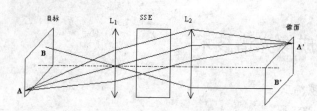

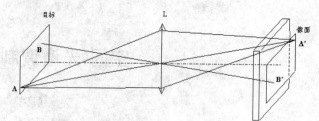

图 1　按入射角度进行空间-光谱调制成像光谱　　　　图 2　按一维视场进行空间-光谱调制成像光谱
的原理示意图　　　　　　　　　　　　　　　　　的原理示意图

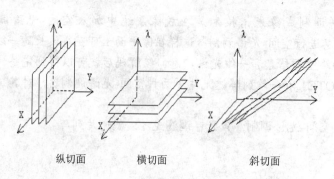

纵切面　　　　　　横切面　　　　　　　斜切面

图 3　光谱图像三维信息示意图

空间-光谱调制成像光谱仪的原理决定了其所特有的特点：

（1）它不需要为限制一维空间信息而设置的入射狭缝或者为光谱分光系统设置的狭缝，其能量得以提高；

（2）在空间-光谱调制器所限制的光谱分辨率内，系统光谱分辨率与空间分辨率直接相关，空间分辨率越高光谱分辨率越高；

（3）作为关键器件的空间-光谱调制器是静态工作的，不需要作机械扫描或电扫描，光谱图像的获得完全依靠成像系统的推扫来完成。因此，成像系统结构小巧、稳定。

空间-光谱调制成像光谱仪要获得一幅图像的完整光谱信息，必须要进行推扫，即成像系统要与目标沿垂直光轴的调制方向发生位移，采集多幅图像后才能重建，即完整的信息是在不同时间下获得的，这就要求：

（1）在成像过程中，要尽量保持成像系统的放大倍率不变，且移动方向与调制的方向一致。因此，空间-光谱调制成像光谱仪用于遥感时，要具有倍率校正和姿态修正的功能；

（2）预先要对调制信号进行标定，建立编码库，测量到的信息经过解码后才能获得完整的光谱图像。相对于常规成像光谱技术来说，增加一个建立编码库及解码的过程，但是解码算法比较简单；

（3）与其他推扫式成像系统一样，一个分时采样的成像过程容易受云彩等因素的影响。本文中所提的空间-光谱调制成像光谱系统是在时区域采样，信息之间的关联较小，只会造成部分信息的丢失。

目前，能实现按入射角度进行空间-光谱调制的器件有声光可调滤光器，而实现按视场进行空间-光谱调制的器件有一维滤光片列阵（或线性滤光片）。下面将分别介绍其工作原理。

3　声光可调滤光器（AOTF）

声光可调滤光器(AOTF)是根据声光衍射原理制成的，其衍射光（出射光）的波长可以由驱动声波的频率控制，因此是一种新型分光器件。AOTF 与其他分光器件相比，具有以下优点：(1)体积小，质量轻，均为固体构件，无运动部件；(2)入射角孔径大；(3)衍射效率高；(4)调谐范围宽；(5)光谱分辨率最高可达 0.2nm — 0.6nm；(6)光谱扫描速度快(可达微秒级)。

图 4 是非共线 TeO2 晶体声光可调滤光器的工作原理示意图。射频信号通过换能器转换成超声波后耦合到非共线 TeO2 晶体中，对其折射率产生周期性的调制，形成类似的位相光栅，从而起到衍射分光的作用。

声光可调滤光器的滤光函数 $T(k_i)$ 可简单表示为：

$$T(k_i) = function (\lambda - \lambda_c (k_i, f_a))$$

其中：k_i 是给定的入射角；

$\lambda_c (k_i, f_a)$ 是 AOTF 光谱通带的中心波长，λ_c 取决于入射角 k_i 和射频频率 f_a。它表示空间某一位置处的光波长与入射角 k_i 和射频频率 f_a 都有关系。

目前，在利用声光可调滤光器进行多光谱或超光谱图像探测的应用中，大都有两个共同之处，一是将 AOTF 置于焦平面上。由于光谱分辨率还与入射角度有关，在焦平面上，到达同一点的光线方向是不同的（在系统孔径角的范围内），因此系统的光谱分辨率与孔径角成反比。即孔径角越大，光谱分辨率越低。为保证一定的分辨率，要采用比较小的孔径角；二是通过射频扫描来实现光谱扫描，对工作波长范围宽的情况，制作输出功率接近的宽范围扫频射频源非常困难。

为利用 AOTF 的空间-光谱调制的特性，我们采用如图 1 所示的系统结构[3]，当射频频率为某一固定值时，对由白光均匀照明的均匀漫射体目标，在焦面上可以获得图 5 所示的图像。同一波长区域的弯曲是由非住截面入射所造成的。预先对该系统进行标定，建立编码库，然后才能对获得的空间信息和光谱信息进行解码，恢复成常用的多光谱图像格式。实验的结果在文献[3]中已有描述。

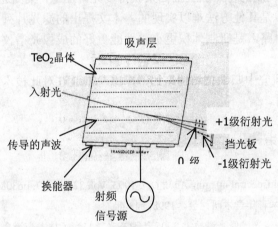

图 4 非共线声光可调滤光器工作原理示意图

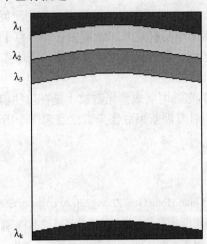

图 5 固定射频频率时，均匀目标经空间-光谱调制成像系统后所获得的图像示意图

该系统中，目标上的一点对应着固定的入射角，当射频源频率固定时，该点成像后的波长只与其空间位置有关，这样排除了孔径角对光谱分辨率的影响，因此可以充分发挥 AOTF 的优势，用于高光谱分辨率和大孔径角的系统中。而且，由于射频信号的频率是固定的，信号源易于制造，且工作稳定。

4 滤光片列阵（或线性滤光片）

将中心波长不同的条状窄带干涉滤光片按顺序排列，就构成最简单的空间-光谱调制器。与 AOTF 不同的是，它是按一维视场进行调制的，应按图 2 所示的结构使用，并且滤光片与探测器的距离越小越好。

就目前的镀膜能力来说，镀制光谱宽度为 5 nm、透过率大于 80%、分离的窄带滤光片不是困难的事，因此由滤光片列阵构成的空间-光谱调制型成像光谱仪器的效率将是最高，结构最小巧和稳定。

图 6 表示了两种滤光片列阵的应用方式。图 6(a) 是采用分离的滤光片与线阵探测器组合，滤光片的宽度 3 mm，6~8 条线阵探测器组件就能进行多光谱图像的探

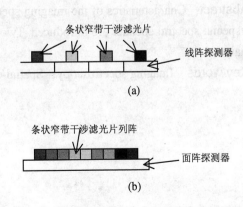

图 6 (a) 线阵探测器组与分离的滤光片组的组合
(b) 面阵探测器与滤光片列阵的组合

测。分离滤光片制备比较容易，但是其使用的数量受结构和空间尺寸的限制，因此只能获取通道数有限的多光谱图像。在要求不高的场合，采用这样的方案是比较经济实用的选择。图 6(b)是滤光片列阵与面阵探测器的组合应用，其中滤光片列阵可以有两种形式，一种是宽度为 0.5 mm 的滤光片列阵，滤光片的数量在20~40 之间，通过掩模镀膜方法制备。另一种是中心波长随一维方向渐变的线性滤光片，在透射光谱宽度为中心波长的 1%时，波长偏移量为 30 nm/mm。由于滤光片列阵中不同波长的滤光片之间有明显的边界，除了回造成与之对应的信号回丢失外，还会使边缘区域发生光谱交叠，且这种现象会随它与探测器的距离增大而增大。滤光片列阵的制造也有一定难度，虽然我们已具有在中心距 0.125 mm 的双光纤端面镀上两种不同特性光学薄膜的能力，但是要在一块基板上制造几十块滤光片，其成品率将会很低。线性滤光片的性能明显优于滤光片列阵，其光谱分辨率可达 5 nm（在 500 nm 处），通道数目在探测器满足要求的条件下可以达到 200 个，属于超光谱的范围。制备线性滤光片的技术要求非常高，目前，我们已具备研制这种滤光片的能力。

4 结束语

空间-光谱调制成像光谱技术是利用空间-光谱调制的特点加上推扫来获得多光谱图像，集高通量、体积小、结构简单与稳定及纠错能力强等特点于一身，是其他方法难以实现的。本文提出的滤光片列阵尤其是线性滤光片，是多光谱成像甚至超光谱成像的新思路，是研制体积更小、性能更好的成像光谱仪的一个比较实用可行的方案。

空间-光谱调制成像光谱技术是在以往前人的研究中归纳总结出来的一个概念，通过对此技术的实质进行分析，对发展新型成像光谱仪器起一个指导作用。

参 考 文 献

[1] Guan-Hong Gao, Zhong Lin. Acousto-optic supermultispectral imaging. *Appl. Opt.* 1993, Vol. 32, No. 17, pp3081-3086.

[2] 相里斌.高稳定度干涉成像光谱技术.98 航天高技术青年学术研讨会，1998，43-44.

[3] 殷浩，季一勤，孟军和，高贯虹，林中.空间调制声光成像光谱技术.2005 年瞬态光学与光子技术交流会会议文集.

Spatial-spectral Encoding Imaging Spectroscopy

Yin Hao and Luo Mianwei

P.O.Box 225, Tianjin, 300192

hyinhtm@hotmail.com

Abstract Characteristics of the imaging spectrometer with special spectral encoder are described. Principle of the special spectral encoder are introduced. Two special spectral encoders, AOTF and filter array, are presented and analyzed.

Key words Imaging spectroscopy；Spatial-spectral encoding；Acousto-optic tunable filter；Filter array

第三篇　空间科学

航天发射场信息综合故障诊断系统研究

安金霞 龚琰 秦志刚

中国酒泉卫星发射中心

甘肃省兰州市 27 支局 15 信箱 14 号，邮编：732750

摘 要 基于信息融合的基本概念及相关技术，提出了将信息融合技术用于设计和实现航天发射场信息综合故障诊断系统。在现有载人航天发射场测发指挥监控系统的基础上，从信息融合的层次、内容及其关系等方面讨论了航天发射场信息综合故障诊断系统的设计思想和基本结构模型。

关键词 信息融合；故障诊断；故障模式；智能决策

1 引言

从国外发展载人航天、空间站的经验看，故障诊断一直是载人航天器发展的重要研究领域，经历了 20 世纪 60 年代简单的状态监测（水星号），20 世纪 70 年代初的基于算法的故障监测（阿波罗计划）和 80 年代基于知识的智能诊断（航天飞机），智能诊断进一步发展到目前的基于模型的自主诊断（空间站）。另一方面，信息融合技术自 20 世纪 70 年代提出以来，不断发展完善，越来越成为国内外多源信息处理领域的有力工具，该技术的最大优势在于它能智能化综合处理多源数据，充分综合有用信息，提高在多变环境中正确决策的能力。

随着我国载人航天工程的逐步深入，参试系统越来越复杂，为了增强发射场指挥监控能力，提高任务发射的安全可靠性，航天发射场指挥监控系统已逐步汇集了几乎所有测发、测控信息，但信息综合处理能力却相对滞后，收集的信息多用来直接显示，进行简单的参数值显示，造成了一种数据富有、但数据挖掘能力弱、有用信息贫乏的情况。换言之，还不能很好地利用大量采集的数据生成完整、准确、及时和有效的综合信息，以便给指挥员、专家提供及时、可靠、高效的辅助决策信息。这已逐渐成为制约发射场整体技术水平发展的一个瓶颈。

因此，我们提出运用信息融合技术，充分利用发射场多种信息源的历史与实时任务数据及故障模式，建立发射场信息综合故障诊断系统，对载人航天各参试系统元器件、部件、组件、测量设备及分系统、系统级故障模式进行有效的故障诊断，以实时或准实时获得关于系统工作状态的诊断结果，有效提高发射场综合指挥能力，提高载人航天发射任务的可靠性和航天员安全。

2 载人航天发射场测发指挥监控系统现状

载人航天发射场测发指挥监控系统（以下简称航天发射场 C^3I 系统）是载人航天发射场实现远距离测试发控的指挥保障系统，主要参加发射场航天员、船、箭的测试、联试、综合测试、转运、加注和发射等任务。在发射任务中指挥、管理、监测、监视着航天员分系统、飞船分系统、火箭分系统、发射场地勤分系统及有关岗位、设施、设备的操作和工作状态；分别采集上述各系统及东风指挥中心、气象等各类信息，进行存贮、处理、分析、显示，向各个系统转发有关信息，信息流程图如图 1 所示。

目前，该 C^3I 系统获取的大量测试信息主要用于直接发送至显示大屏和火箭、飞船、航天员专家及测发指挥员终端实时显示，由于信息量大、种类多，信息综合处理结果少，造成显示画面多，画面信息庞杂、可用性较差等问题，决策人员很难从大量信息中迅速、可靠地了解产品的工作状态，尤其是故障分析信息及相关辅助决策信息。

对指挥决策者而言，如果指挥系统只是进行简单的参数值显示，没有充分利用测试信息对设备及系统进行故障诊断和分析，并提供相关指挥辅助决策信息，那么，一旦某产品或系统在任务临射前出现故障，很难迅速判明故障原因和故障严重程度，也就很难及时、准确地决策发射进度。因此，建立发射场信息综合故障诊断系统是非常必要的。

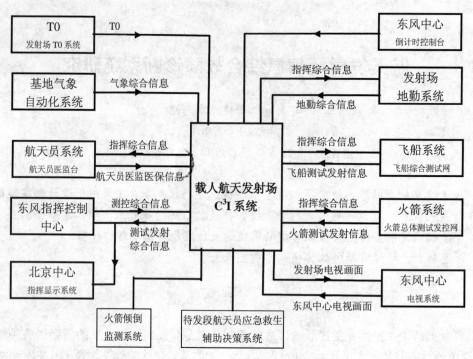

图 1　航天发射场 C^3I 系统信息流程图

3　信息融合技术

3.1　信息融合技术的形成与发展

信息融合技术是协同利用多源信息，以获得对同一事物或目标的更客观、更本质认识的信息综合处理技术。融合是指采集并集成多源信息，生成完整、准确、及时和有效的综合信息。它比直接从各信息源得到的信息更简洁、更少冗余、更有用途。

融合的概念始于 20 世纪 70 年代初期，当时称为多传感器或多源相关、多源合成、多传感器混合和数据融合。80 年代以来，信息融合技术得到迅速发展，现在多称之为数据融合或信息融合。根据信息和数据的含义，用信息融合比较合适，因为更有概括性。C^3I 系统是最早应用信息融合技术的系统。从目前的发展来看，无论是军用系统、还是民用系统，都趋向于采用信息融合来进行信息综合处理。这是因为信息融合具有如下优点：

(1) 可扩展系统的空间覆盖范围；

(2) 可扩展系统的时间覆盖范围；

(3) 可增加系统的信息利用率和信息处理的效率；

(4) 可提高合成信息的可信度和精度；

(5) 可改进对目标的检测/识别；

(6) 可降低系统投资，提高系统工作效率。

3.2　信息融合的关键技术

信息融合的基本功能是相关、估计和识别。它涉及多方面理论和技术，如信号处理、估计理论、不确定性理论、模式识别、最优化技术、神经网络和人工智能等。下面就我们关心的几种技术的特点做简单介绍。

3.2.1　估计技术

包括最大似然估值、卡尔曼滤波、加权最小二乘法和贝叶斯估计法。目前这一技术在经济预测领域得到广泛应用，通过将历史数据拟合为线性或非线性方程，进而用来推算未来的经济发展状况。进行估计的计算机程序能依据几千次观测，估计出由几百个变量构成的一个状态矢量。

3.2.2 模糊集理论

应用广义的集合论来确定指定集合所具有的隶属关系。模糊集理论对模糊集及其元素提供了一个集合变换代数算法(如并集、逻辑或等)。模糊集理论已开始用于含有不精确事件判断的分析中。

3.2.3 神经网络

神经网络，或称人工神经网络是由大量简单处理单元（或称神经元）相互连接而成的复杂网络系统。它具有大规模并行、分布式存储和处理、自组织、自适应和自学习能力，特别适用于处理需要同时考虑许多因素和条件的、不精确和模糊的信息处理问题。最初应用于模式识别。比较成熟的算法有：BP 算法（即，反向传播学习算法）和模拟退火算法等。

3.2.4 专家系统

专家系统是一种智能的计算机程序，其基本结构图 2 所示。知识工程师与领域专家直接交互，收集与整理领域专家的知识，将其转化为系统的内部表示形式并存放到知识库中；推理机根据用户的问题求解要求和所提供的初始数据，运用知识库中的知识对问题进行求解，并将产生的结果输出给用户。

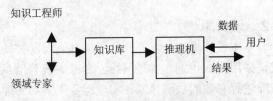

图 2　专家系统的基本结构

3.2.5 模板法

采用一般的数据记录完成复杂关联所需的模式识别，如事件检测和重要目标识别。通过测试数据与先验模板匹配处理，来确定测试数据是否支持由模板所表征的假设。一个模板可包含参数表、布尔条件、权系数、门限，以及用于描述一个事件、活动或假设条件的其他要素。可以这样认为，模板是知识库的框架概念的初期实现。

3.2.6 多媒体技术

多媒体技术是信息融合中的一项重要技术，它使不同形式的信息有机结合在统一的界面中。例如，对某些信息检索要求，既存在一些数据形式的信息，也存在一些图像形式的信息，多媒体技术能使二者很好地结合在单个界面中，使其信息量相互补充。

3.2.7 人机结合技术

在信息融合的过程中，存在许多需要判定的情况，如信息的最终取舍、信息集合的划分和确定。这些问题仅凭软件和上述各类信息处理技术是难以解决的，必须充分利用人的判断能力，将人的知识融合在信息融合系统中。

3.2.8 分布式数据库技术

要充分采集能反映所研究对象特征的各种数据，就必须有相应的、从信息源上提取数据的技术。根据用户的数据应用要求，采用分布式数据库管理系统(DBMS)，把数据库内容表示成网络型数据单元。在 DBMS 中，对象的查询和组合可分成四种点到点的连接类型，包括单源对单目、单源对多目、多源对单目和多源对多目。

3.3　常用信息融合方法

由不同的应用要求形成的各种方法都是融合方法的子集。表 1 归纳了一些常用的信息融合方法，这些方法在此不做详述，可查阅相关书籍。

表 1　信息融合方法

经典方法		现代方法	
估计方法	统计方法	信息论方法	人工智能方法
加权平均法	经典推理法	聚类分析	模糊逻辑
极大似然估计	贝叶斯估计	模板法	产生式规则
最小二乘法	品质因素法	熵理论	神经网络
卡尔曼滤波	D-S 证据决策理论		遗传算法
			模糊积分理论

4 航天发射场信息综合故障诊断系统的定义和设计思想

4.1 定义

什么是基于信息融合技术的航天发射场信息综合故障诊断系统？本文给出的定义是：它指这样一套计算机系统，能充分利用发射场获取的多种信息源的历史与实时测试数据，采用合理的融合结构和算法，进行数据关联、处理和综合，对参试产品、分系统和系统进行实时故障诊断和分析，并根据专家故障诊断知识进行智能推理，为指挥员提供各参试系统元器件和关键仪器设备的工作状态、故障分析信息及相关辅助决策信息。

4.2 设计思想

基本设计思想是，充分利用现有航天发射场 C3I 系统能获取的历史与实时任务数据，结合各种故障模式，采用模式识别、神经网络、专家系统等信息融合技术对载人航天各系统关键元器件、仪器设备和系统故障进行有效的故障诊断，实现运载火箭和飞船等分系统在地面综合测试和临射前的实时故障诊断和故障报警，以实时或准实时获得关于系统工作状态的诊断结果，有效增强发射场综合指挥能力，提高载人发射任务的可靠性，确保航天员的安全。

5 航天发射场信息综合故障诊断系统的基本结构模型

5.1 信息融合的层次与结构

目前航天发射场 C^3I 系统汇集了火箭系统、飞船系统、航天员系统、地勤系统、气象系统等采集的大量原始测试信息（参见图 1），如何在此基础上建立信息融合的层次和结构是首先要解决的问题。

信息融合技术研究如何加工、联合来自众多信息源的信息，并使不同形式的信息相互补充，为各种模型方法和各领域的专家服务，使其信息量得到最大限度地发挥。故障诊断有两方面目的：其一是要查明故障发生的原因和层次。例如，经过对采集数据的融合处理判断出某个元器件失效，造成某个分系统故障；其二是要结合专家故障诊断知识进行决策融合处理，得出当前故障发生造成的后果和指挥员可参考的决策建议。由此，我们将融合分为三个层次:源信息融合、分系统信息决策融合和全系统信息决策融合。如图3、图4所示。

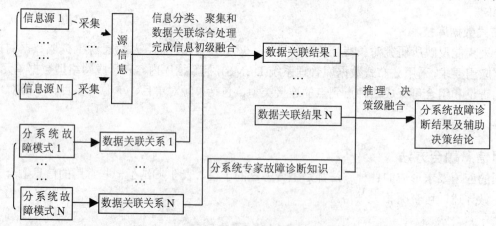

图 3　某一分系统信息融合的层次和结构

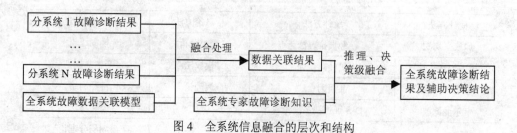

图 4　全系统信息融合的层次和结构

(1) 源信息融合指以采集的原始信息作为信息源，根据分系统（此处指火箭系统、飞船系统、地勤系统等）元器件、仪器设备、子系统的故障模式确定一系列数据关联关系，选择合适的数据融合算法进行故障诊断。融合处理过程中需要决定从信息源获得的信息的取舍、参照其他信息源对每个信息项进行验证修改、对不同信息源的信息进行印证分析、补充综合、协调修改及估计；对多源数据进行分类、聚集和数据关联实时综合处理判断，并将数据关联结果（即数据融合结果）作为该分系统决策级融合的信源。

对有些分系统需要先细化为多个子系统层，并进行子系统层信息融合，如火箭系统下属分为控制系统、利用系统、遥测系统、逃逸系统、故检系统、外安系统等十大子系统，故障模式可采用故障树分析方法来确定，融合处理则采用从底层采集的信息开始分层逐级向上进行信息融合处理，底层信息融合结果作为上一层融合的信源。以火箭控制系统为例阐述，如图 5 所示，图中箭头为该层测试信息的融合方向。

源信息融合的特点是信息量多，处理量大，涉及的融合算法复杂，选择融合算法时，除了使用常用的融合算法外（参见表 1），常常需要根据故障模式和可获取的测试参数情况研究专门的融合方法。

(2) 分系统决策融合属于中间层次，利用源信息融合得到的数据关联结果和该分系统专家的故障诊断知识进行分系统层的推理、决策融合。融合结果为该分系统故障诊断结果及辅助决策结论，这些结果一方面直接提供给分系统专家和指挥员

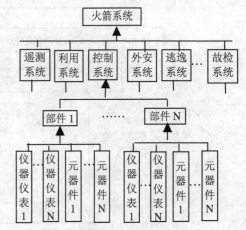

图 5　火箭系统信息融合层次结构

指挥决策使用，一方面作为全系统信息决策融合的信源。推理、决策融合主要通过专家系统实现。该层信息融合涉及的融合算法主要有神经网络、专家系统、模板法等。

(3) 全系统信息决策融合是在高层次进行的，根据全系统故障数据关联关系，对所有参试分系统的故障诊断结果进行融合处理，再将数据关联结果和专家的全系统故障诊断知识进行决策级融合，融合的结果为专家和指挥员决策提供依据。该层次融合是三级融合的最终结果，直接面对决策目标，融合结果直接影响决策水平。

5.2　系统结构模型

根据系统的基本设计思想及信息融合层次和结构，航天发射场信息综合故障诊断系统的结构模型如图 6 所示，虚框部分为故障诊断系统。需要进一步说明的是，根据 5.1 节所述信息融合的层次与结构，专家故障诊断知识库采用集中/分布式专家系统知识库的体系结构，如图 7 所示。我们采用树的形式来描述各个层次，其中 Ω 表示集中式知识库，亦指全系统专家故障诊断知识库；$K_j\,(j=1,2,\cdots,m)$ 表示在空间功能上依赖关系相互独立的分布式分系统的专家故障诊断知识库；设备级知识库指参试系统元器件、关键设备、子系统级专家故障诊断知识库。决策级融合处理过程亦采用两级融合处理模式实现，以满足任务中分级决策和集中决策的需求。

6　结束语

本文提出使用信息融合技术来设计和实现航天发射场信息综合故障诊断系统，并从信息融合的层次、融合的内容及其关系等方面讨论了航天发射场信息综合故障诊断系统的设计思想和系统的基本结构模型。

载人航天任务任重而道远，要提高发射场总体测发指挥技术水平，该系统的应用需求已提上日程。当然，如何科学具体地建立发射场参试系统各层次的故障模式库和专家故障诊断知识库、如何将数据关联的结果与专家的诊断知识相融合等方面仍需要进一步深入研究。

参 考 文 献

[1] 权太范.信息融合神经网络—模糊推理理论与应用.国防工业出版社，2002.

[2] 吴泉源，刘江宁.人工智能与专家系统.长沙:国防科技大学出版社,1995

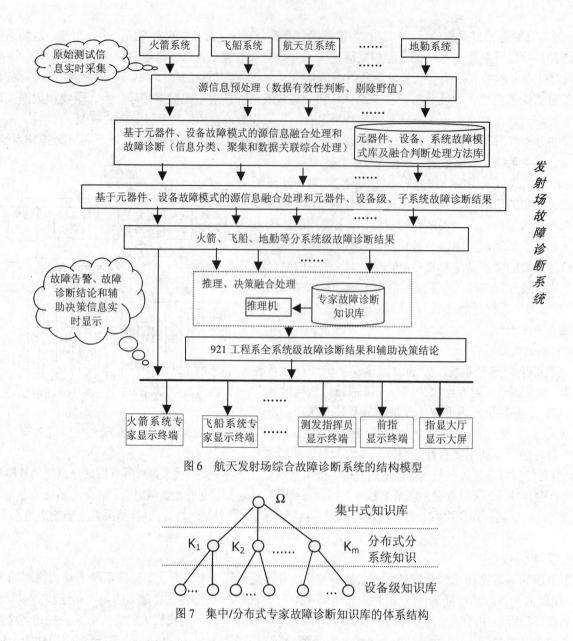

图6　航天发射场综合故障诊断系统的结构模型

图7　集中/分布式专家故障诊断知识库的体系结构

The Research on the Information Synthesis Fault Diagnosis System in Manned Space Launch Site

An Jinxia, Gong Yan and Qin Zhigang

Jiuquan Satellite Launch Center

No.14, P. O. Box 15, 27 Branch, Lanzhou, 732750

Abstract　Based on the basic conceptions and techniques of information fusion, we introduce the information fusion techniques to design and realize the information synthesis fault diagnosis system in manned space launch site. After learning about the present situation of the C^3I system of manned space launch site, we discuss the design ideas and basic structure model of the information synthesis fault diagnosis system from the aspects of the information fusion hierarchy, the information fusion content and relations.

Key words　Information fusion；Fault diagnosis；Fault model；Intelligent decision

空间蛋白质晶体生长研究的进展、问题和发展

毕汝昌　仓怀兴

中国科学院生物物理研究所

北京市朝阳区大屯路 15 号，邮编：100101，rcbi@ibp.ac.cn

摘　要　生长高质量的晶体对于研究蛋白质等生物大分子的结构和功能是非常重要的。空间的微重力环境是生长生物大分子晶体的理想地方。顺应我国载人航天事业的发展，我们建立了相关的研究和实验技术，虽然其空间实验成功率已经达到国际先进水平，但是应该进一步提高其空间实验成功率，这样才能够为我国结构生物学和相关生物技术的发展做出突出的贡献。

关键词　空间生物技术；蛋白质；晶体生长；空间实验；微重力

1　引言

正如众多科学家所认可的，21 世纪是生命科学的世纪。探索生命的奥秘，对于改善人类健康和促进经济发展及社会进步都具有非常重要的意义。距离地球几百公里以外的空间具有显著不同于地面的环境。利用这样的环境开展的空间生命科学和生物技术研究是生命科学研究的一重要研究领域，可能为人类开发巨大的空间资源做出重要贡献。空间生物技术是上个世纪最热门的一项空间科学研究，并从多个方面进行了探索研究。空间细胞生物技术的发展令人十分关注，其主要目标是用于研究、移植和生产生物药物的细胞和组织工程。空间生物大分子生物技术则是另一个重要发展方向。

生命体主要是由核酸、蛋白质等生物大分子构成的。核酸含有携带遗传信息的基因，而由基因编码的蛋白质则是生物体完成几乎所有功能所不可缺少的。这些生物大分子所执行的生物功能都与其特定的三维结构密切相关。因此，对蛋白质等生物大分子的结构开展深入研究具有非常重要的意义，它能够使我们从分子水平了解生命体的生理和病理过程，也能够为药物设计、分子工程和分子仿生等分子和纳米生物技术提供必要的知识基础。另外，从这些已知的结构，不但可以获得大量有关结构规律的信息，而且还为了解相关生物大分子的生物功能奠定了基础，在一定程度上能够做到从结构获得其功能的信息。到 20 世纪末，随着人和一些其他生物的基因组解析的成功，为弄清基因组中众多基因的功能而启动了后续任务。其中，结构基因组学迎运而生，即通过测定基因编码蛋白质的结构来获得其功能信息。

当前绝大多数的生物大分子的三维结构是用 X-射线晶体衍射方法解析而得的。由于生物大分子特殊的结构性质，该结构测定方法的第一个步骤——生长晶体是最关键的步骤，也是最困难的步骤，能否生长出合用的、较高质量的蛋白质晶体是结构测定成功与否的关键。生物大分子晶体生长是一复杂的动态过程，受多种物理、化学和生物学因素的影响[1]。其中，重力驱使的沉降和对流等现象也会影响晶体生长的质量。然而，在离地面几百公里的空间，重力水平只有地面的万分之几，甚至更低，我们称之为微重力环境。在这样的环境中生长蛋白质晶体，溶质对流和晶体沉降变得非常微弱乃至可以忽略不计，晶体处在稳定的溶液环境中保持原位生长，不再产生由重力导致的晶体堆集；此时，生长晶体周围由于晶体摄取溶质分子而形成的溶质贫乏层能够稳定地存在，而且厚度是地面上的几倍，这使得晶体能够在一个有利的环境中生长。溶液对流的消失还减少了杂质接近晶体的机会，使得晶体更纯正。另外，在空间微重力条件下，还可以很方便地实施无容器或无器壁接触的晶体生长，进而消除对晶体生长不利的器壁效应。因此，空间的微重力环境为蛋白质等生物大分子的晶体生长提供了理想途径。

从 20 世纪 80 年代至今，几乎所有的发达国家都开展了在空间进行蛋白质晶体生长的实验，并逐渐形成了一项重要的空间生物技术。经过十来年的努力，我国已经为该项空间生物技术的发展建立了基本的研究方法和空间实验技术，并取得了一些有特色的研究成果．本文将介绍相关研究取得的重要进展和存在的主要问题，并对我国开展的进一步相关研究提出建议。

2 研究进展

自上世纪八十年代初首次进行空间蛋白质结晶实验[2]以来，由于近十多年中航天技术的飞速发展，在返回式卫星、航天飞机和空间站上进行了上百次空间蛋白质结晶实验，完成了至少二百多种生物大分子的晶体生长实验。在空间生长出了不同种类的高质量的蛋白质晶体。在空间长出比地面质量明显高的蛋白质晶体，表现在尺寸较大、形态完善，镶嵌度和衍射分辨率有显著改善。这一空间生物技术的研究进展突出表现在相关实验技术的改进和完善。另外，越来越多的利用晶体衍射数据获得的比较研究结果表明，用空间生长的蛋白质晶体能够提高蛋白质结构和功能的研究水平[3,4]。这些研究进展也体现在我国的相关研究中。

顺从国际科学发展趋势，随着我国航天事业的发展，在国内也及时开展了这类研究。在 863 计划和国家载人工程的支持下，中科院生物物理研究所与上海技术物理研究所合作，先后研制了我国第一代和第二代空间实验装置。特别是新一代装置具有中国特色，投入小，其功能满足了空间实验的要求，即两种结晶室和两种温控以及指令控制温控和开关结晶过程。某些部件性能，特别是其核心部件--结晶室性能获得明显改进。两种结晶室有特色，简单易行，有发展余地，连同为后续实验做准备的研究在内，获得多个专利。空间实验装置的核心是结晶室。以神舟三号飞船上的实验为例，实验装置由两种结晶室构成，即推拉式汽相扩散结晶室和旋转式液/液扩散结晶室，前一类还可以在两种温度下进行实验。在飞行器进入预定轨道之前，结晶室处于关闭状态，即汽相扩散通道不通；液/液扩散的两种溶液也不相互接触。在进入预定轨道平稳飞行时，借助发信息命令通过结晶室部件平移或旋转打开扩散通道，进而使结晶实验开始；在返回舱返回之前，再通过指令控制结晶室部件动作，以关闭扩散通道和结束实验。

限于飞行机会，到目前为止我们仅成功实施了五次空间实验。其中，用我们自己研制的第一代装置在我国返回式卫星上成功地完成了两次空间蛋白质结晶实验[5,6]。用研制的第二代装置在神舟三号飞船上对 16 种蛋白质样品进行了空间结晶实验[7]。这些样品来自中国科技大学、北京大学、清华大学和中国科学院多个研究所以及加拿大两个大学的十多个实验室或研究组。经过长时间的准备和复杂的实验前工作，我们终于在 2002 年发射的神舟三号飞船上成功地完成了空间蛋白质结晶实验。与以往我们进行的实验相比，这次实验的结果明显地好，近三分之一参加实验的蛋白质在空间生长出了质量优于地面的晶体，实验成功率已经达到国际先进水平。

我们最早提出对空间和地面生长的蛋白质晶体进行结构比较研究，通过对算得的电子密度图的深入分析考察微重力对晶体结构的影响。我们的首次结构比较结果表明，与 PDB 数据库中同类结构相比，空间生长的溶菌酶晶体的结构有所不同[8]。考虑到这种差异可能是由结晶条件的差异造成的，我们又做了深入研究。我们应用 1994 年在我国返还式卫星上生长的两种蛋白质晶体，通过比较和分析测定的空间晶体和地面对照晶体的结构，首次发现用空间蛋白质晶体计算的电子密度图含更多结构细节[9]。随后被与国外同行合作研究所证实[10]。这不但具体地证明了空间生长的蛋白质晶体比地面晶体质量高，而且表明微重力下生长的蛋白质晶体具有改进的结合水结构。这两种蛋白质晶体的结构研究还提示，溶剂含量高的蛋白质晶体中结合水结构改进情况更明显。这一差异可能为空间蛋白质结晶样品的选择提供理性原则[11]（见图 1）。

Lysozyme crystal   PLA2 crystals

用神舟 3 号飞船生长的蛋白质晶体在美国同步辐射实验室收集了多套强度数据，并做了进一步研究和分析[12]。与加拿大同行开展的结构比较研究，进一步证实用空间蛋白质晶体计算的电子密度

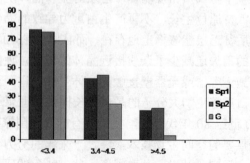

空间晶体的结合水分子明显比空间晶体多

图 1　空间生长的蛋白质晶体能够改进其有序水分子结构

图含更多结构细节，进而表明用空间蛋白质晶体能够提高结构和功能的研究水平（见图2）。这不但提供了更强有力的证据，甚至可能涉及微重力对分子间作用的影响。

外，为了改进空间实验技术，我们对相关的蛋白质结晶方法也开展了研究。溶液中的溶质传输差异是造成重力对晶体生长影响的主要原因。液－液扩散结晶方法又是空间生长蛋白质晶体的优越方法。针对1995年用美国的装置在航天飞机上未能获得好的尝试结果，我们对液－液扩散结晶开展了首次系统性数值研究。通过对成核前的溶质扩散数值模拟研究，获得了决定该种结晶方法成功率的一些规律[13]（见图3）。

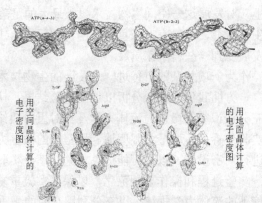

图2　SZ-3实验生长的PCK空间晶体能够提供更精确和更多的结构信息

用溶菌酶作为模型蛋白，对该结晶方法做了较系统的数值研究，获得了一些能够影响结晶效果的规律

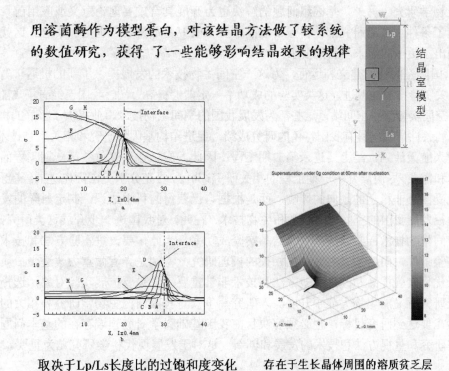

取决于Lp/Ls长度比的过饱和度变化　　存在于生长晶体周围的溶质贫乏层

图3　对液/液扩散法进行系统的数值模拟研究获得的结果

这解释了用美国的装置在航天飞机上未能获得好结果的原因，而且还被凝胶结晶实验所证实[14]。在神舟3号飞船进行的模型蛋白结晶实验，进一步证实这些规律在微重力条件下是存在的，而且也清楚地展示了凝胶结晶的优缺点。这些研究都为发展相关技术和设计成功率高的空间蛋白质结晶实验打下了基础[15,16]。另外，对液－液扩散结晶法成核后的溶质扩散数值模拟研究，首次展示了对解释微重力改进蛋白质结晶非常重要的生长晶体周围的溶质贫乏层[17]（见图3）。

3　问题和发展

目前，该项空间生物技术存在的主要问题是实验成功率低，到目前为止，在空间仅生长出了少数质量较高的生物大分子晶体，因而对结构生物学研究贡献不大。因此，其发展遇到一些困难。这主要是由于空间实验机会少和实验条件优化不够造成的。现在不可能像地面实验那样随意摸索优化结晶条件。一般来讲，这类空间实验的成功率为20%~25%，但是，美国科学家对一些相关数据的统计结果显示，随着实验次数的增加，成功率可以显著提高。另外，实验成功率也与方法技术的改进程度密切相关。由于对微重力作用机理研究不足，对实验软硬件的改进缺乏知识基础[18]。值得提起的是，这也与过去制定的研究计划相关。国际上, 对发展这一空间生物技术投入最大的是美国航空航天局 (NASA)。过去它几乎支持所有的蛋白质晶体生长研究, 而没有对微重力作用机理研究给予足够的重视。由于投入大, 产出小, 因此该空间生物技术的发展受到一些科学家质疑。

作为一项复杂的有待进一步发展的生物技术, 显然我们不能因其遇到的困难而放弃这类空间实验。相反, 一方面我们应深入分析以往的实验结果, 认真总结; 另一方面, 我们应充分发挥各种研究技术优势, 在充分认识空间微重力流体力学及其对蛋白质结晶、细胞培养等实验内容影响机理的基础上, 优化设计空间实验装置, 争取最大限度地利用空间的微重力资源。空间实验的特点是机会少、成本高, 因此要求对实验进行周密设计, 以尽可能提高实验效率。实验装置要体积小、容量大, 还要可靠性高, 并尽量实现自动化; 实验过程和操作要规范化, 以保证实验重复性。更重要的是, 实验装置的设计要充分考虑空间微重力环境下的流体力学规律, 以充分利用空间的微重力资源。

随着基因组测序技术的成熟, 包括人类基因组在内越来越多的基因组被测定, 随之而来的问题是如何确定这些基因的功能。基于蛋白质结构了解功能的结构基因组学应运而生, 并成为后基因组研究时代受先进国家重视的生物学研究。另外, 基因组问题的解决也为开展具有重要理论意义或应用前景的重要蛋白质的结构研究创造了条件。这类研究都使得蛋白质晶体生长研究更加重要, 也更加紧迫。这就对空间蛋白质晶体生长研究提出了更多的需求和新的要求。

另一方面, 国际空间站的建立和运行, 为这一空间生物技术的发展提供了新的机遇。随着实验机会的增多, 再加上相关实验技术的改进, 这类实验的成功率一定能够提高[12,19]。我国已经有了飞船系统, 在不远的将来还要建立空间实验室和空间站, 这些都为发展我国的空间生物技术事业提供了极好的机会。我们应该充分利用这些有利条件, 做出具有我国特色的研究成绩, 促进结构基因组研究和相关生物技术的发展。

根据我国载人航天计划, 马上要进入第二期工程. 因此, 应该在认真总结第一期工程的基础上, 按着科学发展的规律和需要, 尽快展开下一期工程的相关研究. 为此, 要充分学习国际先进的经验和方法技术. 但是, 要尽量避免受国外非科学的倾向的影响, 而是根据自己获得的科学知识, 制定科学的发展目标, 并采用科学的研究途径发展我国的空间生命科学和生物技术. 在此, 对我国进一步开展这类研究提出如下建议: 一是作为一项空间生物技术, 必须提高空间结晶实验成功率。为此, 要改进实验方法和技术, 优化实验样品和改善飞行实验条件, 而这些又需要深化相关的机理研究, 特别是弄清微重力改进蛋白质晶体生长的分子机理。这对于优化实验样品和改进实验方法和技术非常重要。二是要扩展实验对象, 选择一些具有明确应用前景或理论研究意义的生物大分子开展深入研究, 争取对我国结构生物学研究和相关的药物发展做出重要贡献。当然, 要达到研究目标, 也必须解决目前我国基础科学研究领域存在的基本问题, 那就是加强不同学科间协作研究和重视方法和技术的发展和创新。这对于发展现代科学研究尤为重要。

参 考 文 献

[1] A. McPherson. Crystallization of Biological Macromolecules. Cold Spring Harbor Laboratory Press, Cold Spring Harbor, NY, 1999.

[2] W. Littke, C. John. Protein single crystal growth under microgravity. Science 1984, 225, 203–204.

[3] Bernard Lorber. The crystallization of biological macromolecules under microgravity: a way to more accurate three-dimensional structures? Biochimica et Biophysica Acta, 2002, 1599, 1–8.

[4] J.D. Ng, C. Sauter, B. Lorber, N. Kirkland, J. Arnez, R. Giege´. Comparative analysis of space- and earth-grown crystals of an aminoacyl-tRNA synthetase: space-grown crystals are more useful for structural determination, Acta Cryst.,2002, D58, 645– 652.

[5] R.-C. Bi, L.-L. Gui, Q. Han, F.-L. Shen. Protein Crystallization in Space, Microgravity Science and Technology.1994,Ⅶ /2,203.

[6] 王耀萍,潘冀森,毕汝昌.我国的第二次空间蛋白质结晶实验. 中国科学,1996,C 辑, 26(2),121-126.

[7] H.-X. Cang, Y.-P. Wang, Y. Han, J.-X. Zhou, R.-C. Bi. The space experiment of protein crystallization aboard the Chinese spacecraft SZ-3. Microgravity Sci. Technol. 2003, XIV/2, 13-16.

[8] 董君, 韩青, 储乃明,毕汝昌.空间生长的溶菌酶晶体的结构研究. 科学通报, 1994,39(24),2264-2267.

[9] Dong Jun, Wang Yaoping, Han Qing and Bi Ruchang. Structural study on hen egg-white lysozyme crystals grown in gravity and microgravity. Science in China, 1998, Ser. C, 41(3), 238 – 244.

[10] Jun Dong, Titus J. Boggon, Naomi E. Chayen, James Raftery, Ru-Chang Bi & John R. Helliwell. Bound Solvent Structures for Microgravity, Ground Control and Gel   and Oil Drop Grown HEW Lysozyme Crystals at 1.8A resolution. Acta Cryst. 1999,D55, 745-752.

[11] Dong Jun, Pan Jisen, Niu Xiutian, Zhou Yuancong & Bi Ruchang. Influence of microgravity on protein crystal structures. Chin. Sci. Bulletin, 2000, 45(11),1002-1006.

[12] Han, Y., Cang H.-X., Zhou, J.-X., Wang, Y.-P., Bi., R.-C., Colelesage, J., Delbaere, L. T. J. Nahoum, V., Shi, R., Zhou, M., Zhu, D.-W., & Lin, S.-X.: Protein crystal growth in microgravity on board Shenzhou 3:   a concerted effort improves crystal diffraction quality   and facilitates structure determination. BBRC,2004,324(3), 1081-86.

[13] H.-X. Cang and R.-C. Bi. Numerical Studies on the Pre-nucleation Transport in the Liquid/Liquid Diffusion Crystallization of Proteins. J. Cryst. Growth,1998,194，133-137.

[14] H.-X. Cang and R.-C. Bi. Influence of various factors on the liquid/liquid diffusion crystallization of proteins. J. Crystal Growth,1999,196，442-446.

[15] H.-X. Cang, Z.-Y. Shu, Y. Han, M. Li, Y.-P. Wang and R.-C. Bi.Optimization of protein crystallizers used in space. J. Jpn. Soc. Microgravity Appl.,1998,Vol.15, Supplement Ⅱ, 585-588.

[16] Titus J. Boggon, Naomi E. Chayen, Jun Dong, ... Ru-Chang Bi and John R. Helliwell (1998): Protein crystal movements and fluid flows during growth. Phil. Trans. R. Soc. Lond.,1998,356,1045-1061.

[17] H.-X. Cang, R.-C. Bi. Influence of Gravity on Post-Nucleation Transport in Liquid/Liquid Diffusion Chamber of Protein Crystallization. J. Crystal Growth,2001，232,1-4,473-480.

[18] Chayen NE & Helliwell JR. Microgravity protein crystallization: are we reaping the full benefit of outer space. Ann. N Y Acad Sci, 2002,974,591-7.

[19] Vahedi-Faridi et al. Improved 3-d. growth of manganese superoxide dismutase crystals on ISS. Acta Ctyst.,2003,D59(Pt 2),385-8.

Progress, Problem and Development in Study
of Protein Crystal Growth in Space

Bi Ruchang and Cang Huaixing

Institute of Biophysics, Chinese Academy of Sciences

Datun Rd. No.15，Chaoyang Dist., Beijing, 100101，rcbi@ibp.ac.cn

Abstract Growing good-quality crystals is very important for studies of proteins and other biological macromolecules. The microgravity environment in space is an ideal place for growing crystals of biological macromolecules. To adapt the development of Chinese manned space project we have established related research and experiment technology. Although the success rate of space experiments has reached the highest international level, it must be increased in future in order to make noticeable contribution to the development of structural biology and related biotechnology in China.

Key words Space biotechnology; Proteins; Crystal growth; Space experiments; Microgravity

空间未知环境下自适应性月球车的设计与运动机理研究

程刚　竺长安　杨杰

中国科学技术大学精密机械与精密仪器系，邮编：230027，

gangcheng@ustc.edu , gcheng@mail.ustc.edu.cn

摘　要　将轮式、腿关节式、履带式三种机构结合起来设计了一种月球车，该车对低重力条件下的月球表面实际环境具有良好的自适应性。月球车在起伏不平的地表环境中具有独特的运动特性，通过对月球车突变地形下的运动越障过程进行理论建模和数值仿真，进而建立虚拟样机模型进行物理仿真对比研究，验证了所建立运动模型的正确性，分析了月球车的运动机理，对控制月球车在月球上灵活机动而又安全平稳地移动作业起到了指导作用。

关键词　月球车；突变地形；越障；运动学模型

1　引言

由于在月球的探险和考察工作中，宇航员是极其昂贵的资源，而恶劣的空间环境给人类在太空的生存活动带来了巨大的威胁。要使人类在太空停留，需要有庞大而复杂的环境控制系统，生命保障系统，物质补给系统，救生系统等，这些系统的耗资十分巨大。为了降低月球探索任务的危险性和费用，先使用具有自主智能和抵抗辐射能力的月球车代替宇航员执行探测作业就是必要的了，这将使得月球探索工作更加安全、经济。

2　自适应性月球车的创新设计方案

2.1　月球车的结构设计

由于月球表面大都覆盖着一层由岩石碎块、砂粒和尘土组成的松散层，土壤比较松软，同时散布着石块和环形坑，地况地貌复杂多变[1]。所以作者针对上述环境特点设计了一种复合结构的自适应性月球车，以适应不同的地面状况并在空间动态环境中的非结构化地形上行驶[2,3]。该机器人是将轮式、腿关节式、履带式三种机构结合起来设计而成，具有任意单一结构所不可比拟的地形适应性[4,5]。

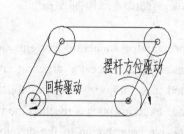

图1　月球车结构简图

如图1所示，月球车采用后轮驱动，每个轮子分别由一台直流伺服电机带动，通过差速来实现转向功能。车体前部的两个车轮是随动轮，通过轴承空套在车体的前轮轴上，车体两侧各有一副平行四边形机构，平行四边形机构上部的车轮为履带的托带轮，起张紧履带并保持其稳定运转的作用，车体每一侧的四个车轮通过一条履带包容起来，以保证月球车适应不同的地面状况并具有良好的通过性和防倾翻性。平行四边形前部的摆杆通过键与车体的前轮轴固连，车体前方有两台直流伺服电机分别控制两边平行四边形摆杆的运动，在遇到突变障碍的情况下，摆杆在电机的驱动下接触障碍并下压，产生撑地的动作，月球车的重心

将会随之抬高，以协助月球车本体的越障[6]。月球车通过调节驱动轮的转速来调节车体的运动速度，通过调节平行四边形摆杆和车体的角度或与车体运动速度结合来控制车体在越障过程中的俯仰角和垂直方向上的上升速度，从而实现控制月球车在越障行进过程中的位置和方位[7,8]。

2.2 创新设计的特点及其环境适应性分析

复合结构月球车具有一系列新颖的特点，在月球探索方面具有很强的适用性[9]：

（1）结构紧凑，质量轻，低功耗

（2）机动性能好，运动稳定

（3）可以实现静态和动态状态下的自矫正复位

（4）适应低重力环境

月球地表环境是崎岖不平的，根据地形特征的不同，月球车遭遇的地形可以分为凸台、壕沟、斜坡、单边障碍等几种典型特征或其组合。复合结构月球车通过变换自身形态可以很好地适应环境，在月球表面上自如行进[10]，如图 2 所示。

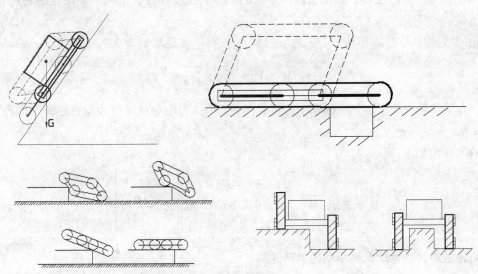

图 2　月球车不同地形特征适应性分析

3　小型自适应性星球探测车的运动机理研究

3.1　突变地形下的星球探测车运动建模研究

月球车在星球表面执行任务时，经常会遇到突变的地形，其中凸起和凹坑是一对互逆的突变地形，而崎岖不平的地面则可看成是一系列突变地形的叠加和组合。月球车就是要在越障能力允许的情况下，克服一般普通探测车所无法逾越的星球表面常见的突变地形，以适应探索作业的需要。作为移动多体系统，复合结构月球车在越障过程中结构形式是可变的，运动特性是复杂的。

和一般探测车在水平面内的运动和避障行进不同[11,12]，作者设计的月球车主要考察的是在海拔垂直面内的越障运动情况，越障平面和水平面正交。建立运动坐标系如下：

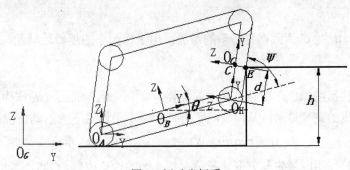

图 3　运动坐标系

如图 3 所示，O_G 为全局坐标系，固定在月球车行走的路面上的；O_A 为驱动轮坐标系；O_B 为固连于车体中心的月球车本体坐标系；O_H 为固连于平行四边形摆杆回转中心的坐标系；O_C 为固连于摆杆上的坐标系，原点为履带和突变障碍接触点 E 在摆杆上的投影点 C。

设月球车在全局坐标系 O_G 中的位置和方位角为 $(^GY_B, {}^GZ_B, \theta)$，月球车在全局坐标系中的速度为 $(^GV_{BY}, {}^GV_{BZ}, {}^G\omega_B)$，探测车相对自身本体坐标系的速度为 $(V_{BY}, V_{BZ}, \omega_B)$，则

$$\begin{bmatrix} {}^GV_{BY} \\ {}^GV_{BZ} \\ {}^G\omega_B \end{bmatrix} = Rot1 \cdot \begin{bmatrix} V_{BY} \\ V_{BZ} \\ \omega_B \end{bmatrix} \tag{1}$$

式中 $Rot1$ 为速度方位转换矩阵。

月球车在越障过程中要保持重心最低，通过控制可变的结构使得重心缓慢上升，实现车体平稳运动，减轻振动，以保证车载科学仪器设备的安全性。设定探测车的重心在车体中心处，在跟踪一连续轨迹越障过程中，车体在任一时刻的位姿已知，根据所要求的车体的速度和方位来确定驱动轮的转速和平行四边形摆杆的摆动角度。

设驱动轮的线速度为 $\overrightarrow{V_A}$，车体中心的速度为 $\overrightarrow{V_B}$。根据刚体运动定理得：

$$\overrightarrow{{}^BV_A} = \overrightarrow{V_B} + \overrightarrow{{}^B\omega_A} \times \overrightarrow{{}^BP_A} \tag{2}$$

式中 $\overrightarrow{{}^BP_A}$ 为驱动轮中心在本体坐标系中的位置向量，车体的运动可以视为垂直越障平面内的刚体运动，所以有 $^G\omega_B = {}^B\omega_A = \omega_B = \omega$

则驱动轮的速度如下：

$$\overrightarrow{V_A} = Rot1 \cdot \overrightarrow{{}^BV_A} = \begin{bmatrix} \cos\theta & -\sin\theta & 0 \\ \sin\theta & \cos\theta & 0 \\ 0 & 0 & 1 \end{bmatrix} \begin{bmatrix} V_{BY} \\ V_{BZ} - \dfrac{a}{2}\omega \\ 0 \end{bmatrix} \tag{3}$$

由于驱动轮做纯滚动运动，则驱动轮的转速为：

$$\omega_{驱} = \frac{V_{BY}\cos\theta - \left(V_{BZ} - \dfrac{a}{2}\omega\right)\sin\theta}{r} \qquad r \text{ 为驱动轮半径} \tag{4}$$

接着再来考察越障过程中履带和突变障碍接触点在摆杆上的投影点 C 的运动。C 点是本体的运动和摆杆的动作之间的关联点。设 C 点在坐标系 O_C 中相对自身的速度为 $(V_{CY}, V_{CZ}, \omega_C)$，有：

$$\begin{bmatrix} V_{CY} \\ V_{CZ} \\ \omega_C \end{bmatrix} = \begin{bmatrix} Rot2 & \overrightarrow{{}^BP_C} \\ 0 & 1 \end{bmatrix} \begin{bmatrix} V_{BY} \\ V_{BZ} \\ \omega \end{bmatrix} + \begin{bmatrix} 0 \\ d \\ 1 \end{bmatrix} \dot{\psi} \tag{5}$$

其中速度转换矩阵 $Rot2 = \begin{bmatrix} \cos\psi & \sin\psi \\ -\sin\psi & \cos\psi \end{bmatrix}$，$\psi$ 为摆杆与本体之间的夹角 C 点在车体坐标系中的位置向量 $\overrightarrow{{}^BP_C} = \begin{bmatrix} \dfrac{a}{2}\sin\psi \\ d + \dfrac{a}{2}\cos\psi \\ 0 \end{bmatrix}$，$d$ 为 C 点到摆杆转轴的距离，由于探测车的越障运动是与突变地形交互作用的结果，突变地形的高度直接影响探测车越障过程中的位姿，取突变地形的高度 h 作为已知的参变量，当 h 取不同值时代表了不同高度的突变地形，从而反映了野外崎岖不平地形下的运动情况，由图 3 可知：

$$d = [h + r\cos(\theta + \psi) - r - a\sin\theta]/\sin(\theta + \psi) \tag{6}$$

由于越障过程中摆杆作用时履带与突变地形须保持接触的约束限制，C 点不能沿坐标系 O_C 的 Z 方向运

动，因此 $V_{CZ} = 0$，由（5）式，得：

$$-V_{BY} \sin\psi + V_{BZ} \cos\psi + [d + (a/2) \cdot \cos\psi]\omega + d\dot{\psi} = 0 \qquad (7)$$

因此，当我们希望机器人跟踪一定的连续轨迹攀越某一高度 h 的障碍时，在知道相应于该轨迹变化的机器人运动参数 (V_{BY}, V_{BZ}, ω) 和方位、结构参数 (θ, a, r) 的情况下，就可以根据式（4）计算出驱动轮的转速 ω，根据（7）式运用龙格－库塔－芬尔格（Runge-Kutta-Fehlberg）数值方法求解微分方程，得出摆杆须转过的角度 ψ。从而通过调节和设定 ω、ψ，就可以实现探测车按照一定的轨迹平滑顺利、安全稳定地越障。

3.2 基于所建运动模型的仿真研究

以月球车对远大于轮高的突变障碍的攀越过程中跟踪一参考轨迹为例，对所建立的运动模型进行仿真，跟踪参考路径如下：

$$\begin{cases} D_Y = A_Y \cdot (\mu t) \\ D_Z = A_Z \cdot (\mu t)^2 \end{cases} \qquad (8)$$

取 $\mu = 5$ mm/s，$A_Y = 1$，$A_Z = 30$，即参考路径为一抛物线。

在越障过程中要求月球车本体中心位于轨迹上，本体中心的速度方向与相应轨迹上的点的切线方向一致，摆杆的初始摆角 $\psi = \pi/3$，其运动仿真结果如图所示，图4为驱动轮的速度变化曲线，图5为摆杆的摆角变化曲线。

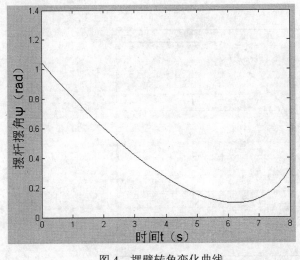

图4　摆臂转角变化曲线

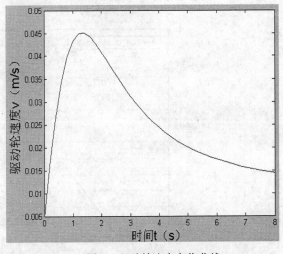

图5　驱动轮速度变化曲线

由图4和图5可知，月球在越障的过程中通过调节驱动轮的转速快慢和摆杆的摆动角的的大小，可以控制重心沿着预定的轨迹运动，重心缓慢上升，而且运动的轨迹平滑逼近突变障碍的外形，满足平稳越障的要求。

因此，月球车在海拔越障平面内的越障行为是在两个运动输入量 ω 和 ψ 共同作用下的复杂的机构运动，这两个运动输入量能否协同作用对月球车平稳越障影响很大。为了进一步说明这一问题，作者使用虚拟样机分析技术建立了此月球车的三维实体仿真模型，如图6所示，并对其进行了虚拟现实环境下的动态特性仿真。

为了和前面所建立的运动模型的仿真结果进行比较，在虚拟样机模型的动态特性仿真中，我们设置月球车以恒定的前进速度和恒定的摆杆下压角速度进行相同高度的越障，得出了月球车在越障过程中质心变化的仿真曲线，如图7所示：

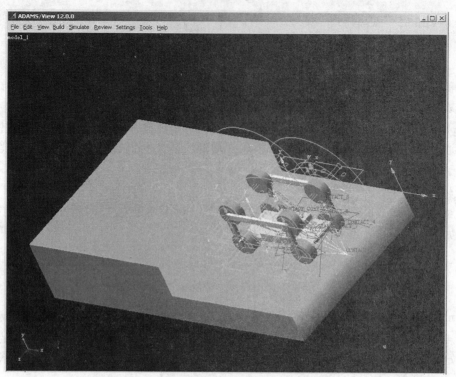

图6　月球车的虚拟样机模型

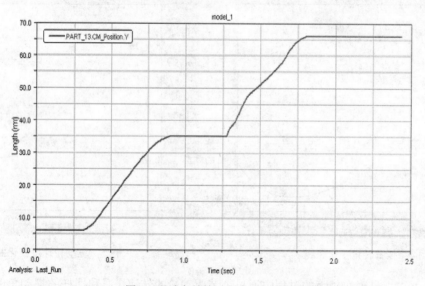

图7　月球车越障过程中质心变化曲线

　　图7中月球车的质心的运动轨迹不是平缓光滑变化的，因此月球车越障中的速度和加速度不是连续变化的，从而存在着冲击，降低了月球车运动的安全性和稳定性。

　　由此可见，规划月球车的越障运动，以实现月球车在星球表面安全稳定的行进，对保证探测作业的顺利进行是必要和可行的。

4　结论

　　月球车结构是可变的，可以平稳地攀越前进道路上的突变障碍，适应星球表面的实际环境。月球车通过可变结构与突变障碍交互作用的过程中，形成封闭链，具有复杂的运动特性。通过建立月球车突变地形下越障过程中的运动模型，并以跟踪平稳越障轨迹为目标进行仿真研究，验证了所建立运动模型的正确性，从而为月球车机动稳定地运动提供了理论保证，对其运动控制也起到了指导作用，有力地说明了创新设计的可行性和有效性。

参 考 文 献

[1] 骆训纪, 孙增圻.月球漫游车仿真系统研究[J]. 系统仿真学报, 2002, 14（9）: 1235－1237.

[2] 邓宗全, 高海波, 胡明,等.行星越障轮式月球车的设计[J].哈尔滨工业大学学报, 2003, 35（2）: 203－209.

[3] 王巍,夏玉华,梁斌,强文义,刘良栋.月球漫游车关键技术初探[J].机器人,2001,23(3):280-284.

[4] 龚振邦, 汪勤意, 陈振华, 等. 机器人机械设计[M]. 北京:电子工业出版社, 1995.

[5] 王田苗, 邹丹, 陈殿生. 可重构履带机器人的机构设计与控制方法实现[J]. 北京航天航空大学学报,2005,31（7）: 705－708.

[6] Chen C,Trivedi M M. Reactive Locomotion Control of Articulated-Tracked Mobile Robots for Obstacle Negotiation[A]. Proceedings of the 1993 IEEE/RSJ international Conference on Intelligent Robots and Systems[C], Yokohama,Japan,1993:1349-1356.

[7] 徐正飞, 杨汝清, 王韬.关节式移动机器人的越障运动[J]. 中国机械工程,2003, 14（12）: 1052－1055.

[8] 刘方湖, 马培荪, 曹志奎, 姚沁. 五轮铰接式月球机器人的运动学建模[J].机器人, 2001, 23（6）: 481－485.

[9] 朱毅麟. 向月球车开发者进一言[J]. 国际太空,2004,8:27-29.

[10] 信建国, 李小凡, 王忠, 等. 履带腿式非结构环境移动机器人特性分析[J]. 机器人, 26（1）: 35－39.

[11] Alexander J C,Maddocks J H. On the kinematic of wheeled mobile robots[J]. Int J Robotics Research,1989,8(5):15-26.

[12] Borenstein J. Control and kinematics design of muilt-degree-of freedom mobile robots with compliant linkage[J]. IEEE Trans. Robotics and Automation,1995.21-35.

Design and Motion Mechanism Research of Self-adaptive Lunar rover in Unknown Space Environment

Cheng Gang , Zhu Changan and Yang Jie

Department of Precision Machinery & Instrumentation， USTC， Hefei, 230027

gangcheng@ustc.edu , gcheng@mail.ustc.edu.cn

Abstract A lunar rover is designed by combining the mechanism of leg , wheel and track,so it can well adapt to real lunar surface with low-gravity. The lunar rover has special kinetic characteristic in the uneven surface. The theory model and numerical simulation of the lunar rover over-obstacle course has been presented. In contrast with the theory research, virtual prototype model has also been built to carry out physical simulation. The results verify the correctness of the built model, and the motion mechanism of this lunar rover is analyzed. It is helpful to guide the lunar rover to move smoothly in moon.

Key words Lunar rover; Discontinuous terrain; Over-obstacle; Kinematic model

星球探测中两足机器人的仿生高效稳定行进方案

程刚　竺长安　沈连婠　宋记锋

中国科学技术大学精密机械与精密仪器系,邮编：230027

gangcheng@ustc.edu, gcheng@mail.ustc.edu.cn

摘　要　两足机器人探测星球时，需要根据地形特征产生相应的越障运动并稳定行进。本文从仿生学角度入手，建立了基于 B-Spline 算法的拟人越障步行模式，并探讨了仿生的纳米绒毛技术在星球环境中两足机器人上的应用。数值仿真研究验证了理论模型的有效性和正确性。

关键词　星球探测；两足机器人；仿生越障；纳米绒毛

1　引言

太空星球环境中，地面多是障碍丛生的。在这样的地形下，两足机器人通过离散的立足点，在可能到达的地面上最优地选择支撑点，在行进过程中其不必和崎岖地形上的所有点发生接触交互作用，减少了能量的消耗，提高了运动的速度[1]，从而在星球环境下执行移动探测任务方面，两足机器人显示了其他地面推进方式探测车所不具备的独特越障性能。

2　两足机器人拟人高效越障行为机理

在两足机器人越障行走的过程中，步伐的大小快慢、抬足的高低等均受到地形起伏的影响，以往相关方面的研究较少且大都假设地形特征和脚步落点已经给定，采用传统的三角函数、组合摆线等来设计对应的足部运动路径[2,3]；但是这样形成的越障步行模式无法根据地形的变化实时主动地调整相应的足部运动，往往也不符合人类在不平路面上的行走轨迹和运动特征，不能实现快速低能耗地越障行进。为了提高两足机器人执行移动探测作业的效能，探索能根据地形变化实时自动生成相应足部越障轨迹的方法，实现拟人的仿生运动模式，就是很有现实意义的了。

通过观察人体行走于不平路面上的运动特征，在此提出了运用 B-Spline 原理规划两足机器人拟人越障行为的方法。

给定 $m+1(m \geq 3)$ 个矢量空间的控制顶点 $\{\vec{P}_0, \vec{P}_1, \cdots, \vec{P}_m\}$，生成的参数曲线段[4]

$$\vec{r}_k(u) = \sum_{i=0}^{3} E_{i,3}(u) \vec{P}_{i+k}, u \in [0,1] \tag{1}$$

称为第 k 段三次均匀 B 样条曲线段 $(k=0,1,\cdots,m-3)$，$E_{i,3}(u)$ 为均匀 B 样条基函数。

两足机器人越障前的起脚点和越障后的落足点分别为足部越障轨迹的首末端点，结合人体运动特点，设置相应的越障起步角和落步角的参数，继而构建和起步、落脚方向相关联的 B 样条控制点，就可以规划出拟人的 B 样条足部越障运动路径。

机器人自带由红外、超声测距传感器以及视觉传感器组成的感知系统，如图 1 所示，在实时地获得行走环境的地形曲线特征后，由初设的起步角、落步角和预期落足点，运用 B-Spline 算法，得到机器人足端在越障时的运动轨迹 *1*，并检查越障过程中有无和地形发生干涉。如果有干涉碰撞现象发生，通过变化起步角、落步角或落足点，改变 B-Spline 曲线的控制点，实时调整足端运动曲线，得到顺利越障并逼近障碍地形的运动路

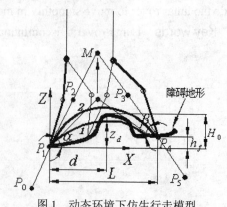

图 1　动态环境下仿生行走模型

径 2。通过这样的机制，两足机器人可以实现仿生行走，在地形起伏变化的环境下高效行进。

3　高效越障行进运动的数值建模分析

3.1　越障路径理论模型的建立

为了研究两足机器人的越障运动情况，建立与地面固定的直角坐标系，如图 1 所示，设坐标原点为机器人越障前足在地面上的起步点 $\vec{P}_1$，两足机器人越障过程的起步角为 α，落步角为 β，两足机器人越障后的落足点为 $\vec{P}_4$，起脚方向矢量和落脚方向矢量的交点为 M，在起脚方向矢量和落脚方向矢量上各取点 $\vec{P}_2$、$\vec{P}_3$，使 $\overrightarrow{P_1P_2} = \frac{1}{2}\overrightarrow{P_1M}$，$\overrightarrow{P_4P_3} = \frac{1}{2}\overrightarrow{P_4M}$，在 $\overrightarrow{P_1P_2}$ 的延长线上取点 $\vec{P}_0$，使 $\overrightarrow{P_0P_1} = \overrightarrow{P_1P_2}$，同理，在 $\overrightarrow{P_4P_3}$ 的延长线上取点 $\vec{P}_5$，使 $\overrightarrow{P_5P_4} = \overrightarrow{P_4P_3}$，以 $\vec{P}_0$、$\vec{P}_1$、$\vec{P}_2$、$\vec{P}_3$、$\vec{P}_4$、$\vec{P}_5$ 为控制顶点可得到 B 样条曲线形式规划的两足机器人越障的足端轨迹：

$$\vec{r}_k(u) = E_{0,3}(u)\cdot\vec{P}_k + E_{1,3}(u)\cdot\vec{P}_{k+1} + E_{2,3}(u)\cdot\vec{P}_{k+2} + E_{3,3}(u)\cdot\vec{P}_{k+3} \tag{2}$$

其中 $0 \leqslant u \leqslant 1, k = 0, 1, 2$。

由 B 样条曲线的特性可知越障过程中足端运动能保证平稳性和连贯性。

为便于数值分析，进行坐标空间的变换，设坐标原点为 $\vec{P}_1$ 点，有

令 $\qquad\qquad \vec{r}_k(u) = (x(u), z(u)), k = 0, 1, 2; \vec{P}_i = (x_i, z_i), i = 0, 1, \cdots 5$

则 $\qquad\qquad \begin{cases} x(u) = a_0 + a_1u + a_2u^2 + a_3u^3 \\ z(u) = b_0 + b_1u + b_2u^2 + b_3u^3 \end{cases} 0 \leqslant u \leqslant 1 \tag{5}$

其中 $\qquad\begin{cases} a_0 = \dfrac{1}{6}(x_k + 4x_{k+1} + x_{k+2}) \\[2mm] a_1 = -\dfrac{1}{2}(x_k - x_{k+2}) \\[2mm] a_2 = \dfrac{1}{2}(x_k - 2x_{k+1} + x_{k+2}) \\[2mm] a_3 = -\dfrac{1}{6}(x_k - 3x_{k+1} + 3x_{k+2} - x_{k+3}) \end{cases}\qquad \begin{cases} b_0 = \dfrac{1}{6}(z_k + 4z_{k+1} + z_{k+2}) \\[2mm] b_1 = -\dfrac{1}{2}(z_k - z_{k+2}) \\[2mm] b_2 = \dfrac{1}{2}(z_k - 2z_{k+1} + z_{k+2}) \\[2mm] b_3 = -\dfrac{1}{6}(z_k - 3z_{k+1} + 3z_{k+2} - z_{k+3}) \end{cases}$

如图 1 所示，取地形障碍的高度为 H_0，设机器人跨越障碍时的步长为 L，落足点处的高度为 h_f。当地形变化时 L 和 h_f 也可相应改变，以实现拟人的跨越障碍时选择落脚点的行为，则机器人越障时的落脚点 $\vec{P}_4$ 在直角坐标系中的坐标为 (L, h_f)，即 $x_4 = L, z_4 = h_f$。再从图 2 所示，可求算得由起步角和落步角确定的 M 点坐标为

$$x_M = \frac{h_f + L\tan\beta}{\tan\alpha + \tan\beta}, z_M = \frac{\tan\alpha(h_f + L\tan\beta)}{\tan\alpha + \tan\beta} \tag{6}$$

则相应的足端轨迹控制顶点 $\vec{P}_0$、$\vec{P}_2$、$\vec{P}_3$、$\vec{P}_5$ 的坐标为

$$\begin{cases} x_0 = -\dfrac{h_f + L\tan\beta}{2(\tan\alpha + \tan\beta)}, z_0 = -\dfrac{\tan\alpha(h_f + L\tan\beta)}{2(\tan\alpha + \tan\beta)} \\[3mm] x_2 = \dfrac{h_f + L\tan\beta}{2(\tan\alpha + \tan\beta)}, z_2 = \dfrac{\tan\alpha(h_f + L\tan\beta)}{2(\tan\alpha + \tan\beta)} \\[3mm] x_3 = \dfrac{h_f + L\tan\alpha + 2L\tan\beta}{2(\tan\alpha + \tan\beta)}, z_3 = \dfrac{2h_f\tan\alpha + L\tan\alpha\tan\beta + h_f\tan\beta}{2(\tan\alpha + \tan\beta)} \\[3mm] x_5 = \dfrac{3L\tan\alpha + 2L\tan\beta - h_f}{2(\tan\alpha + \tan\beta)}, z_5 = \dfrac{2h_f\tan\alpha + 3h_f\tan\beta - L\tan\alpha\tan\beta}{2(\tan\alpha + \tan\beta)} \end{cases} \tag{7}$$

将上述各控制顶点的坐标值代入（5）式，可得参数化的足端越障轨迹 $x(u)$ 和 $z(u)$。

为了考察规划的跨越运动能否成功越障，需要检查足端运动轨迹和地形障碍有无发生碰撞。如图 1 所示，设机器人的起步点与地形障碍的距离为 d，可得足端轨迹上对应于 $x(u) = d$ 处的垂直高度值 z_d。将足端越障高度 z_d 和地形的高度 H_0 进行比较，当 $z_d > H_0$ 时，规划的足端轨迹不会与地形发生干涉，机器人将顺利越障；当 $z_d \leqslant H_0$ 时，机器人足端在越障过程中将与障碍发生碰撞，此时通过调整机器人的起步角、落步角或落足点，改变足部运动 B 样条轨迹的控制点，调整足端轨迹以满足顺利越障的要求。

3.2 越障步行性能规划

为了确保机器人在无碰撞顺利越障的同时实现拟人的连续平稳跨步行进，还需要考虑机器人沿规划路径越障时的运动特性，以消除越障前后腿的急动和落足时与地面的冲击。这就需使机器人在起步点抬腿时刻和落步点触地时刻足的速度和加速度为零[2,5]。

设越障时足在 X 方向上的加速度为：

$$\dot{x}(t) = A_v t^2 (T-t)^2, \qquad 0 \leqslant t \leqslant T \tag{8}$$

其中 A_v 为待定常系数，T 为机器人跨越障碍所用的时间，t 为时间变量。

由式（8）可见，在抬腿时刻 $t = 0$ 和触地时刻 $t = T$，足在 X 方向的速度、加速度分别为零：$\dot{x}(0) = 0, \dot{x}(T) = 0, \ddot{x}(0) = 0, \ddot{x}(T) = 0$。这就消除了 X 方向腿的急动和足的冲击。

对式（8）积分，得 $x(t) = A_v \left(\dfrac{1}{5} t^5 - \dfrac{1}{2} T t^4 + \dfrac{1}{3} T^2 t^3 \right)$

由运动条件 $x(T) = L$，得 $A_v = 30 \dfrac{L}{T^5}$

则越障时足在 X 方向的运动规律为

$$x(t) = \frac{L}{T^5} (6t^5 - 15Tt^4 + 10T^2t^3) \tag{9}$$

将式（9）与足端越障轨迹 $x(u)$ 和 $z(u)$ 联立，建立参数 u 和时间变量 t 之间的联系，即可得机器人越障时足在 Z 方向的运动规律 $z(t)$。限于篇幅，具体推导不再赘述。

3.3 数值仿真研究

设由机器人测距感知系统所获得的地形特征如图 2 所示，地形障碍高度 $H_0 = 0.25m$，拟选落足点的高度 $h_f = 0.15m$，起步点与地形障碍的距离 $d = 0.55m$，取越障时迈步周期 $T_s = 2s$。

如图 2 所示，曲线 1 是起步角 $\alpha = \pi/7$，落步角 $\beta = \pi/4$，越障步长 $L = 0.9m$ 时的足端越障轨迹，曲线 2 是起步角 $\alpha = \pi/4$，落步角 $\beta = \pi/6$，越障步长 $L = 1.0m$ 时的足端越障轨迹，曲线 3 是起步角 $\alpha = \pi/6$，落步角 $\beta = \pi/5$，越障步长 $L = 1.0m$ 时的足端越障轨迹。图 3 为起步角 α 和落步角 β 取等值在 $(0, \pi/2)$ 范围内变化，越障步长在 $[0.9m, 1.1m]$ 范围内依次取递增的数值时，相应产生的足端轨迹在障碍处的越障高度值。

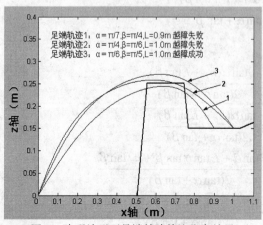
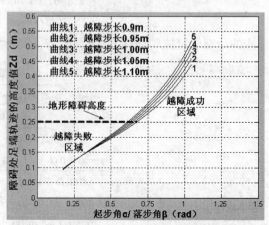

图 2 障碍地形下足端越障轨迹仿真结果　　　　图 3 起步角/落步角、步长与足端越障高度的关系

4 新型纳米绒毛技术对稳定行走的适用性分析

利用 SEM（电子扫描显微镜）对壁虎脚趾进行分析，发现壁虎脚趾末端长有百万计直径约几十微米的刚毛，每根刚毛其末端又分裂为上千直径约 200 纳米的绒毛，绒毛与墙壁表面以原子级精度接触，绒毛与物体表面原子间吸引力赋予壁虎匪夷所思的墙壁爬行能力，不管墙壁干燥还是潮湿，粗糙还是光滑。这种吸引力不受真空、重力影响[6]。

纳米绒毛是纳米技术与仿生技术学科交叉的最新成果。由于复杂的电磁相互作用，任何原子间同时存在斥力与引力，超过一定距离，合力呈现为吸引力，称为 Vander Waals force。这个距离下原子间范德瓦尔斯力的宏观呈现就是高效的吸附力。

目前可以用原子力显微镜探针法制造直径纳米级的绒毛[7]，如图 6 所示，利用原子力显微镜采用 step by step 方式在蜡层上雕刻出合适密度、深度的凹痕阵列（过程 a），然后用聚合物灌注（过程 b），去掉模子，得到纳米绒毛阵列（过程 c）。在微重力的太空环境下，制出的人造绒毛粘附强度可以满足相关任务的需求。

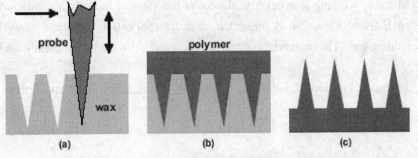

图 6　原子力显微镜探针法制造纳米绒毛

由于在星球微重力环境下，两足机器人在移动探测作业的过程中，存在的冲击会使机器人脱离地面，影响机器人的平衡和连续快速行走，为实现在星球环境下高效稳定行进和正常作业，防止腾空和跌倒，拟在两足机器人足底附上蒙皮，蒙皮外侧覆盖有 MEMS 工艺制造的纳米绒毛层，使得两足机器人在崎岖陡峭地面上行走和作业时可以减缓振动并产生吸附地面作用，避免受到冲击而发生倾翻。

5 结论

两足机器人采用足运动方式，通过离散的立足点，可以平稳地跨越行进路面上的地形障碍。其在执行星球探测任务时，需要根据地形特征而实时主动地产生相应的越障步态。本文建立了障碍地形下两足机器人越障行走的时-空模型，通过仿真分析，验证了所规划的运动策略的正确性，对控制两足机器人的越障行进提供了理论基础；并探讨了仿生的纳米绒毛技术在星球环境中两足机器人上的应用，从而保证了两足机器人既快速高效又稳定地进行星球移动探测作业。

参 考 文 献

[1] 徐正飞，杨汝清，翁新华.移动机器人四杆地形感知机构的设计[J].机械工程学报，2003，39（4）：44-48.

[2] 柳洪义，宋伟刚，彭兆行.控制步行机足运动的一种方法－修正组合摆线法[J].机器人，1994，16(6):350-356.

[3] Silva F.M., Machado J.A.T.. Kinematic aspects of robotic biped locomotion systems[A].In:Proceedings of the 1997 IEEE/RSJ International Conference on Intelligent Robots and Systems[C], Grenoble.1997:266-272.

[4] 施法中.计算机辅助几何设计与非均匀有理 B 样条[M].北京：高等教育出版社，2001.

[5] Qiang Huang, Kazuhito Yokoi, Shuuji Kajita. Planning Walking Patterns for a Biped Robot[J].　IEEE Transactions on Robotics and Automation,2001,17(3):280-289.

[6] Autumn,Kellar; Liang,Yiching A; Hsieh,S.Tonia; etc. Adhesive force of a single gecko foot-hair[J].Nature,Vol.405,

No.6787: 681-685

[7] Metin Sitti. Synthetic Gecko Foot-Hair Micro/Nano-Structures as Dry Adhesives[J].Journal of Adhesion Science and Technology,vol.18,no.7:1055-1074.

High-efficiency Bionic Stably Walking Scheme for Biped Robot in Planet Exploration

Cheng Gang , Zhu Changan , Shen Lianguan and Song Jifeng

Department of   Precision Machinery & Instrumentation, USTC, Hefei, 230027

gangcheng@ustc.edu , gcheng@mail.ustc.edu.cn

· **Abstract**   when biped robot explores planets,over-obstacle motion needs to be generated in response to terrain character and stably walking is necessary. Based on the view of bionics, an anthropopathic over-obstacle walking mode using B-spline algorithm is presented, and the application of bionic nano-fibers technology for biped in planet is discussed. The numerical simulation is given to prove efficiency and correctness of the theoretical model.

Key words   Planet exploration; Biped robot; bionic over-obstacle motion; Nano-fibers

太阳系行星及行星际大气环境特性研究

达道安[1]　杨亚天[2]　涂建辉[1]

1 兰州物理研究所，2 福建师范大学物理系

1. 甘肃 兰州，730000，2 福建 福州，350007，dadaoan@sohu.com

摘　要　本文提出了一个物理模型，扩展了玻耳兹曼公式，分析计算了太阳系中地球、金星、火星等行星的大气密度及高度的分布；推导出了计算大气寿命的数学公式，给出了地球、金星大气层及火星水汽的寿命。这些结果对于开展行星探测工作有一定的意义。

关键词　行星大气；空间分布律；大气寿命；金星；火星

1　引言

2001 年美国总统布什发表了"新空间探测计划展望"，用新的飞船技术执行重返月球及登陆火星的载人计划。2018 年开始每年至少登月两次，宇航员在月球上从事科学研究，寻找可利用资源，建立月球基地，为 2020 年实施载人登陆火星计划做准备。俄罗斯也制定了月球基地建设计划。欧洲相继发射了月球火星探测器。中国的嫦娥和印度的"CHDRAYAAN-1"月球探测器将于 2007 年发射。人类航天技术领域出现了行星探测热潮。在探测行星过程中，人们自然地要探测行星及行星际的大气环境。本文提出了一个物理模型，扩展了玻耳兹曼公式，分析计算了太阳系中地球、金星、火星等行星的大气密度及高度的分布；推导出了计算大气寿命的数学公式，给出了地球、火星、金星大气层的寿命。这些结果对于开展行星探测工作有一定的理论指导意义。

2　扩展的玻耳兹曼公式（EBF）

在球对称势场中，如行星的引力场中，设气体分子的势能为 $U(r)$，则在温度为 T 的平衡态的情况下，气体分布满足 Gibbs 分布律[1]。通常取单个分子内能为 $\varepsilon^{(i)}$，速度在 $\vec{v} \to \vec{v} + \mathrm{d}\vec{v}$，位置在 $\vec{r} \to \vec{r} + \mathrm{d}\vec{r}$ 范围内的分子数[1]为：

$$\mathrm{d}N(\vec{r}, \vec{v}, \varepsilon^{(i)}) = \frac{A}{V} e^{-\left(\frac{1}{2} m\vec{v}^2 + U(\vec{r}) + \varepsilon^{(i)}\right)/kT} \mathrm{d}\vec{r} \mathrm{d}\vec{v}$$

其中，m 为分子的质量，k 为玻耳兹曼常数，r 为气体分子距行星球心的距离，ε 为分子的总能量，V 为气体占有的总体积。A 是归一化常数，由总分子数 N 确定：

$$N = \sum_i \int \frac{A}{V} \exp\left\{-\left(\frac{1}{2} m\vec{v}^2 + U(r) + \varepsilon^{(i)}\right)/kT\right\} \mathrm{d}\vec{r} \mathrm{d}\vec{v} \, n(r)$$

$$n(r) = \frac{A}{V} \sum_i \int \exp\left\{-\left(\frac{1}{2} m\vec{v}^2 + \varepsilon^{(i)} + U(r)\right)/kT\right\} \mathrm{d}\vec{v} = \frac{N}{V} e^{-U(r)/kT} \tag{1}$$

它代表在 r 处的分子数密度，(1) 式称为玻耳兹曼公式(BF)[1]。（1）式是归一化的：$\int n(r)\mathrm{d}\vec{r} = N$

在引力场中 $U(r) = -GmM/r$，G 是万有引力常数，M 是行星质量。故（1）式又可写为

$$n(r) = n_\infty e^{\frac{GmM}{kTr}} \tag{2}$$

若取行星表面势能为零，即 $U(r_0)=0$，r_0 为行星半径。则（2）式可写为

$$n(r)=n_0 e^{\frac{GmM}{kT}\left(\frac{1}{r}-\frac{1}{r_0}\right)} \tag{2A}$$

$n_0=n(r_0)$ 是行星表面的大气密度，$r=r_0+h$，h 为距行星表面的高度，在行星表面

$$n(r)=n(r_0+h)=n_0 e^{-\frac{mgh}{kT}} \tag{2B}$$

根据上式计算出的行星表面大气层分子数密度的数值较好地符合实测结果。

当我们用（2A）计算大气的总分子数 N 时，得到

$$N=\int_{r_0}^{\infty} n(r)4\pi r^2 \mathrm{d}r = n_\infty \int_{r_0}^{\infty} e^{\frac{GmM}{kTr}}4\pi r^2 \mathrm{d}r = \infty \tag{3}$$

式中 $n_\infty=n_0 e^{-\frac{GmM}{kTr_0}}$。但行星大气的总分子数应是有限的。原因在于用不为零的 n_∞，不能得出有限的 N。但是用了 $n_\infty=0$，必有 $n_0=0$，则不能进行实际计算。我们采用新的归一化函数 $g(r)$ 来代替原来的归一化常数因子 $\frac{N}{V}$，并取：

$$g(r)=\frac{Nr_{DY}}{4\pi\left(e^{r_{DY}/r_0}-1\right)}\cdot\frac{1}{r^4} \qquad r_{DY}\equiv\frac{GmM}{kT} \tag{4}$$

（1）式变为

$$n(r)=\frac{Nr_{DY}}{4\pi\left[\exp\left(r_{DY}/r_0\right)-1\right]}\cdot\frac{1}{r^4}\exp(r_{DY}/r) \tag{5}$$

(5)式称为扩展的玻耳兹曼分布公式(EBF)。这时有：$\int_{r_0}^{\infty} n(r)4\pi r^2 \mathrm{d}r=N$，不再发散。

3 EBF 应用举例

1. 行星气体总质量与压强的关系

对地球的大气层，可知 $\exp(r_{DY}/r_0)\gg 1$，此时(5)式可简化为

$$n(r)=\frac{Nr_{DY}}{4\pi r^4}\exp\left[-\frac{r_{DY}}{rr_0}(r-r_0)\right] \tag{5A}$$

$$n_0\equiv n(r_0)=\frac{Nr_{DY}}{4\pi r_0^4}=\frac{N\dfrac{GmM}{kT}}{4\pi r_0^4} \tag{6}$$

故由(6)式，气体的总质量为：$\quad Nm=(n_0 kT\cdot 4\pi r_0^4)/GM = p_0\cdot 4\pi r_0^2/g \tag{7}$

这就是大气总质量的公式。由(7)式得到地球的大气总质量为：$Nm=5.26\times 10^{18} kg$。

2. 与玻耳兹曼公式的关系

注意到（6）式，（5A）式又可写为

$$n(r)=n_0\left(\frac{r_0}{r}\right)^4\exp\left\{-\frac{r_{DY}}{rr_0}(r-r_0)\right\} \tag{5B}$$

令 $h=r-r_0$，当 $h/r_0\ll 1$ 时

$$n(r)=n_0\left(1-4h/r_0\right)\exp(-mgh/kT) \tag{5C}$$

式中修正因子 $1-4h/r_0 \approx 1$，又回到了玻耳兹曼公式.

3. 行星表面气体的质量随距离变化的关系式

先计算从 r_0 到距星球中心距离 R 的大气层内所含的大气分子数 $N(R)$。

令 $R = r_0 + h$，若 $\dfrac{h}{r_0} \leqslant \dfrac{1}{100}$，$R \approx r_0$，由（5B）得：

$$\frac{N(R)}{N} = 1 - \exp\left(-\frac{r_{DY}}{r_0^2}h\right) = 1 - \exp\left(-\frac{mgh}{kT}\right) \tag{8}$$

$$\text{当} \frac{mgh_q}{kT} = q\ln 10, \quad h_q = q\frac{kT}{mg}\ln 10 \tag{9}$$

$$\frac{N(h_q)}{N} \equiv \frac{N(R = r_0 + h_q)}{N} = 1 - 10^{-q} \tag{10}$$

表1 地球和金星大气质量随距离的分布

行星及大气温度 大气组分 星表高度（Km）	地球 T=273K		金星 T=240K	h_q 以内的 大气占大气总量 %
	O_2	N_2	CO_2	
h_1	17	19	12	90
$h_2 = 2h_1$	34	38	24	99
$h_3 = 3h_1$	51	57	36	99.9

这些数据和实测值一致[2]。

4. 大气压强随高度变化的关系式

由（5A）注意到 $p = nkT$，我们有

$$p(r) = \frac{NGmM}{4\pi r^4}\exp\left[r_{DY}\left(\frac{1}{r} - \frac{1}{r_0}\right)\right] \tag{11}$$

$$p_0 \equiv p(r_0) = \frac{NGmM}{4\pi r_0^4} = \frac{Nmg}{4\pi r_0^2}$$

由此得

$$p(r)/p_0 \equiv \left(\frac{r_0}{r}\right)^4\exp\left[r_{DY}\left(\frac{1}{r} - \frac{1}{r_0}\right)\right] \tag{12}$$

令 $r = r_0 + h$，$p(r) \equiv p(r_0 + h)$，当 $h/r_0 \ll 1$ 时，取 h/r_0 的一次项得：

$$\log\frac{p(h)}{p_0} = -\left(\frac{r_{DY}}{r_0} + 4\right)\log e \cdot \frac{h}{r_0} \tag{13}$$

从 BF，并注意到 $p = nkT$，当 $h/r_0 \ll 1$ 时

$$\log\frac{p(h)}{p_0} = -\left(\frac{r_{DY}}{r_0}\log e\right)\frac{h}{r_0} \tag{14}$$

这就是常用的压强随高度指数变化规律的气压计公式。对地球的大气层而言，温度随着高度在不断地变化，但在 $h = 135$ km 以下，我们可以用一个等效温度 T(它接近于 $h = 135$ km 以下大气的平均温度 244.43 K)来拟合实测的 $\log p(h)/p_0$ 与 h 的变化关系；取地球表面大气的平均分子量为 28.437。计算表明由 BF 和 EBF 拟合的结果是相同的。两者的拟合温度分别为 238.8 K（EBF）和 237.77 K（BF）。

4 行星际大气密度分布

上述公式是在大气层具有单一温度的前提下推导出的，实际情况是.大气层的温度 T 随 r 在变化，假定 r 到达 r_s 后，温度 $T=T_\infty$ 是一常数。我们用分层法给出了 $n(r)$ 和 $p(r)$ 公式[5]。对远离行星的区域，我们可以从 r_s 算起，这时 $T=T_\infty$，可用上述单一温度的密度公式计算：

玻尔兹曼公式：
$$n(r) = n(r_s)\exp\left\{\frac{GmM}{kT}\left(\frac{1}{r}-\frac{1}{r_s}\right)\right\} \tag{2C}$$

扩展后的玻尔兹曼公式：
$$n(r) = n(r_s)\left(\frac{r_s}{r}\right)^4\exp\left\{\frac{GmM}{kT}\left(\frac{1}{r}-\frac{1}{r_s}\right)\right\} \tag{5D}$$

公式中引用的物理常数和参数均来自文献[4]：

1. 地球

$$r_s = 7\,356\,776\ \text{m}$$

质　量
$$M = 5.976\times10^{24}\ \text{kg}$$

地球表面大气压力
$$p_0 = 1\text{atm} = 101.325\ \text{kPa}$$

地球高远处大气平均温度
$$T_\infty = 1\,000\ \text{K}$$

地球大气密度分布见图1。

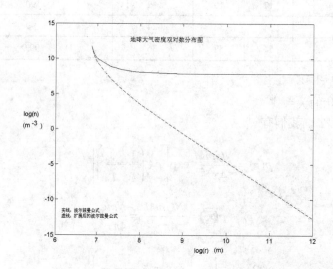

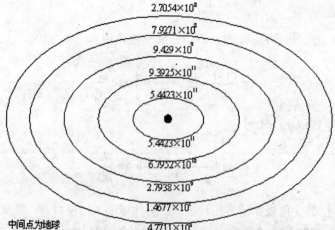

图1　地球大气密度分布示意图

2. 火星

火星大气的主要成分为：CO_2 和 Ar ，其中 CO_2 的分子质量已在上面给出。Ar 的分子质量 $m = 6.635\ 4 \times 10^{-26}$ kg 。 $r_s = 3\ 793.5$ km ， 质量 $M_{Mars} = 0.108 M_{Earth} = 6.458\ 4 \times 10^{23}$ kg ， 大 气 平 均 温 度 $T_\infty = 1000K$ ， r_s 处分子密度， $n(r_s) = 1.391 \times 10^{15} m^{-3}$ 。

火星大气密度分布见图2。

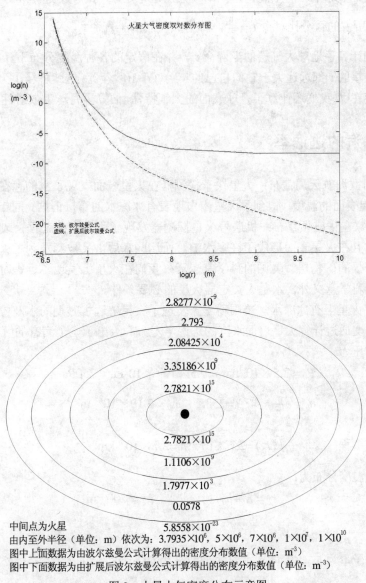

中间点为火星
由内至外半径（单位：m）依次为：3.7935×10^6，5×10^6，7×10^6，1×10^7，1×10^{10}
图中上面数据为由波尔兹曼公式计算得出的密度分布数值（单位：m^3）
图中下面数据为由扩展后波尔兹曼公式计算得出的密度分布数值（单位：m^{-3}）

图2　火星大气密度分布示意图

5　地球和金星的大气层寿命的计算

大气层中气体分子的逃逸过程是一个非平衡过程，应该用动力学方程来描述[1]。但由于这个过程进行的非常缓慢，我们可以假定，这一过程是个准静态过程。大气分子的速率 v 大于逃逸速度 v_e 是分子能够逃逸的必要条件，但分子能否逃逸还取决于分子所处区域的平均自由程或碰撞频率。例如在地球海平面分子的平均自由程 $\bar{l} \sim 2 \times 10^{-7}$ m ，相应的碰撞频率为 5×10^9/s ，即使一个分子具有 $v \geqslant v_e$ 的速率，由于频繁碰撞很难逃逸出大气层。为此我们需要确定一个大气层的逃逸界面，当大于逃逸速度的气体分子到达该界面时，就可以认为逃逸大气层了。本文给出了一个确定大气层逃逸界面的方法。逃逸界面确定后，就可算出单位时间逃逸界面内大气分子数的减少，它等于单位时间内通过逃逸界面的 $v \geqslant v_e$ 的分子数。由此我们导出大气层总分子数 N 的逃逸方程[5]：

$$\frac{dN}{dt} = -\lambda N \tag{15}$$

λ 称为大气的逃逸率，并具体算出了 λ 的表达式。

$$\lambda = \frac{1}{N} f(r_b) n(r_b) \cdot 4\pi r_b^2 \cdot \frac{\bar{v}}{4} \tag{16}$$

式中 r_b 是逃逸界面距星球中心的距离，$\bar{v}$、$n(r_b)$ 分别是 r_b 处分子的平均速率和分子数密度，$f(r_b)$ 是逃逸界面处 $v \geqslant v_e$ 的分子所占的百分比。令 $\tau = \frac{1}{\lambda}$，称为大气层的半寿命。

利用上述公式我们计算了地球大气层的半寿命 τ，并在假定的各种温度分布下计算了金星大气层的 τ。结果表明不论地球或金星的 τ 都远远大于它们自己的年龄（$\sim 10^{10}$ 年），这就解释了为什么地球和金星的大气层都能非常稳定地存在[5]。我们还计算了月球表面的大气特性，估算了月球上放射性元素铀钍等的含量[6]。

6　火星大气中水汽的逃逸率

2004 年 1 月 23 日欧洲航天局宣布：火星快车探测器在火星表面发现了水的存在。依据矿物测绘光谱仪（OMEGA）以及火星表面的温度，得到了火星南极地表有冰冻水的直接证据。同年 3 月 2 日美国航空航天局（NASA）的科学家在华盛顿宣布：机遇号火星探测器发现了强有力的证据，表明火星在很早以前，曾经有液态水存在，并且在火星表面形成了许多水泊。而这些水后来又被蒸发到了火星的大气中，最终在火星表面留下了一个干燥的矿物层。美国的科学家表示：我们在火星上发现了远古时期的水。火星上发现水对人类意义重大。除科学意义外，水是人类定居火星的必要条件。

欧洲科学家发现了火星上有冰冻水，美国科学家发现了火星上远古时期的水及曾经有水的水泊。对这些发现如何解释呢？本文通过计算火星表面水汽的逃逸半寿命，给出了一个满意的解答。

目前火星上的大气压为

$$P_0 = 7.5 \times 10^{-3} bar = 7.5 \times 10^{-3} \times 10^5 Pa = 750 Pa$$

$$n_0 = \frac{P_0}{kT}, \quad 取 \ T = 258K \quad n_0 = 2.10 \times 10^{23} \ m^{-3},$$

气体分子的平均自由程　　　$\bar{l}(r_0) = 2.7 \times 10^{-5} \ m = 2.7 \times 10^{-8} \ km$

假定目前火星大气温度分布为：

$T = T_{e1} = 258$ K, $r_0 \leqslant r < r_T$, 　　　$r_T = r_0 + h_T$, 　　　$h_T = 200$ km

$T = 700$ K, $r = r_T$

$T = T_{e2} = 1000$ K, 　　　$r > r_T$

火星大气的平均分子量为 $\bar{m} = 43.44$，大气主要成分为 CO_2 及少量的 N_2。

$$r_{DY1} = \frac{GmM}{kT_{e1}} = 8.79 \times 10^5 \ km, \quad r_{DY1}/r_0 = 259$$

$$r_{DY2} = \frac{GmM}{kT_{e2}} = 2.27 \times 10^5 \ km, \quad r_{DY2}/r_T = 63.07$$

取　$r_b = 4045$ km，为逃逸界面。

我们计算出水汽的逃逸率 $\lambda = 9.90 \times 10^{-17} \ s^{-1}$ 和逃逸半寿命 $\tau = 1.01 \times 10^{16} \ s = 3.2 \times 10^8$ 年。

计算指出：火星上水汽的寿命小于火星的年龄 10^{10} 年。

在同样条件下：氮气和氧气的逃逸半寿命分别为 1.2×10^{16} 年和 1.3×10^{19} 年，均远大于火星年龄。说明火星大气层中的氮气和氧气是稳定的，水汽的逃逸半寿命仅为火星年龄的十四分之一。

7 结论

1. 本文在引入归一化因子 $g(r)$ 后，扩展了玻耳兹曼公式（EBF），克服了利用玻耳兹曼公式（BF）在计算行星大气总分子数时所产生的发散困难。由 EBF 可以推导出行星大气总质量的公式和行星表面大气质量随距离变化的公式，行星表面大气压强随高度的变化公式。利用这些公式计算的结果与实测结果相符合。

2. 在行星表面附近，扩展的玻耳兹曼公式（EBF）又可以回归到玻耳兹曼公式（BF），远离行星表面时，利用 EBF 计算的结果更合理。

3. 利用扩展的玻耳兹曼公式（EBF），$n(r)$ 或 $p(r)$ 可以由 N,m,M,T,r_0 唯一确定，我们可以假定气体逃逸过程是准静态过程，计算出大气分子的逃逸率。

4. 本文计算了地球、金星的大气分布及大气层的半寿命，计算了火星上水汽的逃逸半寿命。计算指出：地球、金星的大气层非常稳定，而火星上水汽的逃逸半寿命仅为火星年龄的十四分之一。说明即使火星初期有水存在，至今绝大部分已逃逸到宇宙空间去，这和目前火星探测器对水的探测结果相符合。

5. 利用扩展的玻耳兹曼公式（EBF），计算了地球、金星、火星高远处的大气密度分布和月球表面的大气特性，估算了月球上放射性元素铀钍等的含量[6]。

本文得到"真空低温技术与物理国家实验室"基金的资助。我们感谢和段一士、汪志诚、毛铭德、薛大同等各位教授的有益讨论。

参 考 文 献

[1] 朗道，栗弗席兹.统计物理学.杨训恺等译.北京:人民教育出版社，1964，140-142.

[2] 亚·索·康帕涅兹.理论物理学.戈革译.北京:人民教育出版社，1960，475-489.

[3] 中国大百科全书·天文学卷.中国大百科全书出版社，北京 1980，56-57.

[4] 中国大百科全书·物理学卷.中国大百科全书出版社，1980，北京.

[5] NASA NOAA and USAF U.S. Stands.Atmosphere 1976,Washington D.C.1976.

[6] 达道安，杨亚天.地球、金星大气寿命的计算.真空与低温，Vol.11 No.2,2005,pp.70-77.

[7] 达道安，杨亚天.月球大气分子逃逸率的计算.航天器环境工程， Vol.22， No.2，2005, pp. 63-68.

Research on the Environment Characters of Atmosphere of Planetary and Interplanetary Space in the Solar System

Da Dao-an[1], Yang Ya-tian[2] and Tu Jian-hui[1]

1. Lanzhou Physics Institute, Lanzhou, 730000

Department of Physics, Fujian Narmal University, Fuzhou, 350007，dadaoan@sohu.com

Abstract   A physical model based on the extended Boltzmann formula (EBF) is established in this paper. The atmospheric number density distributions of Earth, Venus and Mars upon height are calculated; the mathematical expressions to calculate the atmospheric life-time are derived, the atmospheric lifetime of Earth and Venus and the vapor lifetime are evaluated. It might be helpful to the detecting planetary and interplanetary space.

Key words   Planet atmosphere；Space distribution law；Atmospheric lifetime；Venus；Mars

空间碎片天基监测卫星方案研究

李志　范东栋

中国空间技术研究院研发中心

北京市5142信箱110分箱，邮编：100094，leezhi505@163.com，fandongdong@tsinghua.org.cn

摘　要　本文提出了天基空间碎片监测卫星的总体方案初步设想，给出卫星功能、指标要求、数据传输模式、卫星运行模式等分析结果；在监测载荷的方案构想中，探测系统的探测碎片信号能力（照度）、距离和效率是决定监测卫星效能的主要因素，本文给出了分析的相关数据曲线。

关键词　卫星方案；碎片；监测；有效载荷；探测相机

自人类进入空间开展航天活动以来，累计产生了数千万的太空垃圾，总质量已达数千吨，而且每年以大约 200 个空间碎片递增，空间碎片主要分布在 2 000 km 以下的低轨道区和倾角 ±15° 范围的地球静止轨道区。空间碎片与航天器之间的平均撞击速度为 10 km/s。厘米级以上的空间碎片撞击可导致航天器彻底损坏，对航天器构成严重威胁。为了确保在轨空间系统安全，国外发展了比较完备的地基空间碎片监测网，能够探测 10 cm 以上的空间物体，多次成功地指导航天器规避空间碎片的撞击。

厘米级以上的空间碎片可导致航天器彻底损坏，其破坏力之大几乎无法防护，采取的办法是规避。规避的一般过程包括：首先对危险碎片进行有效探测、监测，然后完成定轨和编目等处理，建立动态信息系统，其次，对碎片的轨道进行预报，如果判断其进入目标航天器的警戒区域，则启动撞击预警系统，引导航天器完成规避过程，进入安全区域。

空间碎片的探测、跟踪和监测系统分为天基和地基两种方式。发展天基碎片探测系统，是弥补地基探测系统在时效性、完整性和精确性方面的不足的有效途径，最终建成完善的地基和天基空间碎片监测网。

1　天基空间碎片监测卫星方案研究

1.1　卫星功能要求

天基空间碎片监视卫星平台承载光学探测有效载荷，在光照条件容许的条件下，对与卫星距离 5 000 km 之内的大于 10 cm 的空间碎片进行捕获、监视与定轨，将探测数据进行在轨处理与存储，在卫星测控弧段将数据下传，进行数据的进一步处理。通过卫星的轨道运动，实现对近地轨道区域进行完全覆盖，对本空域内的空间碎片目标进行完全探测。结合地基空间碎片监视系统获取的探测与定轨数据，实现对覆盖内空间碎片的完全编目与及时更新。为此，空间碎片监视卫星应具备以下功能：

- 对距离 5 000 km 范围内的 10 cm 碎片目标进行远距离发现、跟踪、定轨的功能；
- 通过轨道运动与姿态机动配合，可短时间内覆盖 4π 空间；
- 具有较大姿态机动与精确控制能力；
- 具备海量数据的星上存储与处理能力；
- 具有高速数据传输能力；
- 具备轨道保持能力。

1.2　卫星设计指导思想和原则

天基空间碎片监视卫星按下列原则与指导思想开展设计工作：

- 满足天基空间碎片监测任务和技术指标要求；
- 充分继承已有卫星的成功经验和成熟技术，合理配置，快、好、省地完成卫星平台研制；
- 适应一箭一星、一箭多星以及搭载等多种发射方式，满足运载对卫星的各种限制要求。

1.3 卫星总体方案

根据天基空间碎片监测卫星的任务分析、轨道分析与碎片探测有效载荷初步分析。天基空间碎片监测卫星在每一轨道周期光照区，对背光区的天区进行顺序扫描、区域监测，对观测区域内部大于 10 cm 的空间碎片进行捕获、观测与定轨。在阴影区探测有效载荷停止工作，卫星处于低功率运行状态，通过蓄电池供电保证卫星平台与有效载荷的正常工作。在卫星经过测控弧段过程中，将目标探测数据快速下传，进行地面地分析应用。

为完成空间碎片探测与定轨任务，天基空间碎片监测卫星装载大视场、高灵敏度探测相机。相机固定安装，工作期间镜头指向背光观测天区。在阴影区或光照条件不容许探测的时段，探测相机待机。

卫星采用对地三轴稳定方式运行。在光照区主要由太阳电池阵供电，地影区则由蓄电池组供电。根据任务要求，卫星平台采用低轨卫星的成熟技术进行设计。卫星平台由结构与机构分系统、热控分系统、控制分系统、电源分系统、测控分系统、数传分系统、综合电子分系统组成。

以星载计算机为核心，形成了集成的综合电子系统，在统一的管理调度之下完成姿态和轨道控制、遥测、遥控、程控、数传、自主定轨与时间系统、电源管理、热控管理以及对有效载荷控制等项任务。星载综合电子系统跨越了传统分系统界限在整星的高度和从信号的角度对卫星电子系统结构进行综合优化，通过采用公用机箱提高系统集成度，在保证系统功能和可靠性的前提下，减少了星上设备的数量。

由于天基空间碎片监测卫星在每一轨道周期内，都需要进行连续的目标成像探测，由于探测器件分辨率高、面阵大，为此，所形成的原始数据量非常大，无法也没有必要全部下传地面进行分析处理，因此在星上进行自主的天文定位分析计算，并对处理后的数据进行高比率压缩，再通过数传分系统将处理后的数据下传地面站，进行进一步的分析应用。为此，要求星载综合电子分系统具有强大的数据自主处理能力。

天基空间碎片监视卫星在轨飞行工作过程中要完成对扫描搜索，对区域内的碎片目标进行成像、捕获与定轨。具体包括以下三种重要工作模式：

(1) 正常运行模式

在有效载荷不工作的情况下，试验卫星采取对地指向三轴稳定姿态在轨道上正常运行，在日照区太阳电池阵提供整星运行所需的能量，在阴影区由蓄电池提供整星运行的能量，支持卫星平台各分系统工作。

(2) 目标探测工作模式

● 当卫星即将进入观测弧段范围之前，卫星进行姿态机动，从对地指向三轴稳定正常运行姿态转到对特定观测区域惯性定向的探测姿态；

● 有效载荷探测相机启动工作，对特定观测区域进行探测成像；图像原始数据存入大容量星载存储器，同时综合电子系统对探测图象进行智能处理和天文定位分析计算，获取特定观测区域内航天器目标的轨道参数，并将处理后的有效数据经大比率压缩后重新存入星载存储器；

● 根据卫星轨道规律，在卫星姿态随动调整配合下，对轨道高度 300～1 000 km 的天区进行依次扫描搜索，以实现对整个 4π 空间的覆盖；

● 当试验卫星运行出观测弧段范围后，有效载荷探测相机转为待机状态，卫星平台进行姿态机动，从对特定观测区域惯性定向的探测姿态转为对地指向三轴稳定正常运行姿态，重新进入正常运行模式。

(3) 数据传输模式

在天基空间碎片监测卫星进入我国地面应用站的数传接收弧段过程后，数传系统启动工作，将星载存储器内的探测原始数据和处理后的数据以 300Mbps 左右的数传码速率下传地面，地面站进行数据接收，并对数据进行进一步分析应用；当卫星离开数传接收弧段后，数传系统转入待机状态，转入正常运行模式。

(4) 卫星低功耗运行模式

当卫星进入阴影区之后，探测相机从工作状态转入待机状态，卫星由太阳电池阵供电转入蓄电池供电，卫星低功耗运行；

当卫星运行出阴影区后，卫星由蓄电池供电转入太阳电池阵供电，在探测光照条件适合情况下，探测相机启动工作，恢复探测工作。

平台舱星内布局和有效载荷舱布局示意图如图 1 和 2 所示。

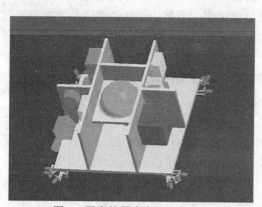

图1 平台舱星内布局示意图

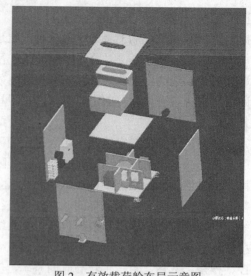

图2 有效载荷舱布局示意图

根据设计原则，要充分继承已有卫星的成功经验和成熟技术。根据目前卫星研制的技术状态，整星总质量约 480 kg。

2 天基空间碎片监测有效载荷方案研究

2.1 有效载荷任务分析

天基空间碎片可见光监测有效载荷主要可见光相机进行凝视成像，适当设定积分时间，获取碎片图像轨迹，根据图像轨迹实现碎片的定位。

相机安装的位置可以在卫星的 Y，-Y，X，-X，-Z 方向上选择，以可见光相机光轴指向卫星 Y（或-Y）轴方向为例，如图所示，设计轨道时，碎片监测卫星的观测区域的中心与被服务的航天器的轨道重合。随着卫星的运行，阴影区沿着与卫星一样的运动方向进行推扫，对整个区域的碎片进行搜索、探测和定位。

该系统实现以下两个目标：

(1) 通过对区域内的碎片的探测和定位，为地面应用系统提供测量数据，再实现预报服务，达到对危险碎片的预警目的，最终实现航天器的规避。

(2) 通过对特定轨道的推扫和区域内的碎片探测，为该区域内的航天器直接提供预警服务，达到实时或准实时的预警目的。

相机工作时，单位时间内（具体帧频待定）成像一次，成像区域有必要重叠。如图 3 所示。

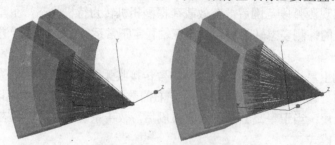

图3 可见光相机成像区域

载荷的配置和功能：根据角速率和探测区域的需求，可以在卫星上配置不同视场的可见光相机，大视场对应近距离探测，与大的角速率相匹配，避免因视场小而使视场内碎片图像停留过短。小视场对应较远距离的探测。

总体技术指标要求：

- 碎片尺寸：大于 10 cm；
- 定位精度：距离的 0.5‰，即 0.5‰*R。

2.2 探测与定位的原理

在一次积分时间内，运动的碎片如果在可见光相机视场内留下一段航迹，如图4所示，根据航迹长度、采用相应的算法，可以算出碎片相对相机的位置等参数。图4（a）是原始的图像，经过处理后得到图4（b）所示的图像。

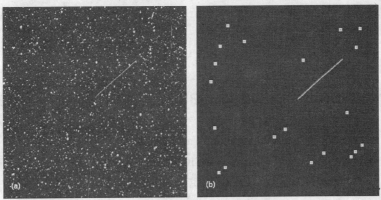

图4　可见光相机探测与定位原理

2.3 相机系统的总体指标分析

- 角分辨率为0.001°（$3.6''$）；
- 相机系统的总视场$30^\circ \times (5^\circ \sim 8^\circ)$
- 相机工作谱段的确定：0.40~0.9

2.4 碎片探测的精度、探测距离和效率分析

(1) 平台姿态运动对天基探测精度影响分析

碎片的测量精度由相机的测角精度、平台的姿态测量精度和算法精度等因素决定，其中平台的姿态测量精度是影响碎片测量精度的主要因素。

目前，三轴姿态测量精度：0.01°（3σ），未来的精度预计可达0.005°（3σ），需要分析不同探测距离条件下的碎片在方位和俯仰方向上的测量精度。

(2) 空间碎片目标光学特性分析

根据对空间碎片反射太阳光谱辐射的特性等因素分析，10 cm 的空间碎片反射的太阳光达到相机前的照度（星等）与距离的变化关系如图5所示。

(3) 探测概率估算

采用本方案的相机系统，在 2000km 内的探测概率如表1所示，分析表中的数据可以看出，在一个轨道周期内，能够探测到的碎片在几百个左右。

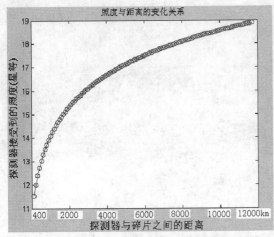

图5　10 cm 的空间碎片反射的太阳光达到相机前的照度（星等）与距离的变化关系

表1　预计 2006 年探测 2～10 cm 碎片探测概率分布

碎片尺寸	对应距离 R_1	探测概率
2 cm	100 km	Flux=115/day=7/round
3 cm	200 km	Flux=460/day=29/round
4 cm	300 km	Flux=1.035E3/day=65/round
5 cm	500 km	Flux=2.875E3/day=180/round
6 cm	700 km	Flux=5.635E3/day=353/round
7 cm	900 km	Flux=9.315E3/day=583/round
8 cm	1 200 km	Flux=1.66E4/day=1037/round
9 cm	1 600 km	Flux=2.94E4/day=1843/round
>10 cm	2 000 km	Flux=5.678E3/day=350/round

3 总结

根据分析和计算的结果，采用本文确定的卫星方案和载荷的方案，监测卫星在一个轨道周期内能够探测几百甚至上千个厘米级碎片，其探测能力和效率是满足使用要求的，下一步开展碎片跟踪和足够长碎片轨迹（弧段）探测，可为碎片的定轨创造条件。

Research on Scheme of Space Based Surveillance Satellite in Debris

Li Zhi and Fan Dongdong

P. O. Box 5142-110, Beijing, 100094

leezhi505@163.com

Abstract　In the paper, scheme of space based surveillance satellite of debris is presented. The emphasis of the paper is placed on the theoretic calculation of detect range and efficiencies. Some analysis results of both satellite and payload is given.

Key words　Satellite; Debris; Surveillance payload; Camera

用于清理地球同步轨道大型空间碎片的轨道拖船方案设想

李志　陈瑶

中国空间技术研究院

北京 5142 信箱 110 分箱，邮编：100094

摘　要　用于清理 GEO 大型空间空间碎片的轨道拖船，自主完成对 GEO 的大型空间碎片（包括废弃卫星以及卫星解体后形成的较大规模的空间碎片）的交会、接近和停靠，在地面遥控操作下完成对目标的俘获，通过轨道机动，将空间碎片运送到指定的废弃区，以缓解 GEO 轨道资源紧张，保障 GEO 轨道卫星安全。本论文阐述的是用于清理 GEO 大型空间碎片轨道拖船的方案设想.

关键词　轨道拖船；空间碎片清理；轨道机动；自主交会技术

1　引言

随着社会进步和科学技术的发展，空间技术的商业应用正在向全球迅速扩展，空间通信、导航、遥感等领域已经形成了新型产业，人们的工作和生活日益依赖于空间。地球静止轨道卫星以其独特的轨道特性，在通信、广播、数据中继、电子侦察、导弹预警、导航定位、气象观测等领域得到了广泛应用。在轨道和频谱资源日趋紧张的情况下，全球卫星通信及其他地球静止轨道卫星仍在迅猛发展，造成地球静止轨道拥挤不堪。

地球静止轨道卫星在推进剂耗尽以后，失去保持定点位置的能力，有时会因为某种原因分解，形成了大型轨道碎片。这些大型轨道碎片在地球扁率、日月引力、太阳光压等摄动因素的作用下发生漂移，其轨道倾角出现以大约 53 年为周期的周期性变化，倾角最大时达到 15°。这些大型空间碎片每天两次穿过地球静止轨道面，相对于地球静止卫星的速度约为 800 m/s，对正常工作的地球静止卫星构成威胁。

对于地球静止轨道来说，为降低大型轨道碎片对正常运行卫星造成威胁，将它送入垃圾轨道是目前唯一切实可行的办法。国际航天界对于地球静止卫星退役后的垃圾轨道已基本上形成共识，垃圾轨道可以选择一条比地球静止轨道高 300～400 km 的圆轨道。在静止轨道寿命末期，采取多次加速变轨策略，大约消耗相当于卫星定点保持一个月左右所需的燃料用量，将卫星送入垃圾轨道。据不完全统计，采用这种方法已经对地球静止卫星使用过 90 多次，取得了比较理想的效果。但是，由于在寿命末期，卫星剩余推进剂量的测量存在偏差，而且由于经济利益等因素，卫星用户普遍不愿付出缩短卫星工作寿命的代价，造成了地球静止轨道的大型空间碎片日益增多的局势。

考虑到地球静止轨道的特殊性，为了充分利用重要的轨道资源，通过发射一种专门用于清理地球静止轨道大型空间碎片的轨道拖船就显得尤为必要。这种轨道拖船平时巡回在地球静止轨道，自主完成对地球静止轨道大型空间碎片的交会、接近和停靠，在地面遥控操作下完成对目标的俘获，通过轨道机动，将空间碎片运送到垃圾轨道指定的废弃区，以缓解 GEO 轨道资源紧张，保障 GEO 轨道卫星安全，为保护空间环境作出贡献。

2　轨道拖船的整体方案设想

2.1　地球静止轨道大型空间碎片清理任务分析

地球静止轨道是一项非常重要的自然资源，自 1963 年第一颗地球静止轨道卫星发射以来，被广泛地应用于通信、气象、导航、广播等领域。随着人类对这些领域的需求增长，其数目持续增长，目前已超过 300 颗。低地球轨道上的空间碎片可以受大气阻力作用，轨道不断衰减，最终再入大气层陨毁，由于静止轨道的特殊性，轨道上的空间碎片会长时间地留在这一高度附近。随着废弃卫星不断堆积，增加在轨卫星与其碰撞的概率，对静止轨道卫星构成威胁。为此，需要对已经废弃的静止轨道卫星及其等采取一系列措施，以保证静止轨道卫星安全。

2.1.1 地球静止轨道空间碎片重点区域

地球静止轨道空间碎片重点保护区域，由以下高度规定的扇形球壳区域：

- 下界高度=地球静止轨道高度 − 200 km
- 上界高度=地球静止轨道高度 + 200 km
- −15° ≤纬度≤+15°
- 静止高度（Z_{GEO}）35 786 km（地球静止轨道高度）

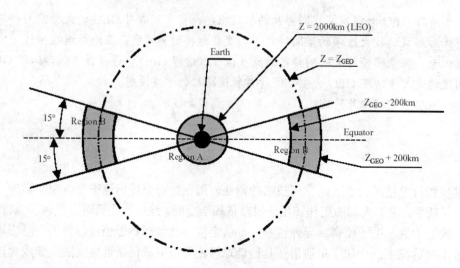

图 2-1 地球静止轨道空间碎片重点保护区域

2.1.2 地球静止轨道大型碎片运动特性分析

静止轨道大型空间碎片的轨道运动将受到以下因素的摄动：

- ◆ 地球非球面性的引力影响；
- ◆ 太阳和月球的引力；
- ◆ 太阳的辐射压力。

受太阳和月球引力摄动，升交点赤经 Ω 和轨道倾角 i 发生变化：

$$\frac{\mathrm{d}i}{\mathrm{d}t} = \frac{3\mu_p r^2}{hr_p^3} \cos\theta \ (\vec{i_r} \cdot \vec{i_p})(\vec{i_p} \cdot \vec{i_z})$$

$$\frac{\mathrm{d}\Omega}{\mathrm{d}t} = \frac{3\mu_p r^2}{hr_p^3} \frac{\sin\theta}{\cos i} \ (\vec{i_r} \cdot \vec{i_p})(\vec{i_p} \cdot \vec{i_z})$$

式中 $\vec{i_r}$ 和 $\vec{i_p}$ 分别为地心到大型空间碎片矢量和地心到摄动体的矢量；θ, i 为大型空间碎片轨道根数。

日、月引力引起卫星轨道法线分别绕黄道极点和月球极点转动。地球扁率引起卫星轨道法线绕北极转动。综合影响是初期地球同步轨道的轨道法线绕距离极轴 7.5° 的中心点转动，绕过这个点的完全转动 1 次约需 55 年静止轨道大型空间碎片姿态处于自由状态，受太阳光压和地球引力梯度等环境力矩的作用。

$$\overline{M_G} = \frac{3\mu_e}{R_0^3} \begin{bmatrix} (I_{zz} - I_{yy})\sin\varphi\cos\varphi\cos^2\theta \\ -(I_{xx} - I_{zz})\sin\theta\cos\theta\cos\varphi \\ -(I_{yy} - I_{xx})\sin\theta\cos\theta\sin\varphi \end{bmatrix}$$

其中，$\vec{s}$ 为太阳矢量；$\vec{n}$ 为大型空间碎片等效截面法向。

综上所述，静止轨道大型空间碎片在具有一定倾角的近圆轨道运行，其姿态以一定的角速率翻滚。

2.1.3 静止轨道空间垃圾存放轨道初步选择

1997 年在休斯敦举行的 IADC（机构间空间碎片协调委员会）第 15 次会议上，负责碎片减缓的工作小组就保护地球静止轨道提出建议。为防止在 GEO 保护区域内聚集多余的平台并不致增加总量密度和由此带来的潜在碰撞风险，到运行寿命结束时卫星应作机动离开该区域。为确保不会发生这些多余的卫星与正在进入 GEO 区域的卫星碰撞的危险，它们应往更高的高度机动。这一处置高度应足够高，使得即使在摄动力的影响下，被处置的卫星也不会干扰目前正在 GEO 区域运行的卫星。

$$\triangle H - \delta > h$$

式中　$\triangle H$——变轨航天器在 GEO 平面内增加的最小高度；

　　　δ——变轨航天器受摄动后的最大下降高度；

　　　h——GEO 上面受保护的最大空间高度。

根据经验，总的轨道摄动 δ 可由 2 个分量来表示，$\delta = \delta_{grav} + \delta_{SRP}$。

对任何卫星的周期性引力摄动组合影响将不会超过 35km，即

$$\delta_{grv} < 35km$$

太阳辐射压力（SRP）扰动的最大值取决于卫星的特征，由下式给出（km）：

$$\delta_{SRP} < 1000\ CrA/M$$

这里，Cr 是寿命初期卫星的反射系数，根据其表面特征，Cr 值在 1～2 之间。A 是卫星暴露于太阳的面积（m^2）。M 是卫星干质量（kg）。根据卫星特征，A/M 值通常取 0.01～0.1。

综合所有摄动因素，可得到保证处置后的卫星不会返回地球静止高度受保护的 200 km 区域的最小变轨高度要求：

$$\triangle H > 235 + 1000\ Cr\ A/M$$

综合考虑，取 $\triangle H$ = 400 km。

2.2　清理大型轨道碎片轨道拖船总体技术指标

清理大型轨道碎片轨道拖船由目标俘获机械臂和平台两部分组成。平台由结构机构分系统、电源分系统、热控分系统、综合电子分系统、测控与通信分系统、制导、导航与控制(GNC)分系统、推进分系统等组成。

2.2.1　总体技术指标：

1) 拖船干质量：1 000 kg

2) 可提供功率：4 500 W，其中，电推进轨控发动机工作期间大约功耗 4 000 W

3) 姿态控制

◆ 稳定方式：三轴稳定；

◆ 姿态指向精度优于 0.1°（3σ）；

◆ 姿态指向稳定度优于 0.001°/s（3σ）。

1) 4) 轨道控制

◆ 变轨能力 $\triangle V$ 不小于 12 km/s；

5) 推进系统

◆ 推进系统类型：电推进（氙离子）＋单组元推进组合系统；

◆ 比冲：电推进：3 000 s；

　　　　单组元推进：220 s。

◆ 推力：轨控电推进：176 mN

姿控：10 N

平动控制：50 N

6) 目标搜索、跟踪与测量

作用距离：0～150 km

2.3　对大型空间碎片的自主交会与停靠

空间交会是指轨道拖船在轨道上通过远程导引、近程寻的、最后逼近与停靠等过程使其按预定的位置

和时间与大型空间碎片在空间相遇，它是实现目标俘获的基础和前提。

远程导引阶段，大型空间碎片的轨道由地基和天基空间监视系统提供，轨道拖船的导航由地面测控系统支持，通过一系列的变轨机动，轨道拖船到达目标后方150km左右距离，通过光学敏感器捕获并跟踪目标，进行相对视线角的测量，通过星上自主导航计算对目标轨道数据进行修正。在远程导引期间，采用电推进系统进行轨道机动。

近程导引阶段，在星上敏感器自主捕获并跟踪目标，并对目标运行轨道进行自主修正后，进入近程导引阶段。轨道拖船根据本体运动参数和相对运动测量数据，自主规划近程导引律，并通过轨道机动接近到目标后方 10 km 左右，通过激光雷达捕获并跟踪目标，获取相对距离和相对视线角等数据。在近程导引期间，采用电推进系统进行轨道机动。

逼近导引阶段，在激光雷达自主捕获并跟踪目标，并对目标进行相对距离和相对视线角测量后，进入逼近导引阶段，轨道拖船根据相对运动测量数据，自主规划逼近导引律，并通过轨道机动接近到目标后方 300 m 左右，通过视觉系统捕获并跟踪目标，获取相对距离、相对视线角、目标图像等数据。在逼近导引期间，采用化学系统进行轨道机动。

停靠控制阶段，在接近到目标后方 300 m 左右，通过视觉系统捕获并跟踪目标，获取相对距离、相对视线角、目标图像等数据后，进入停靠控制阶段。根据相对距离、相对视线角、目标图像等数据，采用化学系统进行停靠操作，由机械臂自主完成接触撞击、导向滑移、捕获连接及其校准、拉紧和锁定的过程，它是交会停靠的最后阶段。

2.4 对大型空间碎片俘获机器手

对大型空间碎片的自主俘获由空间机械手系统完成。空间机械手系统主要由 3 个机械臂+手爪+手眼视觉、1 个中央控制器组成。

机械臂共有 6 个旋转关节。采用双关节设计，即将相邻的两个旋转关节设计成一体，形成一个 2 自由度的双关节，这样，六自由度机械臂在结构上就变成了由三个双关节及两个臂杆所组成的机械臂。关节机械部分主要包括相对转动的动块与静块、电机与减速器、旋转变压器、轴承等。

手爪采用两指回转结构，使两指运动对目标的抓捕部位形成一个封闭的包络空间，防止目标逃逸；随着手指的转动，包络空间的不断缩小，利用手指外形、指面形状、夹持块、手掌上的导向结构相配合，完成定位。手爪转动由一带减速器的力矩电机驱动。

手眼视觉以两台 CCD 相机为敏感器，实现对抓捕物的成像；通过中央控制器进行的图像处理与视觉计算，实现定位与定姿。手眼视觉相机的重要组成部分是特征光标和 CCD。

机械手系统中央控制器和关节控制器构成分布式控制系统。中央控制器主要完成机械手系统路径规划、动力学计算以及信息的收集和处理、故障的检测和任务调度等。关节控制器主要完成关节角的伺服控制，热控分系统的主动控制等。

2.5 地面遥操作

遥操作系统是地面操作人员对轨道拖船机械手进行交互式远程操作与控制的地面系统。遥操作系统主要由信道接口、模型仿真、数据处理、操作指令、协调管理等分系统组成。

信道接口完成遥操作系统与拖船测控与通信系统之间所有指令/数据的交换。模型仿真用于通过实时或直接加速计算生成有关拖船及机械手在轨运行的各种状态信息，同时可以根据需要完成对模型误差的修正。数据处理系统对所有飞行数据、模型仿真数据进行综合。操作指令系统的任务是识别操作人员的动作，变换生成各种遥操作指令序列。协调管理系统为遥操作系统提供统一的时间标准；对来自操作指令系统中的所有指令序列进行约束性判断和协调确认，送往模型仿真子系统或通过信道接口输出发送到轨道拖船。

2.6 燃料估算

初步设想轨道拖船停泊轨道为标准的地球静止轨道，即 $h=35\ 785\ km$，$r=42\ 164\ km$。取初始轨道为保护区域下限，即轨道高度为 $h_0=35\ 585\ km$；目标轨道取 $h_t=36\ 185\ km$，轨道平面之间交角为 15°。

采用 Hohmman 轨道转移，变轨道高度所需速度增量为：

$$\triangle v_1 = 0.05 \text{ km/s}$$

变轨道倾角所需速度增量为：

$$\triangle v_2 = 0.805 \text{ km/s}$$

考虑轨道交会所需速度增量为 0.1 km/s，完成一次飞行任务需要总速度增量为：

$$\triangle v = \triangle v_1 + \triangle v_2 \approx 0.91 \text{ km/s}$$

每次任务所需燃料量：

$$\Delta m = m_0(1 - e^{-\frac{\Delta v}{I_{sp}}})$$

载荷质量假定为 2 500 kg，寿命期内预期可完成 5 次清理任务，大约所需燃料（氙气）量为：

$$\sum \Delta m = 600 \text{ kg}$$

由于轨道交会近距离轨道控制和姿态控制采用单组元推进系统，考虑燃料 200 kg

轨道拖船需要总燃料为 800 kg，入轨质量为 1 800 kg。

GTO 到 GEO 所需速度增量为：

$$\triangle v = 1.836 \text{ km/s}$$

如果 GTO 到 GEO 采用电推进完成小推力轨道转移，根据公式可以计算拖船起飞质量：

$$m_0 = m_f e^{\frac{\Delta v}{I_{sp}}} = 1 916 \text{ kg}$$

3 结束语

国际上轨道转移飞行器的研究和应用较早，技术成熟，且成果丰富。目前已从空间运输器的发展到了可以延长卫星使用寿命，轨道也从中低轨发展到了同步轨道。我国在相关的技术领域有技术基础，但缺乏系统性研究。因此，本文所论述的用于清理 GEO 大型空间碎片的轨道拖船方案设想具有特别重要的现实意义。更重要的是我们可以在现有的基础上改进拖船的技术指标，提高其有效载荷能力，增加重复使用的次数，使其发展成为一种新型的空间运输系统，不仅可以清除空间垃圾，更可以对在轨卫星实施补给、升级、维护等服务，提高卫星性能，延长卫星使用寿命。到那时，我国就可以在国际轨道服务市场上占据一席之地，预期取得非常可观的经济和社会效益。

Space Tug Used for Big Debris Removal in GEO

Li Zhi and Chen Yao

China Academy of Space Technology

P. O. Box 5142-110, Beijing, 100094

Abstract Space tug used for big debris removal in GEO can complete autonomous rendezvous, capture and docking with a target debris, and then move it to a defined orbit in order to make sure satellite safety in GEO. In this paper, we mainly describe this tug's central scenario.

Key words Space tug; Space debris removal; Trajectory maneuvering; Autonomous rendezvous technology

关于共线平动点的特征在深空探测中的应用

刘林[1,2]　侯锡云[1,2]　王海红[1,2]

1 南京大学天文系，邮编：210093；

2 南京大学空间环境与航天动力学研究所，邮编：210093，xhliao@nju.edu.cn

摘　要　本文系统地阐述小天体运动对应的圆型限制性三体问题共线平动点的强不稳定性特征及其附近的条件周期轨道——晕轨道（Halo Orbit）的存在性，相应解的构造。这种特殊的轨道形式和共线平动点附近的弱稳定走廊，可分别用于在深空特殊位置附近定点有各种科学探测目标的探测器和节能轨道过渡的通道。

关键词　天体力学；航天器轨道力学；深空探测；共线平动点；晕轨道；引力加速

1　引言

圆型限制性三体问题（CRTBP）是研究太阳系中小天体运动的一个很好的力学模型，它研究的是一个小天体 P（小行星、自然卫星等）在相互作圆运动的两个大天体 P_1 和 P_2（质量分别为 m_1 和 m_2）的引力作用下的运动规律，小天体的质量 m 很小，$m \ll (m_1, m_2)$，对两个大天体的运动影响可以不考虑。对于这个力学系统，在两个大天体的质心旋转坐标系（简称会合坐标系）中，存在三个共线平动点[1]，它们分布在两个大天体的连线（即 x 轴）上，见图 1。这三个共线平动点是 CRTBP 系统的平衡点，相对两个大天体是静止的。但是，它对应的 CRTBP 系统的这一特解是不稳定的，处于这几个点上的小天体，在受到小扰动后即按指数规律远离这一平衡位置。因此，在以往的太阳系动力学研究中，无论从哪个角度来看，这种平动点都不被人们所关心。但是，航天时代的到来，空间科学的发展，天文观测的需要，恰恰要利用这几个平动点独特的空间位置和它的强不稳定性特征。

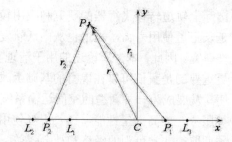

图 1　会合坐标系和共线平动点 L_j（j=1，2，3）

由于各种需要，一系列探测器被发射到日—地系的共线平动点附近的晕轨道（Halo Orbit）上，所谓晕轨道，是围绕共线平动点而又避免蚀现象发生的相对共线平动点的条件周期轨道，晕之称源自从地球上看的日晕或月晕现象。例如：1978 年和 1983 年美国航空航天局（NASA）发射的 ISEE-3，先后进入日-地系的 L_1 和 L_2 点附近的 Halo 轨道运行，执行探测太阳风、宇宙射线和等离子体的任务。1995 年 NASA 发射的探测器 WIND，进入日-地系 L_1 点附近的晕轨道，监测太阳风。1996 年欧空局（ESA）与 NASA 联合发射的探测器 SOHO，也定位在日-地系的 L_1 附近的 Halo 轨道上监控太阳活动。NASA 与 ESA 等还有一系列发射计划，主要是围绕空间天气预报和天文观测的需要。中国参与俄国等合作的世界空间紫外天文台（WSO/UV）将要发射到日-地系的 L_2 点附近的 Halo 轨道上，进行全天区的紫外观测。除日-地系之外，对月球的探测，亦有类似的考虑，如在月球背面的地-月系 L_2 点附近的 Halo 轨道上定点一探测器可作为观测月球的中继站。

CRTBP 问题中的共线平动点是不稳定的，但可以在其附近构造条件周期轨道（Halo Orbit）或条件拟周期轨道（Lissajous Orbit）。后者有蚀现象，对上述空间探测器而言往往需要 Halo 轨道。那么 Halo 轨道如何形成，又如何保持，参考文献[2]的两本著作有系统阐述，本文将结合参考文献[2]及其所引文献以及我们的系列工作（参考文献[3~5]针对线性系统有些简单介绍），对 Halo 轨道的形成和保持作一综合介绍。

上述应用是针对共线平动点独特的空间位置，设计一种克服其强不稳定性而形成的条件周期轨道，使航天器可在这样的轨道上完成探测任务。而另一种应用则相反，就是要充分利用它所具有的强不稳定性这一固有性质，设计一种转移轨道，使深空探测器可在低能情况下通过 L_1 或 L_2 点附近狭窄的弱不稳定走廊奔向目标轨道[6,7]。这一特征，同样是深空探测中所关心的，正是本文要阐述的第二个内容。

2　CRTBP 模型中共线平动点附近的运动与晕（Halo）轨道

在会合坐标系 $O\text{-}xyz$（见图 1）中，小天体的运动方程如下

$$\begin{cases} \ddot{\vec{r}} + 2(-\dot{y}, \dot{x}, 0)^T = (\partial\Omega/\partial\vec{r})^T \\ \Omega(x, y, z) = (x^2 + y^2)/2 + (1-\mu)/r_1 + \mu/r_2 \end{cases} \quad (1)$$

其中 $\mu = m_2/(m_1+m_2)$，且 $m_2 < m_1$。这一方程是无量纲化的，对应的长度、质量和时间单位分别为

$$[L] = \overline{P_1P_2}, \quad [M] = m_1 + m_2, \quad [T] = [L]^{3/2}/(G[M])^{1/2} \quad (2)$$

$\overline{P_1P_2}$ 是两个大天体之间的距离，虽然该系统的三个共线平动解是不稳定的，但可选取适当的初始扰动，使平动点附近的相对运动仍为周期轨道或拟周期运动，而不会远离平动点。

（1）相对共线平动点运动的基本方程

事实上，考虑共线平动点附近的运动，可以处理成相对共线平动点的运动。若记共线平动点 L_j 到距其最近的大天体（P_1 或 P_2）的距离为 γ_j（$j=1,2,3$，分别对应三个共线平动点）[1]，则三个共线平动点在会合坐标系中的坐标为

$$x_1 = -(1-\mu) + \gamma_1, \quad x_2 = -(1-\mu) - \gamma_2, \quad x_3 = \mu + \gamma_3 \quad (3)$$

由于是讨论相对共线平动点的运动，宜作如下坐标变换：坐标原点由两大天体的质心移至共线平动点 L_j 上，并将 x, y 轴旋转 $180°$，如图 2 所示。

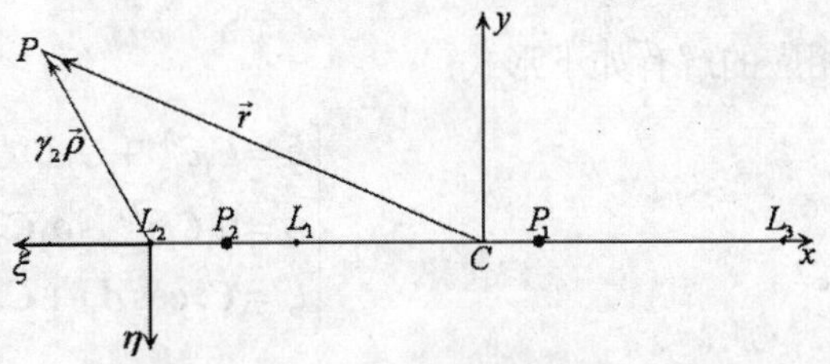

同时为了使共线平动点附近的运动图像清晰，需用一小的尺度因子 γ_j 将距离放大。在这一新坐标系 $L_j\text{-}\xi\eta\zeta$ 中，位置矢量 $\vec{\rho}$ 与原会合坐标系中位置矢量 $\vec{r}$ 有如下关系：

图 2　共线平动点坐标系 $L_j\text{-}\xi\eta\zeta$ 与会合坐标系 $C\text{-}xyz$ 的转换关系

$$\vec{\rho} = (\xi, \eta, \zeta)^T = -((x-x_j), y, -z)^T / \gamma_j \quad (4)$$

其中 x_j 是共线平动点 L_j 在原会合坐标系中的坐标量，根据这一转换关系，即可给出新坐标系中相对共线平动点运动的运动方程为[3,8]

$$\begin{cases} \ddot{\xi} - 2\dot{\eta} - (1 + 2c_2)\xi = \dfrac{\partial}{\partial\xi} \sum_{n \geq 3} c_n(\mu)\rho^n P_n\left(\dfrac{\xi}{\rho}\right) \\[2mm] \ddot{\eta} + 2\dot{\xi} - (1 - c_2)\eta = \dfrac{\partial}{\partial\eta} \sum_{n \geq 3} c_n(\mu)\rho^n P_n\left(\dfrac{\xi}{\rho}\right) \\[2mm] \ddot{\zeta} + c_2\zeta = \dfrac{\partial}{\partial\zeta} \sum_{n \geq 3} c_n(\mu)\rho^n P_n\left(\dfrac{\xi}{\rho}\right) \end{cases} \quad (5)$$

其中 $c_n(\mu)$ 对 $j=1,2$ 有

$$\begin{cases} c_{n \geq 3}(\mu) = \dfrac{1}{\gamma_j^3}\left[(\pm 1)^n \mu + (-1)^n(1-\mu)\left(\dfrac{\gamma_j}{1 \mp \gamma_j}\right)^{n+1}\right] \\[3mm] c_2(\mu) = \dfrac{1}{\gamma_j^3}\left[\mu + (1-\mu)\left(\dfrac{\gamma_j}{1 \mp \gamma_j}\right)^3\right] = \dfrac{\mu}{\gamma_j^3} + \dfrac{(1-\mu)}{(1 \mp \gamma_j)^3} \end{cases} \quad (6)$$

式中符号 $\pm$ 和 $\mp$，上下各对应 $j=1$ 和 2，即 L_1 和 L_2。对 $j=3$，有

$$\begin{cases} c_{n \geq 3}(\mu) = \dfrac{1}{\gamma^3}\left[(1-\mu) + \mu\left(\dfrac{\gamma}{1+\gamma}\right)^{n+1}\right] \\ c_2(\mu) = \dfrac{1}{\gamma^3}\left[(1-\mu) + \mu\left(\dfrac{\gamma}{1+\gamma}\right)^3\right] = \dfrac{(1-\mu)}{\gamma^3} + \dfrac{\mu}{(1+\gamma)^3} \end{cases} \qquad (7)$$

（2）共线平动点附近的运动（I）——线性情况

线性化模型对应的动力学方程即为（5）式的齐次形式：

$$\begin{cases} \ddot{\xi} - 2\dot{\eta} - (1+2c_2)\xi = 0 \\ \ddot{\eta} + 2\dot{\xi} - (1-c_2)\eta = 0 \\ \ddot{\zeta} + c_2\zeta = 0 \end{cases} \qquad (8)$$

方程（8）对应的三对特征值分别为 $\pm d_1, \pm id_2, \pm id_3$，其中

$$d_1 = \sqrt{\left(\sqrt{9c_2^2 - 8c_2} + c_2 - 2\right)\Big/2},$$
$$d_2 = \sqrt{\left(\sqrt{9c_2^2 - 8c_2} - c_2 + 2\right)\Big/2}, \quad d_3 = \sqrt{c_2} \qquad (9)$$

相应的解有如下形式：

$$\begin{cases} \xi = C_1 e^{d_1 t} + C_2 e^{-d_1 t} + C_3 \cos d_2 t + C_4 \sin d_2 t \\ \eta = \alpha_1 C_1 e^{d_1 t} - \alpha_1 C_2 e^{-d_1 t} - \alpha_2 C_3 \sin d_2 t + \alpha_2 C_4 \cos d_2 t \\ \zeta = C_5 \cos d_3 t + C_6 \sin d_3 t \end{cases} \qquad (10)$$

其中
$$\alpha_1 = \left(d_1^2 - 2c_2 - 1\right)\big/2d_1, \qquad \alpha_2 = \left(d_2^2 + 2c_2 + 1\right)\big/2d_2 \qquad (11)$$

解（10）中的 $C_i(i=1,6)$ 是由初始条件确定的积分常数。因 $d_1 > 0$，解中存在指数发散项，因此线性化解是不稳定的（即使考虑高次项影响后运动仍为不稳定的）。尽管如此，当初始状态量满足一定条件时可使 $C_1 = C_2 = 0$，此时（10）式表示的运动一般为拟周期运动，这些拟周期运动构成了线性化系统的二维环面，可表示为下列形式：

$$\begin{cases} \xi(t) = \alpha \cos(\omega_0 t + \phi_1) \\ \eta(t) = \kappa\alpha \sin(\omega_0 t + \phi_1) \\ \zeta(t) = \beta \cos(\nu_0 t + \phi_2) \end{cases} \qquad (12)$$

其中 $\omega_0 = d_2, \nu_0 = d_3, \kappa = -\alpha_2$，$\alpha$ 和 β 分别称为平面和垂直振幅。满足 $C_1 = C_2 = 0$ 的初始条件为

$$\dot{\xi}_0 = d_2\eta_0/\alpha_2, \qquad \dot{\eta}_0 = (-\alpha_2 d_2)\xi_0 \qquad (13)$$

对于日—地系和地—月系，ω_0 与 ν_0 均不通约，因此（12）式在空间中描述的为一 Lissajous 轨道。

上述结果是在线性化模型下给出的，在考虑了高次项后，这些二维环面将破裂，即满足（13）式的初始条件对应的拟周期轨道并不能使探测器长期围绕在共线平动点附近运动而不远离，由于共线平动点具有强不稳定性（按指数规律发散），往往会快速远离，即使频繁地按条件（13）进行轨控，使其不远离平动点，但耗能太大[3~5]，而且 Lissajous 轨道往往不是所需要的目标轨道。因此有必要进一步考虑高次项的影响来构造较稳定的 Halo 轨道。

（3）共线平动点附近的运动（II）——非线性情况

由动力系统的知识可知，当方程（8）加上高次项摄动后，系统原有的二维环面将破裂（即原有的条件周期或拟周期轨道不复存在），但仍有部分二维环面在高次项摄动下仍保持，但这些二维环面是原有相应环

面的扭曲。即在考虑了高次项摄动后，系统仍旧存在条件周期或拟周期轨道，这些轨道对应的初始条件相对于线性化模型下的初始条件有一定程度上的改变，改变的大小取决于高次项的大小。

方程（5）考虑右端的高次项后，根据这些项的特点，相应的解仍然可以构造，再去寻找消除不稳定项所决定的初始条件，但直接去寻找条件周期解显得更有意义，如 Lindstedt-Poincaré 方法，即将条件周期解或拟周期解展开成三角级数的形式，然后带入包含所考虑的高次项的运动方程，确定相应三角级数中各项的系数[8]。用此方法可以构造高阶 Lissajous 轨道（条件周期轨道），亦可构造高阶 Halo 轨道（条件周期轨道）[2,3]。人们感兴趣的还是 Halo 轨道。考虑方程（5）右端的高次项后，在一定的初始条件下，Halo 轨道的解可写成如下形式：

$$\begin{cases} \xi(t) = \sum_{i,j}^{\infty} \left(\sum_{|k| \leqslant i+j} \xi_{ijk} \cos(k\theta) \right) \alpha^i \beta^j \\ \eta(t) = \sum_{i,j}^{\infty} \left(\sum_{|k| \leqslant i+j} \eta_{ijk} \sin(k\theta) \right) \alpha^i \beta^j \\ \zeta(t) = \sum_{i,j}^{\infty} \left(\sum_{|k| \leqslant i+j} \zeta_{ijk} \cos(k\theta) \right) \alpha^i \beta^j \end{cases} \tag{14}$$

其中 $\theta = \omega t + \phi$，这里求和 $\sum_{i,j}^{n}$ 中，$i, j \geqslant 0$，$i+j \geqslant 1$，$N = i+j$ 称为解的阶数。高阶解可由低阶解逐次生成，只有 α 和 β 的某些特定组合才能生成 Halo 轨道。Richardson 给出了 Halo 轨道的三阶分析解[9]，其结果如下：

$$\begin{cases} \xi = -\alpha \cos\tau + a_{21}\alpha^2 + a_{22}\beta^2 + (a_{23}\alpha^2 - a_{24}\beta^2)\cos 2\tau + (a_{31}\alpha^3 - a_{32}\alpha\beta^2)\cos 3\tau \\ \eta = k\alpha \sin\tau + (b_{21}\alpha^2 - b_{22}\beta^2)\sin 2\tau + (b_{31}\alpha^3 - b_{32}\alpha\beta^2)\sin 3\tau + [b_{33}\alpha^3 + (b_{34} - b_{35})\alpha\beta^2]\sin\tau \\ \zeta = \beta \cos\tau + d_{21}\alpha\beta(\cos 2\tau - 3) + (d_{32}\beta\alpha^2 - d_{31}\beta^3)\cos 3\tau \end{cases} \tag{15}$$

其中 $\tau = \omega t + \phi$，$\omega = \omega_0 + \omega_1 + \omega_2 + \cdots$，$\omega_i$ 表示 α, β 的 i 阶量，有 $\omega_1 = 0$，$\omega_2 = s_1\alpha^2 + s_2\beta^2$，$s_1, s_2$ 的具体形式及解（15）中的各项的系数表达式见文献[9]。

3 晕轨道的保持

上述三阶轨道可作为目标轨道，但仍是实际力学系统下的近似解，必须加以轨控。轨控可以采用瞬时喷气控制方案，也可采用小推力连续喷气控制方案，且有不同的轨控策略。我们采用了线性反馈的思想给出了一种小推力控制方案[10]。数值模拟采用这种方案，确实能使航天器定点在目标轨道附近。

图 3 和图 4 分别给出了会合坐标系中，日-地系和地-月系 L_2 点附近的一条 Halo 轨道。β 由 α 确定，上图中轨道的大小在日-地系中相当于 x 方向振幅为 22.5 万公里，y 方向上振幅为 67.5 万公里，z 方向的振幅为 26 万公里。下图表示的轨道在地-月系中大小相当于于 x 方向振幅为 1.29 万公里，y 方向上振幅为 3.76 万公里，z 方向振幅为 0.22 万公里。

图 3 中的 Halo 轨道是用三阶近似解作为完整力模型下的目标轨道再用小推力控制的结果，每 1.8 天控制一次，总的能量消耗相当于速度增量 1 274.807 64 m/s。如果直接采用实际力模型构造相应的拟 Halo 轨道，则在与上述同样条件下，10 年控制速度的增量只需 0.676 0 m/s，几乎不需要控制，即可使 Halo 轨道保持，见图 5。

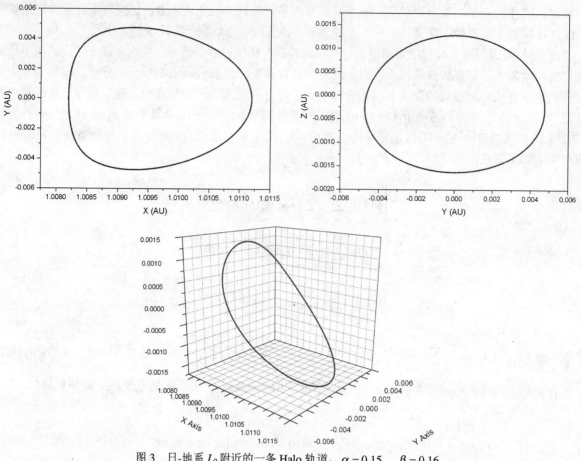

图 3 日-地系 L_2 附近的一条 Halo 轨道，$\alpha = 0.15$，$\beta = 0.16$

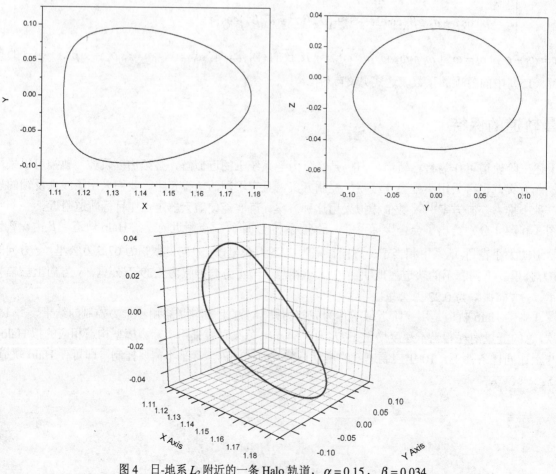

图 4 日-地系 L_2 附近的一条 Halo 轨道，$\alpha = 0.15$，$\beta = 0.034$

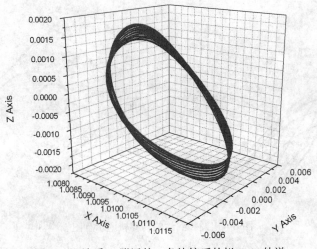

图 5　日-地系 L_2 附近的一条轨控后的拟 Halo 轨道

4　轨道过渡中引力加速的一种节能机制

　　轨道过渡中可以借助于第三体的引力加速，使探测器在节能条件下到达目标天体，在此过渡中探测器与第三体必须有特殊的相对位置，这是不难理解的，这里不予讨论。下面将针对月球探测（也称为亚深空探测）和行星际探测，分别阐述轨道过渡中的另一种特殊形式，即如何利用共线平动点的强不稳定性，借助于共线平动点 L_1 和 L_2 附近的"狭窄走廊"飞向目标天体的节能机制。

　　（1）地月系中的过渡问题

　　从低地球轨道（LEO）或地球同步转移轨道（GTO）上经变轨向目标天体（月球）过渡可采用脉冲式的大推力过渡，所需能量较大，相应的 Jacobi 常数 C 较小，往往比 C_1 值小得多，相应的原分别包围地球和月球的零速度面已连通，且共线平动点 L_1 附近的走廊大大敞开，见参考文献[1]的第四章和[3]的第七章。如果采用低能量的奔月方式，只要相应的过渡轨道初始速度使相应的 Jacobi 常数 $C \leqslant C_1$（接近或稍小于），此时上述两个零速度面相接或者从平动点 L_1 处稍稍打了一个"狭窄走廊"，探测器就有可能越过这一通道后奔月。但要注意，L_1 处有一个狭窄通道只是探测器可以越过该通道后奔月的一个必要条件，而不是充分条件，还要看转移轨道的起始状态。可以做这样的数值试验，即把探测器"放"到联结 L_1 点的内稳定流形上等待系统的演化，结果探测器不能"返回"到地球附近，即对转移轨道的初始状态有要求。也就是说，从 L_1 点沿内稳定流形的方向积分，结果经几个月球绕地球运动周期的间隔后探测器仍不能"返回"地球附近，离地球的距离约为 0.35 个地月距离（这是一个算例）。根据这一状态，若转移轨道要在地球附近起航，则按上述最小能量不足以将探测器推向月球，需要加大初速，让 L_1 点附近的"走廊"开得大一些。更好的选择是增加一次机动，其条件可由上述反向积分获得，在离地球 0.35 个地月距离处加一次机动（反向），使其接近地球，找出适当的初始转移轨道。曾有人采用这种转移方式进行过仿真计算[7]，结果所耗能量比大推力过渡（例如 Hohmann 转移轨道）方式明显节能，但转移时间较长。至于如何选择转移方式，是否要采用借力加速的节能方式，对转移时间的长短又如何选择等，这要看具体的航天任务而定，在众多约束（包括节能）前提下选优。

　　（2）行星际过渡问题

　　同样可借助共线平动点附近的通道，采取节能式的过渡。如果说上述奔月是利用内 Lagrange 点 L_1，那么行星际转移将是利用外 Lagrange 点 L_2，此时初始状态对应的 Jacobi 常熟 C 满足条件 $C_3 < C < C_2$，见参考文献[1,3]。例如从地球到火星的过渡，出发的转移轨道是通过日-地系对应的 L_2 点的不稳定流形，达到火星附近的转移轨道是通过日-火星对应的 L_2 点的稳定流形，见图 6。

　　上述的两类探测背景下的节能式过渡轨道，都是利用共线平动点 L_1 和 L_2 的动力学特征获得的。尽管这是在限制性三体问题（更确切地说是在圆型限制性三体问题）前提下而不是实际动力学模型下得出的结论，但它毕竟是一种动力学机制的反映，对于实际问题，上述结果可以作为低能过渡轨道（转移轨道）设计的一种初选，这显然是有意义的。

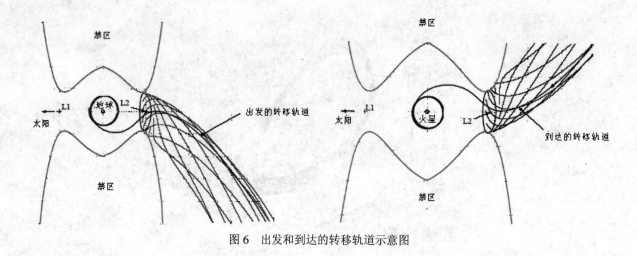

图6 出发和到达的转移轨道示意图

5 结束语

在深空探测中，质量相对于可以忽略不计的航天器，基本上处于两个大天体引力作用下的动力学环境，而太阳系的现实是各有关天体的轨道偏心率都较小。因此，引用圆型限制性三体问题（CRTBP）作为基本动力学模型确实是有实际意义的，在此基础上利用该动力学系统中三个共线平动点独特的几何位置和不稳定（可以是条件稳定）性特征实现特殊探测器的空间定位和节能过渡确实引起了航天界有关领域的关注。

参 考 文 献

[1] Szebehely V. Theory of Orbits, Academic Press, New York, London, 1967: 231~308.

[2] Gómez G., etc. Dynamics and Mission Design Near Libration Points. Vol. I Fundamentals: The Case of Collinear Libration Points, Vol. II Advanced Methods for Collinear Points. World Scientific, Singapore, New Jersey, London, Hong Kong, 2001.

[3] 刘林，侯锡云. 轨道力学（研究生教材）. 南京大学，南京大学天文系，2005：40~92.

[4] Wang H., Liu L. and Hu S. in Proceeding of the 18th International Symposium on Space Flight Dynamics, Munich, Germany, 2004, 589~593.

[5] 刘林 等. 天文学进展. 2005，23（2）：180~189.

[6] Koon W.S., etc. Celestial Mechanics and Dynamical Astronomy, 2001, 81: 63~73.

[7] Topputo F., Vasile M. and Bernelli F. in Proceeding of the 18th International Symposium on Space Flight Dynamics, Munich, Germany, 2004, 583~588.

[8] Jorba A. and Masdemont J. Physica D, 1999,132: 189~213.

[9] Richardson D.L. Celestial Mechanics and Dynamical Astronomy, 1980, 22: 232~236.

On Application of Collinear Libration Points in Deep Space Exploration

Liu Lin[1,2]   Hou Xiyun[1,2] and Wang Haihong[1,2]

1 Astronomy Department, Nanjing University, Nanjing, 210093

2 Institute of Space Environment and Astronautics, Nanjing Univerity, Nanjing, 210093, xhliao@nju.edu.cn

Abstract In this paper we give a systematic formulation of the special position and strongly unstable dynamical characteristics of the collinear libration points of the Circular Restricted Three-Body Problem which is useful in the study of motion of small bodies. We state the possibility of existence of conditionally periodic orbits (Halo Orbits) and give out these orbits, including lower order solutions and higher order solutions. These special periodic orbits can be used as nominal orbits for kinds of spacecrafts with different scientific goals, while the weak stability corridors associated with the collinear libration points can be used as corridors for spacecrafts with less fuel demand.

Key words Celestial Mechanics; Spacecraft Orbit Dynamics; Deep Space Exploration; Collinear Libration Point; Halo Orbit; Gravity Assist

影响 GEO 卫星长寿命高可靠的空间环境效应
及其评估、验证和保障技术

庞贺伟 冯伟泉等

中国空间技术研究院总装与环境工程部

北京 9832 信箱，邮编：100029，fengweiquan@sina.com

摘 要 本文叙述了空间环境与卫星长寿命高可靠的关系，分析了影响 GEO 卫星长寿命高可靠的各种空间环境效应如地磁亚暴电子造成的卫星表面带电以及诱导的二次放电、辐射带电子引起卫星内带电、太阳耀斑质子、银河宇宙射线带电粒子造成的单粒子效应、带电粒子和电磁辐照造成的辐照总剂量效应以及空间环境下敏感表面的污染效应等。本文最后给出 GEO 卫星空间环境效应的评估、验证和保障技术研究的必要性及其主要研究方向。

关键词 寿命；高可靠；辐射环境；充放电；模拟试验；数值仿真

1 引言

地球同步轨道（以下简称 GEO）是长寿命卫星主要运行轨道，GEO 卫星在国民经济和国防建设中有广泛应用，卫星的寿命越长其经济价值和社会价值就越大。目前国外航天先进国家的 GEO 卫星平台能够可信地达到在轨可靠工作 15 年以上。卫星长寿命高可靠是一项艰巨的系统工程。空间环境与卫星长寿命高可靠有密切关系，国内外经验证明：大量卫星故障与空间环境有关，卫星寿命越长，其环境损伤越严重，发生故障的可能性越大。长寿命 GEO 卫星在轨运行期间经历大量影响长寿命高可靠的空间环境如辐射带、太阳耀斑质子、银河宇宙射线、地磁亚暴、真空和温度等环境。长寿命高可靠卫星的设计必须以寿命末期环境退化数据为依据，没有这些数据或者这些数据不准确，长寿命高可靠将无法得到保证。因此准确掌握空间环境对卫星的长期退化影响是卫星长寿命高可靠系统工程的重要技术基础，为此需要研究各种长寿命卫星的空间环境评估、验证和保障技术。

2 空间环境与卫星长寿命高可靠的关系

地球同步轨道（以下简称 GEO）是长寿命卫星主要运行轨道，GEO 卫星主要有通信卫星、导航卫星、遥感卫星等，它们在国民经济中有广泛应用，卫星的寿命越长其经济价值和社会价值就越大。目前国外航天先进国家的 GEO 卫星平台能够可信地达到在轨可靠工作 15 年以上，我国 GEO 卫星要跻身这一国际先进水平必须作出巨大努力。

卫星长寿命高可靠是一项艰巨的系统工程。卫星可靠性是卫星在工作环境条件下在规定时间内完成规定功能的概率。可见，一个产品工作时间越长，肯定发生故障的可能性越大，其可靠性就越差。另外从环境的角度考虑，一个产品工作时间越长，其环境对产品损伤越大，环境对卫星的损伤分为两种，一种是累积损伤，一种是瞬时损伤，不管哪一种类型环境损伤，寿命后期的环境故障率会不断升高，美国 1971 年至 1986 年发射的地球同步轨道卫星产生 1589 次异常事件中，70% 与空间环境有关。

长寿命高可靠卫星的设计必须以寿命末期环境退化数据为依据，如果没有这些数据或者提供的数据不准确，长寿命高可靠卫星设计的准确性将无法保证，卫星长寿命高可靠性能指标会有很大风险。因此准确掌握空间环境对卫星的长期退化影响是卫星长寿命高可靠系统工程的重要技术基础之一。

卫星在轨运行期间所经历的环境主要是空间环境，对卫星长寿命高可靠影响较大的 GEO 空间环境包含辐射带、太阳耀斑质子、银河宇宙射线、地磁亚暴、微小碎片、真空和温度等。产生的主要空间环境效应包括：

- 地磁亚暴电子造成的卫星表面带电以及诱导的二次放电；
- 辐射带电子引起卫星内带电，
- 太阳耀斑质子、银河宇宙射线带电粒子造成的单粒子效应；
- 带电粒子、电磁辐照造成的辐照总剂量效应；
- 空间环境下敏感表面的污染效应等等。

3 影响 GEO 卫星长寿命高可靠的空间环境效应分析

3.1 卫星表面带电及二次放电效应

GEO 卫星表面带电环境问题被认为是 GEO 卫星最严重的环境威胁之一。表面充电现象发生于地磁暴期间，在地方时子夜到黎明段尤为严重，但其他时段也有发生。卫星不同电位区域之间的不等量带引起的放电则可能损坏表面材料，并形成的电磁干扰损坏星上的电子设备。低能等离子体的能量不高，不会直接作用于星内仪器，可以通过选用恰当的材料和正确的接地技术有效地防止，如多层隔热材料、二次表面镜上加透明导电层。但是太阳帆板的电池表面涂透明导电层并接地技术没有解决，因此 GEO 卫星表面充放电问题依然存在，而且太阳帆板占据卫星面积很大比例，GEO 卫星表面带电问题比所有其他卫星都严重。随着卫星功率的进一步加大，要求帆板母线电压大于 100 伏，随之产生新的表面充放电问题即 GEO 卫星帆板太阳电池表面充放电（一次放电）引发电池片二次放电，二次放电是以帆板太阳电池能量为放电能源，会导致部分太阳电池烧毁短路，严重时到致灾难性事故，类似故障国外已经出现多次。GEO 卫星表面充电效应是导致卫星异常和故障的重要原因，在空间环境引起异常和故障中约占 1/3。因此在航天器设计中必须考虑航天器的表面充电效应，采取必要的控制和防护措施。

3.2 卫星内带电效应

卫星内带电是指卫星内部电介质的带电效应造成的。内带电主要由能量大于 100keV 的高能电子引起的。它们穿透航天器的屏蔽层，沉积在电介质内。当电荷积累率高于电荷泄漏率时，电荷将在介质内积累，这些电荷产生的电场不断增加，当电场强度超过介质的击穿阈值时，将造成介质体内放电。这种放电直接或间接地耦合到航天器微电子线路中，引起不同程度的软故障或硬故障，严重时甚至导致航天器完全失败。GEO 卫星处于外辐射带，外辐射带主要是高能电子，因此 GEO 卫星应该重视内带电问题。

3.3 卫星单粒子效应

单粒子事件是指当高能质子或重离子穿过卫星的防护层，在芯片、存储器中沉积电荷造成的，单粒子事件又分为单粒子翻转、单粒子锁定和单粒子烧毁事件等，单粒子翻转是一种软错误，严重时会引起中断和伪指令事件发生，单粒子锁定和单粒子烧毁事件会造成器件烧毁甚至卫星的报废。

太阳耀斑质子、银河宇宙射线带电粒子是单粒子效应的主要环境因素，太阳耀斑是太阳上一种强烈的的能量释放过程，它喷射出大量的高能质子，GEO 卫星属于高轨道卫星，遭遇太阳耀斑高能质子的可能性和强度最大。这些高能粒子事件每次会持续几天，并且它们以不同的方式影响着 GEO 卫星。太阳高能粒子任何时候都可能出现，但大多数都发生在太阳活动峰年左右。太阳粒子事件期间，卫星遭受到的高能粒子的轰击明显增加，大于 10MeV 的高能粒子通量可以达到 70 000 质子/cm^2.s.ster。由于击中灵敏区域的粒子增多，单粒子翻转的概率明显增加。银河宇宙线实际上就是从银河发出高能带电粒子，具有较高的电荷数（原子量），并且能量超过 GeV 水平。但是银河宇宙线通量相对很低，因而引起的单粒子翻转率并不高，但是对长寿命卫星，其累积效应不可忽视。单粒子事件是目前最严重的空间环境效应之一，在航天器的设计阶段就必须充分考虑，以便采取恰当的防护措施。

3.4 卫星总剂量和位移效应

地球辐射带、太阳耀斑、银河宇宙射线的带电粒子和太阳电磁辐射造成卫星材料、器件和部组件的总剂量和位移损伤，这种损伤表现为功能随辐照剂量累积慢慢退化，直至最后完全失效。卫星表面功能材料和太阳电池直接暴露在空间环境中，受到带电粒子和太阳电磁辐射的综合作用，其性能退化十分严重。GEO

卫星的粒子辐照环境特点是低能带电粒子较多,特别是高温等离子体环境,其能量主要沉积在卫星表面,加上长寿命因素,造成卫星表面功能材料的总剂量和位移损伤十分严重。GEO卫星处于外辐射带,高能电子总剂量占主要部分,由于长寿命原因,其辐射带的电子和太阳耀斑质子产生的总剂量损伤和位移损伤也是十分严重。电磁辐射环境主要指太阳电磁辐射,GEO卫星的轨道高,其紫外辐射、X射线对卫星材料的损伤作用不可忽视。

3.5 卫星污染效应

卫星入轨后处于高真空环境中,本身会产生大量的挥发物、分子和颗粒,这些物质会在卫星上沉积形成污染。由于沉积量随时间加大,对长寿命GEO卫星,其敏感表面在寿命后期的污染沉积累量是非常严重的。太阳电池阵输出功率衰减原来仅考虑空间粒子辐射损伤贡献,实际上后来研究表明污染作用很大,同样的辐照,不同污染水平其退化完全不同,光聚合反应下形成分子污染膜会造成了太阳电池阵输出功率的衰减。在卫星上大量使用的二次表面镜受卫星分子污染其太阳吸收率和热反射率发生改变,影响其控温能力。太阳紫外辐射对污染沉积有增强效应。

4 GEO卫星空间环境效应的评估、验证和保障技术研究

长寿命高可靠卫星研制必须以材料、器件、部组件在寿命末期环境退化数据为依据,但是现在卫星研制周期越来越短,对环境效应准确性要求越来越高,用很长的地面试验时间来获得这些数据显然是不实际的,因此必须突破与卫星研制周期匹配的长寿命卫星环境评估、验证和保障技术。

随着对卫星空间环境效应需求的不断深入,有些环境效应的地面模拟试验变得非常困难,第一是模拟技术难度特别大,如,GEO卫星整星表面电位分布模拟试验、太阳帆板表面分子污染沉积模拟试验,模拟试验实现起来非常困难。第二是试验时间太长,如,15年太阳紫外辐照对卫星表面功能材料性能退化作用的模拟试验,按照目前紫外加速倍率需要连续辐照3年之久。但时,这些环境效应又确实需要掌握,因而各种环境效应的评估技术应运而生,评估技术是利用各种手段如通过了解退化机理、掌握退化规律、建立退化模型、分析已有的飞行试验和地面试验数据等手段对环境效应进行评估。最典型的是环境效应的数值仿真和长期退化效应的外推预示,即用短期环境试验结果外推长期环境效应,其他还有各种数据库和环境效应的专家系统等等,这些评估技术大大丰富了人类对空间环境效应的认识能力,为卫星长寿命高可靠发挥重要作用。

但是通过评估得到的环境效应毕竟不是经过验证的实际环境效应,也就是存在一定的不确定性和评估风险。为了降低风险,环境效应的验证还是必要的。对长寿命卫星,尽管飞行试验是最准确的验证试验,但它不是经济可行的验证试验方法。对长寿命卫星,地面加速模拟试验是最可行、最实用的验证试验方法。但是目前加速试验有很多问题需要研究,空间环境加速模拟试验系统和高精度环境效应测试系统需要研究建立,大量加速因子验证试验需要进行,加速因子与环境、材料和退化特性的都有一定的关系。

保障卫星长寿命高可靠性能必须要建立相应的验收试验方法。航天产品环境试验一般分为三类:研制试验、鉴定试验和验收试验。为了确定某项新技术能否为型号所用,需要进行环境鉴定试验。鉴定试验通过后,表明该技术能够符合卫星要求。但在型号生产过程中,还需要解决质量一致性问题。验收试验是确保产品质量的试验。长寿命高可靠性能指标也是卫星质量,我们需要研究建立一系列有关材料、器件、部组件等在空间环境长期作用下退化特性的加速试验和评价规范,对有些环境效应需要提供防护技术指南等,从而确保型号的长寿命高可靠质量。

根据影响GEO卫星长寿命高可靠的空间环境效应分析,需要开展相关评估、验证和保障技术研究。在数据库方面,需要研究建立GEO卫星元器件空间环境损伤性能退化数据库和卫星空间环境效应与寿命试验数据库软件平台。在预示软件方面,需要研究建立GEO卫星高压太阳电池阵带电模型及预示软件、污染导致GEO卫星热控表面、太阳电池阵性能衰减的预示软件和卫星典型集成电路板内带电风险评估软件。在加速试验规范方面,需要研究建立GEO卫星高压太阳电池阵带电模拟试验规范、空间太阳近紫外加速试验规范、空间太阳远紫外加速试验规范、空间中低能量电子加速试验规范、空间中低能量质子加速试验规范等,在防护设计指南方面,需要研究建立GEO长寿命卫星电路板内带电防护设计指南等。通过这些研究,使相

关评估、验证和保障技术上一新的台阶，为 GEO 卫星长寿命高可靠打下坚实的基础。

参 考 文 献

[1] Gillette,R.B.,et al.. Effects of Protons and Alpha Particales on Thermal Properties of Spacecraft and Solar Concentrator Coatings. AIAA Thermo- Specialist Conference, Monterey, Calif., Paper No.65-649.

[2] Miller,R.A., and Campbell,F.J.. Effects of Low Energy Proton on Thermal Control Coatings. AIAA Thermo- Specialist Conference, Monterey, Calif., Paper No.65-648.

[3] Jorgenson,G.V.. Effects of Simulated Solar-Wind Bombardment on Spacecraft Thermal Control Coatings. AIAA Thermo- Specialist Conference, Monterey, Calif., Paper No.65-647.

[4] Escoffery,C.A.,.. Investigation of the Combined Effects of Space Vehicle Materials. Hughes Aircraft Report No.P65-121.

[5] J.Vaughn,R.Kamenetzky,M.Finckenor,D.Edwards,and J.Zwiener. Development of World Class Test Facilities to Simulate Space Environment. Marshall Space Flight.

The Effects of Space Environment on Long Life and High Reliability of GEO Satellite and Their Assessment, Verification and Protection Technology

Pang Hewei and Feng Weiquan

Beijing Institute of Spacecraft Environment Engineering

Chinese Academy of Space Technology，P. O. Box 9832, Beijing, 100029

Abstract　In this paper, the relations of space environments with long life and high reliability of satellite are discussed. Various effects of space environment on long life and high reliability of GEO satellite are analyzed such as surface and internal charging and discharging effects, solar array second arc, single event effects under galactic cosmic rays and solar particle events, total ionizing dose effects due to charged particles and electromagnetic radiation, as well as contamination of sensible surface due to space environment etc. This paper will list the necessity and main research directions of technology study of assessment, verification and protection against the effects of space environments on GEO satellite.

Key words　Long life; High reliability; Radiation environment; Charging and discharging,; Simulation test; Digital simulation

太阳同步卫星参考半长轴确定方法

王西京　谭炜　赵洁　刘帆

中国西安卫星测控中心

陕西西安 505 信箱 18 号，邮编：710043，pandafanfan@163.com

摘　要　针对原有轨道控制方案中参考半长轴（a_0）选取方法存在的缺陷，本文提出了采取真实参考半长轴（a_0）计算控制量的卫星轨道控制方案，并给出了求解真实（a_0）的解算方法。实践证明，采用此方法可使 a_0 的确定精度达到 5 m 以内，有效地提高了轨道维持精度，避免了原控制方案存在的控制量偏差，对降低星上燃料消耗和提高有效载荷工作效率具有重大实际意义。

关键词　太阳同步卫星；轨道控制；参考半长轴；星下点轨迹；速度增量

1　引言

太阳同步卫星多运行于 200km 以上的近地空间，由于星体与组成外层大气的自由分子流存在持续碰撞，卫星受到与飞行方向相反的大气阻力的作用，这使得卫星轨道不断变圆变小，对卫星的寿命和使用往往起着决定性作用。受此影响，地面需要定期对轨道半长轴进行维持。为了能够在保证控制精度的基础上使计算较为容易，太阳同步卫星的轨道控制量计算方案采取了简化措施。其中，参考半长轴（a_0）选取标称轨道半长轴（A_0）并保持不变。但是，在实际应用过程中，研究人员通过对历次轨道维持情况分析，发现参考半长轴（a_0）并未保持不变而是逐年减小的。若仍采用标称轨道半长轴（A_0）计算轨控参数，必会造成计算控制量偏大的问题。本文介绍了 a_0 的变化原因及规律的分析结果，并提出了采取真实参考半长轴（a_0）计算控制量，并给出了求解真实（a_0）的解算方法。

2　a_0 选择对星下点轨迹的影响

太阳同步卫星轨道控制方案采用超前控制方法，即规定参考半长轴 a_0 选取固定值 A_0（标称轨道半长轴），并以此确定出调整量 Δa，使控后目标轨道半长轴为 $a_0 + \dfrac{\Delta a}{2}$，当控后半长轴衰减到 $a_0 - \dfrac{\Delta a}{2}$ 时，再次以标称值 a_0 确定调整量 Δa。目标轨道半长轴与 a_0 有关，a_0 的选取直接影响轨道维持精度。

标称半长轴（A_0）为满足 $\dot{\Omega} = n_s$ 条件时的轨道半长轴，其中 $\dot{\Omega}$ 是升交点赤经变化率，n_s 为太阳绕地球旋转的视角速度。

但是，在实际应用中由于各种摄动的存在，卫星轨道根数不断变化，尤其是轨道倾角的变化使参考半长轴 a_0 不等于固定值 A_0。a_0 的偏差 $\delta(\Delta a) = A_0 - a_0$，在 t 天内造成轨迹的漂移量为：

$$\Delta L = -\frac{3\pi R_e}{a}\delta(\Delta a)t \qquad (1)$$

式中　Δl 为轨道漂移量；R_e 为地球平均半径。

由图 1 可以清楚地看出，当 a_0 的偏差 $\delta(\Delta a) > 0$ 为正向偏差时，卫星向西最大漂移量 Δl_{max} 将增大；当 $\delta(\Delta a) < 0$ 为反向偏差时，卫星向西最大漂移量 Δl_{max} 将减小。

下表 1 以"资源二号"卫星为例给出了在不同半长轴衰减率的条件下，选取标称 A_0 造成

表 1　a_0 偏差的影响

衰减率	参考半长轴	a_0	a_0+50	a_0+100	a_0+150
-50	漂移量	-29.849	-37.059	-44.706	-45.581
	超标称值	—	7.209	14.857	15.731
-30	漂移量	-29.778	-39.149	-49.258	-60.110
	超标称值	—	9.370	19.479	30.331

说明：衰减率单位为 m/天，漂移量单位为 km

星下点轨迹漂移出西边界情况。例如，在半长轴衰减率为 50 m/天，且半长轴超差 100 m 时（即 $A_0-a_0=100$），轨迹超出西边界 14.857 km。由于卫星控制系统只能进行单向变速，对于轨迹超出西边界的控制是无能为力的，除非进行大调姿。

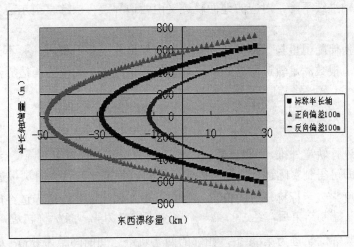

图 1 a_0 偏差对地面轨迹漂移影响

为了保证星下点轨迹的控制精度，新的控制策略提出按实际轨迹变化情况来计算选取真实 a_0 的值。

3 a_0 变化的主要原因

太阳同步卫星相对地球的运动属受摄二体问题，卫星不仅受到与地球之间万有引力的作还受到地球非球形引力摄动、大气阻力摄动、第三体引力摄动的影响。其中，属第三体引力摄动的太阳引力摄动对卫星的轨道倾角产生了一个周期很长的共振效应。其永年变化率有如下关系：

$$\frac{\mathrm{d}i}{\mathrm{d}t}=-\frac{3n_s^2}{4n}\sin i\cos^4\left(\frac{i_s}{2}\right)\sin[2(\alpha_s-\Omega)] \tag{2}$$

其中，i_s 为太阳轨道倾角（黄道面与赤道面的夹角），n 为卫星的平轨道角速度；α_s 为平太阳赤经。

对于太阳同步卫星：

$$\dot{\alpha}_s=\dot{\Omega}_0 \tag{3}$$

故有

$$\frac{\mathrm{d}i}{\mathrm{d}t}\approx\mathrm{const} \tag{4}$$

卫星在轨运行过程中，$\dot{\Omega}$ 受摄动力的影响，是在不断变化的。近似表达式如下：

$$\frac{\mathrm{d}\dot{\Omega}}{\mathrm{d}t}\approx-\tan i_0\dot{\Omega}_0\left(\frac{\mathrm{d}i}{\mathrm{d}t}\right)-\dot{\Omega}_0\frac{7}{2A_0}\left(\frac{\mathrm{d}a}{\mathrm{d}t}\right) \tag{5}$$

由公式可以看出，倾角变率和半长轴变率是造成 $\dot{\Omega}$ 变化的主要原因。式中第一项长期效应为负，使 $\dot{\Omega}$ 变慢；第二项短期效应为正，使 $\dot{\Omega}$ 增加。

另一方面，太阳同步回归轨道卫星必须满足轨迹网的约束，由于 $\dot{\Omega}$ 的变化会引起约束方程中半长轴的变化。满足约束方程的轨道半长轴即为参考轨道半长轴 a_0。

4   参考半长轴的计算方法

4.1 a_0 的特征

太阳同步回归轨道卫星的轨道维持，可以理解为在参考轨道上运行着不考虑大气阻力摄动的一颗虚拟卫星，真实卫星围绕虚拟卫星运行。真实卫星可称为伴随卫星。受大气摄动影响，伴随卫星需要定期对其进行轨道维持。轨道维持后伴随卫星的轨道半长轴高于参考轨道半长轴，故其轨道周期也比虚拟星的长。伴随星在大气阻力作用下，轨道半长轴的不断衰减，其轨道周期逐步缩短至与虚拟星轨道周期相等，对应的地面轨迹也由东边界缓慢的向西漂移。当伴随星半长轴衰减至参考半长轴时，对应的地面轨迹到达西边界，此后，伴随星半长轴继续下降，对应的地面轨迹又由西边界缓慢漂移直至东边界，此时需要进行轨道维持。

轨道维持的作用是使伴随卫星与虚拟卫星的运行轨道保持在一定范围内，并不改变虚拟卫星的运行状态。根据虚拟卫星的轨道根数满足轨迹网格的约束方程或在轨迹网上表现为西边界点的特征，利用这种性质即可确定 a_0。

4.2　a_0 的确定方法

利用轨道计算公式进行轨道外推，可以计算出一段时间内每条轨迹对应的降交点经度及地方时等信息，再进行规范化处理后，即可得到实际运行轨迹网的预报。轨迹规范化和轨迹网预报过程如下：

采用降交点地理经度来表示标称轨迹的位置，假定卫星降轨通过某特定赤道经度位置的轨迹约定为第一条轨迹（一般轨道捕获控制结束后，经过的第一个降交点定义为第一条标称轨迹，记作 λ_{B1}。其西边紧邻的轨迹为第二条，东边紧邻的轨迹为第 m 条，相邻的两条轨迹之间的间距为 $360°/m$。则第 k 条标称轨迹的降交点经度为

$$\lambda_{Bk} = \lambda_{B1} - (K-1)\Delta\lambda_B \tag{6}$$

其中 $\Delta\lambda_B = 360°/m$。再将 λ_{Bk} 化到 $(-180°, +180°]$ 之内（东经为正）。

设某条实际轨迹的降交点经度为 λ｛其值在 $(-180°, +180°]$ 之内｝，与之最近的标称轨迹是第 j 条，其中

$$j = \text{int}\left(\frac{\lambda_{B1} - \lambda}{\Delta\lambda_B}\right) \tag{7}$$

以 j 值替代 k 代入（6）式可得对应的标称降交点经度 λ_{Bj}。再用下式求出实际轨迹相对于标称轨迹的偏差

$$\Delta\lambda = \lambda - \lambda_{Bj} \tag{8}$$

如果将经度偏差化成公里表示，则要求实际轨迹与标称轨迹之间的偏差不大于 $\Delta L_{\max}(\text{km})$。利用轨道计算某一时段内每条轨迹对应的降交点经度，经规范化处理得到实际运行轨迹网的预报。当轨迹西边偏差达到最大，即以此时半长轴作为参考半长轴 a_0。计算步骤如下：

（1）输入最新精轨根数；

（2）求出预报时段内每条轨迹对应的降交点经度；

（3）求出每条轨迹相对应的标称降交点经度；

（4）求出每条轨迹与标称轨迹的偏差；

（5）当轨迹满足条件 $\Delta\lambda_{i+1} - \Delta\lambda_i \approx 0$ 时,给出告警信息。此时轨道根数所对应的半长轴即为参考半长轴 a_0。

以资源二号卫星为例，对以上理论分析进行验证。表 2 为 $\dot{\Omega}$ 的变化情况；表 3 为 $\dot{\Omega}$ 在一个控制过程中的变化情况。

表 2　资源二号卫星 $\dot{\Omega}$ 长期变化情况

时间	升交点赤经变化率（度/天）	轨道倾角（度）	a_0（米）
2001-7-28	0.986 43	97.385 9	6 866 213
2002-1-17	0.983 69	97.362 8	6 866 174
2002-9-3	0.980 80	97.342 0	6 866 139
2003-5-26	0.976 02	97.309 6	6 866 079

表 3　资源二号卫星 $\dot{\Omega}$ 短期变化情况

时间	升交点赤经变化率（度/天）	半长轴衰减率（米/天）
2001-7-17	0.986 03	-55
2001-7-28	0.986 43	-41
2001-8-09	0.986 76	-59

在资源二号卫星四年在轨运行期间，参考半长轴 a_0 的变化情况见图 2，倾角 i_0 的变化情况见图 3。由图 2 和图 3 可以看出 a_0 和 i_0 具有明显的相关性，这说明倾角变化是影响参考半长轴的主要因素。

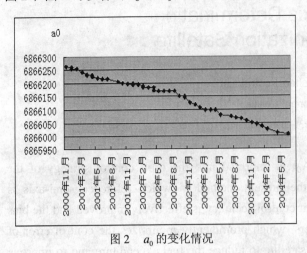

图 2　a_0 的变化情况

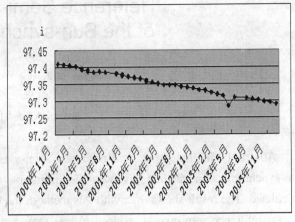

图 3　i 的变化情况

5　结论

一般太阳同步卫星都兼有回归特性，由于大气的阻力作用，常需要卫星产生动力，以克服耗散力对卫星所做的功，即轨道维持。目前所进行的轨道维持只改变平面内轨道参数，每次控制都改变半长轴，这就需要一个参考基准。a_0 的偏差实际上是一种系统差，在控制量选择时应该考虑此值。由于在组建星座的过程中，所有星的轨道根数会有偏差，各星 a_0 就会不同，它会影响星间相对相位的变化，因此组建星座和维持星座都必须考虑如何选择 a_0。

由于太阳引力的长期摄动，使得 $\dfrac{\mathrm{d}\dot{\Omega}}{\mathrm{d}t}$ 变为负值，它是引起 $\dot{\Omega}$ 变化的主要项，$\dfrac{\mathrm{d}a}{\mathrm{d}t}$ 使得 $\dfrac{\mathrm{d}\dot{\Omega}}{\mathrm{d}t}$ 有正的增量，它是小量。由于 $\dot{\Omega}$ 的不断变化，严格的太阳同步无法保持，要满足回归要求，就需要别的参数变化，以抵消 $\dot{\Omega}$ 的偏差。平近点角的偏差 ΔM 能够达到此目的，寻找 ΔL 为零时刻的半长轴，即为参考半长轴。

求解 a_0 的方法有两种：

1. 利用回归方程约束条件。不断降低半长轴，直到约束条件成立，此时的 a 即为 a_0；

2. 利用轨迹网，按照不同周期变率，由星历公式计算降交点值，当降交点的偏差达到西边界时，此点的 $\Delta \dot{L}$ 为零。说明轨迹到了拐点，如果此刻的半长轴不再衰减，则卫星严格保持回归。此拐点的半长轴即为 a_0。

目前轨道控制策略选用第二种方法寻找 a_0。实践证明，采用此方法可使 a_0 的确定精度达到 5 m 以内。有效地提高了轨道维持精度，避免了原方案中 a_0 取固定值引起控制量偏差的现象，节省了卫星燃料，提高了卫星有效载荷的工作效率。

参 考 文 献

[1]　H.K.Kuga，R.V.F.Lopes，R.R.Kondapalli. Orbit control analysis of China-Brazil Earth Resources satellites(CBERS).11th International Astrodynamics Aymposium，Japan，1996p.131-136.

[2]　H.K.Kuga,P.R.Prasad.Flight Dynamics LEOP and Routine Operations for CBERS.Joural of the Brazilian Society sciences，vol.XXI-special issue，1999.

[3]　Byoung-Sun Lee，Jeong-Sook Lee. Ground Track Maintance Maneuver Simulations For The Kompsat Spacecraft. J.Astron.Space Sci.，1998，15(1)、197-208.

[4]　Byoung-Sun Lee. Variations of The Local Time of Ascending Node for the Initial Inclinations of the Kompsat.J.Astron.Space Sci.，1999，16(2)、167-176.

[5]　J.Wenninger,T.Wijnands. Prototyping LHC Orbit Control.Proceedings of EPAC 2002，2002，2109-2111.

Reference Semi-axis Determination
of the Sun-synchronization Satellite

Wang Xijing, Tan Wei, Zhao Jie and Liu Fan

Xi'an Satellite Control Center

P. O. BOX 505-18, Xi'an, 710043, pandafanfan@163.com

Abstract   In this paper, real reference semi-axis (A_0) is imported into the orbit control strategy of the sun-synchronization satellite given to the limitation of the present method in which reference semi-axis is calculated. The result shows that, with this method, the orbit control accuracy is effectively improved and the bias of real reference semi-axis is reduced to less than 5 meters, which prominently minimizes the control error of primary control strategy. This method is important for the satellite to reduce the fuel expenditure and to improve the working efficiency of payload.

Key words   Sun-synchronization satellite; Orbit control; Reference semi-axis; Ground track; Velocity increment

开展地基受控生态生命保障系统(CELSS)的研究

吴季[1] 赫荣乔[2] 刘志恒[3] 温晓刚[4] 刘敏[5]

刘永定[6] 段恩奎[7] 蒋远大[1] 魏源送[8]

1 中科院空间科学与应用研究中心；2 中科院生物物理研究所；

3 中科院微生物研究所；4 中科院植物研究所；5 中科院遗传与发育生物学研究所；

6 中国科学院水生生物研究所；7 中科院动物研究所；8 中科院生态环境研究中心

北京 8701 信箱,邮编：100080, wuji@center.cssar.ac.cn

摘要 本文介绍了未来长期载人航天任务必需解决的关键系统之一的受控生态生命保障系统的基本概念和组成,指出它是一种多学科交叉、多种技术集成的复杂系统。同时,论述了开展 CELSS 研究的目的意义。文章还简述了国外 CELSS 研究的进展,并在此基础上提出了我国开展此项研究工作的建议和希望。

关键词 受控生态生命保障系统；载人航天；地基研究；空间飞行实验

1 引言

地球是人类的摇篮,但人类不会永远生活在摇篮里。20 世纪最伟大的事件之一,就是人类实现了飞离地球、遨游太空的千年梦想。可是人类遨游太空,不单是"观光、旅游",主要是为了探索神秘莫测的宇宙,拓展人类活动的疆土,开发和利用无尽的空间资源。为此,需要进行长时间的载人航天飞行,建立空间城市或地外星球(如月球)基地,进行空间移民或地外星球移民。在这些航天活动中,如何解决人的生存,即连续提供食物、水和氧气,对二氧化碳、废水和粪便等废弃物的处理、降解和再生这一生命保障问题？国外经过多年的研究,提出了发展生物再生式受控生态生命保障系统的方法[1~3],本文将对此进行扼要的介绍和讨论。

2 CELSS 的概念、组成和作用

2.1 载人航天用的生命保障系统

从 1961 年加加林上天开始,载人航天已经走过了 40 余年。简要地说,这 40 多年只是跨越了两大阶段：一是实现了天、地往返（载人飞船与航天飞机）短时间（小时-日）的载人飞行；二是人类已能较长时间（月-年）停留在近地空间轨道上（和平号空间站、国际空间站）。毫无疑问,随着载人航天活动的深化和发展,下一步（第三阶段）要解决的就是长期（或永久地）在空间或地外星球上生活和工作（实现空间移民、建造空间城市或地外星球基地）的问题。

人类在地球上的生存、发展已经历数百万年。今天的人类文明有赖于地球这一独特的环境——生物圈。可是,空间环境及目前探明的地外星球表面的特点是高真空、强辐射、低重力,这些既是一种空间资源,又对人的生存极为不利。如果人类飞出地球,离开地球生物圈,到空间或其他星球,如何才能生存？这就提出了生命保障系统问题,即要有一个能连续地提供氧气、水和食物,维持环境的压力、温度和湿度,对人的代谢产物(二氧化碳、粪便等废弃物)进行处理的系统。它是载人航天和空间探索给空间科学,特别是空间生命科学与空间技术提出的一个重要而又必须解决的问题,这个问题不解决,要长期持续地开发和利用空间、拓宽人类活动的疆域将是一句空话。这个问题的解决与人类进行空间飞行的方式、时间的长短以及终极目标密切相关。也就是说载人航天发展的每一阶段都有其相应的生保系统。第一阶段(短时间载人飞行)采用的是所谓的"贮存式生保系统"（又称全开环生保系统）,即全部氧气、水和食品取自地球,而将排泄物与废弃物包装贮存起来带回地球或抛弃于宇宙空间；第二阶段即较长时间的飞行与停留(如空间站、探月飞行),由于停留时间长、人数增加,若再用贮存式生保系统,必定会大大增加发射重量,甚至导致任务

无法进行(载荷超过发射能力或耗资巨大)。为此，人们采用了物理/化学再生氧气、水并去除 CO_2 及中途补给的解决办法（即贮存+部分再生+补给回收，又称部分闭环生保系统），俄罗斯的和平号空间站及目前的国际空间站就是采用这一方法。

对于长期载人航天(太空远行)及地外星球的居住、生存，由于航程遥远，如载人火星飞行，往返要 3 年，航程几亿 km(火—地距 1.9 亿 km)，因此，不可能像近地空间站(距地～400 km)那样进行中途补给；如果全部航程的生保用品一次性地从地球带上，飞行器的起飞重量将庞大得使发射费用(多次发射组装)无法接受，也就是说前两种生保系统都不能解决问题，必须发展和采用第三种（又称第三代生保系统），即生物再生的密闭式生态生命保障系统——CELSS 系统。

2.2 CELSS 的概念、组成和作用

CELSS 是受控生态生命保障系统（Controlled Ecological Life Support System 或 Closed Ecological Life Support System）的缩写。它是以空间生命科学、生态学和环境科学为依据，以地球生物圈的基本结构和功能为参考，以光合作用原理为出发点，通过利用各种先进技术，合理、高效、可控地组合和运用"生产者(食品)"、"消费者(人/动物)"、"分解者(废物、废水、废气处理)"之间的关系，为人类长期航天飞行或在地外星球的居留，提供氧气、水、食品、去除 CO_2、再生利用废弃物/废水，控制环境的压力、温度和湿度的一种全封闭、基本自给和自主循环的生命保障系统(如图 1 所示)。在此系统中，植物通过光合作用将光能转化成化学能储存在有机物中，为人及动物提供食物和氧气，又将人及动物排出的二氧化碳和其他废物转化成上述有用产品，由此构成系统的碳循环和氧循环；同时植物又可以通过根系的吸收和叶片的蒸腾作用实现水的净化，参与系统的水循环；而系统中的微生物将对植物中的非食用生物量及动物排泄物等废弃物进行降解、矿化和再生，为植物提供养料，为动物提供部分食品，使

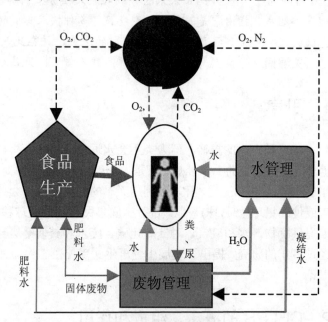

图 1　CELSS 的组成与功能

食物再生循环，从而建立起一个由植物、动物（人）、微生物以及一些必要的有机无机环境构成的物质和能量不断循环和更新的生态平衡系统。整个系统在能量方面是开环的，在各种物质回路上是闭环的，它应该能以最小的体积、重量、能耗和劳动量下运行，最大限度地降低来自地球的、昂贵的物质再补给需求。

因此，CELSS 必须具备下列五项功能：

(1) 大气管理和环境的监控

包括大气的再生；CO_2 收集和转化以及空气净化；大气成份、压力、温度和湿度的监测与控制。

(2) 水管理

包括水的回收、处理和再生；水质监测与控制；水的储存、分配和输送。

(3) 食品生产与加工

包括粮食、蔬菜、动物蛋白……的生产；食品的加工和贮藏。

(4) 废弃物管理

包括固体废弃物的收集、贮藏、处理和循环再生利用。

(5) 航天员的安全保障(防火、防辐射及有害微生物的防护)。

由上可见，CELSS 既是一个涉及植物、动物、微生物、水生生物、遗传发育等多学科交叉与综合的多元生物系统，包含着大量的基础和应用基础的研究内容；也是多种技术门类并存的异常复杂的工程系统，需要解决许多涉及光、机、电、信息、参数检测和自动控制等关键技术问题。

无疑，要解决长期航天或地外星球用的 CELSS，首先需要建立地基的 CELSS，并开展长期、大量、深

入的部件与整个系统研究，弄清其主要科学问题，解决一系列关键技术，反复进行不同时间周期的密闭综合试验，证实其有效性，长期运行的可靠性、安全性，然后，再经过空间飞行证实其适用性，才能投入应用。这不是短时间、单个部门、少数人的努力可以做到的，需要有长期的战略部署，阶段性的明确目标，周密的计划安排，多学科多部门的分工合作才能实现。

3 开展地基 CELSS 研究的目的、意义

(1) CELSS 是长期载人航天与人类开发天疆提出的战略要求

如前所述，CELSS 不解决，不可能建立月球基地，也不可能实现载人火星飞行。人类自身特有的不断创新、不怕冒险的主动精神，促使人类要离开地球，走向群星灿烂的空间，开拓新的天地；而地球上人口的剧增，资源的日益枯竭，迫使人类要加快这种步伐。美国人重返月球、建立月球基地以及载人登陆火星的计划（包括俄、欧、日等国的相应计划），预示着第三阶段的开始。我国神舟 5 号载人飞船的圆满成功，标志着我国载人航天已跨入了第一阶段，并且正在向第二阶段迈进。与此同时，我国业已启动的嫦娥探月计划，表明了中国人必定奔向第三阶段的决心。作为第三阶段必须解决的 CELSS，地基研究国外已开展了数十年，而作为地基 CELSS 的整体研究，我国尚未开始，为此，我国也应该与时俱进，尽快开展起来。

(2) 可为人类在特殊条件下的生命保障系统提供借鉴

虽然，CELSS 研究的终极目标是为长期载人航天和人类在地外星球长期生存服务的，但是，它每一发展阶段的研究成果，都将为人类在特殊条件下（潜艇及远洋船舶、南北极区、高寒地区和大沙漠）的生命保障系统提供参考和借鉴。美国人在阿拉斯加(Alaska)建立地基 CELSS；长期参与 "Bios-3" 研究的俄罗斯学者 Gitelson 教授想把用于载人航天的 CELSS 技术推广应用到南极及北极高寒地区就是例子[4]。

(3) 将对地球上农作物生产的进步和生态环境的控制带来启示

和地球生物圈相比，CELSS 可以说是一个十分简单的、微型 "生物圈"。但在维持人的生存环境这一本质上它们是相同的。因此，CELSS 的有关研究成果也将对农业生产的发展和为防止地球环境的污染带来启示。美国 20 世纪 80 年代的 Biohome 计划，促进了用植物消除民用建筑物内污染的研究；德国学者近年来把研究多年、并进行过三次空间试验的 "密闭平衡水生生物系统-CEBAS" 技术推广应用，建立了一套地基装置 "AquaHab"，用于研究药物和化学制品对环境的污染，做了大量工作[5]。

(4) CELSS 的研究是空间生命科学与空间技术发展的需要

迄今为止，生物学的大部分知识都是建立在地球这一基础之上的，所以有人把它称为重力生物学。人类进入航天时代之后，离开了 1g 的重力环境，迈向了微重力的空间和低重力的地外星球(月球)，新的环境给生物学提出了许多全新的问题。CELSS 的研究将会大大丰富空间生命科学的内容并促进它的发展；在研究过程中带动与发展起来的各种新技术、新方法和新设备将是空间高新技术的重要补充。

4 CELSS 研究的进展和现状

CELSS 的研究始于上世纪 50 年代，它包括系统的概念研究，各组成部件(分系统)的研究与试验(包括地基及空间飞行试验)和地基的系统综合试验三大部分。研究的内容非常丰富，涉及的面也相当广泛。在生物再生式 CELSS 的研究中，也经历了一个从简单到完整、从低级到高级、从部件到整个系统的逐步发展过程。分别产生了以藻类、水生物、微生物和高等植物为基础的不同 CELSS 类型。就地基 CELSS 研究平台而言，已发展了：苏联的 Bios-1,2,3；美国的 BioHome，Biosphere-2，肯尼迪空间中心的 BBF 和

图 2 美国生物圈 2 号

约翰逊空间中心的 Bio-Plex；日本的 CEEF；欧空局的 CES，Melissa 和德国的 CEBAS。虽然，私人投资建于美国亚利桑那州图森市的生物圈 2 号(Biosphere-2，见图 2)，是世界上最大的密闭人造生态系统(历时 8 年，耗资 1.5 亿美元，占地 1.28 公顷，分 7 个区，有 4000 多种生物)，曾引起世界各国的轰动和关注。1991~1995 年间该系统进行了 8 人近 3 年的密闭综合试验，但因种种原因停止了运行。之后，曾一度用作大学的生态教学设施和旅游景点，最近则到了要拍卖的境地。尽管生物圈 2 号的遭遇令人惋惜和深思，但它却为后来的生物圈和密闭生态系统的研究提供了许多宝贵的经验和教训[6]，限于篇幅，这里不再细述而仅对典型的、目前还在运行的 Bios-3，Bio-Plex 和 CEEF 作扼要的介绍。

4.1 苏联/俄罗斯的 Bios-3[7]

苏联/俄罗斯是世界上最早开始研究 CELSS 的国家。1965 年，苏联科学院西伯利亚分院在克拉斯诺雅尔斯克科学城的生物物理研究所，建造了一个生物实验密闭舱（Bios-1，容积 12 m³），并首次进行了"人-藻类"密闭系统试验。1968 年，Bios-1 密闭舱附上了一个约 2.5 m×2.0 m×1.7 m 的高等植物室(人工气候室，phytotron)，更名为 Bios-2，并开展了"人-藻类-高等植物"的研究和试验。1972 年，作为前苏联空间计划的一部分，该所又花费了 100 万卢布(不含劳动力，约相当于 100 万美元)设计、建造了一个容积达 315 m³ 可供三人栖息的 Bios-3 复合体，它是一种长期载人航天飞行生命保障地面综合模拟系统。Bios-3 完全建在地下，从生物物理研究所主楼经过一个通道可以到达。它用不锈钢板焊接构成以提供隔绝密封，结构如图 3 所示。该复合体分为 4 个大小相等的隔室，两个为高等植物（如小麦、马铃薯、番茄、胡萝卜）栽培室，一个藻类培养室，另一个为 3 人住所。他们利用 BIOS-3 进行了三次大型的"人-高等植物(或藻类)"的密封生态系统实验(见下表)，这些实验与操作都是由复合体内的人员来进行。

试验结果表明：①种植面积 3 m²，可供 1 人的饮用水和卫生用水；14 m² 可供 1 人的氧，30% 的食物；②复合体内的空气、水和食物质量正常；③参试人员体重变化不大，健康正常；④维持系统的稳定是一个重要问题。

据悉，俄罗斯已着手在 Bios-3 的基础上改进提高，建造 Bios-4 系统。

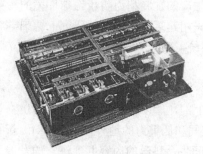

图 3　Bios-3 模型

试验计划	参试情况				试验持续时间
	人数	时间	设备	内容	
1 次	2 男 1 女	6 个月		植物供氧能力	1972~1973
2 次	3 男	4 个月	Bios-3	植物提供食品能力	1976~1977
3 次	2 男	5 个月		联合试验	1983~1984

4.2 美国 NASA 的 Bio-Plex

美国国家空间委员会认为，要实现其空间探索计划，需要解决七项关键技术，其中之一就是发展密闭生态生命保障系统。

自 20 世纪 70 年代起，美国发展 CELSS 的步骤是：首先建立地基 CELSS，进行科学研究和技术发展工作，积累数据和经验，评估可能出现的各种问题；然后扩展到可保障 1 人生活的规模；最后扩大到满足一个乘员组。到 80 年代中期，他们制订和实施了一个"高级生保计划(Advanced Life Support Project)"[8]，其宗旨就是要发展再生式生保技术，并进行有人参加的整合试验。该计划包含八项主要研究内容，由 NASA 的约翰逊航天中心(JSC)负责，肯尼迪航天中心(KSC)、艾姆斯研究中心(ARC)和马歇尔航天中心(MSFC)参加，还授权五所大学成立专门的研究中心共同进行。该计划的核心部分之一就是在 JSC 建造的行星生物再生生保系统综合体(the Bioregenerative Planetary Life Support Systems Test Complex，后来称作 Bio-Plex，见图 4)，它的前身是再生生保系统试验床(RLSS Test Bed)。

该综合体可以为已经成熟或正在研究中的再生生保技术提供整合实验的场所，并逐步实现从地面模拟向空间飞行实验的过渡。Bio-Plex 是一个相互连接的多舱试验系统，并配备有一套公用保障设施，它建在

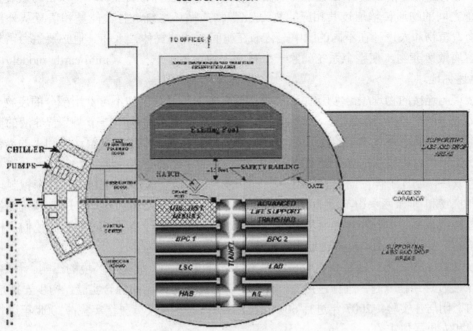

图 4　NASA 的 Bio-Plex

约翰逊空间中心 29 号楼中、直径为 46 m 的圆形大厅内(面积约为 1 662 m²)。它的主要部件包括多舱结构(包括生物量生产舱、生保舱和居住舱)、公用设备舱、转移居住舱、气闸舱、连接通道和控制中心。三个主舱，即居住舱、生保舱和一个生物量生产舱，均由碳钢制成，每个直径 4.6 m，长 11.3 m(体积约为 187.8 m³)。整个综合体(Bio-Plex)停放在高约 0.45 m 的钢架上。

　　该计划的另一项重要内容，就是针对建立月球基地和载人火星飞行的月火生保试验计划(Lunar-Mars Life Support Test Project -LMLSTP，开始时曾称作 Early Human Testing Initiative-EHTI)[9]，即进行一系列的地基有人密闭综合试验。

　　第一次综合试验(EHTI-1)是在 JSC 7B 楼内 3.3m 直径的变压栽培舱(VPGC)中进行的，种植小麦为主，1 人持续了 15 天，于 1995 年 8 月完成；第二次试验(EHTI-2 或 LMLSTP Phase II)，增加到 4 人(3 男 1 女)，持续 30 天，是在 7B 楼内 6m 直径的生保系统综合试验装置(LSSIF)内，对空气和水的循环进行综合试验，于 1996 年 6 月完成；第三次试验(LMLSTP Phase IIA)于 1997 年 1 月 13 日开始，主要目的是证实再生生保技术的有效性，利用国际空间站用的生保舱(计划 1998 年进行首次发射)进行。内容与第二次试验差不多，4 个人但持续时间增加到 60 天，试验于 1997 年 3 月 14 日成功地完成；第四次试验(LMLSTP Phase III)，利用 VPGC 和 LSSIF 进行物理化学与生物技术的联合试验，从 1997 年 9 月开始，到 12 月底完成，4 人共进行了 91 天。上述试验完成后，原计划从 2001 年开始，所有综合试验集中在 Bio-Plex(该综合体 2000 年基本建成)进行。利用它包含生物和物理化学再生技术的 5 个舱再进行三次密闭实验，分别为 4 人 4 个月、8 个月和 14 个月，其食物的闭合度将从 50%提高到 95%；固体废物的闭合度将从 25%增加到 95%。不知何故，一再推迟，有可能到 2006 或 2008 年才能进行。由此可见，美国为解决 CELSS 问题制定的高级生保计划，目标明确而具体(为了建立月球基地和载人火星飞行)，内容全面而细致，组织庞大而周密，并认真切实在执行。

4.3　日本的 CEEF[10]

　　日本于 20 世纪 80 年代后期开始筹划建立自己的月球/火星基地的地面模拟实验系统，即密闭生态实验装置（Closed Ecology Experiment Facilities- CEEF）。它由日本环境科学研究院下属的 CEEF 国际委员会负责筹划、施工、运作和管理。

　　CEEF 建于日本北部沿海的青森县六所村，面积为 4700 平方米，是 3 个由不锈钢走廊连接的体育馆式建筑。整套设施耗资 6500 万美元，于 1998 年建成。CEEF 由一个密闭植物栽培实验装置(1162 m²)，一个密闭动物饲养(384 m²)和人居住实验装置(371 m²)和一个密闭土壤-水圈(Geo-hydrosphere)物质循环实验装置组成，而每一个装置都有相应的物理/化学物质循环系统(面积占整个场地的1/4)，以帮助该装置实现物质平衡。每个装置之间的物质传输通过其相应的物理/化学物质循环系统进行，能量和信息从外部进入其中。CEEF 将动物、植物和人设计在不同的舱中，依靠在舱间循环的气体、水和其他必要生命需求的要素，依靠微生物分解腐败废弃物，使整个系统就象一个科学上的微型地球模型（mini-earth model），所以，又把 CEEF 称作"迷你地球"。

与植物栽培舱连接的物理/化学物质循环系统包括一个用于分解植物不可食用部分的废物分解分系统，一个控制气体成份的空气处理分系统，一个废水再生用的水处理分系统和一个调节营养液的养料调节分系统。与动物饲养和人居住装置连接的物理/化学物质循环系统包括一个用于分解动物和人的粪便、尿液的废物分解分系统，一个再生废水的水处理系统和一个控制空气成份的空气处理分系统。

CEEF 建成后，制订了详细的实验计划。计划中的第一阶段实验(1999~2004)，是模拟封闭空间内氧气和二氧化碳在植物和动物(两头山羊)之间的循环，目标是建立和实现各舱及整个 CEEF 系统的生态稳定与平衡。他们通过种植水稻、大豆和各种绿色蔬菜，表明食物生产的自给自足是可能的。他们用植物舱栽培的植物饲养山羊的实验证实，山羊能成功地用植物中不可食用部分来饲养。

第二阶段(2005~2008)将进行整合实验和研究核电站排出物 ¹⁴C 痕量对环境的影响。计划把 CPEF 和 CABHEF 两个装置连结在一起，进行包括人、动物和植物的完全密闭的综合实验。初步安排是：2006 年进行为期一周的密闭居住实验；2007 年进行 60 天的密闭动物饲养和人员居住实验；2008 年进行约 180 天的密闭动物饲养和人员居住实验。

5 建议和希望

由上可见，国外对 CELSS 已探索研究了近半个世纪，取得了显著的进展，积累了宝贵的经验，也经历过艰难和挫折。我国在 20 世纪 90 年代初，中科院 6 个单位及航天医学工程研究所的专家们曾提出开展这一研究的方案，但没有结果。10 年过去了，载人航天已进入"登月探火"的新时代。我们应该与时俱进，尽快起步，充分吸取他们的经验和教训，结合我国国情开展地基 CELSS 的研究，以适应我国未来载人航天事业发展的需要。为此，我们建议：

(1) 组建一个 CELSS 研究中心。负责我国 CELSS 研究的计划；进行 CELSS 的概念设计研究，模型分折；构建地基 CELSS 平台，组织、指导开展有关 CELSS 部件和关键技术的研究和天、地实验，负责系统集成；建立 CELSS 的资料数据库，开展国内外的学术交流和人员培训；

(2) 采取边研究，边建设，逐步扩大的方法，构建具有一定规模(300~500 m²)的 CELSS 研究平台，在部件研究的基础上，重点进行系统集成研究和试验。把部件研究与系统研究，生物学、环境科学研究与工程技术研究，地面试验与空间飞行实验统一起来。

CELSS 的性质、用途和研究内容充分体现（包含）了前瞻性、战略性、基础性和多学科交叉性的特点，这些特点正是中科院 "定向"、"定位"的宗旨，与中科院的创新战略方向是完全一致的。CELSS 是一个多学科交叉，多种技术合成的复杂系统。中科院自身的多学科、多技术、多人才以及在生物学方面的各种种质资源库（植物、微生物、藻类等）为开展地基的研究提供了有利条件；自上世纪 60 年代以来，中科院多个单位利用探空火箭，返回式卫星，载人飞船开展了一系列的空间生命科学与生物技术，生态生命保障系统的生物学基础等研究，取得了一批成果，形成了一支研究队伍并在基本设备方面建立了一定的条件，这些都为地基 CELSS 的建立和开展研究打下了良好的基础。中科院愿意并希望能承担和开展这一领域的研究，为我国载人航天事业的发展做出贡献。

参 考 文 献

[1] 江丕栋主编.空间生物学.青岛出版社, 2000 年 10 月,285-303.

[2] 姜景山等编写.空间科学与应用.科学出版社，2001 年,582-590.

[3] 郭双生，尚传勋.国外受控生态生命保障系统的概念研究进展.航天医学与医学工程，1995，8(81):75-77.

[4] J.I.Gitelson, S.I.Bartsev, V.A.Okhonin, V.V.Mezhevikin.A Closed Ecological System as a Means of Providing High Quality of Life in an Antarctic Station and as a Model of a Life-Support System for the Martian Mission. 55th IAC-04-G.4.03, 2004，10.

[5] K. Slenzka, M. Dunne, B. Jastorff. Aquahab- A Closed Aquatic Habitate for Space and Earth Application.55th IAC-04-G.4.01, 2004.

[6] J.P.Allen, M.Nelson and A.Alling. The Legacy of Biosphere 2 for the Study of Biospherics and Closed Ecological Systems.Adv. Space Res. Vol.31, No.7, pp1629-1639, 2003.

[7] Frank B. Salisbury, Josef I. Gitelson, and Genry M. Lisovsky.Bios-3: Siberian Experiments in Bioregenerative Life Support.BioScience, Volume 47, Number 9, October 1997.

[8] *Advanced Life Support Project Plan* Crew and Thermal Systems Division.Lyndon B. Johnson Space Center.National Aeronautics and Space Administration,Houston, Texas, CTSD-ADV-348 Rev C, JSC 39168, 2002.

[9] Helen W. Lane, Richard L.Sauer, and Daniel L. Feeback. ISOLATION---NASA EXPERIMENTS IN CLOSED-ENVIRONMENT LIVING.Advanced Human Life Support Enclosed System Final Report, VOL. 104, Science and Technology Series,American Astronautical Society，2002.

[10] K.Nitta.The CEEF, Closed Ecosystem as a Laboratory for Determining the Dynamics of Radioactive Isotopes.Adv. Space Res. Vol.27, No.9, pp1505-1512, 2001.

Develop the Research of Ground-based Controlled Ecological Life Support Systems (CELSS)

Wu Ji[1]，He Rongqiao[2], Liu Zhiheng[3], Wen Xiaogang[4],

Liu Min[5] , Liu Yongding[6], Duan Enkui[7], Jiang Yuanda[1], WeiI Yuansong[8]

1 Center for Space Science and Applied Research, Chinese Academy of Sciences(CAS)；

2 Institute of Biophysics, CAS；3 Institute of Microbiology, CAS；4 Institute of Botany, CAS；

5 Institute of Genetics and Developmental Biology, CAS；6 Institute of Hydrobiology, CAS;

7 Institute of Zoology, CAS；8 Research Center for Eco-Environmental Sciences, CAS

P. O. Box 8701，Beijing, 100080，wuji@center.cssar.ac.cn

Abstract This paper presents the concept and compose of Controlled Ecological Life-Support Systems that is necessary to resolve one of key systems of long-duration manned spaceflight and points out that is a complicated system included multi-disciplinary cross and multi-technology complex. At the same time the purports of investigating CELSS are discussed. The status quo of the research relational Ground-based CELSS is also described briefly and the proposal of developing Ground-based CELSS research in China is given.

Key words Controlled Ecological Life Support Systems; Manned spaceflight; Ground-based research; Space flight test

低温石英天平在材料放气污染特性测试中的应用

杨东升　臧卫国　于钱

中国空间技术研究院总装与环境工程部

北京 5142 信箱 99 分信箱，邮编：100094，yds_yds@sina.com

摘　要　研制了适用于 ASTM E 1559 航天器材料放气污染特性测试标准的低温石英晶体微量天平，天平的谐振频率可以为 5 MHz、10 MHz 和 20 MHz，能够在 82K 的低温下工作。对天平的输出频率稳定性、质量灵敏度和低温凝结效应进行了测量，结果表明该天平在各个方面均能满足 ASTM E 1559 标准测试要求。

关键词　石英晶体；微量天平；材料放气；污染

1　引言

长寿命、高可靠卫星要求设计人员对卫星的污染控制提出合理的指标，在卫星上天前就需要对卫星的在轨自污染环境进行模拟计算评估。卫星材料放气是卫星自污染环境中重要的污染源之一，在进行卫星自污染环境预估时，卫星材料的放气和污染分子沉积参数都是必须的输入条件。

国际上随着卫星在轨污染预估软件的开发，材料污染特性测试方法和设备也得到了开发，并已形成了相应的标准测试方法和规范。美国材料与试验协会（ASTM）于 1993 年提出了航天器材料放气污染特性的标准测试方法 ASTM E 1559-93，2003 年又对其进行了修订[1]。QCM 公司研制的真空环境材料放气/沉积动力学测试装置（VODKA）则在欧美航天业广泛使用。

国内在星用材料的筛选上做了大量的工作，中国空间技术研究院院标 Q/W 776 和部标 QJ 1558 是关于材料出气性能和筛选方法的标准，院标 Q/W 924 给出了大量航天器非金属材料的出气数据。五院总装与环境工程部研制的空间材料放气污染特性研究装置，以及兰州物理研究所研制的污染低温凝结设备，都可以完成与国外 ASTM E 595 标准相同的材料放气性能和筛选测试[2-4]。

ASTM E 595 和 ASTM E 1559 还有一定的差距。通过 ASTM E 595 测量得到材料放气的总质量损失（TML），是非原位的 TML，材料在真空环境下维持一定温度 24 小时，测量的非原位 TML 是在这一过程的前后分别在大气环境中测量的样品质量的差，是材料在真空环境 24 小时内的放气总量的间接反映，也不能对材料的长期放气趋势给出一个很好的预示。材料释放气体中被收集板收集到的可凝挥发物（CVCM）是在处于 25°C 的收集板上得到的，虽然标准测试方法中使用了标准的测试设备尺寸，不同试验得到的 CVCM 之间可以相互比较，但该参数本身没有考虑放气源和收集板之间的角系数，因此得到的测试结果也难以应用到处于不同温度的卫星表面的污染沉积计算。美国材料与试验协会制定 E 1559 测试方法标准也正是为了更好地获得适应卫星污染模拟计算的输入要求的材料放气污染参数。

ASTM E 1559 和 E 595 相比，最大的差别就在于使用了石英晶体微量天平，对沉积污染量进行原位实时的测量。测试天平与放气源之间确定了严格的空间位置关系，并且使用了 3 个处于不同温度的天平，使得材料放气的原位 TML 以及在不同温度表面上的可凝挥发物（VCM）可以得到测量。

在国内使用的材料污染特性测试装置上，为了弥补材料筛选试验的不足，同时也使用了石英晶体微量天平，但天平可控的最低温度较高（173K），距离 ASTM E 1559 中要求的低于 90K 相差较远，还处于研究阶段，难以形成测试标准。

在卫星整星分子污染的数值模型计算方面，我们已经作了一些工作[5]。为了让数学模型给出较为准确的计算结果，就必须要求提供准确的材料放气污染特性参数。为此，我们研制了可在低温 80K 下工作的石英晶体微量天平，将其应用到空间材料的污染特性测试中，本文给出了该天平在测试中的一些实际应用，测量结果表明低温石英晶体微量天平完全可以满足 ASTM E1599 标准测试方法中对天平的要求。

2 石英晶体微量天平的原理

污染分子沉积在谐振石英晶片的表面上，导致其谐振频率发生变化，石英晶体微量天平通过对晶片的频率变化测量来检测沉积质量的变化。用于石英晶体微量天平的石英晶片通常采用 AT 切型，在 AT 切型下，石英晶片在参考温度点可以获得零频率温度系数，便于在较宽的温度范围内获得较好的频率温度特性。石英晶片工作在厚度切变振动模式，可以得到较小的交叉弹性柔顺常数，晶片的单频性较好。

石英晶片体内的行波在晶片表面之间反射，形成驻波，其谐振频率的基频为

$$f = \frac{v}{2h} \tag{1}$$

式中：f——石英晶片的谐振频率；

　　　v——石英晶片体内行波的传播速度；

　　　h——晶片厚度；

当晶片因质量沉积导致厚度增加较小时，其质量增加正比于厚度增加，因此有

$$\Delta f = -\frac{2f^2}{\rho v}\frac{\Delta m}{A} \tag{2}$$

式中：ρ——石英晶体的密度；

　　　A——晶片面积；

石英晶片体内行波的传播速度与石英晶片的切角和弹性刚度常数有关。石英晶体的密度则随着温度改变会发生变化，温度为 25 ℃时，石英晶体密度为 2.648 5 g/cm^3。Glassford 等人指出，石英晶体微量天平的质量灵敏度随温度的变化很小，5 K 低温下石英天平的质量灵敏度为 298 K 温度下灵敏度的 99.937%，因此，石英晶体微量天平在低温下使用时，其质量灵敏度的变化完全可以被忽略[6]。

表 1 给出了 AT 切型石英晶体的理论质量灵敏度。ASTM E 1559 要求测试中使用的石英晶体微量天平的质量灵敏度在 298K 下至少要达到 1×10^{-8} $g/cm^2/Hz$，我们研制了晶片谐振频率分别为 5 MHz、10 MHz、20 MHz 的低温石英天平，在质量灵敏度上完全符合 ASTM E 1559 标准测试方法的要求。

与低温石英天平配套的数据采集和温度控制系统采用虚拟仪器技术制作，数据自动采集和记录，记录间隔可调，温度测量和控制精度好于 0.1 ℃，也满足 ASTM E 1559 中好于 ±0.5 ℃的温度控制要求。

表 1　AT 切型石英晶体的理论质量灵敏度

谐振频率（MHz）	298K 温度时的质量灵敏度（g/cm²/Hz）
5	1.77x10⁻⁸
10	4.42x10⁻⁹
15	1.96x10⁻⁹
20	1.10x10⁻⁹

3 试验结果和讨论

3.1 天平频率稳定性测量

天平输出频率的稳定性是石英天平的一项基本指标，如果天平输出频率本身就不稳定，这种不稳定叠加在测量结果上，会增加测量结果的不确定性。为了对天平的该项指标进行检验，我们对未放置测试样品情况下 10 MHz 石英天平的空载输出进行了测量，图 1 给出了测试结果。

从图 1 可以看到天平频率的测量精度为 0.3Hz，考虑到测量数据的涨落，天平输出的短期稳定性仍然能够达到 ±1 Hz 以内，根据表 1 中给出的天平质量灵敏度，测量结果可以实现 4.42×10^{-9} g/cm^2 的沉积质量测量精度。

ASTM E 1559 中对天平空载数据的稳定性有两个要求，一个是在放气测试开始前，要求在 20 分钟内，所有天平的频率变化小于 0.2 Hz/分钟，作为系统达到测试前需要的平衡状态的判据之一，另一个是在放气

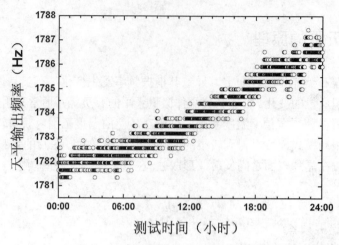

图 1   10 MHz 石英天平空载测试结果

测试进行时，如果天平频率变化小于空罐质量沉积速率的两倍，可以提前结束试验。ASTM E 1559 中给出的空罐质量沉积速率约为 5×10^{-13} g/cm^2/s，对于 10MHz 的天平，相应的频率变化为 0.4 Hz/小时。从图 1 可以看到，在未放置放气样品的空载条件下，天平的频率变化约为 0.2Hz/小时，或 0.003 Hz/分钟。这一结果一方面说明天平的稳定性能够满足测试要求，同时也说明测试真空容器的洁净度满足测试要求。比标准测试方法中的限定条件还要低很多的天平频率不稳定性为获取高精度的材料放气污染特性测试数据提供了良好的硬件基础。

3.2   天平质量灵敏度测量

对天平实际质量灵敏度的测量，也就是对天平进行定标，是一项专门的工作，需要另外专文来描述，这里仅做一个简单的介绍。

首先，在我们的材料放气特性测试中，放气室和天平的相互位置都是固定的，相关的几何尺寸在试验前进行了测量，计算得到从放气室泻流孔到天平单位敏感表面的视角因子。通过在试验前后对样品的质量进行称量，得到样品的非原位总质量损失为 3.18×10^{-3} g。如图 3 中所示，试验中实测 10 MHz 低温天平的频率变化约 570 Hz，对应的沉积质量为 2.5×10^{-6} g/cm^2，通过低温天平上的沉积质量和视角因子，可以计算得到原位总质量损失为 3×10^{-3} g，与非原位 TML 之间的差小于 10%。

另外一种方法是将不同的天平在同样的测试条件下进行比对。图 2 给出了在材料放气特性测试中同时使用 5MHz 低温石英天平和原有天平相比较的测试结果。从图 2 可以看到低温天平和旧有天平对材料放气沉积质量有着非常相似的响应，新的低温天平的曲线更加平滑，输出更稳定。两者在频率响应上的差异可能来源于视角因子的略微不同，也可能是两种晶片电极材料的不同导致了对材料放气物质的沉积效率的不同。

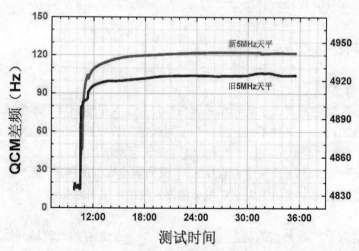

图 2   低温 5 MHz（新）石英天平和旧有 5 MHz 天平测试结果比较

对于不同频率的低温天平，进行比对法测量更有意义。在大型空间环境模拟器中同时使用 10 MHz 和 20 MHz 低温天平进行了污染监测，20 MHz 天平的频率响应恰好是 10 MHz 的 4 倍，和天平频率质量响应与天平频率的平方成反比相一致。

3.3 低温凝结测试

ASTM E 1559 中要求至少使用 3 支天平，其中最为重要的就是温度要求低于 90 K 的低温天平，材料放气的原位 TML 数据的获取直接来源于低温天平上的质量沉积量。

图 3 给出了材料放气特性试验中两支分别处于 82 K 和 150 K 低温下的天平，因表面沉积质量增加而产生的频率变化。试验中的低温天平工作在 82K 的低温下，完全可以满足 ASTM E 1559 中的要求。在 ASTM E 1559 的标准测试方法 A 中，第二支天平的温度为 160 K，这里因为样品的要求，将天平温度设定在了 150K，也就是按照 ASTM E 1559 测试方法 B，对天平温度进行了自主设定。从图 3 可以看到，处于 82K 温度的石英天平和处于 150 K 的天平表面沉积的可凝挥发物的量仍然有明显的差别，说明设置处于 82K 低温下的天平是非常必要的，相当数量在 150 K 温度下不能凝结的物质，在 82 K 的低温表面上都可以凝结。

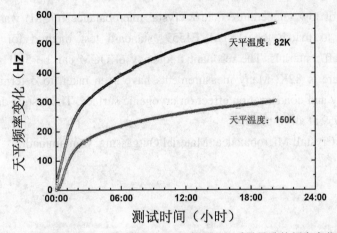

图 3 处于 82 K 和 150 K 低温下天平表面沉积质量导致的频率变化

由于具备了可以工作在 82K 低温的天平，可以将撞击到天平晶片表面的材料释放分子完全凝结，逐步提高天平晶片的温度，也就可以对材料释放出的物质进行一个比较完全的热重分析，这方面的工作也已经在进行。

4 结论

通过一系列测量，表明我们新研制的低温石英晶体微量天平在稳定性、质量灵敏度、工作温度范围等各个方面都能够满足 ASTM E 1559 材料放气污染特性标准测试方法的要求，为航天器污染效应预估提供了可以准确获得必要参数的可能。利用该天平和现有的材料放气污染特性装置，尽快制定符合国内航天业需求的相关测试标准，将为提高我国的航天器污染控制水平，进而提高航天器可靠性提供更好的帮助。

参 考 文 献

[1] ASTM Designation: E 1559-03, Standard Test Method for Contamination Outgassing Characteristics of Spacecraft Materials.

[2] ASTM Designation: E 595-93, Standard Test Method for Total Mass Loss and Collected Volatile Condensable Materials from Outgassing in a Vacuum Environment.

[3] 赵建萍，臧卫国，王庆祥.空间材料放气污染特性研究技术.航天器环境工程，2003，20、41.

[4] 王先荣.污染低温凝结效应设备的研制.宇航学报，2002，23、68.

[5] 杨东升.卫星整星分子污染直接流模拟与预估.2004 年度五院科技委环境工程与可靠性专业组学术研讨会.

[6] A. P. M. Glassford and J. W. Garrett, Characterization of Contamination Generation Charateristics of Satellite Materials, Phase II – Test Method Development, AFWAL-TR-85-4118 Materials Laboratory Report for Air Force Wright Aeronautical Laboratories, Dec. 1985

Use of Low Temperature Quartz Crystal Microbalance to Detect Contamination Outgassing Characteristics of Spacecraft Materials

Yang Dongsheng, Zang Weiguo and Yu Qian

Beijing Institute of Satellite Environmental Engineering

P. O. Box 5142, Beijing, 100094，yds_yds@sina.com

Abstract   A series of low temperature quartz crystal microbalance (QCM) was developed. These QCMs were designed in order to match the ASTM E1559: standard test method for contamination outgassing characteristics of spacecraft materials. The resonant frequency of QCM can be 5MHz, 10MHz or 20MHz. The lowest working temperature is 82K. Many measurements have been taken to determine the stability of output frequency, mass sensitivity and condensation effect on cryogenic surface. The results demonstrate that our QCMs can satisfy the ASTM E1559 at all respects.

Key words   Quartz Crystal; Microbalance; Material Outgassing; Contamination

空间碎片超高速撞击数值仿真技术研究

杨继运

中国空间技术研究院总装与环境工程部

北京 5142 信箱 100 分箱，邮编：100094，yhahay@sina.com

摘 要 空间环境中日趋增多的空间碎片对航天器的超高速撞击已经对其构成了严重威胁，对于这类超高速撞击的研究对航天器的正常运行极为重要。单纯的地面模拟试验由于试验费用高、设计周期长以及发射速度偏低等缺点，要求使用超高速撞击数值仿真技术来弥补试验之不足。针对国内外在超高速撞击数值仿真领域的研究成果，详细分析总结了该领域所涉及的数值仿真技术，同时分析比较了国外现有用于数值仿真的相关流体代码及商业软件，为进一步开展空间碎片超高速撞击数值仿真工作奠定基础。

关键词 空间碎片；超高速撞击；数值仿真；光滑粒子流体动力学

1 引言

由于太空中存在大量的空间碎片（Space Debris），其对航天器的超高速撞击严重威胁着在轨运行和即将发射的航天器，尤其是载人航天器的安全。有关空间碎片超高速撞击的防护技术研究得到了国内外的高度重视，超高速撞击地面模拟试验是航天器防护设计研究最直接有效的手段。

另一方面，超高速撞击试验费用高，设计周期长，更为重要的是，受试验发射设备所限，目前发射速度相对较低，远远不能满足具有高达每秒数十公里速度的空间碎片的模拟需要。因此，采用数值仿真技术不仅能弥补试验之不足，而且能够解决地面模拟试验速度无法超过 10 km/s 的超高速撞击仿真与防护设计问题。图 1 显示了数值仿真在超高速撞击研究中的作用和地位。

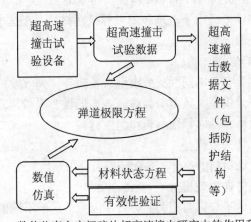

图 1 数值仿真在空间碎片超高速撞击研究中的作用和地位

2 超高速撞击数值仿真技术

2.1 数值仿真材料模型

数值仿真材料模型主要考虑以下三个方面：

（1）状态方程

在现有的研究高速撞击现象采用的运算程序中，普遍地把金属的变形行为划分为体积部分和剪切（偏量）部分。体积行为是根据与压力、体积及某些热参数（通常是内能或温度）有关的状态方程加以描述的。目前常用的主要有以下几种：

• Mie-Grüneisen 状态方程

它是基于 Mie-Grüneisen 类型方程和数据库获得的。通过大量的计算检验，此状态方程在空间碎片超高速撞击的速度范围内有良好的适用性。但 Mie-Grüneisun 状态方程只适用于固体，不能用于发生相变特别是发生气化的情况。

• Tillotson 状态方程

可模拟撞击诱导的物体状态变化（如固气态转化）。在低压力情况下与 Mie-Grüneisen 状态方程等价，在极高压力情况下则收敛为 Thomas-Fermi 理论状态方程。但是 Tillotson 状态方程也不能精确地描写固——液和液——气的非均相混合状态。

- Puff 状态方程

它适用于从低温到高温及剧烈膨胀的区域。

- 两相状态方程

这个方程只考虑材料从通常密度膨胀，但同时给出了单相（液体或气体）与两相（气液混合态）的描述。

（2）强度模型

概括地讲，强度模型描述了材料的屈服应力与应变、应变率、温度等参量之间的复杂关系。常用的强度模型主要有以下几种：

- Johnson-Cook 模型

该模型是一个能反应应变率强化效应和温度软化效应的理想刚塑性强度模型，即它主要考虑温度和应变率对材料屈服应力的影响，不考虑外部压力环境的影响。

- Steinberg-Guinan 模型

该模型忽略了在高应变率下（105/s 以上）对强度影响较小的应变率效应，但考虑高温高压环境对材料的屈服应力和剪切模量的影响。

- Zerilli-Armstrong 模型

该模型是基于位错动力学理论的复杂本构关系，应变强化、应变速率强化、热软化、粒子尺寸的影响都包括在了这个方程中。

- Johnson-Holmquist 脆性损伤模型

该模型适用于玻璃和陶瓷等脆性材料。在这个模型中，材料强度是完整强度、断裂强度、应变率和损伤的光滑函数。

（3）失效模型

主要有各向同性失效模型、各向异性失效模型与累积失效模型。

失效模型大致可分为体（各向同性）失效模型、方向失效模型和累积损伤失效模型，分别适用于各向同性材料、各向异性材料和脆性材料。

- 体失效模型

考虑材料的整体（各向同性）行为，当某个预先定义的流动变量达到一定极限值时，就认为材料失效。

- 方向失效模型

描述了与方向相关的失效，因此适用于不同的失效模式，如剥落、冲塞、脱层等。

- 累积损伤失效模型

主要用于描述陶瓷和混凝土一类材料的宏观非弹性行为，这类材料在受压力而破碎时其强度会显著削弱。

2.2 数值仿真算法

已有的超高速撞击数值仿真算法大致包含以下几种：Lagrange 算法、Euler 算法、任意 Lagrange-Euler 算法、光滑粒子流体动力学（SPH）算法以及混合算法等。

Lagrange 算法和 Euler 算法在数值计算领域已经有了较为广泛的应用，例如 Lagrange 算法在结构动力学中的应用以及 Euler 算法在流体动力学中的应用，但是二者在应用到超高速撞击领域都遇到了较多的问题。Lagrange 算法主要表现为材料大变形时单元将发生畸变，尤其在进行超高速撞击仿真这种畸变如不解决可导致计算提前终止。尽管提出了若干方法来进行 Lagrange 算法改进，如重新划分网格和侵蚀单元法，但这些改进都不能从根本上解决 Lagrange 算法在超高速撞击仿真中的应用。Euler 算法在应用到超高速撞击仿真时也出现了类似的问题。对一些流体类型载荷下的结构响应问题，有些研究者采用了耦合 Lagrange 算法和 Euler 算法进行计算。

光滑粒子流体动力学（SPH）算法源于天体物理学领域的研究，是一种无网格算法。其基本思想是使用无网格连接的 Lagrange 结点列阵表示连续体，结点间的相对运动通过插值函数来控制。与 Lagrange 算法相比，其无网格技术允许材料的大变形；与 Euler 算法相比，无需用于材料流动的空单元，避免了材料界面不清晰的缺点。SPH 算法也存在由于算法稳定性差而导致单个粒子速度振荡大等缺点，相应的改进算法如

MLS[1]、CSPM[2, 3]等也相继提出。

Fahrenthold & Horban 提出了一种混合算法公式[4, 5]，分别使用粒子法与有限单元法来研究不同的物理效应。粒子法用来描述所有的惯性作用以及处于压缩状态介质的热力学响应，有限单元法则用来研究质量坐标系中的粒子中心区，以及与张力和弹塑性剪切有关的粒子间力。引入损伤变量表示有限元的内部状态，它在热应力加载过程中随着张力、剪切强度与刚度的降低而变化。由撞碎、熔化、累积塑性应变或其他物理准则定义的单元失效导致与单元剪切与拉伸有关的粒子间力减小，这时，与任何完整单元都无联系的粒子将在接触-撞击载荷下自由流动。由于在单元失效的整个过程中，既没有抛弃任何质量与能量，也没有重新划分来对介质从完整到碎裂进行建模，因此这种混合仿真技术避免了单纯粒子法引起得张力不稳定性和数值断裂问题，避免了单纯 Lagrange 有限元法所需的滑线和惩罚力的使用，也避免了 Euler 方法所需的混合材料热动力学和数值扩散的使用。这种混合算法在相对复杂的三维碎片防护问题的仿真中是非常有效的。

3 超高速撞击数值仿真软件

目前无网格算法已经在国际超高速撞击数值仿真领域普遍得到认可，基于这种算法的各类仿真软件也已得到了大量的关注。目前国外主要有以下几种用于超高速撞击数值的仿真软件：

（1）AUTODYN 软件

英国世纪动力公司 CDL（Century Dynamics Ltd.）开发研制，该公司是一家专门从事超高速撞击、爆炸领域数值模拟软件开发与应用的软件公司。AUTODYN 2D 与 AUTODYN 3D 软件分别于 1986 年和 1990 年首次推出，目前用户遍布几乎世界各国的国防研究机构，软件专业性强，其计算方法模型一直在不断改进和增加，为从事超高速撞击研究的首选软件产品。据统计，在国际撞击工程杂志（International Journal of Impact Engineering）以及国际弹道会议（International Symposium on Ballistics）应用该软件从事研究发表的论文数最多。

AUTODYN 功能强大，除了能处理有网格的数值计算，更能进行无网格算法的数值仿真，在超高速撞击领域得到了广泛的应用。AUTODYN 软件是一种多用途型工程软件包，主要采用有限差分、定容及有限元技术来解决固体、流体及气体动力学方面的问题。其研究现象的基本特点在于时间高度独立于几何非线性（如大扭曲及变形）和材料非线性（如塑性、应变硬化及软化、分段状态方程）。AUTODYN 软件包括了几种不同的数值技术以及广泛的材料模型，从而为解决非线性动态问题提供了一个功能强大的系统；另外，AUTODYN 软件还是一个包含前、后处理器及独立程序分析引擎的完全集成化软件包。交互式图形界面、应用菜单驱动允许用户在同一环境下建立、分析问题并演示结果，在分析的每一阶段及问题的计算过程中都伴随有图形显示，并最终可以以幻灯片的形式提供计算过程和结果。

（2）PAMSHOCK

ESI（Engineering Systems International）公司开发的超高速撞击数值仿真软件。具有与 AUTODYN 类似的功能，能够处理有网格和无网格算法的数值仿真。罗马 La Sapienza 大学通过超高速撞击试验对 PAMSHOCK 的数值仿真能力进行了检验[7,8]，发现其在能量与动量守恒方面存在缺陷。另一软件 AUTODYN 也存在类似问题。而且，在处理复杂防护结构时数值仿真软件表现得不够成熟。

（3）LS-DYNA 3D

美国劳伦斯利佛莫尔软件技术公司 LSTC（Lawrence Livermore Software Technology Co.）研制，该公司是一家国际著名的有限元动力分析软件公司，公司总裁为美国劳伦斯利佛莫尔国家实验室（LLNL）有限元编码 DYNA3D 的主要研制者 Halquest。自 1992 年 LSTC 公司成立以来，LS-DYNA 软件功能得到增强，如汽车碰撞和安全气囊设计等。该软件产品的发展重点在汽车安全方面的应用，软件在爆炸冲击的计算模块方面基本停留在 DYNA 软件期间的模块。同样该软件仅为解算器，需要配备专门的前后处理器如 ANSYS、INGRID、LS-POST 等才能组成一个完备的仿真系统。

LS-DYNA 是世界上最著名的通用显式动力分析程序，能够模拟真实世界的各种复杂问题，特别适合求解各种二维、三维非线性结构的高速碰撞、爆炸和金属成型等非线性动力冲击问题，同时可以求解传热、流体及流固耦合问题。在工程应用领域被广泛认为是最佳的分析软件包。

（4）其他软件[6]

另外一些科研机构还研发了专用的超高速撞击仿真软件，如 Alliant Techsystems 研发的 EPIC 软件，美国空军实验室（Air Force Research Laboratory）研发的 MAGI 软件，俄罗斯联邦原子能中心（Russian Federal Nuclear Center）的 KERNEL 和 EGAK，以及 EMI（Ernst Mach Institute）研发的 SOPHIA 与 Los Alamos 国家实验室研发的 SPHINX，另外还有基于混合粒子有限元法的美国 Texas 大学研发的 EXOS。

CDL 公司开发了一种用于超高速撞击分析的商品化仿真软件——AutoShield，专门用于空间飞行器碎片防护结构的超高速撞击数值分析。该软件除了具有强大的求解器，已集成了 AUTODYN 2D/ 3D 与超高速撞击模型相关的流体代码外，还包括一个用于建模的前处理器和一个用于结果输出的后处理器。AutoShield 软件的材料模型库包括金属材料、陶瓷、玻璃、复合材料以及国际空间站高级防护系统使用的 Nextel/Kevlar 复合缓冲墙等。

4　结论

关于超高速撞击的数值仿真技术目前已经取得了不错的成果，提出了多种数值仿真算法，并研制了相应的数值仿真软件。尤其是基于 SPH 算法的 AUTODYN 软件得到了国内外的广泛认可，已应用于空间碎片防护研究中。但超高速撞击的数值仿真技术仍然不够成熟，在处理复杂防护结构时现有数值仿真软件还不够成熟，还需要进行进一步的数值算法研究以及材料模型的不断扩充，以满足日益增长的空间碎片超高速撞击数值仿真需要。

参 考 文 献

[1] Lancaster, P., Saulkaskas, K..Surfaces generated by moving least squares methods.Math. Comp., 1981, 37: 141-158.

[2] Chen, J.K., Beraun J.E., and Jih, C.J..Completeness of corrective smoothed particle method for linear elasto.Computational Mechanics, 1999, 24(4): 273-285.

[3]　Chen, J.K., Beraun J.E., and Jih, C.J..A corrective smoothed particle method for transient elastoplastic dynamics.Computational Mechanics, 2001, 27(3): 177-187.

[4] Fahrenthold, E.P., Horban B.A..A hybrid particle-finite element method for hypervelocity impact simulation.Int. J. of Impact Engng. 1999, 23: 237-248.

[5] Fahrenthold, E.P., Horban B.A..An improved hybrid particle-finite element method for hypervelocity impact simulation.Int. J. of Impact Engng, 2001, 26:.169-178.

[6] IADC WG3 members.Protection manual (Version 3.3), Inter Agency Debris Committee, 2004.

[7] Faraud M, Destefanis R, Palmieri D, etc.SPH simulations of debris impact using two different computer codes.Int. J. of Impact Engng, 1999, 23: 249-260.

[8] Palmieri D, Faraud M, Destefanis R, etc..Whipple shield ballistic limit at impact velocities higher than 7 km/s.Int. J. of Impact Engng, 2001, 26: 579-590.

Numerical Simulation of Hypervelocity Impact of Space Debris

Yang Jiyun

Beijing Institute of Spacecraft Environment Engineering

P.O. Box 5142-100, Beijing, 100094，yhahay@sina.com

Abstract　Hypervelocity impact on spacecraft of a large number of space debris have seriously imperiled spacecraft's normal movement in orbit, so it is important of research on the effect on spacecraft of hypervelocity impact. Because of high test expense, long design period and lower launch velocity of pure ground simulation experiment, numerical simulation technology is required. Currently many achievements in the field of numerical simulation of hypervelocity impact have been obtained, and some numerical simulation software have been developed.

Key words　Space debris；Hypervelocity impact；Numerical simulation；Smoothed particle hydrodynamics

月球探测器软着陆过程动力学建模与分析

张志娟　闫军　杨雷

中国空间技术研究院总体部

北京 5142 信箱 92 分箱，邮编：100094，zhangzhijuan501@126.com

摘　要　本文进行了月球探测器软着陆过程动力学仿真研究。建立了月壤力学模型、铝蜂窝缓冲系统运动学和动力学模型和月球探测器软着陆全过程运动学和动力学模型。对月球探测器软着陆过程进行了仿真并分析了着陆过程稳定性。

关键词　月球；探测器；软着陆；动力学；虚拟样机

1　引言

我国月球二、三期工程计划中提出，月球探测工程的战略目标分为三个发展阶段：绕月探测、月球软着陆及月面巡视勘查、月球样品自动采样返回探测。其中实现月球软着陆及月面巡视勘查是实现对月球进行直接研究和采样的前提和基础，有承前启后的关键作用和重要意义。要实现月球软着陆及月面巡视勘查，首先就要突破软着陆技术。

月球探测器软着陆过程动力学是研究从月球着陆器发动机关闭自由下落时刻到着陆器和月面接触直至稳定下来这段时间内的动力学过程。本文利用 MSC/ADAMS 建立了软着陆过程动力学模型，其仿真分析结果可以在月球二、三期探测工程实施过程中为月球探测器设计和试验提供技术支持和优化建议。

2　月球土壤力学特性分析及建模

月球表面几乎全被月壤覆盖。月壤是一种由直径很小、稍带粘性的细颗粒为主体的物质，是软着陆机构及月面巡视探测器的直接承载体。月壤受压变形后大部分变形不能恢复，力学特性与弹性体有本质区别，不能用采用弹性体建模方式描述。

月壤静态承力能力随深度变化曲线如图 1 所示[1]，月壤承载强度在靠近地表的几 mm 内变化非常快。深度为 1mm 处的承载强度小于 $0.1\ \text{N/cm}^2$，在 1~2 mm 内，承载强度增加至 $0.2\ \text{N/cm}^2$，在 2 cm 深度处的承载强度估计为 $1.8\ \text{N/cm}^2$，在 5 cm 深度处的承载强度约为 $4.2\text{~}5.5\ \text{N/cm}^2$，在建模时承载强度取 $0.8\ \text{g/cm}^3$。利用 LS-DYNA3D 有限元软件建立了月壤动力学特性仿真有限元模型。对着陆器足垫受到月壤的撞击动力学效应进行仿真。计算结果如图 3、图 4 所示，月壤受撞击后基本不回弹，当撞击力达到最大峰值后迅速降为零。MSC/ADAMS 软件提供了多种力的建模方式，为了对月壤有限元模型的撞击力曲线进行拟合，采用阶跃函数和 ADAMS 中定义的接触碰撞力结合的方式。

接触碰撞力方程为：

$$F = \begin{cases} Max\left(0, 0.2*(x_1-x)^{1.5} - STEP(x, x_1-10, c_{\max}, x_1, 0)*\dot{x}\right) \\ : x < x_1 \\ 0 : x \geqslant x_1 \end{cases}$$

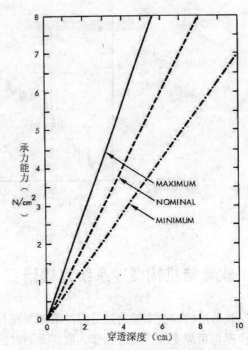

图1　月壤静态承力能力随深度变化曲线

阶跃方程为：

$$STEP = \begin{cases} h_0 : x \leqslant x_0 \\ h_0 + (h_1 - h_0)*\left[(x-x_0)/(x_1-x_0)\right] \\ **2*\left\{3-2*\left[(x-x_0)/(x_1-x_0)\right]\right\}: \\ x_0 < x < x_1 \\ h_1 : x \geqslant x_1 \end{cases}$$

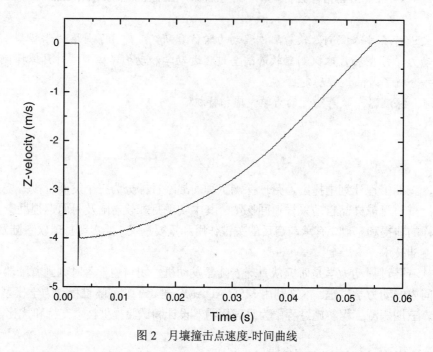

图 2　月壤撞击点速度-时间曲线

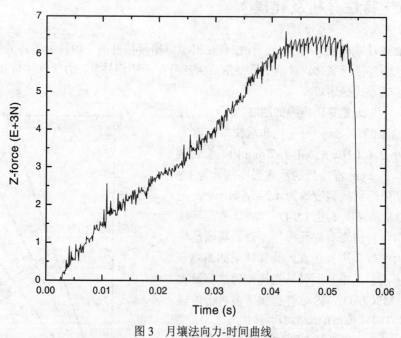

图 3　月壤法向力-时间曲线

3　软着陆机构缓冲系统建模研究

软着陆机构的主要功能是缓冲着陆器在月面着陆时的冲击，保证仪器设备的安全，并为着陆器在月面工作提供可靠支撑；同时还作为取样返回时的发射支架。软着陆机构缓冲阻尼系统包括作为主要支撑和主要吸能部件的主支柱、水平方向的起辅助作用的辅助支柱和避免主支柱插入月球表面过深卡死的足垫。

缓冲器的工作原理参见图 4 和图 5,在活塞筒中填充入用作缓冲材料的铝蜂窝,工作时通过活塞杆压缩铝蜂窝材料吸收着陆动能、缓冲冲击载荷。

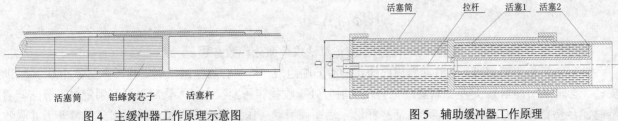

| 图 4 主缓冲器工作原理示意图 | 图 5 辅助缓冲器工作原理 |

在航天器设计中,铝蜂窝材料由于具有质量轻、承载能力强等因素,常被用作航天器结构材料。当铝蜂窝材料被压缩时,应力应变曲线可分为三个阶段:弹性段(elastic region)、屈服段或塌缩段(collapse region)及致密段(densification region)。当应变值很小时,应力-应变曲线呈现线弹性关系;然后出现一个平台,这时随着应变增大而应力几乎恒定不变;最后随着胞壁被挤压在一起,材料被压实,应力又迅速增大。因此,在着陆器软着陆过程中主要利用铝蜂窝材料受压的应力平台阶段吸收能量。这一平台越宽,在较小的应力下,材料就能吸收较大的能量。在软着陆过程中,只要缓冲器中的铝蜂窝材料没有被压实,即没有达到其吸收能量的上限,就不会导致着陆器在着陆过程中因为没有缓冲而造成"硬着陆"。在实际设计中还可以通过组合不同特性的铝蜂窝材料,实现台阶式缓冲力,更适于实际工况。

主缓冲器和辅助缓冲器均包括数段不同缓冲性能的铝蜂窝材料。辅助缓冲力还包括缓冲受拉伸载荷的缓冲段。缓冲器工作过程中缓冲力-行程关系如图 6 所示。

为建立铝蜂窝材料缓冲器的缓冲力学模型,利用 MSC/ADAMS 的用户子程序 SUBROUTINE 接口模块调用子程序。MSC/ADAMS 具有强大的虚拟样机建模功能、交互式仿真、动画显示功能、后处理功能和二次开发工具。对于复杂的系统建模,MSC/ADAMS 提供了 ADAMS / Solver SUBROUTINE 和 ADAMS /View SUBROUTINE 两类可以进行复杂建模的工

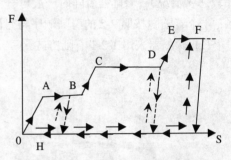

图 6 缓冲力—行程工作过程示意图

具。采用 FORTRAN 编写用户子程序,利用 ADAMS/Solver SUBROUTINE SFOSUB (ID, TIME, PAR, NPAR, DFLAG, IFLAG, VALUE)来定义各个缓冲器的缓冲力。通过 ADAMS/View 中 User Parameters 对话框传递输入参数。这种建模方式参数化程度高,适于做修改。SFOSUB 的各参数含义如下:

> ID   模型中调用该 SFOSUB 子程序的语句在 ADAMS/View 仿真模型中的编号
> TIME   仿真时间
> PAR   参数传递数组
> NPAR   PAR 的维数
> DFLAG   积分标志
> IFLAG   初始标志
> VALUE   程序返回值

得到的缓冲力模型符合实际情况。模型能够较好地反映铝蜂窝材料缓冲器的缓冲阻尼特性。

4 软着陆全过程完整动力学建模及分析

MSC/ADAMS 采用拉格朗日乘子法建立系统动力学方程:

$$\frac{\mathrm{d}}{\mathrm{d}t}\left(\frac{\partial T}{\partial \dot{q}}\right)^{T} - \left(\frac{\partial T}{\partial q}\right)^{T} + \varphi_{q}^{T}\rho + \theta_{\dot{q}}^{T}\mu = Q$$

$$\theta(q,\dot{q},t) = 0(非完整约束方程)$$

$$\varphi(q,t) = 0(完整约束方程)$$

在求解时，将上式写成更一般的形式：

$$F(q,u,\dot{u},\lambda,t)=0$$
$$G(u,\dot{q})=u-\dot{q}=0$$
$$\Phi(q,t)=0$$

在进行动力学分析时，采用 GEAR 预估-校正算法求解微分代数方程。

软着陆机构主要由四条沿着陆器周向均布的着陆腿组成。每条着陆腿包括主支柱（含主缓冲器）、辅助支柱（含辅助缓冲器）、足垫。软着陆机构在发射时处于收拢和压紧状态，入轨后再展开锁定。当着陆器着陆时，足垫首先与月面接触，推动主活塞杆沿主活塞筒滑动，压缩活塞筒内填充的铝蜂窝材料变形并吸收冲击载荷，从而达到缓冲的目的。辅助缓冲器主要是针对着陆时月面有坡度的情况以及由于主支柱转动而对辅助支柱产生拉、压的情况设计。主支柱与探测器主结构、足垫与主支柱通过球副连接；辅助支柱两端和探测器主结构及对应主支柱均通过球副连接；主、辅缓冲器均采用两个部件的模型，部件之间通过移动副连接。

利用多体动力学仿真分析软件 MSC\ADAMS 平台建立了月球探测器软着陆机构动力学虚拟样机，如图 7 所示。

设月球探测器在大约距月面 4 m 处关闭发动机，横向速度为 1.5 m/s，着陆器经历自由下落阶段与月面接触。月球重力加速度为 1/6 g，因此探测器在与月面发生接触时刻时竖直速度为 4 m/s。月面的坡度取 15°（较恶劣情况）。着陆器着陆时一般可分为两种理想情况：4 个着陆腿按照 1-2-1 的着陆顺序与月面发生接触；4 个着陆腿按照 2-2 的着陆顺序与月面发生接触。没有考虑着陆器降落在岩石上的特殊情况。

(1) 探测器采用 1-2-1 着陆方式

图 7 着陆器本体和软着陆机构模型

表 1 1-2-1 着陆方式工况

仿真参数	接触时刻竖直速度 (m/s)	接触时刻水平速度 (m/s)	月面坡度 (°)	着陆器偏航 (pitcn) 角 (°)
	4.0	1.5	15	0

如图 8 所示，着陆器初始水平速度沿朝坡上运动方向。着陆机构-1 先与月面接触，其余 3 个着陆机构按俯视顺时针编号为 2~4。在接触开始过程只有主缓冲器-1 和与之相连的辅助缓冲器 1-1 和 1-2 起到缓冲作用。

图 8 1-2-1 着陆方式仿真模型

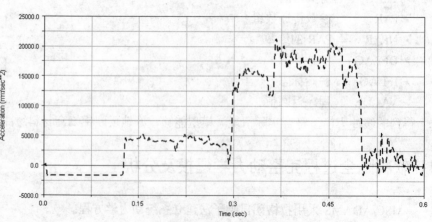

图 9 着陆器质心加速度

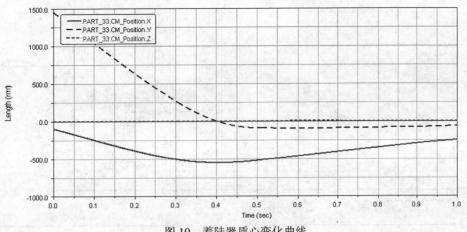

图10 着陆器质心变化曲线

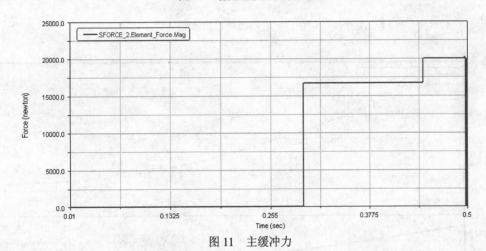

图11 主缓冲力

表2是1-2-1着陆方式时软着陆过程中主缓冲器的行程和吸收的能量。仿真结果表明在此工况下着陆器在着陆后可以保持姿态稳定。通过分析可知，在着陆过程中四个主缓冲器起主要缓冲作用。首先和月面接触的主缓冲器-1吸收的能量最多，为9021J，其缓冲行程为503 mm。经过主缓冲器-1吸收了部分冲击能量后，着陆器下降趋势减缓，其余三个着陆腿与月面接触在后边的着陆过程中吸收的能量均小于主缓冲器-1。辅助缓冲器在着陆过程中也起到一定的缓冲作用，除吸收由于着陆器的水平速度而造成的着陆冲击能量，对主支柱受力矩而产生的拉伸和压缩趋势也起到了缓冲作用。着陆器质心加速度小于2.5g。

表2 1-2-1着陆方式时主缓冲器行程和吸收的能量

主缓冲器编号	主缓冲器-1	主缓冲器-2	主缓冲器-3	主缓冲器-4
行程(mm)	503	320	277	323
吸收的能量(J)	9021	5401	5001	5461

(2) 探测器采用2-2着陆方式

如图12所示，着陆器初始水平速度沿朝坡上运动方向。着陆机构-1和2先与月面接触，其余2个着陆机构按俯视顺时针编号为3~4。仿真结果表明在此工况下着陆器在着陆后可以保持姿态稳定。通过分析可知，在接触开始阶段，主缓冲器-1和主缓冲器-2和与之相连的辅助缓冲器起缓冲作用，缓冲行程最大。随后过程中，另两条着陆腿几乎同时与月面接触，直至最后着陆器基本稳定。表3列出了主缓冲器的行程和吸收的能量。

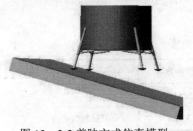

图12 2-2着陆方式仿真模型

表3 2-2着陆方式工况

仿真参数	接触时刻竖直速度(m/s)	接触时刻水平速度(m/s)	月面坡度(°)	着陆器偏航(pitcn)角(°)
	4.0	1.5	15	45

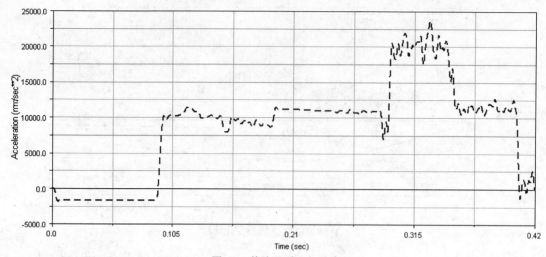

图 13 着陆器质心加速度

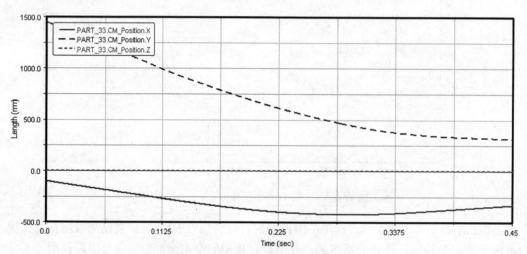

图 14 着陆器质心变化曲线

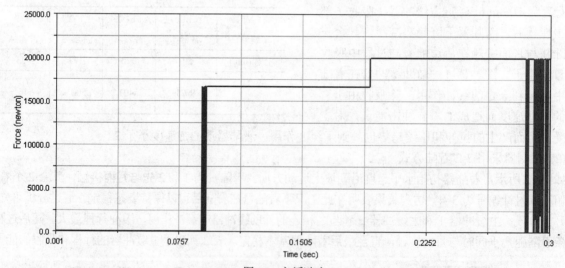

图 15 主缓冲力

表 4 2-2 着陆方式时主缓冲器行程和吸收能量

主缓冲器编号	主缓冲器-1	主缓冲器-2	主缓冲器-3	主缓冲器-4
行程(mm)	408	408	211	211
吸收的能量(J)	7161	7161	3567	3567

5 结论

本文针对月球探测器着陆过程，建立了月壤力学特性模型；软着陆机构缓冲阻尼系统运动学与动力学模型和软着陆全过程完成动力学模型。仿真结果表明，在月面坡度小于 15°，没有岩石和坑洞等情况下，着陆器能够稳定着陆，且对月球探测器有效载荷冲击较小。

在下一步研究工作中，主要开展以下几方面工作：

(1) 进一步研究月球探测器软着陆稳定性判据。

(2) 文中只研究了两种理想着陆方式下，月面斜坡对着陆器稳定性的影响，下一步要研究月面有坑洞（极端情况为单个或多个着陆腿卡死）或者凸起的情况下的探测器软着陆稳定性。

(3) 考虑月面摩擦影响，优化月壤模型。

参 考 文 献

[1] S.Batterson. Lunar surface models. NASA SP-8023.1969.5.

[2] William F. Rogers.　Apollo experience report lunar module landing gear subsystem. N72-25903.1972.6.

[3] Landing impact attenuation for non-surface-planing landers. NASA SP-8046. 1970.4.

[4] McCarty. J. L. and Carden. H.D. Experimental study of vertical impacts of an LM-type landing gear assembly under simulated lunar gravity. NASA TN D-4711. 1968.8.

[5] Blancbard. U.J. et al. Full-scale dynamics landing-impact investigation of a prototype lunar module landing gear. NASA TN-D-5029. 1969.3.3-11.

[6] 李军，邢俊文等.ADAMS 实例教程.北京理工大学出版社，2002.7，12-18.

Dynamic Soft-landing Model Investigation of Lunar-landing Research Vehicle

Zhang Zhijuan，Yan Jun and Yang Lei

China Academy of Space Technology System Department

P. O. Box 5142-92, Beijing, 100094，zhangzhijuan501@126.com

Abstract　In this paper, the whole dynamic soft-landing model of lunar-landing research vehicle is investigated. Build the model of lunar soil dynamic model, the kinematical and dynamic model of the aluminum honeycomb landing gear system, the kinematical and dynamic model of whole soft-landing process. Analyze the results of dynamic simulation and the stability of the lunar-landing research vehicle.

Key words　Lunar; Research vehicle; Soft-landing; Dynamics; Virtual prototype

第四篇 智能飞行器

压电——功能梯度材料壳多场耦合控制仿真

代锋　郑世杰

南京航空航天大学智能材料与结构航空科技重点实验室

南京，邮编：210016，daifeng0301243@126.com　sjzheng@nuaa.edu.cn

摘　要　利用力、电、热多场耦合的弱变分方程和加强假定应变法，推导了一用于温度梯度作用下功能梯度材料（FGM）壳力学性能分析的固体壳单元，用该单元模拟薄曲壳结构，能获得令人满意的精度。结合常位移-速度反馈控制算法，对基于压电传感器、驱动器的功能梯度材料壳的热变形、振动的主动控制进行了数值仿真，探讨了控制增益对功能梯度材料力学性能和控制效果等的影响。算例表明了文中所提出方法的正确性和单元的有效性。

关键词　功能梯度材料；力、电、热耦合；固体壳；加强假定应变模式

1　引言

在有些情况下，人们常常希望同一结构的两侧具有不同的性质或功能，又希望不同性能的两侧结合得完美，从而不至于在苛刻的使用条件下因性能不匹配而发生破坏。为此，日本科学家平井敏雄于 1987 年率先提出了功能梯度材料（FGM）的新设想和新概念，并展开研究。这种全新的材料设计概念的基本思想是：根据具体要求，选择使用两种具有不同性能的材料，通过连续地改变两种材料的组成和结构，使其内部界面消失，从而得到沿厚度方向连续变化的功能渐变非均质材料，以减小和克服结合部位的性能不匹配因素，从而使整体材料既具有较高耐热应力强度又具有较好的机械特性，改善了零件的整体性能。最初，为了提高重复利用火箭发动机中陶瓷涂层和金属基体的粘结强度，并降低热应力集中现象，制造出了材料组织结构连续变化的耐热材料。正因为 FGM 具有耐高温、抗磨损、耐腐蚀等特性[2]，如今已广泛应用于机械工程中。

近 20 年来，采用压电传感器、驱动器的自适应智能结构研究受到普遍重视，集成有压电材料的梁、板、壳结构的动、静响应及其主动控制模拟仿真的有限元分析方法已比较多见。因而将压电材料用于 FGM 结构的主动控制近来也同样受到关注，该问题涉及力-电-热等多场耦合，现有的研究报道，一般是基于经典层合板理论提出的压电层合功能梯度材料板主动控制的数值模拟方法。本文利用固体壳单元，针对温度梯度作用下功能梯度材料结构的形状/振动主动控制的数值模拟方法展开研究。

2　功能梯度材料的性质

功能梯度材料(FGM) 一般由两种或两种以上材料复合而成，各组分材料的体积含量在空间位置上是连续变化的，因而该复合材料的特性在宏观上表现随空间位置为梯度(逐渐变化的)的性质。本文考虑由陶瓷和金属所组成 FGM 壳，因而 FGM 壳的材料特性表示为[1]：

$$P_{\text{eff}}(\zeta) = P_c V_c + P_m V_m$$
$$V_c + V_m = 1$$

P_{eff} 是 FGM 的材料特性，P_c，P_m 分别表示陶瓷和金属的材料特性，V_c，V_m 分别表示陶瓷和金属的体积含量。V_c 可表示为：

$$V_c = \left(\frac{1+\zeta}{2}\right)^n$$

n 为体积含量指数($0 \leqslant n \leqslant \infty$)，$\zeta$ 是厚度方向的无量纲等参坐标，上表面为 1，下表面取-1。
所以本文 FGM 壳力学性质表示为：

$$C(z) = (C^c - C^m)\left(\frac{1+\zeta}{2}\right)^n + C^m$$

C^c，C^m 分别为陶瓷和金属组分的力学性质。

3 求解压电-功能梯度材料壳的温度场

在功能梯度材料壳，圆柱壳结构，曲边自由，直边简支，上下表面粘贴压电层如图 1 所示。FGM 壳上表面为陶瓷基，下表面为金属基。

由于是薄壳，其上下表面为常温度边界条件，可假设温度只在壳厚度方向变化，所以稳态热传导方程可简化为一维形式：

$$-\frac{\mathrm{d}}{\mathrm{d}\zeta}\left(\lambda(\zeta)\frac{\mathrm{d}T}{\mathrm{d}\zeta}\right) = 0 \qquad (1)$$

上式中 ζ 是厚度方向的无量纲等参坐标按照文献[2]求解上式得压电——功能梯度材料壳的温度分布。

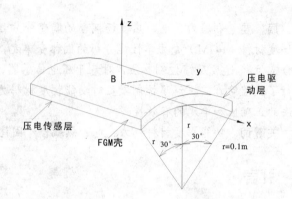

图 1 带压电层的 FGM 壳

4 力-电-热耦合形式的控制方程

以下采用平衡方程和边界条件的等效弱积分形式推导出力-电-热耦合形式的控制方程[3]。由力和电的平衡方程和边界条件得以下等效弱积分式：

$$\int_{t_1}^{t_2}\int_{\Omega}(\sigma_{ij,j} + f_{bi} - cu_i' - \rho u_i'')\delta u_i \mathrm{d}\Omega \mathrm{d}t - \int_{t_1}^{t_2}\int_{\Gamma_p}(\sigma_{ij}n_j - f_{si})\delta u_i \mathrm{d}\Gamma \mathrm{d}t = 0$$

$$\int_{t_1}^{t_2}\int_{\Omega}D_{i,i}\delta\phi \mathrm{d}\Omega \mathrm{d}t - \int_{t_1}^{t_2}\int_{\Gamma_p}(D_i n_i + q)\delta\phi \mathrm{d}\Gamma \mathrm{d}t = 0$$

对以上两式进行分部积分，并注意到 δu，$\delta \Phi$ 在给定的边界上等于 0，并代入相应的几何方程可分别得到：

$$\int_{t_1}^{t_2}\int_{\Omega}(-\sigma_{ij}\delta\varepsilon_{ij} + f_{bi}\delta u_i - c_s u_i'\delta u_i - \rho u_i''\delta u_i)\mathrm{d}\Omega \mathrm{d}t - \int_{t_1}^{t_2}\int_{\Gamma_p}f_{si}\delta u_i \mathrm{d}\Gamma \mathrm{d}t = 0 \qquad (2)$$

$$\int_{t_1}^{t_2}\int_{\Omega}-D_i\,\delta\phi_{,i}\,\mathrm{d}\Omega \mathrm{d}t - \int_{t_1}^{t_2}\int_{\Gamma_p}q\delta\phi \mathrm{d}\Gamma \mathrm{d}t = 0 \qquad (3)$$

5 直接引入 EAS 应变模式的 8 节点压电-功能梯度材料有限单元方程

$$\boldsymbol{u} = \boldsymbol{N}_u \boldsymbol{u}_e \qquad (10a)$$

$$\phi = \boldsymbol{N}_\phi \phi_e \qquad (10b)$$

其中 $\boldsymbol{u}_e$，$\boldsymbol{\Phi}_e$ 分别为单元各节点位移和电势，$\boldsymbol{N}_u$，$\boldsymbol{N}_\phi$ 分别为位移和电势的插值函数，具体见文献[4]。

由于压电层一般很薄且存在等势面，可认为固体单元上下表面各存在一个点自由度，等势面上多个单元共用同一对电自由度，电势差值函数见文献[4]。

本文直接引入 EAS 应变模式(下式右端第 2 项)来克服剪切应变能过大的问题并且能提高计算效率,同时在分析薄壳时,为克服厚度自锁问题再在厚度方向增加一个线性分布的横向应变(下式右端第 3 项),各项具体内容见文献[4]。

$$\boldsymbol{\varepsilon} = \boldsymbol{B}_u \boldsymbol{u}_e + \boldsymbol{B}_{eas}^m \boldsymbol{\lambda}_e^m + \boldsymbol{B}_{eas}^z \boldsymbol{\lambda}_e^z \tag{4}$$

将位移插值函数和力、电几何方程代入式(2),(3) 并凝聚掉自由度 λ,整理后的得:

$$\overline{\boldsymbol{M}}_{uu} \boldsymbol{u}_e'' + \overline{\boldsymbol{C}}_s \boldsymbol{u}_e' + \overline{\boldsymbol{K}}_{uu} \boldsymbol{u}_e + \overline{\boldsymbol{K}}_{u\phi}^* \boldsymbol{\phi}_e = \overline{\boldsymbol{F}}_m + \overline{\boldsymbol{F}}_{u\theta}^* \tag{5}$$

$$\overline{\boldsymbol{K}}_{\phi u}^* \boldsymbol{u}_e - \overline{\boldsymbol{K}}_{\phi\phi}^* \boldsymbol{\phi}_e = -\overline{\boldsymbol{F}}_e - \overline{\boldsymbol{F}}_{\phi\theta}^* \tag{6}$$

其中:

$$\overline{\boldsymbol{M}}_{uu} = \int_v \boldsymbol{N}_u^T \rho \boldsymbol{N}_u \mathrm{d}v \qquad \overline{\boldsymbol{K}}_{u\phi} = \int_v \boldsymbol{B}_u^T \boldsymbol{e} \boldsymbol{B}_\phi \mathrm{d}v$$

$$\overline{\boldsymbol{C}}_s = \int_v \boldsymbol{B}_u^T \boldsymbol{C} \boldsymbol{B}_u \mathrm{d}v \qquad \overline{\boldsymbol{K}}_{\lambda\lambda} = \int_v \boldsymbol{B}_\lambda^T \boldsymbol{C} \boldsymbol{B}_\lambda \mathrm{d}v$$

$$\overline{\boldsymbol{K}}_{uu} = \int_v \boldsymbol{B}_u^T \boldsymbol{C} \boldsymbol{B}_u \mathrm{d}v \qquad \overline{\boldsymbol{K}}_{\lambda\phi} = \int_v \boldsymbol{B}_\lambda^T \boldsymbol{e} \boldsymbol{B}_\phi \mathrm{d}v$$

$$\overline{\boldsymbol{K}}_{u\lambda} = \int_v \boldsymbol{B}_u^T \boldsymbol{C} \boldsymbol{B}_\lambda \mathrm{d}v \qquad \overline{\boldsymbol{K}}_{\phi\phi} = \int_v \boldsymbol{B}_\phi^T \boldsymbol{k} \boldsymbol{B}_\phi \mathrm{d}v$$

$$\overline{\boldsymbol{F}}_{u\theta} = \int_v \boldsymbol{B}_u^T \boldsymbol{\beta} \theta \mathrm{d}v \qquad \overline{\boldsymbol{F}}_{\lambda\theta} = \int_v \boldsymbol{B}_\lambda^T \boldsymbol{\beta} \theta \mathrm{d}v$$

$$\overline{\boldsymbol{F}}_{\phi\theta} = \int_v \boldsymbol{B}_\phi^T \boldsymbol{p} \theta \, stv \qquad \overline{\boldsymbol{K}}_{\lambda u} = \overline{\boldsymbol{K}}_{u\lambda}^T$$

$$\overline{\boldsymbol{K}}_{\phi\lambda} = \overline{\boldsymbol{K}}_{\lambda\phi}^T \qquad \overline{\boldsymbol{K}}_{\phi u} = \overline{\boldsymbol{K}}_{u\phi}^T$$

$$\overline{\boldsymbol{F}}_e = \int_{s_q} \boldsymbol{N}_\phi^T \boldsymbol{q} \mathrm{d}s$$

$$\overline{\boldsymbol{F}}_m = \int_v \boldsymbol{N}_u^T \boldsymbol{f}_b \mathrm{d}v + \int_{s_f} \boldsymbol{N}_u^T \boldsymbol{f}_s \mathrm{d}s$$

$$\overline{\boldsymbol{K}}_{uu}^* = \overline{\boldsymbol{K}}_{uu} - \overline{\boldsymbol{K}}_{u\lambda} (\overline{\boldsymbol{K}}_{\lambda\lambda})^{-1} \overline{\boldsymbol{K}}_{\lambda u}$$

$$\overline{\boldsymbol{K}}_{u\phi}^* = \overline{\boldsymbol{K}}_{u\phi} - \overline{\boldsymbol{K}}_{u\lambda} (\overline{\boldsymbol{K}}_{\lambda\lambda})^{-1} \overline{\boldsymbol{K}}_{\lambda\phi}$$

$$\overline{\boldsymbol{F}}_{u\theta}^* = \overline{\boldsymbol{F}}_{u\theta} - \overline{\boldsymbol{K}}_{u\lambda} (\overline{\boldsymbol{K}}_{\lambda\lambda})^{-1} \overline{\boldsymbol{F}}_{\lambda\theta}$$

$$\overline{\boldsymbol{K}}_{\phi u}^* = \overline{\boldsymbol{K}}_{\phi u} - \overline{\boldsymbol{K}}_{\phi\lambda} (\overline{\boldsymbol{K}}_{\lambda\lambda})^{-1} \overline{\boldsymbol{K}}_{\lambda u}$$

$$\overline{\boldsymbol{K}}_{\phi\phi}^* = \overline{\boldsymbol{K}}_{\phi\phi} + \overline{\boldsymbol{K}}_{\phi\lambda} (\overline{\boldsymbol{K}}_{\lambda\lambda})^{-1} \overline{\boldsymbol{K}}_{\lambda\phi}$$

$$\overline{\boldsymbol{F}}_{\phi\theta}^* = \overline{\boldsymbol{F}}_{\phi\theta} + \overline{\boldsymbol{K}}_{\phi\lambda} (\overline{\boldsymbol{K}}_{\lambda\lambda})^{-1} \overline{\boldsymbol{F}}_{\lambda\theta}$$

6 常位移和常速度反馈增益主动控制方程

按照通常的有限元组集方法将单元级方程(6)、(5)组集为结构级方程,再将组集后的式(6)代入(5)得:

$$\boldsymbol{M}_{uu} \boldsymbol{u}_q'' + \boldsymbol{C}_s \boldsymbol{u}_q' + \{\boldsymbol{K}_{uu}^* + \boldsymbol{K}_{u\phi}^* (\boldsymbol{K}_{\phi\phi}^*)^{-1} \boldsymbol{K}_{\phi u}^*\} \boldsymbol{u}_q = \boldsymbol{F}_m + \boldsymbol{F}_{u\theta}^* - \boldsymbol{K}_{u\phi}^* (\boldsymbol{K}_{\phi\phi}^*)^{-1} \boldsymbol{F}_q - \boldsymbol{K}_{u\phi}^* (\boldsymbol{K}_{\phi\phi}^*)^{-1} \boldsymbol{F}_{\phi\theta}^* \tag{7}$$

对传感层:$F_q=0$ 由式(6)得传感器的输出为:

$$\boldsymbol{\phi}_s = (\boldsymbol{K}_{\phi\phi}^*)_s^{-1} \{(\boldsymbol{K}_{u\phi}^*)_s \boldsymbol{u}_q + (\boldsymbol{F}_{\phi\theta}^*)_s\} \tag{8}$$

由于变形在传感器上产生的电荷为:

$$(\boldsymbol{F}_q)_s = -(\boldsymbol{K}_{\phi u}^*)_s \boldsymbol{u}_q - (\boldsymbol{F}_{\phi\theta}^*)_s \tag{9}$$

由常位移-常速度反馈控制法得应施加在压电驱动器上的电压为:

$$\boldsymbol{\phi}_a = G_d \boldsymbol{\phi}_s + G_v \boldsymbol{\phi}_s' \tag{10}$$

其中 G_d 和 G_v 分别为位移-速度反馈控制增益。将式(8)和(10)代入式(6) 可得驱动器上的反馈力 $(F_q)_a$ 为:

$$(F_q)_a = -(K^*_{\phi u})_a u_q + G_d(K^*_{\phi\phi})_a (K^*_{\phi\phi})_s^{-1}\{(K^*_{\phi u})_s u_q + (F^*_{\phi\theta})_s\} + G_v(K^*_{\phi\phi})_a (K^*_{\phi\phi})_s^{-1}\{(K^*_{\phi u})_s u_q + (\dot{F}^*_{\phi\theta})_s\} - (F^*_{\phi\theta})_a$$

$$(11)$$

再将式(9)，(11)代入(7)，最后得常位移—常速度反馈增益的主动控制方程：

$$M_{uu}u''_q + (C_s + C_u)u'_q + K^{**}_{uu}u_q = F_m + F^*_{u\theta} - G_v(K^*_{\phi\phi})_a (K^*_{\phi\phi})_s^{-1}(\dot{F}^*_{\phi\theta})_s - G_d(K^*_{\phi\phi})_a (K^*_{\phi\phi})_s^{-1}(F^*_{\phi\theta})_s \qquad (12)$$

其中：$C_u = G_v(K^*_{u\phi})_a (K^*_{\phi\phi})_s^{-1}(K^*_{\phi u})_s$

$K^{**}_{uu} = K^*_{uu} + G_d(K^*_{u\phi})_a (K^*_{\phi\phi})_s^{-1}(K^*_{\phi u})_s$

7 数值算例

7.1 圆柱壳静变形的主动控制

如图 1 所示的圆柱壳结构，曲边自由，直边简支。FGM 由陶瓷和金属为铝两种材料组成，两种材料的力学性能参数分别为：弹性模量(E)为 151 GPa 和 70 GPa；泊松比(γ)均为 0.3；密度(ρ)3 000 和 2 707 kg/m³；热传导系数(k)为 2.09 和 204 W/mK；热膨胀系数为 10e-6 和 23e-6。该壳上下表面的温度分别为 100 ℃和 0 ℃，利用结构和载荷的对称性取 1/4 模型计算。由常位移-常速度反馈增益的主动控制式(12)知，通过调节 G_d 的大小可以有效的控制静变形，当增益过大将使控制后的变形与原静变形反向（见图2）。

7.2 圆柱壳振动的主动控制

算例同上，阻尼率为 0.8%。在初始时刻施加垂直于壳表面的均布力 100 N/m²，产生初始位移，随后撤掉均布力形成振动。由模态叠加法求动态响应，步长为 0.000 1 s，图 3 给出 n=30 时圆柱壳在不同速度增益情况下的主动控制动态响应。

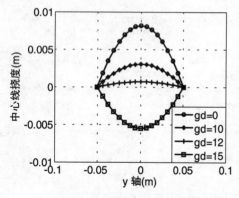

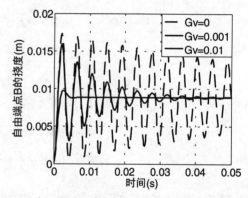

图 2　圆柱壳的静变形主动控制(n=10)　　图 3　n=30 不同控制增益下圆柱壳中心点的位移响应

8 结论

由热传导方程求解出压电-功能梯度材料壳结构的温度场，采用等效弱积分形式推导力-电-热耦合形式的控制方程。并在 8 节点固体单元中引入 EAS 应变模式来克服固体单元进行薄壳结构分析时剪切应变能过大的问题，同时提高了计算效率。给出了力-电-热耦合下壳结构静变形和振动的主动控制算例。从主动控制算例中见采用适当的增益可明显改变结构的变形或能很快阻止结构的振动。

参 考 文 献

[1]　K.M.Liew, X.Q.He, T.Y.Ng et al.Active control of FGMplates subjected to a temperature gradient Modelling via finite element method bases on FSDT. Int.J.Numer.Meth. Engng2001，52，1253~1271.

[2]　Xiao Lin Huang , Hui Shen Shen.Vibration and dynamic response of functionally graded plates with piezoelectric

actuators in thermal environments. Journal of sound and vibration，2005，1，1~29.

[3] 王瑁成，邵敏.有限单元法基本原理和数值方法.清华大学出版社，1995，3~6.

[4] 郑世杰. 压电层合板壳的数值分析与控制仿真[J]. 宇航学报，2003，24(6)，611~615.

The Simulation of Active Control of FGM Shells with Piezothermoelastic Couplings

Dai Feng   Zheng Shijie

Aeronautical Science Key Lab of Smart Materials & Structures

Nanjing University of Aeronautics & Astronautics，Nanjing NanJing，210016

daifeng0301243@126.com   sjzheng@nuaa.edu.cn

Abstract   By using the weak forms of piezothermoelastic equations and enhanced assumed strain method，a solid shell element formulation is developed for analysis of Functionally Graded Material (FGM) plates and shells subjected to temperature gradient. This element can be used as solid element and can also be used to model thin curved shell structures. The predictions of this element are satisfactory. A constant displacement-cum-velocity feedback control algorithm coupling the direct and inverse piezoelectric effects is applied to provide active feedback shape/ vibration control of the integrated plates and shells. The effects of the constituent volume fractions and the influence of feedback control gain on the static and dynamic responses of FGM structures are examined. The numerical examples demonstrate that the approach proposed in this paper is correct and the newly derived element is robust.

Key words   Functionally graded material；Piezothermoelastic couplings；Solid shell；Enhanced assumed strain mode

基于智能结构技术的天线形状控制优化设计

高学峰　黄海　边边

北京航空航天大学宇航学院

北京航空航天大学 宇航学院，邮编：100083

phenix.can@sohu.com　hhuang@buaa.edu.cn　bbian@sa.buaa.edu.cn

摘　要　空间大型天线必须保持反射面的精度。在抛物面天线背架结构中引入压电作动器，建立了以天线反射面各点相对于最佳吻合抛物面(BFP)的精度要求为目标的优化模型，其中作动电压为设计变量，作动电压、杆件轴力的上下限为约束。经过处理，模型原目标函数转化为设计变量的二次显式表达，由此可方便地实现抛物面天线的形状控制并求得控制电压。算例表明了本文模型和算法对于大型天线结构高精度形状控制的有效性。此外本文还对算例的主动杆配置进行了讨论。

关键词　智能结构；天线；形状控制；光程差

0　引言

空间大型天线对其背架结构的形状有着严格的要求，因为空间飞行器上的天线对反射面精度要求很高，反射面精度又直接影响天线电性能，而背架的变形会直接影响反射面的精度。天线经过长期使用，以及姿态调整、轨道机动、停靠对接、太空中的气候等不可避免因素的干扰会产生变形，反射面会产生误差，使得天线增益下降。而且随着表面误差的增大，天线增益急剧下降，当表面误差(RMS 值)为波长的 1/16 时，天线口面面积只相当于无误差时天线的一半面积。因此实际工程中必须严格控制天线结构的变形，一般将其精度指标取为波长的 1/16 到 1/60[1]。

天线背架通常采用桁架结构，而且一般都具有尺寸大、柔性高的特点。其相对于设计形状的偏差必须限定在一定的范围内，这样才能满足天线反射面的精度要求。

传统方法要满足桁架结构的形状要求必然要增加杆件截面面积来增强刚度，这必然会增加结构质量，但是这在空间问题中是不切实际的。因此，本文采用压电自适应杆件来实现桁架变形的主动控制，满足天线反射面精度要求。

智能结构的研究始于 20 世纪 70 年代左右，并且在航天领域中受到广泛重视，有着巨大前景。夏人伟等较早在国内提出自适应概念并进行了有关的探索和研究[7~9]。智能结构的研究最初主要集中在振动控制方面，近年来在形状控制方面的研究也有了很大的发展[15]。将这一概念应用于形状控制方面国外起步较早。NASA 于 1987 年便开始了用于高精度大型天线结构形状控制的智能结构的研究，美国喷气推进实验室(JPL)也于上世纪 90 年代开始研究用于振动和形状控制的主动单元结构；日本的 NASDA 和 ISAS 也着手进行了结构形状控制的研究[6]。因为不同的研究对象、目标函数、约束条件和变量，形成了不同的控制模型。邓年春等以梁杆为研究对象、以长度方向的坐标为变量、以外力和 PZT 压电片产生的径向弯曲变形拟合为目标进行研究[10,11]；黄海等研究表面贴有压电片的板、壳结构的变形控制[12~14]，黄海还进行了约束中加入了平整性要求的研究[12]；隋允康和龙连春等以主动杆轴向伸长为设计变量控制桁架变形[3,16~17]；另外，国外还进行了一些实验层面上的研究[18~20]。

本文对抛物面天线背架结构的研究是假设已知结构所受外载荷和结构小变形的前提下进行的。以主动杆作动电压为设计变量，以天线表面各点位移相对于最佳吻合抛物面的半光程差的平方和为目标函数，以作动电压和各杆件轴力的上下限为约束，建立了优化控制模型，实现了智能抛物面天线的准静态形状控制。这样的模型更接近实际工程的的情况，便于实际应用中控制回路的实现。算例表明，可用较少的作动器实现大型天线结构的形状精度控制，证明了模型和方法的有效性。

1 基本概念和目标函数的确定

1.1 基本概念

光程差：一般是指反射面上各点因为变形而使电磁波多走的一段路程，半光程差就是光程差的一半。

最佳吻合抛物面：对在载荷作用下的变形了的天线反射面，可以设想作一个新的抛物面，它相对原设计抛物面而言，顶点有移动，轴线有转动，焦距有变化，这样的抛物面有无穷多个，但其中必有一个，变形后反射面相对它的半光程差的均方根(RMS)值最小，这个抛物面就称为最佳吻合抛物面(BFP)。

1.2 目标函数的确定

根据文献[1]，反射面变形误差引起的电磁波的光程差直接造成天线口面上不是等相位而使得天线增益下降。这种影响可由 Ruze 公式表示为增益下降系数 $\eta_s = G/G_0 = e^{-(4\pi\delta/\lambda)^2}$。$G, G_0$ 分别为有表面误差和无表面误差时的天线增益，λ 为波长，δ 为表面各点光程差的均方根值。显然，为了得到最好的天线电性能，增益下降系数最大且接近于 1。因为波长是一个给定的有限值，就要求 δ^2 取得最小值，而 $D = n_0\delta^2$（n_0 是反射面受控点的数量）与 δ^2 具有相同的增减性且计算方便，所以就采用表面各点位移相对于最佳吻合抛物面的加权半光程差的平方和 D 伟目标函数且要求其最小。

2 目标函数的矩阵表示

根据文献[1]，设反射面的抛物面方程为：$x^2 + y^2 = 4fz$，原点 O 位于抛物面的顶点，OZ 为抛物面焦轴，f 为焦距，那么背架与反射面连接节点（受控点）的位移相对最佳吻合抛物面的加权半光程差的平方和 D 的矩阵表示为：

$$D = (B - VH)^T Q (B - VH) \tag{1}$$

式中矩阵的定义为：B 为光程差正比向量列阵，V 为吻合几何矩阵，H 为吻合参数向量列阵，Q 为加权对角矩阵。其中只有 B 与设计变量有关。

由于最佳吻合抛物面由吻合参数向量 H 确定，所以最佳吻合的极值条件为：

$$\frac{dD}{dH} = -2V^T Q (B - VH) = 0 \tag{2}$$

可得：

$$H = (V^T Q V)^{-1}(V^T Q B) = SB \tag{3}$$

其中的 $S = (V^T Q V)^{-1} V^T Q$ 是 V 的以 Q 加权的广义逆。

将式（3）代入式（1）中得：

$$D = B^T R B \tag{4}$$

其中 $R = (I - VS)^T Q (I - VS)$ 为只与结构形状（节点坐标）有关的对称方阵。

3 目标函数的变量显式表示

这部分主要是参照文献[2~4]中的处理方法。

在结构小变形的假设下，桁架杆件的节点位移和轴力均可以表示为两部分的线性叠加，一部分是由外界扰动力引起的，另一部分是由主动杆作动力产生的。进而将目标函数表示为电压的显式二次型。

3.1 杆件节点位移的表示

将桁架中节点的位移分为两部分表示为：$u = u^{(0)} + u^{(a)}$。其中 $u^{(0)} = [\cdots u_i^{(0)}\ v_i^{(0)}\ w_i^{(0)}\ \cdots]$（$i = 1, \cdots, m.m$ 是桁架节点数量)是只有外界扰动力时的初始位移。而 $u^{(a)}$ 是只有作动力时产生的节点位移。取作动器多工况情况，即 $\varphi_k = 1$ 且 $\varphi_j = 0$，（$j = 1, \cdots, p.\ j \neq k$，$p$ 为主动杆数量)，可得此时第 i 个节点处产生的位移为：

$$\bar{u}_{ik} = \begin{bmatrix} \bar{u}_{ik} & \bar{v}_{ik} & \bar{w}_{ik} \end{bmatrix}^T \tag{5}$$

进而有节点 i 处 XYZ 三个方向的位移可表示为:

$$\begin{cases} u_i = u_i^{(0)} + \sum_{k=1}^{p} \bar{u}_{ik} \varphi_k \\ v_i = v_i^{(0)} + \sum_{k=1}^{p} \bar{v}_{ik} \varphi_k \\ w_i = w_i^{(0)} + \sum_{k=1}^{p} \bar{w}_{ik} \varphi_k \end{cases} \tag{6}$$

该位移除以焦距 f 即为其对应的无因次量。

3.2 杆件轴向内力的表示

对于某一单元杆 i,其轴力可以表示为:

$$N_i = A_i \sigma_i = N_i^{(0)} + N_{i,act} \tag{7}$$

其中 A_i 为杆件截面积, $N_i^{(0)}$ 是由外界扰动力产生的轴力, $N_{i,act}$ 是由压电作动力所产生的,那么有

$$N_{i,act} = \sum_{k=1}^{p} \bar{F}_{ik} \varphi_k = \bar{F}_i \Phi \tag{8}$$

其中 $\bar{F}_{ik}$ 是在作动器多工况情况时,即 $\varphi_k = 1$ 且 $\varphi_j = 0, (j = 1, \cdots, p. \ j \neq k)$ 时,在杆件 i 中产生的轴力,此时有下式:

$$N_{i,act} = \sum_{k=1}^{p} \frac{A_i E_i}{l_i} [-l_{ix} \bar{u}_{rk} - l_{iy} \bar{v}_{rk} - l_{iz} \bar{w}_{rk} + l_{ix} \bar{u}_{qk} + l_{iy} \bar{v}_{qk} + l_{iz} \bar{w}_{qk}] \varphi_k \tag{9}$$

将式(8)与(9)比较可得

$$\bar{F}_{ik} = \frac{A_i E_i}{l_i} [-l_{ix} \bar{u}_{rk} - l_{iy} \bar{v}_{rk} - l_{iz} \bar{w}_{rk} + l_{ix} \bar{u}_{qk} + l_{iy} \bar{v}_{qk} + l_{iz} \bar{w}_{qk}] \tag{10}$$

其中 E_i 是指任意单元杆的杨氏模量; l_i 为该杆长度, l_{ix}, l_{iy}, l_{iz} 分别为该杆与 X、Y、Z 轴的夹角余弦; r、q 是该杆两端的节点号。

3.3 矩阵 B 的表示和目标函数显式的表达

由于矩阵 B 是节点位移的线性函数,那么 B 也可以表示为两部分的叠加,即有

$$B = B_0 + B_a \tag{11}$$

其中 B_0 是由外界扰动力产生的,与 $u^{(0)}$ 的无因次量对应。 B_a 是由主动杆作动力产生的,与 $u^{(a)}$ 的无因次量对应,那么 B_a 可表示为:

$$B_a = \begin{Bmatrix} \sum_{k=1}^{p} (X_1 \bar{U}_{1k} + Y_1 \bar{V}_{1k} - 2\bar{W}_{1k}) \varphi_k \\ \vdots \\ \sum_{k=1}^{p} (X_{n_0} \bar{U}_{n_0 k} + Y_{n_0} \bar{V}_{n_0 k} - 2\bar{W}_{n_0 k}) \varphi_k \end{Bmatrix} = C\Phi \tag{12}$$

其中

$$C = \begin{Bmatrix} X_1\overline{U}_{11} + Y_1\overline{V}_{11} - 2\overline{W}_{11} & \cdots & X_1\overline{U}_{1p} + Y_1\overline{V}_{1p} - 2\overline{W}_{1p} \\ \cdots & \cdots & \cdots \\ X_{n_0}\overline{U}_{n_01} + Y_{n_0}\overline{V}_{n_01} - 2\overline{W}_{n_01} & \cdots & X_{n_0}\overline{U}_{n_0p} + Y_{n_0}\overline{V}_{n_0p} - 2\overline{W}_{n_0p} \end{Bmatrix} \tag{13}$$

将式（11）、（12）代入式（4）中得到目标函数的关于设计变量的显示二次表达为：

$$D = \Phi^{\mathrm{T}}(C^{T}RC)\Phi + 2(B_0^{\mathrm{T}}RC)\Phi + B_0^{\mathrm{T}}RB_0 \tag{14}$$

由此目标函数 D 便转化为作动电压 Φ 的二次型显函数，便于进行精确求解。

4 约束的确定

已知单元杆的作动电压和强度的上下限分别为 φ_k^L、φ_k^U、N_i^L、N_i^U，则约束条件如下：

电压约束：

$$\varphi_k^L \leqslant \varphi_k \leqslant \varphi_k^U, \ k=1,\cdots,p \tag{15}$$

强度约束：

$$N_i^L \leqslant N_i^{(0)} + \overline{F}_i\Phi \leqslant N_i^U, \ i=1,\cdots,n \tag{16}$$

5 优化模型的表示

在以上分析的基础上，建立了以作动电压为变量，以电压的显式二次型 D 为目标函数的优化模型，表示如下：

$$\begin{cases} \text{Find } \varphi_j \ \ j=1,\cdots,p \\ \min \ D = \Phi^{\mathrm{T}}(C^TRC)\Phi + 2(B_0^{\mathrm{T}}RC)\Phi + B_0^{\mathrm{T}}RB_0 \\ \text{s.t } N_i^L \leqslant N_i^{(0)} + \overline{F}_i\Phi \leqslant N_i^U, \ i=1,\cdots,n \\ \varphi_j^L \leqslant \varphi_j \leqslant \varphi_j^U, \ j=1,\cdots,p \end{cases} \tag{17}$$

6 算例

本文借鉴采用了文献[5]中的例子对天线节点和杆件进行编号。

算例1 抛物面天线简化为 25 杆平面问题，如图 1 所示。普通杆弹性模量为 $E=210$ GPa；杆件横截面积为 $A=10^{-4}$ m²，许用应力为 $\sigma^{L/U}=\pm50$ MPa。主动杆的弹性模量为 $E'=63$ GPa，作动器许可轴力均为 $N^{L/U}=\pm3$ kN，许可的总变形及主动变形均为 0.1mm，刚度为 $k=5.04\times10^7$ N/m。天线口径 $d_0=5$ m，焦距 $f=2.5$ m。外荷载为：$P_{1x}=600$ N，$P_{1y}=-600$ N，$P_{3x}=400$ N，$P_{3y}=-400$ N，$P_{5x}=300$ N，$P_{5y}=-300$ N，$P_{7x}=100$ N，$P_{7y}=-100$ N，$P_{9x}=200$ N，$P_{9y}=-200$ N，$P_{11x}=400$ N，$P_{11y}=-400$ N。

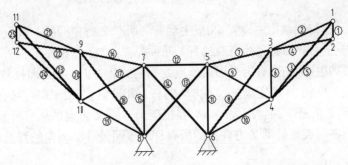

图 1

将不同位置和不同的数量的杆设置为主动杆，在上面装上作动器，部分的优化结果列举见表 1：

表 1

主动杆数量	主动杆号	光程差/mm²	原光程差/mm²	优化比例
6	1.6.11.15.20.25	7.85E-06	1.11E-02	99.93%
4	3.8.18.23	1.83E-03	3.10E-03	40.97%
4	4.9.17.22	3.25E-08	2.71E-03	99.99%

结果讨论：表 1 中列举了在桁架结构中分别有 6 个和 4 个作动器时的优化结果。从表中的数据可以看出，6 个作动器时天线的半光程差由 1.11×10^{-2} m² 降到 7.85×10^{-6} m²，使误差减少了 99.93%；4 个作动器时的第二种情况下，天线半光程差由 2.71×10^{-3} m² 降到 3.25×10^{-8} m²，使误差减少了 99.99%。均在较少的作动器时使目标函数近似为零，得到了较完美的优化结果。而 4 个作动器的两种不同配置方案所得到的优化结果差别很大，可见作动器的配置问题十分重要，好的配置方案可以得到好的控制效果。

算例 2　某 8m 天线抛物面，正视图如图 2 所示，共有 336 根杆。普通杆的弹性模量为 $E = 210$ GPa；杆件横截面积为 $A = 10^{-4}$ m²，许用应力为 $\sigma^{L/U} = \pm 50$ MPa。主动杆的弹性模量为 $E' = 63$ GPa，作动器许可轴力均为 $N^{L/U} = \pm 2$ kN，许可的总变形及主动变形均为 0.5 mm，刚度为 $k = 5.04 \times 10^7$ N/m。天线口径 $d_0 = 8$ m，焦距 $f = 3$ m。外荷载为：$P_{1x} = 600$ N，$P_{1y} = 600$ N，$P_{1z} = -600$ N，$P_{3x} = 400$ N，$P_{3y} = 400$ N，$P_{3z} = -400$ N，$P_{5x} = 300$ N，$P_{5y} = 300$ N，$P_{5z} = -300$ N，$P_{7x} = 400$ N，$P_{7y} = 400$ N，$P_{7z} = -400$ N，$P_{9x} = 200$ N，$P_{9y} = 200$ N，$P_{9z} = -200$ N，$P_{11x} = 500$ N，$P_{11y} = 500$ N，$P_{11z} = -500$ N。

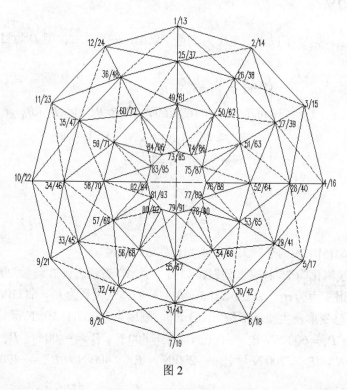

图 2

讨论几种情况：（1）在桁架结构中设置 48 根主动杆（所有 Z 方向的杆）和设置 24 根主动杆（有力作用的节点处相应的 Z 方向的杆，即杆号为奇数的杆）两种配置；（2）在桁架结构外三圈中设置 36 根主动杆（Z 方向的杆）和设置 18 根主动杆（有力作用的节点处相应的 Z 方向的杆，即杆号为奇数的杆）两种配置；（3）在桁架结构外两圈中设置 24 根主动杆（Z 方向的杆）和设置 12 根主动杆（有力作用的节点处相应的 Z 方向的杆，即杆号为奇数的杆）两种配置；（4）在桁架最外圈 Z 方向的所有杆和顶面最外圈径向的杆处设置 24 根主动杆；（5）在桁架最外圈 Z 方向的的所有杆和顶面最外圈周向的杆处设置 24 根主动杆，结果见表 2。

表 2

主动杆数量	主动杆号	光程差/mm²	原光程差/mm²	优化比例
48	73-84,97-108,121-132,145-156	0.009 7	1.574 0	99.38%
24	73-84,97-108,121-132,145-156 奇数	0.277 0	1.262 0	78.05%
36	73-84,97-108,121-132	0.014 5	1.135 0	98.72%
18	73-84,97-108,121-132 奇数	0.316 8	1.119 8	71.71%
24	73-84,97-108	0.241 9	1.116 3	78.33%
12	73-84,97-108 奇数	0.399 6	1.102 2	63.75%
24	1-12,73-84	0.268 2	1.091 8	75.44%
24	73-84,169-180	0.552 9	1.107 5	50.08%

结果讨论：表 2 所列结果的前 6 种配置，分成第 1、3、5 种配置方案和第 2、4、6 种杆号是奇数的杆件为主动杆的配置方案两组情况加以对比，发现类似配置条件下作动杆数量越多优化结果就越好，比如在第一种配置方案种，48 个主动杆时光程差可以优化减少 99.38%，而 36 和 24 个主动杆时光程差可以优化减少 98.72% 和 78.33%。对于不同组配置方案结果的横向比较，则得不到这样的结论，比如表 2 中 18 根主动杆和 12 根主动杆的优化结果均优于第 8 种配置中 24 根主动杆的结果。另外主动杆数相同而配置方案不同时的优化结果将不同，例如使同为 24 根主动杆，目标函数的优化结果也存在很大的差异。因此如果作动器配置合理，就可以用较少的作动器得到很好的控制结果。

7 结论

本文研究基于自适应结构的大型天线形状控制问题，以作动电压为设计变量，采用了线性假设下变量的显示二次优化模型，只需一次结构分析，就可以通过调控天线背架结构的形状来实现对天线反射面精度的控制。将设计变量选为作动电压，既可以实现变量的直观可控，也可以使目标函数表述为变量的显式表达，便于采用简便算法进行精确计算。

本文的优化模型是采用基于天线反射面最佳吻合抛物面概念的形状控制，由算例可以证明其可行性和有效性。尤其从算例 2 这个与实际天线较接近三维算例中可以得到更接近真实的结果和规律。

本文算例显示在类似的配置方案中主动杆的数量与优化结果一般是成正比的，而综合各种不同的配置进行比较则没有这样的规律，如方案合理，相对于使用数量很多作动器的情况，使用少量作动器可得到更优的结果，算例 2 中的结果已经清楚的说明了这一点。因此配置方案的选取十分重要，如果选取合理，使用本文模型可以实现少量作动器对结构形状的精确控制。

参 考 文 献

[1] 陈树勋.精密复杂结构的几种现代设计方法. 北京航空航天大学出版社, 1992.

[2] E. Forster, E. Livne. Integrated Structure/Actuation Synthesis of Strain Actuated Devices for Shape Control. AIAA-2001-1621.

[3] 龙连春,隋允康..自适应压电桁架结构多目标最优控制.石油大学学报，2004.

[4] 龙连春,隋允康,叶宝瑞.空间智能结构的一种最优调控方法.北京工业大学学报，2003.

[5] 叶尚辉，李在贵. 天线结构设计.西北电讯工程学院出版社,1986.

[6] 刘天雄 林益明 陈烈民.智能结构及其在空间飞行器中的应用.强度与环境，2004 年 6 月，第 31 卷第 2 期.

[7] 夏人伟.自适应结构综述.北京航空航天大学学报, 1999, 25(6):623-628.

[8] 董聪,夏人伟.力学进展.智能结构设计与控制中的若干核心技术问题,1996,26(2):166-178.

[9] 夏人伟.大型复杂航天器的若干结构与力学问题.宇航学报,2001,22(4):1-6.

[10] 邓年春 邹振祝.智能梁的静态形状控制.应用力学学报，2003 年 6 月，第 20 卷第 2 期.

[11] E.Forster, E.Livne.INTEGRATED Design Optimization of Strain Actuated Structures For Dynamic Shape Control.

AIAA-2000-1366.

[12] 黄海，孙文俊.考虑平整性要求的板壳自适应结构静变形控制［J］.宇航学报，2001，22（4）：71-75.

[13] 唐纪晔，黄海，夏人伟.压电层复合板自适应结构的静力变形控制［J］．北京航空航天大学学报，2000，26（2）：239-243.

[14] 姚国凤，陈塑寰.抛物面形天线的智能静态形状控制.吉林工业大学自然科学学报，第 30 卷第 4 期，2000 年 10 月.

[15] 隋允康,邵建义.自适应超静定桁架结构强度控制的研究. 固体力学学报，第 22 卷第 2 期，2001 年 6 月.

[16] 隋允康,龙连春.智能天线结构形状最优控制.无线电通信技术，2003，29(5):25-27,44.

[17] 聂润兔,邵成勋,邹振祝.自适应桁架形状控制中主动杆多目标最优配置.应用力学学报第 14 卷第 3 期 1997 年 9 月.

[18] R.A.Manning,R.E.Wyse,S.R.Schubert. Development of An Actives Structure Flight Experiment.AIAA 93-1114.

[19] M.J.Rossi, R.Austin, W.Wannostrand. Active Rib Experiment For Shape Control of An Adaptive Wing. AIAA-93-1700-CP.

[20] M.Salama,J.Umland, R.Bruno, J.Garba. Adaptive Adjustment of A Precision Truss Structure: Experimental Validation. AIAA-93- 1681-CP.

Optimum Shape Control of Antenna Based on Intelligent Structures

Gao Xuefeng   Huang Hai   Bian Bian

School of Astronautics, Beijing University of Aeronautics and Astronautics, Beijing

School of Astronautics, Beijing University of Aeronautics and Astronautics, Beijing 100083

phenix.can@sohu.com   hhuang@buaa.edu.cn   bbian@sa.buaa.edu.cn

Abstract　Large-scale spacial antennas should keep precision shape of the reflectance surface. Using PZT actuators in the supporting structure, the optimum model is established which takes the precision of the surface to the best fit paraboloid (BFP) of antennas as objective function, and takes the control-voltages as variables, and is constrained by the limitations of strengths of the structures and control-voltages. By disposal, the primary objective function is expressed as a explicit quadratic function of variables, which can optimize the shape of the antenna, and get optimization voltages expediently. Examples illustrated validity of the model and method, which can control the shape of large-scale antennas with high precision. Moreover, the talking about the configuration of the actuators in the example was proceeded.

Key words　Intelligent structures；Antenna；Shape control；Optical path error

智能控制理论及在导弹制导控制中的应用概述

郭强

中国航天科工集团第四总体设计部

北京市 142 信箱 206 分箱，邮编：100854，guo__qiang@sina.com

摘　要　智能控制理论既是一种新型的控制理论，又是人工智能的基础，具有非常丰富的研究内容。文中介绍了智能控制的发展过程，总结了智能控制的基本特点和重要分支，并概述了智能控制在导弹制导控制领域的应用。

关键词　智能控制；模糊控制；神经网络；遗传算法；制导；控制

1　前言

近半个世纪以来，智能控制获得了很大的发展，已经引起了众多学科的重视，成为一门十分活跃的交叉学科和前沿科学。最近 10 多年来，计算机科学和技术得到了长足的发展，在信息存储容量，信息处理速度，软件和硬件等方面都取得了日新月异的进步。智能理论和算法，如模糊逻辑和神经网络、遗传算法等也逐渐成熟，这些成果使得智能控制的实际应用成为可能。同时为了在未来的高科技战争中拥有技术优势，各国对于导弹的技术指标要求越来越高，大量先进技术应用其中。智能控制也越来越多地被应用于导弹的制导与控制系统中，使导弹的综合性能有了很大的提高。

2　智能控制的发展过程

智能控制的思想最早来自傅京孙教授，他通过人-机控制器和机器人方面的研究，首先把人工智能的自觉推理方法用于学习控制系统，将智能控制概括为自动控制和人工智能的结合。他认为低层次控制中用常规的基本控制器，而高层次的智能决策应具有拟人化功能。J.M.Mendel 教授进一步在空间飞行器的学习控制中应用了人工智能技术，并提出了人工智能的概念。1976 年，Leondes 和 Mendel 首次正式使用了人工智能控制一词。从 20 世纪 70 年代开始傅京孙，Glorioso 和 Saridi 等人从控制理论的角度总结了人工智能技术与自适应、自学习和自组织控制的关系，正式提出建立智能控制理论的构想。1985 年 8 月在美国纽约 PRI，IEEE 召开的智能控制专题研讨会，标志着智能控制作为一个新的学科分支正式被控制界公认。从 1987 年开始，每年都举行一次智能控制国际研讨会，形成了智能控制的研究热潮。20 世纪 80 年代以来，微机的高速发展为实用的智能控制器的研制及智能控制系统的开发提供了技术基础。人工智能技术中关于知识表达，推理技术以及专家系统的设计与建造方面的技术进展也为智能控制系统的研究和开发准备了新的条件和途径，出现了专家控制系统并在工业过程控制、航空航天技术和军事决策等方面实际应用，取得了引人注目的应用成果。

3　智能控制系统的基本特点

智能控制不同于经典控制理论和现代控制理论的处理方法。其特点包括：

（1）很强的容错性。对复杂系统（如非线性、快时变、复杂多变量和环境扰动等）能进行有效的全局控制，并具有较强的容错能力。

（2）多模态性。定性决策和定量控制相结合的多模态组合控制。

（3）全局性。从系统的功能和整体优化的角度来分析和综合系统。

（4）混合模型和混合计算。对象是以知识表示的非数学广义模型和以数学模型表示的混合控制过程，人的智能在控制中起着协调作用，系统在信息处理上既有数学运算，又有逻辑和知识推理。

（5）学习和联想记忆能力。对一个过程或未知环境所提供的信息，系统具有进行识别记忆、学习，并利用积累的经验进一步改善系统的性能和能力。

（6）动态自适应性。对外界环境变化及不确定性的出现，系统具有修正或重构自身结构和参数的能力。

（7）组织协调能力。对于复杂任务和分散的传感信息，系统具有自组织和协调能力，体现出系统的主动性和灵活性。

4 智能控制的基本结构

如图 1 所示，在智能控制系统中，广义对象包括通常意义下的控制对象和所处理的外部环境。传感器则包括位置的传感器，力传感器等。感知信息处理将传感器得到的原始信息加以处理。通信接口除建立人--机之间的联系外，也建立系统中各模块之间的联系。规划和控制是整个系统的核心，它根据给定的任务要求，反馈的信息及经验知识，进行自动搜索，推理决策，过程规划，最终产生具体的控制作用，经执行部件作用于控制对象。

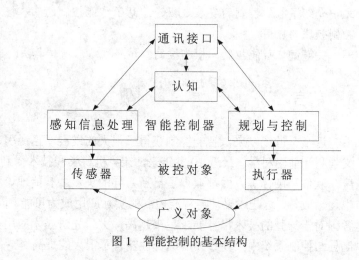

图 1 智能控制的基本结构

5 智能控制的重要分支

模糊控制是基于模糊集合论，模拟人的模糊推理和决策过程的一种实用的智能控制方法。它以模糊数学，模糊语言形式的知识表达和模糊逻辑的规则推理为基础，采用计算机控制技术构成的一种具有反馈通道的闭环结构的数学控制系统。模糊控制属于非线性的智能控制，具有显示表达知识的特点，对于难以建立精确数学模型的控制系统具有较好的控制作用，是一种比较有效的控制形式。

模糊控制的优点：

（1）模糊控制是一种基于规则的控制。它直接采用语言型控制规则，出发点是现场操作人员的控制经验或相关专家的知识，在设计中不需要建立被控对象的精确数学模型，因而使得控制机理和策略易于接受和理解，设计简单，便于应用。

（2）基于模型的控制系统设计方法，由于出发点和性能指标的不同，容易导致较大差异；但一个系统的语言控制规则却具有相对的独立性，利用这些控制规律间的模糊连接，容易找到折中的选择，使控制效果优于常规控制器。

（3）模糊控制算法是基于启发性的知识及语言决策规则设计的，这有利于模拟人工控制的过程和方法，增强控制系统的适应能力，使之具有一定的智能水平。

（4）模糊控制系统的鲁棒性强，干扰和参数变化对控制效果的影响被大大减弱，尤其适用于非线性，时变及纯滞后系统的控制。

神经网络是一种模拟人直观性思维的非线性动力学系统。它由许多并行的相互连接的简单神经元构成，其特点在于信息的分布式存储和并行协同处理。具有很好的适应能力和学习能力，可以不依赖模型映射出对象的输入输出关系。另外，它还有很强的容错性和鲁棒性，善于联想，综合和推广。对于任意非线性对象的逼近和建模，对不确定性模型的控制均有很好的效果。

神经网络的特点：

（1）它能以任意精度逼近任意连续非线性函数。

（2）对复杂不确定问题具有自适应和学习能力。

（3）它的信息处理的并行机制可以解决控制系统中大规模实时计算的问题，并且并行机制中的冗余性可以使控制系统具有很强的容错能力。

（4）它具有很强的信息综合能力，能同时处理定量和定性的信息，能很好地协调多种输入信息的关系。

（5）神经网络可以解决许多自动控制计算问题，如优化计算和矩阵代数计算。

（6）便于用超大规模集成系统或光学集成系统实现。

遗传算法也是智能控制的重要新分支，是基于达尔文进化论，在计算机上模拟生命进化机制而发展起来的一门学科。它根据适者生存、优胜劣汰等自然进化来进行搜索计算和问题求解，对许多用传统数学难以解决或明显失效的复杂问题，特别是优化问题，提供了一个行之有效的新途径，也为智能控制的研究带来了新的生机。

6 智能控制在导弹控制系统中的应用

（1）导弹控制系统精确模型的模拟

由于导弹是一类高度非线性时变系统，并且飞行参数是很多物理量的函数，对其建立精确的数学模型非常困难。目前对飞行器的设计和分析都是建立在简化模型的基础上进行的，简化模型和精确模型之间往往存在着差异，这种差异就是系统存在的不确定性，并且导弹存在的这种不确定性往往是非匹配不确定性。因此研究具有非匹配不确定性的非线性系统的控制问题对提高导弹系统的性能，提高其作战能力具有重大的实际意义。神经网络的优势就在于它能够以任意精度逼近任意连续非线性函数，应用神经网络能够模拟弹体的非线性和弹体模型的不确定性，从而设计出性能更优，可靠性更好的控制系统。

（2）导弹控制系统的智能优化

导弹的高度非线性和时变性，使得以导弹为被控对象的弹上稳定回路的设计变量十分复杂。导弹的自动驾驶仪的参数设计通常采用的方法有：试凑法，确定性寻优与随机寻优等。试凑法是一种经验调参方法，寻优过程有很大的盲目性，而且设计的成败与设计者的经验水平密切相关。确定性寻优如梯度下降法，单纯形法等，寻优方向单一，容易陷入局部极小。而遗传算法是一种既有全局性又有鲁棒性的寻优方法。利用遗传算法可以对确定结构的导弹控制系统参数进行全局寻优。同时利用遗传算法可以对导弹控制系统结构进行优化，其方法是对待选结构进行编码，并选择能反映出控制结构性能好坏的指标来构造适应函数，通过逐代的优胜劣汰，最终确定出最佳控制结构。

7 智能控制在导弹制导系统中的应用

（1）导弹智能制导律的设计

在设计导弹的制导规律时，应该考虑弹道的要求，过载的限制，目标的随机机动，目标的特征与特性等因素，从而实现精确制导。同时导引律的控制参数在处理不同情况时应该有相应的变化，实际应用中人们通常积累了这样的经验，但在以往的导引律中体现不出对这些知识的利用。

由于模糊逻辑具有处理非线性，时变性和不确定性的能力，又具有融合专家启发式经验的能力。可将对弹道的要求，过载的限制及目标的随机机动，目标的特征与特性等融入制导规则库中，在确定导弹攻击目标的最佳路径的推理（智能优化）过程中能充分考虑这些因素，实现精确导引与精确控制。通过不断扩充，修改，完善制导规律库，逐步提高制导系统的智能水平和自主能力可形成一套完整的模糊智能制导系统。

（2）导弹智能末制导的实现

未来战场空间广阔，特别是中远程导弹，不但要考虑到使导弹可靠地捕捉目标，还必须考虑到使导弹不至于捕捉我方兵力，这对于目前的导弹来说是很难实现的。但如果利用智能控制技术，就能够使导弹根据事前预存的目标识别特征，分辨出对方和我方兵力，从而大大减小导弹错捕我方或友方兵力的可能性。同时能使导弹能够根据目标的识别特征，战术态势，编队队形，电磁辐射密度等条件判断敌方目标的战术价值，从而选择攻击战术价值较大的目标。而且利用智能控制技术还能够使导弹对所遭受的各种干扰具有自动识别能力，并根据干扰类型、干扰时机、干扰效果以及导弹所处的战术态势等因素求出最优的对抗策略，从而最大限度地提高导弹的电子对抗能力。

8 结论

智能控制是一门边缘交叉学科，是一新兴的研究和应用领域，有着广阔的发展前途。各种智能控制方法都具有自身明显的优势和劣势，因此各种方法之间如何取长补短，优势互补，相互有机结合以解决复杂的，高度非线性和不确定性的控制问题就成为当今智能控制的研究热点之一。集成智能控制被人们普遍认为是智能控制的主要发展方向之一。并且随着智能控制理论的不断发展与完善，也必将会越来越多地应用于导弹的制导与控制系统中。

参 考 文 献

[1] 关世义.导弹智能化技术初探.战术导弹技术，2004 年 7 月,(4):01-07.

[2] 刘勤,刘莉.人工神经网络在导弹控制系统中的应用.战术导弹技术，2002 年 3 月,(2):59-63.

[3] 李刚,刘兴堂.智能控制理论及发展.空军工程大学学报，2003 年 6 月，第 4 卷第 3 期.

[4] 彭绍雄.反舰导弹弹道高性能模糊控制系统研究.飞行力学，2003 年 12 月，第 21 卷第 4 期.

[5] 鲍巍.基于模糊控制的拦截弹姿态控制其设计方法研究.航天控制，2005 年 2 月，Vol23,No1.

The Intelligent Control Theory And The Application In The Missile's Guidance And Control

Guoqiang

The Fourth Department of System Design, CASIC

Address: Beijing Postbox 142-206，100854

guo＿＿qiang@sina.com

Abstract   Intelligent control theory is not only a new control theory, but also basic of artificial intelligent, has lots of research contents. The essay introduces the process of developing intelligent control, basic characteristics and important branches, and summaries usage of intelligent control in the guidance and control area.

Key words   Intelligent Control；Fuzzy control；Neural network；Gennetic Algorithm；Guidance；Control

小波神经网络自适应逆控制在飞控系统中的应用

李辉　柳海峰

北京控制与电子技术研究所

北京 2115 信箱，邮编：100038，liuhaifeng@hotmail.com

摘　要　本文提出了一种基于小波神经网络的自适应逆控制方法，采用小波神经网络（WNN）对飞行控制系统进行实时辨识，得到它的逆模型，然后将训练后的网络作为前馈控制器与常规反馈控制器构成并行自适应逆控制器，实现飞控系统的建模与控制，取得了满意的效果。

关键词　小波；神经网络；自适应逆控制；飞控系统

1　引言

传统的飞行器控制设计方法的基础是小扰动线性化理论和系数冻结基本假设，这种处理方法是将非线性问题在小动态范围内把基于定常气动力条件下的描述飞行器运动的非线性方程直接线性化，使得原先交叉耦合的三个通道运动分解成相互独立的"俯仰"、"偏航"和"滚转"运动，从而把一个非线性时变系统设计问题简化和变换为典型状态下的三个线性回路的综合问题，对于这种对象，运用现代控制理论取得了很好的飞行品质。

但是在实际中存在某些情况，使这种小扰动线性化基本假设很难成立，在各个通道之间存在较强耦合时，飞行器控制和制导系统实质上是一个同时具有非线性、时变性和模型不确定性的多变量对象。采用基于古典控制理论的传统设计方法和基于现代控制理论的线性设计方法显然难以解决飞行器控制和制导的实际问题，因此，有必要寻求新的能够更好的解决非线性系统的设计方法。

近年来，神经网络控制的发展，为解决此类问题提供了新的思路。但由于常用的 BP 算法存在收敛速度慢，容易陷入局部极小点等缺点。为克服这些缺点，采用局部调整的 RBF 和 CMAC 等网络被提出来，但它们依然存在网络结构没有理论指导等缺点。本文基于小波分析和和神经网络控制理论，采用小波神经网络（Wavelet Neural Networks），设计一种自适应逆控制器来解决前述问题。

2　小波神经网络理论

2.1　小波分析理论

如果函数 $\psi(x) \in L_2(R)$ 满足"容许性"条件

$$C_\psi = \int_{-\infty}^{+\infty} \frac{|\hat{\psi}(\omega)|^2}{|\omega|} d\omega < +\infty \tag{1}$$

$\hat{\psi}(\omega)$ 表示 $\psi(x)$ 的 Fourie 变换，则称 $\psi(x)$ 是一个小波母函数。将小波母函数 $\psi(x)$ 进行伸缩和平移

$$\psi_{a,b}(x) = |a|^{-\frac{1}{2}} \psi\left(\frac{x-b}{a}\right), \ a,b \in (-\infty,+\infty), a \neq 0 \tag{2}$$

其中 a 为伸缩因子，b 为平移因子，称 $\psi_{a,b}(x)$ 为小波基函数，对于 $f(x) \in L_2(R)$ 的积分变换和逆变换如下式（3）、式（4）所示。

$$w_\psi(f)(a,b) := \langle f, \psi_{a,b} \rangle = \int_{-\infty}^{+\infty} f(x)\overline{\psi}_{a,b}(x)dx \tag{3}$$

$$f(x) \underset{=}{a.e.} \frac{1}{C_\psi} \int_{-\infty}^{+\infty} \int_{-\infty}^{+\infty} (w_\psi f)(a,b)\psi_{a,b}(x) \frac{dadb}{a^2} \tag{4}$$

对于高维小波变换，一般先取一维的小波函数，然后将它们扩展成多维函数后再平移和伸缩。多维小波由一维小波的张量积构成，记 $C_\psi = C_\psi^n$，则连续小波分解公式如下所示

$$f(x) = \frac{1}{C_\psi} \iint_{R^n \ R_+^n} w(d,t)(\det D)^{1/2} \psi(D(x-t)) \mathrm{d}d\mathrm{d}t \tag{5}$$

$$w(x,t) = \int_{R^n} f(x)(\det D)^{1/2} \psi[D(x-t)]\mathrm{d}x \tag{6}$$

这里 d, t 分别是平移和伸缩向量，$D = \mathrm{diag}(d)$，得到的估计公式为

$$f(x) \approx \sum_{i=1}^N w_i \det(D_i^{1/2}) \ \psi(D_i(x-t_i)) \tag{7}$$

2.2 小波神经网络结构及算法

小波神经网络(Wavelet neural Networks 或 WNN)是将前馈神经网络的激活函数改为小波函数，对选定的小波母函数作平移 t_i 和伸缩 d_i，其函数表达式为

$$f(x) = \sum_{i=1}^N w_i \psi(D_i R_i(x-t)) \tag{8}$$

式中，$D_i = \mathrm{diag}(d_{1i}, d_{2i}, \cdots, d_{ni})$ 是一对角阵，称为扩张矩阵，$i=1, 2, \cdots, N$，n 是网络输入的维数；$d_{ki}>0(k=1, 2, \cdots, N)$，对应于伸缩向量，$R_i$ 是旋转矩阵，$x \in R^n$ 是输入向量，w_i 是权系数，$\psi(x)$ 是具有零均值的小波函数，$\bar{f}$ 是为逼近非零均值而设置的常数项，$t_i=(t_{i1}, t_{i2}, \cdots, t_{in})(i=1, 2, \cdots, N)$ 是平移向量，网络的结构如图 1 所示。

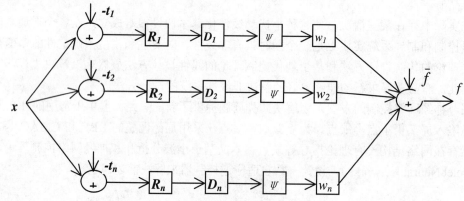

图 1　小波神经网络（WNN）结构

小波神经网络的参数有 $\bar{f}, w_i, t_i, D_i$ 和 R_i。将它们一起写成列向量 θ 的形式，$f_\theta(x)$ 为小波神经网络的输出。网络训练采用随机梯度法。即每次迭代按照式（9）所定义的指标函数的负梯度方向进行。

$$C(\theta, x_k, y_k) = \frac{1}{2}[f_\theta(x_k) - y_k]^2 \tag{9}$$

令 $e_k = f_\theta(x_k) - y_k$，$z_i = D_i R_i(x_k - t_i)$，$w = \{w_1, w_2, \cdots, w_n\}$ 则各变量的梯度为：

$$\frac{\partial C}{\partial \bar{f}} = e_k \quad \frac{\partial C}{\partial w_i} = e_k \psi(z_i) \quad \frac{\partial C}{\partial t_i} = -e_k w_i R_i^T \psi'(z_i)$$

$$\frac{\partial C}{\partial R_i} = e_k w_i D_i \psi'(z_i)(x_k - t_i)^T \tag{10}$$

$$\frac{\partial C}{\partial d_i} = e_k w_i \mathrm{diag}[R_i(x_k - t_i)]\psi'(z_i)$$

因此根据式（11）进行小波神经网络参数的训练。

$$\theta_k = \theta_{k-1} - \alpha_k \cdot [\mathrm{grad}]C(\theta_{k-1}, x_k, y_k) \tag{11}$$

其中，$\theta = (\bar{f}, w_i, d_i, R_i, t_i)$。

3 神经网络逆控制理论

首先描述神经网络直接逆控制，所谓神经网络直接逆控制就是将被控对象的神经网络逆模型，直接与被控对象串联起来，以便使期望输出（即网络输入）与对象实际输出之间的传递函数等于 1，从而在将此网络作为前馈控制器，使被控对象的输出为期望输出。

该方法的可用性在相当程度上决定于逆模型的准确程度，由于是开环控制，不能有效的抑制环境变化造成的影响，对于理想输出变化较大的系统也不能起到很好的跟踪作用，因此很少单独使用。考虑在神经网络逆控制器的基础上加入一个常规固定增益的反馈控制器 Kp，由此构成一个并行自适应逆控制器，如图 2 所示。由于加入了反馈控制 Kp，系统成为闭环控制，成功的抑制了系统的扰动。当辨识学习到系统对象的逆模型后，神经网络控制器将消除反馈控制器的作用，使输出 u=un。当图 2 中神经网络取为小波神经网络时，就实现了小波神经网络逆控制。

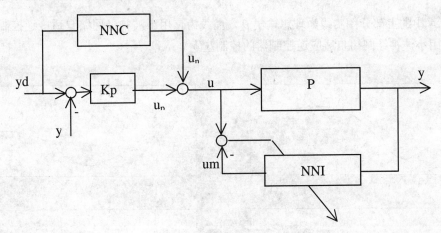

图 2　神经网络逆控制

4 飞控系统小波神经网络自适应逆控制。

4.1 系统模型

仿真运算以某飞行器为研究的控制对象，其纵向通道的俯仰角 ϑ，控制量为升降舵偏角 δ_z，依据下面的传递函数：

$$W_{\delta_z}^{\vartheta} = \frac{K_1(T_1 s + 1)}{s(T^2 s^2 + 2\xi T s + 1)} \tag{12}$$

根据上述得到的气动参数与几何参数，得到对应该飞行器纵向通道的传递函数：

$$W_{\delta_z}^{\vartheta}(s) = \frac{0.02 \times (330 s + 1)}{s(2.3 s^2 + 1.3 s + 1)} \tag{13}$$

取控制周期为 0.1s，则离散化后系统的 Z 传递函数为：

$$W_{\delta_z}^{\vartheta}(z) = \frac{0.2 z^{-1} - 0.2 z^{-2}}{1 - 3.0 z^{-1} + 2.9 z^{-2} - 0.9 z^{-3}} \tag{14}$$

以此传递函数作为实际控制对象的假想环节，控制的理想输出为 1000 个点的 ϑ 值，求在控制对象为公式（14）时所需的控制量 δ_z。

4.2 系统实现

辨识所用的每组输入数据为 $y_N(t+1)$，$y_N(t)$，$y_N(t-1)$，$y_N(t-2)$，$y_N(t-3)$，$u_N(t-1)$，$u_N(t-2)$，$u_N(t-3)$，输出数据为 $u_N(t)$。依据此训练数据进行辨识，得到逆模式的神经网络，根据 ϑ 值作为所需要的理想值，来求控制量 δ_z。逐步运算得到的 δ_z 值再用于控制过程的在线辨识。辨识得到的小波神经网络逆模型（WNNI）直接作为小波神经网络直接逆控制器（WNNC）加入系统中，y_d，$y_N(t)$，$y_N(t-1)$，$y_N(t-2)$，$y_N(t-3)$，$u_N(t-1)$，$u_N(t-2)$，$u_N(t-3)$ 为网络控制输入，$u_N(t)$ 为网络输出，小波神经元的个数为 17 个。由于神经网络直接逆控制使系统的传递函数近似为 1，所以能够起到很好的开环控制作用。但是开环系统的误差经常不能满足输出精度的要求，所以采用图 2 所示的控制，由于系统有了闭环反馈，所以能够得到满足精度的输出，并且能够抑制干扰的影响。根据上述的小波神经网络自适应逆控制器，小波母函数选择 Mexican hat 小波 $\psi(x)=(1-x^2)e^{-\frac{x^2}{2}}$，神经网络训练误差取为 0.001，网络理想输出取为 1000 点，结果如图 3 所示。

在图 3 与图 4 中的上部分图实线为理想输出 ϑ，虚线为使用小波神经网络自适应逆控制器的输出，下部分图实线为使用小波神经网络自适应逆控制器的控制量 δ_z。

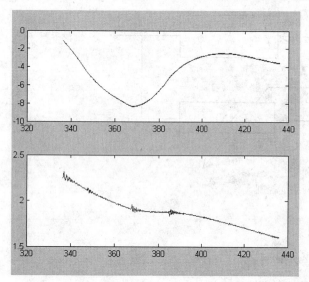 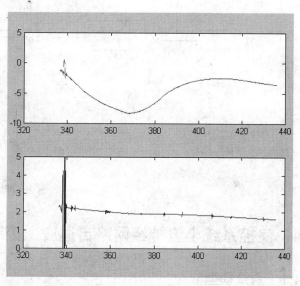

图 3　WNN 网络自适应逆控制的输出 ϑ 与输入 δ_z　　　图 4　BP 网络自适应逆控制的输出 ϑ 与输入 δ_z 结果

4.3 结果分析

从图 3 可以看出，设计的小波神经网络自适应逆控制器使理想输出与实际输出非常接近，完全满足系统精度要求。由于小波母函数一般会选择具有紧支性的光滑小波，因此小波神经网络同 RBF 网络一样，也属于局部逼近网络，与全局逼近的 BP 网络相比，具有收敛速度快、易适应新数据、可以避免较大的外推误差等优点。同时，由于小波函数具有很好的时频局部性，使小波神经网络的结构确定和参数初值都有理论做指导，使它的结构比其它目前的其它前向神经网络都要优越。

小波神经网络的输入量中含有 t+1 时刻的信息，因此得到的控制也属于单步预测控制。在一个控制步长内，都要进行控制对象的在线辨识，辨识网络的权值和控制网络的权值仅刷新一次，得到的控制量也是自适应调整的。

当用 BP 神经网络进行训练时，由于 BP 网络的泛化能力有限，得到的控制量在初始阶段具有很大的振荡。实际上是不可能找到如此快速的执行机构的，使理论结果失去了实用价值。同时它的输出振荡也较大。另外，用 BP 网络进行辨识的速度也满足不了实时性的要求。

5　结论

本文通过介绍小波分析和神经网络理论，结合动态逆技术，提出了一种闭环的小波神经网络自适应逆控制器的设计方法，用来解决时变、非线性和模型不确性问题，并将其应用于飞控系统的纵向通道运动控制的设计中，辨识器与控制器采用同一个网络实现在线辨识与控制，参数调整快，满足了精度要求和实时性要求。

参 考 文 献

[1]　徐丽娜. 神经网络控制结构及所用神经网络. 自动化技术与应用，2004, 23(1):1-5.

[2]　徐丽娜. 神经网络控制.哈尔滨工业大学出版社，1999,5:42-88.

[3]　Qinghua Zhang, Albert Benveniste. Wavelet NetWorks. IEEE Transactions on Neural Networks, 1992, 3(6):889-898.

[4]　I. Daubechies. Ten Lectures on Wavelets. SIAM Press, 1992.

An Application of Adaptive Inverse Control Based on Wavelet Neural Networks in Flight Control System

Li Hui　　Liu Haifeng

(Beijing Institute of Control and Electronic Technology)

P.O.Box 2115 Beijing, P.R.C.，100038，liuhaifeng@hotmail.com

Abstract　An adaptive inverse control based on neural networks is proposed. The flight control system is identified online using wavelet neural networks, and its inverse model is derived. The net after training acts as a feedforward controller and incorporates an traditional feedback controller to form a parallel adaptive inverse controller, which is performed to model and control for the flight control system. Simulation shows that a good result is obtained.

Key words　Wavelet；Neural networks；Adaptive inverse control；Flight control system

基于遗传算法的神经网络 PID 姿态控制系统设计

李阳

中国航天科工集团二院第二总体设计部

北京 142 信箱 30 分箱 12 号，邮编：100854，yirui0445@sina.com

摘 要 针对空间飞行器姿态控制系统，提出了一种基于遗传算法优化的神经网络 PID 控制技术。建立了姿态控制系统的数学模型，并设计了遗传算法的性能指标函数和具体的优化策略。基于改善了的遗传算法，最终给出了 BP 神经网络 PID 控制器。仿真结果表明了该方法的有效性，能够有效的减少姿控发动机的开关次数，同时系统具有很强的稳定性和鲁棒性。

关键词 遗传算法；神经网络 PID；姿态控制

1 引言

随着非线性系统理论以及计算机技术的发展，飞行器姿态控制问题已有全新的设计理论基础，如变结构控制、自适应控制、解耦线性化、精确线性化等等[1~2]。变结构控制理论能够克服系统的不确定性，对干扰和未建模动态具有很强的鲁棒性，但随着姿态接近于期望值附近时会产生高频抖振现象，这意味着姿控发动机的频繁开关和燃料的大量消耗。自适应控制技术根据当时系统的特性、性能和参数变动的实际情况进行决策，需要产生大量的测量和辨识数据，数据庞大，限制了它的广泛应用。解耦线性化和精确线性化首先要求系统可逆，特别随着非线性耦合程度的增加，有着繁杂的计算过程，目前还处于理论研究阶段。

故对于姿控发动机作为控制机构的空间飞行器，人们还是倾向于采用传统的 PID 控制方法。但由于 PID 控制参数不能在线调整，用其对具有复杂非线性特性的飞行器对象进行控制时常难以达到令人满意的效果。神经网络 PID 控制不仅包含有常规的 PID 控制思想，而且具有神经网络的非线性映射能力、学习能力和自适应能力，使之成为一种不依赖模型的控制方式[3]。但神经网络的初始权值的选取直接影响控制的性能，采用反复试凑的方法很难找到最优参数，这影响了该控制器的广泛应用。本文将基于遗传算法的优化思想，对 BP 神经网络的初始权值进行离线优化，然后将优化的初始权值应用到神经网络 PID 姿态控制系统中，从而获得更好的性能。

2 空间飞行器的数学模型

2.1 作用于飞行器的控制力矩

控制力矩的产生是由安装在弹体尾部的姿控发动机完成的，如图 1 所示，通过姿控发动机向外喷射气体来达到调整弹体姿态的目的。那么姿控发动机产生的控制力矩在弹体系各坐标轴上的分量为：

$$\begin{cases} M_x = (P_{A1} + P_{A4} - P_{A3} - P_{A6})R \\ M_y = (P_{A1} - P_{A3} + P_{A6} - P_{A4})l_{oc} \\ M_z = (P_{A2} - P_{A5})l_{oc} \end{cases} \quad (1)$$

其中，R 为弹体半径即滚转控制力作用点至导弹纵轴距离；l_{oc} 为俯仰、偏航控制力作用点至导弹质心距离；M_x、M_y、M_z 为姿

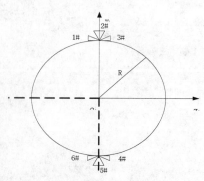

图 1 姿控发动机分布

控发动机产生的控制力矩在弹体坐标系各轴上的分量。

由式(1)可知，姿控发动机的推力矩为常值，且滚转和偏航通道有控制耦合作用。

2.2 空间飞行器的数学模型

根据文献[4]，这里直接给出空间飞行器的数学模型如下：

绕质心运动学方程：

$$\begin{cases} \dot{\gamma} = \omega_x - (\omega_y \cos\gamma - \omega_z \sin\gamma)\tan\vartheta \\ \dot{\psi} = (\omega_y \cos\gamma - \omega_z \sin\gamma)/\cos\vartheta \\ \dot{\vartheta} = \omega_y \sin\gamma + \omega_z \cos\gamma \end{cases} \tag{2-a}$$

绕质心动力学方程：

$$\begin{cases} \dot{\omega}_x = [M_x + (J_y - J_z)\omega_y\omega_z]/J_x \\ \dot{\omega}_y = [M_y + (J_z - Jx)\omega_x\omega_z]/J_y \\ \dot{\omega}_z = [M_z + (J_x - J_y)\omega_x\omega_y]/J_z \end{cases} \tag{2-b}$$

其中，J_x、J_y、J_z 为导弹沿体轴的转动惯量，且 $J_y = J_z$；$\omega_x, \omega_y, \omega_z$ 分别为导弹绕体轴的转动角速度；M_x、M_y、M_z 是姿控发动机产生的作用于弹体轴的控制力矩。

3 基于 GA 的神经网络 PID 控制器的设计

3.1 遗传算法的改进

由 Holland 首先提出的遗传算法是模拟生物在自然环境中的遗传和进化过程而形成的一种随机搜索的全局优化算法。早期研究的遗传算法是简单遗传算法，其特点是思路直观，操作简单，但存在如下缺陷：收敛速度慢且不能保证收敛到全局最优解。本文将从以下角度进行改进：

首先是适应度函数的选择和调整。适应度函数设计不当将会产生欺骗问题。为避免欺骗，方法是进行适应度调整，调整算法如文献[5]所示。

其次，为了避免早熟，采用自适应思想来调整遗传算子。算法如下：

$$Pc = \begin{cases} P_{c1} - \dfrac{(P_{c1} - P_{c2})(f' - f_{avg})}{f_{max} - f_{avg}}, f' > f_{avg} \\ P_{c1}, f' < f_{avg} \end{cases} \tag{3}$$

$$Pm = \begin{cases} P_{m1} - \dfrac{(P_{m1} - P_{m2})(f_{max} - f)}{f_{max} - f_{avg}}, f \geqslant f_{avg} \\ P_{m1}, f < f_{avg} \end{cases} \tag{4}$$

其中，f' 为参与交叉操作的两个个体中适应度较大的一个；f 为参与变异的个体适应度。

最后为提高运算速度和效率，进一步改善系统的多样性，采用了并行算法的思想。在进化过程中，为尽可能的保持一些关键信息不被丢失，采用自适应多种群并行进化思想[6]，种群划分与自适应参数调整相结合，将种群划分为几个各具特色的子种群。同时引入移民策略，即至少每隔一定的进化代数进行一次移民操作，向种群补充一定数量的优秀个体。这样即使群体中个体具有多样性，又能有效地提高了运算效率和避免早熟现象。

3.2 遗传算法中性能指标函数的选取

在本文适应度函数是基于性能指标函数进行求解的。为此在设计遗传算法中性能函数时，为获得较为满意的过渡过程动态特性，采用误差绝对值时间积分性能指标作为参数选择的最小目标函数。同时为了减少姿控发动机开关次数和燃料消耗，在目标函数中加入对燃料消耗的控制量。即选用下式作为参数选取的最优指标：

$$J = \int_0^\infty (w_1 |e(t)|) \mathrm{d}t + w_2 \sum_{i=1}^{6} \frac{P_{Aj}}{I_A g} t_j + w_3 t_s \tag{5}$$

其中，$e(t)$ 为系统姿态角与期望值的偏差，P_{Aj} 为各发动机推力大小，t_j 为其开关时间，I_A 为姿控发动机比冲，g 为重力加速度，t_s 为系统调整时间，w_1，w_2 和 w_3 为相对权值。

为了避免超调，设计了惩罚功能，即一旦产生超调，将超调量作为性能函数的一项，此时性能指标函数为：

$$J = \int_0^\infty (w_1 |e(t)| + w_4 |ey(t)|) \mathrm{d}t + w_2 \sum_{i=1}^{6} \frac{P_{Aj}}{I_A g} t_j + w_3 t_s \tag{6}$$

其中，w_4 为权值，且 w_4 远大于 w_1，$ey(t)$ 为本时刻与上一时刻姿态角的差值。

3.3 神经网络 PID 控制器的设计

神经网络 PID 控制器如图 2 所示。由于空间飞行器姿态控制系统可以认为是具有 3 输入/3 输出且内部具有强耦合的多变量系统，那么神经网络 PID 控制器可看作由 3 个神经 PID 子网构成。这里考虑最简单的一种情况，即子网之间输入层至隐层相互独立，隐层至输出层也相互独立。这样采用三层 BP 神经网络算法来在线整定 PID 参数，如图 3 所示。其控制规律由下述算法决定。

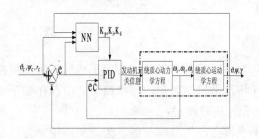

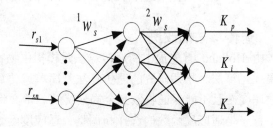

图 2　神经网络 PID 控制器原理图　　　　　图 3　BP 神经网络结构示意图

（1）输入层神经元的输入与输出

输入层神经元的输入与输出相等，分别为系统的当前姿态角、期望姿态角和偏差。

$$R = [r_{11}, r_{12}, r_{13}, r_{14}, \cdots, r_{sj}, \cdots, r_{n1}, r_{n2}, r_{n3}, r_{n4}] \tag{7}$$

其中，s 表示子网络的序号，$s=1$，2，$\cdots$，n；j 表示子网络中输入层神经元的序号，$j=1$，2，$\cdots$，IN；n 表示子网的个数，IN 表示单个子网的输入节点的个数。

（2）隐层神经元的输入与输出

隐层第 i 个节点的输入：

$$x_{si}(k) = \sum_{j=1}^{IN} {}^1 w_{sij} r_{sj}(k), \quad i=1, \cdots, H \tag{8}$$

其中，${}^1 w_{sij}$ 表示第 s 子网的输入层第 j 个节点至隐层第 i 个节点的权值，H 表示单个子网隐层节点的个数。

隐层神经元的活化函数取 Sigmoid 函数：

$$f(x) = \tanh(x) = \frac{\mathrm{e}^x - \mathrm{e}^{-x}}{\mathrm{e}^x + \mathrm{e}^{-x}} \tag{9}$$

隐层第 i 个节点的输出：

$$q_{si} = f(x_{si}) \tag{10}$$

（3）网络输出层的输入与输出

输出层第 h 个节点的输入为：

$$x_{sh}^1(k) = \sum_{i=1}^{H} {}^2w_{shi}q_{si}(k), \quad h=1,2,\cdots,Out \tag{11}$$

其中，${}^2w_{shi}$ 为第 s 子网隐层节点 i 到输出层节点 h 的权值；Out 表示单个子网输出节点的个数。

每个子网输出层输出节点分别对应三个可调参数 K_p，K_i，K_d。由于 K_p，K_i，K_d 不能为负值，所以输出层神经元的活化函数取如下非负的 Sigmoid 函数：

$$g(x) = \frac{1}{2}(1 + \tanh(x)) = \frac{\mathrm{e}^x}{\mathrm{e}^x + \mathrm{e}^{-x}} \tag{12}$$

输出层的输出为：

$$O_{sh} = g(x_{sh}^1(k)) \tag{13}$$

根据 PID 控制思想，系统的控制量为：$U_s = \sum_{h=1}^{out} Epid_{sh}O_{sh}$

其中 $Epid$ 分别对应系统的误差项，积分项和微分项。

取性能指标函数为：

$$J(k) = \sum_{p=1}^{n} E_p = 0.5\sum_{p=1}^{n}(r_p - y_p)^2 = 0.5\sum_p e_p(k)^2 \tag{14}$$

按照梯度下降法修正网络的权系数，即按 $E(k)$ 对加权系数的负梯度方向搜索调整，并附加一个使搜索快速收敛全局极小的惯性项。

（1）经 k 步训练，隐层至输出层权值的调整算法为：

$$\Delta^2 w_{shi}(k) = -\eta_{shi}\frac{\partial J}{\partial^2 w_{shii}} + \alpha_{shi}\Delta^2 w_{shi}(k-1) \tag{15}$$

$$\frac{\partial J}{\partial^2 w_{shi}} = \sum_{p=1}^{n}\frac{\partial E_p}{\partial y_p}\frac{\partial y_p}{\partial U_s}\frac{\partial U_s}{\partial O_{sh}}\frac{\partial O_{sh}}{\partial^1 x_{sh}}\frac{\partial^1 x_{sh}}{\partial^2 w_{shi}} = -\sum_{p=1}^{n}e_p\frac{\partial y_p}{\partial U_s}Epid_{sh}g'(x_{sh}^1)q_{si} \tag{16}$$

故

$$\Delta^2 w_{shi}(k) = \sum_{p=1}^{n}\eta_{shi}\delta'_{ph}q_{si} + \alpha_{shi}\Delta^2 w_{shi}(k-1) \tag{17}$$

其中 $\delta'_{sh} = e_p\frac{\partial y_p}{\partial U_s}Epid_{sh}g'(x_{sh}^1)$

2. 经 k 步训练后，输入层至隐层权值的调整算法为：

$$\Delta^1 w_{sij}(k) = -\eta_{sij}\frac{\partial J}{\partial^1 w_{sij}} + \alpha_{sij}\Delta^1 w_{sij}(k-1) \tag{18}$$

$$\frac{\partial J}{\partial^1 w_{sij}} = \sum_{p=1}^{n}\sum_{h=1}^{H}\frac{\partial E_p}{\partial y_p}\frac{\partial y_p}{\partial U_s}\frac{\partial U_s}{\partial O_{sh}}\frac{\partial O_{sh}}{\partial^1 w_{sij}} \tag{19}$$

$$\frac{\partial O_{sh}}{\partial^1 w_{sij}} = \frac{\partial O_{sh}}{\partial x_{sh}^1}\frac{\partial x_{sh}^1}{\partial q_{si}}\frac{\partial q_{si}}{\partial x_{si}}\frac{\partial x_{si}}{\partial^1 w_{sij}} = g'(x_{sh}^1(k)){}^2w_{shi}f'(x_{si})r_{sj} \tag{20}$$

即有：

$$\frac{\partial J}{\partial^1 w_{sij}} = -\sum_{p=1}^{n}\sum_{h=1}^{H}e_p\frac{\partial y_p}{\partial U_s}Epid_{sh}g'(x_{sh}^1(k)){}^2w_{shi}f'(x_{si})r_{sj} = \sum_{p=1}^{n}\sum_{h=1}^{H}\delta_{shi}r_{sj} \tag{21}$$

其中 $\delta_{shi} = \delta_{ph}^1 {}^2w_{shi}f'(x_{si})$

即：

$$\Delta^1 w_{sij}(k) = \sum_{p=1}^{n} \sum_{h=1}^{H} \eta_{shi} \delta_{shi} r_{sj} + \alpha_{sij} \Delta^1 w_{sij}(k-1) \tag{22}$$

4 仿真实验

为了提高遗传算法优化效率，只优化部分参数，即提前给出各子网从输入层到隐层的权值矩阵，只优化从隐层到输出层的权值矩阵。遗传算法采用实数编码方式，子群数目为 $m=5$ 个，每个子群含有的染色体数目为 15 个。交叉概率和变异概率权值为：$P_{c1}=0.9$，$P_{c2}=0.6$，$P_{m1}=0.1$，$P_{m2}=0.01$。性能指标函数的权值为：$w_1=0.99$，$w_2=0.01$，$w_3=5.0$，$w_4=50.0$。BP 神经网络结构为 4-5-3 结构，惯性系数 $\alpha=0.1$，学习速率 $\eta=0.2$。考虑到滚转通道和偏航通道姿控发动机控制作用的耦合现象，采用滚转优先控制的原则。对应的权值矩阵如下：

滚转通道从输入层到隐层的权值矩阵为：

$$^1 w_1 = \begin{vmatrix} 0.900259 & -0.537723 & 0.213685 & -0.028035 \\ 0.782598 & 0.524194 & -0.087065 & -0.962993 \\ 0.642814 & -0.110593 & 0.230865 & 0.583874 \\ 0.843626 & 0.476414 & -0.647468 & -0.188588 \\ 0.870939 & 0.833809 & -0.179460 & 0.787299 \end{vmatrix}$$

偏航通道从输入层到隐层的权值矩阵为：

$$^1 w_2 = \begin{vmatrix} -0.884217 & -0.294264 & 0.626333 & -0.980277 \\ -0.722218 & -0.594470 & -0.602557 & 0.207585 \\ -0.455624 & -0.602371 & 0.969452 & 0.493571 \\ -0.109807 & 0.863629 & -0.068011 & -0.162701 \\ 0.692443 & 0.050305 & -0.594705 & 0.344275 \end{vmatrix}$$

俯仰通道从输入层到隐层的权值矩阵为：

$$^1 w_3 = \begin{vmatrix} 0.676237 & -0.960721 & 0.362554 & -0.241038 \\ 0.663592 & 0.005626 & 0.418943 & -0.142215 \\ -0.390765 & -0.620693 & -0.613138 & 0.364446 \\ -0.394471 & 0.083348 & -0.698254 & 0.395797 \\ -0.243254 & 0.720023 & 0.707310 & 0.187126 \end{vmatrix}$$

滚转通道从隐层到输出层的权值矩阵为：

$$^2 w_1 = \begin{vmatrix} -0.1287 & -2.3834 & -2.7016 & 0.4652 & -1.2736 \\ -0.8688 & -1.1460 & -2.8832 & -1.0796 & -0.5184 \\ -1.7400 & 0.4420 & -1.7420 & 0.2112 & -2.2702 \end{vmatrix}$$

偏航通道从隐层到输出层的权值矩阵为：

$$^2 w_2 = \begin{vmatrix} -1.0504 & 0.2792 & -0.7000 & -1.9792 & -2.0976 \\ -0.0304 & 0.3360 & -2.3192 & -0.3416 & -0.9096 \\ -2.9700 & -1.7136 & -0.4464 & -0.6480 & -2.3600 \end{vmatrix}$$

俯仰通道从隐层到输出层的权值矩阵为：

$$^2 w_3 = \begin{vmatrix} -2.9240 & 1.4160 & -0.7120 & 0.5044 & 0.6900 \\ -0.1972 & -0.6320 & -0.366 & -2.8608 & 0.4624 \\ -0.4944 & -1.0684 & -1.1388 & 0.3464 & 0.4496 \end{vmatrix}$$

仿真结果如下所示：

图 4 至图 6 给出了各个通道对应的姿态、姿态角速度和等效的控制力矩的变化曲线，图 7 至图 9 给出了各通道对应的 Kpid 控制参数变化曲线。表 1 给出了神经网络 PID 和传统的 PID 控制律下的仿真结果比较。通过图表可以看出姿态能较快的到达期望值，且姿控发动机开发次数明显小于仅采用 PID 控制的发动机开关次数。PID 参数能够自适应的变化，从而表现出较强的稳定性和鲁棒性。

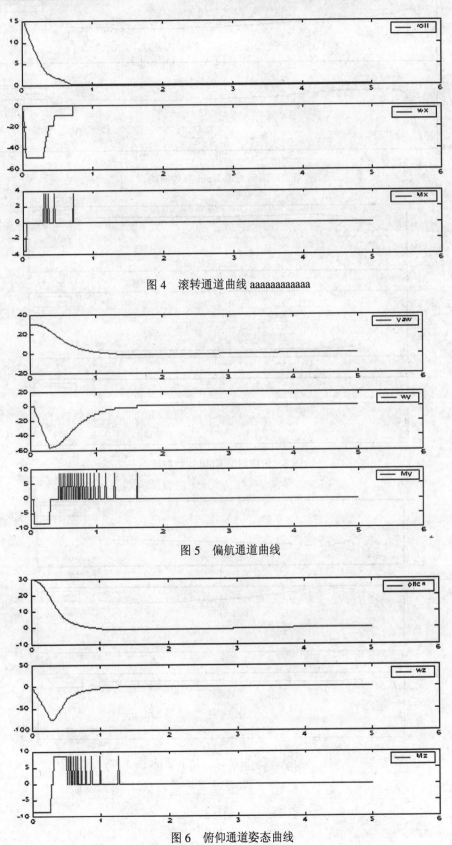

图 4 滚转通道曲线 aaaaaaaaaaaa

图 5 偏航通道曲线

图 6 俯仰通道姿态曲线

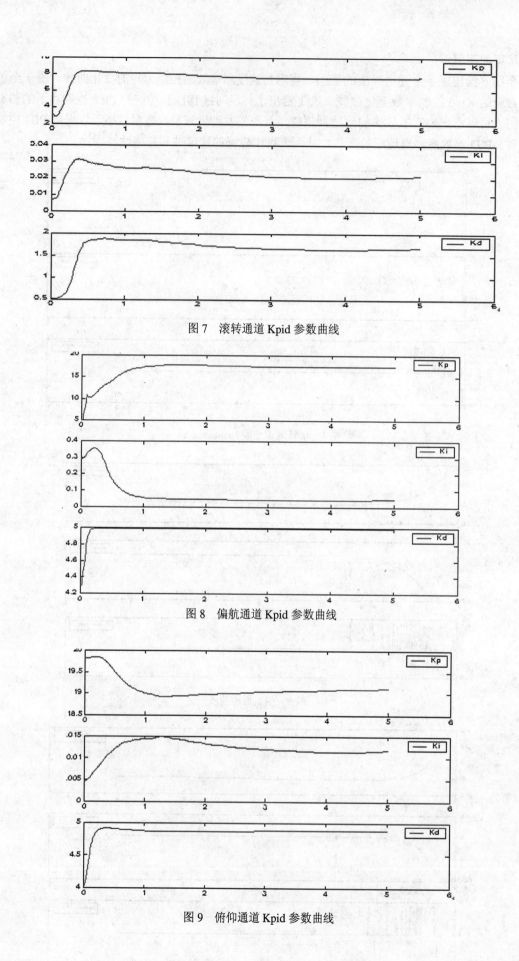

图 7　滚转通道 Kpid 参数曲线

图 8　偏航通道 Kpid 参数曲线

图 9　俯仰通道 Kpid 参数曲线

表1 两种仿真结果比较

控制类型	姿态通道	稳态误差 (°)	调节时间(s)	发动机连续开关次数
神经网络PID	滚转通道	0.028 2	0.73	1# 25次, 2# 12次,
	偏航通道	0.107 3	1.18	3# 2次, 4# 6次,
	俯仰通道	0.062 0	0.92	5# 1次, 6# 21次
PID	滚转通道	0.267 3	1.20	1# 27次, 2# 27次,
	偏航通道	0.192 8	2.50	3# 5次, 4# 8次,
	俯仰通道	0.326 5	1.89	5# 10次, 6# 24次

5 结论

针对空间飞行器姿态控制系统,本文提出了一种基于遗传算法进行权指优化的神经网络PID控制方法。根据实际的飞行器姿态控制系统,提出了遗传算法的性能指标函数形式和具体的优化策略,并设计了BP神经网络PID控制器。仿真结果表明了该方法能够较快得控制空间飞行器的姿态控制系统,并能达到一定的稳态精度。通过自适应的调整PID控制参数大小使系统具有较强的鲁棒性和稳定性。同时,由于避免了发动机的频繁开关,节约燃料,具有一定的实际应用价值。

参 考 文 献

[1] 高为炳. 变结构控制的理论及设计方法[M]. 北京:科学出版社. 1996.

[2] 刘兴堂主编. 应用自适应控制[M]. 西安:西北工业大学出版社. 2003年5月第一版.

[3] 徐丽娜. 神经网络控制[M]. 北京:电子工业出版社, 2003.

[4] 钱杏芳, 张鸿端, 林瑞雄. 导弹飞行力学[M]. 北京:北京工业学院出版社, 1987.

[5] 王小平, 曹立明. 遗传算法—理论、应用与软件实现[M].西安:西安交通大学出版社. 2002,80~90.

[6] 王成栋, 张优云. 基于实数编码的自适应伪并行遗传法. 西安交通大学学报[J]. 2003, 37(7): 707~710.

Neural Network PID Controller by GA in the Attitude Control of Spacecraft Li Yang The Second System Design Department of the Second Research Academe of CASIC

Box 142-30-12, Beijing, 100854

yirui0445@sina.com

Abstract One novel method of neural network PID controller by GA is designed for the attitude control system of one spacecraft. After constructing the model of the attitude control system, improved genetic algorithm (GA) is given, property function of GA and optimal strategy are also presented, and BP neural network PID controller is obtained at last. Simulation results show that this method can reduce the number of attitude control engines, and strong stability and robustness.

Key words Genetic algorithm; Neural network PID; Attitude Control

智能飞行器柔性机翼结构与功能仿生(蜻蜓翅膀)研究

李忠学 [1,2]　郑耀 [2]

([1]浙江大学土木工程系　[2]浙江大学工程与科学计算研究中心)

通信地址: [1]杭州市浙江大学土木工程系, 邮编: 310002, lizx19993@zju.edu.cn

摘　要　通过蜻蜓翅膀样本试验,对其网状翅脉结构特征以及翅膀前缘的翅痣、关节等的细部构造进行细致地观察，并分析它们在蜻蜓实现高机动飞行时控制和调节飞行姿态、消除颤震所发挥的作用；然后提出智能飞行器仿生柔性机翼设计的创新构想，使飞行器能象蜻蜓一样作高机动、低能耗的拍翼飞行，能依靠仿生柔性机翼自身的结构与构造特征对其飞行姿态实现智能、自主控制与调节；最后,对仿生研究中所需解决的关键科学问题进行分析，并提出可能的解决方案。

关键词　柔性机翼；蜻蜓翅膀；拍翼飞行；结构仿生；功能仿生；新型有限单元法

1　引言

自然界中现存的生物物种，大多都是经过漫长的生物进化和自然选择后保留下来的。优胜劣汰、适者生存，这一生物生存规律，一方面，使优良的生物物种保留了下来，另一方面，也促进了这些物种不断地进化，以适应千变万化的自然环境，因此许多生物物种在结构、形态和功能等方面都得到了全面优化。人类完全有必要研究和借鉴这些生物物种的优点，以作为各种先进的技术思想、设计原理和发明创造的智慧源泉。目前,仿生学已在航空航天领域得到了广泛应用，如莱特兄弟由鸟类滑翔得到启示而发明了飞机[1]；直升飞机设计师们由蜻蜓翅膀前边缘的翅痣能消除飞行过程中翅膀的震颤受到启发,解决了直升飞机飞行过程中由于剧烈振动而导致的机翼断裂难题[2]；昆虫翼在拍动周期内半自动地变形而使其气动力得到优化，从而使其能在强风和复杂环境下悬停和稳定飞行，能够作高速、高机动性、低能耗、长距离的飞行，科学家正尝试在微型飞行器的设计中汲取这方面的经验[3~5]。此外，蜻蜓等昆虫的翅膀都是由质量非常轻的网状翅脉和薄膜材料构成的，在飞行器的研制中有必要加以借鉴，以解决新型飞行器的材料、结构一体化优化设计问题[3,4]。

2　蜻蜓翅膀结构的特点、特性及优越性

蜻蜓的飞行结构十分精妙，4 片看上去十分轻薄且完全透明的膜质翅膀，被纵横交错的网状翅脉加固后，变得既轻巧又结实[2]（见图 1）。对照以下的图片（图 2）可以看出，这种结构是以沿纵向分布的、刚度较大的前缘脉、亚缘脉以及径脉、中脉、后肘脉和臀脉为骨架，再辅以横脉和片状的膜而构成。在靠近

图 1　停息时的蜻蜓

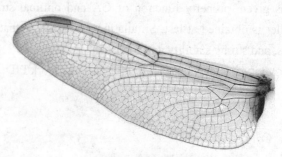

图 2　蜻蜓翅膀的网状翅脉结构

蜻蜓躯体一侧和前缘，网格较为稀疏，而远离躯体一侧和后缘，网格则较为密集，这些网格主要有三边形、四边形、五边形和六边形，且形状极不规则。在蜻蜓每个翅膀的前边缘，各有一片深色的翅痣，而在翅膀前缘接近中部的位置，都有一个横向尚未贯通的活动关节（见图3）。蜻蜓翅膀这种独特的结构特征，是经过3亿多年的长期进化而形成的，因此它在结构、形态和功能等方面都得到了全面优化，这种结构在强度、稳定性、变形性能和振动特性等方面都具有无比的优越性，直接导致了蜻蜓能够实现悬停、前飞、倒飞、侧飞、急转、急升及倒着降落等各种高难度、高机动性的特技飞行。与现有的各种飞行器普遍采用刚度较大的固定翼不同的是，蜻蜓翅膀是由管状的翅脉和有少许抗弯刚度的翅膜组成的网状结构(见图2,4)，在这种结构中，它的前缘脉、亚缘脉和少部分横脉刚度较大，但仍具有一定的柔韧性，而其余的纵脉和横脉则刚度较低，有非常好的柔韧性。这种结构的弯曲变形、剪切变形与扭转变形相互耦合，具有各向异性复合材料结构的变形特征，在受到横向弯曲变形时，常会同时伴随有剪切与扭转变形，这对蜻蜓实现各种高难度、高机动性的特技飞行可能是非常关键的。图4为通过电镜扫描得到的蜻蜓翅脉细部结构图片，从中可以看出，翅脉为管状结构，其内部可能有充液，而在翅脉上有规律地排列着一些猫耳状突出物。这些构造特征，可能对蜻蜓飞行时消除翅膀颤震、提高其气动效率发挥着关键作用。图5为由光学显微镜和电镜扫描得到的翅痣细部结构图片，可以看出，翅痣处的翅脉和翅膜较翅膀其它位置的粗、厚，且翅痣内部为孔腔，可能充有液体。它可以消除翅膀的颤震，避免翅膀因振动而引起的疲劳破坏[2]。图3给出了蜻蜓翅膀前缘关节处光学显微镜和电镜观察到的图片，可以发现，关节仅存在于翅膀前缘局部区域，关节两边的结构并未完全分离，而是由较薄的膜质韧带将两侧的结构连接起来。它们可能起缓和翅膀振动，调节翅膀变形，从而起控制蜻蜓飞行姿态的作用。

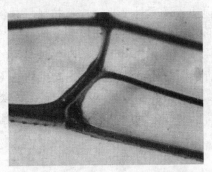
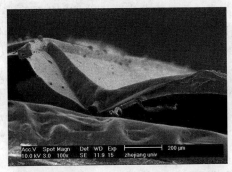

图3 翅膀前缘关节及其横截面图片

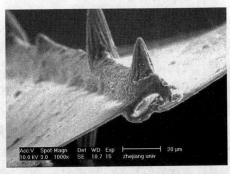
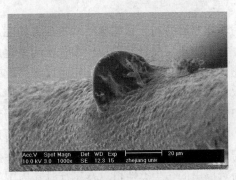

图4 翅脉、翅膜及翅脉上的猫耳状突出结构

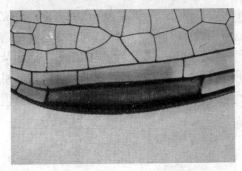
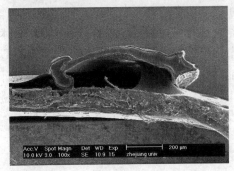

图5 翅痣及其横向截面图片

3 蜻蜓翅膀结构与功能仿生在智能飞行器研制中应用的合理性与可行性

研究蜻蜓的飞行机制将有助于设计与现有飞行器原理完全不同的新型飞行器。蜻蜓的飞行能力是经过3亿多年的进化锤炼而成的，它们能作各种高难度、高机动性飞行动作，它们的翅膀产生的升力可比同样面积的飞机翅膀高10倍以上，因此，在飞行方面蜻蜓有许多值得人类借鉴的地方[3,4]。现有的飞行器基本上都是采用固定翼或旋翼飞行方式，而自然界的飞行生物无一例外地采用扑翼飞行方式。与固定翼和旋翼飞行相比，扑翼飞行具有独特的优点，如原地或小场地起飞，极好的飞行机动性和空中悬停性能以及飞行能耗低，它将举升、悬停和推进功能集于一扑翼系统，可以用很小的能量进行长距离飞行，适合在长时间无能源补充及远距离条件下执行任务[5]。因此在机动性、能耗和远距离飞行方面，扑翼飞行比固定翼和旋翼飞行更具有优势，这些也正是飞行器所期望具备的。但另一方面，作超高速飞行时展开的机翼又是不利因素，它们将增大飞行的阻力。为了保证飞行器在高推动力下作超高速飞行时降低或消除机翼的阻力，可将机翼与机身连接处设计为可开合的活动关节，将机翼完全或部分收拢、折叠在机身内，而当需要进行高机动飞行时，再象蜻蜓等昆虫那样展开机翼作扑翼飞行。蜻蜓等昆虫能够在强风和复杂环境下悬停或稳定飞行，主要原因是它们的翅膀以及身体可根据外界条件的改变，产生自适应变形，要使飞行器能像蜻蜓等昆虫那样作高频扑翅运动，科学家们必须在控制技术、材料和结构等方面加强研究[3,4]。目前孙茂教授在研究蜻蜓等昆虫飞行的非定常高升力机制以及产生高升力的能耗问题[6,7]、微型飞行器的仿生流体力学问题（动物的飞行与流动）等方面已做了许多工作[8]。童秉纲院士和陆夕云教授在昆虫飞行仿生力学研究方面所做的工作为昆虫运动的非定常流动控制机理和能耗、昆虫翼的柔性变形效应及抗风机制、昆虫自由运动的运动学和动力学测量，目的是揭示昆虫翼的柔性变形效应对昆虫飞行的气动力增益、节能和飞行稳定性的影响[9,10]。曾理江教授在研究昆虫运动机理[11]以及用于测量昆虫运动参数和生理参数的先进测量方法方面作了大量工作[12,13]。随着人们对蜻蜓等昆虫翅膀的结构特征、性能和产生高机动性飞行的空气动力学原理研究的深入，以及各种先进的控制技术、仿生复合材料和制造技术取得突破，人类完全有可能生产出既能作超高速飞行，又能象蜻蜓等昆虫那样进行高机动性、低能耗、远距离飞行的新型智能飞行器。

4 拟开展的研究工作

基于蜻蜓翅膀独特的网状翅脉结构特征与功能，以及高效节能的拍翼飞行方式，拟提出几种仿生柔性机翼模型，它们由多层复合材料薄板和管状的梁组成，且在管状梁中充填电致硬化液体，在机翼的前缘设置类似于翅痣的制振、消震装置，在翅膀前缘靠近中部位置，设置可活动铰，经过多方案对比来确定柔性机翼的薄板和管状梁的材料参数与几何参数。为使飞行器既能作高超速飞行，同时能作高机动性飞行，考虑在机翼中引入功能材料，以材料的电、磁效应调节机翼的刚度。将机翼设计成可开合结构，当作高超声速飞行时，将机翼完全或部分收拢到机体内，并通过改变电、磁参数，增加机翼刚度，并使机翼中的充液硬化；当需作高机动性拍翼飞行时，调整电、磁参数，使机翼具有良好的柔韧性，并利用机翼中的充液减振消震。为对提出的仿生柔性机翼及飞行时其周围的空气流场进行数值模拟，作者已基于先进的协同转动法建立由多个曲管状梁元与曲壳单元组成的三边形、四边形、五边形、六边形超级单元。下一步拟在已建立的单元中进一步考虑力、电、磁、热多场耦合作用；针对翅脉和翅膜中可能存在的充液，建立系列充液单元；并结合现有成熟的空气流场有限元网格技术，来分析蜻蜓作扑翼飞行时这种网状翅脉结构、翅痣、可活动关节以及翅膀中的充液对蜻蜓作高机动飞行时的飞行姿态控制和翅膀颤震的制振作用，从而用于指导新型智能飞行器作扑翼飞行的柔性机翼仿生设计。利用研制的非线性有限元分析软件对作高机动扑翼飞行的智能飞行器仿生柔性机翼和周围的空气流场进行数值模拟与分析，通过多方案对比，为新型智能飞行器的仿生设计提供先进的理论依据。

参 考 文 献

[1] 毛贻军. 飞机如何诞生？ 百科知识, 2003, 12: 11-13.

[2] 赵力. 掠过空中的宝石—蜻蜓. 大自然探索, 2002, 3:.17-20.

[3] 崔尔杰. 生物运动仿生力学与智能微型飞行器. 力学与实践, 2004, 26(2): 1-8.

[4] 崔尔杰. 智能微型飞行器——从仿生学得到启示. 科学中国人, 2004, 4: 26.

[5] 刘岚, 方宗德, 侯宇, 傅卫平, 吴立言. 生产微型扑翼飞行器的气动建模分析与试验. 航空动力学报, 2005, 20(1): 22-28

[6] 孙茂, 吴江浩. 昆虫飞行的高升力机理和能耗. 北京航空航天大学学报, 2003, 29(11): 970-977.

[7] 孙茂. 昆虫飞行的高升力机理. 力学进展, 2002, 32(3): 425-434.

[8] 孙茂, 吴江浩. 微型飞行器的仿生流体力学—昆虫前飞时的气动力和能耗. 航空学报, 2002, 23(5): 385-393.

[9] 童秉纲. 游动和飞行的仿生力学问题. 科技文萃,.2004, 7: 39-41.

[10] 童秉纲, 陆夕云. 关于飞行和游动的生物力学研究. 力学进展, 2004, 34(1): 1-8.

[11] 曾理江. 昆虫运动机理研究及其应用. 中国科学基金, 2000, 14(4): 206-210.

[12] Zeng L, Matsumoto H, Kawachi K. Simultaneous measurement of the shape and thickness of a dragonfly wing. *Measurement Science & Technology*, 1996, 7(12): 1728-1732.

[13] Zeng LJ, Matsumoto H, Kawachi K. Fringe shadow method for measuring flapping angle and torsional angle of a dragonfly wing. *Measurement Science & Technology*, 1996, 7(5): 776-781.

Studies on the Flexible Wings of Intelligent Aerocraft

by Bionic Modeling of Dragonfly's Wings

Li Zhongxue[1,2]   Zheng Yao[2]

[1]Department of Civil Engineering, Zhejiang University

[2]Center for Engineering and Scientific computation, Zhejiang University

Address: Department of Civil Engineering, Zhejiang University, Hangzhou，310027，lizx19993@zju.edu.cn

Abstract   The reticulate vein structure and the configurations of the front naevi and joints of dragonfly's wings are studied through sample tests to explore their functions in controlling dragonfly's flight attitude and alleviating wings' quivering effect during swift flight, then an innovation concept of intelligent aerocraft with bionic flexible wings is proposed so as to realize aerocraft's high maneuverable and low energy-consumption flapping flight like a dragonfly, and ensure that its flight attitude is controlled and adjusted intelligently and automatically through its flexible bionic wings with unique structure and configurations. Finally, key scientific problems in developing the flexible bionic wings of intelligent aerocraft are analyzed, and possible solution procedures are also proposed.

Key words   Flexible wing；Dragonfly's wing；Flapping flight；Bionic structural modeling；Bionic functional modeling；New-style finite element procedure

基于径向基函数神经网络的编织复合材料
层合结构脱层损伤监测研究[*]

刘朝勇¹　郑世杰¹　王晓雪²

1 南京航空航天大学智能材料与结构航空科技重点实验室　南京，邮编：210016

2 大同职业技术学院建工系　大同，邮编：037008

chaoslie@126.com　sjzheng@nuaa.edu.cn

摘　要　鉴于传统BP网络速度慢和局部极值问题及神经网络实验数据训练样本不足的缺陷，本文提出利用径向基函数（Radial Base Function，简记为RBF）神经网络通过有限元方法对试件进行模拟，把修正后的前五阶弯曲模态频率构建训练样本的新思路，将实验模态分析的结果送入训练好的RBF神经网络进行预测，实现对编制复合材料梁的脱层损伤位置和程度评估。结果表明RBF网络速度快，稳定性好，精度高，在复合材料结构损伤监测中具有光明的应用前景和重要的工程价值。

关键词　RBF神经网络；固有频率；编织复合材料结构；损伤监测

1　引言

由于复合材料具有很高的比强度和比刚度等特性，在航空航天、宇航和船舶等行业中获得广泛应用。但在复合材料结构的制造过程及层合结构在服役期内受到的冲击等都会使复合材料结构内部产生脱层，而脱层将导致结构强度等特性大幅度下降，进而严重影响结构的整体性能，因此复合材料结构的损伤监测对于消除航空航天结构隐患及避免灾难性事故具有重要意义。结构损伤监测是典型的反问题[1]，近年来，以神经网络为代表的人工智能方法开始被广泛应用于结构损伤监测，且已成为结构损伤监测研究中最活跃的分支之一[1~3]。

目前，应用于结构损伤监测的神经网络主要有 BP 网络[2]和 Kohonen 神经网络[3]，但这两种神经网络具有学习速度缓慢等许多缺陷，如 BP 网络的学习结果对初始权值向量很敏感，易陷入局部极值；而 Kohonen 神经网络不能直接处理划分和布局问题的面积约束，且节点邻域选择困难。RBF 神经网络与 BP 和 Kohonen 神经网络相比，具有许多显著优点：学习算法简单，针对性强；训练速度快，可避免冗长的训练和陷入局部极值的可能及良好的泛化能力。近三年，RBF 神经网络才被应用于结构健康监测，但现有的工作还存在很多问题，急待进一步发展和完善。

虽然基于神经网络的复合材料结构健康监测的研究取得了许多令人振奋的成果，但对于实际应用来说，还面临许多问题和挑战，特别是将神经网络模型的计算机仿真和复合材料结构损伤特征参数提取实验二者结合的研究还不够深入全面。很多学者基于数值解或理论解来训练神经网络[4, 5]，从纯数值仿真的角度验证网络的模型辨识能力，并没有进行实验值识别，而结构健康监测的实质是基于实验提取的损伤特征信号的状态评估，缺少了实验依据的纯粹数值仿真缺乏说服力。另一方面，一些学者采用在结构上钻通孔、局部开槽等办法来模拟损伤[6]，或将损伤简单地等效为弹簧刚度的下降[4]，这些处理办法过于简单粗糙，明显放大了损伤特征，与含损伤结构件的精确模型相矛盾。

鉴于上述情况，本文提出一个计算结果的修正方案，从而使含脱层损伤试件的数值仿真结果与实验特征参数相吻合，进而利用有限元方法对含有脱层损伤的复合材料试件进行数值模拟，以修正后的前五阶弯曲模态频率作为 RBF 神经网络的训练样本，并用未参加训练的模拟样本检验网络的收敛程度，确认网络达到良好精度后，再将实验测得的频率送入训练好的 RBF 神经网络进行预测，并将预测结果和预理真实脱层情况进行对比。值得指出的是，若采用激光测振仪等先进设备代替本文所用的 LMS 模态分析系统，本文所提方法可实现复合材料结构脱层损伤的在线监测。

2 RBF 神经网络拓扑结构

对编织复合材料而言，脱层是最常见的损伤，故本文仅考虑编织复合材料的脱层损伤。脱层损伤的存在会导致结构的强度、固有频率的降低和模态阻尼的增加，因此本文采用编织复合材料结构的前5阶弯曲固有频率作为网络输入，将损伤大小和损伤位置作为网络输出，即该网络有 5 个输入，2 个输出，其网络的拓扑结构如图 1 所示。

其中 $x = (x_1, x_2, x_3, x_4, x_5)^T \in \Re^5$ 是一个输入样本向量，$g_m(x)$ 是隐含层的作用函数，因为选作隐含层的作用函数都具有径向对称的特点，故被称为径向基函数。通常采用高斯函数，即

$$g_i(x) = \exp\left[-\frac{\|x - C_i\|^2}{\sigma_i^2}\right] \quad i = 1, 2, 3, \cdots, m$$

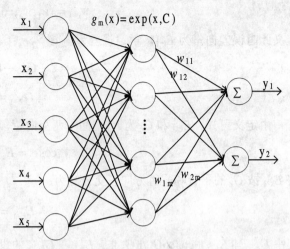

图 1 5 输入－2 输出 RBF 网络结构

其中 m 是隐含层节点个数；C_i 为第 i 个基函数的中心向量，其维数与 x 相同，σ_i 是中心宽度。$\|x - C_i\|$ 是向量 $x - C_i$ 的欧氏距离，采用 2-范数进行计算。$g_i(x)$ 在 C_i 处有唯一的最大值，随着 $\|x - C_i\|$ 的增大，$g_i(x)$ 迅速衰减到零，对于给定输入 $x \in \Re^n$，只有小部分靠近 X 中心被激活。$W = (w_1, w_2, w_3, \cdots, w_{m-1}, w_m)^T$ 是隐含层输出层的连接权矩阵，维数为 $m \times 2$，$w_m = (w_{1m}, w_{2m})$，w_{1m} 和 w_{2m} 分别为第 m 个隐层节点与网络第一个输出和第二个输出的连接权，y_1 和 y_2 是网络的两个输出：

$$y_1 = \sum_{i=1}^{m} w_{1i} g_i(x), \quad y_2 = \sum_{i=1}^{m} w_{2i} g_i(x) \tag{1}$$

3 RBF 神经网络的学习算法分析

RBF 神经网络训练的关键是确定网络隐层节点的个数、每个节点的中心信息 $P_j = [C_j^T, \sigma_j]^T$ 及其对应的输出权值 W。因为多输出结构可以由多个单输出结构并联得到，所以下面就从图示神经网络结构的一个输出出发，分析如何确定对应的隐层节点个数、节点中心信息和输出连接权值 W，此时 W 为列向量；另一个输出对应的节点中心信息和输出连接权值可按同样步骤求取。

记 RBF 神经网络的学习样本对为 (X, Y)，此时 Y 是网络输出列向量，其中

$$X = (x_1, x_2, \cdots, x_S, \cdots, x_p)^T$$

$$x_S = (x_{S1}, x_{S2}, x_{S3}, x_{S4}, x_{S5})$$

$$Y = (y_1, y_2, y_3, \cdots, y_p) \ (1 \leq S \leq p)$$

下标 S 表示样本序号，p 是样本数。当神经网络输入为 x_S 时，记隐层第 j 个节点的输出为：

$$g_{jS} = \exp(-\|x_S - C_j\|^2 / \sigma_j^2)$$

其中 $C_j = (c_{j1}, c_{j2}, c_{j3}, c_{j4}, c_{j5})^T$。对全体学习样本，第 j 个节点输出向量可记为：

$$G_j = (g_{j1}, g_{j2}, g_{j3}, \cdots, g_{jp})^T$$

记第 j 个隐层节点与输出层之间的连接权为 w_j。由于神经网络隐层节点在学习过程中动态生成，不妨设神

经网络当前隐层节点数为 $k-1$。记此时隐层输出矩阵为 $G(k-1)$：

$$G(k-1)=(G_1,G_2,\cdots,G_j,\cdots,G_{k-1}) \tag{2}$$

记此时输出层权向量为 W_{k-1}，则

$$w_{k-1}=(w_1,w_2,\cdots,w_j,\ \cdots,w_{k-2},w_{k-1})$$

定义此时误差向量为 E_{k-1}，学习误差为 e_{k-1}：

$$E_{k-1}=Y-G(k-1)\times w_{k-1}=E_{k-2}-G_{k-1}w_{k-1} \tag{3}$$

$$e_{k-1}=\|E_{k-1}\|^2 \tag{4}$$

由定义可知，E_{k-1} 和 G_k 为 R^p 空间中两个向量，记 E_{k-1} 和 G_k 的夹角为 α，定义夹角 α 余弦为：

$$\cos\alpha=E_{k-1}^T G_k/(\|E_{k-1}\|\cdot\|G_k\|) \tag{5}$$

将 E_{k-1} 按 G_k 的平行和垂直方向正交分解为：

$$E_{k-1}=E_{k-1}^{//}+E_{k-1}^{\perp} \tag{6}$$

其中 $E_{k-1}^{//}=\|E_{k-1}\|\cdot\cos\alpha\cdot G_k/\|G_k\|$ 是 E_{k-1} 在 G_k 上的投影。由上述分解易知 $E_{k-1}^{\perp}\perp G_k$，即 $E_{k-1}^{//}\perp E_{k-1}^{\perp}$。要使新的学习误差最小，即向量 E_k 范数平方最小，结合式（3）和（6），由

$$\min\|E_k\|^2=\min\|E_{k-1}-G_k\cdot w_k\|^2=\min\|(\|E_{k-1}\|\cdot\cos\alpha/\|G_k\|-w_k)\cdot G_k\|^2+\min\|E_{k-1}^{\perp}\|^2 \tag{7}$$

当 $w_k=\|E_{k-1}\|\cdot\cos\alpha/\|G_k\|$ 时，式(7)中右边第一项取 0，则式(7)等价于 $\min\|E_{k-1}^{\perp}\|^2$。

结合 $E_{k-1}^{\perp}\perp E_{k-1}^{//}$ 及式（5），可得：

$$\|E_{k-1}^{\perp}\|^2=\|E_{k-1}\|^2-\|E_{k-1}^{//}\|^2=\|E_{k-1}\|^2(1-\cos^2\alpha)$$

因 E_{k-1} 已知，故

$$\min\|E_k\|^2=\min\|E_{k-1}^{\perp}\|^2=\|E_{k-1}\|^2\cdot\min(1-\cos^2\alpha) \tag{8}$$

式(8)的几何意义是：要使新的误差向量 E_k 范数平方最小，则第 k 个动态生成节点的输出向量 G_k 和学习误差向量 E_k 的夹角 α 绝对值需最小。当 G_k，E_k 在 Rp 空间中平行时，学习误差为 0。因此学习的目的等价于寻找 P_k，使 G_k 的方向尽力逼近 E_k 的方向，即使 $(1-\cos^2\alpha)$ 最小。由式(5)知 $\cos\alpha$ 是 P_k 的非线性函数，可用最速下降法、共轭梯度法等最优化搜索法获得使式(8)最小的解 P_k。获得 P_k 后按式(5)计算 $\cos\alpha$，再由式（9）可得第 k 个新生节点到输出节点的连接权值 w_k。

$$w_k=\|E_{k-1}\|\cos\alpha/\|G_k\| \tag{9}$$

根据式（8）和（9）可以得到：

$$\|E_k\|^2=\|E_{k-1}\|^2(1-\cos^2\alpha) \tag{10}$$

结合式（4）和（10），可知 $e_k<e_{k-1}$，所以随着 k 的增加，学习误差减少，从而保证了算法的收敛性。如果学习误差未达到要求，只需增加隐层节点数。整个算法[7]如下：

Step1：选取学习样本对（X，Y），给定学习精度 $es>0$，置隐层节点数 $k=0$；

Step2：$k=k+1$；

Step3：初始化新加隐层节点中心信息 P；

Step4：由最优化方法搜索式（8）最小的新节点中心信息 P；

Step5：由式（5）和（9）计算新节点连接权 w_k；

Step6：按式（4）和（10）计算学习误差 e_k，如 $e_k>es$，跳转到 Step2，增加节点，继续训练；否则训练结束。

4 RBF 网络在损伤监测中应用算例

4.1 编织复合材料试件制备及性能测试

文中试件是自制的 SW210 玻璃纤维布增强层和环氧树脂 E51 基体材料组成的编织复合材料层合梁，共 12 层，铺层形式为 [0°/45°/90°/ -45°]₃，试件的几何尺寸(mm)是：$L \times W \times H$=600×60×3。有损伤试件 A 示于图 2（无损试件 B 与 A 相比，仅缺少脱层）：

其中 L_4 表示脱层大小，$L_1 + L_2 + L_3$ 表示脱层的位置。在试件 A 的第六层和第七层之间，位置为 400 处埋入大小为 50 的 Teflon 薄膜（见图 2），以表示脱层损伤。

按文献[8]所述方法，确定文中编织复合材料单层本构参数为：E_1=19.40 MPa，E_2=12.25 MPa，E_3=9.35 MPa，G_{12}=3.52 GPa，G_{13}=3.59 GPa，G_{23}=3.57 GPa，u_{12}=0.091，u_{13}=0.165，u_{23}=0.266。

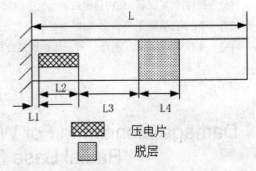

图 2 贴上压电片的有损伤试件 A 的图示

4.2 网络训练样本归一化及网络识别

本文采用具有相同坐标、不同节点号的节点对模拟脱层（除了脱层起始点和结束点）。这样，这些节点被分成两部分，分别属于脱层的上下部分。脱层位置依次假设为从 330.6 mm 到 530.6 mm，间隔 5 mm，计 41 种位置，脱层大小分别假设为 30 mm，35 mm，40 mm，45 mm，50 mm。共计 205 种脱层损伤情况，利用 FEM 方法计算出 205 组数据，每组数据均由前五阶弯曲模态频率组成。

将利用有限元计算获得的试件 B 的各阶弯曲模态频率与实验获得的各阶频率相除，将所得结果作为各阶修正比例，再将计算数值都除以对应修正系数，得到修正值。修正完毕，接着对各阶频率进行归一化处理。归一化方法是：找出训练待归一化的数据的各阶频率的最大值 Max 和最小值 Min，再按（待归一化的频率－Max）/（Max－Min）对训练样本和实验测量值进行归一化。归一化完毕，任选 200 组数据作为训练样本，余下 5 组作为测试样本，以检验网络训练效果。将训练好的网络用于试件 A 的识别，得到的网络预测结果列于表 2。试件 A 的频率值是用比利时的 LMS CADA-X 模态分析与测试系统测试得到。

表 2 RBF 网络对两种实验的预测结果

试件	脱层大小	脱层位置	预测大小	预测位置	预测误差(%)	
					大小	位置
A	50	400	47.633	365.499	4.734	8.625

5 结论

本文提出了一种基于 RBF 神经网络和计算力学的复合材料损伤监测的新方法，利用训练好的网络来识别复合材料结构的损伤大小和几何位置，并加以验证。验证结果表明，基于 RBF 神经网络的复合材料损伤监测的方法是非常有效的，取到了非常令人满意的结果，这对于复合材料的损伤监测研究尤其是编织复合材料损伤监测研究以及工程应用具有极其重要的意义。

参 考 文 献

[1] Doebling . Scott W. Damage Identification and Health Monitoring of Structural and Mechanical Systems from Changes in their Vibration Characteristics：A Literature Review ,2000,17-54.

[2] Shi ZY, Law SS, Zhang LM. Improved damage quantification from elemental modal strain energy change. Journal of Engineering Mechanics ASCE, 2002, 128 卷 5 期： 521-529.

[3] Shenfang Yuan, Lei Wang, Ge Peng . Neural network method based on a new damage signature for structural health monitoring thin-Walled Structures, 2005 ,43 期： 553-563.

[4] Yu Yang, Jun-Sheng Cheng,Ge Ding etc. Study on the Structural Damage Identification Method with Combined Parameters Based on RBF Neural Network. Proceedings of Second International Conference on Machine Learning .2003.

[5] R.Roopesh Kumar Reddy, Ranjan Ganguli. Structural damage detection in a helicopter rotor blade using radial basis function neural networks. Smart. Mater. Struct.   2003 vol.12： 232-241.

[6] 曾神昌,麦汉超. 结构健康监测系统中的频率响应方法. 强度与环境,2004,vol 34,No.1： 29-34.

[7] 李江红,胡照文,郑哲文.RBF 神经网络的一种新的学习算法.长沙电力学院学报(自然科学版), 2002 ,15 卷 1 期：39-42.

[8] 晏石林,沈大荣,王满廷.一种三维纺织复合材料的本构关系及其性能分析. 复合材料学报, 1995, 第 12 卷第 2 期： 83-88.

Damage Monitoring For Woven Composite Structure Based On Radial Base Function Neural Network

Liu Chaoyong[1]   Zheng Shijie[1]   Wang Xiaoxue[2]

(Aeronautical Science Key Lab of Smart Materials & Structures, Nanjing University of Aeronautics & Astronautics, Nanjing, 210016)[1]   (Department of Building Engineering, University of Datong Vocational College)[2]

chaoslie@126.com   sjzheng@nuaa.edu.cn

Abstract Firstly, considering BP neural network's demerits such as low convergence speed and local extremum and the lack of training samples for neural networks, a new method for woven composite structure ,using RBF(shortened from Radial Base Function) neural network, was presented ,based on computational mechanics ,in this paper. Secondly, two SW210 fiber glass cloth reinforced composite beams were fabricated, and their modal frequencies were measured by LMS CADA-X modal analysis and test system. Thirdly, the first five flexure modal frequencies obtained by FEM, modified by the method given in the paper, were used to train the RBF neural network. Finally, the first five flexure experimental modal frequencies were input to the neural network to predict the demalination location and its extent. The results were showed that the method demonstrated in the paper was feasible, satisfactory and promising.

Key words   RBF Neural Network; Nature Frequency; Woven Composite Materials and Structures; Damage Monitoring.

国外飞航导弹智能技术的发展

刘桐林

中国航天科工集团三院 310 所

北京 7254 信箱，邮编：100074

摘　要　本报告简要论述了高技术信息化战争和作战环境的特点，分析了美国军事战略转型的基本内容、指导思想和军事变革对信息化的影响，评述了在信息化、网络化作战中飞航导弹智能化技术的发展。本报告可供发展战略研究参考。

关键词　作战环境；军事战略；信息化；智能化；飞航导弹；导弹技术

1　引言

1991 年的海湾战争，标志着传统的"机械化"战争将逐步消亡，高技术信息化战争样式初见端倪。美国称这是一种"非对称、非线性、非接触"的战争。俄罗斯军事学家把它称为"第六代战争"，即远距离战争，其核心思想是预见能力。远距离战争是一种不直接接触敌人、无需对其动向进行肉眼监控的远距离作战方式。远距离作战强调预见能力，目的是对单个或多个战局做出决断和快速反应。这就要求军队具有极好的信息探测、接收、分析和应用能力，利用发展信息技术的特殊方法，全面占有信息，并完善超前决策的能力和技巧。

10 多年来美国发动了十多次战争，大大丰富了"非对称"作战的内涵。它大大刺激了人们对新战争样式的研究，人们从不同的侧面和视角分析和总结未来战争的基本特征。我们可以历数许多特点，但可以把它归纳为：

（1）核威慑阴影笼罩；

（2）系统作战与体系作战；

（3）信息化是作战能力的倍增器、战争胜利的前提；

（4）远程、精确打击是战争攻击的主要方式。

在未来这种全新的战争形态中，对战场决策、战备保障、军队管理、武器与军事装备的使用都提出了全新的要求。只有掌握了最新的信息和信息智能技术，并实现决策指挥与武器应用自动化与智能化，才能赢得未来的战争。

2　美国军事战略转型与信息化作战

面对新的作战样式，世界各国都在进行军事发展战略转型的研究。

美国为了适应推行全球霸权的需要，体现"非对称"作战原则，军事战略进行了重大调整。

2.1　军事部署的调整

（1）重点围绕"不稳定弧形区"进行军事部署的调整。美国认为，未来威胁主要来自贯穿加勒比海以南、非洲、高加索、中亚、南亚、东南亚和朝鲜半岛的"不稳定弧形区"。主要表现：继续保持在中东地区的军事实力；尽量减少驻西欧的军事部署，但加强在东欧的军事力量；在增强驻日、韩部队作战能力的同时，增加了在东南亚的军事存在。

（2）提出"近海作战"与"岛链作战"的思想，加强西太平洋的军事力量，形成对中国的战略包围。

（3）提高关岛的战略地位和军事实力，增强亚太地区的战略灵活性与干预能力。

2.2 转型特征

（1）从平台战向网络信息化战转变；

（2）信息技术的革命性进展——军事战略转型的基础；

（3）C4ISR+信息化优势——战场实施决策的前提。

2.3 转型本质

（1）从基于威慑到基于能力；

（2）反恐与称霸结合；

（3）全频谱优势——在战斗中转型，在转型中战斗；

（4）实现"三化一力"——小型化、前沿化、快速化，实现全球战略威慑与军事打击能力。

2.4 指导思想

不在于研制新型武器装备、重新整编部队的组织构架或增加编制，而在于彻底改变美军的作战方式，借助尖端科技和 C4ISR 优势来提升美军的作战能力。

2.5 重点内容

大量应用信息技术、推动军事革命、具备快速反应与部署能力、有效对付非对称战争威胁和充分利用商业成熟技术于军事领域。

2.6 转型核心

以作战能力为目标，追求作战效能的极大化。

2.7 转型支柱

（1）强化三军的体系作战能力；

（2）积极发展实验性的创新作战方式；

（3）充分利用美国在情报收集上的优势；

（4）通过科技与选择性的采购，发展军事转型所需要的作战能力。

2.8 转型周期

转型时间估计在 10 年以上，同时存在旧武器 淘汰、新武器装备、联合使用问题。

3 美国海军的军事转型

3.1 指导思想

美国 21 世纪的海军，强调远程、精确武器的投射能力和整体的链结能力，引导海军成为体系作战效益高的新领域。创新的构想及科技将整合海上、陆地、空中、空间与网络中心战的能力，达到前所未有的水平。在这个作战空间里，广阔海洋将成为向全球直接投射决定性火力攻击的发起区。

3.2 实现目标

海洋打击能力 (Sea Strike)；

海洋防御能力（Sea Shield）；

海洋经营能力（Sea Sasing）。

3.2.1 海洋打击能力

借助快速反应、精确持久的攻击火力实现作战目标：

（1）在国际海域，投射远程具有决定性火力的能力提高 1 倍；

（2）强调攻击效能，包括精确打击、信息战、隐蔽攻击、特种部队作战和海军陆战队三栖作战能力；

（3）争取信息战及战场情报优势；

（4）掌握主动攻击优势，阻断敌方战争时线（Timeline），剥夺敌方作战决策选择空间。

3.2.2 海洋防御能力

计划引入 E-2C 改进型预警机、海基导弹防御系统、水雷战系统、"海鹰"武装直升机、P-3C 改进型反潜飞机、海岸防卫用大型舰艇等。

3.2.3 海洋经营能力

以全球海洋作为对外发起攻击的平台，保持航行、部署兵力及作战的自由权，保持对全球海洋的绝对控制。

3.3 调整实施

（1）发挥"战略岛"的地位，驻外基地"瘦身"；

（2）由静态、被动防御转向机动、主动进攻；

（3）由远洋制海转向岛链、近海作战，推行"前沿靠近"作战方针；

（4）体系作战、协同作战；

（5）反舰导弹攻击目标多元化，实施反舰导弹的对陆攻击；

（6）远射程、高速度，增加战略威慑与防区外军事打击能力。

4 智能化飞航导弹的技术发展

从美国军事战略的转型可以清楚看出，是通过信息技术实现作战能力的提高。信息技术的基础是数字技术。导弹技术的未来发展取决于信息技术。导弹将依赖数字化—网络化—信息化来实现自动化和智能化。

虽然，现在人们对人工智能尚没有一个明确的定义，但普遍认为，智能化导弹是数字化导弹的一种，是广泛采用数字化、自动化、网络化和人工智能理论、方法和技术，在一定程度上具有智能机器所执行的与人类智能有关功能的导弹。这种功能主要是感知、理解、识别、思考、证明、判断、推理、决策、设计、规划、学习、问题求解和人机交互等思维活动。

4.1 智能化导弹应具备的功能

（1）"发射后不管"的能力。能自主完成复杂的飞行任务，直至命中既定目标。

（2）协同作战能力。采用数据链技术，通过"领弹"方式，同时到达、实现多弹对单目标、多弹对多目标的攻击；采用多种形式的导引头、战斗部和引信，实现对多种目标的协同作战。

（3）在线重新规划能力。根据弹上或其他传感器信息，进行威胁评估并重新规划导弹航迹。

（4）智能化四维精确导航能力。

（5）自动目标捕获（ATA）和自动目标识别(ATR)能力。

（6）智能突防能力。主动规避机动、主动改变速度和高度、主动改变航迹的能力。

（7）主动攻击能力。判断目标威胁，在途中投放子弹药或子战斗部。

（8）主动电子对抗能力。根据作战环境，释放诱饵或主/被动电子干扰。

（9）再次攻击能力。

（10）主动变形能力。根据飞行条件变化，自主改变导弹外形，自动调整导弹的稳定性、操纵性和机动性。

（11）人机互交能力。通过人在回路中，实现人与导弹的通信、沟通、交流、对话。

当前，导弹智能化技术主要应用在制导系统和战斗部、引信系统。

4.2 智能化战斧 Block4 导弹

（1）智能制导系统

美国战斧巡航导弹 Block4 是按信息化作战要求发展的智能化导弹。由于它加装了上行、下行数据链，构成了导弹——数据链——卫星——指挥中心的链路；导弹头部的摄像机可以实时将战场和目标信息传输到指挥中心，进行决策。因此，导弹具有与其他武器进行战术配合，在途中或在目标区待机巡逻，时间可以长达2h；它具有改变攻击目标和重新描准的能力；具有对目标摧毁效能实时评估的能力。

（2）智能战斗部与引信系统

在不久的将来，战斧导弹可以实现多种作战方式。当数枚导弹同时攻击一个目标时，如果前面的导弹发现目标已被摧毁，后面的导弹可改变飞行方向，利用其独立、可编程的战斗部攻击另外的目标。

根据美国多响应武器（MRO)计划，战斧导弹可能装备7种独立的战斗部。每种战斗部拥有自己的可编程的制导系统。它们既可独立作战，也可作为单一的武器来使用。

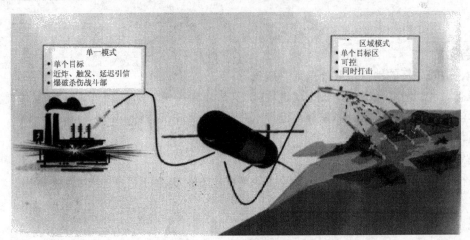

战斧巡航导弹战斗部工作模式

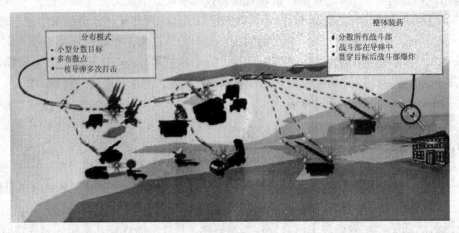

战斧巡航导弹布撒型和侵彻型战斗部

根据射前输入到导弹存储单元的目标信息，导弹还可投放部分有效载荷，攻击沿路上的顺带目标，扫清障碍，开辟空中走廊，达到摧毁阵地的目的。

这是一种精心设计的先进概念，它可使长期以来战斧导弹载带多种弹药的设想得以实现。该计划使战斧导弹能更好地利用改进的精确制导弹药和小型弹药。从某种意义上来说，大大提高了导弹的效费比，一枚导弹可攻击多个目标。一般认为，子弹药和集束炸弹或可向目标区布撒的其他武器相似；而子战斗部的概念是，当它与主武器分离时，可独立描准和制导，并攻击目标。

多响应计划的特点是，子战斗部既可同时使用，也可单独使用。如果做单一战斗部来使用，可以把各个子战斗部集中在一个装置中，使它们全部进入指定目标区；而需要分散、单独使用时，每个子战斗部可依据自己的制导系统，自主飞向各自的指定目标。

该计划的技术也可用于其他武器系统。海军正考虑把子战斗部技术应用到 AGM-154 联合防区外武器（JSOW）和 CBU-97 子弹药上；空军的 AGM-86C 空射巡航导弹（CALAM）和陆军的战术导弹系统（ATACMS）也可能采用子战斗部技术。

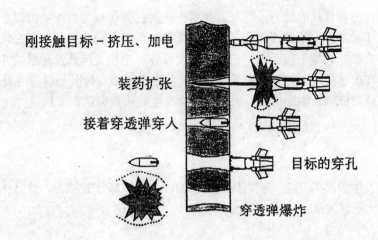

刚接触目标-挤压、加电

装药扩张

接着穿透弹穿入

目标的穿孔

穿透弹爆炸

Broach 战斗部工作原理

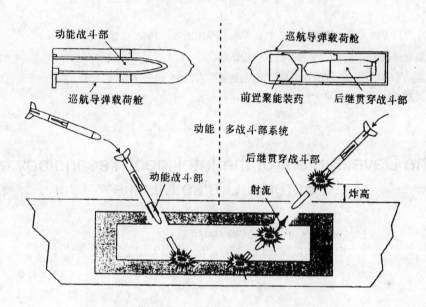

动能战斗部

巡航导弹载荷舱

巡航导弹载荷舱

巡航导弹载荷舱

动能 多战斗部系统

前置聚能装药

后继贯穿战斗部

动能战斗部

后继贯穿战斗部

射流

炸高

巡航导弹复式战斗部对地下目标攻击模式

对陆攻击意味着轰炸。为了提高对硬目标和深埋地下加固目标的侵彻能力，对陆攻击导弹多采用复式（串联)战斗部与智能引信。如，英美联合研制的 SCALP-EG/风暴前兆防区外导弹采用 BROACH、AGM-86C 空射巡航导弹 Block2 采用 AUP-3 战斗部。它们根据目标特性实施攻击。

美国新研制的 FMU-159 硬目标灵巧引信（HTSF）利用先进的加速度表和微型控制器来探测目标的空洞和分层，它可以被设定在目标设施的一个精确深度起爆，即可以凭借引信的空穴感应和楼层（深度）计算能力来决定战斗部起爆的位置。另外，先进的"超空泡"技术也尝试应用于新一代战斗部中。

4.3 花岗岩反舰巡航导弹——智能巡航导弹的先躯

SS-N-19 花岗岩是苏联第 52 设计局在 20 世纪 70 年代初研制的超声速反舰巡航导弹，1980 年服役。该导弹射程 550km,飞行速度 Ma=2.5，是攻击航母舰队的有利武器，有舰射和潜射型号。过去一直处于极端保密状态，2001 年随库尔斯克核潜艇打捞出水后，才撩开它神秘的外纱。

花岗岩导弹虽然是 20 世纪 70 年代末期研制的，与苹果-2 和 IBM PC 同属一代产品，信息技术的应用水平还很低，但是它利用先进的设计理念，已经具备了一定的智能化功能。它率先采用"领弹"技术，是网络化作战的典范。

花岗岩导弹采用惯性中制导、主/被动雷达复合制导体制，也可能通过卫星对惯导系统进行实时修正。

花岗岩导弹的发射平台可以将侦察机、直升机、陆基和海基传感器甚至卫星获得的信息进行融合，解算目标数据，进行任务规划，并把它输送给导弹的制导系统进行自主攻击。导弹可根据目标特性和类别，选择最佳的攻击弹道。

花岗岩导弹具有攻击多目标的能力。它可以在高、低两种弹道攻击目标；可以单枚发射，也可以多枚齐射。在齐射时，有 1 枚导弹在高弹道飞行，承担领弹的任务；其他作为战斗弹在低空飞行。高弹道飞行的领弹装备齐全，具有很好的抗干扰能力，它最早发现目标，把相关信息发送给战斗弹，进行任务分配。战斗弹制导系统工作在被动模式。如果领弹工作失灵，就由 1 枚战斗弹到高弹道替补执行领弹任务。

这种作战模式的成功依赖于领弹的良好的突防、隐身性能和数据链抗干扰能力。

5 结束语

未来作战环境将发生深刻的变化，军事战略调整的核心是提高作战能力，信息化和网络化作战必然导致飞航导弹智能化技术迅猛发展。

参 考 文 献

[1] 刘桐林主编.世界导弹大全（修订版）.北京：军事科学出版社，1998.

[2] 关世义.飞航导弹技术的发展趋势.内部研究报告,2004.

[3] 张纯学.美国的军事转型和海军的信息化进展.飞航导弹，2005（1）.

[4] 刘桐林.库尔斯克核潜艇与花岗岩反舰巡航导弹.飞航导弹，2002（3）.

The Development of the Intelligent Technology on Foreign Cruise Missile

Liu Tonglin

The 310th Research Institute of the Third Academy, CASIC

Mail Box No. 7254, Beijing, 100074

Abstract   This report briefly discussed the features of high-tech informationization war and warfare environment. It analyzed the primary contents, guidelines and the influence on informationization of U.S. military strategy transformation. Meanwhile it evaluated the development of intelligent technology on cruise missile in the informationization and net warfare. This report is a reference to the research of development strategy.

Key words   Warfare environment; Military strategy; Informationization; Intelligent; Cruise missile; Missile technology

智能变形飞行器的研究与发展

马洪忠　彭建平　吴维　崔秀敏　张山

中国航天科工集团第三研究院

北京市丰台区云岗，邮编：100074

摘　要　介绍了智能变形飞行器的内涵、军事需求、国内外发展现状与发展前景，并提出了实现飞行器智能变形的若干关键技术。

关键词　飞行器；智能变形；智能材料；变形翼；创新

1　前言

自 100 年前人类首次实现有动力飞行以来，飞行器的发展可以说是突飞猛进，不但有了各种各样的外形，而且也飞得更高、更快、更灵活。尽管如此，与鸟类等一些能够飞行的生物比起来，人类发明的飞行器还是显得很落后，无法像鸟儿一样根据不同的环境而灵活改变自身的飞行状态，在空中自由的翱翔。

人类一直梦想着能够像鸟儿一样自由自在的飞翔，这种梦想也随即体现在科学幻想和高科技玩具上，而科学幻想和高科技玩具历来是飞行器为满足新任务需求而发生改变的先兆。在现实世界中，随着科技的不断发展创新，新的材料、技术和工艺相互结合将会使科学幻想变为科学现实，而智能变形飞行器的研究无疑将会开创这方面的先河。

智能变形飞行器是一种全新概念的多用途、多形态飞行器，能够根据飞行环境、飞行剖面和作战任务等的需要进行自适应变形，使飞行航迹、飞行高度和飞行速度等机动多变、灵活自如，以发挥飞行器最优的飞行性能。同时，按照需要改变隐身特性，减小或故意增强其雷达散射面积 RCS。它是一种具有智能的、按需应变的新概念飞行器，是飞行器智能化的一种重要体现，将对未来高技术飞行器的发展产生巨大影响。

2　军事需求和国内外发展

科学技术日新月异的发展深刻改变着战争形态，现代战争也对整个飞行器的发展方向产生了重大影响。传统的飞行器发展很快，但由于几何形状基本确定不变，其系统模型是基本固定的，在相同的大气环境中，只能做一些特定的飞行和完成一些专门的任务。然而，技术的飞速发展和进步使得新思想、新概念层出不穷，研究人员希望飞行器的设计不仅限于拟态自然，他们寻求创造一种无论是在超声速飞行还是在悬停飞行状态下，飞行和机动性方面能够超过任何飞行生物的能力的飞行器。随着航天技术、信息技术、精确制导技术，微电子技术的飞速发展，军用先进技术在全球迅速扩散，越来越多的国家将拥有先进的一体化防御系统和其他高科技武器装备，现有的飞行器在执行空面打击或其他空中任务时将会冒更大的风险，代价也会更高，战争损耗与政治风险将难以承受；因此，考虑到安全性和经济性，军队也希望能够有一种可执行多种任务的飞行器，这类飞行器就如同一只机械飞鸟，它在飞行中可以从鹰变成一只蜂鸟，再变成隼，变成海鸥并且能够根据特定任务改变相应形状，并在不停的变化中更好地生存。

智能变形飞行器的变形研究在国外已经开展了多年，美国处于领先地位，技术发展比较迅速。英国、德国等西方发达国家也相继投入巨资开展该领域的研究，一些智能变形元件已经完成原理性演示验证，有的已经在进行飞行测试与试验，预计不远的将来可望在航空航天领域获得应用。

美国国防高级研究计划局（DARPA）和美国航空航天局（NASA）已经在进行智能变形飞行器方面的概念研究。美国各军种、弹道导弹防御局(BMDO)和美国航空航天局(NASA)以及波音、麦道、TRW 和联合机身公司等都分别制定了相关研究与发展计划。下面从几方面介绍国外研究发展状况。

2.1 智能变形结构飞行器总体技术

根据 DARPA 的计划，美国洛马公司鬼怪工厂正在研制变形结构无人机[1]。其目的是验证变形结构概念和相关技术的可行性，这些技术包括无缝蒙皮材料、先进的飞行控制软件和智能材料制动装置。

洛马公司近期将在爱德华兹空军基地进行变形结构无人机的首次飞行试验，一个月后进行首次真正意义上的飞行中改变结构的试验。该变形无人机在变形前，其总体布局与波音公司和诺斯罗普·格鲁曼公司的 X-45/X-47 无人机较为相似，为了适应各种任务剖面，在飞行中可对几何形状进行优化。该无人机在起飞时，机翼展开呈最大翼展形状，而在低空高速飞行时，变形结构需向上折叠内侧机翼，使其与机身紧密贴合，如图 1 所示。机翼向上折叠时，浸湿面积减小 25%，在 40% 弦长处测得的有效后掠角变量达到 30°，而边缘仍保持不变。当机翼展开时，最大升阻比激增 44%，有效翼展增加 177%。飞行试验前的分析表明，变形设计按典型的高-低-高剖面飞行时，任务航程可能增加 30%~50%。洛马公司的变形结构无人机计划目前正处于第 2 阶段中期，此阶段预定于 2005 年 6 月结束，届时将在 NASA 兰利研究中心进行半翼展模型的风洞试验。如果获得批准，第 3 阶段将研制半尺寸模型，并于 2006~2007 年间进行飞行试验。全尺寸模型的翼展约为 12.5 m，采用推力为 22.25 kN 的动力装置。

同样，NASA 也正在研究一些先进的变形结构方案，它们均采用整体化设计，利用先进的材料、制动装置、传感器和电子设备制成各种装置和自适应结构，可在飞行中显著改变飞行器的形状，如图 2 所示。

图 1　变形结构飞行器模型

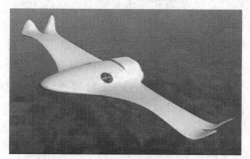

图 2　NASA 提出的变形 UAV 概念机

在导弹武器研究方面，2003 年，国防高级研究计划局授予雷锡恩公司开发研究一种可用于巡航导弹的自适应弹翼技术，计划在 2005 年初进行样弹的原理性试验；目前正在进行的自适应变形弹翼技术是其多项研究的技术之一。该技术能根据导弹任务要求、攻击目标的不同和其他战场上的变化而改变导弹结构形式，验证巡航导弹完成多种任务或能够更有效地完成同一种任务的革命性能力，使巡航导弹能以高速度飞向目标区，并在目标区上空待机盘旋，然后飞向另一个目标（速度从 $Ma=0.3$ 增加到 $Ma=3$），完成侦察、探测、攻击、领航等诸多任务。

2.2 智能材料与结构技术

智能材料与结构的概念由美国科学家在 20 世纪 80 年代末期提出，经过近 10 年的概念演化与基本材料结构研究，在 90 年代后期逐渐开始了针对军事装备的应用开发。在航空、航天领域具有代表性的是 NASA Aircraft Morphing 计划、DARPA/AFRL/NASA 智能翼（Smart Wing）计划和波音公司的 SPICES 与 SAMPSON 计划等，其主要内容是利用智能结构与系统的新技术改进传统结构，达到降低操作费用，获得更大的气动力效率，提高未来飞行器的安全性与可靠性的目的。

（1）"滑动蒙皮"变形概念

Hypercomp 公司/新一代航空技术公司目前正在研究能在飞行中逐渐变大的弹翼技术，通过改变机翼的面积和平面外形优化飞机的性能，如图 3 所示。这种技术的挑战之一是，弹翼"变大"后引起的刚度减小不应影响弹翼结构的完整性。该公司使用的是自己开发的取得专利的微型结构技术，它在改变弹翼外形的同时，能够经受不同的应力。DARPA 认为这是几个合同商的设计中最有创意的设计。

（2）"折叠机翼"变形概念

洛克希德·马丁公司的变形机翼概念是在不同飞行需求下变化机翼形状，机翼全部展开（最左边）以利于起飞或巡航，机翼全部收缩（最右边）以利于高速或机动飞行，如图 4 所示。该机并未装配形状记忆蒙皮或热聚合激励器，而是采用压电作动器折叠机翼。从某种意义上讲，这种技术代表了后掠机翼的一种先进的应用，但这将带来不利影响，即内段翼倚着机身折叠时将引起局部非定常流动现象。

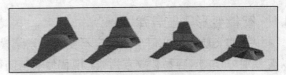

图3 "滑动蒙皮"可以改变巡航弹翼形状，
从高速飞行攻击布局到低速远程巡航布局

图4 "折叠机翼"变形示意图

（3）"智能翼"变形技术

智能翼（Smart Wing）计划主要研究内容为开发准静态智能作动技术，以利用其提高飞行器的气动力特性。DARPA/AFRL/NASA 研制并试验的缩比智能化模型从 1996 年 5 月到 1998 年 7 月间在 NASA LaRc 的跨声速动力学风洞中进行了试验，如图 5 所示。

（4）智能变形材料研究

对于智能变形机翼（或其他变形部件）来说，最关键的是激励器、作动器、传感器以及锁件机构与软件和控制这些机构的电源能够完全无缝地综合在一起。在智能材料与结构的驱动方面，压电材料，电致收缩材料，磁致收缩材料，形状记忆合金(SMAs)，生物仿生材料，导电高分子，磁流变体(MR)和电流变体(ER)均可以作为驱动材料。

由于压电材料既可以作为智能材料和结构中的传感器，又可以作为作动器，在智能材料与结构中应用广泛。国外在基于光纤传感器的结构健康监测与预报研究和基于形状记忆合金的机翼结构主动变形研究等相关领域已经充分验证了技术可行性。图 6 为美国宾夕法尼亚州立大学技术研究所在 MAS 项目支持下为洛克希德·马丁公司的变形折叠机翼设计和制造的应用于折叠机翼的压电作动器。

图5 NASA 的"智能翼"模型

图6 机翼折叠作动器

国内对飞机机翼的变形研究开展多年，主要是研究通过机械传动机构实现机翼的变后掠角，目前已经取得了一定的成果。我国智能材料和结构的研究开展于 20 世纪 90 年代，"九五"期间，在原航空工业总公司和国家自然科学基金委员会等单位的支持和资助下，国内一些院校和研究院所，针对自适应弹翼技术、智能结构健康监测、结构的减振降噪等开展了不同程度的研究，并取得了一定的进展。目前已取得的成果有利用带有压电材料的金属板，开展的自适应结构颤振主动控制的理论和风洞试验研究；形状控制在提高导弹性能方面的应用研究等等。然而，与国外相比，国内起步晚，投资力度小，主要侧重于原理研究和基础性工作，在总体研究水平上有较大差距。

3 武器装备特点和军事应用前景

智能变形飞行器采用智能变形、智能结构与材料、智能控制、智能隐身等技术实现飞行器的多形态变化，使之具有大空域范围内良好的飞行性能，兼顾了性能与效能、成本与效益的关系，扩展了传统飞行器的任务领域，大幅度提高了武器系统的综合作战效能和效费比。每项先进技术发明，首先会应用于军事方面，智能变形技术也不例外。智能变形技术的军事应用主要集中在飞航导弹和无人机等这类无人驾驶的巡航式飞行器上。此外，智能变形技术还可用于智能变形旋翼，智能变形水雷等。

3.1 智能变形飞航导弹

传统的飞航导弹几何形状确定不变，其系统模型是基本固定的，在相同的大气环境中，其运行轨迹可以被识别与预测，容易被敌方拦截。现代侦察与防御技术的发展对这种导弹的突防能力提出了严峻的挑战，而且某型导弹一般只完成特定的任务，某种程度上造成了"专弹专用"的现状。将智能变形技术应用到飞航导弹上，通过针对战场环境、作战任务变化，灵活智能地改变外形、飞行性能、隐身特性等，增强了导弹的射程、突防性和精确性，可以大幅提高导弹的作战效能和效费比，也扩展了飞航导弹的任务领域（从单纯的攻击扩展到待机巡逻、侦察监视、目标指示或弹群领航等），使飞航导弹成为具有"大空域、远射程、高突防、多用途"能力的先进武器装备。

3.2 智能变形无人机

无人机在现代战争中发挥着越来越重要的作用，21世纪的无人机将在未来的信息战、精确打击作战、无人作战和"陆海空天电"的五维一体化战场中大显身手，无人机的用途将由执行单一的侦察任务扩展到执行多种打击任务。智能变形技术在无人机上应用，将使得无人机随着飞行状态和作战任务的不同随时改变自身的外形，以达到最佳的飞行性能和生存能力。智能变形无人机必将演变成为一种高效费比、攻防兼备的全新概念武器。

3.3 智能变形旋翼

以往的战争表明，直升机飞行速度慢、高度低是被击落的重要原因。智能变形技术的出现将会促进研制一种可在任务方向上随飞行状态变化的"任务适应旋翼"，这种智能变形旋翼使直升机能随时保持最佳的气动外形，对改善直升机的性能极为有利，这将大大增加直升机的战场生存能力。

智能变形技术的诞生和在未来战争中的大量运用，必将引起军队作战思想、作战模式和组织编制的一系列变革，使传统的作战模式发生根本变革，战争将因此而步入新的轨道。

4 关键技术研究

智能变形飞行器的研究不仅仅涉及到与常规飞行器类似的多个分系统的诸多方面，同时在这些技术领域有很大的跨越和技术创新，如飞行器智能变形总体技术、飞行器动态外形设计、新型组合动力装置、智能控制技术、智能灵巧结构设计等。更重要的是涉及到其特有的一些关键研究内容和创新技术领域，诸如智能材料与结构、纳米技术、仿生技术、信息技术和智能隐身材料技术等领域。包括以下几个主要的关键技术。

➢ 智能变形飞行器总体技术
➢ 智能变形过程中气动技术
➢ 智能变形材料与结构技术
➢ 外形/动力/飞控集成自适应主动控制技术
➢ 智能变形飞行器的组合动力技术
➢ 智能化作战效能评估方法与技术
➢ 智能化故障检测、定位、诊断、修复系统

5 发展前景展望

智能变形飞行器的构想主要来源于仿生，精髓是集成，即知识集成、技术集成、结构集成、系统集成[2]。随着高新科技的基础研究和技术的进步，尤其是微电子、MEMS、计算机与信息处理、隐身技术、复

合材料以及航空航天等高新技术的快速发展，为智能变形飞行器的研究奠定了基础；同时，国防现代化对高新武器的需求也对智能变形飞行器的研究起了推动作用。

开展智能变形飞行器的总体概念和基础技术研究，将以国家经济发展和国防科技的需求为背景。我国现在经济发展稳步增长，国防科技也正快速追赶世界军事强国，在智能变形飞行器若干基础理论与关键共性技术上的知识、技术创新，将为我国智能材料与机械结构系统高科技发展提供相应的科学技术储备和人才储备；加速智能变形技术的实用化进程，将对我国的机械设计思想和机械加工工艺带来革命性的变化，增强我国机械制造的综合实力；同时，也为逐步建立具有自主知识产权的智能材料与变形结构系统高技术产业做出重要贡献。

参 考 文 献

[1] 丛敏. 美国研究变形结构飞行器. 飞航导弹，2005 年 03 期.

[2] 黄尚廉，陶宝祺. 智能结构系统——梦想、现实与未来. 中国机械工程，2000 年 Z1 期.

[3] 关世义. 导弹智能化技术初探. 战术导弹技术，2004 年 04 期.

[4] Diana N.Talley, Nicolas Schellpfeffer. Methodology for the Mission Requirement Determination and Conceptual Design of a Morphing UCAV. AIAA 2004-6597.

Research and Development of Smart Morphing Aero-Vehicle

Ma Hongzhong   Peng Jianping   Wu Wei   Cui Xiumin   Zhang Shan

The Third Research Academy, CASIC Beijing 100074, China

Abstract   The background of smart morphing aero-vehicle has been introduced. Some concepts and definitions about smart morphing aero-vehicle are discussed, and the prospective developments of some key technologies for smart morphing aero-vehicle are proposed.

Key words   Aero-vehicle；Smart morphing；Smart material；Morphing wing；Innovation

空中目标检测和识别的免疫识别算法

祁振强　杨照华

北京航天自动控制研究所，北京航空航天大学

北京市永定路 50 号 142 信箱 402 分箱，邮编：100859，qizq@hit.edu.cn

摘　要　基于生物免疫系统的自我-非我识别能力，采用新的检测器生成方法和匹配规则，综合识别目标的先验信息，提出一种基于阴性选择的免疫识别算法。结合空中军事目标的检测和识别问题，对提出的算法进行应用研究。实验结果表明，基于阴性选择的免疫识别算法用于目标检测和识别可以识别已知和未知类型目标，检测精度高，对不同的入侵目标表现出好的鲁棒性。

关键词　人工免疫算法；自我-非我识别；目标识别；阴性选择

1　引言

近年来，高精度、高分辨率、强识别目标能力、抗干扰性能好的成像末制导技术，成为制导技术研究的热点和难点之一，图像目标检测和识别技术与红外技术相结合广泛应用于战略导弹、战术导弹及反空间武器系统中，力图实现在复杂战场环境中精确命中目标乃至要害部位。

目标检测和识别的经典算法大都基于全局搜索、目标运动轨迹的匹配、双向投影变换和三维处理相结合、像素统计量、马尔可夫变换、速度匹配滤波、高阶相关技术等理论[1~5]。人工智能、模式识别与非线性信号处理技术的发展，使小波、神经网络、分形理论等方法也进入目标检测和识别的研究领域[6~8]。这些研究方法丰富了目标检测和识别的研究内容，取得了一定程度的研究进展。

上述各种研究方法都以被检测目标的模式为研究对象，观察检测图像中是否出现与该目标模式相匹配的特征而判断目标出现与否和类型归属，遵循阳性选择的检测和识别机制。对于已知类型的入侵目标，这些方法在一定检测精度下可以完成目标的检测和识别，但是当检测图像与已知目标模式无匹配行为发生时，这些方法难以区分究竟是无目标入侵，还是入侵了未知类型的目标。

人工免疫系统在计算机网络安全、故障诊断等领域的模式识别问题获得了成功应用，而目标检测和识别问题与上述问题有着相似之处，人工免疫系统有可能为目标检测和识别研究带来更新颖、更有效的理论和方法。本文将结合军事或航空航天领域的目标检测和识别问题，对所提出的基于阴性选择原理的免疫识别算法进行应用研究。

2　基于阴性选择的免疫识别算法

基于生物免疫系统的自我—非我识别原理，从检测器生成、先验信息利用、匹配规则定义等方面对现行的阴性选择算法[9]进行改进，提出一种新的异常检测和识别算法——免疫识别算法。

2.1　检测器生成方法

基于生态理论的小生境技术对于种群的生成有着良好的启示作用。引入小生境进化方法，取代传统的随机化方法，可以使得生成检测器的运算时间大大减少；小生境进化过程中的多目标收敛也有助于确定检测器的合适数量。

改进后的检测器生成过程如下：

（1）随机产生检测器集合 D，将每一个检测器的适应度初始化为 0；

（2）从 D 中随机选出 N 个检测器样本；

（3）从自我中随机选出一个单一类型；

（4）样本中每个检测器都与该单一类型反向匹配，评价两者的相似度；

（5）样本中反向匹配获得最高分值（即相似度表现最差）的单一检测器的适应度值被奖励增加，而其他检测器的适应度值保持不变。

（6）重复步骤（2）至（5），循环次数为检测器样本数目 N 的 3 倍[10]。

（7）适应度较高的 Pb%检测器被选为父代，利用单点交叉算子和随机变异算子产生新的检测器；

（8）适应度最差的 Pw%检测器被删除，为新产生的子代释放空间；

（9）新检测器种群包括选择的父代检测器和步骤（7）生成的子代检测器；

（10）重复步骤（2）至（8），直到适应度值不再变化为止。

2.2 匹配规则的建立

常用的 r 连续位匹配方法只考虑了匹配双方字串中 r 连续位的信息，对于字串整体的信息没能充分利用。本文采用下述计算匹配分值的方法。

先计算不匹配位的长度，根据下式计算匹配分值，式中 Count 是字符串中不匹配的总数的长度。

$$\text{Matchingscore} = Count + \sum_{i=1}^{m} 2^{l_i}$$

其中 $\{l_1, l_2, \cdots, l_m\}$ 为匹配字串的长度。匹配分值计算的示例如表 1 所示，表中只列出了一组 8 位代码的计算情况。

上述匹配规则中任何匹配情况（无论是连续位还是仅有一位）都会对匹配分值的计算做出贡献，而连续匹配位数越长对匹配分值的贡献越大。可见，匹配双方的信息考虑得更为全面。

分析检测器和测试对象的匹配过程时，跳过异或操作环节而直接计算匹配位的情况。

表 1　匹配规则计算示例

自我集合	1 1 0 0 0 0 0 1
检测器	0 1 0 1 1 0 1 0
异或操作	1 0 0 1 1 0 1 1
Count	1　2　2　=5
匹配分值	5+2^1+2^2+2^2　=15

2.3 先验信息的利用

现行的阴性选择算法只能检测有无异常模式发生，而无法检测到所发生的异常模式属于哪一类型。实际应用中，人们对异常模式的一些类型已经有所了解，充分利用这些先验信息将有助于拓展算法性能。

把先验信息融入检测器集合，则使算法具备了检测和识别两种功能。将已知异常模式的类型信息编码 $M_i (i=1,2,\cdots,n)$ 加入到检测器集合中，并与原有的所有检测器进行匹配，根据匹配情况对检测器集合分别以 M_i 为中心进行聚类，并将能与一种以上异常模式发生匹配的检测器清除。在聚类过程中还要减少类内相似性较强的检测器，降低检测器集合的冗余性。最后得到新的检测器集合 R'，即 $R' = (R'_1, R'_2, \cdots, R'_n, R'_{n+1})$，其中 $R'_i (i=1,2,\cdots,n)$ 为只与第 i 类异常模式发生匹配的检测器子集，而 R'_{n+1} 由聚类后剩余的所有检测器组成，它不能与任何已知类型异常模式发生匹配，它检测的是未知类型的异常模式。

可见，新检测器集合 R' 不仅能检测有无异常模式发生，而且还能检测到所发生的异常模式是属于已知的哪一类型还是属于未知类型。

2.4 检测器集合的更新

如果检测到未知类型的异常模式，经进一步分析提取有关特征信息之后，将其定义为新的已知类型。将这个新的"已知类型"加入到检测器集合中，采用第 2.3 节的方式进行检测器集合数据的更新，也就是对 R' 中的 R'_{n+1} 进行再度的聚类细分。

3 免疫识别算法用于目标检测和识别

免疫识别算法用于空中军事目标检测和识别问题，主要思想是把目标的入侵视为被保护空间区域的图像出现异常变化，所依据的基本原理主要是：

（1）将无目标入侵空域图像的模式特征定义为"自我"信息，并将这些"自我"信息表示为一个在有限字符集上的长度为 l 的等长字符串集合 S。目标检测过程中将对这些"自我"信息进行监测；

（2）利用第 2.1 节的方法生成一组检测器 R，R 集中的每个检测器依据第 2.2 节的匹配规则不能与 S 集中的"自我"信息发生匹配；

（3）把包含入侵目标图像的模式特征作为先验信息，利用第 2.3 节的方法对 R 进行聚类，得到新的检测器集合 R'；

（4）目标检测过程中，将 R' 中的检测器与监测空域图像进行匹配。一旦发生匹配，则相应检测器被激活，且表明目标入侵；

（5）根据被激活的检测器进行入侵目标类型的识别。若为已知类型，则迅速采取相应的应对措施；若为未知类型，则提取该目标的特征信息，按第 2.4 节所述方法进行检测器集合更新。

空中军事目标检测和识别的完整流程如图 1 所示。图 1 描述了免疫识别算法用于图像目标检测和识别的总体过程，在具体的实施过程中还要涉及到空域图像获取及预处理、图像特征提取、检测器训练、目标检测等环节，构成图 2 所示的模式识别系统。

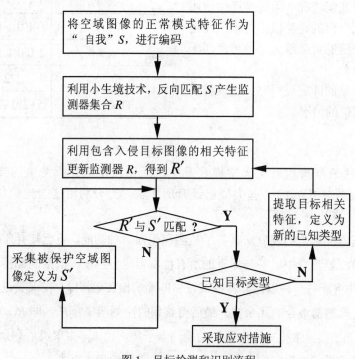

图 1 目标检测和识别流程

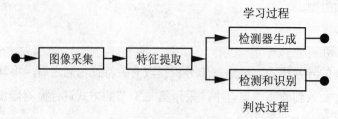

图 2 目标检测和识别系统

模式采集组合完成空域图像的采集，可以选用各种各样的传感器、测量装置或图像录取输入装置完成，图像采集之后还要进行相关预处理操作。特征提取组合实现由模式空间向特征空间的转变，有效压缩模式空间的维数。检测器实现对空域图像类别属性的分类判决，为设计检测器，首先应确定分类错误率的要求，选用适当的判决规则。检测器生成是一个离线学习训练的过程。

3.1 图像预处理

（1）图像增强

成像传感器成像与传输过程中时常会引起图像信噪比的降低，而且采集的图像由于种种原因，其灰度分布可能不太均衡，从视觉效果上看会出现偏暗、偏亮或灰度过于集中等现象。针对不同的视觉情况，采取相应的变换函数进行增强处理。本文采用中值滤波方法，既有效去除图像中的噪声干扰，又较好的保持了图像的边缘信息。

（2）图像分割

图像分割根据图像的某些特征或特征集合的相似性准则，对图像象素进行分组聚类，把图像划分成若干互不交迭区域的集合。本文采用 Sobel 边缘检测方法实现图像分割，既使得图像分析、识别等高级处理阶段需要处理的数据量大大减少，同时又保留有关图像结构特征的信息。

3.2 图像特征提取

图像的原始特征是在模式采集过程中形成的所有样本测量值。通过映射或变换的方法，把模式空间的高维特征变成特征空间的低维特征的过程称为特征提取。提取的图像特征应具备区别性、可靠性、独立性、数目小等性能，常用的图像特征包括图像灰度特征、图像纹理特征、图像的几何特征、图像的形状特征等。

特征提取往往以在分类中使用的某种判决规则为准则，所提取的特征在此规则下的分类错误率应尽可能的小。根据模式识别的类内类间距离准则，希望同类样本之间距离越小越好，即类内散射尽可能小，而不同类样本之间的距离越大越好，即类间散射尽可能大。基于这一准则，分别研究 10 幅无目标入侵空域图像和包含入侵目标图像的灰度均值、灰度方差和灰度梯度，如图 3 所示。

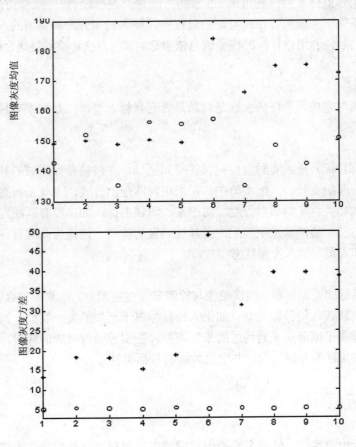

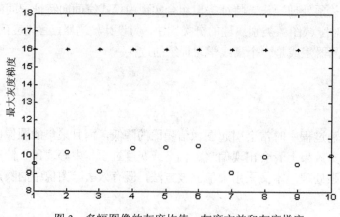

图3 多幅图像的灰度均值、灰度方差和灰度梯度

图中"*"描述含目标空域图像的特征量，"○"描述不含目标空域图像的特征量。可以看出，在有目标存在和无目标存在的情况下，图像灰度方差和最大灰度梯度有着很明显的差别，而灰度均值存在混叠区域，差别不明显。图像灰度方差和灰度梯度受入侵目标大小、形状等因素的影响较小，可用性较好，所以选择并提取这两个特征用于目标检测和识别研究。

3.3 检测器生成

检测器的生成包括基于小生境技术的进化过程和利用先验知识的聚类优化过程，广义的讲，还包括检测器的更新过程。

无目标入侵空域图像的样本可以在天空背景的基础上利用现有的声音、光电、烟雾等手段模仿战争状态，人为的构造各种典型样本。定义这些样本为"自我"集合，利用第2.1节的方法产生检测器集合 R。

选取包含有代表性入侵目标的空域图像，其中包含的入侵目标应该是在军事、国防、航空航天领域中具有典型性，而且所包含的目标应处于视野的不同位置、不同姿态。提取这些图像的灰度方差和灰度梯度，编码后放入已建立的检测器集合 R 中，利用第2.3节的方法对 R 进行聚类，得到新的检测器集合 R'。

上述过程是在离线条件下完成的。在线检测的过程中，如果检测到未知类型的入侵目标，完成目标特征提取和类型归属认定之后，利用该目标的特征信息依第2.4节的方法对检测器集合进行在线更新。

3.4 目标检测与识别

免疫识别算法可以同时完成两个任务：一是判断是否有目标入侵，二是如果有目标入侵，判断其为未知类型还是已知的哪一类型。

（1）目标检测

目标检测判断是否有目标入侵。实时监控被保护空间区域，在线捕获该区域的数字图像，将其作为测试图像与检测器集合进行匹配实验。匹配实验中，采用正向匹配的方式，也就是根据匹配分值判断测试图像的相关特征与检测器的相关特征的相似程度。对于某一测试图像，如果没有匹配发生，则表明现在无目标入侵；如果测试图像与任一检测器发生匹配，且超过一定的阈值，则认为此时有目标入侵，通过声音、图像等报警信息提示操作人员，进入预警状态。

（2）目标识别

目标识别判断入侵目标的类型归属。测试图像与检测器发生匹配后，检测器集合中的该检测器被激活，根据所激活的检测器，判断该入侵目标类型。如果入侵目标属于已知的某一类型，则迅速采取相应的应对处理措施；如果入侵目标属于以前从未遇到过的未知类型，在实施防御措施的同时，要进一步采集、分析目标的特征信息，确定该目标的类别属性，并定义为新的目标类别。

4 实验结果与分析

应用本文提出的目标检测算法，针对多幅被保护空域中拍摄得到红外数字图像进行了实验。研究图像如图 4 所示。

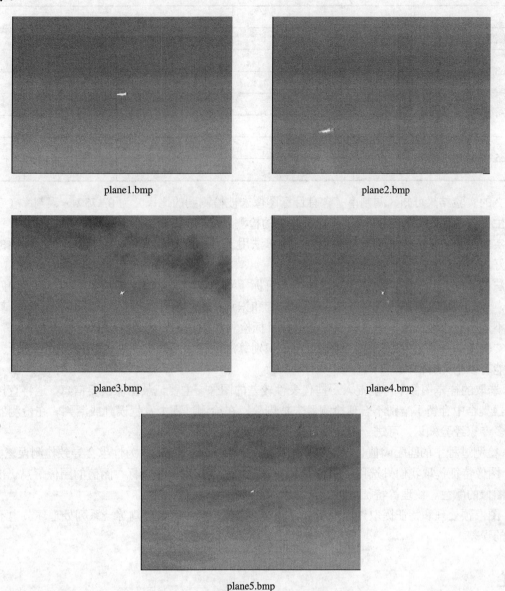

plane1.bmp　　　　　　　　　　　　　plane2.bmp

plane3.bmp　　　　　　　　　　　　　plane4.bmp

plane5.bmp

图 4　被保护空间区域的数字图像

从这些红外图像中随机截取不同大小的区域作为测试图像,其中既包括不含目标的各种情况,也包括了包含不同大小、不同形状目标的情况,而且测试图像的分辨率也不完全相同。利用建立的检测器集合,对上述方法构成的 1600 幅测试图像进行了目标检测实验。实验结果如表 2 所示。其中,测试图像每组为 20 幅,试验结果中的漏检是指含有目标图像未被检测到的情况,误检是指对不含目标的图像发生错判的情况。

表 2　目标检测与识别的实验结果

测试图像			检测与识别结果（幅）		
来源	分辨率	测试组数	正确识别	漏检	误检
plane1.bmp	30×10	10	200	0	0
	30×20	10	199	1	0
	60×20	10	199	1	0
	60×40	10	198	2	0
plane2.bmp	30×10	5	100	0	0
	60×20	5	100	0	0

测试图像			检测与识别结果（幅）		
来源	分辨率	测试组数	正确识别	漏检	误检
plane3.bmp	30×10	5	99	1	0
	60×20	5	99	1	0
plane4.bmp	30×10	5	100	0	0
	60×20	5	100	0	0
plane5.bmp	30×10	5	100	0	0
	60×20	5	99	0	1

从表 2 的实验结果可知，漏判率（含有目标图像未被检测到的比率）为 0.375%，误判率（对不含目标的图像发生错判的比率）为 0.006%，从而所建立的检测器成功的目标识别率达到 99.563%。

上述实验结果说明基于阴性选择的免疫识别算法用于目标检测和识别可行，而且对于不同的入侵目标表现出较好的鲁棒性。

从算法的实际运行来看，免疫识别算法用于目标检测和识别的过程主要是基于多个并行的匹配过程，操作简便，运行效率高。基于神经网络的目标检测和识别，每次操作都要经历多层串行计算，算法执行过程复杂。不过相比神经网络，免疫识别算法进行目标检测和识别占用的数据空间相对较大。

针对实验中漏判和错判的结果，对基于免疫识别算法的目标检测和识别进行了误差源分析。发生误判的原因可能有以下几方面：

（1）选取的样本图像中可能混入一些代表性较差的图像，主要记录图像次要信息，这将直接导致所形成的检测器集合中存留了个别不合理检测器未被剔除，在检测过程中发生误判或漏判。在检测器生成过程中加入更多专家经验知识，可进一步提高识别率。

（2）检测过程中的匹配阈值、检测概率等数值的确定具有一定的人为性也会导致检测误差的出现。

（3）图像特征提取我们只选用了图像的灰度方差和灰度梯度两个指标，涵盖的图像信息仍旧较少，如果再提取图像的颜色、纹理等特征信息综合利用，会进一步提高识别率；

（4）图像预处理和特征提取过程中所进行滤波、图像增强、区域分割等一系列处理环节也不可避免地产生一定的误差。

5 结论

本文基于生物免疫系统的自我-非我识别能力，采用新的检测器生成方法、新的匹配规则，并充分利用先验信息，提出一种基于阴性选择的免疫识别算法。结合空中军事目标的检测和识别问题，对提出的算法进行了应用研究。实验结果表明，基于阴性选择的免疫识别算法用于目标检测和识别检测精度和执行效率高，且对不同的入侵目标表现出好的鲁棒性。最后，对试验结果进行了误差源分析。

参 考 文 献

[1] Fayolle Stephane G，Ducottet Christophe. Schon Jean-Paul. Application of multi-scale of edges to motion determination. IEEE Trans on signal processing. 1998，46（4）：1174～1179.

[2] Hong L，Werthman J R，Bieman G S, et al. A multiresolutional approach to target tracking[A]. IEEE Trans on AES. 1993，33（6）：388～392.

[3] S.K.Pal，N.R.Pal. Segmentation Using Contrast and Homogeneity Measure. Pattern Recognition Letters. 1987，5（3）：293～304.

[4] Manjunath B S，Chellappa R. Unsupervised texture segmentation using Markov random field models. IEEE Trans on PAMI. 1991，13（5）：479～482.

[5] Arcasay C.C.Ouyang G. Analytical Solution of Alpha-Beta-Gamma Tracking Filter with A Noisy Jerk as Correlated Target

Maneuver Model. IEEE Trans on AES. 1997，33(1)：347～353.

[6] Mallat. A Theory for Multi-resolution Signal Decomposition: The Wavelet Respresentation. IEEE Trans on Pattern Analysis and Machine Inteligence. 1989，11(7)：674～693.

[7] Nasrabadi N M，Choo C Y. Hopfield network for stereo vision correspondence. IEEE Trans on Neural Network. 1992，3（1）：5～13.

[8] 李宏贵等. 基于分形特征的红外图像识别方法. 红外与激光工程. 1999，28（1）：20～24.

[9] S. Hofmeyr, S. Forrest. Architecture for an Artificial Immune System. Evolutionary Computation Journal. 2000,8(4):443~473.

[10] S. Forrest, B. Javornik, R.E. Smith, and A.S. Perelson. Using genetic algorithms to explore pattern recognition in the immune system. Evolutionary Computation, Vol. 1, No. 3 (1993), pp. 191~211.

Immune Recognition Algorithm and its Application to Air Targets Detection and Recognition

Qi Zhen-qiang [a], Yang Zhao-hua [b]

(a) Beijing Aerospace Automatic Control Institute, 100854, China; (b) The school of Instrumentation Science & Optoelectronics Engineering, Beijing University of Aeronautics and Astronautics, 100083, China.

Beijing Yongding Road #50, M. B. 142-402, China.，100859， qizq@hit.edu.cn

Abstract Based on the function of self/nonself recognition of natural immune system, a new immune recognition algorithm based on negative selection is presented. In the proposed algorithm, the generation of detector set is bettered using a new method, and a new matching rule is also introduced to online matching detection. Moreover, the prior knowledge of the known target samples and the content update of the detector set are also considered. The proposed immune recognition algorithm is applied to detect and recognize the air military targets. Not only are the known types of targets detected and recognized, but also the unknown types of targets are detected. Experiment results verify its high operational efficiency and detection precision. The robustness of detection process is enhanced by the distributive detection method.

Key words Artificial Immune Algorithm；Self/Nonself Recognition；Target Recognition；Negative Selection

DOF 在某型号引信解保过程视景仿真中的应用

孙可平 李科杰 宋萍

北京理工大学机电工程学院，邮编：100081，sunkeping110@bit.edu.cn

摘　要　介绍了视景仿真中的 DOF 技术，并把此技术应用到某种特定型号引信的复杂解保过程的视景仿真中。

关键词　视景仿真；引信；解除保险；DOF

1　引言

在视景仿真应用中通过控制三维模型的坐标 x,y,z 和 h,p,r 来对复杂场景模型的运动特别是模型间的相互运动进行控制是比较复杂的，而采用 DOF（Degree Of　Freedom）对模型设置局部坐标系和局部自由度，并明确自由度坐标的正负方向，再通过场景管理软件 Vega prime 的 vsDOF 类中的函数在程序中进行识别和控制，就可以实现在实时交互式视景仿真中使模型对象具有活动的能力，并可以控制它的所有子节点按照设置的自由度范围进行运动方向和运动量的精确控制。

2　在三维层级建模软件 MultiGen Creator 中设置 DOF

2.1　某型号引信解除保险与 DOF 设置

在视景仿真应用中对模型的运动控制主要是通过控制模型的坐标值和方位角来实现的。但是当模型的质心坐标系也在做不规则运动时，这种控制方式就变得非常复杂甚至无能为力。例如，某型号引信在其载体(导弹)接近目标的上空时解除第二道保险,引信推销器中的滑体推动挡片向下运动，解除了其对转子运动的约束。随后，引信隔离机构中的转子在扭簧的作用下转正，完成第三道保险的解除，于是引信从保险状态过渡到待爆状态。由于引信机构的载体导弹也时刻在做复杂的运动，所以引信机构的质心坐标值和方位角也时刻在做复杂的运动，如果继续采用控制引信机构各零件坐标值和方位角的方式来实现对引信机构运动的控制是非常复杂和困难的。而通过对引信机构设置 DOF 则可以大大简化模型的运动控制并减少计算量。下面就针对引信解除第二道保险的相对直线运动和第三道保险的相对转动运动的视景仿真过程详细介绍 DOF 的应用

2.2　引信三维模型及相应 DOF 的创建

（1）用 MultiGen Creator2.6 创建的第二道和第三道保险机构的三维模型如图 1、图 2 所示。

（2）创建 DOF 节点

因为 DOF 节点跟组节点的级别相同，所以创建 DOF 节点时必须以组节点或其他同级别的节点（如 LOD 节点等）作为父节点。我们可以使用创建工具箱中的创建 DOF 工具在模型数据库的层级视图中创建 DOF 节点。

（3）使需要设置自由度的模型对象的对应节点成为 DOF 节点的子节点

DOF 节点可以控制层级视图中所有的子节点，包括子 DOF 节点，而且 DOF 节点属性具有继承性，以保证所有的子节点都能符合逻辑的运动。比如需要控制引信推销器向下运动，这就需要在推销器模型数据结构中加入 DOF 节点并且将推销器中运动体设为该 DOF 节点的子节点，如图 3 所示。

（4）使用"Local-DOF/Position DOF"命令创建局部坐标系

为模型对象定义自由度，必须创建相应的局部坐标系。因为模型对象的所有运动都是相对于该局部坐标系进行的。由于在图形视图中显示局部坐标系，必须启用视图面板上的显示 DOF 坐标轴（View

DOF Axes）功能，图 4 为隔离机构的局部坐标系在视图中的显示，图 5 为推销器中滑体的局部坐标系在视图中的显示。

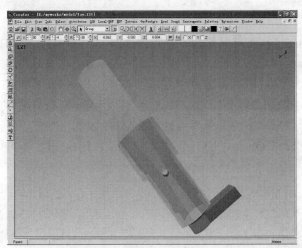

图 1 推销器的模型

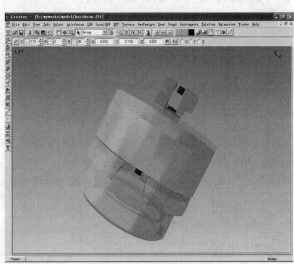

图 2 隔离机构的模型

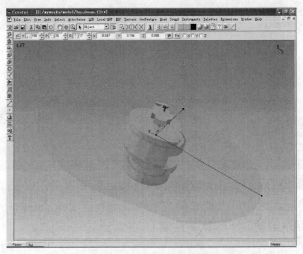

图 3 为引信推销器模型设置 DOF 节点

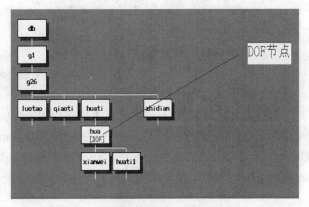

图 4 引信隔离机构的局部坐标系

（5）最后使用"Local-DOF/Set DOF Limits"命令，或在 DOF 节点属性窗口中设置 DOF 节点的自由度范围。

图 5 引信推销器滑体局部坐标系

3 在视景仿真场景管理软件 Vega Prime 中识别和控制 DOF

（1）在程序中找到 DOF

要在 Vega Prime 驱动程序中，实现对 DOF 运动量和运动时刻的精确控制是很困难的。因为在自定义的 myApp 类的私有成员中对仿真程序中所要用到的 DOF 进行定义和在 config()函数里对其初始化以后要用 VP API 中 vsDOF 类在仿真程序中控制 DOF 的运动，而该类中并没有直接从图形数据库中找到 DOF 的成员函数。但是 vsDOF 类其实是从 vsNode 类继承下来的，我们可以利用 vpObject 类中存在的一个成员函数 findNamed()，其作用是将某个 vpObject 实例对应的图形数据库中的某个节点返回给 vsNode 的一个实例，进而就可以通过类的继承将这个实例转化为它的一个子类 vsDOF 类中的一个实例了。所以可以通过如下方式将要用来控制的 DOF 定义为 vsDOF 的一个实例。

```
private:
vsDOF *dof;
vpObject *object;
int myApp::confingure()
{
object=vpObject::find("myObject");
dof=(vsDOF*)object->findNamed("dof");
}
```

这样就成功实现了在程序中找到某 object 中的 dof 节点。

（2）DOF 的运动控制

在程序中找到了 DOF 以后，就可以根据 VP API 中提供的 vsDOF 类的成员函数来控制相应的 DOF 实例进行运动。控制其作线形运动所用的函数是 setTranlateX(),setTranlateY()和 setTranlateZ()其作用是设定某 DOF 沿我们设定的局部坐标系的 x,y,z 轴的直线运动情况。同样可以通过函数 setRotateP()，setRotateR()，setRotateH()，来控制模型沿我们所设定的局部旋转坐标系运动。下例就是控制 DOF 运动的例子。

```
vsDOF    *dof;
dof->setTranslateX(1.0);
dof->setTranslateY(2.0);
dof->setTranslateZ(3.0);
dof->setRotateH(60);
```

其作用是将 dof 移动到（1，2，3）点并绕 z 轴旋转 60°。以下是在驱动 Vega Prime 中控制引信解除第二道保险的相对直线运动和解除第三道保险的相对转动运动的程序代码：

```
if(m_nState==STATE_INITIALIZE)//初始状态
{
    hua->setTranslateZ(z2);
    z1=z2;
    huizhuan->setRotateH(h2);
    h1=h2;
}
```

```
if((z1-z2)<=0.0015)//相对直线运动的控制
{
    Z1+=0.00005;
    hua ->setTranslateZ(z1);
}
if((h1-h2)<=180)//相对转动运动的控制
{
    h1+=2;
    huizhuan->setRotateH(h1);
}
```

4 结论

本文介绍了 DOF 技术在视景仿真中的应用，研究表明，在复杂的场景中，特别是当做复杂相对运动模型的载体也是做不规则运动时，采用 DOF 技术可以明显简化各坐标值的转换，也大大简化了对模型运动的控制运算。

参 考 文 献

[1] 王乘，周均清，李利军. Creator 可视化仿真建模技术.华中科技大学出版社,2005,p192-p201.

[2] 刘华峰等.视景仿真技术及应用.西安电子科技大学出版社,2001, p77-p112.

The Application of DOF in The Scene Simulation of the Process of Releasing Safety of a Given Fuze

Sun Keping, Li Kejie, Song Ping

School of Mechano-Electronics Engineering,Beijing Institute of Technology，100081

sunkeping110@bit.edu.cn

Abstract This paper introduces the method of DOF in scene simulation, and applies this method to the scene simulation of the complex process of releasing safety of a given fuze.

Key words Scene simulation；Fuze；Releasing safety；DOF

空天飞行器智能防热技术的基础研究 I[①]
——发散冷却和材料烧蚀过程的数值模拟

王建华　韩省思　王海南　甘明　林其钊

中国科学技术大学工程学院

合肥金寨路 96 号，邮编：230026，jhwang@ustc.edu.cn

摘　要　冷却是一种主动的热防护方式，而主动是实现智能化的前提。如果我们把空天飞行器的智能化热防护定义为：在飞行器的最高热负荷部位，在最需要冷却的关键时刻，以最小的冷却介质注射量，保证材料不被烧蚀，则实现这种智能化热防护的最佳途径之一是发散冷却。本文从基础理论研究出发，讨论了描述冷却和烧蚀过程的数学模型及其求解方法，用数值方法模拟了发散冷却和材料烧蚀过程中的材料损失，分析了用发散冷却来控制材料烧蚀深度应该考虑的关键参数，目的是为智能化热防护技术的实现提供理论依据。

关键词　空天飞行器；热防护；发散冷却；材料烧蚀

1　引言

空天飞行器热防护技术的提高依赖于两个方面：材料抗高温性能的改进和冷却技术的发展。飞机发展史告诉我们：在这两个方面中，冷却技术的进步起着更加重要的作用。人们早就意识到：突破材料的限制，提高透平进口温度，可以使战斗机获得更大的推力比，更好的战斗性能。二战时期，德国人首先把简单的冷却技术应用在飞机设计中，随后发动机冷却技术经历了三次重要的技术革命：直流式冷却、撞击式冷却、气膜冷却。透平进口温度也由早期的 900 ℃，提高到如今的 1 700 ℃。在这 800 ℃的进步中，材料的抗高温性能进步所做出的贡献不到三分之一[1]。回顾历史，展望未来，我们可以预测：在新一代飞行武器的研发中，冷却技术将起着决定性的作用。因为，根据理论计算，当导弹以马赫数 20 再入大气层时，弹头将可能受到每平方米几十兆瓦的热流侵蚀，弹头局部温度可能由此上升到 7 000 ℃以上，然而，目前优秀合金材料的允许温度在 1 300 ℃左右，陶瓷材料约为 2 300 ℃，由此可见冷却技术在未来研发飞行器中的重要地位。

目前飞行器中常用的冷却技术主要有：烧蚀材料(ablative materials)的方法、气膜冷却(film cooling)技术以及再生冷却的方式（regeneration cooling）。

● 第一种方法是通过烧蚀蒸发材料带走热量的，这种方法经过多年的实验研究已经可以成熟地应用于现有导弹及一次性重返大气层飞行器(single-use reentry vehicles)的设计中。但由于壁面材料严重的蒸发损失，这种冷却方法不能用于新一代可全程精确制导的武器。因为材料的烧蚀将引起几何形状的变化，而形状的变化又可能引发飞行器转动惯量的不平衡，从而导致失稳、失控[2]。

● 膜冷却技术是在致密材料上打若干毫米级的小孔，通过这些孔将冷却介质注射到材料的受热表面，并使之形成薄膜来阻挡高温侵蚀。这种冷却方法的主要问题在于：（1）孔之间的距离过小将引起应力集中，从而导致材料断裂；孔之间的距离过大则要求增加冷却介质注射量来维持必要的冷却面积和效率，这将导致注射压力增加及冷却介质注射过量。（2）冷却效果过分依赖于外流的状态，通常在热负荷最高的滞止区域冷却效果最差。

● 再生式冷却是液体推进飞行器设计中比较成熟的技术，主要是利用吸热燃料的热管换热效应冷却高温元件。但是根据美国空军（Air Force Institute of Technology Wright Patterson Ohio）的研究文献[3]报道，

① 基金项目：国家自然科学基金重大研究计划（90305006）、安徽省教育厅自然科学基金重点项目（2004kj365zd）、国家教委留学人员回国基金

再生式冷却在发动机喉部的冷却效率比发散冷却方法的效率低 35%。

发散冷却可能是我们未来实现智能化冷却的最佳方案。这种技术通常利用平均孔径在微米级的烧结多孔介质材料或碳——碳纤维复合材料来覆盖高温表面或者直接做成高温元件。冷却介质通过材料的毛细孔被输运到整个受热表面，并在其上形成一个理想的高温阻断层。其先进性主要有：冷却效率高，几乎不受外界湍流脉动的影响[4]，因此容易实现智能控制。本文研究了发散冷却和骨架材料烧蚀过程的数值模拟方法，目的是为用冷却技术控制材料烧蚀的结构设计提供理论依据。

2 冷却和烧蚀的物理及数学模型

为了简化冷却和烧蚀过程，我们仅考虑一维平板模型，即：假设热传导在水平方向可以忽略。当热流强度非常高且冷却介质流量不足时，多孔介质骨架将发生烧蚀。如图 1 所示，骨架的原始厚度为 l，热流强度为 Q_0，冷却介质流量为 $\dot{m}_c$。由于材料烧蚀，骨架表面位置将以速度 $\dot{S}(t)$ 向与 y 相反的方向后退。这是一个典型的 Stefan 相变问题[5]，我们应用文献[6~7]中介绍的变步长方法来描述这个过程。

（1）控制方程推导

如图 2 所示，网格节点数 N 保持不变。在 t 时刻，多孔介质骨架的厚度为 $S(t)$，任意节点 i 位于 $y_i(t)$，由等步长网格化分得：

$$y_i(t) = \frac{i}{N}S(t) \tag{1}$$

在下一时刻 $t+\Delta t$，骨架表面位置降落到 $S(t+\Delta t)$，这时 i 位于：

$$y_i(t+\Delta t) = \frac{i}{N}S(t+\Delta t) \tag{2}$$

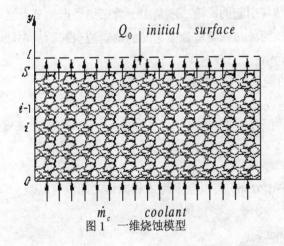

图 1 一维烧蚀模型

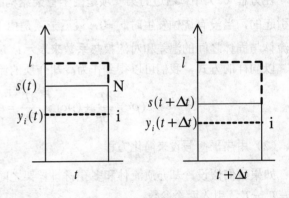

图 2 网格尺寸的变化

由方程（1）、方程（2），我们可以得到 i 点的移动速度：

$$v_p = \lim_{\Delta t \to 0}\left[\frac{y_i(t) - y_i(t+\Delta t)}{\Delta t}\right] = \frac{i}{N}\lim_{\Delta t \to 0}\frac{[S(t+\Delta t) - S(t)]}{\Delta t} = \frac{i}{N}\dot{S}(t)$$

即：

$$v_p = \frac{y}{S(t)}\dot{S}(t) \tag{3}$$

考虑图 3 所示体积元中的骨架体能量守恒可得：

$$\frac{\partial}{\partial t}\left((1-\varepsilon)(\rho c)_p T_p \Delta y\right) = \frac{\partial}{\partial y}\left((1-\varepsilon)k_p \frac{\partial T_p}{\partial y}\right)\Delta y + \frac{\partial}{\partial y}\left((1-\varepsilon)(\rho c)_p v_p T_p\right)\Delta y + \dot{q}\Delta y \tag{4}$$

由方程（3）和等步长网格划分可得：

$$\frac{\partial v_p}{\partial y} \Delta y = \frac{\dot{S}(t)}{S(t)} \Delta y = \frac{\dot{S}(t)}{S(t)/\Delta y} = \frac{\dot{S}(t)}{N-1} \tag{5}$$

$$\frac{\partial \Delta y}{\partial t} = \frac{\partial}{\partial t}\left(\frac{S(t)}{N-1}\right) = \frac{\dot{S}(t)}{N-1} \tag{6}$$

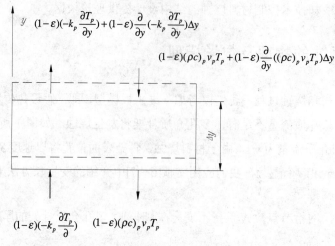

图 3 固体体积元中的能量平衡

将方程（5）及（6）带入（4）并简化得：

$$(1-\varepsilon)(\rho c)_p \frac{\partial T_p}{\partial t} = (1-\varepsilon)\frac{\partial}{\partial y}\left(k_p \frac{\partial T_p}{\partial y}\right) + (1-\varepsilon)(\rho c)_p v_p \frac{\partial T_p}{\partial y} + \dot{q} \tag{7}$$

在方程（7）中，右边的第一项是由于骨架结构的热传导引起的；第二项是由于骨架烧蚀产生节点运动而引起的，当没有烧蚀发生时 $v_p = 0$；最后一项是由于流动的冷却介质与骨架之间的热对流引起的，它可以用流体与固体之间的温差和对流换热系数来表示：$h(T_c - T_p)$。

以同样的方式，我们可以得到作为冷却介质的流体的能量平衡方程：

$$\varepsilon(\rho c)_c \frac{\partial T_c}{\partial t} + (\rho c)_c v_c \frac{\partial T_c}{\partial y} = \varepsilon \frac{\partial}{\partial y}\left(k_c \frac{\partial T_c}{\partial y}\right) + \varepsilon(\rho c)_c v_p \frac{\partial T_c}{\partial y} - \dot{q} \tag{8}$$

（2）用热平衡假设来简化方程

如果我们假设冷却介质流体和多孔材料骨架之间换热十分充分，以至于流体和固体之间没有温差，即：$T_c = T_p = T$。引入两个参数：

$$k_e = \varepsilon k_c + (1-\varepsilon)k_p$$
$$(\rho c)_e = \varepsilon(\rho c)_c + (1-\varepsilon)(\rho c)_p$$

利用这两个参数，将方程（7）和（8）相加，我们可以得到一个热平衡方程：

$$(\rho c)_e \frac{\partial T}{\partial t} + (\rho c)_c v_c \frac{\partial T}{\partial y} = \frac{\partial}{\partial y}\left(k_e \frac{\partial T}{\partial y}\right) + (\rho c)_e v_p \frac{\partial T}{\partial y} \tag{9}$$

方程（9）把骨架材料和冷却介质看成一体，因此，k_e 和 $(\rho c)_e$ 又分别称为：有效导热率和有效热容。

（3）初始条件和边界条件

初始条件：

$$t = 0 \qquad T(y) = T_0 \tag{10}$$

边界条件：在面临高强度热流的边界上 $y = l$，当骨架没有被烧蚀时

$$t > 0 \quad \left(k_e \frac{\partial T}{\partial y} \right)\bigg|_{y=l} = Q_0 \tag{11}$$

当骨架被烧蚀时

$$t > 0 \quad -\rho \lambda (1-\varepsilon) \dot{S}(t) + \left(k_e \frac{\partial T}{\partial y} \right)\bigg|_{y=S(t)} = Q_0 \tag{12}$$

$$T\big|_{y=S(t)} = T_m$$

其中 λ 是骨架材料相变潜热，T_m 是材料熔化温度。在骨架材料的冷端边界上，用第二类边界条件：

$$y = 0 \quad -k_c \frac{\partial T}{\partial y} = h(T_c - T_p) \tag{13}$$

这里 h 对流换热系数，可以用努塞尔数来计算：

$$Nu = \frac{h}{k_c} d_p$$

其中 d_p 是微孔的平均直径。根据文献[8]，努塞尔数可取：

$$Nu = 0.332 Re^{1/2} Pr^{1/3}$$

3　发汗冷却和烧蚀冷却的模拟

（1）材料的热物性

我们以一块铬镍合金板为研究对象，它具有 20 mm 厚度，17％孔隙率，平均孔径 50 μm，假定熔化温度为 1 250 K；热流强度分别为 8×10^5 Wm^{-2} 和 1.0×10^6 Wm^{-2}；空气为冷却介质，在 300K 时进入多孔材料。根据文献[9]建议的公式，用多孔材料的孔隙率、导热率和冷却介质的导热率可以计算出有效导热率，然后根据文献[10]提供的导热率随温度的变化试验数据，可得如图 4 中所示的点分布图，用一个线性关系来拟合，其拟合相对误差小于 1％。

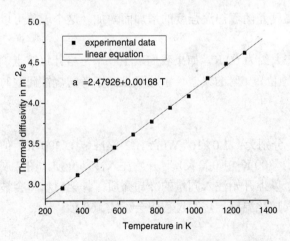

图 4　Relationship between effective thermal
diffusivity and temperature
Experimental data from Tang and Guo 1994

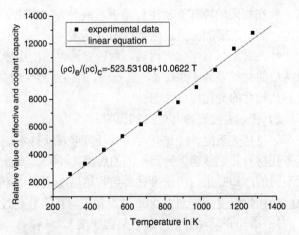

图 5　Variation of coolant and effective
heat capacity with temperature
Data from Vargaftik 1975, Tang and Guo 1994

另一个重要的参数是冷却介质热容与有效热容之比：

$$\beta' = (\rho c)_c / (\rho c)_e$$

由方程（9）可知：β' 及 v_c / v_p 描述的是发汗冷却与烧蚀冷却的效率比。图 5 展示了 β' 的试验测量值及其线性拟合。

（2）数值方法和过程

物体的热物性随温度而变化，同时烧蚀又可能发生高温边界的移动，这两个问题使求解变得复杂化。在这里我们采用迭代的数值方法来求解。在对流项 $\partial T/\partial y$ 和扩散项 $\partial^2 T/\partial y^2$ 的离散时，分别采用了迎风差分格式和中心差分格式；为了确保数值的稳定性，在非稳定项 $\partial T/\partial t$，$\partial S/\partial t$ 的离散时，采用了全隐式格式；对于非线性系数的处理，采用了迭代的方式。主要的迭代步骤有：

1）在初始时刻给定温度场，用此温度场计算热物性。

2）先在假定没有烧蚀的条件下求解有限差分方程组。

3）判断高温表面是否被烧蚀？

如果被烧蚀

a. 根据熔化温度，初步确定烧蚀的边界位置；

b. 用新的温度场及拟合的线性方程计算热物性；

c. 用烧蚀边界条件求解新的有限差分方程组；

d. 调整烧蚀边界位置；

e. 重复 b 到 d 的过程，直到收敛；

f. 转到第 4）步骤。

如果没有被烧蚀

a. 用新的温度场及拟合的线性方程计算热物性；

b. 用无烧蚀边界条件求解新的有限差分方程组；

c. 重复 a 到 b 的过程，直到收敛；

d. 转到第 4）步骤。

4）转到第 2）步骤，进行下一个时间步的迭代，直到稳定状态出现。

（3）计算结果及分析

1）热物性对计算结果的影响

图 6 比较了考虑热物性变化和把热物性看成常数来计算骨架材料高温表面温度的变化的差别，比较可见：

● 热物性对计算结果的影响随着冷却介质质量流的增加而减少。原因很明显：随着冷却介质注射量的增加，对流换热起主导作用，热导率变化的作用减少；

● 在相同的冷却介质注射量下，两种方法得出的温度差随着热流强度的增加而增加。这个现象可以理解为：随着温度的上升，热物性的变化增大。

● 在骨架材料熔化点附近，两种方法得出的温度差大约为 60 K。如果我们取 100 个网格计算节点，平板两边的总温差为 1 000 K，这 60 K 的温差将导致烧蚀位置 6% 的误差。由此可见：在考虑烧蚀问题时，材料热物性的变化应该考虑。

2）初始温度对冷却效果的影响

如果热流强度、冷却介质流量及温度都保持不变，分别为：1.0×10^6 Wm^{-2}，2 kgm^{-2}s^{-1}，300 K，但是当多孔材料骨架结构上升到不同的温度（400 K、600 K、800 K、1 000 K）时开始注入冷却介质，图 7 展示了不同的冷却效果。由图可见：当初始温度达到 800K 以上开始注入同量的冷却介质，骨架材料将会被烧蚀；当初始温度上升到 1000K 时，骨架材料将会超过其熔化温度，烧蚀过程将会延续 160 秒。

3）冷却介质注射量冷却效果的影响

图 8 展示了在相同的初始温度（800K）、热流强度（1.0×10^6 Wm^{-2}）下，不同的冷却介质注射量对冷却效果的影响。由图可见：当冷却介质流量小于 1.0 kgm^{-2}s^{-1} 时，骨架材料将被烧蚀；当冷却介质流量增大以后，虽然骨架材料的瞬间最高温度低于其溶化点，但是最后的稳定温度又远低于材料本身的可充分利用的界限点。要解决这个问题，我们必须考虑用变冷却介质注射量的方法来冷却。

4）变冷却介质注射量对冷却效果的影响

图 9 展示了三种不同的冷却介质注射方法，A 为等流量注射，B 和 C 为两种不同的线性流量注射函数组合：先线性增加，后线性减少。图 10 展示了相应的冷却效果：A 注射方法将发生烧蚀，B 和 C 都没有。但很显然，B 方法需要的冷却介质流量低于 C 方法。由此可见：如何充分发挥材料自身的抗高温性能，用最少的冷却介质注射量保护骨架材料，有一个最佳冷却介质流量注射函数问题需要解决。

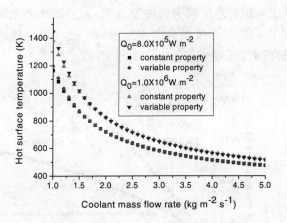

图 6 Influence of thermal property on calculation results

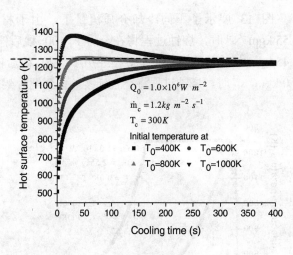

图 7 Influence of initial temperature on cooling process

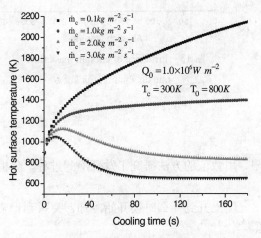

图 8 Influence of coolant mass flow rate
on the final steady temperature

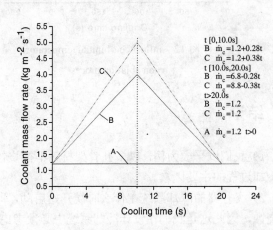

图 9 Three different functions of
injection coolant mass flow rate

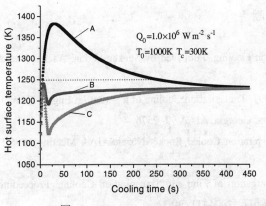

图 10 The corresponding cooling process to
the coolant injection function in Fig. 10

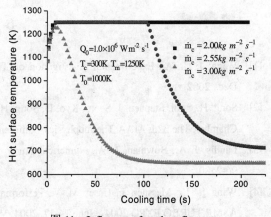

图 11 Influence of coolant flow rate
on ablative process

5）骨架烧蚀过程的模拟

图 11 展示了不同冷却介质注射量下，烧蚀时间延续的差别。当冷却介质流量为 3.0 kgm^{-2}s^{-1} 时，没有烧蚀发生；当冷却介质流量为 2.55 kgm^{-2}s^{-1} 时，烧蚀延续了约 100 秒；当冷却介质流量为 2.0 kgm^{-2}s^{-1} 时，烧蚀将一直延续下去。

图 12 展示了不同初始温度对烧蚀过程的影响，当初始温度为 900K 时，骨架没有发生烧蚀，当初始温度为 1 000 K 时，烧蚀延续了约 110 秒。

图 13 展示了不同冷却介质流量下，由于材料烧蚀而产生的骨架厚度变化。当冷却介质流量为 $2.55\,\text{kgm}^{-2}\text{s}^{-1}$ 时，烧蚀过程将在经历了 100 秒后停止，相对厚度损失大约为 2.3%；当冷却介质流量为 $2.45\,\text{kgm}^{-2}\text{s}^{-1}$ 时，烧蚀过程将在经历了 320 秒后停止，相对厚度损失大约为 9%；当冷却介质流量为 $2.0\,\text{kgm}^{-2}\text{s}^{-1}$ 时，烧蚀过程将一直延续，直至把骨架材料烧完。

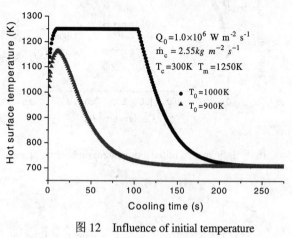

图 12　Influence of initial temperature on ablation process

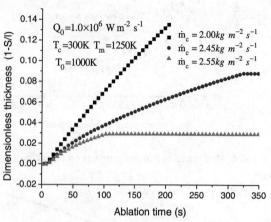

图 13　Influence of coolant mass flow rate on ablation thickness

4　结论

1）我们以平板为例，以多孔骨架材料不被烧蚀为界限，用数值的方法研究了发汗冷却过程，分析了影响冷却过程的主要因素。

2）飞行器的冷却系统在什么时候开始启动，即：初始温度上升到什么时候开始冷却，关系到骨架是否被烧蚀，因此这是我们在设计冷却系统中必须考虑的问题。

3）如何确保骨架不被烧蚀，同时冷却介质的总用量又保持最小，应该考虑变量注射法。但是这里有一个最佳流量注射函数问题需要研究。

参 考 文 献

[1]　Wang, J. H.. An Experimental Investigation on Transpiration Cooling. Published by Shaker Verlag, Aachen, Germany, Dec., 2002.

[2]　Song, H. Choi, Stephen, J. Scotti, Kyo, D. Song, H. Reis. 1997, Transpiration Cooling of a Scram Jet Engine Combustion Chamber. The 32th AIAA Thermophysics Conference, Atlanta, Georgia, AIAA 97- 2576.

[3]　Landis, J. A., Bowman, J. W.. Numerical Study of a Transpiration Cooled Rocket Nozzle.AIAA Meeting 1996 Paper 96-2580.

[4]　Wang J. H.，Messner, J., Casey M. V.. Performance Investigation of Film and Transpiration Cooling. Proceedings of ASME TURBO EXPO 2004，June 14-17, 2004, Vienna, Austria，2004-GT-54132.

[5]　Stefan, J.. Ueber die Theorie der Eisbildung, insbesondere ueber die Eisbildung im Palarmeere. Wien, Akad. Mat. Naturw., Vol. 98, 11a, pp. 965-983, 1889.

[6]　Crank, J.. Free and Moving Boundary Problems. Clarendon Press. Oxford 1984.

[7]　Oezisik, M. N.. Heat Conduction, 2 ed.. pp. 392-433, Wiley, New York, 1993.

[8]　Baehr, H. D., Stephan, K.. Heat and Mass Transfer. Springer, Berlin-Heidelberg, 1998.

[9]　Tang, Z., and Guo, G. Thermal Property of Engineering Alloy. Metallurgy Publisher, 1994, Beijing, (in Chinese).

[10]　Vargaftik, N., B.. Tables of Thermophysical Properties of Liquids and Gases, second Ed.. Hemisphere Publishing Corp. 1975, Washington.

Basal Investigation of Intelligentized Thermal Protection of Aerospace Vehicles

—I Numerical simulation of Transpiration Cooling and Material Ablation

Jianhua Wang, Xinsi Han, Ming Gan, Qizhao Lin

University of Science and Technology of China, School of Engineering Science

Jinzhai Road 96 Anhui Hefei，230026，jhwang@ustc.edu.cn

Abstract　Cooling is one active manner to protect aerospace vehicles, and is also one necessary precondition to achieve the intelligentization of thermal protection. If the intelligentization is defined as: at the location of vehicles with the highest thermal load, at the moment the cooling is significantly needed, using the least amount of coolant to avoid material ablation, the most effective way to realize this thermal protection may be transpiration cooling. The present work discusses a theoretical model of cooling and ablating process, and the corresponding numerical solutions of the model, based on theoretical researches. Furthermore, this paper simulates numerically the process of transpiration cooling and the loss of the materials due to the ablation, and analyzes the key parameters to control the ablation depth of materials through transpiration cooling. The aim of this work is to provide a theoretical reference for the designers and investigators of the intelligentized thermal protection technique.

Key words　Aerospace vehicles；Thermal protection；Transpiration cooling；Material ablation

空天飞行器智能防热技术的基础研究 II[①]

——实现智能化冷却的结构设想

王建华　杨杰　彭良明　杨基明

中国科学技术大学工程学院

合肥金寨路 96 号，邮编：230026，jhwang@ustc.edu.cn

摘　要　如果我们把自动、高效、准确实现冷却介质注射定义为智能化冷却结构，则以什么材料为基础多孔介质载体，如何实现这种智能化，是我们要讨论的主要问题。本文基于形状记忆合金的变形特点，介绍用变形材料来实现冷却介质自动、准确注射的几种设想结构，期望以此来实现冷却介质注射的定时、定量、定位。同时为了改进传统的单一多孔材料体系，提高热防护材料与飞行器连接结构的可靠性，建议开展陶瓷金属复合梯度材料的研究，期望从根本上解决热防护材料的脱落问题。

关键词　主动冷却；智能结构；注射；复合材料

1　引言

近年来，人们越来越认识到：发散冷却是实现空天飞行器高效、主动热防护的最佳途径之一，世界第一军事大国把发散冷却作为发展新一代飞行器的必要技术储备，并投入了大量的人力、物力和财力从事基础理论和实验研究。从掌握的资料来看，其研究经费主要来源于 NASA，Air Force 和 Army Armament Center 等军事部门。

文献[1]报道了 NASA Langley Research Center Hampton 在发散冷却方面的基础实验研究。他们以液体发动机设计应用为研究目标，用碳—碳复合多孔材料为发汗冷却技术的研究机体，液氢既是冷却介质又是燃料，见图 1。在基础研究初见成果后，NASA 很快与德国宇航局 DLR 进行合作，进入应用阶段的试验研究[2]。

文献[3～5]系列报道了由 The Army Armament Research, Development and Engineering Center 资助的以导弹弹头热防护为应用目的的基础理论研究。弹头上加一个多孔材料制造的外套，固态的氨盐被储存在多孔材料里或后面的仓里。由于氨盐的熔点比多孔材料低得多，因此可以利用氨盐挥发带走大量的吸附热，以此来保护导弹头部不被烧蚀，见图 2。

图 3 展示了由美国空军材料和工艺实验中心资助研究的推进仓喉部冷却通道结构。让冷却介质穿过可渗透的多孔材料，在最高温度的喉部壁面形成一层覆盖的膜，以此阻挡高温燃气的侵蚀。

尽管发达国家在发散冷却研究方面的报道有很多，但是不管是基础理论研究，还是试验技术研究都还远没有达到应用自如的阶段。因为，如何理智、巧妙、有效地利用发散冷却技术，并使其灵活地应用于新一代高性能智能飞行器的设计，仍然有很多关键的问题需要解决。例如，在图 2 所示的导弹头部冷却概念中，存在着一个这样的问题：导弹头部的滞止点温度最高，但同时压力也最高，如果仅靠氨盐受热挥发带走热量，最高温度点将得不到有效冷却，因为气态的氨盐很难从高压点挥发出去。再如，热防护材料与飞

---

①基金项目：国家自然科学基金重大研究计划（90305006）、安徽省教育厅自然科学基金重点项目（2004kj365zd）、国家教委留学人员回国基金

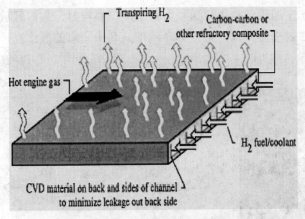

图1　液氢燃料为冷却介质的发散冷却

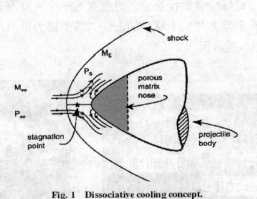

Fig. 1　Dissociative cooling concept.

图2　固体氨盐为冷却介质的发散冷却

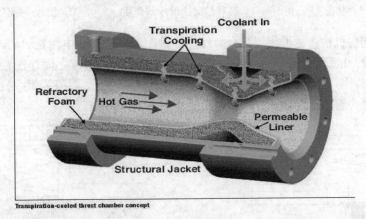

Transpiration-cooled thrust chamber concept

图3　冷却介质在发动机喉部形成一个保护层

行器主体如何连接的问题。哥伦比亚航天飞机失事就是由于热防护瓦脱落造成的，而这个问题至今没有得到很好解决。其实，无论什么抗烧蚀材料的表面涂层或粘贴瓦都存在着这样一个问题：不同材料间的热物性相差甚远，它们之间的结合层是个脆弱的环节，特别是航天飞机启动瞬间产生巨大温度梯度时，这种本来就脆弱的结合就更经不起热撞击。

如何实现发散冷却的智能化？如何解决不同材料之间的连接或者热防护层的脱落问题？本文提出一些设想，仅供大家讨论研究。

2　介质注射定时、定量、定位技术

实现定温、定量、定位冷却应该是智能化发散冷却的重要标志，也是设计者追求的目标。利用飞行器高温元件与冷却介质的温差来控制形状记忆材料，使其能够成为冷却介质通道中的定温开关、流量调节器及定量注射机构是我们要讨论的第一个主要内容。

图4是我们构想的一种记忆合金载荷释放机构。该机构由特殊缺口螺栓（记忆合金）和热膨胀折叠层组成。冷态安装时，记忆合金螺栓被轴向压缩；受热后，折叠层开始膨胀，给记忆合金一个轴向拉力；相

图4　记忆合金载荷释放结构

反，记忆合金螺栓在受热时自身有一个恢复原长而产生的轴向拉力；当拉力拉断缺口螺栓时，载荷释放形成一个推力和一个移动的表面。这个推力可以用来注射冷却介质，把冷却介质推到高压高温的滞止点，如图5、图6所示。

  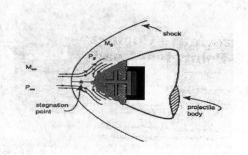

图5(a)　冷却介质在储存状态　　　图5(b)　载荷释放时注射冷却介质　　　图6　关键部位的冷却构想

初步考虑了一种阀门机构：由形状记忆合金螺旋弹簧驱动一个阀芯作往复运动，如同一个水龙头一样来控制冷却介质的流量。由于形状记忆合金在相变过程中的位移量与温度之间存在着很好的一一对应关系，所以可以实现精确控制。图7演示了冷态时，形状记忆合金弹簧收缩，阀门关闭；图8演示了加热过程中，形状记忆合金弹簧伸展，阀门逐步打开，冷却介质流量由小到大。

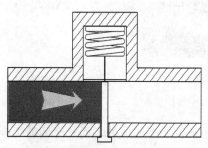 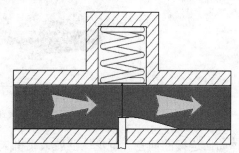

图7　温控弹簧阀门在冷态时关闭　　　　　　图8　温控弹簧阀门受热逐步打开

图9展示了一种设想的定温开关的机构，这种机构由偏置弹簧和记忆合金弹簧组成。低温时，形状记忆合金弹簧处于马氏体状态，较软，偏置力把记忆合金弹簧压向右侧，图中的B；当温度升高时，记忆合金弹簧伸长，其回复力将偏置弹簧推向左侧，图中A处。这样随着温度的上升下降，即热循环时，便实现了往返运动。利用这一往返运动，我们可以构造一个定温开关，当温度升高时，冷却介质仓的一扇门打开，冷却介质被送到需要冷却的部位，当温度下降时，另一扇门打开，新的冷却介质进入高压仓，参加下一轮冷却，如图10所示。

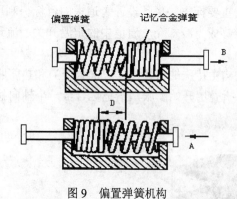 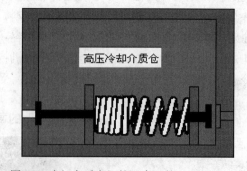

图9　偏置弹簧机构　　　　　　　　　图10　冷却介质仓门的温度开关

3　先进材料烧结工艺和结构成分研究

发散冷却技术对多孔材料机体要求很高，单纯的陶瓷材料或者单纯的金属材料都有其局限性。金属材料的塑性及可加工性能好，但其耐高温性能差；陶瓷及其复合材料可以耐高温、耐磨损、耐腐蚀，然而其塑韧性差、不耐热冲击和难加工是其致命的缺点。从更重要的一方面考虑，多孔陶瓷作为热防护材料如何与金属飞行器的主体连接，才能使其整体结构耐热冲击？为了解决这样两个问题，我们应该研究耐热合金及陶瓷烧结多孔材料复合体的梯度材料制造技术。

近年来，由于金属与（多孔）陶瓷组成的复合材料兼具二者各自的优点及制备工艺相对简单且容易实现，因而受到学术界和产业界的广泛重视。日本国家空间实验室的新野正之与平井敏雄等学者早在 1984 年就提出了如图 12 所示的梯度材料的概念[6]。这种材料具有良好的热应力松弛能力，能承受很高的温度梯度，因为它可以在高温氧化环境的一侧使用陶瓷类结构材料；在需要加工和主体相连接的一侧使用金属材料，如图 12 所示。

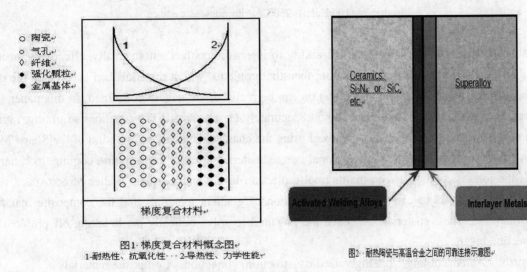

图1·梯度复合材料概念图·
1-耐热性、抗氧化性···2-导热性、力学性能·

图2·耐热陶瓷与高温合金之间的可靠连接示意图·

图 11　梯度复合材料概念　　　　　图 12　不同材料的可靠连接

4　总结

（1）记忆合金材料的功能，可以为我们实现冷却介质注射的定量、定温、定时提供可能性；
（2）陶瓷金属梯度材料，可能成为我们解决热防护层脱落问题实现空天飞行器发散冷却的新载体。

参 考 文 献

[1] Greuel, D., Herbertz, A., Haidn, O. J., Ortelt, M., Hald, H..Transpiration Cooling Applied to C/C Liners of Cryogenic Liquid Rocket Engines. AIAA 2004-3682.

[2] Lacy,B. P., Varghese, P. L., and Wilson, D. E.. Unsteady Effects of Dissociative Cooling under High-Stagnation-Point Heat Loads. J. of Spacecraft and Rockets Vol.35, No. 5 1998.

[3] Lacy, B. P., Wilson, D. E., and Varghese, P. L.. Dissociative Cooling Effect on Stagnation Heat Transfer of Gas Mixture Injection. J. of Spacecraft and Rockets, Vol. 32, No. 5, 1995, pp. 777-782.

[4] Lacy, B. P., Wilson, D. E., and Varghese, P. L..The Dissociative Cooling Concept. Part Two: The Effectiveness of Dissociation as Internal Cooling for Porous Medium. AIAA Paper 84-1991, June 1994.

[5] Bouchez, M., Falempin, F., Cahuzac, G., Avrahskov, V.. Ptah- Socar Fuel-Cooled Composite Materials Structure. AIAA 2002-5135.

[6] 熊家炯 主编. 材料设计. 天津大学出版社，2003 年.

Basal Investigation of Intelligentized Thermal Protection of Aerospace Vehicles

——II Frame Imagining of Intelligentized Cooling Constructions

Wang Jianhua   Han Xinsi   Gan Ming   Lin Qizhao

University of Science and Technology of China School of Engineering Science

Jinzhai Road 96 Hefei， 230026， jhwang@ustc.edu.cn

Abstract   If the cooling systems with the ability to inject the coolant automatically, effectively, accurately are regarded as intelligentized thermal protection, then the problems, which materials can be used as the optimal carrier of the coolant, and how the intelligentization can be realized, are widely concerned. In this paper, several imagined frames to inject coolant automatically and accurately are presented. The functions of timing, ration and localization of the coolant injection can be realized using the characteristics of deformation of the Shape Memory Alloy (SMA). In order to ameliorate the traditional porous materials used in transpiration cooling, to enhance the reliability of the joint sections between the thermal protection layers and the main bodies of aerospace vehicles thereby, this paper suggests to carry out the investigation of gradient materials and the composite materials of ceramic and metallic. These materials can have the potential to solve radically the breaking off problem of the thermal protection layers.

Key words   Active cooling；Intelligentized construction；Injection；Composite materials

先进防御控制技术探讨

魏明瑛　郑勇斌　李阳

中国航天科工集团二院二部

北京 142 信箱 30 分箱 12 号，邮编：100854

摘　要　对目前国外正在热门研究的几种先进控制技术进行了概述；对直接力（燃气动力）与气动力复合控制方法进行了探索性研究，提出了一种燃气动力与气动舵复合控制模式并进行了仿真研究，表明该方法可以有效提高导弹快速性；对质量矩拦截弹控制方法进行了探索性研究，提出了一种基于遗传算法的模糊 PID 控制算法，仿真表明该方法具有一定的稳定性及鲁棒性，同时使系统具有较大的机动能力；对变外形控制技术进行了先进技术跟踪。

关键词　先进控制技术；直接力与气动力复合控制；质量矩控制；变外形控制

1　概述

随着科学技术的进步，战争的形式正在发生变化。高新技术的引入，使得作战时间缩短、空间扩大、形式多维。从发展趋势来看，国土防御体系所面临的任务越来越艰巨，已经由原来的以常规飞机为主要作战对象的防空体系，逐步向防空作战体现的方向发展。目标的飞行速度、空域、红外和电磁特性等都发生了很大变化，这些变化要求导弹具有更快的机动性；因此，仅靠传统的控制系统是不能很好满足未来军事需求的，需要研究先进防御控制技术，目前国外提出并在热门研究的几种控制技术有：直接力（燃气动力）与气动力复合控制技术、变外形控制技术、质量矩控制技术等。

2　直接侧向力/气动力复合控制技术

2.1　基本概念

直接侧向力/气动力复合控制是提高大气层内飞行器制导控制系统的响应速度和机动能力，从而提高制导控制精度的关键技术和有效手段。这项技术对直接碰撞动能杀伤导弹尤为重要，是急需解决的重大基础问题。直接侧向力/气动力复合控制是指通过导弹侧喷发动机（或喷嘴）所产生的直接侧向力与气动力的共同作用，产生复合力，对导弹进行复合控制，实现大幅度提高导弹快速响应能力和机动能力的控制方式。

直接侧向力/气动力复合控制时，侧喷发动机的喷流和飞行器周围的气流相互作用会产生复杂的侧向喷流气动干扰效应，侧向喷流的气动干扰效应与姿（轨）控发动机开关状态的不同组合、飞行高度、攻角、马赫数、滚动角和滚动角速度等密切相关，所以直接侧向力与气动力之间存在着复杂的相互耦合关系。

2.2　关键技术

直接力（燃气动力）/气动力复合控制需要解决的关键技术：

（1）燃气动力/气动力复合控制系统工作模式研究；

（2）姿（轨）控发动机点火逻辑[1]设计及混合逻辑控制策略；

（3）侧向喷流气动干扰效应建模。

2.3　方法研究

通过对姿控式燃气动力/气动力复合控制系统工作模式优化进行比较深入的研究，得出结论是在控制过程中，舵系统控制回路（即稳定控制系统连续部分）的品质特性直接影响燃气动力与气动力复合控制的效果，需协调考虑。

下面以特征点高度 H=15 Km，导弹速度 V=1 300 m/s 为例，采用舵系统与姿控发动机共同参与控制指令形成的工作模式，在全弹道上进行时域仿真，在 t=30～32 s 时加过载指令 UK=28 g，另外，在加指令前后 2 秒内制导指令归零；图 1 给出只有舵系统参与稳定控制的指令响应曲线，其上升时间 $\tau_{0.63} = 0.3\,s$，图 2 给出舵系统与姿控发动机共同参与稳定控制的指令响应曲线，其上升时间 $\tau_{0.63} = 0.1\,s$。由此可看出复合控制对提高弹体的快速性有很大的优越性。

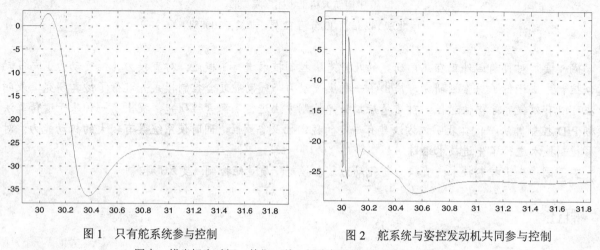

图 1　只有舵系统参与控制　　　　图 2　舵系统与姿控发动机共同参与控制

图中：横坐标为时间，单位：秒；纵坐标为过载，单位：无量纲。

3　变外形控制技术

3.1　基本概念

变外形控制[2]即采用机敏材料制成的具有感知外界或内部状态的特性变化，并能根据变化的具体特征对引起变化的原因进行辨识，从而采取相应的控制策略，作出合理的响应。它不是一门单纯的学科，与材料科学、计算机科学、微电子学及现代控制理论等一系列学科相关。变外形控制由于是在受力结构本体之内安装作动器和传感器，有利于导弹的轻小型化。

3.2　工作原理

变外形控制的结构由传感器、作动器、控制器和主体结构等组成。其中，传感器用来探测外部扰动对结构本身的影响；控制器进行信号处理，发出控制指令；作动器根据控制器的指令产生作动力，调整结构状态，从而可按需要改变结构的性能。变外形控制的结构本身具备了反馈控制功能，即将工程自动化领域中的反馈控制行为引入结构动力学领域，在结构内部形成闭环控制。其工作原理如图 3 所示：

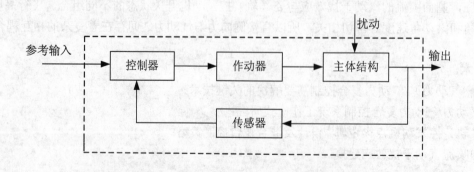

图3　变外形控制工作原理图

当结构有扰动时，传感器将扰动信息收集，由控制器进行分析、判断，与原参考输入进行比较，送出控制指令，操纵作动器工作，使结构自动调整到期望的状态。

3.3 关键技术

变外形控制有别于传统的控制设计。传统控制设计是在考虑结构变形、动态响应和控制力等约束条件下，使期望的性能指标最佳。变外形控制设计则需进行结构系统和控制系统的相关分析，研究结构系统和运行环境之间的相互影响和作用，以达到结构系统和控制系统的协调，因此变外形控制技术可定义为结构/控制综合，其目的在于满足各种约束条件的情况下，寻找合理的参数，以使性能参数达到最优。其关键技术为：

（1）结构/控制一体化技术。变外形控制设计问题是多目标、多约束、混合设计变量问题，该问题具有高度非线性性质，且目标函数和约束函数都是设计变量的隐函数，并为非连续的，此类问题目前还没有有效的解法。

（2）变外形控制的结构材料性能研究。准确确定力学量和非力学量之间的耦合关系。

（3）计算模型、分析算法与软件。发展高精度与高计算效率的功能材料（如压电材料）的有限元模型，建立相应的力学分析算法和软件，建立自适应结构控制系统的计算仿真方法与软件。

由于变外形控制定义为结构和控制综合，所以在研究过程中，需要对结构、材料等进行研究，这些需要有关专业人士相互协调、帮助。

4 质量矩控制技术

4.1 基本概念

质量矩控制[3]最初是应用于再入机动弹头的技术，它是通过移动弹体内部活动质量块，改变弹道导弹的质心，利用气动配平力矩或弹体惯性主轴的偏移改变导弹飞行姿态，从而实现导弹的机动控制，美国和俄罗斯都对质量矩控制的机动弹头进行了相关研究，并进入工程应用阶段。目前，国外正致力于将该技术应用于防空领域。

质量矩控制与传统的控制技术相比，有如下优点：

（1）质量矩控制机构完全在弹体内部工作，不会影响导弹良好的气动外形从而有利于获得较高的末制导控制精度，无需特殊解决控制机构的烧蚀问题。

（2）利用导弹高速运行产生的气动力和气动力矩进行导弹姿态和机动控制，能够获得很大的控制力和力矩，节省能量消耗，控制简单。

（3）质量矩控制拦截器取消了姿轨控发动机系统，可实现低成本。

4.2 关键技术

质量矩拦截弹控制技术的主要关键技术为：

（1）质量矩拦截弹动力学模型研究与运动稳定性分析；

（2）高精度、快响应滑块伺服系统设计和滑块伺服机构研究；

（3）三轴稳定质量矩拦截弹控制方法研究；

（4）强耦合非线性质量矩拦截弹高精度制导律研究。

4.3 方法研究

在质量矩拦截弹关键技术之一的三轴稳定质量矩导弹稳定控制方面提出了一种基于遗传算法的模糊PID控制算法，确定了姿态控制的优先级函数，进而确定了基于模糊遍历思想的模糊遍历查询表控制器，并建立了数学仿真模型。该模型考虑了弹体旋转角速度 $\omega_{bx}, \omega_{by}, \omega_{bz}$ 及压心变化对系统能控性的影响；同时模型作了以下基本假设：

（1）拦截器的固体外壳（去除掉可移动部分后的剩余部分）与可移动部件（这里指安装在弹体内部的可动滑块）均为刚体，且它们之间属于刚性连接，则可将整个拦截器系统看作为多刚体系统；

（2）拦截器内部的可动滑块仅具有相对弹壳的平动运动，而无相对转动；

（3）忽略可动滑块由于弹体的转动而产生的哥式惯性力对系统的影响。

通过遗传算法求得了优先级函数参数，并对初始条件为$\Delta\psi=15°,\Delta\gamma=5°,\Delta\vartheta=15°$时，进行了仿真，结果参见图4～图7分别给出了3个姿态控制通道的姿态和姿态角速度变化曲线及滑块位置的控制曲线。首先滚转通道开始控制，到0.25 s后俯仰通道和偏航通道开始控制。可以看出通过3个滑块之间的相互配合，能够使系统较快的达到姿态稳定。

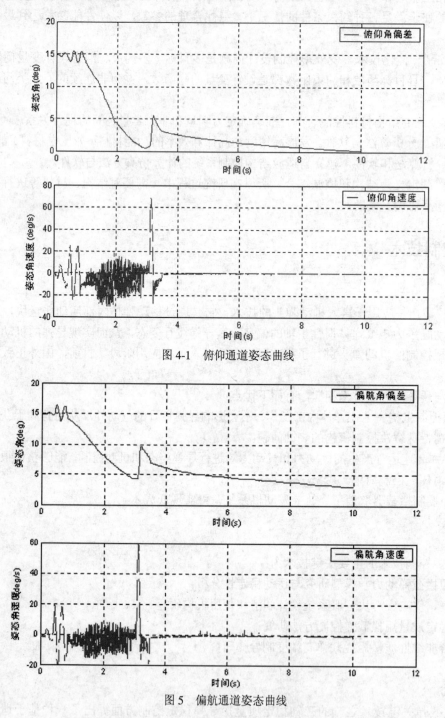

图4-1　俯仰通道姿态曲线

图5　偏航通道姿态曲线

通过数学仿真，证明了该控制方法具有一定的稳定性及鲁棒性，同时系统具有较大的机动能力。但在控制过程中，三个滑块运动频繁，说明对三个滑块的运动规划还不是最优的，需要做进一步的研究；同时需要对质量矩拦截弹的弹性稳定控制技术开展研究工作。

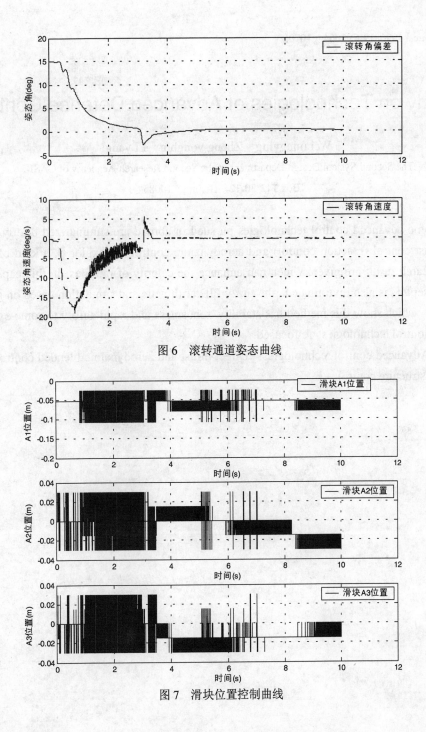

图 6　滚转通道姿态曲线

图 7　滑块位置控制曲线

5　小结

　　直接侧向力/气动力复合控制技术、变外形控制技术、质量矩拦截弹控制技术在国外研究较早，有些方面研究得比较深入，积累了大量的理论知识和试验数据，并已应用在新一代防空导弹武器中。目前，国内已经开始对先进防御控制关键技术的研究工作，但由于对这方面的技术储备非常少，难度非常大；有些技术尚处于概念研究阶段。

参 考 文 献

[1]　[俄]B.T.斯维特洛夫，N.C.戈卢别夫等.防空导弹设计.宇航出版社,2004，7：392～396.

[2]　F.Pourki. Shape Control of Adaptive Structures.

[3]　Robinet R.D, Sturgis B.R, Kerr S.A.. Moving Mass Trim Control for Aerospace Vehicles. *Journal of Guidance, Control*

and Dynamics. 1996, 19(5):1064~1070.

Study on Technologies of Advanced Defence Control

Wei mingying   Zheng yongbin   Li yang

The Second System Design Department of the Second Research Academy of CASIC

Box 142-30-12, Beijing, 100854

Abstract   Some advanced control technologies pursued in abroad are summarized briefly. The methods of blended direct thrust control (reaction control) and aerodynamic control are explored, a kind of blended control and simulation research result are given, which can enhance the celerity of missiles; In this paper, the method of moving mass interceptors is also investigated., the fuzzy PID arithmetic and simulation based on genetic algorithm (GA) are presented, which show this method has stability, robustness and rapid agility to some extent. In addition, adaptive structure control technologies are focused.

Keywords   Advanced control technologies; Direct thrust and aerodynamic blended control; Moving mass control; Adaptive structure control

智能变形飞行器研究现状和发展趋势

徐敏 杨士斌 丛延

西北工业大学航天学院 西安

西安市友谊西路 127 号 邮编：710072，CFD_CSD@163.com

摘 要 扼要叙述了智能可变形飞行器的发展历史、研究内容。重点介绍了国外在该领域各个研究方向上的研究现状和进展，并做了相应的分析与评述。最后，在分析国外研究现状和相关领域发展的基础上，结合我国下一代新型飞行器设计的需要，对智能可变形体飞行器的发展趋势做出了预测和评价，并建议了几个值得研究的关键问题。

关键词 智能可变形体飞行器；动力学与控制；气动伺服弹性；飞行动力学 ；智能结构

1 引言

随着科学技术的发展，人类对新一代飞行器的要求也不断提高，需要飞行器有更大的飞行范围，甚至从地面起飞，穿越大气层飞行，执行各种复杂的任务，其飞行环境（高度、飞行马赫数等）变化很大。如我们希望一架无人驾驶空中飞行器在敌军的领土上空一万米以上的高度做巡航飞行，任务是一边在目标上空游弋，一边拍照，然后把搜集到的数据传送到己方的指挥官那里，因此要求其能长期滞留在目标上空，在必要时也可执行攻击目标任务，快速俯冲抵达目标。但目前固定外形的飞行器很难适应如此广泛的飞行环境参数变化，始终保持优良的使用性能[1]。

自然界中的鸟可以随着飞行速度变化不断改变它的翅膀形状以获得最优的飞行性能。猎鹰可以在很高的高度滑翔和徘徊，然后以三倍于它滑翔的速度俯冲下来捕获猎物。猎鹰可以在肩、肘和腕部弯曲翅膀来改变翅膀的几何形状，也能将翅膀弯成拱形，甚至在用翼尖的羽毛来影响诱导阻力。至于昆虫，它们的飞行能力就更令人惊讶了，它们可以轻松地在空中悬浮，向后飞或者向侧飞。这些都是最先进的飞行器所望尘莫及的[2]。

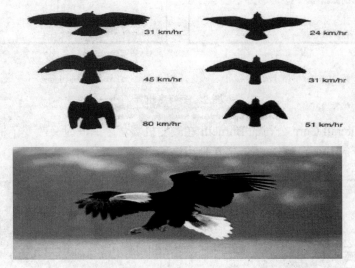

图 1 猎鹰飞行姿态

为了适应非常宽广的飞行空域和速度范围变化，人们很自然想到，要发展一种能随着外界飞行环境自适应改变飞行性能，始终保持最优化的智能飞行器。随着空气动力学、材料与结构力学、控制技术、计算机、MEMS 以及多学科优化等技术的发展，这种想法逐步变为可能。

智能可变形体飞行器正是在这样的背景下建立和发展起来的。智能可变形体飞行器属空气动力学、结构动力学、智能材料、气动弹性力学、飞行力学和现代控制理论诸学科的交叉综合的新领域，是近代飞行器发展的重要方向之一。

本文简要概述了智能可变形飞行器的研究内容、发展历史。重点介绍了国外在该领域各个研究方向上的研究现状和进展，并做了相应的分析与评述。通过对国外该领域发展现状和进展的分析，结合我国下一代新型飞行器研究的需要，对智能可变形体飞行器的发展趋势做出了预测和评价，并建议了几个值得研究的关键问题。

2 国外可变形体飞行器的发展

1903 年 12 月 17 日，威尔伯·莱特和奥维尔·莱特兄弟作为人类第一次乘着他们制造的动力飞机飞上了天空。他们的飞机以密度小的木料、布以及金属丝作为原材料，靠滑轮带动，利用翼尖产生滚转力矩而保持平衡。飞机在 12 秒内飞了 36 m 远，然后跌跌撞撞落到沙地上。一些飞行历史学家说，正是这种仿造鸟类翅膀的机翼保证了莱特兄能够驾驶如此笨重的飞机飞上天空。而这之前，人类史上虽然有着许多次的飞行试验，却都以失败而告终。莱特兄弟的独到之处在于发明了一套可以让飞机在进行飞行调整时不至于失控的系统。他们的飞机上安装了一套由飞行员控制、带钢缆的拉杆系统，这一系统可以改变机翼的形状。莱特兄弟所造飞机的机翼柔性很大，正因为如此，机翼才可以发生弯曲变形，从而控制飞机在三个轴向上的运动[3]。最早将变形结构应用于飞机设计可追溯到 1916 年的可改变几何形状的机翼专利技术。这种结构上的改变可以选择在飞行器任何位置，例如：机身、机翼、发动机和尾翼。一般来说，机翼的改变可以产生相当明显效果。所以，早在 1920 年的时候就有了针对机翼变形的研究。

NASA 工程师 H. F. Parker 在 1920 年设计出变弯度机翼[4] bi-planes 和 tri-planes（如图 2），独特的肋部设计采用可滑动后部大梁来实现变形效果，他还指出，这种变形可以缩短起飞和着陆距离并增大飞行速度，这种变形思想一直沿用至今。

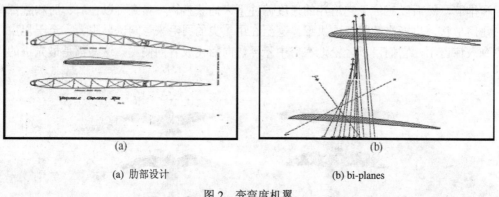

(a) 肋部设计   (b) bi-planes

图 2　变弯度机翼

Uppercu Burnelli Aircraft Corp 公司的 Burnelli 在改变机翼弯度的同时又改变了机翼面积（如图 3）。1929 年申请了专利，1933 年的 Burnelli GX-3 aircraft 使用这种机翼[4]。

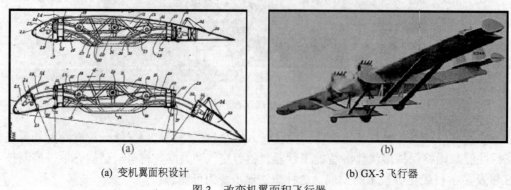

(a) 变机翼面积设计   (b) GX-3 飞行器

图 3　改变机翼面积飞行器

1937 年，苏联的 G. I. Bakashaev 设计了一种伸缩机翼[4]，命名为 RK。这种设计可以使机翼面积改变 44%，之后的 RK-1 型面积改变可达 135%（如图 4）。

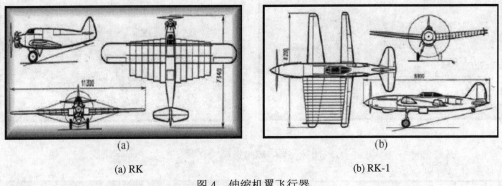

(a) RK　　　　　　　　　　　　　　(b) RK-1

图 4　伸缩机翼飞行器

1949 年，Republic Aircraft Corporation 的 X-91，第一次使用了改变机翼倾角的设计[4]。1955 年，Chance-Vought 的 F-8 也采用了这个设计（如图 5）。

(a) X-91　　　　　　　　　　　　　(b) F-8U

图 5　改变机翼倾角飞行器

迄今为止最成功、应用最广泛的设计该数变后掠角机翼了[4]。1944 年，德国人 Messerschmitt 研制了 P-1101，后略角可以在 35°至 45°之间变化。第一个可以在飞行中变化后掠翼的飞行器是美国 Bell Aircraft Company 在 1952 年研制的 X-5，可以在 20s 内从 20°变化到 60°（如图 6）。

(a) P-1101　　　　　　　　　　　　(b) X-5

图 6　变后掠角机翼飞行器

同样是在 1952 年，Grumman 设计的 XF-10F-1，通过固定翼根，解决了变后掠翼的操作问题。General Dynamics 研制的 F-111 是第一种投产的变后掠翼飞行器。但是 F-111 还是存在很多的问题，例如结构上的问题、轴向稳定性的问题、发动机喘振以及失速。但是变后掠翼的研发并没有停止（如图 7）。1967 年，前苏联设计了 MIG-23。1970 年，Grumman 设计了 F-14。1983 年，Rockwell 设计了 B-1B。

1970 年，南非的 Fritz Johl 使用 "lazy-tongs" 机构（一种柔性机构）[4]的单坐滑翔机，可以使弦长达到 100%的改变。Robert T. Jones 在 1979 年，发明了一种奇特的机翼，机翼可以绕着它的中心轴旋转，从而使飞行器达到最好的飞行效率（如图 8）。

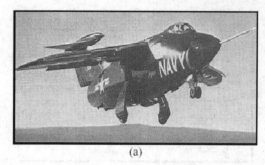

(a)　　　　　　　　　　　　　　　　　　　(b)

图 7　变后掠角机翼飞行器

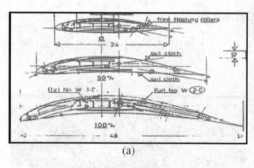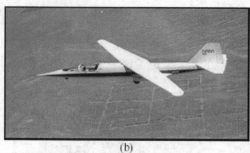

(a)　　　　　　　　　　　　　　　　　　　(b)

(a) 滑翔机使用的 J5 翼型　　　　　　　　　(b) 奇特的机翼

图 8　旋转机翼飞行器

飞行器的设计同样考虑过改变上反角的方案[4]，如 1976 年试飞的 MIG 105-11。1998 年，Gevers Aircraft 设计的伸缩机翼飞行器 Gevers，可以使翼展达到 100%的改变，机翼收缩后巡行速度将达到 450.62 km/h，而全部展开可以使翼尖的失速速度降到 101.39 km/h（如图 9）。

(a) MIG 105-11　　　　　　　　　　　　　(b) Gevers

图 9　变上反角机翼飞行器

小部分机翼改变的设计[4]源于 1953 年 Short Brothers & Harland Ltd 设计的飞行器，使用了一个全动翼尖，可以得到比常规副翼更大的控制力。North American 在 1964 设计的 Valkire XB-70 使用了同样的技术，翼尖的可变范围更大，并且发现，在高速时可以得到激波的压缩升力（compression lift）（如图 10）。

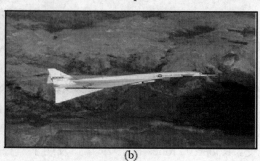

(a)　　　　　　　　　　　　　　　　　　　(b)

(a) Short SB.4 Sherpa　　　　　　　　　　(b) Valkire XB-70

图 10　全动翼尖飞行器

改变机翼弯度的设计在航空工业中得到了广泛的应用，但是大多数的设计都采用的是一种非连续的、偏转前缘或后缘的变形。而 1974 年 General Dynamics 的 F-16 使用了前缘襟副翼设计[4]。1985 年美国兰利研究中心就开始了对 Active Aeroelastic Wing (AAW)（主动气动弹性机翼）的研究。而后 DARPA（美国国防高级研究计划局）/ AFRL（美国空军研究实验室）/NASA（美国航空航天局）合作的智能机翼项目，力求研究并应用智能结构技术以获得主动机翼翘曲和无缝的控制致动器。项目的最终目标是通过机翼扭转变形实施滚转控制，以替代飞机尾部的控制面。AAW 在概念上与莱特兄弟开发的"机翼翘面"控制系统相似，但该项目采用了副翼和前缘襟翼等传统控制面从气动上诱导机翼发生扭曲。AAW 项目进行了许多次试验，分别试验了在亚声速和超声速情况下的机翼扭曲，效果很好，试验结果与原来的计算模拟结果很吻合，在高速飞行情况下，机翼扭曲显著改善了飞机的机动性，从而能够增加飞机的有效载荷、减少燃油消耗。AAW 验证机采用的是一架基于美海军 F/A-18A 改装的飞机，机翼改装成更加柔性、更薄的机翼。该验证机于 2002 年 11 月开始首飞，2003 年 5 月完成第一阶段的飞行试验，2004 年年底前完成第二阶段的飞行试验，今年 4 月已经完成了最后阶段的飞行试验。该机前缘襟翼可以向上偏转 10°、向下偏转 34°。使用这个技术可以在不增加机翼刚度和重量的情况下得到更好的滚转效果（如图 11）。

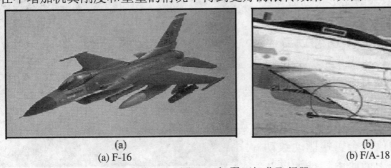

(a) F-16   (b) F/A-18

图 11　机翼可扭曲飞行器

鉴于以往的变形都是非连续的，通过 NASA-Ames Mission Adaptive Wing(MAW) Research Program，寻求一种平滑的连续变形方案[4]。这种方案可以使机翼阻力达到 7% 至 20% 的明显下降，MAW 被安装在 F-111 上，从 1985 年至 1988 年共进行了 59 次试飞，在使用 4 种不同控制方法的情况下，都得到了满意的试验结果（如图 12）。

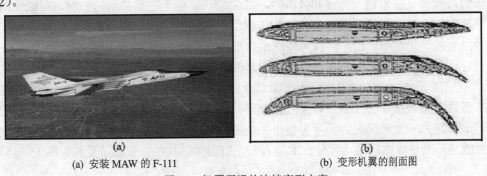

(a) 安装 MAW 的 F-111   (b) 变形机翼的剖面图

图 12　机翼平滑的连续变形方案

使用适应机构[4]，FlexSys Inc 达到了前、后缘襟翼的连续变形。当前缘从 0° 变化到 6°，可以使升力系数增加 25%，升阻比提高 51%。进一步展示了连续变形的卓越优点（如图 13）。

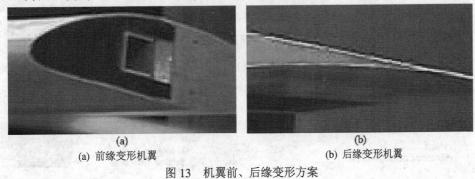

(a) 前缘变形机翼   (b) 后缘变形机翼

图 13　机翼前、后缘变形方案

3 国外智能可变形飞行器的发展

1998 年，NASA 提出了 Aircraft Morphing Program[5]。从此，越来越多的研究开始深入到变形体飞行器领域。"智能"定义为在反馈回路中加入致动器、传感器和控制逻辑。"变形"定义为高效率、多种适应性。智能技术包括传感器、致动器以及支持它们的硬件和微电子技术等。NASA 的飞行器变形项目试图将众多智能技术研究领域的成果综合到飞行器的设计上。这项研究促使众多学科出现了一系列的突破，可以使飞行器系统的安全性，性能还有环境的适应性方面都会有很大提高的潜力。该计划是一个多学科交叉的项目，跨越了七个单独的学科，有三个综合其他学科研究成果的交叉学科。目前已经建立了围绕基础核心学科的结构来提供基础性的技术。项目的关键学科包括材料、结构、控制、流体力学、多学科优化、生物学以及电子学等。然后综合基础学科的研究以支持项目的应用领域，包括微飞行自适应控制、自适应结构变形和仿生飞行系统。

图 14 是 NASA 设想的未来的变形飞行器，这种飞行器大约会在 2030 年变为现实。这种概念飞行器不再使用传统的多重的、机械连接的系统，取而代之的是完全整合的，在机翼中嵌入智能材料和致动器，它可以使飞行器具有空前的气动效率和控制能力。为了能够连续地感受飞行条件的变化，传感器会像鸟的翅膀的神经系统一样去测量机翼表面的压力。测量的信号会直接驱动致动器，它的作用相当于鸟翅膀上的肌肉。就如鸟儿可以本能地使用翅膀上不同的羽毛来控制飞行一

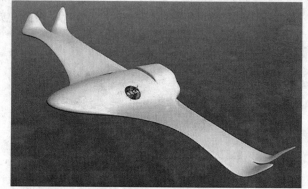

图 14　未来的变形飞行器

样，致动器可以改变飞行器机翼的形状来不间断地优化飞行条件。主动流动控制致动器会在飞行器遇到湍流时帮助它减轻不利影响。高速飞行时，机翼会后掠并改变形状以减小阻力，低速飞行时机翼会前掠并变厚，翼展变长来提高效率。

用推力矢量取代传统的垂尾。起飞和降落时，翼尖裂开以便于对翼尖涡的控制，同时翼的长度也发生变化，可以缩短跑道距离。智能系统整合的这些传感器、致动器、微处理器和自适应控制为飞行器提供了类似"中央神经系统"的作用，使之可以自适应地作出"自然的响应"。这种未来的 21 世纪飞行器可以监控它自己的性能，飞行环境等以便提高安全性和燃油效率，将机身噪音降到最小。

NASA 的航空航天运输技术、飞行器系统项目办公室已经开始在各项单独学科开展相关的研究，创造协作的环境来鼓励突破性技术的发展。该飞行器变形研究计划定为六年，主要采用主动元件的技术开发智能装置。智能装置感知和反应局部的环境为整个系统服务，比如提高性能或者在发生故障时候保持飞行能力。项目的目的是开发将成熟的主动元件技术嵌入到飞行器的结构中，使系统受益。图 15 显示了在各种飞

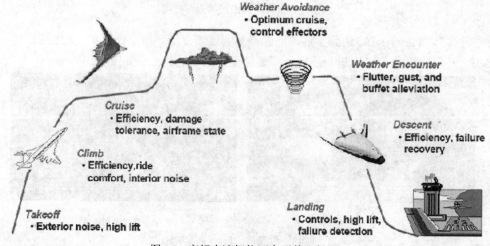

图 15　高超声速智能可变形体飞行器

行机制中期望的优点，包括受损的容忍、改进的安全性、考虑乘客舒适的噪音控制和环境适应性、减小阻力、质量更轻和更简单的起飞着陆系统以及为性能和可靠性的提高、缓和振动和阵风。

4 智能可变形体飞行器多学科设计[11]

跨多学科开发智能可变形体飞行器执行装置来支持的综合领域的学科有空气动力学，智能材料、智能结构、主动噪音控制，主动气动弹性控制，机体健康监控和主动形状控制。项目中，基于智能材料的装置将会被开发用于控制结构的振动和疲劳，噪声和气动力。这些装置由主动元件组成，具有局部的智能性和高度的局部自治能力。这些主动部件最终将集成到合成的结构来减少零件的数量，使维护成本最小化，使可靠性最大化。

目前在智能材料和结构的状况大致可以分为两类：准稳态变形（比如通过形状记忆合金）和高频带致动（如压电和磁致材料）。准稳态技术看来更成熟一些，美国国防高级研究计划局（DARPA）和工业部门已经联合将这个项目作为研究对象。变形飞行器计划主要是开发高频带，闭环装置进行动力驱动，局部传感，以及反馈控制。这些装置要改变局部的现象来实现很可观的控制策略，比如为提高系统升力进行的流动分离控制。

主动流动控制技术通过影响和控制局部流体的不稳定性和流体的结构来动态地改变整个流场。使用先进的材料做成传感器和致动器，作为聚合体嵌入到集成的结构中。智能结构的目标是使用压电片和压电光纤复合，在阵风缓和，负载的缓和和振动抑止方面进行气动弹性的应用。

噪声控制和振动抑止技术是使用局部传感和激励来控制内外的噪声。控制系统和系统辨识综合主要从事单个装置所要求的控制律和控制器的响应，同时也是解决分布式的阵列的全局方法。集成的目的在于致动器策略，模型的开发，以及实现多功能飞行器结构的普遍方法。在系统和机体方面，多学科设计优化将在项目中优化各种技术和提供系统集成综合方面体现优势。

选择开发嵌入传感器技术来对飞行器进行有效的监控并提高飞行安全性。先进的监控技术将降低机体生命周期的成本。这对于在现有技术水平以低成本提高飞行安全性有很大潜力。传感器技术可以加载到任何主动系统上，足够好的传感器，数据处理，数据融合系统必须要在反馈控制设计前完成。选择着眼于在机体上嵌入传感器技术（如嵌入式的光纤传感器）用以机体监控的技术。这项工作包括断裂和故障监测，由疲劳引起的强度下降，声学监测以及内流气动力数据。

飞行器变形计划与生俱来就是多学科的项目，已经围绕一个基于结构的核心学科发展起来，以提供基础的技术。这将使项目中全部技术的作用最大化，更全面地融合项目各部分的成果。图 16 描述了这七个学科。

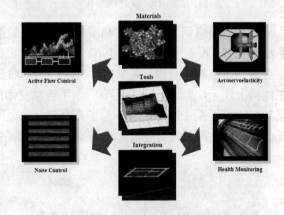

图 16　智能可变形体飞行器综合学科

Northrop 的 UCAV 应用智能机翼在 2001 年进行了风洞试验[6]，这同样是一种变弯度设计，飞行器可以在大传动比，大偏转角，不使用铰链的情况下，使用延展向和弦向的压电片对 70 个面进行变形控制，从而使滚转力矩系数增加 17%（如图 17）。

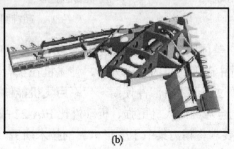

(a) 使用智能机翼的飞行器风洞试验　　　　　　　　　　　　　(b) 内部结构

图 17　UCVA 飞行器

随着材料科学的不断进步,设计师很自然地将新型材料与飞行器的设计联系在了一起。1999 年,Michael A. Park 等人在 ICE[7] (Innovative Control Effector) 飞行器表面布置了大量效应器 (压电片),并通过灵敏度分析和遗传算法优化,得到了一组效率最佳的布置方案 (如图 18),并做了一系列动态仿真研究,这个设计最大的特点是它将控制系统的设计融入到飞行器的研发阶段 (如图 19)。

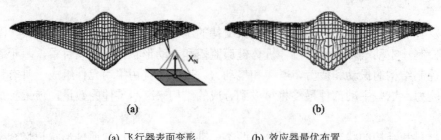

(a)   (b)

(a) 飞行器表面变形   (b) 效应器最优布置

图 18   ICE 飞行器

已有的表面变形技术要想使无尾、飞翼式飞行器达到令人满意的机动能力还是有困难的。2002 年,Stanford University 将微型后缘效应器安置在大展弦比机翼的后缘,2004 年,这种效应器应用在了模型飞机上并进行了试验[8]。这种设可以使飞行器性能得到一定提高,但它是一种有缝的变形 (如图 20)。

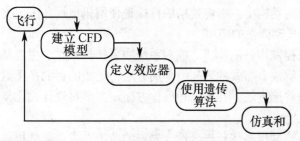

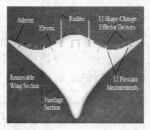

图 19   设计流程图   图 20   安置效应器的 BWB 飞行器以及效应器变形图

研究人员意识到这种单纯利用材料给机翼做微小的变形还是远远不够的,人们再次从鸟类的身上得到了启发。NASA 看中了一种在 1962 年就有所研究的超椭圆弧状翼展机翼 (HECS)[9,10]。使用 SD7032 翼型,飞行器可以在机翼后缘,延展向产生连续的弯曲变形 (理论上,这是一种连续的、无缝的变形,只是现在在结构上还无法实现)。并且还有一个可连续变形的翼尖,这样在只增加 10% 机翼面积的情况下就可以将机翼升阻特性提高 15%。机翼分为了几个部分,之间的连接采用了一种类似肌腱的设计,蒙皮使用了新型的纤维材料,这样的设计使机翼在结构上不会增加很多重量的同时又能够承受相当大的载荷 (如图 21)。

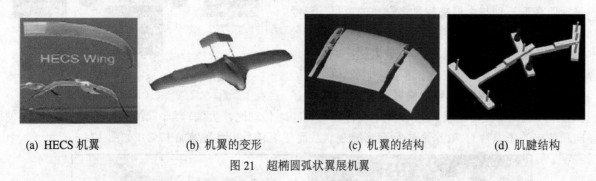

(a) HECS 机翼   (b) 机翼的变形   (c) 机翼的结构   (d) 肌腱结构

图 21   超椭圆弧状翼展机翼

2003 年,美国国防高级研究计划局 (DARPA) 正式启动了 "变形飞机结构" 项目 (MAS)。该项目旨在通过在飞行中改变飞机的气动外形,使飞机在执行不同任务或在不同飞行包线时的飞机性能都保持在最佳状态,即通过变形飞机部件使新一代军用飞机能够用于执行多种形式的作战任务。其长远目标是设计一种续航能力比全球鹰无人机更强、机动性比 F/A-22 战斗机更好的飞机。

DARPA 要求将精力集中于变形机翼的技术研究,因为机翼是飞行器在飞行中重新构型的主要部件,有目的地在飞行中改变机翼外形特性,如机翼后掠、翼展和弯度等,就可以有效地增加机翼的效率,其中改变翼展和机翼面积的效果最为突出。参考鸟类的飞行姿态 (如图 22),我们看到,要想保持飞行速度快,就要求低展弦比和小的机翼面积，而飞机在巡航时通常要求机翼具有高展弦比和大机翼面积。变形机翼的概念就是把二者的特点结合在一起，使机翼面积能够在 50%到 150%之间变化。

"滑动蒙皮"的变形概念由此而生，Hypercomp 公司通过使机翼在飞行中逐渐改变机翼的面积和平面外形到达优化飞机性能的目的，机翼变大后引起的刚度减小不能影响机翼结构的完整性。该公司使用的是自己开发的取得专利的微型结构技术，它在改变机翼外形的同时，能够经受不同的应力。DARPA 认为这是三个合同商设计中最有创意的设计（如图 23）。

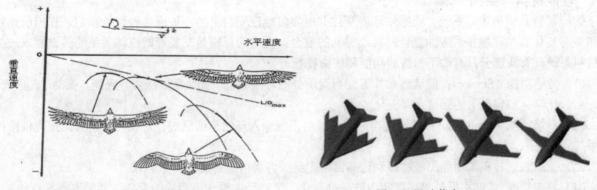

图 22　鸟类飞行特性　　　　　　　　　　　　　　　图 23　滑动蒙皮

洛克希德·马丁公司的变形机翼概念是在不同飞行需求下变化机翼形状，机翼全部展开有利于起飞或巡航，全部收缩有利于高速或机动飞行。机翼设计成折叠式，内段机翼可以对着机身折叠，机翼展开后其机翼有效面积增加 2.8 倍。该机并未装配形状记忆蒙皮或热聚合激励器，而是采用压电作动器折叠机翼。从某种意义上讲，这种技术代表了后掠机翼的一种先进的应用。（如图 24）。

机身变形的研究并不广泛，只有协和飞机在头部有个明显的下垂（如图 25a）；变发动机的设计有利于改变飞行器的飞行速度，V-22 便是使用了这种设计（如图 25b）。

图 24　折叠机翼　　　　　　　　　　　图 25　协和飞机与 V-22 飞机

最后，将变形飞行器技术的发展做一个总结（图 26）：

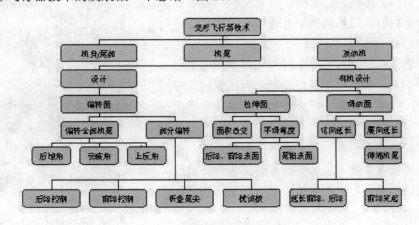

图 26　变形飞行器技术的发展

5　智能可变形飞行器研究的新命题[5]

智能装置研究领域有三个基本的着眼点：主动气动弹性力学、主动气动力学和主动噪声控制。这三个领域的共同思路是集成传感、致动和控制。主动气动弹性力学，使用粘合压电元件来引起局部应力从而减轻颤振和冲击。主动气动力学，动态的致动器与局部流场相互作用来产生预定的气动力。主动噪声学，动态的致动器抑止噪声和振动，并改变噪声生成流的动力学。

智能可变形体飞行器是一门涉及柔性结构、智能结构、飞行器运动引起的定常和非定常气动力以及飞行控制系统一体化设计的多学科技术。各门学科都在成为能满足最小质量、最佳性能和多种飞行任务的智能可变形体飞行器的设计要求提供一个强有力的工具。

5.1 智能材料与结构

智能材料是模仿生命系统、能感知环境变化并能实时地改变自身的一种或多种性能参数、作出所期望的和能与变化后的环境相适应的复合材料或材料的复合。先进的材料是发展智能机体系统的关键要求。智能材料系统具有或部分具有如下的智能功能和生命特征：

（1）传感功能（Sensor）：能够感知外界或自身所处的环境条件，如负载、应力、应变、振动、热、光、电、磁、化学、核辐射等的强度及其变化。

（2）反馈功能（Feedback）：可通过传感网络，对系统输入与输出信息进行对比，并将其结果提供给控制系统。

（3）信息识别与积累功能：能够识别传感网络得到的各类信息并将其积累起来。

（4）响应功能 能够根据外界环境和内部条件变化，适时动态地作出相应的反应，并采取必要行动。

（5）自诊断能力（Self-diagnosis）：能通过分析比较系统目前的状况与过去的情况，对诸如系统故障与判断失误等问题进行自诊断并予以校正。

（6）自修复能力（Self-recovery）：能通过自繁殖、自生长、原位复合等再生机制，来修补某些局部损伤或破坏。

（7）自适应能力（Self-adjusting）：对不断变化的外部环境和条件，能及时地自动调整自身结构和功能，并相应地改变自己的状态和行为，从而使材料系统始终以一种优化方式对外界变化作出恰如其分的响应。

一般来说智能材料由基体材料、敏感材料、驱动材料和信息处理器四部分构成：

（1）基体材料：基体材料担负着承载的作用，一般宜选用轻质材料。一般基体材料首选高分子材料，因为其重量轻、耐腐蚀，尤其具有粘弹性的非线性特征。其次也可选用金属材料，以轻质有色合金为主。

（2）敏感材料：敏感材料担负着传感的任务，其主要作用是感知环境变化（包括压力、应力、温度、电磁场、PH 值等）。常用敏感材料如形状记忆材料、压电材料、光纤材料、磁致伸缩材料、电致变色材料、电流变体、磁流变体和液晶材料等。

（3）驱动材料：因为在一定条件下驱动材料可产生较大的应变和应力，所以它担负着响应和控制的任务。常用有效驱动材料如形状记忆材料、压电材料、电流变体和磁致伸缩材料等。可以看出，这些材料既是驱动材料又是敏感材料，显然起到了身兼二职的作用，这也是智能材料设计时可采用的一种思路。

形状记忆聚合物（SMP）这种特殊材料，可以用作变形机翼的蒙皮。SMP 具有一种特殊的记忆功能，当机翼被改变为不同形状布局后，SMP 分子将会重新组构以恢复其初始形状（如图 27 所示）。SMP 材料的初始形态，也就是它的记忆形状是一种刚性体即高模量形态。当它受热、高频光或电激励后将变成一种低模量弹性体，从而可被作动器和特殊的控制装置伸展成不同的形状，当它再次被激励后，它将恢复到它的原来的高模量形态。

图 27 形状记忆聚合物（SMP）材料

形状记忆合金和压电陶瓷驱动变形。利用两层连接在一起的压电陶瓷薄片，其伸缩方向不同，在电场激励下可产生弯曲变形，改变尾部形状，起到流动控制作用（如图 28）。

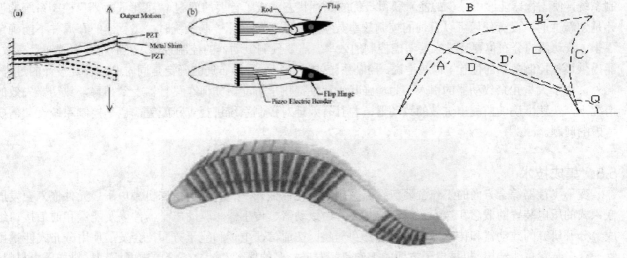

图 28 多层压电陶瓷薄片机翼

（4）信息处理器：信息处理器是智能材料的中枢神经。他通过敏感材料所感知的环境变化和控制系统给出的信息进行处理。输出的信息传输给驱动材料，使智能材料的变形按照飞行所需要的形状改变，实时满足飞行器的最佳性能。

5.2 主动流动控制

主动流动分离控制可以降低机翼的零件数量、复杂性和重量。控制流动分离的动态现象可以减小粘性阻力，控制激波边界的重合，控制三维分离流，产生噪声的剪切流以及附面层转捩控制。主动流动控制策略首先要有有效的激励致动装置，典型的有吹气，吸气，或移动表面。前两种方法需要系统有泵和导管等，使得这项技术不太实际。而表面可以在局部使用磁致的、压电的、电动的或热致动装置驱动下动起来。流场和流动特性激励效果的敏感是主动流动控制的第二个主要部分。传感器要分布于有效的区域并能够感知恰当的流动参数。新的传感技术采用 MEMS 和光导纤维等。由于传感和致动是分布式的，导致控制系统也必须是分布式而不再是集中的了。

5.3 声学

声学在飞行器变形计划下所做的努力是要减轻机场附近以及飞行器内部的噪声。很多机场都有严格的噪声标准，有特定的时间和特定飞机的限制。声学要提供寻找新技术使喷气飞机的噪声降低 10 到 20 分贝。为降低噪声，需要研究的主要部件包括风扇、进气道和尾喷管。带尾缘吹风的自吸入风扇可大大减少转子-静子间的干扰，同时，也可大大降低宽带噪声。进气道和尾喷管技术的发展重点是降低噪声和减小对推进系统适用性的不利影响。先进的建模技术也将使设计者利用自然声学现象（如噪声的地面反射/散发）来降低未来飞机噪声测定点的可感噪声，使之低于社区环境的噪声标准。增强掺混的技术（如锯齿形喷管技术和自然吸气引射器）将被优化，在不影响性能的情况下，被动地降低喷管的喷气噪声。另外，主动噪声控制（如脉冲声学衬垫）也将在未来的进气道和喷管系统上采用。

5.4 控制系统

传统的控制系统设计是尽量使用少量的控制面，最为经典的为副翼、升降舵和方向舵的控制方式。控制分配问题被定义为由驾驶员座舱中的控制杆到自动驾驶仪，根据所需力矩得到的各个控制面的位置和偏转量。在传统的飞机中，有三个所需的力矩和三个独立的控制面来产生这些力矩，因此有唯一的解。三个控制面的尺寸和位置可以用现有的控制效率数据库来估计。具体的控制律的设计可以一直到飞行器的布局完全确定，其控制力矩可以被精确地测量和预测以后才开始进行。而"变形飞行器"计划要采用的新型控制装置，是些分布于机翼表面的膨胀鼓包或者是振荡的喷流装置，用以真实或者虚拟地改变机翼的形状。这些新型的致动器分布的数量很大，数百甚至上千，很显然三个方向的控制力矩的分配方法就变成了非唯一解；而且每一个致动器单独展开所产生的控制力矩在三个方向上都有分量，因此如何合理、高效配置控制系统，使飞行器能够用最少的能量获得最优的飞行状态就成了首要的问题。"变形飞行器"控制系统的设计是创新性的，没有任何可以查询的控制效率数据库；同时，设计控制系统时，飞行器的布局并不能确定下来，致动器的分布位置反过来要考虑控制的效率。需要预测致动器的控制效率，然后将其布置在最有效，能提供最佳控制效率的位置。也就是说，控制系统的设计和飞行器布局的确定是同时的和反复设计的过程。此外，由于大量冗余致动器的引入，为增强其生存性提供了可能。如何在飞行器受到损害，致动器失效的情况下，快速准确的监测出失效的致动器，并且有效地对控制系统进行重新配置，也是控制系统设计需要考虑的问题。

5.5　集成技术

变形飞行器综合方面的工作主要包括四个领域：元件嵌入，装置，通信和机械电子。元件嵌入要发展嵌入式的压电装置的概念和技术。流动控制装置由致动器、传感器、驱动电子器件以及能量和通信接口组成。分开研究的致动器和传感器模块要综合到一起。在通信、电子和能量方面，会发展使用分布式能量可管理众多装置总线结构。机械电子方面的工作包括发展检测的概念和建立综合的电子驱动材料如压电材料。综合的目的是开发控制装置的功能并缩短设计时间。

5.6　多学科设计优化

智能飞行器的多学科优化是在选择好了传感器的类型，控制律以及致动器的情况下，对选择传感器和制动器装置的数量和它们的位置进行优化。位置的选择要考虑其对整个系统的影响，即考虑气动弹性控制、流动控制和噪声控制系统的响应来优化选取分布式传感器和致动器的位置。

除了选择传感器和致动器的位置，多学科分析和优化还可以改进装置本身。优化对于将新型材料用于致动器和传感器机构。这些装置的设计牵扯到众多学科包括材料学，结构力学，流动机制，电子学和能量配置。特定装置的多学科优化可以使综合的设计与分析协调起来。分布式致动器和传感器的系统会受到各种物理属性、用来评价系统的模型和仿真方法带来的不确定性的影响。比如，将压电装置嵌入到结构中所带来的不确定性难度、来自不精确的结构模型导致的不确定性，气动仿真计算中装载的近似数据以及偏离期望巡航的情况。这些不确定性将会影响设备的性能，并影响整个系统。因此系统必须要设计为在有好的飞行品质的同时还要有鲁棒性，以使最后的设计对于致动器和传感器的多样性不敏感。

6　结束语

变形飞行器项目的目标是开发使用主动部件技术的智能装置，使自适应飞行在飞行器效率和性能上有革命性的进步。因此我们的注意力应集中在具有高收益系统的技术，而不仅仅是改变某种技术。很多的项目中，成功的研究成果没能在实际的飞行器上实现，不是因为实现技术的成本太高，就是因为整个系统改进的收益太小，最终也不能验证使用该系统所带来的风险。

我们认为估计主动部件技术收益的最好方法是将各种备选的应用排序，来找到最大的投入和收益的比值。评价的量化指标为：

（1）先进的结构监控，降低10%的操作和维护成本，这个目标将转化为提高飞行安全性；

（2）不增加结构质量前提下主动结构使机翼弯曲载荷降低30%；问题的关键在于致动器和它们的相关部件的质量；

（3）主动噪声降低3dBA的噪声（内/外部噪声）而不增加质量；

（4）主动流动分离控制在大升力系统中使分离降低15%；主动分离控制除了大升力系统还有更为宽广的应用。

可变形体飞行器的变形研究应直接或间接地围绕着这四个目标。该研究的基本着眼点为提高飞行器效率和性能发展新技术，但同时又有更大范围的收益，包括提升安全性和环境适应性。

随着智能结构、仿生学、流动控制、计算机技术和智能飞行控制技术的发展，智能可变形体飞行器的实现逐渐成为可能。它将满足飞行器性能的改进，适应起降、巡航、机动、无人机盘旋侦察、对地攻击等多种使用要求，保持最佳气动性能。对新一代跨大气层飞行的空天乘波形飞行器，通过改变其外形来改善偏离设计状态气动性能急剧恶化的情况，可扩大飞行速度、高度范围和大大提高作战性能。智能可变形体技术有利于改善微型仿生飞行器的抗风稳定飞行能力，保持低能耗长航程的飞行性能。因此，我国应加快研究步伐，尽早加入到智能可变形体飞行器的研究行列中。

参 考 文 献

[1] 长风，世锋. 美研制变形机翼. 扬子晚报，2004 年 4 月 1 日，网址：http://www.yangtse.com/gb/content/ 2004-04/01/ content_461073. htm.

[2] Anna McGowan. Buck Rogers, Watch Out! . March 1,2001, http://science.nasa.gov/headlines/y2001/ast01mar_1.htm.

[3] 黄步红.变形飞机开创飞行新纪元.新闻周刊，2004 年 01 月 05 日出版，总第 163 期.

[4] Akhilesh K. Jha and Jayanth N. Kudva. Morphing Aircraft Concepts, Classifications, and Challenges.

[5] R. W. Wlezien, G. C. Horner, A. R. McGowan, S. L. Padula, M. A. Scott, R. J. Silcox, and J. O. Simpson. The Aircraft Morphing Program. AIAA-98-1297, April 20-23,1998, Long Beach, CA.

[6] J.N. Kudva,B.Sanders,J.Pinkerton-Florance and E.Garcia. The DARPA/NASA Smart Wing Program-Final Overview.

[7] D.L.Raney，R.C.Montgomery，M.A.Park，L.L.Green. Flight Control using Distributed Shape-Change Effector Arrays. AIAA Paper 2000-1560.

[8] D.L.Raney，R.H.Cabell，A.R.Sloan，W.G.Barnwell，S.Todd Lion，B.A.Hautamaki. Wind Tunnel Test of an RPV with Shape-Change Control Effector and Sensor Arrays. AIAA Paper 2004-5114.

[9] Justin Manzo,Ephrahim Garcia,Adam Wickenheiser,Garnett C. Horner. Adaptive structural systems and compliant skin technology of morphing aircraft structures.

[10] John B.Davidson,Pawel Chwalowski and Barry S.Lazos. FLIGHT DYNAMIC SIMULATION ASSESSMENT OF A MORPHABLE HYPER-ELLIPTIC CAMBERED SPAN WINGED CONFIGURATION. AIAA Paper 2003-5301.

[11] S.L.Padula，J.L.Rogers，D.L.Raney. MULTIDISCIPLINARY TECHNIQUES AND NOVEL AIRCRAFT CONTROL SYSTEMS. AIAA Paper 2000-4848.

[12] A.M.Cook，W.A.Crosslcy. Genetic Algorithm Approaches to Smart Actuator Placement for Aircraft Flight Control. AIAA Paper 2000-1528.

[13] S.L.Padula，R.K.Kincaid. Optimization Strategies for Sensor and Actuator Placement. AIAA TM-1999-209126.

[14] Mujahid Abdulrahim and Rick Lind. INVESTIGATING SEGMENTED TRAILING-EDGE SURFACES FOR FULL AUTHORITY CONTROL OF A UAV. AIAA Paper 2003-5312.

[15] J.H.McMasters，R.M.Cumminngs. Airplane Design and the Biomechanics of Flight – A More Completely Multi-Disciplinary Perspective. AIAA Paper 2004-0532.

[16] Jason Bowman. AFFORDABILITY COMPARISON OF CURRENT AND ADAPTIVE AND MULTIFUNCTIONAL AIR VEHICLE SYSTEMS. AIAA Paper 2003-1713.

[17] Adam Wickenheiser，Ephrahim Garcia，Martin Waszak. Evaluation of bio-inspired morphing concepts with regard to aircraft dynamics and performance. SPIE.

[18] Justin Manzo，Ephrahim Garcia，Adam Wickenheiser，G.C. Horner. Adaptive structural systems and compliant skin technology of morphing aircraft structures. SPIE.

[19] J.B.Davidson，Pawel Chwalowski，B.S.Lazos. FLIGHT DYNAMIC SIMULATION ASSESSMENT OF A MORPHABLE HYPER-ELLIPTIC CAMBERED SPAN WINGED CONFIGURATION. AIAA Paper 2003-5312.

[20] M.H.Love，P.S.Zink，R.L.Stroud，D.R.Bye，C.Chase. IMPACT OF ACTUATION CONCEPTS ON MORPHING AIRCRAFT STRUCTURES. AIAA Paper 2004-1724.

[21] Mujahid Abdulrahim and Rick Lind. Flight Testing and Response Characteristics of a Variable Gull-Wing Morphing Aircraft. AIAA Paper 2004-5113.

[22] David Cadogan，Tim Smith，Frank Uhelsky，Matt MacKusick. Morphing Inflatable Wing Development for Compact Package Unmanned Aerial Vehicles. AIAA Paper 2004-1807.

[23] M.D.Tandale，Jie Rong y and John Valasek. Preliminary Results of Adaptive-Reinforcement Learning Control for Morphing Aircraft. AIAA Paper 2004-5358.

Research and Development Status of Novel Morphing Aircraft

Xu Min   Yang Shibin   Cong Yan

College of Astronautics Northwestern Polytechnic University, Xi'an, 710072，CFD_CSD@163.com

Abstract   In this paper, the development and research status of novel morphing aircraft is presented briefly. The development and research in this area in western is mainly introduced, then some relevant analysis and comments are presented. Finally, on the basis of the analysis of research in relevant area in western, anticipates, comments and several key problems about the novel morphing aircraft's trend are stated which corresponded the need of design next generation of new type of aircraft in China.

Key words   Novel morphing aircraft；Dynamics and control；Aeroelastics；Flight dynamics；Smart structure

PLMR 凝视三维激光雷达

严惠民　张秀达

浙江大学光电系国家光学仪器工程中心

浙江省杭州市浙江大学玉泉校区教三 337 室，邮编：310027，zxdarwin@163.com

摘　要　提出了一种脉冲光源调制式接收(简称 PLMR)凝视三维激光雷达的新方案。该方案采用脉冲激光器为主动成像光源，微通道板像增强器(MCP)和 CCD 为接收器。通过对 MCP 施加不同调制和控制脉冲激光器是否发出脉冲，获得对同一场景的不同强度图像。对这些强度图像进行处理即可获得场景的三维图像。该方案具有探测距离远，空间分辨率高，帧率可达视频速度成像，成本低廉，可扩展性好等特点。可作为智能飞行器的高性能探测器。

关键词　凝视三维激光雷达；脉冲激光器；调制；三维成像

1　无扫描激光雷达和发展现状

凝视激光雷达，又称无机械扫描器激光雷达。与传统的扫描式激光雷达相比，凝视三维激光雷达无需机械扫描装置，从而具有成像可靠，空间分辨率高，视场大，成像快速，体积小，功耗低等优点，适合机载、星载使用。20 世纪 90 年代初开始，美欧等国相继开展无扫描激光雷达的研究。从 20 世纪 90 年代末开始无机械扫描激光雷达技术发展迅速，在空间，地面，水下目标探测方面都得到了广泛的应用。尤其是在微小目标探测和伪装识别方面具有传统探测技术无法比拟的优势。目前世界上主要有三种无机械扫描三维激光雷达的方案。

其一是美国 Sandia 实验室的鉴相法无扫描三维激光雷达。鉴相法的原理是：采用连续光源，对光源强度进行调制同时对接收端的 MCP 进行调制，通过改变以上两个调制的相位关系，对同一目标获得不同的强度图像，对这些强度图像进行处理既可获得图像中每像素的距离信息。这种激光雷达的优点是测距精度，空间分辨率高；缺点是采用连续光源，可测量距离较短，对背景光敏感，不适合在阳光下成像。其二是美国 Areté Associates 公司开发的条带管成像激光雷达，原理是脉冲光经过目标返回成像在条带管阴极上，激发出的电子通过一对电极后打到荧光屏上。电极上的电压时快速时变的，不同时间到达的光线激发出的电子通过电极时受到偏转电压是不同的，所以打到荧光屏上的位置是不同的。用 CCD 阵列记录下位置信息，就可算出飞行的时间并最终计算出各点距离信息。其优点是三维图像的帧率可以很高，测量距离较远，但距离分辨率和空间分辨率都较低。其三是瑞士 CSME，美国的 Advanced Scientific Concepts 公司都研制出了可直接探测飞行时间的激光三维成像设备。其核心部件为 InGaAs 雪崩二级管高速集成探测阵列与高速读取电路。最后还有一种对光源施加啁啾调制，而接收端采用高速集成探测阵列与高速数据处理电路，它可以同时测出目标的距离和速度信息。最后两种方法的缺点是高速集成探测阵列像元少，提高非常困难；因此空间分辨率较低，其距离分辨率介于第一种和第二种方法之间。有人将机械扫描方式和第三种方式结合起来做成半机械扫描方式的激光雷达，比如美国林肯实验室研制的激光雷达。

鉴于以上方法的优缺点，我们提出了一种新的脉冲调制式无扫描激光雷达方案。

2　PLMR 凝视三维激光雷达基本原理

系统的工作原理如图 1 所示：脉冲激光器发出光脉冲，光脉冲经透镜扩束后照亮被测目标，反射光被成像透镜接收成像在 MCP 的阴极上，CCD 搜集 MCP 的输出光强信息。通过对同一目标进行两次以上成像，就可以获得目标的距离信息。

光线从脉冲激光器发出经物体反射到 MCP 的路程为：

$$z = ct/2 \tag{1}$$

其中 c 为光速，t 为光脉冲的传播时间。

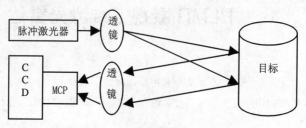

图 1 方案原理图

如果我们给 MCP 施加一个时间变量函数的调试，则 MCP 的输出信号为：$E = \gamma E_p M(t)$。其中 γ 为比例常数与物体反射率和系统有关，E_p 表示脉冲强度而 $M(t)$ 表示对 MCP 施加调制的时间变量函数。

假如我们对 MCP 施加两种不同的调制函数，那么 CCD 获取图像的强度信息可以表示为：

$$E_1 = \gamma E_p M_1(t) \tag{2}$$

$$E_2 = \gamma E_p M_2(t) \tag{3}$$

其中 $M_1(t)$ 和 $M_2(t)$ 为给 MCP 施加的不同调制函数。

结合(1)，(2)，(3)式，我们可以解出距离：

$$z = cg(u)/2 \tag{4}$$

其中：

$$f(t) = \frac{M_2(t)}{M_1(t)}; u = \frac{E_2}{E_1}; g(u) = f^{-1}(u); \tag{5}$$

其中 f^{-1} 是 f 的反函数。

假如函数 g 在测量距离区间内为单调函数，那么我们就可以确定唯一的距离 z，从而获得图像的三维信息。接下来需要确定最佳的 $g(u)$ 或者说 $f(t)$。为简便起见，我们假设所有获得的 u 的误差是相同的为 δ，u 的取值区间为 u_0 到 u_1。我们认为最佳函数为所有根据 u 算出距离的平方误差和是最小的，这样有：

$$\int_{u_1}^{u_2} F[u, g(u), g'(u)] du = \int_{u_0}^{u_1} [g(u+\delta) - g(u)]^2 du = \int_{u_0}^{u_1} \left[g'(u)\delta + \frac{1}{2}g''(u)\delta^2 + ... \right]^2 du$$

由欧拉方程可以可以获得最佳的 $g(u)$ 为：

$$g(u) = au + b \tag{4}$$

其中 a 和 b 是待定参数，由系统参数决定。

由此可以得出 $f(t)$ 的形式为：

$$f(t) = a't + b' \tag{5}$$

下面给出一个 $M_1(t)$ 和 $M_2(t)$ 的例子：

$$M_1(t) = A \tag{6}$$

$$M_2(t) = B + \frac{A-B}{T_G}t \tag{7}$$

其中 B 为 MCP 的最小增益，A 为 MCP 的最大增益，T_G 是 MCP 的有效探测时间：

$$T_G = 2R/c \tag{8}$$

其中 R 为系统的探测距离。图 2 为对应的 $M_1(t)$ 和 $M_2(t)$。

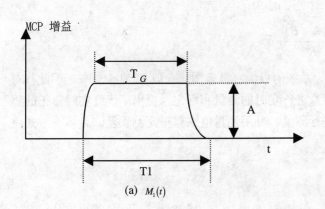

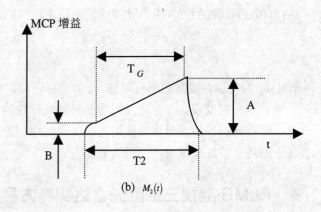

图 2 MCP 调制函数

3 PLMR 凝视三维激光雷达误差分析

（1）背景光干扰

激光照射到物体上的光强度为：

$$E_v = P_T \delta_T \eta_{\text{Atm}} / \pi R^2 \theta^2 \tag{9}$$

其中 P_T 为激光发射光功率，δ_T 为光学系统损失率，η_{Atm} 为大气传输效率，R 为被测物体到雷达的距离，θ 为光束发散角。

考虑到探测系统的动态范围和信号噪音比，背景光在被测物体上的光强应该小于 E_v。在晚间的地球表面或者阳光照射角很小时，背景光功率一般可以被窄带滤光片压制；但当有阳光的直接照射时，背景光将变得非常强烈。阳光在 800nm 处的辐射强度约 $1.5 \text{ wm}^{-2}\text{nm}^{-1}$，普通窄带滤光片的带宽约 5 nm，假设 δ_T 和 η_{Atm} 都为理想情况下的 1。容易计算处采用 100 W 的连续激光器在 1 000 m 处的最大探测角度小于 10 分，这样就丧失了无扫描激光雷达大视场的优势。因此对远距离目标的探测必须采用脉冲式激光器作为光源。

（2）电路与光电探测器探测精度

由于采取对 MCP 电压调制的方式来调整 MCP 增益，而 MCP 增益的精度对测距精度有直接的影响，因此有必要对 MCP 的电压增益关系进行分析。MCP 增益为：

$$G_P = KV^{\alpha/4} \tag{10}$$

其中 K，α 都为常数，V 为所加电压。

如果设定最大增益 A 与最小增益 B 的比值为 η，则可根据(10)式子求出所施加的最大电压与最小电压之比：

$$\tau = \eta^{4/\alpha} \tag{11}$$

假设增益的最小误差为 δ_G，则根据(10)(11)式可得电压最小误差为：

$$\delta_U = \frac{4}{\alpha(\tau - 1)} \delta_G = \frac{4}{\alpha(\eta^{4/\alpha} - 1)} \delta_G \tag{12}$$

取典型数值 $\eta = 10$，$\alpha = 32$，则 $\delta_U \approx 0.375\delta_G$ 即电压调制的精度是增益精度的 3 倍。

同时，探测器的空间分辨率精度受到 CCD 和 MCP 空间分辨率精度的制约。与 CCD 阵列比较而言，MCP 的像素要少些。普通 MCP 的分辨率一般约为 15 线对每毫米，像素阵列约 700×500；美国 Sandia 实验室使用的 MCP 像素阵列大约为 2 000×2 000。

（3）光脉冲性能对测距精度的影响

由于脉冲激光器光脉冲能量是不稳定的，而且光脉冲的能量分布也不相同，这将影响系统的测距精度。由(3),(6),(7)式我们得到由光脉冲能量不稳定造成的测距误差 δ_P 为：

$$\delta_P = \frac{BR + (A - B)z}{AR}\delta_E$$

其中 δ_E 为光脉冲能量的不稳定性，z 为目标距离，R 为系统的最大测量范围。一般 δ_E 约 5~20%，因此其对系统的测距精度较大。为此我们需要对激光脉冲的能量进行实时的测量和标定，提出了光纤实时修正的概念。即将光脉冲能量分离少许用光纤传送到探测器进行测量，并用测量值来修正探测误差。具体的方式将在下面进一步进行讨论。

4 PLMR 凝视三维激光雷达实施方案

（1）基本实施方案

基于以上讨论，我们提出了一种脉冲光源调制接收式无扫描激光雷达的方案，简称为 PLMR(pulse light-source and modulated receiver)。如图 3 所示，调制信号控制器控制脉冲激光器发出光脉冲。扩束透镜将光脉冲扩束。分束镜将光分成两部分，一部分输入修正光纤输入 MCP 阴极的固定位置作为标定强度用。另一部分照亮场景以后被成像透镜接收成像在 MCP 光电阴极形成场景强度图像。CCD 收集 MCP 的输出的强度图像并给图像处理模块进行处理，系统每获得四幅强度图像输出一幅三维图像。脉冲激光器发出的光脉冲必须和对 MCP 的调制保持同步。

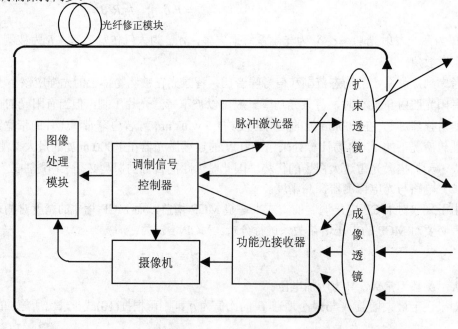

图 3 PLMR 方案框图

按照如下步骤获得四幅强度图像：

第一次探测用激光脉冲照明场景，对 MCP 施加的调制为 $M_1(t)$ 即固定增益，对应获得的强度为：

$$E_1 = A(rE_{P1} + I_b T_G) + E_{N1} \tag{13}$$

其中 r 为与场景有关的变量，E_{P1} 为第一次发出的光脉冲能量，I_b 为等效背景光能量，E_{N1} 为在该调制下 MCP 的等效噪音。

第二次探测关闭脉冲激光器，对 MCP 施加的调制为 $M_1(t)$ 即固定增益，对应获得的强度为：

$$E_2 = A I_b T_G + E_{N1} \tag{14}$$

第三次探测用光脉冲照明场景，对 MCP 施加的调制为 $M_2(t)$ ，即线性递增增益，对应获得的强度为：

$$E_3 = \int_0^{T_G} I_b\left(B + kt\right)\mathrm{d}t + \int_0^{T_{p2}} rI_{p2}(t)\left(B + \frac{A-B}{R}x + kt\right)\mathrm{d}t + E_{N2} \tag{15}$$

其中 T_{p2} 为第三次测量时的激光脉冲能量周期，I_{p2} 是第三次测量时激光脉冲的功率时间函数，k 为 $M_2(t)$ 的斜率即 $k = (A-B)/T_G$，E_{N2} 为 MCP 线性递增调制是的等效噪音。

第四次探测关闭脉冲激光器，对 MCP 施加的调制为 $M_2(t)$ 即线性递增增益增益，对应获得的强度为：

$$E_4 = \int_0^{T_G} I_b\left(B + kt\right)\mathrm{d}t + E_{N2} \tag{16}$$

修正光纤由两根长度不同的光纤组成，其中一根光纤在图像中对应位置的强度为：

$$E_1^{A1} = \alpha A E_{P1} + E_{N3} \tag{17}$$

其中 α 为比例系数，与光纤有关，E_{N3} 是 MCP 固定增益时对应的噪音。

$$E_2^{A1} = E_{N3} \tag{18}$$

$$E_3^{A1} = \int_0^{T_{p2}} \alpha I_{p2}(t)\left(B + kT_{A1} + kt\right)\mathrm{d}t + E_{N4} \tag{19}$$

其中 E_{N4} 为 MCP 线性递增调制对应的噪音。

$$E_4^{A1} = E_{N4} \tag{20}$$

相应的另外一根光纤对应在图像中强度为：

$$E_1^{A2} = \beta A E_{P1} + E_{N5} \tag{21}$$

$$E_2^{A2} = E_{N5} \tag{22}$$

$$E_3^{A2} = \int_0^{T_{p2}} \beta I_{p2}(t)\left(B + kT_{A2} + kt\right)\mathrm{d}t + E_{N6} \tag{23}$$

$$E_4^{A2} = E_{N6} \tag{24}$$

其中 β 为比例系数与光纤有关，E_{N5} 是固定增益时 MCP 的等效噪音，E_{N6} 是线性递增调制时的等效噪音。

由方程(13)到(24)我们可以求出距离 x 为：

$$x = \frac{(U-T)L_1 - (U-S)L_2}{S-T} \tag{25}$$

其中：$S = \dfrac{E_3^{A1} - E_4^{A1}}{E_1^{A1} - E_2^{A1}}$，$T = \dfrac{E_3^{A2} - E_4^{A2}}{E_1^{A2} - E_2^{A2}}$，$U = \dfrac{E_3 - E_4}{E_1 - E_2}$，$L_1$ 和 L_2 为两根光纤的等效光程长度。

由(25)式可以看出，脉冲光源的不稳定性影响，背景光和可差分消除噪音全部被消除。这使得我们的测量系统精度可以最大限度地接近探测器件的功能限制，即测量结果只和 CCD 与 MCP 的探测精度有关。

（2）高速探测方案

考虑到对飞行器高速运动，必须在一个较短的时间内对目标成像，如直升机的飞行速度约 100 m/s，为了使得物体模糊小于 10 cm，成像快门时间必须小于 1ms。可以采用并行成像方式，如图 4 所示，光线经过分束镜分别被四个 MCP 与 CCD 探测；在无激光脉冲的第一个 10 us 时间内打开 MCP2 和 MCP4，对 MCP2 施加 $M_1(t)$ 调制，对 MCP4 施加 $M_2(t)$，这样就获得了第二、四步骤强度图像；然后发出光脉冲，在第二个 10 um 内打开 MCP1 和 MCP3，对 MCP1 施加 $M_1(t)$ 调制，对 MCP2 施加 $M_2(t)$ 调制，这样就获得第一、三步骤强度图像。从而可以在约 30us 内获取以上四幅强度图像，获得一幅距离图像。

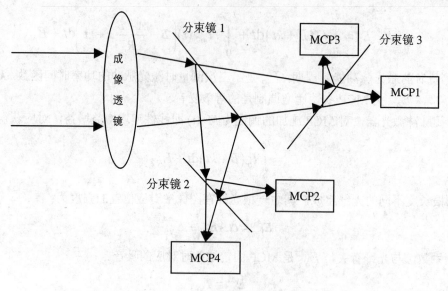

图4 并行成像光路

5 智能飞行器探测应用

由以上讨论可知，PLMR 由于采用了脉冲光源。可以进行大视场、全天候的距离成像。由于采用 CCD 和 MCP 可以高测距精度、高空间分辨率和高帧率的距离成像。考虑到信噪比、设备体积等因素，我们估计其测量范围约 100 m~10 km 之间，探测距离精度约 1 m，视场角 30°，空间分辨率最小约为 5″（分辨一公里处 2.5 cm 宽线状物），帧率约视频速度，根据应用的不同，功耗约为 50~200 W。如果增加我们的网格式照明-探测方案，可以探测到小于 1 cm 的线状物体功耗也可以减小到原来的 1/2~1/20。因此可以快速、准确地探测出目标范围不确定、视角小、运动速度快的目标，非常适合作为智能飞行器的新型高性能探测器。此外，由于脉冲光源与 CCD 和 MCP 都是成熟的商业化产品，系统的成本将是较为廉价的。

参 考 文 献

[1] Todd C. Monson, Jeffrey W. Grantham, Steve W. Childress, etc. Characterization of scannerless ladar. Proc. SPIE Int. Soc. Opt. Eng, 1999, 3707, 409.

[2] Robert D. Habbit, Jr., Robert O. Nellums, Aaron D. Niese, etc. Utilization of flash ladar for cooperative and uncooperative rendezvous and capture. Proc. SPIE Int. Soc. Opt. Eng, 2003, 5088, 146.

[3] Barry L. Stann, Keith Aliberti, Daniel Carothers, etc. Proc. A 32x32 pixel focal plane array ladar system using chirped amplitude modulation. SPIE Int. Soc. Opt. Eng, 2004, 5412, 264.

[4] Robert D. Habbit, Jr., Robert O. Nellums, Aaron D. Niese, etc. Utilization of flash ladar for cooperative and uncooperative rendezvous and capture. Proc. SPIE Int. Soc. Opt. Eng, 2003, 5088, 146.

[5] Ulrich Schael, Hendrik Rothe. Field measurements with 1574-nm imaging and scannerless eye-safe laser radar. Proc. SPIE Int. Soc. Opt. Eng, 2001, 4377, 1.

[6] Asher Gelbart, Brian C. Redman, Robert S. Light, etc. Flash lidar based on multiple-slit streak tube imaging lidar. Proc. SPIE Int. Soc. Opt. Eng, 2002, 4723, 9.

[7] Huimin Yan and Zukang Lu. Scannerless laser three-dimensional imaging method. Proc. SPIE Int. Soc. Opt. Eng, 1998, 3558, 49

[8] Ulrich Schael and Hendrik Rothe. New pixel-oriented simulation for 3D laser radar. Proc. SPIE Int. Soc. Opt. Eng, 2004,

5612, 327.

[9]   John T. Sackos, Robert O. Nellums, Steve M. Lebien, etc. Low-cost high-resolution video-rate imaging optical radar. Proc. SPIE Int. Soc. Opt. Eng, 1998, 3380, 327.

[10]   Yongjiang Dai. The principle of Lidar. Defence Industry Publishing House, 2002.

[11]   Changchun Institute of optics, fine mechanics and physics, Chinese academey of sciences. Active imaging and range gate, 2002.

[12]   严惠民 等. 无扫描三维激光雷达的研究. 中国激光, 2000, Vol.A27.No.9,9,p861-864.

A PLMR Fixation 3D Laser Radar

Yan Huimin, Zhang Xiuda

CNERC for Optical Instrument, Department of Optical, Zhejiang University

No. 337 Room, 3rd Teaching Building, Yuquan Campus, Zhejiang University, Hangzhou, Zhejiang Province, 310027

zxdarwin@163.com

Abstract   A new Pulse Light source and Modulated Receiver (PLMR) Fixation 3D Laser Radar scheme is presented. In this scheme, we use pulse laser as light source for active imaging, and image intensifier micro-channel plate (MCP) and Charge Coupled Device (CCD) as imaging receiver. With different modulations applied to the MCP and controlling of the pulse laser emits or doesn't emit a pulse, we can obtain a series of intensity images. A 3D image can be obtained by processing of these intensity images. The scheme has the advantage of large detection range, high space resolution, video imaging speed, low cost, ease to expanding, etc. It can be use to high performance detector for aircrafts.

Key words   Fixation 3D Laser Radar；Pulse Laser；Modulation；3D Imaging

基于多源信息融合的多目标智能跟踪研究

尹东　姚霆　刘媛

中国科学技术大学

安徽省合肥市四号信箱信息处理中心，邮编：230027，yindong@ustc.edu.cn

摘　要　本文分析了多传感器制导方式，指出了它们的优缺点和多源信息互补的重要性，从数据融合处理模型和数据融合处理过程出发，提出了利用全方位、多谱段信息进行智能、高效的融合思想。最后，在分析、提炼目标特征的基础上，设计了基于形心跟踪算法的目标跟踪方案。

关键词　信息融合；智能跟踪；制导；形心算法

1　引言

当今，人们已充分认识到未来战争是陆、海、空、天、电，全维的高技术信息化战争，并以具有目标检测、识别、跟踪和打击等功能于一体的新型智能飞行武器为主体。这类新型武器系统主要包括各种导弹攻防武器系统、空间攻防和信息对抗系统、空间信息支持和保障系统以及无人飞机武器系统等。随着 C^4ISR 的需求不断提高，飞行器武器系统越来越向智能化的方向发展，其主要表现为自主的、自适应的、智能的多飞行器协同，基于多源信息的数据融合处理，高速、超高速下的多目标自动检测、识别和跟踪，以及智能地根据战场态势自主地做出下一步行动等。

本文以多源信息融合为主体思想，对多目标的自动检测、识别和智能跟踪，详细地分析了多传感器制导方式，列举了它们的优缺点，将多传感器所获的多源信息进行有效、合理融合，达到信息互补，进而设计、实现高速、高机动条件下对多目标的自主、自适应的识别、选择和跟踪技术。

2　多传感器制导方式分析

各种传感器工作在不同的谱段下，它们有各自不同的特征和制导方式（见表1），获取的目标和地物信息有着很强的互补性。利用它能够有效地提高目标识别的精确度，检测出具有伪装的目标，增强系统的抗干扰能力。因此充分、有效、合理地利用多源信息的互补性是面向目标检测和识别的数据融合处理的基本技术路线。通过对多源信息进行高效的数据融合，将达到对目标的智能选择和搜索，智能制导、寻的和拦截，智能识别和定位，以及自主决策和评估等功能。

表 1　各种传感器制导方式比较

制导方式	精度	全天候	抗干扰	射程	发射后不管能力	对付多目标	成本	主要应用
目视有线制导	优	差	良	近	×	×	低	面-面、反坦克
微波雷达指令制导	远时差	优	中	中	×	×	一般	面-空
电视寻的制导	优	差	良	近	√	√	高	空-面
红外非成像寻的	优	较差	良	近	×	√	一般	面-空、空-空
激光半主动	优	较差	良	近	√	×	一般	空-面、面-面
红外成像寻的	优	中	良	近	√	√	高	面-面、空-面
毫米波主动寻的	良	良	良	近	√	√	一般	面-空
毫米波被动寻的	良	良	良	近	√	√	一般	面-面、空-面
微波雷达地图匹配	较差	优	优	远	√	√	高	空-面、面-面
合成孔径雷达制导	良	优	优	远	√	√	很高	面-面

制导精度、发射后不管、射程、抗干扰、全天候、成本等都是对制导系统的基本要求。从表1可以看出，光学制导方法比其他制导方法具有更高的制导精度。这是因为制导精度在很大程度上取决于探测系统对目标的角分辨率。探测系统工作波长越短，天线孔径越大，距离越近，角分辨率越高。

目前在导弹的制导系统中，主要采用红外、激光、毫米波/亚毫米波、电视等传感器为导引头，采用多光谱/多模导引头可以提高自动目标识别性能。智能导引头智能化的核心是智能化的信息处理技术，它在很大程度上依赖于软件和信息处理方法。这就要求信息融合技术在现有的硬件和传感器水平上，寻求新的特征层融合算法、决策层算法和传感器自动复合策略，从理论上形成一套复合寻的制导信息融合方法。

3 智能、高效的多源信息融合处理

信息将取代火力和机动力，成为战斗力的主要要素。高度智能化飞行武器系统必须综合利用全方位、全谱段和多模式的信息，并对它们进行有效的数据融合处理，以高效地检测、识别、跟踪，甚至揭示目标的伪装和欺骗。

充分、有效地综合利用全方位的信息，包括作战信息网络提供的和弹上设备获取的各种目标和环境信息。其中，作战信息网络提供的信息包括拟打击的各种目标的先验信息(目标的精确位置、目标特征数据和电子指纹、甚至局部图像或特征信号等)，目标周围的环境信息、气象信息和地理信息数据，以及干扰等；弹上设备获取的信息包括各种导航和制导信息，微波、红外、可见光、紫外、激光和视频等有源和无源的目标探测信息和周围环境感知信息等。在智能飞行器中，充分利用全方位信息对于目标识别、跟踪有着重要的作用，能够大幅度提高目标识别的速度和精度。

由于每个传感器获取的信息分量可能有多余和互补，且不可避免地受到干扰、畸变和差错的影响。因此，把既多余又互补的、具有复杂的空间和时相关系的、还包含模糊、冲突、甚至有差错的巨大量数据进行一系列分层的融合处理，逐步精炼和概括。

显然，信息复原或反演并不是信息融合的全部目的，信息融合最终是为了给人类用户提供决策支持。图1为数据融合处理模型示意图，图2为数据融合处理过程图。

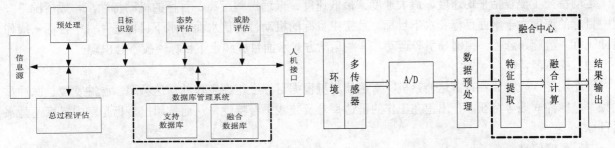

图1 数据融合处理模型   图2 数据融合处理过程

科学技术迅猛发展，特别是传感器技术、微电子技术、信息处理技术、人工智能技术的突破，可以制造出高灵敏度、高精度的传感器，使数据处理、图像识别、声音识别等都将得到解决，这样可使导弹能像人的眼睛一样对目标进行探测、跟踪、寻的；像人的大脑一样对数据、图像进行实时处理和思维判断；具有良好的高速机动、变换姿态、改变方向能力。导弹从最初的"一对一"，发展到"多对一"，再到当今的"多对多"，技术发展十分迅速，使得现代作战模式发生了质的变化，直向网络化、全方位、多模式、多维信息战发展。

实验证明，单弹头导弹容易被对方识别和拦截，且对目标的打击能力有限。多弹头导弹可以提高突防能力，增加攻击目标的弹头数量和在不增加导弹和弹头当量的情况下，增大对目标攻击的覆盖面积。因此，从20世纪70年代初期起，美国和苏联的战略弹道导弹采用了多弹头方案，大体有集束式多弹头、分导式多弹头、机动式多弹头和全导式多弹头。图3为分导式多弹头攻击目标示意图。

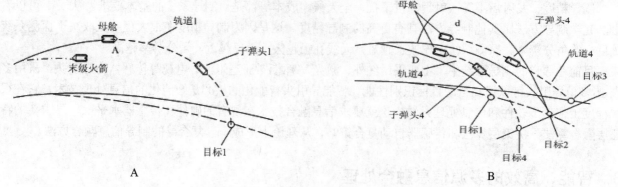

图3　分导式多弹头攻击目标示意图

4　高速、高机动条件下多目标的自主、自适应的识别、选择和智能跟踪

智能飞行器要能够对多个目标同时进行自动识别，具有分清敌我，自主选择目标的能力，并能够判断目标状态，识别目标的关键部位，跟踪重要或者可疑目标，决定对其采取行动。智能导弹通常由战斗部、弹体结构、动力装置和制导系统组成。制导系统用于控制导弹的飞行方向、姿态、高度和速度，引导导弹或弹头准确地飞向目标。导弹通常使用无线电制导、惯性制导、寻的制导、地形匹配制导、遥控制导、有线制导等方式。目标探测技术是制导系统中最重要的一个单元，也是导弹最典型的标志。目前的成像探测技术包括：红外成像制导技术、激光制导技术、电视制导技术、合成孔径雷达制导技术、逆合成孔径雷达制导技术、多模与复合制导技术等等。不同探测技术对目标的成像、特征描述都不同。

4.1　特征分析

（1）运动特征

运动特征主要包括平均速度、最大速度、最低速度、最远探测距离、目标的机动特性。一般情况下，空中目标的速度大于水面目标和水下目标，且空中目标的机动性能比水面、水下目标强，空中目标一般作俯冲飞行、盘旋、悬停、比例导引等运动。这些运动方式水面目标和水下目标一般不会出现。

（2）探测器特征

现在舰艇一般都装备有雷达侦察机。雷达侦察机根据目标上正在工作的雷达频率、脉冲宽度、脉冲重复频率、脉冲周期等特征，查出正在工作的雷达型号及装载平台特性，从而推断出目标是空中目标还是水面目标。

（3）高度信息

目标高度大于0为空中目标，高度等于0的为海面目标，高度小于0的为水下目标。我们可以由三坐标雷达或两坐标雷达和两角度信息相关后得到的三坐标信息等得到目标的高度。

（4）几何特征

在相同雷达探测的数据里，反射面积大的一般是水面目标，面积小的一般是空中目标。

4.2　形心追踪

形心是目标图像上的一个确定的点，当目标姿态变化时，这个点的位置变动较小，所以采用形心跟踪模式时跟踪比较平稳，而且抗杂波干扰的能力较强，算法简便，是成像跟踪系统常用的一种跟踪模式。

目标图像分割是ATR（Automatic Target Recognition）系统中图像预处理的关键步骤，是进一步图像理解的基础。形心跟踪算法必须与图像分割相结合，图像分割的好坏将直接影响到形心跟踪的效果。直方图分割中的最大距离法的基本思想是，在直方图取值范围内，任一灰度级可将直方图分为左右两部分，如果这两部分的灰度均值与总体的灰度均值相距最大，则该灰度级就取为分割门限。这样，可定义最大距离法的均值距离测度为：$R(T) = \dfrac{\left[\sum\limits_{i=1}^{T} iP_i - \sum\limits_{i=1}^{M} iP_i P_i(T)\right]^2}{P_i(T)\left[1 - P_i(T)\right]}$，式中：$M$ 为红外图像总的灰度级；P_i 为 i 灰度级出现的概率；T 为分割门限。使 $R(T)$ 取最大值时的灰度级 T 即为最大距离法得到的图像分割的门限值。对原始图像 $f(x，y)$ 取阈值 T 分割后的图像可定义为：$g(x,y) = \begin{cases} 1 & \text{if} \quad f(x,y) > T \\ 0 & \text{if} \quad f(x,y) \leqslant T \end{cases}$，由此即可实现对目标的阈值分割。

在某些情况下，由于飞机各部位温差较大，使红外图像的灰度差别也较大，使用单阈值分割的结果会导致分割出的目标图像上出现空洞区域，从而引起形心计算的误差，严重影响形心跟踪的精度。因此，需要对上述最大距离法的分割结果进行分析，判断目标图像上是否有空洞区域存在，若有，则需对这些空洞区域的封闭性和位置关系进行判断并填充，这样才能获得比较理想的最终分割结果。

5 结束语

ATR 技术是飞行器智能化程度的一个重要标志。在瞬息万变的战场环境中，目标、环境和命令等因素会随时发生变化。一个快速的专家协同、决策系统不仅可以使飞行器在瞬息万变的作战环境、电子干扰和信息对抗条件下，自主地分清敌我(友)目标和真假目标，自主辨识不同类型的目标特征或电子指纹，捕获和锁定多个目标，判断它们的威胁程度自动排序，并优先攻击对己方威胁最大的目标，以及根据新的情况和目标种类的变化，自适应地迅速改变攻击目标或调整攻击的顺序；还要能根据目标的特性确定以何种方式对目标进行打击以及打击目标的哪个部位，实现高效能的精确打击；此外，还能在打击完成以后，自主地快速实现打击效果评估，自动规划下一轮打击。

参 考 文 献

[1] 何友，王国宏，彭应宁等. 多传感器信息融合及应用[M]. 北京：电子工业出版社，2000.11.

[2] 王耀南，李树涛. 多传感器信息融合及其应用综述[J]，控制与决策，2001.16（5）.

[3] 张明路，戈新良，唐智强等. 多传感器信息融合技术研究现状和发展趋势[J]. 河北工业大学学报，2003.32(2).

[4] 王宏波，庄志洪，郑华利，张清泰. 红外成像空空导弹目标识别与跟踪算法研究. 探测与控制学报，2003.12: 1~6.

[5] 军事技术漫谈：智能导弹和导弹的智能化. http://jczs.sina.com.cn/2001-02-27/14012.html.

The Research of Multi-target Intellective Tracking based-on Multi-source Information Fusion

Yin Dong，Yao Ting，Liu Yuan

University of Science and Technology of China

Information Processing Center of USTC，Hefei，Anhui，230027，yindong@ustc.edu.cn

Abstract Analyzing the means of control and guidance of multi-sensor，the article indicates their advantages and disadvantages and the importance of complementarity of multi-source information. From the model and procedure of the data fusion process，the article proposes a thought of intelligent and effective fusion by utilizing omnidirectional and multi-spectrum information. In the end，based on the analysis and abstraction of targets' features，the article designs a method of trailing targets founded on the algorithm of track of shape center.

Key words Information fusion；Intellective track；Control and guidance；Shape center algorithm

导弹组网技术研究

尤览　刘发林

中国科学技术大学电子工程与信息科学系

安徽合肥第四号信箱，邮编：230027，youlan@mail.ustc.edu.cn liufl@ustc.edu.cn

摘　要　针对导弹群的组网问题，首先就各种结构的网络进行了性能对比以及系统优化方面的考虑，得出一种较为合适的网络结构；接着对于导弹群的网络通信中存在的差错控制和拥塞控制方面的特殊问题进行了探讨。

关键词　导弹网络；网络通信；差错控制；拥塞控制

1　引言

随着电子干扰技术的日新月异，各种干扰手段已经成为了导弹的重要威胁。传统的由单一传感器构成的导引头已不能很好地满足不同战场环境下均具有良好发现概率、跟踪能力、命中精度和抗干扰能力的战术性能要求。应对这一挑战，复合制导技术走上了历史舞台。

复合寻的制导正是为了弥补单模制导技术的缺陷、发挥各种传感器的优点而出现的新型寻的制导技术。它不仅提高了制导系统的抗干扰能力，使导弹能适应各种作战环境的需要，而且通过多个传感器的合理组合可以实现功能上的互补，获得更加全面的目标信息，从而增加了系统工作的稳定性和可靠性。这些优点使得多模复合寻的制导技术已经成为导弹精确制导技术的一个重要发展方向。

就在越来越多的智能化精确制导导弹投入现役的同时，新的问题也出现了：应该说参与复合制导的引导模式越多，收集到的数据就越丰富，制导性能也越好，但是一枚导弹上装备的引导头类型毕竟有数量上的限制，而且引导头种类越多导弹的造价也就越昂贵。这类高价的"全能杀手"往往无法被大规模投入使用。特别当我们在对战场上多个目标进行导弹集群打击时，可以考虑对采用各种不同的末制导技术的导弹进行组网，将各个引导头收集的数据进行共享、融合来共同完成复合末制导，也可以很好地完成攻击任务，并且将大大降低费用。

2　网络结构

在实际中，各枚导弹不一定只与最终的判决中心有着通信，它们之间也可能存在着联系。这样每枚导弹除了要对自己观测到的数据进行处理压缩外，还有可能收到来自其他导弹传来的数据，再将以上两种信息压缩后传输出去。因此，我们见到的不仅有并联式网络，也可以有串联式网络。当然，还可以是多层并联和串联混合构成的混联网络。

在没有通信量限制的情况下，并联网络的融合判决中心收到的其他节点传来的数据量总是大于串联式网络，而且这种差别将随着节点数目的增加而增大。串联网络中的其他节点对观测数据的压缩也比并联网络来的厉害的多。因此，虽然不能说并联网络对任何观测数据的判决都比串联网络来得好，但可能对于许多常见概率分布的观测数据，当节点数目较大时并联网络的性能会好于串联网络。

但是，导弹网络还有一个需要考虑的地方就是它在复杂的战场环境中应具有较强的生存能力。假设出现突发情况（比如作为判决融合中心的节点被摧毁），使得判决融合中心不能正常工作。由于并联网络的各个节点之间不存在通信，此时各个节点只能用自己的观测数据单独进行判决，而整个网络就退化为一个个单站系统。当然，只要条件允许，可以事先对并联网络做好多种应变方案，即选好多个节点作为备用的判决融合中心，并且算好各种情况下的压缩律和判决区域，以便在一个判决融合中心被破坏时，可以立即实施备用方案。不过，这样需要准备若干种备用的通信方案，并付出一定的费用，而且作出应变重新组网所需的时间较长。而反观串联网络判决系统，它其中的任何一个节点被破坏后，整个网络最多是分解为几个小的串联网络，残留的各段串联网络即使不重新恢复组网仍能立即继续较好地工作，当然事先也必须算好各种情况下的压缩律和判决区域，但是可以不用准备备用的通信方案，应变所需的时间较短。

因此，结合并联和串联网络各自的优缺点，对于导弹群这样特殊的网络我们可以考虑混联式的网络结构（如图1所示）。它由数个并联子网络串联而成，这样既可以发挥并联网络在大多数情况下判决性能较好的优势，又具有串联系统的强大生存能力。图中，每个子网络由数个节点构成，具体组合可以根据实际情况分配。子网络的分判决融合中心 s_i 之间则是一个串联式的连接。当突发事件出现，例如第 2 子网络的判决融合中心 s_2 由于某种原因而无法正常工作（如被敌方摧毁），它的前端子网络可以选择放弃与后续网络的通信，在子系统内部作出判决 H，并制导该小组的导弹进行攻击；第 2 子网络的后续网络仍然保持着一个串联的系统继续完成自己的任务。中间某个分融合中心的失效对于这整个网络而言，其结果不过是使原来的一个串联结构被分为了两个，而该融合中心的下属分站从网络中脱离了出去，独自完成预定的打击任务，而整个网络受到的影响并不大。当然，若事先准备好应急的通信方案也可以考虑这种断开后的重新连接问题。

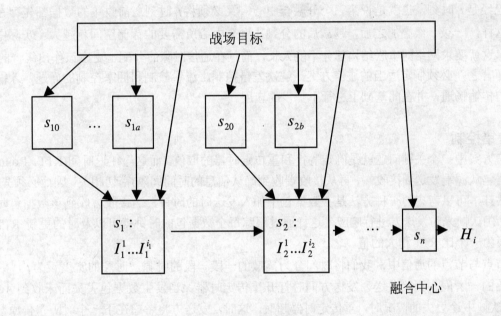

图 1　混联网络判决系统

另外，当一个节点所收到的其他节点传来的数据越多，需要送出的数据或作出的判决越多，这个节点就需要越多的数据压缩律，即对自己的观测数据有较高的分辨率。因此我们应该选择那些观测噪声小的节点来提高分辨率，因为观测噪声小的节点将使条件概率密度函数 $p(x_1 \cdots x_l | H_0)$，　$p(x_1 \cdots x_l | H_1), \cdots,$ $p(x_1 \cdots x_l | H_{m-1})$ 中关于该节点的观测（比如 x_i）的方差也小。因此，在提高 x_i 分量上的分辨率比提高那些在分量上变化率小的节点的分辨率效果更加明显。但是又不能光光以这个为标准，我们还应该注意到节点在整个网络中的位置，例如串联结构的前端节点，即使其分辨率很高，但是由于后端的节点又进行了一系列的压缩，就使得前端节点的高分辨率对最终的判决起不到多大的影响。所以在越靠近整个网络根节点的位置，即靠近判决融合中心的位置，越应该布置分辨率较高的节点，而判决融合中心更应该是观测噪声最小的节点。在并联结构中，也应该是将观测噪声最小的节点作为判决融合中心，并在通信量的分配上根据节点在网络结构中离判决融合中心的远近，离的较远的节点分配给较少的通信量，离判决融合中心较近的节点应该分配给较多的通信量。

3 网络通信

作为一种特殊的互连网络，影响导弹网络正常通信的因素有很多：

（1）导弹网络中的各个节点自身都在进行着高速运动，其无线通信链路的状态并不良好，误码和数据包丢失现象都比较普遍，这无疑将增大数据重传的概率，加重网络负担。

（2）网络的带宽有限，这将成为提高通信量的瓶颈，必须考虑提高带宽利用率。

（3）通信中的连接断开现象在导弹网络中较为常见(如某节点被摧毁)，如果是某主干节点出现问题将造成网络的短暂分解和各下属分站节点大量数据的堆积；而某分站节点无法工作时，主干节点由于等待与其的通信将会耽搁了其他信息的及时处理。所以，必须引入健全的定时机制，以便及时作出应对。

（4）串联型网络的还有一个很严重问题在于其网络时延，分节点的信息传输到最终判决融合中心总是需要耗费一定的时间，这个时延和它们距离根节点的远近有关，这样将造成一种现象：比如第二个分判决融合中心 s_2 为了等待第一个分判决融合中心 s_1 传来的 t_0 时刻的数据而不得不将自己子网络已经收集的 t_0 时刻数据先行存储起来，而等第二个分判决融合中心 s_2 处理完 t_0 时刻数据并将结果传到第三个分判决融合中心 s_3 时已经是 t_1 时刻，也就是说第三个分融合中心 s_3 又必须将 t_1 时刻之前收集的数据都先存在自己的存储器内。这样，一级一级叠加之后，越靠后的分判决融合中心所需要的存储空间就越大。实际中存储空间是有限的，这就要求网络的串联结构部分不能太长，而且在通信时隙的分配上更应该作出统一的设定。

总而言之，必须制定适当的通信方案，解决差错控制、流量控制和拥塞控制的问题，才能保证整个导弹网络的传输畅通，并在此基础上进行下一步的应用。

3.1 差错控制

通信方案中一个关键问题就是确定等待和重传定时器的取值，而这与往返时间(RTT, Round Trip Time, 一个数据包从源端发送到接收端，再从接收端收到确认信息的时间间隔)密切相关。因而必须先对 RTT 做出准确的估计，可以考虑的一种方法是在数据包中加入发送时的时钟，当接收方收到该数据包时，通过相应的 ACK 确认帧来对发送方进行响应，这样通过跟踪每个数据包的时钟就可以及时的更新 RTT。而重传定时器则设为一个比 RTT 稍大的值。

在节点与节点的通信中，我们将时间分为离散的一段一段的时隙，时隙的宽度设为 t，数据包总是在时隙开始的一瞬间 t_0 开始发送，发送方同时打开重传定时器。当发生数据包丢失而未收到 ACK 确认帧或 ACK 确认帧中途丢失的情况时，重传定时器超时，这时，发送方将考虑在下一个时隙重传原数据包。具体重传的次数需要综合考虑：导弹间的通信链路质量无法保证，若重传次数过少将因为通信问题而损失大量的数据；而重传次数的增多必然带来网络的传输延时，不仅会降低系统的性能，而且将给后续节点带来成倍增长的数据存储要求。

实际上我们可以根据网络结构和判决融合中心的存储空间容量来给定出错重传次数。设定一个 3*3 型的导弹网络，它共有 3 个串联着的并联式子网络，每个子网络由三枚导弹组成。数据包的大小设为 m (bit)，而作为判决融合中心导弹上的存储空间设它有 n (bit)。当不考虑重传时，出现传输错误便放弃该节点的数据，结果各个判决融合中心的存储压力如表 1 所示：

表 1　无出错重传时的存储压力

融合中心	s_1	s_2	s_3
存储压力（bit）	$3m$	$6m$	$9m$

而在考虑出错重传时，情况则发生了变化，后续节点需要一再地将自身子网络的数据先保存起来，存储压力顿时提升，具体如表 2、表 3 所示：

表2 一次出错重传时的存储压力

融合中心	s_1	s_2	s_3
存储压力（bit）	3 m	12 m	18 m

表3 二次出错重传时的存储压力

融合中心	s_1	s_2	s_3
存储压力（bit）	3 m	18 m	27 m

最终我们可以得出，以一个 $a*b$ 型的网络，节点间通信数据包大小为 m，第一个分判决融合中心 s_1 无论出错重传与否，其存储压力始终为 $b*m$，而其后的分融合中心 s_i（$i>1$）当出错重传次数为 k 时，其存储压力为 $i\times(k+1)\times b\times m$。最终融合中心的存储压力则为 $a\times(k+1)\times b\times m$ (bit)，保证该数据量不超过弹上存储器空间的 k 就是网络能够承受的最大重传次数。作为一个实时系统，超过重传次数还未完成的通信，我们只能选择将其数据放弃。

3.2 拥塞控制

网络产生拥塞的根本原因在于各节点给网络提供的负载超过了网络的数据容量和处理能力，结果将导致数据包的传输时延增加，被丢弃的概率也将增大，最终造成系统性能下降。

传统的拥塞控制采用滑动串窗口机制，通过动态的改变滑动窗口的大小来实现流量控制，限制发送源端向网络输入数据的速率来达到避免拥塞的目的。影响滑动窗口大小的分别为接收端的接收窗口和发送端的拥塞窗口的大小。刚建立连接时，为了避免大量数据对网络的突然冲击，采取的是"慢启动"的方法：拥塞窗口的初始值被设为一个数据包的大小，随着通信的进行，每收到一个接收方的 ACK 确认帧认证后就适当的增大拥塞窗口的大小。一旦发现拥塞，发送方立刻将拥塞窗口减半，使拥塞窗口成几何级数递减，其发送数据的速度也将呈几何级数递减，从而化解了网络拥塞。

这样，我们需要有一个拥塞信号，用来把网络的拥塞情况及时通知给相应的分站；发送节点也应该有一定的策略来降低网络的负荷作为对拥塞信号的响应；当拥塞解除时，发送方必须有增加负荷的策略。

但是，上面提到的传统的拥塞控制机制是对应于普通网络的，实际上并不十分适合导弹网络所处的特殊环境：

（1）由于导弹网络采用的是无线通信网络，带宽有限且 RTT 较长。而在传统拥塞控制机制的"慢启动"方法中，发送方拥塞窗口的增长速度是与一次成功发送的所需时间 RTT 密切相关的。这样，由于 RTT 较长，拥塞窗口的增长速度较低，将会影响整个网络的数据吞吐量。而且由于拥塞窗口增长速度的限制，传统的发现拥塞后将拥塞窗口减半的方法很有可能导致拥塞窗口长时间不能恢复到最佳状态。这些都是需要在拥塞控制机制中做出改动的地方。

（2）一般的差错控制机制中由于网络的通信环境较好，都认为传输差错主要是由于网络拥塞引起的，于是在差错恢复中，会调整发送端的拥塞窗口大小来减轻网络的负荷。但是，在导弹网络中，引起传输差错的原因是多种的，例如通信链路的高误码率、信号衰落、连接断开等，不能把所有的差错都归罪于网络拥塞。因此，在差错控制时需要根据传输差错的真正原因来决定到底需不需要启动拥塞控制机制。

应此，我们要做的就是使拥塞控制机制能够自适应于各种网络状态，通过不激活那些不必要激活的拥塞控制机制来提高系统的数据传输性能。在网络拥塞的情况下，应该与正常的拥塞控制机制一样；而在链路断开或链路出错的情况下，应该考虑的则是重传数据而不是激活拥塞控制。

我们从数据的传送情况可以推测出网络的状态，当发送节点连续出现传输超时时，发送节点就可以认为是链路连接上出现了问题而不是网络拥塞。另外，检测导弹接收天线信号强弱的变化，也可以及时的预测链路断开的发生，甚至是由于信号衰落一起的链路的临时断开。

当检测到连接的断开时，及时通知传输层，由它来采取应急措施，不再假设网络发生拥塞，停止重传定时器的计时。具体步骤如下：当传输层被通知将出现连接中断时，接收节点将接收窗口的大小减小为零，停止接收相应节点传来的数据；对应的发送节点停止重传定时器，进入中断探测，等连接恢复时重新发送数据；当接收节点在检测到连接要出现中断时，则应该提前发送几个(至少一个)中断通知，发送节点收到后回复它一个响应信号。现在有一个问题是应该在中断前多久发送通知，正常的预警时间是保证一个中断通知到达数据发送站点，如果预警时间太早，发送站点会过早进入中断探测，在真正的连接中断发生前处于空闲，降低了通信效率；如果预警时间过晚，发送站点有可能未收到中断通知，在连接中断期间就会因为传输数据的丢失而减小自己的拥塞窗口。综合考虑，较为合理的预警时间应该选择为 RTT。

4 总结

导弹的组网攻击是一个十分复杂的问题，本文讨论的网络结构优化和网络通信方案只是其中的两个个基本方面。另外在判决融合中心进行数据融合前的预处理部分（包括各分站之间的系统误差校正、时间空间校准和量纲校准等问题），最终的火力分配方面等都仍需要进行深入的研究。

参 考 文 献

[1] 杨万海.多传感器数据融合及其应用.西安电子科技大学出版社,2004.

[2] 朱允民.多传感器分布式统计判决.科学出版社,2000.

[3] Andrew S.Tanenbaum.计算机网络.清华大学出版社,1998.

Research on the Technology of Netted Missiles

Lan You   Falin Liu

Department of Electronic Engineering and Information Science of USTC

P.O.Box,4,Hefei,Anhui，230027，youlan@mail.ustc.edu.cn, liufl@ustc.edu.cn

Abstract   The netted missiles group is addressed in this paper. Firstly, the performance of several network topologies are compared by taking system optimization into account to search a suitable network structure .Then some specific problems such as error control and congestion control in netted missiles communication are discussed.

Key words   Netted missiles；Network communication；Error control；Congestion control

基于水平集 PDEs 的时空运动目标检测与跟踪方法

于慧敏　徐艺

浙江大学信息与电子工程系

杭州玉泉浙大路 38 号，邮编：310027，yhm63519@mail.hz.zj.cn

摘　要　本文提出了一种用于背景运动时的运动目标的检测和跟踪的新方法。该方法利用光流约束方程建立一个基于时空域的全局能量函数，用于背景运动速度的估算和运动目标的检测和跟踪。通过该能量函数进行时空曲面的演化，实现时空域中的运动目标的最佳分割。时空曲面的演化采用了水平集 PDEs 方法。与传统的方法不同，背景运动速度的估算，运动目标的检测和跟踪，是同时进行的。实验表明，该方法是一种有效的运动目标检测和跟踪方法，能够自动进行背景运动补偿，有重要的研究和应用价值。

关键词　水平集；PDEs；运动目标检测；光流

1　引言

在背景运动的复杂环境下，检测和跟踪运动目标是一项非常具有挑战性的研究课题。背景运动情况，是绝大多数飞行器面临的问题。上述问题，很难用在背景静止条件下所采用的简单方法来解决。

解决上述问题关键是必须要获得背景运动参数，一般有两种基本方法。其一背景运动为已知或可通过其它非图像处理的方法获的背景运动的参数，把这些已知背景运动的参数作为输入数据，用于背景运动补偿。其二为基于场景的方法，将背景运动用参数化模型表示，根据获得的图像序列，用图像处理的方法估算背景运动参数。

在国外，不少学者将主动轮廓线应用在运动检测等方面。Paragios 和 Deriche 提出了一种测地形态学主动轮廓线水平集方法和统计模型相结合的方法，用于运动目标的检测和跟踪。在近两年的研究成果中，Mansouri[4]等人描述的多目标运动分割的水平集方法，是一种全局模型，其主要思想是利用水平集方法的区域竞争和基于运动的分割。Freedman[5] 等人利用不同运动目标的概率分布特性，将主动轮廓线应用于运动跟踪。Mukherjee等人将水平集方法应用于运动白细胞的检测和跟踪，其演化的能量函数使边界的梯度最大，在跟踪中，能量函数的修正考虑了相同细胞在时空的连惯性和形状的一致性。

目前，许多水平集方法有以下共同的缺点：不能应用于背景运动的情况；只能跟踪在跟踪开始已被确认的目标，而对跟踪过程中加入的运动目标，则无法跟踪运动目标；不能对运动边界的速度估算。为此，有学者提出了对背景运动进行补偿的运动检测和跟踪的水平集方法。其中，文献[6]的研究工作值得我们注意。他们将由摄像机运动引起的背景运动用参数化模型表示，运动分割公式化为基于运动的 Bayesian 时空分割问题，从中导出能量函数。利用 Euler-Lagrange 方程可同时估算由摄像装置运动引起的运动场和时空域中的边界曲面的运动。对应的边界曲面的演变是用水平集方法实现。它是一种时空域中的全局模型，能应用于摄像机运动的情况，而且不需要摄像机运动的先验估算。但是，文献[6]仅讨论了简单的背景运动模式，限制了其实际应用范围。

本文提出了一种新的运动分割模型，用来检测和跟踪背景运动时的运动目标。该模型是一个基于时空域中的全局模型，采用了水平集PDEs方法进行最佳分割求解。

2　运动分割模型

当采用水平集 PDEs 方法时，与分割模型密切相关的一个关键问题是待演化曲面的确定。基于图像运动信息的模型与相邻帧的图像信息有关，必须建立在图像序列上。演化曲面建立在时空域上较好，这样运动目标的边界在时空域的轨迹就是一个曲面。运动分割就转化为在时空域上，运动目标边界的轨迹曲面的优化分割。

因此，我们可以将能量模型研究公式化以下数学模型：

$$E(S,\theta)$$

这里我们将背景运动表示为参数模型，可完全用一参数矢量 θ 来表征。其中 S 为运动目标边界的轨迹曲面。

设视频图像序列 $I(x,y,t)$ 的定义域为 $D=\Omega\times[0,T]$，其中 $[0,T]$ 图像序列的采样时间。Ω 为实数开子集。设 S 为 D 域上的封闭曲面，用于表示要分割的运动目标边界的轨迹曲面。R_S 表示被 S 包围的内部区域，$R_S^c=D\setminus S$ 为 R_S 的补集。运动分割可表示为 $P_S=\{R_S,R_S^c\}$。

（1）运动分割模型

不失一般性，将背景运动参数 θ 表示为 $\theta=(u(x,y),v(x,y))$，$u(x,y)$、$v(x,y)$ 分别为图像点 (x,y) 上背景的水平和垂直移动速度，这里假设背景运动变化相对于摄像速度是比较缓慢的，在采样时间内背景在任意点的速度几乎保持不变。我们用光流表示图像的运动信息，用光流约束方程建立背景运动模型。背景的光流约束方程可表示为：

$$E_{\text{optical}}=E_x u+E_y v+E_t=0;$$

$$E_x=\frac{\partial I}{\partial x},E_y=\frac{\partial I}{\partial y},E_t=\frac{\partial I}{\partial t} \tag{1}$$

可认为背景邻域的运动速度相同的，因此，有条件：

$$|\nabla u|^2=|\nabla v|^2=0 \tag{2}$$

设 $\quad E_0(x,y,t)=(E_x u+E_y v+E_t)^2$

在无噪声等理想情况下，$E_0(x,y,t)$ 在背景点上为零，在非背景点上值较大。

因此，全局能量函数可定义为：

$$E(S,\theta)=\alpha_1\int_{R_S^c}E_0\mathrm{d}\rho+\alpha_2\int_\Omega(|\nabla u|^2+|\nabla v|^2)\mathrm{d}\rho+\alpha_3\int_{R_S}F(E_0)\mathrm{d}\rho+\alpha_4\int_S\mathrm{d}\sigma \tag{3}$$

其中函数 $F(x)$ 为单调下降曲线，例如可选取 $F(x)=\mathrm{e}^{-x^2}$。当 $|x|$ 较大时，$F(x)$ 值很小；且有 $F(0)=1$，$F(\infty)=0$。

（2）Euler-Lagrange 方程

由 $E(S,\theta)$ 可得 Euler-Lagrange 方程：

$$\begin{cases}\dfrac{\partial u}{\partial\tau}=-\dfrac{\partial E(S,\theta)}{\partial u}\\[2mm]\dfrac{\partial v}{\partial\tau}=-\dfrac{\partial E(S,\theta)}{\partial v}\\[2mm]\dfrac{\partial S}{\partial\tau}=-\dfrac{\partial E(S,\theta)}{\partial S}\cdot n=f(S,\theta)\cdot n\end{cases} \tag{4}$$

其中 τ 为算法时间变量，n 为曲面 S 的单位外法线。

（3）水平集表示和求解

设水平集函数为 $\phi(x,y,t,\tau)$，则 ϕ 的偏微分方程：

$$\frac{\partial\phi}{\partial\tau}=f(S,\theta)\cdot|\nabla\phi|$$

水平集函数 $\phi(x,y,t,\tau)$，满足

$$\begin{cases}\phi(x,y,t,\tau)<0,\text{ 如果点}(x,y,t)\text{在曲面}S(\tau)\text{内部}\\\phi(x,y,t,\tau)=0,\text{ 如果点}(x,y,t)\text{在曲面}S(\tau)\text{上的点，其中}\tau\text{为算法时间变量。}\\\phi(x,y,t,\tau)>0,\text{ 如果点}(x,y,t)\text{在曲面}S(\tau)\text{外部}\end{cases}$$

分割算法为：

a. 设定初试值 S_0, θ_0；

b. 用式（4）中的前两个方程完成一次迭代，用于估算 $\theta = (u(x, y), v(x, y))$；

c. 将上步得到的估算 $\theta = (u(x, y), v(x, y))$，计算出 $f(S, \theta)$。根据 $f(S, \theta)$，用水平集方法完成曲面 S 的一次演化；

d. 重复 a～c 步骤，直至收敛，得到背景运动参数 $\theta = (u(x, y), v(x, y))$ 和运动目标的边界在时空域中的轨迹。

3 实验结果

在这里，我们将给出该分割模型的初步实验结果。图 1～图 3 是对三段视频序列（20 帧）中的活动目标的检测和跟踪结果。实验中，用于时空曲面演化的全局能量函数为：

$$E(S, \theta) = 5 \int_{R_S^c} E_0 \mathrm{d}\rho + \int_{\Omega} (|\nabla u|^2 + |\nabla v|^2) \mathrm{d}\rho + \int_{R_S} F(E_0) st \rho + 15 \int_S \mathrm{d}\sigma \tag{5}$$

曲面演化采用了 Sparse-Field Algorithm[7] 的快速 Level Set 算法。图 1(a) 所示为空曲面的演化，其初始位置是处于边界的立体长方面。图 1(b)、图 2 和图 3 为活动目标的检测和跟踪结果。

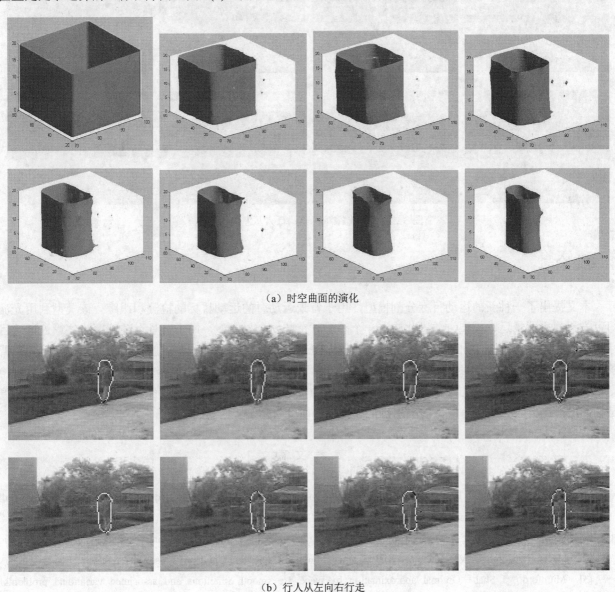

（a）时空曲面的演化

（b）行人从左向右行走

图 1 行人跟踪实验

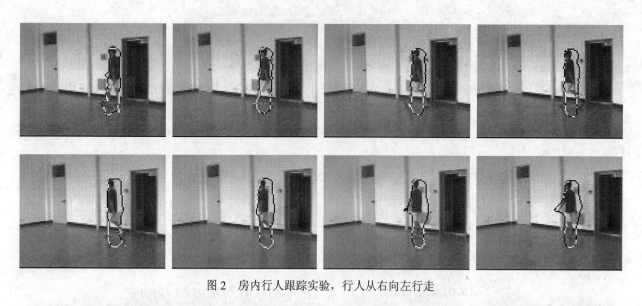

图 2　房内行人跟踪实验，行人从右向左行走

图 3　两人行走跟踪实验，行人从左向右行走

4　结论

本文提出了一种新的运动目标分割模型，用于背景运动时的运动目标的检测和跟踪。该模型利用光流约束方程建立背景运动模型，并以此构造一个基于时空域的全局模型，用于背景运动速度的估算、运动目标的检测和跟踪。时空曲面的演化采用了水平集 PDEs 方法，进行最佳分割求解。与传统的方法不同，背景运动速度的估算，运动目标的检测和跟踪，是同时进行的。实验表明，该方法是一种有效的运动目标检测和跟踪方法，能够智能的进行背景运动补偿和运动目标分割。该分割模型没有假设背景各点的运动速度是相同的，因此该方法具有广泛的应用价值和重要的研究价值。

参 考 文 献

[1]　M Kass , A Witkin. D Terzopoulous1 Snake : Active contour models.In : Brady I M , Rosenfield Aeds.Proc of the 1st Int'l Conf. on Computer Vision1 London : IEEE Computer Society Press ,1987 259～263.

[2]　Sethian J A.. Level Set Methods and fast Marching methods:Evolving Interfaces in Computational Geometry.Fluid Mechanics,Computer Vision,and Materials Science. Longdon:Cambridge University Press,1999.

[3]　Mumford , J Shah1 Optimal approximation by piecewise smooth functions and associated variational problems1 Communication on Pure and Applied Mathematics , 1989 , 42 (5) : 577～685.

[4]　Mansouri, A.-R., Konrad, J. Multiple motion segmentation with level sets. IEEE Trans on Image Processing, 2003, 12(2):

201~220.

[5] Freedman, D.Tao Zhang. Active contours for tracking distributions. IEEE Trans on Image Processing, 2004, 13(4): 518~526.

[6] Feghali,R. Mitiche,A. Spatiotemporal motion boundary detection and motion boundary velocity estimation for tracking moving objects with a moving camera: a level sets PDEs approach with concurrent camera motion compensation. IEEE Trans on Image Processing, 2004, 13(11): 1473~1490.

[7] Ross T. Whitaker, A Level-Set Approach to 3D Reconstruction Rrom Range Data, The International Journal of Computer Vision, 29(3), October,1998,pp.203-231

A Spatiotemporal Motion Detection and Tracking with Level Sets PDEs

Yu Huimin   Xuyi

Department of Info and Electronics Engineering, Zhejiang University

38 Zheda Road, Hangzhou，310027, P.R.China，yhm63519@mail.hz.zj.cn

Abstract　A method of detection and tracking moving objects with a moving background is proposed. This method interprets detection and tracking as global spatio-temporal energy function by optical flow and estimates simultaneously the motion of background. The optimal segmentation of moving objects in spatio-temporal domain is achieved by the energy function that is used to deform the spatio-temporal curves. The level sets PDEs approach is used for the evolvement of the curves in spatio-temporal domain. Compared with traditional methods, the method allows the detection and tracking of multiple objects with estimating simultaneously the motion of background. Experimental results show that the proposed method is much powerful than other traditional methods.

Key words　Level sets methods；PDEs；Moving object detection；Optical flow

利用嵌金属丝药柱调节固体火箭发动机工作特性的计算研究

张有为   王晓宏

中国科学技术大学热科学和能源工程系， zhangyw@ustc.edu.cn   xhwang@ustc.edu.cn

摘　要　本文提出了一种改进现有的嵌金属丝提高药柱燃速技术实现调节火箭发动机工作特性的方案，通过在金属丝吸热部分加入负热流改变沿金属丝燃速来改变发动机工作压力，实现对推力的调节，文中对此方案的可行性进行了研究计算。计算结果表明，本文提出的方案能够在一定范围内实现对火箭发动机工作特性的调节，推力大小随着负热流密度的增加很快减小，两者近似成线性关系；从加入负热流密度到推力重新稳定有一段滞后时间，滞后时间随负热流密度的增加快速上升。

关键词　固体火箭发动机；端燃药柱；嵌金属丝；推力调节

1　引言

智能导弹是现代战争制胜的关键武器之一，智能导弹的可控性要求能够根据需要对发动机工作特性实行调整，固体火箭发动机虽具有结构简单、反应快等优点，但固体火箭发动机推力不易调节[1]影响了固体火箭发动机的智能化发展。目前针对固体火箭发动机推力调节问题有改变喉部截面积、质量加入等多种方案[2]。在推进剂中嵌入金属丝利用其良好的导热性来加快对药柱的传热是一种能成倍提高燃速和发动机推力的物理方法[1,3]。我们对嵌金属丝端燃药柱发动机的工作特性已进行了研究计算[4]，计算表明嵌入金属丝使燃速提高、药柱燃面增大并以金属丝为对称轴形成锥孔，锥孔母线近似为直线；沿金属丝燃速随金属丝导热系数、金属丝熔点的增大而增大，随金属丝比热的减小而增大；存在一个最佳金属丝直径使沿金属丝燃速达到最大值，计算结果与试验结果相符[3,5]。本文提出了一种改进现有的嵌金属丝提高药柱燃速技术来实现调节发动机工作特性的方案，通过在金属丝吸热部分加入负热流改变沿金属丝燃速来改变燃烧室工作压力，进而实现对发动机工作特性的调节，并进行了计算研究。计算中我们参考了已有的嵌金属丝药柱燃烧问题的数学模型[3]，并补充了发动机燃烧室、端燃药柱控制方程进行数值求解，研究了通过对金属丝吸热部分加入负热流来调节推力的可行性，并进一步计算了推力和滞后时间随负热流密度的变化。

2　数学模型

本文只考虑在端燃药柱的对称轴位置嵌入一根金属丝的情况，如图 1 所示。

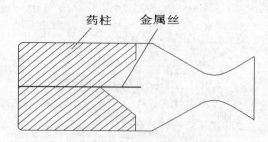

图1　嵌金属丝端燃药柱火箭发动机示意图

2.1　燃烧室控制方程

假定燃烧室内气体为理想、完全气体，由质量守恒得到燃烧室压力控制方程为：

$$\rho_p \dot{V}_p - \dot{M} = \frac{p\dot{V}_p}{RT} + \frac{V}{R}\left[\frac{1}{T}\frac{\mathrm{d}p}{\mathrm{d}t} - \frac{p}{T^2}\frac{\mathrm{d}T}{\mathrm{d}t}\right] \tag{1}$$

式中，p、V、T 分别为燃烧室压力、自由容积、温度，ρ_p 为药柱密度，$\dot{V}_p$ 为单位时间药柱燃烧的体积，$\dot{M}$ 为喷管质量流量。

由能量守恒，燃烧室温度控制方程为：

$$\frac{\mathrm{d}T}{\mathrm{d}t} = \frac{\left(q\rho_p\dot{V}_p - \dot{M}h - Q_{ap} - Q_{af}\right)}{C_p\rho V} \tag{2}$$

式中，q 为药柱燃烧热，C_p 为燃气定压比热，Q_{ap} 和 Q_{af} 分别为燃气与药柱和金属丝的换热率。

2.2 药柱控制方程

假定药柱为均匀各向同性材料，药柱轴对称传热方程为：

$$\frac{\partial T_p}{\partial t} = \alpha_p\left(\frac{\partial^2 T_p}{\partial r^2} + \frac{\partial^2 T_p}{\partial z^2} + \frac{1}{r}\frac{\partial T_p}{\partial r}\right) \tag{3}$$

边界条件与金属丝换热面给定热流密度；与燃烧室壁面接触面给定绝热边界条件；在药柱与燃气换热面上采用文献[3]中的做法，以温度等于药柱燃点的等温面为药柱与燃气换热面。由于药柱与燃气换热面为运动边界，因此补充边界条件

$$\varepsilon_p\sigma\left(T_g^4 - T_p^4\right) + h_A(T_g - T_p) = -k_p\frac{\partial T_p}{\partial n} \tag{4}$$

式中，T_g 为燃气温度，h_A 为对流换热系数，ε_p 为发射率，σ 为黑体辐射常数，k_p 为药柱导热系数，n 为药柱与燃气换热面外法线方向。

2.3 金属丝控制方程

假定金属丝为均匀各向同性材料，金属丝传热过程为一维过程，根据文献[3]，当金属丝与药柱接触部分上若某一点达到药柱燃点，则与金属丝接触的药柱立即燃烧，且沿金属丝燃速 r_f 即为该点移动的速度。

对金属丝与燃气换热部分，已达到熔点的金属丝在吸热后熔化，由热平衡方程求出金属丝熔化速度即端点 Z_h 的速度，即

$$\frac{\mathrm{d}Z_h}{\mathrm{d}t} = \left(\left(\varepsilon_f\sigma\left(T_g^4 - T_m^4\right) + h_A(T_g - T_m)\right)(D + 4L_m) - Dk_f\left.\frac{\partial T_f}{\partial z}\right|_{z=Z_m}\right)\bigg/ D\rho_f\lambda_f \tag{5}$$

式中，D 为金属丝直径，k_f 为金属丝导热系数，ε_f 为金属丝发射率，ρ_f 为金属丝密度，λ_f 为金属丝熔化潜热，L_m 为金属丝上温度为熔点 T_m 部分的长度。对温度低于金属丝熔点的其余部分，传热方程为：

$$\frac{\partial T_f}{\partial t} = \alpha_f\frac{\partial^2 T_f}{\partial z^2} + w \tag{6}$$

金属丝与药柱换热部分

$$w = \frac{4}{D\rho_f c_f}\cdot q_{fp}'' \tag{7}$$

金属丝与燃气换热部分

$$w = \frac{4\left(h_A(T_g - T_f) + \varepsilon_f\sigma\left(T_g^4 - T_m^4\right)\right)}{D\rho_f c_f} \tag{8}$$

式中，c_f 为金属丝比热，q_{fp}'' 为金属丝与药柱的热流密度。边界条件为上边界给定金属丝熔点，下边界给定绝热边界条件。

3 计算结果及分析

在数值求解药柱轴对称传热方程(3)和金属丝一维传热方程(6)时，我们在时间上采用前差格式，空间上采用中心差分格式。选取药柱直径 $D_p = 100$ mm，长度 $L = 600$ mm，药柱密度 $\rho_p = 1\,690$ kg/m³，药柱燃烧热 $q = 2\,600$ kJ/kg，在其对称轴位置嵌入一根直径 0.2 mm 的银丝。喷管喉部直径 $d_t = 40$ mm，喷管出口直径 $d_e = 82$ mm，燃气比热比 $\gamma = 1.25$，大气压强为 0.1 MPa。通过数值求解我们研究了嵌金属丝端燃药柱发动机点火工作过程以及通过在金属丝吸热部分加入负热流调节推力大小的可行性。

3.1 嵌金属丝端燃药柱发动机点火工作过程

计算结果显示发动机点火后较短时间内，药柱端面燃烧放出热量使燃烧室压力迅速上升到 4.5 MPa 左右并趋于稳定，在未嵌入金属丝的情况下，该压力即为发动机稳定工作压力，如图 2 中虚线所示。而由于药柱中嵌入的金属丝暴露在燃气中的部分被加热，并将热量迅速传导给药柱内的金属丝，使紧贴金属丝表面的药柱达到其燃点后被点燃，且沿金属丝燃速 r_f 大于火药燃速，从而形成锥孔。锥孔将不断增大直至锥孔底边扩大到药柱外径（见图 3），药柱燃面随着锥孔的增大也不断增大，计算结果与试验结果相符[5]。燃

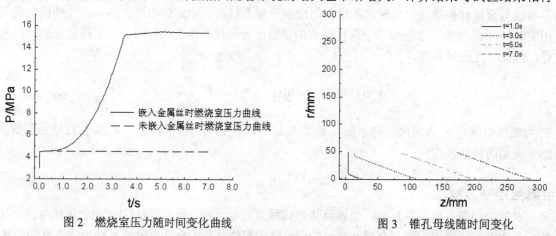

图 2 燃烧室压力随时间变化曲线　　　　　图 3 锥孔母线随时间变化

烧室压力随着燃面的扩大继续升高，直到燃面稳定。图 4、图 5 分别给出了沿金属丝燃速 r_f 和药柱燃面面积随时间变化曲线。图 6 给出推力随时间的变化曲线，图中虚线为药柱中未嵌入金属丝时的推力曲线。

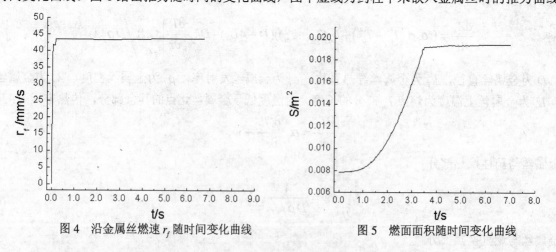

图 4 沿金属丝燃速 r_f 随时间变化曲线　　　　图 5 燃面面积随时间变化曲线

3.2 在金属丝吸热部分加入负热流调节推力大小可行性研究

假定在金属丝吸热部分均匀的加入负热流密度 q''_{fd}，则（8）式变为

$$w = \frac{4\left(h_A(T_g - T_f) + \varepsilon_f \sigma(T_g^4 - T_m^4) - q''_{fd}\right)}{D\rho_f c_f} \tag{9}$$

3.2.1 对已进入稳定工作状态的发动机进行推力调节研究计算

图 7～图 11 分别为发动机点火 4.0 秒后在金属丝吸热部分加入负热流密度 q''_{fd} =1 000 kW/m² 时的燃烧室压力、锥孔母线形状、沿金属丝燃速、燃面面积、燃烧室温度及推力随时间的变化。从图 7 中可以看出，发动机点火约 3.5 秒后已进入稳定工作状态。这时推力约为 3.02×10^4 N，燃烧室压力约为 15 MPa，燃面面积为 0.019 m²，锥孔半顶角为 24°。点火 4.0 秒后均匀加入的加入负热流密度 q''_{fd} 使金属丝对药柱的导热量减小，沿金属丝燃速由 43.5 mm/s 很快减小到 35.7 mm/s。由于热惯性的影响，燃面面积并没有随着沿金属丝燃速的减小立即变小，而是逐渐减小并且在 2.5 秒以后进入新的稳定状态，这时燃面面积为 0.017 m²，锥孔半顶角为 27°。

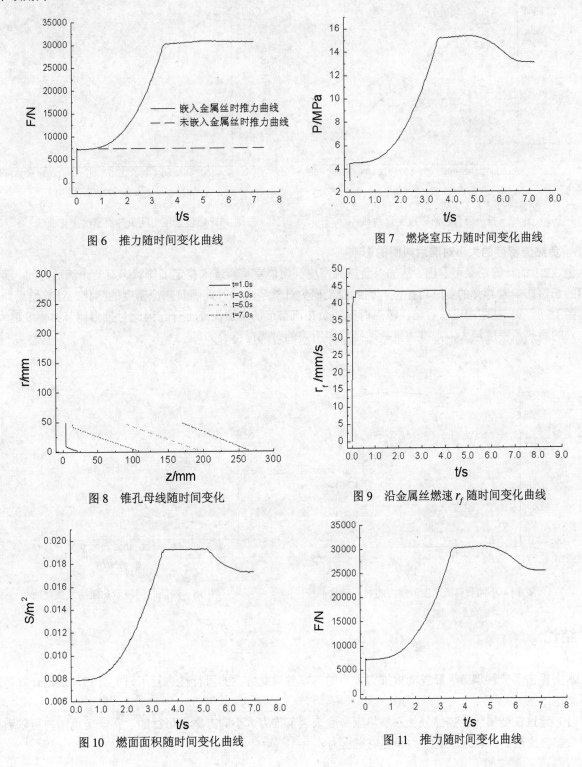

图 6　推力随时间变化曲线

图 7　燃烧室压力随时间变化曲线

图 8　锥孔母线随时间变化

图 9　沿金属丝燃速 r_f 随时间变化曲线

图 10　燃面面积随时间变化曲线

图 11　推力随时间变化曲线

图 11 显示燃面面积的变化使推力发生变化，推力在加入负热流密度后逐渐减小并且在 2.5 秒以后进入新的稳定工作状态，这时推力约为 2.55×10^4 N 。

3.2.2 负热流密度的大小对推力的影响

我们研究计算了在金属丝吸热部分加入不同大小的负热流密度对推力和燃烧室工作压力的影响。图12、图13分别为加入负热流密度重新稳定后的推力和燃烧室工作压力随负热流密度的变化曲线。从图中可以看出，随着负热流密度的增加，推力和燃烧室稳定工作压力很快减小，且近似成线性关系。这样在一定范围内可以通过改变负热流密度的大小来改变推力，因此我们提出的通过在金属丝吸热部分加入负热流密度来调节推力大小的方案是可行的。

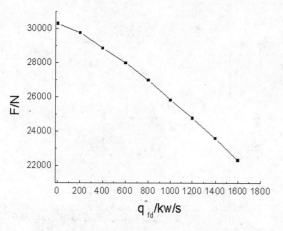

图 12　推力随负热流密度变化曲线 　　　　　　　　图 13　燃烧室压力随负热流密度变化曲线

3.2.3 负热流密度的大小对滞后时间的影响

由 3.2.1 的计算结果可看出，从加入负热流密度到燃烧室重新进入稳定工作状态有一个滞后时间。滞后时间的长短影响着导弹的实时可控性，因此我们研究计算了滞后时间随负热流密度的变化，计算结果如图14、图15所示。从图中可以看出，滞后时间随负热流密度的增加快速上升。因此对推力调节的幅度越大，需加入的负热流密度越大，则推力重新达到稳定所需的时间也越长。

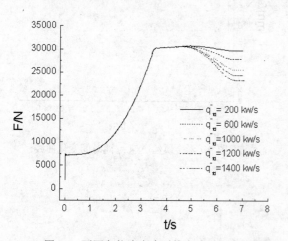 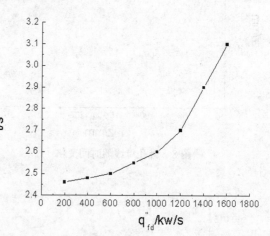

图 14　不同负热流密度时推力随时间变化曲线 　　　　　图 15　滞后时间随负热流密度变化曲线

4　结论

本文提出了一种调节火箭发动机推力大小的方案并对此方案的可行性进行了研究计算，通过计算得到以下结论：

（1）通过在金属丝吸热部分加入负热流密度来调节推力大小的方案是可行的，在一定范围内可以通过改变负热流密度的大小来改变推力和燃烧室压力。

（2）从计算结果可以看出，推力及燃烧室工作压力随着负热流密度的增加很快减小，且近似成线性关系。

（3）由于热惯性的影响，从开始加入负热流密度到燃烧室工作压力重新稳定有一段滞后时间，滞后时间随负热流密的增加快速上升。因此对推力调节幅度越大，需加入的负热流密度也越大，则推力重新稳定所需时间越长。

参 考 文 献

[1] 董师颜，张兆良. 固体火箭发动机原理[M]. 北京：北京理工大学出版社，1996.

[2] 徐温干. 固体火箭发动机推力大小调节技术的发展[J]. 推进技术，1994,1：39-44.

[3] 王元有等. 固体火箭发动机设计[M]. 北京：国防工业出版社，1984.

[4] 张有为，王晓宏. 嵌金属丝端燃药柱火箭发动机数值模拟.

[5] 杨永芳，武广建. 嵌金属丝装药的燃烧规律及单室双推力发动机设计[J]. 推进技术，1980，2：11-32.

Numerical Research of Adjusting Working Characteristic Of Solid Rocket Motor By Using Embedded-Wire Grain

Zhang Youwei   Wang Xiaohong

Dept. of Thermal Science and Energy Engineering, University of Science and Technology of China

zhangyw@ustc.edu.cn   xhwang@ustc.edu.cn

Abstract   In this article, we have proposed a method to adjusting working characteristic of solid rocket motor by improving the technique of increasing burning-rate by embedding wire in grain, that is we accommodate chamber pressure and thrust by changing burning-rate through attaching negative quantity of heat to endothermic part of wire. Feasibility of this method is investigated by numerical research. Results show that the method can adjust working characteristic of solid rocket motor in a certain range. Magnitude of thrust decrease rapidly and linearly with the increase of negative quantity of heat. There exists a delay time from attaching negative quantity of heat to the ending of variation of chamber pressure. The delay time rise quickly with the increase of negative quantity of heat.

Key words   Solid rocket motor；End-burning grain；Embed metal wire；Adjust thrust

热电微型燃烧器在微型飞行器应用中的基础研究

周俊虎　张永生　杨卫娟　刘茂省　岑可法

能源洁净利用与环境教育部重点实验室，浙江大学热能工程研究所

enejhzhou@zju.edu.cn

摘　要　该文对微型飞行器中利用燃料在微尺度燃烧器中燃烧产生的能量作为动力系统做了分析。对微型燃烧器内燃烧产生的热能通过热电转化的途径转化为电能的实验研究进行了描述，得到了实验条件下流量、温度、输出电压和转化效率间的关系。发现壁面温度随流量呈正比关系，输出电压和功率随流量的增大而增大，系统的能量转化效率随流量的增大而减小。实验中获得的最大输出电压为 1.84 V、最大输出功率为 92 mW，最大转化效率为 0.26%。

关键词　微燃烧；热电转化；热电转化效率；输出功率

1 微燃烧在微型飞行器中应用可行性

微型飞行器(Micro Air Vehicle, MAV)概念是 1990 年代提出的。根据美国 DARPA(Defense Advanced Research Projects Agency)提出的要求，微型飞行器的基本技术指标是:飞行器各个方向的最大尺寸不超过 15 厘米，续航时间 20～60 分钟，最大航程为 1～10 km，飞行速度 30～60 km/h，可以携带有效载荷 1～18 g，可实现图像传输，能自动飞行[1, 2]。

通常，微型飞行器由若干子系统构成，涉及诸多专项技术，诸如微型电源和动力技术、弱功率下的信号传输技术、微型飞行控制技术等等。微型动力装置是目前微型飞行器发展所面临的制约因素之一。微型动力装置是微型飞行器的关键设备，它需要在极小的体积内产生足够的能量并转换为微型飞行器的驱动力以及维持机载设备工作所需要的电能。如果具备了高性能的微型动力系统，就可以克服微型飞行器在空气动力方面的许多不足[2]。但是研制高功率密度和高能量密度的微型动力装置和微型动力源同样面临着十分突出的技术困难。

目前处于实验阶段的微型飞行器中能源的供应方式主要有：电化学电池（如镍铬电池、镍氢电池、锂电池等）、燃料电池、微燃气轮机发电、太阳能电池、热光电发生装置等。而前三者由于功率密度大约在 300mW/g 和能量密度在 700J/g 而被认为是最有前途的微型飞行器的能源提供者[3]。同时目前在研发中的微型动力装置种类较多。有微型燃料发动机，如微型火箭发动机、微型脉动式喷气发动机、微型涡轮发动机、微型内燃机等，也有微型电动机。

传统化学电池能量密度比较低（见表 1），这样在质量很小的微型飞行器中它所占的质量比例就很大了。由加州理工学院、AeroViroment 公司和加州大学洛杉矶分校（UCLA）联合研究的 Microbat 的第二架微型飞行器使用 3 g 质量的可充式 Ni-Cad 电池作动力源(图 1)。它的最长持续飞行时间为 22 s，质量为 10.5 g，可见它的电源系统占了总质量的将近 30%，而且持续飞行时间很短[4]。

表 1　燃烧和电池能量密度对比

燃烧	能量密度 W（hr/Kg） （假设转化效率为 20%）	电池	能量密度 W（hr/kg）
氢气	7 964	锂/金属硫化物	325
甲烷	3 053	锂/锰氧化物	200
乙烷	2 772	锂聚合物	130
丙烷	2 670	锂离子	90

图 1　Microbat 微型飞行器　　　　　　　　　　图 2　微型扑翼机器昆虫

此外，Vanderbilt 大学正在发展一种利用压电原理驱动机翼的微型扑翼机器昆虫(图 2)。这种人工昆虫的翼展为 5 g，而机翼驱动系统由陶瓷压电材料制成并由质量约为 15 g 的锂电池供电，可见它的电池也是相对很重[5]。

Aero Vironment 公司还尝试了由燃料电池单独驱动的飞行器"大黄蜂"，试验飞行时间为 5 min。该公司认为造成这次飞行时间太短的主要原因是，在加州干旱的气候环境下，燃料电池很快就会因为变干而不能工作。在这次试验中共飞行了三次，在每次飞行之间燃料电池都必须先恢复到一定的湿度，这表明燃料电池还需要进一步发展。发电机隐藏在机翼的下面。平均输出功率为 10 W，直接供给螺旋推进器发动机，不需要任何中介的电池、电容器和其他的存储设备。电源还要供给无线电控制系统和其他系统[6]。IGR 公司研发的是一种微型飞行器专用的质量极轻的一次性固体氧化物燃料电池。这种电池的能量密度达到普通商用锂电池的 2～4 倍[3]。

康涅狄格州 D-STAR 工程公司正在发展的是一种高功率质量比(1 马力/磅，约合 1.6 W/g)、低油耗、具有较好隐身性能的二冲程微型内燃机[1]。

微型涡轮发动机被认为是很有前途的动力装置，麻省理工学院展开了硅基 MEMS 微型燃气涡轮发动机/发电机的研究。这种装置的微型涡轮直径只有 21 mm，采用氢做燃料。预计工作转速每分钟 100 万转左右，可以产生约 1/10 N(10.2 g)的推力。不过从公开的文献看到他们现在更多的是在对微结构下燃烧进行了较多的研究[7~9]。

TECHSBURG 公司为未来的先进微型飞行器研究的是一种机载热电式(温差)发电机(TEG)。这种发电机可把微型飞行器发动机的废热直接转换成可供机载电子设备使用的电能，从而有效提高微型飞行器的续航时间和执行任务的能力[10]。

微型飞行器在进行自主飞行的同时，需要与地面控制站进行飞行和控制信息的实时传递以及视频、音频等数据的传输。微型飞行器上用于数据或信息传输的无线电设备需要消耗一定的电能，以保证信号有足够的传输距离。但随着微型飞行器尺寸的缩小，其动力源可提供的功率受到极大地限制。因此，在设法提供更高功率的机载动力源的同时，也需要功耗更低、效率更高的数据通信系统和控制系统[1]。

可见动力、电力供给是限制目前微型飞行器的主要因素之一。另一方面，由于气体的燃烧具有比电池高将近 100 倍的能量密度（表 1、表 2），国际上目前对微燃烧开展了多方面的研究。科学家们尝试通过微燃烧产生的能量以涡轮机驱动、热电转化、热光电转化、热电子等转化方式来产生微动力驱动机械装置或直接转化为电能形成可以有效利用的能源。

可见在微型飞行器的动力和电力支持上，现在并没有一个比较好的解决方案。我们设想通过燃烧氢气和其它低碳烷烃产生的高温烟气驱动微型涡轮发动机来作为微型飞行器的动力设备。同时由于燃烧器内高温燃烧跟外部存在巨大的温差，利用热电转化，我们可尝试将这部分热能转化为电能，以作为微型飞行器上耗电设备的电源。

在微燃烧能量利用方式中，对没有运动部分的转化途径而言，通过热电转化能量的转化效率相对较高，而且结构较为简单。通过先进的微型加工工艺 MEMS 加工能够很好的集成热电单元，在微型化的过程中工艺实现方便。同时在高温下硅基半导体具有最优化的热电转化效率，因此通过 MEMS 加工设备同时集成硅基热电元件是一种比较理想的选择。

S.B. Schaevitz 等[11]以氢气为燃料、铂为催化剂的微燃烧器可在 500 ℃ 稳定运行，能够产生 7V 的稳定电压，但设备的热电转化效率较低，只有 0.02％。F. Ochoa 等[12]以 Bi2Te3 为电镀材料构造了称为 Swiss-roll 的燃烧器进行热电转化结构。将微燃烧室的高温能量通过壁面热电材料的热电转化的途径转换成电能，同时设计的这种结构增加了对流换热，预热了反应物，降低了散热损失。G. J. Snyder 等[13]认为在 3% 的转化效率下，热电转化依然有高于锂离子电池的功率密度。可见微燃烧中采取热电转化有可能是一种良好的替代电池的途径。同时在利用热电转化方式转化能量的微燃烧器中如果采取适当的方法，在提高转化效率上还有很大的空间。

但所有这些关于微燃烧的研究基本都在探索阶段，设备的转化效率不高。而且由于制造、测量的限制以及对微结构内燃烧、传热传质等机理研究的相对较少，微燃烧的应用都并不十分成熟，因此要从实验室走向应用的层面还有许多工作需要开展。本文拟通过实验来研究热电转化对微燃烧器能量的利用，探索提高微燃烧器转化效率的方法。

2 实验装置

为了对微尺度下燃烧能量利用有进一步的理解，作者设计了微小型石英燃烧器，通过热电转化装置先来研究热电转化的能量。燃烧器内通入氢气和空气，通过 10 kV 的高电压在燃烧室内产生电火花点燃混合气，燃烧产生热能，实验系统如图 3 所示。燃烧室壁面温度通过红外高温仪 Raynger3i (2ML3)测量。

在利用微型燃烧器的热电转化装置中，微燃烧器为热源，零度的冰水混合物为冷源，中间的热电转化器件将热能转化为电能。设计的燃烧装置是由三层空腔结构组成，三个腔体的高度都为 2 mm，直径为 10 mm，结构材料为石英。下面一层为预混室，氢气和空气通过不同的通道进入预混室混合。中间的一层为燃烧室，电子打火在这里打火点燃预混的气体。上面一层为烟气流出室，通过布置在流出室的烟气挡板，改变烟气的流动增强烟气和燃烧器壁面和盖板的换热。为了减小接触热阻，燃烧器最上面一层的盖板为厚度为 0.5 mm 的铜片盖板，同时在于热电元件接触的表面上涂上一层导热硅脂。热电转化器件是由串联在一起的上下两层 8 mm×8 mm 的热电材料组成，每层是有 31 对热电对串联构成。微燃烧器和热电转化装置如图 4 所示，整个结构的高为 3cm。本实验选用的碲化铋系合金是比较适合在 200℃ 左右的热源作温差发电的材料，它已大量用于制作半导体制冷元件。

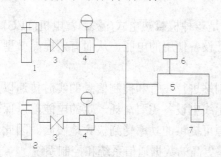

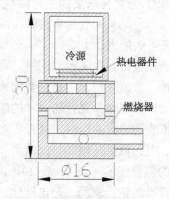

1—空气；2—燃气；3—气压调压器；4—流量计；5—微型燃烧器和热电转化装置；6—点火装置；7—红外高温仪

图 3 实验系统

图 4 微燃烧器和热电转化装置

3 实验结果和分析

运行中，氢气/空气先分别进入预混室混合，然后流入燃烧室，在燃烧室内通过 10 kV 的高电压电子打火点燃预混气体。试验中发现燃烧室中的混合气被点燃后火焰很快后退，在氢气和空气对冲扩散的交叉点形成稳定的燃烧。这样原来设计的预混室同时充当燃烧室的作用，而原来设计的燃烧室和最上面的烟气流出室一起仅仅作为烟气流通通道。在燃烧室最上面的铜片上获得一个相对较高的温度，它与冷源之间的温差使得热电材料的两端产生了温度梯度。在赛贝克效应的作用下，产生了电动势。这样最后的结果是燃料燃烧产生的一部分热能转化为电能。

实验中通过调节氢气-空气的流量及在不同的当量比下燃烧，获得不同的燃烧温度。图5、图6分别为不同当量下燃烧器预混室壁温和铜片表面温度。由图可见在一定的当量下，燃烧室壁温和铜片盖板温度随流量的增大而升高，基本上呈线性关系，这是由于大流量下参与化学反应的物质增多，反应热增多，而散热增长较为缓慢，从而导致了壁面温度升高。对比图3和图4可见相同工况下铜片的温度比预混室壁温低的并不是太多，这一方面是由于燃烧结构较小，热量从预混室传递到烟气流出室的时间较短从而温度变化较小，另一方面铜片的导热快于石英而且厚度较薄，这样也有利于温度的提高。实验中可以看到在当量比较为接近时，不同当量比间壁面温度的差值并不明显，这跟材料具有一定的热容具有一定的关系。

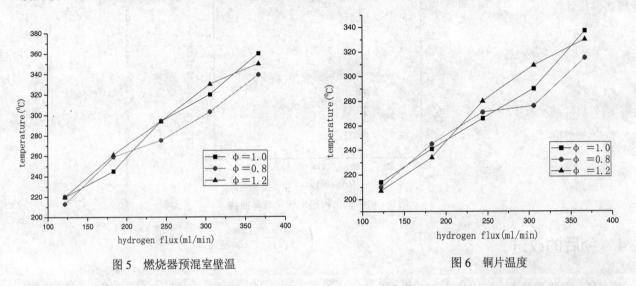

图5　燃烧器预混室壁温　　　　　　　　　　　图6　铜片温度

图7为热点转化器件的输出电压随流量的变化关系。相对应不同的电压输出和功率输出。可见输出的电压随流量的增大而升高。图8为不同当量下的转化效率，在这里我们计算的整个设备的转化效率 η 通过下式求出：

$$\eta = \frac{单位时间燃料的燃烧热}{热电器件的输出功率}$$

实验中获得的最大的系统的转化效率为 0.263%，这是文献[1]中具有催化的燃烧转化效率的 13 倍。比文献中转化效率高可能是由于热电器件较厚采用了双层结构结果。同时最大的转化效率是在小流量下获得的。实验中在大流量下取得最大的输出电压和输出功率，其值分别为 1.84V 和 92mW。

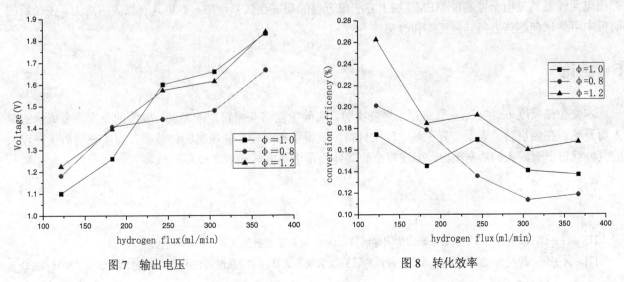

图7　输出电压　　　　　　　　　　　　　　图8　转化效率

图 9 为 $\phi=1$ 时铜片在不同温度下功率输出和燃烧效率曲线，随着流量的增加，温度的升高，由图可见整个系统的输出功率是增加的，但能量的转化效率是下降的。原因应该是随着温度升高，热电材料两侧的温差加大，从而输出电压增大，功率增大。而转化效率的下降是由于碲化铋系合金热电材料的最佳温度范围是在 200 ℃左右，当铜片温度逐渐升高，偏离最佳温度范围越来越远，从而可能导致转化效率的降低。可以预测，随着流量的继续增大，效率有可能还会继续下降。对本实验中，由于红外高温仪的测温范围在 200 ℃以上，而气体燃烧没有在预想的燃烧室而是在预混室燃烧，设计的预混室中没有考虑用热电偶来测量，对气体在更小的流量下的燃烧难以给出定性的说明。但作者此前在相同燃烧容积的石英管中的燃烧实验表明，在更小的氢气/空气混合流量下（当量时氢气流量可达到 8 m^2/min），燃烧能够维持稳定。因此在进一步的优化实验设计中相信可以在更小的流量下取得更高的转化效率，这样消耗更少的燃料，获得更大的转化效率，对微燃烧器具有很重要的意义。

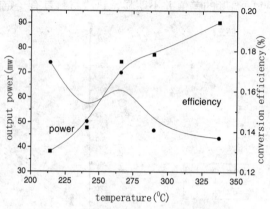

图 9　功率输出和热电转化效率曲线

4　今后的改进

在一定的温差下，可以认为每个热电单元上的电流 I 是相等的，由于输出功率 $P = I^2R$,显然如果热电器件上能够布置更多的热电单元，则输出功率会更大。但对于微型热电设备而言，太多的热电单元会增加它的体积和重量。不过由于热电材料布置的灵活性，应尽可能的考虑增大它在燃烧设备周围分布的面积。本实验中热能的利用面积很小，热电元件的面积只占整个燃烧器外表面的 5.3%，如果考虑将更多的外表面利用起来作为装置的热源，这样整个设备效率提高的空间还很大。另一方面，目前常用的热电器件有三类，它们分别是基于碲化铋、碲化铅和锗化硅材料工作的。由于材料特性的不同，它们具有不同的最佳运行温度范围，分别为<227 ℃、227~627 ℃和827~1 027 ℃左右[14, 15]。碲化铅和锗化硅材料的最优工作温度范围比碲化铋的温度高了很多，在利用燃烧产生的能量中它们应该具有更大的优势，同时以硅基材料为基础的热电元件尤其是由于可通过 MEMS 加工方法很方便的集成到微系统中，更是具有很大的潜力。在今后的研究中可尝试向这些方向开展工作和改进。

5　结论

本文在微尺度下对氢气/空气进行了燃烧实验，实验中能够获得稳定的燃烧，壁面的温度随着流量的增大而升高。在燃烧器上表面布置了热电转化材料，获得了相对较高的热电转化效率。实验表明尽管在较大的气体流量下有较大的功率输出，但在较小的气体流量下热电转化效率较高。

参 考 文 献

[1]　胡宇群. 微型飞行器中的若干动力学问题研究. 2002, 南京航空航天大学: 南京.

[2]　吴宇怀, 周兆英, 熊沈蜀等. 微型飞行器的研究现状及其关键技术. 武汉科技大学学报(自然科学版), 2003. 23(2): p.

170-174.

[3] Ashley., S.. Palm-size spy plane. Mechanical Engineering, 1998. 120(2): p. 74-78.

[4] T.N. Pornsin-Sirirak, Y.-C.T., C.-M. Ho, et al. Microbat: a palm-sized electrically powered   ornithopter. in The NASA/JPL Workshop on Biomorphic Robotics. 2000. Pasadena ,California, USA.

[5] Scott, P.. A bug's lift - the Defense Department is looking for a few good mechanical insects. Scientific American, 1999. 280(4): p. 51-52.

[6] 吴敏编译自《AW&ST》2003/6/2, http://jczs.sina.com.cn 2004 年 05 月 20 日 15:35, 《国际航空》杂志社.

[7] Waitz, I.A., Gautam, G., Tzeng, Y.-S.. Combustors for Micro GasTurbine Engines. ASME J. Fluids Eng., 1998. 20: p. 109-117.

[8] A.H. Epstein, S.D.S., O. Al-Midani, G. Anathasuresh, A. Ayon, K. Breuer, K-S Chen, P.P. Ehrich, E. Esteve,, et al. Micro-Heat Engines, Gas Turbines and Rocket Engines. in the 28th AIAA Fluid Dynamics Conference. 1997. Snowmass Village, CO.

[9] Mehra, A., et al., A six-wafer combustion system for a silicon micro gas turbine engine. Journal of Microelectromechanical Systems, 2000. 9(4): p. 517-527.

[10] J. Fleming, W.N., S. Ghamaty. Thermoelectric-based power system for UAV / MAV applications. in American Institute of Aeronautics and Astronautics. 2002.

[11] S.B. Schaevitz, A.J.F., K.F. Jensen, M.A. Schmidt. A Combustion-Based MEMS Thermoelectric Power Generator. in The 11th International Conference on Solid-State Sensors and Actuators. 2001. Munich, Germany.

[12] F. Ochoa, C.E., P. D. Ronney, B. Dunn. thermal transpiration based microscale propulsion and power generation devices. in 7th International Microgravity Combustion Workshop. 2003. Cleveland, OH.

[13] Snyder, G.J., et al.. Thermoelectric microdevice fabricated by a MEMS-like electrochemical process. Nature Materials, 2003. 2(8): p. 528-531.

[14] Rowe, D.M., Thermoelectrics. an environmentally-friendly source of electrical power. Renewable Energy, 1999. 16(1-4): p. 1251-1256.

[15] 刘静，李敬锋. 热电材料的应用及研究进展. 新材料产业, 2004. 129(8): p. 49-53.

The Basal Study of Thermoelectric-microcombustors Apply on Micro Air Vehicle

Zhou Junhu, Zhang Yongsheng, Yang Weijuan, Liu Maosheng, Cen Kefa

Clean Energy Environment Engineering Key Laboratory of Ministry of Education, Institute for Thermal Power Engineering, Zhejiang University, Hangzhou, 310027, China

enejhzhou@zju.edu.cn

Abstract Thermoelectric-microcombustors applying on MAV was discussed. The experiment that the thermal energy of the microcombustor converted into electricity by the thermoelectric device was described in this paper. It draws some conclusions about flux, temperature, output voltage, output power, and conversion efficiency. The microcombustor surface temperature increases with flux proportionally. While the flux increases, the output voltage and the power of the device increase too but the conversion efficiency decreases. In this experiment, the maximum output voltage, the output power and the conversion efficiency are 1.84V, 92mW and 0.26% respectively.

Key words Microcombustion；Thermoelectric-microcombustor；Conversion efficiency；Output power

电推进弹载微小型无人机控制技术研究

周志闽 王华

北京航空航天大学宇航学院

北京市海淀区学院路 37 号，邮编：100083，orientalzh@yahoo.com.cn

摘　要　在现代战争中无人机正越来越受到青睐，当前世界军事技术发达国家也都加紧对各型号各类型无人机的研究工作。弹载无人机是一种新概念无人机，它以现役武器为平台，有效解决了普通电动力无人机作战半径小、机动性能差等问题，是一种有着广泛使用价值的新型无人机。本文重点讨论这种新型电推进弹载微小型无人机的控制技术相关问题。

关键词　电动力；弹载；微小型无人机；控制技术

1　引言

信息化是未来战争的主要特征，未来战争以机械化的装备平台为载体，以大量使用的信息化武器为支撑，以信息为主导，以能量为后盾。信息化战争时代，信息、指挥、精确打击成为战争的主要要素。

无人机已经成为未来战争中的重要作战平台，越来越多的国家对高性能无人机表现出了极大的兴趣。已经有越来越多各种类型各种型号的无人机在现在战争中被使用。微小型无人机系统是 20 世纪 90 年代由美国等国家开始发展的融合机器人技术、先进的动力与推进技术、微型化技术等先进技术的新概念武器，它不但在基础理论、设计、制造与试验技术等方面是革命性创新，而且将对 21 世纪的战争模式带来革命性的影响。

微小型无人机具有储存、运输和发射便利的特点以及灵活的机动性，已经成为未来战场上不可或缺的武器装备。在微小型无人机中，传统的油动力因为点火可靠性差，储存运输困难等问题将逐渐被使用电动力的微小型无人机所取代。

由于高能量密度电池技术的限制，使得电动力无人机在飞行时间和作战范围等方面受到一定的局限。使用炮射或弹载无人机技术可以有效解决电动力无人机在这方面的不足，大大提高无人机的综合作战性能。

炮射/弹载微小型无人机是利用火炮直接发射或利用炮弹、火箭弹、导弹或布撒器等将其运载至预定作战区域抛撒的一种新概念武器系统。炮射/弹载微小型无人机发射前和发射中具有与常规炮弹或子弹药一样的形态，发射或抛撒后机翼和尾翼展开，成为无人机。在未来局部战争中，它可完成精确打击、侦察、中继通信、目标指示、战场毁伤效果判定以及干扰等多种任务。

电推进炮射/弹载无人机具有的优点为：

（1）反应迅速，接到命令后，可以快速飞抵目标上空执行任务；

（2）同炮兵弹药一样，储存时间长，维护、运输方便，发射、使用简单；

（3）充分利用现役武器平台；

（4）航迹可控、机动灵活；

（5）同其他电动力无人机比较，具有较长的飞行时间和飞行距离；

（6）可靠性较普通油动力无人机高；

（7）成本低。

2　国外弹载无人机研制情况分析

当前世界军事技术发达国家都在对弹载/炮射微小型无人机进行着广泛的研究。美国陆军和海军、俄罗斯陆军等都有在研项目。其中电动力弹载微小型无人机的典型代表是美国陆军在研的 WASP（炮射广域侦察弹）。

WASP 的主要性能参数如表 1 所示：

表 1　WASP 主要性能参数

参数项目	参数值	参数项目	参数值
巡航范围	48 km	发射过载	12 000 g
巡航速度	96.54 km/h	无人机质量	3.9 kg
最大速度	144.81 km/h	无人机长度	49.53 cm
最大爬升速率	2.44 m/s	翼展	1.27 m
巡航时间	30 min	通信范围	80 km
巡航高度	1 200 m		

1998 年，通过对火箭发动机、电动发动机、汪克尔发动机（转子活塞发动机）、2/4 冲程内燃发动机四种发动机的各方面性能进行比较，综合分析后预选了 2 冲程发动机。2002 年时，WASP 又选用了全电动式推进系统，利用锂—卤氧化物（Li/SOCI）蓄电池来驱动无刷直流电机。与电动系统相比，虽然内燃发动机拥有较高的动力与能量密度，但由于高过载下的生存能力、可靠启动能力、高海拔运转能力和后勤上的不利条件的限制，最后还是选用了全电动方案。

3　控制系统的组成、作用

炮射/弹载微小型无人机由于使用炮射或者弹载抛撒的特殊发射形式，在发射或抛撒过程中无人机将承受巨大的冲击过载，炮射/弹载微小型无人机的结构和控制系统较普通无人机需要更完善的抗过载技术。

无人机由炮射或弹载抛撒后，将在空中自动完成"弹"—"机"转换。无人机在弹道上某点将抛出状态转换伞稳定无人机姿态和控制无人机速度，随后展开折叠或充气机翼和折叠尾翼，在控制系统作用下，无人机开始拉起，并随之进入巡航飞行阶段。弹载无人机工作示意图如图 1 所示。炮射型无人机的工作过程与之类似，其进行"弹"—"机"转换之前以炮射弹道飞行。

在进行演示样机研制时，电动力弹载微小型无人机采用程控与遥控组合的控制方式，其中包括四种飞行控制模式：PIC（RC 发射机遥控模式）、RPV_RC（驾驶仪飞行稳定控制，RC 发射机控制飞行方向、高度、速度）、RPV_RF（驾驶仪飞行稳定

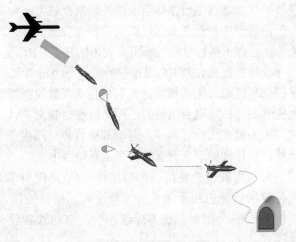

图 1　弹载无人机示意图

控制，地面站控制飞行方向、高度、速度以及航迹点等）和 UAV 完全自主飞行控制模式，炮射/弹载微小型无人机使用多种控制模式有助于它根据实际需要完成各种不同任务，也有利于在研制过程中进行不同验证试验时选用不同的飞行模式。在飞行过程中，可以使用相应的控制信号使无人机在不同的飞行模式之间进行切换。无人机控制系统原理框图如图 2 所示。

在该控制系统中，机载控制器的核心是一台飞行自动驾驶仪和一个程序控制计算机，它们对电机速度控制器和舵机给出控制信号来实现对无人机飞行速度和飞行姿态的控制。程序控制计算机和自动驾驶仪在不同时段分别对无人机进行控制。

无人机由炮射或弹载抛撒后，程序控制计算机启动，在达到弹道的某点时，无人机打开状态转换伞，该伞稳定无人机的姿态和降低无人机速度。当无人机经减速达到"弹"—"机"转换预定的速度时，展开折叠或充气机翼和折叠尾翼，此时程序控制计算机根据预先设定的水平尾翼控制率对水平尾翼进行控制，

无人机开始拉起，由弹道飞行进入巡航飞行。进入巡航飞行状态后，可以根据实际任务的需要选择不同的飞行模式。例如，在地面控制人员与目标体距离不远的时候（如城市反恐），可以使用 PIC（RC 发射机遥控）飞行模式或 RPV_RC（驾驶仪飞行稳定控制，RC 发射机控制飞行方向、高度、速度）飞行模式。在需要较远距离执行任务时，可以采用 RPV_RF 或 UAV 飞行模式。

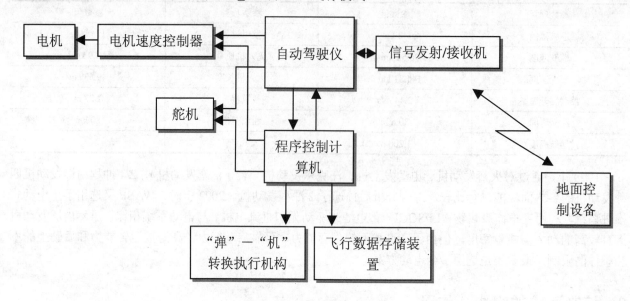

图 2 弹载无人机控制系统原理框图

无人机中装备一台信号发射与接收装置，其中配备一台普通 RC 遥控信号接收机和一台可以与地面控制站远距离通信的电台。该装置通过接收地面的控制信号控制自动驾驶仪的工作模式。在无人机飞行过程中，该装置可以接收地面 RC 遥控信号和地面控制站发出的指令信号，也可以将无人机在执行任务过程中获取的信息通过电台下传至地面控制站。通常地面 RC 遥控装置对无人机控制的范围有限但操作灵活，适合于在城市中执行任务或短距离侦察和攻击。除此之外，地面控制站与电台之间可以进行较远距离的信号通信，适合于执行目标区域距离较远的任务。RC 遥控模式优先级高于其他控制模式，也就是说，信号发射与接收装置在接收到 RC 遥控信号时，马上进入遥控飞行模式，在地面 RC 遥控装置关闭或无人机飞出 RC 遥控信号区域，无人机则转换到由自动驾驶仪根据预先设定的程序进行控制的完全自主飞行模式或通过地面控制站与机载电台通信的远距离航迹控制。

无人机在飞行过程中，自动驾驶仪自动产生无人机相应的飞行数据和姿态数据，这些数据由程序控制计算机进行预处理、分析并保存至存储器中。

自动驾驶仪中使用三个微型计算机，MP 计算机用于导航和任务控制以及与地面控制站的通信，FP 飞行控制计算机用于飞机的飞行控制和增稳控制。另外还有一个专用处理器用于 RC 遥控接收机和侍服舵机的控制。在无人机飞行过程中，自动驾驶仪与信号发射与接收装置进行通信，以确定无人机的飞行模式。

4 结论

弹载微小型无人机是融合机器人技术、先进的动力与推进技术、微型化技术等先进技术的新概念飞行器，有着众多传统无人机无法比拟的优点，在未来战场上必将发挥出巨大的作战威力。使用程控加遥控组合的控制方式有利于实现"弹"—"机"转换段和巡航飞行段不同控制模式下飞行姿态的控制。本文中介绍的遥控程控复合控制系统有利于无人机根据各种不同实际需要完成多种任务，同时也有利于在演示样机研制阶段的各子系统验证实验，对于弹载微小型无人机的通用化模块化研制是一套行之有效的控制方案。

Research On The Control Technique Of Electric-propulsive Missile-carried Miniature Unmanned Aerial Vehicles

Zhou Zhimin, Wang Hua

School of Astronautics, Beihang University

School of Astronautics, Beihang University, 37# Xueyuan Road, Haidian District, Beijing，100083

orientalzh@yahoo.com.cn

Abstract　Unmanned aerial vehicle becomes more and more popular in modern war. Nowadays, those countries that are developed in military technology have enhanced their research work in various unmanned aerial vehicles. Being a novel unmanned aerial vehicle with wide use, missile-carried unmanned aerial vehicle is a kind of new-concept unmanned aerial vehicle which is based on the platform of active weapons and has overcome the shortcomings, e.g. short flight range, low flexibility, of normal electric-powered unmanned aerial vehicle. This thesis mainly discussed the control techniques related to the novel electric-propulsive missile-carried miniature unmanned aerial vehicle.

Key words　Electric-powered；Missile-carried；Miniature unmanned aerial vehicle；Control technique

第五篇

其他

第五篇

其四

一种增强超深亚微米集成电路测试质量和
抑制测试代价增长趋势的方法

杜俊 赵元富 于立新

北京微电子技术研究所

北京市 9243 信箱，邮编：100076，davidoo@sina.com.cn

摘 要 增强测试质量和抑制测试代价是超深亚微米集成电路测试及可测性设计领域的两个研究主题。这篇论文介绍了一个面向多种故障模型的超深亚微米集成电路测试及可测性设计解决方案。该方案通过一个包含了 Stuck-at 故障测试、Delay 故障测试和 Delta-IDDQ 测试在内的测试集来提高超深亚微米集成电路的测试质量，同时利用一种减少 Stuck-at 故障测试向量的策略来抑制测试代价的增长趋势。论文还介绍了该方案在一个 0.18 μm 工艺微处理器设计中的应用实例。

关键词 可测性设计；故障覆盖率；自动测试生成；缺陷级别

1 引言

超深亚微米工艺为集成电路工业带来了一片繁荣的景象：上亿个晶体管集成在一个芯片上；系统时钟超过 1GHz；逻辑电路、存储器、模拟和混合信号电路等不同性质的器件集成到一个芯片中。但是，随着制造工艺的飞速发展，集成电路的测试面临着巨大的挑战。

一方面，这些挑战来自于对测试经济的要求。加工工艺的进步使得晶体管的制造成本逐步降低，但是芯片复杂度和性能的提高导致了测试代价的增长。半导体工业协会公布的一个路线图显示（见图 1）：不久的将来，晶体管的测试费用将达到甚至超过它的制造费用[1]。因此，应该用新的测试及可测性设计方法来抑制超深亚微米集成电路测试代价的增长趋势。

另一方面，这些挑战来自于对芯片可靠性的要求。传统的测试方法不足以保证超深亚微米芯片的测试质量：首先，Stuck-at 故障测试不能够有效地检测一些在超深亚微米工艺中出现几率显著增大的物理缺陷，例如"栅氧化层"短路、通孔和接触孔的电阻性开路、互连线的电阻性桥接等[2, 3]；其次，大背景电流使得传统的 IDDQ 测试方法正在失去它的有效性。如图 2 所示，单阈值 IDDQ 测试导致有缺陷的超深亚微米芯片的测试逃逸，从而减小了它的缺陷分辨率[4]。因此，必须用新的测试方法来增强超深亚微米集成电路的测试质量。

图 1 晶体管的制造成本与测试成本　　　　图 2 分布区间的重叠导致传统的

IDDQ 测试有效性降低基于上述认识，一个面向多种故障模型的超深亚微米集成电路测试及可测性设计解决方案被提了出来。为了提高超深亚微米芯片的测试质量，这个方案采用了 Delay 故障测试来弥补 Stuck-at 故障测试的不足[5]，并且采用了 Delta-IDDQ 测试代替传统的单阈值 IDDQ 测试方法，以增加基于电流的测试方法的缺陷分辨率。为了抑制由于增加一个测试项目带来的测试代价的增长，该方案采取了一种新颖的测试向量生成策略来减少基于扫描设计的 Stuck-at 故障测试的向量数量。

2 一个面向多种故障模型的超深亚微米集成电路测试及可测性设计解决方案

该方案采用了一个包含了基于扫描设计的 Delay 故障测试、Stuck-at 故障测试和 Delta-IDDQ 测试等测试项目的测试集。从故障模型定义和测试向量生成的角度来看，Stuck-at 故障可以看作是延迟时间无限长的 Delay 故障。从理论上来说，百分之百覆盖率的 Delay 故障测试可以检测所有的 Stuck-at 故障[2]。因此，基于扫描设计的 Delay 故障测试是该测试集中最重要的组成部分，而且产生 Delay 故障测试向量是该方案中自动测试生成（ATPG）的第一个步骤。而抑制测试代价的关键，在于利用 Delay 故障测试向量对 Stuck-at 故障进行 Fault Grading，在此基础上再产生基于扫描设计的 Stuck-at 故障测试向量。以下几节对 Delay 故障测试、Delta-IDDQ 测试和减少 Stuck-at 故障测试向量的策略进行简要的介绍。

2.1 基于扫描设计的 Delay 故障测试

Delay 测试是面向 Delay 故障模型（例如 Transition、Path delay 等故障模型）的一种测试方法。Transition 延迟测试可以检测那些引起"gross"延迟效应的缺陷，而 Path delay 测试可以检测引起分布式延迟效应的缺陷[6]。对于超深亚微米芯片，因为导致延迟故障效应的物理缺陷出现几率的增大，所以 Delay 故障测试变得越来越重要。

基于扫描设计的 Delay 故障测试需要利用扫描设计和 ATPG（测试向量自动生成）技术，它有三种典型的方法：Enhanced-scan 方法、Skewed-load 方法和 Broad-side 方法。Enhanced-scan 方法需要使用占用较大芯片面积的特殊的扫描单元（Hold-scan 触发器），因而没有得到广泛的应用。Skewed-load 方法需要对扫描使能信号进行严格的时钟树设计。Broad-side 方法产生测试向量的难度很大，因而导致其故障覆盖率不高而且需要的测试向量更多。表 1 对这三种方法的性能做了一个简单的比较。

表 1　三种 Delay 故障测试方法性能的比较

	Enhanced-scan	Skewed-load	Broad-side
设计难度	较高	最高	一般
ATPG 难度	一般	较高	最高
面积开销	最大	较大	一般
测试向量数	一般	较多	最多
故障覆盖率	最高	较高	一般

Delay 测试需要一对测试向量（Initialization 向量和 Launch 向量）用来在电路内部的简单逻辑门的输入输出端口产生一个信号电平转换。如果这个信号电平转换不能在规定时间内（通常等于系统功能的时钟周期）传播到观测点，那么一个延迟故障就被检测到了。图 3（a）和（b）分别是 Skewed-load 方法和 Broad-side 方法的测试时序。这两种方法的主要区别在于获得 Launch 向量的方式：前者在加载 Initialization 向量之后，通过额外的一次移位操作获得 Launch 向量；而后者通过捕获 Initialization 向量在电路中的响应来得到 Launch 向量。因此，Skewed-load 方法必须在一个系统功能时钟周期之内将扫描使能信号切换到无效模式，这就增加了很高的设计难度。而 Broad-side 方法获得 Launch 向量的方式增加了它的 ATPG 难度，并且影响了故障覆盖率的提高。

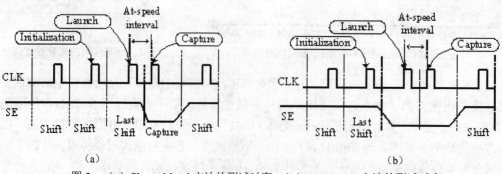

图 3　（a）Skewed-load 方法的测试时序；（b）Broad-side 方法的测试时序

2.2 基于扫描设计的 Delta-IDDQ 测试

Delta-IDDQ 测试是一种针对 Pseudo stuck-at 或者 Toggle 故障模型的改进的电流测试方法。与传统的 IDDQ 测试方法一样，这种方法不检测被测电路的测试响应，而是测量其静态的电源电流。图 4 是一个基于扫描设计的 Delta-IDDQ 测试的范例[7]。

在传统的 IDDQ 测试中，需要用一个静态电源电流的阈值来区分芯片的好坏。但是对于超深亚微米集成电路，利用测量电流值之间的差值更有效。如图 4 所示，因为大背景电流和工艺参数的波动，很难确定一个可靠的测试阈值。但是，缺陷芯片测量的各次电流值之间的偏差要比无缺陷芯片大得多。因此，Delta-IDDQ 测试就是通过计算一个芯片被测量到的所有电流值之间的偏差来区分电路的好坏。

2.3 减少基于扫描设计的 Stuck-at 故障测试向量的策略

为了抑制 Delay 测试带来的测试代价的增长，该方案采取了一个减少基于扫描设计的 Stuck-at 故障测试向量的策略，如图 5 所示。

首先，针对 Delay 故障模型产生相应的测试向量。然后，用这些 Delay 故障测试向量针对 Stuck-at 故障做 "Fault Grading"，并得到一个故障列表。该故障列表中不包括那些可以被 Delay 故障测试向量检测到的 Stuck-at 故障。最后，根据这个故障列表来产生基于扫描设计的 Stuck-at 故障测试向量。因为大部分的 Stuck-at 故障可以被 Delay 故障测试向量检测到，所以这样就只需要产生很少的专门的 Stuck-at 故障测试向量，从而达到了抑制测试代价增长的目的。

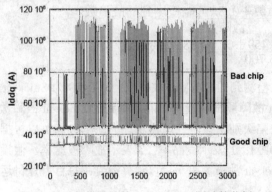

图 4　基于扫描设计的 Delta-IDDQ 测试的范例

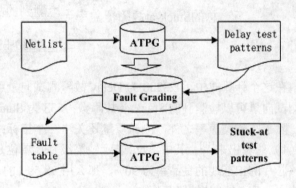

图 5　减少 Stuck-at 故障测试向量的方法

3 设计实践

为了证明它的可行性，这个面向多种故障模型的测试及可测性设计方案已经被应用到一个用 0.18 μm 工艺制造的微处理器的设计中。以下分别介绍该电路的可测性设计、ATPG 结果以及测试质量和测试代价的评估。

3.1 面向 Delay 故障测试和 Delta-IDDQ 测试的可测性设计

为了用不算太多的测试向量获得较高的故障覆盖率，在该微处理器的设计中，我们采用了 Skewed-load 方法进行 Delay 故障测试。因此，我们对扫描使能信号进行了严格的 "时钟树" 设计。而且在产生 Delay 故障测试向量的过程中，我们通过静态时序分析来确定合适的 Delay 测试时序。

为了有助于 Delta-IDDQ 测试，我们采用了一些可测性设计技术来避免芯片在测试中处于高静态电流的状态[8]，例如嵌入式锁相环和嵌入式存储器的电源管理设计等。

3.2 ATPG 结果

首先，我们生成了 Skewed-load 方法的 432 组 Delay 故障测试向量，对 Delay 故障的故障覆盖率达到了 97.85%。如果选择 Broad-load 方法，则需要两倍多的测试向量，而故障覆盖率只有 80%左右。

表 2　对 Stuck-at 故障产生测试向量的比较

ATPG 结果	本文的方法	传统的方法
检测到的故障数	314459	742743
可能检测的故障	633	805
总的故障数	325420	753700
故障覆盖率	96.73%	98.6%
测试向量数（组）	28	313

用这 432 组 Delay 故障测试向量对 Stuck-at 故障进行故障仿真，可以发现有 428280 个故障可以被检测到。因此剩下的 325420 个 Stuck-at 故障被记录到一个故障列表中。表 2 的中间一列列出了本文提出的方法对 Stuck-at 故障测试的 ATPG 结果。利用本文提到的方案，只需要产生 28 组 Stuck-at 故障测试向量测试 BM3802 芯片。与之相比，按照传统的方法对全部的 753700 个 Stuck-at 故障产生测试向量，则需要 313 组 Stuck-at 故障测试向量，如表 2 右边一列数据所示。

此外，还需要 138 组扫描测试向量来完成该微处理器芯片的 Delta-IDDQ 测试，其故障覆盖率达到了 97.07%。

3.3　对测试质量和测试代价的评估

参照 EDA 工具采用的计算公式[9]，可以计算出总的 Stuck-at 故障覆盖率。

$$总的Stuck\text{-}at故障覆盖率 = \frac{检测到的故障数 + 0.5 \times 可能检测到的故障数}{故障总数}$$

$$= \frac{428\,280 + 314\,459 + 0.5 \times 633}{753\,700} = 98.59\%$$

在这个计算式中，428280 为 Delay 故障测试向量可以检测到的 Stuck-at 故障数；314 459 为 Stuck-at 故障测试向量可以检测到的 Stuck-at 故障数；633 为 Stuck-at 故障测试向量有可能检测到的 Stuck-at 故障数。

除了故障覆盖率之外，测试质量还关注一个指标：缺陷级别。该微处理器芯片的缺陷级别可以根据公式（1）估算出来[10]。其中，DL 表示缺陷级别，单位是 DPM；Y 表示良品率；T 表示故障覆盖率。假设生产该芯片的工艺线的良品率为 90%，那么用 98.59% 的 Stuck-at 故障覆盖率可以计算得到：每百万片付运的芯片中含有 1484 片缺陷芯片。

$$DL = 1 - Y^{(1-T)} \tag{1}$$

参照 LSI 公司的经验[11]，增加了 Delay 故障测试之后，良品率为 90% 的 0.18 μm 工艺线生产的芯片的缺陷级别可以降低 30% 到 70%。

对于这个微处理器芯片的测试代价而言，传统的方法需要 313 组 Stuck-at 故障测试向量和 138 组 IDDQ 测试向量。本文提出的方案则需要 432 组 Delay 故障测试向量、28 组 Stuck-at 故障测试向量和 138 组 Delta-IDDQ 测试向量。从总体上来看，为了提高该芯片的测试质量（降低 30% 到 70% 的缺陷级别），需要增加 33% 的测试向量。而如果不采用本方案中减少测试向量的策略，则需要增加 96% 的测试向量。

4　总结

对于超深亚微米集成电路，一个包括了 Stuck-at 故障测试、Delay 故障测试和 Delta-IDDQ 测试等测试项目在内测试集，可以有效地提高芯片的测试质量[7]。但是由于增加了 Delay 故障测试，测试代价会显著增大。本文提出的方案中采用了一种抑制测试向量增加的策略，从而抑制了测试代价的增长趋势。这个面向多种故障模型的测试及可测性设计方案已经被应用在一个 0.18 μm 工艺的微处理器的设计中，并且该方案的特点通过 ATPG 的结果得到了验证。

参 考 文 献

[1] Kwang-Ting (Tim) Cheng, Sujit Dey, Mike Rodgers, Kaushik Roy. Test Challenges for Deep Sub-Micron Technologies. Proc. 37th Conf. on Design Auto., June 2000, pp.142-149 .

[2] Manoj Sachdev. Defect Oriented Testing for CMOS Analog and Digital Circuits. Kluwer Academic Publishers, 1998, pp. 67-88.

[3] Will Moore, Guido Gronthoud, Keith Baker, Maurice Lousberg. Delay-Fault Testing and Defects in Deep Sub-Micron ICs: Does Critical Resistence Really Mean Anything?. Proc. IEEE International Test Conference, October 2000, pp. 95-104.

[4] Sagar S. Sabade, D.M.H. Walker. IDDQ Test: Will It Survive the DSM Challenge?. Proc. IEEE Design & Test of Computers, Vol. 19, No. 5, 2002, pp. 8-16.

[5] Ramyanshu Datta, Antony Sebastine, Ravi Gupta, Whitney J. Townsend, Jacob A. Abraham. Test and Debug in Deep-Submicron Technologies. 5th IBM Austin Center for Advanced Studies Conference, February 2004.

[6] Angela Krstic, Kwang-Ting (Tim) Cheng. Delay Fault Testing for VLSI Circuits. Kluwer Academic Publishers, 1998, pp. 10-28.

[7] Yoshihito Nishizaki, Osamu Nakayama, Chiaki Matsumoto, Yoshitaka Kimura, Toshimi Kobayashi, Hiroyuki Nakamura. Testing DSM ASIC With Static, Delta-IDDQ, And Dynamic Test Suite: Implementation And Results. Proc. International Test Conference, September 2003.

[8] Rochit Rajsuman. IDDQ Testing for CMOS VLSI. Proc. of the IEEE, Vol. 88, No. 4, April 2000.

[9] Manual of Synopsys. TetraMAX ATPG User Guide. Version U-2003.06, June 2003, pp. 345-347.

[10] Samiha Mourad, Yervant Zorian. Principles of Testing Electronic System. John Wiley & Sons, 2000, pp. 118-128.

[11] B. R. Benware, R. Madge, C. Lu, R. Daasch. Effectiveness Comparisons of Outlier Screening Methods for Frequency Dependent Defects on Complex ASICs. 21st IEEE VLSI Test Symposium, April 2003.

A Way of Enhancing Test Quality and Restraining the Increase of Test Cost for Deep Sub-micron Integrated Circuits

Du Jun   Zhao Yuanfu   Yu Lixin

Beijing Microelectronics Technology Institute

P.O. Box 9243, Beijing, 100076, davidoo@sina.com.cn

Abstract Enhancing test quality and restraining test cost are two main topics in the domain of test and design for testability of deep sub-micron integrated circuits. This paper presents a multi-fault oriented test and DFT resolution scheme for DSM IC. The scheme can enhance the test quality of deep sub-micron chips by using a test suite consisted of stuck-at fault test, delay fault test and Delta-IDDQ test. And it can restrain the increase of test cost by adopting a special ATPG strategy to reduce scan-based stuck-at test patterns. A design paradigm of 0.18 um MCU to which the scheme is applied is also introduced in the paper.

Key words   DFT; Fault coverage; ATPG; Defect level

关于航天电子产品小信号测量中抗干扰及接地技术的探讨

郭立军

中国航天时代电子公司二OO厂

北京 142 信箱 411 分箱，邮编：100854

摘　要　在航天电子产品的科研生产活动中存在着大量的电子信号测量工作，尤其是小信号的电子测量，最常见的就是小信号测量的干扰问题，因此解决小信号测量的干扰问题就成为一项关键技术，本文主要结合在实际工作中经常遇到的小信号测量中的干扰的问题，论述对电子产品小信号测量中抗干扰技术的一些观点，并通过一些实例分析提出几个相应解决方法的观点论述。

关键词　小信号测量；信号干扰；电噪声干扰；小信号的抗干扰

1　引言

随着航天电子产品不断发展及半导体制造工艺的日趋完善以及生产产品所用的测试设备向小型化、集成化、数字化迅速的发展，航天电子产品的信号测量技术及抗干扰问题越来越突出，在科研生产中制定一套较完整的抗干扰保证措施也就显得比较重要，因为它不仅直接影响到产品的电气性能还会影响电子产品工作的可靠性及使用寿命，所以不论是产品的电路设计还是装配、调试生产的各个生产环节对电子产品信号测量与抗干扰、接地处理的生产工艺必须给予足够的重视。

2　电噪声抑制的基本观点

在航天电子产品的实际生产中，尤其是涉及电子小信号测量时，要抑制电子产品的噪声干扰首先应对干扰有一个较全面深入的了解，主要包括干扰的来源、传输过程、耦合通道，再采取相应的抑制及消除措施，通常对受干扰的电子产品可以从干扰源、耦合通道和被干扰电路这三个关键环节着手考虑干扰信号的产生条件及抑制措施，往往可以较快的找到问题所在，这也就是抗干扰技术的基本思路。

3　电子电路抗干扰技术的几点探讨

解决电子产品小信号工作时受干扰的主要方法有：

（1）消除或隔离干扰源的方法：对于人为产生的噪声源其中有很大一部分可以采取积极的办法消除，例如，对于由电路工作异常而产生的自激振荡可以通过对自激振荡的抑制而使噪声消除，对于由高频或大电流传输线上所产生的高频或电磁噪声可以通过加屏蔽的方法解决，对于电子器件虚焊或由接插件开关等的接触不良所引起的噪声干扰也是可以通过相应的措施消除的，与较大用电器共用电源的干扰可采取地线分离等方法加以解决。

（2）阻碍干扰通道：对于噪声源产生的干扰所流过的通道不同也就形成了不同的干扰方式，因此抑制措施也就所不同，而切断及阻碍干扰通道是抑制噪声的有效途径。例如改变接地方式来达到消除公共阻抗耦合干扰的目的，以测量一个普通的电子产品来说，任何两个分离的地端都不会拥有等电位，而如果两个地端间存在一个电位差，那么此电位差(共模噪声)就会耦合放电到另一个电路里去。

3.1　解决电磁干扰与屏蔽方法的探讨

由于工作场地的电源环境已相对固定，下面重点讨论阻碍干扰通道的方法来消除干扰的一些思路。电子电路的屏蔽与接地不论在理论上还是在实际工作中，都比一般的电气设备或是测试仪表相对复杂，所处理的信号越弱，屏蔽与接地的要求也就越高，与屏蔽有关的接地，主要有屏蔽线接地和屏蔽体接地两大类。如果从交流信号源或直流电源和电子产品的接线方式中提炼几种模型就可以分别加以讨论并定性、定量的分析：(举例产品为单电源供电的电压放大器，输入信号频率 16 kHz，输入电压 30.0 mV，放大倍数计算值为 31.1)

3.1.1　信号源不接地，电子产品接地

在这种电路连接中，用屏蔽层接至放大器的公共地，如图 1 所示，这种接法使信号源和放大器的公共地中没有噪声电流流过，而噪声干扰电流仅从屏蔽线直接入地，不能构成共模干扰，所以放大器的输入端无噪声干扰，屏蔽接地的效果最好。实验数据电压输出为 936.1 mV。图 2 电流干扰噪声流经信号源公共地从而形成干扰。电压输出为 943.6 mV。

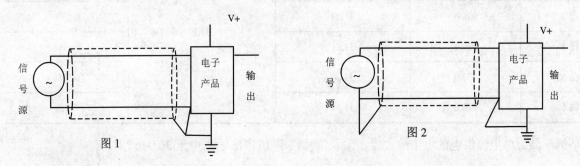

图 1　　　　　　　　　　　　　图 2

3.1.2　信号源接地，放大器不接地

在这种连接方式中，由于连接信号源和放大器的屏蔽线接至信号源的地端，应将放大器的地也同时接信号源的地，图 3 地接法效果最好，屏蔽层直接入信号源地线，对产品的的输入端没有产生噪声干扰，电压输出为 938.6mV，图 4 的接法虽然使屏蔽层的接点选在了信号源的地线上，但其接点不是信号源接地点，同一接线点上的两个接地点存在着导线电阻，所以屏蔽层中的噪声电流将在导线电阻上产生电压降，从而使信号源的接地点电位浮动，造成干扰噪声混入工作电路中去，此种接法放大器的电压输出为 939.4 mV。

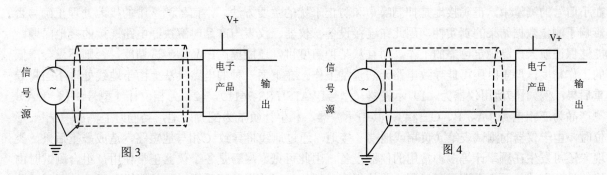

图 3　　　　　　　　　　　　　图 4

3.1.3　信号源接地，放大器接地

在这种连接方式中，由于连接信号源和放大器的屏蔽线的屏蔽层两点接地如图 5，它的干扰程度取决于两接地点的电位差(Ug)，其接法的实质是短路两点间的共模干扰源，使地回路的电流从屏蔽层流过，从根本上消耗掉共模干扰电位差，在连线较短时可有效去除干扰。此种接法放大器的电压输出为 937.9 mV。

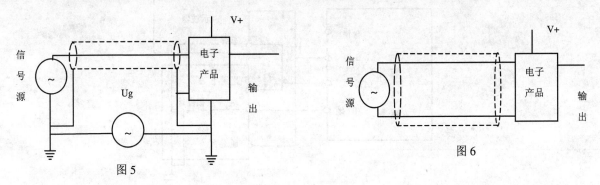

图 5　　　　　　　　　　　　　图 6

3.1.4 信号源不接地，放大器不接地

在这种连接方式中(如图 6)，浮空的屏蔽线是没有任何意义的，因此其屏蔽层应选择在信号源一端或是放大器一端。此种接法放大器的电压输出为 940.6 mV。

实验数据对照表

图例序号	输出值	实测放大倍数	放大倍数计算值	误差率
图 1	936.1	31.20		0.32%
图 2	943.6	31.45		1.1%
图 3	938.6	31.28		0.58%
图 4	939.4	31.31	31.1	0.67%
图 5	937.9	31.26		0.51%
图 6	940.6	31.35		0.8%

（举例产品为单电源供电的电压放大器，输入信号频率 16 kHz,输入电压 30.0 mV）

3.2 测试仪器接地技术的探讨

为保证电子设备的正常运行和稳定可靠工作，必须处理好仪器、设备的接地问题，小信号的测量经常需要解决的大都属于工作接地问题，工作接地线既是各电路中的静态、动态电流通道，又是各个产品、仪器设备通过共同的接地阻抗而相互耦合，从而形成电路间相互干扰的薄弱环节，因此对于小信号测量中的各类工作接地是不能沿用电气系统中的以通路为目的的习惯的接地方法，在生产调试中电子设备的工作接地有其很大的特殊性。

在小信号的测量中，正确接地是抑制噪声和防止干扰的主要方法，小信号测量中的接地处理正确与否直接影响了测量数据结果的真实性，因此在连接设备、仪器、仪表与产品时解决好电路连接的接地问题，不仅能够保证航天产品稳定可靠的工作，而且从某种角度讲，还能提高产品的测试精度，否则不仅会降低电路的工作精度，严重时还可能导致电路无法正常工作。在下面一种的电路接法上由于地线处理不当将导致严重后果：例如图7所用仪器为（1）示波器（型号IWATSU SS-7611），（2）为相位计（型号KH 6500A），被测产品为三相电源（A、B、C三相），其中示波器、相位计负端为配置接地，当同时监测B、C相波形与相位时，由于仪器的测试表笔（负端或地端）接地，通过地线将导致 C相与地短路，造成严重后果，类似的现象还可发生在频率计等多种常用的仪器设备，由此可见，尽管是各个仪器正常使用，组合测试时由于地线的处理方法问题也会造成对被测仪器的损害。解决类似的问题可采用：使仪器设备浮地，既断开测试时的表笔与大地的连接或逐类仪器单独使用，避免由于地线连接造成的不必要的意外发生。

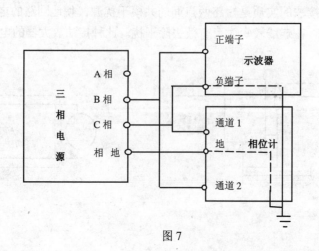

图 7

接地点的选择和接地线的应用对于提高测量精度及电路的抗干扰性，增加其工作稳定性具有十分重要影响，通过以上接地问题的分析，工作接地应解决两个问题，（1）消除各电路电流流经公共地线时由于地线阻抗所产生的噪声干扰电压。（2）避免地电位影响，既选择破坏共模干扰的办法，目的是不使接地点有电流流过，但是任何实际电子设备在工作时由于和基准电位之间存在着电位差，因此要使电流完全不流经接地点而使电路能够正常工作几乎是不可能的，实际上总会有或多或少的从直流到高频的各种电流流经接地点，所以接地点的电位变化是电子电路产生干扰的主要原因，从这个角度看，处理接地问题是抑制干扰的关键。

4 结束语

航天电子产品小信号测量中抗干扰及接地技术尽管没有十分深奥的理论，但却是航天电子测量领域中应用范围极广、实用性很强的应用技术，需要在大量的实际工作中不断发展与完善它，这项技术应用的成功与否直接影响到科研产品的质量，本文的写作目的就是希望能将这一关键应用技术与同行们共同重视它、完善它。

参 考 文 献

[1] 杨工训. 可编程控制器（PC）的抗干扰技术. 北京海洋出版社，1999 年，第 98 页.

[2] 谢金明. 高速数字电路设计与噪声控制技术. 电子工业出版社，2003 年，第 30 页.

Discussion about Suppressing Interference and Grounding Technique in Small Signal Measure of the Aerospace Electronic Product

Guo Lijun

No. 200 Factory of China Aerospace Times Electronics Corporation

P. O. Box 142-411, Beijing, 100854

Abstract　There are many electronic signal measure works in research and manufacture of aerospace electronic products, especially about small signal measure. In those works, the interference problem occurs frequently and to solve the problem is becoming a key technique. In this paper, we discuss the suppressing interference technique in small signal measure based on the problems we often meet, and through some examples we solved those problems using a few different methods.

Key words　Small signal measure；Signal interference；Electronic noise；Suppressing interference of small signal

卫星产品的"二次设计"

郭振伟　张晓敏

航天东方红卫星有限公司总体部

北京 5616 信箱，邮编：100094

摘　要　本文就卫星产品设计开发现状，提出了"二次设计"的概念。在"二次设计"概念的基础上，论述了开展卫星产品"二次设计"的必要性，并对如何开展卫星产品的"二次设计"进行了探讨，最后指出了在开展卫星产品"二次设计"需要把握的几个关键要素。本文旨在推动卫星产品开发技术人员对如何开发"长寿命、高可靠"卫星产品进行概念上的思考和方法上的探索，以满足我国"十一五"及未来日益广泛的卫星及其应用需求。

关键词　卫星产品；开发模式；二次设计；寿命；可靠性

1　什么是卫星产品的"二次设计"

从目前来看，世界各航天技术发达国家卫星产品开发技术的发展大致都经历了这样两个阶段：一、研制试验阶段。该阶段主要解决卫星产品的"有无"问题；二、在轨业务应用阶段。该阶段主要解决卫星产品的"可靠性"问题。各阶段受当时卫星工程技术水平的限制及与各阶段卫星产品开发主要解决的问题相适应，每一个阶段卫星产品设计所注重的质量因素亦有所不同：研制试验阶段设计注重卫星产品功能、性能的实现；在轨业务应用阶段设计注重卫星产品稳定、可靠运行。这两个阶段的设计重心不是孤立的，而是相互影响、相互联系的：前一阶段设计重心是下一阶段的基础，而后一阶段设计重心是前一阶段卫星产品设计方式的完善。

在这里如果把相应于卫星产品研制试验阶段以产品功能、性能实现为重心的设计称为卫星产品的"一次设计"的话，则把相应于在轨业务应用阶段以可靠性设计为中心的设计称为卫星产品的"二次设计"。从国外的卫星产品开发工程经验来看，卫星产品的"二次设计"绝不是在"一次设计"基础上的修修补补，而是按照它本身的一套严密的理论、方法和手段进行的在"一次设计"基础之上的再设计。

2　我国卫星产品为什么需要进行"二次设计"

我国卫星产品开发技术历经几代航天人的努力，已经有了长足的进步；我国卫星事业所取得的成就举世瞩目，我们的卫星产品可以说已经从试验研制阶段转变到在轨业务应用阶段，甚至部分产品开发已进入批量普及阶段。然而，纵观目前我国卫星产品的开发，基本上仍沿用"设计-试验验证-故障分析-改进设计"的传统模式。在这种研制模式中，设计师的主要精力放在产品功能、性能实现方面，而缺乏可靠性专业设计与分析的技术手段和方法；可靠性设计与分析基本上依靠设计师个人的工程经验在产品功能、性能设计的同时有所考虑。这种考虑看似考虑了可靠性影响因素，进行了可靠性设计，但可靠性影响因素考虑得不够全面或者没有系统、一体化考虑各种可靠性影响因素的综合效应。我国卫星产品可靠性工程起步较晚，但经过科研、工程人员的努力，部分卫星在轨应用也有很好的表现（如长期稳定服役），可以说我国卫星产品可靠性工作还是富有成效的。但还有一些卫星在轨出现一些这样、那样的问题，说明我们的卫星产品开发在一些细节和随机现象处理方面还有欠缺，也就是在可靠性设计方面有缺陷（因为可靠性设计的本质就是关注细节和处理不确定）。因此，在我们国家开展卫星产品"二次设计"已势在必行。具体理由表现在以下几个方面：

(1) 卫星技术发展的要求

我们国家的卫星技术经过数十年的发展，已经由原来的注重功能、性能实现的演示验证研制阶段发展到目前的在轨业务应用阶段，而且正朝着批量化、产业化方向发展。这就要求卫星由原来的注重功能、性能实现到注重在轨稳定、可靠运行的转变。

(2) 解决国家经济、国防建设应用与卫星在轨故障矛盾的要求

随着卫星技术的发展，卫星应用日益广泛，目前，卫星应用已经渗透国民经济及国防建设的各个方面。卫星的应用要求其在轨长期可靠运行，这与我国卫星在轨故障产生了矛盾。事实上，根据我国卫星型号在轨故障统计分析，大多数故障的发生反映出产品设计、生产中的可靠性设计、分析不充分，对型号寿命期内环境、机、电、热等一体化可靠性设计的认识和研究不够；对单机以外的系统接口可靠性分析不到位；一些设计寿命后期发生的故障表明，在产品设计中对关键的固有故障在设计上采取的可靠性措施还不到位。随着卫星应用的日益广泛，卫星批量化、产业化的可持续发展正面临着要系统解决长寿命、高可靠的瓶颈问题。

(3) 全面提升我国卫星研制水平与能力的要求

通过卫星以可靠性为重心的产品"二次设计"，确保卫星产品在整个开发过程中性能设计与可靠性设计并重，实现型号研制从经验型设计向规范化设计转变，从而全面提升我国卫星研制水平与能力。

3 如何对卫星产品进行"二次设计"

在对卫星产品进行"二次设计"时，产品设计师首先根据任务需求、产品特性及设备可靠性数据库信息等输入条件，利用机、电、热、环境等专业技术手段，进行可靠性一体化设计。其中可靠性设计包括：抗力学环境设计、热设计、冗余设计、降额设计、EMC设计、抗空间环境影响设计和防静电放电设计。设计师将设计结果按照规定流程送给可靠性分析设计师（可靠性分析设计师可以是可靠性专业设计师也可能为送出者本人）。

可靠性分析设计师获得设计数据后，根据产品设计数据及可靠性信息数据库相关信息，利用可靠性分析技术手段（包括可靠性建模与预计、FMEA、FTA、潜通分析、灵敏度分析、容差分析及可靠性"六要素"设计分析等）对产品设计进行可靠性分析。将可靠性分析得到的产品可靠性薄弱环节反馈给产品设计师，以修改设计，从而将风险降低至可接受的程度。

产品设计修改后，重新进行可靠性分析，反复迭代，直至合理、可靠的设计方案确定。

对各级产品进行可靠性试验验证。

产品的验证通过后，将设计数据及可靠性分析所得可靠性信息送入可靠性信息数据库，从而不断完善、丰富可靠性数据库。

实施专门、有效的可靠性设计评审，系统、分系统各阶段评审必须包括可靠性设计报告，可靠性设计报告不能只作为备查资料。

4 我国卫星产品"二次设计"须把握的几个关键要素

(1) 深刻理解"二次设计"的概念

设计师系统应该深刻了解卫星产品"二次设计"的本质含义："二次设计"是在卫星产品"一次设计"基础上的再设计，绝不是对"一次设计"零散的修善。这需要设计师系统按照"二次设计"理论、方法和手段认真做大量坚实的工作。这些工作包括设计及设计验证，特别是对于以往在单机方面验证不彻底或不完全的试验验证。不能流于简单地完善可靠性设计报告，从而使"二次设计"失去其应有的成效。

(2) "二次设计"人才队伍的建设

做好卫星产品"二次设计"的关键是人才队伍的的建立，包括"二次设计"专家队伍及设计师队伍。通过专家队伍的建立，为"二次设计"提供技术指导、培训及设计把关；通过设计师队伍的建立将"二次设计"落在实处。

(3) 严格可靠性设计专项评审

型号必须组织专项、有效的可靠性设计评审。说"专项"是指改变传统将可靠性设计报告作为评审备

查材料的评审形式（事实上，目前我们院已经部分实行对可靠性设计的专项评审）；说"有效"是指评审时应保证有足够的"二次设计"专家把关。这样才能使"二次设计"落实到产品里，"二次设计"工作落到实处。

(4) 加强故障模式影响分析

从国外航天技术发达国家的发展历程和工程实践来看：作为重要的可靠性工程技术手段，FMEA 技术具有原理简单、方法成熟、技术规范、易于操作、收效显著等特点，可为保证航天飞行任务成功发挥重大作用。美国前负责阿波罗项目的一位官员曾说，"无论怎样评价 FMEA 对保证阿波罗飞行任务成功所发挥的巨大作用都不为过"。然而，与国外的应用情况相比，我国卫星领域中 FMEA 技术尚未充分发挥其应有的作用，FMEA 工作往往与研制工作脱节，其结果难于为评价、改进设计提供有效的支持；而工作效果不理想反过来又进一步影响了设计人员开展 FMEA 工作的积极性，造成分析与设计更加脱节的恶性循环。事实上，国内常见的一种客观现象是：卫星在轨所发生故障大多为 FMEA 之外。这种现象究其原因是 FMEA 做得不彻底、不完备。比如卫星在轨故障大多表现为生产工艺、接口、软件及空间环境影响的缺陷。而我们的 FMEA 通常针对设备硬件。其实 FMEA 应包括设计、加工生产和应用整个寿命周期的故障模式影响分析。上述生产工艺、接口、软件及空间环境影响的缺陷本应在相应的 FMEA 中体现：过程转移 FMEA、接口 FMEA、软件 FMEA、空间环境影响 FMEA 等。另外部分设计师对严密的 FMEA 综合迭代分析法了解不够，加之设计师在分析时缺乏可供参考的经长期积累的、有效的 FMEA 数据库。也是导致我们的 FMEA 不能很好达到预期目标的重要原因。关于 FMEA 应重视的若干问题及综合迭代分析技术、其他可靠性设计、分析技术这里不再赘述。

(5) 加强可靠性设计、分析的信息基础的建设

通过对卫星产品的"二次设计"，对常用的、并采取过相应可靠性措施的元器件、原材料的可靠性信息、单机可靠性信息要系统的收集、整理，形成与型号现实相符的可靠性数据库。

5 结论

我国卫星产品的"二次设计"对现行卫星产品开发模式无论是在人力、物力、财力及人的观念表面上看是一个挑战，实质上卫星产品开发能力上水平的重要机遇。因此，我们认为为适应卫星技术的发展及卫星应用的要求，在我国对卫星产品进行"二次设计"是必要的；通过航天技术人员的努力，实现真正意义上的卫星产品"二次设计"也是可能的。

Second Design on Satellite Products

Guo Zhenwei and Zhang Xiaomin

System Designing Dept. DFH Satellite Co. Ltd.

P. O. Box 5616, Beijing, 100094

Abstract In the paper, the concept of second design is put out according to present conditions of satellite development. On the base of second design, the necessity of developing second design of satellite products is stated, how to develop second design of satellite products is discussed, and finally a few key questions that is need to pay attention to when developing second design of satellite products in China is pointed out. The aim of the paper is to put forward thoughts in concept and search in approach about how to develop long life, high reliability satellite products for our engineers to be engaged in developing of satellite products, to meet more and more broad requires of satellite application in the future in China.

Key words Satellite products；Developing mode；Second design；Long life；High reliability

航天器系统概念设计中的集成与协同技术

胡凌云　　刘霞

中国空间技术研究院研发中心

北京市 5142 信箱 111 分箱，邮编：100094，hulingyun@e-cast.com.cn

摘　要　航天器系统概念设计是一个非常复杂的群体协作过程。为了保证方案质量、提高设计效率，需要实现其中人员、过程、工具及环境的集成与协同。本文从系统工程的角度，阐述了航天器系统概念设计的内容、过程及信息模型，在此基础上以概念系统的分解、定义、综合、优化过程为主线，阐述了建立航天器系统概念设计协同平台的大致思路，并初步探讨了其中的关键技术及解决途径。

关键词　航天器系统；概念设计；协同技术；并行工程

1　引言

航天器系统概念设计不仅是研制过程中最具综合性、决定性和创造性的阶段，而且也是一个群体协作的过程，需要多个小组的协同和参与才能完成。但是，由于系统的复杂性、学科的多样性、人员及资源的分布性，造成了概念设计中系统的协调与控制、学科的综合集成、人员的相互沟通、资源的分布式共享等难度。

为了解决这个问题，提高概念设计的效率，NASA在20世纪90年代中期开始在航天器概念设计中广泛应用并行工程技术，并取得了显著成效。据NASA JPL及ESA ESTEC的报道，由于采用了并行工程技术，航天器方案设计的效率提高了4～10倍。JPL的Team-X小组从原来一年只做10个型号方案设计提高到每年完成45个型号的方案设计，每个方案的完成时间从原来的6个月缩短到2个礼拜，经费从原来25万美元减少到8万美元。

针对这些并行工程项目，NASA总结了五个关键性的因素：多学科的开发小组、并行的工作流程、集成的设计模型、统一的协同平台、分布式的工程环境，分别从人员、过程、模型、工具及环境角度强调了集成与协同的重要性。

本文以系统的分解、定义、综合及优化过程为主线，以建立概念设计协同平台为目标，初步探讨了航天器系统概念设计中的集成与协同技术。

2　航天器系统概念设计内容、过程及信息模型

2.1　航天器系统概念设计内容

根据航天器系统工程的定义，概念设计是型号立项之前定方向、定大局、定功能及性能指标的系统论证工作，其输入为用户提出的任务要求，输出为初步的方案设想。主要的工作内容如下：

● 需求分析：根据用户需求确定任务目标、约束条件，并将这些目标和约束条件以规范化的方式转换成航天器系统要求。在此基础上，按照航天器系统工程结构对系统要求进行具体分解，确定系统功能结构，提出对应的技术指标体系，明确系统功能载体的组成结构。

● 方案设想：根据系统要求，对航天器系统组成原理结构中的可选件进行组合搭配，对设计空间进行发散式搜索，给出多个满足系统需求的总体方案，分析和明确总体参数，论证分系统的组成，将系统功能和性能参数分解到各子系统中，提出各种接口要求，完成各子系统的初步设计。

● 方案评估及优选：采用各种量化的、分析仿真的手段对方案的关键指标进行评估和验证，对具体的基线方案进行仿真、效验，判断其可行性及优劣性。从系统总体的角度对多个方案进行筛选、比较，确定一个或几个优化的方案。

2.2 航天器系统概念设计过程

航天器系统概念设计过程是一个循环迭代、不断分解的过程，其中需要经历两个映射：用户要求到系统功能的映射、系统功能到系统结构的映射；三个循环：需求循环、设计循环、验证循环；三项验证工作：需求验证、功能验证、设计验证。整体流程如下图所示：

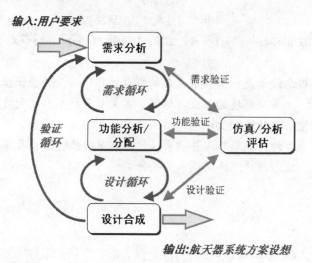

图1　航天器系统概念设计过程

2.3 航天器概念系统信息模型

根据航天器系统概念设计过程，完整地描述航天器概念系统需要四个方面的信息要素：需求、组件、模型及设计方案。它们之间的结构关系如图2所示。其中，需求包括系统功能及指标要求两部分，通过需求规格表方式进行详细描述。组件是由需求所指定的系统组成模块，包括有效载荷、平台分系统、运载火箭、地面支持系统等不同层次的节点，通过实例化的模型表示。模型是对某类组件的几何、功能、属性、接口的描述，通过可重用的代码块表示。设计方案是满足需求的系统组件集合，定义了系统的组成结构、分系统的耦合关系及接口等，其特性可以通过模型计算得到。

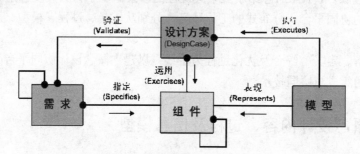

图2　描述航天器概念系统的四个要素

3 航天器系统概念设计协同平台

本文针对航天器型号立项之前的系统论证工作，提出建立航天器系统概念设计协同平台的一种思路。该平台由五个功能模块组成：工程数据库、系统分解模块、系统定义模块、系统综合模块、系统优化模块，组成结构如下图所示。

3.1 工程数据库

航天器系统概念设计数据库包括组件数据库、以往型号的方案实例库、成本数据库以及其他设计知识库等等，为概念设计提供数据支撑，为集成与协同提供数据交流平台。

利用工程数据库技术，可以按照标准化、系列化、组合化的设计思想实现成熟部组件的重用，通过基于以往实例的推理技术构建初始可行方案，实现知识的重用，满足航天器系统的适应性设计及改型设计需求。

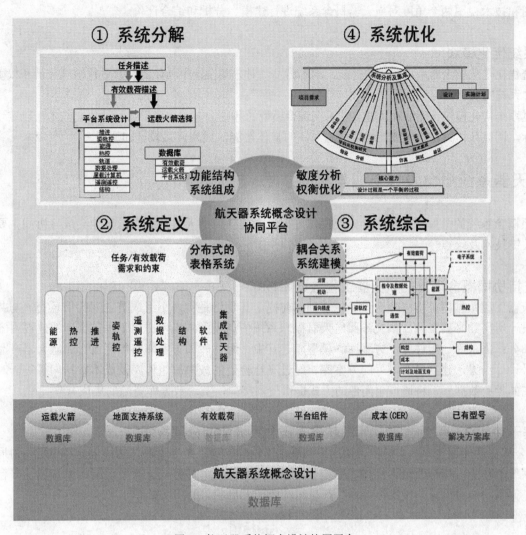

图3　航天器系统概念设计协同平台

3.2　系统分解模块

航天器系统概念设计中的系统分解主要完成三项工作内容：功能分解、技术指标分解、系统组成结构分解，实现用户需求到系统组成、功能及性能指标的映射。

系统分解模块将提供不同层次的界面，让用户、系统工程师、分系统专家直接参与概念设计过程，共同构建功能结构树、技术指标树、产品结构树，保证最终设计结果的详细程度和可信度。

3.3　系统定义模块

系统定义从任务、大系统、系统、分系统四个层次对系统的功能、技术指标、组成配置、约束条件、特性参数等进行详细描述，目标是实现概念系统描述的结构化与参数化。

为保障不同成员之间的信息交流及共享，将通过分布式表格系统的形式来实现概念系统的定义，跟踪各子系统的质量、功率、体积等有关信息，实现质量、功耗、数据率等的预算；建立集成的概念系统模型，抛弃传统的、以文档为中心的设计模式，实现模型驱动的概念设计流程。

3.4　系统综合模块

系统综合模块将深入分析系统各组成部分之间机、电、热、信息接口及耦合关系，确定系统层次的属性，实现概念系统设计的合成。

通过系统综合解决概念设计中不同学科之间的耦合问题、不同分系统之间的协调控制问题，突破专业和地域的限制，综合考虑分系统间的耦合关系对系统层次的影响。提供成本分析工具和风险评估工具，从经济视图和技术视图两个角度对航天器概念系统进行建模、分析和综合评价。

3.5 系统优化模块

系统优化是从航天器系统整体的性能、成本出发，对方案设计中具体的参数进行敏度分析和权衡研究，实现概念系统的优化。

通过系统优化模块，能够在所建立的系统综合模型的基础上，利用多学科设计优化技术，以实现整体最优为目标，调整具体的设计参数，优化概念系统的整体性能，提高方案设计的质量。

4 航天器系统概念设计集成与协同技术

按照概念系统的分解、定义、合成及优化过程，本文认为航天器系统概念设计集成与协同主要涉及以下 5 项关键技术及难点。

4.1 支持协同概念设计的航天器工程数据库技术

航天器工程数据库是协同概念设计的基础和前提，其功能是实现小组成员之间的信息交流与共享，提供概念设计所需的必要资源。本文参照航天器概念系统信息模型结构，提出工程数据库的建设内容应该包括四个部分：需求库、组件库、方案库、模型库。其中，组件库和方案库将参照已有的航天器产品体系规划及型号设计结果，建立已有型号的方案库、经过飞行验证的成熟部组件库及成本数据库等等。对于其他已经存在的相关数据库，将通过中间件的方式提供使用接口，实现数据库资源的集成共享。

4.2 基于功能结构和组件数据库的航天器概念系统协同分解技术

基于公理化设计理论，本文提出了由用户、系统工程师、分系统专家参与的协同分解过程。协同分解的内容为系统的功能、指标及组成结构，系统分解的深度为四层：任务层、大系统层、系统层、平台层，分解目标是得到功能结构树、技术指标树、产品结构树。人员参与的层次如图 4 所示。

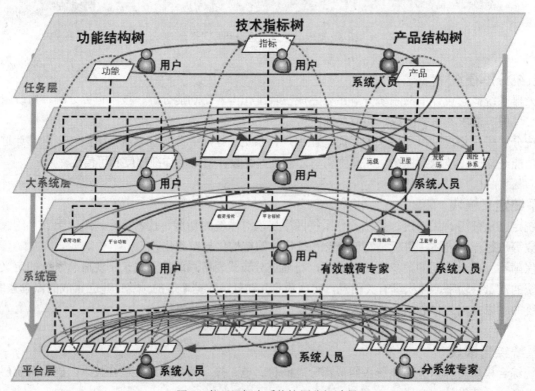

图 4　航天器概念系统协同分解过程

系统整个分解过程呈之字形。即首先根据用户需求转化为功能要求,针对每项功能提出相应的技术指标,再以功能要求为驱动、技术指标为约束从组件库中选择适当的功能载体,确定系统组件类型,实现本层次的分解。再针对该层次的组件提出下一层次的功能要求集合,开展下一层次的分解过程,如此不断深入迭代,直至组件的粗细程度满足要求为止。

4.3 基于分布式表格系统的航天器系统协同定义技术

针对航天器概念设计中需求定义、指标分解、系统定义、分系统定义等过程,本文提出基于分布式表格系统的协同定义方法,分别描述各部分的设计信息,实现概念设计结果的表格化和参数化。其中,表格内容包括需求规格、指标体系、大系统约束、系统特性、分系统特性等等。表格数据采用数据库进行集中管理,但以 Excel 作为前端用户界面,实现系统不同层次的定义和描述。该系统以数据库为基础平台,以表格作为交流介质,驱动系统分解、定义、综合及优化整个过程,促进不同专业人员之间的协同、不同分系统之间的协调控制。

4.4 航天器概念系统集成建模技术

概念系统集成建模是在完成系统的结构化定义之后,开展系统组成之间设计参数的耦合关系研究,建立分系统之间的耦合模型,实现相互之间的数据关联和即时更新,促进信息的流通,解决不同分系统之间的协调问题。在此基础上,建立系统层次的性能、成本、进度及可靠性模型,使分系统的设计更改影响能直接传递到系统层次,实现系统的综合。

4.5 航天器系统设计参数敏度分析及优化技术

在航天器概念设计阶段,系统优化的主要内容包括三项:指标权衡、方案优选、参数优化。其中系统设计参数的优化,是把整星性能、成本、进度、风险等因素作为驱动目标,根据所建立的分系统耦合关系模型、系统评价模型,利用多学科设计优化技术,评估系统指标和约束条件对单个设计参数的敏感程度,在整体最优的前提下实现多个参数之间的权衡及优化,实现设计空间的搜索和概念系统特性的优化。

5 结论

航天器系统概念设计是一个非常复杂的协同过程。为了提高概念设计效率、保证方案质量,需要实现其中人员、过程、工具及环境的集成与协同。本文从概念系统的分解、定义、综合、优化过程入手,阐述了建立航天器系统概念设计协同平台的大致思路,并初步探讨了其中的关键技术及难点。

参 考 文 献

[1] 邹慧君,汪利,王石刚,等. 机械产品概念设计及其方法综述 [J]. 机械设计与研究,1998,(2):9～12.

[2] 孙守迁,黄琦,潘云鹤. 计算机辅助概念设计研究进展. 计算机辅助设计与图形学学报,Vol115 ,No16,June ,2003.

[3] 宋慧军,林志航,罗时飞. 机械产品概念设计中的知识表示. 计算机辅助设计与图形学学报,Vol115 ,No14,Apr1 ,2003.

[4] J. A. Aguilar, A. B. Dawdy, G. W. Law. The Aerospace Corporation's Concept Design Center. Proceedings of the 8th Annual International Symposium of the International Council on Systems Engineering, Vancouver, 1998.

[5] M. Wilke, A. Vollerthun, M. Schiffner, B. Zeyen, E. Igenbergs. The Space System Concept Center – A Innovative Environment for Teaching the Integrated System Design. Proceedings Deutscher Luft- und Raumfahrtkongress 2000, Leipzig, 18.-21. September 2000.

[6] Shishko, R. . The Proliferation of PDC-Type Environments in Industry and Education. Proceedings of 2nd European Conference on Systems Engineering, Munich, Germany, 2000.

The Synergistic and Collaborative Technologies in Conceptual Design of Spacecraft System

Hu Lingyun and Liu Xia

Research & Development Center, China Academy of Space Technology

P. O. Box 5142-111, Beijing, 100094, hulingyun@e-cast.com.cn

Abstract   Based on system engineering theory, this paper describes the content、process and informational model of spacecraft system conceptual design. Further, a collaborative platform is addressed to implement the decomposition, definition, integration and optimization of conceptual system. In the end, some key synergistic and collaborative technologies are introduced.

Key words   Spacecraft system; Conceptual design; Collaborative technology; Concurrent engineering

卫星虚拟验证体系概念研究

胡凌云　姚伟　李勇

中国空间技术研究院研发中心

北京市 5142 信箱 111 分箱，邮编：100094，hulingyun@e-cast.com.cn

摘　要　本文从卫星研制的发展趋势和实际需求出发，创新性地提出了卫星虚拟验证体系的概念，并对其内涵和组成进行了初步定义，对其目标和意义进行了深入剖析。在此基础上，按照五个不同层次对实现卫星虚拟验证的关键技术进行了仔细梳理，初步确定了整体的技术框架和技术难点，对于实现卫星研制理念的创新、研制流程的改造都具有明显的参考意义。

关键词　虚拟试验台；虚拟验证星；电性能测试；环境试验

1　引言

随着信息技术的发展，大多数的卫星研制生产工具已逐渐被虚拟化，从以前的硬件设备演变成现在的软件和计算机。工具的改变，进一步导致了卫星研制方法的变革和研制流程的改造。目前，在软件工具的支持下，我们已可以建立卫星几何样机，进行数字化模装分析，完全替代了以前的实物模装；通过建立光、机、电、热等学科模型，进行仿真分析，预示产品性能，检验设计结果，部分替代了对应的实物试验。在此基础上，建立卫星虚拟样机、开展虚拟验证，已成为卫星研制生产手段下一步发展的必然趋势。

但是，由于我国在试验与测试数字化、集成化方面的起步较晚、水平较低，对于系统仿真和虚拟测试数学建模中有关非线性、非定常、强耦合等前沿共性问题的研究相对落后，试验与测试对象仍然以实物为主，产品的使用缺陷往往要到最后的定型阶段才能暴露，导致产品定型周期长，研制费用增加。面对我国未来卫星需求的快速增长，整星测试及试验验证作为型号研制流程的重要环节，目前已成为影响我国卫星研制生产能力发展的关键因素之一。

2　卫星虚拟验证体系的内涵及组成

卫星虚拟验证体系是一个基于虚拟样机技术构建的测试试验技术体系。它通过数字化建模及仿真技术，建立虚拟验证星、虚拟试验环境和虚拟测试系统，构筑面向虚拟星的通用试验验证和测试平台，实现对虚拟卫星的测试和试验，包括对结构虚拟星的虚拟力学环境试验、对热控虚拟星的虚拟真空热环境试验、对结构和电性虚拟星的虚拟磁试验、对电性虚拟星的虚拟综合测试，完成对虚拟卫星的特性预示、性能评估和故障诊断。逻辑组成如图1所示。

其中虚拟验证星是通过建模和仿真技术构建的面向虚拟试验和测试的卫星虚拟样机。它主要包括电性虚拟星、结构虚拟星、热控虚拟星等，分别支持虚拟电性能测试和力学环境、真空热环境和磁环境试验。

虚拟试验是在通过建模和仿真技术构建的振动、冲击、噪声、热平衡、热真空、电磁兼容性等一系列标准化的虚拟试验环境中，对虚拟验证星进行试验，通过其在该环境下的响应预示和性能评估，综合验证卫星技术方案、产品性能与环境适应性、以及可靠性增长等内容。

虚拟测试利用计算机软、硬件模拟卫星各分系统的电气性能和接口特性、空间环境、TM/TC 处理、星地测试接口，构建虚拟电性能卫星，它不但可以验证和辅助卫星电气参数和接口的设计，而且可以用来验证卫星地面测试设备和地面控制站设备，训练卫星操作人员和地面测试人员，验证飞行软件，进行卫星姿态和轨道的动力学分析、异常状态处理等。

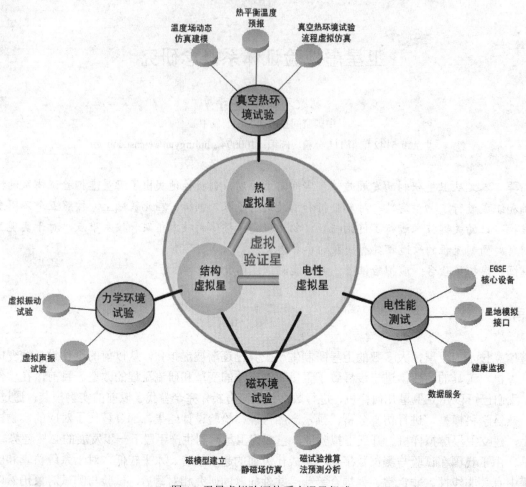

图 1　卫星虚拟验证体系内涵及组成

3　构建卫星虚拟验证体系的意义

通过建立卫星虚拟验证体系，可以实现卫星整星的系统仿真、特性预示、虚拟测试、虚拟试验，它将逐步应用到未来卫星的研制工作中。

3.1　辅助、减少和部分替代现有的模拟试验和飞行试验，形成完整的卫星验证体系

虚拟验证作为卫星设计评估、性能考核、环境试验及接口测试的一种新的研发手段，能够有效地辅助现有的模拟试验和飞行试验方式，并作为一个必不可少的补充成分共同构成完整的卫星验证体系。

● 辅助实物测试和试验：根据虚拟验证结果可以提前进行测试和试验的并行设计与准备，可以更好地理解测试和试验结果，预测测试和试验的输出，提供无传感器位置的响应数据，为电性能测试及环境试验提供数值指导，优化传感器及工装夹具的布置，从而有效地减少验证环节的准备时间，提高测试试验效率，优化试验设计,提高测试精度及试验效果。

● 减少试验工况或试验时间：在模型足够成熟或者分析仿真能够说明问题的前提条件下，通过短时间或以某个工况取得的试验数据，用数值分析方法预示其他时间或工况下的试验结果，减少整体的试验工况或试验时间。

● 部分替代实物试验：在由于环境约束、安全考虑等原因不能进行测试试验的情况下，通过仿真方式替代实物测试和试验；针对继承成熟平台的卫星，争取取消初样阶段结构星和热控星的研制，以虚拟试验技术替代地面模拟试验。

3.2　提升卫星系统的研制能力，满足我国未来卫星研制任务快速增长的需要

面对我国未来卫星研制的短周期、小批量生产、多状态集成的特点，卫星虚拟验证平台将应用先进的

数字化试验技术手段，完善卫星从研发到验证与评价（RDT&E）的集成体系，实现五种卫星研制能力的提升：

- 先期验证能力：通过在设计定型和生产之前根据设计结果建立卫星系统的虚拟原型，对系统设计的可行性、性能的满足性、环境的适应性及接口的匹配性等进行评估验证，实现卫星系统验证环节的前提。
- 综合集成能力：卫星虚拟验证定位于整星一级，在实物制造之前就对分系统进行虚拟集成，对虚拟卫星的分系统之间的功能匹配性和性能匹配性进行综合验证，保证实际卫星的匹配性、正确性、工作的协调性和合理性。
- 批量验证能力：虚拟验证不仅可以辅助实物验证，提高其效率和质量，而且可以减少或部分替代实物验证，避免其费用高、周期长、人力资源和物质资源消耗大等问题，有利于提高卫星系统的批量验证能力。
- 新技术、新系统的快速转化能力：通过虚拟试验能够对新技术的成熟度进行演示验证，对新系统在接近应用环境下的工程适应性进行评价，降低新系统新技术的应用风险，促进系统级重大科研成果转化为工程的能力。
- 设计优化能力：通过早期的虚拟验证，可以对设计过程提供数值指导、对设计结果进行评估和验证，提前发现其中存在的潜在错误，实现不同方案、不同状态、不同参数时的性能比较，改进和优化具体的方案和参数，实现系统设计的优化。

3.3 优化卫星的研制流程，实现卫星研制过程的快、好、省

通过虚拟验证不仅能够将卫星研制流程中的验证环节前移，而且能够实现试验工作与设计流程的并行，减少设计、制造、试验大流程的反复，实现研制流程的优化：

- 实现系统的先期集成和验证：在早期阶段利用卫星虚拟验证平台进行虚拟测试、虚拟试验，预示整星的力学特性、热特性及电性能，在设计定型和生产之前就能够根据卫星的设计参数提前预示试验结果，验证卫星系统软件功能，对设计进行评估分析。
- 实现不同部件或分系统之间的并行设计和验证：通过引入虚拟卫星，可以在星上部分设备没到位的情况下，模拟该设备功能，完成其它设备的测试；可以通过虚实结合技术验证继承部分与改进部分的接口兼容性，使新技术、新产品与继承成熟平台的技术和产品融为一体；可以按照系统级的虚拟验证结果，指导和优化分系统级的设计工作。
- 实现设计与测试试验工作的并行与集成：可以提前进行综合测试和环境试验的设计与准备，确定试验的工况、流程，优化夹具及传感器的布置，验证在轨测试软件的正确性和可操作性。

采用这种优化的研制流程，有利于从并行工程的角度缩短整个研制周期，通过预演方式提高故障诊断能力，在制造前发现设计中所存在的潜在错误，提高设计质量，减少后续的返工次数，减少设计、制造、试验验证大流程的反复，减少更改错误所需的制造费用、试验费用，缩短整个研制周期，实现卫星研制过程的快、好、省。

4 卫星虚拟验证体系技术框架

根据对卫星虚拟验证体系的内涵、组成及目标的描述，结合卫星系统工程的特点，从实现的角度进一步将卫星虚拟验证体系分解成五个技术层次：基础环境层、支撑平台层、虚拟模型层、验证应用层、结果评估层，然后按照这个层次结构，对卫星虚拟验证相关的关键技术进行梳理，最终确定的整体技术框架如图 2 所示。

4.1 基础环境层

基础环境层主要是提供与卫星虚拟验证相关的一些仿真资源，如软件工具、测试试验设备、数据库。具体内容包括：

- 软件工具：如Pro/E、NASTRAN、VirtualLAB、IDEAS TMG、SINDA/NAVADA、EUROSIM、SIMWARE等，分别用于卫星的几何建模、结构分析、传热分析、热辐射分析、系统仿真、模拟器框架。

- 测试试验设备：包括环境试验设备（振动台、真空罐、磁设备）和地面测试系统(EGSE)，为目前主要的实物验证手段。
- 数据库：包括虚拟模型库、测试试验数据库，提供历史数据，实现结果存放和数据管理。

4.2 支撑平台层

支撑平台主要从集成建模、协同仿真、数据服务、虚拟现实及可视化等方面提供技术支撑，包括，实现应用程序之间的互操作性、物理验证设备与虚拟卫星之间的实时通信能力，促进信息的流通、应用系统的集成，保证虚拟模型的正确性、可用性及集成能力。

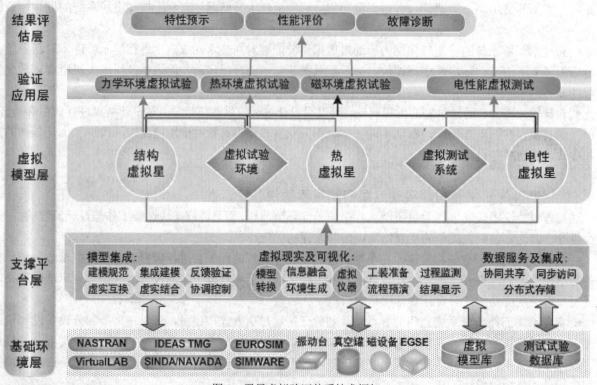

图 2 卫星虚拟验证体系技术框架

- 模型集成：围绕卫星虚拟测试样机，基于通用的模型框架、建模规范，采用不同的建模方法建立混合异构层次化的仿真模型，提供集成建模手段，实现异构模型和数据的集成，实现数学模型与物理硬件、半实物仿真模型、试验数据的集成，实现虚拟验证星与虚拟试验环境的模型集成。

- 数据服务及集成：以数据的采集、处理、存储、共享及传输为主线，开展卫星虚拟验证中数据流、控制流技术研究，实现虚拟验证数据的分布式存储、协同共享和同步访问，满足分布式测试和试验中的实时性要求。建立虚拟验证应用的互操作性规范，实现应用程序接口的标准化，打通设计、虚拟试验、实物试验之间的信息回路，实现虚拟验证过程的集成。

- 虚拟现实及可视化：通过虚拟现实技术，构建虚拟现实环境，实现试验过程的虚拟化、试验数据的可视化，支持卫星实物试验的工装准备、流程预演、过程监测及控制、结果数据的可视化，同时可作为虚拟验证的展示平台，在远端就可以进行虚拟试验。

4.3 虚拟模型层

虚拟模型层主要目标是根据卫星总体设计结果建立虚拟的测试样机，针对相应的试验设备建立虚拟的试验环境。为了保证模型的精确性，还必须开发相应的模型修正软件，根据历史数据和试验数据对模型进行修正。

- 结构虚拟星：根据卫星总体布局的设计结果和零部件的材料特性，以三维几何模型为基础，利用CAD软件和专业的有限元分析工具，通过模型简化或替换的方式建立新部件的结构模型，重用已有的成熟部组件模型，在此基础上构建整星的结构分析模型，使之满足卫星力学环境虚拟试验的使用要求。

- 热虚拟星：对卫星热控系统的被控对象、执行部件等进行分析研究，根据各节点单元的几何尺寸及其相对于星体坐标的几何位置,以及节点之间的辐射换热关系,确定出他们之间的辐射几何角系数、传导热网络系数、辐射热网络系数以及各节点单元的热容，利用传热学的基本知识建立卫星(或部件)的热网络模型。通过与姿轨控系统仿真接合，根据卫星的轨道条件、发射窗口、姿态形式,确定在各种轨道条件下卫星所接受的空间外热流，建立卫星的外热流模型。
- 电性虚拟星：使用软件建模方式模拟卫星不同部件的功能、数据接口、电气接口，建立通用的、可配置、可重用的模拟器，如姿态控制模型单元（AOCSU）、电源分系统模型单元（EPSU）、遥测遥控和跟踪分系统模型单元（TT&CU）、热控分系统模型单元（THCSU）等等，利用实时内核、数据总线及通用接口技术，组合构建整星电性能模型。
- 虚拟振动试验环境：对振动台系统（包括控制系统、电荷放大器、功放系统、静压轴承、动圈、水平滑台及控制设备用质量、弹簧和阻尼等）进行充分的研究和有限元分析计算，建立各自的数学模型和有限元模型，通过系统仿真与模型正弦扫描试验，得到传递特性与耦合特性（考虑线性和非线性因素），使之与相应的机械元器件等效，以此建立虚拟的振动试验台。
- 虚拟热真空试验环境：通过确定卫星虚拟试验中输入外热流与时间、空间的函数关系，建立红外灯阵、红外加热笼及太阳模拟器的热流分布模型，为整星虚拟热试验提供热流输入条件。
- 虚拟测试系统：针对卫星电性能综合测试的需求，通过虚拟仪器技术构建卫星地面电气支持设备(EGSE)。为了保证测试系统的通用性和柔性，将建立相关的软件化的测试设备库，支持模块化的拼装。虚拟测试系统将提供相应的实时内核和数据接口，接收、解码、验证并执行来自操作台、遥测遥控、脱插和总线的卫星命令，模拟遥测数据的格式的生成，产生各类模拟信号。
- 模型修正软件：通过网络远程访问试验、测试及飞行数据，参考成熟平台的模型，对比实测(或试验)和仿真数据，开展数据融合和相关性分析，对前面所建立的虚拟模型进行评估和修正，提高虚拟系统预示的准确性和精度。

4.4 验证应用层

在卫星虚拟验证支撑平台的基础上，建立专门的验证应用系统，针对所建立的虚拟模型开展虚拟验证工作，实现对虚拟卫星的力学环境试验、热真空环境试验、磁试验、电性能综合测试。验证的目标可以是虚拟的卫星，也可以是测试系统。验证的方式可以是虚对虚（虚拟卫星-虚拟试验台），也可以是虚对实（虚拟卫星-实际的测试系统），前者可以直接利用软件分析工具实现，后者则必须考虑硬件在回路（Hardware in Loop）的实时仿真。

- 力学环境虚拟试验：力学环境试验用于确定卫星产品在运输和发射过程中经受短持续时间的随机振动、声噪等作用下的环境适应性。力学环境虚拟试验将在计算分析结构虚拟星的动力学特性的前提下，根据计算结果建立与结构星类似的仿真模型，并与虚拟振动台系统（振动台、功率放大器、对接块、试验夹具和试验仪器）相连，然后根据结构虚拟星有限元分析的响应数据构造一个用于振动试验仿真的状态空间模型，并上载到实时控制处理器中进行振动试验的硬件闭环仿真。通过建立虚拟振动环境试验仿真系统，可以优化振动控制传感器和加速度响应传感器的位置，提供在振动试验设计和实施中所要选择的振动条件和试验参数，在进行实物振动试验之前研究不同控制参数的控制效果，评估新的或现存的夹具对试验结果的影响。
- 真空热环境虚拟试验：真空热试验是在一定的温度水平、冷热浸时间条件下考核卫星环境适应性、可靠性，剔除早期失效的最为重要的技术手段，是不能被省略的，因此，卫星地面热虚拟试验是不能代替其热真空试验的各种工况的，但可以利用热虚拟试验技术通过卫星可靠性模型等手段对卫星试验或在轨长期工作状态进行可靠性评估。将虚拟的热真空试验环境作为输入条件，针对热控虚拟星进行热虚拟试验，实现飞行试验温度场预示、卫星热控系统故障状态分析、非稳态热平衡试验、工况间加速等。
- 虚拟磁试验：磁试验的目标是确定卫星磁性体磁矩和磁场的空间分布规律。考虑卫星内部的软、硬磁材料、大电流电缆及包围面积较大的闭合线路，用发射特性数据或者合适的磁模拟体代替场源模型，建立传输特性数学模型来调用发射特性数据或磁模拟体产生的空间场值，通过特殊的数据处理，如插值、拟合、反演等数学手段完成星级的磁场预测分析。

- 电性能虚拟测试：利用虚拟测试系统测试电性虚拟星各分系统的电气性能和接口特性、空间环境、TM/TC 处理、星地接口，验证和辅助卫星电气参数和接口的设计，验证卫星地面测试设备和地面控制站设备，训练卫星操作人员和地面测试人员，验证飞行软件设计的正确性和软硬件接口的匹配性，进行卫星姿态和轨道的动力学分析、异常状态处理等，此外对于卫星测试或运行中发现的问题可以进行必要的仿真。

4.5 结果评估层

根据虚拟试验和测试的结果，确定卫星的力学特性、热特性，分析评估卫星整体性能，确定卫星设计中存在的缺陷和错误。

- 特性预示：根据卫星总体数字化设计的要求，按照卫星整星力学、热特性，在历史卫星模型的基础上，进行整星力学特性分析与热特性分析，利用卫星平台的试验数据的数据信息对分析模型进行修正，构造现行型号的分析模型，对整星的力学特性、热特性与进行预示，对卫星的各项空间环境及效应进行分析与预示。

- 性能评估：确定卫星系统性能指标评估体系，实现以规范化、数字化的手段对卫星系统的可用性、可靠性、可维护性等系统性能以及反应能力、生存能力、机动能力、作战能力等进行评估。

- 故障诊断：通过将专家系统及人工智能技术应用于卫星地面测试，建立卫星故障诊断专家系统，为卫星测试中的故障提供实时故障诊断，并将仿真技术应用于卫星地面综合测试，建立卫星故障诊断仿真验证系统，为卫星故障的诊断提供验证手段。

5 关键技术及难点

目前，卫星分系统及单个学科层次的分析和仿真应用已经非常广泛，但把各个分系统、各个学科及试验环境的模型整合起来，进行整星级的虚拟验证，还存在很大的难度，需要进一步开展深入的虚拟系统集成技术研究。其中存在的关键技术及难点如下：

- 虚拟卫星、虚拟试验环境的建模与模型修正：由于卫星是一个高度耦合、复杂的大系统，存在着很多不确定的、模糊的、依靠经验进行设计、依靠试验来进行验证的地方，需要较深的学科专业知识和实际的工程经验，需要考虑工程中各种复杂、恶劣的条件，需要作出许多实际工程上的假设和简化处理，因此很难直接建立十分准确的、高保真度的仿真分析模型。为了保证虚拟验证模型的准确性和可信度，必须要利用地面试验数据和在轨实测数据对模型进行修正。如何对已建立的整星结构模型、热模型进行修正，目前已开展了很多研究工作，但还未达到实用化的程度，还未建立通用的软件平台。

- 虚拟验证模型集成：由于在卫星虚拟验证中存在不同学科、不同架构、不同形态的模型，为了保证它们相互之间的兼容性、整体的协调性、系统的集成能力，实现模型集成对于虚拟卫星验证将至关重要。需要解决的几个关键点包括：建模规范及模型框架、虚拟卫星与虚拟试验环境的集成建模、虚拟模型与物理硬件的虚实结合与互换、试验数据对虚拟模型反馈验证、物理测试试验设备与虚拟模型的协调控制等。

- 虚拟验证数据服务及集成：卫星虚拟试验过程中存在多用户、多设备、多异构系统带来的瞬时性数据与永久性存储数据，类型复杂、数据量大，容易造成网络拥塞和数据丢失等问题，因此需要开展虚拟验证数据服务及集成技术研究。具体研究内容为：以数据流程为主线，以分布式存储、同步访问、协同共享为目标，开展关键技术研究，包括压缩算法、通信协议、信息融合、海量存储、控制管理及远端访问。另外，为了打通设计、虚拟验证、实物验证之间的信息链路，实现试验过程的集成，开展虚拟验证中信息流、控制流研究，建立应用程序的互操作性规范。

- 虚拟验证中虚拟现实及可视化技术应用：面向卫星虚拟验证的虚拟现实系统，可以支持卫星试验过程的工装准备、流程预演、过程监测及控制、结果数据的可视化，同时可作为展示平台，在网络远端进行虚拟验证。开展其应用研究的内容主要包括：利用模型转换和 VR 模型库，建立虚拟验证中相关的虚拟现实模型；利用信息融合及环境生成技术，将模型与试验数据和场景融合成一个虚拟的世界；利用虚拟仪器技术构建虚拟试验中的操作和监测平台；利用计算机三维可视化手段和必要的虚拟现实设备，实现基于虚拟现实和信息融合技术的人机交互平台。

6 结论

卫星虚拟验证体系是一个基于虚拟样机技术构建的测试试验技术体系，能够有效地辅助、减少或部分替代现有的模拟试验和飞行试验，形成一个完整的卫星验证体系；能够实现卫星研制能力的提升，满足未来型号快速增长的需要；能够优化研制流程，实现卫星研制过程的快、好、省。

本文创新性地提出卫星虚拟验证体系这个概念，对其内涵和组成作了简要的阐述，并从概念研究的角度对实现卫星虚拟验证的技术平台框架和关键技术进行了初步的探讨，对于实现卫星研制理念的创新和研制流程的改造都具有明显的参考意义。

参 考 文 献

[1] 向树红．卫星动力学虚拟试验的几个关键技术．2002 年度中国宇航学会强度与环境工程专业委员会暨航天第十情报网学术交流会论文集．

[2] 向树红．40 吨振动台虚拟试验仿真技术研究．宇航学报，Vol. 25 No. 4，July 2004.

[3] Christian BENAC．A380 SIMULATION MODELS． 2nd ESA Space System Design Verification & AIT Workshop,15-16 April 2003.

[4] Massimo Braghin．Virtual AIT．2nd ESA Space System Design Verification & AIT Workshop,15-16 April 2003.

[5] Jiang Zhenhua，Dougal, Roger A.; Liu, Shengyi．Application of VTB in design and testing of satellite electrical power systems．Journal of Power Sources, v 122, n 1, Jul 15, 2003, p 95-108.

[6] 王聪．航天器复杂结构动力学建模与减振技术研究．哈尔滨工业大学博士学位论文，2002.

[7] 唐剑．分布式协同综合虚拟试验与测试系统开发支持平台．西北工业大学硕士学位论文,2002.

[8] 李栋．航天器动力学环境试验数据平台的设计与实现．北京航空航天大学硕士学位论文,2004.

Concept Study on Virtual Test System-of-System of Satellite

Hu Lingyun, Yao Wei and Li Yong

Research & Development Center, China Academy of Space Technology

P. O. Box 5142-111, Beijing, 100094, hulingyun@e-cast.com.cn

Abstract A new concept of Virtual Test System-of-System (VTSoS) is proposed for the need and the trend of satellite RDT&E, and its connotation and composition are primarily defined in this paper. Furtherly, the aim and the significance of VTSoS are clarified, and the key technologies in five different layers are identified. Based on these analysis, the total technology architecture and difficulties are finally determined.

Key words Virtual testbed; Virtual test satellite; Electronical test; Environment test

闭环光纤陀螺的输出误差特性研究

黄磊　王巍

中国航天时代电子公司研究院

北京市 142 信箱 47 分箱 5 号，邮编：100854，andrew_hl@sina.com

摘　要　本文针对工程实际的需要，通过对闭环光纤陀螺模型参数的对比研究，来分析闭环光纤陀螺零偏稳定性的变化，并利用 Allan 方差来具体分析闭环光纤陀螺的输出误差特性中的角随机游走、零偏不稳定性、速率漂移斜波等的变化,从中找出规律性的关系。

关键词　闭环光纤陀螺；零偏稳定性；Allan 方差；模型参数

1　引言

闭环光纤陀螺的输出误差特性既包括漂移又存在噪声，两者共同构成传统意义上的零偏稳定性。不同的应用对漂移和噪声的要求也不同,在导航应用中漂移是一个最基本的误差项，因为在对旋转速率信号积分得到角度的过程中，白噪声被平均了，导致长期工作中漂移成为误差积累的主要因素；而对于快速响应的稳定和控制系统，低噪声则是其主要考虑因素。国内文献对闭环光纤陀螺误差特性的研究大多集中在零偏稳定性上，当然也有用 Allan 方差来分析光纤陀螺的误差特性并获得各项误差系数的文献[1]，但均没有具体研究它们的变化规律。鉴于此，本文通过改变闭环光纤陀螺的模型参数，在分析闭环光纤陀螺的输出误差（零偏稳定性）变化的基础上，具体分析 Allan 方差中的角随机游走（表征噪声）、零偏不稳定性（表征漂移）及速率漂移斜波的相应变化，从中找出规律并指导实践，以达到降低陀螺输出误差的目的。

2　Allan 方差法

Allan 方差法是测量和评价光纤陀螺仪各类误差和噪声特性的一种重要手段，它对于光纤陀螺的噪声表征和优化设计具有重要价值。

Allan 方差法分析的主要误差项包括：角随机游走系数、零偏不稳定性、速率漂移斜波、速率随机游走、量化噪声、指数相关（Markov）噪声。一般来说，上述误差都有可能出现在数据中，假设现存误差在统计上都是独立的，那么在任意给定的 τ 域中，Allan 方差均存在这一 τ 域中的不同误差导致的 Allan 方差之和[2,3]，即：

$$\sigma^2_{\Omega,Total}(\tau) = \sigma^2_{\Omega,RWC}(\tau) + \sigma^2_{\Omega,BI}(\tau) + \sigma^2_{\Omega,R}(\tau) + \sigma^2_{\Omega,RRW}(\tau) + \sigma^2_{\Omega,Q}$$

$$= \frac{N^2}{\tau} + B^2\left[\frac{2}{\pi}\right]\ln 2 + \frac{R^2\tau^2}{2} + \frac{K^2\tau}{3} + \frac{3Q^2}{\tau^2} \tag{1}$$

采用下面的 Allan 方差模型，通过最小二乘拟合，可以获得各项噪声系数：

$$\sigma^2_{\Omega,Total}(\tau) = \sum_{m=-2}^{2} A_m \tau^m \tag{2}$$

由此获得角随机游走系数（N）、零偏不稳定性（B）、速率漂移斜波（R）、速率随机游走系数（K）、量化噪声（Q）的估计值。

图 1 显示了一个典型的 Allan 方差图。

从以上分析可知，对大量输入输出特性测试数据运用 Allan 方差法进行分析，可以得到整个积分时间上完整的 Allan 标准差曲线，由曲线上各段斜率的变化便可分离出各项误差系数。

本文通过试验改变闭环光纤陀螺模型的参数同时采集陀螺输出数据，利用 Allan 方差方法来处理其输出数据，从而获得陀螺输出中的各种误差。

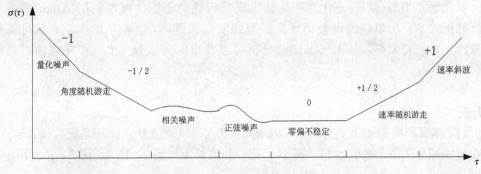

图 1　Allan 方差结果分析例图

3 闭环光纤陀螺模型参数对输出误差特性的影响

3.1 理论分析

在工程应用中，光纤陀螺的输出误差特性是由主要包括噪声与漂移的零偏稳定性来评价的。其中噪声包括白噪声与有色噪声，漂移主要包括常值漂移与线性趋势项。而在通常意义下，光纤陀螺中的白噪声用随机游走系数表征，光纤陀螺中的漂移主要用零偏不稳定性表征。为了更直观地考察陀螺输出误差特性及其变化情况，本文通过改变闭环光纤陀螺模型的参数分析其零偏稳定性的变化及 Allan 方差中的角随机游走、零偏不稳定性、速率漂移斜波的相应变化。

基于实际应用对闭环光纤陀螺模型进行理论分析、系统仿真并进行工程试验，一方面在闭环光纤陀螺内部分别引入激励信号（数字阶跃信号、数字脉冲信号、数字正弦信号），利用系统辨识的方法来建立闭环光纤陀螺的模型；另一方面采用外部引入激励信号（利用角振动台），利用最小二乘的方法建立闭环光纤陀螺模型。同时结合小波变换理论对闭环光纤陀螺信号进行处理，获得同一陀螺在四种不同建模方案下的四个陀螺模型。通过对比分析这四组模型，最终确定闭环光纤陀螺的模型结构如图 2 所示。

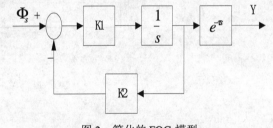

图 2　简化的 FOG 模型

其中：K_1 为前向通道增益，取决于光源波长、光纤长度、光纤环直径、光电流、发光功率、光路损耗、探测器响应率与跨阻抗、前放增益、A/D 转换系数、数字解调增益等参数；

K_2 为反馈通道增益，取决于 D/A 转换系数、相位调制器等参数。

由此获得闭环光纤陀螺模型为带纯延迟的一阶惯性环节：

$$G(s) = \frac{K_1 \times \frac{1}{s}}{1 + K_2 \times K_1 \times \frac{1}{s}} e^{-\tau s} = \frac{K}{Ts+1} e^{-\tau s} \tag{3}$$

其中　增益：$K = 1/K_2$；时间常数：$T = 1/(K_1 * K_2)$；纯延迟时间：τ。

纯延迟时间（τ）主要由闭环光纤陀螺中光学器件和电路导致的。其中光学器件探测器的响应时间大约为 0.1～0.14 μs，Y 波导的响应时间大约为 1.25～2 ns，光纤环的响应时间大约为 1.5 μs。纯延迟时间的一般实测典型值为 1ms 左右，故光学器件对纯迟时间影响很小。所以陀螺的纯延迟主要由电路引起的，除非改变陀螺电路结构，否则纯延迟时间参数基本保持不变。因此对于具体某只陀螺，纯延迟与陀螺的输出误差特性之间是一种固有的关系。

对于闭环光纤陀螺的时间常数（T），从物理意义上它与陀螺的带宽有直接关系，而陀螺带宽直接影响陀螺的零偏稳定性。众所周知，全数字闭环光纤陀螺是个有差系统，采用奇偶采样值相减来解调信号，通过反馈来达到闭环的目的。若解调信号的增益（即图 2 中前向通道增益 K_1）越大，则陀螺的时间常数（$T=1/(K_1*K_2)$）越小，带宽越大，引入高频噪声越多，导致陀螺的零偏稳定性增大，反之亦然。为了具体分析前向通道增益(K_1)的变化对陀螺输出误差特性的影响，可以利用 Allan 方差法对陀螺的输出数据进行分析处理。所以通过调整闭环光纤陀螺前向通道增益（K_1）的大小，就可调整陀螺模型参数中时间常数（T）的大小，从而通过试验分析可以找出时间常数（T）与陀螺输出误差特性之间的规律性关系。

3.2 系统仿真

基于上述分析,本文利用 Matlab 进行仿真，将一随机信号作为图 2 所示闭环系统的仿真输入信号，将前向通道增益 K_1 分别减小 2 倍、减小 2^2 倍、减小 2^3 倍，仿真结果如图 3、图 4、图 5、图 6 所示：

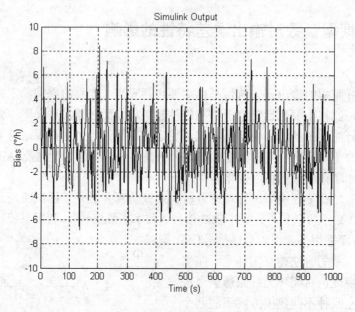

图 3　K_1 调整前

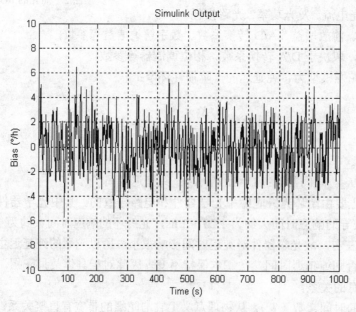

图 4　K_1 减小 2 倍

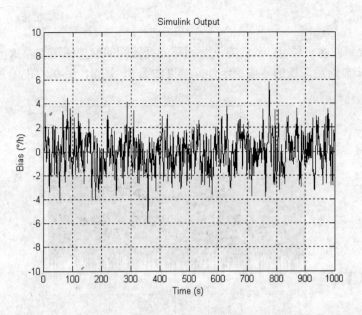

图 5　K_1 减小 2^2 倍

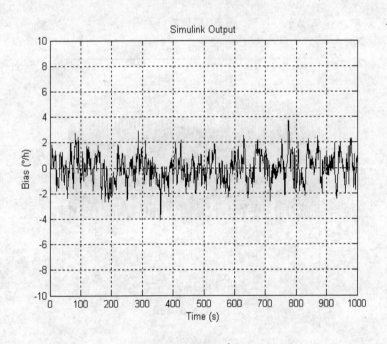

图 6　K_1 减小 2^3 倍

由上述图中可以看出，随着 K_1 的减小，仿真输出的零偏稳定性变小，同时简化闭环系统的时间常数随之变大。具体数据如表 1 所示：

表 1　系统仿真结果

增益变化 ＼ 变化量	时间常数 T/ms	零偏稳定性
K_1 调整前	1.25	$\sigma_0=2.61$
K_1 减小 2 倍	2.5	$\sigma_1=2.13$
K_1 减小 2^2 倍	5	$\sigma_2=1.53$
K_1 减小 2^3 倍	10	$\sigma_3=1.06$

从表 1 可以近似得出以下结论：K_1 减小 2^N，则闭环系统的时间常数增加 2^N，而零偏稳定性则大约减小 N 倍。

3.3 工程试验

针对某型号闭环光纤陀螺，利用试验的方法将闭环光纤陀螺的前向通道增益 K_1 分别减小 2 倍、减小 2^2 倍、减小 2^3 倍，比较调整前后陀螺的零偏稳定性，结果如图7、图8、图9、图10所示：

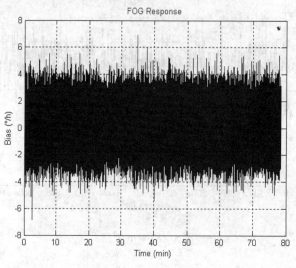

图7　K_1 调整前

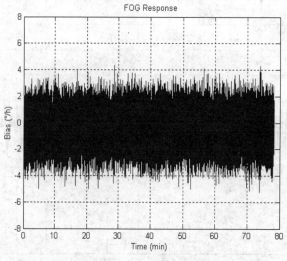

图8　K_1 减小 2 倍

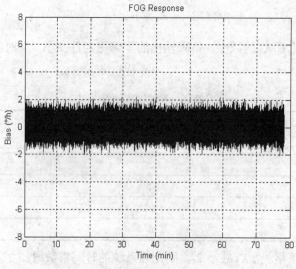

图9　K_1 减小 2^2 倍

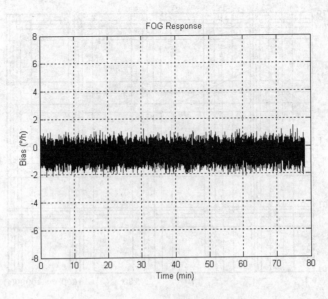

图 10　K_1 减小 2^3

由以上比较可以看出，随着前向通道增益 K_1 的减小，时间常数增大，陀螺的零偏稳定性减小，同时陀螺的带宽随之变小。具体数据如表 2 所示：

表 2　工程试验结果

变化量 增益变化	时间常数/ms	带宽/Hz	零偏稳定性
调整前	1.27	125	$\sigma_0=1.63$
K_1 减小 2 倍	2.14	74	$\sigma_1=1.37$
K_1 减小 2^2 倍	5.27	30	$\sigma_2=0.75$
K_1 减小 2^3 倍	8.3	19	$\sigma_3=0.53$

对比上表可以得出以下结论：闭环光纤陀螺前向通道增益（K_1）减小 2^N，则陀螺的时间常数大约增加 2^N，带宽将大约减小 2^N，而陀螺的零偏稳定性则大约减小 N 倍。

利用 Allan 分析以上四组数据，获得角随机游走、零偏不稳定性、速率漂移斜波，分析结果如图 11、图 12、图 13、图 14 所示：

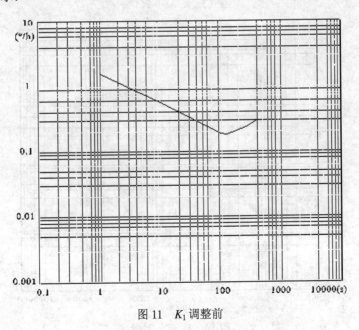

图 11　K_1 调整前

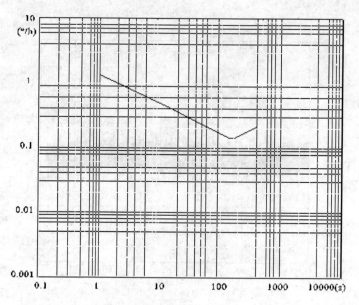

图 12　K_1 减小 2 倍

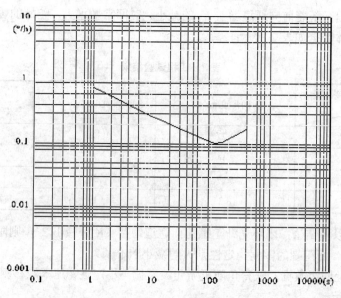

图 13　K_1 减小 2^2 倍

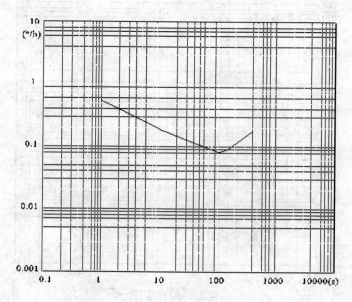

图 14　K_1 减小 2^3 倍

以上四组数据分析结果如表3所示：

表3 Allan 方差分析结果

增益变化 变化量	时间常数/ms (T)	角随机游走 (N)	零偏不稳定性 (B)	速率漂移斜波 (R)
调整前	1.27	0.2490	0.1846	0.0019
K_1 减小 2 倍	2.14	0.1846	0.1442	0.0011
K_1 减小 2^2 倍	5.27	0.1635	0.1139	$8.48e^{-4}$
K_1 减小 2^3 倍	8.3	0.1067	0.0847	$5.10e^{-5}$

对比以上数据发现：角随机游走、零偏不稳定性、速率漂移斜波均随前向通道增益 K_1 的减小而减小，其中速率漂移斜波的值相比较而言较小，所以陀螺的漂移可以直接由零偏不稳定性来表征。

4 结论

（1）降低闭环光纤陀螺的前向通道增益（K_1），陀螺模型参数中时间常数 T 随之增大，闭环光纤陀螺的零偏稳定性随之明显降低。其大致规律：时间常数 T 增大 2^N，陀螺的零偏稳定性则大约减小 N 倍；

（2）降低闭环光纤陀螺的前向通道增益（K_1），陀螺模型参数中时间常数 T 随之增大。利用 Allan 方差分析出陀螺输出误差特性中的角随机游走、零偏不稳定性及速率漂移斜波在不同程度上均随时间常数 T 的增大而降低。

利用闭环光纤陀螺模型参数与输出误差特性之间的规律，有助于针对不同应用领域设计满足不同性能指标的陀螺，如对快速响应系统要求带宽大则可增加前向增益，同时零偏稳定性增大；对长时间工作系统要求低噪声则可降低前向通道增益，使零偏稳定性显著下降。

参 考 文 献

[1] 张树侠，柳贵福.Allan 方差法在光纤陀螺随机噪声分析中的应用［J］.哈尔滨：哈尔滨工程大学，2002.

[2] IEEE Std952-1997，IEEE Standard Specification Format Guide and Test Procedure for Single Axis Interfermetric Fiber Optic Gyros[S].

[3] 朱玲译. IEEE 单轴干涉型光纤陀螺仪标准规范格式指南与测试规程. 船舰导航，2002 年第一期.

[4] 张桂才，王巍.光纤陀螺仪[M].北京:国防工业出版社，1986.

Study on the Output Error Characteristics of Closed-loop FOG

Huang Lei and Wang Wei

The Academy of China Aerospace Times Electronics Corporation

No. 5, P. O. Box 142-47, Beijing, 100854，Andrew_hl@sina.com

Abstract A comparative study on closed-loop FOG parameters is conducted to analyze the variation of the bias stability. And Allan variance method is used to analyze the changing of the angle random walk, the bias instability and the rate ramp which are shown in the output error characteristics of closed-loop FOG. The analysis results indicate the corresponding relations between the model parameters and the error characteristics.

Key words Closed-loop FOG；Bias stability；Allan variance；Model parameters

基于 SPARC V8 处理器的 SOC 设计平台

简贵胄　贾樑　于立新　赵元富

北京微电子技术研究所

北京 9243 信箱，邮编：100076，jiangzh@bmti.com.cn

摘　要　采用 SOC 设计方法，可以在单芯片上通过软硬件协同设计，实现系统级性能的最优方案，本文通过采用 SPARC V8 为核构建嵌入式应用所需要的 SOC 设计平台，这个设计平台集成了嵌入式系统设计所需要的软件、硬件基本功能模块。利用这一平台实现了通信网关 SOC 芯片的设计，验证了 SOC 平台用于设计 SOC 芯片的可行性。

关键词　SOC 芯片；SOC 设计平台；SPARC V8 处理器；通信网关

1　SOC 的基本组成

信息产品日新月异的需求使得电子系统的设计日益复杂，这些电子系统可能包括各种组件：微处理器、存贮器、模拟电路、专用功能电路、数字信号处理器等电子系统设计中常用的电路。这些功能不同的集成电路分布在电路板上，并通过电路板或者电路板间的金属导线连接起来构成整个系统。微处理器的广泛使用是现代电子系统的一个显著特征，这不仅仅是因为微处理器能够通过软件编程带来应用系统的灵活性，更重要的是软件可以提供更复杂计算能力，并使最终系统具有更强的智能和人性化的用户界面。另一方面微电子工艺和器件的进步使得单芯片上能够集成更多的电路，并完成系统级的功能。通过单片的集成可以有效地减小整机系统的体积、功耗并降低成本，此外还能通过单片集成改善系统的性能。因此 SOC 设计成为最近十年系统设计者和芯片设计者共同关注的焦点。

在 SOC 芯片中最重要的部分是处理器，SOC 中处理器的选择取决于应用的需求，与处理器相关的是存贮器的选择，此外还要提供必要的通信接口，以实现 SOC 芯片和外部电路的信息交换和传输。SOC 中其它部分则依据芯片设计的功能需求集成不同的专用电路，如数模转换电路，电源管理等电路等。

2　SPARC V8 的基本性能

我们构建的 SOC 设计平台是采用以 SPARC V8 架构的处理器为核心，这一微处理器核作为独立的嵌入式处理器已经得到完全的验证。它是以 32 位整数为基本数据类型的指令集结构，并采用 32 位宽的指令格式，指令寻址空间可以达到 4G 的线性空间。如图 1 所示是 SPARC V8 微处理器的基本结构。它采用哈

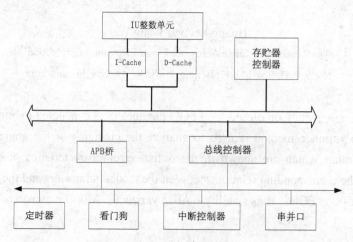

图 1　SPARC V8 处理器的基本结构

佛结构，具有独立的指令 Cache 和数据 Cache。两个 Cache 通过同一个总线控制器与 AMBA 总线和各种外部功能部件相连接。看门狗、中断控制寄存器、两个定时器，并口和两个串口则通过 APB 桥连接到 AMBA 总线上，从而实现和整数处理单元的连接。同时在 AMBA 总线上，还连接有存贮控制器，这个存贮控制器可以和各种存贮器相连包括 PROM、SRAM 和 SDRAM。这些功能模块足以支持 SPARC V8 完成微处理器的基本功能。

3 SPARC V8 SOC 设计平台

基于上述 SPARC V8 的微处理器核，利用在设计中积累的或者通过其他渠道获得的 IP（Intelligent Patent）核，针对不同类型的应用建立起以 SPARC V8 为核心的 SOC 平台。这个平台采用开放的 SOC 总线 AMBA，并能够和各种符合 AMBA 接口的电路实现单芯片系统集成。利用这个平台可以让 SOC 芯片设计者专注于系统设计、开发实现具有专门功能的电路模块，并能在系统级和电路级进行仿真验证。

在软件上，我们针对 SPARC V8 微处理器开发了相应的图形界面编译器，移植了嵌入式 ucLinux 操作系统，目前正在设计定制的调试开发软件平台，这些软件资源都可以较为容易的使用到以 SPARC V8 微处理器为核的 SOC 芯片上。基于 SPARC V8 的 SOC 芯片具有两种调试手段，既可以通过串口与 SOC 芯片进行通信调试，也可以利用专门的调试接口单元，实现调试主机和调试 SOC 芯片之间的通信连接，从而方便地利用该 SOC 平台进行芯片级或板级嵌入式系统的设计。

4 实际例子：专用通信 SOC 网关的设计

在基于 SPARC V8 的开放式 SOC 平台上，可以根据不同的应用需求设计 SOC 芯片。在这里以集成有一个以太网控制器和专用通信协议控制器的网关 SOC 芯片为例。讲述利用这一 SOC 平台设计网关 SOC 芯片的过程。如图 2 所示是该 SOC 的逻辑框图。

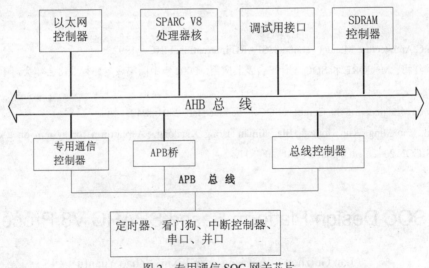

图 2 专用通信 SOC 网关芯片

首先，需要分析应用的要求，选择满足应用功能的 IP 核或者功能模块，这个 IP 核应该是能够完成特定的功能并具有 AMBA 总线接口，如果这个 IP 核不具备 AMBA 总线接口，则需要设计专门接口或者专用逻辑电路，以适配 AMBA 总线的协议。然后根据该 IP 核对外部数据和控制信息的处理接口，初步确定 SOC 芯片的结构，并确认处理器和总线的选择能够满足应用系统对传输带宽和计算处理能力的要求。在这个设计中，以太网控制器要求进行百兆速率的数据通信，专用通信控制器需要约几百 kbit/s 的通信速率，系统时钟工作在 50MHZ，ABMA 的总线位宽是 32 位。通过初步估算和仿真试验，我们确认在这样的工作条件下，SPARC V8 处理器的处理速率和总线的通信速率能够满足设计应用的要求。

第二，确定各个部件和总线的连接方式，AMBA 是一个层次化的总线结构。高速通信的部件可以连接在 AHB 总线上，低速部件连接在 APB 总线上。采取何种连接方式，既要考虑到不同部件的连接接口，也要考虑到地址空间的分配，在基于 AMBA 总线的 SOC 平台中，地址的分配是通过 AMBA 的总线控制器实现的，地址的分配粒度大小，取决于该控制器控制的精细程度，在进行外围部件的连接中需要在系统可扩展性和地址空间的利用率之间做出必要的折中选择。

第三，仿真验证，可以采用通用的仿真验证平台，利用提供的编译器，将用高级程序语言编写的软件代码编译成二进制代码加载入微处理器的存贮器文件进行仿真验证。这种软硬件协同验证方法对于大多数基于控制类应用的嵌入式 SOC 是合适的，但对于基于算法密集型的数据流处理如音频、视频解码和加密的应用，受限于算法计算的复杂度，可以先利用专门的软硬件协同设计工具如 System Studio 等在较高抽象级别如交易级模型（TLM）进行验证，以加快验证的速度，然后再进行 FPGA 的板级仿真。

第四，以后的方法和集成电路设计方法相同，这里略去不再赘述。

通过对最终设计的系统性能测试，该专用通信 SOC 网关芯片实现了如下功能：基本的协议控制和信息处理、专用通信控制器的数据链路层的解析、以太网数据链路层的基本功能。利用 ucLinux 操作系统附带的部分 TCP/IP 协议栈和自主软件开发，网关 SOC 芯片可以实现专用通信网的数据包向通过 Ethernet 网连接的 Internet 网转发，并实现了 FTP 和 WEB 服务等基于 IP 网络的应用，实现了网关芯片的基本功能。

5 结论

采用基于 SPARC V8 的微处理器核，利用 AMBA 总线和专用硬件模块构成的 SOC 平台，可以快速设计面向各种应用的 SOC 芯片。开放的 AMBA 总线结构，让我们可以先利用 SPARC V8 处理器芯片和专用电路芯片在电路板级进行系统原型的验证，然后再利用片上集成技术，将多个功能模块集成到单芯片上形成 SOC 芯片，并且在 SOC 芯片设计的同时，依据已有的分立元件的电路板进行软件设计，从而实现软件、硬件并行设计，快速构建面向应用的 SOC 芯片及应用系统。通信网关 SOC 芯片的设计实现验证了这一 SOC 平台的可用性。

参 考 文 献

[1] The SPARC Architecture Manual version 8, SPARC International INC，1992.

[2]. 萧鹏，季红彬. M*CORE 和 SOC 设计平台及其应用. 2002 年中国集成电路行业协会年会，中国，成都，2002 年 10 月.

[3] Chris Rowen. Engineering the Complex SOC. Prentice Hall, 2004，P42.

[4] Yang Xun, Zhu Ming, Xue Hongxi, Bian Jinian, Hong Xianlong. A platform for system on a chip design prototyping. ASICON 2002，Shanghai China，2002.11.

The SOC Design Platform Based SPARC V8 Processor

Jian Guizhou   Jia Liang   Yu Lixin   Zhao Yuanfu

Beijing Microelectronics Technology Institute

P. O. Box 9243, Beijing, 100076，jiangzh@bmti.com.cn

Abstract　Using the SOC (system on a chip) design methodology, hardware and software can be co-designed simultaneous, which can result in implementation of the optimized system solution. In this paper, SOC platform based SPARC V8 architecture processor is introduced that is used in embedded application. This platform integrates fundamental hardware and software functional block for embedded system. Design experiment of a network gateway chip demonstrates the availability of the SOC design platform.

Key words　SOC design platform；SAPRC V8 processor；SOC chip；Network gateway

虚拟仪器技术综述及开发研究

李涛 于志贤

辽宁大连 91550 部队，邮编：116023，litao818@fescomail.net

摘 要 虚拟仪器是智能仪器和计算机技术发展的结果，是一类重要的仪器仪表和测试系统，得到广泛的应用。本文总结了虚拟仪器的内涵，分析了虚拟仪器的构成和关键技术，归纳了虚拟仪器的开发方法，分析了两种开发方法的优长。

关键词 虚拟仪器；可视化；测试；大批量定制

1 引言

仪器仪表是我们认识世界和改造世界的有力工具，经历了磁电式模拟仪表、电子式模拟仪表、数字式仪表和智能仪表等几个阶段[1]。

在 20 世纪 80 年代中期，美国国家仪器公司（NI）首先提出了"软件就是仪器"这一虚拟仪器的概念。今天，虚拟仪器被定义为信号的输入和输出基于计算机硬件平台，其余的都通过计算机软件，按已知的数学模型和时序实现对数据的显示、控制、变换、分析和显示等全部或部分功能的智能化仪器系统。

虚拟仪器充分利用计算机的运算、存储、回放、调用、显示以及文件管理等功能，把传统仪器的专业化功能和面板部件软件化，使之与计算机机融为一体，构成一台从外观到功能都与传统硬件仪器相似，同时又充分发挥计算机资源的测试分析系统。虚拟仪器与传统智能仪器最大的不同是没有仪器面板，仅仅利用 GUI 建立图形化的"虚拟的"仪器面板，并借此完成控制、数据分析与显示功能。

2 虚拟仪器的关键技术[2~10]

2.1 虚拟仪器的组成

虚拟仪器一般由硬件平台和软件平台组成[2,3]，如图 1 所示。硬件平台包括计算机、各种标准接口系统以及相应的采集模块，计算机可以是 PC、掌上电脑或嵌入式系统。在嵌入式系统中，有的虚拟仪器的 I/O 是和计算机一体的，外部信号如模拟量和数字量通过接口电路直接输入到 CPU 中。软件平台包括具有 GUI 的操作系统和虚拟仪器应用软件系统，如果是基于工具软件开发的，则还包括工具软件运行平台。组成虚拟仪器的计算机操作系统可以是 Windows，也可以是 Linux，甚至是其他操作系统。

在硬件平台中，标准接口包括 GPIB、串口、VXI、PXI、各种现场总线和以态网等。其中，GPIB、VXI、PXI 是测试仪器总线，可以构建高精度、集成化仪器系统的专用平台。很多人以为只有基于这些测试总线的测试系统才是虚拟仪器。GPIB 总线(即 IEEE 488 总线)是一种数字式并行总线，主要用于连接测试仪器和计算机。VXI 总线(即 IEEE 1155 总线)是一种高速计算机总线——VME 总线在仪器领域的扩展。VXI 总线具有标准开放、结构紧凑、数据吞吐能力强，最高可达 40MB/s，定时和同步精确、模块可重复利用、众多仪器厂家支持的特点，因此得到了广泛的应用。PXI 总线是以 CompactPCI 为基础的，由具有开放性的 PCI 总线扩展而来(NI 公司于 1997 年提出)。PXI 总线符合工业标准，在机械、电气和软件特性方面充分发挥了 PCI 总线的全部优点。PXI 构造类似于 VXI 结构，但它的设备成本更低、运行速度更快，体积更紧凑。目前基于 PCI 总线的软硬件均可应用于 PXI 系统中，从而使 PXI 系统具有良好的兼容性。

为了共享测试系统资源，越来越多的用户正在转向网络。工业现场总线是一个网络通信标准，它使得不同厂家的产品通过通信总线使用共同的协议进行通信。现在，各种现场总线在不同行业均有一定应用；工业以太网也有望进入工业现场，应用前景广阔；Internet 已经深入各行各业乃至千家万户。嵌入式智能仪器设备联网的需求越来越广泛，已经形成了网络化虚拟仪器[5,6,8]。

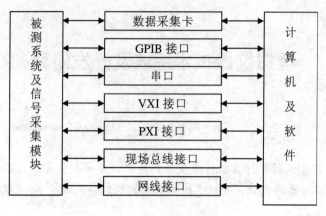

图1 虚拟仪器的组成

2.2 虚拟仪器的关键技术分析

虚拟仪器和其他的测试系统一样，都包括信号检测、信号输入、信号输出、信号存储、信号处理、信号显示和人机交互几个部分。作为仪器，信号检测的精度是其灵敏度的决定性因素。模块化的 I/O 硬件及各种标准接口是信号检测、信号输入、信号输出的基础，是虚拟仪器的一个关键技术。

软件是虚拟仪器技术中最重要的部份。软件不仅完成与各种软硬件的连接，更能提供强大的后续数据处理能力，设置数据处理、转换、存储的方式，并将结果显示给用户。因此，软件技术是虚拟仪器的最关键技术。软件技术包括了软件系统的开发、运行和维护的技术。其核心内容是高效的运行模型及其支撑机制，有效的开发方法学及其支撑机制。虚拟仪器的软件设计主要包括仪器面板软件设计和仪器功能软件设计。

随着网络技术的发展与应用，网络化的虚拟仪器也应运而生。人们可以通过 Internet 进行远程测量、控制和现场监视功能，虚拟仪器可以通过网络构成自动测试系统。因此，网络技术和网络化虚拟仪器也是虚拟仪器的一个关键技术。

为了实现测试系统的互连互换和标准化，NI等著名仪器厂商发起的VXI plug&play(VPP)联盟提出了一系列VPP技术标准，包括测试系统框架、仪器驱动器(Instrument Driver，或译为仪器驱动程序)、软面板、VISA (Virtual Instrument Software Architecture,虚拟仪器软件结构)、部件知识库等规范。IVI基金会(Interchangeable Virtual Instrument Foundation)将VPP规范中的虚拟仪器软件结构(VISA)中的标准I/O接口的概念扩展到仪器级的互操作性上，提出了标准化的仪器类驱动器(Class Driver)概念。 NI 引入了属性、类等面向对象的概念，按仪器类划分、抽取和规范同类仪器具有共性的功能作为仪器类驱动函数。

3 虚拟仪器的开发方法

虚拟仪器的开发方法主要有两种：基于自主知识产权的开发方法和基于平台软件的开发方法[2]。基于自主知识产权的开发方法，主要是在操作系统之上，利用 C 或 C++等工具从底层开发，具有完全的自主知识产权；基于平台软件的开发方法，则是利用 LabVIEW 等虚拟仪器开发平台，利用图形化的开发环境、功能模块库、控件库等，进行快速开发。

3.1 自主知识产权的开发方法

基于自主知识产权的开发方法，主要是在操作系统之上，利用 C 或 C++等工具从底层开发，具有完全的自主知识产权。比较适合复杂的大系统、通用的测试测量仪器系统以及高性能要求的特定测试系统，如嵌入式虚拟仪器。但是，这种开发方法的过程复杂，需要一定的技术积累，对开发人员的技术和知识要求较高，同时必须保证大量代码的安全性和稳健性。

基本的开发过程为：①开发驱动程序，完成数据采集和输出功能。②开发虚拟仪器的面板，以供用户交互式操作。③开发虚拟仪器的功能模块，完成虚拟仪器的各项功能。④有机地集成前三步功能，构建出一个界面逼真、功能强大的虚拟仪器。

在开发过程中，一般都采用面向对象的开放式体系结构，建立虚拟仪器的运行模型、技术平台和产品平台。在此基础上，各种功能模块和对象都通过标准接口进行连接，在软件复用、组态或重构的基础上，进行系列化批量化的虚拟仪器开发。

3.2 基于平台软件的开发方法

NI 公司自 20 世纪 80 年代推出虚拟仪器以来，许多著名的仪器公司随后也开发了不少虚拟仪器开发平台软件，以便使用者利用这些开发平台软件组建自己所需的虚拟仪器或测试系统。最早和最具影响的开发软件是 NI 公司的 LabVIEW 和 LabWindows/CVI。在 NI 之后，美国 Agilent 公司、Keithley 公司和 HEM Data 公司也相继推出了 VEE、TestPoint、DT Measure FOUNDRY 等开发系统。在国内也有我国重庆大学自行研制的 VMIDS 虚拟仪器开发系统。

这些平台提供了许多的功能，如可视化控件、显示器和数据处理功能，支持大量的输入输出设备和标准。利用这些平台，只需简单的学习和操作即可快速构建出功能强大的测试系统。很多人认为平台软件就是虚拟仪器，只有基于平台软件而开发出的测试仪器系统才是虚拟仪器。

3.3 两种开发方法的比较

不同的开发方法适应不同的需求，参见表 1。必须根据具体的功能、资源和时间等要求而定。

表 1　基于平台的开发方法和自主知识的开发方法之比较

	基于平台的开发方法	自主知识的开发方法
本质特征	框图式程序设计	应用软件设计
适应范围	快速组建临时或专用测试测量系统	复杂、大型、通用或专用的高性能测试仪器系统
编程特点	类似流程图的简单图形编程，分前面板和后面板共同构成程序，对编程人员技术水平要求低，比较适合试验研究性的需要。不适合嵌入式系统	方便管理源码的逐行文本编程，统一的编程界面，对编程人员技术水平要求高，比较适合产品化和批量生产，应用范围广泛
性能	生成更快，更便于开发和理解。功能受限	生成程序更小，执行效率更高，面向最终用户。功能不限
成本	成本大	成本小

4　结束语

虚拟仪器是智能仪器和计算机技术发展的结果。虚拟仪器充分利用计算机的资源，利用显示器和 GUI 作为测试系统操作控制和显示面板，提供强大而灵活的测试分析和控制功能。利用虚拟仪器技术可以完成各种测试、测量和自动化控制的应用，虚拟仪器是测试系统的重要发展方向。本文分析了虚拟仪器的关键技术，总结并分析两种虚拟仪器开发方法的优长，认为基于自主知识产权的开发方法比较适合嵌入式虚拟仪器和测试系统的开发。

参 考 文 献

[1] 朱欣华，姚天忠，邹丽新. 智能仪器原理与设计. 中国计量出版社，2002.

[2] 秦树人，汤宝平，钟佑明等. 智能控件化虚拟仪器系统—原理与实现. 科学出版社，2004.

[3] 黄俊钦. 图形化测量及其在航空航天仪表中的应用. 计量学报，1997，（4）、314~319.

[4] 李宝安. 自动测试系统（ATS）软件体系结构及关键技术研究[学位论文]. 北京航空航天大学，2002.

[5] 柏林. 网络化虚拟仪器核心技术及其典型案例的研究[学位论文]. 重庆大学，2004.

[6] 王见. 网络化虚拟仪器及其在 PDA 中的应用研究[学位论文]. 重庆大学，2004.

[7] 周泓. 虚拟仪器系统软件结构与接口技术的研究[学位论文]. 浙江大学，1999.

[8] 徐小良. 自动测试系统的面向对象框架开发方法研究[学位论文]. 浙江大学，2003.

[9] 贾惠芹. 面向对象的网络化虚拟仪器系统建模原型的研究与应用[学位论文]. 西安交通大学，2003.

[10] 肖明清. 基于 VXI 总线的苏二七飞机自动测试系统研究[学位论文]. 西北工业大学，2000.

Research on Virtual Instrument Technology and Virtual Instrument Development

Li Tao and Yu Zhixian

Unit. 91550 of PLA , Dalian, 116023，litao818@fescomail.net

Abstract   Virtual instrument is an important kind of instrument and test system, which is resulted in with the development of intelligent instrument and computer technology and is used widely. In this paper, the principle of virtual instrument is summarized, the component and key technology is analyzed. The development approaches of virtual instrument are summed up and two development methods are compared in detail.

Key words   Virtual Instrument；Visualization；Test；Mass Customization

空间辐照环境对电子元器件的影响及其对策

李应选

航天时代电子公司

北京北四环西路 67 号，邮编：100080，yingxuanl@163.com

摘　要　本文描述了空间辐照环境对电子元器件特别是半导体集成电路的影响，对航天任务所使用的半导体器件种类进行了划分和分析，归纳了半导体器件进行辐照加固的措施，并介绍了 NASA 辐照加固器件的发展路线图。

关键词　空间辐照环境；电子元器件；辐照加固；航天任务

1　引言

"太空将成为国际军事竞争的制高点，我们要有争夺制天权的准备。"空间高可靠电子元器件和由其构成的模块是航天器和武器装备能够在空间辐射和强电磁及核环境下实现生存和有效攻击的基础和核心。在近几年发生的局部战争中，航天在信息化战争中的重要性日益显示出来，并被越来越多的各阶层人士所认识。目前我国航天事业进入了一个高速发展的机遇期，对航天器的性能和可靠性也提出了新的需求和挑战。多种多样的航天任务对航天电子器件的抗辐照性能提出了期望和要求，搞清楚不同寿命、不同高度、不同轨道、不同使命的航天器对电子器件的辐照加固需求就显得特别迫切。

2　空间自然辐射环境

辐照环境和它们对电子器件的影响推动着耐辐照和辐照加固电子器件的发展。空间自然辐照环境对于空间飞行器上的电子器件有严重的影响。在空间自然辐照环境中，太阳起着主要的作用。太阳活动、太阳耀斑和太阳风的强弱和频繁程度直接影响到高能粒子（质子、电子、重离子、中子）的能量和浓度。环境可以根据被俘获和未被俘获的带电粒子，以及它们对内部电子器件的影响来分类。被俘获和未被俘获的带电粒子的构成随太阳风与地球磁场的相互作用而变化。陷落在近地环境的粒子有高能质子、电子和重离子，通常被称为范·艾伦带（Van Allen Belts）。瞬态（未陷落）辐照由银河宇宙射线粒子、太阳事件来的粒子、太阳耀斑和冠状质量喷射（CME）构成。地球磁场通量受到太阳事件的影响，从而产生一个复杂的辐照环境，而航天器就要在这样的环境中工作。现象学可以根据太阳事件、辐照带、宇宙射线的效应和二次效应来分类。这些环境由质子、电子、中子、离子和 α 粒子的粒子分量构成。对于内部电子组件的粒子效应由总电子和质子通量和高能质子和宇宙射线的与时间有关的速率来组成。从术语上已经分为：总离化剂量、剂量率、和单事件效应。自然空间环境的独特成分是宇宙射线，它包括像铁和氧这样的重离子，其能量超过几百 BeV（十亿电子伏特）。这些单离子能在局部淀积足够量的电荷，引起分离的逻辑翻转，通常就称为单事件翻转（SEU），它还会引起其他的单事件效应。在某种情况下，这个机理甚至会激发局部闩锁。此外，带电粒子，无论是捕获的还是瞬间在空间的，都会随着时间引起电子空穴对的离化。相对于总离化剂量，这些来自自然空间的效应会随着时间的推移降低组件的性能。

归纳起来，自然辐照环境对电子器件的辐照效应有两类：长期效应和瞬态效应。长期效应又分为总电离剂量 (TID)效应和位移损伤剂量(DDD)效应。瞬态效应分为剂量率效应和单粒子效应。总电离剂量效应是由于质子和电子长期积累引起的离化损伤，它能导致器件的阈值漂移、漏电流增大、时序错误甚至功能失效。屏蔽能减轻总离化剂量效应，因为它能减轻低能质子和电子的影响。位移损伤剂量效应是由于质子、电子和中子长期积累引起的非离化损伤。它能产生导致器件性能下降的缺陷，它甚至对光耦、太阳能电池、CCD、线性双极器件也会产生影响。屏蔽的作用大小取决于电子器件在航天器上的位置。单事件效应由单个带电粒子（重离子或某些器件敏感的质子）引起。效应分为两类：非破坏性的：SEU, SET, MBU, SEBE, SHE；破坏性的: SEL, SEGR, SEB。效应的严重程度取决于效应的种类和系统的临界程度，屏蔽对它几乎没有作用。

3 航天任务与辐照效应的关系

美国 NASA 将空间自然环境辐射加固器件分高、中、低三个等级。高端为辐射总剂量高于 100krad（Si）：这种要求有长任务周期、强的单粒子环境和强的辐射环境，如 Europa、GTO、MEO 等，其所需器件类型为辐射加固（RH）器件；中端指辐射总剂量在 10～100krad（Si）之间：有中等任务周期及较强的单粒子和辐射环境如 EOS、高 LEO、L1、L2、ISSA 等，所需器件类型为耐辐射（RT）器件；低端指辐射总剂量在 10krad(Si)以下：短任务周期、中等单粒子及低位移环境，如哈勃太空望远镜、航天飞机、XTE 等，需要的器件类型为有轻微抗单粒子能力的采用最新技术的商用器件。以上三类归纳如图 1。至于这三类器件在应用上各占多大比例，NASA 尚未正式研究，最好的推测如图 2 所示：属于高端的任务占 10%、中端的任务最多占 65%、低端的任务占 25%。

表 1 卫星轨道与总离化剂量的关系

轨道名称	GEO	GPS	LEO	DMS
远地点（km）	35 796	20 189	1 600	846
近地点(km)	35 795	20 172	1 600	924
倾角(度)	0	55	60	99
剂量（rad(Si)/年）	6 600	59 000	17 300	1 260

注：DMS 为 Defense Meteorological Satellite(国防气象卫星)的缩写。

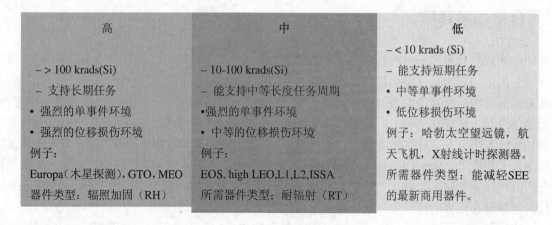

图 1 空间自然环境辐射器件分类

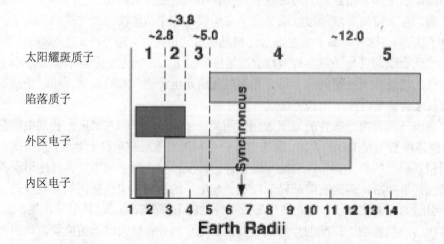

虽然在深空或 MEO 的活动和科学探测中辐射水平是任务选择的首要参数,但耐单粒子事件仍然是主要要求。现实的商用器件(未加固)对某些航天任务也许可以接受,但具有与商用器件有关的风险。即令是低辐射要求也是对商用器件的挑战。例如哈勃太空望远镜(HST)就有商用微电子器件大量反常现象的记录。更多记录表明航天技术(空间电子学/地面电子学)已有商用器件软错误的记载。NASA 现有设计所用的微电子器件来源于实际辐射加固器件和经过搭载试验的 COTS 器件。因此一个用于航天的抗辐射系统要得到如图 3 所示的各种技术、产品及试验认证的支撑。

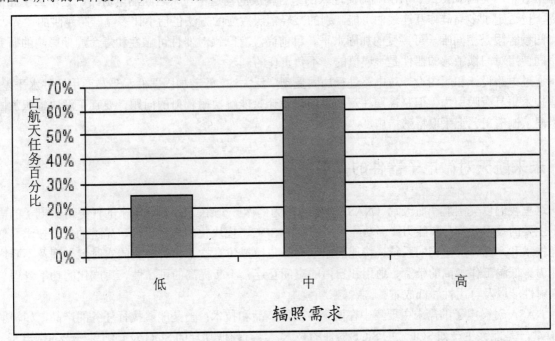

图 2　各类器件所占应用比例

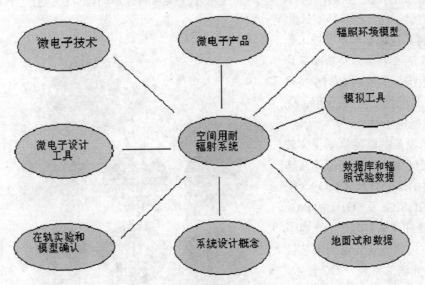

图 3　空间用耐辐射系统的支撑技术

4　辐照加固技术

　　辐照加固技术:包括独有和利用商用技术两部分。它包括电路设计、版图设计和工艺制造三方面的内容。

　　许多辐照效应与寄生元件有关。在设计过程中一般不特别考虑。这些寄生元件是所选半导体器件的固有部分,它们一般不起作用,只在受到辐照时才起作用。商用工艺与辐照加固工艺的主要差别之一就是对控制寄生效应的重视程度不同。寄生元件主要有两个：场氧 N 沟 MOS 晶体管和 4 层 PNPN 结构（可控硅，即 SCR）。在工艺上特别关注栅氧、场氧和栅氧与场氧之间的过渡区。半导体技术的发展趋势是线条越来越细，栅氧越来越薄（$0.5\,\mu m$ 工艺，100 埃的栅氧）。因为辐照引起的氧化层俘获电荷与 T_{ox}^2 成正比，在这个氧化层厚度范围，它对总剂量效应的贡献变得不太重要。当氧化层达到 50 埃时，由于隧穿效应成为主要有效机理，消除俘获电荷更是这样。

场氧漏电将是超深亚微米 CMOS 工艺（$0.18\,\mu m$ 及以下）的限制效应，这些工艺中用的浅槽隔离对辐照非常敏感。美国 MRC 公司用 P^+ 源/漏注入的组合构成的沟道停止来阻断漏电通路，这增加了元件之间的距离，也否定了多晶硅作互连线的可能。别的减轻辐照效应的方法包括不让多晶硅跨越阱的边界。

闩锁容限是空间唯一可接受的加固水平。目前尚没有闩锁对器件可靠性和寿命周期影响的研究，因此在空间使用对闩锁敏感的器件是不谨慎的，不负责任的。

通过电路设计和版图设计对电路进行加固受到广泛关注，随着加固器件水平与商用器件水平差距扩大，这些技术更具有吸引力。但是需要注意的是通过设计只能解决耐辐射的问题，要真正解决辐照加固问题，还需要从制造工艺上采取特殊措施。

5 未来航天对微电子器件的需求

这里我们以美国航空航天局（NASA）的情况为例做一介绍。NASA 未来的任务对微电子的需求包括如下主要的技术、产品和能力：高功能集成密度的 SOC、模块化的系统设计、先进的封装技术、低和超低功耗技术和产品、可重构的系统、快速的原型样品与模拟仿真技术、可剪裁的实时多处理及不断增强的处理能力、低温工作、高的带宽、通用和自由的空间互连、不断提高的可靠性、集成化的功率管理与分配、抗辐射性能以及可用性和低成本。

NASA 对微电子的需求主要集中在两个方面即产品和技术：一是能够执行任务的产品，如辐射加固的 FPGA；一是能够生产如 SOI 上的 SiGe 器件的技术，具有超低功耗的 SOC 及有纳星概念的微电子。而当前计划的重点集中于产品开发。当然，也有一些增加技术开发投入的计划尚待批准执行，希望用有限的投入对技术进行评估。

NASA 需要的其他重要微电子技术包括功率电子学（宽禁带半导体及功率单片模块）、从器件、板级到系统的 COTS 技术 (包括未加固器件/非可控工艺)的应用、先进的传感器和传感器电子学。

NASA 的技术发展战略特别重视突破性技术的发展，突破带宽和速度需要高速高频器件，依次要用深亚微米 CMOS（辐射加固单元库）、SOI、SiGe 及 SOI 上的 SiGe 器件、InP、InAs 器件及最后光子、光电子器件；突破体积质量就需要先进的工艺技术（如铜互连等）、先进的封装、SOC 技术、MEMS 技术、超低电源电压技术、SOI 及 SOC 等；突破恶劣环境则要辐射加固器件

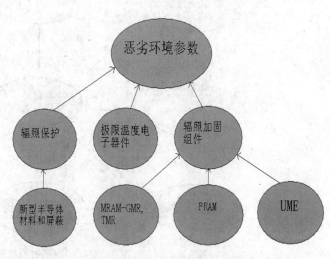

图 4 突破恶劣环境的技术蓝图

（如 FRAM）、作辐射保护或屏蔽的新材料、及耐极限温度的器件等。

NASA 未来航天任务需要的辐射加固器件主要包括以下 9 类：

- 可重构 FPGA、一次性编程 FPGA、ASIC（加 IP）
- 存贮器
- 微处理器
- 信号处理器
- 嵌入式微控制器

- 特种器件如 CCSDS 打包器、RS 编码器、波形变换器等
- 先进的 A/D、D/A
- 数字/线性/混合信号模块
- 光耦、光纤链路、自由空间链路、（光学红外）

要指出的是，以上所有这些器件都是与 COTS 技术兼容的，以有可能减少系统开发成本。这是一个重要思想。

图5～图8分别示出了高端处理器、低端处理器、可重构计算、及超低功耗($V_{dd}<1\,V$)器件发展路线图。

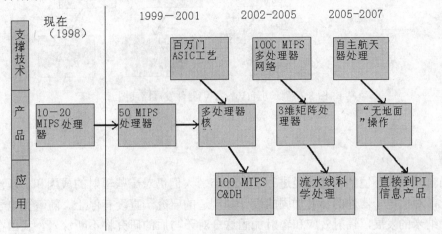

图 5　高端处理器发展路线图

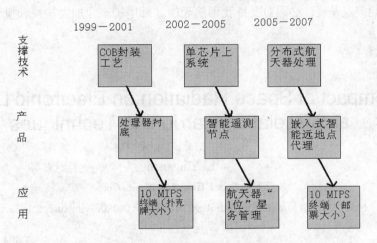

图 6　低端处理器发展路线图

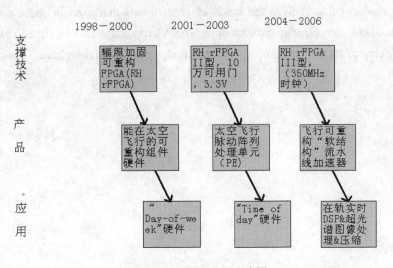

图 7　可重构计算发展路线图

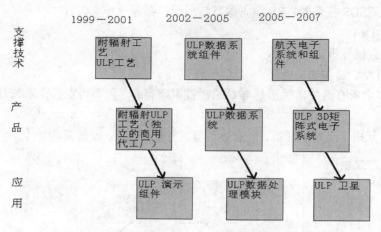

图 8　超低功耗(V_{dd}<1 V)器件发展路线图

6　结束语

虽然对空间自然辐射环境的研究已经进行了几十年，人们仍对一些辐射的成因和机理没有找到合理的解释。尽管如此，对微电子器件的辐射加固的设计和制造的研究一直没有停止。随着微电子器件的制造工艺向深亚微米和纳米的发展，辐射效应和辐射加固这一对矛与盾的研究将不断深入。我国在这方面远远落后于西方发达国家，特别是美国，然而由于这种器件的重要军事战略意义，西方国家对我国实施严格禁运。为使我国的航天事业健康发展，必须对支撑我国航天的基础电子产业加大扶持和投资力度，对空间用辐照加固器件尤其是这样。

The Impact of Space Radiation on Electronic Devices and Radiation Hardening Techniques

Li Yingxuan

China Space Times Electronics Corp.

No.67 Western road of North 4th Ring , Beijing，100080，yingxuanl@163.com

Abstract　In this paper, we describe the impact of space radiation on electronic devices, especially on semiconductor integrated circuits, analyze the kinds of components that used in space mission, summarize the measurements to reduce radiation effects, and introduce NASA's roadmaps about rediation hardened devices.

Key words　Space radiation environment；Electronic devices；Radiation hard；Space mission

国外航天器仿真系统综述

李英华　李勇

中国空间技术研究院

北京 5142 信箱 111 分箱，邮编：100094，liyinghua@cast.cn，liyong@cast.cn

摘　要　论文简要介绍了国外主要的航天器仿真系统，然后进行了总结和评析，最后给出了几点启示。

关键词　航天器仿真；仿真系统；国外；综述

1　引言

随着以信息技术为核心的高新技术在航天领域的广泛应用，航天器发展呈现出体系化、综合化、信息化的主要趋势。空间系统越来越复杂，人们越来越依赖建模仿真定量手段来支持空间系统发展决策、系统设计、型号研制等工作。世界航天大国均很重视器航天器系统论证和仿真工作，加强航天器建模仿真技术研究，注重基础数据和模型的积累，积极开发各类航天器仿真系统，如美国的 STK、欧空局的 EuroSim，并以这些仿真系统为基础，开展相关仿真实验和演习，为空间系统发展建设起到了很好的辅助作用。

2　国外航天器仿真系统情况

国外发达国家开发了很多航天器仿真软件或模型，这些软件在航天器规划、设计和研制各阶段发挥了重要的计算机辅助作用。下面简要介绍国外主要的航天器仿真系统，更详细的内容如有需要请与作者联系。

2.1　免费软件

（1）WinOrbit：是用 VB 开发的 Windows 应用程序，开发者 Carl Gregory 是 Illinois 大学。WinOrbit 可以实时地图形化显示卫星的位置，可以为许多人造地球卫星产生跟踪数据星历表信息。该软件 1998 年后似乎停止开发了，代码也不公开。

（2）SaVi：（Satellite Visulization 的缩写）由英国 Surrey 大学的一名学生 Lloyd Wood 开发，是一种源码公开的卫星星座可视化软件，被放在 SourceForge 网站上，供全世界程序员共同开发改进。该软件用户界面好，仍在开发中，目前只有轨道模块，单用户版。已用于卫星星座组网等应用[3]。

（3）ORSA：也是一种源码公开的工具软件，Orbit Reconstruction, Simulation and Analysis 的缩写。改软件仍处于开发当中，开发者是意大利 Padova 大学的几位学生。该软件目前面向多平台，只有轨道功能，其他很多功能还没有完全实现和应用。由于它是源码公开，可作为各种空间仿真软件的基础。

（4）DSHELL[8,11]：NASA JPL 工程师开发了几个仿真软件并构造了一个仿真环境叫作 Autonomy Testbed Environment（ATBE），ATBE 主要基于 LIBSIM 和 DARTS/ SHELL（DARTS Shell），该环境主要用于地面测试和检验航天器自主飞行软件。DSHELL 由库和多个 C++仿真程序组成，为开发航天器仿真提高了一个基本框架。DARTS 是一个柔性的多体动力学计算引擎，它也包括库和硬件模型。DARTS 通过 DSHELL 与外部接口。DSHELL 可方便用于桌面操作系统和硬件在回路中的环境。DARTS/DSHELL 已在 NASA JPL 的 Cassini、Galileo、Mars Pathfinder 和 Stardust 等项目中应用。LIBSIM 已用于千禧年项目 Deep Space 1。DSHELL 对学术研究机构免费。

（5）MultiSatSim（MSS）：由 Princeton Satellite Systems（PSS）开发。可仿真最多 8 个卫星，且可以远程仿真控制，界面图形化、易用、可编程。不像其他软件，MultiSatSim 不局限于地球轨道建模，重力模型可以定制，但只能对刚体用 1/4 运动学表示法建模。MSS 源代码不公开，仅支持苹果机，扩展性差。

（6）Open-SESSAME[1,4]：是 Open-Source, Extensible Spacecraft Simulation And Modeling Environment

的缩写，是一个源码公开（Open-source）而全球共同开发（基于 open-source license）、瞄准跨多个操作系统平台的航天器建模仿真框架。该框架提供诸多航天器建模、仿真工具供用户开发仿真应用，仿真组件可重用，可为下一个仿真应用所使用。软件缺点是没有图形用户界面，用户需要 C++编程知识。

Open-SESSAME 功能模块目前包括：轨道和姿态建模仿真、硬件在回路中的测试和检验、空间环境评估、控制算法校验等。今后该软件可以不断增加有关能源、结构、热控方面的仿真功能。

（7）Orbiter：是 University College London 计算机科学系的 Martin Schweiger 于 2000 年开始开发的一个免费的且源码公开、教育用的航天器轨道动力学仿真工具软件。它是航天器飞行实时仿真软件，可对多个航天器并行仿真，适合于 PC 机 Windows 平台。可对发射与再入大气飞行，亚轨道、轨道和星际（包括交会、对接、轨道转移、轨道面调整、绕行星变轨等）飞行进行建模。模型包括牛顿力学模型、刚体转动模型、基本大气飞行模型。软件用 C++编程，使用 DirectX 作为 3D 表现工具，为外部模块 Plugin 提供公共编程接口，软件的应用编程接口 API 越来越通用和多功能，支持动态数据交换（DDE）协议。支持第三方功能增加。软件可用于仿真和验证以往形成的、现在正用和假设的空间飞行概念。

2.2 非免费软件

（1）Spacecraft Control Toolbox（SCT）：也由 Princeton Satellite Systems（PSS）开发。它是 Matlab 脚本程序集，辅助航天器姿态控制系统仿真和开发。对学术用户售价 1000 美元，全功能商业软件使用许可 3000 美元。仅限于 Matlab，只有姿态功能。

（2）SC Modeler：是由 AVM Dynamics 开发的卫星星座设计、可视化和分析的软件工具集。它是第一个被评测过的航天器仿真软件。然而该软件主要用于通信星座。该软件源代码不公开，售价很高，现已不再对外提供技术支持。

（3）SATCOS：是 Satellite Constellation Synthesis 的缩写，由 SAIC 开发。用于辅助电话、因特网通信应用卫星星座设计。该软件首先与美国空军签订合同用于天基激光防护计划。该软件现在可以进行优化星座全球覆盖和网络约束。软件算例多，只有轨道、星座功能。

（4）AutoCon：是 NASA Goddard Space Flight Center（GSFC）和 a. i. Solutions 公司一起开发的用于卫星自主控制规划软件。主要有两个模块：AutoCon-F、AutoCon-G，分别用于在轨飞行操作和地面仿真。这两个模块共享一些公共程序部件代码，这样降低了复杂度、提高了重用度。AutoCon 被用于 Landsat-7/EO-1 编队飞行任务。目前计划用于全球降落物理测量（Global Precipitation Measurement，GPM）星座。改软件算例多，现已不再维护，外界无法获取。

（5）FreeFlyer[5]：是 a. i. Solutions 公司开发的另一个 Windows 应用程序。主要特征是：有限的轨道和姿态仿真功能；高度可定制的仿真环境；仿真控制和操作可用外部脚本语言编程。软件具有广泛的多用途能力（extensive functionality）。软件算例多，2D/3D 可视化好，但非常昂贵，与现有软件集成能力有限。

（6）Formation Flying TestBed（FFTB）：是 NASA GSFC 开发的另一个编队仿真软件。该软件用 Matlab 开发实现的，是一个实时建模系统，仿真卫星编队的卫星位置。它还具有外部硬件接口。功能不错，技术支持好，但是，软件昂贵，客户群有限制，只瞄准卫星编队，且与硬件捆绑。

（7）Satellite ToolKit（STK）：是 AGI 公司开发的商用化软件，包含大量模型模块，包括通信、可视化、覆盖、复杂轨道分析工具——Astrogator 等，是一个综合工具套件，且算例多。她的出现，很快为航空航天工业界所接受，已用于很多高可视化项目：MAP，NEAR，Sirius Satellite Radio，Loral's GlobalStar，Hughes AsiaSat3 satellite rescue。STK 提供很好的图形化用户界面（GUI），通过 GUI 用户可以进行仿真并可在不同机器上通信连接，借助 STK/Connect 功能，可进行分布式交互仿真。技术支持好；可与外部很多软件接口；支持多种操作系统。

STK 的缺点是：昂贵；扩展性差；部分模块对中国禁运。平均一个模块高达 1 万美元、资源不开放。然而其基本程序是免费的，虽然有针对教育机构的打折，但增加的模块不能持续地提供给感兴趣的研究人员和学生。另外，作为商业化软件，需要维护其仿真精度和仿真速度，可是，资源不开放阻碍了学生和工程师们理解 STK 的内部操作。STK 确实为卫星深入分析提供了一个很好的建模仿真和交互的基础。

（8）Swingby：是 Computer Sciences Corporation（CSC）在 1989 年为 NASA GSFC 开发的软件。1994 年 1 月，Swingby 被用于 Clementine 任务。同年 CSC 与 AGI 合作，将 Swingby 增强并形成商业化软件

Navigator。

后来 Swingby 被用于 1994 年发射的 WIND 和 1995 发射的 SOHO。1997 年，在 GSFC 和 AGI 公司的要求下，Swingby 被转化成另外一个软件 Astrogator。该新软件被用于规划和计算利用月球重力对 Hughes AsiaSat3 从一个无用的轨道进行变轨。1998 年 3 月，GSFC 开始对 Astrogator 进行 Beta 测试，并于 1999 年用它进行 MAP 任务分析。1999 年 11 月 Astrogator 被投入商业市场销售。现已作为 STK 中的一个模块 Astrogator，不再单独出售。

（9）SSF：是 Spacecraft Simulation Framework 的缩写，由 Interface & Control System, Inc.（ICS）开发的商业化货架软件产品。功能主要局限于测控仿真，已有多个卫星应用。是一个基于航天器指令语言（Spacecraft Command Language，SCL）的应用程序，用事件驱动规则和全特性脚本语言描述航天器的功能行为。SCL 作为高级语言允许快速开发，事件驱动有利于闭环测控指令响应仿真开发。该软件在开发和应用过程中形成了几个模拟器：用于美国空军的 FleetSatCom 卫星仿真器、GeoSat Follow-On（GFO）卫星仿真器、EarthWatch QuickBird-1 卫星仿真器、SBIRS 高轨卫星仿真器等。

SSF 的体系结构具有扩展性、模块间松耦合、基于组件等特点。组件通过一个面向消息、公布定购式的软总线进行交互。组件可用 C、C++、Java 开发。SSF 自己有一个仿真可视化模块 SCL Viewer，同时还提供与外部其他可视化软件（如 LabViews、SAMMI）的接口。

（10）Spacecraft Simulation Toolkit（SST）：由 US Air Force Philips Laboratory(PL)开发。SST 是一个柔性的航天器建模仿真开发环境，可仿真多个航天器和航天器分系统。它基于现代仿真方法和面向对象方法，包括一个名为 Khoros（是 Khoral Research Inc.（KRI）开发的）的可视化仿真编程环境，精确的物理学、现象学数学仿真模型（包括环境对航天器交互作用的动力学模型），系统设计和仿真设计库。支持 DIS 仿真。

软件系统主要功能单元包括：系统仿真、分系统模型、可视化、数据分析、数据库等。用户可以虚拟地利用各组件构建卫星并仿真各物理过程。SST 起初应用是天基雷达系统，侧重采用频域建模仿真。目前正朝适应航天器设计、技术开发、采办、在轨任务、训练等多类应用改进。商业购买较难。

（11）SIMWARE：由 ASTRIUM 开发。SIMWARE 完全使用软件建模方式模拟航天器不同部件的功能。不仅能完成遥控指令对应相关遥测参数变化的模拟，而且能够模拟航天器的功能，动力学模型、AOCS 敏感器模型、AOCS 激励模型等。

（12）VirtualSat Pro：VirtualSat Pro 是一个航天器仿真平台，提供纯虚拟空间环境和硬件在回路仿真环境。采用对象设计方法，其航天器模型库包括：航天器动力学模型、敏感器模型、执行器模型、飞行模拟模块。支持多个航天器同时仿真以及航天器间的交互。支持用户按需定制数据的显示方式，支持 C/C++编程。

（13）CommSim：是一个通用的通信仿真软件，可用于卫星通信仿真。CommSim 对任意端对端通信都归纳为发射机、信道和接收机三部分，并针对以下图所示各环节进行仿真建模。信号源仿真既可以是数字的也可以是模拟的。编码支持卷积、叉积和 Trellis 编码。调制仿真支持 FSK、MSK、PSK、QAM、PAM、PPM 调制等。信道仿真支持 AWGN 信道（Additive White Gaussian Noise Channel）、Fading 信道、多路信道（Multipath Channel）、TWTA 信道、BS 信道（Binary Symmetric Channel）等。解调仿真支持 Coherent Demodulation 和 Non-Coherent Demodulation。信号解码仿真支持 Viterbi Decoding 和 Trellis Decoding。信宿（Signal Sink）仿真支持 BER（Bit Error Rate）曲线、Eye Plots、Frequency Domain Plots、Phase Scatter Plots 等。

（14）EuroSim：是欧空局（ESA）开发的功能强大的卫星实时仿真开发运行环境，采用 Client/Server 的结构，有硬件接口、应用编程接口（API）、任务定义语言。具有 HLA 接口 EsimRTI（与 DMSO RTI 1.3v6 接）。

（15）SIMSAT：是美国空军技术学院（AFIT）开发的卫星物理仿真模拟器，主要功能是卫星控制系统物理仿真。SIMSAT 需要借助 AutoCAD、3D Studio VIZ、Matlab、SIMULINK、dSPACE 等软件进行仿真。

（16）SPASIMU：SPASIMU 是 NASA Langley 中心开发的一个卫星总体仿真系统，其目的是进行卫星多方案设计比较，它是 Langley 中心的卫星设计仿真系统 SSDSE（Spacecraft System Design & Simulation Environment）的一个组成部分。

它是一个纯数字仿真系统，其底层开发平台是 MATLAB 和 SIMULINK。基本功能是建立一种虚拟环境，通过 SIMULINK 方块图进行有效载荷定义和航天器的系统配置建立航天器的虚拟样机。仿真的结果以曲线的形式给出各参数与时间的关系。

用户可以从该用户界面，通过人-机交互，在数据库的支持下，定义有效载荷的配置及星上各分系统的配置。

SPASIMU 有一个模型数据库，包含有 4 种效载荷模型及 6 个分系统的模型，这些分系统包括：能源、热控、推进、GN&C、通信跟踪和指令及数据处理分系统。4 种有效载荷模型，是雷达测高仪、水蒸汽测量仪、GPS 接收机和多普勒应答系统，最后生成一个描述航天器系统构成的 spacecraft.m 文件。再通过航天器参数定义对话框定义有效载荷和各分系统的物理特性参数，生成一个名为 default.sc 文件。

3 国外航天器仿真系统评析

通过对国外航天器仿真、空间体系仿真[13,14,16]文献的查阅和分析，可以归纳出如下几条要点：

• 针对多个航天器（系统）或天地大系统的空间体系仿真及有关的演示验证，国外通常由军方，或者由 NASA、RAND 等一些大公司协助军方进行，并且常常放入陆海空天一体化的作战演习中进行分布式交互仿真。

• 国外非军方的仿真系统大都把重点放在辅助航天器设计、研制和试验，有相当一部分是物理仿真、硬件在回路中的仿真，以尽可能提高仿真接近产品实物真实情况的程度。

• 西方发达国家，特别是美国为航天器仿真建立了大量的数据库、基础模型库和算法库，形成了众多的集成化仿真环境，为相关航天器仿真应用提供底层支撑。

• 一个重要的发展趋势是空间体系仿真，即对星座、编队飞行、航天器天地大系统等进行多系统、全过程的仿真，如基于 HLA 技术，用多台 PC 机进行分布式交互仿真。这类仿真既可以用于空间系统论证，包括先期概念设计、任务分析和规划、初步总体设计等，也可辅助型号设计和研制，具有广阔的应用前景。

4 对我们的启示

• 应加强航天器仿真基础数据、基础模型的积累，提高仿真应用系统的可信度和重用度。

• 应加强航天器仿真综合环境的建设和建模仿真对象框架等标准规范的研制。要摆脱"散、各搞各"的局面。多个应用系统可互连互通互操作，共用模块可以重用。

• 重视空间体系仿真，加强概念研究阶段、预研阶段、航天器任务分析阶段的仿真手段建设，促进航天器体系优化、大系统方案优化。

参 考 文 献

[1] Andrew J Turner. An Open-Source, Extensible Spacecraft Simulation And Modeling Environment Framework. [D]. Virginia Polytechnic Institute and State University, 2003.

[2] EuroSim Mk3.2 Software User's Manual, EuroSim Manual Pages, etc. at http://www.dutchspace.nl/

[3] http://savi.sourceforge.net/

[4] http://spacecraft.sourceforge.net/main.html

[5] http://www.ai-solutions.com/

[6] http://www.interfacecontrol.com/

[7] http://www.medphys.ucl.ac.uk/~martins/orbit/

[8] http://www.nasatech.com/

[9] http://www.psatellite.com/products/html/sct.php

[10] http://www.vsatpro.com/

[11] Jerey J Biesiadecki, David A Henriquez, Abhinandan Jain. A Reusable, Real-Time Spacecraft Dynamics Simulator.

NASA Jet Propulsion Laboratory Technical Report[R]，1997.

[12] Joseph M Fulton. Attitude control and multimedia representation of AFIT's simulation satellite(SIMSAT)[D]. AFIT of Air University US, 2000.3.

[13] Oestges C. System-level simulation for land mobile satellite services.　at http://emic.ucl.ac.be, 2000.

[14] Paul Pontius.　Daniel Gleason. Modeling and Simulation for System-of-Systems Engineering. at http://www.spacecoretech.org/coretech2000/Papers/Software/Raytheon_paper.html.

[15] The PTB and its application to ESA Missions. ESA Bulletin n.95, August 1998.

[16] Thomas R Henderson. Randy H Katz. Network simulation for LEO satellite networks. AIAA 2000-1237, 2000.

[17] William Jorch, Terri Franklin. Spacebased radar system modeling in the Spacecraft Simulation Toolkit[R]. at http://www.photon.com/, 1998.

An Overview of Spacecraft Simulation Systems Abroad

Li Yinghua　Li Yong

China Academy of Space Technology

P. O. Box 5142–111, Beijing, 100094，liyinghua@cast.cn, liyong@cast.cn

Abstract　Spacecraft simulation systems abroad are introduced. Overall description and analysis are proposed, and then some elicitation is suggested.

Key words　Spacecraft Simulation；Simulation System；Abroad；Overview

航天产品共因失效分析流程初探

刘春雷　　周海京

中国航天科技集团公司可靠性与安全性研究中心

北京 835 信箱，邮编：100830，liuchunlei0215@126.com

摘　要　本文针对当前航天产品对长寿命高可靠的迫切要求，而共因失效(CCF)是冗余系统提前失效的重要原因的实际情况，对共因失效产生的原因及共因失效分析(CCFA)的开展时机、实施过程、跟踪报告表格格式及建模等均做了详细说明，为在航天型号内开展共因失效分析提供了指导。

关键词　航天产品；可靠性；安全性；共因失效分析

1　概述

当前，长寿命高可靠已经成为航天器研制所必须考虑的重要内容，而采用冗余技术是提高产品可靠性的有效途径[1]。冗余技术指的是通过投入超过常规设计所需的外加资源，抵消故障产生的后果，达到提高可靠性的目的（外加资源包括硬件、信息、时间和软件等）。

共因失效是冗余系统提前失效的重要原因之一。共因失效指的是两个或多个部件在同一时间或在相对很短间隔内由于共同原因所导致的失效。共因失效是各类系统中广泛存在的一种相关失效形式。这种失效形式的存在严重影响了冗余系统的安全作用[2]。从核电厂及美国航天飞机的概率安全评估中可以看到，由共因造成的多元件失效是核电厂及航天飞机系统中的冗余系统不可用的主要原因之一，因此，许多国家在一些复杂系统的可靠性研究中都进行了共因失效分析[3]。

当一个冗余系统由相同部件、位置或渠道组成时，发生共因失效的可能性会大大增加。以下例子均为由于共因失效所导致的失效或事故[4]：

（1）STS－9 中的肼泄漏导致两个 APU 爆炸；

（2）飞行器的多引擎失效（Fokker F27－1997，1988；Boeing 747，1992）；

（3）1989 年 DC－10 由于 2# 引擎失效导致的液压系统失效；

（4）三哩岛 NPP 的三台辅助给水泵同时失效；

（5）51L 航天飞机上的固体推进器由于两个 O 形环失效导致的高温气体泄漏。

2　方法研究

2.1　共因失效产生原因

共因失效通常被认为是由以下两个原因造成的：一是根本性原因，即共因失效事件中由于每个部件失效引起的失效的原因；二是指导致失效事件包含多个部件的耦合因素（或多个因素）。举例来说，两个相同的冗余电气元件由于暴露在过高的温度下导致失效的原因不仅是由于元件对热的敏感性（根本性原因），而且还由于两个元器件是完全相同的并且同时暴露在了相同恶劣的环境下导致的（耦合因素）。

近几年中，人们对系统失效的相关性有了更深刻的认识[5]。现在，人们已经认识到相关失效是系统失效的基本特征，而独立失效只是一种很特殊的情况[6]。

相关关系可按对系统可靠性特征起作用的运行数据进行分类[7]。即根据是由系统的已知功能和物理特性产生还是由于外部因素或不确定性产生进行分类，因此相关关系就分为系统内在或者外在的两种。

2.2　共因失效分析目的

共因失效分析的目的在于识别系统内是否存在由于共同事件或要因机制所导致的部件及会导致系统降

级使用或瘫痪的错误操作的组合多重失效。

通常，很多失效都发生在部件间的连接处，或者是各分系统以及系统之间的接口部分，其中还包括周围环境因素[4]。当系统设计时的某一部分与另一部分相关，或者两个部分之间有相互作用或具有相同的环境时，那么就有发生共因失效的危险。一般，由相关事件引起的失效通常很难鉴别，但是如果在分析中不考虑这一因素就会导致对事故风险的错误低估。

共因事件的原因可能由相同的制造流程、制造缺陷、操作错误、内部事件等导致。分析工作应该重点识别相关冗余系统内失效的相互影响。大量经验表明，检查所有的共因或共同事件是可以做到的[8]。这些主要用来处理物理位置和制造特性，例如：所处的共同环境、通过共同插座或插头连接的导线、导致相同初始缺陷的相同的设计流程、在安装和维护过程中可能由于采用有缺陷设备或流程导致的校正错误等。

2.3　共因失效分析开展时机

功能级的共因失效分析应该在项目论证阶段开始实施来识别设计过程中的关键项目。详细的或部件级的共因失效分析只有在详细设计完成之后才能开展。

具体共因失效分析工作应该在建立详细的系统故障树以及开始识别最小割集的时候开始实施。选择这些最小割集的原因是因为它们包含可能由于配置、环境因素、共同工艺等共同因素或环境等原因导致失效的关键部件。这些关键部件可以通过 FMEAs 来识别，并且按照关键 1R 或关键 2R 来进行分类。

2.4　定性共因失效分析程序

定性共因失效分析的分析过程可以分为三步并使用 3～4 张检查单来完成。第一张检查单用来检查一部分相互关联或冗余的部件来识别共同性。这个共性检查单可以针对具体项目、使用限制或经验等进行修改，共性检查单如表 1 所示。第二张检查单主要用来针对以上步骤中识别出来的共性在共性领域内检查可能出现的关键状态，检查单如表 2 所示。第三张检查单用来指出可能发生的事故的激发事件、机理或原因，检查单如表 3 所示。这里需要指出的是并不是关键故障的所有可能原因都要预先决定。如果单一原因就可以导致关键事故就不需要考虑所有其它相关的事件。纠正措施应该被用来降低由于任何诱发事件引起的所有类别的状态的设计敏感性。因此，第三张检查单代表了对可能的激发事件情况的研究。

表 1　共性检查单

类别	具体内容
位置和环境	机箱、包装、外壳、高度（上升）
设计与制造	设计、零件号码、设备名称或条款、流程、校正、试验、系统/部件接口
维护	周期、校正设备、人员、材料
操作	特性展示、输入

表 2　关键状态检查单

类别	具体内容
电	短路、断路、振荡
机械	分离、冲击焊接、堵塞
化学、腐蚀	
生物	

表 3　事故的激发事件、机理或原因检查单

类别	具体内容
可能的事故的激发事件、机理或原因	导电物的污染
	机械剪切
	火、爆炸
	洪水
	降温失败
	灰尘等

必须对每种重要的活动都进行记录，否则每种分析工作都是没有成果的。应该对所得到的结论或结果进行及时的记录，并且通过恰当的决策来进行追踪，不然，一些重要方面就可能被忽视或者所采用的校正

措施不但不能起到校正的作用，反而可能会导致更坏的形势。任何种类的追踪格式都可以用来记录所做工作的覆盖度，但是重要危险及相关预期事故一般应该单独报告、阐述、编号，并且按照高风险项目进行追踪。定性共因失效分析流程如图1所示。工作主要分四个步骤：

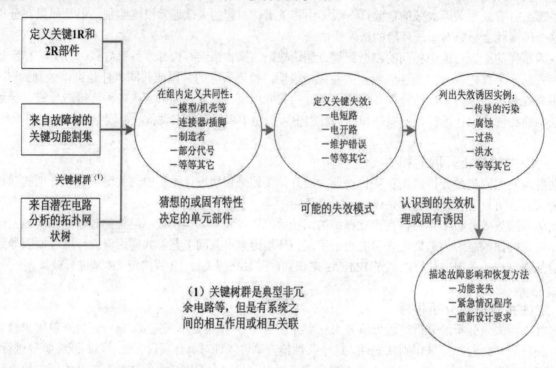

图1　定性共因失效分析步骤

首先，识别并列出所有树或部件之间的共性。这些共性可能是共用的连接器，就舱内、机壳、线束等来说的相同位置，或其它更加一般的特性，如相同厂家或其它特性。第二个步骤是确定可以想到的每个树或部件内的失效模式或所有单元部件。举例说明失效模式如：电的短路和开路，维护错误或校正的错误。第三步是要求记录至少一个在第二步中识别出来失效模式的可能的原因。

试图列出所有这些失效模式下的可能原因是不可能的，但是列出至少一个可能的初始事件来来说明需要改进设计就已经足够了，并且任何修改后的设计应该消除对相似原因的功能敏感性。全面的风险评价结果可能相对于每种推荐的特有诱因机制而变化很大。在第三步列出的原因包括：导电物的污染、机械切割、着火、爆炸、洪水等或其它能够导致电短路、断路、维修错误等的其它机制。定性共因失效分析程序的最后一步是描述在第二步骤中列出的条款下的失效的影响以及恢复方法。这些内容应该记录成方便以后追踪、风险评估或解决的形式，如表4所示。

表4　定性共因失效分析追踪和解决表格

关键功能集	共性	关键事件	潜在原因	影响	备注

2.5　共因失效量化分析

定性分析确定了有可能造成共因失效的系统缺陷。采用保守的定性分析可以大大减小分析问题的范围。但是对所有的共因缺陷进行详细建模和分析仍然是没有办法操作的，而且也超出了分析者所掌握的资料和能力范围。因此接下来就需要继续缩小问题的范围，从而能够更详细的分析共因系统的关键缺陷。我们可以通过定量筛选分析来缩小范围。这一步对系统进行FTA是很有用的，而且如果在处理FT逻辑模型时发生割集数目溢出，那么这一步骤还是进行EDS层分析的精髓所在。

在进行定量共因失效分析时，如果我们选用的不是一个保守的而且经过简化的模型，那么就需要进行进一步完全详细的定量分析。参考步骤如下：

（1）我们通过改变部件级的FT来明确共因部件组（CCCG）中的每个部件"全局"或"最大"的共因

失效事件。一组部件的全局共因事件是指组内的所有单元都失效。最大共因事件是指代表两个或更多共因基本事件。举例来说明，我们考虑由部件 A，B，C 组成的共因部件组，根据规则 FT 的基本事件包括："A 失效"、"B 失效"或"C 失效"，扩展的有基本事件 C_{ABC} 指 A、B、C 同时失效，如图 2 所示：

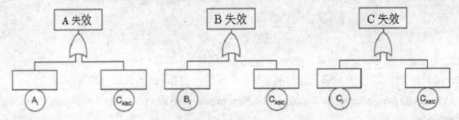

图 2 扩展 A、B、C 失效模型

（2）这里 A_I、B_I、C_I 分别表示部件 A、B、C 的独立失效。相应的分别代表 FT 中的基本事件"A 失效"、"B 失效"或"C 失效"。

（3）我们通过解 FTs 来得到系统或者事故序列的最小割集（MCSs）。其中每个包含交集 $A_IB_IC_I$ 的割集都含有 C_{ABC}。这一步骤的意义在于在复杂系统模型或事件序列中，基于发生概率的割集的取舍过程中必须从根本上获得解决，由于独立失效 $A_IB_IC_I$ 的值太小通常在取舍最小割集的过程中都被忽略了，而共因项 C_{ABC}（数值较大）就可以保留下来。

（4）共因基本事件的值可以通过一个简单的全局参数模型来估计[4]：

$$P_r(C_{ABC}) = g\,P_r(A)$$

$P_r(A)$ 是部件的失效概率。g 的值一般取在 0.05 到 0.10 之间，如果要得到更精确的值的话应根据不同配置（n 取 k 模型）进行考虑。表 5 列出了 n 取 k 模型系统配置中全局共因因子 g 的值，具体取值方法见参考文献[7]。不同的 g 值是根据部件是同时检测（不交叉）得到的还是在固定时间间隔（交叉）内分别检测得到的。原因及更多细节参考文献[7]。

这种简单的全局或最大参数模型对共因失效发生频率做了一个保守估计，而不考虑共因部件组中的冗余部件数量。

那些对系统失效或事件序列的频率作用不大（或按发生概率大小取舍时未作保留）的共因部件组将不在进一步的分析中予以考虑。那些对系统失效或事件序列频率作用巨大的共因部件组保留下来进一步进行定性和定量分析。

不论定性分析还是定量分析的目的都是确定潜在的共因缺陷，并找出那些对系统失效作用不大的，

表 5 不同系统配置全局共因因子（g）的筛选值

有效配置	g 值	
	交叉检测	不交叉检测
2 取 1	0.05	0.10
2 取 2		
3 取 1	0.03	0.08
3 取 2	0.07	0.14
3 取 3		
4 取 1	0.02	0.07
4 取 2	0.04	0.11
4 取 3	0.08	0.19
4 取 4		

不对它们进行详细分析。如果我们能够接受保守估计并且已经达到了研究目的，那么分析就可以到此为止。否则在筛选分析中保留下来的部件组还需要进一步详细的分析。

2.6 共因失效建模分析

对于定性、定量共因失效分析后剩余的系统缺陷及失效模式需要进行进一步的详细分析，详细分析需要对筛选过后的结果进行详细建模、模型参数估计以及数据分析等几个步骤，最后得出由于共因失效事件导致系统失效的数字解。

分析人员提出了许多共因失效的模型和方法。这些模型和方法中有简单的单参数模型，如:β 因子法；也有复杂的多参数模型，如:二项失效率(BFR)模型、基本参数(BP)模型和多希腊字母(MGL)模型，详细内容见参考文献[12~15]。

2.7 总结

冗余技术是当前提高航天系统可靠性、安全性的重要途径，而共因失效是导致冗余系统提前失效的重要原因。本文对共因失效产生的原因及共因失效分析的开展时机、实施过程、跟踪报告格式及建模等均做了详细说明，为在航天型号内广泛开展共因失效分析提供了理论及技术上的支持。

参 考 文 献

[1] 孙凝生. 冗余设计技术在运载火箭飞行控制系统中的应用(一) [J]. 航天控制，2003.

[2] Collas G.. Reliability engineering for the future. In: New trends in system reliability evaluation, K. B. Misra(ed.)，El-sevier, 1993,.325－328.

[3] 董秀媛，宋好卫，田煌斌. 若干共因失效基本模型的分析[J]. 北京理工大学学报，第 20 卷第 2 期,2000 年 4 月.

[4] NASA 《Probabilistic Risk Assessment Procedures Guide for NASA Managers and Parishioners》. 2002.

[5] Dore P. . Basic aspects of stochastic reliability analysis for redundancy systems [j]. Reliability Eng, &System Safety, 1987,24; 351-375.

[6] 谢里阳，林文强. 冗余系统共因失效的载荷—性能分析与概率估算核科学与工程[J]. 第 23 卷第 4 期,2003 年.

[7] A.Mosleh, et al. Procedures for Treating Common Cause Failures in Safety and Reliability Studies. U.S.Nuclear Regulatory Commission and Electric Power Research Institute, NUREG/CR-4780, and EPRI NP-5613.Volumes 1 and 2,1988.

[8] NSTS 22254 《Methodology for Conduct of Space Shuttle Program Hazard Analyses》. 2004.

[9] NASA 《Fault Tree Handbook with Aerospace Applications》. 2002.

[10] Gaspare Maggio. 1996.Space Shuttle Probabilistic Risk Assessment: Methodology & Application. NASA.

[11] NUREG-0492 《Fault Tree Handbook》，1981.

[12] Fleming K N.. A reliability model for common cause failures in redundant safety systems[Z].Sixth annual Pittsburgh conference on modeling and simulation，Pittsburgh, 1975.

[13] Atwood C L. The binomial failure rate common cause model [J]. Techno metrics，1986, 28(2):139—148.

[14] Fleming K N, Mosleh A. Classification and analysis of reactor operating experience involving dependent events[R]. California: Pickard, Lowe and Garrick，Inc. , PLG-0400, 1985.

[15] Fleming K N，Kalinowski A M. An extension of the beta factor method to systems with high levels of redundancy[R]. California: Pickard，Lowe and Garrick，Inc.，PLG-0289 ,1983.

Discussing of Common Cause Failures Analysis Procedures for Aerospace Produces

Liu Chunlei and Zhou Haijing

Reliability and Safety Research Center, China Aerospace Corporation

P. O. Box 835, Bejing, 100830，liuchunlei0215@126.com

Abstract This paper is focused on the urgency requirements of long life and high reliability of Aerospace Produces, and also considered the common cause failures is the significant causes of the failures of the redundant system, and Guidelines for the performing thoroughly CCFA（common cause failures analysis）in aerospace products producing were provided by particular expatiating the causes, the program phase, the procedure, the report format and the modeling process of CCF.

Key words Aerospace products；Reliability；Security；CCFA

多阶段任务系统分层次建模法及应用

刘金燕　李祚东

中国航天科技集团公司可靠性与安全性研究中心

北京 835 信箱，邮编：100830，liujinyan1998@126.com

摘　要　本文给出多阶段任务系统的分层次建模法，并举例在空间某观测卫星上应用，给出上层模型和下层模型并对其任务可靠性进行了预计。

关键词　多阶段任务系统；分层次建模法；上层模型；下层模型

1　引言

随着科学技术的发展，系统的结构日趋复杂，许多系统在执行任务时有一个以上的阶段，比如，一艘战舰，既要完成对海作战，又要完成对空作战、反潜作战等。这些任务并不一定同时展开和完成，要视实际作战情况而定。包含多个阶段的任务系统是一种比较复杂的系统。在许多重要的领域有着广泛应用，尤其在航空、航天、核技术、通信、兵器、电子、机械等许多重要的工程领域。

多阶段任务系统（Phased-Mission Systems，PMS）是指具有多项任务需要完成的复杂系统，即系统的总任务可以分为连续的时间段，在每个阶段中，系统都需要完成待定的任务。多阶段任务系统与单阶段任务系统相比较，因为阶段之间的依赖性，它的可靠度分析要复杂一些，一个部件在一个新的阶段的初始条件就是它在上一个阶段的末状态。

国外对 PMS 已做了广泛的研究，目前已研究提出了许多模型和方法。1986 年，Alam.M 和 Al-Saggaf.U.M.[1]使用马尔可夫过程对可修的多阶段任务系统进行了定量的可靠度分析。1989 年，Smotherman.M 和 Zemoudeh.K[2]使用非奇次的 Markov 模型对多阶段任务系统的可靠度进行分析。2002 年，Liudong Xing 和 Joanne Bechta Dugan[3]研究了 GPMS(Generalized Phased-Mission System Reliability)的可靠度，提出了一种研究方法称作 GPMS-CPR（combinatorial phase requirements）。

国内对多阶段任务系统的研究比较少。1995 年，吴晗平[4]研究了任务时间单元失效概率和冗余贮备数变化的系统，推导了多阶段任务情况下，系统可靠度的数学模型。2004 年，张涛[5]等人研究了一种基于 BDD 的多阶段任务系统的可靠度新算法。

本文主要研究多阶段任务系统的分层次建模法并举例应用。分层次建模法考虑阶段分开建模和求解，阶段间的依赖性是由不同阶段相同部件的使用引起的。此建模法实用性强，建立的模型容易应用并且可以重复利用。分层次建模法不仅可以得到关于整个系统行为的信息，也同时关注单个阶段。

2　分层次建模法

在这个模型中，我们将一个多阶段任务系统分为上层和下层两个层次来考虑：在上层模型中，每个阶段作为一个单独的事件，整个任务建立一个单独的模型，用一个没有任何内部细节行为的阶段集合来描述整个任务过程。下层模型详细描述多阶段任务系统每个阶段内部的行为。每个阶段建立自己的模型，如果某个阶段在任务过程中重复执行，那么只需对其进行一次建模，并重复使用。阶段间的转变用阶段间转移模型表示，明确地说明阶段间的依赖关系。

2.1　上层模型

假定每个阶段执行任务的时间是事先确定的，这时可以将上层模型设定成一个时间离散、状态离散（DTMC）的 Markov 链。每个阶段被表示为上层模型的一个单独的状态，在这里不考虑阶段内部的细节行为。两个结束状态分别是：失败（Fail）——任务失败；停止（Stop）——任务成功。

上层模型可能包括不止一条路径，每一条路径对应着不同的任务历程。系统在选择路径时，根据正在执行的阶段做出依赖于当前系统所处状态的动态选择。这种动态选择是本模型的特点之一，它所解决的问题具有实用价值。上层模型需要的所有参数都是从下层模型获取的，而且在上层模型中并未表现出各个阶段间的随机依赖性。

2.2 下层模型

某一个阶段内部的模型用时间连续、状态离散的马尔科夫链（CTMC）描述。利用 CTMC 计算上层模型所需的参数，具体过程详见下一小节。阶段间转移模型（PTM）将系统的一个阶段结束时的状态占有概率（SOP）映射成下一个阶段开始时刻的状态占有概率（SOP）。

多阶段任务系统（PMS）完成阶段 i，如果接下来没有动态选择必须执行阶段 j 时，阶段间的关系可以用时间离散、状态离散的马尔科夫链来描述，所以，通过马尔科夫链的转移矩阵能够确定一个阶段转移模型（PTM）。由于 Fail 状态是结束状态，而且阶段 i 的某些状态不能转变成阶段 j 的非结束状态，所以阶段转移模型的矩阵形式并不是马尔科夫链的转移矩阵。得到的向量标准化后即为新阶段开始时刻的状态占有概率（SOP）。

2.3 预计方法

表 1 注释

t_i	阶段 i 的持续时间	$p_{i,s}$	最后一个阶段 i 成功的完成
λ	故障率	$p_{i,F}$	在执行阶段 i 过程中系统失败
μ	修复率	$\pi^i(t)$	阶段 i 在时刻 t 的状态占有概率向量
c	冗余冷备件的启动率	$M_{i,j}$	阶段 i 到阶段 j 的阶段转移模型的矩阵形式
$p_{i,j}$	阶段 i 后执行阶段 j 的概率		

预计过程遵循从下层到上层的步骤：按照上层模型确定的顺序依次分析每一阶段的模型，给出上层模型需要的参数，再利用上层模型计算出需要的可靠度。具体分析步骤如下：

（1）解带有初始状态占有概率（SOP）的向量形式 $\pi^i(0)$ 与 CTMC 模型。$\pi^i(0)$ 表示在阶段 i 的初始时刻系统的状态，$\pi^1(0)$ 事先给定。CTMC 可以用现存的任何方法来解，从而获得瞬时状态占有概率 $\pi^i(t)$。阶段 i 结束时刻的状态占有概率 $\pi^i(t)$ 作为第 2 步计算的输入。

（2）利用第 1 步中计算出的阶段 i 结束时刻的状态占有概率，通过解阶段转移模型（PTM），得到 $p_{i,j}$、$p_{i,F}$ 和下一阶段 j 的初始状态占有概率 $\pi^j(0)$。根据阶段转移模型是否需要动态选择，选择方法 a 或 b 来确定 PTM。

a. 无动态选择的 PTM：只有阶段 j 可以在阶段 i 完成后执行，此时

$$p_{i,j} = \pi^i(t_i) M_{i,j} e_j \tag{2-1}$$

其中 e_j 是以阶段 j 的状态数目为维数的元素都为 1 的列向量。

$$\pi^j(0) = \pi^i(t_i) \frac{M_{i,j}}{p_{i,j}} \tag{2-2}$$

b. 有动态选择的 PTM：阶段 j_1，j_2，…，j_n 可以在完成阶段 i 后执行。

$$p_{i,F} = 1 - \pi^i(t_i) M_{i,j_1,j_2,\cdots,j_n} e_{j_1,j_2,\cdots,j_n} \tag{2-3}$$

其中 $M_{i,j_1,j_2,\cdots,j_n}$ 为 PTM 的转移矩阵，$e_{j_1,j_2,\cdots,j_n}$ 为与矩阵 $M_{i,j_1,j_2,\cdots,j_n}$ 列数相同，且元素都为 1 的列向量。然后，计算假设的状态占有概率（SOP）

$$\pi^*(0) = \pi^i(t_i) M_{i,j_1,j_2,\cdots,j_n} \tag{2-4}$$

通过分割 $\pi^*(0)$ 可以得到执行任何一个可能成为下一阶段的 p_{i,j_1}，p_{i,j_2}，$\cdots$，p_{i,j_n} 及起始状态占有概率（SOP）$\pi^{j_1}(0)$，$\pi^{j_2}(0)$，$\cdots$，$\pi^{j_n}(0)$。

对每一个阶段实施上面的步骤，我们将得到上层模型需要的参数和解下一阶段模型需要的初始状态占有概率。

当我们处理过最后一个阶段，就可以通过上层的 DTMC 模型得到整个任务的可靠性。

3 在空间观测卫星可靠性分析上的应用

3.1 空间观测卫星的任务系统

观测卫星所执行的任务包括发射阶段（L）、休眠飞行阶段（H）、路经行星阶段（P）和科学观测阶段（SO）四个阶段。所有这些阶段执行任务时间均事先给定，如表2所示。

表 2　各阶段执行时间

L	t_L=48 小时（2 天）	SO$_1$	t_{SO1}=240 小时（10 天）
H$_1$	t_{H1}=17520 小时（2 年）	H$_3$	t_{H3}=43800 小时（5 年）
P	t_P=168 小时（7 天）	H$_4$	t_{H4}=44040 小时（t_{SO1}+ t_{H3}）
H$_2$	t_{H2}=26280 小时（三年）	SO$_2$	t_{SO2}=480 小时（20 天）

卫星配备了四台冗余的相同处理器来满足不同阶段对可靠性的要求。每一阶段只启动以可靠性要求为基础的必需的某些处理器，未启动的处理器处于冷储备状态。

休眠飞行（H）阶段卫星通常都进行巡航航行。这一阶段的理想状态是由两台处理器同时工作，如果只有一台处理器工作，系统同样可以执行任务。

发射（L）阶段和路经行星（P）阶段，卫星处于特定的承受压力的状况，必须三台处理器同时工作才能维持系统正常，少于三台，系统失效。

卫星在科学观察（SO）阶段有两个目标，SO$_2$ 是主要目标必须执行，而 SO$_1$ 是次要目标在某种情况下可以略过。在这一阶段，系统需要三台处理器维持正常航行，另外一台执行科学观察。

3.2 上层模型的构造

图 1 为观测卫星的上层模型：

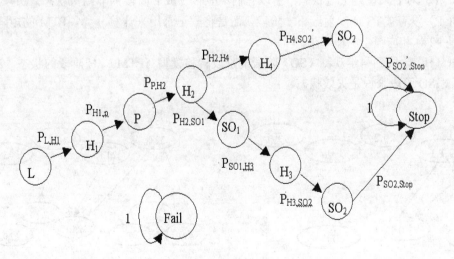

图 1　任务的上层模型

出于明确考虑，所有连接非结束状态的弧都没有在图中画出。从上图可以看出，观测卫星有两条不同的路径来实现不同的任务历程，即在 H_2 阶段完成后要根据当时系统的状态决定下一阶段执行 SO_1 阶段还是 H_4 阶段。由于 SO_2 阶段是本次任务的主要目标，所以不论选择哪一条路径，都要执行任务阶段 SO_2。

3.3 下层模型的构造

3.3.1 阶段内部的 CTMC 模型

我们用下面的向量表示 CTMC 的一个状态：$\{a, s, f\}$，a 表示正常工作的处理器个数，s 表示冗余数，f 表示失效数。

由于发射和路径行星阶段系统的结构环境要求基本一致，所以我们只要给出三个阶段内部的 CTMC 模型就可以描述整个任务的每一个阶段。

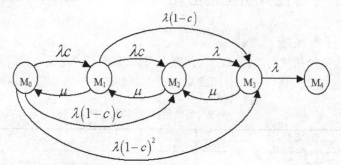

$M_0=(2,2,0)$ $M_1=(2,1,1)$ $M_2=(2,0,2)$ $M_3=(1,0,3)$ $M_4=(F)$

图 2　休眠阶段的 CTMC 模型

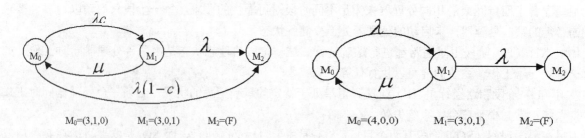

$M_0=(3,1,0)$　$M_1=(3,0,1)$　$M_2=(F)$　　　　$M_0=(4,0,0)$　$M_1=(3,0,1)$　$M_2=(F)$

图 3　发射阶段或路径行星阶段的 CTMC 模型　　　图 3　科学观察（SO）阶段的 CTMC 模型

3.3.2 阶段间的转移过渡模型

图 5 给出了休眠（H_1）阶段到路径行星（P）阶段的阶段转移模型（PTM）。H_1 中的状态（2，0，2）、（1，0，3）和（F）对 P 来说是失效状态，所以它们不能转变成 P 阶段的非结束状态，所以这些状态的状态占有概率（SOP）没有被 PTM 映射给下一阶段，而是将其记录用来计算 $p_{H_1,F}$。PTM 的矩阵形式 $M_{H_1,P}$ 中的元素的取值是 PTM 相应弧上的概率值。

图 6 为休眠（H）阶段到科学观测（SO）阶段的阶段转移模型（PTM）。H 阶段的状态（2，0，2）、（1，0，3）和（F）对 SO 阶段来说是失效状态。

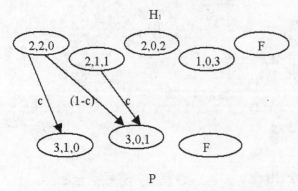

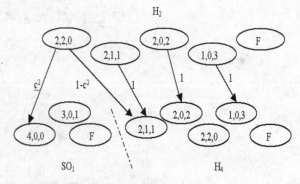

图 5　休眠（H_1）阶段到路径行星（P）阶段的
阶段转移模型（PTM）

图 6　休眠（H）阶段到科学观测（SO）阶段的
阶段转移模型（PTM）

系统在执行完成 H_2 阶段后，将面临一个动态选择，系统设计要求只有在四台处理器都正常的情况下，才能执行 SO_1，所以只有状态（2，2，0）有可能被 PTM 映射成 SO_1 的状态（4，0，0），即两台处于冷冗余状态的处理器成功启动。如果第一台冷冗余处理器启动失败，系统进入（2，1，1）状态；如果第一台冷冗余处理器成功启动，第二台启动失败，则系统关闭刚刚启动的处理器，仍旧进入（2，1，1）状态。图 7 为休眠（H_2）阶段到下一阶段的阶段转移概率模型（PTM）。

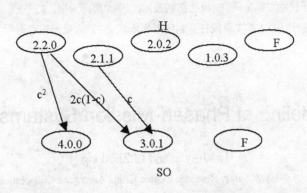

图 7　休眠（H_2）阶段到下一阶段的阶段转移概率（PTM）

3.4　可靠性预计

假定处理器的修复率 $\mu = 10^{-3}/h$，冷备件启动率 $c = 0.99$，L、P 和 SO_1 阶段的故障率 $\lambda = 10^{-5}/h$，H 阶段 $\lambda = 10^{-6}/h$，SO_2 阶段 $\lambda = 10^{-4}/h$。L 阶段的初始状态占有概率（SOP）是预先给定的，$\pi^L(0) = (1,0,0)$。由 2.3 节的预计方法得

$p_{L,H_1} = 9.999950889618263e\text{-}001$ 　　　$p_{H_1,P} = 9.998789996089171e\text{-}001$

$p_{P,H_2} = 9.999652622051911e\text{-}001$ 　　　$p_{H_2,F} = 3.149145610947812e\text{-}009$

$p_{H_2,SO_1} = 9.791099985877703e\text{-}001$ 　　　$p_{H_2,H_4} = 2.088999826308403e\text{-}002$

$p_{SO_1,H_3} = 9.999973414592698e\text{-}001$ 　　　$p_{H_3,SO_2} = 9.998789964147121e\text{-}001$

$p_{SO_2,S} = 9.999113150702483e\text{-}001$

执行 SO_1 的任务历程，其可靠性：$p_S = 9.787448435158305e\text{-}001$

$p_{H_4,SO_2'} = 9.998789792367638e\text{-}001$

$p_{SO_2',S} = 9.999113150702482e\text{-}001$

执行 H_4 的任务历程，其可靠性：$p_{S'} = 2.088226258120672e\text{-}002$

4　结论

通过举例应用，可见分层建模法使建模和预计过程都得到简化。上层模型容易描述整个任务历程，通过分析任务剖面即可建立上层模型。并且，模型支持任务目标的动态选择，这样模型具有更强的适用性。下层模型描述单个阶段并且决定阶段间的转移模型，对每个阶段分开建模和求解。如果一个阶段在执行任务中重复，我们建立的模型可再次使用，无需重复建模，使建模得到简化，同时预计方法也简便易行。但是此建模方法也有其局限性，如阶段任务时间给定，且当阶段状态增多时，计算量也随之增大等等。因此，仍需对 PMS 可靠性建模方法进行进一步研究和探索。

参 考 文 献

[1] M.Alam，U.M.Al-Saggaf. Quantitative reliability evaluation of repairable phased-mission systems using Markov approach.

IEEE Trans, Reliability,Vol R-35,1986 Dec，498-503.

[2] M.Smotherman,K.Zemoudeh. A non-homogeneous Markov model for phased-mission reliability analysis. IEEE Trans, Reliability,Vol 38,1989 Dec，585-590.

[3] Liudong Xing,J.B.Dugan. Analysis of Generalized Phased-Mission System Reliability. Performance and Sensitivity，IEEE transactions on reliability,Vol.51,No.2,June 2002.

[4] 吴晗平. 多阶段任务系统的可靠度研究. 现代防御技术，1995 年第一期，32－35.

[5] 张涛，郭波等. 一种基于 BDD 的多阶段任务系统可靠度算法. 第六届国际可靠性、维修性、安全性会议论文集，2004，12－17.

Hierarchical Modeling of Phased-Mission Systems and Application

Liu Jinyan and Li Zuodong

Reliability & Safety Research Center, China Aerospace Corporation

P. O. Box 835, Beijing, 100830，liujinyan1998@126.com

Abstract　This paper proposes a hierarchical methodology for modeling of Phased-Mission Systems （PMS）.This methodology is applied using an example of a space application.

Key words　Phased-Mission Systems （PMS）；Hierarchical Modeling；Upper level；Lower level

先进固体发动机自毁技术展望

刘平   余贞勇

中国航天科技集团公司第四研究院

西安 120 信箱设计部，邮编：710025

摘　要　随着先进固体发动机高能推进剂、高强碳纤维壳体等新技术的应用，自毁装置的研究也向具有高安全、高可靠、低爆炸危险特点的先进自毁技术方向发展。本文阐述了国内外自毁装置研究现状及发展趋势，提出了先进固体发动机自毁技术研究内容，通过一系列关键技术的研究，实现高安全、高可靠、低危险自毁技术。

关键词　先进自毁技术；安全可靠性；自毁可靠性；高能固体推进剂

1　引言

为提高导弹的机动性、生存能力和突防能力，研制以采用高能推进剂、高强碳纤维壳体等新技术为特点的新一代固体发动机成为必然趋势。与中能推进剂相比，高能固体推进剂是一种含能高、感度高的爆炸性物质，在约 6.9GPa 的冲击波超压作用下，就能引起全部推进剂爆轰。因此，现有适应于中能固体发动机的自毁装置已不适应高能固体发动机高可靠性自毁的要求，应根据发动机新的发展方向开展先进固体发动机自毁技术的研究工作，如高能推进剂防爆轰技术的研究、高能推进剂自毁装置设计技术研究、高强碳纤维壳体自毁切割技术研究、高能发动机安全可靠性和自毁可靠性评估技术研究等，通过一定技术途径，实现先进固体发动机高安全、高可靠、低爆炸危险自毁。

开展先进固体发动机自毁技术的研究，不但可以缩小我国战略导弹固体发动机自毁技术与世界先进水平的差距，在跟踪固体发动机世界先进技术水平的同时，进一步提高高能发动机自毁技术安全可靠性、自毁可靠性，以提高我国武器装备的现代化水平。

2　国内外自毁装置安全可靠性和自毁可靠性的要求

自毁装置是炸毁故障弹的装置，以避免故障弹失控或坠落爆炸对发射阵地和航区造成重大损失。自毁装置包括爆炸装置和引爆装置，爆炸装置是利用炸药爆炸的能量将工作或非工作发动机炸毁的装置；引爆装置由电起爆器、安全机构、导爆索组件等几部分组成，是用来引爆爆炸装置的装置。自毁装置是导弹安全系统的执行机构，其安全可靠性和自毁可靠性对全弹的安全具有举足轻重的作用。

自毁装置安全可靠性是其在装配、检测、贮存、运输、发射和飞行环境条件下不发生误炸的概率。自毁可靠性是导弹在主动段飞行的时间内，需要自毁时，自毁装置能够将故障弹炸毁，达到中止导弹飞行的概率。

国内，1987 年以前自毁装置研制中，对安全可靠性和自毁可靠性没有提出明确的量化要求。1987 年以后，战略导弹固体发动机自毁装置要求安全可靠度达到 0.999，自毁可靠度达到 0.99，置信度为 0.70。载人飞船对火工品可靠性要求更高，尤其是安全可靠度要求达到 0.99999，置信度 0.90。

国外，美国军用标准 MIL-STD-1316A（1970.6.17）"引信安全性设计标准"中规定火工品安全可靠度要超过 0.999999。美国军用标准 MIL-STD-1576（1984.7.31）"航天系统电起爆器分系统的安全要求和试验方法"中规定分系统针对意外点火和点火失败产生致命危险的设计可靠度至少为 0.999，置信度为 0.90。

3 国内外自毁装置研究现状和发展趋势

3.1 国外研究现状

以美国为代表，自从 20 世纪 40 年代末期固体发动机开始研制以来，自毁装置进行了不同方案的研究。50 年代自毁装置多采用柱形爆炸器自毁方案，如民兵 I。近年来固体推进剂由中能向高能方向发展，进一步带动了自毁装置的研究，由于柱形爆炸器方案爆炸威力大，很容易引起高能推进剂的爆轰，所以多采用线形爆炸器方案，如三叉戟系列导弹、大力神Ⅲ助推器等。北极星 A2、A3 自毁装置采用了柱形爆炸器及线形爆炸器组合的方案。从自毁装置系统方案演变来看，其逐渐向高可靠性方向发展。

3.2 国内研究现状

我国从 20 世纪 60 年代中期开始研究固体发动机自毁装置，到 70 年代初研制成功了柱形爆炸器方案、线形爆炸器方案及联合自毁方案，但此时的自毁装置采用的是电引信引爆柱形爆炸器的串连引爆方式，安全可靠性、自毁可靠性均较低。直到 20 世纪 80 年代在地地战略导弹自毁装置研制中，设计使用了导爆索组件，使线形爆炸器自毁方案的安全可靠性进一步提高。20 世纪 90 年代，针对潜地战略导弹自毁装置高可靠性的要求，开展了无起爆药的多路引传爆系统及丁羟推进剂固体发动机柱形爆炸器设计方法研究；同时针对高能发动机高安全、高可靠、低危险自毁的要求，开展了小药量线形爆炸器自毁技术研究，均取得了好的成绩。

3.2.1 提高安全可靠性取得的成绩

（1）提高了引爆元件的安全可靠性

用单桥带电爆管 FSJ2-23B 取代了 DD－17 发爆管（安全电流 50mA），达到 1A、1W、5min 不引爆的钝感要求。内部结构将桥丝改成桥带，以增加散热面积来提高引爆电流和引爆功率，在桥带结构设计上采取释放静电和衰减射频等措施来提高抗静电、抗射频、抗干扰电流的作用，安全可靠性得到大大提高。

（2）取消了传爆元件中的 PbN6

自毁装置统一使用的银管 HSN-Ⅱ限制性导爆索，装药密度低，给引爆和被引爆均带来很大的困难。研制初期在导爆索组件的输入和输出端头均装入敏感的起爆药 PbN6，大大降低了自毁装置的安全可靠性。为了提高自毁装置的安全可靠性，满足 0.999（置信度 0.70）的要求，改进了导爆索组件装药结构，在导爆索组件输入、输出端取消了 PbN6。

（3）提高了安全机构抗冲击、抗振动能力

要保证安全机构的高安全可靠性，除了在结构设计时保证隔爆安全可靠性外，还要保证安全机构的保险状态在飞行环境条件下能够保持不变，状态保持可靠性要高，抗干扰能力要强。一方面在安全机构结构强度设计上采取了相应措施，以满足状态保持可靠性的要求，另一方面，安全机构采取了减振措施，使冲击、振动、加速度等的过载从 80～120g 降低到 5～6g，提高了安全机构状态保持可靠性，自毁装置的安全可靠性也相应得到提高。

（4）将起爆元件从安全机构中分离出来

原有起爆元件 DD-17 装配于 BY-141 安全机构内部，作为安全机构的部件，伴随安全机构进行生产、装配、检测、贮存、运输等过程，安全可靠性低，在研制中就发生过十多起意外爆炸事故。现有 FSJ2-23B 装配独立于安全机构，直到试验和临发射前才安装到安全机构上去，大大提高了安全机构的安全可靠性。

（5）高能固体发动机小药量聚能切割索的研制

近年来，随着高能固体发动机的研制，对自毁装置可靠性提出了高安全、高可靠、低危险的要求，进行了小药量聚能切割索结构参数选择、切割性能、小发动机不点火自毁效果、高能发动机可靠性评估方法等研究工作，安全可靠度可达到 0.999（置信度为 0.70）的要求。

（6）开展了安全可靠性评估技术研究

自毁装置安全可靠性包括引爆安全可靠性、火焰雷管安全可靠性、保险状态保持可靠性、隔爆安全可靠性、传爆安全可靠性、爆炸安全可靠性、不引起爆轰安全可靠性等。根据自毁装置工作原理和各部件的作用，绘制安全可靠性框图和数学模型。在可靠性及可靠性增长试验基础上，计算出各单元安全可靠度、自毁装置和全弹不同飞行时间段的安全可靠度。

3.2.2 提高自毁可靠性取得的成绩

（1）系统方案采用冗余设计技术

1987年以前的自毁装置，没有自毁可靠性指标要求，引传爆序列均为单路串联式。1987年以后的研制工作中，为提高自毁装置工作可靠性，引传爆序列均改进为双路引爆、双路保险、双路传爆、多根聚能切割索并联切割的结构形式。针对潜地战略导弹研制成功了柱形爆炸器与线形爆炸器并联的多路引传爆自毁系统。

（2）提高了安全机构抗冲击、抗振动能力

自毁装置使用的安全机构在飞行过程中需要自毁时才解除保险。在振动状态下，摩擦力增加，解保电压也增加。安全机构研制过程中，采取了许多减少摩擦力的措施，以提高解保动作的可靠性；同时也采取相关减振措施，降低传给安全机构的振动载荷来提高安全机构的动作可靠性。

（3）安全机构采取电动拔销提高工作可靠性

BY-141安全机构恢复保险只能采取手动方式，装弹后无法进行动作检查，长期贮存后使用要求难以保证。近年来，DZ-1安全机构改进为电动恢复保险，装弹后随时可以进行动作性能检查，大大提高了安全机构的工作可靠性。

（4）提高了安全机构传爆可靠性

BY-141安全机构中LH-3火焰雷管要穿透0.7mm钢隔层，再引爆特屈儿炸药，而DZ-1安全机构中LH-3火焰雷管，只需穿透0.3mm铝隔层，再引爆PETN炸药，传爆可靠性进一步得到提高。

（5）开展了导爆索组件传爆界面可靠性研究，提高了传爆可靠性

用变组分、变激励法对导爆索组件输入、输出界面进行传爆可靠性研究。经过改变装药成份及密度进行试验，得到导爆索组件输入、输出有效爆压，合理选择装药密度，使其传爆可靠性提高到 0.999(置信度0.70)以上。

（6）开展传爆药柱优化设计，提高了多路传爆序列传爆可靠性

无起爆药多路传爆系统使用的导爆索组件要求正、反方向都能可靠引、传爆。在限制性导爆索装药参数不变的情况下，优化选择传爆药柱的结构参数，使导爆索组件传爆可靠度从0.9986增长到0.9992(置信度0.70)。

（7）丁羟推进剂固体发动机柱形爆炸器设计方法研究

通过丁羟推进剂发动机自毁模拟试验数据对丁羧推进剂柱形爆炸器设计公式进行了修正，结合发动机设计参数合理选择柱形爆炸器参数，提高了丁羟推进剂固体发动机自毁可靠性。

（8）开展自毁可靠性评估技术研究

自毁可靠性由引爆可靠性、解保可靠性、传爆可靠性、切割可靠性、炸毁可靠性等组成。根据自毁装置工作原理和结构组成，绘制出方框图和数学模型，根据可靠性及可靠性增长试验结果，计算出各单元自毁可靠度、自毁装置和全弹不同飞行时间段的自毁可靠度。

4 先进固体发动机自毁技术研究

从国内外自毁装置发展趋势来看，高安全、高可靠性成为先进固体发动机自毁技术研究的关键。

4.1 高能固体发动机自毁设计技术

根据高能固体火箭发动机的特点，对自毁装置提出了更新、更高的技术要求。目前采用的自毁爆炸切割装置猛炸药药量超过了 80g/m，已不适应高能固体发动机安全自毁的要求。由于我国高能固体发动机研制起步较晚，小药量聚能炸药索已有初步研究，但还缺乏相应的自毁装置设计经验，需要在自毁方案选择方面进行大量的研究工作。主要研究内容：

- 聚能切割索装药类型及装药参数选择研究；
- 引、传爆系统结构可靠性及装配方式研究；

- 聚能切割索安装形式及发动机炸毁效果预估；
- 高强度复合材料（碳纤维/环氧）发动机壳体切割技术。

4.2 高能推进剂防爆轰技术

高能推进剂中含有较高比例的敏感炸药成分，因此高能发动机在自毁时具有较高的爆轰危险性。为了确保点火及不点火情况下都能安全自毁，应全面地分析和研究高能发动机自毁方案的安全性，主要研究内容：

- 高能推进剂爆燃和爆轰条件研究；
- 聚能炸药索切割高能推进剂试验研究；
- 高能固体发动机自毁过程模拟技术；
- 小型高能发动机不点火地面自毁效果研究；
- 高能固体发动机不同状态下自毁爆炸危险性研究。

4.3 自毁安全性设计和评估技术

自毁装置由一系列火工品组成，爆炸装置的安全性和结构可靠性、起爆器和安全机构的电气性能与使用环境（包括飞行环境）有很大关系，确保自毁装置的安全性需要将可靠性设计与导弹的工作环境相结合考核，主要研究内容有：

- 自毁装置安全性、可靠性设计方法研究；
- 钝感起爆器设计及综合环境安全性研究；
- 火工品装药相容性及贮存性能研究；
- 安全机构以下取消较敏感猛炸药太安，即传爆药柱钝感化研究；
- 自毁装置安全可靠性评估方法研究。

4.4 自毁可靠性设计和评估技术

自毁装置的安全可靠性和工作可靠性对确保导弹的正常飞行和故障弹的炸毁具有重要的作用，可靠性评估技术贯穿于自毁装置的整个研制过程中，高能发动机自毁装置满足高安全性的同时必须满足高自毁可靠性的要求，主要的研究内容有：

- 根据系统安全性和可靠性要求，进行可靠性指标分配技术研究；
- 自毁装置零部件结构参数优化设计研究；
- 为提高传爆界面的传爆可靠性，对限制性导爆索的装药参数进行优化设计研究；
- 聚能炸药索切割可靠性研究；
- 建立自毁装置可靠性模型，进行自毁可靠性评估方法研究。

4.5 自毁爆炸危险性试验和效果评估技术

自毁装置爆炸危险性表现为爆炸产生的冲击波、推进剂碎块、壳体碎片和火球造成的破坏，应尽量降低爆炸危险性，这就要求我们在进行自毁装置设计时要进行爆炸危险性研究，主要研究内容有：

- 小型高能装药发动机自毁后跌落撞击试验；
- 高能发动机自毁效果研究。

4.6 自毁仿真技术

采用仿真软件对自毁装置爆炸过程、爆轰波传播过程进行仿真，对爆炸危险性进行预估，达到对自毁装置进行优化设计的目的。主要的研究内容：

- 射流形成及侵彻过程的数值模拟、图像显示；
- 不同炸药的聚能装药爆炸性能研究对比；
- 自毁爆炸危险性的研究。

5 结束语

展望先进固体发动机自毁技术研究工作，始终要把"安全第一"、"质量第一"放在首要位置。安全可靠性和自毁可靠性的提高是永无止境的，随着研制工作的深入，薄弱环节的暴露，研究方法的进一步完善，使先进固体发动机高安全、高可靠、低危险自毁技术的实现成为可能。

Prospect of Self-destruction Technique on Advanced Solid Engine

Liu Ping and Yu Zhenyong

The Fourth Academy of CASC

P. O. Box 120, Xi'an, 710025

Abstract　With application of high-octane propulsion and stilt carbon fiber shell on advanced solid engine, the research of self-destruction technique progresses along with high-safety, high-reliability and low-danger. This paper expounds the research status and the develop trend of self-destruction technique. It puts forword research items of advanced solid engine self-destruction technique. High-safety, high-reliability and low-danger self-destruction technique can be achieved through working a series of important items.

Key words　Advanced self-destruction technique; Safety reliability; Self-destruction reliability; High-octane propulsion

卫星可靠性技术集成应用系统研发与应用分析

宋政吉　王立　侯欣宾　张庆祥　王慧　史旺林

中国空间技术研究院研究发展部

北京市 5142 信箱 109 分箱，邮编：100094，songzhengji@cast.cn

摘　要　研制阶段决定了卫星的固有可靠性。为满足可靠性技术在卫星研制各环节的系统性实施和综合集成应用，实现卫星高可靠目标，本文在分析卫星可靠性技术发展现状基础上，针对得出的目前制约我国卫星可靠性几个关键问题，从总体技术研发角度给出了集成应用系统总体方案的研发思路。方法是按组件化思想分工具集、数据库和流程梳理开发来实现系统集成应用。最后简例说明了工程实施过程及优越性。

关键词　可靠性；集成应用系统；框架；卫星

1　概述

保证在轨卫星的长期稳定运行是今后一段时期我国航天技术发展的核心任务之一。研制阶段决定了卫星固有可靠性，是提高卫星可靠性的最有效、最经济时期。从卫星可靠性设计、可靠性管理和可靠性试验等方面，研究系统化的技术方法手段，提高卫星固有可靠性，具有极其重要意义。也是我国卫星可靠性技术由"问题驱动"的单项技术攻关研究，向面向卫星产品化生产所需的"综合技术过程保证"研究转变的重点方向。

卫星可靠性技术具有极小子样、高风险、严酷空间环境、不可修、长寿命等特点。其明显区别于其他批量产品的最显著特性表现为：

（1）长寿命和相对短的研制周期与昂贵试验成本之间的矛盾。使得对于特定在研卫星型号，通过传统统计学的试验和可靠性综合方法分析整星可靠性具有很大不确定性；而我国卫星型号可靠性基础薄弱，基础数据缺乏，尚未形成利用在轨和以往卫星经验和数据评估研制阶段产品可靠性的机制和体系。

（2）空间环境的复杂性。到目前为止，卫星使用阶段所处的空间环境、效应、规律、失效机理尚未完全吃透，更无法在地面模拟轨道综合空间环境。因此，在产品使用环境下验证和鉴定产品可靠性定义基本前提无法实现。单因素（或简单综合）和加速寿命试验方法验证卫星部组件可靠性指标的方法和理论技术，由于失效机理和关键数据问题，尚需深入研究。

由上，在研制阶段利用传统统计可靠性分析和寿命试验评估方法评估单颗上天卫星可靠性具有很大风险。

然而，从可靠性技术的工程应用角度，由于可靠性过程控制和工程工具的普适性。以及当前可靠性技术应用研究的迫切需求，系统化开展基于卫星研制过程的可靠性设计分析方法和产品化全过程技术工具支持的研究有重要意义。

2　卫星可靠性技术研究现状和需求分析

美国较早在型号研制中实现了由"失效工程"向"设计工程"的科学转变。即从最早的以试验为主，设计为辅的"试验-故障-纠正"的型号研制过程，向以设计分析为主，试验为辅的"分析-设计-试验"的转变。20 世纪 90 年代初，欧美航天产品可靠性保证已经形成较完整的体系和流程。

同时，NASA 非常重视卫星研制阶段的可靠性技术工具支持，基本是通过不断的可靠性分析、设计、试验技术等的积累、发展和应用来提高卫星固有可靠性水平，从《NASA-STD-8729.1》标准可见一斑。也推荐在尽可能早的阶段开展工作，体现了可靠性工作重心前移的思想。

从可靠性流程实施和控制角度，NASA 戈达德航天中心《设计、开发、验证和操作飞行系统的规则库》

（Rules for the Design, Development, Verification, and Operation of Flight Systems）详细规定了该中心根据相应的规范和行业标准制定的可靠性过程执行规则矩阵，制约和规范化卫星研制过程中可靠性工作的实施。同时，NASA 安全和任务保证办公室（OSMA）制定了基于过程的任务保证（PBMA）检查矩阵，确保相关工作的深入落实。

可以看出，国外已经形成了一套工具支持、规则控制和检查保证的较完善技术工具支持和实施体系，并正向更规范，更高集成度，过程更透明发展。如正在开发的 SMART 工程项目等。

在国内，近年来，我国卫星型号可靠性工作取得了显著成绩。十几星五船的连续发射成功，多颗卫星发射场零故障，说明几十年积累的可靠性技术与管理经验已经发挥作用。在取得成绩的同时，我们也应该看到，由于我国卫星可靠性技术研究工作起步晚，投入少，力量分散。目前我国大多数卫星设计寿命明显低于国外同类卫星，在轨连续稳定运行时间更短。可靠性和寿命问题已经成为我国卫星技术发展的瓶颈。

从研制阶段可靠性问题统计可以看出，可靠性设计和管理问题依然是卫星型号在研质量问题的主要因素，从近几年的统计可以看出，两者相加占近 70%。造成该问题的原因是多方面的，包括对空间环境的认知不充分、可靠性基础数据缺乏、分析手段和工具落后、总体和分系统可靠性工作的不协调、不能形成系统化和综合分析设计能力、不同型号间的信息、数据共享机制缺乏等等。而这些因素必须通过建立系统化统一的可靠性设计、分析、验证和管理等工程化运行机制，纳入统一的技术工具支持平台才能从根本上解决问题。

我国长期在轨卫星故障统计表明：

（1）卫星设计中对空间环境的认识不充分，是在轨故障的一大原因；

（2）航天器在地面试验过程中已经暴露和解决的问题，在轨运行过程中很少或再未发生。这说明地面试验对提高卫星可靠性具有极其重要意义，然而，即使完整地执行试验计划，仍旧无法保证和回答上天产品的可靠性预计指标，暴露了试验计划的有效性和评估存在的局部问题；

（3）经过 FMEA 的模式很少发生，说明地面有效的 FMEA 可减少和避免在轨故障的发生。然而，发生的故障很多未预案，也说明了 FMEA 工作的不充分、不系统；

（4）在轨故障应对机制（对策）研究需进一步深入，目前，大部分停留在无备份即失效的层面。暴露出测试性设计（FDIR）不足；

（5）有些故障在发生前是有预兆的，也可以采取措施减缓和避免，但由于缺乏在轨管理和预测支持，导致故障最终发生。

上述问题的根源主要表现在如下几个方面：①基础薄弱，可靠性基础数据、经验少，可靠性技术规范标准缺乏系统化应用和实施、检查手段；②对空间环境、机理、退化规律及其对卫星寿命可靠性影响认知不充分；③可靠性设计、分析技术与手段落后；④可靠性试验验证技术和可靠性增长试验缺乏系统性和理论指导；⑤航天器在轨管理技术水平亟待提高等。

基于此，本文提出从系统化的角度开发卫星可靠性技术集成应用软平台，为卫星可靠性设计、分析和验证提供技术工具支持。

3 卫星可靠性技术集成应用系统研发方案

为实现提高航天器型号可靠性技术工具支持下的实施能力、基础数据的积累与应用能力、综合设计分析和评估验证能力。该系统总体构成方案由：一套实施矩阵和流程、一套综合数据库、一套工具集构成，形成系统完备的航天器型号可靠性技术程序化流程、基础数据信息和工具支持实施能力。如图 1 所示。

（1）卫星研制过程可靠性数据流程和实施

通过针对型号研制过程的可靠性分析和评估理论技术研究；系统化梳理标准应用矩阵，形成型号可靠性工作数据流程。并利用可裁剪的软件数据流程技术研究；实现型号可靠性工作流程软件辅助下的全过程控制和实施。

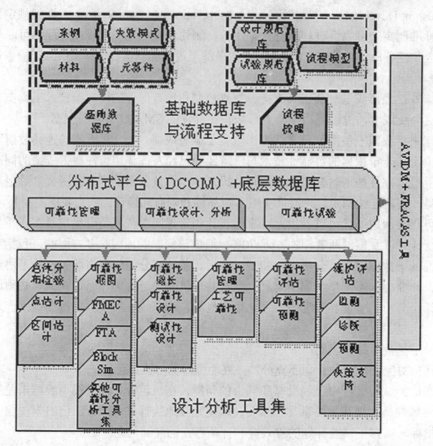

图 1　集成应用系统总体方案

（2）卫星可靠性基础数据库

研究航天器元器件、单机、系统的可靠性数据的采集、分析、处理与应用技术；全面地采集航天器在研制、试验、生产、贮存、使用的可靠性数据，并建立与平台配套的基础数据信息库。在现有工作基础上，通过建立集中统一的可靠性基础数据采集和积累体系，并结合可靠性设计分析工具集，为卫星可靠性分析和应用集成提供底层支持。

（3）卫星可靠性设计分析工具集

包括已有专业工具的本地化、组件化和目标过程的自主开发，工具集的计划开发项目如下：

表 1　可靠性设计分析工具集项目

序号	工具集项目	序号	工具集项目
1	警报报告	14	PRACA / FRACAS
2	已审核的部件列表	15	问题预防分析
3	人为错误风险评估	16	过程失效模式和影响分析
4	人为因素任务分析	17	辐射剂量分析
5	深层介质充电和内静电放电(IESD)	18	冗余验证分析
6	(FMEA/ FMECA)	19	可靠性保证计划
7	Fault Tree Analysis (FTA)	20	可靠性建模(预计/分配)
8	地面操作分析	21	可靠性权衡研究
9	微流星/碎片分析	22	单粒子影响(SEE)分析
10	部件控制计划	23	潜在电路分析
11	部件跟踪能力	24	结构应力分析
12	部件电应力分析（PSA）	25	表面充/放电分析
13	失效物理分析	26	电子部件到单元级的热分析

27	热应力/疲劳分析	33	中断（Outage）分析
28	趋势分析	34	降额设计分析
29	最坏情况分析(WCA)	35	电磁兼容分析
30	可靠性评估和验证	36	耐空间环境及防护设计有效性分析
31	可靠性综合仿真	37	航天型号可靠性增长管理
32	共因/共模故障（CCF/CMF）分析		

（4）集成应用系统的软件实现及流程可裁剪技术实现

包括开放程序接口、文档和数据转换接口规范、可裁剪的流程设计、综合分析支持、分布式运行环境等。

4 应用分析

下面以卫星可靠性工作项目："关重项目和关重件的识别和确认"为例，说明卫星可靠性技术集成应用系统的工程开发与应用情况。

这部分的核心任务是识别和确认关重项目和关重件。为完成该任务，每个环节涉及繁多的人员、工作衔接、实施标准、过程规范、文档和组织问题。如针对上述工作项目的"编制系统关键项目清单"环节来说，现阶段，系统关键项目清单的完成人（工程人员）完成这项工作，涉及交互关系如图2所示。

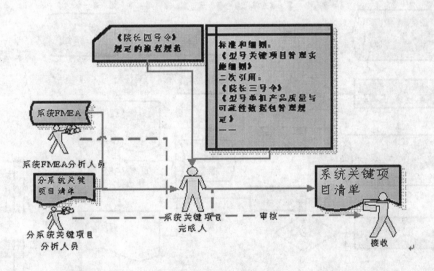

图2 原始流程环节的实施过程

由图2可见，每个环节都涉及多人、多任务交互，在这种模式下，任何环节的完成质量都可能关乎整项工作的成败。由此可见，现有"文件对人员"的原始可靠性实施和管理模式，在卫星这类大系统研制过程中实施存在一定困难。

基于前述的系统方案设想，开发辅助工具，系统化规范约束和辅助实施过程。从工具实现的角度，梳理"关重项目和关重件的识别和确认"环节流程，结果如图3所示。

开发卫星可靠性技术集成应用系统的最终目标是只要规定和分配好型号研制体系中的相关完成人、责任人，即可按照软平台预定的工作流程开展工作，相关完成人和责任人基本不需介入庞杂的保障体系和规范、标准中，每人只须根据软件预定的数据流程（集成应用系统根据相关规范将给出向导），审定和批复下一级的工作，并利用软件支持工具给出的提示，填写、分析本级的任务工作即可。图4说明在开发完成后的集成应用系统辅助下的上述环节的完成过程。虚线以下为所开发的集成应用系统数据流程的一个片断。虚线箭头标出了对应内容在集成系统中的实现对应部分情况。

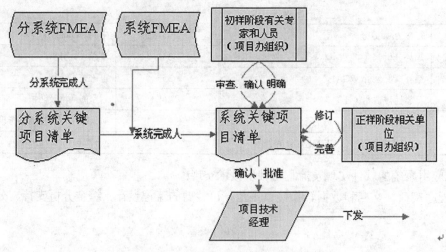

图3 关键项目环节的流程梳理

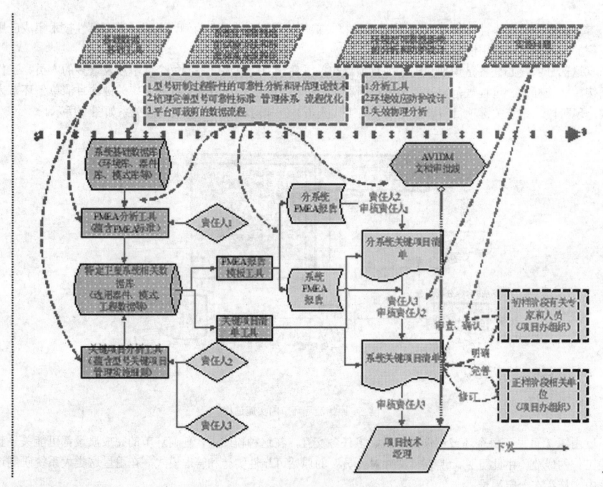

图4 研发方案应用简例分析

该系统的优点是:

任务责任明确。每个责任人根据自己所处的环节即可明确任务,对下层资源的获取直接在中心数据库进行,过程透明,操作性极强;

基础积累支持。航天基础数据库、特定卫星相关数据库等在工作过程中相应工作成果直接入库,集中规范,便于积累;

过程可控。可靠性工作计划、标准应用矩阵等直接转化成软件或数据流程,全程可控;

工具辅助。可靠性分析方法、环节的程序化工作,可直接开发成软件工具,供工程技术人员使用,提高相关工作的一致性和可信度;

5 结束语

可靠性技术工程应用与实现涉及产品设计、工艺、生产、使用和管理的每个环节。必须规划完整，分工明确，合作有序地大系统协调才可切实有效提高卫星可靠性。建议基于我国卫星可靠性技术研究的基础和现状，尽快组织人员成立专职机构，与型号工作密切配合，为型号工作提供实施手段，统筹协调制定我国近、中、长期可靠性技术发展规划；形成系统化、规范化的人员梯队；建立完善的可靠性工作规范；开发研制过程可靠性软平台，把可靠性工作落到实处、具体到型号研制过程的各个环节。实现我国航天可靠性从基础到工程化的跨越。

目前，卫星可靠性技术的研发规划正在研讨制定，论文介绍了一个初步思路，尚不成熟，仅以此抛砖引玉。

参 考 文 献

[1] 徐福祥. 我国航天器可靠性技术发展及面临的挑战. 航天器可靠性技术发展专题研讨会，北京. 2005,4：11p.

[2] G. Maggio, E. D. Bright and D. G. Pelaccio. A Preliminary Reliability Assessment of a Candidate Europa Orbiter Propulsion System. 38th AIAA/ASME/SAE/ASEE Joint Propulsion Conference & Exhibit 7-10 July 2002, Indianapolis, Indiana. AIAA 2002-4154,P1-16.

[3] Townsend, John S., Smart, Christian. Reliability/risk analysis methods and design tools for application in space programs. AIAA Defense and Civil Space Programs Conference and Exhibit, Huntsville, AL, Oct. 28-30, 1998, 14p.

[4] Weber, Ted F., JR. Reliability and maintainability in space systems design. AIAA/AHS/ASEE Aerospace Design Conference, AIAA93-1025. 9p.

[5] F. Pressecq, P. Schmitt, D. Veyrié, Q. H. Duong. MEMS Reliability: from experimental results to the understanding of physical phenomena. CANEUS 2004--Conference on Micro-Nano-Technologies 1-5 November 2004, Monterey, California. AIAA 2004-6744. 6p.

[6] 杜振华. 研制阶段产品可靠性综合评估技术研究. 北京航空航天大学博士学位论文，2003,10：P1-17.

The Scheme and Example Analysis of Satellite Reliability Synthesized Implementation Tools

Song Zhengji   Wang Li   Hou Xinbin   Zhang Qingxiang   Wang Hui   Shi Wanglin

Research and Development Center, CAST

P. O. Box 5142-109, Beijing,100094，songzhengji@cast.cn

Abstract   The inherence reliability of satellite is determined by its research and product (R&P) process. In order to improve the capability of reliability technology implementing throughout the satellite R&P flow, this paper outlines a general purpose framework for carrying out the satellite reliability Synthesized Implementation Tools. The methodology is to combine a set of toolsets, database and formularizing reliability technology flow diagram by the DCOM Technology. The example illustrates feasibility and merits of the scheme.

Key words   Reliability；Synthesized Implementation Tools；Framework；Satellite

基于 C/S 结构的紧固件三维模型库的开发

孙升　林海燕

中国航天标准化研究所

北京 835 信箱，邮编：100830，sun_bit@163.com

摘　要　本文研究了三维参数化 CAD 平台紧固件模型库的生成问题，提出基于 C/S 结构的系统设计思路；针对参数驱动基本交互模型再生三维模型的生成方式，结合 Pro/E 平台上的实际运用，对设计过程及关键技术进行介绍，给出网络环境下三维紧固件库的建库方法和实现途径。

关键词　C/S 结构；参数驱动；紧固件；三维模型；Pro/E

1　引言

在工程运用中，一个好的 CAD 系统，标准件库是不可或缺的。标准件库的开发工作伴随着 CAD 技术的发展已从以前的建立二维标准件库转换到现在的建立三维标准件库。

航天行业的各研究机构已经广泛采用了三维设计技术，常用的软件有 Pro/E、UG、SolidWork、CATIA 等，其中 Pro/E 的使用最普遍。这些软件基本都是由国外公司研制，由于各国标准自成体系，这些三维 CAD 系统基本不附带我国的标准件库，标准件库的建立工作一般都要由使用方根据所在国、所在行业的标准体系的实际内容进行再开发。

网络技术、数据库技术以及计算机硬件技术的飞速发展，给 CAD 系统标准件库的设计工作指明了方向。航天企业目前已经基本形成以厂、所为单位的局域网系统，随着"数字航天"的发展目标，研究网络环境下的信息集成技术，建立符合航天需要的标准件库系统，实现标准件库的内部资源共享，将为行业一级的信息集成平台的构建打下基础。

紧固件是标准件中的主要环节，在数量上占据了主导地位。本文针对建立紧固件的模型库展开研究，标准件库是紧固件库在内容上的扩展，本文所论及的建库方法和关键技术对建立完备的标准件库是同样适用的。

2　紧固件标准研究

数据是数据库的基础。标准是标准件库的数据来源，标准及其蕴涵数据间的关系决定着数据库结构。对标准进行研究，明确数据范围；研究数据关系；设计数据内容；确定组织结构，是实现数据库设计的基础。

紧固件在航天行业上的使用很广泛，具有数量大，品种规格多，技术含量整体较高的特点。据调研，航天行业使用的紧固件来源包括国家军用标准、航天行业标准、航天企业标准、国家标准以及航空行业标准。

对上述各级标准的主管部门发布的标准目录进行统计，截至 2003 年，国家标准中紧固件产品标准有近300 项；国家军用标准中有 200 多项；航天行业标准中有 300 余项；航空标准有近 700 项（注：对军标体系中的标准数量是具体到产品材料的不同进行统计）。适合航天行业的紧固件数据库系统就是要囊括上述标准信息。

在对紧固件产品的划分上，本设计依据紧固件的种类、结构形式采用了三层结构，如图 1 所示。

在对紧固件标准的结构组织设计上，就是结合前述四种标准体系采取标准体系与紧固件产品相结合的组织形式对数据信息进行管理。

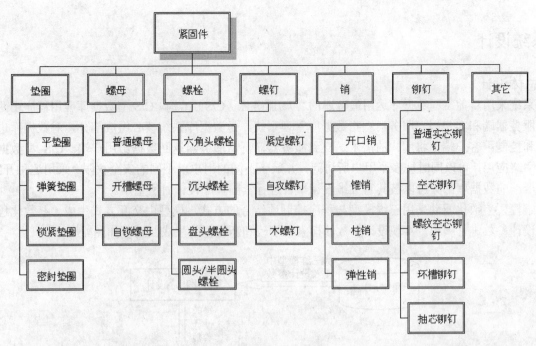

图1 紧固件产品划分

对于建立紧固件三维模型库而言，研究紧固件产品标准的一个重要任务就是要实现对紧固件产品的描述，这直接决定着数据库的数据内容。数据库的数据就是通过确定完备的实体属性，实现对实体的完整描述。紧固件产品是紧固件数据库最主要的实体，对于紧固件产品实体的表达，设计的属性如图2所示。按属性的类别和取值特点将实体属性作进一步分类，如图3所示。

属性	说明
标准号	标准件的标准代号，如：QJ 1975-90
标准件名称	标准件的中文名称
英文名称	标准件的英文名称
标准件的类型	一个标准件存在的不同标准件的形式，如C型，F型
标记方法	标准件对应的标记方法，如QJ 1975 D 080 032
材料	标准件对应的材料，每个标准可以对应多种材料
硬度	标准件对应的硬度，每个标准可以对应多种硬度
热处理	标准件对应的热处理方法，每个标准可以对应多种热处理方法
锁紧装置	标准件对应的锁紧装置，可以对应有多种锁紧办法
表面处理	标准件对应的表面处理方法，每个标准件可以有多种表面处理方法
数据表	标准件对应的几何参数的数据表
模型	标准的三维模型图
三维预览图	标准件的三维效果图
二维图	标准件的二维工程图
标准文件	标准件的pdf文档

图2 紧固件实体的属性

基本属性	标准ID、标准号、标准名、标准英文名、标准件类型、数据表
复合属性	标记(可以分为标记说明和标记示例两个属性) 材料(可以分为材料名称和材料条件两个属性) 热处理(可以分为热处理方法和热处理条件两个属性) 表面处理(可以分为表面处理方法和表面处理条件两个属性)
单值属性	标准号、标准件名称、英文名、标记方法
多值属性	标准件类型、材料、硬度、热处理、表面处理、数据表、描述表

图3 紧固件实体属性分类

3 系统设计

3.1 总体设计

本系统采用目前工程数据库运用最普遍的客户/服务器（C/S）结构。C/S 型数据库应用程序由两个部分组成：服务器端和客户端。服务器端指数据库管理系统，是数据库系统核心组成部分，对数据库进行统一的管理和控制；客户端则将用户的需求送交到服务器，再从服务器返回数据给用户端。C/S 型数据库非常适合于网络应用，可以同时被多个用户所访问，并赋予不同的用户以不同的安全权限。采用这种开发形式，其服务器端的数据库部分可以被其它三维设计平台进行紧固件库设计时所重用。

三维模型参数化驱动采用三维模型与程序控制项结合的方式，模型由交互方式生成，参数化程序对紧固件的设计参数进行编程，实现设计参数的检索、修改和新模型的生成，过程如图 4[1]。

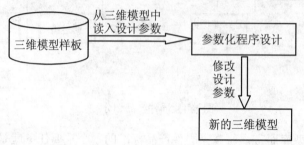

图 4　基于三维模型的参数化设计实现过程

3.2 服务器端设计

服务器端的设计，就是要实现对所有紧固件标准相关信息的管理。本设计数据库选型定位于关系型数据库，选用 Oracle。在 C/S 体系结构中，服务器端属于数据层，封装信息包括紧固件生成所需的参数、三维预览图、二维工程图、材料等信息，数据库结构层次如图 5 所示。

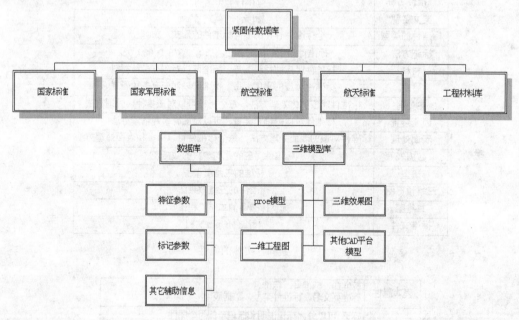

图 5　数据库结构层次图

本数据库中设计的数据表分为主控表、基本数据表以及附加信息表三大类，具体包括主控表、实体信息表、标记表、尺寸数据表、材料表等，部分表设计如下。

表1　主控表

数据项	数据类型	长度	键值	能否为空	含义说明
ID	VARCHAR2	100	主键	否	标准ID
STANDNUM	VARCHAR2	100		否	标准号
CHINNAME	VARCHAR2	200		否	标准中文名
ENGNAME	VARCHAR2	500		能	标准英文名
TABLENAME	VARCHAR2	200		否	标准需要的参数表

表2　实体表

数据项	数据类型	长度	键值	能否为空	含义说明
ID	VARCHAR2	100	主键	否	标准ID
PROE	BLOB	依据文件大小		否	标准PRO/E模型
UG	BLOB	依据文件大小		否	标准Ug模型
CATIA	BLOB	依据文件大小		否	标准CATIA模型
BMP	BLOB	依据文件大小		否	标准二维工程图
AXIS	BLOB	依据文件大小			标准三维效果图

表3　标记表

数据项	数据类型	长度	键值	能否为空	含义说明
ID	VARCHAR2	100	主键	否	标准ID
标注	VARCHAR2	200		否	标准的标记通用格式
材料	VARCHAR2	1000		能	标准用到材料及其代号的集合
表面处理	VARCHAR2	1000		能	标准用到的表面处理及其代号的集合
强度	VARCHAR2	1000		能	标准用到材料强度集合
公差带	VARCHAR2	1000		能	标准用到公差带集合
镀层代号	VARCHAR2	1000		能	标准用到镀层代号及其代号的集合
锁紧装置	VARCHAR2	1000		能	标准用到锁紧装置及其代号的集合

表4　材料表

数据项	数据类型	长度	键值	能否为空	含义说明
NO	VARCHAR2	100	主键	否	材料号
NAME	VARCHAR2	200		否	材料名
INTENSION_S	NUMBER	5		能	材料的屈服极限
INTENSION_B	NUMBER	5		能	材料的强度极限
INTENSION_P	NUMBER	5		能	材料的弹性极限
REGIDITY	NUMBER	5		能	材料的硬度
COMPONENT	VARCHAR2	1000		能	材料的组成成份

对于尺寸数据表的设计，主要依据标准中的数据表根据实际需要进行适当取舍或约定，字段名称会因涉及 Pro/E 自身识别问题稍作改动。由于有的数据之间存在约束关系，如螺栓，不同的螺纹规格对应不同的螺杆长度范围，所以除了数据表外，还要为这类情况追加长度表。

3.3 客户端设计

客户端提供人机交互功能以及对服务器数据的提取，驱动生成紧固件的三维模型。对于客户端具体设计，按功能的封装主要分为模型调用组件和用户管理组件。模型调用组件包括了标准浏览选定、参数选择界面（见图6和图7），通过参数匹配，实现对样板的驱动，派生新模型。用户权限管理包括登录界面（见图8）、树型结构（见图6）、用户管理界面（见图9）。在用户登录后，出现对话框，其中左边的树型结构存放零件列表，对话框中间为树型结点对应零件，这样就结合用户权限管理实现了树型权限管理功能。

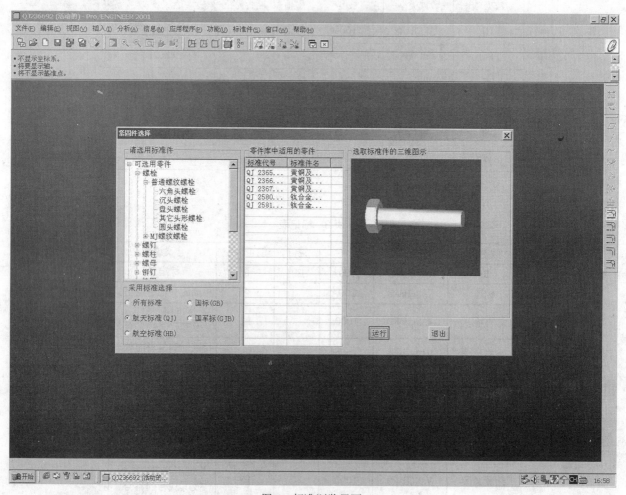

图6　标准浏览界面

客户端设计是在Pro/E工作界面的基础上添加功能菜单，实现与Pro/E的无缝连接。对话框界面设计采用 VC++的 MFC（Microsoft Foundation Class）可视化编程技术，应用程序通过 ADO（ActiveX Data Objects）方式访问和操作数据库服务器中的数据，对其进行读写操作。CAD 平台的接口程序开发是利用 API 应用组件集，在专门 CAD 平台上通过调用标准件库管理组件实现对标准件库的管理；通过调用标准件库的选择界面组件实现标准件零件模型的生成。

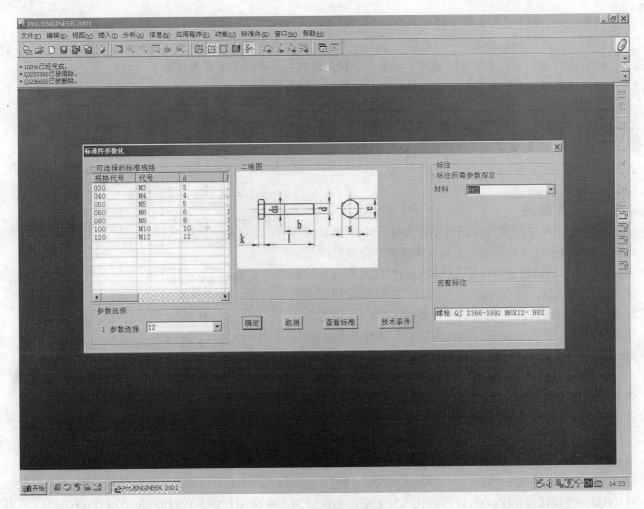

图7　参数选择界面

图8　登录界面

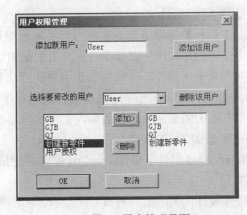

图9　用户管理界面

4　关键技术

4.1　参数匹配算法

　　零件库中零件的参数化过程大多需要读取多个表的数据来实现。而这些参数表的参数确定需要用户参与。参数相互之间也存在依赖关系，如副长度依赖于主长度，主长度依赖于规格代号。

　　参数的获取通过 SQL 语句读取数据库实现，SQL 语句的条件需要用户在匹配过程当中确定。SQL 语句需自动生成。参数匹配算法的流程图如图 10 所示。其中 DataRemedy() 函数的功能主要利用已知参数的条件，对未知参数逐一用 SQL 语句进行数据补充。SQL 语句的结构如下:Select (目标列名) from (表名) where (条件1) (表达式 1) and (条件 2) (表达式 2) ……。因此，数据的逐一补充过程可以转化为目标列名，目标表名，条件和表达式的确定过程。算法如下：

　　a. 目标列名的确实是通过依次读取列名集合当中为匹配数据的列名。

　　b. 在所有表当中，循环查找该列名，第一个找到该列名的表的名字即为目标表名。

　　c. 依次在已知参数中搜索该表的其他列名，即可找到条件和表达式。

　　依据以上算法可顺利生成 SQL 语句。如果执行 SQL 语句，得到的是一个多值集合（如一个规格尺寸可以有多个长度的选择），则要将该集合的所有元素添加到 Combo 控件，等待用户选择。

4.2　紧固件编码

　　在标准件库中标准件标识代码定义处于十分重要的地位。在零件库中，由于零件是以分类及类的分层组织起来的。因此，项目要求由标准化机构委托的权威机构分配唯一的识别代码。该代码由以下信息组成:定义零件的零件供应商标识代码;零件所属的零件类标识代码;还可能包括零件的识别特征值代码。代码的制定应遵循以下原则:唯一性、清晰性、无冗余性和可扩充性。

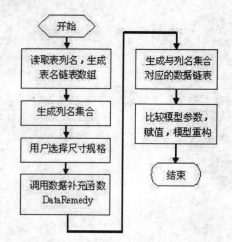

图 10　参数匹配算法的流程

　　本系统根据各零件在分组、总成的隶属关系，采用成组技术实现零件多级编码，建立零件编码和设计资源库中相关设计资源的唯一对应关系，对相同位置的编码按零件在该位置的属性进行定义。采用这种编码方式，可对编码中某一字段进行匹配搜索，实现对属性相同的相关资源的全面查询。

　　本系统标准件编号基本采用标准的标记方式，将可变部分以变量方式存储。典型的标记格式如下：类型+规格（规格代号）+长度（长度代号）+辅助信息。如: 螺栓 QJ 2083-1991 D [规格代号] [长度代号]-[镀层代号]。其中，类型：螺栓；标准号：QJ 2083-1991；开口销孔代号：D；如果将规格代号：080；长度代号：032；镀层代号: (Zn-Ni).D 分别代入标记中，则标记为：螺栓 QJ 2083-1991 D 080 030-(Zn-Ni).D。

4.3　树型控件与数据库的结合

　　采用树型控件和数据库结合是实现用户权限管理是一个较好的解决方案，可以使树的结构能够灵活多变，同时避免了树的结构固化以及变动树时所引起的代码冗余。

　　树型控件作为基本控件，有比较完善实用的方法和属性。其中，方法主要是对结点进行操作，具体包括 Create, InsertItem, DeleteItem 等。树型控件采用程序控制定制的生成方式，该方式虽然在编码上有一定的复杂性，但是有最大的灵活性，并且可以实现动态超链接的功能。其具体步骤大致如下：

　　a. 在程序中添加 TreeCtrl 控件；

　　b. 由 ClassWizard 属性框添加 TreeCtrl 控件的变量声明；

　　c. 编码实现。

　　在树型控件设计的基础上，与数据库结合，实现权限管理的操作步骤如下：

　　a. 建立 2 个数据库表：用户树节点表（如表 5）、用户描述表（如表 6）；

表 5　用户树节点表

字段名称	字段说明
UserID	用户ID
NO	树节点编号
First	存放一级树节点
SndFath	存放对应Second的父节点名
Second	存放二级树节点

表 6　用户描述表

字段	字段说明
ID	用户登陆使得用户名
登录密码	用户登陆的密码
用户信息	用户的相关说明信息
授权用户	给用户授权的用户

　　b. 由这两个表生成用户树型结构。

　　由于实际情况中可能出现结点文本同名的情况，所以我们对不同层次结点采用不同字段，从而避免了不同层次结点同名可能发生的冲突，并且方便了结点模糊搜索。同时，从树的生成算法出发，在该数据库结构中存在约束条件：如果不存在某个父结点，则不能有子结点的存在。例如在该数据库结构中，如果 First 中不存在某个结点名为 A 的结点，则不允许存在 SecondFath 为 A 的记录；同时若 Second 不为空，则 SecondFath 也不能为空。

在此基础上，利用树型控件和数据库实现树结构的基本思想是在数据库中分层查找结点名称，插到树型控件中去，同时将结点保存在各层的 HTREEITEM 类型的数组中去；然后再添加下一层结点，将其父结点和 HTREEITEM 中的结点进行匹配，作为插入函数的父结点。如此依次添加，从而最终生成树。同时，使用递归算法，能够很方便地实现树结点的操作，例如：添加、删除，以及添加、删除父结点等。其中，用户树节点表是利用在表中添加标志性字段，灵活实现不同用户有各自树结构的功能，并且还可以利用其他字段来实现用户对树结点的添加/删除、显示/隐藏等。有授权权限的管理员可以对用户角色进行设定，间接实现对该用户权限树进行设定，用户也可以在自己权限内设置自己的个性化树型菜单，方便自己操作。另外，在添加用户过程中，可以使用触发器，以使数据库在添加用户时，能够自动生成该用户的树结点记录。

4.4 数据库的连接设计

客户端应用程序通过 ADO (ActiveX Data Objects)的方式访问和操作数据库服务器中的数据。根据本系统的体系结构和数据库的设计特点，其数据处理按下列步骤完成：

a. 初始化OLE/COM库环境

```
::CoInitialize(NULL)//初始化OLE/COM库环境
theApp.m_pConnection.CreateInstance(__uuidof(Connection))//初始化Connection指针。
```

b. 与数据库建立连接

```
CString strlink="Provider=OraOLEDB.Oracle; Data Source=; User Id=; Password=";//定义连接字符串
Try
{
theApp.m_pConnection->Open((_bstr_t)(LPCTSTR)strlink,"","",0);  //连接数据库
}
catch(_com_error e)//捕获异常
{
AfxMessageBox(e.ErrorMessage());
}
```

c. 执行SQL命令，并将结果存储到一RecordSets对象变量中

```
try
{
theApp.m_pRecordset.CreateInstance(__uuidof(Recordset));//初始化数据集对象
BSTR bstrSQL = sqlstr.AllocSysString(); //变换数据格式
theApp.m_pRecordset->Open(bstrSQL,(IDispatch                       *)theApp.m_pConnection,
adOpenDynamic,adLockOptimistic,adCmdText); //得到recordset表
}
catch(_com_error e)//捕获异常
{
AfxMessageBox(e.ErrorMessage());
}
```

d. 读取记录集数据到链表

```
while(!theApp.m_pRecordset->adoEOF)//判断数据集是否结束
{
Textdata* temp;
    temp=new Textdata;
```

```
    temp->text=(LPCTSTR)(_bstr_t)theApp.m_pRecordset->GetCollect((_bstr_t)(LPCTSTR)Columnname)
;//读取数据集当前位置数据
    temp->next=NULL;
    tail->next=temp;
    temp=NULL;
    tail=tail->next;
    theApp.m_pRecordset->MoveNext();//数据集下移
}
```

e. 关闭数据记录集和数据连接

```
theApp.m_pRecordset->Close();
theApp.m_pConnection->Close();
```

5　结论与展望

本文所阐述的内容均来源于工程实际，提出的设计思路、论及的关键点对同类三维数据库的建立工作而言应具有良好的实用价值和普遍的指导意义。由于本系统采用的是两层 C/S 模式的网络结构，只能局限于局域网内使用，不能完全满足协同设计的需要，下一步工作可以考虑采用 C/S、B/S 混合模式的网络结构，实现企业间的信息集成和共享。

参 考 文 献

[1]　李世国. Pro/TOOLKIT 程序设计. 机械工业出版社，2003 年 7 月，P285～286.

The Development of Fastener 3D Model Library Based on C/S Structure

Sun Sheng　　Lin Haiyan

China Astronautics Standards Institute

P. O. Box 835, Beijing, 100830，sun_bit@163.com

Abstract　This paper discussed the issues about creating parametric 3D CAD fastener model library, and brings forward a way to design system base on C/S structure. Combining with the practice on Pro/E and parametric drive to create 3D model library, this paper described a procedure & key technique during designing, and gave the method and way to create a 3D fastener model library under network.

Key words　C/S structure；Parameter drive；Fastener；3D model；Pro/E

总体部信息化建设现状和面临的问题

王文莉

中国空间技术研究院总体部

北京市 5142 信箱 95 分箱，邮编：100094，Email:wangwenli@ cast. cn

摘 要 本文从总体部信息化建设的现状出发，分析了目前在总体部信息化建设中存在的问题，论述了技术与管理两方面的解决方法与思路。

关键词 信息化；项目管理；AVIDM

1 引言

信息化究竟是一种管理思想？一套应用软件？一个复杂系统？应该说信息化项目是管理项目而非技术项目，对企业是管理的创新，重点是观念的转变，企业流程的重组和优化。

信息化项目的建设，其目的是：

（1）建立闭环业务操作流程；通过引入最先进的管理思想和方法，优化原有的业务流程，规范企业内部的管理，明确职责权利，减少管理环节的消耗，提高企业的运作效益；

（2）建立统一的、集成的信息平台；用一个统一的标准收集、整理企业各项数据，使信息实时、精确地流通成为可能，有效帮助企业做出战略性的决策，从而在今后一段时间内保持在领先地位。

（3）对企业的所有业务，提供事前的计划及预测，事中的控制和事后的跟踪反馈、分析及评价。支持企业组织机构及业务流程不断完善的需要。

信息化的必要性勿须赘言。五院目前承担巨大的任务压力，五院选择什么方式提高能力，来平衡解决型号任务与人力资源；航天器的多学科性与专业分工；航天器的高度集成性与五院各单位地理位置的相对分散性等五院对信息化提出了迫切需求，需要进一步提高资源利用效率，提升科研生产能力。

五院全面推进信息化建设的总体目标是：将集成化设计制造技术与现代管理技术相结合，大力推进 AVIDM 工程，努力构筑跨专业、跨单位、跨地域的协同工作环境，促进管理模式的创新以及异地协同设计，逐步实现信息资源共享、研制过程协同、系统功能集成，从而形成数字化、集成化、网络化的卫星科研、生产和管理新体系，增强五院的核心竞争力和可持续发展能力。

由于总体部在型号研制中的牵头地位，院项目办、院信息中心等都在总体部托管，因此，总体部的信息化建设既需要立足总体，还需要积累经验，统筹安排，兼顾全院，指引院各厂所的信息化有序发展。

总体部的信息化建设虽然取得了一些成就，当然，也存在一些问题。本文结合目前总体部进行的信息化建设，探讨其中存在的问题及解决方法。

2 总体部信息化的建设成果

在各级领导的大力支持下，经过多年建设与积累，特别是在 2004～2005 年，在工程系统建设方面，取得了若干标志性成果：AVIDM 系统从 2.5 版到 3.0 版的升级换代、AVPLAN 项目计划与综合管理等项目管理工具应用、型号经费管理系统、物资管理系统等综合管理系统的建设等。总的说来，随着 AVIDM 工程取得重大进展，各种工程系统的应用提升了总体部的管理水平，促进了各级管理人员的工作方式和思维模式的不断变化，工作效率逐步提高。

（1）AVIDM3.0 工程平台

AVIDM 是总体部从 2002 年起就开始全面应用的工程平台，管理着总体部所有型号的技术文件，并在 2004 年已经外延到院综合管理层、510、513 等单位，并与其他厂所一起，实现了全院跨域邦联，在全院范围实现了跨域邮件和跨域会签。2004 年底，在院领导的大力支持下，决定总体部率先将 AVIDM 平台从 2.5 版升级到 3.0 版上，积累经验，并在 2005 年底实现若干主要厂所的升级。

2005 年春节，AVIDM 平台成功升级，为支持五院的异地协同设计奠定了基础。AVIDM3.0 版与 2.5 版相比，系统部署和维护更简单方便，在工作的流程化、集成化、标准化方面更加实用。

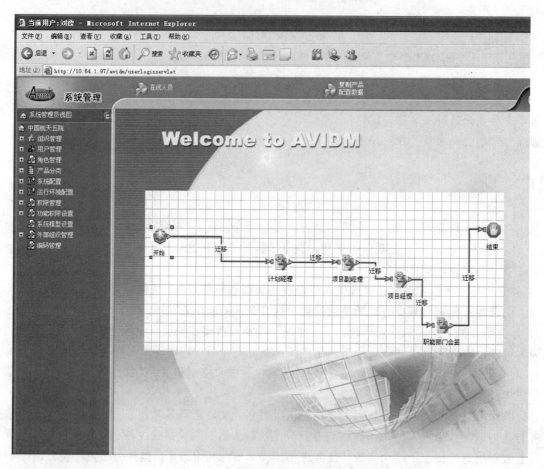

图 1　AVIDM 系统界面和工作流示例

AVIDM3.0 在系统集成方面提供了方便，已有几个系统集成在 AVIDM 系统中，成为工程系统的门户。

AVIDM 升级之后，文档管理功能进一步丰富，已形成电子文件从自动编号到生成、审签、更改、资料加工、利用等阶段的全生命周期的管理，将原先由五院技术资料中心的科档一体化系统处理的文件编号、资料加工处理环节都纳入 AVIDM 的统一框架之下，使得技术文件流转更为简洁。每日文档入库数目由原先 20～40 篇增长为 80～100 篇。

AVIDM3.0 系统中配置了 15 种编码规则用于自动编号，覆盖目前的所有的技术文件与管理文件；建立了内容模版库，涵盖了技改、预研、通用模版和天线和热控分系统的部分模版；并通过模板与文件类型的绑定实现模版与审批流程的一致性，文件质量控制更加严格规范。

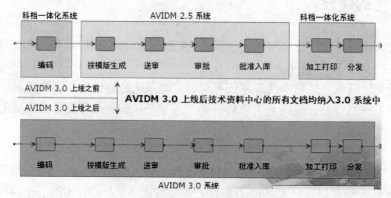

图 2　AVIDM 系统文档管理的对比

AVIDM 中的资料管理模块是由神舟软件公司和五院技术资料中心共同开发而成的，也开创了由信息化牵头，职能部门与软件公司合作开发的新模式。

目前，AVIDM3.0 系统已覆盖总体部、总装与环境工程部、研发部、东方红卫星公司等单位，成为总体部不可或缺的生产作业系统。AVIDM 系统注册用户 2305，应用项目 300 余项，入库文件 3 万余份、入库图纸 2 万余份、计划项近 2 万项、平均在线人员约 180 人，高峰在线人员超 300 人。在 AVIDM 工程推进过程中，我们与神舟软件公司积极配合、相互支持、共同发展，神舟软件为总体部提供软件平台和服务支持，五院则对神舟软件的成长和软件的完善做出了突出的贡献。

（2）项目管理工具

工程项目"可行在技术，成效在管理"。因此，信息化的一大重点就是围绕工程开展相关管理系统的建设，如项目管理系统。在 2004 年，总体部通过基于 AVIDM 平台的计划执行控制系统 AVPLAN 和综合计划管理系统的建设与应用，已初步形成了基于电子化平台的完整的项目计划编制、执行、跟踪反馈、综合分析等管理模式。

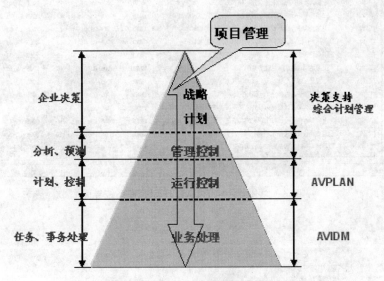

图 3　总体部项目管理系统应用架构

随着 AVIDM 平台的成功升级，AVPLAN 也于 2005 年 6 月成功升级至 AVIDM3.0 平台上，项目计划管理在全项目办开始全面实施。

升级后的 AVPLAN 系统除了继续保留计划信息审批、实时下发推至设计师客户端、进度反馈、完成确认等功能，还实现了基于交付物的计划信息与技术文件紧密关联，使得计划管理人员可以实时动态的了解计划落实、完成情况，实时了解文件配套清单的完成与执行状态情况，实现了计划管理流程与事务流程的紧密结合，促进了计划管理人员、设计师和职能部门的有效协同工作。

升级后的 AVPLAN 系统还实现了与 Project 的紧密集成，完整地 WBS 和计划信息可以在进行双向的导入导出，方便计划人员使用微软的 Project 作为桌面计划编制工具；同时，严格了项目计划总师核准、计划完成两级确认等管理流程，加强了对质量控制点、考核节点等关键任务的时间控制。AVPLAN 还在做进一步改进，AVPLAN 将配合总体部在项目管理理论、体系建设方面的探索，进行交付物管理的扩展，与物资、财物、人力资源等其他管理系统间关联的强化等研究与开发工作，不断完善。

航天物资管理信息系统依靠自身力量完成了五院物资管理信息系统（一期）系统开发工作并通过验收，实现了院本部物资的入库、出库管理等功能，目前已进入数据加载和试运行阶段，为满足航天相关的科研生产单位的需求，为了适应航天物资管理的特点，包含了物资供应工作中从设计、科研计划、质量管理、采购计划、生产制造、质量监制、复验筛选、仓储、发放整个过程的信息管理。并实现了全面网上办公、网络管理，对做好型号任务配套物资的保障工作起到了积极的保障和促进作用。

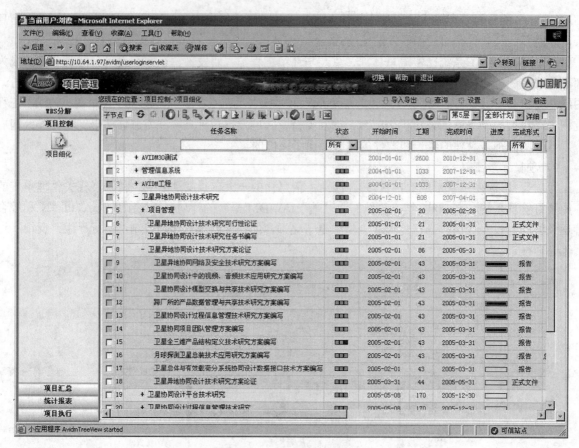

图 4   总体部的 AVPLAN 计划管理系统界面

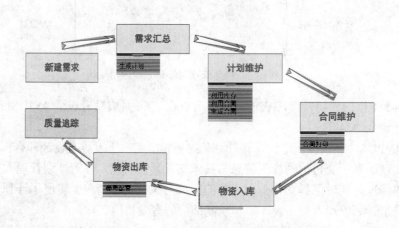

图 5   物资管理系统总体结构

3   急需解决的问题

在信息化建设过程中，特别是在目前的项目管理系统建设过程中，我们也感受到许多问题，这些信息化建设项目的各个阶段都有体现：

简单分析一下，这些问题大致分为以下几类：

（1）信息化建设项目的组织协调与控制方面

为了项目管理系统的建设，总体部成立了专门的项目组，明确各方职责。然而在实际工作中，依然暴露出许多问题：

信息中心在与业务部门协调配合方面较为被动，没有相应的组织制度配合，信息中心难以完成协调平级单位间的信息管理的任务，业务部门也缺少合适的人（懂业务、有时间）配合作业务需求，没有体现出

	项目发起	需求调研	系统设计/选型选厂	开发/测试	系统实施	培训维护	应用
执行者	•信息中心 •应用部门	•信息中心 •应用部门	•信息中心	•信息中心 •软件公司	•信息中心 •软件公司	•信息中心 •软件公司	•应用部门
问题	•缺乏整体规划 •随机性强	•配合不利	•业务需求不完整、不清晰 •需求评审流于形式	•开发过程缺少质量控制手段	•推广效果不佳	•忙于低技术含量的系统维护	•应用动力不足 •缺乏监督考核机制

图6 总体部信息化建设中的问题

技术和管理之间的互相促进，进行合理的需求分析和顶层设计的进度滞后；

项目管理系统建设的调研、选型、选厂、开发、实施等过程，都有显著的项目管理特征，需要综合考虑技术的先进性、成本的经济性、厂家的可靠性、管理的可行性等等方面，目前的机制是，技术性与经济性完全隔离，由不同的部门分别考虑和分别运作，相互之间似乎缺乏有效的沟通和协调机制，技术调研和经济性调研没有同步运行，所以签合同时难免比较被动；

信息系统建设与软件厂商、咨询公司、服务商等外部单位交流甚多，这与卫星型号的研制过程有着显著的差别，简单地套用型号研制流程并不合适。软件工程化有自己的特点，要借鉴型号管理模式但不能全盘照抄。

保密问题。既然不可避免的有外部交流，不是封闭体系，必然有保密问题，尤其是管理流程、规范等含有核心管理思想的东西，哪些该交哪些不该交？还没有明确界定的准则和手段；

知识产权问题。总体部的管理模式有自己的特色，很多软件需要经过适当的定制和改造才能适应需求，双方都投入大量精力，共同努力不断完善，最后形成的系统实际上是几方的智慧结晶。但是，合作的东西如何界定产权？现在还没有明确的说法。也许我们应该借鉴一下国外大企业的做法，如波音和OpenPlan，GE和Isight的例子。

（2）技术控制方面

这方面的问题主要表现在：

信息管理体系缺乏系统规划和系统设计，定位不明，长远目标和近期要求不清晰，在如何采用基于网络的现代化的管理模式和管理方法对现有管理模式进行优化改造方面缺少深入系统的研究；

缺乏信息管理系统应用开发的总体协调能力；

信息系统建设标准不统一，如代码规范化、制度规范化、业务规范化等照成集成度不高，存在信息孤岛。

4 思路与工作建议

目前，我们面临五院进行业务流程再造与优化、项目管理体系建设等调整，战略调整与重组必然也使信息化工作面临进一步的调整与优化。我们需要在考虑未来总体部的信息化发展时，明确思路，吸收型号管理行之有效的经验，充分考虑信息化建设本身的特点，通过整体规划、有限目标、分布实施、持续改进，打造数字化、集成化、网络化的卫星科研、生产和管理新体系。

具体工作建议如下：

（1）做好信息化建设的顶层设计，使之与总体部的战略规划相一致。

从五院、总体部战略实施，管理、考核与支持各业务板块（特别是项目管理）的需求出发，规划未来信息化建设的总体蓝图，制定信息化建设总体规划和项目的优先级顺序；明确信息化的阶段性目标与成果；明确在总体战略中信息管理与信息化的定位；完善信息化建设管理体系及相应的配套制度；明确总体规划与分布实施的战略部署。

（2）信息管理的组织及配套体系

在现有组织体系的基础上，综合考虑五院信息化建设的发展需要与现状，完善信息中心、对口管理机关等相关组织设定及配套体系。设置信息化专业管理部门；加强队伍建设，培养造就一批掌握信息化理念的管理队伍和业务技术两精通的技术队伍；加强与业务部门的沟通互动，以业务系统为主导来进行。信息化建设不是目的，只是手段。只有业务部门有了一个明确的目标、措施，信息化建设才能展开。

5　结束语

信息化工程建设不是一个技术项目，而是先进的管理方法和现代化的管理手段相结合，是一个互动的过程，必须在广泛应用中，结合企业不断发展的需求，不断完善、改进和发展，不断推进实用化，任务十分艰巨。在建设过程中业务部门是信息系统的用户主体，也是信息化项目推进的核心驱动力。信息化建设必须做到与管理实践相适应，与业务流程优化相结合，与项目计划管理、产品成本控制相结合，将型号工程的各种资源有效集成在一起为五院服务。

参 考 文 献

[1]　吴伟仁. 军工制造业数字化. 原子能出版社, 2005年.

[2]　吴澄. 现代集成制造系统导论——概念、方法、技术和应用. 清华大学出版社，2002年.

[3]　徐福祥. 卫星工程. 中国宇航出版社，2002年.

[4]　(美)哈罗德·科兹纳 著. 杨爱华、杨磊 等译. 项目管理——计划、进度和控制的系统方法（第七版）. 电子工业出版社，2002年.

[5]　（美)克利福德·格雷、埃里克·拉森 著. 黄涛、张会、徐涛、张扬 译. 项目管理教程. 人民邮电出版社，2003年.

[6]　郭宝柱. 中国航天系统工程探讨. 中国航天2003年第6期.

Present Situation and Coming Problems in System Design Department's Information Engineering Construction

Wang Wenli

Research & Development Center, Chinese Academy of Space Technology

P. O. Box 5142-95, Beijing, 100094，wangwenli@cast.cn

Abstract　In this paper, the existing problems are analyzed about information engineering construction in System Design Department, base on the present situation, the corresponding ideas and solutions in both technology and management fields are provided.

Key words　Information Engineering Construction；Project Management；AVIDM

航天器地面综合测试系统软件开发与测试方法

王宪文

中国空间技术研究院总体部

北京 5142 信箱 94 分箱，邮编：100094

摘　要　航天器综合测试系统软件是地面综合测试系统的核心软件，应用于航天器系统级测试，本文在总结综合测试系统软件研制经验的基础上结合软件工程化原理重点介绍了综合测试系统软件的开发与测试方法。

关键词　综合测试；需求分析；软件开发；软件测试

1　引言航天器地面综合测试系统

引言航天器地面综合测试系统是一种分布式地面电气支持系统，应用于航天器系统级测试，我国研制和应用分布式地面电气支持系统已经有十多年的时间了。在此期间系统软件开发过程由传统的开发过程向更现代的开发过程转移，以便减少不必要的管理费用和取得最大的软件过程效益。到目前为止已发展的软件过程仍然强调需求获取，软件配置管理，软件设计文档以保证产品满足最初的需求。本文概述分布式地面测试系统软件开发与测试过程以开发高性能和高可靠性系统软件。

2　航天器地面综合测试系统

航天器地面综合测试系统是应用在航天器 AIT 阶段电性能测试和航天器在发射场的电性能测试的分布式地面电气支持系统。系统是由计算机、网络、专用测试设备、TM/TC 前端和软件组成的具有发送指令、系统控制和遥测数据处理的地面测试系统。该系统的软件开发是在十多年以前开始的，是在分析运行在 VAX-VMS 系统上的 ETOL 系统的功能基础上，在 XXX/UNIX 系统上重新设计开发的。该系统应用于神舟飞船以及近年所研制的各类卫星的 AIT 测试和发射测试。

3　综合测试系统软件开发

综合测试系统软件开发采用典型的瀑布式开发方法，采用这种方法首先针对项目需求开发软件的系统层(顶层)需求，称为 A 层需求。然后将顶层需求分解为较小的子系统层的需求，称为 B 层需求。B 层需求将用于软件开发人员进行软件设计和编码。这种方式的开发过程就像瀑布一样从高层(较低的详细程度)需求向低层(极高的详细程度)需求进行。完整的软件开发过程应包括测试阶段，该阶段是软件交付应用之前必须成功运行的阶段。软件的创建和变更是通过软件配置管理(CM)过程控制的。软件配置管理最重要的部分之一是对已发布的软件文件给出标记，由变更来驱动软件文件的发布。我们用软件问题报告(SPR)和工程变更请求(ECR)对软件文件进行标记。

在系统成熟之后在一些方面的改进完善可用称为螺旋式开发方法来修改瀑布式开发模型，螺旋式开发法对于将已有的需求移植到新技术应用领域时是很有效的。

无论采用何种方法的开发过程，系统需求和设计必须建立文档。综合测试系统软件需求和设计过程在过程定义文档(PDD)中规定，作为进行工作的标准。

3.1　系统层需求开发

软件开发过程如图 1 所示：开发过程由创建和更新系统层(A 层或顶层)需求开始的。因为综合测试系统软件应用于多个航天器型号，系统层需求分为通用的系统层需求和特殊的系统层需求。系统层需求由项目组的系统工程部分建立，并组织成为功能子系统。功能子系统应包括遥测获取和处理、遥控处理、系统级服务、Web 服务、数据库、有效载荷管理、专用设备管理等。系统层需求应在软件开发阶段初期深入评审以确定可行性、研制层次和建议的执行计划。在项目的早期阶段，系统层需求评审在软件需求评审会议(SRR)进行。系统层需求和开发人员对需求的评估一起在内部委员会会议进行评审。内部委员会应包括所有系统项目工程组、开发小组、用户、投资方、合同方、管理人员的代表。内部委员会会议的目标是:项目是否能按要实现的需求继续进行。

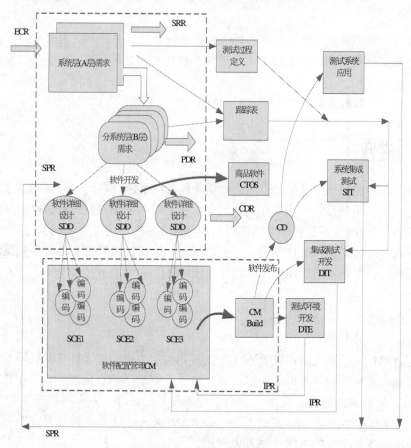

图 1　软件开发过程

注：CD-磁盘，CDR-详细设计评审，CM-软件配置管理，CTOS-商品工具软件，DIT-集成测试开发，DTE-测试环境开发，ECR-工程变更请求，IPR-内部问题报告，PDR-初步设计评审，SCE-软件配置元素，SDD-软件详细设计，SIT-系统集成测试，SPR-软件问题报告，SRR-软件需求评审。

3.2　子系统层需求开发

一旦系统层(A 层或顶层)需求由内部委员会会议通过并作为基线，A 层需求按功能分解为较小的称为计算机软件配置项(CSCI)的部分。简单来讲，计算机软件配置项是一组需求，该组需求大约可由 3 或 4 个独立建立的软件来满足。子系统层(B 层)需求针对每一个计算机软件配置项进行开发并把这些需求放在一个或几个软件需求规格说明书中(SRS)。软件需求规格说明书的详细程度并不要求完全一致，但最好是要达到可以开始思考如何实现这些需求的程度。每一个软件需求规格说明书中的需求要和相关的系统层(A 层)需求同时进入一个跟踪文档以便子系统层(B 层)需求可以被跟踪。表 1 是部分跟踪文档的示例 B 层需求必须被跟踪以保证没有建立不恰当的新的需求，保证没有未被实现的系统层(A 层或顶层)需求。该过程必须进行并要求相关人员再次评审和通过。

表 1　跟踪文档的示例

(B层文档名(SRS)及编号)章节	B层需求	备注	A层文档名及编号	A层文档章节	A层需求
UI-SRS1994 3.2.2.1 a	用户操作接口为X窗口方式,可鼠标和键盘操作		SOCS - RQMT-1994	6.2.1 a	图形化用户操作接口.
UI-SRS1994 3.2.2.1 b	对于所有显示对象, 用户接口提供显示用户操作结果的开关状态的能力		SOCS - RQMT-1994	6.2.1 b	用户操作接口提供显示开关状态的能力
UI-SRS1994 3.2.2.1 c	用户接口在数据窗口或以XY曲线图的方式提供显示数据的能力		SOCS - RQMT-1994	6.2.1 c	用户操作接口提供显示数据更新的能力

　　B 层需求在初步设计评审(PDR)时正式评审, 也可将软件需求评审 (SRR)和初步设计评审合并一起评审(也称为 PDR), 使 A 层需求 B 层需求和跟踪文档一次进行评审。

　　某些计算机软件配置项(CSCI)指定应用商品化(CTOS)产品, CTOS 的规格说明应在软件需求规格说明书(SRS)中建立。

3.3　软件设计

　　一旦 B 层需求评审通过, 软件开发小组就可以开始进入软件设计阶段, 实际上软件设计在软件需求规格说明期间就已经开始了。对于关键和高风险区域原型应较早进行设计。按传统方法, 软件开发人员应用子系统层(B 层)需求并覆盖软件设计全过程, 软件设计形成软件设计文档(SDD)可分为软件概要设计文档和软件详细设计文档。软件设计文档应包括功能数据流, 与其它计算机软件配置项(CSCI)的接口描述, 软件系统结构图, 人机接口的屏幕设计等。所有细节在编码时实现, 图 2 为在 UNIX 系统上开发的测试软件系统结构的示例。

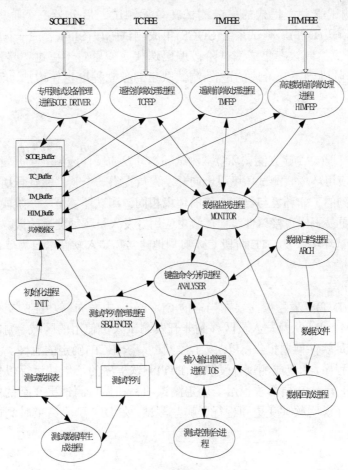

图 2　软件系统结构图示例

软件设计文档(SDD)在关键设计评审(CDR)阶段评审，评审委员会给出确定设计已完成可以进行编码的结论并且评审项目差异(RID)必须解决并提交正式更新的文档。设计评审项目列表用于保证所有的部分都被覆盖，至此就可以进入编码阶段了。

在此设计阶段还需建立软件配置元素(SCE)，软件配置元素定义详细的可执行程序或库程序单元。软件配置元素是一组文件在软件建立时以单独的 make-file 形式存在，软件配置元素名将用于软件配置管理的变更跟踪。

3.4 软件编码与单元测试

软件的实际建立是软件开发过程中最具充分发挥软件开发人员思维能力但又不易控制的部分，我们最需要做的是使软件开发人员很好地理解需求，制定一些重要的编码规则、命名规则，选择适当的开发工具，建立本阶段工作的最好的测试环境。通过运行软件标准验证工具来验证(仅为 C 源码)。同时要求尽可能符合 POSIX 原则以便将来便于移植到符合 POSIX 的操作系统。

最重要的开发工具之一是软件配置管理(CM)工具，软件配置管理工具维护软件库，容许保持跟踪软件基线，根据跟踪每个软件源文件的变更来管理软件变更。在开发阶段软件配置管理工具也容许开发人员维护不同的共享层。按这种方式接口编码可被共享，可选用如 Clear-case 作为 CM 工具，Clear-case 维护源文件数据库称为版本目标库 (VOB)。开发人员利用 Clear-case 的"views"来建立项目的各部分。Clear-case 的"branch"结构能够在单元测试完成时，容许开发人员更平滑地集成。

单元测试的目标是 100%编码语句覆盖，当开发人员已成功地完成了单元测试和基本的集成测试，源文件在 Clear-case 中被提升为 CM 建立级，CM 如何管理软件变更的详细的描述在软件 CM 和 CM 建立过程一节叙述。

3.5 集成测试和编码迭代

在编码开发阶段期间，编码的单元级测试就开始了，在单元级测试时也进行某些集成测试以避免写太多的测试数据和测试驱动。正式的集成测试在单元测试之后分为三个阶段，测试环境开发阶段(DTE)，集成测试开发阶段(DIT)，测试系统(SOCS)集成测试阶段(SIT)。每一个后续的阶段都包括比前一阶段更严格的软件变更控制，在集成测试阶段编码迭代或变更对于更进一步深入测试来讲是至关重要的，随着测试从一个阶段到下一阶段的进行.测试队伍的独立程度也在增加，测试系统(SOCS)集成测试阶段独立程度最大。

3.6 测试环境开发

首先应用软件配置管理(CM)建立测试环境，测试环境开发的硬件应独立于开发环境的硬件和网络并应该尽可能类似于实际的应用环境。测试环境用于向开发人员提供一个软件验证场所，软件开发人员应用软件配置管理的"make"得到的工作环境与已有工作的环境相同。测试环境是下一阶段集成测试的环境。由于在此阶段的编码较新并更易于出现接口性错误，故由应用开发人员驱动测试阶段。变更通过软件配置管理(CM)过程被迭代。在测试环境开发(DTE)阶段 CM 典型地建立和装入软件以日为单位。

3.7 集成测试阶段开发

集成测试开发阶段(DIT)开发主要是要在当前的 CM build 中发布新功能的交付，并集成为完整的系统。在该阶段我们将 CM build 从开发人员区移到非开发测试人员使用的区域。测试人员独立于开发人员验证发布的软件是否满足软件问题报告(SPR)或工程变更请求(ECR)确定的意图。测试人员需开发一组包含顶层核心需求的功能程序，在集成测试开发阶段(DIT)测试程序的子集被运行以保证全系统的完整性并且满足工程变更的需求，有时 B 层需求也用于确定测试项目和如何测试更复杂的能力。在 DIT 阶段开发人员提供初步的版本注释说明软件变更和进行了哪些测试，在 DIT 阶段结束时测试人员给出如下的矩阵表。

表2　集成测试开发阶段测试统计表

功能测试	级别A	成功	失败	软件问题报告已发布	软件问题报告已通过	产生的内部问题报告
时间标记命令	12	12	0	1	1	0
命令组	15	15	0	1	1	0
数据命令	20	20	0	0	0	0
更新命令	12	11	1	2	2	1
远程命令	25	25	0	1	1	1
总计	84	83	1	5	5	2

由图1可以看到在DIT阶段根据在内部问题报告标识进行编码迭代。内部问题报告(IPR)存储在File-maker Pro数据库，由开发人员使用，内部问题报告(IPR)仅由开发和测试人员评审。一旦IPR和ECR的目标被满足，测试人员修正内部问题报告(IPR)，完成该阶段测试和评审正式提交给下一级测试。配置管理由最后的软件建立生成光盘(CD)，开发人员给出最终的版本和软件问题报告(SPR)说明。

3.8　系统集成测试阶段

系统集成测试阶段(SIT)主要是验证建立的CD的内容运行完整的系统级的测试，，在DIT阶段应用的相同的测试过程也用于SIT阶段，但是更集中于功能测试方面不仅是修改和更新。此外在SIT阶段进行装入测试，在SIT期间发现的问题与软件问题报告(SPR)一起说明并且为软件问题报告(SPR)进行的修改只能包括在系统新的版本中。在SIT阶段结束时，来自DIT和SIT测试的一组验证矩阵表由测试组建立，测试小组进行类似表2的测试统计，但是具有更多的项目类型诸如在每一测试阶段产生的软件问题报告(SPR)的数量和类型。这些矩阵表的完成为继续改善提供了一种依据，借助在每一阶段进行的分析，以便于在全部阶段完成的基础上写出的问题报告。

3.9　软件配置管理和配置管理建立过程

选择恰当的软件配置管理(CM)工具，进行软件开发全过程的软件配置管理是提高软件开发效率，保证软件开发质量必不可少的重要环节，并应建立相应的软件配置管理小组，以软件变更控制过程管理和软件源文件控制管理为例简要说明。配置管理(CM)小组只接收由工程变更请求(ECR)批准的软件和按计划发布的软件问题报告(SPR)，在图3表示每个组如何建立进入CM的ECR，SPR和IPR。配置管理为每一个ECR，SPR和IPR批准变更和建立编码基线核查表(CBC)。开发人员使用核查表为需要修改或建立的文件提交合并请求，软件配置管理使用CBC列出的这些文件合并到CM branch和CM Build。

图4表示了软件源文件的配置管理过程，开发人员按需求变更源文件，然后应用已经被CM建立的标号送入源文件的配置管理区，这些标号是由ECR，SPR, or IPR编号构成的CBC标号。CBC保持跟踪已经被合并的带有标号的源文件，并且也包含有如软件开发人员的姓名信息、软件配置元素和文件列表等信息。软件开发人员使用CBC表向CM提交合并请求，CM得到合并请求列表的文件，并运行配置管理工具(如Clear_case)脚本，应用开发人员分区的标号查找到文件名，将文件合并到CM分区。开发人员分区文件版本的标号也传送给在CM分区建立的新版本。一旦CM从开发人员分区将源文件合并到CM控制的分区就开始软件建立。按这种方式，软件CM过程是自动的并被所有参与人员理解。

3.10　系统移植

近年由于系统应用范围的不断扩大，已经开始考虑如何将系统由较昂贵的HP-UNIX系统移植到商用PC系统，在系统移植时，基本系统需求没有大的变化，首先要开发一个系统软件移植策略，一种发展趋势是将用户的应用迁移到Windows 2000环境，这就容许系统软件运行于常用的基础平台。另一种发展趋势是从

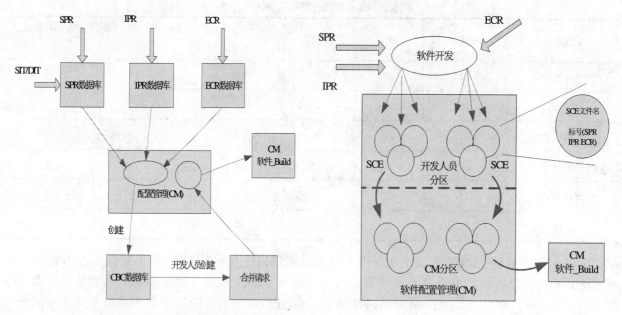

图 3　软件变更控制过程管理　　　　　　　　图 4　CM 源文件控制

UNIX 服务平台向 PC-Linux 环境转移。考虑的因素是硬件成本长期与未来商用软件(CTOS)产品的协同性。选择需要移植的新平台之一（Win 2000 or Linux），进行设计，编码，发布，测试，运行，再评价，选择更多的需求再重复。基于此因我们需要选取与此问题相匹配的螺旋式开发方法。螺旋式开发法是为增长的系统定义和执行定义的一种循环逼近方法，螺旋式开发过程必需定义一组节段点或里程碑以保证开发人员按时完成系统的解决方案。

4　结论

我们的目的是以有效的开发成本开发高质量软件系统。通过系统的开发过程我们得到以下的一些有益的原则：

第一是不要跨越过需求分析，在开发初期，应当将更多的系统模块原型化。软件详细设计(SDD)时，注意力应集中到需求级的细节。如果当编码开始时，出现大量设计变更将使文档重新编制浪费时间和成本。

第二是遵循有重要用户参与的迭代开发过程。当我们开发了一部分时就让用户体验性能，使得的开发的软件更紧密地满足用户的需求。

第三是不要把精力集中不断地加工文档细节，要把精力集中在整个产品的可靠性和可用性上。

第四是需要建立匹配飞行环境的测试环境，在软件设计阶段必须花费时间设计模拟飞行环境的测试环境，这种努力会节省大量软件重写工作，保证系统开发的正确性和质量。

第五是对于从一个开发阶段到另一个阶段有明显的改善过程应保持开放。

参 考 文 献

[1]　王庆成等. CBERS 总控设备技术手册. 中国空间技术研究院，1995.12.

[2]　L. Needels. Multi-mission sequencing software，2002.10.

[3]　R.Thorpe. Ground support system using Web –Java Database technologies，2001.

[4]　L.J. Timmermans. From simulations to operations: Developments in test and verification equipment for spacecraft, 2001.

System Software Development and Test Methodology for a Spacecraft OCOE

Wang Xianwen

China Academy of Space Technology

P. O. Box 5142-94，Beijing，100094

Abstract　System software for spacecraft OCOE (Overall Checkout Equipment) is the kernel software of The EGSE (Electrical Ground Support Equipment). It is used for AIT (Assemble Integration Test) of Spacecraft. This paper will give an overview of the software processes development and test methodology based on the experience of system software development for OCOE and the software engineering methodology.

Key words　Assemble Integration Test；Requirement analysis；Software development；Software test

神舟飞船总控测试设备设计

王宪文

中国空间技术研究院总体部

北京 5142 信箱 94 分箱，邮编：100094

摘　要　神舟飞船总控测试设备是飞船地面综合测试系统的重要组成部分,总控测试设备的设计是依据飞船地面综合测试任务、功能及应用的需求提出的。本文详细地描述了总控测试设备的总体系统结构和功能设计，描述了总控测试设备的各主要组成部分主测试机、控制台和前端等设备的配置设计、功能设计和接口设计。

关键词　综合测试；总控测试设备；网络；测试软件

1　引言

飞船总控测试设备是飞船地面综合测试系统的重要组成部分；总控测试设备的设计是依据飞船地面综合测试方案有关测试任务、功能、状态及应用环境的要求，根据载人飞船分系统多、设备复杂、性能要求高、可靠性和安全性要求极高的特点提出的。总控测试设备适用于飞船研制不同阶段的分系统级、舱段级和整船级的各项测试任务。总控测试设备必须能全面、快速、可靠地自动化地对飞船进行测试工作。完成载人飞船研制全过程的地面综合测试任务。

2　功能设计

总控测试设备是整船地面综合测试系统中的数据处理、监视、分发，控制指令管理，自动化测试实施，测试数据分析，测试过程记录和监控的管理中心。总控测试设备设计功能主要是：

（1）数据处理、监视功能

● 工程遥测数据的实时解调,实时处理数据和监视,并对越限进行报警和记录,数字量数据的状态变化进行显示和记录。

● 综合数据分路处理，总线数据实时处理数据和监视,并对越限进行报警和记录,数字量数据的状态变化进行显示和记录。

（2）数据和测试过程归档功能

● 键盘命令，TC 指令，状态变化和有关操作过程形成按时间顺序的文本归档文件。

● 工程遥测数据、综合数据延时遥测数据按格式将数据的二进制值归档记录。

（3）指令、数据发送接收功能

● 可经以太网通过 TT&C 通信测控专用测试设备发送遥控指令。

● 将工程遥测数据、综合数据发送给连网的专用测试设备。

● 向所连接的专用测试设备发送测控指令,接收来自专用测试设备的测控请求和测试数据、包括发送遥控指令的请求信息。

（4）数据回放功能

● 可对归档的工程遥测数据、综合数据文件进行回放处理,并按要求形成文件。

（5）数据显示功能

● 具有图形管理功能,可将图形和动态数据、曲线在 TCC 显示屏上显示和更新,对越限数据进行报警。

● 可在 TCC 显示屏显示测试状态,和有关数据的动态显示,测试程序的执行状态显示。

● 可进行大屏幕图形和状态显示。

（6）测试控制功能
- 可在 TCC 控制台键盘进行人机对话,通过键盘命令干预测试过程,包括键盘发送遥控指令。
- 可用测试语言编制测试序列执行测试过程。
（7）数据判读功能
- 可对工程遥测数据、综合数据进行实时判读并形成文件。

3　设备组成

为实现功能设计的要求总控测试系统设计为二级分布式计算机测控系统。系统由总控设备、专用测试设备和网络设备组成,组成框图如图 1 所示。

总控测试设备基本组成为工程遥测数据处理前端,综合数据处理前端,主测试计算机,测试控制台,数据处理图形显示设备,网络系统。设备组成如图 2 所示。总控设备的主测试处理机是数据处理、监视、分发,控制指令管理,自动化测试实施,测试数据分析,测试过程记录和监控的管理中心。通过以太网实现与分系统专用测试设备的通信,完成对分系统专用测试设备的统一控制管理。总控测试设备组成框图如图 2 所示。

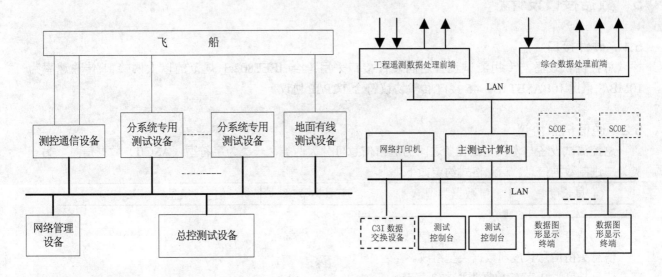

图 1　总控测试系统组成图　　　　　　　图 2　总控测试设备组成图

4　总控测试设备工作模式

总控测试设备通过以太网与飞船各分系统专用测试设备互联成网,在进行测试过程中接收各专用测试设备的测控请求和数据,并可向各专用测试设备发送测试命令和测试数据,同时通过测控通信分系统专用测试设备向飞船发送遥控指令和接收解调遥测数据进行实时处理、监视,对飞船进行各种测试工作。总控测试设备的主要工作模式如下:

（1）实时测试模式——总控测试设备与专用测试设备、遥测遥控通道相连对飞船进行测试工作。在测试过程中可对有关测试用数据库通过键盘命令进行修改工作。

（2）数据回放模式——总控测试设备对已测试记录的遥测数据进行离线回放处理,供测试分析应用。

（3）测试准备模式——建立遥测、遥控数据库,建立图形、曲线数据库和应用程序的编译工作。

（4）测试评估模式——在测试后或测试过程中对归档文件进行分析评估被测系统。

总控测试设备工作模式示意图如图 3 所示。

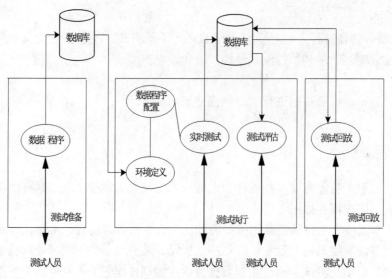

图 3 总控测试设备工作模式示意图

5 数据接口设计

5.1 硬件接口

总控测试设备与专用测试设备之间硬件接口采用符合 IEEE802.3 规范的以太网接口,传输速率为 10MB/S,采用 10BASET RJ—45 接口,传输协议符合 TCP/IP 协议。

5.2 通信信息协议

总控测试设备与专用测试设备之间的通信信息可分为两类,一类为字符型（ASCII）数据信息,另一类为二进制数据信息。信息格式约定如下:

信息长度	数据类型	应用类型	信 息

信息头   信息体

信息头由信息长度和数据类型组成。

信息长度占 2 字节;数据类型占 2 字节。

信息体由应用类型和信息组成。

应用类型占 4 字节；信息～最长为 65529 字节。

6 总控测试设备配置设计

总控测试设备硬件详细配置如图4所示,设备主测试处理机由双机热备份组成可由测试人员通过测试控制台键盘命令切换。工程遥测数据处理器和综合数据处理器解调飞船的遥测数据预处理后送主测试处理机进行数据处理记录和分发。测试控制台为测试人员与测试系统的接口设备,通过测试控制台控制总控测试设备工作模式。显示终端将数据进行可视化处理便于测试观察。主要设备配置为:

（1）主测试处理机 MTP;

（2）测试控制台 TCC;

（3）激光打印机;

（4）数据图形显示终端;

（5）大屏幕图形显示器;

（6）工程遥测数据处理器;

（7）综合数据处理器;

（8）网络设备；网络管理器。

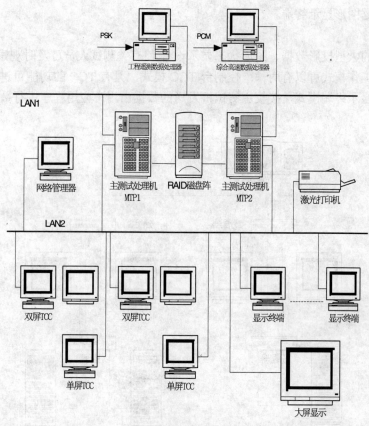

图 4　总控测试设备配置

6.1　总控测试设备主要部分配置与功能

6.1.1　主测试处理机

　　主测试处理机是总控设备的核心组成部分,是测试控制管理和数据处理监视中心。由于飞船具有极高的数据率,因此主测试处理机需选择高速度、大内存以及具有磁盘阵列存储器的小型计算机。为提高系统的可靠性采用双机热备份设计,在测试过程中可根据需要进行切换而不影响测试工作。

　　主测试处理机采用 HP-K360 服务器作为主测试处理机,此型号服务器具有双 CPU、双 I/D 缓存（指令/数据高速缓存）提高了运行速度。由于多用户多进程的运行管理、实时数据库常驻内存以及大量数据缓存区的设置内存选择 512MB。

　　为提高系统和数据存储的可靠性,采用 RAID—5 级保护磁盘阵列（廉价冗余磁盘阵列）存储数据,使数据不因磁盘局部损坏而丢失。

　　由于采用硬盘镜像技术和磁盘阵列数据保护技术有效容量相应减少,故选择内置硬盘：18GB；外置磁盘阵列：40G；选择可读写光盘机或磁带机进行数据备份。

6.1.2　测试控制台

　　测试控制台是总控设备的主要操作监视界面, 提供友好的人机界面,测试控制台主要功能是启动测试系统软件、完成各种控制指令（遥控指令、程控指令、数据注入、有线指令等）的发送。设置测试环境进行测试并可实现的人机对话的操作控制台, 能显示系统工作状态、测试数据状态, 可通过键盘命令对测试进行控制和有关数据记录归挡。为便于系统监视采用双屏显示配置为双屏测试控制台,也可配置为单屏测试控制台。系统配置 2 台双屏测试控制台,由工作站构成。

　　单屏测试控制台可由 X 终端或工作站构成,作为计算机的控制终端,同时也作为测试状态数据显示,以及测试过程的人机对话介面应用。

6.1.3　数据图形显示终端

　　设备由 PC 机构成,通过网卡与 MTP 连网，接收 MTP 提供的数据,PC 机内的应用程序根据用户的要求进行数据图形显示。数据显示方式可为曲线、开关、指示灯、指针、温度计等动态图形,采用组态图形编程方式构成通用的数据图形显示终端。

6.1.4 大屏幕显示器

作为测试控制间的大型投影数据、图形状态显示设备,使有关测试人员可及时观察了解测试过程。

大屏幕显示器的工作模式可以有两种：控制台 TCC 模式,具有 TCC 的功能可进行数据、图形显示和操作控制；数据图形显示终端模式,接收主测试机发送的数据由用户应用程序进行数据、图形显示。连接形式如图5。

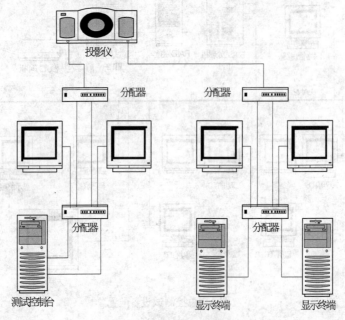

图5 大屏幕显示器连接图

6.1.5 工程遥测数据处理器

工程遥测数据处理器是 16kbps 遥测信号的输入解调设备,它通过以太网与主测试计算机相连接,将解调后的遥测数据按帧输送给主测试计算机；并能发送工程遥测数据处理前端的状态信息和接收主测试计算机的控制信息。工程遥测处理前端主要功能如下:

(1) 可接收解调的数据源是:

● 测控分系统测试设备的 DPSK、PCM 信号

● 模拟信号源的 DPSK、PCM 信号

(2) 可产生 DPSK 和 PCM 模拟信号,数据可由用户设置。

(3) 接收主测试计算机发送的控制命令（传送开始、传送终止等）,并按帧向主测试计算机发送遥测数据。

(4) 本地实时显示遥测数据原码。

工程遥测数据处理器由遥测数据处理机箱、PC 机、专用解调板组成,如图6所示。

6.1.6 综合数据处理器

综合数据处理器是综合数据流的输入解调和分发设备,它将经过解调和同步的数据进行分解,以 PCM 信号或者数字信号的方式发送给主测试计算机和有关的 SCOE。综合数据处理前端主要功能要求如下:

(1) 可接收解调的数据源是:

● 数传的 PCM 信号和时钟信号；

● 模拟信号源的 PCM 信号和时钟信号。

(2) 可产生 PCM 模拟信号。

(3) 可以 PCM 信号的方式向有关 SCOE 发送相关数据。

(4) 接收主测试计算机发送的控制命令和向主测试计算机发送遥测数据。

(5) 向有关 SCOE （通过 RS422A） 发送相关数据。

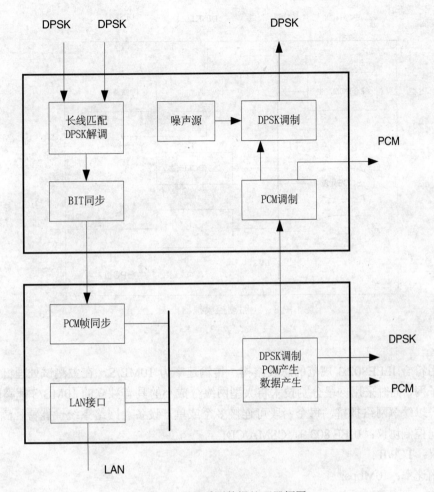

图 6　工程遥测数据处理器框图

综合数据处理前端由 PC 机、专用解调板、RS422A 接口板组成，如图 7 所示。

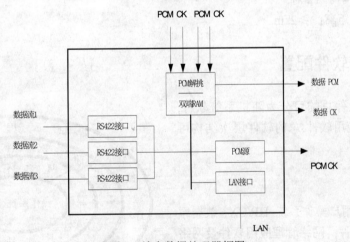

图 7　综合数据处理器框图

6.1.7　飞船测控模拟器,专用测试设备模拟器

　　飞船测控模拟器和专用测试设备模拟器用于调试总控测试设备的应用程序、软件开发中的通信接口调试,使得总控测试设备形成一个局部闭环,模拟执行飞船测试程序。

　　设备可模拟产生工程遥测的 PSK 信号和综合数据 PCM 信号,模拟 MTP 与专用测试设备的通信过程。接收由 MTP 通过网络发的 TC 指令由模拟器执行 TC 指令返回相应的状态、数据。模拟器原理框图如图 8 所示。

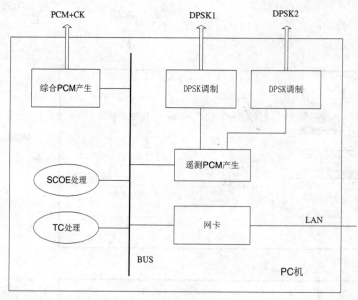

图 8　飞船测控模拟器框图

6.1.8　网络设备

网络结构采用符合 IEEE802.3 规范的总线结构，传输速率为 10MB/S，在主测试处理机中连接 2 块网板以形成不同的子网，同时采用网段分割技术将大型网络分成小的具有独立的 10MB/S 速率的网段,使每个网段有较少的用户以缓解网络拥挤，每个网段可连接多个或单一设备。网络系统性能特征满足如下要求：

（1）介质访问控制协议：IEEE 802.3　CSMA/CD;

（2）网络协议：TCP/IP;

（3）网络传输速率：10Mbps;

（4）RJ45 端口：不小于 64 个;

（5）可配置交换网段：不小于 6;

（6）光纤端口：不小于 12 对;

（7）远程数据传输距离：≥2km.

7　总控测试设备软件配置

总控测试设备的软件总的可分为随机系统软件,测试系统软件和测试应用软件,总的软件层次结构可如图 9 所示。

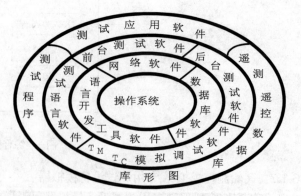

7.1　随机系统软件

随机系统软件：多用户操作系统 HP/UX；数据库软件；磁盘阵列管理软件；网络管理应用软件及网络接口开发软件；程序开发工具 HP C/ANSI C。

7.2　测试系统软件

测试系统软件为总控设备的关键软件,需投入大量人力、物力进行研制开发工作,是需要进行深入研究的领域。

图 9　软件配置示意图

由于采用了客户机/服务器的工作方式总控测试设备的测试系统软件可划分为在不同计算机中独立的运行部分;一部分运行于主测试处理机 MTP，主要模块有：TM 数据处理、进程管理、归档管理、数据库管理、SCOE 管理、TCC 管理、通信管理、回放管理、运行环境管理、数据定义、测试语言编绎等模块;一部分运行于控制台 TCC，主要模块有：图形生成管理、数据显示管理、人机界面管理、本地数据区管理、通信管理、图形定义等模块。

测试系统软件按应用方式可分为前台测试软件和后台测试软件两部分。

7.2.1　前台测试软件

（1）人机接口程序、键盘命令管理程序；

（2）遥测数据通信、数据处理监视程序；

（3）遥控数据通信处理程序；

（4）遥测数据记录归档程序；

（5）测试过程记录归档程序；

（6）专用测试设备通信管理程序；

（7）测试程序调度管理程序；

（8）初始化和数据区管理管理程序；

（9）回放数据管理程序。

7.2.2　后台测试软件

（1）遥测数据库建立程序；

（2）遥控数据库建立程序；

（3）图形、曲线数据库建立程序；

（4）专用测试语言编译程序。

7.3　工程遥测数据处理器数据处理软件

（1）数据处理程序；

（2）人机接口程序；

（3）网络通信程序；

（4）记录归档程序。

7.4　综合数据处理器数据处理软件

（1）数据处理程序；

（2）人机接口程序；

（3）网络通信程序；

（4）记录归档程序。

7.5　测试控制台软件

（1）人机接口程序；

（2）网络通信程序；

（3）记录归档程序；

（4）图形显示管理程序。

7.6　大屏幕显示管理软件

（1）人机接口程序；

（2）网络通信程序；

（3）数据、图形显示管理程序。

7.7　飞船测控模拟器软件

（1）遥测遥控数据处理程序；

（2）遥测遥控参数仿真数据库；

（3）人机接口程序；

（4）网络通信程序。

7.8 测试应用软件

测试人员应用测试语言编制的具体测试过程软件,各种测试应用程序可在前台测试系统软件运行的环境下通过键盘命令或 程序投入运行,执行具体的测试工作。

8 系统安全性可靠性设计

采用双主机系统设计,可在不影响测试的情况下进行主机系统切换,同时对前端设备和专用测试设备进行切换。采用磁盘阵数据存储可在 5 块磁盘中有一块磁盘失效的情况下数据不丢失,并可不停机更换。网络连接分网段设计,提高数据安全性。UPS 供电系统。关键设备采用整机或插板备份。

9 结束语

飞船总控测试设备是根据飞船地面综合测试自动化需求研制的分布式数据处理和测试控制的计算机网络系统。该系统与各分系统测试设备连网形成完整的地面综合测试网络系统。

飞船总控测试设备在从神舟号试验船到第一艘载人飞船发射的全过程的实际应用中充分体现了系统设计方案合理、结构先进、功能完善、设备运行稳定可靠的特点,完全满足飞船测试自动化的需求。该系统的研制成功为提高我国飞行器自动化测试水平,探讨新的测试方法和进一步的系统研制打下了良好基础。

缩略语:

C3I — command,control and communication Instruction

DPSK— Differential Phase-Shift Keying

I/D — Instruction/Data

LAN — Local Area Network

MTP — Master Test Processor

OCOE— Overall Checkout Equipment

PCM — Pulse Code Modulation

SCOE— Special Checkout Equipment

TCC — Test Control Console

TCFEE — Telecommand Fant End Equipment

TMFEE — Telemetry Fant End Equipment

TT&C — Tracking Telemetry And Telecommand

Design of Overall Checkout Equipment for ShenZhou-Spacecraft

Wang Xianwen

China Academy of Space Technology

P. O. Box 5142-94, Beijing, 100094

Abstract　The OCOE (Overall Checkout Equipment) For ShenZhou-Spacecraft is an important part of EGSE (Electrical Ground Support Equipment) for ShenZhou-Spacecraft. Design of OCOE is based on requirement of the task function and application of AIT(Assemble Integration Test) for the spacecraft. This paper describes overall system configuration and function design in detail, also this paper presents the architecture design, function design and interface design of the main parts of the OCOE including MTP,(Master Test Processor) TCC (Test Control Console) and FEE (Front end equipment) etc.

Key words　Assemble integration test；Overall checkout equipment；Network；Test software

接口 FMEA 技术及应用研究

王栩[1] 李福秋[1] 王晶燕[2]

1. 中国航天科技集团公司可靠性与安全性研究中心, 2. 中国空间技术研究院

北京 835 信箱, 邮编: 100830, wguozhong@yahoo.com

摘 要 本文对接口 FMEA 技术进行探索性研究, 阐述了接口 FMEA 的发展现状和需求, 以及发展接口 FMEA 技术的重要意义, 给出了接口 FMEA 技术的工作流程及工作表格。

关键词 接口; FMEA; FMECA; 航天产品

1 概述

军工产品的研制过程是一项复杂的系统工程, 由众多系统、设备组成, 系统/设备之间存在着多种功能、物理界面, 也就是接口。军工型号, 尤其是航天型号是高技术、高风险的复杂产品, 在型号的研制过程中有着各种各样的接口, 如电气接口、机械接口、软件接口、供给服务接口、环境接口、性能参数接口等。系统设备通常由多家单位研制生产, 完成产品的研制需要多家单位协调, 因此对系统/设备接口问题的研究显得尤为重要, 将接口定义清楚才能确保研制任务的成功。

航天型号研制历史上曾多次出现由于接口问题造成的事故。例如, 1990 年美国的大力神运载火箭发射国际通信卫星时, 由于软件人员和硬件人员之间不协调, 软件人员没有按规定程序把电路修改方案通知硬件人员, 致使硬件人员将导线接错, 造成了发射失败的严重后果, 这就是一种典型的软硬件接口问题。我国的某型导弹由于分离连接器插接不到位, 致使发射失败。这是典型的机械接口故障造成的。

在我国四十多年的运载火箭、导弹、卫星研制中, 虽然逐步形成了一套接口控制的经验方法, 这些经验和方法保证了航天型号研制工作得以顺利进行。但是, 接口问题还经常出现, 其主要是因为军工产品的接口比较复杂, 涉及的研制单位较多, 难于控制。主要表现在: 接口描述规范性不够; 接口类型定义不准确; 接口管理不规范; 接口识别不清等。由此可见, 在军工产品中接口的协调问题是十分重要的。

故障模式影响分析 (FMEA) 是分析产品中每一个潜在的故障模式, 确定其对产品所产生的影响, 并把每一个潜在的故障模式按它的严酷度予以分类。

FMEA 是从工程实践中总结和不断发展的科学方法, 广泛应用于可靠性工程、安全性工程、维修性工程等领域。FMEA 是目前应用最广泛的可靠性分析技术, 简便易行; 而且着眼于"事前预防"而非"事后纠正", 这样就能最大限度地避免或减少损失。

FMECA 是在 FMEA 的基础上增加 CA (Criticality Analysis), 即判断失效模式影响的危害度, 使分析量化。

FMEA 主要是一种定性的分析方法, 不需要高深的数学理论, 易于掌握, 也不需要象 FMECA 那样, 必须计算准确的发生概率、损失函数, 很有实用价值。

严格意义上的 FMECA 需要有精确的失效发生概率、危害程度、损失计算公式和准确的数据。但工程实际 FMEA 或 FMECA 工作中, 一般对这几个参数进行模糊的估计, 按分级处理, 仍然叫 FMEA, 但实际上是一种半定量的 FME (C) A 工作。

因而, 对于技术尚处于发展阶段的接口 FMEA 而言, 一般只强调进行这种半定量意义的接口 FMEA。

进行接口 FMEA 可以分析军工产品的已存在的或潜在的接口故障, 针对故障采取一定的措施, 防止故障的发生, 或将故障发生的风险降到可接受水平。这将有利于减少由于接口而造成的系统故障, 提高系统的可靠性和任务成功可能性。因此, 研究接口 FMEA 对军工产品的研制是非常有帮助的。

2 国内外接口 FMEA 发展现状

国外对接口控制方面有了较为详细的研究（NASA-RP-1370：Training Manual for Elements of Interface Definition and Control），但在接口 FMEA 方面可见的相关文献较少。国内也早在 20 世纪 90 年代就制定了相应的标准，在 GJB450A 中提到应重视各种接口（硬件之间、软件之间及硬件软件之间）的 FMECA。1995 年由航天总公司编写出版的《"三 F"技术培训教材》中虽然提到了接口 FME(C)A，但未给出方法。QJ-1408A-98《航天产品可靠性保证要求》中，工作项目 205 中明确指出进行 FMEA 分析时应十分重视各种接口的 FMEA。但接口 FMEA 在我国军工产品中均没有进行过，我国军工行业也未真正开展过接口 FMEA 技术的系统研究。

3 接口 FMEA 技术

GJB2737 中给出接口的定义为：接口是两个或两个以上系统、分系统、设备或计算机软件产品间共同边界的功能特性、物理特性要求。

接口 FMEA 技术是对系统各硬件的接口、对任务成功有影响的软件接口进行的分析，以识别系统的一个组成部分或中间连接件（如电路，液、气、管路等）或接插件插针等的故障模式，是否会引起系统的其它组成部分的热、电、压力或机械的损坏和性能的退化。

接口 FMEA 的工作流程见图 1 所示。

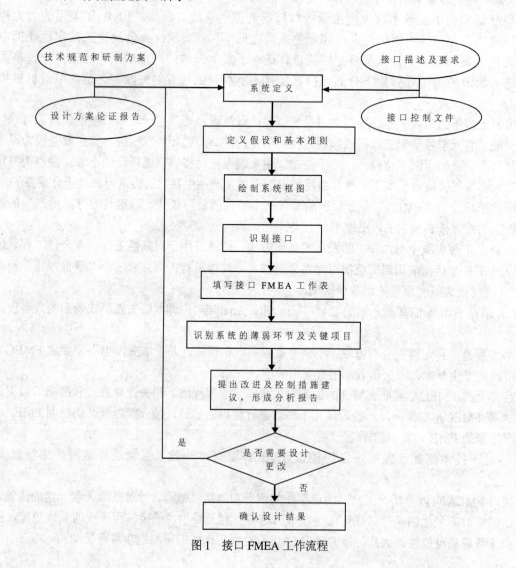

图 1 接口 FMEA 工作流程

3.1 系统定义

系统定义包括通过系统、分系统和各分系统设备的结构模型和参数，识别出分系统之间的接口以及各分系统设备之间的接口（可以采用 N^2 图方法确定），并完成初步的接口归类和接口要素的定义。接口的识别和归类应参照相应的接口控制文件。

系统定义所需要的主要信息有：技术规范和研制方案；设计方案论证报告；接口描述及要求；接口控制文件。

系统定义主要包括确定分析的约定层次，对在每个约定层次的系统、设备、单机产品的性能、系统约束条件和故障条件。这些描述应包括对任务剖面、设备应用、期望的任务时间、每个产品的功能和输出的描述，并且应确定构成系统故障和部件故障的条件。

3.2 基本准则和假设

制定进行接口 FMEA 的基本假设条件，应包括系统、设备工作模式的假设、确定系统与设备的环境、任务时间、工作模式基本的和二次的任务目标。

基本准则和假设应得到用户认可，适用于确定系统与设备的环境、任务和分析方法，一般包括：确定分析的约定层次；使用的分析方法；分析工作表格式的确定；编码体系；故障影响的严酷度类别；故障发生可能性的类别；故障检测能力的类别；故障判据；其它有关内容。

3.3 绘制系统框图

为描述系统各功能单元的工作情况、相互影响及相互依赖关系，以便可以逐层分析故障模式产生的影响，需要建立系统框图。系统框图主要包括如下两种框图：

（1）功能方框图。功能方框图表示系统及系统各功能单元的工作情况和相互关系、系统和每个约定层次的功能逻辑顺序，以及系统内的接口关系。

（2）可靠性方框图。把系统分割成具有独立功能的分系统之后，就可以利用可靠性方框图来研究系统可靠性与各分系统可靠性之间的关系。

（3）产品的功能框图应示出并标明产品的每个输入和输出，并且注明每个输入输出时的接口类型。为了具备可追溯性，应以系统功能分解顺序进行有规律的系统编码。

可靠性框图用于说明所有的系统的功能或功能组的可靠性关系，同样需要标注出接口类型。

3.4 识别接口

对所分析约定层次的系统、设备中的接口进行识别，以便对接口进行 FMEA 分析，接口识别应全面、具体。

武器装备系统的接口通常分为功能接口和环境接口两类，根据各类武器装备系统的具体特点及其所处的环境，其功能接口和环境接口又可分为若干类，如电子接口、电气接口、机械接口、软件接口、性能保障接口、服务保障接口等。

识别接口时应重点关注如下几方面：接口特性可以超越接口边界或界面（功能块实际的交会处）；接口可能受到某些构成功能块的某些功能上的影响，可以与它没有物理意义上的接触和联系；接口可以发生在硬件之间，也可以发生在软件之间，以及软件与硬件之间。

接口界线或界面会随着工程项目的不同而不同，接口级别的划分依赖于研制责任的分配。接口、控制可以发生在某一组织内部不同专业之间、组织内部不同（平行的）部门之间、组织内部上下级之间，也可以发生在不同组织之间。

接口识别的级别有（以卫星系统为例）：总体对（分）系统（如卫星系统对电源分系统）；（分）系统对设备（如控制系统对陀螺）；设备对元器件、零部件供应单位（如计算机对 CPU）；（分）系统对（分）系统（如控制系统对推进系统）；设备对设备（如电源对有效载荷）；专业对专业（如结构对材料）。

接口的识别主要通过 N^2 图来实现，N^2 图是一种识别系统/设备接口并将其分类的格式，它可以完整地识别接口并对接口进行分类，而且用图示加以表述。

3.5 确定故障模式

必须识别出所有接口的故障模式，并且确定它们对功能、系统和任务的直接影响。例如，软件接口的故障模式有设计变化，设计故障，使用不当，文件错误等，这些故障模式均可能造成火箭发射失败的严重后果。在实际接口控制文件中，可能还需要考虑其它的接口数据，或将以上故障模式进行细化。

3.6 接口故障模式影响分析（接口 FMEA）

对已识别的接口进行故障模式影响分析，依据接口的要素确定已识别接口的故障模式，确定造成故障的原因，确定故障造成后果的严酷度，以及发生故障的可能性，对故障进行检测的检测能力（检测度）。

接口故障模式影响分析是在系统框图中的每个功能之间的接口上进行的，应该确定和记录每个故障模式对模块、以及框图中更高一级产品造成的后果。所考虑的故障可能影响几个约定层次。因此，要分析局部的、高一级的和最终的影响。故障影响必须考虑任务目标、维护要求及系统和人员的安全。

局部影响是接口故障模式对所分析的对象本身的使用和功能的影响。局部影响的描述为评价补偿措施和建议的纠正措施提供了依据。局部影响可能是故障模式本身。

产品故障的最终影响或系统级影响一般为以下类别之一：（A）系统故障：故障产品对系统运行有致命的影响。（B）工作能力下降：故障产品对系统使用造成影响，但是系统任务仍能完成。（C）系统状态故障：故障产品使操纵者丢失系统或设备的真实状态。（D）无直接影响：故障产品对系统使用导致非直接的影响。

3.7 接口 FMEA 工作表

接口 FMEA 采用表格的分析方式，接口 FMEA 工作表如表 1 所示。实际分析中，可根据分析的对象，以及分析的侧重点对 FMEA 工作表进行修整和剪裁。

表 1 接口 FMEA 工作表

型号名称：　　　　　研制阶段：　　　　　分析的约定层次：　　　　第　页　共　页

分析：　　　　　　　审核：　　　　　　　填表日期：

代码	接口名称	接口类型	接口功能描述	故障模式	任务阶段与工作方式	故障原因	故障影响			严酷度	故障检测方法	建议采取的措施	备注
							对接口所连接系统、设备的影响	对其它系统、设备的影响	最终影响				
1	2	3	4	5	6	7	8	9	10	11	12	13	14

3.8 薄弱环节和关键项目识别

依据接口故障的故障影响、严酷度确定接口的薄弱环节，输出关键项目清单。

高一层次影响是故障模式对高一层次产品的使用、功能和状态的影响。

最终影响是故障模式对初始约定层次产品的使用、功能和状态的影响。最终影响可能是双重故障导致的后果。

3.9 提出改进及控制措施建议，形成分析报告

应将分析结果及时反馈给设计，并根据分析结果确定是否需要设计更改，作为是否确认设计结果的决策依据；对于设计更改部分，应重复上述分析步骤，以确保设计更改的正确性。

4 接口 FMEA 应用示例

以展开太阳电池阵与星体的主结构接口为例，进行接口 FMEA，结果如表 2 所示。

表 2　接口 FMEA 工作表

型号名称：×× 　研制阶段：初样　分析的约定层次：太阳电池阵与星体接口　第×页×共×页

分析：×××　审核：×××　填表日期：×××

代码	接口名称	接口类型	接口功能描述	故障模式	任务阶段	故障原因	故障影响			严酷度	发生度	检测方法	建议采取的措施	备注
							对接口所连接系统、设备的影响	对其它系统、设备的影响	最终影响					
××－01	连接太阳翼与星体的压紧装置	机械接口	将收拢状态太阳翼压紧在星体上	切割器未切断压紧杆	卫星脱离火箭后太阳翼展开阶段	电源失效导致切割器无法起爆	太阳翼无法正常展开	太阳翼不能供电	整星电路系统无法正常工作	10	2	无	切割器质量控制	无

5　结论

本文对接口 FMEA 进行了系统的研究，给出接口 FMEA 的分析流程和工作表格。开展接口 FMEA 工作的关键在于：

（1）将接口按功能和专业进行分类；

（2）准确识别系统/设备间的接口，明确接口类型、接口界面；

（3）依据接口的要素，确定接口的故障模式。

接口 FMEA 是一个反复迭代的过程，其原理应作为设计人员的基本思维方式，贯穿整个设计过程。分析人员应对所分析产品的接口有全面了解，把通过接口 FMEA 分析获得的有效信息反馈到设计过程，并及时、有效地采取纠正措施。同时接口 FMEA 还应强调"事前预防"，尽可能在接口故障模式被纳入到接口设计之前实施分析和改进，以最大限度地降低由于接口不协调或接口故障带来的危害。

参 考 文 献

[1]　GJB 2737-96 武器系统接口控制要求.

[2]　GJB 1391-92 故障模式、影响及危害性分析程序.

[3]　GJB-450A-2004 装备可靠性通用要求.

[4]　GJB2547-95 装备测试性大纲.

[5]　GJB1371-92 装备保障性分析.

[6]　NASA RP-1370 Training Manual for Elements of Interface Definition and Control.

[7]　《FMEAs Promote Improved Product Reliability- Anticipate Problems and Minimize Their Occurrence and Impact》.

Interface FMEA Technique and Application Research

Wang Xu[1]　Li Fuqiu[1]　Wang Jingyan[2]

1. China Aerospace Reliability and Safety Research Center；2. Chinese Academy of Space Technology

P. O. Box 835, Beijing, 100830，wguozhong@yahoo.com

Abstract　This paper carries on exploring research on interface FMEA technique, and elaborates its developmental state and demand and significance of its development. Technical workflow and work form of interface FMEA are given in the paper.

Key words　Interface；FMEA；FMECA；Aerospace production

空间数据系统专业仿真工具的实用化问题研究

吴丹　李国良

中国航天工程咨询中心软件工程研究部

北京阜成路 16 号 0702 室，邮编：100037，wdan511@sina.com

摘　要　为了达到设计质量更高、开发周期更短、研制成本更低的目的，利用符合专业领域要求的仿真工具是一个有效手段。有必要结合我国航天领域的特点自行研发真正满足需求的仿真工具，但仿真工具能否得到使用单位的认可，能否在型号产品的研发设计过程中发挥作用是一个关键问题，由此，仿真工具的实用化就成了工具研发人员不得不面对的问题。本文就是在总结仿真工具研发项目组长期的工具研制过程中的经验教训基础上，对如何解决针对空间数据系统的专业仿真工具的实用化问题进行了探讨。

关键词　实用化；仿真；空间数据系统；航天

1　前言

将仿真技术应用到航天领域已经不是一件新鲜事，但如何将仿真技术应用到产品开发的整个生命周期，真正发挥出仿真技术的优势，最终达到设计质量更高、开发周期更短、研制成本更低的目的，利用符合专用领域要求的仿真工具无疑是解决这一问题的有效手段。采用国外已有的仿真工具存在"不能满足需求，购买和培训费用高，难以掌握仿真方法，缺乏中文支持，存在安全隐患"等问题。因此有必要结合我国航天领域的特点自行研发真正满足需求的仿真工具，但仿真工具能否得到使用单位的认可，能否在型号产品的研发设计过程中发挥作用。由此，仿真工具的实用化就成了一个摆在工具研发人员面前的问题。本文就是在总结了仿真工具项目组长期的工具研制过程中的经验教训基础上，对如何解决针对空间数据系统的专业仿真工具的实用化问题进行了探讨。作者提出并试探性回答一系列问题，如，什么是工具的实用化，工具实用化应该着重解决哪些问题，如何实现工具实用化，实用化过程中需要解决那些关键技术，以及目前还存在哪些问题有待解决等。

2　背景介绍

空间数据系统咨询委员会（CCSDS）自 1982 年成立以来，一直致力于空间数据系统标准化研究。CCSDS 标准的发展有两个阶段，第一阶段是常规在轨系统（COS），COS 从单用户转向多用户、多信源，是一个划时代的进步，它适用于较低码速率，简单信源的航天器应用。后来随着速率的提高和多种类型数据服务的需求不断增长，又制定了高级在轨系统 AOS，将遥测、遥控、语音、图像、科学探测数据、星务管理数据等统一集成到一个星上数据网络中去，有效载荷的声音、图像等多媒体信息和空间探测数据等形成高速率数据包，从而可以向用户提供包含数据管理、数据路由选择和数据传输信道三种业务的全面服务。AOS 一方面保证了系统的标准与开放性，另一方面仍遵从国际标准组织（ISO）制定的开放系统互连参考模型（OSI-RM），层次清晰，结构分明。

航天任务对星载数据系统功能和性能日益提高的要求和 CCSDS 国际标准的制定和推广给数据系统带来了更广阔的发展前景，但也给系统设计技术和质量提出了更高的要求。美国 NASA 开发了专门用于空间数据系统的建模仿真工具 DSDS+，并有了很多成功的应用案例。

将 CCSDS 标准应用到我国航天空间数据系统也已成为趋势，十五期间总装专门对此进行了立项研究。

在方案设计阶段采用系统建模和仿真技术进行方案验证和设计优化工作是实现星载数据系统设计"好、快、省"的关键措施之一，即采用系统建模原理对数据系统的设计方案建立性能模型，并在仿真环境的支持下进行动态仿真，统计系统的各项性能，进行不同设计参数和方案下系统的性能对比。从而可以达到方案验证和设计优化的目的。

先进的仿真技术的实现需要有力的工具支持才能真正达到目的，笔者所在研发组在经过广泛调研国内外工具和解决方法的基础上，提出自行研制专业化、实用化的仿真工具是实现对空间数据系统设计优化的有效手段。但研制的仿真工具必须具有实用性，即工具既能达到对空间数据系统的设计进行仿真验证的目的，还能满足用户对工具良好操作性的要求。由此对工具在运行速度、易用性以及丰富的重用仿真库等方面提出了要求。

3 仿真技术实用化中的问题探讨

空间数据管理系统的建模仿真从理论向实际应用过渡，会遇到许多实际问题，这些问题是以前理论研究中予以回避或未引起重视的问题，下面分别予以讨论。

3.1 对工具设计开发人员的要求

工具设计开发人员应对数据管理系统非常熟悉，这是开发一个实用仿真工具的前提。以本工具为例，工具的设计人员在具备航天基础知识的基础上，应对空间数据管理系统和CCSDS协议有较为深入的理解。因此就需要在工具的设计之前，对相关领域的知识进行大量的调研和学习。

3.2 仿真技术实用化中的各个环节的良好衔接

仿真技术的实用化，需要有三个环节的配合：

（1）仿真技术基础研究环节：提出合适的仿真方法、开发出达到要求的程序与文档；

（2）仿真技术的消化与应用研究环节：吸收和消化前一环节的成果，使自身具备二次开发的能力，并结合生产实践提出进一步的要求与修改方案；

（3）仿真技术实际应用：实际使用仿真软件提高工作效率，改进产品性能，并反馈仿真软件的使用情况，为仿真软件的改进提高提供第一手资料。与以往的技术开发方式相比，该项技术开发，紧密围绕实际应用，使技术的实现和反馈、发展贯穿整个技术开发过程，从而可以实现仿真技术更加全面的应用和发展，并使该技术具备较强的二次开发能力，为仿真技术的真正实用化和进一步拓展应用范围奠定基础。

3.3 仿真与实验的关系

仿真工具与实验模型的并行研制可以为仿真工具的实用化提供良好的实验基础。一方面，同一设计方案在利用仿真工具进行仿真模拟的同时，利用实验模型得到同一设计下的实验数据，实验数据与仿真结果进行对比，就为仿真工具的仿真方法提供了有力的改进依据。应用性实验也是仿真工具从原型走向实用的一个必经步骤，它可以对工具的适用性和实用范围进行检验，也可以为重用仿真库的建立积累数据。

3.4 对工具功能特性要求

（1）总体结构

整个工具应支持仿真的整个过程：图形建模（确定系统的组成结构，或仿真对象）→仿真运行→结果显示→结果分析。仿真工具的系统框架如图1所示。该工具已经满足了这四大仿真建模过程。

（2）注重软件的易用性

仿真工具不同于其他应用型工具，它的应用需要使用者掌握一定的仿真知识和编程语言。如果设计者在设计时就不注重工具的易用性，就很可能造成用户难以掌握工具的使用方法，从而严重失去工具的实用性。因此，我们提出了两点开发原则：1）使不懂仿真技术的人员也能利用工具方便的进行建模仿真；2）尽量减少用户的编程操作。在这两点原则的指导下，在实现仿真功能的同时，我们采取了一系列自动化措施，例如：工具提供了可视化的拓扑图建模方式（如图2）、程序框架的自动生成、程序模板的加载和维护、实验报告的自动生成、仿真结果的动态显示（如图3）等功能；还提供了大量的仿真库，用户可对仿真库进行编辑和维护。这样用户只需要编写少量程序或修改变量就能实现建模仿真的功能。

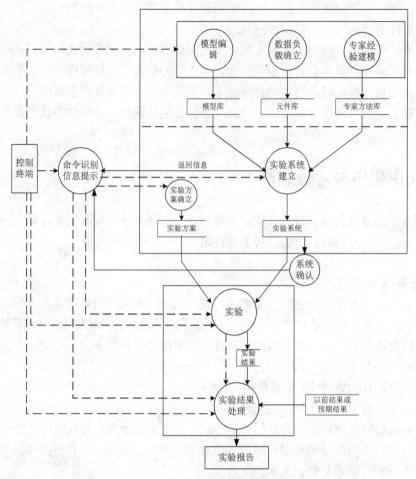

图 1 仿真工具的系统框架

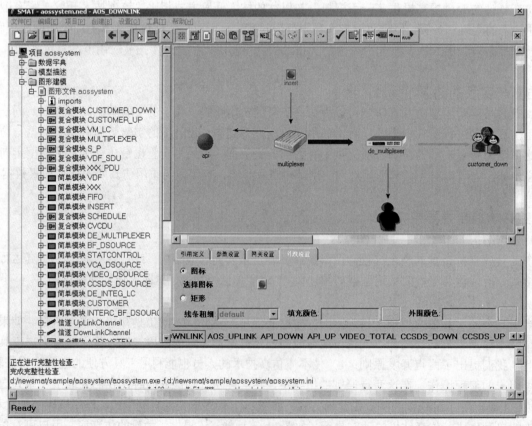

图 2 工具的用户界面

（3）仿真速度和仿真精度

仿真速度和仿真精度是决定仿真工具的至关重要的因素。在对复杂系统进行仿真运行时，仿真速度如果超出用户的忍受范围，在众多工具的选择中，一定不会选择它；仿真精度同样是仿真工具使用者关心的问题。

（4）通用性和易扩展性

虽然，通用性和专业性通常是一对矛盾，但仿真方法的通用性可以大大提升工具的实用性。用户永远都希望自己购买的产品能够具有多种用途，对专业仿真工具也不例外。因此，在注重工具的专业化的同时，也应该让仿真的方法能够实用于大多数的领域。我们研制的工具通过提供专业仿真库的方式很好的适应了这一需求，专业仿真库可以满足空间数据系统的需求，通过加载其他专业库同样可以满足其他领域离散时间系统的仿真。通过对工具的库的改变，又可以适应对半实物仿真的需要。因为，仿真内核对离散时间系统的仿真是通用的。易扩展性，则是为用户提供了更大的发挥空间，用户可以根据自身需要在满足工具的标准接口的情况下，对工具进行扩展或与其他工具（如设计工具）进行连接。

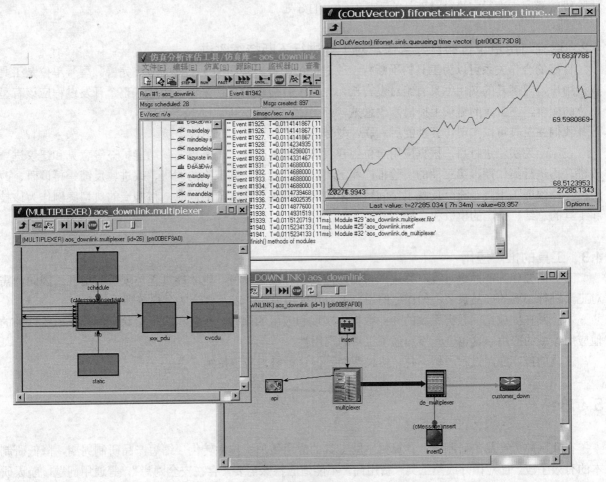

图3 仿真结果显示

（5）开放性和兼容性

能够在我国广泛使用的硬件和软件平台（如 Windows NT/2000）上使用，数据交换格式应该同国外先进的设计仿真软件的格式相兼容，保证软件有良好的兼容性和可扩展性。

（6）性能价格比

在软件的实用化开发阶段可以暂时不考虑那些实际设计中很少用到的功能，对常用的或重要的功能要重点研究开发，尽量提高软件的性能价格比，做到让用户买得起，用得上。

4 经验教训总结

笔者根据所在研发团队多年的经验，对实用化专业仿真工具提出以下建议：

4.1 建立规范的研发过程

工具的开发过程也是软件的开发过程，软件开发过程的不规范可能导致的问题在工具的研发中也同样会出现。其中又有两个关键的问题：

（1）研发人员的资质。主要是对专业知识的掌握，专业知识包括先进的仿真建模技术和空间数据系统的基础知识。

（2）避免与实际需求的严重脱节。需求的不明确是导致失败的最大的隐患。设计前做好调研，与使用单位紧密结合，不断明确需求，是非常重要的环节。开发过程中也应避免软件开发人员过分注重工具开发的某一特性，而忽略了从整体上对工具的功能的把握。

（3）研发时间的控制。对整个开发过程的工作量估计不足，导致研发时间的延误，失去了投入应用的最好时期，特别是航天项目都有其实效性，对于我们这个工具最好的时期是在应用单位进行方案论证和设计阶段就能同步进行实验会对工具的质量有很大的好处。

4.2 建立与用户单位的良好合作，对工具进行不断持续改进

良好的合作关系可以为工具的不断持续改进提供保障，共同实现工具的最终完善。型号单位是工具的直接用户，对工具的实用性具有绝对发言权，也是工具需求的直接来源。因此，整个开发过程应该有型号单位的配合，在工具的需求上提出修改意见。

我们在工具可以实现仿真功能后，联合型号单位进行了多次应用性实验。

在第一期实验进行后，根据应用单位用户反馈的需求改进、工具更新、功能扩充等意见和建议进一步改进，再进行第二期、第三期的实验推广和工具改进，经过二到三次的调研、改进、反馈、再调研、改进的循环，保证了工具是充分反映了空间数据系统研制需求。在实验的同时，将构造的典型案例作为该技术和工具的总结、推广的模板和素材。

4.3 工具的推广应用

工具需要作为产品进行推广并进入市场才能真正体现其价值，也才能真正体现其实用性。因此，需要对工具进行必要的产品包装，如详尽的用户手册和使用说明，以及健全的客户培训程序。

本工具在完成空间数据系统的专业数据库实现和应用的同时，也在积极探索除空间数据系统以外的其他应用领域的应用。这也进一步加强了工具的实用性。

工具的推广应用过程当然不是一帆风顺的，但这种努力应该持续下去。

5 总结

在我国航天产品的研制中，计算机辅助工具的应用是加快技术转化，缩短产品研制周期，降低研制成本的有效手段。面对国外成熟工具"费用高，不能适应特殊需要，存在安全隐患"等通用问题，航天研制单位在不断的寻找符合我国航天情况的工具研制道路，希望很多工具在研制后能真正走向实用，为我国航天事业的发展作出贡献。本文针对空间数据系统仿真工具的研发对工具实用化过程中存在的问题进行了探讨，对其中一些问题提供了经验和解决途径。希望能够起到抛砖引玉的作用。

参 考 文 献

[1] 陶建幸.空调器制冷系统仿真技术实用化研究. 流体机械，2001年第29卷第6期.

[2] 刘贤喜.机械系统虚拟样机软件原型的实用化研究. 中国农业大学学报 ，2002.7（2）76～80.

Research on Issue of Space Data System Simulation Tool for Practicability

Wu Dan and Li Guoliang

Department of Software Engineering, China Aerospace Engineering & Consulting Center

Room 0710, No.16 Fucheng Road, Beijing, 100037，wdan511@sina.com

Abstract　To pursue "better, sooner, cheaper "in product development process, specialized simulation tool is a good means. It is necessary that simulation tool is developed to satisfy character of china aerospace field by ourselves. However, whether the developed tool is accepted by customer is a question, so the practicability of tool must be solved by the developer. The article puts forward some solution of the issue on the practicability of space data system specialized simulation tool after summarizing the experience in long-term tool development process.

Key words　Practicability；Simulation；Space Data System；Aerospace

惯性平台摇摆漂移的机理分析及仿真

杨畅　魏燕红

北京航天控制仪器研究所

北京 142 信箱 403 分箱,邮编: 100854

摘　要　惯性平台的摇摆漂移是衡量平台技术性能的重要指标之一,本文介绍了摇摆漂移的形成机理、推导出平台基座三轴摇摆状态下的漂移公式,并对摇摆漂移值进行了仿真计算。

关键词　惯性器件; 平台系统; 摇摆漂移; 机理分析

1　引言

惯性平台安装在运动载体上作为惯性参考系,当载体摆动时,平台稳定轴上存在干扰力矩,加上平台三轴之间的交链耦合作用,参考系的实体,即平台台体将逐渐偏离其初始方位,偏离角速率称作漂移角速率或漂移误差,它是衡量平台技术性能的重要指标之一。通常,用地面设备模拟载体的角摆动以检测平台的漂移角速率。对产生摇摆漂移的机理进行分析并从设计、工艺等方面采取针对性的改进措施,将有助于改善惯性平台的实际使用性能,降低工具误差,提高武器命中精度。

2　摇摆漂移的物理解释

取平台坐标系 $OXYZ$, Gx, Gy, Gz 三个单自由度陀螺仪在平台上的取向如图 1,载体绕平台三个框架轴摇摆时,台体经受到来自三个框架轴上的各种干扰力矩,通过陀螺仪和三条稳定回路的反馈控制作用,台体绕三轴将产生微小的晃动,晃动角用 α 表示,晃动频率等于载体的摆动频率,相位接近摆动相位,而晃动幅值取决于干扰力矩、框架惯量、陀螺增益和回路特性等诸多因素。与此同时,三个陀螺的 H 向量也作相应的晃动,晃动角用 β 表示,晃动频率同样等于载体的摆动频率,晃动相位接近台体晃动的相位,而幅值主要与干扰力矩的大小和回路的增益有关。

平台作上述运动的情况下,三个陀螺的 H 向量不再与其对应的台体轴保持几何上的一致。以 Gx 陀螺为例,静态时,其 H 向量与台体 OZ 轴一致,载体绕 OX 轴摆动时产生失调角 $\pm\beta_x$,此时的 H 向量不再与平台角速度 $\dot{\alpha}_z$ 向量保持一致,于是 Gx 陀螺将受到陀螺力矩作用,其大小为:

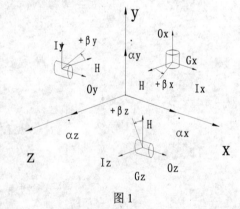

图 1

$$H\ \dot{\alpha}_z\ \sin\beta_x \approx H\ \dot{\alpha}_z\beta_x \qquad (1)$$

$\dot{\alpha}_z$ 和 β_x 都为正值时,陀螺力矩指向 OY 轴负向,它使平台绕 OX 轴正向漂移,当 $\dot{\alpha}_z$ 和 β_x 都为负值时,由陀螺原理可知,陀螺力矩仍指向 OY 轴负向,平台仍绕 OX 轴正向漂移。其结果,平台除了绕 OX 轴有微小的晃动角速率外,还附加了一项上述由整流产生的、单调的摇摆漂移角速率。

由此可见,摇摆漂移是由稳定 OX 轴的 Gx 陀螺敏感了 OZ 轴的角运动而产生轴间交链耦合所形成的,这种耦合作用也可用锥效应于以解释。

3　锥效应

仍以 Gx 陀螺为例，还是采用上述的坐标系表示，如图 2，图中 OO_x 和 OI_x 分别代表 Gx 陀螺的输出轴和输入轴，它们都与陀螺浮子固连，框架代表陀螺壳体，因为壳体与台体固连，所以也代表平台台体，OZ 轴便是平台的稳定轴，设平台绕 OZ 轴有微小的周期性晃动：

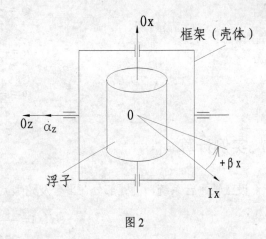

图 2

$$\alpha_z=\alpha_{zm}\sin(\Omega t+\theta_z)$$

$$\dot{\alpha}_z=\alpha_{zm}\Omega\cos(\Omega t+\theta_z) \tag{2}$$

同时，浮子绕 OO_x 轴也有微小的周期性晃动：

$$\beta_x=\beta_{xm}\sin(\Omega t+\theta_x) \tag{3}$$

从几何关系可以看出，此时的 OI_x 轴在空间划一个锥体，当 α_z 和 β_x 的晃动幅值相等时，OI_x 划一个园锥体。

现在观察浮子绕 OI_x 轴的角速率，把 $\dot{\alpha}_z$ 投影到 OI_X 轴上：

$$\omega_I=-\dot{\alpha}_z\sin\beta_x\approx-\dot{\alpha}_z\beta_x \tag{4}$$

把（2）（3）式代入（4）式，便有：

$$\omega_I=-\alpha_{zm}\Omega\cos(\Omega t+\theta_z)\ \beta_{xm}\sin(\Omega t+\theta_x) \tag{5}$$

对（5）式展开，经整理后可得：

$$\omega_I=-\alpha_{zm}\beta_{xm}\Omega[\cos(\theta_x+\theta_z)\sin\Omega t\ \cos\Omega t+\frac{1}{2}\sin(\theta_x+\theta_z)\cos2\Omega t+\frac{1}{2}\sin(\theta_x-\theta_z)] \tag{6}$$

从式中可见，除基频和二倍频的交变项外，还有最后一项常值项，即：

$$\omega_I=-\frac{1}{2}\alpha_{zm}\beta_{xm}\Omega\sin(\theta_x-\theta_z) \tag{7}$$

（7）式说明当浮子同时绕相互垂直的 OZ 轴和 OX 轴有周期性晃动时，它的第三个轴 OI_x 将作用着一个绕 OI_x 轴的常值角速率，其大小与晃动幅值、晃动频率有关外，还与两个轴晃动的相位有关，两者相位差等于 $\pi/2$ 时，作用到浮子上的常值角速率最大，如果把浮子看成一个普通的刚体，此时浮子实际上并没有在空间转动，这只是一种运动学效应。但是考虑到浮子内部安装有陀螺，存在着 H 向量，而 OI_x 轴正是陀螺仪的输入轴，当陀螺仪敏感到输入轴上的角速率时，它将输出信号，去驱动稳定轴上的力矩电机，使平台带动浮子一起绕减小信号的方向转动，这就造成了平台的漂移。此即摇摆漂移，取（7）式的反号，即为漂移公式：

$$\omega_I=\frac{1}{2}\alpha_{zm}\beta_{xm}\Omega\sin(\theta_x-\theta_z) \tag{8}$$

4　摇摆漂移的计算公式

设平台三轴的晃动角为：

$$\alpha_x=\alpha_{xm}\sin(\Omega t+\theta_x)$$
$$\alpha_y=\alpha_{ym}\sin(\Omega t+\theta_y)$$
$$\alpha_z=\alpha_{zm}\sin(\Omega t+\theta_z) \tag{9}$$

式中 θ_x、θ_y、θ_z 为晃动角相位，若不计平台对干扰力矩的相移，它们就是平台台体摇摆运动的相位。

设三个陀螺浮子的晃动角为：

$$\beta_x=\beta_{xm}\sin(\Omega t+\theta_x+\delta_x)$$

$$\beta_y = \beta_{ym}\sin(\Omega t + \theta_y + \delta_y)$$
$$\beta_z = \beta_{zm}\sin(\Omega t + \theta_z + \delta_z) \tag{10}$$

式中 δ_x、δ_y、δ_z 为陀螺对输入角的相移。于是，根据（8）式的推导过程，可得惯性平台在摇摆状态下，三轴的常值漂移公式如下：

$$\omega_x = \frac{1}{2}\,\alpha_{zm}\beta_{xm}\Omega\sin(\theta_x + \delta_x - \theta_z)$$

$$\omega_y = -\frac{1}{2}\,\alpha_{zm}\beta_{ym}\Omega\sin(\theta_y + \delta_y - \theta_z)$$

$$\omega_z = \frac{1}{2}\,\alpha_{ym}\beta_{zm}\Omega\sin(\theta_z + \delta_z - \theta_y) \tag{11}$$

5 实例计算

设三轴平台系统，机械部分（平台及陀螺）特性为：

$$Gx(s) = \cfrac{1}{225s\left(\cfrac{s^2}{115.8} + \cfrac{0.52}{10.76}s + 1\right)}$$

$$Gy(s) = \cfrac{1}{225s\left(\cfrac{s^2}{200.1} + \cfrac{0.4}{14.14}s + 1\right)}$$

$$Gz(s) = \cfrac{1}{225s\left(\cfrac{s^2}{628.9} + \cfrac{0.24}{26.25}s + 1\right)}$$

系统固有振荡角频率分别为 ω_{nx}：10.76 rad/s、ω_{ny}：14.14 rad/s、ω_{nz}：26.25 rad/s，系统开环剪切频率分别为 ω_{cx}：22 Hz、ω_{cy}：24 Hz、ω_{cz}：32 Hz，三个稳定轴上的干扰力矩分别为 M_{dx}：1 000 g cm、M_{dy}：700 g cm、M_{dz}：600 g cm，三轴同时作角运动时，绕稳定轴的晃动角的振幅 $\alpha_{xm}\,\alpha_{ym}\,\alpha_{zm}$ 是晃动角频率的函数，数据曲线见图 3，峰值发生在系统剪切频率处，陀螺浮子的晃动角的振幅 $\beta_{xm}\,\beta_{ym}\,\beta_{zm}$ 也是晃动角频率的函数，曲线见图 4，峰值发生在系统固有角频率处。

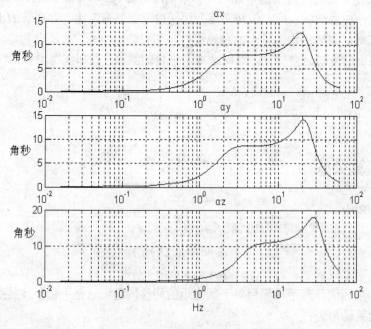

图 3

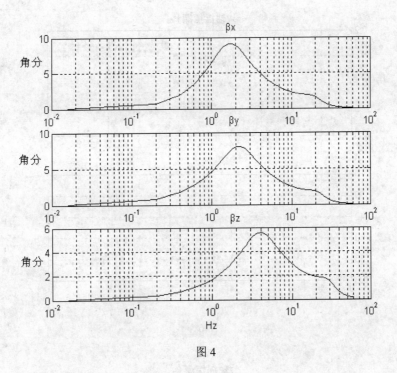

图 4

设三轴摇摆相位分别为 $\theta x=90°$、$\theta y=-90°$、$\theta z=0°$，并设 $\delta x=0°$、$\delta y=0°$、$\delta z=0°$，根据公式（11），计算三轴在不同角频率下的摇摆漂移，计算结果显示，各轴摇摆漂移在 20 Hz 附近最大，20 Hz 以前，摇摆漂移随晃动角频率的增加而增加，20 Hz 以后，摇摆漂移逐步衰减。1 Hz～10 Hz 的数据曲线见图 5～图 7，1 Hz 是转弯点，1 Hz 之前，摇摆漂移几乎不变，1 Hz～5 Hz，随角频率的增加，摇摆漂移有较大变化。5 Hz 之后，变化趋势略减。

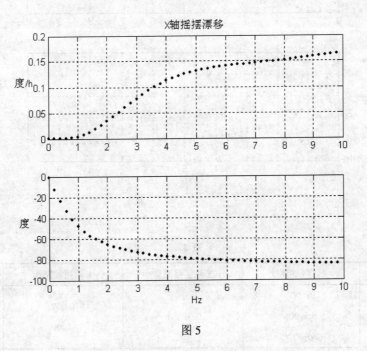

图 5

设定摇摆频率为 1 Hz，1 Hz 处平台晃动角为 1″～3″，陀螺晃动角分别为 9′、5′、2′，改变稳定轴上的干扰力矩和摇摆台相位，得到各条件下的摇摆漂移值，列入表 1 中。计算结果为，干扰力矩大，则摇摆漂移大；摇摆漂移与三轴摇摆相位差有关。

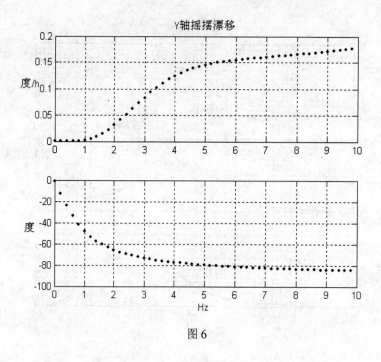

图 6

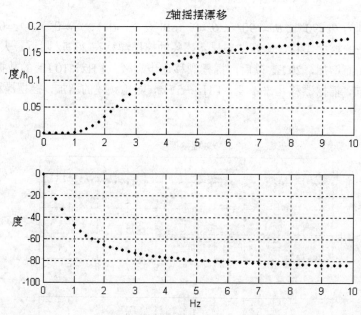

图 7

表 1

干扰力矩	摇摆台相位	X 轴摇摆漂移	Y 轴摇摆漂移	Z 轴摇摆漂移
M_{dx}＝1 000 g cm M_{dy}＝700 g cm M_{dz}＝600 g cm	θx=90° θy=-90° θz=0°	0.01° /h	0.007 ° /h	0.007 ° /h
	θx=45° θy=-45° θz=0°	0.007 ° /h	0.005 ° /h	0.005 ° /h
	θx=120° θy=-120° θz=0°	0.008 6 ° /h	0.006 ° /h	0.006 ° /h

续表

干扰力矩	摇摆台相位	X 轴摇摆漂移	Y 轴摇摆漂移	Z 轴摇摆漂移
$M_{dx}=800\ \mathrm{g\ cm}$ $M_{dy}=600\ \mathrm{g\ cm}$ $M_{dz}=400\ \mathrm{g\ cm}$	$\theta x=90°$ $\theta y=-90°$ $\theta z=0°$	0.005 ° /h	0.003 8 ° /h	0.003 8 ° /h
	$\theta x=45°$ $\theta y=-45°$ $\theta z=0°$	0.003 7 ° /h	0.002 7 ° /h	0.002 7 ° /h

通过以上计算和对计算结果的分析，得到：

平台三轴同时有角运动时，平台会产生摇摆漂移；摇摆漂移的大小与稳定轴上的干扰力矩、系统性能、三轴间的摇摆相位和摇摆角频率有关；稳定轴上干扰力矩大，则平台摇摆漂移大；晃动角频率小于 1 Hz，摇摆漂移很小，1 Hz～5 Hz，随角频率的增加，摇摆漂移有较大增加。

The Mechanism Analysis and the Simulation to the Rocking Drift of Inertial Platform

Yang Chang and Wei Yanhong

Beijing Aerospace Control Device institute

P. O. Box 142-403, Beijing   100854

Abstract   The rocking drift of inertial platform is one of the most important parameter to appraise the performance of inertial platform itself. This paper describe the formation mechanism of the rocking drift, and the drift expressions of inertial platform in the condition of three-axis rocking are derived, also, the rocking drift values are simulated and computed..

Key words   Inertial apparatus；Platform；Rocking drift；Mechanism analysis

非磁化等离子体中电磁波传播特性研究

张顺玉　白智勇　唐小伟

中国空气动力研究与发展中心超高速所

四川绵阳 211 信箱 5 分箱，邮编：621000

摘　要　电磁波在等离子体中的传播是等离子体物理的一个基本问题。本文将采用CFD方法求解时域 Maxwell方程的FVTD方法进一步拓展，提出采用CFD中的高阶精度中心差分格式求解一维非磁化等离子体 中电磁波传播的控制方程——二阶波动方程。通过数值解与解析解的比较，分析了本方法的可靠性和效率。 进而采用上述方法研究了有金属衬底的一维等离子平板在不同电子数密度、不同等离子体碰撞频率、不同 等离子体平板厚度、不同入射频率情况下对反射系数的影响。

关键词　非磁化等离子体；电磁波；一维；高阶精度格式

1　引言

电磁波在等离子体中的传播特性研究是一个非常活跃的课题。由于等离子体中存在大量自由电子，对 电磁波的传播特性产生极大的影响：在航天领域，等离子体可造成航天飞行器再入过程通信中断；在军事 领域，则可利用等离子体吸收雷达波或改变雷达回波信号而实现隐身。因此，早在 20 世纪 60 年代，这一 问题就受到了高度重视[1]。

目前，对于电磁波在等离子体中的传播特性问题，时域求解方法主要采用时域有限差分（FDTD）方法、 时域有限体积（FVTD）方法等时域数值计算方法，而频域求解方法通常采用 WKB、高频近似等工程方法 [1]，数值计算方法则只有限元方法得到了有限的应用。

得益于 CFD 成熟技术的支撑，将 CFD 方法用于时域 Maxwell 方程求解的 FVTD 方法在近十多年中得 到了飞速发展。但等离子体理论分析多是从频域电磁场入手，得到的等离子体电磁参数也写为频域形式， 不能直接采用 FVTD 方法求解。

受 FVTD 方法启示，既然 CFD 方法可应用于时域 Maxwell 方程的求解，由此猜想，CFD 中也应该有 适用于频域电磁场问题求解的数值方法。如果这一猜想能够实现，一方面，可以象 FVTD 方法那样共享 CFD 已经非常成熟的数值离散格式、大型代数方程组的并行求解算法、复杂外形网格生成技术以及计算结果的 图形显示和动画制作等技术，另一方面，在不需要求解传输过程的电磁场问题中（比如等离子体或其它特 殊材料隐身特性研究，飞行器雷达散射截面计算，电磁兼容性评估以及天线辐射等问题），采用 CFD 方法 求解频域 Maxwell 方程将大大提高问题的求解效率。

本文基于这种猜想，研究中心差分格式在频域 Maxwell 方程求解中的方法，并以这种方法用于电磁波 在一维等离子体平板中的传播特性研究。

2　基本方程

2.1　非磁化等离子体物性方程[2]

对于自由电子数密度为 n_e 的等离子体，入射电磁波频率为 ω 时，其电导率为：

$$\sigma = \frac{n_e e^2}{m_e} \frac{\nu - i\omega}{\nu^2 + \omega^2} \tag{1}$$

其中 e 为电子电量，m_e 为电子质量，ν 为碰撞频率。由此得到等离子体的相对介电常数为：

$$\varepsilon = 1 - \frac{\omega_p^2}{\omega^2 + \nu^2} - i\frac{\omega_p^2 \nu/\omega}{\omega^2 + \nu^2} \tag{2}$$

其中，ω_p 为等离子体频率：

$$\omega_p = \sqrt{\frac{n_e e^2}{\varepsilon_0 m_e}} \tag{3}$$

对于非磁化等离子体，相对磁导率为1。

2.2 控制方程

电磁波遵循的普遍规律是 Maxwell 方程。对线性媒质，圆频率为 ω 正弦激励且稳态条件下，频域 Maxwell 方程为：

$$\begin{cases} \nabla \times \hat{H} = i\omega\varepsilon\hat{E} \\ \nabla \times \hat{E} = -i\omega\mu\hat{H} \end{cases} \tag{4}$$

其中，$\hat{E}$、$\hat{H}$ 分别为频域电场强度矢量和磁场强度矢量。

一维情形下，方程(1.4)无量纲化后可化简为：

$$\begin{cases} \dfrac{\partial H}{\partial x} - 2\pi i\varepsilon E = 0 \\ \dfrac{\partial E}{\partial x} - 2\pi i\mu H = 0 \end{cases} \tag{5}$$

写为二阶波动方程形式：

$$\frac{d^2 E}{dx^2} + (2\pi)^2 \varepsilon\mu E = 0 \tag{6}$$

2.3 差分格式

方程(6)中 E 的空间导数可采用三点或五点中心差分格式进行离散，分别为二阶或四阶精度：

三点中心差分：

$$\left(\frac{d^2 E}{dx^2}\right)_i = \frac{E_{i+1} - 2E_i + E_{i-1}}{(\Delta x)^2} \tag{7}$$

五点中心差分：

$$\left(\frac{d^2 E}{dx^2}\right)_i = \frac{-E_{i+2} + 16E_{i+1} - 30E_i + 16E_{i-1} - E_{i-1}}{12(\Delta x)^2} \tag{8}$$

3 算例及边界条件

3.1 算例说明

研究的问题如图 1 所示。均匀平面波入射到一金属衬底的均匀非磁化等离子体平板上，等离子体厚度为 d，且只考虑了 E_z 极化情形。

当等离子体中电子数密度均匀分布时，可求得电磁波在金属衬底等离子体平板中传播特性的解析解。本文首先通过数值解与解析解的对比考察不同精度差分格式对计算结果的影响，并选取现役对空警戒雷达工作频段（0.5～8 GHz）作为参考入射电磁波频率范围，

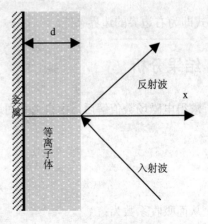

图1　金属衬底均匀等离子体对平面波的反射

研究均匀等离子体中入射电磁波频率从 0.1 GHz 到 10 GHz、不同等离子体碰撞频率、不同电子数密度、不同等离子体板厚度时的反射系数变化规律。计算区域均匀划分网格。

3.2　边界条件[3]

左边界为良导体边界，采用全反射条件：

$$E\big|_{x=x1}=0 \tag{9}$$

右边界为自由空间与等离子体的界面，对给定入射 TE 波：

$$E^i = E_0 \cdot e^{i\frac{\omega}{c_0}\cos(\theta)\cdot x} \tag{10}$$

其反射场可表示为：

$$E^s = R \cdot E_0 \cdot e^{-i\frac{\omega}{c_0}\cos(\theta)\cdot x} \tag{11}$$

自由空间中的总场可表示为入射场和反射场的叠加，即：

$$E = E^i + E^s = E_0 \cdot e^{i\frac{\omega}{c_0}\cos(\theta)\cdot x} + R \cdot E_0 \cdot e^{-i\frac{\omega}{c_0}\cos(\theta)\cdot x}$$
$$x > L \tag{12}$$

其中 R 表示反射系数。对 E 取 x 的导数，得到：

$$\frac{\mathrm{d}E}{\mathrm{d}x} = i\frac{\omega}{c_0}\cos(\theta)\cdot\left(E_0 \cdot e^{i\frac{\omega}{c_0}\cos(\theta)\cdot x} - R \cdot E_0 \cdot e^{-i\frac{\omega}{c_0}\cos(\theta)\cdot x}\right)$$
$$x > L \tag{13}$$

经整理可得到：

$$\frac{\mathrm{d}E}{\mathrm{d}x} + i\frac{\omega}{c_0}\cos(\theta)\cdot E = 2i\frac{\omega}{c_0}\cos(\theta)\cdot E_0 \cdot e^{i\frac{\omega}{c_0}\cos(\theta)\cdot x}$$
$$x > L \tag{14}$$

又由电磁场连续性条件知：

$$\frac{1}{\mu}\frac{\mathrm{d}E}{\mathrm{d}x}\bigg|_{x=L^-} = \frac{\mathrm{d}E}{\mathrm{d}x}\bigg|_{x=L^+} \tag{15}$$

代入（14）式得：

$$\left[\frac{1}{\mu}\frac{\mathrm{d}E}{\mathrm{d}x} + i\frac{\omega}{c_0}\cos(\theta)\cdot E\right]_{x=L^-} = 2i\frac{\omega}{c_0}\cos(\theta)\cdot E_0 \cdot e^{i\frac{\omega}{c_0}\cos(\theta)\cdot L} \tag{16}$$

(16)式即为右边界的边界条件。

4　结果分析

求得电磁场数值解后，由自由空间边界上的场量，可以从(12)式得到总反射系数，即：

$$R = \frac{E\big|_{x=L} - E_0 \cdot e^{i\frac{\omega}{c_0}\cos(\theta)\cdot L}}{E_0 \cdot e^{-i\frac{\omega}{c_0}\cos(\theta)\cdot L}} \tag{17}$$

从而吸收系数为：

$$A = 1 - |R| \tag{18}$$

4.1 算法的验证与分析

图 2 是等离子体碰撞频率为 1GHz，等离子体中电子数密度为 10^{11} cm^{-3}，等离子体平板的厚度为 20cm 时，采用二阶和四阶精度差分格式离散二阶波动方程时得到的计算结果与解析解的比较。其中网格总数取为 51。从图中可以看到，入射频率较低时（入射波频率 0.1 GHz 时，网格密度最大，每单位波长约 800 个网格点）两种格式的计算结果与解析解几乎完全吻合，而随着入射频率的提高（入射波频率 10 GHz 时，网格密度最小，每单位波长约 8 个网格点），计算结果误差逐渐增大。图 3 是入射波频率 3.4 GHz～3.8 GHz 区间（每单位波长约 22 个网格点）计算结果与解析解比较的局部放大图，可以看到，四阶精度格式结果与解析结果完全重合，二阶精度格式结果与解析解的误差也只有 1.43% 左右。图 4 是入射波频率 9 GHz～10 GHz 区间（每单位波长约 9 个网格点）计算结果与解析解比较的局部放大图，可以看到，二阶精度格式计算结果误差可达到 10%，而四阶精度格式计算结果误差在 3% 以内，具有合适的效率和精度。

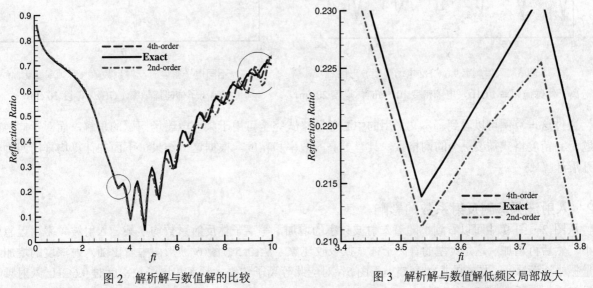

图 2 解析解与数值解的比较   图 3 解析解与数值解低频区局部放大

(等离子体碰撞频率 1 GHz，电子密度 10^{11} cm^{-3}，厚度 20 cm) (等离子体碰撞频率 1 GHz，电子密度 10^{11} cm^{-3}，厚度 20 cm)

图 5 和图 6 分别是入射频率为 3.7 GHz 和 9.6 GHz 时的电场强度波形图，从中也可看出在空间总网格数不变的情况下，随入射波频率增加，波长减小，每波长网格数减少，计算误差增大，与图 2～图 4 结论相同。

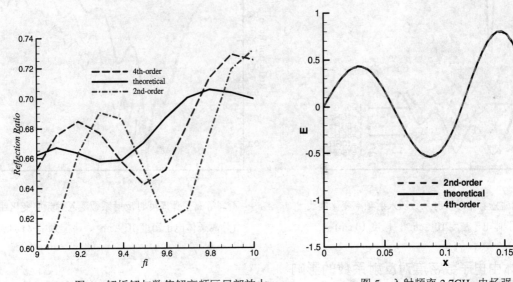

图 4 解析解与数值解高频区局部放大   图 5 入射频率 3.7GHz 电场强度波形图

(等离子体碰撞频率 1 GHz，电子密度 10^{11} cm^{-3}，厚度 20 cm) (等离子体碰撞频率 1 GHz，电子密度 10^{11} cm^{-3}，厚度 20 cm)

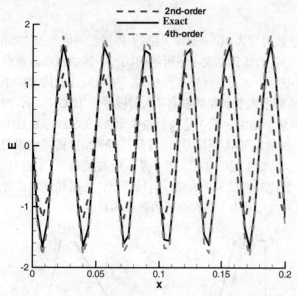

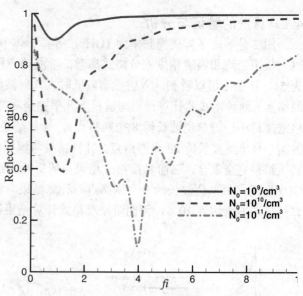

图 6 入射频率 9.6 GHz 电场强度波形图

(等离子体碰撞频率 1 GHz，电子密度 10^{11} cm^{-3}，厚度 20 cm)

图 7 不同电子密度时反射系数随入射频率变化曲线

(等离子体碰撞频率 1 GHz，厚度 10 cm)

通过这一算例可以看到，本文采用的中心差分格式完全可用于频域电磁场问题的求解，而对于同样的问题，高精度格式需要更少的网格数，具有更高的效率和精度。根据这一结果，下面的计算均采用四阶格式开展计算。

4.2 入射波频率对反射系数的影响

从图 2～图 9 中可以看到，随着入射波频率的增加，等离子体反射系数均在某一入射波频率附近急剧减小，然后再增加，这是典型的等离子体共振吸收现象。从图 5、图 6 波形图中看出随入射深度的增加、场量振幅逐渐减小，图 6 的振幅衰减小于图 5，对应此等离子体碰撞频率和电子数密度时 9.6GHz 入射频率的反射系数大于 3.7GHz 的入射波。

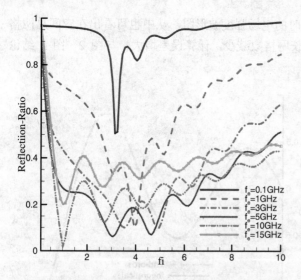

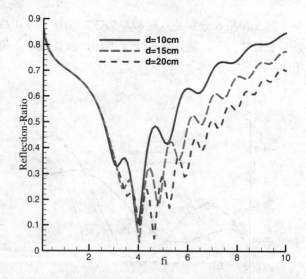

图 8 不同碰撞频率时反射系数随入射频率变化曲线

(等离子体电子密度 10^{11} cm^{-3}，厚度 10 cm)

图 9 不同等离子体厚度时反射系数随入射频率变化曲线

(等离子体电子密度 10^{11} cm^{-3}，碰撞频率 1 GHz)

4.3 等离子体中电子数密度对反射系数的影响

图 7 中列出了等离子体电子数密度分别为 $N_0=10^9$ cm^{-3}、10^{10} cm^{-3}、10^{11} cm^{-3} （对应的等离子体频率分别为 0.26、0.83、2.6 GHz）时的反射系数随入射波频率的变化曲线。其中等离子体碰撞频率为 1 GHz，

等离子体平板的厚度为 10 cm。从图中可以看到，在所研究的范围内，随电子数密度增加，共振吸收频率增大，且共振吸收效果增大，使对应的最小反射系数减小。

4.4 等离子体碰撞频率对反射系数的影响

图 8 中列出了等离子体碰撞频率分别为 fe=0.1 GHz 、1 GHz、3 GHz 、5 GHz 、10 GHz 、15 GHz 时的反射系数随入射波频率的变化曲线。其中等离子体中电子数密度为 10^{11} cm^{-3}（对应的等离子体频率为 2.6 GHz），等离子体平板的厚度为 10 cm。从图中可以看出，碰撞频率 0.1 GH 时，除共振吸收频率外，等离子体对电磁波的吸收很小，这是因为碰撞频率较小时，电子与中性粒子的碰撞难以将电磁能有效的转化为等离子体内能而加以吸收；随着碰撞频率增加，等离子体对电磁波的吸收明显增强；而当碰撞频率达到 3 GHz 以上时，等离子体对电磁波的吸收随碰撞频率的增加不再明显，而在 5 GHz 以上时，等离子体对电磁波的吸收随碰撞频率的增加反而下降，这是因为随着热运动的加剧，电磁波更难使电子产生定向运动。

4.5 等离子体平板厚度对反射系数的影响

图 9 中列出了等离子体平板厚度分别为的 d=10 cm、15 cm 和 20 cm 时的反射系数随入射波频率的变化曲线。其中等离子体中电子数密度为 10^{11} cm^{-3}，等离子体碰撞频率为 1 GHz。除了从图中可看到明显的共振吸收现象外，等离子体厚度越大，等离子体对电磁波的吸收越强。

4 结束语

本文通过算例分析，可得到以下结论：

（1）本文采用中心差分格式求解一维频域 Maxwell 方程，得到的计算结果与解析解吻合，表明本文提出的采用 CFD 数值方法求解频域 Maxwell 方程的思路是可行的；

（2）二阶和四阶精度中心差分格式计算结果的比较表明，采用高阶精度格式能有效提高计算精度，从而可在实际计算中减小网格密度达到提高求解效率的目的；

（3）通过金属衬底等离子体平板中电磁波传播特性计算研究，得到了不同条件下的电磁波反射系数。结果表明，电磁波在等离子体中发生衰减，衰减程度受等入射波频率、离子体频率、等离子体碰撞频率及等离子体厚度影响[4]。

虽然本文的研究表明 CFD 方法求解 Maxwell 方程思路是可行的，但要将这一方法用于工程实践，还必须开展更加细致的研究工作，将这种方法推广到高维，以用于更加复杂的电磁场问题研究。

参 考 文 献

[1] 王舸等. 电磁波在非均匀等离子体中的吸收. 核聚变与等离子体物理，第 21 卷第 3 期.

[2] Boyd T.J.M. et al. Plasma Dynamics. Nelson, London, 1969.

[3] 金建铭（美）. 电磁场有限元方法. 西安电子科技大学出版社，2001.

[4] 白智勇等. 非磁化等离子体电磁波传播数值模拟. 第 13 届高超声速气动力（热）会议论文集.

Electromagnetic Wave's Propagation in Unmagnetized Plasma

Zhang Shunyu   Bai Zhiyong   Tang Xiaowei

HAI of China Aerodynamics Research and Development Center

P. O. Box 211-5, Mianyang   621000

Abstract   Electromagnetic wave's propagation in plasma is one of the essential problems of plasma-physics.

In this paper, as the governing equations of electromagnetic wave's propagation in unmagnetized plasma can be wrote as the two-stage-differential-equation, a direct-simulation algorithm, which discretize this control-equation with high-order-scheme and then get the numerical results by directly solving those discretization-equations, is developed. Compare between the exact resolution and the numerical results shows that this algorithm is valid and efficient. Then this algorithm was applied in simulation of electromagnetic-wave's propagation and reflection in unmagnetized plasma with varied electron-density, varied collision-frequency, varied plasma-thickness, varied incident-wave's frequency.

Key words Unmagnetized plasma Electromagnetic wave One-dimensional High-order scheme

一种利用环境激励评估发射塔塔体结构的方法

赵铁山

西昌卫星发射中心技术部

四川省西昌市 16 信箱 9 组，邮编：615000，zts6389_cn@yahoo.com

摘　要　随着卫星发射次数的增多和发射塔使用年限的增长，人们对塔体结构的状态越来越关心。结构的传递函数是结构力学特性的本质表征。利用环境激励可以计算出结构的传递函数，进而计算出结构的振动频谱和一阶振动频率。在此基础上应用自身纵向比较法对塔体结构做出科学评估。

关键词　环境激励；塔体结构；评估；传递函数；振动频率；自身纵向比较法

1　前言

随着卫星发射次数的增多和发射塔使用年限的增长，人们对塔体结构的状态越来越关心。当塔体某一部分出现诸如锈蚀、连接螺栓松动或断裂之类的问题时，人们总会关心出现的问题对塔体结构会不会产生较大的影响？塔体结构的状态是否出现了较大变化？针对诸如此类的问题，有必要对塔体结构进行评估，以做到对塔体结构心中有数。

发射塔是典型的钢结构。对于这种结构，常用的评估方法是按照 GB/T50344-2004《建筑结构检测技术标准》等国家标准对发射塔进行全面仔细的检测，在此基础上得出评估结论。这种方法的优点是可操作性强；缺点是检测评估一次耗时较长，钻芯取样、切割取样等工作可能对结构造成损害，且需要委托具有相应资质的单位进行。

能不能找到一种快速有效的塔体结构评估方法呢？笔者在学习、借鉴模态分析技术[1,2,3,4]的基础上，提出了一种利用环境激励对塔体结构进行评估的方法。该方法的优点是可迅速判断出塔体是否异常，不需要外部激励，不会对塔体结构造成损害；缺点是不能迅速定位塔体上的异常部位。

下面以某卫星发射中心的一个发射塔为例，详细介绍这种评估方法。

2　利用环境激励评估发射塔塔体结构的方法

2.1　某发射塔塔体结构概况

某发射塔质量约 4 300 t，高 97.7 m，共分 14 层，塔体结构由 12 根立柱与若干横梁、斜杆等组成，截面尺寸为 21 m×28 m。12 根立柱固定在底座上，其分布的截面示意图如下图所示。

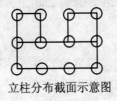

立柱分布截面示意图

2.2　评估方法
2.2.1　理论分析[3,4]

环境激励是指风、微小地震活动、车辆往来和附近机器设备运转等因素造成的环境对结构的干扰。利用环境激励测量大型结构的力学特性是一种经济、可行的方法。由于该方法不会对结构造成破坏，因而在许多情况下也是唯一可行的方法。

结构的传递函数是结构力学特性的集中表征，反映了结构力学特性的本质；如果传递函数没有发生明显变化，说明结构的力学特性没有发生明显变化。用理论分析的方法(例如有限元分析法)求解大型结构的传递函数是非常复杂的，有时甚至是不可能的。但是，用实验方法求解结构的传递函数是容易实现的。用实验方法求解结构传递函数的方法如下。

设某结构上点 i 为激振点，t 时刻的激振力为 $f(t)$；点 j 为拾振点，t 时刻的振动位移为 $x(t)$；点 i 和点 j 之间的传递函数为 $h_{ij}(t)$，则有

$$x(t) = f(t) \otimes h_{ij}(t)$$

即

$$H_{ij}(j\omega) = \frac{X(j\omega)}{F(j\omega)} \tag{1}$$

由此可得

$$\left| H_{ij}(j\omega) \right| = \frac{\left| X(j\omega) \right|}{\left| F(j\omega) \right|} \tag{2}$$

$\left| H_{ij}(j\omega) \right|$ 就是点 i 和点 j 之间的结构的振动频谱，$\omega = 0 \sim \infty$。$|H(j\omega)|$ 的第一个波峰对应的频率就是这段结构的一阶振动频率，第二个波峰对应的频率就是这段结构的二阶振动频率，依此类推。

如果 $|H(j\omega)|$ 没有发生变化，则可以认为这段结构的力学特性没有变化；反之亦然。注意，实际工程应用中，通常只观察一阶振动频率；激振点通常选择结构上动响应较小的点，而拾振点则选择动响应较大的点。

2.2.2 评估方法[5]

（1）求塔体结构的振动频谱

第一步，布置位移传感器。选择 12 根立柱的顶部和底部作为测量点。在每个测量点布置 2 个位移传感器，一个用于测量东-西方向的位移，另一个用于测量南-北方向的位移。共 48 个位移传感器。

第二步，将底部的测量点当作激振点，顶部的测量点当作拾振点。有关文献的理论分析证明这样做是可行的。激振点、拾振点各 12 个。将激振点编号为 1~12，拾振点编号为 13~24。

第三步，如果位移传感器灵敏度较高，则选择环境激励较小的时候；否则选择环境激励较大的时候(如风载荷较大的天气)，记录下一段较长时间内(如 30 分钟)各测量点的东-西方向位移和南-北方向位移。记测量点 i 东-西方向位移为 $x_{i1}(t)$、南-北方向位移为 $x_{i2}(t)$。

第四步，分别按(3)式和(4)式计算东-西方向和南-北方向的振动频谱。

$$\left| H_{ij1}(j\omega) \right| = \frac{\left| X_{j1}(j\omega) \right|}{\left| X_{i1}(j\omega) \right|} \tag{3}$$

$$\left| H_{ij2}(j\omega) \right| = \frac{\left| X_{j2}(j\omega) \right|}{\left| X_{i2}(j\omega) \right|} \tag{4}$$

上两式中，$i = 1, 2, \cdots, 12$，$j = 13, 14, \cdots, 24$。共有 288 个振动频谱。这 288 个振动频谱对应的振动传播路径基本上覆盖了整个塔体结构。

（2）塔体结构评估方法

基于概率论的 3σ 原理，工程上常用自身纵向比较法评估设备状态。这种方法理论简单，对被测对象没有特殊要求，因此这里也用这种方法对塔体结构进行评估。

首先，在领域专家公认塔体结构处于良好状态的时候，对上述 288 个振动频谱的每一个测量 n 次 ($n = 20 \sim 25$)，然后计算每个振动频谱的一阶振动频率的平均值和标准差，分别记为 $\bar{\omega}_k$、σ_k，$k = 1, 2, \cdots, 288$。

对于后来某次测量计算得到的一组一阶振动频率 ω_k，$k = 1, 2, \cdots, 288$，如果

- 对于所有 $k = 1, 2, \cdots, 288$，都有 $\left| \omega_k - \bar{\omega}_k \right| < 2\sigma_k$，则认为塔体结构处于"正常"状态。
- 有一个或一个以上 ω_l 满足 $2\sigma_l \leqslant \left| \omega_l - \bar{\omega}_l \right| < 3\sigma_l$，$l \in \{1, 2, \cdots, 288\}$，则认为塔体结构处于"要注意"状态。
- 有一个或一个以上 ω_l 满足 $\left| \omega_l - \bar{\omega}_l \right| \geqslant 3\sigma_l$，$l \in \{1, 2, \cdots, 288\}$，则认为塔体结构处于"不可用"状态。

3 结束语

如果塔体的评估结论是"要注意"或"不可用"，则可在进一步对振动频谱对应的振动传播路径进行深入分析的基础上，确定可能存在问题的塔体结构的范围。

从以上分析可见，本文提出的这种利用环境激励评估塔体结构的方法在理论上是可行的，供领域人员在评估塔体结构时参考。

在写作本文的过程中，得到了某卫星发射基地李代兴、李善宝两位高工的大力帮助，在此表示衷心感谢！

参 考 文 献

[1] 王宗纲，陈志鹏，钱稼茹.南京电视塔动力特性实测研究.现代振动与噪声技术第2卷.北京:航空工业出版社,2000.

[2] 温熙森，陈循，唐丙阳.机械系统动态分析理论与应用.长沙:国防科技大学出版社,1998.

[3] 应怀樵，李俊宝，赵增欣.环境激励海湾大桥模态测试分析.现代振动与噪声技术第2卷.北京:航空工业出版社,2000.

[4] 严普强.大型结构的振动测量与分析及新型磁电式低频振动传感器.现代振动与噪声技术第2卷.北京:航空工业出版社,2000.

[5] 黄文虎，夏松波，刘瑞岩.设备故障诊断原理、技术及应用.北京：科学出版社.1996.

A Method of Launch Tower Structure Evaluation
with Environment Stimulation

Zhao Tieshan

Technique Department of Xichang Satellite Launch Center

9th Group, P. O. Box 16, Xichang, 615000，zts6389_cn@yahoo.com

Abstract　More and more satellite launch activities, older and older launch tower is, more and more attention is paid to launch tower structure. Structure transfer function is mechanical essential characteristics of a structure. A structure's transfer function can be calculated with environment stimulation, then its vibration spectrum and 1 order vibration frequency can be acquired. Based on them, a launch tower structure is evaluated reasonably with self-comparing method.

Key words　Environment stimulation；Tower structure；Evaluation；transfer function；Vibration frequency；Self-comparing method

我国航天型号软件质量保障体系研究

郑新华　张刚

中国航天工程咨询中心软件工程研究部

北京阜成路 16 号 0710 室, 100037, zhang_gang_@tom.com, zhengxinhua126@126.com

摘　要　我国航天的软件质量保障工作还存在诸多问题，不能适应发展的需要。通过分析各种软件质量保障技术和管理标准，借鉴国外宇航界的成功模式，结合我国航天的实际，可以提出适应我国航天现状及发展需要的软件质量保障体系。这个体系的组织结构由航天软件产品保证中心、各院级软件产品保证中心和软件产品保证团队三个层次组成，它们分工明确，相互配合，共同保障航天型号软件的质量。

关键词　航天；软件；质量；保障体系

1　引言

目前，软件质量还没有公认的定义，软件工程界习惯用质量要素（quality factor）来概括软件的质量特征。按照 McCall 的观点，软件质量由 11 个要素构成，分为三种类型[1]：

- 面向产品运行的质量要素——正确性、可靠性、效率、完整性、可用性；
- 面向产品修改的质量要素——可维护性、灵活性、可测试性；
- 面向产品转移的质量要素——可移植性、重复使用性、连接性。

对于航天软件来说，主要关注其中的可靠性（Reliability）、可用性（Availability）、可维护性（Maintainability）和安全性（Safety），这四个质量属性简称为 RAMS；当前，在我国航天型号实践中，主要关注软件的可靠性和安全性。

航天型号投资大，任务关键，具有重要的政治、军事和经济意义，再加上航天型号运行环境恶劣，软件实现的功能关键复杂，航天型号软件的质量显得特别重要，如何保障其质量成了与软件开发同等重要的事情。

本文立足于我国航天型号软件质量保障的现状与需求，分析综合软件工程界的软件质量保障技术及其发展趋势，借鉴国外宇航界软件质量保障技术及实施方法，讨论新形势下我国航天型号软件质量保障的办法，提出了建立我国航天型号软件质量保障体系的设想。

2　我国航天型号软件质量保障的现状与需求

我国航天较早地重视了软件的质量保障工作，目前已经取得了不少成就，例如：

（1）到目前为止，还没有出现因为软件故障而导致任务失败的情况；

（2）相关技术管理人员增强了软件质量的意识；

（3）重视软件测试工作，建立了多个测评站点，实施了软件测评有关的一系列制度；

（4）以军用软件 CMM 认证和国军标 9000 质量认证工作为依托，专业软件机构正在逐步开展软件研制全周期的质量控制与质量管理。

但是，我国航天软件的质量保障工作的基础还比较薄弱，存在的问题也很多，分布于技术和管理的多个层面，不能满足航天型号任务的需要，例如：

（1）型号软件质量保障工作的要求还较多的停留在定性的描述阶段，难于操作；

（2）专业软件机构的质量保障技术还不能完全胜任型号任务的需要；

（3）有些质量保障措施不到位；

（4）软件质量保障技术、工具和环境还不够系统化；

（5）对软件质量的定量分析、验证与评估的技术和工作都处在起步阶段。

关于软件质量保障，尤其是可靠性保障方面，航天型号单位的需求集中在以下几个方面：

（1）系统的、操作性强的技术指导与配套的工具环境支持；

（2）专业人才培养；

（3）体系建设与完善；

（4）条件保障。

因此，我国航天型号软件质量保障需要在技术、人才、体系及条件建设乃至企业文化等多方面努力，才可能满足型号任务的要求。

3 软件工程界的质量保障技术及发展趋势

随着计算机技术的发展和软件质量保障经验的的积累，软件质量保障的技术和实践在不断的发展，形成了许多系统的技术方法，先后有以下几种保障技术。

3.1 软件测试与评价(Test & Evaluation, T&E)

软件测试与评价是检验完成的程序以判断其是否满足规定的需求的过程，其核心是运行计算机程序[2]。软件测试与评价是最基本的软件产品质量验证手段，也是最早应用的质量保障手段，现已成为软件生存周期的重要阶段。软件测试与评价只对最终的产品只进行质量验证，一旦发现质量缺陷，需要重新进行需求、设计或编码等活动，它并不能预防问题的发生。

3.2 验证与确认（Verification & Validation, V&V）

验证与确认是一个确定系统或者部件的需求是否完整和正确，每个开发阶段的产品是否满足上一阶段提出的需求和条件，最终系统或部件是否符合专门需求的过程[3]。其核心在于需求的可追溯性，验证可以通过需求规约、设计规约和代码的跟踪来实现，确认可以通过测试结束时的追溯性实现，即需求全部反映在测试计划和测试过程中，并经过各种测试合格。验证与确认是一个贯穿整个软件开发过程的质量保障活动。

3.3 质量保证（Quality Assurance, QA）

质量保证是有计划和系统性的活动，它对部件或产品满足确定的技术需求提供足够的信心[3]。它是一种应用于整个软件过程的保护性活动，包括：（1）一种质量管理方法，（2）有效的软件工程技术（方法和工具），（3）在整个软件过程中采用的正式技术复审，（4）一种多层次的测试策略，（5）对软件文档及其修改的控制，（6）保证软件遵从软件开发标准的规程（在适用时），以及（7）度量和报告机制[4]。

软件质量保证通常用来指对软件质量计划的管理，其实，质量保证并不保证软件的质量，而是确保质量计划的有效性。软件的质量是通过采用过程而引入产品的，软件质量保证通过对软件过程的控制和软件产品的评估而为开发出满足要求的产品提供信息，它关注于质量计划的实现，所以，可以认为软件质量保证是软件开发活动的一个方面，软件质量保证贯穿于整个开发过程。

3.4 软件产品保证（Product Assurance, PA）

根据 ESA 标准《ECSS-Q-80B》的解释，软件产品保证的目的是向软件使用者提供信心：在整个生命周期内，软件符合需求，能够正确、安全的运行，符合整个项目的质量目标。软件产品保证是指在软件生存周期中，为确保交付的软件产品满足使用方的要求，所进行的与质量、标准、规范等相关的活动[5]。软件产品保证工作主要包括以下内容：

（1）软件配置管理；

（2）软件验证与确认；

（3）软件质量保证；

（4）软件可靠性、可维护性、安全性保证。

软件产品保证过程是与开发过程平行的所有支持过程的总和，软件全生命周期内的所有管理活动都属于软件产品保证的范畴。因此，软件产品保证是对软件的综合质量保障，概括了对当前所有软件过程质量保证与软件产品质量保证的所有技术，并使之成为一个体系。

3.5 软件机构的质量认证

软件的质量保障还与软件机构实施这些技术手段的能力有关。因此，软件工程界引入了对整个软件开发组织的软件质量保障的能力进行建设、评估标准的认证，主要有 ISO 9000 认证和 CMM 认证。

ISO 9000 系列标准是通用的质量管理和质量保证标准，它的内容涵盖了质量管理体系，管理职责，资源管理，产品实现，测量、分析和改进等方面。通过这种方法来保障软件机构的质量管理与质量保障措施的执行。CMM 的基本思想是软件过程改进，CMM 2.0 版还采用了 ISO 的软件评估标准 SPICE 的一些内容和方法。CMM 将组织不同的成熟度共分为 5 级，表征软件机构软件工程化的不同程度。

这些质量认证的基本思想是要确立组织的质量管理体系，所有的活动都要依据规范进行并留下质量记录，通过持续改进来增强组织的质量管理能力。

从以上的分析可知，软件工程界对于软件的质量保障措施，已经从产品质量的保障扩展到过程与产品的综合保障，从单纯的技术保障扩展到技术与管理的综合保障，对质量保障机构的要求也从软件机构的主动努力扩展到软件机构的主动努力与对软件机构实施审核认证相结合的方式。

对于我国航天来说，执行软件产品保证，并对软件质量保障机构实施认证，是一个必然的选择。

4 国外宇航界的软件质量保障技术及实施方法

国外先进的宇航机构的需求与背景与我们相似，我们可以借鉴他们实施软件质量保障的先进技术和管理经验，以供参考。

NASA 软件质量保障有关的机构的组织关系如图 1 所示：

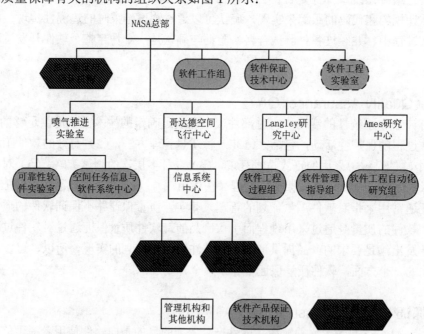

图 1 美国 NASA 的软件产品保证技术机构以及软件测评体系

从图上可以看出，NASA 总部设有多个软件质量保障有关的机构，对整个 NASA 的软件质量保障工作进行技术支持，包括：软件工作组——专家指导，软件保证技术中心——共性的技术研究，软件工程实验室（现已撤销）——软件工程技术研究，独立验证与确认（Independent Verification & Validation, IV&V）机构——独立的开展验证与确认工作。各个分支组织也有软件质量保障的技术机构，负责本分支组织内部的软件质量保障工作。

其中，独立验证与确认机构成立之初的工作重点放在研究领域，1996 年开始改变工作重点，对经费、规模、复杂性都很大的软件项目进行独立的验证与确认工作，2002年独立保证与验证与确认的项目所占比例已达到42%。软件工程实验室致力于经验数据的收集和软件过程改进工作，但是由于其研究活动脱离了工程实践，不能解决实际软件研制中的问题，2001年底撤销。

ESA的欧洲航天技术中心（ESTEC）设有专门的产品保证与安全性（Product Assurance & Safety，PA&S）组织，共有80多位PS&A专家，他们的职责是识别并减轻可能对空间任务的成功带来副作用的所有因素。在空间项目中，PA&S的工作内容是硬件和软件质量、产品可靠性、安全性、元器件、标准、材料、机械材料、工艺和配置的控制。PA&S组包括：质量、可信性与安全性；部件；材料和过程；需求和标准化；项目产品保证等领域。这些专家与空间项目组一起工作，并向项目经理汇报，如果他们发现会影响ESA的事件，他们就向ESA的高级主管进行汇报。

分析NASA和ESA的成功经验，我们可以得出如下的结论：

（1）航天系统必须高度重视软件的质量保障问题。NASA和ESA的软件研制技术处于世界先进水平，但它还是设立了许多专门的软件测评、软件产品保证等机构，来专职保障产品的质量。

（2）实施第三方质量保障是一种有效的工作组织方式。NASA的IV&V工作重心转移的成功实践和ESA的PA&S组的工作经验表明：对于重要的软件产品，实施第三方的质量保障是一种切实可行的解决途径。

（3）提高航天软件质量水平要求技术研究与工程实践相结合。由于航天软件的复杂性和特殊性，提高航天软件质量保障水平不是简单的进行理论、方法研究并加以应用的简单过程，而是需要研究与应用密切结合，紧密结合工程实践的背景和需求进行技术研究。

5 我国航天型号软件质量保障体系设想

保障我国航天型号软件的质量，涉及到设施条件、文化、组织管理、人员和技术等多方面的因素，如下图所示。

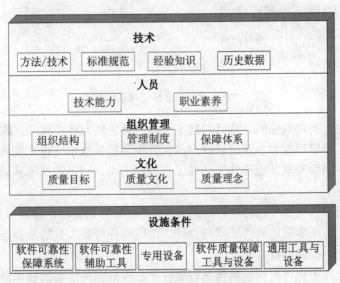

图2 航天软件质量保障体系

在这五个方面中，设施条件是实施软件质量保障的物质基础，文化是精神基础，组织管理规定了实施软件质量保障的方法和机构，人员是保障软件质量的核心和关键因素，技术是具体实现和保障软件质量的依据和凭借。其中，组织管理是整个质量保障体系的中心，维系着整个体系的存在与发展。如果组织结构设置科学合理，管理制度先进可行，就可以很顺利的开展其他条件的建设，从而建立并完善整个软件质量保障体系。

在建设组织结构时，需要考虑以下的因素：

（1）需要设立专门的机构来进一步研究基础性的质量保障相关的理论、方法与技术。如何有效的保障软件的RAMS特性，如何定量评估这些特性，如何将技术研究成果在我国航天应用，都需要进行深入的研究。而型号单位因为任务紧迫，往往没有精力来进行这项工作，因此，有必要设立共性的技术研究机构，研究并推广这些技术。

（2）需要将独立的团队引入到型号软件的质量保障工作中。软件是人的思维产品，逻辑复杂、质量难以受控，就需要开发团队之外的技术团队来保障其质量。NASA 执行第三方的独立验证与确认工作以及 ESA 设立 PA&S 工作组，就值得我们借鉴。

（3）需要设立权威的机构对软件质量进行审核。航天是一个高投入、高风险的行业，因此，需要对产品的质量要进行严格的把关。而开发方的质量保证不足以向决策层提供足够的信心，有必要设置独立的权威机构对软件产品的质量进行评估与审核，为决策层的提供决策依据。

（4）建设要遵循以下原则：

1）解决当前存在的问题，兼顾长远发展；

2）建设方式切实可行，便于启动，运行后逐步调整；

3）充分利用现有资源和可用的外部条件。

根据以上分析，可以确定航天型号软件产品质量保障体系应该为如下的组织结构。

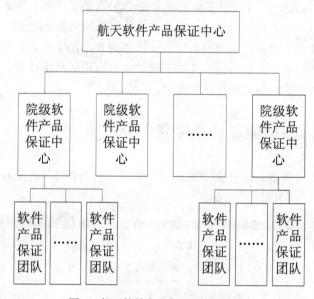

图 3　航天软件产品保证体系结构图

航天软件产品保证中心提供共性的、基础的技术服务，解决航天软件测评、软件质量保障、RAMS 保证等工作遇到技术问题，为管理层和各院级软件产品保证中心提供技术支持，实现各机构资源共享、技术交流和业务协作，认证并辅助管理其他软件产品保证机构。它由具有一定技术基础和服务能力的共性技术单位建成。

各院级软件产品保证中心负责各院的软件产品保证工作，针对本院的专业方向开展院级规范的制修订、相关的支持技术的研究、组织本院的软件评审与测评、本院软件研制人员的培训与考核等工作。这些机构须经过航天软件产品保证中心的审核与认证。

软件产品保证团队是指各软件机构中具体执行软件产品保证相关活动的技术队伍，包括测试、配置管理、质量保证等技术队伍，它们直接受院级软件产品保证中心的指导与管理。

6　结束语

保障航天型号软件的质量是航天的一项重要工作，建立并完善软件质量保障体系关系到我国航天事业的长远发展，需要高度重视。软件产品保证中心是其中的关键，可以通过中心的建设来带动体系的建设和完善。

本文就建立我国航天软件质量保障体系做了初步的分析并提出了一些建议，抛砖引玉，希望能引起有关部门的注意，尽早启动航天软件质量保障体系的建设工作。

参 考 文 献

[1] 黄锡滋. 软件可靠性、安全性与质量保证. 电子工业出版社. 2002.10.

[2] Gordon Schulmeyer etc. Handbook of Software Quality Assurance (Third Edition). Pearson Education. 1999.

[3] Standards Coordinating Committee of the IEEE Computer Society. IEEE Standard Glossary of Software Engineering Terminology. IEEE-STD-610.12-1990 (New York: IEEE, 1991).

[4] Roger S.Pressman. Software Engineering—A Practitioner's Approach（Fourth Edition）， McGraw-Hill，1999.

[5] 龚波，刘正高. 软件产品保证. 软件可靠性与测评技术，2003.2.

Research on China Aerospace Software Quality Guarantee System

Zheng Xinhua and Zhang Gang

Department of Software Engineering, China Aerospace Engineering Consultation Center

Room 0710, No.16 Fucheng Road, Beijing, 100037

zhang_gang_@tom.com, zhengxinhua126@126.com

Abstract　There are many problems in the field of China Aerospace software quality guarantee that can't satisfy the requirements of the development. It's possible to present the China Aerospace software quality guarantee system by analyzing the software quality guarantee technologies and management standards, adopting the successful experiences of foreign Aerospace industries, and taking the actual situation of China aerospace into account. This system is made up of the aerospace software product assurance center, the software product assurance centers of academy level and the software product assurance teams. Each organization has specific duty and cooperates with each other to guarantee the China aerospace software quality together.

Key words　Aerospace；Software；Quality；Guarantee system

单自由度静压液浮陀螺仪温度场的分析与研究

郑云霞　陈东生　唐文林

北京航天控制仪器研究所

北京 142 信箱 403 分箱，油箱：100854

摘　要　本文应用有限元计算方法，对单自由度静压液浮陀螺仪的稳态和瞬态温度场进行了 ANSYS 仿真分析和计算，并进行了稳态温度场实验。通过实验和仿真结果的比较，得到了关于单自由度静压液浮陀螺仪的温度场分布的一些结论。

关键词　单自由度静压液浮陀螺仪；温度场

1　引言

单自由度静压液浮陀螺仪在武器型号的应用中，对适时性及准确性的要求极高，同时必须能在环境条件更为恶劣的情况下进行工作。但是由于应用于惯导平台上的静压液浮陀螺仪对温度变化非常敏感，难于进一步满足现代军事装备需求，影响了单自由度静压液浮陀螺仪的推广应用。由于静压液浮陀螺仪仪表本身没有温控，即实际应用中只有平台系统的温控，因此，其温控精度不高，最大温差可达 4 ℃；另外，由于平台热容量大，陀螺仪与平台温控点存在一定距离，陀螺仪达到热平衡的速度缓慢，因此，静压液浮陀螺仪精度与整个系统通电时间也有较大关系。

鉴于以上情况，建立陀螺仪的温度模型，即陀螺的稳态控温环境温度与陀螺各项漂移系数之间的函数关系以及陀螺运行时间与陀螺漂移系数之间的关系（稳态控温环境温度：陀螺仪在某个恒定的环境温度下达到热平衡，此恒定的温度就是控温环境温度，陀螺仪在此控温环境温度下达到热平衡后，此温度即为陀螺仪的稳态控温环境温度）日益成为一个重要课题。而建立陀螺仪温度模型的前提：陀螺仪温度场分布情况的分析与研究更是十分必要的。

2　热分析的基本理论

热的传递方式有：导热、对流换热、辐射，由于辐射对陀螺温度分布的影响很小，可以忽略。在这里，主要考虑前两种传热方式。（1）式和（2）式 分别是瞬态和稳态三维热传导方程，

$$\frac{\partial}{\partial X}\left(\lambda x \frac{\partial T}{\partial X}\right)+\frac{\partial}{\partial Y}\left(\lambda y \frac{\partial T}{\partial Y}\right)+\frac{\partial}{\partial Z}\left(\lambda z \frac{\partial T}{\partial Z}\right)+q_{内}=\rho c \frac{T}{\tau} \tag{1}$$

$$\frac{\partial}{\partial X}\left(\lambda x \frac{\partial T}{\partial X}\right)+\frac{\partial}{\partial Y}\left(\lambda y \frac{\partial T}{\partial Y}\right)+\frac{\partial}{\partial Z}\left(\lambda z \frac{\partial T}{\partial Z}\right)+q_{内}=0 \tag{2}$$

瞬态和稳态三维热传导方程是进行温度场软件计算的算法依据。

3　单自由度静压液浮陀螺仪的热分析

单自由度静压液浮陀螺仪的热源为以下三部分：

（1）陀螺电机，功率：4.3 W

（2）泵，功率：4.5 W

（3）组合式传感器，功率：1 W

三个热源的传热示意图如图 1。

为改善陀螺电机的散热性，单自由度静压液浮陀螺仪的浮子内充有导热系数较高的氦气，陀螺电机启

动并稳定后，以 500 转/秒的速度高速旋转，电机的转子体相对于氦气具有高的相对速度，必将使得转子体与氦气间产生强迫对流换热。同时，由于氦气的粘性，氦气在电机转子体的带动下，也会在浮子内发生流动，使得氦气与电机各部分静止部件以及电机与浮子内壁之间发生强迫对流换热。浮子内的对流换热是有限空间下的对流换热。也就是一种内部情况下的受迫对流。这类换热较复杂，本论文在对此类换热的计算中将其简化为一般的热传导，而代之以当量导热系数。陀螺浮子与轴承之间的狭缝中的浮液也有导热和对流换热同时发生，同上，在对此换热的计算中简化，代之以当量导热系数。

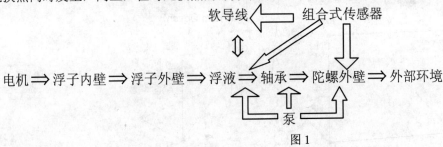

图 1

经计算得氦气的当量导热系数为：$\lambda e = 2.89$，

静压液浮陀螺内用液体浮油（全氟三丁胺）的当量导热系数为：$\lambda e = 12$

其他各材料的物理参数如表 1 所示。

表 1　几种材料的物理参数

	密度 (g/cm³)	弹性模量(TPS)	泊松比	导热率 (W/m·℃)	线膨胀系数 10^{-6}℃$^{-1}$	比热容 (J/kg·℃)
钛合金棒(TC4)	4.44	109	0.34	6.8	9.2	624
刚结硬质合金（GT35）	6.6	306	0.4	36	8.43	
抗氧化钢（2Cr13）	7.75	214	0.27	23.4	11	511
铝棒（LY12 CZ）	2.8	71	0.33	193	23.8	1047
软磁合金棒（1J50）	8.2	150	0.4	21.8	9.2	
铜	8.45			108.9	19.3	
结构钢	7.86	192		36		36

4　单自由度静压液浮陀螺仪的温度场有限元计算

4.1　基本算法

稳态热传导问题的有限元求解方程

$$K\phi = P \tag{3}$$

式中，K 是热传导矩阵，它是对称矩阵，在引入给定温度条件以后，K 是对称正定的；$\phi = [\phi_1 \phi_2 \cdots \phi_n]^T$ 是结点温度列阵；P 是温度载荷列阵。矩阵 K 和 P 的元素分别表示如下：

$$P_i = \sum_e \int_{\Gamma_2^e} N_i q \mathrm{d}\Gamma + \sum_e \int_{\Gamma_3^e} N_i h\phi_a \mathrm{d}\Gamma + \sum_e \int_{\Omega^e} N_i \rho Q \mathrm{d}\Omega$$

$$K_{ij} = \sum_e \int_{\Omega^e} \left(k_x \frac{\partial N_i}{\partial x} \frac{\partial N_j}{\partial x} + k_y \frac{\partial N_i}{\partial y} \frac{\partial N_j}{\partial y} + k_z \frac{\partial N_i}{\partial z} \frac{\partial N_j}{\partial z} \right) \mathrm{d}\Omega + \sum_e \int_{\Gamma_3^e} h N_i N_j \mathrm{d}\Gamma$$

为得到较精确的计算结果，在计算时应用了有限元软件 ANSYS

4.2　陀螺仪单元划分

ANSYS 软件提供了 100 多种单元类型供使用者选。本次计算选用的是温度方面的三维实体单元 thermal

solid 70。它的结构形状及变形如图 2 所示.

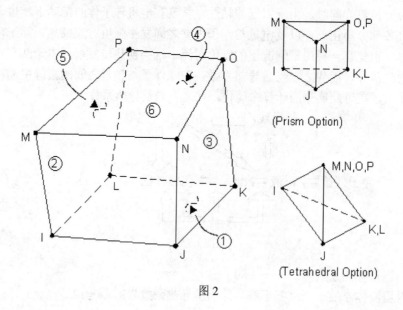

图 2

用三维实体单元 thermal solid 70 对单自由度静压液浮陀螺仪进行有限元单元划分后的的单元如图 3 所示。

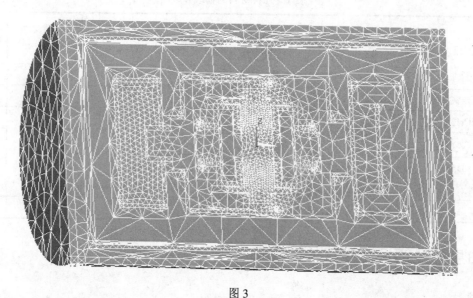

图 3

为软件计算的简单，图 3 中对陀螺仪结构进行了必要的简化，陀螺电机轴与电机转子体之间的气体间隙(4.5 μm)和陀螺浮子与陀螺轴承之间的液体间隙(36 μm)过小，无法进行单元划分，对他们分别进行了 100 倍和 10 倍的扩大。

4.3 陀螺仪稳态温度场 ANSYS 软件仿真求解

在环境温度为 50℃的情况下，经过软件计算得出单自由度静压液浮陀螺仪的稳态温度场分布情况如图 4 所示（图中不同颜色表示不同温度）。

改变陀螺仪的控温环境温度，可得到其他温度下单自由度静压液浮陀螺仪的稳态温度场。陀螺仪工作温度为 35～50℃，所以，在此只考虑 35～50℃下的温度场分布情况。由软件计算可知，陀螺仪稳态温度场分布情况与控温环境温度有关，当控温环境温度变化 1℃稳态温度场的温度也同时变化 1℃，而温度场的分布梯度不变。例如，当控温环境温度为 40℃时（图 5），陀螺的稳态温度场最小温度值为 44.067℃，最大温度值为 54.682℃，当控温环境温度为 50℃时，陀螺稳态温度场最小温度值为 54.067℃，最大温度值为 64.682℃，温度场的分布梯度情况与 50℃时的稳态温度场梯度分布情况相同。

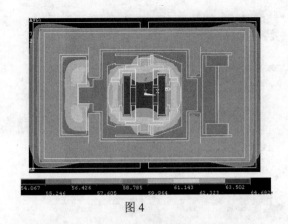

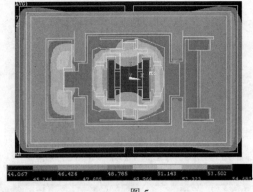

图 4　　　　　　　　　　　　　　　　　　　　图 5

　　下列即是对环境温度为 40℃时和环境温度为 50℃时单自由度静压液浮陀螺仪以陀螺电机轴中心为原点，在陀螺仪标准坐标轴 s 向和 O 向的温度场梯度图。（图 6a 为环境温度 40℃时陀螺仪过中心在 O 向的温度梯度；图 6b 为环境温度 50℃时陀螺仪过中心在坐标轴 O 向的温度梯度，图 6a、图 6b 曲线形状大致相同。图 6c 为环境温度 40℃时陀螺仪过中心在 s 向的温度梯度；图 6d 为环境温度 50℃时陀螺仪过中心在 s 向的温度梯度，图 6c、图 6d 曲线形状大致相同。）其横坐标为陀螺长度，单位 mm，纵坐标为温度，单位℃。

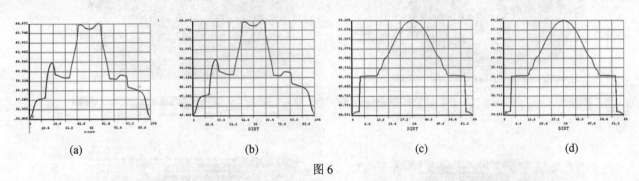

(a)　　　　　　　(b)　　　　　　　(c)　　　　　　　(d)

图 6

4.4　陀螺仪瞬态温度场 ANSYS 软件仿真求解

　　在原始状态下，单自由度静压液浮陀螺仪满足各处温度均为室温 25℃的假设条件时，当环境温度为 50℃时，对陀螺仪进行瞬态温度场 ANSYS 软件仿真。陀螺仪温度场随时间的变化而变化，直至趋于稳态。以下图 7 中各图是随时间的延伸而不断变化的陀螺仪瞬态温度场。（以下各图所表示的陀螺仪瞬态温度场之间的时间间隔是不同的）由图 7 可看出，单自由度静压液浮陀螺仪在工作的初始，由于外界温控环境温度高，热从外向内传播强于内部陀螺电机、泵、组合式传感器热源发热，温度场表现为陀螺外层温度高于内层温度；内外温度达到一定的平衡状态后，陀螺仪内部热源继续发热，陀螺内层温度逐渐高于外层温度，此时，陀螺仪开始由内层向外层传热（图 7 中温度场分布红色代表高温区，蓝色代表低温区，不同的颜色代表不同的温度）。

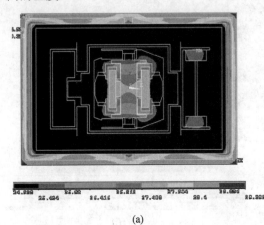

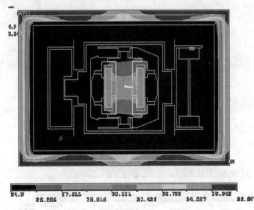

(a)　　　　　　　　　　　　　　　　　　　　(b)

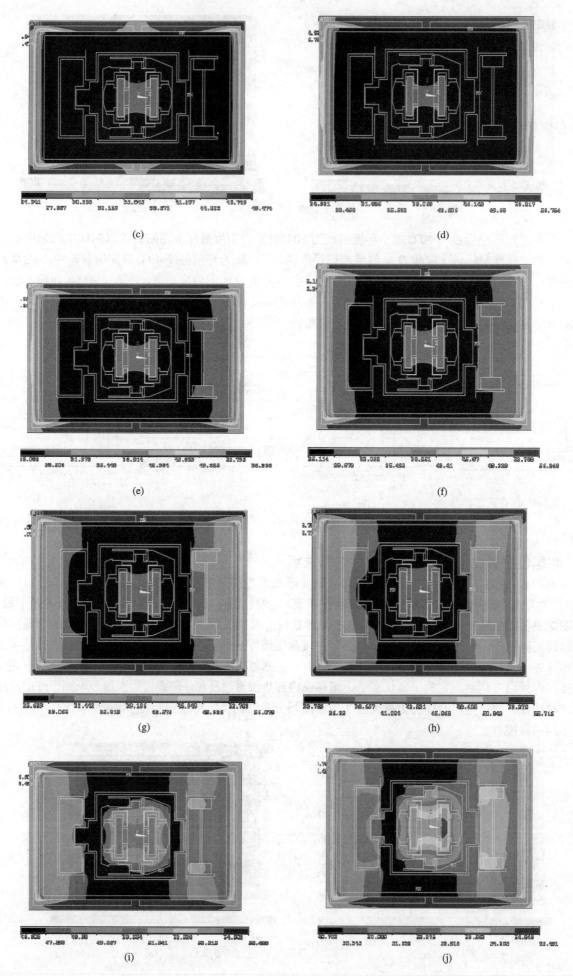

(c)

(d)

(e)

(f)

(g)

(h)

(i)

(j)

图 7

因此，由软件仿真得到的结论是：单自由度静压液浮陀螺仪在初始温度 25 ℃时，将其放入温控环境温度 50 ℃下，则其热流过程为先由外向内流，后由内向外流，直到稳态。

对单自由度静压液浮陀螺仪进行划分网格，其总的网格数为 116 546 个，节点数是 33 951 个，分别取节点 29 607、27 418、31 242、31 051、31 350 代表单自由度静压液浮陀螺仪组合式传感器、泵、陀螺仪上表面、陀螺仪下表面、陀螺仪中表面。则通过 ANSYS 时间后处理器可得各节点温度随时间的变化关系，如图 8 所示。

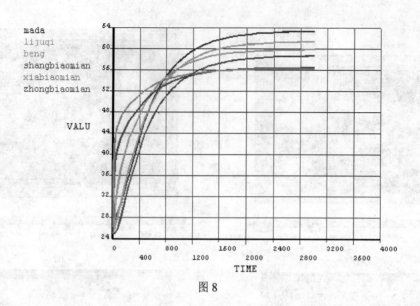

mada
lijuqi
beng
shangbiaomian
xiabiaomian
zhongbiaomian

VALU

图 8

由陀螺仪稳态温度场仿真分析结果可知，在稳态控温环境温度为 50 ℃时，各指定节点处的稳态温度值如表 2 所示：

表 2

节点	14 535	29 607	27 418	31 242	31 051	31 350	
	陀螺电机	组合式传感器	泵	陀螺仪上表面	陀螺仪下表面、	陀螺仪中表面	控温环境温度
稳态温度值 单位：摄氏度	63.416	61.416	59.883	56.457	56.246	58.732	50

根据公式（4），

$$\frac{节点稳态值 - 节点瞬态值}{节点稳态值} \times 100\% = 距稳态差值百分数 \tag{4}$$

通过 ANSYS 时间后处理器可求得随时间的延伸，节点瞬态温度达到的节点稳态温度值的百分数如图 9 所示：

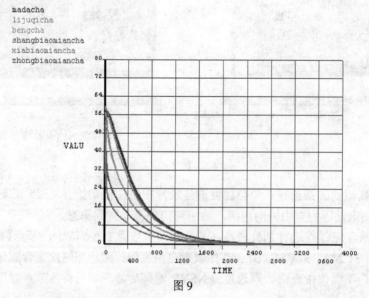

madacha
lijuqicha
bengcha
shangbiaomiancha
xiabiaomiancha
zhongbiaomiancha

VALU

图 9

各节点在同一时间达到各自稳态温度的百分数有所不同，但是，当单自由度静压液浮陀螺仪工作至 2400 秒（合 40 分钟）时，各个节点均达到相对稳态。

由以上仿真计算结果可得出结论：将内外温度均为 25 ℃的单自由度静压液浮陀螺仪放置于温度为 50 ℃的控温环境下并立即令陀螺仪处于工作状态，则经过 40 分钟后陀螺仪达到相对稳态温度场分布，各节点温度将不再发生大的变化。

另外，在对陀螺仪进行温度场仿真计算时，对陀螺仪结构模型和陀螺仪环境边界条件进行了适当的简化，因此，仿真所得稳态及瞬态温度场分布与陀螺仪实际温度分布情况可能有所差异。

5 单自由度静压液浮陀螺仪稳态温度场实验

对陀螺仪稳态温度场进行测量，在陀螺仪的上表面和柱表面上分别粘贴 MZBB-1000 型热敏电阻，用多功能万用表对陀螺仪的泵、陀螺电机、组合式传感器（包括传感器和力矩器）以及陀螺表面进行电阻值测量和计算。测量分为 3 步：（1）陀螺仪工作前，陀螺处于室温下的陀螺各处电阻值；（2）陀螺工作在一定的环境温度下达到稳态后，测量陀螺各处的电阻值；（3）对达到稳态的陀螺仪进行断电保温，当陀螺仪内外各处温度达到基本相同时，测量陀螺各处电阻值。通过计算，求得陀螺在一定稳态环境温度下陀螺仪各处的稳态温度如表 3 所示。

表3

节点	14535	29607	27418	31242	31051	31350	
(℃)	陀螺电机	传感器力矩器	泵	陀螺仪上表面	陀螺仪下表面、	陀螺仪中表面	控温环境温度
仿真温度	45.886 1	43.886 1	42.353 13	38.927 13	38.716 13	41.202 13	32.470 13
实验温度	46.301 13	45.326 17	46.301 13			40.054 55	32.470 13
仿真温度	52.880 9	50.880 9	49.347 9	45.921 9	45.710 9	48.196 9	39.464 96
实验温度	51.387 4	47.615 16	49.595 82	44.290 9			39.464 9
仿真温度	60.290 91	58.290 91	56.757 91	53.331 91	53.120 91	55.606 91	46.874 91
实验温度	56.852 79	56.097 69	56.757 91				

对单自由度静压液浮陀螺仪进行稳态温度场测量，测量时需关闭电源；且测量过程本身需要花费一定的时间，测量的时间差异必然导致不同的测量误差；测量时热敏电阻只是放置于陀螺仪外表面，而对陀螺内部的陀螺电机、泵、传感器、力矩器等均是通过测量各处引出线端的电阻而推出的，推论过程也是简单的线性的；以上种种，测量结果具有一定的误差。

虽然如此，从实验结果仍可看出，工作于稳态情况下，单自由度静压液浮陀螺仪的表面温度高于温控工装温度，表 3 可知，陀螺表面温度高出温控工装温度 5 ℃以上；陀螺电机、泵、传感器、力矩器等陀螺内部热源稳态温度高于陀螺仪表面温度 5 ℃以上；陀螺电机、泵、传感器、力矩器等陀螺内部热源稳态温度相似。

由上表可知，单自由度静压液浮陀螺仪稳态温度场仿真结果与实验结果的趋势是大致相同的。

由于瞬态温度场的测量对时间的要求极高，实验条件不能满足，没有对陀螺仪瞬态温度场进行实验测试。

6 结论

（1）本文通过对单自由度静压液浮陀螺仪稳态温度场的理论及软件分析，得出稳态控温环境温度下的陀螺仪温度场分布。陀螺仪在控温环境温度为 35～50 ℃之间的不同的稳态控温条件下的温度分布梯度都是基本相同的。

（2）将各节点温度都是 25 ℃的单自由度静压液浮陀螺仪放入温控环境温度 50 ℃下并启动陀螺仪，则陀螺仪温度场分布达到稳态前，不同的时间点有不同的温度场分布和不同的温度梯度分布。陀螺仪热流过程为先由外向内流，后由内向外流，直到稳态。陀螺仪从初始达到相对稳态的时间大约是 40 min。

（3）对单自由度静压液浮陀螺仪的稳态温度场实验基本验证了软件仿真所得的陀螺温度场分布的正确

性。陀螺稳态温度场在陀螺电机、泵、传感器、力矩器等陀螺热源处稳态温度高于陀螺表面温度5℃以上；陀螺表面温度高于温控环境温度 5 ℃以上。

参 考 文 献

[1] 陆元九.惯性器件[M]. 1991 年版.

[2] 杨世铭.传热学[M]. 人民教育出版社.

[3] 叶先磊，史亚杰. ANSYS 工程分析软件应用实例. 北京：清华大学出版社，2003 年 9 月.

[4] 刘国庆、杨庆东. ANSYS 工程应用教程. 中国铁道出版社.

[5] 赵凯华，罗蔚茵. 热学。北京：高等教育出版社.

[6] 景思睿，张鸣远. 流体力学. 西安：西安交通大学出版社.

[7] 工材料使用手册. 北京：中国标准出版社.

[8] 金属材料使用手册. 北京：中国运载火箭技术研究院.

The Analysis and Study on Node Temperature of the Single Freedom Hydro-static Bearing Gyroscope

Zheng Yunxia   Chen Dongsheng   Tang Wenlin

Beijing Institute of Space Control Devices

P. O. Box 142-403, Beijing, 100854

Abstract   Using the ANSYS, this paper analyzed the single freedom hydro-static bearing gyroscope (SFHBG)'s nodes temperature and its changing with time when it's surrounding temperature is invariable, also, the experiment of SFHBG's nodes temperature was done. It gave us some conclusion of SFHBG's nodes temperature based on two analyzes in the end.

Key words   the Single freedom hydro-static bearing gyroscope (SFHBG)；Nodes temperature

宇航用石英晶体谐振器常见失效模式分析

周伟平

中国航天科工集团第二研究院 203 所

北京海淀区永定路 50 号，邮编：100854，vioson_zhou@yahoo.com

摘　要　本文首先介绍了宇航用石英晶体谐振器的重要性、工作原理、种类、结构，然后重点介绍、分析了常见的失效模式、机理及常见现象，最后简单介绍了一下防范措施。

关键词　石英谐振器；失效模式；工作原理；防范措施

1　概述

石英晶体谐振器，俗称晶体或晶体谐振器，是无线电通信、控制用的基本元件，由于其自身的品质因素（Q 值）很高，因此其频率的稳定性很高，目前已极其广泛地应用到火箭、卫星、导弹、飞机等航天、航空领域，航天领域具体包括航天器系统、推进器系统、地面发射、控制系统等。由于信息化的高速发展，上述领域的应用均集中到频率信号的应用，而石英晶体谐振器正是所有频率信号产生的最关键元件，因此，石英晶体谐振器在应用领域作为关键元件通常被称为系统的"心脏"元件。石英晶体谐振器一旦出现失效，石英晶体谐振器所处的系统就会出现瘫痪，如同人体心脏停止跳动一样可怕。

2　石英晶体谐振器工作原理

石英晶体谐振器的失效模式与其工作原理有关。石英晶体材料具有压电效应，即用机械的方法在晶体上引起应变而产生的电极化形成正压电效应，反过来用极化电场在晶体上产生机械应变则形成逆压电效应。利用逆压电效应，在石英晶片上镀上电极，并使两电极间产生电位差。由于电场的作用出现机械应变，机械应变产生交变电场，而且随电场改变正负号，交变电场发生作用又产生交变应变。如果所加电场频率接近一个谐振频率时，应变将变得很大，即石英晶体谐振器发生谐振。对于 AT 切石英晶体谐振器，工作时厚度切变的频率方程为

$$f_n = \frac{n}{2t}\sqrt{\frac{c_{66}^n}{\rho}}$$

式中 $\rho = 2.654$ g/cm^3，为石英片的密度，t 为石英片的厚度，n 为泛音次数，f_n 为 n 次泛音频率，C_{66}^n 为一个弹性刚度常数，它是切角、结构应力的函数。

由晶体厚度切变的频率方程可知，晶片的谐振频率与晶片的厚度、切角和结构应力有关。

3　石英晶体谐振器常见种类与结构

3.1　石英晶体谐振器常见种类

根据石英晶体谐振器工作原理，目前设计出的石英晶体谐振器类型很多，分类依据可以是结构、体积、稳定性、频率和封装形式等。分类最常用的依据主要是石英晶体谐振器结构。依据结构分类，石英晶体谐振器的种类可达数十种，最常见的宇航用石英晶体谐振器种类有：HC-49/U、HC-49/S 、HC-40/U、HC-43/U、HC-45/U 、TO 型、UM-1 型、UM-5 型、玻壳 TO 型、玻壳 49/U 型和 SMD 型。

3.2 石英晶体谐振器结构

虽然石英晶体谐振器种类很多，但基本结构均由四个部分组成是：晶片、电极、支架基座及外壳，其中石英晶体谐振器的核心部分是晶片，电极附着在晶片两面，晶片与支架之间用导电胶粘连。根据晶片组成部分结构类型主要是 U 型结构（见图 1）、TO 型结构（见图 2）、S 型结构（见图 3）和 SMD 型结构（见图 4）所示四种结构类型。

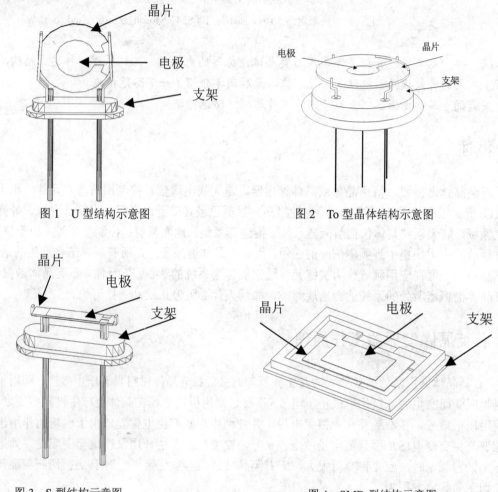

图 1　U 型结构示意图　　　　　　　　　　图 2　To 型晶体结构示意图

图 3　S 型结构示意图　　　　　　　　　　图 4　SMD 型结构示意图

（1）U 型结构

晶片的状态主要是立式状态，晶片立于支架当中（示意图见图 1），属于该型结构的石英晶体谐振器品种有：HC-49/U、HC-43/U、HC-45/U 、UM-1 型、UM-5 型、玻壳 49/U 型等。

（2）TO 型结构

晶片的状态主要是卧式状态，晶片由支架支撑（示意图见图 2），属于该型结构的品种有：TO-5 型、TO-8 型、TO-5 型、玻壳 TO 型等。

（3）S 型结构

晶片的状态主要是卧式状态，晶片为长条形，长度两端由支架支撑（示意图见图 3），属于该型结构的品种有：HC-49/s 型等。

（4）SMD 型结构

晶片的状态主要是卧式状态，晶片为长条形，长度一端由支架支撑（示意图见图 4），属于该型结构的品种有：SMD 型等。

4 石英晶体谐振器常见失效模式与机理

石英晶体谐振器作为"心脏"元件，其作用的重要性不言而喻，因此，要尽可能避免石英晶体谐振器出现失效，减少系统出现故障的可能性。尽管在石英晶体谐振器生产过程中尽可能提高晶体的可靠性，在使用中尽可能采取防护措施，但是在使用中石英晶体谐振器依然存在失效现象，且失效模式随石英晶体谐振器种类的不同、使用状态的不同而不同。

石英晶体谐振器失效模式很多，下面根据失效机理的不同介绍一下常见的失效模式，给出一些具体的失效现象，同时进行失效机理分析。

4.1 晶片损坏失效

晶片损坏失效是石英晶体谐振器失效最严重、最致命的一种失效模式。它主要有两种情况：晶片完全断裂和晶片存有裂缝。

晶片完全断裂失效是指晶片断裂或破碎造成石英晶体谐振器失效。由于石英晶体谐振器能够产生频率主要是由于晶片在特定的条件下能够产生频率，因此当晶片出现断裂时，导致电场无法施加到晶片上，根据逆压电效应，石英晶体谐振器不具备工作条件，即不可能产生频率。所以此时出现的失效现象为石英晶体谐振器没有频率输出，即常见的现象是石英晶体谐振器不起振或不工作。产生的原因多数是由于晶体在使用过程中由于不慎发生跌落、冲击、碰撞等原因产生大的外力使晶片发生断裂或破碎。

晶片损坏的另一种情况是晶片出现裂缝，但没有完全断裂，即晶片裂缝失效。晶片裂缝失效与晶片断裂失效机理相同，但不同之处是晶片存有裂缝，但并没有完全断裂，属于部分断裂，因此石英晶体谐振器的工作状态，时而不能够工作，时而能工作。常见的失效现象是石英晶体谐振器不起振或者是时而起振，时而不起振，起振时石英晶体谐振器参数异常，电阻较大或者频率超差较大，且参数不稳定。

4.2 导电胶开裂失效

石英晶体谐振器晶片与支架间的物理连接和电连接是通过导电胶连接的。晶片和支架间的良好连接是保证石英晶体谐振器正常工作的前提之一。导电胶开裂是指导电胶内部出现裂缝，导电胶开裂失效将导致晶片与支架的物理连接或电连接出现损坏或损伤，导致石英晶体谐振器弹性刚度常数异常，严重时导致石英晶体谐振器工作所需电场无法施加，无法形成逆压电效应，不能工作。但需要指出的是导电胶表面出现龟裂不属于导电胶开裂失效，因为龟裂属于导电胶固化时表面分离，内部依然连接良好，且不影响内部物理和电连接。同时，晶片从支架处脱离，导致石英晶体谐振器晶片与支架间的物理连接和电连接断开，这种失效也属于导电胶开裂失效。常见的现象是石英晶体谐振器停振或者电阻超差、异常。

4.3 支架断裂失效

支架断裂失效是指石英晶体谐振器基座中支架出现断裂，产生失效。支架断裂失效主要发生在 U 型结构石英晶体谐振器支架与底座的连接部分即支架根部。由于出现支架断裂，导致与支架连接的电极出现断路，无法加电，石英晶体谐振器无法产生逆压电效应，不具备工作条件，因此不起振没有频率输出。常见的现象是石英晶体谐振器不起振或停振。

4.4 质量吸附与脱落失效

质量吸附与脱落失效是指石英晶体谐振器内部由于质量发生变化而产生的失效，主要包括电极质量吸附失效和质量脱落失效两种。

电极质量吸附失效是指石英晶体谐振器电极吸附外来粒子或物质而造成的产品失效。失效机理是由于晶体电极吸附外来粒子或物资如电极氧化、污染等结果引起晶体晶片等效厚度增加，根据频率方程，当厚度 t 增加时频率降低。当频率变化超过一定幅度时，石英晶体谐振器就出现失效。质量脱落失效是指石英晶体谐振器内部晶片或电极由于表面颗粒脱落而造成的产品失效。失效机理是由于表面颗粒脱落引起晶片厚度减薄,根据频率方程,当厚度 t 减小时频率上升。当频率变化超过一定幅度时,石英晶体谐振器就出现失效。常见的失效现象是石英晶体谐振器经过长期储存或者使用频率发生飘移,最常见的失效即指石英晶体谐振器的老化太大。

4.5 石英晶体谐振器漏气失效

石英晶体谐振器漏气失效是指石英晶体谐振器壳体部分存在漏气现象而导致出现的失效。失效机理是由于石英晶体谐振器为了保护晶片电极不受氧化和水汽及外来杂质的影响而要求内部密封。一旦出现超指标漏气,即判定失效。常见的失效是石英晶体谐振器封接处或引线绝缘子处出现漏气。

4.6 应力变化失效

应力变化失效是指由于石英晶体谐振器内部应力的存在而导致晶体频率发生变化而产生的失效。失效机理是由于晶片、支架、电极及导电胶四者相互之间存在应力,且应力随温度、环境变化会发生变化,结果导致石英晶体谐振器弹性刚度常数变化,进而引起频率变化。当变化超过要求时,即发生失效。常见的失效现象是产品在加速老化、振动、温度冲击等过程中出现的频率超差或电阻超差。

5 失效防范措施

上述失效模式虽然很多,但从破坏性角度主要是物理性失效和指标性失效两种失效。对于物理性失效,如晶片断裂、裂缝、导电胶开裂、支架断裂等失效产生的原因多数是由于石英晶体谐振器在使用过程中由于不慎发生跌落、冲击、碰撞等原因产生大的外力使石英晶体谐振器发生失效。对于其它失效,主要属于指标性失效,其基本结构良好,但是由于加工过程中存在加工缺陷或不足或使用不规范导致石英晶体谐振器的指标如频率、电阻、老化等发生变化导致失效。

针对上述失效模式,航天用石英晶体谐振器失效主要防范措施如下:

(1) 生产厂家需要采取以下防范措施

1) 生产产家在产品加工过程完善加工工艺,如产品加工过程中提高晶片清洁程度,增加产品工艺老化,增加产品退火工艺等;

2) 加工过程中加强检验,剔出存有破边等缺陷的晶片,剔除有缺陷的半成品;

3) 筛选过程中完善筛选措施,如延长加速老化时间,增加加电老化等,剔除变化异常的产品;

4) 包装过程中避免出现晶体碰撞。

(2) 用户需要采取以下防范措施

1) 用户在运输、存储和使用过程中避免石英晶体谐振器受到大的外力;

2) 用户在焊接过程中避免焊接时间过长;

3) 用户避免超范围使用;

4) 使用的全过程考虑,避免在由于意外的发生跌落、冲击、碰撞等原因产生大的外力使石英晶体谐振器发生失效。

当然,由于石英晶体谐振器产品的失效是多方面因素共同作用的结果,因此失效的预防不应单是一个方面的预防,而是从石英晶体谐振器的加工到石英晶体谐振器的使用每个环节都要考虑,这样才能保证航天石英晶体谐振器的可靠使用。

参 考 文 献

[1] 山东大学物理系、北川无线电器厂编. 石英谐振器的设计和制造. 国防工业出版社,北京,1979.

[2] 秦自楷. 压电石英晶体. 国防工业出版社,北京,1980.

[3] 张沛霖,钟维烈等. 压电材料与器件物理. 山东科学技术出版社,济南,1997.

Analysis of the Usual Failing Models about the Crystal Resonator Using in Aerospace

Zhou Weiping

No.203 Institute of the Second Acaddemy of China Aerospace Scinence & Industry Corp.

No.50 Yongding Road, Beijing , 100854，vioson_zhou@yahoo.com

Abstract　The article first introduces the importance，the working principle，the category and the structure of the crystal resonator using in aerospace. Then it emphasizes to describe and. analyses the usual failing models and the principle of usual phenomena of the aerospace used crystal resonator. At last, it simply introduces the method of preventing failure.

Key words　Crystal resonator；Failing model；Working principle；Preventing method

有冷贮备单元的表决系统的可靠度分析

朱起悦

中国西南电子技术研究所

成都市 94 信箱 9 分箱，邮编：610036，zhuqiyue315@163.com

摘　要　本文讨论有冷贮备单元的表决系统的可靠度分析，并推导出有冷贮备单元的表决系统的任务可靠度，计算出有冷贮备单元表决系统的可靠寿命和平均失效前时间。有冷贮备单元的表决系统的可靠性模型应用于可靠度要求较高的有效载荷。

关键词　可靠性；任务可靠度；表决系统；冷贮备单元

1　引言

电子系统是由若干个单元组成，各个单元的寿命是相互独立的；每个单元由众多电子元器件组成。负指数分布可以描述许多电子元器件的寿命分布，由众多元器件串联组成的单元，其寿命也趋近了负指数分布。负指数分布还有一个重要性质，就是"无记忆性"，即当产品的寿命为负指数分布时，不管产品已经使用过多少时间，它的剩余寿命分布仍为原来的负指数分布。简言之，用过的产品与新产品一样，可靠度不降级[1]。为了评估电子系统的可靠性，需要建立系统的可靠性模型。可靠性模型包括可靠性框图和相应的可靠性数学模型，可靠性数学模型用可靠度函数和平均失效前时间来表示。常用的可靠性模型有串联系统、并联系统、表决系统和冷贮备系统等。串联系统是指组成系统的所有单元中任一单元的失效均导致系统失效，它是最常用和最简单的模型之一[2]；组成系统的所有单元都发生故障时系统才发生故障称为并联系统；表决系统是指系统由 n 个可靠度相同的单元组成，当 n 个单元中有 k 个以上或 k 个单元正常工作时，系统就能保持正常工作；当 k=n 时的表决系统是串联系统；当 k=1 时的表决系统是并联系统；冷贮备系统是指系统由 n+1 个同型单元组成，其中系统需要 1 个单元串联工作，其他单元作冷贮备，当 1 个工作单元中有一个失效时，若还有贮备单元，则贮备单元之一立即去替换，系统继续工作；当 1 个工作单元中有一个失效时，若贮备单元已用完，则系统失效[3]。

串联系统、并联系统、表决系统或冷贮备系统等可靠性模型虽然都能够实现系统的性能特性，但在元器件失效率和能耗等约束条件下、有时无法满足系统任务可靠度的要求。为了发挥卫星在国家经济建设和科学研究的重要作用和潜力，为了实现有效载荷的高可靠度，有效载荷的可靠性模型往往由典型的可靠性结构，如串联结构、并联结构、表决系统结构、冷贮备结构等进行组合。本文讨论有冷贮备单元的表决系统可靠性数学模型，推导出有冷贮备单元的表决系统可靠度函数，分析其实现任务可靠度的可能性。

2　从 5 中取 3 的表决系统转移为有冷贮备单元的 3 个单元串联系统的可靠性数学模型

系统由 5 个工作单元和 2 个冷贮备单元组成，这些单元都是相同的，所有单元的寿命均遵循参数 λ 的负指数分布，且相互独立。

系统开始时的状态为 5 中取 3 的表决系统，当 5 个单元中有 3 个以上或 3 个单元正常工作，系统正常工作；当系统中 2 个单元失效时，只有 3 个单元串联工作了，此时 3 个单元中再有一个失效时，5 中取 3 的多数表决系统发生失效；由于有冷贮备单元，则冷贮备单元立即去替换，系统继续工作。系统的状态从 5 中取 3 的多数表决系统转移为有冷贮备单元的 3 单元串联系统；当 2 个冷贮备单元用完后，再有单元发生失效时，没有替换的单元，有冷贮备单元的 3 单元串联系统失效，同时系统完全失效。

设随机变量 T_S 为系统的工作寿命，

$$T_S = T_1 + T_2 + T_3 \tag{1}$$

式中，T_1 为 5 中取 3 的表决系统失效前的工作寿命；T_2 为进行第一次替换后，3 单元串联系统失效前的工作寿命；T_3 为进行第二次替换后，3 单元串联系统失效前的工作寿命。

T_1 的分布函数 $F_1(t)$ 为：

$$F_1(t) = 1 - \sum_{i=3}^{5} C_5^i e^{-i\lambda t}(1 - e^{-\lambda t})^{5-i} = 1 - (10e^{-3\lambda t} - 15e^{-4\lambda t} + 6e^{-5\lambda t}) \tag{2}$$

T_1 的概率密度函数 $f_1(t)$ 为：

$$f_1(t) = 10(3\lambda)e^{-3\lambda t} - 15(4\lambda)e^{-4\lambda t} + 6(5\lambda)e^{-5\lambda t} \tag{3}$$

$f_1(t)$ 的拉氏变换 $\hat{f}_1(S)$ 为：

$$\hat{f}_1(S) = 10 \times (\frac{3\lambda}{S+3\lambda}) - 15 \times (\frac{4\lambda}{S+4\lambda}) + 6 \times (\frac{5\lambda}{S+5\lambda}) \tag{4}$$

T_2 或 T_3 的概率密度函数 $f(t)$ 为：

$$f(t) = 3\lambda e^{-3\lambda t} \tag{5}$$

$f(t)$ 的拉氏变换 $\hat{f}(S)$ 为：

$$\hat{f}(S) = \frac{3\lambda}{S+3\lambda} \tag{6}$$

假设转换开关是完全可靠的，且转换是瞬时的；随机变量 T_S 的概率密度函数可用各个随机变量的概率密度函数 $f_i(t_i)$ 的多重卷积得到，也可对各个随机变量的概率密度函数进行拉氏变换，T_1 的概率密度函数 $f_1(t)$ 的拉氏变换为 $\hat{f}_1(S)$，T_2 的概率密度函数 $f_2(t)$ 的拉氏变换为 $\hat{f}_2(S)$，T_3 的概率密度函数 $f_3(t)$ 的拉氏变换为 $\hat{f}_3(S)$，则系统工作寿命的概率密度函数的拉氏变换为：

$$\hat{f}_{SC}(S) = \hat{f}_1(S) \times \hat{f}_2(S) \times \hat{f}_3(S)$$
$$= 10 \times (3\lambda)^3(\frac{1}{S+3\lambda})^3 - 15 \times (3\lambda)^2(4\lambda)(\frac{1}{S+4\lambda})(\frac{1}{S+3\lambda})^2 + 6 \times (3\lambda)^2(5\lambda)(\frac{1}{S+5\lambda})(\frac{1}{S+3\lambda})^2 \tag{7}$$

对 $\hat{f}_{SC}(S)$ 求拉氏反变换可得到系统工作寿命的概率密度函数：

$$f_{SC}(t) = 135\lambda^3 t^2 e^{-3\lambda t} - 405\lambda^2 t e^{-3\lambda t} + 472.5\lambda e^{-3\lambda t} - 540\lambda e^{-4\lambda t} + 67.5\lambda e^{-5\lambda t} \tag{8}$$

系统工作寿命的分布函数：

$$F_{SC}(t) = \int_0^t f_{SC}(t)dt = 1 - e^{-3\lambda t}(10 \times (1 + 3\lambda t(1 + 1.5\lambda t)) - 45(1 + 3\lambda) + 157.5 - 135e^{-\lambda t} + 135e^{-2\lambda t}) \tag{9}$$

系统的可靠度：

$$R(t) = e^{-3\lambda t}[122.5 - 35(3\lambda t) + 5(3\lambda t)^2 - 135e^{-\lambda t} + 13.5e^{-2\lambda t}] \tag{10}$$

在图 1 可靠度函数 1 中给出了三条曲线，其中 R_1 为 3 单元串联系统的可靠度，R_2 为 5 中取 3 的表决系统的可靠度，R_3 为从 5 中取 3 的表决系统转移为有冷贮备单元的 3 个单元串联系统的可靠度。

3 单元串联系统的可靠度 R_1：

$$R_1(t) = e^{-3\lambda t} \tag{11}$$

5 中取 3 的表决系统的可靠度 R_2：

$$R_2(t) = 10e^{-3\lambda t} - 15e^{-4\lambda t} + 6e^{-5\lambda t} \tag{12}$$

我们定义在规定的任务可靠度为 95% 时所对应的时间为可靠寿命，而平均失效前时间 $MTTF = \int_0^\infty R(t)\mathrm{d}t$。

设每个单元的工作失效率为 λ，我们以此为基础，分别计算出这三种系统的可靠寿命(可靠度 95%)和平均失效前时间，并记录在表 1 中。

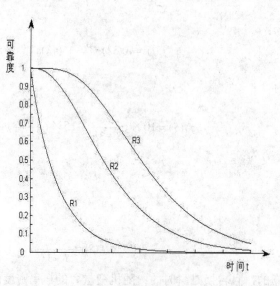

图 1　可靠度函数 1

表 1　可靠寿命和平均失效前时间分析表 1

名称	3 单元串联系统	5 中取 3 表决系统	5 中取 3 表决系统转为 2 冷贮备的 3 单元串联系统
可靠寿命(可靠度 95%)	$\dfrac{0.017}{\lambda}$	$\dfrac{0.2}{\lambda}$	$\dfrac{0.55}{\lambda}$
平均失效前时间	$\dfrac{1}{3\lambda}$	$2.35 \times \dfrac{1}{3\lambda}$	$4.35 \times \dfrac{1}{3\lambda}$

从表 1 中我们看到 5 中取 3 表决系统的可靠寿命是 3 单元串联系统的 11.8 倍，5 中取 3 表决系统转移为 2 冷贮备单元的 3 单元串联系统的可靠寿命是 3 单元串联系统的 32.3 倍；5 中取 3 表决系统的平均失效前时间是 3 单元串联系统的 2.35 倍，5 中取 3 表决系统转移为 2 冷贮备单元的 3 单元串联系统的平均失效前时间是 3 单元串联系统的 4.35 倍。

3　从有 2 个冷贮备单元的 5 单元串联系统转移为 4 中取 3 的多数表决系统的可靠性数学模型

系统由 5 个工作单元和 2 个冷贮备单元组成，这些单元都是相同的，所有单元的寿命均遵循参数 λ 的负指数分布，且相互独立。

系统从有 2 个冷贮备单元的 5 单元串联系统转移为 4 中取 3 的多数表决系统的过程如下：开始时系统的状态为有 2 个冷贮备单元的 5 单元串联系统。当 5 个单元中有一个失效时，贮备的单元立即去替换，系统继续工作，当 5 个单元中再有一个失效时，贮备的另一个单元立即去替换，系统继续工作，当 5 个单元中又有一个失效时，已无贮备的单元，系统由 4 个单元组成，系统的状态为 4 中取 3 的多数表决系统，当 4 个单元中有 3 个或 3 个以上的单元正常工作，系统正常工作，若失效的单元大于或等于 2 个时，系统失效。

设随机变量 T_S 为系统的工作寿命。

$$T_S = T_1 + T_2 + T_3 + T_4 \tag{13}$$

T_1 为 5 单元串联在一起，其中有一个单元发生失效前的寿命；T_2 为 5 单元串联在一起，其中有一个单元发生失效后，将冷贮备单元替换后发生失效前的寿命；T_3 为 5 个单元串联在一起，其中再有一个单元发生失效，将另一个冷贮备单元替换后发生失效前的寿命；T_4 为 4 个单元形成 4 中取 3 的表决系统，发生失效前的寿命。

T_1 或 T_2 或 T_3 的概率密度函数为：

$$f(t) = 5\lambda e^{-5\lambda t} \tag{14}$$

T_1 或 T_2 或 T_2 的概率密度函数的拉氏变换为：

$$\hat{f}(S) = \frac{5\lambda}{S + 5\lambda} \tag{15}$$

T_4 的概率密度函数为：

$$f_4(t) = 12\lambda e^{-3\lambda t} - 12\lambda e^{-4\lambda t} \tag{16}$$

$f_4(t)$ 的拉氏变换为：

$$\hat{f}_4(S) = 12\lambda(\frac{1}{S + 3\lambda}) - 12\lambda(\frac{1}{S + 4\lambda}) \tag{17}$$

T_S 的概率密度函数 $f_{SC}(t)$ 的拉氏变换为：

$$\hat{f}_{SC}(S) = \hat{f}_1(S) \times \hat{f}_2(S) \times \hat{f}_3(S) \times \hat{f}_4(S) = \left(\frac{5\lambda}{S + 5\lambda}\right)^3 \times (12\lambda(\frac{1}{S + 3\lambda}) - 12\lambda(\frac{1}{S + 4\lambda}))$$

$$= \frac{187.5\lambda}{S + 3\lambda} - \frac{1500\lambda}{S + 4\lambda} + \frac{1312.5\lambda}{S + 5\lambda} + \frac{1125\lambda^2}{(S + 5\lambda)^2} + \frac{750\lambda^3}{(S + 5\lambda)^3} \tag{18}$$

$\hat{f}_{SC}(S)$ 的拉氏反变换为：

$$f_{SC}(t) = 375\lambda^3 t^2 e^{-5\lambda t} + 1125\lambda^2 t e^{-5\lambda t} + 1312.5\lambda e^{-5\lambda t} - 1500\lambda e^{-4\lambda t} + 187.5\lambda e^{-3\lambda t} \tag{19}$$

系统工作寿命的分布函数：

$$F_{SC}(t) = \int_0^t f_{SC}(t)\mathrm{d}t = 1 - e^{-5\lambda t}(313.5 + 255\lambda t + 75\lambda^2 t^2 - 375e^{\lambda t} + 62.5e^{2\lambda t}) \tag{20}$$

从有 2 个冷贮备单元的 5 单元串联系统转移为 4 中取 3 的多数表决系统的可靠度：

$$R(t) = e^{-5\lambda t}(313.5 + 51(5\lambda t) + 3(5\lambda t)^2 - 375e^{\lambda t} + 62.5e^{2\lambda t}) \tag{21}$$

在图 2 可靠度函数 2 中给出了三条曲线，其中 R_1 为 5 单元串联系统的可靠度：R_2 为有 2 个冷贮备单元的 5 单元串联系统的可靠度：R_3 为从有 2 个冷贮备单元的 5 单元串联系统转移为 4 中取 3 的多数表决系统的可靠度。

R_1 为 5 单元串联系统的可靠度：

$$R_1(t) = e^{-5\lambda t} \tag{22}$$

$$R_2(t) = e^{-5\lambda t}(1 + 5\lambda t + \frac{(5\lambda t)^2}{2}) \tag{23}$$

当我们规定任务可靠度为 0.95 时，5 单元串联系统的可靠寿命为 $\frac{0.01}{\lambda}$，有 2 个冷贮备单元的 5 单元串联系统的可靠寿命为 $\frac{0.16}{\lambda}$，从有 2 个冷贮备单元的 5 单元串联系统转移为 4 中取 3 的表决系统的可靠寿命

为 $\dfrac{0.45}{\lambda}$。5 单元串联系统的平均失效前时间为

$\dfrac{1}{5\lambda}$，有 2 个冷贮备单元的 5 单元串联系统的平均

失效前时间为 $\dfrac{3}{5\lambda}$，从有 2 个冷贮备单元的 5 单元

串联系统转移为 4 中取 3 的表决系统的平均失效前

时间为 $\dfrac{5.916}{\lambda}$。将计算结果记录在表 2 中。从表 2

中我们看到 2 冷贮备单元的 5 单元串联系统的可靠寿命(可靠度 95%)是 5 单元串联系统的 16 倍，2 冷贮备单元的 5 单元串联系统转移为 4 中取 3 的表决系统的可靠寿命(可靠度 95%)是 5 单元串联系统的 45 倍；2 冷贮备单元的 5 单元串联系统的平均失效前时间是 5 单元串联系统的 3 倍，2 冷贮备单元的 5 单元串联系统转移为 4 中取 3 的表决系统的平均失效前时间是 5 单元串联系统的 5.916 倍。

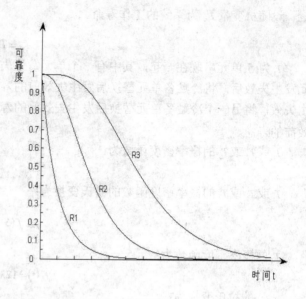

图 2　可靠度函数 2

表 2　可靠寿命和平均失效前时间分析表 2

名称	5 单元串联系统	2 冷贮备的 5 单元串联系统	2 冷贮备的 5 单元串联系统转为 4 中取 3 的表决系统
可靠寿命(可靠度 95%)	$\dfrac{0.01}{\lambda}$	$\dfrac{0.16}{\lambda}$	$\dfrac{0.45}{\lambda}$
平均失效前时间 MTTF	$\dfrac{1}{5\lambda}$	$3\times\dfrac{1}{5\lambda}$	$5.916\times\dfrac{1}{5\lambda}$

4　结束语

　　本文讨论有冷贮备单元的表决系统的可靠性数学模型，并推导出有冷贮备单元的表决系统的可靠度函数，计算出有冷贮备单元表决系统的可靠寿命和平均失效前时间，并将其与完成相同功能的串联系统、表决系统和冷贮备系统的可靠寿命和平均失效前时间进行分析比较，为在元器件失效率和能耗等约束条件下、建立满足任务可靠度的可靠性模型提供依据。有冷贮备单元的表决系统的可靠性模型已应用于可靠度要求较高的系统。

参 考 文 献

[1]　丁定浩. 可靠性与维修性工程. 北京：电子工业出版社，1986，59.

[2]　陆孝庭等. 可靠性设计与分析. 北京：国防工业出版社，1996，49.

[3]　曹晋华等. 可靠性数学引论. 北京：科学出版社，1986，59.

[4]　GJB 1909.4-94 装备可靠性维修性参数选择和指标确定要求　卫星.

Reliability Analyses for Majority Voting System with Cool Standby Units

Zhu Qiyue

Southwest China Institute of Electronic Technology

P. O. Box 94 - 9, Chengdu, 610036, zhuqiyue315@163.com

Abstract In this paper, it analyses and introduces reliability mathematics model, mission reliability, reliability life and mean-time-to-failure for reliability majority voting system with cool standby units. Reliability majority voting system with cool standby units is applied in high mission reliability payload.

Key words Reliability; Mission reliability; Majority voting system; Cool standby unit